Softwareentwicklung für die Naturwissenschaften

Till Biskup

Software-entwicklung für die Naturwissenschaften

Bausteine computergestützter Datenauswertung, die den Ansprüchen der Wissenschaft gerecht wird

Springer Spektrum

Till Biskup
Institut für Chemie
Universität Rostock
Rostock, Deutschland

ISBN 978-3-662-71606-9 ISBN 978-3-662-71607-6 (eBook)
https://doi.org/10.1007/978-3-662-71607-6

Die Deutsche Nationalbibliothek verzeichnet diese Publikation in der Deutschen Nationalbibliografie; detaillierte bibliografische Daten sind im Internet über http://dnb.d-nb.de abrufbar.

Planung/Lektorat: Leonardo Milla
Springer Spektrum ist ein Imprint der eingetragenen Gesellschaft Springer-Verlag GmbH, DE und ist ein Teil von Springer Nature.
Die Anschrift der Gesellschaft ist: Heidelberger Platz 3, 14197 Berlin, Germany

Für alle, denen die Nachvollziehbarkeit
ihrer wissenschaftlichen Arbeiten am Herzen liegt
und die sich der Unzulänglichkeiten
ihrer digitalen Werkzeuge bewusst sind.

Geleitwort

> „Wissenschaft besteht aus Fakten wie ein Haus aus Steinen, aber eine Anhäufung von Fakten ist genauso wenig Wissenschaft wie ein Stapel Steine ein Haus ist.“ (Henri Poincaré)

Greift man dieses Bonmot von Poincaré als Analogie auf, so ist die Aufgabe von Wissenschaftlern eine Kombination aus dem Beruf eines Architekten und eines Maurers, die aus den Bruchsteinen einer Ruine ein (Wissens-)Gebäude errichten sollen. Es braucht eine gute Intuition, aus der Betrachtung der Steine zu erschließen, wie diese zusammenpassen könnten und welche Steine des Stapels vielleicht zu anderen Gebäuden gehören und ausgesondert werden müssen. Es gilt, möglicherweise die Steine von anhaftendem Unrat zu befreien, fehlende Steine nachzubeschaffen – und natürlich, am Ende alles wieder sachgerecht aufzumauern.

Der Weg von den Fakten – oder konkreter: Messwerten – zu einer wissenschaftlichen Aussage oder Erkenntnis ist oft weit und – welch passender Begriff: steinig. Instrumente liefern Werte, die mit systematischen und statistischen Messfehlern behaftet sind, und nicht immer kann man überhaupt sicher sein, dass ein Gerät nur das misst, was es soll – ob die spontanen Zeigerausschläge nicht in Wirklichkeit vom Fahrstuhlschacht zwei Räume weiter stammen statt von einem radioaktiven Zerfallsprozess? Welche Einflüsse außerhalb der eigentlichen Versuchsanordnung müssen berücksichtigt werden? Im Zweifelsfall alle!

Anders als es nach öffentlich meist wahrgenommen wird, gehört deshalb zur Wissenschaft neben Systematik und Sachverstand auch eine gute Portion Intuition und Gespür dazu, die man erst im Laufe der Praxis erwirbt. *Viele* Daten zu sammeln ist eine Voraussetzung dafür, am Schluss die *wichtigen* Daten beisammenzuhaben, um die wesentlichen Aspekte zu erkennen und das Irrelevante auszusondern. Alle experimentell arbeitenden Wissenschaftlerinnen und Wissenschaftler machen am Anfang der Karriere die Erfahrung, dass es gar nicht so einfach ist, die eigene Vorgehensweise wirklich strukturiert und vollständig zu dokumentieren – sei es in einem Laborjournal, sei es in einer passenden Software oder einer Videodokumentation – und die gewonnenen Messdaten samt diesen Metainformationen zuverlässig, nachvollziehbar, veränderungssicher und wieder auffindbar aufzubewahren. Erst dann kann der Prozess der Auswertung beginnen, in dessen Verlauf aus den Fakten allmählich Erkenntnisse destilliert werden – und auch diese Auswertung will wieder mit gleicher Sorgfalt dokumentiert werden wie die originär gewonnenen Messdaten.

Schon vor bald 20 Jahren haben Till Biskup und ich aus unterschiedlichen Blickwinkeln über die philosophischen und praktischen Fragen der wissenschaftlichen Datenauswertung und der dazu eingesetzten digitalen Werkzeuge und Verfahren lebhaft diskutiert. Heute bin ich beeindruckt, mit welcher Konsequenz, Rigorosität und Leidenschaft er die Konzepte dazu über die Jahre ausgearbeitet hat. Seine Erkenntnisse und Best-Practice-Empfehlungen durchziehen dieses Buch als roter Faden und gipfeln im V. Teil, der dazu eine umfangreiche Handreichung bietet.

Eine klare Erkenntnis ist: Ohne Computer und passende Software geht es nicht. Software benötigen heute aber auch die Theoretiker, denn neben den experimentellen Messungen haben sich in den letzten 50 Jahren auch umfänglich digitale Simulationen in der Wissenschaft etabliert, deren Ergebnisse sich der experimentellen Überprüfung stellen müssen. Nur in seltenen Fällen kann man für solche Simulationen fertige Software kaufen; der Regelfall ist, dass die Programme selbst erstellt werden müssen und über Generationen von Wissenschaftlern in den Arbeitsgruppen weiterentwickelt werden – und zwar von Fachwissenschaftlern, die oft genug autodidaktische Programmierer sind und die unter dem harten Zeitdruck der wissenschaftlichen Arbeit meistens schnelle vor nachhaltigen Lösungen bevorzugen (müssen). Doch wie immer gilt: Wer am Anfang mit einem gut gefüllten Werkzeugkasten und einer guten Konzeption startet, mag zwar zu Beginn länger brauchen, wird aber am Ende schneller und besser Ergebnisse erzielen können – und die Früchte der Arbeit länger für neue Projekte nutzen können, auch durch andere Mitglieder einer Arbeitsgruppe.

Die akademische Ausbildung an den Universitäten trägt diesen Anforderungen heute nicht unbedingt Rechnung. Zwar sind teilweise „Programmierkurse" in die Physik-Curricula integriert, beschränken sich aber oft nur auf die Entwicklung kurzer Programme, die im Wesentlichen als Ergänzung zur analytischen Mathematik eingesetzt werden.

Dieses Buch will in seinem Mittelteil ambitionierten Wissenschaftlern den Weg ebnen vom unbeholfenen Stückwerk-Programmieren zur (semi-)professionellen Softwareentwicklung, die heute eine eigenständige Ingenieurswissenschaft mit ihren eigenen Begrifflichkeiten und Konzepten darstellt. Die Rahmenbedingungen sind dabei eigentlich günstig: die notwendigen analytischen Fähigkeiten dürfen bei Wissenschaftlern ebenso vorausgesetzt werden wie die Bereitschaft, sich in komplexe Zusammenhänge einzuarbeiten und zu orientieren. Till Biskup stellt dabei keine Maximalforderungen aus dem Elfenbeinturm vor, sondern praxiserprobte Konzepte, die er in unzähligen Kursen mit Studierenden inhaltlich und didaktisch optimiert hat. So kann und soll das Buch natürlich kein Ingenieursstudium der Informatik ersetzen, sondern zielgerichtet experimentellen und theoretischen Wissenschaftlern das notwendige Rüstzeug vermitteln, um für den Eigenbedarf – und vielleicht auch zum Teilen mit anderen – gute und verlässliche Software zu entwickeln, die langfristig genutzt und weiterentwickelt werden kann. Letztendlich kommt diese Kompetenz am Ende wieder der wissenschaftlichen Arbeit zugute: sie ertüchtigt die Forschenden zum Aufbau lückenloser und schlüssig nachvollziehbarer Beweisketten von in den Mess- oder Simulationsdaten dokumentierten Fakten zur am Ende stehenden wissenschaftlichen Erkenntnis. Mit den Methoden des 21. Jahrhunderts löst sie damit das eingangs zitierte Diktum von Poincaré ein.

Ich wünsche diesem Buch und seinen Ideen eine weite Verbreitung in den Laboren der Physik, Chemie, Biologie und Medizin.

Ulrich Heinen
Pforzheim
im März 2025

Vorwort

Eine Vorlesung „Wissenschaftliche Softwareentwicklung" als Wahlpflichtveranstaltung im Master-Studiengang Chemie? Die eigene Erfahrung sowohl aus der Praxis des Forschungsalltags als auch von diversen Durchläufen der Vorlesung seit 2016 lehrt, dass sowohl das Interesse an der Thematik vorhanden als auch die Notwendigkeit der Beschäftigung damit gegeben ist. Und aus dieser Erfahrung heraus ist das Buch entstanden – ausgehend von einem über die Jahre gewachsenen Dozenten-Skript.

Ausgangspunkt Rechnergestützte Datenverarbeitung ist aus den meisten naturwissenschaftlichen Disziplinen nicht mehr wegzudenken. Die Komplexität der dabei zu bearbeitenden Fragestellungen nimmt aber immer mehr zu. Wenn dann noch auf saubere wissenschaftliche Arbeitsweise Wert gelegt wird, sind große Software-Projekte mit qualitativ hochwertigem Code die unausweichliche Folge. Allerdings sind die meisten Naturwissenschaftlerinnen und Naturwissenschaftler mangels Kenntnissen auf dem Gebiet der Softwareentwicklung nicht dazu in der Lage, diesen Ansprüchen gerecht zu werden. Wenn unsere Forschungsarbeit tatsächlich, um mit Sir Isaac Newton zu sprechen, die Basis für die Erkenntnis künftiger Generationen legen soll, dann bürdet uns das eine hohe Verantwortung für ein Gesamtsystem zur rechnergestützten wissenschaftlichen Datenverarbeitung und -analyse auf, die sich aufgrund ihrer Komplexität nur durch detailliertere Kenntnis von Konzepten und Lösungsmöglichkeiten aus der professionellen Softwareentwicklung überhaupt einlösen lässt.

These Die Ignoranz vieler Wissenschaftlerinnen und Wissenschaftler gegenüber der inhärenten Komplexität einer rechnergestützten Datenauswertung und -analyse, die den Ansprüchen der Wissenschaft gerecht wird, sowie gegenüber den Lösungsansätzen, die überwiegend bereits vor Jahrzehnten in der professionellen Softwareentwicklung entstanden, haben das Potential, große Teile der aktuellen Forschung zu entwerten, weil die Ergebnisse der Auswertungen den grundlegenden Kriterien der Wissenschaftlichkeit (Nachvollziehbarkeit, Überprüfbarkeit, Reproduzierbarkeit) nicht genügen. Das hat weitreichende Implikationen sowohl für den wissenschaftlichen Erkenntnisgewinn und damit das „Menschheitsunternehmen Wissenschaft" als auch für die Wahrnehmung von Wissenschaft in der Gesellschaft.

Lösungsansatz Es ist die feste Überzeugung des Autors, dass sich hier Abhilfe schaffen lässt – auch ohne, dass jede Person, die selbst (notgedrungen) in die Entwicklung komplexer Auswertungssoftware involviert wird, erst einmal ein halbes Informatikstudium absolviert. Viele Aspekte, die in der Summe zu einem Gesamtsystem der wissenschaftlichen Datenverarbeitung und -analyse führen, das den angelegten Kriterien entspricht, lassen sich vergleichsweise einfach umsetzen. Deshalb auch der Untertitel des Buches: „Bausteine einer rechnergestützten Datenauswertung, die den Kriterien der Wissenschaftlichkeit genügt". Programmierkenntnisse und darüber hinaus Kenntnisse zur Softwareentwicklung sind einerseits in den physikalischen Wissenschaften notwendig (und werden oftmals vorausgesetzt), andererseits werden sie aber nie oder selten systematisch gelehrt. Diese Lücke im wissenschaftlichen Curriculum der deutschen Hochschulen in Teilen zu schließen ist die Idee dieses Buches und der ihm zugrunde liegenden Vorlesung. Der Fokus liegt explizit auf einer Vorstellung grundlegender Konzepte, die für die Entwicklung eines rechnergestützten Gesamtsystems zur wissenschaftlichen Datenverarbeitung und -analyse notwendig sind, ohne zu sehr in Details zu gehen. Das Buch ist gerade *keine* Anleitung, was wie zu machen ist, sondern der Versuch, die Leserinnen und Leser zum eigenständigen Entwickeln von Lösungen zu befähigen. Dabei werden viele Aspekte der professionellen Softwareentwicklung angesprochen, um ihnen die richtigen Schlagworte an die Hand zu geben, damit sie mithilfe der ebenfalls angegebenen weiterführenden Literatur im Selbststudium ihre Fähigkeiten und Fertigkeiten weiterentwickeln können. Diese Fokussierung auf die zugrunde liegenden Konzepte bedingt natürlich eine gewisse Theorielastigkeit des Buches.

Gliederung des Buches

Das Buch gliedert sich in fünf große Abschnitte: Motivation, Infrastruktur, sauberer Code, Softwarearchitektur und Datenverarbeitung in den Naturwissenschaften (vgl. dazu auch das Inhaltsverzeichnis). Nachfolgend werden die Inhalte aller fünf Bereiche knapp zusammengefasst.

Motivation Ausgangspunkt des Buches ist die praktische Bedeutung, die Softwareentwicklung und Programmierung für die Datenauswertung in den Naturwissenschaften haben: Obwohl sie essentiell für den wissenschaftlichen Erkenntnisgewinn sind, werden sie nach wie vor in den Naturwissenschaften viel zu wenig ernst genommen. Software zur wissenschaftlichen Datenauswertung muss notwendigerweise eine ganze Reihe nicht trivialer Kriterien erfüllen, um dem Anspruch des wissenschaftlichen Erkenntnisgewinns (insbesondere hinsichtlich der Nachvollziehbarkeit und Reproduzierbarkeit der Auswertungen) gerecht zu werden. Die meisten Wissenschaftlerinnen und Wissenschaftler haben sich (notgedrungen) ihre Programmierfähigkeiten selbst beigebracht, ohne je eine solide und strukturierte Einführung bekommen zu haben. Entsprechend gering ist die Qualität des daraus resultierenden Quellcodes. Für viele Probleme der von Wissenschaftlern selbst geschriebenen Software gibt es bewährte Lösungsstrategien. Trotzdem wird das Rad viel zu oft neu erfunden – oft aus Unkenntnis. Ziel des Buches ist es, einen Überblick über die vorhandenen Strategien zu geben und Wege für ihre konkrete Anwendung auf Software zur wissenschaftlichen Datenauswertung aufzuzeigen.

Infrastruktur Ein Minimum an Infrastruktur ist zwingende Voraussetzung für die Erstellung von Software zur wissenschaftlichen Datenanalyse – unabhängig von ihrer Komplexität. Das liegt daran, dass nur so die grundlegenden Ansprüche an wissenschaftlich sauberes Arbeiten (Nachvollziehbarkeit, Überprüfbarkeit, Reproduzierbarkeit) gewährleistet werden können. Das absolute Minimum ist eine Versionsverwaltung und Lizenzierung. Für jedes etwas größere Projekt kommen Versionsnummern, (externe) Dokumentation und eine Bugverwaltung hinzu. Die ebenfalls im Rahmen des Abschnitts „Infrastruktur" behandelten Editoren/IDEs sind das grundlegende Werkzeug, an dem niemand vorbeikommt.

Sauberer Code Die wichtigste und vornehmste Aufgabe von Quellcode ist Kommunikation, und zwar Kommunikation mit seinem menschlichen Leser, nicht mit dem Rechner.

Code sollte deshalb unter allen Umständen lesbar sein, und zwar so lesbar und ausdrucksstark wie nur möglich. Lesbarkeit von Code hat viele Aspekte, von der Formatierung über Namen bis hin zu Entwurfsmustern. Sauberer Code ist immer auch testbarer und möglichst vollständig durch automatisierte Tests abgedeckter Code. Tests sind eine wesentliche Voraussetzung sowohl für die Wartung und Weiterentwicklung als auch für die Optimierung.

Softwarearchitektur Komplexere Software, wie jene zur Datenauswertung in den Naturwissenschaften, besteht in aller Regel aus einzelnen Teilen, die in nicht trivialer Weise zusammenwirken. Wie für die meisten komplexen Systeme gilt auch hier: Software ist mehr als die Summe der Einzelteile. Die Softwarearchitektur schlägt die Brücke vom sauberen Code einzelner Module, wie er im vorangegangenen Abschnitt thematisiert wurde, zur eigentlichen Anwendung. Intuitive Lösungen widersprechen dabei oft dem großen Ziel flexibler, erweiterbarer und wiederverwendbarer Software. Während viele Aspekte sauberen Codes relativ einfach nebenher erlernt werden können, setzt Softwarearchitektur deutlich mehr Hintergrundwissen voraus. Die Kriterien, die Wissenschaftlichkeit an die Datenauswertung und -analyse stellt, setzen zwingend ein komplexes System voraus. Viele der durch diese Komplexität auftretenden Probleme können aber im Rahmen der professionellen Softwareentwicklung der letzten Jahrzehnte als gelöst betrachtet werden. Das Buch beschränkt sich auf einige Grundregeln guter Softwarearchitektur und motiviert ihren Einsatz über konkrete Beispiele aus dem Alltag der Datenauswertung und -analyse.

Datenverarbeitung in den Naturwissenschaften Der letzte Abschnitt des Buches greift nochmals auf den Anfang der Vorlesung und die Kriterien sauberen wissenschaftlichen Arbeitens zurück und stellt ein reales Anwendungsszenario vor, auf das alle bislang vorgestellten Aspekte angewendet werden können und sollen. Datenverarbeitung und -analyse ist dabei weit mehr als (normalerweise) in einer Anwendung implementiert werden kann. Notwendig ist ein umfassendes System – sowohl von Programmen als auch hinsichtlich der disziplinierten Arbeit –, das aber in vielen kleinen Abschnitten umsetzbar ist, wenn man von Anfang an ein paar zentrale Aspekte beachtet.

Material zum Buch

Auf der Webseite des Autors findet sich umfangreiches weiterführendes Material zum Buch sowie zu den Vorlesungen seit 2016 die Foliensätze und Webcasts:

▶ https://sn.pub/elt4n8

Ein Wort zu maschinellem Lernen

Warum spart ein Buch zur wissenschaftlichen Softwareentwicklung im Jahr 2025 explizit alle Aspekte des maschinellen Lernens (ML) und der sogenannten „künstlichen Intelligenz" (KI) aus? Neben einer grundlegenden Skepsis des Autors bezüglich des „Heilsversprechens" dieser Methoden sind es drei konkrete Argumente.

Zunächst einmal haben ML und KI (fast) keine Relevanz für die Themen des Buches. Das Buch möchte ein Verständnis für die Ansprüche der Wissenschaft und deren Bedeutung für und Auswirkungen auf Software zur wissenschaftlichen Datenverarbeitung erzeugen und die Leserinnen und Leser befähigen, sich eigenständig ein Urteil zu einer gegebenen Softwarelösung zu bilden. Urteilskraft setzt die konzeptionelle Durchdringung der Thematik und Fragestellung voraus und ist eine Grundlage für Informations- und Recherchekompetenz, also den souveränen Umgang mit zugänglichen Informationen. Genauso wenig, wie eine Internet-Suchmaschine *per se* für Qualität sorgt, sondern nur durch kompetenten Einsatz und informierte Entscheidungsfindung, welches der Suchergebnisse relevant, vertrauenswürdig und qualitativ ausreichend ist, zu einem hilfreichen Werkzeug wird, ist KI kein Ersatz für die Entwicklung qualitativ hochwertiger Software. Funktionieren, soviel sei hier vorweggenommen, ist kein Qualitätskriterium für Software, sondern eine notwendige Voraussetzung für ihren Einsatz. Das Buch legt notwendige Grundlagen, auf denen die Leserinnen und Leser informiert entscheiden können, ob eine Lösung, die von einer KI vorgeschlagen wird, sinnvoll und zweckdienlich ist.

Ein weiteres Argument: Die allermeisten Wissenschaftlerinnen und Wissenschaftler arbeiten überhaupt nicht in Feldern, in denen ausreichende Datenmengen vorliegen, um die dem ML zugrunde liegenden Modelle und Algorithmen erfolgreich trainieren zu können. Ein Beispiel aus dem Fachgebiet des Autors: Zum Training des Neuronalen Netzes „DEERNet" gab und gibt es weltweit nicht ausreichend experimentelle Daten. Deshalb musste dessen Autor I. Kuprov künstliche Daten *in silico* erzeugen, was nur deshalb in ausreichender Qualität gelang, weil er mit Experten auf dem Feld und der Instrumentierung das Rauschverhalten jeder einzelnen relevanten Komponente im Signalweg durchdiskutierte und für die Erzeugung des Trainingsdatensatzes berücksichtigte. Das zeigt einerseits, dass künstliche Daten tatsächlich erfolgreich zum Training verwendet werden können, aber auch, welchen Aufwand und welch umfassendes Wissen und Bewusstsein für die relevanten Aspekte es erfordert. Die bekannt schlechte Qualität vieler Standard-Trainingsdatensätze in der ML-Forschung spricht für sich.

Das dritte Argument ist struktureller Natur: Das Ziel aller Wissenschaft ist der Erkenntnisgewinn, und Erkenntnis setzt immer ein erkennendes Subjekt voraus. ML-Algorithmen sind letztlich nicht mehr als komplexe Statistik auf großen Zahlen und Datenmengen. Darüber hinaus werden ML-Algorithmen, ähnlich wie Optimierungsalgorithmen, fast immer ein Ergebnis liefern. Es ist aber die Aufgabe von Menschen, die Qualität und Sinnhaftigkeit dieser Ergebnisse einzuschätzen. Was bereits passiert, ist eine weiter beschleunigte Zunahme von „Informationen" und „Ergebnissen" aufgrund des verstärkten Einsatzes von ML-Werkzeugen. Dazu kommt, dass „generative KI" wie die gegenwärtig weitverbreiteten „Large Language Models" auf den ersten Blick überzeugend klingende Antworten liefern, die sich aber oft genug bestenfalls als irrelevant, schlimmstenfalls als grob falsch und irreführend erweisen. Eine entscheidende Aufgabe jeder Wissenschaftlerin und jedes Wissenschaftlers ist es, relevante von irrelevanter Information zu trennen und erstere im Kontext zum weiteren Erkenntnisgewinn einzusetzen. Die durch den Einsatz von ML noch exponentiell vergrößerte Flut von Daten lenkt ab, trägt aber (fast) nicht zur Erkenntnis bei und ist an vielen Stellen ein „Denial of Service"-Angriff auf die Wissenschaftlerinnen und Wissenschaftler und damit auf die Wissenschaft selbst.

Aus den drei vorgenannten Gründen spielt KI und insbesondere ML für das vorliegende Buch keine Rolle. Es fokussiert stattdessen auf grundlegende Aspekte der Softwareentwicklung für die Naturwissenschaften, die hinreichend verstanden sind. Deren Umsetzung ist für sich genommen schon eine große Herausforderung, an der Wissenschaftlerinnen und Wissenschaftler oft genug scheitern.

Entwicklung großer Softwareprojekte in der akademischen Welt

Die Problematik der Softwareentwicklung in den Naturwissenschaften wurde als Ausgangspunkt des Buches bereits thematisiert. In der Physikalischen Chemie, aber auch in vielen anderen naturwissenschaftlichen Disziplinen, ist ein Großteil der Datenverarbeitung und -analyse heutzutage rechnergestützt, was Naturwissenschaftlerinnen und Naturwissenschaftlern abverlangt, sich entsprechende Grundkenntnisse sowohl in Programmierung als auch darauf aufbauend in Softwareentwicklung und -architektur anzueignen. Da die Komplexität der zu bearbeitenden Fragestellungen immer weiter zunimmt, sind die Naturwissenschaften mittlerweile an der Stelle, an der sich die professionellen Softwareentwickler bereits in den 1960er-Jahren befanden und die als „Software-Krise" in die Geschichte einging (für Details vgl. die Ausführungen in ▶ Kap. 2). Kurz: Die Wissenschaftlerinnen und Wissenschaftler kommen nicht darum herum, selbst Software zu entwickeln, sind aber aufgrund der Komplexität mit dieser Aufgabe überfordert, was zu massiven Mängeln in der Qualität der entstehenden Software führt. Erschwerend kommt hinzu, dass die für ein komplexes System, wie es eine wissenschaftlichen Ansprüchen entsprechende Datenverarbeitung und -analyse darstellt, zwingend notwendigen konzeptionellen Lösungen aus der professionellen Softwareentwicklung gar nicht bekannt sind. Darüber hinaus fehlt es oft am Bewusstsein, dass Datenauswertung, die nicht auf Nachvollziehbarkeit, Überprüfbarkeit und Reproduzierbarkeit Wert legt, letztlich unwissenschaftlich ist und im Ergebnis wissentlich oder unwissentlich die Wissenschaftlichkeit der eigenen Arbeit untergräbt.

Wie kann man aber nun in einem Umfeld, in dem Programmierung selten oder nie gelehrt wird und das der Softwareentwicklung nach wie vor einen viel zu geringen Stellenwert beimisst, weil sie nur als notwendiges Mittel zum Zweck und nicht als eigenständige intellektuelle Leistung gilt, nachhaltig zu einer Verbesserung der Softwarequalität beitragen? Zunächst gilt es, sich der Situation in den Naturwissenschaften bewusst zu sein: kleine Gruppen, meist nur einzelne Entwickler, keine formale Programmierausbildung, sondern nur das, was man selbst nebenher gelernt hat. Dazu kommt, dass die wenigsten Mitarbeiterinnen und Mitarbeiter einen zeitlichen Horizont über wenige Jahre hinaus haben. Entsprechend ist es Aufgabe der verantwortlichen akademischen Betreuungspersonen, die über eine weit längere Zeit hinaus an einem Ort oder doch zumindest in der Wissenschaft sind, sich um die langfristigen Strategien und die Bereitstellung der notwendigen Infrastruktur auf allen notwendigen Ebenen zu bemühen – und die Einhaltung zentraler Standards wissenschaftlichen Arbeitens wie eine vollständige Dokumentation aller Arbeiten und die Archivierung aller Daten und Auswertungsroutinen einzufordern und idealerweise vorzuleben. Aufgrund seiner inhärenten Komplexität wird ein Gesamtsystem zur wissenschaftlichen Datenverarbeitung und -analyse modular aufgebaut sein müssen und immer eine zumindest anfänglich erheblich steile Lernkurve haben. Deshalb gilt es, neue Mitarbeiter schnell mit den notwendigen Qualifikationen auszustatten, damit sie vorhandene Systeme und Programme kompetent nutzen und möglichst bald auch an ihrer Weiterentwicklung teilnehmen können. Das vorliegende Buch genauso wie die ihm zugrunde liegende Vorlesung motivieren einerseits die Existenz von und den Bedarf an solch großen Projekten mit qualitativ hochwertigem Code und behandeln andererseits die wesentlichen Bausteine, die dafür notwendig sind. Voraussetzung sind aber darüber hinaus Kurse, die in die Grundlagen der Programmierung einführen, die aber mittlerweile zahlreich und in hoher Qualität auch online verfügbar sind.

Damit die Softwareentwicklung in den Naturwissenschaften eine Qualität erreicht, die den Kriterien sauberen wissenschaftlichen Arbeitens entspricht, muss sich gleichzeitig das Bewusstsein entwickeln, welch große Bedeutung dieses Thema für die Wissenschaft als Ganzes hat. Auch hier gilt, was Christine L. Borgman über die mangelnde Reflexion über den Umgang mit Forschungsdaten sagte: Auf dem Spiel steht nicht weniger als die Zukunft der Wissenschaft („*At stake is the future of scholarship*").

Till Biskup
Rostock und Berlin
April 2025

Danksagung und Erklärungen

Danksagung Weder dieses Buch noch die ihm zugrunde liegende Vorlesung wären ohne die tatkräftige Mithilfe zahlreicher Menschen zustande gekommen. Die Verantwortung für die Inhalte und insbesondere alle Ungenauigkeiten und Fehler liegt selbstverständlich beim Autor, aber vieles wäre nicht in der hier präsentierten Form entstanden, hätte es nicht zahlreiche Ideen und vor allem einen intensiven persönlichen Austausch gegeben. Sollte jemand vergessen worden sein, so geschah das nicht in böser Absicht.

Bernd Paulus hat mich früh sehr viel unterstützt und mir dabei geholfen, zentrale Aspekte zu entwickeln. Es war seine Idee, daraus eine Lehrveranstaltung bzw. letztlich eine Vorlesung zu machen, die wiederum zur Grundlage für dieses Buch wurde. Deborah Meyer wirkte in der Nachfolge von Bernd ganz wesentlich als „Geburtshelferin“ vieler Ideen. Darüber hinaus ist sie ein leuchtendes Beispiel dafür, was passiert, wenn man einen sehr strukturiert denkenden Menschen mit ein paar grundlegenden Werkzeugen (Programmieren nullter Ordnung) ausstattet und anschließend mit vagen Ideen und Träumen für ein Gesamtsystem konfrontiert. Thomas Berthold ist nach Aussage einer Person, die dazu befugt ist, ein exzellenter Wissenschaftler (er selbst wird das aufgrund seiner Bescheidenheit weit von sich weisen): Seine scharfe Beobachtungsgabe und seine Idee, alle während einer Messung verfügbaren Informationen elektronisch abzulegen, haben ganz wesentlich die Strategie des Autors zur Datenaufnahme hin zu einer sauberen wissenschaftlichen Arbeitsweise geprägt. Die Gabe, so scharf zu beobachten und immer wieder auf vermeintliche Kleinigkeiten aufmerksam zu machen, ist sehr selten – aber eine Grundvoraussetzung für wirkliche wissenschaftlich solide Arbeit. Jara Popp hat die erste Inkarnation der dem Buch zugrunde liegenden Vorlesung intensiv begleitet, alle Foliensätze Korrektur gelesen, und nicht zuletzt durch den praktischen Einsatz vieler Ideen ermutigt, den eingeschlagenen Weg weiterzugehen. Ihr ist darüber hinaus die Existenz des Glossars und der Verständnisfragen zu jedem Kapitel zu verdanken.

Ulrich Heinen hat nicht nur die Mühen auf sich genommen, ein Geleitwort zu diesem Buch zu verfassen und die Thematik in den großen Kontext zu stellen. Er hat schon vor Jahrzehnten wissenschaftliche Softwareentwicklung ernst genommen und praktiziert und nicht zuletzt mit der Ansteuerungssoftware für das zeitaufgelöste EPR-Spektrometer in Freiburg, die der Autor selbst in seiner Habilitation täglich verwendete, einen bleibenden Wert für die und Beitrag zur Wissenschaft geleistet.

Ein weiterer Dank gebührt all den anderen (ehemaligen) Kolleginnen und Kollegen, Mitarbeitenden und Studierenden, die bereitwillig das vorhandene – und teilweise von mir übergestülpte – (Teil-)System zur wissenschaftlichen Datenverarbeitung, angefangen bei den Infodateien für die Metadaten zu Messungen, bereitwillig nutzen und durch ihre Kommentare und Vorschläge zur Verbesserung beitragen und mich immer wieder motivieren, damit weiterzumachen. Namentlich genannt seien hier, in keiner speziellen Reihenfolge: Asako Okafuji, Henrik Kalbe, Clemens Matt, Katja Stry. Darüber hinaus sei jenen Kollegen gedankt, denen ich von den Inhalten der Vorlesung erzählte und die mich darin unterstützten, dass die Thematik wichtig für die Wissenschaften ist, aber (viel zu) selten in einer Lehrveranstaltung thematisiert wird: Jan Behrends, Christopher Wedge, Sven Hüttner, Richard Hildner.

Ein *early adopter* der dem Buch zugrunde liegenden Vorlesung und ihrer Konzepte ist Axel Luchterhand, der an der Veranstaltung in ihrer ursprünglichen Form als Methodenkurs aus der Entfernung teilnahm und als Einziger die damals existierenden Übungszettel bearbeitete. Seine Sicht als Physiker und damit Naturwissenschaftler, der über Jahre zuletzt als Entwicklungsleiter in einem Unternehmen für Medizingeräte zusätzlich den Blick aus der Wirtschaft und Anwendung heraus hat, war und ist bereichernd. Ihm verdanke ich viele wertvolle Einsichten, auch und gerade hinsichtlich der Bedeutung solider Programmierkenntnisse als Qualifikation auf dem Arbeitsmarkt und der Bedeutung sauberer Spezifikationen und Tests für Programme sowohl in der Wirtschaft als auch in der Wissenschaft. Ein spezieller Dank gebührt Rudolf Kaal, nicht zuletzt für seinen großen Anteil daran, mich zu einem immer besseren Programmierer zu machen, der sich zunehmend (und schmerzlich) der eigenen Beschränkung in dieser Hinsicht bewusst ist. Er war über lange Zeit in vieler Hinsicht der einzige Ansprechpartner für viele Themen der Vorlesung, der die notwendige fachliche Kompetenz mitbringt, um zu verstehen, was ich meine, und aufgrund seines Hintergrundes in der Physik beide „Welten" – Wissenschaft und Softwareentwicklung – aus eigener Erfahrung kennt und zwischen ihnen vermitteln kann.

Der letzte und größte Dank gebührt meiner Frau Mirjam Schröder. Sie hat über die Jahre darauf hingearbeitet, dass das Dozenten-Skript zur Vorlesung doch als Buch erscheinen solle, und hat sich aktiv mit der Thematik auseinandergesetzt. Ihr verdanke ich darüber hinaus die Erkenntnis, dass sich viele Aspekte, die in der Vorlesung angesprochen werden, ganz lebenspraktisch an anderen Stellen einsetzen lassen. Darüber hinaus hat sie so manchen Abend und so manches Wochenende auf gemeinschaftliche Unternehmungen verzichtet und mir nicht nur die Freiräume geschaffen, sondern in jeder Hinsicht aktiv zum Gelingen beigetragen. Danke!

Interessenkonflikt Der/die Autor*in hat keine für den Inhalt dieses Manuskripts relevanten Interessenkonflikte.

Inhaltsverzeichnis

I Motivation

II Infrastruktur

IV Softwarearchitektur

V Datenverarbeitung

Motivation

Warum ist es für Naturwissenschaftlerinnen und Naturwissenschaftler so wichtig, sich konzeptionell mit Softwareentwicklung zu beschäftigen? Wenn Software als Werkzeug zunehmend integraler Bestandteil der Forschung und des wissenschaftlichen Erkenntnisprozesses wird, gelten für sie die gleichen Ansprüche und Anforderungen wie für alle anderen Hilfsmittel und Vorgehensweisen. Entsprechend müssen Naturwissenschaftlerinnen und Naturwissenschaftler, wenn sie Software selbst entwickeln wollen oder müssen, die dafür notwendigen Kompetenzen genauso erwerben wie die ureigenen Kompetenzen ihrer jeweiligen Fachdisziplin. Softwareentwicklung setzt Programmierung – die sichere Beherrschung einer Programmiersprache – als Kompetenz zwingend voraus, reicht aber weit darüber hinaus. Die (mangelnde) Qualität der meisten in den Naturwissenschaften verwendeten und von Forschenden geschriebenen Software hat direkte Auswirkung auf die Qualität der resultierenden Forschung, ihrer Ergebnisse und ggf. Erkenntnisse.

Inhaltsverzeichnis

Motivation: Das Wesen der Wissenschaft

Inhaltsverzeichnis

T. Biskup, *Softwareentwicklung für die Naturwissenschaften*,
https://doi.org/10.1007/978-3-662-71607-6_1

1

Kernaspekte
- Wissenschaft stellt hohe Ansprüche an die Durchführenden. Wissenschaftler sollten sich dieser Ansprüche bewusst sein.
- Rechnergestützte Datenauswertung spielt in den Naturwissenschaften oft eine bedeutende Rolle. Softwareentwicklung ist notwendiges Mittel zum Zweck.
- Software zur wissenschaftlichen Datenanalyse sollte einer Reihe von Anforderungen genügen: Wiederverwendbarkeit, Selbstdokumentation, Zuverlässigkeit, Überprüfbarkeit, Nutzerfreundlichkeit, Erweiterbarkeit, Reproduzierbarkeit.
- Auswertungssoftware wird schnell komplex. Kenntnis von Strategien professioneller Softwareentwicklung ist daher wichtig.

Das Wesen der Wissenschaft wird so gut wie nie in den universitären Curricula thematisiert, wie schon Richard Feynman beklagte [1]. Dabei ist eine explizite Verständigung über ihre Ziele und das dafür notwendige systematische Vorgehen essentielle Voraussetzung einer für alle Seiten gewinnbringenden Betätigung und in der Konsequenz des wissenschaftlichen Erkenntnisfortschritts. Keiner dieser Aspekte hat mit Digitalität oder zunehmenden Datenmengen zu tun, auch wenn beide Phänomene eine intensive Beschäftigung mit den Grundlagen der Wissenschaftlichkeit zunehmend dringlicher erscheinen lassen.[1] Wissenschaft stellt hohe Ansprüche an jene, die sie betreiben wollen. Die daraus resultierende Verantwortung der Wissenschaftlerinnen und Wissenschaftler[2] hat direkte Konsequenzen für die Softwareentwicklung im wissenschaftlichen Kontext.

1.1 Wissenschaft und die Verantwortung des Wissenschaftlers

Die Frage „Was ist Wissenschaft" zu behandeln, sprengt den Rahmen dieses Buches bei Weitem und ist nicht umsonst der Inhalt ganzer Bücher und dedizierter Vorlesungen zur Wissenschaftstheorie (meist an der philosophischen Fakultät). Den Interessierten sei die Lektüre der entsprechenden Primär- (u. a. Popper, Kuhn, Hacking; [2–4]) und Sekundärliteratur (u. a. Poser, Chalmers; [5, 6]) sowie ein Blick in das kommentierte Literaturverzeichnis am Ende des Kapitels empfohlen. Hier geht es hauptsächlich um Aspekte der (empirischen) Wissenschaften, die zu ihrem großen Erfolg beigetragen haben und für das Thema des Buches – letztlich: rechnergestützte Datenanalyse mithilfe von Software, die von den Forschenden selbst entwickelt wird – relevant sind: **Unabhängigkeit**, **Nachvollziehbarkeit** und **Überprüfbarkeit**. Ein zentraler Aspekt der (abendländischen) Wissenschaft lässt sich sehr schön an einem bekannten Zitat von Isaak Newton illustrieren:

> » „If I have seen further it is by standing on ye shoulders of giants." (Sir Isaak Newton, Brief an Robert Hooke, 5. Februar 1676)

1 Diese Dringlichkeit entsteht dadurch, dass das Erzeugen von Daten bis hin zu „wissenschaftlichen" Veröffentlichungen durch die digitalen Werkzeuge immer einfacher wird und dadurch die Voraussetzungen für den Wissens- und Erkenntnisgewinn zunehmend in den Hintergrund geraten.

2 Wird nachfolgend nur eine Form verwendet, sind immer alle Geschlechter gemeint.

Wissenschaft ist ein Zeit, Raum und Personen überschreitendes gemeinschaftliches menschliches Unterfangen. Letztlich geht es um die Einschätzung und Einordnung eigener Leistungen vor der Tradition und Vorarbeit anderer.[3] Trotzdem (oder auch deshalb) gilt Newton als einer der größten Physiker. Die Vorarbeiten anderer sind fast ausschließlich deren schriftlich kontextualisierte Ergebnisse und Erkenntnisse, so gut wie nie ihre Werkzeuge oder Daten.[4]

Aus der Wissenschaftstheorie heraus lassen sich als Antwort auf die Frage „Was ist der Kern von Wissenschaft?" mindestens vier Kriterien nennen – ohne Anspruch auf Vollständigkeit:

- Erkenntnisgewinn
- Unabhängigkeit vom Betrachter/Experimentator
- gegründet auf den Erkenntnissen früherer Generationen
- überprüfbar, nachvollziehbar, ggf. reproduzierbar[5]

Daraus folgt unmittelbar, dass wissenschaftliches Arbeiten eine verantwortungsvolle Tätigkeit ist: Wissenschaftler tragen eine **Verantwortung** gegenüber denen, die auf den von ihnen gewonnenen Erkenntnissen aufbauen. Während sich Interpretationen ändern, sollten Daten grundsätzlich Bestand haben. Das setzt zwingend voraus, dass Daten nach bestem Wissen und Gewissen akkurat aufgenommen (und dokumentiert) werden. Diese Ansprüche lassen sich nur durch ein **systematisches und diszipliniertes Vorgehen** erfüllen, das nach Immanuel Kant ein weiteres konstituierendes Merkmal von Wissenschaft ist:

> » „Eine jede Lehre, wenn sie ein *System*, d.i. ein nach Prinzipien geordnetes Ganze der Erkenntnis sein soll, heißt Wissenschaft" (Immanuel Kant, [7, S. 3], Hervorhebung im Original)

Systematik und Disziplin haben in letzter Konsequenz viel mehr mit der persönlichen Einstellung als mit der Qualität der zur Verfügung stehenden Hilfsmittel zu tun. In der Gegenüberstellung der Schemata des Vorgehens in den empirischen Wissenschaften und der rechnergestützten Datenauswertung (◘ Abb. 1.1) wird deutlich, dass die systematische Herangehensweise für beide konstituierend ist.

Wissenschaftler tragen eine Verantwortung nicht nur gegenüber der Wissenschaft selbst und den Generationen nachfolgender Wissenschaftler, die auf den von ihnen gewonnenen Erkenntnissen aufbauen, sondern auch gegenüber der Gesellschaft. Das ist zum einen die Verantwortung, sinnvoll mit den anvertrauten Mitteln umzugehen (Wissenschaft und Forschung wird überwiegend aus Steuergeldern finanziert). Zum anderen

---

3 Selbst wenn man mit Kuhn [3] davon ausgeht, dass Paradigmen eine starke Wirkung darauf haben, was innerhalb einer Disziplin zu einer gegebenen Zeit überhaupt als „denkbar" gilt, Tradition und Vorarbeit also auch hinderlich sein kann, so gründet Wissenschaft doch (so gut wie) immer auf der Kenntnis des Bestehenden und betrachtet eigene Erkenntnisse in diesem Kontext.

4 Das hat entsprechende Implikationen für das gerade politisch sehr betonte „Forschungsdatenmanagement", die hier aber nicht weiter thematisiert werden sollen.

5 Auch wenn die Reproduzierbarkeit im Kontext des Buches betont wird, ist sie nicht zwangsläufig ein konstituierendes Merkmal von Naturwissenschaften – siehe dazu die diesbezügliche Diskussion um die Wissenschaftlichkeit der Evolutionsforschung und verwandter, sich überwiegend mit historischen Gegebenheiten befassender Disziplinen. Reproduzierbarkeit (von Auswertungen) und Replizierbarkeit sind aber auch unterscheidbar, vgl. dazu ► Abschn. 31.1.1. Der dortigen Begriffsdefinition folgend wären auch historische Wissenschaften an die Reproduzierbarkeit gebunden, auch wenn die Replizierbarkeit intrinsisch nicht gegeben ist bzw. sein kann.

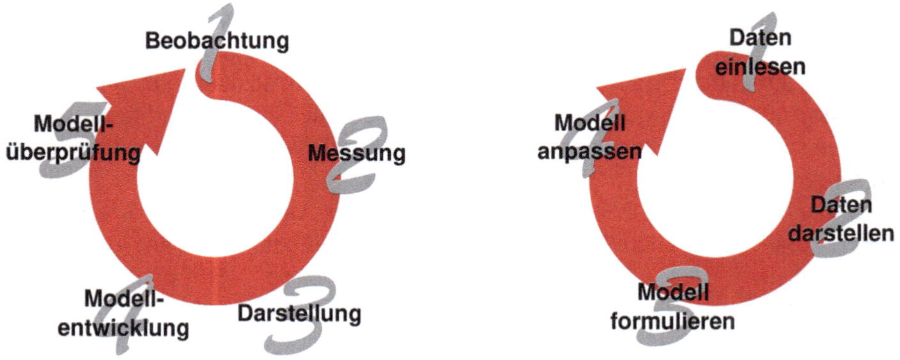

Abb. 1.1 Experimentelle Wissenschaft und rechnergestützte Datenauswertung haben eine hochgradig systematische Vorgehensweise gemeinsam. Das wird an den beiden Schemata des generellen Vorgehens in den experimentellen Wissenschaften (*links*) und in der rechnergestützten Datenauswertung (*rechts*) deutlich. Das systematische Vorgehen ist ein Kern der Wissenschaftlichkeit – und die Verantwortung des Wissenschaftlers. Entsprechend wichtig sind Nachvollziehbarkeit und Reproduzierbarkeit

ergibt sich aber auch eine Verantwortung aus der Stellung der Wissenschaftler als „intellektuelle Elite" der Gesellschaft, ihre Forschung und ihre Ergebnisse immer wieder zu erklären, aber sich genauso auch der Grenzen des eigenen Wissens und der Vorläufigkeit der Erkenntnisse bewusst zu sein. Diese Verantwortung der Gesellschaft gegenüber bedeutet aber keineswegs, dass Wissenschaft nützlich sein muss:

> „Wissenschaft […] ist Ausdruck eines Begründungsanspruchs, eines Rationalitätsanspruchs, der begann, als griechische Denker auf den lebenspraktisch gänzlich überflüssigen Gedanken kamen, den aus Feldvermessungen wohlbekannten Satz des Pythagoras zu *beweisen*! Wissenschaft, wo immer und wie immer sie betrieben wird, zielt also ab auf Aussagensysteme oder Theorien, die *begründet* sind." (Hans Poser, [5, S. 21 f.], Hervorhebungen im Original)

In letzter Konsequenz ist Wissenschaft intellektueller Selbstzweck und kann nur in grundsätzlich offenen Gesellschaften gedeihen [8, 9].

1.2 Erkenntnisgewinn durch Verständnis von Zusammenhängen

So wichtig ein systematisches und diszipliniertes Vorgehen ist, ist es doch nur notwendige, aber nicht hinreichende Voraussetzung für den wissenschaftlichen Erkenntnisgewinn. Das Streben nach Erkenntnis ist es, was Wissenschaft von bloßer Forschung unterscheidet, und Forschung kann entsprechend ohne Beitrag zur Wissenschaft bleiben – vgl. Feynmans „Cargo Cult Science" [1]. Verständnis lässt sich nicht erlernen bzw. vermitteln, nur das Wissen über das jeweilige Fach sowie über die für das Verständnis notwendigen Werkzeuge und ihre Verwendung. Das Verständnis von Zusammenhängen und in der Folge der Erkenntnisgewinn ist immer eine höchst subjektive Angelegenheit – und damit in der Verantwortung des Individuums.[6] „Künstliche Intelligenz", wie sie uns momentan begegnet (d.i. Algorithmen des maschinellen Lernens), wird dazu nie in der Lage sein.

6 „You can lead a horse to water, but you can't make him drink".

Inwieweit Verständnis eine rein auf den Menschen beschränkte Eigenschaft der belebten Natur ist, ist hingegen eine spannende, aber hier irrelevante Frage.

Die bisherigen Ausführungen zum Wesen der Wissenschaft erheben Gültigkeit weit über die Naturwissenschaften hinaus. Der Herkunft des Autors geschuldet, sei jetzt doch der Blick auf die physikalischen Wissenschaften gerichtet und stellvertretend eine sehr aufschlussreiche Definition der Physikalischen Chemie aufgeführt:

Definition 1.1: Physikalische Chemie

Physikalische Chemie – Ordnung des experimentell gewonnenen Erfahrungsmaterials mithilfe der theoretischen, numerischen und experimentellen Methoden der Physik und der Theoretischen Chemie, Auffinden qualitativer Zusammenhänge und Aufstellen quantitativer Beziehungen [vgl. 10, S. XXIII].

Das Verständnis der Grundlagen und Hintergründe steht im Zentrum (nicht nur) der physikalischen Wissenschaften. Der Erkenntnisgewinn ruht auf der Kombination und engen Verzahnung von Experiment *und* Theorie: Der empirischen Datengewinnung und -auswertung einerseits steht das Erstellen theoretischer Modelle zur Erklärung dieser erhobenen Daten andererseits gegenüber. Dazu kommt ggf. noch die Anpassung der theoretischen Modelle an die Daten. Ein paar allgemeinere Anmerkungen zur Datenauswertung aus der eigenen langjährigen Erfahrung:

- Die meisten Daten liegen heute elektronisch vor – egal ob Messdaten oder Ergebnisse von Rechnungen.[7]
- Die Datenanalyse „realer" Daten ist in der Regel so komplex, dass sie durch Rechner unterstützt wird.
- Ein reales Verständnis der Zusammenhänge erfordert häufig die eigenständige Entwicklung von Auswertungsstrategien.

Hieraus ist unmittelbar offensichtlich, dass die Entwicklung von Auswertungssoftware einen wesentlichen Teil der wissenschaftlichen Arbeit ausmachen kann. Aber was sind denn nun die Anforderungen an die wissenschaftliche Datenanalyse, um die es in diesem Buch gehen soll? Das führt unmittelbar zum nächsten Abschnitt: Das Schema zu den Anforderungen an die wissenschaftliche Datenanalyse (◘ Abb. 1.2) kann als eine Art „Wunschliste" verstanden werden, aber auch als sich aus der Wissenschaftlichkeit heraus ergebende zwingende Anforderungen.

1.3 Wissenschaftliche Datenanalyse: Anforderungen

Die rechnergestützte Analyse von Daten sollte den gleichen Anforderungen genügen wie die experimentelle Arbeit, insbesondere hinsichtlich der sorgfältigen Durchführung und möglichst vollständigen Dokumentation (Laborbuch), um die Reproduzierbarkeit zu gewährleisten.

> „If experimentalists don't calibrate their equipment, check their reagants' [sic!] purity, and take careful notes, what they're doing isn't considered science. In contrast, computationalists don't even learn how to assess their software's quality in any systematic way, and very

7 Das gilt aber nach wie vor nicht gleichermaßen für Metadaten. Die liegen immer noch oftmals entweder handschriftlich oder gar nicht vor, meist aber nicht digital und in einer von Maschinen verarbeitbaren Form.

Abb. 1.2 Anforderungen an Software zur wissenschaftlichen Datenanalyse. Das Schema dient einer ersten Übersicht, für Details zu den einzelnen Aspekten vgl. den Text und die nachfolgenden Kapitel

> few would be able to recreate and rerun the programs they used to produce last year's papers. As a result, most computational science is irreproducible and of unknown quality.“ (Greg Wilson, 2006, [11])

Der letzte Satz dieses Zitats spiegelt die eigene Erfahrung des Autors wider und liefert gleichzeitig eine Hauptmotivation für dieses Buch: die *Verbesserung der Qualität von Software zur wissenschaftlichen Datenanalyse*. Darüber hinaus wird aus diesem Zitat deutlich, dass die (mangelnde) Qualität von Software in den (Natur-)Wissenschaften droht, zu einem ernsthaften Problem zu werden.[8] Abb. 1.2 gibt einen ersten Überblick über Anforderungen, die sinnvollerweise an die wissenschaftliche Datenanalyse gestellt werden sollten, um deren Wissenschaftlichkeit zu gewährleisten. Auf jede im Schema genannte Anforderung an die wissenschaftliche Datenanalyse wird nachfolgend detaillierter eingegangen. Dazu werden insbesondere Aspekte aus Sicht der Softwareentwicklung hervorgehoben.

1.3.1 Wiederverwendbar

Natürlich kann für jeden Datensatz/für jede Situation ein neues Skript geschrieben werden. Allerdings lassen sich viele Auswertungsschritte mit ein bisschen Nachdenken soweit abstrahieren, dass eine allgemeine(re) Lösung gefunden werden kann. Das ist auch eine Frage der Ökonomie und des verantwortungsvollen Umgangs mit Ressourcen. Die Praxis zeigt, dass leider viel zu oft die gleichen vergleichsweise kleinen Probleme immer wieder aufs Neue vergleichsweise schlecht gelöst werden, statt einmal Zeit zu investieren

8 Greg Wilson hat (als „Theoretiker“) eine stark idealisierte Vorstellung von der Arbeitsweise experimenteller Wissenschaftler. Nachvollziehbarkeit und Überprüfbarkeit, wie er sie für die experimentellen Wissenschaften beschreibt und zurecht einfordert, ist in der Realität viel zu oft nicht gewährleistet – und wird nach wie vor zu selten als ernsthaftes Problem wahrgenommen.

und eine robuste, wiederverwendbare und ggf. erweiterbare Lösung anzustreben.[9] Natürlich ist es ein immenser Unterschied im Aufwand, ein Programm zu schreiben, das akut ein Problem löst, und eines, das (von anderen) wiederverwendbar ist. Zieht man allerdings in Betracht, dass viele andere für die Wissenschaftlichkeit essentielle Kriterien (u. a. die Nachvollziehbar- und Überprüfbarkeit) quasi nebenbei die Wiederverwendbarkeit befördern, ist dieser Aufwand streng genommen sowieso notwendig.

Einmal geschriebene Software kann auf unterschiedliche Art und Weise wiederverwendet werden:

- später/nach gewisser Zeit vom gleichen oder anderen Nutzern
- für ähnliche Fragestellungen
- im Kontext anderer Fragestellungen

Daraus ergibt sich aus Sicht der Softwareentwicklung eine Reihe von Aspekten, die zu beachten sind:

Modular Ein Modul sollte genau *eine* Aufgabe erfüllen. Es sollte klein genug sein, um es vollständig erfassen und verstehen zu können und abstrakt genug,[10] um es in anderem Kontext wiederverwenden zu können.

Code les-/verstehbar Nur Code, den man versteht, kann in anderem Kontext wiederverwendet werden. Kriterien und Strategien für lesbaren Code werden ab ► Kap. 10 besprochen. Eine Alternative wäre eine Bibliothek mit hinsichtlich ihrer Schnittstelle klar definierten und sauber dokumentierten Routinen (z. B. wenn nicht im Quelltext verfügbar).

Tests Veränderungen am Code, z. B. weitere Abstraktion oder Anpassung an einen anderen Kontext, sollten die bestehende Funktionalität nicht beeinträchtigen. Das kann nur durch automatisierte Tests (halbwegs) sichergestellt werden (vgl. ► Kap. 18).

Zukunftssichere Formate Daten in den Wissenschaften haben eine wesentlich längere Halbwertszeit als Speicherformate im EDV-Kontext. Deshalb sollte von Anfang an darauf geachtet werden, offene und standardisierte Formate zu verwenden und das sauber zu dokumentieren (vgl. ► Kap. 29).

Plattformunabhängig Gerade im akademischen Kontext sind zumindest drei Plattformen (Windows/Linux/Mac) verbreitet. Software sollte von Anfang an plattformunabhängig gestaltet und geschrieben werden.

Sprachunabhängig Die Wahl der Programmiersprache ist oft von außen vorgegeben, aber letztlich relativ wenig entscheidend für die Qualität und Umsetzung von Software. Auf sprachspezifische Konstrukte sollte – außer auf unterster Ebene des Codes – soweit wie irgend möglich verzichtet („Program into a language, not in a language“, [12]) und die

9 Zusätzlich erschwerend kommt hinzu, dass viele erst einmal drauf los programmieren, statt, wie es der wissenschaftlichen Vorgehensweise entspräche, zu recherchieren, was ggf. bereits an Vorarbeiten vorhanden ist, die sich gewinnbringend einsetzen ließen.

10 Häufig gibt es kleine konkrete Codeteile, die sich nicht oder nur mühsam wiederverwenden lassen. Das ist aber kein Widerspruch und immer eine Frage des Kontextes. Drei Zeilen in eine Funktion/Methode auszulagern, die nur einmal verwendet wird, kann die Lesbarkeit des Codes immens steigern.

Konzepte sollten sauber dokumentiert werden (externe Dokumentation, vgl. ▶ Kap. 8). Satirisch überspitzt hat das Ed Post in seinem Essay „Real Programmers Don't use Pascal" zum Ausdruck gebracht:

> „the determined Real Programmer can write FORTRAN programs in any language" (Ed Post, [13])

Klare Urheberrechte/Lizenzen Quellcode unterliegt erst einmal den gleichen restriktiven urheberrechtlichen Kriterien wie andere Ergebnisse menschlicher Kreativität. Nur wenn die Möglichkeiten der Weiterverwendung klar vom Urheber in Form einer Lizenz festgelegt wurden, kann Code verändert, angepasst und in anderem Kontext bzw. von anderen Personen als dem Autor eingesetzt werden (vgl. ▶ Kap. 5).

1.3.2 Selbstdokumentierend

Reproduzierbarkeit und Nachvollziehbarkeit sind zentrale Aspekte der empirischen Wissenschaften. Das setzt bei der Datenauswertung eine *vollständige und lückenlose Dokumentation aller Verarbeitungsschritte* inklusive aller Parameter (und Randbedingungen) voraus. Idealerweise läuft diese Dokumentation, was mit den Daten passiert ist, komplett automatisiert ab und ermöglicht am Ende die (ebenfalls automatische) Erzeugung eines gut formatierten Berichtes mit den Ergebnissen. Für Details zu solchen Berichten vgl. ▶ Kap. 32. Gut formatiert bedeutet in diesem Kontext, dass er lesbar, übersichtlich und möglichst ansprechend ist sowie vergleichbare Informationen immer an der gleichen Stelle wiedergibt (für eine bessere Vergleichbarkeit von Berichten untereinander). Aus der Selbstdokumentation wissenschaftlicher Datenauswertung ergeben sich aus Sicht der Softwareentwicklung die folgenden relevanten Aspekte:

Modular Jeder Verarbeitungsschritt sollte in einer eigenen Routine erfolgen. Die Dokumentation der Parameter und Randbedingungen erfolgt ggf. durch eine separate (generische) Routine, die von der jeweiligen Verarbeitungsroutine aufgerufen wird, alternativ durch Vererbung im Kontext eines objektorientierten Ansatzes (▶ Kap. 12).

Möglichst einheitliche Schnittstellen Je einheitlicher die Schnittstellen der Routinen sind, desto einfacher wird es für eine weitere Routine, für die automatische Dokumentation der Verarbeitungsparameter und Randbedingungen zu sorgen. Im Rahmen eines objektorientierten Ansatzes lässt sich das über (abstrakte) Basisklassen gewährleisten.

Trennung von Auswertung und Bericht (Vorlagen, *templates*) Am Ende soll ein Bericht stehen, der auf Lesbarkeit für den menschlichen Betrachter optimiert ist. Hier empfiehlt sich die Trennung der Auswertung vom Bericht, z. B. über die Verwendung eines Vorlagensystems (*templates*), bei dem Platzhalter in Vorlagen automatisch durch den jeweiligen Inhalt ersetzt werden. Für Details vgl. ▶ Kap. 32.

1.3.3 Zuverlässig

Zuverlässigkeit der Datenauswertung hat mehrere Aspekte, sowohl aus Sicht der Softwareentwicklung als auch aus Sicht der Wissenschaften.

Selbstdokumentierender Code ist etwas anderes

Der Begriff „selbstdokumentierend" wird im großen Abschnitt „Sauberer Code" des Buches (ab ▶ Kap. 10) in einem gänzlich anderen Kontext verwendet. Hier geht es darum, dass von außen betrachtet ohne jegliche Ahnung von der Softwareentwicklung die einzelnen Schritte der Datenverarbeitung idealerweise ohne manuelles Zutun mitprotokollieren, was genau gemacht wurde. Die im Rahmen des vom Autor entwickelten ASpecD-Frameworks [14] implementierten Mechanismen tragen genau diesem Kriterium der Selbstdokumentation Rechnung, indem sie alle Verarbeitungsschritte selbstständig dokumentieren und die Möglichkeit geben, automatisiert Berichte zu erstellen. Kernaspekte der Implementierung von ASpecD sind die Objektorientierung und die Vererbung (vgl. ▶ Kap. 12). Alle zur Dokumentation notwendigen Mechanismen sind im Framework bereits implementiert, der Nutzer bzw. die Entwicklerin darauf aufbauender realer Auswertungspakete muss sich „nur noch" um die Implementierung der eigentlichen Verarbeitungsschritte kümmern.

Softwareentwicklung Eine Datenauswertungsroutine sollte frei von (unerwünschten) Nebenwirkungen sein. Das betrifft sowohl Fehler durch numerische Genauigkeit als auch Fehler in der konkreten Programmierung, die nur bei bestimmten Kombinationen von Parametern auftreten.

Wissenschaften Eine Datenauswertungsroutine sollte unabhängig von den Eingabeparametern wissenschaftlich korrekte Ergebnisse liefern – zumindest solange die Parameter innerhalb des gültigen Wertebereiches liegen. Das erfordert ggf. die klare Definition gültiger Bereiche für die Parameter und in der Umsetzung deren Validierung.[11] Es kann durchaus wesentlich sein, den (ursprünglichen) Kontext und bekannte Limitationen explizit in der Dokumentation zu benennen und auf die implementierten Algorithmen (soweit zutreffend) und andere Details der Implementierung zu verweisen (vgl. u. a. [15]).

Aus Sicht der Softwareentwicklung lässt sich sofort eine Reihe von Aspekten aufzählen, die wesentlich zur Zuverlässigkeit von Auswertungsroutinen beitragen können:

Code les-/verstehbar Keine *black boxes* zu verwenden, ist ein zentraler Aspekt für die Datenauswertung in den Wissenschaften: Wenn ich nicht verstehe, was eine Routine tut, kann bzw. sollte ich sie nicht für die Datenauswertung verwenden.[12] Für die Verständlichkeit und Lesbarkeit zu sorgen, liegt in der Verantwortung der Wissenschaftlerin bzw. des Programmierers. Aspekte, die zur Lesbarkeit von Code beitragen, werden im dritten Teil des Buches („Sauberer Code") ab ▶ Kap. 10 behandelt.

---

11 Das ist mitunter einfacher gesagt als getan, da man sich der Limitationen und der gültigen Wertebereiche der Parameter bewusst sein bzw. werden muss, um ihre Einhaltung überprüfen zu können. Mitunter kann (und wird) man auch ganz bewusst den „gigo"-Ansatz (*garbage in, garbage out*) verfolgen, sollte das dann aber klar dokumentieren.

12 Tatsächlich reicht dieser Aspekt noch viel weiter. Viel zu oft werden aus eigener Anschauung Methoden/Programme/Routinen für die Datenauswertung verwendet, ohne dass die nutzende Person deren Funktionalität hinreichend verstanden hätte. Dazu kommt oft erschwerend noch eine Kultur im jeweiligen direkten Arbeitsumfeld, die aktiven Wissenstransfer und die Bereitschaft, Fragen zu stellen, nicht fördert. Auch die „*Google is your friend*"-Methode hilft nur dann weiter, wenn ausreichend Wissen vorhanden ist, um die Qualität und Eignung der Suchergebnisse für die konkrete Fragestellung sinnvoll einschätzen zu können.

Testbarkeit von Simulationsroutinen

Lassen sich Simulationsroutinen für mathematische Modelle tatsächlich testen bzw. sogar testgetrieben entwickeln? Schließlich dienen diese Simulationsroutinen ja dazu, neue Erkenntnisse zu erhalten, und man weiß gerade nicht, was für beliebige Parameter herauskommt. Für einen konkreten Anwendungsfall lässt sich die Frage einfach beantworten: Die Bibliothek EasySpin ([16], ▶ https://www.easyspin.org/) für die Simulation von Magnetresonanz-Spektren wird nach Aussagen ihres Autors Stefan Stoll mit Unittests entwickelt, und mittlerweile lässt sich das im öffentlichen GitHub-Repositorium auch transparent nachvollziehen. Es geht also grundsätzlich schon. Letztlich muss man unterscheiden, was genau man testen möchte. Die wenigsten Programmierer werden grundlegende mathematische Funktionen selbst testgetrieben implementieren wollen, und für das Zusammenspiel dieser einzelnen von Bibliotheken bereitgestellten Routinen im eigenen Programm ist es sowieso unabdingbar, für einfache (analytisch lösbare) Fälle klare Vorstellungen zu haben, was das korrekte Ergebnis ist. Die Schwierigkeit scheint eher mangelnde Vorstellungskraft und Erfahrung mit testgetriebener Entwicklung denn eine grundlegende Unmöglichkeit zu sein.

Robust Die Routine sollte Parameter eingangs auf Sinnhaftigkeit überprüfen. Probleme aufgrund numerischer Ungenauigkeit oder Instabilität sollten selbstständig erkannt und der Anwender entsprechend gewarnt werden.

Modular Eine einzelne Routine, die mehrere Aufgaben erfüllt und entsprechend lang ist, wird schnell unübersichtlich. Unübersichtlichkeit ist aber das Ende der Zuverlässigkeit, da es dann schwer wird, die Routine wirklich Zeile für Zeile zu verstehen. Details dazu werden in ▶ Kap. 14 besprochen.

Tests Die Zuverlässigkeit von Datenauswertungsroutinen sollte durch eine Vielzahl (automatisierter) Tests gewährleistet werden. Für Details vgl. ▶ Kap. 18. Inwieweit und wie leicht die wissenschaftliche Korrektheit automatisiert abgetestet werden kann, hängt sehr vom Kontext ab. Gegebenenfalls bleibt in der Praxis nichts anderes übrig als die Verwendung eines „Goldstandards", gegen den getestet werden kann. Allerdings sollte bei hinreichender Modularität eine komplette Testbarkeit gegeben sein. Gegebenenfalls hilft auch hier der Ansatz der testgetriebenen Entwicklung (vgl. ▶ Kap. 19), der zwangsläufig mit einer Modularität und Testbarkeit einhergeht.

1.3.4 Überprüfbar

Reproduzierbarkeit ist ein zentraler Aspekt empirischer Wissenschaften. Ein weiterer, damit verbundener Aspekt ist die Nachvollziehbarkeit und Überprüfbarkeit der Datenaufnahme und insbesondere der Datenverarbeitung. Es sollte eigentlich selbstverständlich sein, dass alle Schritte nicht nur vollständig, sondern auch noch transparent und nachvollziehbar dokumentiert werden. In der Praxis ist das (aus eigener Erfahrung) eher selten der Fall, und insbesondere werden Daten lieber komplett neu gemessen und Auswertungen

Testgetriebene Entwicklung in den Naturwissenschaften

(Automatisierte) Tests für Code zur wissenschaftlichen Datenverarbeitung sind von großer Bedeutung, und Code, der nicht mit Testbarkeit im Blick geschrieben wurde, ist nur sehr schwer zu testen. Entsprechend sollte das Potential der testgetriebenen Entwicklung (vgl. ► Kap. 19) nicht unterschätzt werden, auch wenn aus eigener Erfahrung die meisten Wissenschaftler vor seinem Einsatz zurückschrecken. Am Ende wird die zwangsläufige Disziplinierung durch testgetriebene Entwicklung zu qualitativ besserem Code führen als eine nachträglich aufgebrachte Disziplin, vorhandenen Code durch Tests zu überprüfen. Da aber ein gewisser Grad der Testabdeckung direkt mit der Wissenschaftlichkeit des Codes korreliert, stellt sich vom Ergebnis und den gestellten Anforderungen her betrachtet die Frage, ob der Ansatz der testgetriebenen Entwicklung nicht am Ende ressourcenschonender und zielführender ist.

unabhängig neu erstellt, als vorhandene Datenauswertungen im Detail nachvollzogen.[13] Aus Sicht der Softwareentwicklung ergibt sich eine Reihe von Aspekten, die wesentlich für die Überprüfbarkeit von Datenauswertung sind:

Konzepte gut dokumentiert Idealerweise liest sich Quellcode sehr gut und liefert dem Leser alle Informationen in verständlicher Weise, die er braucht, um die jeweilige Routine im Detail nachzuvollziehen. Die einzelnen Aspekte werden unter der Überschrift „Sauberer Code" ab ► Kap. 10 besprochen. Über einzelne Routinen hinausgehende Konzepte, insbesondere deren Zusammenspiel, lassen sich aber schwer im Quellcode selbst dokumentieren. Eine gute, vollständige Dokumentation der zugrunde liegenden Konzepte ist daher essentiell. Details zu dieser „externen Dokumentation" finden sich in ► Kap. 8.

Code les-/verstehbar Nur wenn Code les- und verstehbar ist, lässt sich auch nachvollziehen, ob die Auswertung korrekt ist. Idealerweise sind Programme zur wissenschaftlichen Datenauswertung quelloffen (im Quelltext verfügbar), weil nur so die Lesbarkeit und reale Nachvollziehbarkeit gewährleistet werden kann.

Tests (Automatisierte) Tests sind ein sehr guter Weg, um die Richtigkeit einer Routine zu überprüfen. Gegebenenfalls werden beim Prozess des Überprüfens (und aus der entsprechenden Erfahrung) noch weitere Tests hinzugefügt. Testbarkeit von Code stellt hohe Anforderungen, insbesondere an dessen Modularität, und sorgt so im Wechselspiel für eine weitere Erhöhung seiner Qualität, weil mit Modularität meist auch eine bessere Lesbarkeit einhergeht.

13 Es sei nicht verschwiegen, dass fehlende Dokumentation der Messbedingungen und -parameter mitunter keine andere Wahl lässt, als die Datenaufnahme zu wiederholen. Zur Dokumentation der Datenaufnahme vgl. ► Kap. 30 und [17]. Ähnliches gilt für die Datenauswertung und die vollständige Dokumentation aller einzelnen Schritte inkl. aller relevanten Parameter.

1.3.5 Nutzerfreundlich

Je einfacher sich eine Software nutzen lässt, desto mehr wird sie auch genutzt werden. Insbesondere im Kontext komplexerer Datenauswertungen, die dann möglicherweise noch auf einer komplexeren Infrastruktur aufbauen, kann es wichtig werden, auf einfache Nutzbarkeit zu achten, weil sonst die Anwender entweder die Software nicht verwenden oder aber versuchen werden, „Abkürzungen" zu finden, die z. B. die Selbstdokumentation (im Sinne einer automatischen Dokumentation aller Verarbeitungsschritte) korrumpieren. Für einen nutzerzentrierten Ansatz der Softwareentwicklung vgl. z. B. L. Constantine [18].

Grundsätzlich gilt: „Code for people, not computers". Dieser Satz gilt zwar ursprünglich in einem anderen Kontext,[14] passt aber auch hier: Letztlich sollen Auswertungsprogramme immer für den Nutzer programmiert werden. Das ist im einfachsten Fall der Entwickler selbst, allerdings bleibt der (potentielle) Nutzerkreis selten darauf beschränkt. Daraus ergeben sich aus Sicht der Softwareentwicklung eine Reihe von Aspekten, die zu beachten sind:

Intuitive (und stabile) Schnittstellen Einzelne Routinen sollten so einfach wie möglich nutzbar sein. Oft lässt sich die Reihenfolge von Parametern schon durch die Benennung einer Routine festlegen (vgl. ► Kap. 14), sonst helfen konsequent umgesetzte Konventionen. Objektorientierte Programmierung (vgl. ► Kap. 12) umgeht dieses Problem oftmals durch die mit ihrer Verwendung einhergehende Reduktion der Parameterzahl. Schnittstellen sollten nur im äußersten Notfall und nur nach ausreichender Vorwarnung verändert werden, da das normalerweise die Kompatibilität (zu vorhandenem Quellcode) zerstört. Hier empfiehlt sich sowohl eine saubere Dokumentation (Liste der Änderungen, *changelog*) als auch ein „sprechendes" Versionsnummernschema, z. B. SemVer. Für Details vgl. ► Kap. 7.

Robuster Code (Fehler abfangen) Vom Nutzer direkt aufrufbare Routinen sollten möglichst tolerant mit Eingaben umgehen. Nichts ist nerviger, als bei einer langwierigen Auswertung im vorletzten Schritt durch eine falsche Eingabe die gesamten bisherigen Ergebnisse zu verlieren. Nutzereingaben sollten abgesehen davon möglichst früh überprüft werden.

Nutzerdokumentation Eine aktuelle, auf die Bedürfnisse des Anwenders zugeschnittene (ggf. kurzgefasste) Dokumentation, nach Möglichkeit mit realen Anwendungsbeispielen, hilft gerade bei umfangreicheren Auswertungsprogrammen und bei Nutzern, die keinen direkten Zugang zum Entwickler haben, die Software aber trotzdem verwenden wollen. Grundsätzlich gilt: Dokumentation skaliert mit der Zahl der Nutzer, die Lebenszeit des Entwicklers nicht. Eine Nutzerdokumentation gehört zum Bereich der „externen Dokumentation", vgl. ► Kap. 8.

---

14 Der große Kontext ist die Frage, ob Code, der (fehlerfrei) von einem Computer ausführbar ist, schon ausreicht. Viele professionelle Softwareentwickler und Informatiker werden das verneinen und hervorheben, dass Code, der nicht von Menschen (mit endlichem Aufwand) les- und verstehbar ist, ein großes Problem ist und sehr schnell auch real fehlerhaft wird. In gewisser Weise ist die gesamte Entwicklung der Softwaretechnik über die letzten Jahrzehnte seit den Anfängen der Programmierung darauf ausgerichtet, Werkzeuge und Möglichkeiten zu erschaffen, Code für Menschen lesbarer und damit einfacher handhabbar zu machen.

Auf Nutzerbedürfnisse hören Entwickler werden schnell „betriebsblind", deshalb ist es immer gut, auf diejenigen zu hören, die das Programm nutzen, aber nicht selbst geschrieben haben. Hierzu ein Wort der Warnung: Ein Programm so zu schreiben, dass es von seinem Entwickler bedient werden kann, und ein Programm so zu schreiben (und zu dokumentieren), dass es andere Menschen nutzen können, ist ein fundamentaler Unterschied.[15] Letzteres erfordert aus der Erfahrung heraus mindestens einen Faktor fünf an Zeit im Vergleich zu ersterem.

Letztlich ist in den Wissenschaften Auswertungssoftware immer Mittel zum Zweck – und sollte deshalb so einfach wie möglich nutzbar sein. Im Sinne eines ökonomischen Umgangs mit den eingeschränkten vorhandenen Ressourcen sollten Programme möglichst so geschrieben werden, dass sie an nachfolgende Nutzergenerationen weitergegeben werden können und nicht jeder wieder von Neuem bei Null anfängt (vgl. dazu auch den Aspekt der „Wiederverwendbarkeit" weiter oben).

1.3.6 Erweiterbar

Auch wenn viele Aspekte der Datenverarbeitung Routineaufgaben sind, lebt die Wissenschaft davon, dass immer wieder neue Anforderungen auftauchen. Deshalb sollte Software zur Datenverarbeitung und -analyse von Anfang an auf einfache Erweiterbarkeit hin ausgelegt werden. Letztlich ist die eigentliche kreative Tätigkeit des Wissenschaftlers die Anwendung der „Werkzeuge", die vorhanden sind und die er sich angeeignet hat, um neue Fragestellungen zu be- und erarbeiten. Wir haben (i. d. R.) keine Kristallkugel, also müssen wir Änderungen von Anfang an mitdenken und so einfach wie möglich machen. Das führt aus Sicht der Softwareentwicklung unmittelbar zu einer Reihe von Aspekten, die dafür von Bedeutung sind:

Modular Modularität ist ein Kernaspekt für einfache Erweiterbarkeit: Nur wenn jede einzelne Routine genau eine Aufgabe erfüllt (die „Unix-Philosophie", [19, S. 53]), kann sie in anderem (bei der Erstellung meist nicht vorhersehbarem) Kontext wiederverwendet werden. Monolithische, lange Routinen sind schwer erweiterbar und führen oft zu Dopplung von Code, was dessen Wartung unnötig erschwert (und unmöglich machen kann). Details zur Modularität und zur Länge einzelner Routinen werden in ► Kap. 14 behandelt. Ein gutes Bild zur Modularität ist das Bausteinsystem LEGO®: Warum war/ist LEGO® (zumindest das ursprüngliche) so erfolgreich? Letztlich, weil die einfachen Grundbausteine Kreativität freisetzen und sich aus ihnen beliebige Formen erzeugen lassen.

Code les-/verstehbar Code wird viel häufiger gelesen als geschrieben. Um ein Programm erweitern oder eine Routine in einem anderen Kontext verwenden zu können, muss sie erst einmal im Detail verstanden werden. Je lesbarer der Quellcode ist, desto einfacher lässt er sich erweitern. Einzelne Aspekte werden unter der Überschrift „Sauberer Code" ab ► Kap. 10 behandelt.

---

15 Letztlich ist das einer der Kernunterschiede zwischen Programmieren (*Just works for me*™) und Softwareentwicklung. Da Wissenschaft zwingend die Nachvollziehbarkeit der eigenen Arbeit durch andere erfordert, sind Forschende immer damit konfrontiert, nicht nur zu programmieren, sondern Software zu entwickeln – mit all den damit einhergehenden Ansprüchen und Anforderungen.

Tests Veränderungen am Quellcode können nur dann sinnvoll mit entsprechender Zuversicht vorgenommen werden, wenn es (automatisierte) Tests gibt, die die korrekte Funktion jeder Routine sicherstellen. Veränderungen sollten darüber hinaus die bestehende Funktionalität nicht beeinträchtigen (Regression). Das setzt sowohl Tests als auch Software voraus, die von Anfang an mit dem Blick auf einfache Testbarkeit hin entwickelt wurde. Für Details vgl. ▶ Kap. 18 und für die Testautomatisierung und testgetriebene Entwicklung ▶ Kap. 19.

Versionsverwaltung Erweiterungen verlaufen selten linear, außerdem möchte man während der aktiven Weiterentwicklung ggf. mit älteren (bzw. stabilen) Versionen der Software weiterarbeiten können.[16] Zudem sollte jederzeit die Möglichkeit bestehen, auf alte Versionen zurückzugreifen. Entsprechend ist die Verwendung eines Systems zur Versionsverwaltung (▶ Kap. 6) für die Entwicklung größerer Projekte unabdingbar, wobei auch schon einzelne kleine Skripte immens von Versionierung und einem Versionsverwaltungssystem profitieren [20–22].

Schnittstellen und Konzepte dokumentiert Nur wenn die Schnittstellen der einzelnen Routinen und die generellen Konzepte hinter der Software sauber dokumentiert sind, lässt sich eine Erweiterung einfach umsetzen, da nur so der Überblick über die Gesamtsoftware (einfach) möglich ist. Außerdem werden so doppelte Entwicklungen vermieden. Während Schnittstellen noch weitestgehend im Code selbst im Rahmen einer Entwicklerdokumentation (API-Dokumentation) beschrieben werden können (vgl. ▶ Kap. 16), lassen sich Konzepte fast nur sinnvoll extern zum Code dokumentieren. Für entsprechende Werkzeuge und Ideen vgl. ▶ Kap. 8.

1.3.7 Reproduzierbar

Es wurde bereits mehrfach angesprochen: Reproduzierbarkeit ist ein zentraler Aspekt der empirischen Wissenschaften, und manche der bereits genannten Aspekte (wie Selbstdokumentation und Überprüfbarkeit) sind eng damit verbunden. Allerdings geht Reproduzierbarkeit im eigentlichen Sinn noch einen entscheidenden Schritt weiter: Die *konkrete Version aller Routinen*, die für eine bestimmte Auswertung verwendet wurden, sollten im Nachhinein *sowohl nachvollziehbar als auch rekonstruierbar* sein. Programme entwickeln sich kontinuierlich, deshalb ist hier eine entsprechende Infrastruktur, die diese Veränderungen dokumentiert, unumgänglich, um eine Reproduzierbarkeit im eigentlichen Sinne zu gewährleisten. Aus Sicht der Softwareentwicklung ergeben sich daraus unmittelbar einige Aspekte, die für eine vollständige Reproduzierbarkeit unumgänglich sind:

Dokumentation *aller* Parameter, die für eine Operation auf den Daten verwendet wurden Der vollständige Satz an Parametern umfasst auch Standardwerte, die nicht notwendigerweise explizit vom Nutzer angegeben wurden, da sie sich im Laufe der Entwicklung ändern können. Die Dokumentation der Parameter sollte nach Möglichkeit vollständig automatisiert ablaufen, das Ergebnis in einem offenen, dokumentierten und möglichst

16 Aus Gründen der Nachvollziehbarkeit sollte nie produktiv mit Entwicklerversionen einer Software gearbeitet werden, sondern nur mit Veröffentlichungsversionen. Für Details vgl. ▶ Kap. 6.

standardisierten Format abgelegt werden. Zu den Parametern gehören neben den eigentlichen Übergabeparametern für die Routine auch ihre Version, genauso die Version der zugrunde liegenden Programmiersprache, das verwendete Betriebssystem und ggf. Nutzer und Uhrzeit/Datum der Operation. Für Details vgl. ► Kap. 28.

Versionsnummern Nur wenn jede Fassung einer Routine eine eindeutige Versionsnummer hat, kann im Nachhinein aus der Historie der Bearbeitung der Daten eindeutig nachvollzogen werden, welche Fassung einer Routine verwendet worden ist. Spätestens wenn sich irgendwann in einer Routine Fehler finden, kann das essentiell sein. Im Zusammenhang mit einer Versionsverwaltung (s. u.) lassen sich genau die relevanten Versionen einer Routine wiederherstellen und begutachten. Für Details zu Versionsnummern vgl. ► Kap. 7.

Versionsverwaltung Nur durch die Verwendung einer Versionsverwaltung ist sichergestellt, dass es jederzeit Zugriff auf jede Version einer Routine gibt, die irgendwann zur Verarbeitung von Daten verwendet wurde. Gleichzeitig ist eine Versionsverwaltung unabdingbare Voraussetzung für eine sinnvolle verteilte Entwicklung, sowohl von mehreren Orten aus als auch mit mehreren Entwicklern. Details zu Systemen zur Versionsverwaltung sowie ihrer sinnvollen Nutzung werden in ► Kap. 6 besprochen. Wichtig: Versionsnummern und eine Versionsverwaltung sind *per se* erst einmal voneinander unabhängige Dinge.

Zusammenfassung: Programmieraspekte

Die im vorangegangenen Abschnitt zur wissenschaftlichen Datenanalyse genannten Aspekte aus Sicht der Softwareentwicklung lassen sich zunächst grob in zwei Kategorien unterteilen:

- Infrastruktur
  - (externe) Dokumentation (Konzepte, ...)
  - Versionsverwaltung
  - Versionsnummern
- Code
  - modular
  - lesbar
  - robust
  - getestet/testbar

Diese Liste erhebt keinen Anspruch auf Vollständigkeit. Insbesondere fehlt hier noch als dritter Aspekt die (Software-)Architektur, die aber etwas später erwähnt und in einem eigenen Teil des Buches (ab ► Kap. 22) thematisiert wird. Nach einer weiteren Einführung mit der Motivation der Thematik aus Sicht der Softwareentwicklung (► Kap. 2) werden diese drei Kategorien – Infrastruktur, Sauberer Code, Architektur – in je einem eigenen Abschnitt des Buches in größerem Detail behandelt.

1.4 Größere Projekte erfordern Kenntnisse in Softwareentwicklung

Die diesem Buch zugrunde liegende Motivation lässt sich in einer These zusammenfassen, die auf eigener Erfahrung beruht:

These

Software zur wissenschaftlichen Datenauswertung ist in der Regel so komplex, dass die Kenntnis von Konzepten der professionellen Softwareentwicklung eine notwendige Voraussetzung für die Erstellung qualitativ hochwertigen Quellcodes ist, der den Ansprüchen der Wissenschaft gerecht wird.

Die Komplexität folgt dabei aus dem (vorher detailliert aufgezeigten) Anspruch der Wissenschaftlichkeit, insbesondere hinsichtlich der Nachvollziehbarkeit, Überprüfbarkeit und Reproduzierbarkeit.[17] Es liegt in der Verantwortung des einzelnen Wissenschaftlers, diesen Ansprüchen mit seinen Programmen gerecht zu werden. Was zählt aber als „größeres Projekt", an das diese Kriterien angelegt werden sollen? Eine pragmatische Definition könnte lauten:

Definition 1.2: Größeres Projekt

Alles, was mehr als zwei Wochen Arbeit kostet und deutlich mehr als zweihundert Zeilen (reinen) Quellcode bzw. mehr als eine Handvoll Unterfunktionen umfasst.

Genaue Zahlen sind immer problematisch: Was in Assembler zweihundert Zeilen sind, ist in Python vielleicht eine. Eine andere Möglichkeit der Definition im Vorgriff auf das nächste Kapitel und den Begriff der „intellektuellen Beherrschbarkeit" (*intellectual manageability*) [24] wäre: Alles, was sich nicht mehr auf einmal erfassen lässt, ist ein großes Projekt. Wichtig ist der Fokus:

- Soll ein Programm über längere Zeit verwendet werden?
- Soll ein Programm von anderen verwendet werden?

Auch wenn viele Menschen an dieser Stelle beide Fragen intuitiv verneinen: (komplexe) Software zur wissenschaftlichen Datenauswertung bindet ausreichend Ressourcen bei ihrer Erstellung, sodass eine Verwendung über längere Zeit und von anderen Nutzern mindestens wünschenswert und ökonomisch geboten ist (so denn die Qualität stimmt). Darüber hinaus zeigt die Erfahrung, dass funktionierende Software schnell Begehrlichkeiten bei Kolleginnen und Kollegen weckt, andere also das Programm durchaus verwenden.

Auswertungssoftware wird schnell komplex – viel schneller, als man sich das am Anfang vielleicht vorstellt. Das beste Beispiel sind die im vorangegangenen Abschnitt vorgestellten Kriterien für Software zur wissenschaftlichen Datenanalyse: Auswertungssoftware, die alle sieben Kriterien erfüllt, ist zwangsläufig komplex. Das Problem komplexer Software ist seit den 1960er-Jahren bekannt: Erstmals wurde Softwareentwicklung

17 Damit ist es auch eine inhärente Komplexität aufgrund der Problemstellung, die sich nicht beseitigen, sondern nur durch Anwendung entsprechender Konzepte und Strategien ggf. beherrschen lässt. Zum auf Brooks [23] zurückgehenden Unterschied zwischen unvermeidlicher und vermeidbarer Komplexität vgl. die Diskussion in ► Kap. 28.

teurer als die Hardware (vgl. ► Kap. 2). Viele Strategien der Softwareentwicklung wurden seither entwickelt und (mehr oder weniger) erfolgreich eingesetzt. Letztlich gilt: Kenntnis der existierenden (und bewährten) Strategien zur Softwareentwicklung bewahrt davor, das Rad neu zu erfinden, und hilft dem Wissenschaftler dabei, sich auf sein eigentliches Interesse (Datenauswertung/Verständnis) zu konzentrieren. Das leitet nahtlos zum Thema des nächsten Kapitels (der Motivation der Beschäftigung mit Programmierkonzepten aus Sicht der Softwareentwicklung) über.

? Verständnisfragen

- Was ist ein zentraler Aspekt wissenschaftlichen Arbeitens, der sich entsprechend auch in der Verarbeitung und Analyse von Daten widerspiegeln sollte?
- Welchen Anforderungen sollte Software zur wissenschaftlichen Datenanalyse genügen? Welche Aspekte ergeben sich daraus aus Sicht der Softwareentwicklung und wie ließen sie sich angehen?
- Welche Verantwortung trägt jeder Wissenschaftler gegenüber der Wissenschaft? Wie sollte sich das auf seine Arbeitsweise auswirken?
- Welche grundlegende Gemeinsamkeit haben experimentelle Wissenschaft und rechnergestützte Datenauswertung? Was bedeutet das für die wissenschaftliche Softwareentwicklung?

Kommentiertes Literaturverzeichnis

Die Frage „Was ist Wissenschaft“ zu behandeln, sprengt den Rahmen des Buches bei Weitem und ist nicht umsonst der Inhalt ganzer Bücher und dedizierter Vorlesungen zur Wissenschaftstheorie (meist an der philosophischen Fakultät). Interessierte seien auf die entsprechende Primär- (u. a. Popper, Kuhn, Hacking; [2–4]) und Sekundärliteratur (u. a. Poser, Chalmers; [5, 6]) verwiesen. Wer sich tiefer mit den historischen Vorlagen des Zitats von Newton in seinem Brief an Hooke auseinandersetzen möchte, dem sei das gleichnamige und sehr gelehrte Buch von Merton [25] empfohlen. Newton nimmt hier Bezug auf ein Gleichnis, das Bernhard von Chartres zugerechnet wird und sich über Johannes von Salisbury bis ins 12. Jahrhundert zurückverfolgen lässt. Vermutlich greift dieses Gleichnis auf die griechische Mythologie (Orion und Cedalion) zurück. Es gibt keine wirklich griffige Übersetzung für die Begriffe „Scientific Computing“ bzw. „Computational Science“, am ehesten „Wissenschaftliches Rechnen“ oder „Rechnergestützte Wissenschaft(en)“. Gerade in der experimentellen Physikalischen Chemie und verwandten Disziplinen ist rechnergestützte Datenauswertung zwar allgegenwärtig, aber eben doch „Mittel zum Zweck“. Zwei Artikel, die sich mit dem Problem befassen, dass die meisten Wissenschaftler nie gelernt haben, wie man programmiert, sind jene von Wilson [11] und Merali [15].

Literatur

1. R.P. Feynman, Engineering and Science **37**(7), 10 (1974). https://resolver.caltech.edu/CaltechES:37.7.CargoCult
2. K. Popper, *Logik der Forschung*, 11. Aufl. (Mohr Siebeck, Tübingen, 2005)
3. T.S. Kuhn, *Die Struktur wissenschaftlicher Revolutionen* (Suhrkamp, Frankfurt am Main, 1976)
4. I. Hacking, *Einführung in die Philosophie der Naturwissenschaften* (Reclam, Stuttgart, 1995)
5. H. Poser, *Wissenschaftstheorie* (Reclam, Stuttgart, 2001)
6. A. F. Chalmers, *What is this thing called Science?*, 3. Aufl. (Open University Press, Berkshire, UK, 1999)

7. I. Kant, *Metaphysische Anfangsgründe der Naturwissenschaft* (Felix Meiner Verlag, Hamburg, 1997). Mit einer Einleitung herausgegeben von Konstantin Pollok
8. K. Popper, *Die offene Gesellschaft und ihre Feinde*, Bd. I: Der Zauber Platons, 8. Aufl. (Mohr Siebeck, Tübingen, 2003)
9. K. Popper, *Die offene Gesellschaft und ihre Feinde*, Bd. II: Falsche Propheten: Hegel, Marx und die Folgen, 8. Aufl. (Mohr Siebeck, Tübingen, 2003)
10. G. Wedler, H.J. Freund, *Lehrbuch der Physikalischen Chemie*, 6. Aufl. (Wiley-VCH, Weinheim, 2012)
11. G. Wilson, Computing in Science & Engineering **8**, 66 (2006). https://doi.org/10.1109/MCSE.2006.122
12. S. McConnell, *Code Complete*, 2. Aufl. (Microsoft Press, Redmond, Washington, 2004)
13. E. Post, Datamation **29**, 263 (1983)
14. J. Popp, T. Biskup, Chemistry-Methods **2**, e202100097 (2022). https://doi.org/10.1002/cmtd.202100097
15. Z. Merali, Nature **467**, 775 (2010)
16. S. Stoll, A. Schweiger, Journal of Magnetic Resonance **178**, 42 (2006). https://doi.org/10.1016/j.jmr.2005.08.013
17. B. Paulus, T. Biskup, Digital Discovery **2**, 234 (2023). https://doi.org/10.1039/D2DD00131D
18. L.L. Constantine, L.A.D. Lockwood, *Software for Use* (Addison-Wesley, Reading, MA, 1999)
19. P.H. Salus, *A Quarter Century of UNIX* (Addison-Wesley, Reading, MA, 1994)
20. G.K. Sandve, A. Nekrutenko, J. Taylor, E. Hovig, PLoS Computational Biology **9**, e1003285 (2013)
21. J.M. Osborne, M.O. Bernabeu, M. Bruna, B. Calderhead, J. Cooper, N. Dalchau, S.J. Dunn, A.G. Fletcher, R. Freeman, D. Groen, B. Knapp, G.J. McInerny, G.R. Mirams, J. Pitt-Francis, B. Sengupta, D.W. Wright, C.A. Yates, D.J. Gavaghan, S. Emmott, C. Deane, PLoS Computational Biology **10**, e1003506 (2014)
22. J.D. Blischak, E.R. Davenport, G. Wilson, PLoS Computational Biology **12**, e1004668 (2016)
23. F.P. Brooks, *The Mythical Man Month*, Jubiläumsausgabe mit 4 neuen Kapiteln (Addison Wesley Longman, Boston, 1995)
24. E.W. Dijkstra, Communications of the ACM **15**, 859 (1972)
25. R.K. Merton, *On the Shoulders of Giants. A Shandean Postscript*, The Post-Italianate Edition (The University of Chicago Press, Chicago and London, 1993)

Motivation: Softwareentwicklung und Codequalität

Inhaltsverzeichnis

T. Biskup, *Softwareentwicklung für die Naturwissenschaften*,
https://doi.org/10.1007/978-3-662-71607-6_2

Kernaspekte
- Abstraktion ist der Schlüssel zur Beherrschung komplexer Fragestellungen.
- Intellektuelle Beherrschbarkeit ist ein wesentliches Kriterium. Sie erfordert Disziplin bei der Softwareentwicklung.
- Wiederverwertbarkeit, Zuverlässigkeit und Überprüfbarkeit erfordern modularen, getesteten und *lesbaren* Quellcode.
- Codequalität (insbesondere Lesbarkeit mit allen Konsequenzen) ist nicht optional für wissenschaftliche Auswertungssoftware.
- Programmierung hat in den Naturwissenschaften trotz ihrer Bedeutung einen zu geringen Stellenwert.

Im vorangegangenen Kapitel stand die Motivation für die Beschäftigung mit der Softwareentwicklung aus Sicht der Naturwissenschaften im Vordergrund. Hier geht es nun die **Motivation aus Sicht der Softwareentwicklung** selbst. Es wurde bereits deutlich, dass es um größere Projekte geht, die einen Komplexitätsgrad besitzen, der die Aneignung von Strategien zu deren Beherrschung für eine erfolgreiche Bearbeitung voraussetzt. Aus Sicht der Softwareentwicklung geht es in diesem Buch nicht darum, Code zu schreiben, der funktioniert (im Sinne von: ein korrektes Ergebnis liefert), sondern um Code, der darüber hinaus insbesondere **wiederverwertbar, zuverlässig und überprüfbar** ist. Die **Motivation des Buches** lässt sich in einem Satz als provokative These zusammenfassen:

These
Code von Naturwissenschaftlern ist in der Regel viel zu schlecht, als dass er sinnvoll weiterverwendet oder nachvollzogen werden kann.

Die wenigsten Naturwissenschaftler haben eine zeitliche Perspektive für das Codeprojekt über ihre eigene Arbeit (BSc, MSc, PhD) hinaus. Andererseits hilft Naturwissenschaftlern auf Jobsuche in der heutigen Zeit ein solides Wissen über Softwareentwicklung. Dazu kommt: Das Problem mangelnder Codequalität ist hinreichend bekannt, und es existieren bewährte Lösungsansätze. Codequalität ist direkt mit drei Aspekten verknüpft: Wiederverwendbarkeit, Zuverlässigkeit und Überprüfbarkeit. Code, der diese Kriterien erfüllt, könnte als **Sauberer Code** (*clean code*) bezeichnet werden. Letztlich ist das Ziel des Buches, einerseits die Kriterien für „Sauberen Code" vorzustellen (ab ► Kap. 10) und andererseits Lösungsstrategien aufzuzeigen, wie man auch ohne entsprechende Ausbildung qualitativ hochwertigen Code schreiben kann. Letztlich ist „Sauberer Code" gleichbedeutend mit lesbarem Code:

> „Any fool can write code that a computer can understand. Good programmers write code that humans can understand." (Martin Fowler, [1])

2.1 Ausgangspunkt: die Softwarekrise

Der Blick in die Frühzeit der Computerwissenschaften eignet sich gut, um zu motivieren (und zu verstehen), warum die Beschäftigung mit Programmierkonzepten, oder letztlich Softwaretechnik (*software engineering*)[1], auch für Wissenschaftlerinnen und Wissenschaftler so wichtig ist. Edsger Dijkstra, einer der Pioniere der Computerwissenschaften und nach eigener Darstellung erster Programmierer in den Niederlanden, liefert in seiner „ACM Turing Award Lecture" (1972) [2] einige interessante Einblicke:

> „... so long as there were no machines, programming was no problem at all; when we had a few weak computers, programming became a mild problem, and now we have gigantic computers, programming has become an equally gigantic problem [...]
>
> The increased power of the hardware, together with the perhaps even more dramatic increase in its reliability, made solutions feasible that the programmer had not dared to dream about a few years before. And now, a few years later, he *had* to dream about them and, even worse, he had to transform such dreams into reality!" (Edsger Dijkstra [2], Hervorhebung im Original)

Was Dijkstra hier beschreibt, ist später unter dem Begriff „Softwarekrise" bekannt geworden. Letztlich sind alle in diesem Buch vorgestellten Konzepte (genauso wie die Weiterentwicklung der Programmiersprachen) eine Antwort auf diese Situation und der Versuch, die inhärente und oftmals zu hohe Komplexität der Programmierung und von Programmen für den Menschen beherrschbar machen.

Definition 2.1: Softwarekrise
Erstmals Mitte der 1960er-Jahre auftretendes Phänomen, dass die Kosten für die Software die Kosten für die Hardware überstiegen, weil die vorhandenen Softwareentwicklungsstrategien der steigenden Komplexität der Programme, die durch die deutlich verbesserte Hardware möglich wurden, nicht gewachsen waren.

Letztlich kann man die Ursachen für die Softwarekrise darauf zurückführen, dass die Strategien zur Softwareentwicklung bzw. Programmierung schlicht nicht mit den relativ plötzlich auftauchenden immensen neuen Möglichkeiten der Hardware (u. a. erste universell einsetzbare Rechner, Rechner der dritten Generation) Schritt halten konnten. Das ist eine Parallele zur (aktuellen) Situation in den Naturwissenschaften: Einerseits sind die Ansprüche an die Software im wissenschaftlichen Kontext immens hoch (vgl. ► Kap. 1). Viele Auswertungen sind mittlerweile softwarebasiert und deren Komplexität aufgrund der inhärenten Komplexität der Fragestellung erheblich. Andererseits können die Programmierkenntnisse und Fähigkeiten der meisten Wissenschaftler nicht mit diesen Ansprüchen mithalten. Meist sind nur Grundkenntnisse in einer oder wenigen Programmiersprachen vorhanden, das Wissen über grundlegende Konzepte für die Entwicklung größerer Projekte fehlt vollständig. Das Ergebnis: Die Qualität der Software, die von den Wissenschaftlern selbst erstellt wurde und für deren Datenauswertung verwendet wird, ist

1 Der englische Begriff hat gegenüber seiner deutschen Übersetzung den Vorteil, dass die Parallele zu den Ingenieurswissenschaften aus dem Namen hervorgeht.

oft ungenügend – die Software ist insbesondere meistens nicht wiederverwendbar, nicht zuverlässig und nicht überprüfbar.

These
Die meisten Wissenschaftler haben nicht das Wissen und die (mentalen) Werkzeuge, um die (quasi unendlichen) Möglichkeiten, die ihnen die heutigen Computer und Programmiersprachen bieten, für ihre Zwecke sinnvoll und gewinnbringend einzusetzen.

Die Ursache für diese Situation ist explizit nicht der Mangel an grundlegenden Fähigkeiten, sondern das fehlende Wissen ob der Existenz von Konzepten der Softwareentwicklung und der Notwendigkeit ihres Einsatzes für die erfolgreiche Bewältigung von Softwareprojekten, die einen Umfang besitzen, wie er für komplexere Datenauswertung in der empirischen Wissenschaft üblich ist.[2] Dramatisch wird die Situation aber tendenziell dadurch, dass dieses fehlende Bewusstsein an die Grundlagen des wissenschaftlichen Arbeitens rührt: Der mitunter dramatische Mangel an Qualität, den selbstgeschriebene Auswertungssoftware aufweist, stellt grundlegende Aspekte empirischer Wissenschaft, wie Nachvollziehbarkeit, Überprüfbarkeit und Reproduzierbarkeit, infrage oder macht sie gar gänzlich unmöglich.

2.2 Lösungsansatz: Softwaretechnik (*software engineering*)

Der Begriff *software engineering* gelangte durch die NATO-Konferenz zum Thema (1968 in Garmisch-Partenkirchen, [4]) zu einer größeren Bekanntheit. Auf dieser Konferenz herrschte Einigkeit darüber, dass sich die Softwareentwicklung in einer Krise befände, gleichzeitig wurden Ideen diskutiert, wie man diese Krise bewältigen könne.

> „The phrase 'software engineering' was deliberately chosen as being provocative, in implying the need for software manufacture to be based on the types of theoretical foundations and practical disciplines, that are traditional in the established branches of engineering.“ (Naur, Randell, [4])

Mittlerweile ist der Begriff etabliert und sogar von der ISO klar definiert. Diese Definition hebt das systematische Vorgehen und in der zweiten Definition die Anwendung von Prinzipien aus den Ingenieurwissenschaften klar hervor.

Definition 2.2: software engineering

1. The systematic application of scientific and technological knowledge, methods, and experience to the design, implementation, testing, and documentation of software [. . .]
2. The application of a systematic, disciplined, quantifiable approach to the development, operation, and maintenance of software; that is, the application of engineering to software (ISO/IEC/IEEE 24765:2010).

2 Dass es nicht an den grundsätzlichen Fähigkeiten mangelt, wird sehr schön durch Dijkstras Essay *On the Role of Scientific Thought* [3, S. 60–66] belegt: Der Softwareentwicklung fehlte es gerade an wissenschaftlicher Herangehensweise – insofern sollten Wissenschaftler mit ihrer Problemlösungskompetenz zu Softwareentwicklung prädestiniert sein.

Nachfolgend sollen vier Aspekte hervorgehoben und jeweils in etwas größerem Detail diskutiert werden, die jeder für sich einen Beitrag dazu leisten, die Qualität von Software zu steigern:

- Projektmanagement
- intellektuelle Beherrschbarkeit
- Abstraktion
- Muster

Der Zusammenhang dieser Aspekte mit den Ansprüchen an Software zur wissenschaftlichen Datenauswertung und das Ergebnis ihrer Anwendung sind in einem abschließenden Abschnitt in ◘ Abb. 2.2 zusammengefasst. Dort wird auch noch einmal explizit auf den Zusammenhang zwischen den drei großen Themenbereichen des Buches – Infrastruktur, Code, Architektur – eingegangen.

2.2.1 Projektmanagement

Ein Kernaspekt der Softwarekrise ist die Erkenntnis, dass es bei der Softwareentwicklung ähnlich wie bei anderen größeren Projekten einer entsprechenden Planung (Projektmanagement) und Formalisierung bedarf. Um das Projekt erfolgreich durchzuführen, muss es in kleinere Abschnitte unterteilt werden, und da Abschnitte teilweise parallel bearbeitet werden, bedarf es einer vernünftigen Vorausplanung der „Schnittstellen" zwischen den einzelnen Abschnitten. Gleichzeitig ist es wichtig, formale Kriterien zu finden, um das Erreichen der jeweiligen Ziele bzw. Spezifikationen der einzelnen Teilprojekte überprüfen zu können.

Ohne auf die Details realer Entwicklungsprozesse und Arten des Projektmanagements eingehen zu wollen, liefert ◘ Abb. 2.1 einen ersten Überblick über die grundlegenden Aspekte, die beachtet werden sollten. Wichtig ist hier anzumerken, dass der Prozess in der Realität oft keine lineare Abfolge der unterschiedlichen Phasen ist. Ein zu starres Regime in der Softwareentwicklung führt oft zu Problemen, da Software viel komplexer ist als alle anderen menschlichen Unternehmungen, und daher unsere Fähigkeit zur Vorausplanung und klaren Definition der Anforderungen im Vorfeld schlicht überfordert.

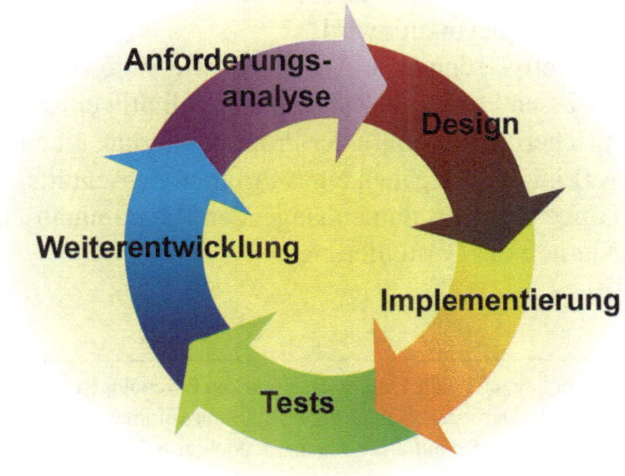

◘ **Abb. 2.1 Softwarelebenszyklus (*Software Development Life Cycle*, SDLC).** Die einzelnen Aspekte tauchen bei jedem (Software-)Projekt auf, teilweise lassen sie sich noch weiter unterteilen. Wichtig ist, dass die Abfolge nicht starr ist und vor allem viele (wenn nicht alle) Aspekte mitunter parallel bearbeitet werden, auch wenn sie teilweise aufeinander aufbauen

Zentral ist also ein Projektmanagement, das den Anforderungen der Softwareentwicklung an Flexibilität genügt. Das Ziel ist Software, die funktioniert, nicht „Vertragserfüllung". Das ist eine klare Parallele zur Situation in den Naturwissenschaften: Auch hier wissen wir inhärent nie, was als Nächstes auf uns zukommt. Entsprechend sollten unsere Werkzeuge modular und in neuer Kombination und neuem Kontext anwendbar sein. Das hat entsprechende Auswirkungen auf die Art und Weise, wie Software zur wissenschaftlichen Datenauswertung programmiert werden sollte.

> » „We live in a world of changing requirements, and our job is to make sure that our software can survive those changes." (Robert Martin, [5, S. 92 f.])

Eine zentrale Erkenntnis, die direkt aus dem Projektmanagement kommt und die in der Nachfolge der Softwarekrise auch in der Softwareentwicklung relevant wurde: Je früher in der Entwicklung eines Projektes Fehler erkannt (und behoben) werden, desto günstiger ist ihre Behebung. Grundlegend gibt es bei der Softwareentwicklung zwei Strategien (die in der Praxis aber ggf. gar nicht so weit auseinanderliegen):

- Vermeidung von Fehlern
- einfache Detektion und Behebung von Fehlern

Erstere Strategie, die von Anfang an versucht, Fehler zu vermeiden, ist meist sehr formal und für sehr große Projekte gedacht. Zweitere (Agile Softwareentwicklung, *Extreme Programming* etc., vgl. [5–7]) lebt von ihrer Flexibilität und macht das Beheben von Fehlern so einfach und günstig wie möglich. Im universitären Kontext mit (im Vergleich) eher kleinen Projekten und den häufig wechselnden bzw. sich erst während der Entwicklung herauskristallisierenden Anforderungen eignen sich letztere Ansätze deutlich besser, zumal sie auch einen deutlich geringeren Overhead haben.

2.2.2 Intellektuelle Beherrschbarkeit

Das zentrale Problem des Menschen bei allen komplexeren Projekten: Unsere Fähigkeit, mehrere Dinge parallel im Kopf zu haben, ist sehr begrenzt. Deshalb ist das Hauptziel der Softwaretechnik (und des Projektmanagements) die „intellektuelle Beherrschbarkeit" (*intellectual manageability* nach Dijkstra, [2]). Unterschiedliche Lösungsansätze für ein Problem sind unterschiedlich gut intellektuell beherrschbar. Entsprechend ist die intellektuelle Beherrschbarkeit das zentrale Kriterium für die Entscheidung, welche Lösung für ein Problem bevorzugt wird.

Es gibt verschiedene Ansichten, wie viele Aspekte ein Mensch gleichzeitig gedanklich erfassen kann, ihre Zahl ist aber definitiv einstellig.[3] Aspekte, die bei der intellektuellen Beherrschbarkeit in der Programmierung eine Rolle spielen (können):

- Anzahl der Aufgaben eines Programmabschnitts
- Länge eines zusammenhängenden Programmabschnitts
- Klarheit der Formulierungen

3 Es gibt jahrzehntealte Untersuchungen von Psychologen zu diesem Thema [8], und der Streit um die genaue Zahl bzw. darüber, ob man überhaupt sinnvoll eine solche Zahl angeben könne, schwelt genauso lange. Etwas näher wird auf diese Thematik noch in ► Kap. 14 in Zusammenhang mit der Länge von Funktionen eingegangen werden.

Agile Programmierung im akademischen Kontext

Zwei Gründe sprechen gegen die Verwendung formaler Ansätze des Projektmanagements für die Entwicklung von Software im akademischen bzw. naturwissenschaftlichen Kontext:

1. Ansprüche an die Software ändern sich häufig während der Entwicklung, weil das Verständnis der Fragestellung und daraus abgeleitet möglicher Strategien zu ihrer Bearbeitung ständig im Fluss ist.
2. Programmierung im naturwissenschaftlichen Kontext findet normalerweise nur nebenher und in sehr kleinen Gruppen (oft „Einzelkämpfer") statt.

Auf der anderen Seite haben viele im Kontext des *extreme programming* und des *agile software development* entwickelte Strategien großes Potential, gerade im akademischen Kontext. Zu ihrem erfolgreichen Einsatz braucht es aber einmal mehr ein Bewusstsein für die Bedeutung und daraus folgend eine Wertschätzung der Softwareentwicklung in den Naturwissenschaften und in der Folge die Implementierung entsprechender Maßnahmen. So könnte in einem Arbeitskreis neben dem (wöchentlichen) Gruppenseminar und regelmäßigen Treffen der Studierenden mit den Betreuenden (einschließlich der Arbeitskreisleitung) in kleinerer und größerer Runde genauso regelmäßig ein (kurzes und kurzweiliges) Treffen zum *Code Review* treten. Wichtig erscheint hier, eine lockere Atmosphäre zu erzeugen und die Beteiligung möglichst aller Gruppenmitglieder zu erreichen. Ziel ist es, dass keiner sich vorgeführt vorkommt und jeder sich traut nachzufragen (mit dem Ziel zu verstehen). Darüber hinaus hat *pair programming* in wechselnden Konstellationen das Potential, Wissen und Fähigkeiten innerhalb eines Arbeitskreises sehr schnell zu verbreiten und allen zu nutzen. Je nach Größe der Gruppe ist es durchaus sinnvoll, dass solche Paarungen nicht nur mit dem direkten Betreuer (meist auf Doktoranden- oder Postdoc-Ebene) stattfinden, sondern immer wieder auch mit der Gruppenleitung. Durch eine sowieso zwingend für eine erfolgreiche Softwareentwicklung notwendige Versionsverwaltung und eine zugehörige gruppeninterne Plattform sollte einer einfachen technischen Umsetzung nichts im Wege stehen. Das ermöglicht auch spontane kurze gemeinsame Programmiereinlagen jeweils am Rechner des Mitarbeiters oder Chefs.

Daraus ergeben sich unmittelbar ein paar Aspekte zur Softwareentwicklung, die teilweise in anderem Kontext entwickelt wurden und ihren Anwendungsbereich weit darüber hinaus haben:

KISS (*keep it simple, stupid*) Ursprünglich bei Lockheed Martin (Skunk Works) in den 1940er- oder 1950er-Jahren von Clarence L. (Kelly) Johnson geprägtes Prinzip.[4] Sehr nah an „Ockhams Rasiermesser" (Sparsamkeitsprinzip) in den Wissenschaften: Die einfachste mögliche Erklärung, die mit den wenigsten Hilfsannahmen auskommt, ist die zu bevorzugende.

Modularität Aufteilung der Gesamtaufgabe in kleinere Abschnitte. Die Aufteilung wird so lange fortgesetzt, bis die Lösung für den aktuellen Abschnitt unmittelbar in Form von Quellcode offensichtlich ist.

---

4 Das Ziel damals war: Ein Ingenieur sollte nur mit einem Schweizer Taschenmesser innerhalb von zwei Stunden ein Flugzeug reparieren können.

Bewusstsein für systematisches Vorgehen

Genauso, wie es eher wenige wirklich gute Programmierer gibt, weil diese beiden Fähigkeiten, systematisches Vorgehen und ausgeprägtes Abstraktionsvermögen, selten zusammenfallen, so gibt es wenige wirklich gute Naturwissenschaftler – dafür aber jeweils umso mehr mittelmäßige oder schlechte Programmierer und Wissenschaftler. Dijkstra stellte einmal fest, dass die ersten Programmierer in der Regel Naturwissenschaftler waren, die mit der wissenschaftlichen Methode wohlvertraut waren, dass aber nachfolgende Generationen diese Ausbildung nicht erhalten hatten und man deshalb erst einmal das Bewusstsein dafür schaffen musste [3, S. 60–66]. Aus eigener Erfahrung wird heute im naturwissenschaftlichen Curriculum so gut wie nie das Wesen der Wissenschaft reflektiert und daraus ggf. Handlungsanweisungen abgeleitet, vgl. [11]. Entsprechend leidet die Qualität der Wissenschaft.

Unix-Philosophie „*Do one thing, and do it well*“ [9, S. 53] Jeder Programmabschnitt erfüllt genau eine Aufgabe. Durch die einheitliche Schnittstelle[5] vieler Prozesse können Routinen nahezu beliebig hintereinandergeschachtelt und so zu einer komplexen Prozesskette verbunden werden (*piping*). Für Details vgl. [10].

2.2.3 Abstraktion

Ein Schlüsselkonzept, um für Intellektuelle Beherrschbarkeit zu sorgen, ist die Abstraktion. Das gilt nicht nur in der Softwareentwicklung, sondern genauso in den Wissenschaften (und letztlich im Alltag). Dijkstra sagt darüber:

> „the only mental tool by means of which a very finite piece of reasoning can cover a myriad of cases is called ‘abstraction’
>
> … the purpose of abstracting is *not* to be vague, but to create a new semantic level in which one can be absolutely precise.“ (Edsger Dijkstra [2])

Als ausgebildeter (Natur-)Wissenschaftler versuchte er Zeit seines Lebens, die wissenschaftliche Methodik auf die Informatik und die Softwareentwicklung anzuwenden.

Mangel an Abstraktion (und Abstraktionsvermögen) führt häufig dazu, dass Code kopiert und angepasst wird, statt die Gemeinsamkeiten herauszuarbeiten und zu generalisieren.[6] Diese sehr menschliche Eigenschaft ist einer der Hauptgründe für schwer oder nicht wartbaren und entsprechend auch nicht wiederverwendbaren Code.

> „Cut and paste may be useful text-editing operations, but they can be disastrous code-editing operations. All too often, software systems are built upon dozens or hundreds of repeated code elements […]

5 Die Standardschnittstelle von Unix-Prozessen ist reiner Text, zeilenweise ausgegeben in eine und gelesen aus einer Datei (bzw. auf die/von der Konsole). Für Details vgl. [10].

6 In letzter Konsequenz setzt Generalisierung eine intellektuelle Durchdringung des Sachverhaltes voraus. Sicherlich ist auch das immer ein Prozess, aber entscheidend ist einmal mehr, sich der Wichtigkeit bewusst zu sein und danach zu streben, ein immer tieferes Verständnis des Sachverhaltes zu erlangen. Gerade für Wissenschaftlerinnen und Wissenschaftler gilt: Wenn sie nicht grundsätzlich wissen und verstehen, also intellektuell durchdringen wollen, dann haben sie ihren Job verfehlt.

When the same code appears over and over again, in slightly different forms, the developers are missing an abstraction. Finding all the repetition and eliminating it with an appropriate abstraction may not be high on their priority list, but it would go a long way toward making the system easier to understand and maintain.“ (Robert Martin, [5, S. 89])

Entsprechend lautet das dazugehörende Grundprinzip für sauberen Quellcode: *Don't repeat yourself (DRY).*

2.2.4 Muster

Ein dritter Aspekt, neben intellektueller Beherrschbarkeit und Abstraktion, ist das Erkennen und gewinnbringende Einsetzen von (etablierten) Mustern. Auch dieses Prinzip wurde von außen in die Softwareentwicklung eingebracht, für gewöhnlich beziehen sich die Autoren auf Christopher Alexander und sein Buch „A Pattern Language. Towns, Buildings, Construction“ [12] (vgl. u. a. das konstituierende Buch der „Gang of Four“ [13]). Die Idee hier ist: Viele Probleme sind nicht grundlegend neu, und es gibt allgemeine und erprobte Lösungen dafür, die jeweils nur im Detail angepasst werden müssen. Detaillierter wird darauf in ▶ Kap. 17 eingegangen.

2.2.5 Zusammenfassung

Zusammengenommen helfen die oben aufgeführten Aspekte – Projektmanagement, intellektuelle Beherrschbarkeit, Abstraktion, Muster – dabei, die Ansprüche an Programme – Wiederverwertbarkeit, Zuverlässigkeit, Überprüfbarkeit – einzulösen. Das führt richtig eingesetzt zu modularem, lesbarem und getestetem – d. h. korrekt funktionierendem – Code (vgl. ◘ Abb. 2.2). Der Zusammenhang mit den großen Themen des Buches, die in den drei folgenden Teilen in je größerem Detail behandelt werden, ergibt sich wie folgt:

Infrastruktur Eng verbunden mit dem Projektmanagement als solchem, formalisiert sie manche Abläufe, sorgt aber für Struktur und Überprüfbarkeit und erleichtert die Arbeit des Programmierers, da viele Aspekte festgelegt und so zur Routine werden. Wichtig ist dabei, dass die Infrastruktur hinreichend einfach bedienbar ist und Prozesse nicht größer

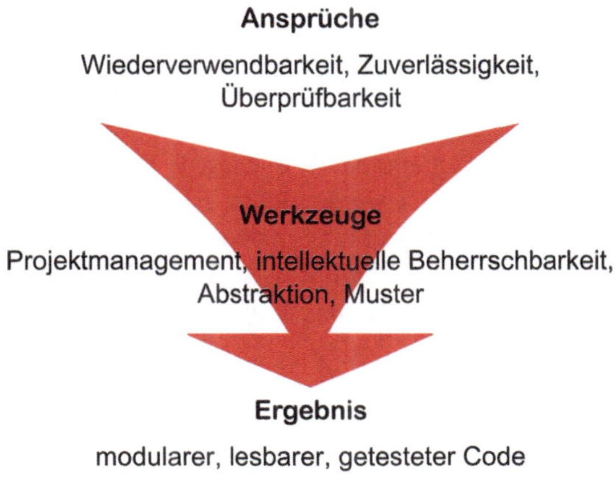

◘ **Abb. 2.2 Zusammenhang zwischen den hier angesprochenen Aspekten der Softwaretechnik (*software engineering*) mit den Themen des Buches.** Softwaretechnik kann als Werkzeugkiste angesehen werden, um die Anforderungen, die an Software in den Naturwissenschaften gestellt werden, zu erfüllen. Das Ergebnis ist im Idealfall qualitativ hochwertiger Code verzögert. Sonst entwickeln sich Verhaltensweisen, die diese Nachteile kompensieren, sich aber meist negativ auf die Codequalität auswirken (und damit das ursprüngliche Ziel der Einführung von Infrastrukturkomponenten *ad absurdum* führen).

Sauberer Code Intellektuelle Beherrschbarkeit und Abstraktion sind auf allen Ebenen eines Projektes wichtig, haben aber vielleicht den direktesten Einfluss auf die konkrete Gestaltung des Programmcodes. Modularisierung, DRY, KISS, die Unix-Philosophie und viele weitere Aspekte gehören hier dazu, letztlich all das, was als „sauberer Code" (*clean code*) zusammengefasst werden kann.

Architektur Direkt mit dem Projektmanagement verknüpft ist die Aufteilung eines größeren Projektes in einzelne kleinere Projekte sowie die Definition klarer Schnittstellen und Anforderungen sowie der Interaktion der einzelnen Teile miteinander. Auch hier gibt es eine Reihe von Mustern, die sich in der Praxis bewährt haben und die richtig eingesetzt eine größtmögliche Modularität und Wiederverwendbarkeit sowie Erweiterbarkeit gewährleisten.

2.3 Das Problem in der Wissenschaft: Programmierung ist nur Randthema

Mit dem Programmieren (gerade in einem Kontext, wo Programmierung immer nur Mittel zum Zweck ist) scheint es ein wenig so zu sein, als müsse jeder noch einmal die Fehler machen, die die ersten Programmierer selbst in den ersten zwei bis drei Jahrzehnten gemacht haben, die zur „Softwarekrise" führten und die zu lösen über die letzten Jahrzehnte eine Reihe von Strategien entwickelt wurde, von denen einige vorzustellen Ziel dieses Buches ist.

> » „Many scientists and engineers spend much of their lives writing, debugging, and maintaining software, but only a handful have ever been taught how to do this effectively: after a couple of introductory courses, they are left to rediscover (or reinvent) the rest of programming on their own. The result? Most spend far too much time wrestling with software, instead of doing research, but have no idea how reliable or efficient their programs are." (Greg Wilson, in [14])

Das Problem kann in zwei Teilaspekte unterteilt werden, die unterschiedliche Strategien erfordern:
- Mangelndes Wissen über Konzepte der Softwareentwicklung
- Mangelnder Stellenwert von Programmierung und Softwareentwicklung

Während mangelndem Wissen ggf. auch durch (vorhandene) gute Bücher im Eigenstudium begegnet werden kann, ist der Mangel an Wertschätzung der Programmierung und Softwareentwicklung in den Wissenschaften ein ernstzunehmenderes Problem, da es letztlich die Motivation des einzelnen Wissenschaftlers unterminiert, sauberen und zukunftssicheren Code zu schreiben.

2.3.1 Problem: mangelndes Wissen

Das Problem: Programmierung wird in der (Physikalischen) Chemie und artverwandten Disziplinen selten gelehrt. Eine Faustregel lautet: Die Physik setzt voraus, dass die Studierenden programmieren können (auch wenn das nicht unbedingt für die Mehrheit gegeben ist), andere Disziplinen streifen das Thema höchstens – auch wenn es dort wichtig wäre. Gerade für die Physikalische Chemie gilt: Für viele ihrer Aspekte ist Programmierung essentiell. Daraus (und aus der persönlichen Erfahrung des Dozenten) ergibt sich direkt die Motivation für dieses Buch. Allerdings sind die notwendigen Fähigkeiten gar nicht so schwer zu erlernen. Es gibt von Profis viele einfache und gute Hinweise. Das Buch soll wesentliche Aspekte vorstellen, die gerade für diejenigen, die *nicht* vollzeitlich programmieren bzw. für die Programmierung nur (notwendiges) Mittel zum Zweck ist, hilfreich sind, um nicht nur eine Lösung für eine konkrete Aufgabenstellung zu implementieren, sondern möglichst auch noch guten Code[7] zu schreiben. Letztlich kann dieser Aspekt im Eigenstudium und unter Nutzung der genannten weiterführenden Literatur geleistet werden.

2.3.2 Problem: mangelnder Stellenwert

Der viel problematischere Aspekt ist der mangelnde Stellenwert, den Programmierung, Softwareentwicklung und die Beschäftigung mit den zugehörenden konzeptionellen Aspekten in den empirischen Wissenschaften hat. Programmierung ist (fast) immer Mittel zum Zweck. Entsprechend gering ist die Wertschätzung, die diesem mittlerweile zumindest in den mehr physikalischen Disziplinen durchaus wesentlichen Aspekt empirischer Wissenschaft entgegengebracht wird. Was zählt, sind Ergebnisse und entsprechende Publikationen, mit der Entwicklung solider Software lässt sich meist kein Blumentopf gewinnen.

Ein weiterer Aspekt, der sich erschwerend auf die Qualität der entwickelten Software auswirkt: Oftmals ist der Hauptentwickler für alle Aufgaben zuständig und muss alle Rollen vom Kunden über den Entwicker bis zum Qualitätsmanagement etc. selbst übernehmen. Selten gibt es Teams aus zwei und mehr Personen, die hinreichend Ahnung von den Werkzeugen für Softwareentwicklung haben. Dadurch werden viele hilfreiche Aspekte aus der Softwareentwicklung, die nur in Teams funktionieren, fast unmöglich gemacht. Beispiele wären*pair programming* oder *Code Reviews*.

Natürlich rührt das ganz schnell an eine grundlegende Frage, inwieweit Wissenschaft das Unterfangen von Teams ist oder inwieweit jede Doktorandin und jeder Doktorand eigenständig und weitgehend frei und auf sich gestellt arbeiten sollte (vgl. ► Abschn. 3.2.3). Zumindest was die großen wissenschaftlichen Projekte angeht, ist die Antwort wohl eindeutig: Fast keines ihrer Forschungsergebnisse ist heute noch ohne große Teams denkbar. Ob dann innerhalb dieser Teams entsprechende Zusammenarbeit bei der Softwareentwicklung herrscht, steht dafür wieder auf einem ganz anderen Blatt. Ein Aspekt, der im Rahmen des Buches deutlich zu weit führt: Es gibt durchaus Möglichkeiten, skaliert auf die Anforderungen und Gegebenheiten der jeweiligen Arbeitsgruppe

7 Gut im Sinne der hier vorgestellten und angelegten Kriterien (vgl. ► Kap. 1), also insbesondere bzgl. der Eignung für wissenschaftliche Arbeit, die den Ansprüchen der Wissenschaft genügt.

Teams für die Softwareentwicklung zu bilden und entsprechende Hilfestellungen zu geben (vgl. den Exkurs weiter oben zu agilen Methoden).

Letztlich haben wir es an vielen Stellen auch mit einem fehlenden Problembewusstsein zu tun: Mangelndes Wissen ob geeigneter Strategien zur Entwicklung größerer Programme und mangelnder Stellenwert der Programmierung an sich in den Naturwissenschaften hat dramatische Auswirkungen auf die Qualität der Software und damit auch wieder auf die Wissenschaft. Am Ende stellt die fehlende Qualität der Software den Erkenntnisgewinn und damit das Wesen der Wissenschaft infrage.

2.4 Schlüssel zum Erfolg: Kenntnis von Konzepten und persönliche Disziplin

Das Versprechen des Buches lautet, dass die Kenntnis einiger Konzepte und entsprechende persönliche Disziplin einen großen Einfluss auf die Qualität der entstehenden Software und auf die Art des Programmierens haben. Idealerweise führt die Kombination aus Kenntnis bzw. Bewusstsein und konsequenter Anwendung (Selbstdisziplin) zu einer viel größeren Produktivität und Freude an der Arbeit.

2.4.1 Disziplin ist beim Programmieren essentiell

Programmieren ist eine systematische Tätigkeit, genauso wie wissenschaftliches Arbeiten (vgl. ■ Abb. 1.1). Wildes Zusammenhacken von Quellcode und mehr oder weniger erratische Fehlerbehebung geben keinerlei Einblick in Funktion und Zusammenhang und

Parallele zwischen Mathematik und Konzepten der Softwareentwicklung

Es gibt gewisse Parallelen zwischen der Mathematik und Konzepten der Softwareentwicklung hinsichtlich ihrer Bedeutung für die Naturwissenschaften:

- Beide sind in den Naturwissenschaften letztlich Mittel zum Zweck,
- beide folgen festen Regeln,[8]
- beide liefern einen Satz an Werkzeugen, mit denen kreativ eigene Fragestellungen bearbeitet werden können,
- beide müssen durch praktische Anwendung erlernt werden.

Man könnte hinzusetzen: Beide sind bei den meisten Studierenden vermutlich eher ungeliebt. Vom fachlichen Aspekt her sind beide eigenständige Disziplinen, wenn auch mit Relevanz für die Naturwissenschaften. Der große Unterschied (zumindest aktuell) ist der, dass eine Grundlage in Mathematik notwendigerweise zur Ausbildung in den Naturwissenschaften gehört, eine Einführung in das Programmieren, ganz zu schweigen von der Softwareentwicklung, (zumindest in der Chemie) eher nicht.

8 Zugegeben sind die Regeln bei der Programmierung viel weniger etabliert und werden entsprechend auch viel weniger konsequent eingefordert.

sind langfristig gefährlich. Wichtig ist, sich etablierte Strategien und Muster anzueignen und konsequent zu verwenden. Dazu gehört auch, diese Muster und Strategien ggf. beim Namen zu nennen, da das die Kommunikation mit anderen Programmierern immens vereinfacht.[9] Letztlich ist der konkrete Inhalt von Konventionen weniger wichtig als ihre konsequente Umsetzung. Das gilt weniger für die Verwendung von Mustern (vgl. ▶ Kap. 17), aber mit Sicherheit für Code-Konventionen wie Einrückungen, Benennungen von Variablen und Routinen und derlei.[10]

2.4.2 Programmieren ist eine Art der Kommunikation

Manchmal hilft es, sich eigentlich offensichtlicher Dinge bewusst zu werden. So ist das auch mit dem Programmieren. Programmieren ist eine Art der Kommunikation, und zwar nicht mit dem Computer, sondern mit denjenigen, die das Programm lesen (und verstehen wollen). Daher die Programmiererregel *Code for people, not computers*. Das Ziel ist nicht, Programme zu schreiben, die ein Computer ausführen kann, sondern Programme zu schreiben, die Menschen verstehen und ggf. weiterentwickeln können. Was man nie vergessen sollte: Meist ist man selbst als ursprünglicher Entwickler derjenige, der den Code am häufigsten liest.

> „Man kann nicht *nicht* kommunizieren.“ (Paul Watzlawick, [15, S. 60])

Ohne auf die Details von Watzlawicks Thesen oder gar eine Diskussion derselben eingehen zu wollen: Jede Form von Code *kommuniziert* mit dem Leser, im Guten wie im Schlechten. Das ist der hier wesentliche Aspekt. **Lesbarkeit** ist ein kaum zu überschätzender Aspekt der Programmierung. Darum wird es im zweiten großen Teil des Buches („Sauberer Code“, ab ▶ Kap. 10) noch im Detail gehen. Einer derjenigen, die das am Frühesten erkannt und entsprechend vertreten haben, ist Donald Knuth:

> „The computer programs that are truly beautiful, useful, and profitable must be readable by people. So we ought to address them to people, not to machines. All of the major problems associated with computer programming—issues of reliability, portability, learnability, maintainability, and efficiency—are ameliorated when programs and their dialogs with users become more literate.“ (Donald E. Knuth, [16, S. ix])

Viele verschiedene Ansätze in der Softwaretechnik seit Ende der 1960er-Jahre verfolgen letztlich ein Ziel: die Lesbarkeit und die Kommunikationsfähigkeit von Quellcode zu erhöhen. Die modernen, allgemeinen und plattformunabhängigen Programmiersprachen (beginnend mit Fortran in den 1950er-Jahren) geben dem Programmierer große Freiheiten an die Hand, ein und dieselbe Aufgabe in sehr unterschiedlicher Weise zu lösen. Die großen Freiheiten erfordern aber auch eine entsprechende Disziplin. Letztlich sollte immer die Lösung bevorzugt werden, die am verständlichsten (und einfachsten) ist. Viele

9 Das ist der Sinn jeglichen Fachvokabulars: Es gibt (halbwegs) klare Definitionen für Begriffe, und diese Begriffe transportieren dann ganze Konzepte, was die Kommunikation vereinfacht und immens komprimiert. Siehe dazu auch die Diskussion in der Einleitung von [13].

10 Auch hier gilt wieder: Je nach Programmiersprache und Kontext gibt es relativ klare Vorgaben. Python hat z. B. recht strikte Vorgaben, was die Code-Formatierung und das grundlegende Benennungsschema von Variablen, Eigenschaften, Methoden, Klassen etc. angeht, vgl. PEP 8 (▶ https://pep8.org/, Zugriff am 30.12.2024).

Aspekte der Softwaretechnik zielen darauf ab, diese Freiheiten *einzuschränken* – um der Lesbarkeit (und in der Folge Nachvollziehbarkeit, Erweiterbarkeit, ...) willen.[11]

2.4.3 Code-Qualität ist eine Frage der Einstellung

Zum Schluss sei aus eigener (leidvoller) Erfahrung noch eine provokative These aufgestellt:

These

Qualität von Code ist letztlich eine Frage der persönlichen Einstellung.

Niemand behauptet, dass sauberen Code zu schreiben keinen Aufwand bedeutet. Das ist genauso wie beim Schreiben von Texten: Die meisten Menschen werden nicht druckreif denken und reden und deshalb auch nicht im ersten Anlauf schreiben. Unabhängig vom Talent sind das aber Dinge, die sich erlernen lassen und die der stetigen disziplinierten Übung bedürfen. Letztlich gilt: Wer durch Code kommunizieren will,

- wird sich mühen, sich das notwendige Wissen anzueignen,
- wird immer wieder die notwendige Disziplin aufbringen, das erlernte Wissen anzuwenden.

Zum Schluss ein Wort der Warnung: Quellcode offenbart wie wenig sonst die Herangehensweise und den Charakter[12] einer Person. Natürlich ist Code-Qualität im Sinne der Lesbarkeit auch eine Frage der persönlichen Fähigkeiten, und Code wird über die Zeit lesbarer werden, wenn sein Autor sich darum bemüht, sich diese Fähigkeiten anzueignen. Wichtig ist hier die *Einstellung*. Entsprechend soll das Beispiel niemanden entmutigen. Die persönliche Erfahrung zeigt allerdings, dass (zu) viele Programmierer (zu) wenig Wert auf Lesbarkeit legen. Im Vorgriff auf ein Zitat von Steve McConnell[13] sei hier erwähnt, dass uns die Komplexität von Programmen und der Programmierung in letzter Konsequenz ehrlicherweise immer überfordert. Wenn man das dann irgendwann zu verstehen beginnt, ist es wichtig, nicht stehen zu bleiben und sich nicht entmutigen zu lassen.

Verständnisfragen

- Welches Schlüsselkonzept der Softwareentwicklung ermöglicht es, komplexe Fragestellungen erfolgreich bearbeiten zu können?
- Welcher grundlegende Aspekt der Softwareentwicklung ist vielleicht am entscheidendsten für die Qualität des resultierenden Codes und damit seiner Wiederverwendbarkeit, Zuverlässigkeit und Überprüfbarkeit?
- Was ist das vielleicht größte Problem von Softwareentwicklung im naturwissenschaftlichen Kontext?
- Welche beiden Aspekte liefern den Schlüssel zum Erfolg für qualitativ hochwertige Software und entsprechende Produktivität (und Freude an der Arbeit)?

---

11 Vgl. zur Einschränkung der Freiheiten durch die Softwaretechnik und insbesondere die Programmierparadigmata ► Kap. 11 und die Diskussion von R. C. Martin in [17].

12 Wem „Charakter“ ein zu hartes Wort ist: die Bedeutung, die die betreffende Person der Programmierung/diesem Quellcode beimisst, und die Sorgfalt, die sie entsprechend aufwendet.

13 „Nobody is really smart enough to program computers.“ [18, S. 821], vgl. ► Kap. 10.

Kommentiertes Literaturverzeichnis

Ein gutes Buch für diejenigen, die sich intensiver und vor allem praktisch mit Programmierung im akademischen Umfeld und in den mehr physikalischen Disziplinen (inkl. Physikalischer Chemie) auseinandersetzen wollen – und denen dieses Buch zu wenig praxisnah ist – ist „Effective Computation in Physics" [19]. Andere (ebenfalls) auf Python zugeschnittene Bücher mit Fokus auf dessen Einsatz im naturwissenschaftlichen Kontext sind (ohne Anspruch auf Vollständigkeit) [20–23]. Von seinen Beispielen auf die Biologie zugeschnitten, dafür mit einer Einführung in die Unix-Kommandozeile, LaTeX, Python, R und relationale Datenbanken (also ein richtiger Rundumschlag) ist [24]. Wer sich mehr mit Python beschäftigen möchte, dem sei auch „The Hitchhiker's Guide to Python" von Reitz und Schlusser [25] sehr empfohlen.

Ein sehr lesenswerter, persönlicher Bericht aus der Frühzeit der Informatik und Programmierung von einer der zentralen Figuren ist die Rede von Edsger Dijkstra 1972 anlässlich der Verleihung des Turing Awards an ihn [2]. Hier verwendet er den Begriff der *intellectual manageability* und betont, warum er zusammen mit Abstraktion zentral für die Programmierung ist. Auf der NATO-Konferenz zur Softwareentwicklung wurde der Begriff *software engineering* erstmals breit bekannt gemacht. Naur und Randell haben den Bericht dieser Tagung [4] verfasst. Ebenfalls ein großer Klassiker, mit Fokus auf dem Projektmanagement, und dazu noch sehr gut geschrieben, ist Frederick Brooks „The Mythical Man-Month" [26]. Hier beschreibt der Autor seine Erfahrungen bei der Entwicklung des Betriebssystems für die ersten IBM-Mainframes in den 1960er-Jahren und reflektiert schonungslos über das, was gut und was schlecht war. Die Jubiläumsausgabe von 1995 enthält zusätzlich u. a. noch seinen ebenfalls berühmten Essay „No Silver Bullet—Essence and Accident in Software Engineering". Die zentrale These dieses Essays:

> » „There is no single development, in either technology or management technique, which by itself promises even one order-of-magnitude improvement within a decade in productivity, in reliability, in simplicity." (Frederick P. Brooks: No Silver Bullet)

Eine recht umfassende und strukturierte Einführung in die Softwaretechnik liefert Ian Sommerville mit seinem Buch „Software Engineering" (in deutscher Übersetzung verfügbar) [27]. Das Problem des mangelnden Stellenwerts von Programmierung in den Wissenschaften ist mittlerweile hinlänglich bekannt [vgl. u. a. 14, 28–31]. Vielleicht einer der ersten, die sich intensiv mit dem Problem und möglichen Lösungen auseinandergesetzt haben, ist Greg Wilson. Er hat mit „Software Carpentry"[14] eine Non-Profit-Organisation gegründet, die sich die Vermittlung von Programmierkonzepten im akademischen Umfeld auf die Fahnen geschrieben hat. Die Veröffentlichung von Artikeln in Journalen mit biologischem Schwerpunkt hat u. a. den Grund, dass die Bioinformatik ohne Computer nicht denkbar wäre. Das bedeutet aber nicht, dass der normale Biologe besser programmieren kann als der Chemiker oder Physiker. Die Qualität von Software und ihrem Quellcode hat letztlich viel mit der Einstellung der beteiligten Programmierer zu tun. Siehe dazu die Diskussion in Kapitel 33 von [18] und das Buch „The Pragmatic Programmer" von Thomas und Hunt [32].

14 ► http://software-carpentry.org/ (Zugriff am 30.12.2024).

Literatur

1. M. Fowler, *Refactoring. Improving the Design of Existing Code* (Addison-Wesley Longman, Boston, 1999)
2. E.W. Dijkstra, Communications of the ACM **15**, 859 (1972)
3. E.W. Dijkstra, *Selected Writings on Computing: A Personal Perspective* (Springer-Verlag, New York, 1982)
4. P. Naur, B. Randell (eds.). *Software Engineering: Report of a Conference sponsored by the NATO Science Committee, Garmisch, Germany, 7–11 Oct. 1968* (NATO, Scientific Affairs Division, Brussels, 1969)
5. R.C. Martin, *Agile Software Development. Principles, Patterns, and Practices* (Prentice Hall, Upper Saddle River, New Jersey, 2003)
6. K. Beck, C. Andres, *Extreme Programming Explained. Embrace Change*, 2. Aufl. (Addison-Wesley, Boston, 2004)
7. R.C. Martin, *Clean Code. A Handbook of Agile Software Craftmanship* (Prentice Hall, Upper Saddle River, New Jersey, 2008)
8. G.A. Miller, Psychological Review **63**, 81 (1956)
9. P.H. Salus, *A Quarter Century of UNIX* (Addison-Wesley, Reading, MA, 1994)
10. E.S. Raymond, *The Art of UNIX Programming* (Addison Wesley, Boston, 2004)
11. R.P. Feynman, Engineering and Science **37**(7), 10 (1974). https://resolver.caltech.edu/CaltechES:37.7.CargoCult
12. C. Alexander, S. Ishikawa, M. Silverstein, *A Pattern Language* (Oxford University Press, New York, 1977)
13. E. Gamma, R. Helm, R. Johnson, J. Vlissides, *Design Patterns. Elements of Reusable Object-Oriented Software* (Addison-Wesley, Boston, 1995)
14. S.M. Baxter, S.W. Day, J.S. Fetrow, S.J. Reisinger, PLoS Computational Biology **2**, e87 (2006)
15. P. Watzlawick, J.H. Beavin, D.D. Jackson (eds.), *Menschliche Kommunikation*, 13. Aufl. (Hogrefe, Bern, 2017)
16. D.E. Knuth, *Literate Programming* (Center for the Study of Language and Information, Stanford, 1992)
17. R.C. Martin, *Clean Architecture. A Craftman's Guide to Software Structure and Design* (Prentice Hall, Boston, 2018)
18. S. McConnell, *Code Complete*, 2. Aufl. (Microsoft Press, Redmond, Washington, 2004)
19. A. Scopatz, K.D. Huff, *Effective Computation in Physics* (O'Reilly, Sebastopol, 2015)
20. C. Hill, *Learning Scientific Programming with Python* (Cambridge University Press, Cambridge, UK, 2015)
21. A.B. Downey, *Think Python* (O'Reilly, Sebastopol, 2015)
22. J. VanderPlas, *Python Data Science Handbook* (O'Reilly, Sebastopol, 2016)
23. W. McKinney, *Python for Data Analysis*, 2. Aufl. (O'Reilly, Sebastopol, 2017)
24. S. Allesina, M. Wilmes, *Computing Skills for Biologists* (Princeton University Press, Princeton and Oxford, 2019)
25. K. Reitz, T. Schlusser, *The Hitchhiker's Guide to Python* (O'Reilly, Sebastopol, 2016)
26. F.P. Brooks, *The Mythical Man Month*, Jubiläumsausgabe mit 4 neuen Kapiteln (Addison Wesley Longman, Boston, 1995)
27. I. Sommerville, *Software Engineering*, 10. Aufl. (Pearson, Hallbergmoos, 2018)
28. G. Wilson, Computing in Science & Engineering **8**, 66 (2006)
29. Z. Merali, Nature **467**, 775 (2010)
30. G. Wilson, D.A. Aruliah, C.T. Brown, N.P.C. Hong, M. Davis, R.T. Guy, S.H.D. Haddock, K.D. Huff, I.M. Mitchell, M.D. Plumbley, B. Waugh, E.P. White, P. Wilson, PLoS Biology **12**, e1001745 (2014)
31. J. Hastings, K. Haug, C. Steinbeck, GigaScience **3**, 31 (2014)
32. D. Thomas, A. Hunt, *The Pragmatic Programmer*, 20. Aufl. (Addison-Wesley, Boston, 2020)

Infrastruktur

Ein Minimum an Infrastruktur ist zwingende Voraussetzung für die Erstellung von Software zur wissenschaftlichen Datenanalyse – unabhängig von ihrer Komplexität. Das liegt daran, dass nur so die grundlegenden Ansprüche an wissenschaftlich sauberes Arbeiten (Nachvollziehbarkeit, Reproduzierbarkeit) gewährleistet werden können. Das absolute Minimum ist eine Versionsverwaltung in Verbindung mit Versionsnummern und Lizenzierung. Für jedes etwas größere Projekt kommen (externe) Dokumentation und eine Bugverwaltung hinzu. Die ebenfalls im Rahmen des Abschnitts „Infrastruktur" behandelten Editoren/IDEs sind das grundlegende Werkzeug, an dem niemand vorbeikommt.

Inhaltsverzeichnis

Infrastruktur

Inhaltsverzeichnis

T. Biskup, *Softwareentwicklung für die Naturwissenschaften*,
https://doi.org/10.1007/978-3-662-71607-6_3

3

Kernaspekte

- Eine minimale Infrastruktur ist zwingende Voraussetzung zur Erfüllung der Kriterien für Auswertungssoftware.
- Richtig eingesetzt kann Infrastruktur die Softwareentwicklung vereinfachen, disziplinieren und strukturieren.
- Klare Abläufe sorgen für Konsistenz und Routine und erleichtern die Nutzung.
- Nur eine funktionierende und möglichst einfach bedienbare Infrastruktur wird auch regelmäßig genutzt werden.
- Entscheidend ist nicht der Einsatz konkreter Produkte, sondern der Werkzeuge als solcher.

3.1 Warum ist Infrastruktur wichtig?

In einem Kontext, in dem sich bereits die Frage stellt, warum die Beschäftigung mit Programmierung und Konzepten der Softwareentwicklung notwendig sei, stellt sich natürlich erst recht die Frage, warum man, statt einfach darauf los zu programmieren, auch noch zusätzliche Infrastruktur bereitstellen, erlernen und nutzen sollte. Die kurze Antwort lautet: Weil man den aus den Kriterien für Wissenschaftlichkeit abgeleiteten Ansprüchen an Software zur Datenauswertung anders nicht gerecht werden kann.

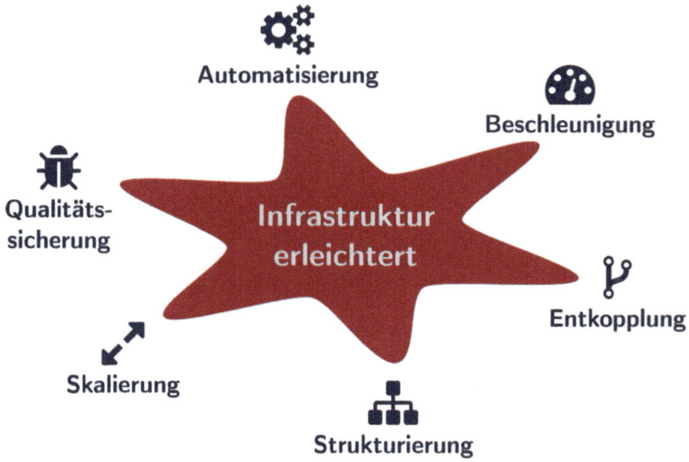

Abb. 3.1 Übersicht über positive Effekte, die Infrastruktur auf das Programmieren und die Softwareentwicklung haben kann. Die Abbildung erhebt keinen Anspruch auf Vollständigkeit. Für Details vgl. den Text. Natürlich sollte Infrastruktur nie um ihrer selbst willen eingesetzt werden, zumal ihre Verwendung immer einen (initialen) Mehraufwand bedeutet. Richtig eingesetzt hilft sie aber einerseits, sich auf die eigentlichen Aufgaben zu konzentrieren, und ermöglicht andererseits Dinge, die ohne sie nicht oder nur sehr mühsam realisierbar wären

3.1.1 Positive Effekte von Infrastruktur

Infrastruktur kann, richtig eingesetzt, eine ganze Reihe (positiver) Effekte auf das Programmieren und die Softwareentwicklung haben. Für eine Übersicht über einige dieser Effekte vgl. Abb. 3.1. Die einzelnen Aspekte werden nachfolgend in etwas mehr Detail ausgeführt. Viele der nachfolgend angesprochenen Aspekte könn(t)en auch ohne große Infrastruktur umgesetzt werden, dann aber meist mit erheblich größerem Aufwand und einem viel höheren Anspruch an die persönliche Disziplin. Infrastruktur ist keine Ausrede dafür, die Disziplin komplett schleifen zu lassen und sich nicht um geregelte Abläufe zu scheren. Sie kann aber, richtig eingesetzt, dabei helfen, sich viel mehr auf das Wesentliche zu konzentrieren.

Automatisierung Infrastruktur nimmt dem Programmierer bzw. Softwareentwickler Arbeit ab. Dahinter steckt eine ganz ähnliche Motivation wie hinter der Software selbst: die Automatisierung von Routineaufgaben. Es gibt viele Dinge, die ein Rechner besser, schneller und zuverlässiger (mit weniger Fehlern) erledigen kann. Die Kunst besteht mitunter darin, das zu erkennen und diese Erkenntnis gewinnbringend umzusetzen.

> „It is a profoundly erroneous truism, repeated by all copybooks and by eminent people when they are making speeches, that we should cultivate the habit of thinking of what we are doing. The precise opposite is the case. *Civilization advances by extending the number of important operations which we can perform without thinking about them.* Operations of thought are like cavalry charges in a battle—they are strictly limited in number, they require fresh horses, and must only be made at decisive moments.“ (Alfred North Whitehead, [1, S. 34][1])

Das ist natürlich *kein* Plädoyer, nicht zu denken, wohl aber, wiederkehrende Abläufe und Zusammenhänge einmal zu durchdenken und danach so zu formalisieren, dass sie künftig deutlich weniger aktive Denkleistung erfordern. Das wiederum ist genau das, was ein System zur elektronischen Datenverarbeitung im naturwissenschaftlichen Kontext leisten soll.

Beschleunigung Infrastruktur ermöglicht an vielen Stellen ein zügigeres bzw. einfacheres Arbeiten. Hier gibt es zwei Aspekte zu beachten: Einerseits lassen sich Routineaufgaben durch die richtige Infrastruktur automatisieren und damit in der Regel auch beschleunigen. Der Rechner arbeitet, der Wissenschaftler kann gleichzeitig andere – ggf. wichtigere – Dinge tun, insbesondere solche, die menschlicher Kreativität und Denkfähigkeit bedürfen. Andererseits hilft eine gewisse Formalisierung dabei, nicht immer wieder neu nachdenken zu müssen, wie gewisse Dinge gelöst werden. Dahinter steht ein deutlich weiterer Begriff von Infrastruktur, insbesondere ihre Handhabung. Feste Routinen und Abläufe, die dann womöglich auch noch gewissenhaft und prägnant dokumentiert sind, strukturieren die Arbeit und befreien den Anwender davon, ständig wieder die gleichen kleinen Entscheidungen treffen zu müssen. Darüber hinaus sorgt diese Herangehensweise für eine viel größere Konsistenz.[2]

---

1 Hervorhebung nicht im Original.

2 Man sollte nur darauf achten, von Zeit zu Zeit (liebgewonnene) Routinen zu hinterfragen oder zumindest darüber zu reflektieren. Das bewahrt gerade im wissenschaftlichen Kontext davor, die Kreativität zu verlieren und sich nur noch auf eingetretenen Pfaden zu bewegen.

Entkopplung Infrastruktur entkoppelt den einzelnen Entwickler von der Software und erleichtert damit die Übernahme durch andere Entwickler. Dieser Aspekt ist insbesondere dann von zentraler Bedeutung, wenn Software länger verwendet werden soll, als ihr ursprünglicher Autor aktiv an der Entwicklung beteiligt ist. Das ist im wissenschaftlichen Kontext sehr schnell gegeben – zumindest wenn man den Anspruch hat, dass Software längerfristig genutzt werden soll. Aus Sicht eines Gruppenleiters ist das eine Frage der Ökonomie und des richtigen Einsatzes von Ressourcen. Letztlich klingt hier wieder der Satz Newtons in seinem Brief an Robert Hooke an, der zu Beginn des Buches bei der Beschäftigung mit dem Wesen der (Natur-)Wissenschaft zitiert wurde (vgl. ▶ Kap. 1): „... *standing on the shoulders of giants*“. Wissenschaft ist eine gemeinschaftliche Unternehmung, die darauf gründet, dass wir auf den Vorarbeiten anderer aufbauen und dort weitermachen, wo sie aufhörten. Gleichzeitig sind wir dafür verantwortlich, bleibende Werte und Erkenntnisse zu hinterlassen, auf denen unsere Nachfolger ihrerseits aufbauen können. In den Augen des Autors ist das ein dramatisch unterschätzter Aspekt von Softwareentwicklung im akademischen Kontext – und einer der Hauptantriebe für dieses Buch und die ihm zugrunde liegende Vorlesung.

Strukturierung Infrastruktur diszipliniert und strukturiert richtig eingesetzt die Entwicklung von Software. Der Einsatz von Infrastruktur und im weiteren Kontext von Projektmanagement-Strategien kann als Rückgriff auf Softwaretechnik (*software engineering*) als Antwort auf die Softwarekrise verstanden werden (vgl. ▶ Kap. 2). Letztlich ist die eine oder andere Form von Projektmanagement für jedes größere Projekt unumgänglich. Wichtig ist bei der Umsetzung, dass der Nutzen für den Entwickler im Vordergrund steht.[3] Ein sehr kurzweiliger Augenzeugenbericht eines wirklich großen Projekts (die Entwicklung des Betriebssystems OS/360 für die IBM-Mainframes) ist das Buch „The Mythical Man Month“ von Frederick Brooks [6]. Auf das gerade im akademischen Kontext immer wieder betonte Spannungsfeld zwischen Struktur und Freiheit wird in ▶ Abschn. 3.2.3 eingegangen.

Skalierung Infrastruktur ermöglicht eine sinnvolle Skalierung des Projektes. Eine Erkenntnis, die auch später immer wieder wichtig wird: Infrastruktur skaliert (bestenfalls), die Arbeits- und Lebenszeit eines Entwicklers nicht. Die Möglichkeit zur Skalierung ist essentiell für größere Projekte und bei mehr als einem Entwickler. Für die Definition eines größeren Projektes vgl. ▶ Kap. 1. Software zur Datenauswertung, die den Ansprüchen der Wissenschaft genügt, ist immer ein größeres Projekt. Ein besonderer Vorteil von Infrastruktur, der auch mit der Skalierung zusammenhängt: Entwickler müssen nicht notwendigerweise gleichzeitig am Projekt arbeiten. Gute Beispiele sind hier diverse Projekte aus der freien und quelloffenen Softwarewelt bis hin zum Linux-Kernel, die meist von Freiwilligen in ihrer jeweiligen Freizeit entwickelt werden.

Qualitätssicherung Infrastruktur ist eine zwingende Voraussetzung, um die eingangs für Auswertungssoftware aufgestellten (Qualitäts-)Kriterien zu erfüllen. Auch wenn sich viele einzelne Aspekte auch ohne dedizierte Infrastruktur noch darstellen ließen, die nötige Disziplin und Zeit vorausgesetzt, ist die Summe der Ansprüche, die an Software zur Datenauswertung in wissenschaftlichem Kontext sinnvollerweise gestellt werden sollte, doch zu groß.

3 Diese Erkenntnis hat vermutlich auch zum *Agile Manifesto* [2] beigetragen: Menschen sind wichtiger als Strukturen. Siehe dazu auch die Literatur zur „Psychologie der Softwareentwicklung“, z. B. [3–5].

3.2 Kosten-Nutzen-Abwägung

Projektmanagement ist unweigerlich mit einem gewissen Aufwand verbunden, weshalb für jedes Projekt vorweg eine nüchterne Kosten-Nutzen-Analyse durchgeführt werden sollte, was die notwendige Infrastruktur angeht. Das bedeutet nicht, dass die Entscheidungen anschließend in Stein gemeißelt sind. Die Erfahrung zeigt aber, dass insbesondere der Wechsel zwischen Systemen zusätzlichen (und manchmal vermeidbaren) Aufwand mitbringt. Schlanke, skalierbare Lösungen sind sicherlich zu bevorzugen. Einige Aspekte dieser Kosten-Nutzen-Abwägung, die nachfolgend in etwas größerem Detail betrachtet werden: Der Umgang mit Infrastruktur muss erlernt werden, Anschaffung und Betrieb von Infrastruktur verursacht Kosten, und Vorgaben schränken die individuelle Freiheit ein. Dem steht gegenüber, dass manche Dinge erst durch Infrastruktur möglich werden, so z. B. die (vernünftige) verteilte Arbeit mit mehreren Beteiligten an einem Projekt oder eine ernsthafte Versionsverwaltung. Von entscheidender Bedeutung ist dabei, die Nutzung der eingeführten Infrastruktur von Anfang an so komfortabel wie möglich zu gestalten. Nur so wird sich die notwendige Akzeptanz einstellen können, die wesentlich ist, damit die Infrastruktur und die Projektabläufe auch wie geplant eingesetzt und befolgt werden – zum Nutzen und Gewinn aller Beteiligten. Einfache Nutzbarkeit sollte trotzdem nicht auf Kosten der Vertraulichkeit und des Schutzes persönlicher Daten gehen. Nachfolgend wird auf die vorgebrachten Einwände/Argumente in etwas größerem Detail eingegangen.

3.2.1 Umgang mit Infrastruktur muss erlernt werden

Argument Umgang mit Infrastruktur muss erlernt werden. Ist schon die Entwicklung von Software in den Naturwissenschaften meist nur Mittel zum Zweck, ist das Erlernen des Umgangs mit Infrastruktur zur Entwicklung dieser Software ein zusätzlicher Abstraktionsschritt, der gerade anfänglich die Arbeit erschwert und eine mitunter recht steile Lernkurve aufweist.[4]

Entgegnung Ein möglicher Lösungsansatz ist die Reduktion auf das Wesentliche. Das Buch fokussiert auf wenige, wichtige Aspekte. Alle nachfolgend vorgestellten Aspekte zur Infrastruktur für die Entwicklung von Software sind auf die konkrete Umsetzung im akademischen Kontext zugeschnitten. Für jedes größere Projekt sind sie letztlich unumgänglich, wobei sich über die Bugverwaltung noch am Ehesten diskutieren lässt. Alle nachfolgend vorgestellten Aspekte entspringen der persönlichen Erfahrung des Autors, sind also keine rein akademischen Fingerübungen. Der Fokus des Buches liegt dabei auf Konzepten, statt auf konkreten Programmen/Lösungen. Welche konkreten Lösungen verwendet werden, ist oft eine Frage des persönlichen Geschmacks oder des Umfeldes (Was ist bereits vorhanden?). Ein wesentliches Kriterium bei der Wahl einer Infrastrukturkomponente sollte immer die Vertraulichkeit und der Schutz persönlicher Daten sein. Entsprechend ist grundsätzlich dezentralen und auf freier und quelloffener Software beruhenden Lösungen der Vorzug zu geben.

4 Das ist vielleicht ein bisschen vergleichbar mit den „Nebenfächern“ (wie Mathematik und Physik für die Chemiker), die oft als notwendiges Übel angesehen werden, bei Licht betrachtet aber das wesentliche Handwerkszeug liefern, um die eigentlichen Aufgaben später entsprechend strukturiert und kompetent anzugehen.

Das Ziel des Buches ist nicht, eine bestimmte Lösung im Detail vorzustellen, sondern mit den grundlegenden Bausteinen von Infrastruktur zur Softwareentwicklung vertraut zu machen. Darüber hinaus sind Kenntnisse im Umgang mit der vorgestellten Infrastruktur eine gute Zusatzqualifikation, die dem Naturwissenschaftler ggf. bessere Aussichten auf dem Arbeitsmarkt eröffnen.

3.2.2 Anschaffung und Betrieb von Infrastruktur verursachen Kosten

Argument Anschaffung und Betrieb von Infrastruktur verursachen Kosten. Kosten sind dabei in dreierlei Hinsicht möglich: Kosten für die Software, Kosten für die Hardware (Rechner, zentrale Server), auf denen Teile der Infrastruktur installiert werden, und Kosten für die Wartung (sowohl der Software als auch der Hardware).

Entgegnung Sowohl Anschaffung als auch Betrieb von Software zur Infrastruktur lassen sich ggf. auslagern, sodass bis auf die weichen Kosten der Einarbeitung und Nutzung durch die Entwickler keine weiteren Kosten entstehen. „Auslagern" bedeutet dabei aber nicht, auf große zentralisierte Plattformen auszuweichen, da das dem Gedanken der Vertraulichkeit und des Schutzes persönlicher Daten zuwiderläuft. Gerade im akademischen Kontext sollte die Auslagerung in Richtung der zentral von der jeweiligen Institution bereitgestellten IT-Infrastruktur möglich sein.

Viele Lösungen sind als freie Software verfügbar. Die in diesem Buch genannten Lösungen sind (meist[5]) freie Software. Nur so ist sinnvoll gewährleistet, dass die notwendige Infrastruktur auch eingesetzt werden kann. Der Stellenwert einer geordneten Softwareentwicklung ist im akademischen Kontext aus eigener Erfahrung so gering, dass sicherlich kein Geld investiert werden wird.

Manche Online-Plattformen bieten einen großen Teil der besprochenen Services integriert und kostenlos an. Auch hier gilt wieder: Die Verwendung ist oftmals eine Frage des persönlichen Geschmacks. Im akademischen Umfeld gilt (ebenso wie in der Industrie): Bevor man Online-Plattformen verwendet, sollte man sich vergewissern, damit nicht Urheberrechte oder andere klare Bestimmungen, insbesondere bezüglich des Datenschutzes, zu verletzen. Beispiel: Das Speichern von Dokumenten und Daten in Online-Speichersystemen (Cloud) wie DropBox ist (nicht nur) in Deutschland im öffentlichen Dienst und im universitären Kontext strikt verboten. Ein weiterer Aspekt integrierter Systeme, der *vor* deren Einsatz kritisch bedacht werden sollte: Der Umstieg auf andere Systeme fällt schwerer.

Letztlich hängt die konkrete Nutzung der Werkzeuge immer auch von den lokalen Gegebenheiten ab. Allerdings lassen sich für viele Online-Plattformen freie Softwarelösungen finden, die mit vertretbarem Aufwand lokal auf eigener Infrastruktur (zumindest am Anfang sogar parallel auf einem Arbeitsplatzrechner) aufgesetzt werden können. Gegebenenfalls kann man hier auch auf Dienste des jeweiligen Rechenzentrums zugreifen, wenn die Zahl der Nutzer steigt, sich aber eine Betreuung der Infrastruktur nicht

5 Zumindest sind alle vorgestellten Lösungen kostenfrei nutzbar. Die aktuell einzige „unfreie" Komponente müsste die IDE (PyCharm) sein, die der Autor selbst aber in der kostenfrei nutzbaren Variante einsetzt.

langfristig durch kompetente Mitarbeiter sicherstellen lässt. Wichtig ist in jedem Fall die Verwendung von Standardkomponenten, wo immer möglich. Das reduziert die Kosten, ermöglicht durch eine entsprechend große Nutzerbasis das schnelle und einfache Auffinden von Hilfe (online) und erleichtert ggf. den Umzug zu anderen Systemen, da Lösungen mit einer großen Nutzerbasis in der Regel auch durch entsprechende Konvertierungswerkzeuge unterstützt werden.

3.2.3 Vorgaben schränken die individuelle Freiheit ein

Argument Vorgaben schränken die individuelle Freiheit ein. Häufig trifft man im akademischen Umfeld auf den (grundsätzlich berechtigten) Ansatz, die Studierenden bzw. Promovierenden sollten jeweils selbst ein Konzept entwickeln, wie sie mit der Datenaufnahme und -auswertung umgehen, und eine Struktur entwickeln, die den Ansprüchen an wissenschaftliche Arbeit entspricht.

Entgegnung Zum einen lässt sich begründet bezweifeln, dass die Studierenden in ihrer Ausbildung hinreichend darauf vorbereitet werden, was rechnergestütztes wissenschaftliches Arbeiten konkret bedeutet und welche Kriterien daran angelegt werden. Zum anderen zeigt die eigene Erfahrung, dass die wenigsten Studierenden von sich aus eine halbwegs zukunftssichere Struktur für die Ablage aller notwendigen Informationen entwickeln, die dann nach ihrem Weggang noch von anderen verstanden wird. Der Konflikt besteht also, wenn man so möchte, in der Kosten-Nutzen-Abwägung zwischen maximaler individueller Freiheit und der Korruption des Ziels sauberen wissenschaftlichen Arbeitens, das die Ablage der Daten und Auswertungen in einer nachvollziehbaren Weise zwingend voraussetzt. Letztlich bedeutet die explizite Vorgabe von Kriterien noch keine Einschränkung der persönlichen Freiheit hinsichtlich der Umsetzung, und auch die detailliertere Vorgabe eines (bestehenden) Systems ist immer nur eine Empfehlung verknüpft mit der Aufforderung, das Bestehende kritisch zu hinterfragen und weiterzuentwickeln.

Die eigentliche kreative Aufgabe, an der sich dann ggf. auch entscheidet, ob eine Person zur guten (oder exzellenten) wissenschaftlichen Arbeit fähig ist oder nicht, liegt nicht in der Implementierung von Software,[6] die saubere wissenschaftliche Arbeit inkl. vollständiger Dokumentation ermöglicht, sondern gerade in der Entscheidung, welche Parameter wichtig sind und entsprechend dokumentiert werden müssen, sowie dem Design entsprechender Experimente und Auswertungen, um (neue) Fragestellungen zu bearbeiten. Das setzt sowohl ein tiefes Verständnis der eigenen Arbeit als auch ein hohes Abstraktionsvermögen voraus.

Ein Ziel des Buches ist es, die Leserinnen und Leser dafür zu sensibilisieren, welche Anforderungen sie an sich selbst und ihre Arbeit sowie die verwendeten Werkzeuge stellen sollten. Wenn dadurch jemand seine Liebe zur Programmierung und entsprechenden Entwicklung dieser Werkzeuge entdeckt, ist das natürlich umso besser.

6 Die konzeptionelle Entwicklung eines solchen Systems zur wissenschaftlichen Datenverarbeitung inklusive vollständiger automatischer Dokumentation aller Verarbeitungsschritte (im Gegensatz zu seiner „bloßen" Implementierung) wiederum setzt ein tiefes Verständnis vom Wesen und den Abläufen der Wissenschaft voraus und ist sehr wohl eine kreative und zutiefst wissenschaftliche Aufgabe.

Mangelnde eigene Erfahrung und Struktur

Eine weitere Frage ist, inwieweit die jeweiligen Betreuenden selbst ein klares Konzept für die strukturierte Ablage und Verarbeitung von Daten haben, das sie an die Studierenden bzw. Promovierenden weitergeben könn(t)en. Heikel ist diese Überlegung natürlich schon deshalb, weil sie ggf. etablierten Wissenschaftlern unterstellt, bezüglich eines entscheidenden Aspekts nicht ausreichend Zeit und Gedanken investiert zu haben, und somit am Ende die Wissenschaftlichkeit ihrer Arbeit im Sinne einer soliden Grundlage für spätere Generationen von Forschern hinterfragt. Sicherlich sind viele Ergebnisse durch Publikationen und entsprechendes eigenes Wissen ob der jeweiligen Art von Experimenten grundsätzlich reproduzierbar. Auf der anderen Seite kennt der Autor aus eigener Erfahrung keine akademische Gruppe, in der eine über Generationen von Mitarbeitern hinweg funktionierende Ablage von Daten und Metadaten real existiert. Das ist sowohl eine treibende Kraft hinter diesem Buch und der zugrunde liegenden Vorlesung als auch hinter der Entwicklung eigener Lösungen für dieses Problem. Mittlerweile haben die großen Forschungsförderer und die Politik dieses Problem zumindest erkannt und versuchen, mit Initiativen wie der „Nationalen Forschungsdateninfrastruktur" (NFDI) und klaren Vorgaben bei Projektanträgen (wie „Datenmanagementpläne", DMP) gegenzusteuern. All das läuft unter dem Etikett „Forschungsdatenmanagement". Ob diese Bestrebungen jenseits politischer Absichtserklärungen real zur Verbesserung der Qualität der Forschung und damit letztlich der Wissenschaftlichkeit beitragen, ist allerdings zweifelhaft, zumal die meisten Initiativen hinsichtlich Software eine stupende Unkenntnis der über Jahrzehnte gewachsenen und vielfach publizierten Erfahrungen aus dem Bereich der professionellen Softwareentwicklung [u. a. 7–11] offenbaren. Für eine detailliertere Auseinandersetzung damit sei auf die Vorlesung des Autors zum Thema Forschungsdatenmanagement (► https://www.till-biskup.de/de/lehre/forschungsdatenmanagement/) verwiesen.

3.3 Übersicht über nachfolgend behandelte Infrastruktur

Nochmals: Die in den nachfolgenden Kapiteln detaillierter behandelten Aspekte von Infrastruktur sind lediglich solche Aspekte, die aus der eigenen Erfahrung wichtig bzw. für größere Projekte unumgänglich sind. Es geht hier nicht um die Empfehlung konkreter Werkzeuge oder Umsetzungen, sondern lediglich darum, die entsprechenden Komponenten einer sinnvollen und in mancher Hinsicht universellen Projekt-Infrastruktur vorzustellen und ihre Bedeutung für das Erreichen des eigentlichen Ziels aufzuzeigen: die Entwicklung von Software zur wissenschaftlichen Datenauswertung, die die eingangs aufgestellten Kriterien und damit die Anforderungen der Wissenschaft erfüllt.

3.3.1 Eine minimale Infrastruktur für wissenschaftliche Datenauswertung

Jede Routine, die zur Auswertung realer Daten verwendet wird, sollte mindestens unter **Versionskontrolle (VCS)** stehen und eine **eindeutige Versionsnummer** tragen. Darüber hinaus hilfreich und dem Nutzer dringend nahegelegt sind **Dokumentation** und **Lizenz**.

Für alle größeren Projekte, die dann auch darauf abzielen, alle sieben in ▶ Kap. 1 genannten Kriterien zu erfüllen, werden alle nachfolgend aufgeführten Aspekte von Infrastruktur benötigt.

3.3.2 Komponenten einer Projektinfrastruktur und ihre Begründung

Eine kurze Übersicht über die in anschließenden Kapiteln detaillierter behandelte Infrastruktur liefert ◘ Abb. 3.2, die einzelnen Aspekte werden nachfolgend kurz beschrieben.

Editoren/IDEs Da Softwareprogramme in der Regel aus reinem Text (Quellcode) bestehen, eignet sich letztlich jeder reine Texteditor zur Programmierung. Allerdings bringen moderne Editoren oder integrierte Entwicklungsumgebungen (IDEs) eine Menge an Vorteilen mit sich, die die tägliche Arbeit sehr erleichtern können. Letztlich sind zwei Aspekte von IDEs ausschlaggebend für eine mitunter dramatische Erhöhung der Codequalität und Produktivität: Umfangreiche Unterstützung für Refactoring (vgl. ▶ Kap. 20) und die Möglichkeit, automatisiert Tests ausführen und die Ergebnisse komfortabel anzeigen zu lassen (vgl. ▶ Kap. 19). IDEs haben die Angewohnheit, so komplex zu sein, dass sie eine längere Einarbeitungszeit benötigen. Deshalb ist die Verwendung nur dann sinnvoll, wenn man entweder die wenigen benötigten Funktionen (für ein kleines Projekt) schnell erlernen kann oder aber ausreichend Zeit zur Verfügung steht, sodass sich die Einarbeitung lohnt. Da es sich bei der Entwicklung von Software zur Datenauswertung, die wissenschaftlichen Ansprüchen genügt, aber immer um ein größeres Projekt handelt, sollten IDEs grundsätzlich dafür in Betracht gezogen werden.

Versionsverwaltung (*version control system*, VCS) Ein System zur Versionsverwaltung erlaubt jederzeit den Rückgriff auf beliebige vorherige Versionen einer einzelnen Routine oder auch des ganzen Projektes. Das wirkt, richtig eingesetzt, sehr befreiend auf die

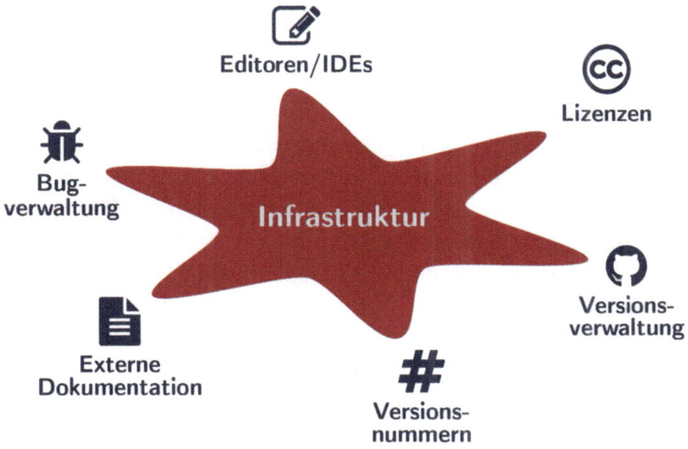

◘ **Abb. 3.2 Übersicht über einzelne Aspekte einer Infrastruktur, die nachfolgend detaillierter behandelt werden.** Für jeden einzelnen Aspekt gibt es frei verfügbare Werkzeuge, und letztlich ist nicht die Nutzung eines bestimmten Werkzeugs entscheidend, sondern die Nutzung der entsprechenden Infrastruktur als solcher. Jede einzelne hier aufgeführte Komponente wird in einem eigenen Kapitel eingehender betrachtet

Entwickelnden, da so ein engmaschiges Sicherheitsnetz aufgespannt wird, das sehr viele Freiheiten erlaubt und zum beherzten Ausprobieren einlädt. Der Einsatz einer Versionsverwaltung hat von allen hier vorgestellten Aspekten der Infrastruktur wohl den größten Einfluss auf die Art des Programmierens und damit letztlich die Qualität von Software.[7] Außerdem ist spätestens dann, wenn mehr als ein Entwickler gleichzeitig an einem Projekt arbeitet, ein System, das Werkzeuge zur Nachverfolgung und Zusammenführung von Änderungen und zum Umgang mit Konflikten (gleichzeitigen Änderungen an derselben Datei eines Projektes bzw. inkompatiblen Änderungen) mitbringt, unabdingbar. Gleiches gilt aber schon, wenn eine Person von unterschiedlichen Rechnern aus arbeitet.

Versionsnummern Jede im Einsatz befindliche Version einer Software hat eine eineindeutige Versionsnummer. Eineindeutig bedeutet in diesem Kontext, dass einer Version (Fassung) der Software genau eine Versionsnummer zugeordnet ist, und umgekehrt ausgehend von einer Versionsnummer ein eindeutiger Zustand der Software adressiert wird. Versionsnummern sind *per se* unabhängig von der Versionsverwaltung, finden sich aber ggf. in *tags* dort wieder. Darüber hinaus sind erst im Zusammenspiel von Versionsnummern mit einem System zur Versionsverwaltung Überprüfbarkeit und Reproduzierbarkeit gewährleistet. Das erlaubt es, den mit einer Versionsnummer verknüpften Zustand eines Programms wiederherzustellen.

(Externe) Dokumentation All das, was für das Verständnis eines Projektes von Bedeutung ist, sich aber nicht sinnvoll direkt im Quellcode ablegen lässt, sollte in eine (externe) Dokumentation fließen. Hier ist Platz für die Ablage von Konzepten, Anforderungsanalysen, *coding conventions* und derlei mehr. Mindestens sollte jedes Projekt über eine Kurzbeschreibung der Grundidee und des potentiellen Einsatzbereiches verfügen, die in einer Datei „`README`" im obersten Verzeichnis liegen sollte. Um möglichst gewinnbringend zu sein, kann das Format entscheidend sein. Eine Möglichkeit, elektronisch all diese Dinge abzulegen, sodass die Entwickler quasi jederzeit von überall aus Zugriff haben, die gleichzeitig aufgrund ihrer Flexibilität dem Anspruch nach leichter Veränderbarkeit nachkommt, ist ein Wiki oder vergleichbares System. Für die Dokumentation direkt *neben* dem Quellcode mit Potential, die automatisch erzeugte Schnittstellendokumentation gleich mit einzubinden, eignen sich Werkzeuge wie Sphinx [12].

Bugverwaltung Eine formalisierte Möglichkeit, Fehler in Programmen an die Entwickler zurückzumelden, die möglichst alle für die Entwickler relevanten Informationen vom Nutzer bzw. Anwender erfragt, kann richtig eingesetzt sowohl die Fehlerbehebung vereinfachen und beschleunigen als auch das Vertrauen der Nutzer in die jeweilige Software immens erhöhen. Durch eine Vergabe eineindeutiger Bezeichner (Bug-ID) kann auf einen Fehler eindeutig Bezug genommen und die Mehrfachmeldung von Fehlern als Duplikat markiert werden. Darüber hinaus erlaubt eine Bugverwaltung die räumliche und zeitliche Trennung von Entwicklern und Anwendern – und leistet damit ggf. einen entscheidenden Beitrag zur Skalierung größerer Projekte. Außerdem ermöglicht eine formalisierte Bugverwaltung die eineindeutige Bezugnahme auf einen Bug. Die Benachrichtigung des ursprünglichen Berichters erfolgt i. d. R. automatisch und nimmt den Entwicklern so einmal mehr Arbeit ab.

---

7 Einen ähnlich großen Einfluss auf die Codequalität haben sonst nur noch automatisierte Tests, vgl. ► Kap. 18 und 19.

Lizenzen und Urheberrechte Was vielen Softwareentwicklern gar nicht bewusst ist: Quellcode unterliegt *per se* dem Urheberrecht, und zwar unabhängig von seiner Funktionalität. Die Ideen für Schnittstellen etc. sind hingegen nicht urheberrechtlich geschützt, nur die konkrete Implementierung. Ein oft in der akademischen Welt sträflich vernachlässigter Aspekt: Nur wenn die Lizenzen (Übertragung von Nutzungsrechten) klar benannt sind, kann Quellcode streng formal auch weiterverwendet werden. Allerdings ist ein aktives und einvernehmliches Überlassen zur Nutzung auch ohne formale Lizenz vermutlich eine Art der Übertragung von Nutzungsrechten. Gegebenenfalls gilt es, die lokalen Bestimmungen (durch die Universität oder Firma) zu beachten. Firmen werden i. d. R. quelloffene Softwareentwicklung weniger gerne sehen, in der akademischen Welt sollte das im Rahmen des offenen Zugangs (*open access*) zu wissenschaftlichen Publikationen mittlerweile anders sein.

3.3.3 Zusammenhang mit Aspekten der Wissenschaftlichkeit

Welche Infrastruktur wird nun also (zwingend) für welchen Aspekt der Entwicklung wissenschaftlicher Software – insbesondere für die Datenverarbeitung – benötigt? In einer Matrix (◘ Abb. 3.3) lassen sich entsprechende Abhängigkeiten unter Rückgriff auf die Aufstellung der sieben Kriterien für Software zur wissenschaftlichen Datenanalyse (◘ Abb. 1.2) darstellen. Eine kurze Begründung wird nachfolgend für jedes der sieben Kriterien gegeben.

Wiederverwendbar Editoren und insbesondere IDEs mit ausgeprägten Refactoring-Kapazitäten (vgl. ► Kap. 20) erhöhen die Lesbarkeit und Qualität des Quellcodes und tragen damit zu seiner Wiederverwendbarkeit bei. Eine Versionsverwaltung hilft bei der Organisation des Quellcodes (und bei der Zusammenarbeit mehrerer Mitarbeiter), die Dokumentation (mindestens) der zugrunde liegenden Konzepte und der allgemeinen Zielstellung erleichtert es neuen Nutzern oder Mitarbeitern, schnell mitarbeiten zu können, und Lizenzen (d. h. die Übertragung von Nutzungsrechten) sind i. d. R. die Grundvoraussetzung für die Nutzung von Software durch andere Personen als die ursprünglichen Autoren.

Selbstdokumentierend Ohne eineindeutige Versionsnummern ist eine Selbstdokumentation aller Schritte einer wissenschaftlichen Datenverarbeitung als Voraussetzung für die Nachvollziehbarkeit, Überprüfbarkeit und ggf. Reproduzierbarkeit nicht möglich. So

	Editor/IDE	Versionsverwaltung	Versionsnummern	Dokumentation	Bugverwaltung	Lizenzen
wiederverwendbar	✓	✓		✓		✓
selbstdokumentierend			✓			
zuverlässig	✓				✓	
überprüfbar	✓			✓		
nutzerfreundlich				✓	✓	✓
erweiterbar	✓	✓		✓		✓
reproduzierbar		✓	✓			

Editor/IDE
Versionsverwaltung
Versionsnummern
Dokumentation
Bugverwaltung
Lizenzen

◘ **Abb. 3.3 Infrastruktur als Voraussetzung für die Umsetzung von Aspekten der (wissenschaftlichen) Datenanalyse.** Die reine Zahl der Kriterien, für die ein bestimmter Aspekt der Infrastruktur relevant ist, stellt noch keine Rangfolge der einzelnen Komponenten dar. Für Details vgl. den Text unwesentlich Versionsnummern und ein eindeutiges Versionsnummernschema zu sein scheinen, so essentiell sind sie für die Wissenschaftlichkeit der Datenauswertung.

Zuverlässig Editoren bzw. IDEs mit ausgeprägter Unterstützung für Refactoring erhöhen, wie erwähnt, die Lesbarkeit und Qualität des Quellcodes, was direkte Auswirkungen auf dessen Zuverlässigkeit hat. Ein strukturierter Ablauf der Rückmeldung aufgefundener Fehler in der Software durch eine Bugverwaltung trägt zusammen mit automatisierten Tests (▶ Kap. 19) darüber hinaus zur Zuverlässigkeit bei.

Überprüfbar Lesbarkeit von Code wirkt sich direkt auf seine Überprüfbarkeit aus. Dazu tragen Editoren und insbesondere IDEs mit ausgeprägten Refactoring-Fähigkeiten ganz wesentlich bei. Darüber hinaus sollten die dem Code zugrunde liegenden Konzepte sauber dokumentiert werden. Das ist der Bereich einer externen Dokumentation, da sich übergreifende Konzepte selten bis nie direkt im Code dokumentieren lassen.

Nutzerfreundlich Eine auf die Bedürfnisse der Nutzer bzw. Anwender zugeschnittene, lesbare und gut strukturierte sowie möglichst aktuelle und vollständige Dokumentation trägt maßgeblich zur einfachen Nutzbarkeit von Software bei. Je intuitiver die Schnittstellen und das Zusammenspiel der einzelnen Komponenten gestaltet sind, desto knapper kann die zugehörige Dokumentation ausfallen. Darüber hinaus erhöht eine einfache, strukturierte Möglichkeit, eventuelle Fehler in der Software an die Entwickler zu melden, im Zusammenspiel mit einer schnellen Rückmeldung (und ggf. Fehlerbehebung) im Kontext einer Bugverwaltung das Vertrauen der Anwender in die Software und deren Bereitschaft zur ihrer weiteren Nutzung. Eindeutige Lizenzen schaffen außerdem Klarheit hinsichtlich der Erlaubnis zur Nutzung im jeweiligen Kontext.

Erweiterbar Aufgrund der ständig sich verändernden Anforderungen muss Software zur wissenschaftlichen Datenverarbeitung von Anfang an auf Erweiterbarkeit ausgelegt werden. Das setzt lesbaren Code und damit die Möglichkeit zu umfassendem Refactoring und der Unterstützung durch den Editor bzw. die IDE ebenso voraus wie eine Versionsverwaltung. Ohne eine saubere und prägnante Dokumentation der Schnittstellen und der zugrunde liegenden Konzepte ist eine Erweiterbarkeit ebenfalls nur schwer möglich. Lizenzen sind schließlich unabdingbar, um die Weiterentwicklung und Verwendung in anderem als dem ursprünglichen Kontext auch rechtlich auf sichere Füße zu stellen.

Reproduzierbar Der „heilige Gral" der Datenverarbeitung, die den Kriterien der Wissenschaftlichkeit entspricht, ist die vollständige Reproduzierbarkeit aller einzelnen Verarbeitungsschritte. Das ist nur unter Verwendung eineindeutiger Versionsnummern in Verbindung mit einer Versionsverwaltung, die jederzeit den Zugriff auf genau die jeweils verwendete Version einer Routine erlaubt, möglich.[8]

Es ist wichtig, dass die reine Zahl der Kriterien, für die ein bestimmter Aspekt der Infrastruktur relevant ist, noch keine Rangfolge der einzelnen Komponenten der Projektinfrastruktur darstellt. Ohne Versionsverwaltung, Versionsnummern, eine minimale Dokumentation und klare Lizenzen ist keine Software im wissenschaftlichen Kontext

8 Reproduzierbarkeit als solches ist ein komplexes Konzept, das nur unter eng gesteckten Randbedingungen überhaupt umsetzbar ist. Hier ist nur relevant, dass Versionsnummern und eine Versionsverwaltung notwendige, aber meist schon nicht erfüllte Vorbedingungen sind.

denkbar, die über ihre Entwicklung hinweg ernsthaft wiederverwendbar, nachvollziehbar und überprüfbar ist. Lediglich die Bugverwaltung kann ggf. etwas zurückgestellt werden.

3.4 Weitere Arten von Infrastruktur

Es gibt noch weitere Arten von Infrastruktur, auf die teilweise später noch eingegangen wird. Die nachfolgenden Ausführungen erheben jedenfalls keinerlei Anspruch auf Vollständigkeit. Im gegebenen Kontext sollte immer im Auge behalten werden, dass in den meisten Fällen tendenziell wenig Infrastruktur notwendig ist, da Softwareentwicklung eher nebenher passiert. Skaliert werden kann bei Bedarf ggf. relativ einfach. Letztlich lässt sich Infrastruktur sehr weit fassen, bis weit in die Details des Projektmanagements und die Organisation und Führung von Teams hinein. Deshalb soll nachfolgend zwischen weiteren Werkzeugen und „weicher Infrastruktur" unterschieden werden.

3.4.1 Weitere Werkzeuge

Alle bisher vorgestellten Aspekte von Infrastruktur sind Werkzeuge in dem Sinne, dass sie dem Entwickler jederzeit zur Verfügung stehen und keiner größeren Interaktion mit anderen bedürfen. Von dieser Art gibt es noch eine ganze Reihe weiterer Werkzeuge, von denen einige nachfolgend aufgelistet werden.

Automatisierte Tests Neben der Versionsverwaltung sind automatisierte Tests vielleicht das einzelne Werkzeug mit der größten Auswirkung auf die Art des Programmierens und die Qualität der resultierenden Software. Wie immer kommt es auf den (richtigen) Einsatz an. Automatisierte Tests und Test-Suiten haben den entscheidenden Vorteil, dass die Konformität einer Software bzw. eines Softwaremoduls mit dem jeweiligen Testkriterium einfach und eindeutig überprüft werden kann.[9] Laufen Tests (Unittests) automatisiert und schnell genug, können sie die Entwicklung immens vereinfachen und beschleunigen, da nach jeder (kleinsten) Änderung sichergestellt werden kann, dass die Software noch wie erwartet funktioniert. Automatisierung ermöglicht ebenfalls sicherzustellen, dass Software in einem zentralen Repositorium immer eine gewisse Mindestfunktionalität hat. Tests und deren Automatisierung haben eine entscheidende Bedeutung für die Qualität von Software und werden später noch ausführlich behandelt (▶ Kap. 18 und 19).

Codeanalysewerkzeuge Je nach verwendeter Sprache ist es einfacher, eine statische Codeanalyse (vor der Ausführung des Programms) durchzuführen und den Entwickler so bereits bei der Erstellung des Quellcodes auf Fehler und Probleme aufmerksam zu machen. Ein Vorteil bei der Verwendung frei verfügbarer Programmiersprachen gegenüber kommerziellen (wie z. B. MATLAB®) ist, dass für erste oft wesentlich bessere Werkzeuge zur Verfügung stehen, die sich außerdem noch in eine IDE integrieren lassen und so die Produktivität und Codequalität immens steigern können. Darüber hinaus gibt es ausgefeilte Werkzeuge, die auch auf deutlich abstrakteren Ebenen Probleme aufspü-

9 Die formale Korrektheit von Software ist eine ganz anders gelagerte Fragestellung, die sowieso nur in engen Grenzen überhaupt beantwortet werden kann. Für etwas mehr Details vgl. ▶ Kap. 9 und 18.

ren können (Call Graphs, Testabdeckung etc.). Die Softwareanalytik ist allerdings eine eigene Teildisziplin. Einführungen finden sich u. a. in [7, Kap. 24] und [9, Kap. 30].

Generatoren für Dokumentation aus dem Quellcode Es gibt Möglichkeiten, automatisiert eine Dokumentation aus Kommentaren im Quellcode zu erzeugen. Die dafür verwendeten Werkzeuge sind überwiegend für eine Entwicklerdokumentation gedacht, hier aber sehr wertvoll. Sie erfordern eine entsprechende Disziplin bei der Verwendung und Formatierung von Blockkommentaren im Quellcode, um eine entsprechende Konsistenz und Vollständigkeit zu gewährleisten. Diese Form der Dokumentation ersetzt in der Regel nicht eine abstraktere Dokumentation der übergeordneten Prinzipien und Ideen, ist aber als wesentlicher Bestandteil einer Entwicklerdokumentation von entscheidender Bedeutung. Manche Systeme wie Sphinx [12] erlauben die einfache Integration der aus Kommentarköpfen im eigentlichen Quellcode erzeugten Schnittstellendokumentation mit einer konzeptionellen und sogar einer Nutzerdokumentation. Diese Werkzeuge werden ebenfalls später noch im Kapitel zur Dokumentation im Code (▶ Kap. 16) behandelt.

Automatische Build-Umgebungen Diese mächtigen, aber auch vergleichsweise komplexen Werkzeuge sind wichtig für kontinuierliche Integration (*continuous integration*, CI), aber auch sonst hilfreich bei der Entwicklung, gerade wenn auf mehreren Plattformen entwickelt wird oder Entwicklungs- und Zielplattform nicht identisch sind. Letztlich lassen sich dieser Werkzeuge dafür einsetzen, nahezu beliebige Aufgaben automatisiert und abhängig von bestimmten Ereignissen (z. B. ein Commit im Versionsverwaltungssystem) auszuführen. Ein weiteres Beispiel wäre, sich mit jeder Änderung automatisiert die Dokumentation aus den Quellen heraus erstellen zu lassen und sie anschließend online verfügbar zu machen.

Projektmanagement-Software Geeignet für größere Projekte und größere Teams mit einem entsprechenden Planungsaufwand, hilft Projektmanagement-Software beim (formaleren) Projektmanagement. Die entsprechenden Werkzeuge integrieren in der Regel *issue tracker*, Wiki etc. Im Kontext der Softwareentwicklung in den Naturwissenschaften wird man nur selten derartige Software brauchen, da die meisten Projekte von kleinen Teams ohne entsprechend formale Hierarchien umgesetzt werden. Sonst stellen mittlerweile viele webbasierte Nutzeroberflächen für Versionsverwaltungssysteme (GitHub, GitLab, Gitea, ...) derartige Funktionalität zumindest in Teilen bereit.

3.4.2 Weiche Infrastruktur

Letztlich ist der Begriff „Infrastruktur“ unscharf, und es gibt eine ganze Reihe weiterer Aspekte, die vielleicht am ehesten unter dem Begriff „weiche Infrastruktur“ zusammengefasst werden können. Damit ist gemeint, dass Programmierung und Softwareentwicklung ganz wesentlich auch eine soziale Komponente durch die notwendige enge Interaktion der Entwickler hat. Diese Erkenntnis und die Unzufriedenheit mit den starren Regeln formalen Projektmanagements waren wohl konstituierend für das „*Agile Manifesto*“ [2], wurden aber auch vorher schon ausführlich in der Literatur beschrieben [3–6]. Beispiele für Aspekte dieser „weichen Infrastruktur“ sind:

Regelmäßige Projekttreffen Solche Treffen können klein und groß, formal und informell sein. Mögliche Inhalte wären z. B. Code Reviews (gemeinsames Durchgehen von Code), Strategiediskussionen etc. Im akademischen Umfeld ist es sinnvoll, solche Projekttreffen ähnlich wie Seminare zu behandeln und regelmäßig (z. B. wöchentlich) stattfinden zu lassen.

Kommunikation Kommunikation auf allen Ebenen und Kanälen ist essentiell für jegliches (gemeinsames) Projekt. Darüber hinaus empfiehlt es sich, Konventionen und getroffene Entscheidungen (ggf. knapp) schriftlich als Teil der externen Dokumentation zu fixieren. Das spart später sehr viel Zeit und Aufwand.

Weiterbildungsangebote Das können sowohl gut ausgewählte (und kommentierte) Literaturlisten sein als auch Kurse und Veranstaltungen zu spezifischen Themen. Entscheidend ist, dass die Wahrnehmung derartiger Angebote nicht als unerwünschte Ablenkung von den „eigentlichen" Aufgaben, sondern als Investition in die Zukunft (sowohl der Mitarbeitenden als auch der Gruppe) gesehen wird.

Pair programming Zweierteams programmieren gemeinsam an einem Rechner, dabei hat eine Person die Tastatur in der Hand, die andere ist mehr für den Überblick und die Konzeption verantwortlich. Die Rollen sollten regelmäßig wechseln, mindestens mehrfach in einer Stunde. Diese Form der Programmierung hat kaum zu überschätzende Wirkung, sowohl wenn es darum geht, eine neu zum Projekt hinzugestoßene Person einzuarbeiten, als auch sonst bzgl. der Qualität des Projektes.

Diese und weitere Aspekte können mit gutem Recht genauso zur Infrastruktur gezählt werden und haben sicherlich ihren Anteil am Gelingen eines Projektes. Sie sind aber mitunter viel schwerer umsetzbar, da weniger formalisierbar und immer auf die Bereitschaft und die Mitarbeit aller Beteiligten angewiesen.

3.4.3 Ein Wort zur Verwendung konkreter Werkzeuge

Es ist immer sinnvoll, sich auf existierende, hinreichend weit verbreitete und vor allem freie (und dezentrale) Werkzeuge zu konzentrieren. Das erspart vieles an Arbeit (und oft auch Geld) und sorgt (im besten Fall) für eine halbwegs zukunftsfähige Entwicklung. Werden weit verbreitete Werkzeuge von neuen Entwicklungen abgelöst, gibt es oftmals die Notwendigkeit für entsprechende Konvertierungswerkzeuge, die dann auch ausreichend robust sind[10].

Verständnisfragen

- Welche Argumente lassen sich für die Verwendung von Infrastruktur anbringen, trotz des initial höheren Aufwandes beim Einsatz der entsprechenden Werkzeuge?
- Worauf sollte bei der Auswahl von Infrastruktur und der Festschreibung entsprechender Abläufe unbedingt geachtet werden?
- Welche Aspekte von Infrastruktur sollten bei keinem Projekt, und sei es auch noch so klein, fehlen?

10 Ein gutes Beispiel ist die historische Reihenfolge der jeweils am weitesten verbreiteten freien und quelloffenen Versionsverwaltungssysteme über die letzten Jahrzehnte: CVS → SVN → git. Es gab jeweils Konversionswerkzeuge, und SVN und git lassen sich sogar parallel verwenden. Für Details vgl. ► Kap. 6.

- Welche Aspekte einer „weichen" Infrastruktur versprechen eine deutliche Steigerung der Qualität und Produktivität? Überlegen Sie, wie sich diese Aspekte im Kontext eines Arbeitskreises umsetzen ließen.

Kommentiertes Literaturverzeichnis

Auch wenn Projektmanagement über die in diesem Buch besprochene Infrastruktur hinausgeht, lassen sich viele Aspekte, die hier unter Infrastruktur zusammengefasst werden, in diesen Kontext einbetten. Ein „Klassiker" zum Projektmanagement ist der Bericht von Frederick Brooks [6] aus seiner Zeit bei IBM, wo er für die Entwicklung des Betriebssystems für die ersten IBM-Mainframes (OS/360) verantwortlich war. Das Buch ist gut geschrieben und beinhaltet in seiner Ausgabe von 1995 zusätzlich u. a. noch seinen ebenfalls berühmten (und lesenswerten) Essay „No Silver Bullet—Essence and Accident in Software Engineering". Die Erkenntnis, dass Programmierung und Softwareentwicklung ganz wesentlich auch eine soziale Komponente durch die notwendige enge Interaktion der Entwickler hat, trug gemeinsam mit der Unzufriedenheit mit den starren Regeln formalen Projektmanagements zur Entstehung des *„Agile Manifesto"* bei [2]. Diese Aspekte wurden aber auch vorher schon ausführlich in der Literatur beschrieben [3–6]. In ihrem Buch *„Effective Computation in Physics"* [13] gehen Scopatz und Huff insbesondere in der zweiten Hälfte in größerem Detail auf einen großen Teil der Infrastruktur ein, der in diesem Kapitel erwähnt wurde. Darüber hinaus gibt es eine Reihe von Artikeln in Fachzeitschriften, die sich allgemeinverständlich der Bedeutung von Infrastruktur für die Entwicklung von Software im naturwissenschaftlichen Bereich widmen [14–16].

Literatur

1. A.N. Whitehead, *An Introduction to Mathematics* (Dover Publications, Mineola, 2017). Original 1911
2. R.C. Martin, *Clean Code. A Handbook of Agile Software Craftmanship* (Prentice Hall, Upper Saddle River, New Jersey, 2008)
3. T. DeMarco, T. Lister, *Peopleware. Productive Projects and Teams*, 3. Aufl. (Addison-Wesley, Upper Saddle River, NJ, 2013)
4. G.M. Weinberg, *The Psychology of Computer Programming. Silver Anniversary Edition* (Dorset House Publishing, New York, NY, 1998)
5. L.L. Constantine, *The Peopleware Papers. Notes on the Human Side of Software* (Yourdon Press, Upper Saddle River, NJ, 2001)
6. F.P. Brooks, *The Mythical Man Month*, Jubiläumsausgabe mit 4 neuen Kapiteln (Addison Wesley Longman, Boston, 1995)
7. I. Sommerville, *Software Engineering*, 10. Aufl. (Pearson, Hallbergmoos, 2018)
8. V. Krypczyk, O. Bochkor, *Handbuch für Softwareentwickler* (Rheinwerk Verlag, Bonn, 2018)
9. S. McConnell, *Code Complete*, 2. Aufl. (Microsoft Press, Redmond, Washington, 2004)
10. C. Lilienthal, *Langlebige Softwarearchitekturen. Technische Schulden analysieren, begrenzen und abbauen*, 4. Aufl. (dpunkt.verlag, Heidelberg, 2024)
11. G. Starke, *Effektive Softwarearchitekturen. Ein praktischer Leitfaden*, 10. Aufl. (Carl Hanser Verlag, München, 2024)
12. J.U. Hasecke, *Software-Dokumentation mit Sphinx* (hasecke.com, Solingen, 2019)
13. A. Scopatz, K.D. Huff, *Effective Computation in Physics* (O'Reilly, Sebastopol, 2015)
14. J.M. Osborne, M.O. Bernabeu, M. Bruna, B. Calderhead, J. Cooper, N. Dalchau, S.J. Dunn, A.G. Fletcher, R. Freeman, D. Groen, B. Knapp, G.J. McInerny, G.R. Mirams, J. Pitt-Francis, B. Sengupta, D.W. Wright, C.A. Yates, D.J. Gavaghan, S. Emmott, C. Deane, PLoS Computational Biology **10**, e1003506 (2014)
15. G.K. Sandve, A. Nekrutenko, J. Taylor, E. Hovig, PLoS Computational Biology **9**, e1003285 (2013)
16. G. Wilson, Computing in Science & Engineering **8**, 66 (2006)

Editoren/IDEs

Inhaltsverzeichnis

T. Biskup, *Softwareentwicklung für die Naturwissenschaften*,
https://doi.org/10.1007/978-3-662-71607-6_4

Kernaspekte

- Programmierung bedeutet (meist) das Erzeugen von reinem Text. Im Prinzip ist also jeder Texteditor geeignet.
- Programmierer verbringen viel Zeit mit dem Editor. Die Wahl kann für die Produktivität entscheidend sein.
- Moderne Editoren bringen Funktionalität mit, die die Programmierung erleichtert (und Fehlern vorbeugt).
- IDEs integrieren viele Werkzeuge in einer Oberfläche. Die Komplexität bedingt eine steile initiale Lernkurve.
- IDEs ersetzen nicht die solide Kenntnis des Umgangs mit den grundlegenden Programmierwerkzeugen.

Programmierung ist (in den meisten Fällen) das Erzeugen von Quellcode (reinem Text). Dieser Quellcode wird mit einem Editor erstellt und bearbeitet. Grundsätzlich eignet sich jeder Editor, der reinen Text abspeichern kann (Word & Co. scheiden also schon einmal aus). Allerdings sollte die Wahl des Editors etwas überlegter sein. Schließlich ist es das Werkzeug, ohne das kein Programmierer und keine Softwareentwicklerin auskommt und mit dem sie mit Abstand die meiste Zeit verbringen.

4.1 Motivation: Warum ist die Wahl des Editors wichtig?

Es gibt eine ganze Reihe guter Gründe, warum man einen Editor zum Programmieren sorgsam auswählen sollte. Drei davon seien nachfolgend genannt:

Programme bestehen (meist) aus reinem Text. Im Prinzip ist also jeder Texteditor geeignet, um damit zu programmieren. Das schließt schon einmal all die zur Textverarbeitung bekannten und weitverbreitenen Programme aus, da sie in der Regel reinen Text weder vernünftig lesen/darstellen noch speichern können. Im Umkehrschluss bedeutet das aber auch, dass alle Editoren zum Programmieren Texteditoren sind, die in der Regel für die Darstellung und Bearbeitung reinen Textes optimiert wurden.

Programmierer verbringen die meiste Zeit mit dem Editor. Von allen Werkzeugen für die Softwareentwicklung ist der Editor dasjenige, mit dem man als Programmierer am meisten Zeit verbringt. Entsprechend kann die Wahl des Programms die Produktivität maßgeblich beeinflussen. Entscheidend ist eine entsprechende Vertrautheit mit dem Editor der Wahl. Leistungsfähige Editoren für die Softwareentwicklung werden normalerweise eine ganze Reihe an Funktionen mitbringen, die jemand, der nur sporadisch Textdateien editieren möchte, weder nutzen noch kennen wird, die aber für die Softwareentwicklung den ganzen Unterschied zwischen einem effizienten und einem holprigen Arbeitsablauf machen können.

Code wird viel häufiger gelesen als geschrieben. Auch im Hinblick auf die Wahl des Editors gilt wieder die schon häufiger zitierte Erkenntnis: Programmierer sind viel mehr damit beschäftigt, Code zu lesen, als Code zu schreiben. Entsprechend sollte ein Editor

Programmiersprachen, die auf Quellcode verzichten

Es gibt einige wenige Programmiersprachen, die versuchen, ganz auf Quellcode im herkömmlichen Sinne zu verzichten und alles grafisch zu machen. Aus unterschiedlichen Gründen (u. a. die in den Augen des Autors mangelnde Effizienz bei dieser Art zu programmieren und die letztlich nicht reduzierbare Komplexität vieler Probleme, die durch Software angegangen werden) ist aber zweifelhaft, dass diese Art zu programmieren eine weitere Verbreitung erfahren und wirklich bedeutsam werden wird. Ein Spezialfall sind sicherlich Programme zur grafischen Erzeugung grafischer Oberflächen (GUI Builder). Aber auch hier liegt i. d. R. (generierter) Quellcode zugrunde – auch wenn der nicht in jedem Fall für den Entwickler zugänglich ist.

darauf optimiert sein, Code möglichst übersichtlich und für den Leser gut erfassbar darzustellen. Die Unterstützung umfasst so einfache Dinge wie die Möglichkeit, Zeilennummern anzuzeigen, die Schriftart und -größe anzupassen und die Syntax hervorzuheben.

Gute Editoren steigern die Codequalität. Mit Quellcode verhält es sich wie mit Text, den wir schreiben: Selten wird der erste Entwurf gleich perfekt sein, manchmal wird erst nach sehr viel Arbeit und Mühe ein akzeptables Ergebnis erreicht werden. Entsprechend wichtig ist es, Strategien und Werkzeuge zu kennen und zu verwenden, die eine inkrementelle Verbesserung ermöglichen. Zwei ganz wesentliche und letztlich miteinander verbundene Aspekte sind das **Refactoring** (▶ Kap. 20) – die Verbesserung der Qualität von Quellcode, ohne seine Funktionalität zu verändern oder zu erweitern – und einfach aufrufbare **automatisierte Tests** bzw. als eine Konsequenz die testgetriebene Entwicklung (▶ Kap. 19). Beide Aspekte haben gemeinsam, dass man sie gerade am Anfang nicht vermisst, weil man sie nicht kennt und deshalb ihr Potential auch nicht einschätzen kann.

Ein Tipp für die Praxis: Unterschiedliche Editoren sollten sorgfältig ausprobiert werden. Das kostet durchaus Zeit und lässt sich nicht mal schnell nebenher an einem Nachmittag machen. Nicht jeder Editor ist für alle Anwendungsfälle gleich gut geeignet, und die Wahl der Programmiersprache und die entsprechende Unterstützung durch den Editor spielt genauso eine Rolle wie Charakter und persönliche Vorlieben des Programmierers. Letztlich ist es ein bisschen wie in einer Beziehung: Man sollte nicht unbedingt die oder den erstbesten nehmen, sondern sich kennenlernen und dann informiert entscheiden.

Eine sehr schöne und in diesem Kontext gut passende Metapher ist die des Handwerkers, der seine Ausbildung und vor allem dann seine Arbeit als ausgebildeter Handwerker mit einer Grundausstattung an qualitativ hochwertigen Werkzeugen beginnt. Das wird treffend von Andrew Hunt und David Thomas zusammengefasst:

> » „Every craftsman starts his or her journey with a basic set of good-quality tools [. . .]
>
> Tools amplify your talent. The better your tools, and the better you know how to use them, the more productive you can be. Start with a basic set of generally applicable tools.“ ([1, S. 71])

Zwei Aspekte dieser Aussage seien hervorgehoben: Werkzeuge verstärken das (vorhandene) Talent. Auch die besten Werkzeuge helfen nicht, wenn man nicht weiß, wie man sie einsetzen soll. Erst die Kombination aus qualitativ hochwertigen Werkzeugen und ihrer

Beherrschung macht uns wirklich produktiv. Besonders wichtig ist auch der letzte Satz: Wir sollten mit einer Grundausstattung allgemein anwendbarer Werkzeuge beginnen – nicht mit komplizierten Spezialwerkzeugen.

Der Editor ist das wichtigste Werkzeug im Werkzeugkasten eines Programmierers. Entsprechend sollte man sich gemäß der Empfehlung von Hunt und Thomas mit einem guten allgemein anwendbaren Editor vertraut machen. Integrierte Entwicklungsumgebungen (IDEs) leisten darüber hinaus meist noch deutlich mehr. Inwieweit Dinge wie Unterstützung für Refactoring und das Springen zur Definition einer Routine nur IDEs zugerechnet werden können oder auch Editoren, ist eine für den gegebenen Kontext irrelevante Definitionsfrage.

4.2 Mindestanforderungen an einen Editor/eine IDE

Auf die Frage „Was sollte ein guter Editor/eine gute IDE können?" gibt es vermutlich ähnlich viele Antworten wie Antwortende. Statt mit langen Listen aufzuwarten, werden in einem ersten Abschnitt zunächst einige grundlegende Eigenschaften guter Editoren aufgelistet. In einem zweiten Abschnitt werden dann ergänzende spezifische Eigenschaften mit Bezug zu einer konkreten Programmiersprache vorgestellt.

4.2.1 Grundlegende Eigenschaften guter Editoren

Welche Eigenschaften sollte ein Editor, der für den Einsatz in der Programmierung gedacht ist, mitbringen? Die nachfolgende Liste ist zugegeben aus der eigenen jahrelangen Erfahrung subjektiv geprägt, und mancher Punkt mag zum Schmunzeln oder zum Widerspruch anregen. Der Autor ist trotzdem der Meinung, dass jeder dieser Punkte seine Berechtigung hat, und er merkt im eigenen Alltag sehr schnell, wenn ein Editor eine dieser Eigenschaften nicht mitbringt. Schließlich ist der Kontext nicht der des Gelegenheitsnutzers, sondern des Softwareentwicklers, der seine Zeit mit der Entwicklung qualitativ hochwertigen Codes verbringen möchte und nicht mit dem Kampf gegen die Unzulänglichkeiten des Editors. Bis auf den ersten Aspekt finden sich diese Punkte in ähnlicher Form bei Hunt und Thomas [1, S. 83].

(Komplett) mit der Tastatur bedienbar Ein solcher Editor hat den unschätzbaren Vorteil, dass die Hände immer auf der Tastatur bleiben können. Das beschleunigt (erheblich) das Arbeiten. Die (manchmal unumgängliche) Bedienung mit der Maus hat gleich mehrere Nachteile. Man muss eine Hand von der Tastatur nehmen, (ggf. blind) auf dem Tisch die Maus finden, anschließend den Mauszeiger (z. B. durch Bewegen) auf dem Bildschirm optisch identifizieren und dann noch mit koordinierten Handbewegungen an die richtige Stelle positionieren, um sich dort dann ggf. durch eine verschachtelte Menühierarchie zu kämpfen. Was vielleicht albern klingt, ist tatsächlich eine motorische wie kognitive Meisterleistung, die uns nur allzu oft nicht bewusst ist, aber ausreichendes Potential für Ablenkung hat, um bei der Programmierung hinderlich zu werden. Generell gilt: Programmierung ist eigentlich zu komplex, als dass wir ihr als Menschen kognitiv und intellektuell gewachsen wären (mehr dazu in ▶ Kap. 10). Deshalb ist es ratsam, den Umgang mit dem grundlegendsten aller Programmierwerkzeuge, dem Editor, so störungsfrei und flüssig im Arbeitsablauf wie möglich zu gestalten.

Konfigurierbar Jeder Mensch hat andere Vorlieben, deshalb sollten viele Aspekte des Editors nach eigenen Vorstellungen einstellbar sein. Das beinhaltet u. a. Schriftarten, Farben, Fenstergrößen und Tastaturkürzel. Tastaturkürzel sind besonders mächtig, weil man mit ihnen die Hände nie von der Tastatur nehmen muss. Auch hier gilt wieder: Es gibt unterschiedliche Vorlieben und Erfahrungen. Mancher bevorzugt Tastaturkürzel im Stile des vi, ein anderer solche vom Emacs, noch wieder andere diejenigen, die sie aus der Windows-Welt gewohnt sind.

Erweiterbar Ein Editor sollte nicht deshalb veralten, weil eine neue Sprache oder Sprachversion erscheint. Er sollte ebenfalls mehr als eine Programmiersprache unterstützen, ggf. durch Erweiterungen (Plugins). Oft genug kommt es vor, dass man mehr als eine Programmiersprache in einem Quellcode verwenden möchte oder muss. Beispiele wären PHP und HTML oder, ebenfalls bei der Web-Programmierung, eine der Skriptsprachen und SQL für Datenbankabfragen. Ein Editor sollte darüber hinaus mit jeglicher Compilerumgebung integrieren. Die wenigsten Editoren werden einen eigenen Compiler oder andere Build-Werkzeuge mitbringen. Sie lassen sich aber in der Regel einbinden und weitestgehend konfigurieren.

Programmierbar Komplizierte(re) Aufgaben aus mehreren Schritten sollten automatisierbar sein. Es kommt immer wieder vor, dass sich bestimmte Abläufe wiederholen, die man entsprechend gerne automatisieren möchte, um Zeit zu sparen und ggf. mehr Struktur und Konsistenz zu erzeugen. Möglichkeiten für die Programmierung sind Makros oder eingebaute Skriptsprachen. Ein Beispiel für Letzteres wäre Emacs mit der Unterstützung eines (eigenen) Lisp-Dialektes.

4.2.2 Spezifische Eigenschaften für jede Programmiersprache

Neben den im vorangegangenen Abschnitt beschriebenen generellen Eigenschaften guter Editoren (gut im Sinne von für die Programmierung geeignet) gibt es noch eine ganze Reihe von Eigenschaften, die spezifisch für die jeweilige Programmiersprache sind, aber deshalb nicht weniger wichtig. Die nachfolgend genannten Punkte finden sich ebenfalls in ähnlicher Form bei Hunt und Thomas [1, S. 83]. Die beiden von diesen Autoren in diesem Kontext ebenfalls aufgeführten Punkte – Anbindung an Hilfesysteme und IDE-artige Eigenschaften (kompilieren, debuggen, ...) – werden im Rahmen des Buches im nächsten Abschnitt beschrieben, wenn es um den (nicht immer ganz klaren) Unterschied zwischen Editoren und IDEs geht.

Syntaxhervorhebung Meist durch farblich unterschiedliche Darstellung von Kommentaren, Funktionsnamen, Konstanten, Schlüsselwörtern und anderen Konstrukten einer Programmiersprache realisiert, erhöht diese Eigenschaft (wesentlich) die Lesbarkeit von Code. Sie trägt somit entsprechend zur Produktivität und letztlich zur Qualität des entstehenden Codes bei. Soll z. B. ein Schlüsselwort verwendet werden, das aber im aktuellen Fall nicht als solches hervorgehoben wird, so ist das ein sehr starker Hinweis auf einen Tippfehler. Ähnliches gilt für Zeichenketten (*strings*), deren schließendes Zeichen (meist ein Anführungszeichen) fehlt: Hier gerät die Syntaxhervorhebung zwar meist ziemlich in Durcheinander, aber genau das ist ein guter Hinweis auf einen Fehler im Quellcode. Ein anderes Beispiel: Kommentare werden häufig dezenter als der eigentliche Quellcode dar-

```
def redo(self):
    """Reapply previously undone processing step.

    Raises
    ------
    RedoAlreadyAtLatestChangeError
        Raised when trying to redo with empty history
    """
    if self._history_pointer == len(self.history) - 1:
        raise RedoAlreadyAtLatestChangeError
    processing_step_record = \
        self.history[self._history_pointer + 1].processing
    processing_step = \
      processing_step_record.create_processing_step()
    processing_step.process(self)
    self._increment_history_pointer()
```

```
def redo(self):
    """Reapply previously undone processing step.

    Raises
    ------
    RedoAlreadyAtLatestChangeError
        Raised when trying to redo with empty history
    """
    if self._history_pointer == len(self.history) - 1:
        raise RedoAlreadyAtLatestChangeError
    processing_step_record = \
        self.history[self._history_pointer + 1].processing
    processing_step = \
      processing_step_record.create_processing_step()
    processing_step.process(self)
    self._increment_history_pointer()
```

Abb. 4.1 Bedeutung von Syntaxhervorhebung in Quellcode. Die Bedeutung von Syntaxhervorhebung in Quellcode lässt sich am besten mit einem Beispiel verdeutlichen. Es handelt sich bei den nachfolgenden Codeausschnitten um realen Code aus der Feder des Autors. Der Quellcode mit Syntaxhervorhebung (*unten*) ist eindeutig besser lesbar als jener ohne (*oben*)

gestellt. Entsprechend fokussiert der Leser instinktiv auf die wichtigeren Bereiche. Für eine Gegenüberstellung von Code ohne und mit Syntaxhervorhebung vgl. Abb. 4.1.

Autovervollständigung Die Autovervollständigung setzt bis zu einem gewissen Grad eine gute Integration der Programmiersprache in den Editor und ein „Wissen" des Editors über die innerhalb eines Projektes selbst definierten Funktionen, Klassen, Variablen etc. voraus. Ist das allerdings gegeben (und gute Editoren bzw. IDEs bringen diese Fähigkeit mit – bzw. daran unterscheiden sich gute von weniger guten Editoren), lassen sich gleich zwei positive Effekte daraus ziehen: Konsequent verwendet, beugt die Autovervollständigung Tippfehlern vor. Das gilt insbesondere dann, wenn Namen tendenziell länger werden. (Kriterien für Namen werden in ► Kap. 13 noch ausführlicher behandelt werden.) Die Praxis zeigt, dass Tippfehler zu den häufigsten Ursachen für fehlerhaftes Programmverhalten zählen. Trotzdem wird die Autovervollständigung (zum eigenen Schaden) selten genutzt. Ein zweiter Aspekt: Autovervollständigung erspart mitunter den Blick in die Dokumentation. Das liegt daran, dass (idealerweise) im jeweiligen Kontext vernünftige Vorschläge für Funktionen und Methoden gemacht und diese dann auch noch mit ihrer Schnittstelle gezeigt werden. Dies gilt umso mehr in Verbindung mit konsistenten Benennungsschemata und sprechenden Namen sowohl für die Funktionen bzw. Methoden als auch die Übergabeparameter.

Automatische Einrückung Die saubere Einrückung von Code ist nicht optional. Zum einen dient sie der Übersichtlichkeit und Lesbarkeit, zum anderen kann sie Fehlern vorbeugen bzw. Fehler frühzeitig entdecken helfen. Darüber hinaus sorgt eine automatische Einrückung von Code durch den Editor für ein konsistentes Erscheinungsbild.[1] Ein ganz wesentlicher Punkt bei dieser Eigenschaft: Sie sollte konfigurierbar sein. Auch hier gibt es wieder ähnlich viele Konventionen wie Entwickler und Entwicklerteams, und mitunter fast religiös anmutende Konflikte und Dispute ob der „richtigen" Einrückung. Nur wenige Programmiersprachen (beispielsweise FORTRAN 77 und in jüngerer Zeit Python) haben hier sehr strikte Vorgaben – Python verzichtet ganz auf Schlüsselwörter oder Klammern zum Beenden von Blöcken und löst das ausschließlich über Einrückung.

Refactoring Quellcode ist selten im ersten Anlauf gut genug hinsichtlich seiner Lesbarkeit und damit Qualität. Die einzige Lösung ist die inkrementelle Verbesserung in systematischer Weise, durch Umbenennung von Codebestandteilen, Modularisierung, Umorganisation. All das lässt sich als Refactoring (vgl. ► Kap. 20) zusammenfassen und geht weit über das hinaus, was einfaches Suchen und Ersetzen leisten kann.

Vorlagen/Textbausteine Ebenfalls nicht zu unterschätzen ist die Fähigkeit eines Editors, Vorlagen bzw. Textbausteine für bestimmte Situationen vorzuhalten. Das können Codeblöcke (Schleifen, Konditionale) sein, aber auch Vorlagen für neue Funktionen, Klassen und dergleichen mehr. Die Vorteile dieser Funktionalität sind wieder zweifach: Zum einen spart es Tipparbeit und sorgt so für eine Beschleunigung, zum anderen sorgt auch das für (mehr) Konsistenz. Auch hier gilt, wie bei der automatischen Einrückung: Eine (weitgehende) Konfigurierbarkeit kann sehr wertvoll sein.

4.3 Editoren vs. Entwicklungsumgebungen (IDEs)

Im abschließenden Abschnitt des Kapitels wird die Frage beantwortet, was eine integrierte Entwicklungsumgebung (*integrated development environment*, IDE) ist, wie sie sich von einem Editor unterscheidet und was ihre Vor- und Nachteile im Vergleich zu Editoren sind.

1 Nun mag nicht jeder Wert auf ein konsistentes Erscheinungsbild legen. Letztlich ist das Äußere von Code auch immer ein Spiegel für die Sorgfalt des Autors. Vgl. dazu die Diskussion in ► Kap. 2.

4.3.1 Was ist eine IDE?

Der Unterschied zwischen einer IDE und einem Editor ist nicht immer eindeutig. Eine an Wikipedia angelehnte Definition lautet:

Definition 4.1: IDE

Eine integrierte Entwicklungsumgebung (*integrated development environment*, IDE) ist eine Sammlung von Anwendungsprogrammen, mit denen die Aufgaben der Softwareentwicklung möglichst ohne Medienbrüche bearbeitet werden können.

Mit anderen Worten: Eine IDE ist eine einheitliche Oberfläche für (fast) alle Aufgaben der Programmierung. IDEs für die Programmierung verfügen in der Regel über folgende Komponenten:

- Texteditor
- Compiler bzw. Interpreter
- Linker (bei kompilierten Sprachen)
- Debugger
- Quelltextformatierungsfunktion
- Unterstützung für automatisierte Tests

Darüber hinaus liefern sie häufig eine Anbindung an (unterschiedliche) Versionsverwaltungssysteme, eine Integration der Hilfe bzw. Dokumentation der verwendeten Programmiersprache(n) und die Steuerung externer Services (wie Datenbanken oder Webserver). Die Stärke von IDEs ist dabei meist die Integration existierender Werkzeuge. Kaum eine IDE wird ihren eigenen Compiler, Linker und Debugger mitbringen, sondern auf erprobte (und häufig frei verfügbare) Werkzeuge zurückgreifen, die entsprechend gut integriert werden. Diese Integration ist in der Regel weitestgehend konfigurierbar und lässt sich so an die eigenen Bedürfnisse anpassen.

4.3.2 Was unterscheidet eine IDE von einem Editor?

Wie bereits angesprochen ist es nicht immer ganz einfach, eine Eigenschaft nur einer IDE zuzusprechen oder nur einem Editor. Für eine (eher unübersichtliche und lange) Liste von Eigenschaften guter IDEs, die über die grundlegenden Textverarbeitungsfunktionen eines Editors hinausgehen, siehe *Code Complete* von McConnell [2, S. 710 f.]. Hier sei nur auf wenige Aspekte eingegangen, und die nachfolgende Liste erhebt bewusst keinen Anspruch auf Vollständigkeit.

Refactoring Inwieweit Refactoring nur in einer IDE wirklich realisierbar ist oder schon in einem Editor, ist eine hier nebensächliche Diskussion. Wichtig ist die zuverlässige Unterstützung möglichst vieler, auch komplexer Refactoring-Schritte, was nur im Zusammenspiel mit einer soliden statischen Codeanalyse möglich ist. Ein vergleichsweise einfaches Beispiel: Wird eine Funktion umbenannt, sollte ihr Aufruf in allen zum Projekt gehörenden Dateien ebenfalls aktualisiert werden.

Integration der Build-Umgebung Das betrifft normalerweise Compiler und Linker, ggf. auch einen Interpreter – entweder, weil es sich um eine interpretierte Programmiersprache handelt oder weil die IDE eine interaktive Kommandozeile[2] für das schnelle Ausprobieren mitliefert.

Debugger Die feste Integration eines Debuggers in eine IDE erlaubt die interaktive Fehlerdetektion und Behebung. Insbesondere wird der Entwickler beim Auftreten eines Fehlers meist gleich an die entsprechende Fehler verursachende Stelle in seinem Code geführt. Die Integration eines Debuggers geht in der Regel aber noch sehr viel weiter. So lassen sich mitunter Punkte im Quellcode definieren, bis zu denen kompiliert und der Code ausgeführt werden soll, außerdem erlaubt eine IDE häufig, auf Variablen zuzugreifen, die beim Auftreten des Fehlers im jeweiligen lokalen Kontext vorliegen. Das kann sehr wesentlich für das Verständnis und die Behebung von Fehlern sein und häufig verwendete manuelle Debug-Ausgaben im Quellcode (die dann gerne mal vergessen werden) ersetzen.

Hilfe Die Integration eines Hilfesystems – möglichst durch ein Tastaturkürzel erreichbar und kontextspezifisch – kann das ständige Wechseln zwischen Editor und z. B. einem Browser überflüssig machen. Die Idee einer IDE ist ja gerade, möglichst Medienbrüche zu vermeiden und dadurch die Produktivität und Fokussiertheit zu erhöhen. Darüber hinaus ist es sehr hilfreich, wenn nicht nur die Dokumentation (das Handbuch) bzw. Spezifikation der verwendeten Programmiersprache aus der IDE heraus verfügbar ist, sondern auch die Dokumentation der selbstgeschriebenen Funktionen. Im Rahmen einer Kontextvervollständigung in Verbindung mit der sprechenden Benennung von Parametern für Funktionen und Methoden lässt sich hier ein erheblicher Produktivitätsgewinn durch implizite Dokumentation erzielen.

Integration weiterer externer Komponenten Natürlich sind der Integration weiterer Komponenten grundsätzlich keine Grenzen gesetzt. Beispiele, die sich häufiger antreffen lassen, sind die Integration von Versionsverwaltungssystemen, Datenbanken und Webservern. Die beiden letztgenannten müssen nicht notwendigerweise direkt als Serverprozesse in der IDE integriert sein (was aber durchaus möglich ist und die IDE dann von externen Komponenten unabhängiger macht), sondern können auch durch (konfigurierbare) Steuerelemente realisiert sein. Eine weitere Komponente, deren Integration entscheidende Vorteile mit sich bringen kann, ist ein **Unittest-Framework** (vgl. ▶ Kap. 19). Das wird insbesondere bei der testgetriebenen Entwicklung wichtig, da die Tests häufig durchlaufen werden sollten und eine Integration in die IDE einen Medienbruch vermeidet und damit deren Ausführung und ggf. Diagnose vereinfacht und beschleunigt.

4.3.3 Vor- und Nachteile von IDEs gegenüber Editoren

Es soll hier gar nicht darum gehen, Editoren und IDEs gegeneinander auszuspielen oder für die eine oder andere Lösung zu werben. IDEs haben sicherlich eine ganze Reihe von Vorteilen. Hier wären mit Sicherheit zu nennen:

2 Auch als REPL (*read evaluate print loop*) bezeichnet.

Alles ist aus einer gemeinsamen Oberfläche heraus erreichbar. Das ist das, was mit dem Begriff „Medienbruch“ in der Definition gemeint war: Alle Arbeitsabläufe finden innerhalb einer Oberfläche statt, man muss das Programm nicht verlassen, alles ist einheitlich. Zumindest ist das der Idealzustand, und die Qualität einer IDE entscheidet sich auch daran, wie durchdacht und tragfähig bzw. erweiterbar und konsistent das Bedienkonzept in der Praxis wirklich ist.

Viele Abläufe werden beschleunigt und vereinfacht. Jeder Wechsel zwischen Medien, also Programmen, sorgt für einen Bruch im Ablauf und potentiell für Unruhe im Denkprozess. Aus dieser Sicht heraus lassen sich viele Abläufe vereinfachen und beschleunigen, wenn sie alle aus einem Programm heraus angestoßen werden können. Eine Vereinfachung ist aber nur dann gegeben, wenn die Abläufe ohne zu komplizierte „Umwege“ umsetzbar sind.

Manche Aspekte sind nur schwer in einem reinen Editor realisierbar. Sicherlich hängt das von der Definition des Begriffs „reiner Editor“ ab. Aber eine kontextspezifische Hilfe und ein hochintegrierter Debugger sind etwas, das auf jeden Fall über die Funktionalität hinausgeht, die man für gewöhnlich mit einem Editor verbindet. Inwieweit das für Refactoring ebenso gilt, sei dahingestellt.

Diesen Vorteilen stehen – aus meiner Sicht – insbesondere zwei Nachteile gegenüber:

IDEs haben normalerweile eine steile (initiale) Lernkurve. Das Problem ist letztlich nicht lösbar und liegt in der inhärenten Komplexität der Abläufe bei der Programmierung. Inwieweit man den Entwicklern von IDEs vorwerfen kann, dass sie zu wenig Ideen für eine übersichtliche Oberfläche haben, sei dahingestellt. Editoren wie vi und Emacs lösen diese Problematik auf ihre je eigene Weise über sehr mächtige, komplett über die Tastatur erreichbare Befehle und ausführliche Befehlsmodi mit kontextspezifischer Hilfe.

IDEs verstecken sehr viel vor dem Nutzer. Das ist gerade für Anfänger bei der Programmierung ein großes Problem, da sie so nicht einfach zu einem Verständnis der zugrunde liegenden Prozesse kommen und den Umgang mit den grundlegenden Werkzeugen auch nicht lernen. Im letzten Abschnitt des Kapitels wird noch einmal auf diesen Aspekt eingegangen.

► Beispiel: LaTeX-IDEs führen anfangs oft zu schlechtem LaTeX-Code

Aus der eigenen Erfahrung heraus ist es in der Regel nicht förderlich für Menschen, die gerade frisch mit LaTeX anfangen, eine IDE zu verwenden, weil sie dann häufig Fehler machen, bei denen die IDE hilft, sie zu ignorieren. Das behindert oft das Verständnis für den korrekten Einsatz und führt dazu, dass, wenn dann wirklich nichts mehr geht (ergo: keine PDF-Datei mehr erzeugt wird) und der Abgabetermin der Arbeit naht, der große LaTeX-Experte eingeflogen wird und erst einmal Haare raufend aufräumen darf. ◄

Letztlich ist die Entscheidung für oder gegen eine IDE oder einen Editor eine **Kosten-Nutzen-Abwägung**, die sowohl von Umfang und Dauer eines Projektes als auch von der Erfahrung des Nutzers abhängt. Auch Refactoring lässt sich letztlich ohne Unterstützung durch eine IDE (halbwegs) realisieren, wenn auch meist mühsam. Die einzige Voraussetzung dafür, die umso mehr gilt, wenn man keine IDE mit entsprechender Automatisierung der Prozesse zur Verfügung hat, ist eine ausreichende Testabdeckung, um die gleichbleibende Funktionalität des Codes nach jedem Refactoring-Schritt zu überprüfen. Im Kontext der Entwicklung von Software zur wissenschaftlichen Datenauswertung, die den eingangs genannten Kriterien gerecht wird, wird man auf Dauer kaum um die Nutzung einer IDE herumkommen, schon gar, weil Softwareentwicklung meist nicht der Hauptfokus ist und jede Vereinfachung und Erleichterung genutzt werden sollte.

4.3.4 IDEs sind nicht die ganze Welt

IDEs haben auch Nachteile, neben ihrer steilen (initialen) Lernkurve insbesondere, dass sie sehr (bzw. oft zu) viel vor dem Nutzer verstecken. Hier kommt wieder die eingangs erwähnte Metapher des Handwerkers zum Tragen. Entsprechend seien auch noch einmal Hunt und Thomas zitiert:

> » „Many new programmers make the mistake of adopting a single power tool, such as a particular integrated development environment (IDE), and never leave its cozy interface. This really is a mistake. We need to be comfortable beyond the limits imposed by an IDE. The only way to do this is to keep the basic tool set sharp and ready to use.“ ([1, S. 72])

Es ist in der Programmierung tatsächlich an vielen Stellen wie mit dem Handwerk:[3] Nichts kann die solide Kenntnis des Umgangs mit den grundlegenden (Programmier-) Werkzeugen ersetzen. Wer diesen Umgang einmal gründlich gelernt hat und immer wieder praktiziert, wird die Vorteile einer IDE erst richtig zu schätzen wissen, aber nicht auf sie angewiesen sein. Das ist ähnlich, wie ein Feinmechaniker für komplizierte Werkstücke mit großer Freude auf eine computergesteuerte CNC-Fräse zurückgreifen wird, wenn sie ihm zur Verfügung steht. Hat er allerdings eine gute Ausbildung bekommen, wird er mit seinen ihm zur Verfügung stehenden manuellen Werkzeugen aber ebenfalls zum Ziel kommen – wenngleich ggf. mit deutlich mehr eigenem Aufwand.

Letztlich sollte man sich aber nicht vom notwendigen manuellen Aufwand davon abschrecken lassen, bestimmte Konzepte umzusetzen. Automatisierung auch und gerade außerhalb einer IDE hilft hier wesentlich weiter, setzt aber eine intellektuelle Durchdringung der infrage stehenden Abläufe voraus, die meist jenen fehlt, die nur eine IDE gewohnt sind. Am Ende werden diejenigen, die die Abläufe und Strategien verstanden und manuell umgesetzt haben, eine IDE am meisten zu schätzen wissen und am erfolgreichsten einsetzen können. Zugegeben gilt gerade für komplexere Refactoring-Schritte, die wesentlich zur Lesbarkeit und damit Qualität von Code beitragen können, ebenso wie bequem aufrufbare Tests inklusive angezeigter Erfolgsstatistik, dass eine IDE wie ein Wunderwerk erscheint, wenn man denn einmal eine in Fingern hatte und dafür einsetzte. Das ersetzt trotzdem nicht die solide Kenntnis der einzelnen Strategien.

? Verständnisfragen

- Warum sollte ein Editor zum Programmieren mehr als die grundlegenden Textoperationen beherrschen?
- Welche zusätzliche Funktionalität eines Editors (gegenüber den reinen Textoperationen) ist für die Programmierung wünschenswert bzw. wichtig?
- Was spricht für, was gegen die Verwendung von IDEs?

---

3 Wie es wirklich im Handwerk aussieht, kann der Autor auch nur aus der Erzählung anderer Menschen ermessen, da ihm selbst dieser Erfahrungshorizont gänzlich fehlt.

Kommentiertes Literaturverzeichnis

Die Metapher aus dem Handwerk mit den gut gewählten grundlegenden Werkzeugen und ihrer entsprechenden Beherrschung stammt aus [1]. Weitere Literatur zum *Software Craftmanship* ist [3–5]. Weitere hilfreiche Hinweise zu Werkzeugen allgemein und zu Editoren und IDEs im Speziellen finden sich in [6, Kapitel 20]. Eine lange Liste von Eigenschaften guter IDEs über die grundlegenden Textverarbeitungsfunktionen hinaus findet sich in [2, S. 710 f.]. Allerdings sei hier dazugesagt, dass viele dieser Eigenschaften auch in besseren Editoren vorhanden und wenige spezifisch für IDEs im eigentlichen Sinn sind. Ein sehr UNIX-zentrierter Ansatz findet sich in den Abschnitten 13.2 und 15.2 von [7]. Auch wenn viele Entwickler heute nicht mehr unbedingt auf die Idee kommen, mit vi oder Emacs programmieren zu wollen, lohnt es allemal, sich die dort festgehaltenen Ideen anzuschauen.

Literatur

1. A. Hunt, D. Thomas, *The Pragmatic Programmer* (Addison-Wesley, Boston, 1999)
2. S. McConnell, *Code Complete*, 2. Aufl. (Microsoft Press, Redmond, Washington, 2004)
3. R.C. Martin, *Clean Code. A Handbook of Agile Software Craftmanship* (Prentice Hall, Upper Saddle River, New Jersey, 2008)
4. R.C. Martin, *The Clean Coder. A Code of Conduct for Professional Programmers* (Prentice Hall, Upper Saddle River, New Jersey, 2011)
5. S. Mancuso, *The Software Craftsman* (Prentice Hall, Upper Saddle River, New Jersey, 2015)
6. K. Passig, J. Jander, *Weniger schlecht programmieren* (O'Reilly, Heidelberg, 2013)
7. E.S. Raymond, *The Art of UNIX Programming* (Addison Wesley, Boston, 2004)

Lizenzen und Urheberrechte

Inhaltsverzeichnis

T. Biskup, *Softwareentwicklung für die Naturwissenschaften*,
https://doi.org/10.1007/978-3-662-71607-6_5

Kernaspekte
- Software ist grundsätzlich urheberrechtlich geschützt, unabhängig von ihrer Funktionalität.
- Lizenzen übertragen Nutzungsrechte vom Urheber an den Nutzer.
- Es gibt eine Reihe von Lizenzen für (freie) Software, die für diesen Einsatz entwickelt wurden.
- Unklare Lizenzen stellen ein großes Problem für die Weiterverwendung von Software dar.
- Jedes Programm mit (potentiell) mehreren Nutzern sollte unter einer klaren Lizenz stehen.

Wichtiger Hinweis Die nachfolgenden Ausführungen zu rechtlichen Aspekten sind von einem juristischen Laien verfasst und damit rechtlich in keiner Weise bindend oder verlässlich. Ziel ist lediglich, auf die grundsätzlichen juristischen Sachverhalte aufmerksam zu machen, insbesondere auf den Zusammenhang zwischen dem Urheberrecht an Software und Lizenzen und dem Problem unklarer Lizenzierung für die Weiterverwendung von Software, gerade im akademischen Kontext. Bei Fragen zu diesem Thema sollte in jedem Fall ein spezialisierter Rechtsanwalt oder, so vorhanden, die juristische Abteilung der jeweiligen Institution konsultiert werden.

5.1 Urheberrecht und Nutzungsrechte: Lizenzen

Die nachfolgend beschriebenen Aspekte beleuchten die rechtliche Situation in Deutschland. In vielen Ländern ist der Rechtsrahmen ähnlich, aber auch hier gilt einmal mehr: Bei konkreten Fragen sollte immer ein auf die Thematik spezialisierter Jurist hinzugezogen werden. Letztlich ist es eine Trias von Aussagen:
- Software ist grundsätzlich urheberrechtlich geschützt.
- Ideen sind nicht urheberrechtlich geschützt.
- Lizenzen übertragen Nutzungsrechte.

Was das spezifisch im akademischen Kontext bedeuten kann, wird in einem abschließenden Abschnitt kurz beleuchtet.

5.1.1 Software ist grundsätzlich urheberrechtlich geschützt

Die wichtigste Feststellung in Bezug auf Software und Urheberrechte: Zumindest in Deutschland unterliegt Software *per se* dem Urheberrechtsschutz, und zwar, wie später noch betont wird, unabhängig von ihrer Qualität oder gar Funktionalität:

> „Zu den geschützten Werken der Literatur, Wissenschaft und Kunst gehören insbesondere:
> 1. Sprachwerke, wie Schriftwerke, Reden und Computerprogramme.“ (§ 2 Abs. 1 Nr. 1 UrhG[1])

1 ► https://www.gesetze-im-internet.de/urhg/ (abgerufen am 30.12.2024).

Eine Namensnennung des Autors im Quellcode ist keine notwendige Voraussetzung für den Urheberrechtsschutz. Trotzdem ist es ratsam, seinen Namen, ggf. gemeinsam mit dem Datum der letzten Änderung,[2] in jeder Quellcode-Datei, an der man beteiligt war, gut lesbar am Anfang zu vermerken, zumindest soweit es sich um einzeln verwendbare Programmdateien handelt.

Was ist die Konsequenz davon, dass Software zu den geschützten Werken nach dem deutschen Urheberrecht gehört? Ohne explizite Zustimmung des Autors ist eine Verwendung durch andere Personen als den Urheber (erst einmal) *nicht* erlaubt. Das bedeutet, dass das Programm noch nicht einmal genutzt werden darf, ganz zu schweigen von einer Veränderung und Weiterentwicklung. Für die Bedeutung im und Konsequenzen für den akademischen Kontext vergleiche ► Abschn. 5.1.4.

5.1.2 Ideen sind nicht urheberrechtlich geschützt

Ein weiterer wesentlicher Aspekt: Der Urheberrechtsschutz gilt zwar unabhängig von der Qualität – und damit von der Lauffähigkeit und Funktionalität – des Codes, aber nicht für Ideen:

> » „(1) Computerprogramme im Sinne dieses Gesetzes sind Programme in jeder Gestalt, einschließlich des Entwurfsmaterials.
>
> (2) Der gewährte Schutz gilt für alle Ausdrucksformen eines Computerprogramms. Ideen und Grundsätze, die einem Element eines Computerprogramms zugrunde liegen, einschließlich der den Schnittstellen zugrunde liegenden Ideen und Grundsätze, sind nicht geschützt.
>
> (3) Computerprogramme werden geschützt, wenn sie individuelle Werke in dem Sinne darstellen, daß sie das Ergebnis der eigenen geistigen Schöpfung ihres Urhebers sind. Zur Bestimmung ihrer Schutzfähigkeit sind keine anderen Kriterien, insbesondere nicht qualitative oder ästhetische, anzuwenden.“ (§ 69a Abs. 1–3 UrhG[3])

Einerseits ist es hilfreich, dass Ideen nicht vom Urheberrecht geschützt werden, weil anderenfalls schnell Chaos ausbräche, wenn jederzeit jemand sein Recht auf eine (ggf. vage) Idee geltend machen könnte. Andererseits bedeutet das, dass man seine vielleicht bahnbrechenden Ideen besser erst einmal für sich behält und in einer konkreten Implementation umsetzt, die dann wiederum *per se* urheberrechtlich geschützt ist, bevor man sie zu freizügig weitergibt – natürlich immer abhängig vom persönlichen Standpunkt und der Intention.

Gegebenenfalls ist das Patentrecht eine Möglichkeit, Ideen schützen zu lassen. Was die (Nach-)Implementierung von Ideen angeht, ist das aus urheberrechtlicher Sicht kein Problem, da die Idee selbst nicht schützbar ist. Man sollte allerdings ggf. aufpassen, wirklich nur die Idee nachzuimplementieren und nicht versehentlich doch Codeteile mit zu übernehmen. Der viele Jahre währende Streit zwischen SCO und IBM, Novell und anderen über die Rechte an Unix bzw. (unrechtmäßig) in den Linux-Kernel übernommenen

2 Das Datum der letzten Änderung manuell in jede Datei einzutragen hat seine Bedeutung eigentlich nur dann, wenn man kein Versionsverwaltungssystem (vgl. ► Kap. 6) verwendet. Das große Problem an dieser Angabe ist, dass man sie manuell ändern muss und deshalb immer in die Gefahr falscher (weil nicht mehr aktueller) Angaben läuft.

3 ► https://www.gesetze-im-internet.de/urhg/ (abgerufen am 30.12.2024).

Quellcode ist ein warnendes Beispiel – sowohl für die Zähigkeit, mit der Urheberrechtsstreitigkeiten ausgetragen werden, als auch für die Aspekte, die es zu beachten gilt.

5.1.3 Zusammenhang zwischen Urheberrecht und Lizenz: Nutzungsrechte

Was ist nun der Zusammenhang zwischen dem Urheberrecht und Lizenzen? In einem Satz: Lizenzen schlagen die Brücke zwischen dem Urheberrecht und dem Recht auf Nutzung (der Software): Lizenzen räumen also ein (spezifisches und in der Lizenz näher dargelegtes) Nutzungsrecht ein.

> „Der Urheber muss dem Dritten ein eigenes Nutzungsrecht an seinem Werk einräumen. Man spricht insoweit von einer Lizenz. Die Lizenz berechtigt den Dritten dann zur Nutzung des fremden Werks in dem in der Lizenz festgelegten Rahmen." (RA Arndt Joachim Nagel[4])

Ohne Lizenz ist die Nutzung der Software durch Dritte (andere Personen als ihr Urheber) nicht erlaubt. Insofern sind Lizenzen eine zwingende Voraussetzung für die (Weiter-) Verwendung von Software über den eigentlichen Autor hinaus.

5.1.4 Urheberrecht im akademischen Kontext

Zwei Situationen, die mitunter Relevanz für den akademischen Bereich haben, sollten hier nicht unerwähnt bleiben: Entwicklung im Team und Rechte des Arbeitgebers.

Rechte von Miturhebern Arbeiten mehrere Entwickler gemeinsam an einer Software, ohne dass sich ihre Anteile gesondert verwerten lassen, gelten sie als Miturheber. Veröffentlichung und Verwertung sind nur mit Einwilligung aller Miturheber möglich (§ 8 UrhG). Eine mögliche Konsequenz daraus wäre, als Hauptentwickler von Anfang an eine klare Lizenz zu definieren. Dann sind alle, die sich an der Entwicklung beteiligen, an diese Lizenz gebunden. Eine nachträgliche Umlizenzierung ist möglich, aber meist schwierig, vgl. [1, S. 482 f.].

Rechte des Arbeitgebers Wird Software von einem Arbeitnehmer in Wahrnehmung seiner Aufgaben oder nach Anweisung des Arbeitgebers entwickelt, fällt dem Arbeitgeber das ausschließliche Recht zu, das Ergebnis vermögensrechtlich (d. h. kommerziell) zu verwerten (§ 69b UrhG). Interessant für den akademischen Kontext dürften hier zwei Aspekte sein, auch wenn deren Beurteilung in jedem Fall einem fachkundigen Juristen vorbehalten sein sollte. Zum einen scheint der Gesetzestext auf die vermögensrechtliche Verwertung abzuzielen, was selten gegeben ist, auch wenn nicht ausgeschlossen werden kann, dass eine akademische Institution versuchen will, Software zu kommerzialisieren. Zum anderen wäre zu überlegen, was „unter Wahrnehmung seiner Aufgaben" bzw. „nach Anweisung" konkret bedeutet. Gerade im akademischen Kontext ist die Grenze zwischen offiziellen Aufgaben und investierter Freizeit fließend. Gegebenenfalls sollte man darauf

4 ► http://www.it-recht-kanzlei.de/Urheberrechte_an_Computerprogrammen.html (abgerufen am 30.12.2024).

achten, Programmentwicklung zeitlich (und räumlich?) vom Arbeitgeber zu trennen, will man eine lizenzrechtliche Verwertung durch den Arbeitgeber ausschließen (auch wenn das im konkreten Fall schwierig werden kann).

Darüber hinaus lassen sich noch zwei Situationen diskutieren, die im akademischen Kontext relevant werden können: Nutzung von Software mit Wissen und mündlichem Einverständnis des Autors und Software, die sich in Form und Intention komplett von ihren Ursprüngen entfernt hat.

Nutzung mit Wissen des Urhebers Wenn Software mit Wissen und mündlichem Einverständnis des Entwicklers von Kollegen eingesetzt wird, ist vermutlich von einer impliziten Übertragung von Nutzungsrechten auszugehen. Ohne schriftliche Lizenz ist das allerdings juristisch eine heikle Sache, da diese Einwilligung vermutlich jederzeit widerrufbar ist, auch wenn in der Regel der Streitwert minimal (bzw. nicht vorhanden) sein dürfte. Spannend wird es, wenn man diese Software verändert. Dadurch wird man ggf. ganz schnell Miturheber, und der ursprüngliche Autor hat keinerlei unabhängige Verwertungsrechte mehr (s. o. und § 8 UrhG). Die Nichtlizenzierung kann also ungewollt zum Bumerang werden.

Divergierende Weiterentwicklung Software, die sich durch aktive Weiterentwicklung in Form und Intention komplett von ihren Ursprüngen entfernt hat, ist bei einer vorhandenen verwendbaren[5] Lizenz relativ einfach zu behandeln. Der ursprüngliche Autor erscheint unter Angabe der Zeitdauer seines Mitwirkens in der Lizenzdatei. Steht Quellcode nicht unter einer Lizenz und ist absehbar, dass die Entwicklung divergiert, dann scheint das Sinnvollste zu sein, sich die (vom Urheberrecht nicht geschützten) Ideen anzuschauen und selbst entsprechenden Code zu implementieren. Am Ende bleibt es dabei: Mitarbeit an Code, der nicht unter einer Lizenz steht, die die Mitarbeit auf eine solide Grundlage stellt, sollte tunlichst vermieden werden. Siehe dazu auch die Diskussion im abschließenden ► Abschn. 5.3.

5.2 Arten von Lizenzen für Software

Es gibt eine große Zahl von Lizenzen, und grundsätzlich kann jedes (Software-)Produkt seine eigene Lizenzvereinbarung mitbringen. Aus gutem Grund haben sich aber, gerade in der Welt der freien Software, einige (wenige) Lizenzen als Standards herauskristallisiert. Da es im akademischen Kontext aus diversen Gründen sinnvoll ist, Programme quelloffen und mit einer entsprechend liberalen Lizenz zu verbreiten, wird nachfolgend auch überwiegend auf Lizenzen für freie und quelloffene Software eingegangen.

5.2.1 Die wichtigsten Lizenzen für freie Software

Die Zahl der Lizenzen für freie, quelloffene Software ist nicht unbedingt unüberschaubar, aber auch nicht besonders übersichtlich. Deshalb sollen nachfolgend, in Anlehnung an Kapitel 22 in Scopatz und Huff [1], vier für die Verwendung mit Software im aka-

5 Hier bedeutet „verwendbar“, dass die Lizenz explizit die Nutzung und Veränderung, also Weiterentwicklung durch andere erlaubt.

demischen Kontext relevante Lizenzen bzw. Klassen von Lizenzen vorgestellt werden. Das bedeutet nicht, dass es nicht noch andere relevante Lizenzen für Software gibt, die im akademischen Bereich entsteht. Für die Diskussion weiterer Lizenzen sei auf die im kommentierten Literaturverzeichnis angegebene Literatur verwiesen. Hinweise zum Umgang mit Lizenzen im akademischen Umfeld finden sich im nächsten Abschnitt. Eine sehr knappe Übersicht über diverse Lizenzen für (freie) Software und warum man keine eigenen Lizenzen erstellen sollte, liefert [2, S. 456 ff.]. Nun zur Übersicht über die vier Arten von Lizenzen bzw. Lizenzklassen:

Public Domain Der Urheber verzichtet *vollständig* auf seine Rechte. Das ist nicht in jedem Land juristisch (einfach) möglich, aber durch die CC0-Lizenz zumindest einfacher geworden.

BSD Die Software darf bei Namensnennung und Angabe der Lizenz frei verwendet werden, eine Verwendung im kommerziellen Kontext ist ebenfalls erlaubt, Veränderungen müssen darüber hinaus *nicht* offengelegt werden.

GNU GPL (*copyleft*) Die Software darf bei Namensnennung und Angabe der Lizenz frei verwendet werden. Derivate müssen ebenfalls unter GPL veröffentlicht werden. Veränderungen müssen darüber hinaus im Quellcode verfügbar sein.

Creative Commons (CC) Dahinter verbirgt sich eine Vielzahl unterschiedlicher Lizenzen, deren Ziel die Vereinheitlichung der Rechtsräume ist. Ursprünglich nicht für Software entwickelt, aber dafür einsetzbar.

Eine weitere weitverbreitete Lizenz, die aber als mit der BSD-Lizenz in ihrer Zwei-Klausel-Form äquivalent betrachtet wird, ist die MIT-Lizenz. Eine entschlackte Version der BSD-Lizenz ist die ISC-Lizenz.

5.2.2 Hinweise zum Umgang mit Lizenzen

Grundsätzlich gilt: Man sollte auf vorhandene Lizenzen wie jene im vorangegangenen Abschnitt vorgestellten zurückgreifen und keine eigenen Lizenzen entwickeln. Einzige Ausnahme: Man ist ein Rechtsanwalt, auf Lizenzrecht spezialisiert und hat zu viel Zeit. Der Grund ist einfach: Lizenzstreite können sehr schnell sehr hässlich und sehr teuer werden.

Alle freien Lizenzen enthalten einen ganz wesentlichen Aspekt: den **Haftungsausschluss**. Das ist deshalb so wichtig, weil die Entwickler von Software nur so von möglichen Folgekosten geschützt werden können. Anderenfalls könnte ein Nutzer einer Software – abhängig vom Rechtssystem, in dem er sich befindet – bei Fehlern, die ihm vermutlich oder nachweisbar aufgrund der Nutzung entstanden sind, einen Prozess gegen den Autor der Software anstrengen. Bei *Public Domain* ist das nur deshalb kein Problem, weil hier jedem die Software „gehört" – und damit gleichzeitig niemandem. Deshalb kann auch niemand zur Verantwortung gezogen werden.

Die Wahl der „richtigen" Lizenz ist immer vom Kontext abhängig, in dem man sich bewegt. In einem Unternehmen, dessen Geschäftsmodell auf dem Verkauf von Softwareprodukten beruht, wird man eine freie Lizenz, die die Weiterverbreitung der Software (im Quelltext) erlaubt, nur selten einsetzen wollen. Im akademischen Umfeld hingegen sind freie Lizenzen aus verschiedenen Gründen eigentlich ein Imperativ. Die **Reproduzierbarkeit und Nachvollziehbarkeit** steht im Zentrum der Wissenschaften, und das ist im Hinblick auf Software nur dann möglich, wenn man eine Chance hat, den Quellcode der Software einzusehen – und ggf. entsprechend eigene Tests zu machen.[6]

Inwieweit im akademischen Kontext die GPL eine gute Wahl ist, sei einmal dahingestellt. Hier kann der Zwang, damit interagierende Software ebenfalls unter der GPL zu veröffentlichen, dazu führen, dass die Software gar nicht eingesetzt werden kann, weil der (potentielle) Nutzer gar nicht die Chance und die notwendigen Rechte hat, alle interagierenden Bibliotheken ebenfalls unter GPL zu stellen. Deshalb scheint es eine gewisse Tendenz zu geben, im akademischen Kontext die BSD-Lizenz und ähnliche Lizenzen zu bevorzugen. Eine mögliche Alternative ist die Verwendung der LGPL, die genau dafür geschaffen wurde, im Umfeld mit anderer Software eingesetzt zu werden, die zur GPL inkompatibel ist.

Die Wahl der Lizenz ist erst dann wirksam, wenn dem Programm auch ein Hinweis auf die gewählte Lizenz beigefügt wird. Es ist ein guter Standard, den kompletten Text der gewählten Lizenz als Datei (z. B. `LICENSE`) dem Quellcode und eventuellen Binär-Distributionen beizulegen. Darüber hinaus sollte ggf. im Quellcode selbst, mit Sicherheit aber in der Dokumentation auf die Lizenz hingewiesen werden.

5.2.3 Ein Plädoyer für offene Software in der Wissenschaft

Es ist – zumindest nach der Erfahrung des Autors – nach wie vor nicht der Normalfall, dass Software, die im akademischen Kontext für wissenschaftliche Fragestellungen entwickelt wurde, frei verfügbar ist. Zwar werden Programme durchaus mitunter „unter der Hand" weitergegeben, aber nur eine Minderheit der für die eigentliche Arbeit verwendeten Routinen (abgesehen von großen Programmen und Bibliotheken, die von vielen Gruppen als Grundlage für ihre eigenen Auswertungen und Auswertungsroutinen verwendet werden) ist *im Quelltext* verfügbar. Ein häufig gehörtes Argument ist: Man könne ja nicht sicher sein, dass der Code korrekt sei, und wenn dann jemand einen Fehler finde, sei die Reputation dahin, und außerdem müsse man ja selbst damit umgehen können, zumal ggf. bei schwerwiegenderen Fehlern auch Publikationen infrage gestellt würden. Dieses Argument offenbart ein fundamentales Missverständnis des Wesens der Wissenschaft und stellt in letzter Konsequenz die eigene Person über die Wissenschaftlichkeit. Das große Problem: Ohne Einblick in den Quellcode wird letztlich die Nachvollziehbarkeit und Überprüfbarkeit fundamental eingeschränkt oder gar unmöglich gemacht. Das hat auf lange Sicht dramatische Auswirkungen auf die Wissenschaft.[7]

Es gibt noch ein weiteres Argument dafür, Programme nicht weiterzugeben bzw. nicht im eigentlichen Sinne zu veröffentlichen – wiederum aus eigener Erfahrung: Meist ist der Stellenwert der Programmierung sehr gering, der ursprüngliche Autor bekommt entsprechend keine Wertschätzung. Wenn ein Programm funktioniert, dann wird es verwendet werden, allerdings meist, ohne den Autoren zu danken oder sie zu zitieren. Entsprechend

6 Reines Lesen von Quellcode wird, zumindest wenn er eine gewisse Komplexität und einen gewissen Umfang übersteigt, in der Regel nicht ausreichen, um sich sicher sein zu können, was er tut, und dass er das „Richtige" tut, bzw. das, was man erwartet.

7 Auch hier gilt wieder: Die Verfügbarkeit des Quellcodes ist ein notwendiges, aber kein hinreichendes Kriterium für die Nachvollziehbarkeit. Viel zu oft wird es so sein, dass der Quellcode von derart schlechter Qualität ist, dass eine Nachvollziehbarkeit und ein echtes Verständnis in endlicher Zeit nicht möglich ist.

Publikation von Forschungssoftware

In den letzten Jahren hat sich viel getan, was die Publikation und damit verknüpft die Zitierfähigkeit von Forschungssoftware angeht. Zwar wird die Entwicklung von Forschungssoftware nach wie vor nicht ausreichend gewürdigt, aber immerhin gibt es über Entwicklungen wie das Dateiformat `CITATION.cff` [5] und dessen Integration in GitHub und Zenodo einen relativ einfachen Prozess für die automatische Veröffentlichung von Software inkl. DOI (via Zenodo) für jedes Software-Release. Gleichzeitig sind diverse Zeitschriften entstanden (z. B. JOSS, SoftwareX), die sich ausschließlich der Veröffentlichung von Software widmen, eine Art von Begutachtung anbieten und deren Artikel wie herkömmliche Zeitschriftenbeiträge zitierbar sind. Gleichzeitig sorgen Verbünde wie die Research Software Alliance (ReSA, ► https://www.researchsoft.org/), die Society of Research Software Engineers (RSE, ► https://society-rse.org/) und deren deutscher Ableger (► https://de-rse.org/) für eine etwas bessere Sichtbarkeit der Thematik.

5

ist der Impuls, Programme nicht zu veröffentlichen, um ggf. der Konkurrenz keinen Vorteil zu verschaffen, durchaus menschlich nachvollziehbar. Die Lösung für dieses Problem kann allerdings nicht sein, Programme nicht zu veröffentlichen, zumal das weder der Wissenschaftlichkeit hilft noch dem Urheber die Möglichkeit gibt, zumindest in irgendeiner Form Wertschätzung für seine Arbeit zu bekommen. Deshalb ist es wesentlich, Programme nicht nur zu entwickeln, sondern sie auch so schnell wie möglich mit einer Publikation zitierfähig zu machen und dann Nutzer dazu zu drängen, sauber zu zitieren. Lizenzen sind hierbei ein wesentlicher Baustein für die Publikation von Software. Für eine ausführlichere Diskussion der Thematik vgl. u. a. [3, 4]. Mittlerweile wird zunehmend sowohl von Geldgebern als auch von Herausgebern wissenschaftlicher Publikationen dazu angehalten, die entwickelten Programme (möglichst im Quelltext) verfügbar zu machen.

5.3 Unklare Nutzungsrechte sind ein Problem

Software unterliegt (nicht nur) in Deutschland *per se* dem Urheberrecht. Das bedeutet aber auch, dass ohne klare Übertragung von Nutzungsrechten durch eine Lizenz niemand außer dem Urheber der Software selbst sie verwenden darf. Inwieweit die Mitautorschaft zur Nutzung der Software berechtigt, bzw. ob die Entwicklung innerhalb einer Arbeitsgruppe (im akademischen Kontext) die Nutzung innerhalb der Arbeitsgruppe erlaubt, entzieht sich konkret der Kenntnis des Autors. Im Zweifelsfall gilt aber: keine Lizenz, keine Nutzung durch Dritte – und das gilt formal dann auch für den Kollegen. Die Nutzung (und ggf. Weiterentwicklung) mit explizitem Wissen der Kollegen stellt allerdings mit hoher Sicherheit ein implizites Nutzungsrecht dar. Die Weiterentwicklung impliziert darüber hinaus eine Miturheberschaft und verpflichtet den ursprünglichen Autor dazu, die veränderte Software seinerseits nur mit Einwilligung des Miturhebers zu nutzen. Eine klare Lizenzierung von Anfang an ist einmal mehr der unbedingt zu bevorzugende Weg, zumal so unnötige Unklarheiten gar nicht erst entstehen. Nutzungsrechte sollten möglichst *schriftlich* festgehalten werden – wie oben angesprochen z. B. durch Beilegen der

Lizenz zum Programm in einer Datei mit eindeutigem Namen. Außerdem sollte ggf. im Quellcode der Hinweis auf die Lizenz ebenfalls erscheinen.

Unklare Lizenzen verhindern nicht nur die Nutzung (darüber setzt sich mancher Anwender ohnehin stillschweigend hinweg), sondern sie verhindern außerdem noch die Weiterentwicklung. Das ist aber – gerade im akademischen Kontext – ein ernsthaftes Problem: Programme werden meist nicht einfach nur verwendet, sondern in irgendeiner Form angepasst und weiterentwickelt. Viele Programme überdauern dabei ihre ursprünglichen Autoren an der Stelle, an der sie entwickelt wurden. Die durchschnittliche Aufenthaltsdauer eines Wissenschaftlers in einer Gruppe ist meist nicht länger als wenige Jahre.[8] Ein besonderes Problem in der akademischen Welt ist, dass die gesamte Thematik der Lizenzen zumindest hinsichtlich eigener Softwareentwicklungen selten ernst genommen wird. Das lässt sich vermutlich auf ein mangelndes Bewusstsein für die juristische Bedeutung von Lizenzen zurückführen. Spätestens der mit der Lizenz fehlende Haftungsausschluss des oder der Autoren eines Programms können aber ungewollte ernsthafte Konsequenzen haben. Der einfachste Weg, wenn man sich keine Gedanken machen möchte, ist die Wahl einer BSD-Lizenz (Zwei-Klausel-Version). Das erlaubt die sehr freie Weiterverwendung in nahezu beliebigem Kontext, nennt den Autoren beim Namen und sorgt für Klarheit hinsichtlich der Haftung (über den Haftungsausschluss).[9]

Verständnisfragen

- Welche Bedeutung hat das Urheberrecht für die Softwareentwicklung? Welche Aspekte deckt es ab?
- Warum sind Lizenzen so wesentlich für Code, insbesondere im akademischen Umfeld?
- Welche wichtige Klausel enthalten auch Lizenzen, die sonst die nahezu beliebige Verwendung des Codes erlauben (Bsp.: BSD-Lizenz)?

Kommentiertes Literaturverzeichnis

Eine sehr lesbare Abhandlung zum Thema Lizenzen und wissenschaftliche Programme findet sich in Kapitel 22 von [1]. Für eine sehr knappe Übersicht über diverse Lizenzen für (freie) Software, und warum man keine eigenen Lizenzen erstellen sollte, siehe [2, S. 456 ff.]. Für eine Diskussion, warum für alle Ergebnisse, die auf computergestützten Auswertungen und Rechnungen basieren, der Quellcode der verwendeten Software gemeinsam mit der Publikation veröffentlicht oder zumindest zugänglich gemacht werden sollte, vgl. [3]. Die Autoren diskutieren, dass die exakte Reproduzierbarkeit auch in diesem Fall nicht gewährleistet werden kann (u. a. wegen unterschiedlicher Hardware etc.), aber durch die Nichtveröffentlichung des Codes die Versuche der Reproduktion von Ergebnissen (unnötig) erschwert werden und scheitern können. Eine ähnliche, aber breitere Diskussion findet sich in [4].

---

8 Dass unklare Lizenzen ein Problem auch für die Weiterentwicklung von Software mit einem großen Anwenderkreis haben können, kann man sehr gut am Beispiel von TrueCrypt sehen. Die Lizenz, unter der zumindest manche Versionen dieses Programms stehen, ist recht restriktiv, was die Weiterentwicklung angeht – und hier kommt erschwerend hinzu, dass die Autoren nicht *in personam* bekannt sind und prinzipiell auch nicht bekannt werden wollen.

9 Auch große Software-Plattformen legen großen Wert auf Lizenzen: Ein Beispiel ist die Firma MathWorks®, die bei ihrer *File Exchange*-Plattform mittlerweile Lizenzen verpflichtend gemacht hat.

Literatur

1. A. Scopatz, K.D. Huff, *Effective Computation in Physics* (O'Reilly, Sebastopol, 2015)
2. E.S. Raymond, *The Art of UNIX Programming* (Addison Wesley, Boston, 2004)
3. D.C. Ince, L. Hatton, J. Graham-Cumming, Nature **482**, 485 (2012)
4. Z. Merali, Nature **467**, 775 (2010)
5. S. Druskat, J.H. Spaaks, N. Chue Hong, R. Haines, J. Baker, S. Bliven, E. Willighagen, D. Pérez-Suárez, A. Konovalov. *Citation File Format* (2021). https://doi.org/10.5281/zenodo.5171937

Versionsverwaltung

Inhaltsverzeichnis

T. Biskup, *Softwareentwicklung für die Naturwissenschaften*,
https://doi.org/10.1007/978-3-662-71607-6_6

Kernaspekte

- Versionsverwaltung beeinflusst die Art zu programmieren und wirkt sich befreiend auf die Softwareentwicklung aus.
- Versionsverwaltung ist essentiell, um jederzeit eindeutig die verwendete Version einer Routine zu identifizieren.
- Verteilte Versionsverwaltungssysteme erleichtern die Verwendung und verringern externe Abhängigkeiten.
- Für ein größeres Projekt sollte ein klarer Arbeitsablauf festgelegt und konsequent befolgt werden.
- Versionsverwaltung hat (neben automatisierten Tests) den größten Einfluss auf die Art zu programmieren.

Versionierung von Dateien ist ein uns allen bekanntes Phänomen. Dokumente ändern sich, und spätestens wenn mehr als eine Person an einem Dokument arbeitet oder eine Person an unterschiedlichen Orten bzw. Rechnern, gibt es unterschiedliche Versionen einer Datei. Die einfachste und häufig anzutreffende Art, damit umzugehen, ist ein Suffix am Dateinamen (vgl. ◘ Abb. 6.1). Allerdings stößt ein solches Konzept schnell an seine Grenzen, zumal ohne Konventionen und deren strikte Einhaltung die Übersichtlichkeit und Erkennbarkeit der jeweils letzten aktuellen Version nicht gegeben ist, einmal

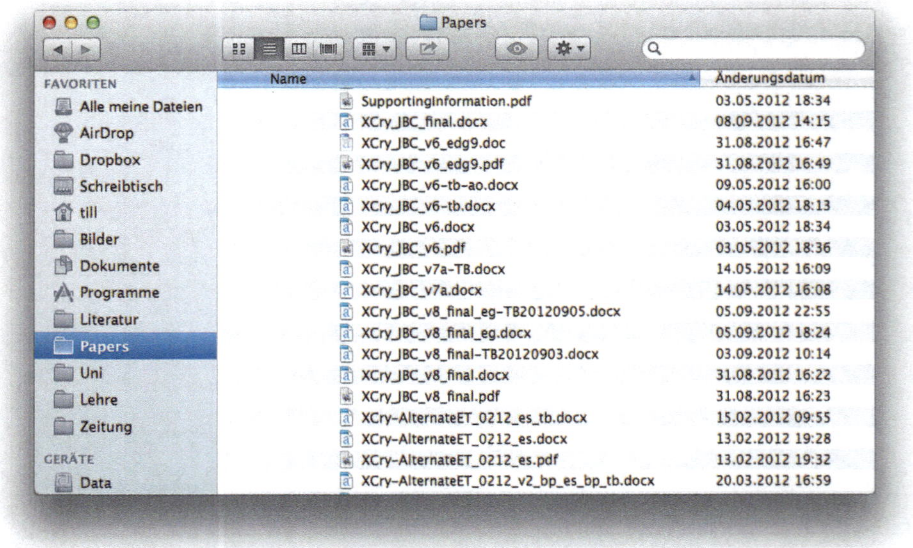

◘ **Abb. 6.1 Beispiel einer manuellen Versionierung über Suffixe.** Es handelt sich hierbei um ein reales Beispiel von der Festplatte des Autors, das treffend das Problem der strukturierten Versionierung von Dateien über Suffixe am Dateinamen verdeutlicht. Zwischenzeitlich wurde die Hauptdatei umbenannt, und es ist nicht ohne Weiteres klar, welches am Ende die aktuellere Version ist, einmal abgesehen von Inkonsistenzen beim Datumsschema etc. Das Änderungsdatum der Datei hilft auch nur bedingt, weil es spätestens beim Kopieren/Verschieben je nach Datei- und Betriebssystem geändert wird abgesehen von Problemen wie dem Zusammenführen paralleler Änderungen an einer Datei. Für die Softwareentwicklung ist ein solches Konzept aus unterschiedlichen Gründen eher ungeeignet. Deshalb wurden schon früh[1] Systeme entwickelt, die diese Aufgabe der Handhabung mehrerer Versionen einer Datei (oder eines Projektes aus mehreren Dateien) übernehmen.

6.1 Motivation: Warum Versionsverwaltung?

Versionsverwaltung (Versionskontrolle) ist von den nachfolgend behandelten Aspekten von Infrastruktur der mit dem tiefgreifendsten Einfluss auf die Art des Programmierens und gleichzeitig vermutlich der bedeutsamste.[2]

Definition 6.1: Versionsverwaltung

Engl. *version control system* (VCS), System zur Erfassung von Änderungen an Dokumenten oder Dateien.

Entscheidend ist an dieser Definition der Begriff „System“: Es handelt sich nicht um manuelle unregelmäßige Arbeit, sondern um ein hinreichend automatisiertes und strukturiertes System. Alle Versionen werden in einem Archiv gesichert, und zwar jeweils mit Zeitstempel und Benutzerkennung. Insofern ist jederzeit im Nachhinein ersichtlich, wer wann was geändert hat. Darüber hinaus erlauben Versionsverwaltungssysteme meist komfortabel, jede beliebige gespeicherte Version später wiederherzustellen. Ein typisches Einsatzgebiet ist die Softwareentwicklung, und dafür wurden diese Systeme in erster Linie auch entwickelt. Allerdings lassen sich Versionsverwaltungssysteme über diesen engen Bereich hinaus in einer sehr viel breiteren Palette von Anwendungsfällen gewinnbringend einsetzen. Als Beispiel sei hier nur die Erstellung umfangreicherer Dokumente über einen längeren Zeitraum hinweg genannt – eine typische Situation bei der Erstellung von Abschlussarbeiten, idealerweise mit einem Textsatzsystem wie LaTeX, das auf Text- statt Binärdateien fußt.[3] Besondere Bedeutung kommt der Versionsverwaltung in den Wissenschaften und hier im Kontext der wissenschaftlichen Datenverarbeitung zu. Eine Versionsverwaltung leistet an vielen Stellen das, was das herkömmliche Laborbuch für die experimentellen Wissenschaften leistet: Sie ermöglicht überhaupt erst die Nachvollziehbarkeit und Reproduzierbarkeit durch die Dokumentation der einzelnen Schritte und ist deshalb für wissenschaftliches Arbeiten essentiell.

These

Rechnergestützte Arbeit im wissenschaftlichen Kontext ohne eine funktionierende Versionsverwaltung (gleich welcher Art) ist keine wissenschaftliche Arbeitsweise. Eine vergleichbare Arbeitsweise würde im Labor meist nicht geduldet und zurecht als unwissenschaftlich angesehen.

---

1 Das „*Source Code Control System*“ (SCCS) wurde bereits 1972 eingeführt, vgl. ◻ Abb. 6.8.

2 Ein weiterer Aspekt mit ähnlichem Einfluss, der in gewisser Weise auch unter „Infrastruktur“ subsummiert werden könnte, hier aber getrennt unter dem Oberthema „Sauberer Code“ behandelt wird, ist das automatische Testen (hauptsächlich Unit Tests im Rahmen eines xUnit-Frameworks) – vgl. ▶ Kap. 18 und insbesondere ▶ Kap. 19.

3 Das diesem Buch zugrunde liegende Dokument ist ebenso ein Beispiel. Es ist über die Jahre gewachsen und wurde immer wieder parallel an unterschiedlichen Orten und Rechnern bearbeitet.

Diese These ist sicherlich angreifbar und provokant, der Autor ist aber geneigt, sie in dieser Schärfe zu vertreten und ggf. zu verteidigen – im Bewusstsein, dass das im Umkehrschluss bedeutet, dass der überwiegende Teil der Datenauswertung nicht den Kriterien für saubere wissenschaftliche Arbeit (u. a. Reproduzierbarkeit, Überprüfbarkeit und Nachvollziehbarkeit) genügt. Diese Erkenntnis ist aber letztlich genau die Motivation hinter diesem Buch und der intensiven Auseinandersetzung mit der Gesamtthematik. Vergleiche dazu auch die Ausführungen in ► Kap. 1.

6.1.1 Aufgaben einer Versionsverwaltung

Um die Verwendung von Versionsverwaltung zu motivieren, ist es zunächst wichtig, sich die Funktionen und Aufgaben anzuschauen, die Systeme zur Versionsverwaltung mitbringen und übernehmen. Versionsverwaltungssysteme erfüllen eine ganze Reihe von Aufgaben. Für einen Überblick vgl. ◘ Abb. 6.2. Nachfolgend werden die einzelnen Aspekte kurz beleuchtet.

Protokollierung der Änderungen Wer hat wann was (warum) geändert? Das ist einerseits die Voraussetzung für Reproduzierbarkeit und Nachvollziehbarkeit. Andererseits kann diese Rückführung von Änderungen auf ihren Autor zentral werden, wenn es bzgl. Urheberrecht darum geht, wer woran beteiligt war. Darüber hinaus erlaubt die Protokollierung der Änderungen im Nachhinein ein Nachvollziehen der Entwicklung und ggf. die Erstellung einer Liste von Änderungen (*changelog*). Damit lässt sich z. B. schnell herausfinden, ob ein bestimmter Fehler bereits/noch in einer bestimmten Version vorhanden war. Das kann entsprechend wesentlich bei der Entscheidung der Frage werden, ob Auswertungen wiederholt werden müssen oder nicht.

Wiederherstellung Beliebige alte Zustände einer Datei sind wiederherstellbar (solange der jeweilige Zustand als Version in das VCS eingepflegt wurde). Das bedeutet, dass (versehentliche) Änderungen jederzeit durch sehr einfache Operationen rücknehmbar sind.

◘ **Abb. 6.2** **Aufgaben einer Versionsverwaltung.** Die Abbildung liefert einen ersten Überblick über die diversen Aufgaben einer Versionsverwaltung, aus denen sich dann auch direkt die Gründe für die Verwendung eines solchen Systems ableiten lassen. Für Details vgl. den Text

Das erzeugt ein Sicherheitsnetz bei der Entwicklung, das sich bei richtiger Verwendung sehr stark auf die Art zu programmieren auswirken kann: Die letzte funktionierende Version ist immer nur einen Befehl entfernt.

Archivierung Alle Zustände eines Projektes sind archiviert, ein bestimmter Zustand jederzeit wiederherstellbar. Das wird zentral bei der Nachvollziehbarkeit und Überprüfbarkeit von Auswertungen, die in der Vergangenheit mit bestimmten Versionen der Auswertungssoftware durchgeführt wurden. Nur wenn genau diese Version der Software wiederhergestellt werden kann, lässt sich zumindest grundsätzlich nachvollziehen, was genau gemacht wurde.[4] Die beiden Aspekte „Archivierung" und „Wiederherstellung" scheinen sich zu überschneiden. Der Unterschied zwischen beiden liegt in der betrachteten Zeitskala: Archivierung bezieht sich auf diskrete Versionen, die abgespeichert (archiviert) werden, Wiederherstellung auf die aktive Weiterentwicklung und die Möglichkeit, bei Problemen oder „Fehlentwicklungen" auf die letzte funktionierende im VCS abgelegte Version zurückzugehen. Ein weiterer Unterschied: Während der aktiven Entwicklung gibt es viele kleine Schritte (und Commits), und durch die Veränderung des Codes ist nicht immer die Eineindeutigeit zwischen Version und Versionsnummer gegeben (ein wesentlicher Aspekt für die Nachvollziehbarkeit). Deshalb sollte für die reale Datenauswertung auch sinnvollerweise immer nur eine stabile (möglichst getestete) Version verwendet werden (s. u. und ► Kap. 7). Kurz: Wiederherstellung bezieht sich auf die aktive Softwareentwicklung, Archivierung auf die Kriterien der Wissenschaftlichkeit wie Nachvollziehbarkeit und Überprüfbarkeit sowie Langzeitarchivierung von Daten und Auswertungen inklusive dafür verwendeter Software.

Zugriffskontrolle und -koordination Sobald mehr als eine Person an einem Projekt arbeitet, wird es wichtig, den Zugriff auf die Dateien zu kontrollieren und vor allem zu koordinieren. Versionsverwaltungssysteme bringen in der Regel entsprechend spezialisierte und ausgefeilte Werkzeuge mit, um unterschiedliche Änderungen an den gleichen Dateien automatisch zusammenzuführen, und unterstützen die Entwickler an den Stellen, wo eine automatische Zusammenführung (*merge*) nicht möglich ist. Manche verteilten Versionsverwaltungssysteme (wie Git) bringen *keine* Mechanismen zur Zugriffskontrolle mit, sondern überlassen das vollständig dem jeweiligen Betriebssystem bzw. zusätzlichen Werkzeugen. Es gibt aber entsprechende Möglichkeiten, diesen vermeintlichen Mangel komfortabel zu kompensieren.[5]

Verwaltung mehrerer Zweige Ein Aspekt, der gerade in der Softwareentwicklung bedeutsam wird, weil er die parallele und weitgehend entkoppelte Entwicklung von neuen Features ebenso ermöglicht wie die parallele Pflege mehrerer Versionen. Auf die Verwendung von Zweigen (*branches*) und die Gründe dafür wird später noch in etwas mehr Detail eingegangen werden.

---

4 Eine Wiederherstellung des Quellcodes alleine ermöglicht noch nicht zwingend die Wiederholung der Verarbeitungsschritte, selbst wenn die originalen Daten noch erhalten sind. Software hat meist weitere (externe) Abhängigkeiten, die nach einer gewissen Zeit nur noch schwer erfüllbar sind, seien es Softwarebibliotheken oder letztlich die Hardware. Damit sind grundlegende Grenzen der Reproduzierbarkeit auch benannt.

5 Abgesehen davon ist das ein (explizites) Beispiel des Unix-Philosophie „*Do one thing, and do it well*". git konzentriert sich auf die Aspekte der Versionsverwaltung und überlässt anderen Werkzeugen die Zugriffskontrolle.

6.1.2 Warum eine Versionsverwaltung nutzen?

Das wichtigste Argument aus Sicht der wissenschaftlichen Datenauswertung wurde oben bereits genannt: Versionsverwaltung ist eine (zwingende) Voraussetzung für die **Nachvollziehbarkeit** der Verarbeitungsschritte und damit für **sauberes wissenschaftliches Arbeiten**. Darüber hinaus gibt es aus der Sicht der Programmierung und Softwareentwicklung weitere gewichtige Gründe für die Verwendung von Versionsverwaltungssystemen. Zum einen hat die Verwendung von Versionsverwaltung Auswirkungen auf die Art des Programmierens: Sie wirkt befreiend, weil immer eine (funktionierende) Vorversion erreichbar ist, und strukturierend, weil einzelne Versionen klar adressiert werden können. Programmierung verläuft selten geradlinig. Die Archivierung der Versionen und damit der Entwicklungsgeschichte erlaubt auch im Nachhinein die Nachvollziehbarkeit und ggf. die Erstellung einer Liste mit den Änderungen (*changelog*). Zum anderen ist eine Versionsverwaltung unumgänglich für die verteilte Programmierung: Nur so lassen sich unterschiedliche Änderungen an denselben Dateien sinnvoll und mit vertretbarem Aufwand zusammenführen, und nur so sind die Verantwortlichen für Änderungen nachvollziehbar.[6]

These

Versionsverwaltung kann – richtig eingesetzt – die Art, wie wir programmieren, nachhaltig (positiv) verändern.

Die Verwendung von Versionsverwaltungssystemen hat (neben automatisierten Tests) den größten Einfluss auf die Art der Programmierung und die Qualität von Programmen. Bausteine dieser Art zu programmieren sind:

In kleinen Abschnitten programmieren Programmierung verläuft selten geradlinig, und man wird oft nicht wissen, wie man eine komplexe Aufgabenstellung direkt in Programmcode übersetzen soll. Deshalb sollte ein Problem solange modularisiert und abstrahiert werden, bis offensichtlich ist, wie der Quellcode aussehen könnte.[7] Jeder dieser kleinen Abschnitte wird separat angegangen und bei Erfolg als neue Version gespeichert. Das Konzept *commit early, commit often* lässt sich insbesondere bei verteilten Versionsverwaltungssystemen gut umsetzen und wird später noch mehrfach betont werden.

Erst committen, dann ändern Bevor der Quellcode einer funktionierenden Version verändert wird, sollte die bestehende Version in die Versionsverwaltung eingepflegt (*committed*) werden.

Keine auskommentierten Codeteile committen Durch die Verwendung einer Versionsverwaltung besteht grundsätzlich keine Notwendigkeit, größere Teile im Quellcode auszukommentieren, um später wieder darauf zurückgreifen zu können. Diesen Zugriff erlaubt ja gerade die Versionsverwaltung. Das wirkt sich befreiend auf den Programmierer aus: Code kann problemlos umgeschrieben werden, ohne das Risiko, etwas zu verlieren. Es

6 Hier geht es gar nicht um die Zuweisung von Verantwortlichkeit im negativen Sinn, sondern einerseits um die Möglichkeit, Rücksprache mit der richtigen Person halten zu können, und andererseits am Ende um den Nachweis der Beteiligung im Sinne eines Urheberrechts.

7 Das entspricht genau dem Vorgehen, das E. Dijkstra in seiner *Turing Award Lecture* [1] vorstellt, vgl. ▶ Kap. 2.

mag spezielle Gründe geben, Codeteile auszukommentieren und trotzdem in der Versionsverwaltung als neue Version zu speichern, das sollte aber nur auf gut begründete Ausnahmen beschränkt bleiben. Generell sind auskommentierte Codeblöcke ein klares Kriterium für schlechte Codequalität und darüber hinaus hinderlich für das Verständnis des Codes.

Letztlich ist das Arbeiten mit Versionsverwaltungssystemen eine Frage der Einstellung und der Routine. Nur wenn man sich des Einflusses der konsequenten Verwendung bewusst ist und die nötige Routine im Umgang hat, wird sich die angesprochene positive Wirkung zeigen.[8] Darüber hinaus lassen sich Versionsverwaltungssysteme weit über das eigentliche Programmieren hinaus gewinnbringend einsetzen. Ein Paradebeispiel ist die Erstellung von Abschlussarbeiten aller Art (vorzugsweise in LaTeX).

6.1.3 Warum Versionsverwaltung als einzelner Nutzer?

Unterstützung bei der Verarbeitung paralleler Änderungen, Übersicht über die Verantwortlichkeiten für Beiträge – alles schön und gut, aber im Kontext eines einzelnen Nutzers bzw. Entwicklers eher unwichtig. Welche Gründe sprechen bei einem alleinigen Anwender trotzdem für die Verwendung von Versionsverwaltungssystemen bei der Softwareentwicklung und insbesondere bei der Programmierung von Software für die wissenschaftliche Datenanalyse? Das wichtigste Argument im gegebenen Kontext der Entwicklung von Software zur wissenschaftlichen Datenauswertung: Versionsverwaltung ist eine notwendige Voraussetzung für die **Reproduzierbarkeit und Nachvollziehbarkeit** und damit für **sauberes wissenschaftliches Arbeiten**. Darüber hinaus ist die Historie einer Entwicklung verfügbar, was erlaubt nachzuvollziehen, in welcher Version welche Implementierung (und ggf. welcher Fehler) vorhanden war. Die Auswirkungen auf die Art des Programmierens wurden oben schon angesprochen, und sie gelten genauso für den einzelnen Entwickler, zumal sie sich sowieso nur auf der Ebene des einzelnen Programmierers wirklich umsetzen lassen.

Ein weiterer Aspekt ist die **Vereinfachung der Arbeit** an einem Projekt von unterschiedlichen Rechnern aus, auch wenn nur ein Entwickler beteiligt ist. Auch so lassen sich die unterschiedlichen, diesmal räumlich getrennten Versionen recht einfach und komfortabel zusammenführen, und es herrscht immer Klarheit darüber, welche Version die letzte aktuelle ist. Ein letzter Grund: Wird ein Projekt perspektivisch **an andere Entwickler abgegeben**, kann die Verwendung einer Versionsverwaltung große Dienste leisten, zumal sie in einer Übergangszeit die parallele Entwicklung erlaubt und der Nachfolger jederzeit Zugriff auf die komplette Entwicklungshistorie hat. Dieser Aspekt wird im akademischen Kontext meist hoffnungslos unterschätzt, obwohl gerade hier klar ist, dass die wenigsten Entwickler länger als drei oder vier Jahre vor Ort sind. Software zur Datenauswertung sollte aber – schon aus ökonomischen Gründen – langlebiger sein als diese eher kurze Aufenthaltsdauer eines Mitarbeiters, ganz zu schweigen von der Dokumentationspflicht und dem Wunsch, Auswertungen auch nach längerer Zeit noch nachvollziehen zu können.

8 Vgl. dazu ► Abschn. 2.4: Kenntnis von Konzepten und persönliche Disziplin. Ein Buch, das genau das thematisiert, ist „*The Pragmatic Programmer*“ [2, 3].

Langfristige Nachvollziehbarkeit

Die erwähnte langfristige Nachvollziehbarkeit durch die Verwendung eines Versionsverwaltungssystems setzt natürlich voraus, dass das Repositorium nicht ausschließlich auf dem Arbeitsplatzrechner der Person existiert, die die Software ursprünglich entwickelte. Auch bei verteilten Versionsverwaltungssystemen (s. u.) ist es daher von großem Interesse für die jeweilige Organisationseinheit (Arbeitsgruppe, ...), dass die Entwicklungshistorie auch auf eine zentralere Infrastruktur gespiegelt wird und dort erhalten bleibt. Eine alternative Möglichkeit ist die Veröffentlichung der Software inkl. der Entwicklungshistorie auf einem öffentlichen Portal wie GitHub.

6.2 Überblick über unterschiedliche Versionsverwaltungssysteme

Das Ziel des Buches ist gerade nicht, die Arbeit mit einem spezifischen Versionsverwaltungssystem vorzustellen, sondern einen Überblick über die Prinzipien hinter diesen Systemen zu geben. Die Details zur Verwendung lassen sich viel besser im Eigenstudium anhand der jeweils verfügbaren Dokumentation erlernen. Nachfolgend werden zunächst die diversen Arten (lokal, verteilt, zentral) und anschließend Konzepte (dateibasiert, Schnappschüsse, Patches) und wichtige Vertreter (CVS, SVN, Git, ...) von Versionsverwaltungssystemen kurz vorgestellt.

6.2.1 Arten von Versionsverwaltungssystemen

Es gibt im Wesentlichen drei Arten von Versionsverwaltungssystemen: lokal, zentral und verteilt (dezentral). Die Charakteristika werden in den ◘ Abb. 6.3, 6.4 und 6.5 dargestellt und nachfolgend kurz beschrieben.

Lokal Lokale Versionsverwaltungssysteme (◘ Abb. 6.3) sind historisch gesehen die ältesten Vertreter von Versionsverwaltungssystemen. Sie werden oft für die Versionierung nur einer Datei verwendet und finden sich heute noch in Büroanwendungen (z. B. Word

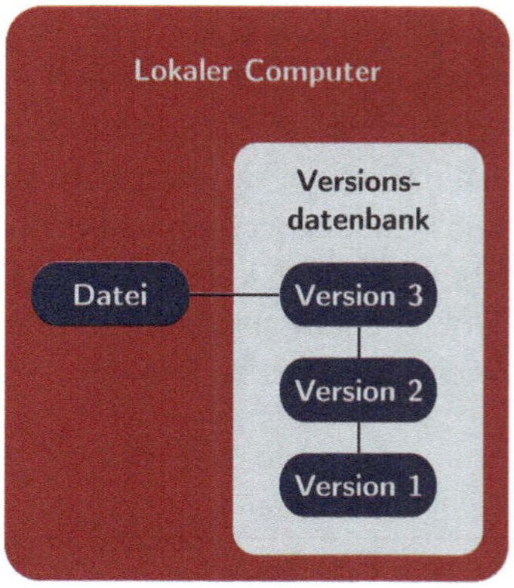

◘ **Abb. 6.3 Schema der Funktionsweise einer lokalen Versionsverwaltung.** Im Gegensatz zur zentralen (vgl. ◘ Abb. 6.4) und verteilten (vgl. ◘ Abb. 6.5) Versionsverwaltung wird die Versionsinformation rein lokal (oft sogar in derselben Datei) abgelegt, ohne die Möglichkeit des Abgleichs mit anderen Rechnern

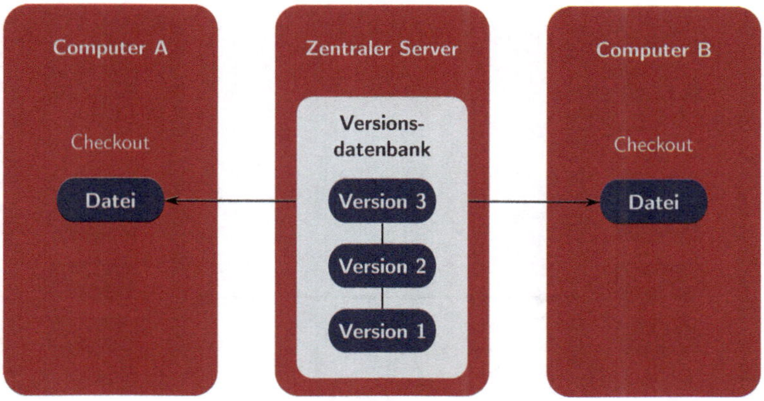

◘ **Abb. 6.4** **Schema der Funktionsweise einer zentralen Versionsverwaltung.** In vieler Hinsicht das „klassische" Schema der Versionsverwaltung, wie es von CVS und SVN bekannt ist und für die Versionskontrolle von Software in Teams oftmals verwendet wird. Im Gegensatz zur verteilten Versionsverwaltung (vgl. ◘ Abb. 6.5) gibt es ein zentrales Repository auf einem Server, darüber hinaus muss für die Arbeit mit der Versionsverwaltung (meist) eine Verbindung zu diesem Server bestehen

& Co.). Oft wird die Versionsinformation innerhalb der Datei abgelegt (was i. d. R. ein Binärformat voraussetzt).

Zentral Zur Verwaltung größerer Projekte wurden zentrale Versionsverwaltungssysteme (◘ Abb. 6.4) entwickelt. Wesentliche Aspekte dieser Systeme sind das Server-Client-Konzept, normalerweise mit auch hardwareseitig getrennten Rechnern für Server (zentrale Infrastruktur) und Client (Arbeitsplatzrechner). Die Versionsgeschichte liegt an einem zentralen Speicherort (auf dem Server), zur Interaktion ist daher eine Verbindung zum Server, i. d. R. über ein Netzwerk, notwendig. Die meisten dieser Systeme bringen eine mehr oder weniger ausgefeilte Rechteverwaltung mit, die den Zugriff entsprechend auf Ebene von Nutzern (und ggf. Gruppen) beschränken kann.

Verteilt Eine vergleichsweise junge Entwicklung sind die verteilten Versionsverwaltungssysteme (◘ Abb. 6.5). Im Unterschied zu den zentralen Versionsverwaltungssystemen (◘ Abb. 6.4) gibt es keinen zentralen Speicherort für die Versionsdatenbank. Jeder Anwender verwaltet seine eigene Versionsgeschichte lokal. Trotzdem kann ein beliebiger Speicherort als „zentrales" Projektarchiv verwendet werden, idealerweise dann an einem online für andere erreichbaren Ort. Das dient aber nur der besseren Abgleichbarkeit zwischen verschiedenen dezentralen Versionsdatenbanken, insbesondere in Fällen, in denen lokale Rechner nicht (jederzeit) von außen über das Internet (oder ggf. im Intranet) erreichbar sind. Es ist aber entscheidend, gerade auch vor dem Hintergrund, dass in ◘ Abb. 6.5 (unten) ein „zentraler" Server abgebildet ist, dass verteilte Versionsverwaltungssysteme komplett auf zentrale Infrastruktur verzichten und mehrere lokale Repositories auch ohne zusätzlichen Server direkt miteinander kommunizieren können. Im Gegensatz zu zentralen Versionsverwaltungssystemen bringen verteilte Versionsverwaltungssysteme nicht notwendigerweise Mechanismen zur Zugriffskontrolle mit. Das ist aber nicht zwangsläufig ein Nachteil, zumal sich die Zugriffssteuerung auch komplett über das jeweils verwendete Betriebssystem abbilden lässt. Darüber hinaus gibt es

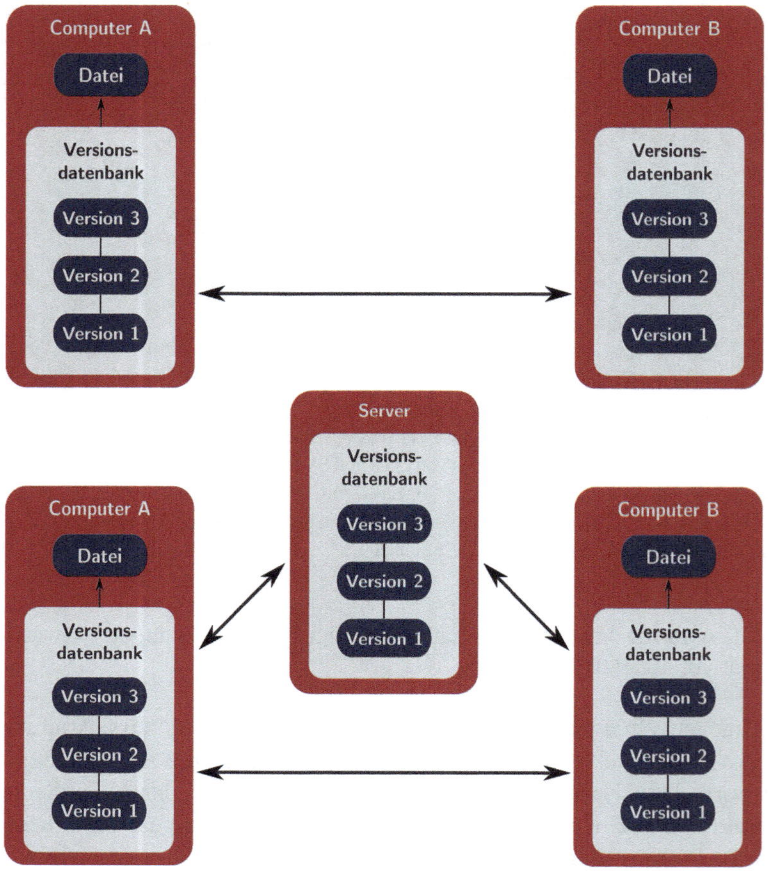

◘ Abb. 6.5 Schema der Funktionsweise einer verteilten Versionsverwaltung. Populär geworden durch Git, ist der größte Unterschied zu einer zentralen Versionsverwaltung (vgl. ◘ Abb. 6.4), dass jedes lokale Repository die gesamte Historie enthält und eigenständig ist. Es gibt keinen zentralen Server (auch wenn ein Repository als Zentrale verwendet werden kann), die Arbeit ist ohne Netzwerkverbindung möglich, was der „commit early, commit often"-Strategie der agilen Softwareentwicklung sehr entgegenkommt

oftmals entsprechende Lösungen, die ein verteiltes Versionsverwaltungssystem mit zusätzlichen Werkzeugen erweitern und u. a. die Zugangskontrolle übernehmen sowie für eine zentrale Verfügbarkeit sorgen (z. B. GitHub bzw. für die eigene Bereitstellung frei verfügbar GitLab und Gitea für Git). Derlei Systeme sind allerdings von der eigentlichen Versionsverwaltung konzeptionell strikt getrennt – ähnlich vielleicht wie ein Editor bzw. eine IDE, die spezifisch für eine bestimmte Programmiersprache entwickelt werden, *per se* konzeptionell von der jeweiligen Programmiersprache unterschieden werden.

Diese Reihenfolge – lokal, zentral, verteilt – entspricht im Wesentlichen auch der Entstehung der Versionsverwaltungssysteme als solcher, definitiv aber der Popularität frei verfügbarer Lösungen. Für eine historische Abfolge frei verfügbarer Versionsverwaltungssysteme vgl. ◘ Abb. 6.8, für eine Diskussion der Gründe dieser Entwicklung den zugehörigen Abschnitt.

6.2.2 Generelle Strategien der Versionierung und Versionsablage

Grundsätzlich gibt es mehrere Strategien der Versionierung und der Ablage der Versionen. Die meisten verbreiteten Versionsverwaltungssysteme fokussieren entweder auf die einzelne Datei oder auf den Zustand des Projektes. Die Variante, Patches für Dateien ohne vorgegebene Reihenfolge ihrer Anwendung zu unterstützen, wie das *darcs* tut, ist eher von akademischem Interesse und soll hier nicht weiter beschrieben werden. Die ersten beiden Strategien – Änderungen pro Datei speichern und Schnappschüsse des Repositorys aufzeichnen – sind grafisch in ◘ Abb. 6.6 und ◘ Abb. 6.7 dargestellt. Typische Vertreter der ersteren Variante sind zentrale Versionsverwaltungssysteme (wie CVS und SVN), für die zweite Variante verteilte Versionsverwaltungssysteme (wie Git und mercurial).

Im Kontext der Entwicklung von Software zur wissenschaftlichen Datenauswertung unter Betonung der Reproduzierbarkeit ist der Fokus auf Schnappschüsse sicherlich die natürlichere Herangehensweise. Wird das dann noch – wie im Fall der beiden Vertreter Git und mercurial – mit einem kryptographischen Hash verbunden, lässt sich eine

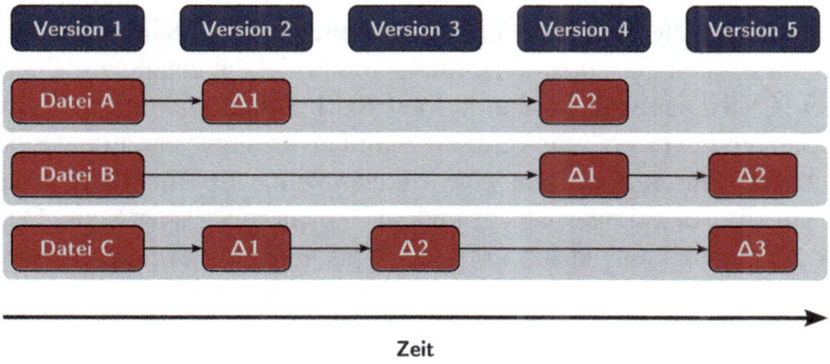

◘ **Abb. 6.6 Versionierung durch Speicherung der Änderungen pro Datei.** Populär durch weitverbreitete Versionsverwaltungssysteme wie CVS und SVN. CVS: Jede Datei hat ihre eigene Versionsnummer, aus der Versionsnummer einer Datei lässt sich nicht rückschließen, wann sie geändert wurde. SVN: Jede Version hat ihre Nummer. Zusammenhängende Änderungen lassen sich also erkennen. (Abbildung verändert nach [4])

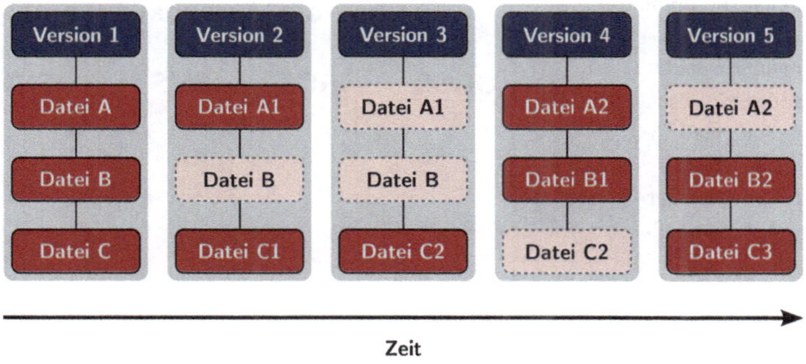

◘ **Abb. 6.7 Versionierung durch Speicherung der Schnappschüsse des Repositorys.** Populär durch Git (und mercurial). Jeder Schnappschuss stellt das Repository zu einem bestimmten Zeitpunkt dar. Eine Revision (durch einen Hash-Wert repräsentiert) gibt immer den Zustand aller Dateien zu diesem Zeitpunkt wieder. (Abbildung verändert nach [4])

im VCS gespeicherte Version im Nachhinein nicht mehr unbemerkt verändern. Was an anderer Stelle (wie etwa der Entwicklung des Linux-Kernels) ein zentraler Aspekt der Sicherheit und des Schutzes vor Korruption des Codes ist, kann im wissenschaftlichen Kontext aus anderen Gründen relevant werden. Hier steht Sicherheit weniger im Sinne des Schutzes vor unerlaubter Veränderung als im Sinne des Schutzes vor versehentlicher Veränderung ohne neue Versionsnummer (vgl. dazu auch ▶ Kap. 7) im Vordergrund. Im wissenschaftlichen Kontext sind klare Versionen als Zustände der Entwicklung eines Repositorys mit eindeutigem und einfachem Zugriff wichtiger als die Wiederherstellung einer Version einer einzelnen Datei, da Auswertungssoftware meist als Programm aus vielen Routinen oder als Programmbibliothek – aber in beiden Fällen mit voneinander abhängigen Routinen – besteht.

6.2.3 Bekannte (nichtkommerzielle) Vertreter von VCS

Einen zeitlichen Überblick über einige wichtige Vertreter freier (nichtkommerzieller) Versionsverwaltungssysteme liefert ◘ Abb. 6.8. Die ersten beiden Systeme, *Source Code Control System* (SCCS) und *Revision Control System* (RCS) sind Vertreter lokaler Versionsverwaltungssysteme und dazu noch eingeschränkt auf je eine einzelne Datei. Der Durchbruch hin zur gemeinsamen Verwaltung von Projekten gelang mit *Concurrent Versions System* (CVS), das vom Format her auf RCS aufbaut. CVS ist genauso wie sein Nachfolger *Subversion* (SVN) ein Vertreter zentraler Versionsverwaltungssysteme. SVN zeichnet sich noch durch eine recht gute Unterstützung für Binärdateien (in dem Sinne, dass es nur die Änderungen ablegt und so Speicherplatz spart) aus. Der plötzliche Anstieg der Neuentwicklungen um 2004/2005 hat mehrere Gründe, der wichtigste ist wohl der Bruch zwischen BitKeeper (dem kommerziellen VCS, das die Linux-Kernelentwickler seit ca. 2001 genutzt hatten und bis dahin frei nutzen durften) und den Linux-Kernelentwicklern, was innerhalb von Tagen den Beginn der Entwicklung mehrerer freier, verteilter Versionsverwaltungssysteme (Git, mercurial) nach sich zog. Bazaar ist eng mit der Entwicklung von Ubuntu durch Canonical verbunden, letztlich ist all das dem Be-

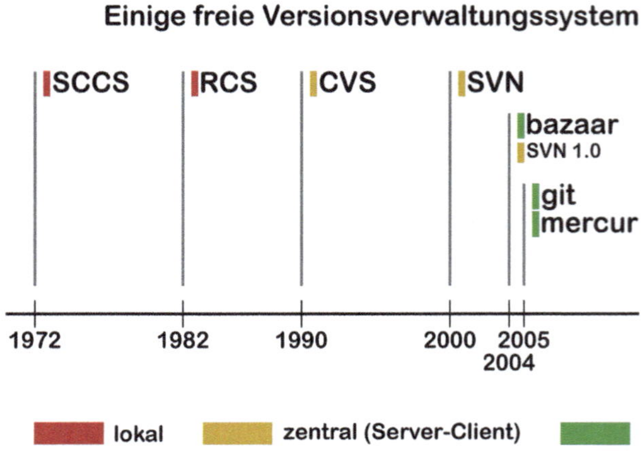

◘ Abb. 6.8 Zeitstrahl populärer freier Versionsverwaltungssysteme. Über eine lange Zeit dominierte jeweils eine Lösung, die weite Verbreitung fand. 2005 kam es zum Bruch zwischen BitKeeper und den Linux-Kernelentwicklern, was innerhalb von Tagen den Beginn der Entwicklung mehrerer freier, verteilter Versionsverwaltungssysteme (Git, mercurial) nach sich zog darf nach verteilten Versionsverwaltungssystemen (*distributed VCS*, DVCS) geschuldet, die als freie Software verfügbar sind.

Generell gibt es in der freien Softwareentwicklung momentan einen klaren Hang zu verteilten Versionsverwaltungssystemen, auch wenn zentrale Versionsverwaltungssysteme (hier Subversion, SVN) gerade in Firmen nach wie vor eingesetzt werden. Es ist ohne Weiteres möglich, SVN zentral zu verwenden und lokal mit Git auf denselben Daten zu arbeiten, da Git entsprechende Kompatibilität mit SVN mitbringt. Von den freien, verteilten Versionsverwaltungssystemen ist Git aufgrund der vorhandenen Webservices (GitHub, in gewissem Maße GitLab als freier Alternative zum selbst hosten) das aktuell am weitesten verbreitete VCS bei der Entwicklung freier Software. Es hat damit SVN (und das wiederum CVS) abgelöst, das durch die SourceForge-Plattform seinerzeit weite Verbreitung gefunden hatte. Der Zeitstrahl der freien Versionsverwaltungssysteme in ◼ Abb. 6.8 liefert noch eine wesentliche Erkenntnis für die Verwendung solcher Systeme im wissenschaftlichen Kontext: Die Kontinuität und Kompatibilität zwischen CVS, SVN und Git – wobei SVN Importmöglichkeiten für CVS mitbringt und SVN und Git in gewisser Weise interoperabel sind – ist eine Voraussetzung für die Langzeitarchivierung von Quellcode und die Verfügbarkeit der Entwicklungshistorie über Jahrzehnte und damit die Wissenschaftlichkeit. Darauf werden wir im letzten Teil des Buches („Datenverarbeitung in den Naturwissenschaften") in ▸ Kap. 28 noch einmal zurückkommen.

6.3 Grundlegendes Arbeiten mit einer Versionsverwaltung

Für das Arbeiten mit einem VCS ist es zunächst notwendig, die wichtigsten Begrifflichkeiten zu kennen und sich anschließend mit dem grundlegenden Arbeitsablauf vertraut zu machen.

6.3.1 Wichtige Begriffe

Zunächst einmal eine Liste von Grundbegriffen der Versionsverwaltung, die relativ unabhängig vom verwendeten System (zumindest bzgl. CVS, SVN, Git) sind:

Repository	Repositorium, (zentraler) Speicherort der versionierten Dateien
Arbeitskopie	Lokale Kopie eines Zustandes eines Repositorys
Revision	einzelner dem VCS bekannter Zustand eines Repositorys (oder einer Datei)
Branch	Zweig, Abspaltung von einer anderen Version Branches können parallel weiterentwickelt und später wieder miteinander verbunden (*merge*) werden
Tag	„Etikett", frei wählbarer Bezeichner für eine Revision Beispiel: nach außen kommunizierte Versionsnummer eines Projektes (siehe ▸ Kap. 7)

In der täglichen Arbeit kommen dann noch einmal einige Begriffe für die einzelnen Tätigkeiten hinzu, die ebenfalls ziemlich universell verwendet werden:

Checkout	Holen einer Version aus dem Repository
Update/Fetch	Aktualisieren der Arbeitskopie
	Zieht ggf. einen Merge nach sich
Commit	Übertragen einer Version in das Repository
Diff	Vergleich zweier Versionen
	ggf. bieten Editoren gleichzeitig den Vergleich und die Möglichkeit der Zusammenführung (*merge*)
Merge	Zusammenführen unterschiedlicher Versionen

Für verteilte Versionsverwaltungssysteme kommen noch ein paar Begriffe hinzu (hier sind die Befehle/Begriffe aus Sicht von Git aufgeführt):

Push	Übertragen der Historie in ein anderes (ggf. entferntes) Repository
Pull	Holen der Historie aus einem anderen (ggf. entfernten) Repository

Die Namen für die einzelnen Aspekte können sich je nach verwendetem Versionsverwaltungssystem ggf. unterscheiden, die Aufgaben und Funktionen sind aber grundsätzlich immer vergleichbar.

6.3.2 Grundlegende Arbeitsabläufe

Es ist im Rahmen des Buches nicht möglich, auf die Details der Arbeit mit Versionsverwaltungssystemen einzugehen. Eine gute Einführung findet sich u. a. in der ausführlichen Dokumentation zu Git [4][9] und sei dem interessierten Leser zum Eigenstudium überlassen und empfohlen. Die grundlegende tägliche Arbeit mit einer Versionsverwaltung lässt sich in drei Schritte zusammenfassen:

1. auf Änderungen überprüfen (update/fetch/pull)
2. lokal Änderungen vornehmen
3. neue Version speichern (add/commit/push)

Der erste Schritt entfällt bei rein lokaler Nutzung (entweder bei einem lokalen oder einem verteilten Versionsverwaltungssystem mit genau einem Repository und Entwickler). Sonst ist es immer der erste Schritt, bevor Code verändert wird. Zudem empfiehlt es sich bei zentralen Versionsverwaltungssystemen, vor jedem Commit auf Änderungen des (zentralen) Repositorys zu überprüfen, da in diesem Fall ggf. ein (unter Umständen manueller) Merge vor dem erfolgreichen Commit notwendig ist.

Sinnvollerweise sollte spätestens am Ende jedes Arbeitstages eine Version committed (oder die Änderungen verworfen) werden (vgl. ◘ Abb. 6.9). Die Strategie des *commit*

9 Das „Pro Git Book" ist komplett frei online verfügbar (auch als PDF-Dokument) und liefert eine sehr gute Einführung in die Arbeit mit Versionsverwaltungssystemen allgemein und mit Git im Speziellen: ► https://git-scm.com/book/ (Zugriff am 03.01.2025).

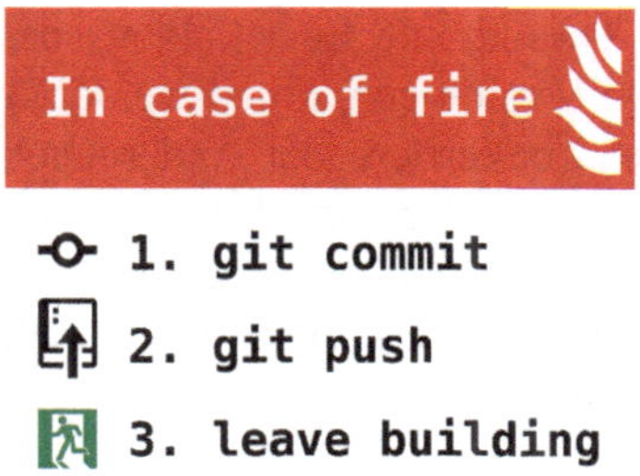

Abb. 6.9 Humoristische Erinnerung, vor dem Verlassen des Schreibtisches das Committen nicht zu vergessen. Mit der Reihenfolge *commit* und *push* ist die letzte Änderung idealerweise an einer Stelle, die vom Feuer nicht betroffen und von außen zugänglich ist. (© 2015 Louis-Michel Couture, MIT-Lizenz)

Disziplin im Umgang mit VCS

Ein Versionsverwaltungssystem kann nur dann den beschriebenen entscheidenden positiven Einfluss auf die Art des Programmierens ausüben, wenn es regelmäßig eingesetzt wird und der Anwender gut damit vertraut ist. Entsprechend wichtig ist es, sich zunächst mit der grundlegenden Funktionalität vertraut zu machen, insbesondere auch der Bedienung über die Kommandozeile, und das System anschließend häufig einzusetzen. Der Einsatz hat viel mit persönlicher Disziplin zu tun. Insbesondere immer dann, wenn man vom Schreibtisch aufsteht, sollte der aktuelle Stand committed werden, spätestens aber vor dem Verlassen der Arbeitsstelle oder alternativ am Abend vor dem definitiven Ende der Programmierarbeit zu Hause.

early, commit often hat diverse Vorteile, auf die später noch im Detail eingegangen wird. Gerade im akademischen Kontext, wo Programmierung meist nicht die Hauptbeschäftigung ist und entsprechend zeitlich oft unstetig verläuft, ist es von zentraler Bedeutung, am Ende eines Arbeitstages einen sauberen Zustand des Repositorys und der lokalen Arbeitskopie zu haben, da nicht sicher ist, ob man am nächsten Tag weiterentwickelt und nach einer (auch kurzen) Pause meist die Übersicht über vorgenommene, aber nicht committete Änderungen verloren geht.

Idealerweise wird nur funktionierender Code committed. Ob das immer möglich ist, hängt vom Kontext (und mitunter den Fähigkeiten) ab. Je nach Entwicklungsschema kann es Zweige geben, zu denen nur funktionierender *und* ausreichend getesteter Code beigetragen werden darf. Um nur funktionierenden Code zu committen, müssen weitere Kriterien der Entwicklung erfüllt sein, insbesondere die Arbeit in kleinen Schritten und idealerweise automatische Tests und testgetriebene Entwicklung (vgl. ► Kap. 19). Größere Umorganisationen oder Weiterentwicklungen sollten in eigenen Zweigen (*feature branch*, s. u.) stattfinden. In jedem Fall sollte der aktuelle Stand spätestens am Abend committed (oder verworfen) werden.

Ein entscheidender Aspekt der Arbeit mit Versionsverwaltungssystemen ist der (automatisierte) Umgang mit Veränderungen via *diff* und *merge*. Befinden sich parallele Änderungen im Quellcode zwar in der gleichen Datei, aber nicht in den gleichen Abschnitten, können sie i. d. R. automatisch zusammengeführt werden. Parallele inkompatible Änderungen werden automatisch erkannt und markiert. Entsprechende Werkzeuge wie *diff* erleichtern die manuelle Auflösung dieser Konflikte. Nachdem der Konflikt manuell behoben wurde (was jeweils eine Einzelfallentscheidung ist), muss er noch als gelöst markiert und die neue Version committed werden. Da das Vergleichen von Versionen und Zusammenführen konkurrierender Änderungen ein so zentraler Aspekt der Arbeit mit Versionsverwaltungssystemen ist, aber meist erst dann auftritt, wenn man real mit mehreren Entwicklern oder von unterschiedlichen Orten aus am selben Projekt arbeitet, ist es hilfreich, sich früh mit den Werkzeugen und Strategien vertraut zu machen. Hier hilft einmal mehr ganz wesentlich die (konzeptionelle) Dokumentation des verwendeten Versionsverwaltungssystems.

6.3.3 Warum Zweige (*branches*)?

Ein entscheidender Vorteil moderner verteilter Versionsverwaltungssysteme wie Git ist die Leichtigkeit, mit der Zweige (*branches*) erstellt und wieder miteinander verschmolzen (*merged*) werden können. Richtig angewendet hat diese Fähigkeit des VCS einen großen Einfluss auf die Art und Weise der Entwicklung von Programmen. Es gibt eine ganze Reihe von Gründen, mit Zweigen zu arbeiten:

Entwicklung neuer Features Größere Änderungen mit oftmals unklarem Ausgang sollten in einem eigenen Zweig durchgeführt werden. Der Zweig sollte entsprechend benannt werden. Das setzt (wie so oft bei der Programmierung) ein gewisses Maß an Geplantheit und Struktur voraus. Ein großer Vorteil dieser Strategie ist, dass die (ggf. komplexe und langwierige) Entwicklung größerer neuer Funktionalitäten von der Pflege und Weiterentwicklung des Programms entkoppelt ist.

Trennung von Entwicklung und Produktion Es liegt in der Natur der Softwareentwicklung, dass eine Entwicklerversion i. d. R. noch nicht so stabil und fehlerfrei funktioniert wie eine Produktivversion. Durch die Aufteilung von Entwickler- und Produktivversion auf unterschiedliche Zweige ist jederzeit eine lauffähige und stabile Version für den produktiven Einsatz verfügbar. Sollten hier Fehler auftreten, können sie spezifisch behoben (und die Änderungen komfortabel in die jeweiligen Entwicklerversionen übernommen) werden. Durch diese Trennung ist die Entwicklung vom Zwang jederzeit funktionierender (und getesteter) Versionen befreit, was die Strategie häufiger und kleinteiliger Commits ermöglicht und sich befreiend auf die Entwicklung und Programmierung auswirkt. Im wissenschaftlichen Kontext sollte stets darauf geachtet werden, reale Daten nicht mit Entwicklerversionen auszuwerten bzw., sollte das nicht anders möglich sein, diese Versionen als solche zu kennzeichnen und stets auf eine eindeutige Versionsnummer (vgl. ▶ Kap. 7) zu achten.

Pflege veröffentlichter Versionen Software ist selten fehlerfrei, und der Softwarelebenszyklus (vgl. ◘ Abb. 2.1) beinhaltet auch die Pflege nach der Veröffentlichung. Darüber hinaus gibt es auch noch andere Gründe, mehrere veröffentlichte Versionen parallel im Einsatz zu haben, die entsprechend gepflegt werden sollten. Pflege bezieht sich hier meist auf die Behebung bekannt gewordener Fehler. So ist es mitunter nicht möglich, auf neuere Versionen zu wechseln, weil Abhängigkeiten nicht erfüllt sind und nicht auf jedem System immer die neuesten Versionen von Betriebssystemen und verwendeten Bibliotheken installiert werden können.

Zugriffs- und Qualitätskontrolle Zweige können auch der Kontrolle des Zugriffs und der Qualität dienen. So kann z. B. der Zugriff auf den Hauptzweig auf einen oder wenige Hauptentwickler eingeschränkt werden. Darüber hinaus lassen sich – ggf. ebenfalls im Zusammenspiel mit Zugriffskontrolle – Kriterien für die Codequalität (z. B. Testabdeckung) für bestimmte Zweige nicht nur aufstellen, sondern auch recht einfach umsetzen und ggf. erzwingen. Ein Beispiel für solch ein Entwicklungsschema ist der Linux-Kernel. Hier bestimmt eine kleine Gruppe von Hauptentwicklern, welche neuen Features in die nächste Version Einzug halten. An dieser Stelle ist das mit einem relativ strikten Zeitablauf und Procedere verbunden. Es gibt ein kleines Zeitfenster für das Einpflegen neuer Änderungen in den Hauptzweig, die anschließend auf Stabilität und Qualität getrimmt werden.

Einarbeiten von Änderungen anderer Gerade bei verteilten Versionsverwaltungssystemen ist es üblich, dass jeder Entwickler in einem eigenen Repository entwickelt und dem Hauptentwickler dann jeweils *pull requests* (bzw. *merge requests*) mit Änderungen schickt. Letzterer wird dann i. d. R. diese Änderungen in einem eigenen, gesondert dafür angelegten Zweig einspielen, begutachten, ggf. ändern und dann in den Haupt-(entwicklungs)zweig übernehmen (*merge*).

Der Einsatz von Zweigen setzt eine gewisse Vertrautheit mit dem eingesetzten Versionsverwaltungssystem voraus. Diese Vertrautheit entsteht nur durch aktive Beschäftigung mit dem jeweiligen VCS und setzt eigene Motivation (und Bereitschaft zum Selbststudium) voraus. Letztlich werden einige Aspekte, die auf die grundlegenden Arbeitsabläufe abzielen, im nächsten Abschnitt besprochen.

6.3.4 Vorteile eines verteilten VCS für den Arbeitsablauf

Ein verteiltes VCS bietet gegenüber zentralen VCS ein paar Vorteile, die insbesondere für die Entwicklung freier Software und bei der räumlichen und zeitlichen Verteilung der Entwickler relevant sind. Besonders bedeutsam ist die Unabhängigkeit von zentraler Infrastruktur: So wird weder ein zentraler Server noch eine Internet- bzw. Netzwerkverbindung für die Arbeit mit dem Versionsverwaltungssystem benötigt. Daraus ergibt sich sofort, dass Commits, Zweige etc. „billig" sind. Das wirkt sich befreiend auf die Entwicklung aus: „*Commit early, commit often*". Jede kleinste (funktionierende) Veränderung kann versioniert werden. Das erleichtert die Rückkehr zu einer nur wenig geänderten funktionierenden Vorversion. Je häufiger committed wird, desto engmaschiger wird das Sicherheitsnetz. Darüber hinaus fördert das ein schrittweises und kleinteiliges Vorgehen, wie es z. B. für testgetriebene Entwicklung (vgl. ► Kap. 19) zentral ist. Darüber hinaus ermöglicht das leichte Branching und Merging die Entwicklung neuer Features in eigenen Zweigen: Es kann gefahrlos „herumgespielt" werden, ohne in Gefahr zu laufen, etwas kaputt zu machen. Im schlimmsten Fall wird der Zweig ohne Ergebnis wieder beendet.

CI/CD im wissenschaftlichen Kontext

Viele „moderne" Arbeitsabläufe und Schemata für den Umgang mit VCS zielen auf *continuous integration/continuous delivery* (CI/CD) ab. Was für manche Softwareprojekte insbesondere im Kontext von Startups sinnvoll sein mag, ist im wissenschaftlichen Umfeld eher weniger brauchbar, zumindest, wenn man die Nachvollziehbarkeit im Blick hat. Letztere erzwingt ein klares Versionsnummernschema mit eindeutigem Bezug zwischen Versionsnummer und Zustand des Codes und, wo das nicht möglich ist (nämlich in der aktiven Entwicklung), eine Kennzeichnung der Entwicklungsversionen (vgl. ► Kap. 7). Das bedeutet nicht, dass man nicht Ideen aus dem CI/CD-Umfeld durchaus übernehmen kann und soll (so u. a., darauf zu achten, dass Entwicklungen in *feature branches* nicht zu sehr vom Hauptentwicklungszweig divergieren, was das anschließende Zusammenführen erschwert). Genauso ist es sinnvoll, Automatisierungsabläufe (*pipelines*) einzusetzen, die z. B. vor/bei einem Release alle Tests laufen lassen und die Dokumentation erzeugen und an einer entsprechenden Stelle hinterlegen. Der typische Fokus von CI/CD – ständige Veröffentlichung neuer Versionen, um neue Eigenschaften möglichst ohne Zeitverzug zum Kunden zu bekommen – ist allerdings deutlich unterschiedlich zur notwendigen Stabilität von (Auswertungs-)Software im wissenschaftlichen Kontext. Ähnliches gilt für Messprogramme: Auch hier steht Stabilität und Abwärtskompatibilität im Vordergrund, zumal die Nutzenden meist keine Motivation aufbringen, neue Versionen einzuspielen und zu nutzen, es sei denn, es handelt sich um Fehlerbehebungen oder neue Features, die selbst angefragt wurden.

6.4 Strukturierung und Automatisierung von Arbeitsabläufen

Für eine Versionsverwaltung gilt wie für alle Bestandteile einer Infrastruktur: Nur wenn sie in sinnvoller Weise genutzt wird, kann sie ihre Vorteile auch wirklich ausspielen. Das erfordert (einmal mehr) zumindest anfänglich Disziplin und das Erlernen einer Routine, kann dann aber sehr schnell befreiend wirken.

6.4.1 Motivation: Warum Strukturierung und Automatisierung von Arbeitsabläufen?

Die Motivation ist identisch mit jener, überhaupt erst Infrastruktur einzusetzen bzw. sich über Programmierkonzepte im Allgemeinen Gedanken zu machen: eine Vereinfachung der Nutzung und eine Verbesserung der Qualität der entstehenden Programme. Alles, was automatisiert von einem Rechner abgearbeitet werden kann, ist im Ergebnis deutlich fehlerfreier als bei der manuellen Abarbeitung durch einen Menschen. Insofern kommt Automatisierung jeglichem Projekt zugute, egal ob es sich dabei um das Projekt eines einzelnen Entwicklers, mehrerer Entwickler oder ein Projekt mit großer Nutzerbasis handelt. Für diese drei Szenarien lassen sich allerdings unterschiedliche Gründe für und Aspekte von Automatisierung ins Feld führen.

Schon bei **Projekten von Einzelkämpfern** lassen sich eine Reihe von Aspekten automatisieren und strukturieren. Dazu gehören das Setzen von *tags* für bestimmte Versionen, oft in Verbindung mit dem automatischen Inkrementieren einer Versionsnummer, die dann wiederum als *tag* im VCS auftaucht. Die Verwendung von Feature-Zweigen (mit einem halbwegs konsistenten Benennungsschema) ist auch hier hilfreich. Ganz grundsätzlich ist, insbesondere in Verbindung mit der Verwendung eines verteilten Versionsverwaltungssystems, die Strategie *commit early, commit often* von nicht zu unterschätzender Bedeutung. Spätestens am Ende des jeweiligen Arbeitstages sollte committed (und ggf. gepushed) werden, da man sich sonst bei der nächsten Beschäftigung mit dem Programm nicht mehr erinnert, was man da geändert hatte und warum es noch als verändert aber nicht als neue Version vorliegt. Ein Push auf ein zentrales Repository hilft bei der Arbeit von unterschiedlichen Orten aus.

Bei **Projekten mit mehreren Entwicklern** ist es darüber hinaus wichtig, klare Verantwortlichkeiten festzulegen. Das betrifft solche Dinge wie Zuständigkeiten und Zugriffsrechte für Zweige und im Zusammenspiel mit Versionsnummern die Veröffentlichung von Releases.

Projekte mit einer größeren Nutzerbasis und ggf. mehreren parallel gepflegten Versionen stellen schließlich den größten Anspruch an Strukturierung und Automatisierung im Umgang mit der Versionsverwaltung. Hier ist ein klares Schema für die Verwendung von Zweigen unabdingbar, ebenso wie klare Verantwortlichkeiten, wer wann zu welchem Zweig beitragen darf bzw. kann. Darüber hinaus kommt hier häufig die parallele Pflege mehrerer Versionen des Projekts inkl. der Behebung von Fehlern in allen aktuell entwickelten bzw. gepflegten Versionen hinzu.

6.4.2 Bausteine einer Strukturierung und Automatisierung

Die nachfolgende Liste ist in keiner Weise vollständig. Sie möchte nur dafür sensibilisieren, dass es eine ganze Reihe höchst unterschiedlicher Aspekte gibt, die strukturiert und automatisiert werden können (und bei größeren Projekten auch sollten).

Aufbau von Commit-Kommentaren Commit-Kommentare sollten immer kurz und prägnant formuliert werden und die Änderungen gut zusammenfassen. Je nach verwendetem Versionsverwaltungssystem eignet sich die Trennung in eine kurze Betreffzeile und eine längere Beschreibung.

Nutzung von Feature-Zweigen für Entwicklungen Feature-Zweige sollten kurzlebig sein und jeweils nur für *ein* Feature verwendet werden, das sie idealerweise im Namen tragen.

Commit early, commit often Zumindest am Ende jedes Arbeitstages, in der Regel aber öfter, sollte committed werden. Das erzeugt ein engmaschiges Sicherheitsnetz, hilft bei der Nachvollziehbarkeit und vereinfacht die Formulierung aussagekräftiger Commit-Kommentare.

Nur lauffähigen und getesteten Code committen Das ist besonders bei zentralen Zweigen und Produktivversionen wichtig. Die Regel, mindestens einmal pro Entwicklungstag zu committen, ist aber wichtiger. Gegebenenfalls wird auf Entwickler- oder Feature-Zweigen gearbeitet.

Klarer Ablauf für die Inkrementierung von (externen) Versionsnummern Die Versionsnummer muss irgendwo gespeichert sein (vgl. ► Kap. 7) und entsprechend verändert werden. Die neue Versionsnummer sollte darüber hinaus (für stabile bzw. veröffentlichte Versionen) als *tag* im VCS eingetragen werden.

Zur Automatisierung können Skriptsprachen (bash etc.) verwendet werden. Für die Strukturierung nicht im eigentlichen Sinn oder nicht mit vertretbarem Aufwand automatisierbarer Prozesse ist es hilfreich, getroffene Konventionen schriftlich festzuhalten. Das kann ein Bestandteil einer externen Dokumentation eines Projektes sein (vgl. ► Kap. 8).

6.4.3 Existierende Schemata für Arbeitsabläufe: git flow und Alternativen

Es gibt eine Reihe existierender Schemata für Arbeitsabläufe, das bekannteste Schema für die Verwendung von Git als VCS ist vermutlich „git flow". Weitere Vertreter sind „github flow" und „gitlab flow". Zumindest für git flow gibt es eine Unterstützung auf der Kommandozeile, was die Verwendung recht komfortabel macht. Es wird andererseits aber oft u. a. wegen seiner Komplexität kritisiert. Hier soll es nicht darum gehen, git flow und die anderen Schemata im Detail vorzustellen und ihre Vor- und Nachteile zu diskutieren, sondern Hinweise auf deren Existenz zu geben. Grundsätzlich sorgen diese Schemata für eine Strukturierung und nach Möglichkeit auch für eine Automatisierung von Arbeitsabläufen wie dem Erzeugen und Zusammenführen von Feature-Zweigen (inkl. entsprechender Commit-Kommentare und *tags*), der Veröffentlichung von Releases (ggf. inkl. Versionsnummern) und der Handhabung von Hotfixes, wenn in einer veröffentlichten Version ein Fehler aufgetreten ist, der direkt behoben werden sollte. Weitere Möglichkeiten der Strukturierung wären z. B., dass die Kernentwickler auf einem Repository arbeiten, während weitere Entwickler dieses Repository nur klonen (bzw. forken) und dann in ihrem eigenen Repository entwickeln und ggf. *pull requests* an die Hauptentwickler schicken können. Darüber hinaus lassen sich klare Regeln für Commits einführen: Je nach Zweig wird nur funktionierender Code committed. Wichtig ist generell, ein Schema zu entwickeln bzw. zu adaptieren und konsequent umzusetzen. Details können und sollten in einer externen Projektdokumentation (vgl. ► Kap. 8) festgehalten werden.

Veröffentlichungen und Zweige: eigene Erfahrungen

Der Autor pflegt aktuell mehrere Projekte mit stabilen Veröffentlichungen und verwendet für diesen Zweck ein sehr einfaches Modell mit zwei Zweigen in git, einen Hauptzweig für die Entwicklung (*master*) und einen Zweig für die stabilen Veröffentlichungen (*release* bzw. *stable*). Die Veröffentlichungen werden mit einem *tag* mit der Versionsnummer versehen und gleichzeitig auf gitea/GitHub als *Release* mit einer Liste der wichtigsten Änderungen eingepflegt.

Verständnisfragen

- Welchen entscheidenden Einfluss hat Versionsverwaltung (richtig eingesetzt) auf die Art zu programmieren? Warum ist das für die Entwicklung guter Software (wiederverwendbar, zuverlässig, überprüfbar) so wichtig?
- Warum ist der Einsatz eines Versionsverwaltungssystems für die Entwicklung eines Systems zur wissenschaftlichen Datenauswertung zwingend notwendig und auch nicht verhandelbar?
- Welche Vorteile liefern verteilte Versionsverwaltungssysteme wie Git gegenüber zentral(isiert)en Systemen? Wie kann sich das auf die Codequalität und die Art der Programmierung auswirken?
- Welche grundlegenden Arbeitsabläufe lassen sich strukturieren bzw. automatisieren? Warum ist Strukturierung und Automatisierung wichtig?

Kommentiertes Literaturverzeichnis

Eine sehr gute Einführung in Versionsverwaltung allgemein und die Spezifika von Git liefert das „Pro Git Book" [4], das online[10] frei verfügbar ist – sowohl als Webseite im HTML-Format als auch als PDF-Dokument oder Ebook. Eine deutlich kürzere, aber sehr pragmatische Einführung liefern die beiden Kapitel zu lokaler und entfernter Versionsverwaltung mit Git in [5] – ein Buch, das darüber hinaus jedem empfohlen ist, der sich mit den Themen des Buches weiter befassen möchte.

Literatur

1. E.W. Dijkstra, Communications of the ACM **15**, 859 (1972)
2. A. Hunt, D. Thomas, *The Pragmatic Programmer* (Addison-Wesley, Boston, 1999)
3. D. Thomas, A. Hunt, *The Pragmatic Programmer*, 20. Aufl. (Addison-Wesley, Boston, 2020)
4. S. Chacon, B. Straub, *Pro Git*, 2. Aufl. (Apress, New York, NY, 2014)
5. A. Scopatz, K.D. Huff, *Effective Computation in Physics* (O'Reilly, Sebastopol, 2015)

10 ► https://git-scm.com/book/ (Zugriff am 03.01.2025).

Versionsnummern

Inhaltsverzeichnis

T. Biskup, *Softwareentwicklung für die Naturwissenschaften*,
https://doi.org/10.1007/978-3-662-71607-6_7

Kernaspekte

- Versionsnummern und Versionverwaltung sind zwei voneinander unabhängige Aspekte.
- Versionsnummern (und ein Versionsverwaltungssystem) sind zwingende Voraussetzung für Nachvollziehbarkeit – und essentiell für saubere wissenschaftliche Datenanalyse.
- Versionsnummern sollten möglichst sprechend sein und einem klaren Schema folgen.
- Die Versionsnummer sollte an *genau einem* Ort abgelegt und nach einem festen Schema verändert werden.
- Schemata sollten konsequent befolgt werden.

7.1 Motivation: Voraussetzung für Reproduzierbarkeit von Prozessabläufen

Die Reproduzierbarkeit von Prozessabläufen ist ein zentraler Aspekt aller empirischen Wissenschaft. Während es bei der praktischen Arbeit im Labor den meisten noch einzuleuchten scheint (auch wenn hier die Dokumentation in vielen Fällen zu wünschen übrig lässt), ist aus eigener Erfahrung das Bewusstsein für die Problematik viel weniger ausgeprägt, sobald es an die rechnergestützte Datenauswertung geht. Mit der Reproduzierbarkeit hängen im Kontext von Software zwei weitere Eigenschaften zusammen: Selbstdokumentation und Überprüfbarkeit (vgl. ► Kap. 1 und ◘ Abb. 1.2). Die Reproduzierbarkeit geht allerdings noch einen Schritt weiter: Die konkrete Version/Implementierung aller verwendeten Routinen sollte nachvollziehbar sein.[1] Darüber hinaus sollten die Ergebnisse im Rahmen der Möglichkeiten vollständig identisch reproduzierbar sein.[2] Es liegt in der Verantwortung des jeweiligen Wissenschaftlers, die Reproduzierbarkeit entsprechend zu gewährleisten. Dazu gehört die Verwendung geeigneter Infrastruktur ebenso wie die weiterer im Rahmen des Buches vorgestellter Programmierkonzepte und -aspekte.

Als Voraussetzung für die Reproduzierbarkeit rechnergestützter Prozessabläufe lassen sich drei Mindestanforderungen formulieren, die alle drei im Rahmen des Buches behandelt werden. Die ersten beiden davon sind sogar vergleichsweise einfach umzusetzen und mehr eine Frage von Konsequenz und Disziplin.

Eineindeutige Versionsnummer Jede Version einer Routine bzw. eines Programms hat eine eineindeutige Versionsnummer, d. h., eine Versionsnummer entspricht immer genau einer Version der Software und umgekehrt. Jede Routine, die auf Daten operiert, schreibt einen Logeintrag/eine Historie, die neben den vollständigen Parametern die Versionsnum-

1 Das macht eine Versionierung eines gesamten Programms bzw. einer Programmbibliothek anstelle nur der einzelnen Routine notwendig, da Änderungen in einer Unterroutine ebenfalls Auswirkungen haben können (ob gewollt oder nicht). Entsprechend ist eine Versionsnummer immer eine Versionsnummer eines Programms/einer Bibliothek. Das sollte sich entsprechend auch in einer Versionsverwaltung abbilden lassen. Ggf. sind deshalb nicht alle Versionsverwaltungssysteme gleichermaßen gut geeignet.

2 Die Verfügbarkeit der ursprünglich verwendeten Plattform und Version der zugrunde liegenden Programmiersprache etc. können bei einer identischen Reproduktion der Ergebnisse ggf. problematisch werden.

Fehlendes Bewusstsein für Reproduzierbarkeit

Die eigene Erfahrung genau wie jene anderer [1] zeigt sehr deutlich, dass das Bewusstsein für Reproduzierbarkeit, das in der experimentellen Arbeit zumindest teilweise noch gegeben zu sein scheint, bei der rechnergestützten Datenauswertung weitgehend fehlt. Mehr noch, mitunter herrscht ein Klima, in dem eine Auseinandersetzung mit solchen Aspekten mindestens nicht gefördert wird, da Softwareentwicklung gering geschätzt und als nicht zur eigentlichen wissenschaftlichen Arbeit gehörig angesehen wird. Andererseits ist es immer wieder schwierig, Kollegen, die Software entwickeln, sowohl von der Wichtigkeit von Versionsnummern und einer Versionsverwaltung zu überzeugen, als auch ihnen dazu zu verhelfen, die notwendige Disziplin aufzubringen, ein Schema konsequent anzuwenden und die zugehörigen Arbeitsabläufe entsprechend einzuüben. Letztlich ist die Verwendung eines einfachen Versionsnummernschemas und eines Versionsverwaltungssystems kein großer Aufwand, zeitigt aber große Wirkung hinsichtlich Reproduzierbarkeit und Nachvollziehbarkeit.

Was sind die Gründe für dieses weitgehend fehlende Bewusstsein für Reproduzierbarkeit, sobald ein Naturwissenschaftler die Tätigkeit im Labor verlässt und zur Entwicklung von Software schreitet? Ein Verdacht, der sich aufdrängt, ist ein Mangel an guten Vorbildern. Während in der Synthese die Durchnummerierung der einzelnen Synthesen nicht optional ist, fehlt in der Spektroskopie schon bei der Datenaufnahme meist ein klares Ablaufschema für die Dokumentation aller notwendigen Parameter. Spätestens bei der Entwicklung von Software scheint es dann mit der Vorstellungskraft vorbei zu sein, wie sich die Ansprüche der Wissenschaftlichkeit umsetzen lassen könnten. Vielleicht ist es aber tatsächlich auch so, dass die Wenigsten, die (zeitweilig) in der Wissenschaft unterwegs sind, ausreichend selbst über die Kriterien von Wissenschaftlichkeit und deren Bedeutung reflektiert haben, um die Notwendigkeit zu sehen und sich nach Möglichkeiten der Umsetzung umzuschauen.

mer der verwendeten Routine bzw. des verwendeten Programms bzw. der verwendeten Programmbibliothek beinhalten.

Versionsverwaltung Nur im Zusammenspiel von eineindeutigen Versionsnummern und einem System zur Versionsverwaltung (VCS, ► Kap. 6) ist gewährleistet, dass jederzeit nachvollziehbar ist, wie genau eine Routine implementiert war, die zur Verarbeitung eines bestimmten Datensatzes verwendet wurde. Der Imperativ der Reproduzierbarkeit im wissenschaftlichen Kontext hat entsprechende Auswirkungen auf die langfristige Archivierung der Historie einer Entwicklung in einem Versionsverwaltungssystem: Die Reproduzierbarkeit (und Nachvollziehbarkeit bzw. Überprüfbarkeit) ist nur solange gewährleistet, wie die Historie verfügbar ist. Das stellt entsprechend hohe Ansprüche an die langfristige Verfügbarkeit der verwendeten Software und setzt ein Bewusstsein für die Bedeutung der langfristigen Bewahrung der Historie lange nach dem Weggang des Hauptentwicklers voraus. Ersteres ist ein klares Plädoyer für offene Software und die Wahl weitverbreiteter Lösungen, zweiteres dafür, eine minimale digitale Infrastruktur nicht IT-affinen Studierenden zu überlassen, sondern langfristig sicherzustellen. Vergleiche dazu die Diskussion in ► Kap. 3.

Selbstdokumentierende Auswertungsroutinen Die Auswertungsroutinen sollten alle Parameter (inkl. der impliziten) und die Versionsnummer der verwendeten Routine (bzw. des Programms oder der Programmbibliothek) in den Metadaten zum Verarbeitungsschritt ablegen. Dieser Schritt sollte automatisiert sein, weil nur so hinreichend sichergestellt werden kann, dass die Dokumentation auch konsequent und vollständig erfolgt. Das setzt ein entsprechend modulares (und notwendigerweise komplexes) System voraus, das diese Selbstdokumentation sicherstellen kann. Richtig umgesetzt nimmt es dem Nutzer (und Entwickler) allerdings eine Menge Arbeit ab. Bausteine für ein solches System werden im letzten Teil des Buches, insbesondere in ► Kap. 31, noch vorgestellt und eingehender diskutiert.

Die Reproduzierbarkeit und Nachvollziehbarkeit von Prozessabläufen ist nicht nur in der naturwissenschaftlichen Forschung von Relevanz – und wird nicht nur dort häufig sträflich vernachlässigt. In der Industrie (insbesondere der pharmazeutischen und chemischen Industrie) ist dieses Problem mehr oder weniger klar gelöst: Es gibt hochintegrierte elektronische Laborbücher, die alle relevanten Daten mitschreiben. Nur so ist am Ende eine Zertifizierung mit notwendiger kompletter Rückverfolgbarkeit der Prozessschritte möglich.[3] In den Naturwissenschaften geht es „nur" um gute Wissenschaft, insbesondere eine (möglichst vollständige) Nachvollziehbarkeit und Reproduzierbarkeit. Oft fehlt es am Bewusstsein, die Umsetzung ist am Ende gar nicht so schwer, wenn man einmal darüber nachgedacht und sich für ein Versionsnummernschema (und einen Arbeitsablauf für die Vergabe) geeinigt hat und ein VCS sowie ein modulares System für die Selbstdokumentation der Prozessschritte konsequent nutzt. Trotzdem hört man mitunter ein Argument gegen die Verwendung all dieser Infrastruktur, das nachfolgend diskutiert und entkräftet werden soll.

Argument Wenn jegliche Auswertung zwangsläufig Versionsnummern, Versionsverwaltung und Selbstdokumentation erfordert, um als saubere wissenschaftliche Arbeit zu qualifizieren (was einen erheblichen Aufwand darstellt), wäre es doch besser und einfacher, ein Skript pro Datensatz zu verwenden. Das hat den Vorteil der einfachen Reproduzierbarkeit und Selbstdokumentation und ist wesentlich weniger aufwendig.

Entgegnung Das Argument verkennt wesentliche weitere Aspekte für die Qualität von Software zur wissenschaftlichen Datenauswertung. Ein Monolithisches Skript ist selten (oder nie) ernsthaft wiederverwendbar. Außerdem ist meist vollkommen unklar, welche Version die jeweils aktuelle ist, und in einer Version gefundene Fehler werden mit hoher Wahrscheinlichkeit nicht in allen Versionen behoben – schon allein aufgrund des hohen Aufwands, alle Versionen zu lokalisieren. Sobald die monolithischen Skripte umfangreicher werden, leidet die Qualität des Codes zusätzlich massiv. Die Überprüfbarkeit und Nachvollziehbarkeit leidet, getestet bzw. testbar ist derlei Code in der Regel ebenfalls nicht. Ein letztes Argument: Auch jedes monolithische Skript basiert auf einer Programmiersprache (mit einer Versionsnummer) und wird auf einem Betriebssystem (mit einer Versionsnummer) und auf einer bestimmten Plattform (mit Prozessorarchitektur) ausgeführt. Dazu kommen oft noch externe, verwendete Bibliotheken (ebenfalls mit Versionsnummern). All diese Informationen wird ein monolithisches Skript selten(st)

---

3 Das ist vermutlich auch der Hauptgrund, warum man als Chemiker, selbst wenn man dazu in der Lage ist, niemals Medikamente selbst herstellen und verwenden wollte. Es fehlt einfach die saubere Dokumentation und Nachvollziehbarkeit.

dokumentieren, was aber insbesondere die Reproduzierbarkeit erschwert bzw. unmöglich machen kann.

7.2 Voraussetzung: Konsequenz und Disziplin

Versionsnummern verlangen Konsequenz und Disziplin – und letztlich ein Bewusstsein für die Problematik und die bewusste Entscheidung für einen Arbeitsablauf. Dieser Arbeitsablauf sollte ggf. (in gebotener Kürze) dokumentiert und durch die konsequente Anwendung eingeübt werden. Die Dokumentation des Arbeitsablaufes für den Umgang mit Versionsnummern ist ein gutes Beispiel für einen Aspekt der externen Dokumentation, die in ▶ Kap. 8 behandelt wird. Eineindeutige Versionsnummern sind eine notwendige Voraussetzung für die Nachvollziehbarkeit und Reproduzierbarkeit und leisten ggf. einen entscheidenden Beitrag zur Wissenschaftlichkeit der rechnergestützten Datenauswertung. Nur durch entsprechende Disziplin ist diese Eineindeutigkeit zu gewährleisten. Schließlich gibt es zwei Aspekte der Nutzung von Versionsnummern: Entscheidungen im Vorfeld oder zu Projektbeginn und festgelegte Arbeitsabläufe in der konkreten Umsetzung.

7.2.1 Grundlegende Entscheidungen

Dinge, die *im Vorfeld* oder zumindest zu Beginn eines Projektes entschieden werden sollten, sind Ablageort von und Schema für Versionsnummern sowie der Umgang mit Entwicklerversionen und Veröffentlichungen. Diese Fragen sollten spätestens zu dem Zeitpunkt beantwortet werden, zu dem das Programm erstmals produktiv eingesetzt wird – egal, ob vom Entwickler selbst oder von anderen.

Ablageort der Versionsnummer Die Versionsnummer eines Projektes sollte an *genau einem* Ort abgelegt werden. Nur so kann hinreichend sichergestellt werden, dass sie sich immer eineindeutig für einen Stand des Projektes ermitteln lässt.[4] Unterprojekte bekommen ggf. eigene Versionsnummern, wenn sie hinreichend unabhängig sind. Darüber hinaus sollte die Versionsnummer in einer möglichst einfach maschinenlesbaren Form abgelegt werden, da sie von ihrem zentralen Speicherort aus eingelesen und in die Metadaten eingefügt wird, wenn Verarbeitungsschritte auf Daten durchgeführt werden (mehr dazu später in ▶ Kap. 28 und ▶ Kap. 31). Die maschinenlesbare Ablage hilft außerdem dabei, Versionsnummern automatisch hochzuzählen (vgl. ▶ Kap. 6).

Schema für die Versionsnummern Versionsnummern müssen eindeutig (*unique*) sein. Darüber hinaus gibt es letztlich keine Beschränkungen, auch wenn Versionsnummern sinnvollerweise einfach lesbar sein sollten. Beispiele für Schemata werden in einem späteren Abschnitt noch vorgestellt. Gleichgültig welches Schema verwendet wird, es sollte konsistent verwendet werden. Ein Wechsel von Versionsnummern-Schemata ist möglich (wenn auch nicht immer glücklich). Beispiele hierfür sind u. a. die Mozilla-Projekte (Firefox, Thunderbird) und der Linux-Kernel.

---

4 Wenn der Kontext erzwingt, dass Versionsnummern an unterschiedlichen Orten abgelegt werden, dann sollte automatisiert (z. B. über ein Skript) sichergestellt werden, dass die Versionsnummer überall konsistent gehalten wird, und dann muss klar sein, wo die „Wahrheit" liegt, von der alle anderen Versionsnummern abgeleitet werden.

Trennung von Entwickler- und Produktivversionen

Im (natur-)wissenschaftlichen Kontext scheint aus eigener Erfahrung das Konzept, Entwickler- und Produktivversionen einer Software zur Datenverarbeitung und -auswertung zu trennen, nicht unbedingt im Bewusstsein der Entwickler und Anwender zu sein. Idealerweise ist eine Produktivversion möglichst umfassend und automatisiert getestet. Lässt sich eine Trennung in Entwickler- und Produktivversionen in einem gegebenen Kontext (zumindest zu einem gegebenen Zeitpunkt) nicht vernünftig umsetzen, ist die eindeutige Kennzeichnung mit einer eineindeutigen Versionsnummer umso wichtiger. Datensätze, die für Tests verwendet wurden und entsprechend Logeinträge von Routinen aus der aktiven Entwicklung enthalten, sollten als solche klar kenntlich sein und möglichst rasch gelöscht werden. Auf keinen Fall sollten Daten mit Routinen verarbeitet und dauerhaft gespeichert werden, die gerade aktiv entwickelt werden und noch keine eineindeutige Versionsnummer besitzen. Das liefe dem Gedanken der Reproduzierbarkeit direkt zuwider. Der Grund ist der, dass für Entwicklerversionen die Eineindeutigkeit von Versionsnummer zu Zustand der Software nicht sichergestellt werden kann bzw. nie gegeben ist, da Entwicklerversionen *aktiv* verändert werden.

Umgang mit Entwicklerversionen und Veröffentlichungen (*Releases*) Entwicklerversionen und Veröffentlichungen (*Releases*) sollten grundsätzlich unterschieden und entsprechend verschieden behandelt werden. Das ist gerade im naturwissenschaftlichen Kontext von Belang, wo „Veröffentlichungen" gleichbedeutend mit Versionen sind, die sich im produktiven Einsatz befinden, also zur Verarbeitung von (realen) Daten verwendet werden. Entwicklerversionen sollten nach Möglichkeit nicht produktiv eingesetzt werden, und wenn, dann nur mit einer entsprechend klaren Kennzeichnung. Der Grund ist nicht in erster Linie die fehlende Stabilität oder mögliche Fehler in Entwicklerversionen, sondern die fehlende eineindeutige Zuordnung zwischen Versionsnummer und Zustand des Codes. Auch wenn es erst einmal wie unnötiger Aufwand anmutet, sollte es einen klaren (ggf. einfachen) Ablauf für Veröffentlichungen von Software für wissenschaftliche Datenauswertung geben. Aspekte davon sind die Vergabe einer eindeutigen Versionsnummer und die Ablage dieser Information im Versionsverwaltungssystem (als *tag*). Dieser Ablauf sollte dokumentiert werden – ein weiteres Beispiel für einen Aspekt der externen Dokumentation (vgl. ► Kap. 8). Darüber hinaus bietet sich an, diesen Prozess soweit möglich zu automatisieren, weil das Fehlern vorbeugt und für Konsistenz sorgt.

7.2.2 Aspekte der täglichen Arbeit: festgelegte Arbeitsabläufe

Der zentrale Aspekt bei der Verwendung von Versionsnummern ist: Jede in konkreter (produktiver) Nutzung befindliche Version eines Programms sollte eine eineindeutige Versionsnummer besitzen.

Definition 7.1: Eineindeutigkeit

Die Eineindeutigkeit (mathematisch: Bijektivität) bezeichnet eine Eindeutigkeit der Zuordnung (mathematisch: Abbildung) in beide Richtungen. Auf Versionsnummern bezogen bedeutet das, dass genau eine Version des Quellcodes genau eine Versionsnummer trägt, also jederzeit von der Versionsnummer auf den Zustand des Quellcodes zurückgeschlossen werden kann, und genauso jedem Zustand genau eine (eindeutige) Versionsnummer zugeordnet ist.

Daraus ergibt sich unmittelbar eine Reihe von Fragen, die für ein konkretes Projekt jeweils entsprechend konkret beantwortet werden sollten. Die getroffenen Festlegungen werden nach Möglichkeit dokumentiert.[5]

Wann wird inkrementiert? Wann wird die Versionsnummer hochgezählt? Bei jedem Commit? Nur nach Beendigung eines neuen Features? Nur bei der Herausgabe einer veröffentlichten Version (*Release*)? Wie bildet man das im VCS ab?

Wer inkrementiert? Wer hat das Recht, eine Versionsnummer zu inkrementieren? Nur der oder die Hauptentwicker? Wie wird hier eine konsistente Handhabung sichergestellt?

Was ist mit Entwicklungsversionen? Gerade im Kontext der Entwicklung wissenschaftlicher Software relevant: Häufig ist der Hauptentwickler auch der Hauptnutzer. Wie wird hier kenntlich gemacht, wenn dann doch plötzlich mit Entwicklerversionen reale Arbeit geleistet wurde? Eine Möglichkeit wäre, ein Suffix zur Versionsnummer hinzuzufügen. Das könnte ggf. in einem automatisierten Skript geschehen, das die Versionsnummer inkrementiert, zumal sich der aktuelle Zweig durch entsprechende Befehle auf der Kommandozeile herausfinden lässt.

Mit der Inkrementierung der Versionsnummer sollte nach Möglichkeit die Liste der Änderungen gepflegt werden. Darüber hinaus ist es sehr empfehlenswert, die Versionsnummer zumindest veröffentlichter Versionen (*Releases*) als Etikett (*tag*) im VCS einzutragen. Es empfiehlt sich sehr, das Hochzählen der Versionsnummer und die Eintragung als *tag* im VCS weitestgehend zu automatisieren, damit das nicht vergessen wird und so zu Inkonsistenzen führt. Hierfür bieten sich kleine Skripte an (bash oder eine der verfügbaren Skriptsprachen). Hier wird bewusst auf eine konkrete Beantwortung der einzelnen Fragen verzichtet, zumal der Arbeitsablauf letztlich von vielen äußeren Einflussfaktoren und nicht zuletzt von persönlichen Vorlieben abhängt. Wichtig ist, sich der Aspekte bewusst zu sein und die getroffenen Entscheidungen schriftlich festzuhalten und durch entsprechende Routine einzuüben.

5 Das ist ein Aspekt, für den eine externe Dokumentation (vgl. ► Kap. 8) sehr hilfreich ist – und je nach Projekt ist es entsprechend sinnvoll, diese Dokumentation an einer zentralen Stelle abzulegen, auf die die Entwickler/Projektbeteiligten, ggf. nach Authentifizierung, Zugriff haben.

Bedeutung konsequenter Umsetzung

Ein Versionsnummernschema sollte entweder klar benannt und referenziert (soweit es existiert und hinreichend verbreitet ist) oder ggf. definiert, in jedem Fall aber strikt befolgt werden. Nur so ist eine Konsistenz und letztlich Nachvollziehbarkeit zu gewährleisten. Ein Beispiel: Wenn man SemVer (s. u.) verwenden will, sollte man darauf explizit verweisen und sich in *jedem* Aspekt daran halten. Inkonsequenz an dieser Stelle führt zu Vertrauensverlust, der letztlich berechtigte Zweifel an der Qualität der Software nach sich zieht. Oftmals ist es besser, sich an ein bereits existierendes und hinreichend bekanntes Schema zu halten, als sich ein eigenes, leicht abweichendes Schema auszudenken. Das ist ein gutes Beispiel für die Wirkmächtigkeit von Abstraktion (im Sinne von Dijkstra [2]), und deshalb ist es so wichtig, dem Schema, wenn man es benennt, dann auch konsequent zu folgen.

7.3 Kriterien für Versionsnummern-Schemata

Es gibt unterschiedliche Schemata für Versionsnummern, und gelegentlich wird (meist aus Gründen des Marketings) im offiziellen Sprachgebrauch auf eine Versionsnummer ganz verzichtet oder die Versionsnummer doch zumindest in den Hintergrund geschoben. Das zentrale Kriterium für Versionsnummern ist und bleibt, dass sie eineindeutig sein sollten: Jede veröffentlichte Version sollte ihre eigene Versionsnummer tragen, anhand derer sie zweifelsfrei identifiziert werden kann. Darüber hinaus gibt es allerdings noch eine Reihe weiterer Ansprüche, die man an Versionsnummern stellen kann, und die je nach verwendetem Schema einfacher erfüllbar sind. Dabei steht im Fokus, dass Versionsnummern nicht nur für Menschen, sondern eben gerade auch für Computer „verstehbar" sein sollten, um einfach feststellen zu können, wie zwei Versionsnummern eines Programms zueinander in Beziehung stehen. Eine (unvollständige) Liste an Kriterien, die man an Schemata für Versionsnummern stellen kann, folgt. Dabei lassen sich wichtige und zusätzliche Aspekte unterscheiden. Zunächst die wichtigen Aspekte:

Eineindeutigkeit Das zentrale Kriterium für Versionsnummern und der Grund, sie überhaupt einzuführen.

Lesbarkeit Auch wenn Versionsnummern, richtig gewählt, eine große Hilfe dabei sein können, automatisch auf die Kompatibilität und Aktualität zu schließen, sollten sie doch auch von Menschen einfach lesbar sein. Das ist der Grund, warum die Hashes von VCS wie git und mercurial als menschenlesbare Versionsnummern tendenziell ausscheiden. Der Vorteil eines Hashes – automatisiert und unabhängig erzeugbar, weitestgehend eindeutig (Kollisionen einmal ignoriert) – erklärt die Verwendung. Der Wert der einfachen Lesbarkeit (und Unterscheidbarkeit) von Versionsnummern durch menschliche Nutzer ist allerdings nicht zu unterschätzen.

Vergleichbarkeit Mit am einfachsten vergleichbar sind Ganzzahlen, aber auch Buchstaben oder Datumsangaben lassen sich untereinander vergleichen, wenn festgelegt wird, wie eine Versionsnummer aufgebaut ist. Ein Ziel der Vergleichbarkeit ist es, festzustellen, welche Version neuer ist. Das spielt u. a. bei Kompatibilitätsproblemen eine große

Vergleichbarkeit: Windows-Versionsnummern

Ein durchaus ernstzunehmender Grund, warum bei Microsofts Betriebssystem auf Windows 8 nicht Windows 9 folgte, sondern Windows 10, ist die Tatsache, dass viele Programme intern für die (hinsichtlich ihrer Kompatibilität für Programme in vieler Hinsicht ähnlichen) Versionen Windows 95 und Windows 98 nur die erste Stelle abprüften, was dann bei einer (viel späteren und mit hoher Sicherheit inkompatiblen) Version 9 hätte schiefgehen müssen. An diesem Beispiel lassen sich einige Aspekte für gute Versionsnummernschemata erklären, und es zeigt gleichzeitig, dass man als Entwickler einer Software keine Kontrolle darüber hat, wie andere sie bzw. gewisse Eigenschaften (hier: die Versionsnummer) verwenden.

Rolle. Auf Fragen der Kompatibilität wird weiter unten (im Kontext von SemVer) noch eingegangen.

Stabilität Letztlich lassen sich drei Szenarien unterscheiden: ein unreifes Projekt (meist mit Versionsnummer 0.x), das ggf. noch nicht produktiv eingesetzt werden sollte, eine Entwicklerversion, aus der die jeweilige stabile Version für die Endanwender (Produktivversion) entsteht, und eine Produktivversion.

Über diese wichtigen Aspekte hinaus gibt es noch zusätzliche Aspekte, die ebenfalls angesprochen werden sollen, die aber nicht in jedem Fall in einem Versionsnummernschema abgebildet werden (für Details zu den Schemata s. u.).

Auswirkung der Änderungen zwischen Versionen Mit „Auswirkung" ist hier insbesondere die Abwärtskompatibilität gemeint. Es ist menschlich, Änderungen nach ihrem Umfang zu gewichten. Relevanter ist aber letztlich, ob sich etwas an der Funktionalität (der Funktionen für den Anwender) ändert. Extrembeispiel: Ein großes Refactoring des Codes unter striktem Erhalt der Schnittstellen und der Funktionalität (durch automatische Tests entsprechend überprüft) ist eine kleine Änderung. Die Änderung einer einzelnen Codezeile, die dafür die Abwärtskompatibilität bricht, ist ein großer Versionssprung. Hier kommt der Gedanke der Trennung von Routinen, die Nutzer aufrufen können und sollen, und internen Routinen zum Tragen: Interne Routinen, selbst wenn sie sich vom Nutzer aufrufen lassen, sollten eindeutig als intern gekennzeichnet werden. Das entbindet sie von der Notwendigkeit stabiler Schnittstellen und erlaubt eine wesentlich flexiblere Weiterentwicklung.

Aktualität Manchmal ist es interessant zu wissen, wann eine gegebene Version „erschienen" ist. Das erlaubt je nach Kontext Rückschlüsse auf enthaltene Funktionalitäten, z. B. wenn bekannt ist, wann eine bestimmte Situation eintrat, die eine Funktionalität notwendig oder möglich gemacht hat. Das kann Information sein, die nur einem kleinen Kreis zugänglich ist, oder aber (z. B. bei der Entwicklung neuer Algorithmen) auch eher global. Nicht immer ist eine zeitlich weit zurückliegende letzte Veröffentlichung einer Version aber ein Zeichen dafür, dass ein Projekt nicht mehr aktiv entwickelt bzw. gepflegt wird.

Letztlich stellt sich die Frage, ob man all diese Kriterien in einem Schema abbilden kann und will. Die ersten vier genannten Kriterien (Eineindeutigkeit, Lesbarkeit, Vergleichbarkeit, Stabilität) sind sicherlich wichtiger als die letzten beiden (Auswirkungen, Aktualität). Im wissenschaftlichen Kontext ist in der Regel Stabilität (auch im Sinne einer rigorosen Überprüfung des Codes auf korrekte Funktion) wichtiger als Aktualität. Ein Beispiel für einen Aspekt mit „Verfallsdatum" in den Naturwissenschaften wären die jeweils letzten Werte für physikalische Konstanten (CODATA). Eine Änderung an einer solchen Stelle hat mitunter aber Auswirkungen auf die Reproduzierbarkeit von Ergebnissen.

7.4 Beispiele für Schemata: SemVer, CalVer und andere

Im Gegensatz zu anderen Aspekten der Softwareentwicklung gibt es keine wirklichen Standards für Versionsnummern, auch wenn SemVer aufgrund seiner Verbreitung am ehesten daran heranreicht. Schemata für Versionsnummer sind meistens (zumindest teilweise) numerisch, darüber hinaus ist eine Mehrgliedrigkeit weit verbreitet, oft in Form einer Dreigliedrigkeit wie bei SemVer. Auch wenn es mit SemVer und CalVer zwei halbwegs klar definierte Schemata gibt, sind Versionsnummern-Schemata im Gegensatz zu vielen anderen Konventionen (hinsichtlich ihrer korrekten Verwendung) nicht überprüfbar, da sie in der Regel semantische Informationen transportieren.[6] SemVer scheint sich in Kreisen freier Software relativ großer Beliebtheit zu erfreuen, zumindest hinsichtlich des grundlegenden Schemas aus drei miteinander verknüpften Zahlen mit klar definierter Bedeutung bzgl. der Abwärtskompatiblität. Dem entgegen steht das Zögern vieler Projekte mit einer Version „1.0", bevor nicht alle selbstgesteckten (und oft viel zu weitreichenden) Ansprüche erfüllt sind.

7.4.1 Semantic Versioning (SemVer): Betonung der Abwärtskompatibilität

Das erste im Rahmen des Buches vorgestellte Schema für Versionsnummern ist Semantic Versioning (SemVer), dessen Fokus die Betonung der Abwärtskompatibilität ist. Eine kurze Zusammenfassung von SemVer, wie sie sich auf der offiziellen Webseite[7] findet:

Gegeben sei eine dreiteilige, durch Punkte getrennte Versionsnummer „MAJOR.MINOR.PATCH". Die einzelnen Elemente werden nach folgenden Regeln erhöht:

- MAJOR wird erhöht, wenn inkompatible Veränderungen an der (öffentlichen) Programmierschnittstelle (*application programming interface*, API) gemacht wurden.
- MINOR wird erhöht, wenn neue Funktionalität in einer abwärtskompatiblen Weise eingefügt wird.
- PATCH wird erhöht, wenn ausschließlich Bugfixes veröffentlicht werden.

Darüber hinaus können zusätzliche Bezeichner für Vorveröffentlichungen und Build-Metadaten als Erweiterungen an das dreigliedrige Format der Versionsnummer angehängt werden. Für die Details zur Verwendung sei auf die offizielle Webseite verwiesen. Die

6 Überprüfen lässt sich ggf. die Konformität einer Versionsnummer mit einem festen Schema auf Ebene der Syntax, aber eben nicht auf der semantischen Ebene.

7 ► https://semver.org/, abgerufen am 03.01.2025.

Motivation für die Entwicklung dieses Schemas ist die Abbildung der Kompatibilität eines Programms bzw. einer Programmbibliothek in den Versionsnummern.

Ein paar Anmerkungen zu SemVer

Informationen zur Kompatibilität Kompatibilität kann in einem Versionsnummernschema ausgedrückt werden – und zwar sowohl für Menschen als auch für Rechner verständlich. Das ist die vielleicht größte Leistung von SemVer und wohl die Motivation hinter der Entstehung.

Bewährte Verfahren (*best practices*) SemVer liefert eine Reihe guter Hinweise für saubere Programmierung. Schon deshalb lohnt die Beschäftigung damit. Zwei Aspekte davon: Eine öffentliche API sollte sich nicht ohne guten Grund ändern, schon gar, wenn andere auf der API aufbauen. Funktionen, die als überholt (*deprecated*) markiert werden, sollten erst nach einer angemessenen Übergangsfrist aus dem Code entfernt und die Nutzer entsprechend darüber informiert werden.

Nutzung: wenn, dann konsequent Wenn man SemVer als Schema für die eigenen Versionsnummern verwendet, sollte man die Nutzer darauf hinweisen und SemVer dann auch strikt befolgen. Nichts ist nerviger, als zu behaupten, dass man SemVer nutzt, um dann doch in irgendwelchen Details davon abzuweichen.

Behandlung von Entwicklerversionen Da SemVer die Angabe weiterer Bezeichner als Zusatz am dreiteiligen Versionsnummernschema erlaubt und Versionsnummern mit einem solchen Suffix als der gleichen Versionsnummer ohne Suffix nachgeordnet aufgefasst werden, wäre eine einfache Möglichkeit, die Entwicklerversion im Entwicklerzweig jeweils gleich wie die nächste zu veröffentlichende Version zu benennen und ihr ein entsprechendes Suffix (z. B. „dev") anzuhängen.

Zur Bedeutung der Abwärtskompatibilität

Abwärtskompatibilität wird schnell wichtig, wenn Routinen bzw. Programme von mehreren Personen über einen längeren Zeitraum verwendet werden. Sie ist in den Naturwissenschaften schon deshalb wichtig, weil Daten und Auswertungen oft nach langer Zeit noch verwendet werden sollen (zehn Jahre ist eher der Regelfall). Gegebenenfalls sollten auch Strukturen bzw. Formate zur Datenablage eine entsprechende Versionsnummer bekommen. Hierbei ist zwischen der Version eines offiziellen und spezifizierten Formates wie z. B. HDF5 und der mithilfe dieses Formates abgelegten Datenstruktur (die i. d. R. hochgradig projektspezifisch ist) zu unterscheiden. Darüber hinaus ist es eine große Hilfe, wenn mit jeder Version eine knappe und möglichst vollständige Dokumentation der Änderungen (*changelog*) erfolgt. Das erleichtert es ganz wesentlich, den Einfluss von Änderungen am Quellcode auf Auswertungen abschätzen zu können, ohne mühsam verschiedene Versionen des Codes für jede beteiligte Routine einzeln vergleichen zu müssen. Wie sieht es mit (offiziellen) Pflichten zur Langzeitdokumentation aus? Auf jeden Fall überdauern Daten und Auswertungen in der Regel die aktive Zeit derjenigen, die die Daten ursprünglich gemessen/ausgewertet haben.

Gegebenenfalls sollten (für eine gewisse Zeit) **mehrere Hauptversionen parallel** gepflegt werden. Das ist für größere Projekte durchaus üblich und kann mehrere Ursachen haben, z. B. den Umstieg auf neuere Versionen zugrunde liegender Programmbibliotheken oder Programmiersprachen. Nicht auf jedem System lassen sich immer die neuesten Bibliotheken installieren,[8] weshalb es grundsätzlich eine gute Strategie ist, nicht oder nur mit gutem Grund von den neuesten Versionen abzuhängen. Sollten mit dem Umstieg auf neuere Versionen einer Bibliothek oder Sprache Inkompatibilitäten einhergehen, empfiehlt sich die parallele Pflege einer stabilen älteren Version über einen gewissen Zeitraum. Grundsätzlich ist die parallele Pflege mehrerer Versionen eines Programms oder einer Programmbibliothek bei der Verwendung eines Versionsverwaltungssystems recht komfortabel (und transparent) möglich, erfordert aber erhebliche Ressourcen und sollte daher gut überlegt werden.

Aus eigener Erfahrung ist SemVer oder ein daran angelehntes, ähnliches Versionsnummernschema gut geeignet für Programme und Programmbibliotheken für die wissenschaftliche Datenauswertung.

7.4.2 Calendar Versioning (CalVer): Betonung des Veröffentlichungsdatums

Ein zweites Schema für Versionsnummern, das im Gegensatz zur Kompatibilität das Datum der Veröffentlichung betont, ist Calendar Versioning (CalVer). Für die offiziellen Spezifikationen und Argumente für diese Art der Versionsnummern siehe die offizielle Seite[9]. CalVer ist wesentlich weniger formalisiert als SemVer. Grundsätzlich folgt CalVer einem ähnlichen allgemeinen Schema einer dreiteiligen Versionsnummer wie SemVer: MAJOR.MINOR.MICRO. MINOR und MICRO haben eine ähnliche Bedeutung wie MINOR und PATCH bei SemVer, wenn auch deutlich weniger formalisiert. Das Datum wird in MAJOR, meist als zwei- oder vierstellige Jahreszahl, und darüber hinaus mitunter noch in MINOR (Monat als zweistellige Zahl) codiert. MICRO ist für (kompatible) Unterversionen reserviert.

Prominente Beispiele für kalenderbasierte Versionsnummern sind Microsoft Windows (95, 98, 2000, ...), Fortran (66, 77, 90, 95, 2000, ...) und die Linux-Distribution Ubuntu (10.04, 10.10, ...). Allerdings ist der Begriff „CalVer“ erst nachträglich entstanden und scheint ein wenig eine „Gegenbewegung“ zu SemVer zu sein. Ein Beispiel aus den Naturwissenschaften, warum das Datum eine gewisse Relevanz haben könnte, wurde bereits weiter oben erwähnt: die CODATA-Daten für physikalische Konstanten. Allerdings erscheint die Stabilität und Kompatibilität in den Naturwissenschaften meist wichtiger als die Aktualität.

7.4.3 Weitere Schemata und Aspekte

SemVer und CalVer sind nicht die einzigen weit verbreiteten Schemata, auch wenn SemVer vermutlich das formalisierteste offen publizierte ist. Weitere mögliche Schemata sind z. B.:

8 Einerseits sind gerade in Messhardware integrierte PCs nicht einfach ersetzbar. Andererseits kann sich das Problem aber auch umgekehrt ergeben, wenngleich auch mehr bei der Verwendung kommerzieller Programmiersprachen wie MATLAB®, die keine vernünftige Pflege alter Veröffentlichungen gewährleisten. Hier ist mit einem Update des Betriebssystems oft ein zwangsläufiges Update auf eine neue Programmversion verbunden, ggf. mit allen ungewollten Kompatibilitätsbrüchen und zusätzlich erforderlicher Arbeit.

9 ► https://calver.org/ (abgerufen am 03.01.2025).

MINOR ungerade bei Entwickerversionen Ein prominentes Beispiel ist das jahrelang verwendete Versionsnummernschema des Linux-Kernels. Es war dreigliedrig wie bei SemVer (MAJOR.MINOR.PATCH), allerdings waren ungerade Zahlen bei MINOR für Entwicklerversionen vorbehalten, und zwar die jeweils nächstgrößere natürliche Zahl zur zugehörigen stabilen Versionslinie.

0.x-Versionen Freie Softwareprojekte scheuen sich oft davor, eine Version 1.0 herauszubringen, und führen über Jahre eine Versionsnummer 0.x. Das hat in diesem Fall eine ganz andere Semantik als die von SemVer. Dort wird explizit auf diesen Sachverhalt eingegangen und darauf verwiesen, dass bewusste Abwärtskompatibilität ein klares Zeichen für eine Version ≥ 1.0 sei.

Möglichst kleine Zahlen Aktuell hat sich das Versionsnummernschema des Linux-Kernels geändert: Es ist nur noch zweigliedrig, und wenn die zweite Ziffer zu groß wird (zumindest in den Augen des Hauptverantwortlichen Linus Torvalds), dann wird einfach die Hauptversionsnummer erhöht.

Ziffernfolge irrationaler Zahlen Eine Spezialität von Donald Knuth, dem Entwickler von TEX: Seine Programme haben Versionsnummern, die sich der Ziffernfolge irrationaler Zahlen (π bzw. die Eulersche Zahl) annähern.

Welches Schema für Versionsnummern man letztlich verwendet, ist (fast) egal. Entscheidend sind möglichst sprechende Versionsnummern und ein eindeutiger und dokumentierter Ablaufplan für die Veränderung von Versionsnummern. Jegliche in produktivem Einsatz befindliche Versionen eines Programms sollten eine eineindeutige Versionsnummer haben. Gerade in der kleinteiligen Entwicklung wissenschaftlicher Auswertungsroutinen, wo es nicht notwendigerweise klar getrennte Produktiv- und Entwicklerversionen gibt, ist es wichtig, ein Versionsnummernschema zu verwenden, das damit sauber umgehen kann. Insbesondere ist es wichtig, nicht eine Versionsnummer für zwei verschiedene Versionen (einer konkreten Verarbeitungsroutine und ihres Umfelds[10]) zu verwenden.

Verständnisfragen

- Warum haben Versionsnummern gerade im Kontext von wissenschaftlicher Datenverarbeitungssoftware eine so große Bedeutung?
- Wie könnte man sicherstellen, dass Versionsnummern sauber gepflegt und immer zuverlässig sind?
- Welche Aspekte im Umgang mit Versionsnummern lassen sich automatisieren?
- Wie lassen sich (menschenlesbare) Versionsnummern in einer Versionsverwaltung sinnvoll ablegen?
- Welche Folgen ergeben sich aus der aktiven Entwicklung und einzelnen Veröffentlichungsversionen (*Releases*) mit klarer Versionsnummer für den Umgang mit Versions-

10 Wichtig: Versionsnummern sollten immer den Zustand eines Programms bzw. einer Bibliothek abbilden. Die einzelne Routine, die für eine bestimmte Aufgabe zuständig ist, mag sich gar nicht geändert haben, aber von ihr aufgerufene Routinen, was aber trotzdem ggf. zu einem anderen Verhalten führt. Inwieweit das nicht unerwünschte Nebeneffekte sind, ist im Einzelfall zu diskutieren. Wichtig für die Reproduzierbarkeit ist, dass das Programm/die Bibliothek genau so wiederhergestellt werden kann, wie sie ursprünglich verwendet wurde – inkl. aller beteiligten (Hilfs-)Routinen.

verwaltungssystemen? Welche Bedeutung kommt hier insbesondere Zweigen (*branches*) zu?
- Warum ist SemVer ein gutes Beispiel für die Wirkmächtigkeit von Abstraktion (im Sinne von Dijkstra), und warum ist es so wichtig, dem Konzept wenn dann konsequent zu folgen?

Kommentiertes Literaturverzeichnis

Versionsnummernschemata sind oft ein Randaspekt normaler Softwareentwicklung, auch wenn sie im Kontext der Nachvollziehbarkeit und Reproduzierbarkeit der wissenschaftlichen Datenauswertung größere Bedeutung erlangen. Es scheint relativ wenig Literatur zu geben, die darauf explizit eingeht. Für den wissenschaftlichen Kontext ist das [3], in [4, Kap. 25] finden sich ebenfalls ein paar allgemeine Hinweise.

Literatur

1. G. Wilson, Computing in Science & Engineering **8**, 66 (2006)
2. E.W. Dijkstra, Communications of the ACM **15**, 859 (1972)
3. M. Taschuk, G. Wilson, PLoS Computational Biology **13**, e1005412 (2017). https://doi.org/10.1371/journal.pcbi.1005412
4. I. Sommerville, *Software Engineering*, 10. Aufl. (Pearson, Hallbergmoos, 2018)

(Externe) Dokumentation

Inhaltsverzeichnis

T. Biskup, *Softwareentwicklung für die Naturwissenschaften*,
https://doi.org/10.1007/978-3-662-71607-6_8

Kernaspekte

- Grundlegende Ideen und Konzepte lassen sich schwer durch den Quellcode selbst dokumentieren.
- Dokumentiert werden sollte das Was und Warum (bzw. Was warum nicht). Das Wie beantwortet der Quellcode.
- Eine minimale externe Dokumentation (`README`, `INSTALL`, erste Schritte) ist für größere Projekte unumgänglich.
- Einfach nutzbare Dokumentationswerkzeuge helfen, Dokumentation und Quellcode synchron zu halten.
- Externe Dokumentation ist essentieller Bestandteil von Software zur wissenschaftlichen Datenauswertung.

(Externe) Dokumentation ist vermutlich der am meisten und häufigsten vernachlässigte Aspekt freier Software, die nicht von professionellen Programmierern in ihrer Arbeitszeit geschrieben wurde. Trotzdem ist sie immens wichtig, weil sich an ihr und ihrer Qualität mitunter die Nutzbarkeit und Verbreitung eines Programms bzw. einer Bibliothek entscheidet. Das gilt entsprechend genauso für Software, die im wissenschaftlichen Kontext zur Datenauswertung entwickelt wird, nur, dass hier (gute) Dokumentation vermutlich noch seltener anzutreffen ist. Andererseits ist (externe) Dokumentation ein Aspekt, der in den Wissenschaften von grundlegender Bedeutung insbesondere für die in ► Kap. 1 genannten Kriterien ist, u. a. Nachvollziehbarkeit, Überprüfbarkeit und Reproduzierbarkeit. Eine nicht ausreichende Dokumentation der eigenen Forschung (aus welchem Grund auch immer) ist immer ein Problem, auch fernab der Softwareentwicklung. Der weitere Kontext der Nachvollziehbarkeit von Wissenschaft und der daraus abgeleiteten Notwendigkeit einer Dokumentation auf allen Ebenen ist mittlerweile verstärkt unter dem Etikett „Forschungsdatenmanagement" ins Bewusstsein vorgedrungen.[1]

Die Frage, warum Dokumentation mitunter wesentlich ist, zeigt sehr schön ein sarkastisches Zitat auf Twitter, das u. a. in [1] und [2] zitiert wird:

» „You can download our code from the URL supplied. Good luck downloading the only postdoc who can get it to run, though." (Ian Holmes auf Twitter, 8. Jan. 2013[2])

Jeder, der lange genug in der Wissenschaft ist und mit Software in diesem Kontext zu tun hat, kann seine eigene Geschichte dazu erzählen und wird sich in diesem Zitat wiederfinden. Die Kurzfassung lautet: Fehlende oder ungenügende Dokumentation hat einen großen Einfluss auf die Qualität und Einsatzfähigkeit von Software im wissenschaftlichen Kontext. Es fehlt meist am Bewusstsein für die Bedeutung und Notwendigkeit von Dokumentation, der Kenntnis der Hilfsmittel zu ihrer Erstellung und der Disziplin für die konsequente Umsetzung. Das Ergebnis ist sowohl Software unbekannter Qualität als auch eine massive Vergeudung von (knappen) Ressourcen.

---

1 Für eine detailliertere Auseinandersetzung mit dem Thema Forschungsdatenmanagement sei der geneigte Leser auf die Vorlesung des Autors zum Thema verwiesen.

2 ► https://twitter.com/ianholmes/status/288689712636493824 (Zugriff am 03.01.2025; mittlerweile nicht mehr erreichbar).

8.1 Warum ist Dokumentation wichtig?

Zur Einführung eignen sich zwei Aspekte, die beide auf bereits eingeführte Themen zurückgreifen: die Motivation des Buches (vgl. ▶ Kap. 1) und der Zusammenhang von Infrastruktur und Anforderungen an Software (vgl. ▶ Kap. 3).

Motivation des Buches In den Naturwissenschaften, schon gar in der Spektroskopie, wird man nicht mehr an der Softwareentwicklung und der Nutzung von Programmen vorbeikommen. Den weitaus meisten Akteuren fehlt aber das notwendige Wissen und Bewusstsein für Ansprüche und Werkzeuge. Die Befähigung zur Entwicklung von Programmen zur wissenschaftlichen Datenanalyse, die mindestens die drei Kriterien Wiederverwendbarkeit, Zuverlässigkeit und Überprüfbarkeit erfüllen, ist daher das erklärte Ziel dieses Buches.

Zusammenhang von Infrastruktur und Anforderungen an Software Der generelle Zusammenhang der einzelnen Komponenten der Infrastruktur mit den Anforderungen an Software zur wissenschaftlichen Datenverarbeitung wurde bereits in ▶ Kap. 3 diskutiert und in Form einer Übersichtstabelle dargestellt. Im Rückgriff auf diese Tabelle wird die Bedeutung von (externer) Dokumentation für vier der sieben genannten Aspekte in ◼ Abb. 8.1 aufgezeigt. Die Tatsache, dass Dokumentation bei vier von sieben Aspekten wichtig ist, bedeutet zwar nicht, dass Dokumentation das wichtigste der sieben Kriterien ist. Wie wir sehen werden, hat sie aber entscheidenden Einfluss auf entsprechend viele Aspekte. Zunächst soll aber erst auf die spezifische Situation in den Wissenschaften eingegangen werden und anschließend dann auf die Fragen, warum und was dokumentiert werden sollte.

8.1.1 Die Situation in den Wissenschaften

Das Problem an der Situation in den Wissenschaften für die Qualität der entwickelten Software ist das Fehlen von verfügbarer Zeit einerseits und des Bewusstseins für viele Aspekte guter Programmierung andererseits.

	Editor/IDE	Versionsverwaltung	Versionsnummern	Dokumentation	Bugverwaltung	Lizenzen
wiederverwendbar	✓	✓		✓		✓
selbstdokumentierend			✓			
zuverlässig	✓				✓	
überprüfbar	✓			✓		
nutzerfreundlich				✓	✓	✓
erweiterbar	✓	✓		✓		✓
reproduzierbar		✓	✓			

- Editor/IDE
- Versionsverwaltung
- # Versionsnummern
- Dokumentation
- Bugverwaltung
- Lizenzen

◼ **Abb. 8.1 Dokumentation als Voraussetzung für die Umsetzung von Aspekten der (wissenschaftlichen) Datenanalyse.** Im Rückgriff auf ◼ Abb. 3.3 ist hier die gesamte besprochene Infrastruktur gezeigt, wobei die (externe) Dokumentation hervorgehoben ist. Die reine Zahl der Kriterien, für die ein bestimmter Aspekt der Infrastruktur relevant ist, stellt noch keine Rangfolge der einzelnen Komponenten dar

Geringe durchschnittliche Verweildauer von Mitarbeitern Die durchschnittliche Verweildauer eines Mitarbeiters ist höchstens die Zeit einer Doktorarbeit ($\leq$ 5 Jahre). Es gibt darüber hinaus meist keinen langfristig in einer Gruppe anwesenden Mitarbeiter, der die Zeit hat, sich um die Qualität der Software zu kümmern und entsprechend die Weiter- und Wiederverwendbarkeit sicherzustellen. Das gilt im Übrigen meist genauso für andere Aspekte des Wissenschaftsbetriebs, wie z. B. die saubere Datenarchivierung.

Zielstellung: schnelle Lösung statt Nachhaltigkeit Das Ziel ist meist, schnell ein Programm zu schreiben, das Antworten auf die aktuellen Fragestellungen liefert. Nachhaltigkeit ist höchstens zweitrangig. Oft fehlt auch schlicht das Bewusstsein und die Kenntnis der Werkzeuge, um nachhaltige Software zu schreiben. Als Konsequenz entscheidet der nächste Mitarbeiter oft, dass Neuschreiben einfacher (und schneller) ist als zu versuchen, den übernommenen Code zu verstehen, weiterzuverwenden und zu erweitern. Das steht einerseits einem verantwortungsvollen Umgang mit begrenzten Ressourcen entgegen und führt andererseits zu ernsthaften Problemen bezüglich der Wissenschaftlichkeit der gesamten betroffenen Forschung.

8

Das Resultat Es gibt viel zu viel viel zu schlechten Code in den Naturwissenschaften [3, 4]. Schlecht bedeutet im aktuellen Kontext insbesondere eine mangelhafte Dokumentation (auf allen Ebenen), die die Nachvollziehbarkeit des Codes (unnötig) erschwert. Im weiteren Kontext betrachtet erfüllt die wenigste Software, die im akademischen Kontext entwickelt und eingesetzt wird, die eingangs (vgl. ► Kap. 1) aufgestellten Kriterien, sie ist insbesondere weder wiederverwendbar, noch zuverlässig, noch überprüfbar.

8.1.2 Warum dokumentieren?

Es gibt eine ganze Reihe an Gründen, warum man seine Programme (gut) dokumentieren sollte. Die nachfolgend genannten Kriterien sollen nur möglichst viele unterschiedliche Sichtweisen zeigen und erheben keinesfalls den Anspruch auf Vollständigkeit.

Absichten und Konzepte Absichten und Konzepte lassen sich nicht bzw. nur schwer im Code selbst dokumentieren. Der Code selbst liefert Antworten auf die Frage nach der konkreten Implementierung (das „Wie", s. u.) – und evtl. (wenn auch selten) sogar auf die Frage, warum gerade diese Implementierung gewählt wurde. Die grundlegenderen Fragen, warum man überhaupt das Projekt angefangen hat, und wie es zu seiner Architektur und zu seinen Fähigkeiten kam, kann Code alleine nicht beantworten.

Nachweis der Urheberschaft an Konzepten Um eine Urheberschaft an gewissen Gedanken und Konzepten nachweisen zu können, kann es extrem hilfreich sein, grobe Linien und grundlegende Gedanken frühzeitig schriftlich niederzulegen und am besten noch in einer Versionsverwaltung oder als *white paper* mit Namensnennung abzulegen – und ggf. in einem kleinen Kreis zu zirkulieren. Allerdings sei hier darauf hingewiesen, dass aus urheberrechtlicher Sicht bloße Ideen nicht geschützt sind, vgl. ► Kap. 5. Die Frage nach der Patentierbarkeit (und damit Schützbarkeit) von Ideen müsste im Einzelfall von sachkundigem Fachpersonal geklärt werden.

Nachvollziehbarkeit der Entwicklung eines Konzeptes Oft ist es hilfreich, die Entwicklung eines Konzeptes nachvollziehen zu können. Das setzt voraus, dass entweder alte Versionen der Konzeption zugänglich sind – ein System zur Versionsverwaltung, vgl. ► Kap. 6 ist hier in Verbindung mit LaTeX o. ä. sehr hilfreich – oder aber aktiv der Gang der Entwicklung nachgezeichnet und erklärt wird. Diese Nachvollziehbarkeit hilft dem Nutzer bzw. Begutachter einer Software ebenso wie dem Entwickler selbst.

Voraussetzung für die Bewältigung größerer Projekte Bei größeren Projekten[3] fallen notwendigerweise Entscheidungen auf der Ebene der Projektplanung und des Projektmanagements an, die schriftlich festgehalten werden sollten. Das reicht von einer Anforderungsanalyse bis zu *coding conventions* und fällt in den Bereich der externen Projektdokumentation (für Details s. u.).

Gedankenstütze Besonders hilfreich und wichtig ist eine Dokumentation, wenn Programmierung bzw. Programmentwicklung eher nebenher und deshalb zeitlich unstetig verläuft. Das ist insbesondere eine Stütze für die Entwickler selbst, um sich daran zu erinnern, wo sie waren bzw. wie es weitergehen soll.

Egoismus Letztlich kann Dokumentation auch aus einem ganz egoistischen Grund erfolgen: Man wird seinen eigenen Code oft genug lesen müssen. Je besser er dann dokumentiert ist, desto schneller versteht man wieder, was man wo warum (bzw. auch warum nicht) gemacht hat. Besser bedeutet dabei nicht mehr im Sinne des Umfangs: Qualität ist wichtiger als Quantität. Idealer Quellcode kommt auf der Ebene des Codes ohne Kommentare aus – abgesehen von Dokumentationsköpfen für die API-Dokumentation.

8.1.3 Was soll dokumentiert werden?

Hier stehen erst einmal die Inhalte der Dokumentation im Mittelpunkt. Das „große" Thema dieses Kapitels ist ja die externe Dokumentation, also außerhalb des Quellcodes. Insofern ist auch klar, dass es hier um Inhalte auf einer abstrakteren Ebene als die konkrete Implementierung geht.

„Was" und „Warum" Hinter diesen beiden Fragen verbirgt sich alles von der Anforderungsanalyse über eine Übersicht über die grundlegende Architektur bis hin zur Begründung konkreter Entscheidungen wie z. B. die Wahl der Programmiersprache oder des Datenspeicherformates. Das konkrete „Wie" wird letztlich in (*lesbarem*) Quellcode dokumentiert. Das ultimative (im Sinne von letztlich gültige) Design ist der Quellcode selbst. Das gilt insbesondere seit den höheren Programmiersprachen. Vergleiche dazu den Essay *The Source Code Is the Design* von Jack W. Reeves, 1992, der im Anhang von [5] abgedruckt ist (und dadurch eine weitere Verbreitung fand).

Alternativen, die betrachtet, aber nicht gewählt wurden Das ist essentiell, um später den Überblick zu behalten und wiederholte Fehlentwicklungen zu vermeiden. Viel an detaillierter Dokumentation entsteht erst während (oder nach) der konkreten Implementierung. Das ist in Ordnung, solange dokumentiert wird. Abgesehen davon ist es auch immer eine

3 Für eine Definition dieses Begriffs vgl. ► Abschn. 1.4.

Gratwanderung, ausreichend viel zu dokumentieren, aber immer noch abstrakt genug, sodass kleinere Änderungen in der Implementierung nicht notwendigerweise Änderungen der Dokumentation nach sich ziehen. Eine gute Übersicht über Inhalte der Dokumentation von Software liefert die Seite ► http://writethedocs.org/[4].

8.1.4 Bedeutung für ein Gesamtsystem zur wissenschaftlichen Datenverarbeitung

Die Bedeutung zentralisierter, zugänglicher externer Dokumentation – z. B. in Form eines Wikis – für ein Gesamtsystem zur wissenschaftlichen Datenverarbeitung und -analyse (vgl. ► Kap. 28) kann gar nicht überbetont werden. Das liegt daran, dass die Datenverarbeitung und -analyse ein inhärent komplexes Unterfangen ist, das zu erlernen und solide und den Ansprüchen der Wissenschaftlichkeit gemäß umzusetzen in der Regel Jahre benötigt. Darüber hinaus skaliert die Lebenszeit nicht, eine einmal ordentlich formulierte Dokumentation aber schon (vergleiche auch die Diskussion der Vorurteile im nächsten Abschnitt). Viele Aspekte der Datenauswertung reichen weit über das jeweilige verwendete Programm hinaus und können daher gar nicht im Programm selbst dokumentiert werden. Ein mögliches Werkzeug für eine externe Dokumentation von Softwareprojekten ist ein Wiki. Der Vorteil eines Wikis ist die Flexibilität hinsichtlich Änderungen und Erweiterungen und der leichte Zugriff. Sicherlich wird man ein solches Wiki ggf. vor unautorisiertem Zugriff schützen wollen. Für die Bedeutung und den Einfluss eines Wikis vgl. das Buch von Bo Leuf und Ward Cunningham [6]. Letzterer war auch der Autor des ersten Wikis – lange vor dem Beginn von Wikipedia.

8.2 Vorurteile gegenüber Dokumentation

Eine Reihe von Vorurteilen wird immer wieder ins Feld geführt, um zu begründen, warum man seine selbstgeschriebene Software nicht oder nicht ausreichend dokumentiert. Drei dieser Vorurteile werden nachfolgend aufgeführt und mit einer Entgegnung versehen, die (hoffentlich) zeigt, warum das Vorurteil entweder unbegründet ist, oder aber, wie man mit den berechtigten Einwänden sinnvoll umgehen kann. Letztlich bleibt die Tatsache bestehen, dass (externe) Dokumentation ein wesentlicher Aspekt wissenschaftlicher Software ist, der dabei hilft, die eingangs aufgestellten Kriterien für Wissenschaftlichkeit (vgl. ► Kap. 1) zu erfüllen. Ausreichende Dokumentation ist in letzter Konsequenz *nicht* optional. Deshalb ist es so wichtig, dass diese Erkenntnis gerade auch bei den Betreuenden Einzug hält, weil nur so überhaupt möglich wird, das Problem fehlender Dokumentation langfristig anzugehen.

---

4 Zugriff am 03.01.2025.

8.2.1 Dokumentation ist die Zeit nicht wert, die sie benötigt

Argument Dokumentation benötigt (in der Regel) zusätzliche Zeit neben dem eigentlichen Schreiben von Quellcode.[5] Diese Zeit steht dann nicht für „produktive" Arbeit zur Verfügung und ist deshalb verschenkt.[6]

Entgegnung Das Vorurteil ist falsch, und zwar aus den nachfolgenden Gründen:

Dokumentation spart Zeit. Die Zeit, die andere (oder der Entwickler selbst nach einer gewissen Zeit) investieren, um den nicht (ausreichend) dokumentierten Code zu verstehen, ist bei Weitem größer als die Zeit, die für eine saubere Dokumentation gleich während der Entwicklung investiert werden muss. Der größte Nutznießer eines sauber dokumentierten Quellcodes ist im Zweifelsfall der Hauptentwickler selbst, gerade im Kontext wissenschaftlicher Arbeit, wo der Hauptentwickler oft der einzige Entwickler und gleichzeitig Nutzer ist. Wenn schon kein anderes Argument überzeugt, dann hier der blanke Egoismus.

Dokumentation skaliert, Entwicklerlebenszeit nicht. Sie muss nur einmal geschrieben werden, neue Nutzer des Codes können dann einfach auf die Dokumentation verwiesen werden. Die Zeit, jeden neuen Nutzer persönlich in die Verwendung des Codes einzuweisen, skaliert hingegen nicht. Das schöne angelsächsische Akronym „RTFM" (*read the f**ing manual*) bringt es gut auf den Punkt: Menschen lesen tendenziell keine Dokumentation, aber wenn es eine gibt, kann man sie hartnäckig darauf verweisen – und ggf. noch nicht oder nicht ausreichend (verständlich) beschriebene Aspekte jeweils ergänzen.

Dokumentation ist wichtig für Nachvollziehbarkeit und Reproduzierbarkeit. Dokumentation eines Programms ist genauso wichtig wie der Material- und Methodenteil einer wissenschaftlichen Arbeit oder einer Veröffentlichung – und wird vermutlich (leider) genauso wenig wertgeschätzt. Es sei denn, man versucht, etwas zu reproduzieren.

Dokumentation zwingt zum Nachdenken über den Quellcode. Es sollte sowieso so sein, dass der Programmierer erst darüber nachdenkt, was er denn eigentlich mit seinem Programm erreichen will, und dann anfängt, das umzusetzen. Die (groben) Gedanken und Ideen *vorher* schriftlich festzuhalten und während der Entwicklung ggf. die Details anzupassen, erspart sehr viel Zeit und Arbeit: Einerseits entsteht so parallel zur Entwicklung des Programms eine Dokumentation, andererseits wird „Fehlentwicklungen" eher vorgebeugt, da immer zumindest ein grober Fahrplan zur Hand ist. Die Vorausplanung steht nicht im Widerspruch zu agilen Vorgehensweisen, da Letztere gerade *nicht* die Planung ersetzen, sondern die Entwickler von zu starrem Vorgehen befreien. Darüber hinaus kann (und wird) sich Planung in der Umsetzung immer ändern.

---

5 Auch wenn ein Programmierer idealen, selbstdokumentierenden Code schreibt, hilft das noch nicht dabei, die „großen Linien" und das konkrete Warum (bzw. Warum nicht) bestimmter Lösungen festzuhalten. Soll heißen: Selbstdokumentierender Code ist ein erstrebenswertes (und erreichbares) Ziel, aber nicht ausreichend für eine volle Wiederverwendbarkeit.

6 Dieses Argument kennt der Dozent aus eigener Anschauung aus dem naturwissenschaftlichen Kontext, bezogen auf Programmierung und Softwareentwicklung allgemein.

7 ► https://www.deutschestextarchiv.de/mendel_pflanzenhybriden_1866 (Zugriff am 03.01.2025).

Stellenwert sauberer Dokumentation in den Wissenschaften

Aus eigener Erfahrung weiß der Autor von Kollegen zu berichten, die ehrlich genug waren zu kommunizieren, dass sie keinen Wert auf saubere Dokumentation der Experimente legen. Anders lässt sich jedenfalls der Satz, die betreffende Person werde den Methodenteil einer Abschlussarbeit nicht lesen, nicht verstehen. Hier geht es gar nicht darum, mit dem Finger auf eine Person zu zeigen. Der Blick in eine (fast) beliebige *supporting information* einer Fachpublikation zeigt dem geneigten Leser, dass die dort angegebenen Informationen in der Regel gerade *nicht* ausreichen, um wirklich detailliert nachzuvollziehen, wie die Autoren zu den Ergebnissen kamen. Man kann hier Absicht unterstellen, in den allermeisten Fällen ist es vermutlich eine Mischung aus mangelnder Erfahrung der primären Autoren, nicht ausreichender Wertschätzung durch die korrespondierenden Autoren und Nachlässigkeit. Eine gewisse Tendenz lässt sich hingegen in den Augen des Autors doch feststellen: Je prominenter eine Fachzeitschrift ist, desto mehr notwendige Informationen werden in solche *Supporting Information*-Dokumente ausgelagert, und die wenigsten Gutachter werden die Zeit aufbringen, diese langen Dokumente hinreichend zu würdigen oder auch nur zu lesen.

Ein mustergültiges Beispiel für eine (alte) Fachpublikation, die die ganze Systematik der Forschung, die notwendigen Vorentscheidungen und die Diskussion der Ergebnisse im Kontext anderer Ergebnisse darlegt, ist die Publikation von Gregor Mendel zu seinen Versuchen an Erbsen: „Versuche über Pflanzen-Hybriden“ [7]. Die Publikation ist im Volltext online für jeden frei zugänglich verfügbar.[7]

Mittlerweile ändert sich erfreulicherweise langsam das Bewusstsein für die Bedeutung der ausreichenden Dokumentation der Forschung im Rahmen von Veröffentlichungen, vgl. dazu auch den ganzen Themenkomplex des „Forschungsdatenmanagements“. Mehr und mehr drängen sowohl Zeitschriften als auch Gutachter von Veröffentlichungen (und Forschungsförderer) darauf, dass Forschung hinreichend dokumentiert wird. Ob diese politisch motivierten Ansätze auch tatsächlich zu einer höheren Qualität der Wissenschaft im Sinne einer echten Nachvollziehbarkeit führen, muss sich aber noch erweisen.

8

8.2.2 Dokumentation ist (zu) zeitaufwendig

Argument Dokumentation kostet viel Zeit, und diese Zeit kann gerade ein Wissenschaftler, für den Programmierung ja nur Mittel zum Zweck ist und der für ein sauberes, gut nutzbares Programm keine Lorbeeren ernten kann, nicht aufbringen.

Entgegnung Dokumentation ist in der Tat ein (zusätzlicher) Zeitaufwand. Es gibt aber Strategien, diesen Zeitaufwand zu minimieren, sodass das Vorurteil hinfällig wird.

Ein komplettes Nutzerhandbuch zu schreiben, ist in der Tat aufwendig. Das wird allerdings nicht so häufig vorkommen, und wenn man es richtig anstellt, dann beschreibt es viel mehr die großen Konzepte, die sich sowieso selten ändern, als die Details der Implementierung, die nur die Entwickler interessieren und die weniger formal abgelegt werden können als ein Nutzerhandbuch. Auch hier sollte das Ausgangsformat so flexibel wie möglich und die Erzeugung des Handbuches so automatisiert wie möglich sein (inkl. ausführbarer und damit getesteter Codebeispiele). Eine (gute) Struktur und niedrige Hürde bei der Bearbeitung sind entsprechend wichtig. Strategien, wie man mit Veränderungen des Codes und entsprechender Synchronisation zwischen Code und Dokumentation umgeht, werden weiter unten noch diskutiert.

Dokumentation nahe an der Implementierung ist eine Frage der Disziplin und Übung. Richtig umgesetzt ist sie aber nicht aufwendiger als das Programmieren selbst. Gemeint ist damit die parallele Dokumentation der unmittelbar programmierten Teile des Codes. Je mehr Übung, desto lesbarer wird der Code (wenn man sich dessen bewusst ist, dass Code intrinsisch lesbar geschrieben werden soll, dazu später mehr). Disziplin kommt u. a. an den Stellen ins Spiel, wo es darum geht, bei der Veränderung der Schnittstelle einer Funktion oder anderen weitreichenden Änderungen die entsprechenden Dokumentationsblöcke im Code auch anzupassen.

Die Formatierung einer API-Dokumentation lässt sich weitestgehend automatisieren. Das erfordert einmal mehr Bewusstsein ob der Werkzeuge und Disziplin bei der Umsetzung, insbesondere der konsistenten und vollständigen Dokumentation der Schnittstelle im Code als Kommentarblock, zahlt sich aber aus. Werkzeuge zur API-Dokumentation werden in ► Kap. 16 noch in mehr Detail behandelt.

Konzeptionelle Dokumentation strukturiert und ist unerlässlich. Eine konzeptionelle Dokumentation, die Absichten und Ideen sowie deren Nutzung beschreibt, strukturiert das Vorgehen und sollte sowieso erstellt werden. Wird sie parallel zur Programmierung erstellt, ergibt sich (fast) kein Mehraufwand. Das kann so kurz sein wie eine Datei `README` oder ein *getting started.*

8.2.3 Dokumentation ist meist unvollständig und veraltet

Argument Dokumentation, zumal noch von Projekten, die nicht von professionellen Programmierern entwickelt werden, ist meist unvollständig und veraltet. Es lohnt also gar nicht den Aufwand, damit anzufangen, da man ohnehin nur scheitern kann.

Entgegnung Auch wenn dem Vorurteil reale Erfahrung zugrunde liegt, ist das Argument objektiv falsch. Es gibt durchaus Strategien, erfolgreich und mit relativ wenig Aufwand eine qualitativ hochwertige Dokumentation zu erstellen. Es fehlt oft eher an Bewusstsein, Kenntnis der Werkzeuge und notwendiger Disziplin für deren konsequenten Einsatz.

Dokumentation ist oft unvollständig und veraltet. Grundsätzlich ist unvollständige und veraltete Dokumentation eine durch Fakten gestützte Beobachtung. Das gilt gerade für viele nicht professionell entwickelte Programme. Häufig fehlen grundlegende (kurze) Beschreibungen, wofür ein Programm verwendet werden kann und wie man es installiert und verwendet. Das allerdings ist mehr eine Frage des Bewusstseins und der Disziplin. Siehe das Argument von weiter oben: Eine – wenn auch nur grundlegende – Dokumentation, die neue Nutzer „an der Hand nimmt" und ihnen die ersten Schritte zeigt, ist sowieso notwendig, und ein schriftliches Dokument skaliert – im Gegensatz zur Lebenszeit des Hauptentwicklers.

Nutzerhandbücher werden selten veröffentlicht oder aktualisiert. Gerade für große Projekte werden meist, wenn überhaupt, nur in größeren Abständen mit der Veröffentlichung einer neuen Hauptversion die zugehörigen Nutzerhandbücher veröffentlicht oder aktualisiert.[8] Sonst ist es auch bei der Erstellung eines Nutzerhandbuchs eine gute Strategie – sowohl für sich selbst als auch für die Nutzer –, sich erst über die Gliederung Gedanken zu machen und nur die Teile zu veröffentlichen, für die es auch schon Inhalte gibt. Gegebenenfalls ist das Format hier auch noch hilfreich: Ein elektronisches, auch dezentral zugängliches Dokument (Wiki o. ä.) kann hilfreich sein – dazu im letzten Abschnitt dieses Kapitels mehr.[9]

Die Antwort ist nicht, nicht zu dokumentieren. Die richtige Antwort ist, anders und besser zu dokumentieren. Quellcode selbst sollte immer so lesbar geschrieben werden, dass er ohne oder mit einem Minimum an Kommentaren auskommt. Details dazu werden im nächsten großen Abschnitt („Sauberer Code", ab ▶ Kap. 10) noch behandelt. Kommentare im Quellcode sollten immer so kurz und so prägnant wie möglich sein. Zur Dokumentation im Quellcode und deren besonderen Anforderungen gibt es später noch ein ganzes Kapitel (▶ Kap. 16). Feste Strukturen und Vorlagen (*templates*) nehmen dem Entwickler Arbeit ab und helfen dabei, Dokumentation in weiten Teilen zu Routine werden zu lassen. Hier kommen ggf. gute Editoren/IDEs ins Spiel (dazu mehr in ▶ Kap. 4). Strukturen und Vorlagen lassen sich aber auch bei externer Dokumentation gut einsetzen und sind ein wichtiger Aspekt, um den Aufwand zu reduzieren und das Ergebnis zu verbessern.

8.3 Arten von Dokumentation

Dokumentation kann hinsichtlich verschiedener Kriterien kategorisiert werden:
- Adressaten (Nutzer, Entwickler)
- Ort (extern, neben dem Quellcode, im Quellcode selbst)
- äußere Form (elektronisch/auf Papier; prägnant und kontextbezogen oder umfassend und allgemein)

Die aufgeführten Kriterien ebenso wie die in Klammern jeweils angegebenen Begriffe verstehen sich lediglich als Beispiele und erheben keinerlei Anspruch auf Vollständigkeit. Scopatz und Huff [2, Kap. 19] unterscheiden aus der akademischen Sicht die folgenden Arten von Dokumentation, die für wissenschaftliche Software in Betracht kommt:
- Theoretische Abhandlungen (*theory manuals*)
- Nutzer- und Entwicklerdokumentation
- Kommentare im Quellcode

8 Das ist ein gutes Beispiel für den Einsatz von SemVer als Versionierungsschema. Eine neue Hauptversion sollte ohnehin nicht allzu oft veröffentlicht werden, da damit der Bruch der Abwärtskompatibilität einhergeht. Und innerhalb einer Hauptversion sollte nur Funktionalität hinzukommen, nicht aber andere verschwinden. Entsprechend wird man auch in der Regel nur für die jeweiligen Hauptversionen Nutzerhandbücher veröffentlichen, oder, wenn sich die Nebenversionen als sehr stabil und langlebig herausstellen, dann auch für sie (vgl. dazu z. B. die Dokumentation der Python-Versionen).

9 Als Alternative zum Wiki bietet sich eine Kombination aus Markdown bzw. reStructuredText und einem Werkzeug wie Sphinx an. So liegt die Dokumentation mit in der Versionsverwaltung, der Autor hat alle Vorteile der Versionierung, und die finale Formatierung ist ebenso vollständig unabhängig vom Ausgangsformat.

- Selbstdokumentierender Code
- automatisch erzeugte API-Dokumentation

Als „externe Dokumentation" gelten im Kontext dieses Kapitels die theoretischen Abhandlungen, die Nutzer- und Entwicklerdokumentation und in gewisser Weise auch die automatisch erzeugte API-Dokumentation. Letztere wird allerdings in einem späteren Kapitel (▶ Kap. 16) ausführlicher behandelt werden, zumal sie (weitestgehend) automatisch[10] erzeugt werden kann.

Definition 8.1: externe Dokumentation

Dokumentation, die nicht direkt im Quellcode der Software vorliegt, sondern entweder in separaten Dateien neben dem Quellcode oder komplett von ihm getrennt.

Alle mit dem Code direkt verbundenen Aspekte werden in ▶ Kap. 16 separat behandelt werden.

8.3.1 Theoretische Abhandlungen

Bei theoretischen Abhandlungen handelt es sich um den höchsten Abstraktionsgrad von Dokumentation für ein Projekt. Meist liegen sie in schriftlicher, fixer Form als These oder (Serie von) Weißbüchern (*white paper*), internen Berichten oder Publikationen vor. Sie stellen zusammenhängend die Hintergründe, den Ausgangspunkt und die relevante Literatur dar. Vor- und Nachteile dieser Form der Dokumentation werden nachfolgend kurz aufgelistet.

Vorteile

Beschreibt die wissenschaftlichen Ziele und die Herkunft des Codes Oftmals werden die Ziele in den wissenschaftlichen Kontext gestellt und dieser entsprechend mit Zitaten belegt.

(In der Regel) begutachtet und zitierfähig Das gilt nur für Thesen oder Fachpublikationen. „Graue Literatur"[11] zählt nicht dazu. Die Zitierfähigkeit ist gerade im wissenschaftlichen Kontext nicht zu unterschätzen. Sichtbarkeit wird wesentlich über Zitationen und Publikationen definiert, insofern sollte immer das Ziel sein, entwickelte Software zu publizieren und darauf zu dringen, dass Nutzer sie korrekt zitieren.

Archiviert Aufgrund der formalen Anforderungen und der externen Sicherstellung der Archivierung ist ein Zugriff auf diese Form der Dokumentation auch noch nach Jahren (meist unabhängig vom Autor) gewährleistet.

---

10 Automatisch erzeugt werden dabei *nicht* die Inhalte (von einer Vorstrukturierung durch Vorlagen abgesehen), sondern die nutzerfreundliche Formatierung, sei es als Webseite, PDF-Dokument oder in einem entsprechenden anderen Format.

11 Als graue Literatur werden Schriften bezeichnet, die nicht im eigentlichen Sinne veröffentlicht wurden und nicht über den Buchhandel bzw. Fachverlage zugänglich sind.

Qualität Oft die beste Zusammenfassung, die man bekommen kann, da i. d. R. von einem bzw. dem ausgewiesenen Experten im Feld verfasst.

Nachteile

Erstellung eines solchen Dokuments ist ein signifikanter Aufwand. Für größere Projekte wohl nur im Rahmen einer Doktorarbeit möglich – und auch hier gilt wieder, dass es in den meisten Doktorarbeiten nur ein Kapitel wird, nicht mehr.

Statisches Dokument Beschreibt die Situation zu einem gegebenen (fixen) Zeitpunkt. Aufgrund seiner Natur wird es in der Regel nicht verändert, es eignet sich deshalb gut als Referenz, aber in seiner originären Form nicht für die Fortschreibung.

Keine Beschreibung der Implementierung Eine Ausnahme stellen hier nur theoretische Abhandlungen dar, deren eigentlicher Fokus die Entwicklung des jeweiligen Programms war. Hier kann man zumindest einen gewissen Grad an Details zur konkreten Implementierung erwarten, wenngleich aus Erfahrung meist aber nicht ausreichend für eine einfache Reproduktion (vgl. die Dissertation von Stefan Stoll, [8]).

Nicht gemeinsam mit dem Code verfügbar bzw. gespeichert Wenn die theoretische Abhandlung elektronisch vorliegt, wäre es grundsätzlich möglich (wenngleich selten sinnvoll oder gewünscht), die elektronische Fassung der Software beizulegen. Ist die Abhandlung zitierfähig, lässt sich aber einfach dieses Zitat an einer prominenten Stelle (z. B. `README`-Datei) einfügen.

8.3.2 Nutzerdokumentation

Wichtig ist die Unterscheidung zwischen Nutzer- und Entwicklerdokumentation: Nutzerdokumentation fokussiert auf die Anwendung und Nutzung der Software, Entwicklerdokumentation auf die Weiterentwicklung. Zur Entwicklerdokumentation gehören die Aspekte einer externen Projektdokumentation (für Details s. u.). Einige wichtige Bausteine einer Nutzerdokumentation seien nachfolgend etwas detaillierter vorgestellt.

`README`-Datei im Wurzelverzeichnis eines Projektes Diese Datei ist obligatorisch für jedes Projekt. Sie sollte kurz und prägnant sein und die wichtigsten Fragen zum Projekt beantworten, insbesondere dem potentiellen Nutzer eine hinreichende Entscheidungsgrundlage liefern, ob es das richtige Werkzeug für die vorliegende Frage-/Problemstellung ist. Meist wird diese Datei als reine Textdatei mit eindeutigem Namen abgelegt. Auch eine reine Textdatei kann allerdings Formatierungen enthalten. Weit verbreitete Beispiele sind Markdown und reStructuredText. Ein typischer Name für diese Datei ist `README`, ggf. ergänzt um die Endung (`txt`, `md`, `rst`). Plattformen wie GitHub, GitLab, aber auch Gitea formatieren diese Dateien automatisch und stellen sie auf der Übersichtsseite des Projektes für den Nutzer dar. Die Bedeutung einer informativen und gut strukturierten `README`-Datei für die Verbreitung eines Programms kann fast nicht überschätzt werden.

Installationshinweise Insbesondere bei Quellcode-Distributionen und bei notwendigen Kompilierungsschritten ist es wichtig, den Nutzern die entsprechenden Informationen an die Hand zu geben. Die Installationshinweise sollten auch Informationen zu Abhängigkeiten und Voraussetzungen enthalten. Typischerweise werden diese Informationen in einer Datei mit dem Namen INSTALL abgelegt. Gegebenenfalls können sie, wenn es sich um einen hinreichend kleinen Abschnitt handelt, auch in der README-Datei mit abgelegt werden.

Einführung Die Einführung sollte eine kurze Beschreibung der Zielstellung des Programmpakets und der damit bearbeitbaren Fragestellungen liefern. Gegebenenfalls ist diese Information schon in der README-Datei abgelegt, meist dort aber deutlich weniger ausführlich. Für den Fall, dass hier Information gedoppelt wird, sollte man sich gut überlegen, ob es Möglichkeiten gibt, beide Dokumentationen in dieser Hinsicht aus einer gemeinsamen Quelle heraus zu generieren.

Beispiele Oftmals ist nichts einfacher und schneller, um in die Verwendung eines neuen Programms hineinzukommen, als ein paar gut gewählte und hinreichend beschriebene Beispiele für die Verwendung anzuschauen. Nach Möglichkeit sollten die Beispiele automatisch auf Lauffähigkeit überprüft werden, um sicherzustellen, dass sie funktionieren. Sonst ist Frust vorprogrammiert.

Beschreibung der Nutzerfunktionen Eine (möglichst vollständige) Beschreibung der Nutzerfunktionen[12] ist essentiell für jede Nutzerdokumentation. Wichtig ist hierbei die Unterscheidung zwischen öffentlicher API und Entwicklerdokumentation (mit Dokumentation von weitaus mehr Interna, ggf. der kompletten API).

Hinweis auf die Lizenz Ohne Lizenz ist eine legale Verwendung der Software in der Regel nicht möglich. Der Lizenztext wird typischerweise in einer Datei mit dem Namen LICENSE abgelegt, der Hinweis auf die Lizenz in der README-Datei sollte aber nicht fehlen. Für Details zu Lizenzen und Urheberrechten vgl. ▶ Kap. 5.

Eine Nutzerdokumentation wird in aller Regel nur bei der Veröffentlichung von Versionen mit größeren Neuerungen aktualisiert werden. Hier kommt dann wieder die semantische Bedeutung von Versionsnummern ins Spiel: Eine neue Hauptversion mit inkompatiblen Änderungen erfordert i. d. R. eine neue Nutzerdokumentation, neue Nebenversionen nur eine Ergänzung. Genauso wie ggf. parallel mehrere Versionen eines Programmpakets gepflegt werden sollten (bzw. müssen), so sollte auch die jeweils zugehörige Dokumentation parallel gepflegt werden. Hier kommen Strategien der Versionsverwaltung ins Spiel, eine Nutzerdokumentation über Werkzeuge wie Sphinx [9] in der Kombination mit Funktionalitäten für unterschiedliche Versionen, wie sie z. B. von *Read the Docs*[13] bereitgestellt werden, können hier sehr hilfreich sein.[14] Am Ende ist es eine Frage der (persönlichen) Organisation und des Bewusstseins ob der Notwendigkeit der Pflege paralleler Versionen der Nutzerdokumentation.

12 Gemeint sind damit jene Funktionen, die die Nutzer normalerweise verwenden sollen. In jedem etwas größeren Projekt gibt es darüber hinaus eine mehr oder weniger große Zahl an Hilfsfunktionen, deren Dokumentation tatsächlich in ihrer Bedeutung zweitrangig ist. Soll heißen: Bei Zeitmangel liegt der Fokus auf den Nutzerfunktionen für die tägliche Arbeit.

13 ▶ https://readthedocs.org/ (Zugriff am 03.01.2025).

14 Über Erweiterungen ist eine entsprechende Funktionalität auch für alle, die nicht *Read the Docs* verwenden (wollen), verfügbar.

8.3.3 Entwicklerdokumentation

Während die Nutzerdokumentation auf die Anwendung und Nutzung der Software durch den reinen Anwender fokussiert, zielt die Entwicklerdokumentation auf die Weiterentwicklung der Software. Deshalb gehören zur Entwicklerdokumentation auch die Aspekte einer externen Projektdokumentation (Anforderungsanalyse, Architektur, *roadmap*, *changelog*, *coding conventions*, etc.). Bausteine einer **Entwicklerdokumentation** sind die (automatisch generierte) API-Dokumentation und die Details zur Implementierung. Darüber hinaus gibt es noch wichtige Bestandteile einer externen Projektdokumentation, die anschließend erläutert werden.

(Automatisch generierte) API-Dokumentation Die Details zu einer API-Dokumentation werden in ► Kap. 16 gesondert behandelt. Wichtig ist hier nur: Durch minimale Mehrarbeit und entsprechende Disziplin beim Programmieren lässt sich dieser Aspekt *vollständig* automatisieren. Allerdings lässt sich nur die Erzeugung einer lesbaren Dokumentation automatisieren. Die Blockkommentare und die entsprechenden Inhalte muss man nach wie vor selbst verfassen, auch wenn das mit etwas Übung deutlich leichter von der Hand geht als am Anfang.

Details zur Implementierung Wie schon erwähnt, wird das konkrete „Wie" durch den (lesbaren und so selbstdokumentierenden) Quellcode beantwortet.[15] Hier geht es um im Quellcode intrinsisch nicht dokumentierbare Aspekte der Implementierung inkl. der Begründung, warum die Entscheidung für eine bestimmte (und gegen eine andere) Implementierung fiel.[16] Das ist ein Rückgriff auf die eingangs beantwortete Frage, was dokumentiert werden solle.

Neben den gerade genannten Bestandteilen einer Entwicklerdokumentation gibt es noch wichtige Bestandteile einer **externen Projektdokumentation**, die nachfolgend etwas detaillierter diskutiert werden sollen.

Anforderungsanalyse Die Anforderungsanalyse wird sich gerade zu Beginn eines Projektes noch ziemlich häufig ändern. Das liegt in der Natur der Sache: Software ist hinreichend komplex, sodass man manches erst mit der Zeit erkennt. Dazu entwickeln sich die Anforderungen auch parallel mit der zunehmenden Übersicht über und detailliertem Verständnis von Projekt und Methode.

Architektur/High-Level-Design Entscheidend ist, nicht nur das Design zu beschreiben, das implementiert wird/wurde, sondern auch zu diskutieren, warum genau dieses Design gewählt wurde, welche Alternativen in Erwägung gezogen und warum sie verworfen wurden. Ein hilfreiches Werkzeug in diesem Kontext können die sogenannten *Architecture Decision Records*[17] sein, ein Konzept, das 2011 von Michael Nygard durch einen Blogpost[18] bekannt gemacht wurde.

15 Jack Reeves, *The Source Code Is the Design*, a. a. O.

16 Zumindest gilt das, insofern aktiv überlegt und zwischen mehreren möglichen Implementierungen abgewogen wurde. Gleichzeitig ist das ein guter Hinweis darauf, dass man Implementierung genauso wie alle anderen Aspekte der wissenschaftlichen Forschung aktiv hinterfragen sollte.

17 Zuweilen auch als *Architectural Decision Record* bezeichnet.

18 ► https://cognitect.com/blog/2011/11/15/documenting-architecture-decisions.html (Zugriff am 03.01.2025).

Roadmap Gerade bei größeren Projekten und einem oder wenigen Entwicklern ist eine (grobe) Planung und Priorisierung der einzelnen zu implementierenden Aspekte unumgänglich. Größere Projekte müssen immer in einzelne Abschnitte aufgeteilt werden, und gerade die Limitationen hinsichtlich Entwicklern und Zeitbudget erfordern eine Planung des Vorgehens, um nicht noch zusätzlich Zeit damit zu verlieren wieder neu nachdenken zu müssen, was denn nun die nächsten Schritte waren. Auch dieser Aspekt ist bei Weitem nicht auf die Softwareentwicklung beschränkt und findet sich z. B. in der Wissenschaft bei der generellen Projektplanung genauso wieder wie bei der persönlichen Organisation innerhalb einer Abschlussarbeit. Beispiele aus dem realen Leben lassen sich ebenso zur Genüge finden.

Changelog Auch wenn *per se* in einer Versionsverwaltung die Commit-Kommentare als *changelog* verwendet werden könnten, zeigt die Erfahrung, dass eine händisch gepflegte Liste für den Nutzer, der ggf. gar nicht auf das Versionsverwaltungssystem zugreifen kann oder möchte, große Vorteile hat – wenn sie denn sauber gepflegt wird. Das betrifft insbesondere Anwender und die Kompatibilität der Änderungen zu bereits veröffentlichten und genutzten Versionen der Software. Gegebenenfalls kann ein *changelog* auch aus Commit-Kommentaren generiert werden, wenn man bei deren Erstellung Konventionen aufstellt und diese dann konsequent befolgt.

Konventionen Es gibt viele Dinge, die beim konkreten Programmieren sinnvollerweise konsistent umgesetzt werden sollten. Vielleicht das bekannteste Beispiel sind *coding conventions*, also konkrete Konventionen zur Formatierung und Gestaltung des Quellcodes. Es geht hier viel weniger um den Inhalt konkreter Regeln als um ihre konsequente Umsetzung. Da diese Regeln für alle Entwickler jederzeit zugänglich sein sollten, sind sie ein wesentlicher Bestandteil einer Entwicklerdokumentation.[19]

Eine Entwickler- und Projektdokumentation kann von ihrem Stil wesentlich informeller gehalten werden als eine Dokumentation für den Endanwender. Das bedeutet nicht, dass sie nicht ebenfalls möglichst strukturiert und übersichtlich sein sollte.[20] Hier ist allerdings viel mehr Raum für Diskussionen, Ideen und Bausteine.

8.4 Probleme mit (externer) Dokumentation und mögliche Lösungsansätze

Die oben genannten Vorurteile gegenüber Dokumentation beruhen durchaus auf realer Erfahrung, und es gibt unzweifelhaft Probleme mit (externer) Dokumentation.[21] Diese Probleme sollen nachfolgend noch einmal von einer praktischen Seite aufgegriffen werden, um dann anschließend mögliche Lösungsansätze vorzustellen.

19 Im Fall, dass Python als Programmiersprache verwendet wird, genügte hier vermutlich ein Hinweis auf PEP 8 und PEP 257, an anderen Stellen müsste das dann ggf. ausführlicher sein.

20 Im Gegenteil könnte man sogar anmerken, dass Entwickler oft lesefaul sind und gerne präzise und prägnante Informationen bekommen. Dokumentation erfordert noch mehr als Programmieren die Fähigkeit, sich schriftlich adäquat auszudrücken, was sich nur durch Erfahrung und Praxis erreichen lässt.

21 Die Probleme interner Dokumentation im Sinne von Dokumentation direkt im Quellcode werden in ► Kap. 16 separat behandelt.

8.4.1 Probleme mit (externer) Dokumentation

Die hier angesprochenen Probleme decken sich in vielerlei Hinsicht mit den vorher thematisierten Vorurteilen gegen Dokumentation. Hier wird noch einmal konkret auf technische Lösungen eingegangen.

Asynchronität zwischen Code und Dokumentation Da Dokumentation und Code getrennt sind, ist es auch nur mit zusätzlichem Aufwand (und entsprechender Disziplin) möglich, bei Änderungen im Code, die die (externe) Dokumentation betreffen, diese Änderungen dort auch nachzutragen. Veraltete Dokumentation ist im schlimmsten Falle schlimmer als keine Dokumentation, da sie irreführend sein kann.

Zeitaufwand für die Erstellung von Dokumentation Externe Dokumentation zu erstellen, ist normalerweise ein entsprechender Aufwand, auch und gerade weil sie eine andere Ebene als die konkrete Umsetzung in Code betrifft. Andererseits ist es für die meisten Projekte gut und hilfreich, sich zu Beginn zu überlegen, was man eigentlich tun möchte, eine Anforderungsanalyse etc. zu machen (siehe auch zur Projektdokumentation weiter oben) und diese Aspekte entsprechend zu dokumentieren. Eine zu detaillierte Dokumentation der Architektur läuft allerdings schnell in Gefahr, durch die Realität überholt zu werden. Hier die richtige Balance zu finden, ist schlicht eine Frage der Erfahrung. Am Ende gilt: Dokumentation skaliert, die Lebenszeit des Entwicklers nicht. Dokumentation zahlt sich also auf lange Sicht immer aus.

Unvollständige oder falsche Dokumentation Unvollständige oder fehlende Dokumentation ist das große Problem insbesondere von „Nebenher-Projekten" und oft ein Zeichen mangelnder Disziplin. Veraltete Dokumentation ist im schlimmsten Falle schlimmer als keine Dokumentation, da sie irreführend sein kann. Einfache, strukturierte Ansätze zur externen Dokumentation (z. B. ein Wiki, vgl. [6]) können hier Abhilfe schaffen.

8.4.2 Mögliche Lösungsansätze

Die nachfolgend aufgelisteten Lösungsansätze sind kein Allheilmittel, aber doch zumindest in großen Teilen Erfahrungswerte aus der eigenen Praxis. Zentraler Aspekt dabei sollte sein: Dokumentation ist den Mehraufwand wert, und der Mehraufwand parallel zum Programmieren lässt sich durch geschicktes Vorgehen mindestens minimieren.

Niederschwellig (Wiki etc.) Grundsätzlich gilt, wie bei allen Aspekten von Infrastruktur: Je einfacher etwas nutzbar ist, desto mehr wird es auch genutzt werden (zumindest, wenn es nicht nur einfach nutzbar ist, sondern der Vorteil der Nutzung auch offensichtlich wird). Ein konkretes Beispiel für viele Aspekte einer externen Dokumentation ist die Verwendung eines Wikis: Sowohl die einfache Auszeichnungssprache als auch die Verfügbarkeit (Editieren direkt über einen Webbrowser) erleichtern die Arbeit und senken die Schwelle zum Mitmachen. Die Zentralisierung sorgt zusätzlich dafür, dass es nur eine Version gibt. Während sich ein Wiki insbesondere für eine Entwicklerdokumentation und ggf. auch für die Gestaltung einer Webseite zur Software eignet, ist eine eher statische Nutzerdokumentation und API-Dokumentation vermutlich besser direkt neben dem Quellcode und ebenfalls unter Versionsverwaltung aufgehoben. Hier sind Werkzeuge zur automatischen Formatierung dieser Dokumentation (z. B. Sphinx[22], [9]) sehr hilfreich, die aus Ausgangsformaten wie Markdown oder (besser) reStructuredText eine gut formatierte Ausgabe in diversen Formaten (HTML, PDF, ...) erzeugen können.

Struktur/Konventionen Es kommt oft gar nicht so sehr darauf an, welche Struktur und welche Konventionen man vorgibt oder vorgegeben bekommt. Entscheidend ist das Vorhandensein von Struktur/Konventionen, da es autoritative und definitive Antworten auf viele kleine, alltägliche Entscheidungen liefert, die sonst sowohl ausbremsen als auch zu Inkonsistenzen führen. Konventionen sind nicht in Stein gemeißelt und sollten aus der Praxis heraus entwickelt werden. Konsistente Anwendung ist aber wichtig für ihren Erfolg. Das setzt einen möglichst großen Konsens ob der Konventionen voraus. Routine entsteht durch das Erlernen und Verstehen von Struktur und Konventionen. Das bedeutet nicht, dass man beides nicht (gerade am Anfang gründlich) hinterfragen sollte. Aber auch das Hinterfragen hat seine Zeit.

Vorlagen (*templates*) Vorlagen sind ein logischer nächster Schritt nach der Festlegung einer Struktur und von Konventionen. Wo immer wiederkehrende Strukturen in der Dokumentation auftauchen (z. B. Nutzerdokumentation von Funktionen), wirkt das sowohl befreiend (kein Bedarf, jedesmal neu nachzudenken), beschleunigend (die Struktur ist in der Vorlage schon da) als auch vereinheitlichend. Aspekte wie die Dokumentation direkt im Quellcode können hier ggf. von den Fähigkeiten guter IDEs (vgl. ▶ Kap. 4) profitieren, die auch für die Dokumentationsblöcke Vorlagen und Autovervollständigungsmöglichkeiten bieten.

Klare Abläufe Hierbei handelt es sich letztlich eine Erweiterung des Aspekts „Struktur/Konventionen", allerdings mit dem Fokus auf den konkreten Vorgang des Dokumentierens, nicht auf die Form. Ein Beispiel: Wenn eine neue Version veröffentlicht wird, sollte das *changelog* entsprechend aktualisiert werden. Wenn Automatisierung (s. u.) nicht möglich ist, hilft hier evtl. eine Checkliste, die sich einfach abarbeiten lässt.

Automatisierung Die Nutzung automatischer Konversionswerkzeuge zur Erstellung von Dokumentation in mehreren Formaten (z. B. Markup als Grundlage, Ausgabe als HTML/Dokuwiki, LaTeX, PDF) ist dringend angeraten, soweit sie möglich ist. Nicht alle Dokumentationsabläufe lassen sich automatisieren, aber die meisten zumindest strukturieren (s. o.).

Ein Ort Informationen sollten an einem Ort in einem (Meta-)Format vorgehalten werden. Nichts ist nerviger (und gleichzeitig ein Garant für Inkonsistenzen), als wenn die gleiche Information an verschiedenen Orten (und ggf. noch in unterschiedlichen Formaten) *unabhängig voneinander* abgelegt wird.[23] Hier empfiehlt sich ein zentraler Speicherort mit gutem Zugriff (entweder in einem Verzeichnis unter Versionskontrolle oder online). Gegebenenfalls wird man je nach Art der Dokumentation unterschiedliche Wege gehen, z. B. für die Nutzer- und API-Dokumentation deren Quellcode als Markup direkt in das Re-

22 ▶ https://www.sphinx-doc.org/ (Zugriff am 03.01.2025).

23 Es ist kein Problem, die gleiche Information an beliebig vielen Orten abzulegen, wenn es einen Ort gibt, an dem sie gepflegt wird, und alle anderen Repräsentationen automatisch von dieser einen autoritativen Quelle abgeleitet werden können.

pository mit dem Code legen, die Projektdokumentation mit Planungen etc. aber eher in einem online verfügbaren und editierbaren Wiki.

Disziplin Letztlich führt nichts daran vorbei, ein entsprechendes Maß an Disziplin aufzubringen und Dinge einfach zu tun. Je einfacher („niederschwellig") und mit je weniger Nachdenken (Struktur, Vorlagen) das geht, desto besser.

Vorausplanung Gerade bei unvollständiger Nutzerdokumentation ist es sehr hilfreich, wie oben schon angesprochen, sich eine klare Gliederung zu machen, die einzelnen Abschnitte zu priorisieren und ggf. nur fertige Abschnitte überhaupt dem Nutzer zu zeigen. Alles andere erzeugt im Zweifel nur Frust auf beiden Seiten – vom Nutzer, weil er genau zu dem Thema, das ihn gerade am meisten interessiert, nur eine Überschrift findet, und vom Entwickler, weil er ständig damit konfrontiert wird, was er alles noch nicht dokumentiert hat.

Zusammenfassend lässt sich sagen: Dokumentation ist ein Mehraufwand, aber einer, der sich lohnt und auszahlt. Der (Gelegenheits-)Entwickler hat von einer sauber strukturierten, prägnanten und gut gepflegten Dokumentation mit am meisten. Entscheidend ist das Bewusstsein für die Notwendigkeit, die Kenntnis der zur Verfügung stehenden Hilfsmittel und die Disziplin für die konsequente Umsetzung.

8

? Verständnisfragen

- Welche grundlegenden Fragen an ein Projekt sollte externe Dokumentation beantworten?
- Warum ist externe Dokumentation für ein Gesamtsystem zur wissenschaftlichen Datenverarbeitung und -analyse von herausragender Bedeutung? Welche Kriterien sollte die einer solchen Dokumentation zugrunde liegende technische Lösung möglichst mitbringen?
- Welche Vorurteile werden häufig gegen Dokumentation vorgebracht und wie lassen sie sich entkräften?
- Welche Möglichkeiten gibt es, den Problemen externer Dokumentation (unvollständig, zeitaufwendig, asynchron zum Code) zu begegnen?
- Welche drei Aspekte sind wichtig im Umgang mit Dokumentation (und darüber hinaus mit vielen weiteren Aspekten des Programmierens)?
- Welche Fragen sollte eine `README`-Datei mindestens beantworten?

Kommentiertes Literaturverzeichnis

Die im Buch präsentierte Einteilung der Dokumentation im wissenschaftlichen Kontext, u. a. mit den theoretischen Abhandlungen (wie Abschlussarbeiten und Veröffentlichungen) stammt aus [2, Kap. 19]. Dass Dokumentation oft auf Englisch geschrieben wird, macht es für Nicht-Muttersprachler nicht einfacher. Ein zeitloser, kurz gefasster Ratgeber für die englische Sprache ist der Strunk & White [10]. Für allgemeine Fragen und autoritative Antworten zur Schreibweise und Zeichensetzung der englischen Sprache sind das Oxford Style Manual [11] für britisches und das Chicago Manual of Style [12] für amerikanisches Englisch sehr empfohlen.

Der Essay „The Source Code Is the Design" von Jack W. Reeves von 1992 ist im Anhang von Robert C. Martins Buch „Agile Software Development" [5] abgedruckt – und fand wohl erst dadurch eine weite Verbreitung. Das Buch selbst ist ebenfalls sehr lesenswert und behandelt Themen, die später im Buch noch detaillierter behandelt werden. Der

Artikel von Reeves erschien ursprünglich unter dem Titel „What Is Software Design?“ im C++ Journal. Er findet sich online zusammen mit zwei weiteren Texten von Reeves bei developer.*[24]

Für die Bedeutung und den Einfluss eines Wikis vgl. das Buch von Bo Leuf und Ward Cunningham [6]. Letzterer war auch der Autor des ersten Wikis – lange vor dem Beginn von Wikipedia. Ein Buch, das sehr praxisnah die Nutzung von Wikis für die interne Zusammenarbeit in einer Organisation beschreibt, ist „Wikipatterns“ von Stewart Mader [13]. Ein exzellentes Werkzeug für ganz unterschiedliche Bereiche einer Dokumentation, von der API-Dokumentation bis hin zum fertigen Nutzerhandbuch, ist Sphinx [9], das ursprünglich für die Dokumentation der Programmiersprache Python entwickelt wurde und über die Plattform „Read the Docs“ weite Verbreitung erfahren hat. Dokumentation wird in vielen Softwareprojekten stiefmütterlich behandelt, und die wenigsten Programmiererinnen und Programmierer sind motiviert zu dokumentieren. Entsprechend wichtig sind Werkzeuge und Strategien, die mit minimalem Aufwand maximale Wirkung erzielen. Solche Werkzeuge werden von Stefan Zörner in [14] beschrieben. Der Untertitel des Buches lautet: „Entwürfe, Entscheidungen und Lösungen nachvollziehbar und wirkungsvoll festhalten“.

Literatur

1. C. Goble, IEEE Internet Computing **18**, 4 (2014)
2. A. Scopatz, K.D. Huff, *Effective Computation in Physics* (O’Reilly, Sebastopol, 2015)
3. Z. Merali, Nature **467**, 775 (2010)
4. G. Wilson, Computing in Science & Engineering **8**, 66 (2006)
5. R.C. Martin, *Agile Software Development. Principles, Patterns, and Practices* (Prentice Hall, Upper Saddle River, New Jersey, 2003)
6. B. Leuf, W. Cunningham, *The Wiki Way. Quick Collaboration on the Web* (Addison-Wesley, Upper Saddle River, NJ, 2001)
7. G. Mendel, Verhandlungen des Naturforschenden Vereines in Brünn **4**, 3 (1866). http://www.deutschestextarchiv.de/book/show/mendel_pflanzenhybriden_1866 (Zugriff am 19.05.2020)
8. S. Stoll, Spectral Simulations in Solid-State Electron Paramagnetic Resonance. Ph.D. thesis, Eidgenössisch-Technische Hochschule Zürich (2003)
9. J.U. Hasecke, *Software-Dokumentation mit Sphinx* (hasecke.com, Solingen, 2019)
10. W. Strunk, Jr., E.B. White, *The Elements of Style*, 4. Aufl. (Longman, New York, 2000)
11. R.M. Ritter (ed.), *New Oxford Style Manual* (Oxford University Press, Oxford, UK, 2012)
12. The University of Chicago (ed.), *The Chicago Manual of Style* (The University of Chicago Press, Chicago, 2010)
13. S. Mader, *Wikipatterns* (Wiley Publishing, Inc., Indianapolis, IN, 2008)
14. S. Zörner, *Softwarearchitekturen dokumentieren und kommunizieren*, 3. Aufl. (Carl Hanser Verlag, München, 2022)

24 ► http://www.developerdotstar.com/mag/articles/reeves_design_main.html (Zugriff am 03.01.2025).

Bugverwaltung

Inhaltsverzeichnis

T. Biskup, *Softwareentwicklung für die Naturwissenschaften*,
https://doi.org/10.1007/978-3-662-71607-6_9

Kernaspekte

- Software ist (fast) nie fehlerfrei.
  Je früher Fehler entdeckt (und behoben) werden, desto besser und billiger.
- Die Wahrscheinlichkeit von Fehlern sollte aktiv minimiert werden
  (Wahl der Programmiersprache, Werkzeuge, ...).
- Fehler sollten grundsätzlich in Tests verwandelt
  und auch in Entwicklungsversionen behoben werden.
- Eine Bugverwaltung hilft Anwendern und Entwicklern
  durch Strukturierung und Automatisierung.
- Eine Bugverwaltung sollte fest in die restliche Infrastruktur
  und Abläufe bei der Projektentwicklung eingebunden sein.

Im ersten Teil des Kapitels geht es zunächst recht abstrakt um Fehler in Software (Bugs) und um den Umgang mit solchen Fehlern im Allgemeinen. Zusammen mit den Ausführungen in ► Kap. 18 ist das der einzige Ort, an dem die formale Beweisbarkeit bzw. Fehlerfreiheit von Programmen zumindest am Rande gestreift wird. Erst im zweiten Teil des Kapitels wird dann explizit auf eine Bugverwaltung als Bestandteil einer Projektinfrastruktur eingegangen. Zugegeben ist eine Bugverwaltung wohl der Aspekt der Projektinfrastruktur, der am ehesten vernachlässigt werden kann. Sie spielt ihre Vorteile erst dann aus, wenn die Nutzerbasis (oder das Entwicklerteam) wächst. Zur Einführung sei zunächst auf die Herkunft des Begriffs eingegangen. Auch wenn der Begriff „Bug" wohl bereits davor im Ingenieurskontext in ähnlicher Bedeutung verwendet wurde, wird er im Softwarekontext normalerweise auf die ersten Elektronenrechner und ihre

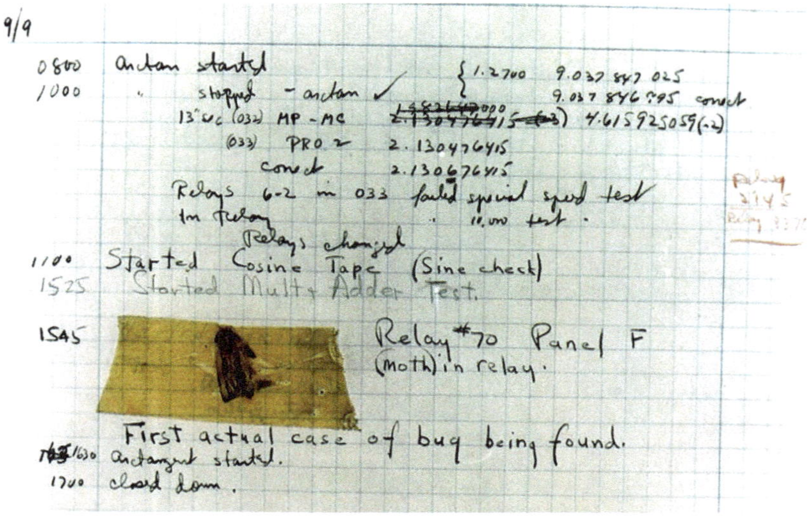

Abb. 9.1 **Logbuch-Seite des Mark II Aiken Relay Calculator mit dem ersten Bug (1947).** Das Bild eignet sich nur zur historischen Aufklärung des Begriffs im Computerkontext. Softwarefehler entziehen sich, anders als Insekten in Großrechnern, gerade *nicht* der Verantwortung des Programmierers. (Quelle: U.S. Naval Historical Center Online Library Photograph NH 96566-KN)

große Fehleranfälligkeit zurückgeführt. Oft mussten Relais und Röhren aufgrund von Fehlern ausgetauscht werden, und mitunter war der Auslöser eines durchgebrannten Bauteils dieser saalfüllenden Geräte tatsächlich ein Insekt (engl. *bug*: Wanze, Käfer) – vgl. ◘ Abb. 9.1.

9.1 Ausgangspunkt: Software ist (fast) nie fehlerfrei

Software ist (fast) nie fehlerfrei, und oftmals treten die Fehler erst beim Anwender auf. Das ist die Erfahrung, die mittlerweile vermutlich jeder Nutzer von Computern gemacht hat. Sie spiegelt sich auch in der zugespitzten Aussage des US-amerikanischen Informatikers Gerald Weinberg wider:

> „If builders built buildings the way programmers wrote programs, then the first woodpecker that came along would destroy civilization.“ (Gerald Weinberg, in [1, S. 469][1])

Ohne infrage stellen zu wollen, dass die Qualität von Software an sehr vielen Stellen deutlich hinter dem zurücksteht, was (oft sogar mit vertretbarem Aufwand[2]) möglich wäre: Die Situation wird durch die unklare Definition, was ein Fehler in Software sei, nicht verbessert. Eine sehr allgemein gehaltene Definition eines „Bugs“ lautet:

Definition 9.1: Bug

Programmfehler oder Softwarefehler, allgemein ein Fehlverhalten von Computerprogrammen.

Das Problem dieser Definition ist, dass sie sehr allgemein gehalten ist. Nur wenn der Begriff „Fehlverhalten“ durch klare Spezifikationen für die Software entsprechend konkretisiert wird, lassen sich Fehler in Programmen überhaupt beheben bzw. die Konformität der Software mit den Spezifikationen überprüfen (d. h. verifizieren, s. u.). Software ist in aller Regel so komplex, dass Fehler selbst bei sehr sorgfältiger Programmierung (fast) unvermeidlich sind. Der formalen Beweisbarkeit der Korrektheit von Programmen sind darüber hinaus aus formallogischen Gründen enge Grenzen gesetzt, selbst wenn konkrete, überprüfbare Spezifikationen für die Software vorliegen. In diesem Kapitel geht es darum, das Bewusstsein für das Auftreten von Fehlern zu schärfen und Strategien zum Umgang damit vorzustellen.

9.1.1 Exkurs: Validierung, Verifizierung, Berechenbarkeit

Wie bereits angesprochen ist die formale Überprüfung eines Programms auf Korrektheit und Fehlerfreiheit ein schwieriges und zumindest hinsichtlich der Fehlerfreiheit im All-

1 Auch bekannt als „Weinberg's Second Law“, auch wenn sich auf Anhieb keine Originalquelle finden lässt. Es scheint 1975 das erste Mal veröffentlicht worden zu sein und erscheint 1977 in einem Buch unter der Überschrift „Weinberg's Second Law“, vgl. ▸ https://quoteinvestigator.com/2019/09/19/woodpecker/ (Zugriff am 04.01.2025).

2 Letztlich befasst sich der ganze Teil „Sauberer Code“ des Buches (ab ▸ Kap. 10) damit, Strategien aufzuzeigen, wie die Qualität des Codes von Programmen im Rahmen der immer knappen Ressourcen verbessert werden kann.

gemeinen nicht lösbares Problem. Zunächst ist wichtig, die beiden Begriffe „Validierung" und „Verifizierung" zu definieren und in ihrer unterschiedlichen Bedeutung zu erfassen.

Definition 9.2: Validierung

Prüfung der Eignung beziehungsweise des Wertes einer Software bezogen auf ihren Einsatzzweck auf Grundlage eines vorher aufgestellten Anforderungsprofils.

Die Validierung basiert auf dem Vergleich einer erstellten Software mit einem im Vorfeld erstellten Anforderungsprofil. Da Letztere nicht soweit formalisierbar sind, dass sie sich automatisch überprüfen lassen, ist die Fragestellung auch nicht letztgültig formal zu beantworten. Die Validierung beantwortet die Frage: „Wird das richtige Produkt entwickelt?" Sie ist damit sehr stark auf die Sicht des Anwenders bezogen.

Definition 9.3: Verifizierung

Feststellung, ob ein Computerprogramm seiner Spezifikation entspricht, und Aufspüren vorhandener Fehler.

Im Gegensatz zur Validierung ist die Verifizierung sehr viel formaler. Sie beantwortet (soweit möglich) die Frage: „Wird das Produkt richtig erstellt?" Sie ist eng mit den (weiter unten definierten) Begriffen „Korrektheit" und „Berechenbarkeit" verknüpft. Es gibt grundsätzlich zwei Herangehensweisen an die Verifizierung:

- manuelle/nicht-formale Verifizierung
  Das Verfahren beruht auf dynamischen und statischen Tests. Da Tests, umgangssprachlich formuliert, nur so gut sind wie der Tester (bzw. Ersteller der Tests), ist durch dieses Verfahren grundsätzlich nie eine allgemeine Fehlerfreiheit nachweisbar.
- automatisierte/formale Verifizierung
  Das Verfahren basiert auf mathematischer Logik, entsprechend sind seine formalen Grenzen jene, die durch die Mathematik und Theoretische Informatik gelegt werden. Zwei verwendete Ansätze sind das Theorem-Proving und Model-Checking.

Grundlage der Verifizierung ist eine formale oder formalisierbare Spezifikation. Diese Spezifikation kann z. B. in Form von Tests vorliegen (mehr dazu in ► Kap. 18). Eine andere Möglichkeit ist die direkte Formulierung von Vor- und Nachbedingungen (*pre-* und *postcondition*) direkt in der Programmiersprache, was allerdings nur von wenigen Sprachen direkt unterstützt wird.[3] Liegt eine solche Spezifikation vor, kann ggf. die Konformität eines Programms mit ihr – und damit seine Korrektheit bezogen auf die Spezifikation – festgestellt werden.

Definition 9.4: Korrektheit

Eigenschaft eines Computerprogramms, einer Spezifikation zu genügen (vgl. Verifizierung).

Ein formaler Beweis der Fehlerfreiheit eines Programms ist hingegen im Allgemeinen nicht und nur in Spezialfällen überhaupt möglich. Das hängt mit dem Problem der Berechenbarkeit zusammen.

---

3 Entsprechende Programmiersprachen wären ADA/SPARC, ähnlich Eiffel, die *design by contract* unterstützen.

Definition 9.5: Berechenbarkeit
Formulierbarkeit einer Berechnungsanweisung (Algorithmus) für eine mathematische Funktion.

Nicht für jede mathematische Funktion lässt sich ein Algorithmus angeben, und genauso ist die formalisierte und darüber automatisierte Verifizierung für eine breite Klasse von Programmen ein unlösbares Problem. Das rührt letztlich an die Grundlagen der Mathematik und der Theoretischen Informatik. Entsprechende Stichpunkte für eine vertiefende Beschäftigung mit der Thematik, die hier weitgehend unterbleibt, wären u. a. „Gödelscher Unvollständigkeitssatz" und „Turings Halteproblem". Die Gödelschen Unvollständig-

Gödel, Turing, das Halteproblem, Entscheidbarkeit, Berechenbarkeit und Beweisbarkeit

Der Gödelsche Unvollständigkeitssatz ist einer der wichtigsten Sätze der modernen Logik. Er befasst sich mit der Ableitbarkeit von Aussagen in formalen Systemen und zeigt die Grenzen der formalen Systeme ab einer bestimmten Leistungsfähigkeit auf. Er liefert den Nachweis, dass es in hinreichend starken Systemen, wie der Arithmetik, Aussagen geben muss, die man weder formal beweisen noch widerlegen kann. Veröffentlicht wurde er 1931 von Kurt Gödel [3] und bedeutete das Ende des Hilbertprogramms, das die Widerspruchsfreiheit der Mathematik ausgehend von Axiomen zu beweisen suchte. Eine vereinfachte Formulierung des (ersten) Gödelschen Unvollständigkeitssatzes [3] lautet wie folgt:

Lemma 9.1: Erster Gödelscher Unvollständigkeitssatz (frei formuliert) *Erreichen formale Systeme einen bestimmten Grad an Komplexität, so lassen sich Aussagen angeben, die man weder beweisen noch widerlegen kann.*

Die originale Formulierung in [3, S. 187] lautet wie folgt:

Lemma 9.2: Erster Gödelscher Unvollständigkeitssatz (original) *Zu jeder ω-widerspruchsfreien rekursiven Klasse κ von* Formeln *gibt es rekursive* Klassenzeichen *r, sodass weder v* Gen *r noch* Neg (v Gen r) *zu* Flg (κ) *gehört (wobei v die* freie Variable *aus r ist).*

Hierbei ist x Gen y die Generalisation von y mittels der Variablen x (vorausgesetzt, dass x eine Variable ist). Neg x ist die Negation von x. Flg (x) (Folgerungsmenge von x) ist die kleinste Menge von Formeln, die alle Formeln aus x und alle Axiome enthält und gegen die Relation „unmittelbare Folge" abgeschlossen ist.

Das Halteproblem ist eine Fragestellung aus der Theoretischen Informatik und beschreibt die Frage, ob die Ausführung einer Rechenvorschrift (Algorithmus) zu einem Ende gelangt. Alan Turing [4] konnte beweisen, dass es keinen Algorithmus gibt, der diese Frage für alle möglichen Algorithmen und beliebige Eingaben beantwortet. Das Halteproblem ist somit algorithmisch nicht entscheidbar. Dieses Ergebnis ist von grundlegender Bedeutung für die Berechenbarkeitstheorie. Die generelle Unentscheidbarkeit des Halteproblems ist eng verwandt mit Gödels Unvollständigkeitssatz.

keitssätze haben weitreichende Implikationen für die Mathematik und (Theoretische) Informatik. Im gegebenen Kontext ist wichtig: Die Fehlerfreiheit eines Programms lässt sich in der Regel nicht formal beweisen. Interessierte Leser seien auf die Einführung in die Theoretische Informatik von Uwe Schöning [2] und dort insbesondere das Kapitel 2 verwiesen.

9.1.2 Fehler in Software sind der Normalfall

Fehler in Software sind (leider) der Normalfall. Wichtig ist hierbei, zwischen Fehlern, die schon in der Entwicklung auffallen (Code kompiliert nicht etc.), und Laufzeitfehlern, die sich in der Regel schwerer entdecken lassen, zu unterscheiden. Während die Chance, Fehler der ersten Kategorie schnell zu finden (und zu beheben), relativ groß ist, sind die Fehler, die erst beim Anwender der Software auftreten, meist von zweiter Kategorie. Aus den oben dargelegten formalen Gründen ist es in der Regel grundsätzlich nicht möglich, die Fehlerfreiheit von Software nachzuweisen. Die Strategien zur Fehlerprävention und Entdeckung – wie automatische Tests, vgl. ► Kap. 19 – sind nur so gut wie jene, die sie verwenden, und generell nicht geeignet, die Abwesenheit von Fehlern zu beweisen. Schon aus statistischen Erwägungen heraus tauchen Fehler oft erst beim Anwender auf: Es gibt normalerweise viel mehr Anwender als Entwickler oder Tester, darüber hinaus hat jeder Anwender ein (zumindest leicht) anderes Herangehen an ein Programm.

9

Eine transparente und strukturierte Möglichkeit, Fehler an die Entwickler zu melden, hilft allen Beteiligten (Anwendern wie Entwicklern). Hier kommt spezifische Software zur Bugverwaltung und zur Verfolgung von Problemen (Issue-Tracker) ins Spiel. Die Stärke dieser Software liegt in der Formalisierung und Automatisierung von Abläufen. Entsprechend sind *bugtracker* ein essentieller Aspekt einer Projekt-Infrastruktur. Darüber hinaus sollten Entwickler ein großes Interesse daran haben, etwaige Fehler/Bugs von den Anwendern gemeldet zu bekommen. Grundsätzlich gilt: Je früher ein Fehler gefunden und möglichst behoben wird, desto billiger. Darüber hinaus können Bugs mitunter massive Konsequenzen haben, wie im nächsten Abschnitt noch weiter dargelegt wird.

9.1.3 Fehler sollten erstgenommen werden

Zur Illustration, warum Fehler in Software in jedem Fall ernstgenommen werden sollten, eignet sich ganz gut der Jungfernflug der Ariane-5-Rakete der Europäischen Weltraumagentur (ESA) im Juni 1996. Aufgrund eines Programmierfehlers bzw. genauer gesagt eines nicht abgefangenen Überlaufs des zulässigen Bereiches einer einzelnen Variablen in der Steuersoftware der Rakete kam es beim Jungfernflug zu einem schwerwiegenden Problem, das den Ausfall der Steuerung und die anschließende Selbstzerstörung der Rakete nach sich zog. Da aufgrund der sehr guten Erfahrungen mit der Vorgängerrakete (Ariane 4) der Erfolg des Jungfernflugs als sicher galt, mussten die vier geladenen Satelliten ebenfalls als Verlust abgeschrieben werden, die jahrelange Verzögerung im Ariane-5-Programm noch gar nicht mitgerechnet. Schätzungen der Kosten des missglückten Jungfernflugs (Verlust der Rakete und der Ladung) liegen bei ca. 370 Mio. USD (andere Quellen sprechen von 500 Mio USD).

Gründe für den Fehlschlag des Ariane-5-Jungfernflugs

Die nach dem Fehlschlag eingesetzte Expertenkommission konnte den Fehler eindeutig identifizieren. Letztlich war es kein Programmierfehler im engen Sinn, sondern eine fehlende Überprüfung, inwieweit sich die klaren Spezifikationen des Codes (und im konkreten Kontext der Bereich möglicher Werte einer gegebenen Variable), der noch von der Steuersoftware der Ariane-4-Rakete übernommen worden war, durch die größere Leistung der Ariane-5-Rakete im Vergleich zu ihrer Vorgängerin verändert haben. Die in der verwendeten Programmiersprache (ADA) mögliche Überprüfung zur Laufzeit (inkl. Fehlerbehandlung) war unterblieben, da für die Ariane-4-Rakete gezeigt werden konnte, dass der zulässige Wertebereich der Variablen nicht überschritten werden konnte, und weil die Kapazität der eingesetzten Rechner begrenzt war. Bemerkenswert ist an dieser Untersuchung, dass das Problem eindeutig identifiziert werden konnte, und dass die ESA entsprechende Konsequenzen für künftige Entwicklungsabläufe gezogen, aber *nicht* den Programmierern die Schuld zugesprochen hat. Die eigentliche Tragik dieses Fehlschlags ist, dass das betreffende Softwaremodul für den Flug der Ariane-5-Rakete überhaupt nicht mehr gebraucht wurde und nur noch deshalb aktiv war, weil es für die Vorgänger-Rakete (Ariane 4) notwendig war. Es erschien wohl teurer, die Steuersoftware grundlegender zu überarbeiten, als dieses Modul zu belassen. Für eine sehr knappe Analyse siehe den Artikel von Bertrand Meyer [5], der die Strategie *design by contract* (Entwurf gemäß Vereinbarung) entwickelt hat, die die von ihm entworfenen Programmiersprache Eiffel entsprechend unterstützt. Darüber hinaus ist er der Autor des Standardwerkes zur objektorientierten Programmierung [6]. Der Bericht der ESA ist online verfügbar.[4]

Ein in mancherlei Hinsicht deutlich schwerwiegenderer Softwarefehler, der aber ebenfalls relativ gut dokumentiert ist, forderte drei Menschenleben und sorgte für drei Schwerverletzte. Es handelt sich dabei um einen Fehler in der Ansteuerungssoftware eines in den USA und Kanada in den 1980er-Jahren eingesetzten Gerätes zur Strahlenbehandlung von Menschen (Therac-25). Der ausführliche Bericht von Leveson und Turner in *Computer* [7] ist aufschlussreich und schockierend zugleich. Letztlich kam es hier durch einen „kritischen Wettlauf" (*race condition*) in der Ansteuerungssoftware zu einer Divergenz zwischen der Anzeige der Bedienerschnittstelle und dem Zustand des Gerätes, die zu massiv erhöhter Strahlendosis führte. Im Vorgängergerät war das noch durch mechanische Verriegelungen verhindert worden. Da der Quellcode der Software vom Hersteller nie veröffentlicht wurde, kann der oben zitierte Bericht nur informierte Vermutungen zum eigentlichen Problem aufstellen.[5]

In den (Natur-)Wissenschaften stehen selten Menschenleben oder derartige Budgets wie bei der Ariane 5 auf dem Spiel – dafür aber ggf. die Reputation einer Forscherkarriere. Beispiele werden u. a. in [8] beschrieben.

4 ► https://esamultimedia.esa.int/docs/esa-x-1819eng.pdf (Zugriff am 04.01.2025).

5 Ein beachtenswerter Aspekt der Ursachenerforschung des Therac-25-Unfalls: Der maßgeblich beteiligte Wissenschaftler nahm die bedienenden Assistentinnen hinreichend ernst und ließ sich die Geräte vorführen. Darüber hinaus resultierte die Aufklärung der Ursachen in einer sehr viel strikteren Handhabung von Software in Medizingeräten inklusive ihrer unabhängigen Überprüfung und Spezifizierung.

9.2 Umgang mit Fehlern in Software

Es gibt eine Reihe von Strategien zum Umgang mit Fehlern, die hier zunächst in einer Übersicht kurz dargestellt werden sollen, Diese Liste erhebt bewusst keinen Anspruch auf Vollständigkeit. Nachfolgend werden alle vier Aspekte detaillierter betrachtet, wenngleich nach wie vor auf einer eher abstrakten Ebene.

Vermeiden bzw. Wahrscheinlichkeit minimieren Diese Strategie lässt sich nur während der Entwicklung anwenden und dient dazu, Fehler möglichst gar nicht erst entstehen zu lassen.

Frühzeitig entdecken und beheben Eine Faustregel ist: Je früher ein Fehler entdeckt wird, desto billiger ist seine Behebung. Deshalb gilt: Jeder Fehler sollte ernst genommen und nach Möglichkeit schnellstens behoben werden. Das gilt sowohl für die Entwicklung als auch für Versionen der Software im produktiven Einsatz.

Fehler in Tests verwandeln Jeder Fehler sollte in einen Test umgewandelt werden, um künftig die Software auf das (Wieder-)Auftreten des Fehlers überprüfen zu können. Eine Voraussetzung ist die Existenz automatisierter Tests (vgl. ► Kap. 19).

9

Fehler überall beheben Eine Situation, die insbesondere dann häufiger auftritt, wenn Versionen der Software bereits produktiv genutzt werden: Ein Nutzer meldet einen Fehler, der dann in einem „Hotfix-Release" behoben wird. Fließt diese Fehlerbehebung dann nicht in die Entwicklerversionen ein, kommt es häufig zu Regression, also dem erneuten Auftreten des bereits einmal behobenen Fehlers in einer neueren Version. Werden alle aufgetretenen Fehler konsequent in Tests verwandelt und die Tests in den Entwicklerzweig übernommen, kann es zumindest nicht auf diesem Weg zu einer Regression kommen.

9.2.1 Vermeiden bzw. Wahrscheinlichkeit des Auftretens minimieren

Die erste Strategie im Umgang mit Fehlern in Software lautet: Sie sollten wo immer möglich vermieden bzw. die Wahrscheinlichkeit ihres Auftretens minimiert werden. Nun wird niemand, der halbwegs bei Verstand ist, absichtlich Fehler in Quellcode einbauen. Die Erfahrung zeigt allerdings, dass es durchaus besser und weniger gut geeignete Varianten gibt, Quellcode zu schreiben – zumindest was die Anfälligkeit für Fehler angeht. Die folgenden fünf Aspekte können dabei behilflich sein, Fehler wo immer möglich zu vermeiden bzw. die Wahrscheinlichkeit für ihr Auftreten zu minimieren:

Coding Conventions Ein weites Feld, deshalb sei hier nur auf wenige Aspekte eingegangen: Grundsätzlich sollte Quellcode konsistent geschrieben sein. Nichts verwirrt mehr, als wenn gleiche Konzepte unterschiedlich benannt sind, Einrückungen und andere Formatierungen inkonsistent verwendet werden und derlei mehr. Ein weiterer wichtiger Aspekt: keine „cleveren Tricks" verwenden, die den Code vielleicht etwas verkleinern, dafür aber beim Verständnis mehr Zeit benötigen. Viele dieser Aspekte werden in ► Kap. 10 ff. angesprochen.

Wahl einer geeigneten Programmiersprache Nicht immer ist man in der Wahl der verwendeten Programmiersprache frei, und man sollte, wo immer möglich, die Sprache entsprechend der Aufgabe wählen. Wenn die Sicherheit und Fehlerfreiheit bzw. Fehlerarmut eines Programms klar im Fokus steht, wie das z. B. für sicherheitskritische Anwendungen (Steuersoftware von Fahr- und Flugzeugen, Flugsicherung und dergleichen) der Fall ist, dann sollte nach Möglichkeit eine Programmiersprache eingesetzt werden, die entsprechende Mechanismen zur Fehlerdetektion (wie z. B. starke Typisierung) mitbringt. Ein weiteres Stichwort ist in diesem Kontext *design by contract*, wie das Sprachen wie ADA/SPARC oder Eiffel bereits mitbringen. Hier werden Vor- und Nachbedingungen für Codeblöcke explizit im Code festgehalten und lassen sich so vom Compiler und zur Laufzeit überprüfen. Wenn, wie oft im wissenschaftlichen Kontext, weniger die Sicherheit im Fokus steht als die einfache Erlern- und Nutzbarkeit, sind Sprachen wie Python u. ä. vermutlich die bessere Wahl als stark typisierte Sprachen wie C++ etc. mit der ihnen inhärenten Komplexität.

Nutzung von Werkzeugen zur Fehlerdetektion Es gibt eine ganze Reihe an Werkzeugen zur Aufdeckung von Fehlern. Das bekannteste Beispiel sind statische Codeanalysatoren wie Lint. Wie weitreichend diese Analyse ist, hängt immer auch von der verwendeten Sprache und der Strenge ihres Typsystems ab. Stark typisierte Sprachen lassen sich statisch (ohne Kompilierung) einfacher auf Fehler untersuchen als schwach (dynamisch) typisierte Sprachen, bei denen Fehler durch Typumwandlungen erst während der Laufzeit auftreten.

Lesbarer Code Ein Imperativ für jegliche Art der Programmierung: Code sollte möglichst lesbar geschrieben werden, da er viel häufiger gelesen als geschrieben wird. Je lesbarer Code ist, desto einfacher lässt er sich auf Fehler und Schwachstellen – z. B. bei Code Reviews – überprüfen. Der gesamte nachfolgende Teil ab ▶ Kap. 10 befasst sich mit unterschiedlichen Aspekten lesbaren und damit „sauberen Codes".

Disziplin Letztlich nutzen alle guten Strategien und Vorsätze wenig, wenn wir als Programmierer nicht die notwendige Disziplin aufbringen, sauber zu programmieren und konsequent all die zur Verfügung stehenden Werkzeuge und Ansätze zu verwenden.

Alle hier genannten Aspekte beziehen sich ausschließlich auf das eigentliche Erstellen von Code. Natürlich wird auch bei konsequenter Beherzigung all dieser Aspekte kein fehlerfreier Code entstehen. Dazu sind einerseits wir als Menschen zu fehlbar und andererseits die normalerweise von Programmen bearbeiteten Fragestellungen zu komplex, als dass wir realistisch den dafür notwendigen Überblick haben könnten. Entsprechende Strategien, mit (unvermeidlichen) Fehlern umzugehen, werden deshalb nachfolgend thematisiert.

9.2.2 Frühzeitig entdecken und beheben

Es wurde bereits angesprochen und ist eine durch die Praxis mitunter eindrucksvoll bestätigte Erfahrung: Je früher ein Fehler entdeckt und behoben wird, desto billiger und einfacher ist normalerweise seine Behebung. Ein anschauliches Beispiel: Wird ein Fehler im anfänglichen Entwurf erst kurz vor Fertigstellung der komplexen Software entdeckt, ist im schlimmsten Fall ein großer Teil der Entwicklung hinfällig. Aber auch ein (subtiler) Fehler in einer sehr grundlegenden Routine, der lange unentdeckt bleibt, kann bei seiner Behebung viel Arbeit nach sich ziehen. Vier Aspekte sollen nachfolgend vorgestellt werden. Auch wenn es für die Entwicklung und für bereits in produktivem Einsatz befindliche Software gilt, dass Fehler möglichst früh gefunden und behoben werden sollten, fokussieren diese Aspekte weitgehend auf die Entwicklungsphase.

Anforderungsanalyse Nur wenn die Anforderungen an ein Programm bzw. einen Programmteil hinreichend klar definiert sind, lässt sich auch überprüfen, ob die Software diesen Anforderungen genügt. Entsprechend ist eine Anforderungsanalyse zwingende Voraussetzung für eine Validierung (s. o.). In den meisten Fällen sind Anforderungsanalysen nicht formalisiert genug, um in automatisierte Tests übersetzt zu werden. Sie sollten aber hinreichend konkret sein, um den Entwicklern eine Chance zu geben, das richtige Produkt zu entwickeln. Anforderungen werden sich auch über die Entwicklung des Projektes hinweg ändern. Das ist eine unvermeidliche Tatsache und kein Fehler, wenngleich nicht immer einfach für die Entwickler. Softwareentwicklungsprozesse sollten dieser Realität sich ändernder Anforderungen durch eine entsprechende Flexibilität Rechnung tragen.

Klare Kriterien für korrektes Verhalten von Programmteilen Während die Anforderungsanalyse meist auf Ebene des gesamten Projektes oder der Teilprojekte ansetzt, ist es wichtig, für einzelne Funktionen bzw. Routinen ebenfalls klare Kriterien für deren korrektes bzw. inkorrektes Verhalten aufzustellen. Das ist eine wesentliche Voraussetzung für die Definition von Tests, und umgekehrt sind hinreichend gut programmierte Tests (an dieser Stelle meist Unittests, vgl. ► Kap. 18) die in Code gegossene und autoritative Antwort auf die Spezifikation einer Routine. Das Erstellen derartiger Tests setzt meist ein tiefes Verständnis der Zusammenhänge voraus. Das ist aber sowieso notwendig, um die Software überhaupt sinnvoll entwickeln zu können.

Definition von Tests Es ist bereits im vorigen Punkt angeklungen: Kriterien für korrektes Verhalten von Programmteilen, namentlich Funktionen und Routinen, sind die Voraussetzung für die Definition von Tests. Das setzt eine gewisse Modularität und Testbarkeit der Software voraus. Wichtig ist, dass die Tests automatisch aufrufbar sind (vgl. ► Kap. 19). Nur so werden sie häufig genug durchgeführt, um sicherzustellen, dass die Software auch nach kleineren Änderungen noch die durch die Tests spezifizierte Funktionalität besitzt.

Qualitätssicherung bei der Entwicklung Insgesamt sollte, gerade bei größeren Projekten, eine Qualitätssicherung bei der Entwicklung vorhanden und ggf. entsprechend formalisiert sein. Das können z. B. regelmäßige Code Reviews sein (vgl. ► Kap. 3), genauso aber auch die Verpflichtung, nur Code zu committen, der getestet ist und die (automatisierten) Tests erfolgreich durchläuft (vgl. ► Kap. 6). Wichtig ist es insbesondere, eine Kultur des Umgangs mit Fehlern und Unzulänglichkeiten zu schaffen, die es jedem ermöglicht, offen mit Fehlern umzugehen und sie zuzugeben. Nur durch eine entsprechende Kultur wird eine Offenheit möglich, die eine frühzeitige Aufdeckung und Behebung von Fehlern erlaubt.

9.2.3 Fehler in Tests verwandeln

Wenn Fehler schon unvermeidlich sind, sollte man aus aufgetretenen Fehlern wenigstens den größtmöglichen Nutzen ziehen und Fehler in Tests verwandeln [9, 10]. Die Idee hinter diesem Konzept ist die Folgende: Ein einmal aufgetretener Fehler kann wieder auftreten. Automatisierte Tests, die genau das überprüfen, kosten hingegen so gut wie nichts und geben dem Entwickler die Sicherheit, dass der Fehler nicht noch einmal auftritt, bzw. lassen ihn den Fehler sofort entdecken, sobald der Test aufgerufen und nicht erfolgreich durchlaufen wird. Dieser Ansatz setzt die Existenz (möglichst) automatisiert durchlaufender Tests voraus (vgl. ► Kap. 19). Weitere Voraussetzungen sind modularer und insbesondere testbarer Code sowie ein strukturierter Ablauf für den Umgang mit Fehlern, sodass alle aufgetretenen und berichteten Fehler auch tatsächlich in entsprechende Testfälle verwandelt werden. Umgesetzt werden kann diese Strategie durch Testsuiten, die automatisiert, häufig und regelmäßig durchlaufen. Darüber hinaus sollte darauf geachtet werden, wirklich jeden bekannten aufgetretenen Fehler, und sei er noch so klein oder dubios bzw. selten, in einen entsprechenden Testfall zu verwandeln. Dieser Ansatz sollte sowohl bereits in der Entwicklung als auch – und das ist entscheidend – auf Software im produktiven Einsatz angewendet werden: Jedes Fehlverhalten, das von einem Anwender an die Entwickler gemeldet wird, sollte nach Möglichkeit reproduziert und in einen Testfall verwandelt werden, bevor es behoben wird. Die zur Reproduktion des Fehlers notwendigen Schritte fließen dabei ggf. direkt in den Code für den Testfall mit ein.

9.2.4 Fehler überall beheben

Eine Situation, die man (leider) viel zu häufig antrifft: Ein Fehler wurde in einer veröffentlichten Version gefunden und je nach Schwere ein Hotfix zur Behebung veröffentlicht. Die für diesen Hotfix notwendigen Änderungen am Code fließen allerdings (z. B. durch nicht ausreichend stringente Organisation bei der Behandlung des Fehlers) nicht in die Entwicklerversionen ein. In der Konsequenz tauchen in späteren Veröffentlichungen alte, bereits einmal behobene Fehler wieder auf. Das wird auch als **Regression** bezeichnet. Die Lösung bietet hier der bereits im vorangegangenen Abschnitt detaillierter besprochene Ansatz: Jeder Fehler sollte in einen Testfall verwandelt werden. Diese Tests sollten dann auch auf die Entwicklerversionen der Software angewendet und deren Code ggf. ebenfalls angepasst werden. Auch hier gibt es wieder eine Reihe von Voraussetzungen. Das ist neben der Existenz automatisiert lauffähiger Testsuiten (► Kap. 19) ein Versionsverwaltungssystem (► Kap. 6) zur Handhabung der unterschiedlichen Versionen und Entwicklungszweige und ein strukturierter Ablauf für den Umgang mit Fehlern.

9.3 Motivation: Warum eine Bugverwaltung?

Es gibt viele gute Gründe für die Verwendung von Software, die spezifisch auf die Handhabung von Softwarefehlern (Bugs) zugeschnitten ist. Nachfolgend seien vier Aspekte detailliert behandelt, die hier zunächst im Überblick vorgestellt werden sollen:

Strukturierung und Vereinfachung von Abläufen Wie so oft wirken sich klare Abläufe dreifach auf die Arbeit aus: beschleunigend, befreiend und strukturierend. Die Beschleunigung kommt nicht zuletzt dadurch zustande, dass man nicht jedesmal wieder nachdenken muss, wie der genaue Ablauf war, sondern sich ggf. an einer Checkliste festhalten kann. Automatisierung wo immer möglich sorgt zusätzlich für eine Beschleunigung. Die Befreiung kommt durch den bereits angesprochenen Aspekt zustande, dass der Ablauf festgelegt ist und ggf. einfach eine Liste abgearbeitet werden kann: Der Kopf ist für andere (die eigentlich wichtigen) Dinge frei. Struktur bringt letztlich eine gewisse Einheitlichkeit mit sich, die den Vergleich und das Auffinden immens vereinfachen kann.

Dokumentation aufgetretener Fehler Einerseits werden Doppelungen beim Melden von Fehlern bzw. hauptsächlich bei deren Bearbeitung vermieden, da mehrfach gemeldete gleiche Fehler ggf. als Duplikat markiert und so zusammengeführt werden können. Andererseits ist eine Dokumentation aller aufgetretenen (und möglichst behobenen) Fehler gerade im wissenschaftlichen Kontext wesentlich für die Nachvollziehbarkeit und Überprüfbarkeit. Fehlerverwaltungssoftware erlaubt in der Regel z. B. die Suche nach Fehlern, die nur eine bestimmte Version oder alle Versionen der Software in einem gewissen Bereich von Versionsnummern betreffen. So lässt sich auch noch im Nachhinein im Zusammenspiel mit der in der Dokumentation der Auswertung abgelegten Versionsnummer der verwendeten Software einwandfrei feststellen, ob diese Auswertung von einem bekannten Fehler betroffen sein könnte.

Entkopplung von Nutzern und Entwicklern Die Verwendung einer Bugverwaltung macht die direkte Interaktion zwischen Nutzern und Entwicklern überflüssig. Der Nutzer kann einen Fehler melden, wenn er darauf stößt, der Entwickler kann ihn dann anschauen, wenn er Zeit dazu hat, und ggf. – ebenfalls über die Bugverwaltung – mit dem Nutzer Rücksprache halten. Dieser Aspekt wird umso wichtiger, je größer die Nutzerbasis einer Software und je umfangreicher das Team der Entwickler wird. Die Praktikabilität derartiger Lösungen wird durch viele große Softwareprojekte täglich unter Beweis gestellt.

Diskussion der weiteren Entwicklung Schließlich eignen sich Fehlerverwaltungswerkzeuge nicht nur zur Meldung aufgetretener Fehler, sondern im weiteren Sinn auch zur Diskussion weiterer Entwicklungen und der Anfrage nach zusätzlicher (neuer) Funktionalität. Genau wie beim Bericht von Fehlern kann hier der einzelne Aspekt von allen Entwicklern und Nutzern diskutiert werden. Die Vergabe eindeutiger Bezeichner (i. d. R. Nummern) erlaubt die jederzeitige klare Bezugnahme.

Die Wikipedia-Seite zum Thema Bugtracker[6] hat eine ganz nette kurze Übersicht mit ein paar Gründen, warum man eine Bugverwaltung einsetzen möchte. Dort findet sich u. a. auch eine Liste an Fragen, die sich durch den Einsatz einer Fehlerverwaltungssoftware (im Gegensatz zur manuellen Abarbeitung und Dokumentation) beantworten lassen. Weitere Informationen zur Ausgestaltung der Informationen in einem Fehlerbericht oder „Ticket“ findet sich ebenfalls auf der Wikipedia, im Artikel zum Thema „Issue-Tracking-System“[7]. Hier gilt: Je strukturierter ein Fehlerbericht ist (und je leichter es dem Nutzer gemacht wird, alle wichtigen Informationen zu übermitteln), desto einfacher hat es der Entwickler (siehe die detailliertere Beschreibung weiter unten).

---

6 ► https://de.wikipedia.org/wiki/Bugtracker (Zugriff am 04.01.2025).
7 ► https://de.wikipedia.org/wiki/Issue-Tracking-System (Zugriff am 04.01.2025).

9.3.1 Strukturierung und Vereinfachung von Abläufen

Zunächst einmal bietet eine Bugverwaltung den Vorteil, dass alle Fehler an einem zentralen Ort verwaltet werden. Das bewahrt den Überblick, ermöglicht einen einfachen Zugriff – u. a. durch ausgefeilte Suchfunktionen, die nach den Inhalten bestimmter Felder eines Fehlerberichtes gruppieren können – und bietet ein einheitliches Format. Darüber hinaus ermöglicht die Fehlerverwaltungssoftware eine Automatisierung eines Großteils der anfallenden Aufgaben (z. B. die wechselweise Benachrichtigung der Berichter und Entwickler) und sorgt für klare Abläufe. Das setzt voraus, dass der Kontakt zwischen dem Berichter eines Fehlers und dem Entwickler bzw. den Entwicklern möglichst ausschließlich über die Bugverwaltung (*bugtracker*) stattfindet. Nur so ist eine vollständige Dokumentation aller wichtigen Informationen gewährleistet. Der Zugriff kann ggf. entsprechend eingeschränkt werden.

Dadurch, dass alle relevanten und vorhandenen Informationen zu einem Fehler oder einer Aufgabe im *bugtracker* vorgehalten werden, können jederzeit andere Entwickler einspringen oder ggf. die Entwicklung und Fehlerbearbeitung übernehmen. Nicht zuletzt bei der Übergabe der Entwicklung an Nachfolger, wie das aufgrund der eher kurzen durchschnittlichen Aufenthaltszeiten von Mitarbeitern im akademischen Umfeld in einer Gruppe eher häufig der Fall ist, spielt dieser Aspekt eine mitunter entscheidende Rolle, um die Qualität der Entwicklung aufrechtzuerhalten. Weiterhin bieten *bugtracker* Funktionalität, um einen Fehler oder eine Aufgabe bestimmten Entwicklern zuzuweisen, Rückfragen zu stellen, Sachverhalte zu diskutieren und die Betroffenen automatisch bei Änderungen zu benachrichtigen. Letztlich entsteht so eine größtmögliche Transparenz: Der Berichter ist jederzeit im Bilde darüber, wie es mit dem von ihm berichteten Fehler und dessen Behebung bzw. seinem Vorschlag für eine neue Funktionalität vorangeht. Darüber hinaus können Doppelungen durch Referenz auf bereits existierende Fehler oder Aufgaben vermieden werden.

9.3.2 Dokumentation aufgetretener Fehler

Die Erfassung sämtlicher bekannter Fehler bzw. Aufgaben in einem System verhindert, wie bereits angesprochen, die Doppelung, da eventuelle Doppelmeldungen als Duplikat markiert und mit einer Referenz auf bereits vorhandene Fehlerberichte oder Aufgaben markiert werden können. Die Dokumentation hilft darüber hinaus dabei, die Übersicht zu bewahren. Nicht jeder Fehler wird sofort behoben – aus mitunter durchaus unterschiedlichen Gründen, von mangelnder Zeit über zu geringe Priorität (nur geringe Auswirkungen) bis hin zur fehlenden Strategie für die Behebung. Ein weiterer Aspekt: Manche Fehler ähneln sich. Durch die Identifizierung häufiger Fehlerursachen, die nur durch Statistik, wie sie eine Bugverwaltung liefert, möglich wird, lässt sich ggf. die Entwicklungsstrategie anpassen, und das durchaus auch auf der Ebene einzelner Entwickler, wenn sie feststellen, dass ihnen immer wieder gleichartige Fehler unterlaufen. Gerade im akademischen Kontext ist ein anderer Aspekt der Dokumentation aufgetretener Fehler mitunter noch von entscheidender Bedeutung: Im Zusammenhang mit Versionsnummern (▶ Kap. 7) und einer Versionsverwaltung (▶ Kap. 6) lässt sich so die Nachvollziehbarkeit und Überprüfbarkeit von Auswertungen gewährleisten. Die Fehlerverwaltungssoftware erlaubt in der Regel die Eingrenzung der Suche auf bestimmte Versionsnummern einer Software, und so lässt sich auch für weit zurückliegende Auswertungen noch feststellen, ob in der damals verwendeten Version der Auswertungssoftware evtl. ein Fehler vorhanden war, der mitunter erst deutlich später entdeckt wurde, der das Ergebnis aber gegebenenfalls (negativ) beeinflussen könnte.

9.3.3 Entkopplung von Nutzern und Entwicklern

Die Bedeutung der Entkopplung von Nutzern und Entwicklern sollte nicht unterschätzt werden. Natürlich erscheint es gerade im akademischen Kontext und bei Anwendern in der gleichen Gruppe wie die Entwickler die viel einfachere Variante, das persönliche Gespräch mit dem Entwickler zu suchen. Das ist sicherlich nie schlecht. Gerade bei komplexeren Problemen oder wenn der Fehler sich nicht sofort beheben lässt (z. B. aus Zeitgründen), ist eine Dokumentation im Fehlerverwaltungssystem aber auf jeden Fall vorzuziehen – ganz abgesehen vom im vorherigen Abschnitt diskutierten Aspekt der Dokumentation jedes bekannt gewordenen Fehlers. Spätestens wenn Anwender/Berichter und Entwickler unterschiedliche Arbeitszeiten oder einen anderen Tagesrhythmus haben oder beide so beschäftigt sind, dass es schwer wird, eine gemeinsame Zeit zu finden, ist eine Entkopplung von Bericht und Behebung eines Fehlers auch unter praktischen Aspekten geboten. Ungeachtet dessen sollten aus Gründen der Dokumentation zumindest alle in Produktivversionen bekannt gewordenen Fehler im System vermerkt werden. Neben der für beide, Berichter und Entwickler, gewonnenen Freiheit ermöglicht die Entkopplung und Dokumentation, jederzeit den Überblick zu behalten, welche Fehler noch offen sind.

Auch ein weiterer Aspekt wurde bereits angesprochen: Vor dem Hintergrund, dass es schon alleine nicht ökonomisch vertretbar ist, größere Softwareprojekte im akademischen Kontext mit dem Ausscheiden des Hauptentwicklers aus einer Gruppe nicht weiterzuführen, sollte von Anfang an alles dafür getan werden, dass die Übernahme von Projekten möglich und dazu noch möglichst einfach wird. Die zentrale Speicherung aller Fehlerberichte an einem Ort, die Verfügbarkeit der kompletten Historie der Diskussionen zu einem Fehler oder einer Aufgabe und die Durchsuchbarkeit dieser Sammlung nach vielen Kriterien wie offenen Fehlern bzw. Aufgaben oder der Zuweisung zu Meilensteinen ist hier ein ganz wesentlicher Aspekt. Schließlich gilt: Bugverwaltung skaliert wesentlich besser als persönliche E-Mails an den Hauptentwickler. Das zeigen eindrücklich große Softwareprojekte mit zum Teil mehreren hundert Entwicklern und einer Nutzerbasis, die sich vermutlich nur in Millionen zählen lässt (die Mozilla- und Apache-Projekte seien hier stellvertretend erwähnt).

9.3.4 Diskussion der weiteren Entwicklung

Ein letztes Argument für die Nutzung von Fehlerverwaltungssoftware weist über den engen Fokus der strukturierten Behandlung von Fehlerberichten hinaus: *Bugtracker* können auch zum Vorschlag neuer Funktionen (*feature requests*) inklusive der nachfolgenden Diskussion verwendet werden. Der Kernaspekt dabei ist: Fehlerverwaltungssoftware dient dem (strukturierten) Austausch zwischen Entwicklern und Nutzern, ganz ähnlich einem Forum. Der Unterschied zu einem Forum ist aber die Fokussierung auf eine Aufgabe und die klare Referenz zu einem bestimmten Programmverhalten oder einer angefragten neuen Funktionalität. Besonders wichtig für den Nutzer: Die Diskussion bzw. das

Berichten von Fehlern oder die Anfrage neuer Funktionalität erfordert keinerlei Programmierkenntnis. Entsprechend gering ist die Einstiegshürde. Die Anfrage nach neuer Funktionalität lässt sich genauso wie ein Fehlerbericht kategorisieren, priorisieren, ggf. einem Meilenstein zuweisen. Darüber hinaus können *bugtracker* zur Begutachtung von Code verwendet werden – oft auch im Zusammenhang mit einem Versionsverwaltungssystem (vgl. ▶ Kap. 6). Jeder Entwickler kann mitdiskutieren, *patches* bereitstellen und *pull requests* machen.

9.4 Handhabung: Brauchbare Fehlerberichte, Feedback, Integration

Nach der allgemeinen Einführung in Ursachen und Strategien im Umgang mit Fehlern in Software und der Vorstellung von Gründen für den Einsatz von Fehlerverwaltungssystemen soll es nun im letzten Abschnitt noch um praktische Belange der Handhabung dieser Systeme gehen: Wie bekommt man als Entwickler möglichst brauchbare Fehlerberichte? Wie motiviert man seine Anwender dazu, Fehler möglichst früh zu melden? Und schließlich: Wie lässt sich eine Bugverwaltung in die restliche, bereits vorgestellte Projektinfrastruktur integrieren? Die Verantwortung des Nutzers bzw. Berichters von Fehlern ist dabei, brauchbare Fehlerberichte abzuliefern. Die Verantwortung des Entwicklers ist eine möglichst zeitnahe Antwort und der Respekt vor dem Nutzer.

9.4.1 Verantwortung der Nutzer: brauchbare Fehlerberichte

Grundsätzlich gilt: Ein Fehlerbericht sollte für den Nutzer so einfach wie nur möglich gestaltet werden. Dazu gehört ein offensichtlicher Hinweis auf die Existenz und Erreichbarkeit der Bugverwaltung ebenso wie ggf. die Möglichkeit zum automatischen Versenden eines Fehlerberichtes, wie das heute viele Programme anbieten. Darüber hinaus sollte ein Fehlerbericht so vollständig wie möglich sein. Hilfreich sind hier Funktionen, die alle relevanten Informationen sammeln. Mitunter ist auch die komplette Fehlerausgabe inklusive der Hierarchie aufgerufener Funktionen (*call stack*) nützlich. Drei Aspekte sollten in keinem Fehlerbericht eines Anwenders fehlen:

Eine möglichst präzise Fehlerbeschreibung Was hat der Nutzer genau gemacht? Was wollte der Nutzer erreichen? Was war stattdessen das Verhalten des Programms? Ist der Fehler reproduzierbar? Insbesondere die Reproduzierbarkeit ist entscheidend für die Behebung des Fehlers, denn nur ein beim Entwickler reproduzierbarer Fehler kann behoben und insbesondere in einen Testfall verwandelt werden. Gegebenenfalls hilft hier die Diskussion mit dem Nutzer innerhalb des Fehlerverwaltungssystems/*bugtrackers* (für die vollständige Dokumentation).

Details zum verwendeten System Ein Minimum ist in der Regel das verwendete Betriebssystem inklusive Versionsnummer, die verwendete Programmversion und ggf. die Version von Bibliotheken, von denen das Programm abhängt. Die Versionsnummer des Programms sollte entsprechend vom Nutzer einfach in Erfahrung zu bringen sein oder, besser noch, in einen automatisch erzeugten Fehlerbericht einfließen, den der Nutzer nur noch weitergeben muss.

Umgang mit sicherkeitskritischen Fehlern

Fehler, die sicherheitskritisch sind, sollten in der Regel nicht via *bugtracker* weitergegeben werden, da sie so öffentlich einsehbar sind und unnötig das betroffene System zusätzlich angreifbar machen. Sie sollten zügig an entsprechende für ein jeweiliges Projekt eindeutig benannte (elektronische) Kontaktadressen geschickt werden. Die wenigste Software, die im Kontext der wissenschaftlichen Datenauswertung geschrieben wird, ist sicherheitskritisch. Allerdings sollte, sobald persönliche Informationen verarbeitet werden (und dazu gehört eben auch der Name eines Durchführenden einer Datenaufnahme oder -verarbeitung, der in der Historie abgelegt wird), entsprechend auf sichere Verwahrung und Übertragung von Daten geachtet werden.

Eine Einschätzung der Schwere des Fehlers Eine solche Einschätzung ist notwendigerweise immer subjektiv. Mögliche und gängige Kategorien für die Schwere des Fehlers wären: *blocker*, *critical*, *major*, *minor*, *enhancement*. Diese Information hilft dem Entwickler bei der Einschätzung der Wichtigkeit und Dringlichkeit.

Wichtig beim Umgang mit *bugtrackern* und *issue trackern*: Sensible Informationen (z. B. Messdaten) sollten generell nicht eingetragen werden, da sie potentiell weltweit lesbar sind. Das gleiche gilt für personenbezogene Daten, insbesondere aufgrund der neueren Gesetzgebung zur Verarbeitung dieser Daten (DSGVO). Diese Informationen sollten auf anderem Weg vom Nutzer zum Entwickler gelangen – und ggf. deren Notwendigkeit in der Diskussion zum Problem vermerkt werden. Das erspart später unnötiges Kopfzerbrechen.

► Beispiel: Quantas-Meme

Ein gutes Beispiel für nicht brauchbare weil nicht exakte Fehlerberichte ist das „Quantas-Meme“[8]: die (vermutlich fiktive) schriftliche Kommunikation zwischen Piloten und Technikern nach jedem Flug der Fluglinie. Zwei Beispiele: „Problembeschreibung: Irgendetwas lose im Cockpit. Antwort: Irgendetwas im Cockpit wieder festgeschraubt.“ „Problembeschreibung: Vermutlich Riss in der Windschutzscheibe. Antwort: Vermutlich haben Sie Recht.“ ◄

9.4.2 Verantwortung der Entwickler: zeitnahes Feedback

Ist die Verantwortung des Nutzers, möglichst brauchbare und vollständige Fehlerberichte abzuliefern, so besteht die Verantwortung des Entwicklers in zeitnaher Antwort auf einen Fehlerbericht. Das ist deshalb von entscheidender Bedeutung, weil zeitnahes Feedback die Anwender ernst nimmt und motiviert: Nur wenn sie schnell eine Rückmeldung bekommen, werden sie auch weiter Fehlerberichte schreiben. Jeder Entwickler sollte darauf bedacht sein, von Fehlern in seiner Software möglichst schnell nach ihrem Auftreten zu erfahren. Ein paar Hinweise für Entwickler zum Umgang mit Fehlerberichten:

8 ► http://rb-29.coldwar.org/HTML/03RelatedStories/03.10.FunStuff/17.Qantas.htm (Zugriff am 04.01.2025).

Nutzer ernst nehmen Das oberste Gebot im Umgang mit Nutzern und insbesondere mit jenen Nutzern, die einen Fehler in einem Programm melden: Sie sollten in jedem Fall ernst genommen und mit Respekt behandelt werden. Dazu gehört eine zügige Rückmeldung, und wenn es nur die (persönliche) Quittierung des Eingangs des Fehlerberichtes ist. Darüber hinaus sollten Fehler immer zunächst in der Software vermutet werden, und nicht beim Anwender. Entwickler sind genauso Menschen wie die Nutzer, und meist sind sie durch die Entwicklung hinreichend „betriebsblind", sodass sie gar nicht auf die Idee kämen, die Software so zu verwenden wie mancher Nutzer – was kein Fehler des Nutzers ist, mitunter aber zu überraschenden Ergebnissen führen kann.

Geringer Aufwand, große Wirkung Oft lässt sich ein großer Effekt mit vergleichsweise geringem Aufwand erzielen. Auch wenn ein Fehler sich vielleicht nicht sofort komplett beheben lässt, finden sich doch oft Möglichkeiten, ihn relativ einfach und ohne zu großen Aufwand für Nutzer und Entwickler zu umgehen.

Vollständige Dokumentation in der Bugverwaltung Von zentraler Bedeutung, insbesondere für die bereits angesprochene Dokumentation der Fehler und ihrer Behebung, ist dass die vollständige Kommunikation zu einem Fehler oder einer Aufgabe in der Bugverwaltung hinterlegt ist. Eine – wichtige – Ausnahme stellen hier lediglich sensible Informationen dar. Derlei Informationen sollten *nie* in einer Bugverwaltung abgelegt werden, da sie so einerseits potentiell für jeden lesbar sind und andererseits zumindest perspektivisch auf Dauer archiviert werden.

Fehler lokal reproduzieren Der Fehler sollte immer lokal reproduziert werden. Gegebenenfalls fehlende Informationen können durch die Kommentar- und Diskussionsfunktion abgefragt werden. Die Bugverwaltung übernimmt dabei automatisch die Benachrichtigung des Nutzers.

Wichtigkeit und Dringlichkeit einschätzen Schließlich liegt es noch im Verantwortungsbereich des Entwicklers, die Wichtigkeit und Dringlichkeit des Fehlers einzuschätzen. Diese Einschätzung kann sich ggf. mit der Zeit verändern. Darüber hinaus sollte ein Fehler entweder einem Entwickler zugewiesen oder von einem Entwickler übernommen werden. Im Kontext mehrerer Entwickler ist so sichergestellt, dass die vorhandenen (immer knappen) Ressourcen effizient eingesetzt werden. Sollte ein berichteter Fehler keinen unmittelbaren Handlungsbedarf nach sich ziehen, kann er ggf. einem entsprechend geplanten Meilenstein zugewiesen werden.

9.4.3 Integration in bestehende Infrastruktur und Abläufe

Wie fügt sich nun eine Fehlerverwaltungssoftware in die bestehende und (in weiten Teilen bereits beschriebene) Projektinfrastruktur ein? Angesprochen wurden bereits drei wesentliche Komponenten einer Projektinfrastruktur, die mit der Fehlerverwaltung interagieren: Versionsverwaltung, Versionsnummern und (automatisiert ablaufende) Tests. Das Zusammenspiel mit einer Bugverwaltung soll hier noch einmal kurz im Überblick zusammengefasst werden.

Die Versionsverwaltung (▶ Kap. 6) strukturiert grundsätzlich den Entwicklungsablauf. Wird ein kritischer Fehler in einer veröffentlichten, produktiv eingesetzten Version einer Software entdeckt, wird in der Regel ein Hotfix vorgenommen, der dann (s. o.) dringend in die Entwicklerversion(en) ebenfalls eingepflegt werden sollte. Solche zeitkritischen Bugfixes sollten wann immer möglich von neuen Versionen mit zusätzlicher, neuer Funktionalität getrennt werden. Nur so wird es möglich, auch in älteren Versionen Fehler zu beheben. Nach jedem Bugfix sollte die Versionsnummer (▶ Kap. 7) entsprechend inkrementiert werden. Darüber hinaus empfiehlt sich ein Eintrag in der Liste der Änderungen mit einem Verweis auf den behobenen Fehler (nach Möglichkeit mit seinem eindeutigen Bezeichner und einem Link zu weiteren Informationen). Jeder aufgetretene bekannte Fehler sollte in einen Test (▶ Kap. 18) verwandelt werden, der dann automatisiert durchlaufen werden kann und so sicherstellt, dass einmal aufgetretene Fehler nicht ein zweites Mal auftreten (für automatisierte Tests vgl. ▶ Kap. 19).

Es gibt Plattformen wie GitHub und GitLab (und für diejenigen, die es gerne „kleiner" und leichtgewichtiger mögen, auch Gitea), die die Fehlerverwaltung zusammen mit den anderen hier genannten Aspekten von Infrastruktur in einer Oberfläche integrieren. Solche hochintegrierten Systeme haben – wie so meist – Vor- und Nachteile. Der große Vorteil ist sicherlich, dass zumindest bei einer guten Integration alles wie aus „einem Guss" erscheint und Nutzer wie Entwickler ohne Medienbrüche zwischen den unterschiedlichen Aspekten einer Projektinfrastruktur hin- und herwechseln können. Der große Nachteil ist, dass man sich zu sehr auf ein System festlegt und dadurch unnötig einschränkt. Außerdem neigen derartige hochintegrierte Systeme zu proprietären Lösungen für die Datenablage, die eine Migrierung auf andere Systeme nicht gerade erleichtern. Viele einzelne Lösungen bieten eine gute Integration über standardisierte Schnittstellen, sodass man nicht auf hochintegrierte Systeme angewiesen ist, um einen vernünftigen und bequemen Arbeitsablauf sicherzustellen. Darüber hinaus bewahrt man sich damit einen gewissen Grad an Unabhängigkeit und hat mitunter die Möglichkeit, ausgereiftere einzelne Komponenten zu verwenden. Die Entscheidung zwischen einer hochintegrierten Plattform und einer Sammlung einzelner Komponenten ist letztlich einerseits eine Frage des persönlichen Geschmacks und andererseits von ggf. bereits existierender Infrastruktur abhängig.

Noch eine letzte Anmerkung zum Arbeitsablauf: Wenn (z. B. aufgrund einer Fehlerbehebung) eine neue Version veröffentlicht wird, dann sollte ihre Versionsnummer auch im *bugtracker* eingetragen werden, damit Fehler dieser Version zugeordnet werden können. Das gilt natürlich nur dann, wenn *bugtracker* und Versionsverwaltung nicht in einer gemeinsamen Oberfläche (wie bei GitHub, GitLab, Gitea, ...) vereint sind.

? Verständnisfragen

- Lässt sich Code *im Allgemeinen* beweisen? Welcher mathematische Satz ist dafür zentral?
- Welche Strategien gibt es, um die Zahl der Fehler zu reduzieren?
- Was sind die Vorteile einer Fehlerverwaltungssoftware?
- Welche Verantwortung kommt dem Nutzer, welche dem Entwickler, hinsichtlich des Umgangs mit Fehlerberichten (*bug reports*) zu?
- Welche Fragen sollte ein brauchbarer Fehlerbericht mindestens beantworten, um für die Entwickler nützlich zu sein?
- Worauf sollte bei der Verwendung einer Fehlerverwaltungssoftware im wissenschaftlichen Kontext insbesondere geachtet werden?

Kommentiertes Literaturverzeichnis

Eine sehr auf die Situation in den Wissenschaften fokussierte Beschreibung von Fehlerverwaltung bzw. genauer gesagt Issue-tracking-Systemen findet sich in [11, Kapitel 21]. Eine gute Zusammenfassung ist Abb. 21-1, die in einem Flussdiagramm den Ablauf von der Fehlerentdeckung über die Programmierung eines Fehlerfixes bis hin zur finalen Lösung erklärt und die Beteiligung weiterer Aspekte von Infrastruktur (Tests, Versionsverwaltung) aufzeigt. Für den Kontext der allgemeinen Softwareentwicklung, insbesondere hinsichtlich Validierung und Verifizierung, vgl. [12, Kap. 2]. Softwarefehler können extrem teuer werden oder im schlimmsten Fall sogar Menschenleben kosten. Für Details zum fehlgeschlagenen Jungfernflug der Ariane-5-Rakete vgl. den kurzen Artikel von Bertrand Meyer [5]. Der Abschlussbericht der ESA ist online verfügbar.[9] Eine detaillierte Aufarbeitung des Therac-25-Unfalls mit mehreren Toten liefern Leveson und Turner [7]. Der Bericht ist sicherlich nichts für schwache Nerven, zeigt aber eindrücklich, wie wichtig Qualitätskontrolle in solcher Software ist. Wer sich für die eingangs erwähnte Berechenbarkeit im Detail interessiert, dem sei als Einführung in die Theoretische Informatik das Buch von Uwe Schöning [2] und dort insbesondere Kapitel 2 empfohlen. Es richtet sich zwar an Informatiker und ist entsprechend formal, bietet dafür aber auf sehr knappem Raum sehr viel Information. Die originale Formulierung der Gödelschen Unvollständigkeitssätze findet sich in [3], jene von Turing zum Halteproblem in [4].

Literatur

1. S. McConnell, *Code Complete*, 2. Aufl. (Microsoft Press, Redmond, Washington, 2004)
2. U. Schöning, *Theoretische Informatik – kurz gefasst*, 5. Aufl. (Spektrum Akademischer Verlag, Heidelberg, 2008)
3. K. Gödel, Monatshefte für Mathematik und Physik **38**, 173 (1931)
4. A.M. Turing, Proceedings of the London Mathematical Society **42**, 230 (1936)
5. J.M. Jézéquel, B. Meyer, Computer **30**, 129 (1997)
6. B. Meyer, *Object-Oriented Software Construction* (Prentice Hall PTR, Upper Saddle River, New Jersey, 1997)
7. N.G. Leveson, C.S. Turner, Computer **26**, 18 (1993)
8. Z. Merali, Nature **467**, 775 (2010)
9. A. Hunt, D. Thomas, *The Pragmatic Programmer* (Addison-Wesley, Boston, 1999)
10. D. Thomas, A. Hunt, *The Pragmatic Programmer*, 20. Aufl. (Addison-Wesley, Boston, 2020)
11. A. Scopatz, K.D. Huff, *Effective Computation in Physics* (O'Reilly, Sebastopol, 2015)
12. I. Sommerville, *Software Engineering*, 10. Aufl. (Pearson, Hallbergmoos, 2018)

9 ► https://esamultimedia.esa.int/docs/esa-x-1819eng.pdf (Zugriff am 04.01.2025).

Sauberer Code

Die wichtigste und vornehmste Aufgabe von Quellcode ist Kommunikation, und zwar Kommunikation mit seinem menschlichen Leser, nicht mit dem Rechner. Code sollte deshalb unter allen Umständen und vor allem anderen lesbar sein, und zwar so lesbar und ausdrucksstark wie nur möglich. Lesbarkeit von Code hat viele Aspekte, von der Formatierung über Namen bis hin zu Entwurfsmustern. Sauberer Code ist darüber hinaus immer auch testbarer und möglichst vollständig durch automatisierte Tests abgedeckter Code. Tests sind eine wesentliche Voraussetzung sowohl für die Wartung und Weiterentwicklung als auch für die Optimierung. Im wissenschaftlichen Kontext ist Lesbarkeit eine Voraussetzung für die Nachvollziehbarkeit, und damit essentiell für die Wissenschaftlichkeit. Am Ende offenbart Code schonungslos die Sorgfalt, die seine Autoren aufgewandt haben, und damit letztlich deren Professionalität.

Inhaltsverzeichnis

Sauberer Code

Inhaltsverzeichnis

T. Biskup, *Softwareentwicklung für die Naturwissenschaften*,
https://doi.org/10.1007/978-3-662-71607-6_10

Kernaspekte
- Ziel der Programmierung:
  intellektuelle Beherrschung komplexer Zusammenhänge
- Programmierer kommunizieren durch ihren Code.
  Man kann nicht nicht, nur unzureichend kommunizieren.
- Die Qualität von Code nimmt über die Dauer der
  Entwicklung eines Projektes meist ab (Software-Entropie).
- Die Lösung ist nicht der große Neuentwurf,
  sondern die kontinuierliche Verbesserung im Kleinen.
- Codequalität ist eine Frage der persönlichen Einstellung
  und der Wertschätzung des Lesers/Nutzers.

Dieses Kapitel gibt eine Einführung in das Thema – letztlich einen Überblick über „sauberen Code“ (*clean code*) und all seine Aspekte. Entsprechend ist eine wesentliche Quelle für die nachfolgenden Kapitel das gleichnamige Buch von Robert C. Martin [1].

10.1 Ziel der Programmierung: intellektuelle Beherrschbarkeit komplexer Zusammenhänge

Ein zentrales Motiv für die Entwicklung von Programmierparadigmen und Konzepten für die Softwareentwicklung ist die intellektuelle Beherrschbarkeit der an den Programmierer gestellten Aufgaben (vgl. ► Kap. 2). Das wurde von Edsger Dijkstra in seiner *Turing Award Lecture*, übertitelt *The Humble Programmer*, sehr schön dargelegt [2].

10.1.1 Die Komplexität von Programmen überfordert den Menschen

Steve McConnell macht in seinem Buch *Code Complete* eine sehr wichtige Aussage – und beruft sich dabei direkt auf Dijkstra: Übermäßige Intelligenz ist generell keine Voraussetzung und keine Garantie dafür, ein guter Programmierer zu sein. Vermutlich trifft mitunter eher das Gegenteil zu, zumal dann, wenn sich Genialität nicht mit Fokussiertheit verbindet.

> » „Nobody is really smart enough to program computers. Fully understanding an average program requires an almost limitless capacity to absorb details and an equal capacity to comprehend them all at the same time. The way you focus your intelligence is more important than how much intelligence you have.“ (Steve McConnell, [3, S. 821])

Viele gute Programmierpraktiken (und -prinzipien) haben genau ein Ziel: die notwendigen intellektuellen Kapazitäten für die Programmierung an die sehr limitierten Ressourcen unseres Gehirns anzupassen. Hier kommen die im nächsten Kapitel (► Kap. 11) vorgestellten Programmierparadigmen ins Spiel: Über die Jahrzehnte haben sich bestimmte Herangehensweisen herausgebildet, um die (nahezu) unbeschränkten Möglichkeiten soweit zu begrenzen, dass sie intellektuell beherrschbar und unabhängig von einem Programmierer werden.

10.1.2 Es gibt keine Patentlösung – nur harte Arbeit

Es gibt nicht das eine Werkzeug oder die eine Entwicklung, die Programmierung plötzlich vereinfacht. Auch wenn in den Jahrzehnten seit der Entwicklung der ersten Computer immer wieder Produkte damit beworben wurden, die Produktivität zu verzehnfachen – in Analogie zum „Mooreschen Gesetz“[1] bei der Entwicklung der Halbleiter –, gibt es keine einzelne Strategie in der Softwareentwicklung, die dieses Versprechen auch nur ansatzweise einlösen könnte.[2] Der Grund dafür ist einfach, aber schwer zu akzeptieren: Programmierung ist inhärent komplex. Es gibt allerdings durchaus Produktivitätsunterschiede zwischen guten und schlechten Programmierern, die sich in dieser Größenordnung (Faktor zehn) bewegen (vgl. u. a. [6]). Was einen guten Programmierer ausmacht, ist weniger übermäßiger Intellekt als die Kenntnis und gute Beherrschung entsprechender Werkzeuge – wie bei einem Handwerker, der aufwendige Maschinen in vielen Situationen zu schätzen weiß, aber ohne entsprechende Vertrautheit mit grundlegenden Werkzeugen (die sich über Jahrhunderte ggf. wenig geändert haben) ein schlechter Handwerker ist.[3] Entsprechend kann dieses Buch nur Hinweise geben, wie man besseren Code schreiben kann – die praktische Umsetzung und damit auch das Erlernen entsprechender Strategien und das Ansammeln der notwendigen Erfahrung, um am Ende zu einem guten (oder zumindest besseren[4]) Programmierer zu werden, ist Sache des Einzelnen.

10.2 Die Aufgabe von Code: Kommunikation

Es gibt viele Metaphern für das Programmieren, und jedes dieser Bilder hat seine Stärken und Schwächen. Ein Bild, das entscheidend für das Verständnis sein kann, warum die Lesbarkeit von Code so essentiell für seine Qualität ist und warum es sich lohnt, entsprechend viel Arbeit in gute Lesbarkeit – und das Aneignen von Wissen und Strategien, um sie zu erreichen – zu investieren, ist das vom Programmierer als Autor bzw. Schriftsteller. Unabhängig davon, ob man nun Programmierer als Schriftsteller oder Handwerker betrachtet, bleibt ein Aspekt bestehen: Jede Form von Code *kommuniziert* mit dem Leser, im Guten wie im Schlechten. Das ist der hier wesentliche Aspekt, der natürlich noch viel umfassender gilt:

» „Man kann nicht *nicht* kommunizieren.“ (Paul Watzlawick, [8, S. 60])

1 Das „Mooresche Gesetz“ wurde nach Gordon Moore, einem der Gründer der Firma Intel, benannt und besagte ursprünglich, dass sich die Zahl der Transistoren in einem integrierten Schaltkreis alle zwölf Monate verdoppelt [4]. In der Realität waren es 18 Monate, aber über Jahrzehnte hinweg hat sich dieser Trend fortgesetzt, auch wenn er mittlerweile aufgrund physikalischer Grenzen zunehmend abflacht. Natürlich handelt es sich dabei nicht um ein Gesetz im engeren Sinne, und es gibt gute Hinweise, dass es zu einer selbsterfüllenden Prophezeiung wurde. Trotzdem belegt es in einer einzigen greifbaren Zahl den Erfolg und Einfluss, den die siliziumbasierte Halbleiterindustrie hatte und hat. Vgl. ▶ Abschn. 21.1.1 und ◘ Abb. 21.1.

2 Vgl. dazu Frederick P. Brooks, sowohl sein Buch *The Mythical Man Month* [5] als auch seinen Essay *No Silver Bullet*, der in der Ausgabe des Buches von 1995 ebenfalls enthalten ist.

3 Vgl. dazu das in ▶ Kap. 4 wiedergegebene Zitat von Hunt und Thomas aus [7] zur Bedeutung guter Werkzeuge für einen Handwerker.

4 Vermutlich niemand, der in einer naturwissenschaftlichen Disziplin ausgebildet ist und Software entwickelt, ist ein professioneller Programmierer, und die wenigsten werden es später einmal werden. Deshalb geht es hier auch nur darum, Hinweise dafür zu geben, wie man ausreichend gut lernen kann zu programmieren und Software zu entwickeln, um die eingangs in ▶ Kap. 1 aufgestellten Ansprüche der Wissenschaftlichkeit erfüllen zu können.

Ohne auf die Details von Watzlawicks Thesen einzugehen: Entscheidend ist das Bewusstsein dafür, dass wir auch durch unser Handeln (und dessen Ergebnis) kommunizieren. Im Kontext der Programmierung bedeutet das, dass der Quellcode, den wir schreiben, mit jenen kommuniziert, die ihn lesen – seien es wir selbst oder andere.

10.2.1 Programmierer sind Schriftsteller

Code wird viel häufiger gelesen als geschrieben. Deshalb ist es auch kein Argument, dass man ja „nur schnell mal" ein bisschen Code schreiben wollte, der nicht für die Augen anderer Leute bestimmt war. Spätestens wenn man selbst diesen Code nach geraumer Zeit wieder verstehen will, wird man ein Minimum an Lesbarkeit zu schätzen wissen. Die Lesbarkeit von Quellcode und das Bild vom Programmierer als Autor wurde und wird insbesondere von Donald E. Knuth, u. a. Entwickler des Textsatzsystems TEX, und seinem Konzept des *literate programming* forciert. Er schreibt dazu im Vorwort seiner gleichnamigen Aufsatzsammlung:

> » „The computer programs that are truely beautiful, useful, and profitable must be readable by people. So we ought to address them to people, not to machines. All of the major problems associated with computer programming—issues of reliability, portability, learnability, maintainability, and efficiency—are ameliorated when programs and their dialogs with users become more literate." (Donald E. Knuth, [9, S. ix])

Entscheidend ist hier die Perspektive: Programmierer sind Autoren bzw. Schriftsteller, die durch ihren Code mit (anderen) Menschen kommunizieren. Das Ziel sollte dabei immer die Verständlichkeit sein. Die Metapher lässt sich weiterführen: Programmierer sind nicht nur Schriftsteller, sie müssen gleichzeitig auch noch ihr eigenes Vokabular finden und erschaffen. Die verwendete Programmiersprache erfüllt an vielen Stellen nur die Aufgabe, die absolut notwendige Grundlage zu liefern. Ein guter Teil der Arbeit beim Programmieren ist das Benennen von Variablen, Funktionen, Objekten, Klassen etc. und damit erst das Erschaffen eines entsprechenden Vokabulars aus Substantiven, Verben, Adjektiven und dergleichen, mit denen dann die eigentlich zu lösende Aufgabe verständlich beschrieben werden kann (vgl. ▶ Kap. 13).

Wohl alle Programmiererinnen und Programmierer teilen eine Erfahrung: Das Ideal, dass sich Code genauso gut wie ein Buch liest, bleibt oftmals ein ziemlich weit entferntes Ideal. Oftmals kommt uns unser eigener oder fremder Code wie ein undurchdringliches Dickicht vor. Im nächsten Moment stoßen wir auf Strukturen, die wir klar als solche erkennen, auch wenn sich uns der Sinn ihrer Existenz nicht erschließt – und schließlich gibt es viel zu häufig übermäßig komplexe Lösungen, die den Blick auf das eigentliche Problem vollkommen verstellen und das Verständnis entsprechend mühsam gestalten.

10.2.2 Kriterien und Strategien für lesbaren Code

Code ist nicht beim ersten Mal gleich wunderschön und perfekt lesbar. Das ist wie beim Schreiben von Text: Zunächst einmal geht es darum, die Gedanken zu Papier zu bringen. Anschließend beginnt der Prozess der Formung und Ausgestaltung, der so lange währt, bis das Ergebnis den eigenen (und externen) Ansprüchen soweit wie mög-

	Lesbarkeit	Modularität	Testbarkeit
wiederverwendbar	✓	✓	✓
selbstdokumentierend		✓	
zuverlässig	✓	✓	✓
überprüfbar	✓		✓
nutzerfreundlich			✓
erweiterbar	✓	✓	✓
reproduzierbar		✓	

Lesbarkeit
Modularität
Testbarkeit

Abb. 10.1 Sauberer Code als Voraussetzung für die Umsetzung von Aspekten der (wissenschaftlichen) Datenanalyse. Die reine Zahl der Kriterien, für die ein bestimmter Aspekt sauberen Codes relevant ist, stellt noch keine Rangfolge dar. Für Details vgl. den Text

lich genügt.[5] Ist „sauberer Code" allgemein in der Softwareentwicklung ein Imperativ, so kommt ihm im wissenschaftlichen Kontext noch eine weitere Bedeutung zu: Viele Aspekte sauberen Codes sind direkt mit den eingangs in ► Kap. 1 vorgestellten Kriterien für Wissenschaftlichkeit verknüpft. Die Zusammenhänge sind in Abb. 10.1 bezogen auf die drei wesentlichen Aspekte sauberen Codes – Lesbarkeit, Modularität und Testbarkeit – dargestellt. Der Zusammenhang mit den nachfolgend in je einzelnen Kapiteln behandelten Themen wird in Abb. 10.2 dargestellt und später noch entsprechend diskutiert. Sauberer Code spielt eine große Rolle für fünf der sieben Kriterien für Wissenschaftlichkeit. Der Begriff „selbstdokumentierend" bezieht sich in diesem Kontext gerade nicht auf die Lesbarkeit und Verständlichkeit von Quellcode auch ohne erläuternde Kommentare, sondern auf die Fähigkeit von Auswertungsroutinen, alle verwendeten Parameter und weitere wichtige Informationen automatisiert zu protokollieren. Ohne Modularität ist eine solche Funktionalität aber nicht sinnvoll erreichbar. Nutzerfreundlichkeit und Reproduzierbarkeit beziehen sich überwiegend auf externe Codequalität und haben deshalb keinen direkten Bezug zu den hier genannten Aspekten sauberen Codes. Trotzdem sorgt natürlich z. B. testbarer und deshalb getesteter Code für eine größere Nutzerfreundlichkeit, und die Modularität erhöht die Reproduzierbarkeit.

Wie erreicht man nun das Ziel, sauberen Code zu schreiben? Zum einen bedarf es entsprechender **Kriterien, wie lesbarer Code aussieht**. Im Rahmen des Buches wird nur auf einen Teil davon eingegangen. Dafür wird jedem dieser Aspekte ein eigenes Kapitel gewidmet: Namen (► Kap. 13), (Länge von) Funktionen (► Kap. 14), Formatierung (► Kap. 15), Dokumentation im Code (► Kap. 16) und Entwurfsmuster (► Kap. 17). Auf den ersten Blick erscheint es seltsam, Entwurfsmuster in diese Auflistung aufzunehmen. Auch wenn sie über die Lesbarkeit hinaus wesentlich zur intellektuellen Beherrschbarkeit beitragen, sollte der Effekt ihrer Verwendung auf die Lesbarkeit nicht unterschätzt werden. Nimmt man Kommunikation in den Fokus, wird sofort klar, warum Entwurfsmuster hier wesentlich sind: Entwurfsmuster haben feste Namen, und hinter einem solchen Namen verbirgt sich ein ggf. komplexeres Konzept, das dem mit Entwurfsmustern vertrauten

5 Eine weitere Parallele: Es ist in beiden Fällen ein Fehler, mit dem Verbessern aufzuhören, bevor man das Mögliche getan hat, um die Qualität des Ergebnisses zu erhöhen. Darüber hinaus ist es auch eine gewisse Form von Rücksichtslosigkeit gegenüber dem Leser, die oft genug andere als den ursprünglichen Urheber trifft.

	Lesbarkeit	Modularität	Testbarkeit
Objektorientierte Programmierung (OOP)		✓	✓
Namen	✓		
Funktionen	✓	✓	
Dokumentation im Code	✓		
Formatierung	✓	✓	
Entwurfsmuster	✓	✓	
Tests		✓	✓
Refactoring	✓	✓	✓
Codeoptimierungen	✓	✓	✓

Lesbarkeit
Modularität
Testbarkeit

Abb. 10.2 Einfluss der einzelnen Aspekte sauberen Codes auf die Lesbarkeit, Modularität und Testbarkeit. Die reine Zahl der Kriterien, für die ein bestimmter Aspekt sauberen Codes relevant ist, stellt noch keine Rangfolge dar. Für Details vgl. den Text

Programmierer sofort ermöglicht zu erfassen, was er vor sich hat. Das ist auch ein Grund, warum Entwurfsmuster bewusst eingesetzt und entsprechend im Code benannt und genannt werden sollten.

Darüber hinaus bedarf es noch klarer **Strategien, wie man Code systematisch verbessert** und aus einer ersten rohen Version (Gedanken zu Papier gebracht) eine lesbare, letztlich „schöne" Fassung macht. Hier spielt Refactoring (▶ Kap. 20) eine zentrale Rolle, und seine wesentlichste Voraussetzung ist die Existenz (automatisierter) Tests (▶ Kap. 18, 19). Refactoring ist, in einem Satz ausgedrückt, die Verbesserung existierenden Codes, ohne seine Funktionalität zu verändern. Die große Stärke an diesem Prozess ist, dass er quasi kontinuierlich in die Softwareentwicklung integriert werden kann und durch kleine, überschaubare Schritte auf lange Sicht sehr viel Zeit spart, da die Qualität des Codes im Laufe der Entwicklung besser statt schlechter wird. Automatisiert ablaufende Tests sind nicht nur eine zwingende Voraussetzung für Refactoring, stellen sie doch eine Versicherung des Entwicklers gegen ungewollte Nebenwirkungen der Veränderungen an der Codebasis dar. Darüber hinaus sind Tests auch die letztautoritative Spezifikation des Verhaltens von Funktionen.

Der Einfluss der einzelnen nachfolgend in getrennten Kapiteln thematisierten Aspekte sauberen Codes auf die Lesbarkeit, Modularität und Testbarkeit wird in Abb. 10.2 in einer Übersicht dargestellt. Die ersten sechs Aspekte gehören zu den Kriterien sauberen Codes, die darauf folgenden zu den Strategien und Werkzeugen. Die Codeoptimierung (hinsichtlich Ressourcenverbrauch und Geschwindigkeit) ist ein Spezialthema, eine Grundvoraussetzung dafür aber gerade eine größtmögliche Lesbarkeit, Modularität und Testbarkeit, also sauberer Code in jeder Hinsicht.

Was bei all dem nicht vergessen werden sollte: Sauberer Code hat sehr viele Facetten, und es bedarf entsprechender Erfahrung und (Ein-)Übung, um die einzelnen Aspekte zu kennen und zu beherrschen. Wer frisch mit dem Programmieren anfängt, wird am Anfang viele „Fehler" machen. Die in diesem Buche vorgestellten Aspekte sind einerseits nicht vollständig, andererseits lassen sie sich auch nicht alle gleichzeitig erlernen und erarbeiten. Die beiden Strategien Refactoring und automatisierte Tests liefern aber, zusammen mit der im zweiten Teil des Buches vorgestellten Infrastruktur (vgl. ▶ Kap. 3 ff.), das notwendige Gerüst, um die Qualität von Code schrittweise zu verbessern, zumindest aber einer Verschlechterung über die Entwicklungsdauer entgegenzuwirken.

10.2.3 Effekte der Lesbarkeit von Quellcode

Lesbarkeit von Code hat großen Einfluss auf dessen Qualität (vgl. ◻ Abb. 10.3). Steve McConnell [3, S. 841] listet eine Reihe von Aspekten auf, die sich grob in interne und externe Codequalität unterteilen lassen. Externe Codequalität umfasst Aspekte wie Korrektheit, Nutzbarkeit, Effizienz, Verlässlichkeit, Integrität, Anpassbarkeit, Akkuratheit und Robustheit. Interne Codequalität bezieht sich hingegen auf Aspekte wie Wartbarkeit, Flexibilität, Portierbarkeit, Wiederverwendbarkeit, Lesbarkeit, Testbarkeit und Verständlichkeit. Beide Kategorien, externe und interne Codequalität, lassen sich allerdings nicht immer trennen. Entscheidend ist hier der Blickpunkt. Aspekte der internen Codequalität sind dann relevant, wenn der Quellcode selbst zur Verfügung steht und man mit ihm arbeitet. Aspekte der externen Codequalität sind dabei immer relevant, wenn ein Programmteil oder eine Software als Ganzes in einem gegebenen Kontext verwendet wird. Insofern werden Letztere zwar nur mittelbar von der Lesbarkeit des Quellcodes beeinflusst, liefern andererseits aber oftmals die Daseinsberechtigung der Software. Ein direkter Vergleich mit den in ▶ Kap. 1 aufgestellten und in ◻ Abb. 1.2 schematisch zusammengefassten Anforderungen an Software zur wissenschaftlichen Datenauswertung zeigt, wie viele dieser Kriterien durch die Lesbarkeit des Codes mehr oder weniger direkt beeinflusst werden. Entsprechend ist Lesbarkeit keine optionale Eigenschaft, sondern im Gegenteil notwendige Voraussetzung dafür, dass Software zur Datenauswertung den Ansprüchen der Wissenschaft genügen kann.

◻ Abb. 10.3 Effekte der Lesbarkeit von Quellcode. Die Lesbarkeit von Quellcode hat positiven Einfluss auf eine ganze Reihe von Aspekten. Bis auf „externe Qualität" handelt es sich dabei ausnahmslos um Kriterien, die der internen Codequalität zuzurechnen sind, vgl. [3, S. 841]. Zur externen Codequalität gehören u. a. Korrektheit, Nutzbarkeit, Effizienz, Verlässlichkeit, Integrität, Anpassbarkeit, Akkuratheit und Robustheit. Interne Codequalität bezieht sich hingegen auf Aspekte wie Wartbarkeit, Flexibilität, Portierbarkeit, Wiederverwendbarkeit, Lesbarkeit, Testbarkeit und Verstehbarkeit. Beide Bereiche lassen sich allerdings nicht immer trennen. Entscheidend ist der Blickpunkt: Interne Codequalität bezieht sich direkt auf die Form des Quellcodes, externe Codequalität fokussiert auf die Anwendung des Resultats in einem gegebenen Kontext

Lesbarkeit in den Wissenschaften

Lesbarkeit betrifft in den Wissenschaften nicht nur Quellcode, sondern (leider) in vielen Fällen auch die Publikationen und Abschlussarbeiten. Der Einwand, man habe doch schließlich eine Naturwissenschaft studiert, um nicht schreiben können zu müssen, zeugt von Ignoranz und mangelnder Reflektiertheit. Kommunikation der Ergebnisse in einer Weise, dass andere ohne unnötigen Aufwand nachvollziehen und verstehen können, was gemacht wurde, ist eine Grundlage jeglicher Wissenschaft. Das Minimalkriterium ist die sprachlich adäquate Kommunikation für eine entsprechende Fachöffentlichkeit. Hierzu gehört genauso die Beherrschung und Verwendung entsprechender Fachbegriffe wie ein Fokus auf das Wesentliche unter gleichzeitiger ausreichender Berücksichtigung des Kontextes. Allgemein zur Sprachbeherrschung (der deutschen Sprache) vgl. [12, 13], für das Englische [14], spezifisch für das wissenschaftliche Schreiben u. a. [15].

10.2.4 Verantwortlichkeit ist eine Frage der persönlichen Einstellung

Ein Aspekt, den kein Buch ändern kann: Qualitativ hochwertige Software zu schreiben ist in letzter Konsequenz eine Frage der persönlichen Einstellung. Nur wer die Weit- und Einsicht hat, warum es gut und wichtig ist, lesbaren, sauberen, wiederverwendbaren, robusten Code zu schreiben, wird auch die Bereitschaft aufbringen, sich das dazu notwendige Wissen und Handwerkszeug zu erarbeiten. Als Programmierer und Softwareentwicklerin ist es unsere Verantwortung, durch unseren Code verständlich zu kommunizieren. Im akademischen Kontext macht schon die Notwendigkeit, Abläufe und Auswertungen zu reproduzieren und zu überprüfen, eine entsprechende Qualität des Codes zur (zwingenden) Voraussetzung für wissenschaftliches Arbeiten. Das Problem, dass Programmierung einen viel zu geringen Stellenwert hat und diese Lesbarkeit und Kommunikationsfähigkeit des von Wissenschaftlern geschriebenen Codes nie oder selten eingefordert wird, ist keine Ausrede, sondern eine traurige Tatsache, die in letzter Konsequenz das Fundament und die Glaubwürdigkeit der Wissenschaft infrage stellt [10, 11].

10.3 Software-Entropie

Alle, die schon einmal ein etwas größeres Projekt über längere Zeit programmiert haben, kennen die Erfahrung: Man beginnt hochmotiviert und mit vielen guten Ideen, müht sich, wirklich guten und lesbaren Code zu schreiben. Aber nach einer gewissen Zeit und vielen kleinen Änderungen (sowohl der Anforderungen als auch des Codes) hat man das Gefühl, durch Sumpf zu waten und keine noch so kleine Änderung vornehmen zu können, ohne an vielen weiteren Stellen ändern zu müssen oder gar unvorhergesehen Fehler an anderen Stellen zu provozieren. Dieser (fast) zwangsläufige Prozess des Verlusts an Codequalität wird häufig als „Software-Entropie“ bezeichnet, in Anlehnung an das Verständnis von Entropie als „Maß der Unordnung“.

Definition 10.1: Software-Entropie

Die Qualität von Code nimmt über seine Lebenszeit hinweg ab. Grund sind unvermeidliche Anpassungen am Code und die damit verbundene Zunahme von Komplexität.

Dieser Effekt kann mitunter dramatische Folgen haben und das Ende eines Projektes oder Produktes bedeuten, weil die Programme immer komplexer und letztlich nicht mehr wartbar werden. In der einschlägigen Literatur finden sich hinreichend viele Beispiele aus der freien Wirtschaft dafür, dass ganze Firmen ihre Existenz einstellen mussten, weil anfangs sehr erfolgreiche Software durch mangelnde Codepflege über wenige Jahre schlicht nicht mehr wartbar und schon gar nicht weiterentwickelbar war. Vergleiche dazu u. a. [16, Anhang C] und das Vorwort in [17]. Im wissenschaftlichen Kontext sind die Konsequenzen auf den ersten Blick weniger dramatisch, sie rühren aber an den Kern der Wissenschaft: Code, dessen Qualität immer weiter abnimmt, verfehlt zentrale Kriterien der Wissenschaftlichkeit wie Nachvollziehbarkeit und damit Reproduzierbarkeit bzw. Überprüfbarkeit (vgl. ▶ Kap. 1). Der Stellenwert von Software in den Wissenschaften ist nach wie vor viel zu gering. Das Bewusstsein für die durch mangelnde Codequalität hervorgerufenen Probleme für die Verlässlichkeit der Auswertungen und damit der Wissenschaften als solche ist ebenfalls noch viel zu schwach ausgeprägt, auch wenn sich in den letzten Jahren nach und nach ein Umdenken abzuzeichnen scheint [10, 18–20].

10.3.1 Die Ursache sind die Programmierer selbst

Der Begriff der Entropie stammt aus der Thermodynamik. Im Gegensatz zur thermodynamischen Entropie ist Software-Entropie allerdings kein Naturgesetz, wenngleich sie in der Natur des Menschen (und seiner Faulheit und Bequemlichkeit) begründet liegt. Dass die Qualität von Code über die Zeit abnimmt, liegt nicht an irgendwelchen dubiosen externen Einflüssen, die sich unserem Zugriff entziehen, sondern an uns selbst und unserer Unfähigkeit oder Unwilligkeit, jederzeit sauber zu arbeiten und die notwendige Zeit zu investieren, Code aufzuräumen, bevor wir uns anderen Dingen (oder Codeteilen) zuwenden. Der Vorbildcharakter bestehenden Codes trägt ganz wesentlich zur Software-Entropie (bzw. ihrem Ausbleiben) bei: Schlechter, unsauberer Code lädt geradezu dazu ein, selbst nicht den nötigen Aufwand zu betreiben, um sauberen Code zu schreiben – andere haben es ja auch nicht getan. Das Sprichwort „Wehret den Anfängen!" gilt hier wie bei so vielen anderen Stellen im Leben – mit ähnlich dramatischen Konsequenzen für die Sache.[6] Die klare Antwort auf die Frage, wie sich die Qualität des Codes über die Zeit immer weiter verschlechtert, kann nur lauten: Schritt für Schritt für Schritt. Wir sind verantwortlich für unseren Code, und es gibt keine Ausreden für schlechten oder ungepflegten Code, schon gar nicht Zeitmangel. Denn kleine Maßnahmen zur rechten Zeit sind wesentlich weniger Aufwand als das große Aufräumen, wenn es meistens schon zu

6 Ein „Wehret den Anfängen" auf juristischer oder staatsphilosophischer Ebene hat deutlich größere Auswirkungen als im Kontext der Programmierung und Softwareentwicklung. Die Folgen in der Sache sind aber ähnlich gravierend: Eine nicht ausreichend gepflegte Codebasis wird auf lange Frist unbenutzbar. Das kann mitunter recht dramatische ökonomische Auswirkungen haben, sowohl für Firmen, die die Software entwickeln, als auch für Firmen, die sie einsetzen. Die Deutsche Bank (und vermutlich andere Banken ebenfalls) sind da ein warnendes Beispiel – auch wenn veraltete und schlecht gepflegte Software nicht deren einziges und vermutlich auch nicht größtes Problem ist.

spät ist. Ganz zu schweigen davon, dass Zeitaufwand kein gültiges Maß mehr ist, wenn Software aufgrund mangelnder Pflege nicht weiterentwickelt werden kann und ggf. gänzlich verschwindet.

10.3.2 Gegenmaßnahmen: Die Pfadfinderregel

Eine Parallele zur Thermodynamik: Um Software-Entropie zu begegnen, bedarf es der Aufwendung von Energie: Wir müssen uns als Programmierer aktiv darum bemühen, die Qualität unseres Codes zu verbessern. Eine hilfreiche Illustration ist dabei eine alte Pfadfinderregel:

> „Hinterlasse einen Ort immer in einem besseren Zustand als du ihn vorgefunden hast." (Pfadfinderregel[7])

Zentral an diesem Gedanken ist: Aufräumen ist eine permanente Tätigkeit. Für groß angelegte Aufräumaktionen fehlt bei großen Projekten in der Regel die Zeit. Es ist deshalb viel einfacher, jedesmal, wenn man sich mit einem Stück Code befasst, es ein bisschen besser zu machen. Wesentliche Voraussetzung für dieses Refactoring (vgl. ► Kap. 20) ist die Existenz ausreichend vieler (automatisierter) Tests, die jederzeit sicherstellen, dass sich das Programm noch wie gewünscht verhält (vgl. ► Kap. 18 und 19). Es ist dabei vollkommen irrelevant, wer den Code so hinterlassen hat, wie man ihn vorfindet. Es spielt auch keine Rolle, welche Gründe dazu führten, dass der Code noch Möglichkeit zur Verbesserung bietet. Oft genug ist das das (eigene) Unwissen oder die (eigene) Unfähigkeit zu einem gegebenen Zeitpunkt. Oftmals wird man eigenen Code, den man später noch einmal anschaut, ebenfalls verbessern wollen.

10.3.3 Kleine Verbesserungen statt großer Neuentwurf

Die Pfadfinderregel besagt nicht, man solle einen Ort im bestmöglichen Zustand hinterlassen. Das ist aus vielen Gründen unrealistisch (Zeit, Kenntnisse, Fähigkeiten, …). Entscheidend ist, den Ort (bzw. das Stück Code) zumindest ein bisschen besser als vorher zurückzulassen. Das ist meist nicht viel Arbeit, und es ist vor allem realistisch umsetzbar. Beispiele im Kontext von Quellcode könnten sein:

- Ändern eines Variablennamens, sodass er besser verständlich ist und besser in den Kontext passt (vgl. ► Kap. 13)
- Aufteilen einer Funktion in zwei oder mehrere, wenn sie zu lang ist, um übersichtlich zu sein (vgl. ► Kap. 14)
- Entfernen von Code-Wiederholungen in einem *kleinen* Bereich

Das Rezept gegen Software-Entropie ist gerade *nicht* der große Neuentwurf, sondern stetige kleine Verbesserungen, jeweils an genau dem Ort, an dem man gerade arbeitet. Solange die Veränderungen am Code dessen Funktionalität nicht verändern, sondern nur

---

7 Diese Regel ist eine Abwandlung eines Satzes aus der letzten Botschaft des Gründers der Pfadfinder, Robert Stephenson Smyth Baden-Powell, an sie aus dem Jahr 1941: „Leave this world a little better than you found it." Ihre Anwendung auf die Programmierung wird normalerweise Robert C. Martin zugeschrieben und findet sich (u. a.) in seinem Buch „Clean Code" [1, S. 14].

seine Struktur verbessern (im Sinne der besseren Lesbarkeit), fallen sie in den Bereich des Refactorings (vgl. ► Kap. 20). Diese kleinen Änderungen haben mehrere Vorteile:

Sie sind intellektuell beherrschbar. Ein Schlüssel zur intellektuellen Beherrschbarkeit ist das Herunterbrechen einer Aufgabe (hier: Quellcode eines Programms) auf kleine Teilstücke, die wir erfassen können. Änderungen in diesen kleinen Teilbereichen können wir ebenfalls (komplett) erfassen, den kompletten Neuentwurf hingegen ebenso wenig wie das bisherige Programm.

Sie lassen sich in die Routine beim Programmieren integrieren. Genauso wie man nur Code einchecken und als „fertig" betrachten sollte, der hinreichend getestet ist, so kann und sollte man es sich zur Regel machen, jedesmal, wenn man Code anschaut (und erweitert/verändert), darauf zu achten, wo er durch kleine Änderungen verbessert werden kann. Das ist eine Frage des Bewusstseins, der Einstellung (ist mir Code, an dem ich beteiligt bin, etwas wert) und der Disziplin. Mangelnde Zeit ist kein Argument, denn Code nicht zu pflegen kostet (später) viel mehr Zeit. „Später" ist dazu oft viel früher, als man meint – und es trifft oft genug uns selbst.

Sie kosten verhältnismäßig wenig Zeit. Wenn man sich zur Gewohnheit werden lässt, jedes Mal, wenn man existierenden Code bearbeitet, ihn wo möglich ein bisschen zu verbessern, wird das zum Automatismus und ist entsprechend wenig zeitintensiv. Die Fähigkeit, Code in sehr kurzer Zeit zu verbessern, skaliert natürlich mit der Erfahrung.

Sie sind umsetzbar. Der große Neuentwurf mag verlockend sein, aber er wird in der Regel scheitern. Das sagen diejenigen, die seit Jahrzehnten im Geschäft sind und sowohl als Programmierer als auch als Berater sehr viele Projekte gesehen haben [1]. Gründe sind die Komplexität, die notwendige Zeit und die gleichen Entwickler (und damit i. d. R. keine Änderung der grundlegenden Strategie und Qualifikation). Dazu kommt, dass das alte Projekt sich ebenfalls kontinuierlich weiterentwickelt. Stetige Verbesserungen auf der untersten Ebene sind hingegen umsetzbar und eine Frage der Einstellung.

Joel Spolski, u. a. Mitgründer der Plattform Stack Overflow, hat im Jahr 2000 in einem Artikel mit dem Titel *Things You Should Never Do, Part I*[8] beschrieben, welchen Fehler Netscape machte – nämlich die komplette Code-Basis wegzuwerfen und neu zu schreiben –, was mit drei Jahren Stillstand und einem vollkommenen Verschwinden des vorher führenden Webbrowsers endete. Ein ähnliches Schicksal hätte fast Microsoft Windows ereilt, und es gibt andere, wenn auch weniger prominente Beispiele für Software, die letztlich verschwand, weil das Neuschreiben zu viel Zeit in Anspruch nahm, sodass die Konkurrenz das Feld übernehmen konnte.

10.3.4 Ein empirisches Maß für Codequalität

Abschließend sei noch – in durchaus humorvoller Weise – ein empirisches Maß für die Qualität von Code vorgestellt: Flüche pro Minute beim Code Review. Eng damit verknüpft sind Prinzipien wie die Lesbarkeit von Code, das Prinzip der geringsten Überraschung (ein Codeblock sollte möglichst genau das tun, was man von ihm erwarten

8 ► https://www.joelonsoftware.com/2000/04/06/things-you-should-never-do-part-i/ (Zugriff am 02.01.2025).

Neuschreiben als Normalfall in der Wissenschaft

Die eigene Erfahrung zeigt, dass der meiste Quellcode, der von Wissenschaftlerinnen und Wissenschaftlern, insbesondere im Rahmen von Abschlussarbeiten, geschrieben wird, keine ausreichende Qualität hat, um perspektivisch von anderen übernommen und weitergepflegt zu werden. Erschwerend kommen noch zwei Phänomene hinzu: mangelnde Recherche, was es bereits an Vorarbeiten gibt, auf denen sinnvoll aufgebaut werden könnte, und der Wunsch, Dinge selbst zu machen (als *Not invented here*-Syndrom bekannt). Die Konsequenz: Code wird immer wieder neu geschrieben. Das ist in mehrfacher Hinsicht ein ernsthaftes Problem. Es ist eine immense Ressourcenverschwendung, auch wenn in der akademischen Welt Personenjahre meist nicht gezählt werden, und widerspricht damit direkt der Verantwortung der Wissenschaftlerinnen und Wissenschaftler gegenüber der Gesellschaft und dem Steuerzahler (vgl. ► Kap. 1). Darüber hinaus läuft es dem von Newton formulierten Kernprinzip der Wissenschaft zuwider, auf den Ergebnissen früherer Generationen aufzubauen. Auch wenn sich Produktivität und Qualität zwischen Personen um eine Größenordnung unterscheiden können: Auch die beste und produktivste Person kommt viel weiter, wenn sie auf Vorarbeiten anderer aufbaut und nicht von vorne anfängt.

Wann Neuschreiben doch besser sein kann

Es gibt Situationen, in denen der große Neuentwurf bzw. das Neuschreiben doch besser ist als das mühsame Verbessern von (schlechtem) Code. Das muss nicht immer damit einher gehen, dass das ganze Programm neu geschrieben wird, sondern kann sich auf einzelne Teile beschränken, solange sie sich klar abtrennen lassen und die Schnittstellen ausreichend definiert sind. Vergleiche dazu [3, Kap. 24, S. 581]. Eine entscheidende Voraussetzung beim Neuschreiben ist aber, aus den Fehlern des vorigen Males so viel wie möglich zu lernen, und Dinge diesmal *anders* anzugehen. Ein Beispiel könnte sein, von Anfang an testgetrieben zu entwickeln oder doch zumindest Tests mitzudenken und zu schreiben. Ein anderer guter Grund für den kompletten Neuentwurf ist der Wechsel der Programmiersprache. Hier bleibt fast nichts anderes übrig, als von vorne anzufangen. Allerdings gilt auch hier, dass man aus den vorherigen Erfahrungen gelernt haben sollte. Ein solcher Neuentwurf sollte immer auf der Basis eines soliden, aus vorigen Erfahrungen gewachsenen Verständnisses der Problemstellung erfolgen.

würde – hierzu tragen ganz entscheidend treffende Namen bei) und generell eine Konsistenz und saubere äußere Erscheinung (Formatierung etc.). Ein letzter Aspekt: Auch guter Code ist nicht davor gefeit, das eine oder andere Stirnrunzeln hervorzurufen. Wir sind und bleiben Menschen, auch als Programmierer. Perfekter Code ist vermutlich nie erreichbar. Aber ausgestattet mit dem Bewusstsein für die Bedeutung sauberen Codes, den nötigen Werkzeugen und Strategien und der richtigen Einstellung gelingt es mit der Zeit immer besser, guten Code zu schreiben – bzw. Code viel schneller in guten Code zu verwandeln, nachdem er geschrieben wurde. Denn auch erfahrene Programmierer schreiben in den seltensten Fällen direkt guten oder sehr guten Code. Was sie von weniger guten Programmierern unterscheidet, ist im Wesentlichen die Erfahrung, wie man daraus guten

Code macht, und die Professionalität, dieses Wissen auch ohne Wenn und Aber anzuwenden und erst dann „fertig" zu sein, wenn das Resultat entsprechenden Qualitätskriterien entspricht.

Verständnisfragen

- Was ist das inhärente Problem jedes größeren Softwareprojektes? Welche Zielstellung ergibt sich daraus für Programmierkonzepte?
- Was ist die primäre Aufgabe von Code (neben der korrekten Ausführung)?
- Nennen Sie drei zentrale Aspekte „sauberen Codes".
- Welchen Zusammenhang gibt es zwischen „sauberem Code" und Kriterien der Wissenschaftlichkeit? Warum ist „sauberer Code" von so großer Bedeutung für die Entwicklung von Software zur wissenschaftlichen Datenverarbeitung?
- Was versteht man unter dem Begriff „Software-Entropie"? Wie unterscheidet er sich grundlegend vom Konzept aus der Thermodynamik?
- Warum ist der große Neuentwurf meist keine Lösung für das Problem der Software-Entropie? Was wäre eine Alternative?

Kommentiertes Literaturverzeichnis

Es gibt viele Bücher, die sich mit Codequalität und seinen diversen Aspekten beschäftigen. Ein Buch, das sich explizit mit sauberem Code befasst, ist *Clean Code* von Robert C. Martin [1]. Aus einer ähnlichen Perspektive gehen Andrew Hunt und David Thomas in ihrem Buch *The Pragmatic Programmer* [7, 21] auf diese Aspekte ein. Hieraus stammt auch der Verweis auf die „Broken-Window-Theorie". Ein sehr umfangreiches Buch, das nicht aus dem Dunstkreis der agilen Methoden kommt, ist Steve McConnells *Code Complete* [3], mit ca. 1000 Seiten allerdings eher schwergewichtig. Sehr kurz und knapp und mit einem klaren Fokus auf C, C++ und Java ist *The Practice of Programming* von Brian Kernighan und Rob Pike [22]. Viele gute Hinweise finden sich auch in *The Art of UNIX Programming* von Eric S. Raymond [23], hier sicherlich vor dem Hintergrund der UNIX-Programmierung, wie der Buchtitel bereits verrät. Gute Hinweise speziell zur Entwicklung von Software in den Naturwissenschaften, die stark auf numerischen Berechnungen basiert, liefert [24]. Spezifisch für den Python-Kontext geschrieben und bewusst nicht abwägend, sondern direkt (*opinionated*) ist *The Hitchhiker's Guide to Python* [25]. Das entsprechende Kapitel fasst dafür auf sehr knappem Raum viele gute Regeln zusammen. Ebenfalls auf Python bezogen, aber spezifischer und sich an erfahrenere Programmierer richtend sind [26, 27]. Ein Klassiker ist das Buch *The Elements of Programming Style* von Kernighan und Plaugher [28], das nicht nur mit seinem Titel eine Reminiszenz an *The Elements of Style* von Strunk und White [14] ist. An diesen beiden Büchern sieht man, dass Klarheit im Ausdruck und guter Stil zeitlos und unabhängig von der konkreten (Programmier-)Sprache sind – und die wesentlichen Zutaten bereits vor Jahrzehnten bekannt waren. Der „Strunk und White" wird in der Python-Gemeinde als Referenz für die sprachliche Qualität von Kommentaren herangezogen. Darüber hinaus gibt es viele hilfreiche andere Bücher. Nichtnennung bedeutet nicht, dass sie schlechter, sondern ggf. nur, dass sie dem Autor nicht bekannt sind.

Literatur

1. R.C. Martin, *Clean Code. A Handbook of Agile Software Craftmanship* (Prentice Hall, Upper Saddle River, New Jersey, 2008)
2. E.W. Dijkstra, Communications of the ACM **15**, 859 (1972)
3. S. McConnell, *Code Complete*, 2. Aufl. (Microsoft Press, Redmond, Washington, 2004)
4. G.E. Moore, Electronics (New York) **38**, 114 (1965)
5. F.P. Brooks, *The Mythical Man Month*, Jubiläumsausgabe mit 4 neuen Kapiteln (Addison Wesley Longman, Boston, 1995)
6. T. DeMarco, T. Lister, *Peopleware. Productive Projects and Teams*, 3. Aufl. (Addison-Wesley, Upper Saddle River, NJ, 2013)
7. A. Hunt, D. Thomas, *The Pragmatic Programmer* (Addison-Wesley, Boston, 1999)
8. P. Watzlawick, J.H. Beavin, D.D. Jackson (eds.), *Menschliche Kommunikation*, 13. Aufl. (Hogrefe, Bern, 2017)
9. D.E. Knuth, *Literate Programming* (Center for the Study of Language and Information, Stanford, 1992)
10. Z. Merali, Nature **467**, 775 (2010)
11. C. Goble, IEEE Internet Computing **18**, 4 (2014). https://doi.org/10.1109/MIC.2014.88
12. W. Schneider, *Deutsch für junge Profis*, 10. Aufl. (Rowohlt Taschenbuch Verlag, Reinbek bei Hamburg, 2018)
13. Dudenredaktion (ed.), *Duden Das Stilwörterbuch*, Bd. 2 (Dudenverlag, Berlin, 2017)
14. W. Strunk, Jr., E.B. White, *The Elements of Style*, 4. Aufl. (Longman, New York, 2000)
15. H.F. Ebel, C. Bliefert, W.E. Russey, *The Art of Scientific Writing* (Wiley-VCH, Weinheim, 2004)
16. R.C. Martin, *Agile Software Development. Principles, Patterns, and Practices* (Prentice Hall, Upper Saddle River, New Jersey, 2003)
17. M. Fowler, *Refactoring. Improving the Design of Existing Code* (Addison-Wesley Longman, Boston, 1999)
18. S.M. Baxter, S.W. Day, J.S. Fetrow, S.J. Reisinger, PLoS Computational Biology **2**, e87 (2006)
19. G. Wilson, Computing in Science & Engineering **8**, 66 (2006)
20. G. Wilson, D.A. Aruliah, C.T. Brown, N.P.C. Hong, M. Davis, R.T. Guy, S.H.D. Haddock, K.D. Huff, I.M. Mitchell, M.D. Plumbley, B. Waugh, E.P. White, P. Wilson, PLoS Biology **12**, e1001745 (2014)
21. D. Thomas, A. Hunt, *The Pragmatic Programmer*, 20. Aufl. (Addison-Wesley, Boston, 2020)
22. B.W. Kernighan, R. Pike, *The Practice of Programming* (Addison Wesley, Boston, 1999)
23. E.S. Raymond, *The Art of UNIX Programming* (Addison Wesley, Boston, 2004)
24. S. Oliveira, D. Stewart, *Writing Scientific Software. A Guide to Good Style* (Cambridge University Press, Cambridge, 2006)
25. K. Reitz, T. Schlusser, *The Hitchhiker's Guide to Python* (O'Reilly, Sebastopol, 2016)
26. D. Bader, *Python Tricks* (dbader.org, o. A., 2019)
27. B. Slatkin, *Effective Python* (Addison-Wesley, Upper Saddle River, NJ, 2015)
28. B.W. Kernighan, P.J. Plauger, *The Elements of Programming Style*, 2. Aufl. (McGraw-Hill, New York, 1978)

Programmierparadigmen

Inhaltsverzeichnis

T. Biskup, *Softwareentwicklung für die Naturwissenschaften*,
https://doi.org/10.1007/978-3-662-71607-6_11

Kernaspekte

- Paradigmen beeinflussen die Sicht des Programmierers auf mögliche Lösungswege für eine Problemstellung.
- Bestimmte Paradigmen haben die Entwicklung zentraler Aspekte der Programmierung erleichtert bzw. ermöglicht.
- Eine (grobe) Kenntnis der Paradigmen ist wichtig, um sich innerhalb der Disziplin verständigen zu können.
- Programmierparadigmen schließen einander in der Regel nicht gegenseitig aus.
- Alle drei hier vorgestellten Paradigmen zielen auf Modularität und Wiederverwendbarkeit von Code.

11.1 Begriffsklärung: Was ist ein (Programmier-)Paradigma?

Der Begriff des Paradigmas wurde von Robert W. Floyd 1979 in seiner *Turing Award Lecture* [1] in die Computerwissenschaften eingeführt und nimmt direkten Bezug auf Thomas Kuhn und seine Darstellung der Wissenschaftsgeschichte und -theorie [2]. Deshalb sei hier auch die Definition aus Kuhns Werk wiedergegeben:

Definition 11.1: Paradigmata

Allgemein anerkannte wissenschaftliche Leistungen, die für eine gewisse Zeit einer Gemeinschaft von Fachleuten maßgebende Probleme und Lösungen liefern (Thomas S. Kuhn, [2, S. 10]).

Entscheidend ist für Kuhn, dass Veränderungen im Theoriengebäude der Wissenschaft selten oder nie graduell verlaufen, sondern als Brüche in der Wissenschaftsgeschichte, als „Revolution", sichtbar werden. Zwischen diesen revolutionären Phasen gebe es immer wieder lange Zeiten, in denen eine „große Erzählung", ein Paradigma, das Denken und Forschen dominiere und ihm einen Rahmen gebe.

Die Paradigmen[1] in der Programmierung haben einige Gemeinsamkeiten mit Kuhns Beschreibung, nämlich u. a., dass sie eine „große Erzählung" und damit einen gewissen Denkrahmen vorgeben, innerhalb dessen man sich dann bewegen und die Details ausarbeiten kann. Im Gegensatz zu dem, was Kuhn für die Wissenschaften schreibt, sind die Paradigmen in der Programmierung aber eher dauerhaft parallel anzutreffen – und das wird sich für die drei hier behandelten Paradigmen (strukturiert, objektorientiert, funktional) so schnell wohl auch nicht ändern. Welche Konzepte aus der Programmierung als Paradigmen gewertet werden, ist nicht immer eindeutig, die Meinungen gehen hier je nach Autor stark auseinander. Nachfolgend sollen, auch in Anlehnung an Robert C. Martin [3, Kap. 3–6], drei grundlegende Konzepte als Programmierparadigmen vorgestellt und kurz beschrieben werden: strukturiert, objektorientiert, funktional.

1 In der deutschen Übersetzung von Kuhns Werk [2] wird die alte Pluralform „Paradigmata" verwendet, deshalb wird sie hier auch so zitiert. Im Text wird trotzdem die neue Form „Paradigmen" genutzt.

11.2 Warum sich mit Programmierparadigmen befassen?

Nach Floyd und Kuhn sind Paradigmen die vorherrschenden „Erzählungen" einer Disziplin und prägen sehr stark das Handeln der Beteiligten. Frei übertragen: Ein Programmierparadigma beeinflusst die Sicht des Programmierers auf die möglichen Lösungswege einer gegebenen Problemstellung. Manche Programmierparadigmen haben erst den Weg frei gemacht für (aus heutiger Sicht) zentrale Entwicklungen. Darüber hinaus haben sie mitunter profunden Einfluss auf die Qualität der entwickelten Software. Das bedeutet nicht, dass man mit strukturierter Programmierung nicht genauso robuste und solide Software schreiben kann wie mit objektorientierten oder funktionalen Ansätzen. Für manche Anwendungen sind bestimmte Paradigmen aber besser geeignet als andere. Darüber hinaus ist es relevant, die entsprechenden Paradigmen zu kennen und benennen zu können, um sich verständigen zu können. Das gilt letztlich für jede Disziplin und innerhalb der Computerwissenschaften und Softwareentwicklung nicht nur für die Programmierparadigmen, sondern für viele weitere Aspekte und Konzepte. Vergleiche dazu auch die Entwurfsmuster, ▶ Kap. 17.

Im Kontext der Beschäftigung mit Programmierkonzepten für die Softwareentwicklung in den (Natur-)Wissenschaften hat die Auseinandersetzung mit Programmierparadigmen eine ganz konkrete Bedeutung: Die objektorientierte Programmierung (vgl. ▶ Kap. 12) kann ganz wesentlich zur Modularität, Testbarkeit und damit Wiederverwendbarkeit beitragen. Sie leistet damit einen (mitunter entscheidenden) Beitrag zur intellektuellen Beherrschbarkeit der Problemstellung – ein komplexes System zur Datenauswertung, das den Kriterien der Wissenschaftlichkeit gerecht wird. Da die wenigsten mit objektorientierter Programmierung anfangen werden, sich die Ansätze aber in ihrer Herangehensweise grundlegend unterscheiden, ist es auch für (Natur-)Wissenschaftler relevant, sich der Bedeutung der Programmierparadigmen als „großer Erzählungen" bewusst zu sein und die wichtigen Vertreter (s. u.) zumindest grundlegend zu kennen.

11.3 Programmierparadigmen: eine Übersicht

In Anlehnung an Robert C. Martin [3, Kap. 3–6] werden nachfolgend drei Programmierparadigmen vorgestellt: **strukturiert**, **objektorientiert** und **funktional**. Historisch sind es nicht die einzigen Konzepte aus der Informatik und Programmierung, die als Paradigmen bezeichnet wurden. Allerdings hat es eine gewisse Berechtigung, diese drei Paradigmen als vorherrschende, klar voneinander unterscheidbare und wirkmächtige „große Erzählungen" der Programmierung zu betrachten.

Nach Martin hat jedes Paradigma dem Programmierer etwas weggenommen bzw. ihn in seiner Handlungsfreiheit eingeschränkt: Die strukturierte Programmierung erfordert eine Einschränkung hinsichtlich des Programmablaufs, es gibt für jeden Codeblock (idealerweise) nur einen Ein- und einen Ausgang.[2] Die objektorientierte Programmierung schränkt die Kontrolle des Programmablaufs weiter ein, da Objekte viel von ihrer Funktionalität vor dem Nutzer „verstecken". Insbesondere wird Polymorphie explizit durch

2 In der Praxis wird man oft Code finden, der sich *nicht* daran hält, was einmal mehr zeigt, dass Paradigmen weniger eine Frage der Möglichkeiten der verwendeten Programmiersprache sind als des gemeinsamen Verständnisses über den Einsatz oder Verzicht auf diese Möglichkeiten aus Gründen der intellektuellen Beherrschbarkeit.

Der Wert von Beschränkungen und Formalisierungen

Man kann den Ansatz, dass jedes Paradigma dem Programmierer Freiheiten genommen habe, durchaus kritisch sehen, wie das Hughes tut [4, 5]. Denn als Motivation, warum man ein Paradigma verwenden solle, das dem Programmierer weniger Freiheiten bietet, eignet er sich nur bedingt. Entscheidend ist aber die intellektuelle Beherrschbarkeit, jener Begriff, den Dijkstra als Antwort auf die Softwarekrise so betont [6]. Sie entsteht durch gute Abstraktionen und die bewusste Beschränkung der erlaubten Konstrukte. Was der Compiler tut und wie das letztlich in Maschinencode umgesetzt wird, ist sekundär für die Programmierung.

Sprachkonstrukte ausgedrückt und nicht länger durch Zeiger auf Funktionen gelöst. Die funktionale Programmierung schließlich verzichtet auf Zuweisungen jeglicher Art.

Alle drei Paradigmen wurden bereits sehr früh entwickelt, nämlich bereits in den 1950er- und 1960er-Jahren. Interessanterweise wurden sie in der umgekehrten Reihenfolge ihrer Popularität entwickelt: funktional 1957 [7], objektorientiert 1966 [8], strukturiert 1968 [9][3]. Eine Charakterisierung der drei Paradigmen mit wenigen Worten könnte wie folgt lauten:

Strukturiert Es gibt nur zwei Kontrollstrukturen: Selektion und Iteration [10]. Darüber hinaus hat ein Codeblock (idealerweise) nur einen Ein- und einen Ausgang [9].

Objektorientiert Daten und zugehörige Methoden (Routinen, Funktionen) bilden eine Einheit. Die Daten lassen sich nur vermittelt durch (öffentlich zugängliche) Methoden des Objektes ansprechen. Es gibt eine klare Trennung zwischen öffentlicher Schnittstelle und internen Verarbeitungsroutinen.

Funktional Basiert auf dem Lambda-Kalkül von Alonzo Church und verzichtet auf Zuweisungen. Dadurch ist funktionale Programmierung für die Parallelisierung in besonderem Maße geeignet. Ein Beispiel für eine Programmiersprache, die tatsächlich in der Industrie (insbesondere in der Telekommunikation) eingesetzt wird, ist Erlang, das bei Ericson entwickelt wurde.

Gerade der die strukturierte Programmierung begründende Artikel *Go To Statement Considered Harmful* von Edsger Dijkstra [9] hat ein fast jahrzehntelanges Echo ausgelöst und wurde intensiv debattiert. Mittlerweile sind `goto`-Befehle aber aus den meisten Sprachen verschwunden, und es besteht (fast) kein Anlass mehr, über ihre Verwendung zu diskutieren. In seiner Zeit war Dijkstras Stellungnahme und Schärfe durchaus nachvollziehbar – und zeigte letztlich auch die von ihm gewünschte Wirkung. Der Ausgangspunkt war die Softwarekrise und die Feststellung, dass die Methoden und Techniken (letztlich die vorherrschenden Paradigmen bzw. vielmehr ihr fast vollständiges Fehlen) einfach den rapide angestiegenen Anforderungen an die Entwicklung der Software nicht mehr gewachsen waren.

3 Zumindest für die strukturierte Programmierung ist die Jahreszahl 1968 – Dijkstras Artikel – etwas beliebig gewählt, lässt sich aber zumindest begründen.

Dijkstras *Go To Statement Considered Harmful*

Der formale Beweis, dass sich alle Probleme durch nur zwei Kontrollstrukturen, nämlich Iteration und Selektion, formulieren lassen, wurde von Corrado Böhm und Giuseppe Jacopini geführt [10]. Die große Leistung Dijkstras war nun aber, erkannt zu haben, wie wichtig Disziplin ist. Die Beschränkung auf Fälle der Iteration (im heutigen Sprachgebrauch Schleifen) und in der Folge die Formulierung der Schleife als eigenständiges Sprachkonzept in allen neueren Programmiersprachen hat zu einer wesentlich besseren Lesbarkeit und Überprüfbarkeit der Programme geführt. Dijkstras Idee war immer der formale Beweis eines Programms, auch wenn der nur in den seltensten Fällen zu führen ist.

Eine (etwas gewagte) Parallele aus dem Laboralltag: Die Formalisierung von Abläufen und deren Einübung und konsequente Umsetzung sorgt für Konsistenz und Nachvollziehbarkeit. Es geht gerade nicht um die Einschränkung der persönlichen Freiheit, sondern um Strategien, durch (immer wieder kritisch reflektierte) Selbstbeschränkung die inhärente Komplexität der Gesamtfragestellung intellektuell beherrschbar zu machen. Ein „Ich will das aber anders machen“ ist solange akzeptabel, wie sichergestellt werden kann, dass das übergreifende Ziel (Einhalten der Kriterien für sauberes wissenschaftliches Arbeiten) grundsätzlich verstanden wurde und gewährleistet werden kann. Vermutlich sind diese Voraussetzungen aber in den meisten Fällen schlicht nicht gegeben, weil es sowohl an der deren Thematisierung (innerhalb des universitären Curriculums) als auch an der (Selbst-)Reflektion und der Unterstützung seitens der Betreuenden mangelt.

Abgesehen davon, dass mit Lisp eine funktionale Programmiersprache bereits in den 1950er-Jahren entwickelt worden war und sich insbesondere auf dem amerikanischen Kontinent in der akademischen Ausbildung einiger Beliebtheit erfreute, war bis zu diesem Zeitpunkt der meiste Code in Maschinensprache mit nahezu beliebig vielen Sprungbefehlen geschrieben worden. Dass das nicht unbedingt zur intellektuellen Beherrschbarkeit beiträgt, ist zumindest retrospektiv offensichtlich. Dijkstras großes Thema, das er auch in seiner *Turing Award Lecture* [6] zum Ausdruck bringt, ist aber gerade die intellektuelle Beherrschbarkeit und das Finden von Abstraktionen, die überhaupt erst erlauben, komplexe Fragestellungen, die eigentlich die Kapazität des menschlichen Denkens übersteigen, zu bearbeiten und in Software umzusetzen. Vergleiche dazu auch das in ► Kap. 10 wiedergegebene Zitat von Steve McConnell.[4] Eine auf den ersten Blick eher ungewöhnliche Definition für die strukturierte Programmierung, die aber gerade auf diesen Aspekt abhebt, stammt von Donald Knuth:

Definition 11.2: structured programming

The systematic use of abstraction that allows us to build large programs from small components [12, S. x].

4 „Nobody is really smart enough to program computers. Fully understanding an average program requires an almost limitless capacity to absorb details and an equal capacity to comprehend them all at the same time. The way you focus your intelligence is more important than how much intelligence you have.“ [11, S. 821]

Berücksichtigt man, dass sich hinter dem Begriff bzw. Paradigma der strukturierten Programmierung auch die prozedurale Programmierung, also die Aufteilung von Programmen in möglichst modulare Funktionseinheiten, verbirgt, wird klar, warum Knuth die systematische Abstraktion als konstituierend für dieses Paradigma sieht.

Der Siegeszug der objektorientierten Programmierung ist eng mit der Programmiersprache „Smalltalk" verknüpft, deren erste Versionen zu Beginn der 1970er-Jahre erschienen. Es dauerte aufgrund der entsprechenden Hardware-Anforderungen aber noch bis Anfang der 1990er-Jahre, bis die Sprache größere Verbreitung und Beliebtheit fand. Sie hat nachfolgende Sprachen wie Java entscheidend beeinflusst. Mit dem Aufkommen von C++ und der viel größeren Zahl von C-Programmierern, die auf C++ umstiegen, wurde Smalltalk dann aber schnell der Rang als verbreitete objektorientierte Sprache abgelaufen.[5]

Auf die Bedeutung unterschiedlicher Paradigmen wurde bereits eingangs eingegangen: Ein Paradigmenwechsel ist immer auch mit einem „Wechsel des Koordinatensystems" verbunden, quasi einer grundlegend anderen Art zu denken. Auch wenn strukturierte und objektorientierte Programmierung durchaus ineinander greifen (Methoden von Objekten sind weitestgehend strukturiert programmiert), ist es doch wichtig, sich der grundlegend anderen Art zu denken bewusst zu sein, um den vollen Nutzen aus einem Paradigma ziehen zu können – ohne sich deshalb zu sehr davon einschränken zu lassen.

Im folgenden Kapitel (▶ Kap. 12) werden die Grundlagen der objektorientierten Programmierung (OOP) vorgestellt, weil sie für viele der in diesem Buch vorgestellten Konzepte gebraucht werden. Das soll nicht bedeuten, dass man Software zur wissenschaftlichen Datenauswertung nicht auch ohne OOP schreiben kann. Aber einerseits hilft OOP, wenn man die zugrunde liegenden Konzepte einmal verstanden hat, bei der Abbildung der (erheblich) komplexen Realität wissenschaftlicher Auswertungen und Fragestellungen in Software. Das liegt daran, dass OOP an einigen Stellen Modelle liefert, die der uns vertrauten Realität relativ nahekommen (ein Objekt hat sowohl Eigenschaften als auch Verhalten, beides gehört zusammen und macht ein Objekt erst aus). Andererseits fordert OOP Konzepte wie Modularität stark ein und erhöht damit die Wiederverwendbarkeit. Außerdem ist mit Python eine der aktuell bedeutendsten Sprachen für die wissenschaftliche Datenauswertung intrinsisch vollständig objektorientiert – auch wenn man in Python genauso auch strukturiert programmieren kann und viele explizit gar nicht objektorientiert programmieren werden.[6]

▶ Beispiel: Vergleich strukturierter und funktionaler Programmierung

Die Unterschiede von strukturierter und funktionaler Programmierung lassen sich gut am Beispiel der Fibonacci-Folge zeigen. Die Berechnung der ersten zehn Glieder dieser Folge soll einmal strukturiert und einmal funktional erfolgen, in beiden Fällen wird Python-Code gezeigt

5 Das bedeutet aber gerade nicht, dass diejenigen, die von C auf C++ umstiegen, plötzlich objektorientiert programmierten. Am Ende ist objektorientierte Programmierung eine Frage der grundlegenden Strategie, nicht der Programmiersprache. Robert C. Martin geht bei der Vorstellung des *Dependency Inversion Principle* (vgl. ▶ Kap. 27) soweit zu sagen, dass ein Programm, das dieses Prinzip anwendet, objektorientiert geschrieben ist, eines, das es nicht anwendet, eben nicht – und zwar unabhängig von der verwendeten Programmiersprache und deren Konzepten.

6 Interessanterweise ist das Python-Paket NumPy für numerische Berechnungen in weiten Teilen eher strukturiert als objektorientiert programmiert. Ähnliches gilt in mancher Hinsicht für SciPy.

11

werden. Gegeben sei die Fibonacci-Folge:

$$f_n = f_{n-1} + f_{n-2} \quad \text{für} \quad n > 2 \quad \text{mit} \quad f_0 = 0, \quad f_1 = f_2 = 1$$

In ihrer modernen Definition beginnt sie meist mit der Zahl 0, hier als f_0 bezeichnet. Eine Umsetzung mit den Mitteln der strukturierten Programmierung könnte in Python wie folgt aussehen. Die Kommentare weisen auf den Seiteneffekt und die Zuweisung als inhärente Eigenschaften dieses Programmierparadigmas hin.

Codebeispiel 11.1: Fibonacci-Zahlen, strukturiert

```
def fibonacci(n, first=0, second=1):
    for _ in range(n):
        print(first)  # Seiteneffekt
        first, second = second, first + second  # Zuweisung
fibonacci(10)
```

Die gleiche Funktionalität, diesmal umgesetzt mit den Mitteln der funktionalen Programmierung, ist auf den ersten Blick etwas gewöhnungsbedürftig. Der Lambda-Ausdruck und die Rekursion sind Kernbestandteile des funktionalen Programmierparadigmas. Die hier gezeigte Funktion ist frei von Seiteneffekten und Zuweisungen.

Codebeispiel 11.2: Fibonacci-Zahlen, funktional

```
fibonacci = lambda n, first=0, second=1: (  # Lambda-Ausdruck
    []
    if n == 0
    else [first] + fibonacci(n - 1, second, first + second)
)  # Rekursion
print(fibonacci(10))
```

Die Beispiele zeigen, dass moderne Programmiersprachen wie Python (Ähnliches gilt für JavaScript, Java, C++ und weitere) durchaus unterschiedliche Programmierparadigmen unterstützen. Welches Paradigma verwendet wird, ist u. a. eine Frage des persönlichen Geschmacks und der Fähigkeiten sowie der Anforderungen.

Hinweis: Die Fibonacci-Folge steht in einem engen Zusammenhang mit dem Goldenen Schnitt. Das Verhältnis (Quotient) zweier aufeinanderfolgender Zahlen der Fibonacci-Folge, $\frac{f_{n+1}}{f_n}$, strebt gegen den Goldenen Schnitt. ◀

Verständnisfragen

- Warum ist es relevant, sich mit Programmierparadigmen zu befassen?
- Welche drei grundlegenden Programmierparadigmen sind von Bedeutung? Wodurch werden sie charakterisiert?
- Muss ich ich mich bei einer Programmiersprache/in einem Projekt für ein Programmierparadigma entscheiden, oder lassen sie sich mischen?

Kommentiertes Literaturverzeichnis

Der Begriff des Paradigmas wurde von Robert W. Floyd 1979 in seiner *ACM Turing Award Lecture* [1] in die Computerwissenschaften eingeführt und nimmt Bezug auf Thomas Kuhn und seine Darstellung der Wissenschaftsgeschichte und -theorie [2]. Als „Geburtsdaten" für die drei hier vorgestellten Paradigmen lassen sich [7] für die funktionale, [8] für die objektorientierte und [9] für die strukturierte Programmierung ins Feld führen. Eine recht gute Einführung in die funktionale Programmierung ist der Artikel von John Hughes [4], kurz darauf als Buchkapitel [5] veröffentlicht (und deutlich lesbarer formatiert). Sehr interessant sind die beiden Essay *The Other Road Ahead* und *Beating the Averages* von Paul Graham, als Kapitel 5 und 12 abgedruckt in seinem Buch *Hackers & Painters* [13]. Er beschreibt darin, wie er mit einem Freund gemeinsam ein Startup für Webshops gründete, das später von Yahoo aufgekauft wurde. Der Schlüssel zum Erfolg war die Verwendung von Lisp, einer funktionalen Programmiersprache, die einen viel kürzeren Entwicklungszyklus als herkömmliche strukturierte bzw. objektorientierte Sprachen ermöglichte.

Literatur

1. R.W. Floyd, Communications of the ACM **22**, 455 (1979)
2. T.S. Kuhn, *Die Struktur wissenschaftlicher Revolutionen* (Suhrkamp, Frankfurt am Main, 1976)
3. R.C. Martin, *Clean Architecture. A Craftman's Guide to Software Structure and Design* (Prentice Hall, Boston, 2018)
4. J. Hughes, The Computer Journal **32**, 98 (1989)
5. J. Hughes, in *Research Topics in Functional Programming*, hrsg. von D.A. Turner (Addison-Wesley, Boston, MA, 1990), pp. 17–42
6. E.W. Dijkstra, Communications of the ACM **15**, 859 (1972)
7. J. McCarthy, Communications of the ACM **3**, 184 (1960)
8. O.J. Dahl, K. Nygaard, Communications of the ACM **9**, 671 (1966)
9. E.W. Dijkstra, Communications of the ACM **11**, 147 (1968)
10. C. Böhm, G. Jacopini, Communications of the ACM **9**, 366 (1966)
11. S. McConnell, *Code Complete*, 2. Aufl. (Microsoft Press, Redmond, Washington, 2004)
12. D.E. Knuth, *Literate Programming* (Center for the Study of Language and Information, Stanford, 1992)
13. P. Graham, *Hackers & Painters* (O'Reilly, Sebastopol, CA, 2010)

Objektorientierte Programmierung (OOP)

Inhaltsverzeichnis

T. Biskup, *Softwareentwicklung für die Naturwissenschaften*,
https://doi.org/10.1007/978-3-662-71607-6_12

Kernaspekte

- OOP ist eine Abstraktion, die die Abbildung realer Probleme auf Code stark vereinfachen kann.
- OOP erfordert ein grundlegendes Umdenken verglichen mit anderen Programmierparadigmen.
- Richtig eingesetzt erleichtert OOP die Erstellung modularen, robusten und wiederverwendbaren Codes.
- Objektorientierte und strukturierte Programmierung schließen sich nicht gegenseitig aus.
- Die Kernaspekte von OOP sind Kapselung, Vererbung und Polymorphie.

Das Ziel dieses Kapitels ist eine *allgemeine Einführung in die objektorientierte Programmierung* und eine Vorstellung der Grundkonzepte – nicht die Beschreibung anhand einer konkreten Programmiersprache. Eine ausführlichere Behandlung ist im gegebenen Rahmen allerdings nicht möglich. Interessierte seien deshalb auf die Liste der weiterführenden Literatur am Ende des Kapitels verwiesen.

12.1 Motivation: Warum objektorientiert programmieren?

Zugegeben: Die objektorientierte Programmierung ist konzeptionell relativ weit entfernt vom üblichen Erfahrungsschatz einer Wissenschaftlerin oder eines Wissenschaftlers, die (nebenher) programmieren. Ein wirkliches Verständnis der Konzepte erfordert viel Zeit und Eigeninitiative. Wenn Programmierung in den Wissenschaften oft schon nicht den notwendigen Stellenwert hat, warum sollte man sich dann mit Objektorientierung beschäftigen und den inital deutlich höheren Aufwand investieren? Nachfolgend seien vier Gründe genannt:

Intellektuelle Beherrschbarkeit komplexer Fragestellungen Die Motivation hinter (fast) allen Programmierkonzepten seit den Anfängen der Informatik ist immer gewesen, die inhärent komplexen Fragestellungen, denen sich Softwareentwickler gegenüber sehen, intellektuell beherrschbar zu machen. Die Komplexität rührt dabei weniger von der Programmierung selbst her als von den Problemen aus der realen Welt, die mithilfe von Software abgebildet und gelöst werden sollen. Richtig eingesetzt kann die objektorientierte Programmierung durch Modularisierung und Trennung von Zuständigkeiten einen entscheidenden Beitrag zur intellektuellen Beherrschbarkeit leisten.

Abstraktion Die vielleicht größte und anspruchsvollste intellektuelle Aufgabe bei der Programmierung ist das Finden guter Verallgemeinerungen und die Generalisierung von Abläufen. Diese konzeptionelle Abstraktion hilft nicht nur beim Verständnis der Problematik, sondern auch bei der Entwicklung wiederverwendbaren und modularen Codes. Objektorientierte Programmierung erleichtert die Abbildung der Realität auf den Code dadurch ganz wesentlich, dass das inhärente Konzept des Objektes in mancher Hinsicht recht nah an der realen Welt und sehr mächtig ist. Kurz: Wir sind es gewohnt, von Objekten (im weitesten Sinn) umgeben zu sein, die Eigenschaften und Verhalten in sich vereinen.

Modularer, robuster, wiederverwendbarer Code Ziel des Buches ist es, Konzepte vorzustellen, die dabei helfen, modularen, robusten und wiederverwendbaren Code zu erstellen. Das ist kein Selbstzweck, sondern in vieler Hinsicht wesentliche Voraussetzung für verlässlichen wissenschaftlichen Erkenntnisgewinn (vgl. ► Kap. 1). Objektorientierte Programmierung hilft hier gleich mehrfach: Modularität ist ein inhärentes Konzept dieses Programmierparadigmas, die Wiederverwendbarkeit wird durch zentrale Konzepte der objektorientierten Programmierung (Kapselung, Vererbung, Polymorphie) sichergestellt.

Zentrale Konzepte leicht umsetzbar Ganz unabhängig vom eingesetzten Programmierparadigma wurde eingangs eine Reihe zentraler Konzepte vorgestellt, die Software zur wissenschaftlichen Datenauswertung erfüllen sollte (vgl. ► Kap. 1). Manche dieser Aspekte lassen sich mit den Mitteln objektorientierter Programmierung sehr viel einfacher (und eleganter) umsetzen als ohne. Dazu gehören u. a. automatisierte Tests (Unittests, vgl. ► Kap. 19) und die Modularität und Wiederverwendbarkeit. Objektorientierte Programmierung stellt gerade für Einsteiger eine zusätzliche und mitunter recht große Hürde dar. Allerdings ist Software, die versucht, den Ansprüchen der Wissenschaftlichkeit zu genügen, grundsätzlich von einer Komplexität, die für ihre Entwicklung und Beherrschung nach einer gewissen Einarbeitung und Programmiererfahrung verlangt.

Trennung von Zuständigkeiten Vererbung und Kapselung können beide dazu beitragen, die Zuständigkeiten entsprechend aufzuteilen. Eine (ggf. abstrakte) Basisklasse (Superklasse, Elternklasse) kann generelle Funktionalität bereitstellen, um die sich dann die davon abgeleiteten Klassen nicht kümmern müssen. Konkret bedeutet das in der Praxis, dass ein Framework eine Menge (komplexer) Funktionalität bereitstellen kann, die dem Nutzer (hier: Entwickler) sehr viel Arbeit abnehmen. Typische, weitverbreitete Beispiele sind diverse Frameworks zur GUI-Programmierung. Ein Beispiel aus dem eigenen Anwendungskontext ist das ASpecD-Framework zur reproduzierbaren Datenauswertung, das dem Anwender (und Entwickler abgeleiteter Pakete) u. a. die gesamte lückenlose Protokollierung aller Datenverarbeitungsschritte abnimmt. Gerade dieses letzte Beispiel hat vielleicht eine gewisse offensichtliche und nachvollziehbare Praxisrelevanz für die Zielgruppe dieses Buches.

12.2 Paradigmenwechsel: strukturiert zu objektorientiert

Ein Grund, warum viele Menschen sich (zumindest anfangs) mit objektorientierter Programmierung schwer tun, ist die im Vergleich zur meist (außerhalb der Informatik) zuerst gelehrten strukturierten Programmierung *grundlegend andere Sichtweise* auf die Fragestellung und mögliche Lösungen, die damit einhergeht. Im vorangegangenen Kapitel wurde kurz darauf eingegangen, dass der Begriff „Paradigma“ unter direktem Rückgriff auf Thomas Kuhn und seinen Essay zur Struktur wissenschaftlicher Revolutionen [1] in die Informatik eingeführt wurde. Auch wenn im Gegensatz zu den Naturwissenschaften in der Informatik mehrere Programmierparadigmen durchaus fruchtbar nebeneinander existieren, erfordert der Wechsel zwischen ihnen doch eine erhebliche intellektuelle Flexibilität und die Bereitschaft, sich auf die jeweiligen Konzepte wirklich einzulassen:

These

Objektorientierte Programmierung erfordert eine *grundlegend andere Art zu denken* als rein strukturierte Programmierung.

Ein grundlegendes Verständnis der Konzepte hinter der objektorientierten Programmierung ist die Voraussetzung für einen gewinnbringenden Einsatz. Es ist hilfreich, zunächst die Grundkonzepte hinter objektorientierter Programmierung zu verstehen, und sich dann erst mit einer konkreten Programmiersprache zu befassen. Die Details der Implementierung können durchaus unterschiedlich sein, die grundlegenden Konzepte sind dagegen (fast) immer identisch. Deshalb sollen nachfolgend die Grundkonzepte vorgestellt werden, losgelöst von der konkreten Umsetzung in einer Programmiersprache.[1] Zwei Aspekte von objektorientierter Programmierung sind zentral und unterscheiden sich grundlegend vom Ansatz der strukturierten Programmierung:

Objekte Das zentrale (und namensgebende) Element der objektorientierten Programmierung, das Objekt, vereint in sich sowohl Eigenschaften (Daten in Form von Variablen) als auch Verhalten (Funktionen, hier Methoden genannt). Diese Einheit von Eigenschaften und Verhalten ist uns von den Dingen, die uns alltäglich begegnen, vertraut – und diese Parallele ist eine der großen Stärken der OOP, weil sie eine Abstraktion der Programmierung ermöglicht, die sich direkt auf reale Probleme und Fragestellungen anwenden lässt.[2]

Kapselung Nur das Objekt selbst darf auf seine Eigenschaften (die mit ihm verknüpften Daten) zugreifen. Jeder andere muss das Objekt fragen (eine seiner Methoden aufrufen), wenn er die Eigenschaft abrufen bzw. verändern möchte. Dadurch kann sichergestellt werden, dass die Eigenschaften (Daten) eines Objektes sich jederzeit in einem konsistenten Zustand befinden. Auch wenn es in manchen Sprachen Möglichkeiten gibt, direkt auf die Eigenschaften eines Objektes zuzugreifen, sollte man das nie tun, sondern immer die betreffenden Methoden des Objektes aufrufen – dazu später mehr.[3]

Was genau das bedeutet und wie diese beiden zentralen Aspekte zusammen mit den anderen Konzepten der objektorientierten Programmierung eine ganz neue bzw. andere Sicht auf die Programmierung liefern, wird im nächsten Abschnitt etwas detaillierter behandelt.

12

1 Dieser Aspekt wird umso wichtiger, wenn die konkrete Sprache, wie z. B. Python, manche dieser Grundkonzepte nur teilweise implementiert bzw. ihre Umsetzung erzwingt.

2 Es soll an dieser Stelle nicht verschwiegen werden, dass eine direkte Abbildung von Realität auf Objekte in der Software in letzter Konsequenz selten sinnvoll ist. Software muss notwendigerweise immer abstrahieren. Die jeweils richtigen (im Sinne von: passenden und für die weitere Entwicklung fruchtbaren) Abstraktionen zu finden, ist eine Herausforderung und erfordert ggf. viel Erfahrung. Treffend herausgearbeitet wurde das von Eric Evans in seinem Buch *Domain-Driven Design* [2], vgl. dazu auch ► Kap. 22.

3 In Python wird der Umgang mit Eigenschaften (Attributen) eines Objektes deutlich laxer gehandhabt. Hier gibt es streng genommen auch keine wirklich privaten Attribute und Methoden. Diese Schwächung der Kapselung führt mitunter auch zu Diskussionen, dass Python eigentlich keine vollständig objektorientierte Programmiersprache sei. Diese Diskussionen sind aber weitestgehend müßig und von rein akademischem Interesse. Darüber hinaus ist das ein Argument dafür, die grundlegenden Konzepte der objektorientierten Programmierung nicht an einer konkreten Programmiersprache zu erklären, sondern zunächst abstrakt.

12.3 Grundlagen: Konzepte der objektorientierten Programmierung

Ein vollständiger Überblick über die Konzepte der objektorientierten Programmierung ist im gegebenen Kontext schwer möglich, deshalb wird nachfolgend nur relativ knapp einerseits auf die Bausteine (Objekte und Klassen) und andererseits auf die zentralen Konzepte (Kapselung, Vererbung, Polymorphie, Zusammensetzung) eingegangen. Für eine sicherlich notwendige detailliertere Beschäftigung mit der Thematik seien Interessierte an die weiterführende Literatur verwiesen.

12.3.1 Die Bausteine: Objekte und Klassen

Es gibt zwei grundlegende Bausteine in der objektorientierten Programmierung: Objekte und Klassen. Beide stehen in einem engen Zusammenhang und sind von ihrem Abstraktionsgrad oberhalb der Funktionen oder Routinen der strukturierten Programmierung angesiedelt.

Definition 12.1: Objekt (*object*)

(Grundlegender) Baustein eines objektorientierten Programms; besteht aus den Daten *und* dem zugehörigen Verhalten.

Die Daten eines Objektes werden Attribute (*attributes*) genannt und sind Variablen beliebigen Datentyps. Das Verhalten wird durch Methoden (*methods*) bestimmt, also den zum Objekt gehörenden Funktionen bzw. Routinen, die auf den Daten des Objektes arbeiten. Objekte werden innerhalb einer Anwendung erzeugt und existieren nur über die Laufzeit der Anwendung.[4] Eng mit Objekten verwandt, aber doch klar von ihnen verschieden, sind die Klassen:

Definition 12.2: Klasse (*class*)

Blaupause für die Erzeugung eines Objektes; Definition der Daten (Attribute) und des Verhaltens (Methoden).

Klassen erweitern die Datentypen einer Sprache. So gut wie jede Programmiersprache arbeitet mit unterschiedlichen Typen von Daten, z. B. Zeichen(ketten) und Zahlen. Für einen bestimmten Datentyp sind in der Regel bestimmte Operationen in einer Programmiersprache definiert und erlaubt. Die objektorientierte Programmierung geht hier einen Schritt weiter und erlaubt dem Programmierer die einfache und elegante Definition eigener Datentypen in Form von Klassen. Die Methoden der Klassen sind die jeweils definierten Operationen. Jedes Objekt gehört zu einer Klasse (Typ). In vollständig ob-

4 Es gibt Strategien, Objekte zu speichern (zu persistieren) und so dauerhaft zu machen. Das ist allerdings eine ganz eigene Thematik, die am Ende des Buches im Kontext realer Anwendungsfälle gestreift werden wird. Eine grundlegende Frage, die es hier zu beantworten gilt, ist die der Interoperabilität. Während es häufig einfach ist, Datenstrukturen einer Programmiersprache direkt binär in eine Datei zu speichern, ist man häufig an einem (eigenen) Dateiformat interessiert, das *per se* unabhängig von der Programmiersprache ist.

Direkter Zugriff und statische Klassen

Es gibt Situationen, in denen man gerne auf die Attribute und Methoden einer Klasse zugreifen möchte, ohne erst ein entsprechendes Objekt zu erzeugen. Auch das wird von vielen Programmiersprachen, die Objektorientierung unterstützen, ermöglicht, indem die entsprechende Klasse (bzw. wahlweise auch die Methode oder Eigenschaft) als *static* definiert wird. Ein typisches Beispiel ist das *Singleton*: Von einer Klasse soll es immer nur maximal ein instanziiertes Objekt geben. Die „klassische" Lösung aus der strukturierten Programmierung wäre die Verwendung einer globalen Variable. Durch eine als *static* definierte Eigenschaft, die einen Zeiger auf die existierende Instanz (oder NULL) speichert, lässt sich das elegant objektorientiert umsetzen.

jektorientierten Sprachen sind auch „primitive" Datentypen stets Klassen, die sich entsprechend verwenden lassen.[5]

Normalerweise muss ein Objekt erzeugt werden, um auf Attribute und Methoden einer Klasse zugreifen zu können. Ein passendes Bild ist eine Metapher vom Backen: Klassen sind die Ausstecher, Objekte die Plätzchen.

Ein Aspekt, der bei der Behandlung von Objekten und Klassen nicht fehlen darf, hier aber ebenfalls nur kurz gestreift werden kann, ist der Kontext:

Definition 12.3: Kontext (*scope*)

Kontrolle des Zugriffs auf Variablen und Routinen; In der OOP: *public* (öffentlich), *protected* (geschützt), *private* (privat).

In der objektorientierten Programmierung unterscheidet man für gewöhnlich drei Kontexte, die meist über ihre englischen Schlüsselwörter gekennzeichnet werden:

public	jeder hat lesenden und schreibenden Zugriff
protected	Zugriff nur für die aktuelle und von ihr abgeleitete Klassen
private	nur die jeweilige Klasse/das Objekt hat Zugriff

Dieser Kontext kann in der Klassendefinition meist sowohl für Attribute als auch für Methoden angegeben werden. Wie das konkret bewerkstelligt wird, hängt von der jeweils verwendeten Programmiersprache ab. Eine Verdeutlichung der Bedeutung dieser drei möglichen Kontexte liefert ◘ Abb. 12.1. Das für das Verständnis des geschützten Zugriffs (*protected*) notwendige Konzept der Vererbung wird nachfolgend eingeführt.

5 Python gehört zu dieser Gruppe vollständig objektorientierter Sprachen, und letztlich ist in Python alles ein Objekt, auch Funktionen.

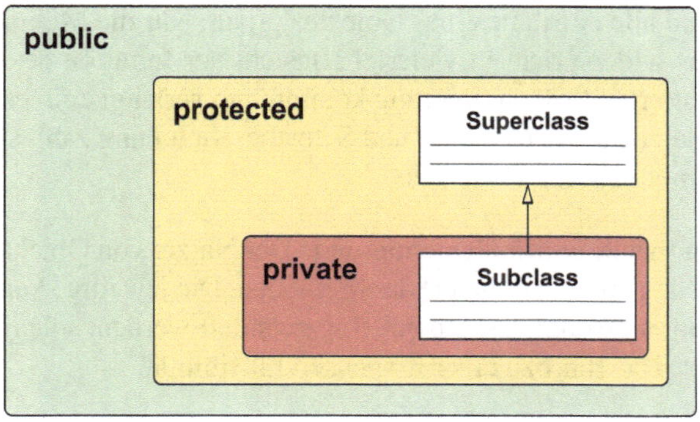

Abb. 12.1 Kontext (*scope*) in der objektorientierten Programmierung. Normalerweise werden drei Ebenen der Kontrolle des Zugriffs auf Eigenschaften und Methoden von Objekten (und Klassen) unterschieden: öffentlich (*public*), geschützt (*protected*) und privat (*private*). Die Besonderheit des geschützten Zugriffs ist, dass außer der Klasse (bzw. dem Objekt) selbst auch noch (durch Vererbung) abgeleitete Klassen/Objekte zugreifen dürfen

12.3.2 Die grundlegenden Konzepte: Kapselung, Vererbung, Polymorphie, Zusammensetzung

Drei grundlegende Konzepte werden für gewöhnlich als konstituierend für die Objektorientierung angesehen: Kapselung (*encapsulation*), Vererbung (*inheritance*) und Polymorphie (*polymorphism*). Eine Programmiersprache gilt nur dann als objektorientiert, wenn sie diese drei Konzepte implementiert. Zusätzlich gibt es aber noch ein weiteres Konzept von nicht geringerer Bedeutung: Zusammensetzung (*composition*). Bis zu einem gewissen Grad stehen Vererbung und Zusammensetzung in einem Konkurrenzverhältnis zueinander, was die Erzeugung von Objekten mit neuen Eigenschaften anbelangt. Andererseits könnte man aber mit einiger Berechtigung auch eine Konkurrenz zwischen Kapselung und Vererbung ausmachen, da Vererbung immer auch Kapselung aufweicht. Doch dazu später mehr. Zunächst sollen die einzelnen Konzepte vorgestellt werden.

Kapselung

Kapselung schränkt den Zugriff auf Variablen und Funktionen massiv ein, ermöglicht dadurch aber erst einen Grad an Entkopplung und Modularität, der gute objektorientierte Programme auszeichnet. Das ist ein Beispiel dafür, was Robert Martin in seinem Blog-Beitrag zu den drei grundlegenden Programmierparadigmen[6] ausführt: Jedes Paradigma – strukturiert, objektorientiert, funktional – hat dem Programmierer etwas weggenommen bzw. ihn eingeschränkt.

> **Definition 12.4: Kapselung (*encapsulation*)**
>
> Ein Objekt enthält Daten *und* zugehöriges Verhalten und kann beides nach Belieben vor anderen Objekten verstecken.

6 ► http://blog.cleancoder.com/uncle-bob/2012/12/19/Three-Paradigms.html (Zugriff am 01.02.2025), ähnlich in [3, Kap. 3].

Normalerweise sind alle Attribute eines Objektes privat. Nur die Methoden des Objektes haben Zugriff. Das widerspricht in vielerlei Hinsicht der Intuition des Programmierers, der von der strukturierten Programmierung kommt, und verlangt einiges an Disziplin und Umgewöhnung. Gerade diese Disziplin und Selbstbeschränkung zahlt sich aber am Ende durch wesentlich modulareren Code aus.

Trennung von Schnittstelle und Implementierung Der Nutzer von Objekten/Klassen kennt nur die Signatur (Name und Parameter) der Methoden. Die jeweilige konkrete Implementierung ist irrelevant und kann deshalb beliebig geändert werden, solange die Funktionalität erhalten bleibt. Das führt zu einer immensen Flexibilität.

Sparsamkeitsprinzip Ein letzter Aspekt der Kapselung ist das Sparsamkeitsprinzip: Es gibt nur so viele öffentliche Methoden wie notwendig. Das dient dazu, die Implementierung vor dem Nutzer des Objektes bzw. der Klasse zu verstecken und erhöht die Wiederverwendbarkeit.

Definition 12.5: Grundparadigma der Kapselung

Jedes Objekt ist für sich selbst verantwortlich. Der Zugriff erfolgt nur über die öffentlichen Methoden des Objektes.

Warum ist Kapselung so wichtig? Zum einen ist sie die Grundlage der Modularität und Austauschbarkeit, zum anderen die Voraussetzung für die anderen OOP-Konzepte (Vererbung, Polymorphie, Zusammensetzung). Entscheidend ist die strikte Trennung zwischen Schnittstelle (*interface*) und Implementierung. Entsprechend wichtig ist auch das Sparsamkeitsprinzip, und letztlich ist es unsere Verantwortung als Programmiererinnen und Programmierer, jeweils neu in jedem konkreten Kontext zu überlegen, was Kapselung bedeutet und wie sie am besten umgesetzt wird.

Vererbung

Das zweite zentrale Konzept objektorientierter Programmierung ist die Vererbung.

Definition 12.6: Vererbung (*inheritance*)

Eine Klasse kann von einer anderen Klasse erben und aus den Attributen und Methoden der Superklasse Nutzen ziehen.

Vererbung ist ein zentrales Konzept für die Wiederverwendung von Code: Superklassen implementieren nur das Notwendigste (den kleinsten gemeinsamen Nenner). Alle spezifische Funktionalität wird in der abgeleiteten Subklasse implementiert. Ein sehr einfaches Beispiel für eine Vererbungsbeziehung ist im Diagramm in ◘ Abb. 12.2 wiedergegeben.

Klassenhierarchien Wie Klassenhierarchien im konkreten Fall sinnvoll aussehen, ist eine Frage sowohl des Kontextes als auch der Erfahrung und persönlichen Vorlieben. Hier sei nur ein Wort der Warnung gesprochen: Zu lange Stammbäume werden unübersichtlich. In der Praxis ist es häufig so, dass der erste Entwurf, zumal von einem Programmierer, der sich neu mit der objektorientierten Programmierung beschäftigt, hoffnungslos zu tiefe Klassenhierarchien aufweist. Letztlich hilft hier nur Ausprobieren und Erfahrung sammeln. Ein Wert aus der Praxis: Klassenhierarchien mit mehr als drei „Generationen" sollten vermieden werden, es sei denn, es gibt sehr gute Gründe. Für den Zusammenhang mit objektorientiertem Design siehe den letzten Abschnitt dieses Kapitels.

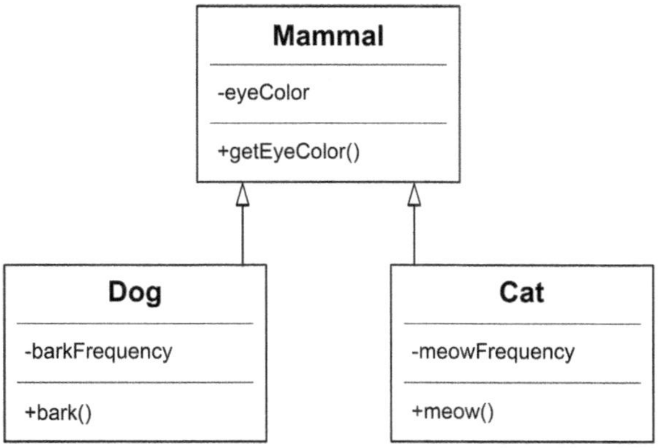

Abb. 12.2 Einfaches Beispiel für Vererbung in der objektorientierten Programmierung. Sowohl ein Hund als auch eine Katze ist ein Säugetier, und gemeinsame Eigenschaften von Säugetieren werden auf der Ebene der Klasse *Mammal* definiert, für die jeweilige Subklasse charakterisierende Eigenschaften und Verhalten hingegen auf der Ebene der Subklasse. Der offene Pfeil stellt eine Vererbungsrelation dar, das „+" ein öffentlich zugängliches (*public*) Attribut, das „–" entsprechend ein privates (*private*) Attribut, das nur vom Objekt selbst aus zugreifbar ist

Mehrfachvererbung Ein weiterer Aspekt ist das Erben von mehr als einer Klasse (*multiple inheritance*). Es wird nicht von allen Programmiersprachen unterstützt, oftmals behilft man sich hier aber des Konzeptes einer Schnittstelle (*interface*) als einer speziellen Art von Klasse und kann dann mehr als ein solches implementieren (bzw. davon erben). Konzeptionell lassen sich diese beiden Ansätze quasi identisch einsetzen, auch wenn die explizite Implementierung einer Schnittstelle die Lesbarkeit erhöht.[7]

Polymorphie (Vielgestaltigkeit)

Das dritte konstituierende Konzept der objektorientierten Programmierung neben Kapselung und Vererbung ist die Polymorphie oder Vielgestaltigkeit.

Definition 12.7: Polymorphie (*polymorphism*)

Ähnliche Objekte können auf die gleiche Botschaft in unterschiedlicher Weise reagieren („Vielgestaltigkeit").

Die Polymorphie oder Vielgestaltigkeit ist eng mit dem Konzept der Vererbung verknüpft und ebenfalls von zentraler Bedeutung. Eine Klasse erbt eine Methode von einer Superklasse und implementiert die Funktionalität entsprechend. Dadurch wird der resultierende Code hochgradig modular und erweiterbar:

- Jede Klasse ist für sich selbst verantwortlich.
- Das Erzeugen einer neuen Subklasse zieht keine Modifikation der Superklasse nach sich.
- Der Aufruf der Methode bleibt identisch für alle Subklassen einer gemeinsamen Superklasse.

7 Eine Möglichkeit, die Lesbarkeit bei Mehrfachvererbung zu gewährleisten, ist die Namensgebung: Klassen, die als Schnittstellen fungieren, werden oft als *mixin* bezeichnet und entsprechend benannt.

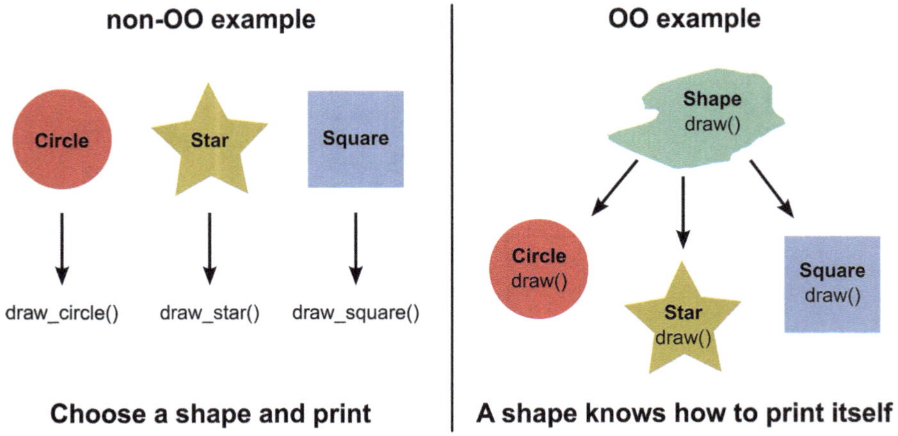

Abb. 12.3 Verdeutlichung des Konzeptes der Polymorphie. Im nicht-objektorientierten Kontext gäbe es für jede Form eine explizite Routine, um die Form darzustellen, die darüber hinaus den Namen der Form meist im Namen trägt. In einem objektorientierten Kontext erbte jede konkrete Form von einer (ggf. abstrakten) Klasse die Methode zur Darstellung, implementierte aber konkret die notwendigen Schritte. Der Vorteil: Solange man Formen vor sich hat, kann man für jede Form die `draw`-Methode aufrufen, ohne sich um die Details kümmern oder wissen zu müssen, welcher Gestalt die Form ist

Ein einfaches Beispiel, das strukturierte und objektorientierte Programmierung gegenüberstellt, ist in Abb. 12.3 wiedergegeben. Ohne sehr viel Aufwand (und quasi eine Nachimplementierung der Vererbung) ist in der strukturierten Programmierung sehr viel Code-Doppelung und ggf. eine längere Verzweigungsstruktur notwendig, während in der objektorientierten Programmierung die Schnittstelle der gemeinsamen Funktionalität in einer (ggf. abstrakten) Superklasse definiert und in den abgeleiteten Klassen implementiert wird. Darüber hinaus lassen sich modular weitere (Sub-)Typen implementieren, ohne bestehenden Quellcode ändern zu müssen.

12

▶ Beispiel: Strukturierte *vs.* objektorientierte Programmierung

Am in Abb. 12.3 grafisch verdeutlichten Konzept der Polymorphie lässt sich recht elegant ein großer Vorteil der objektorientierten gegenüber der strukturierten Programmierung aufzeigen. Im Fall der strukturierten Programmierung wird man, will man unterschiedliche Formen zeichnen können, nicht um eine Fallunterscheidung umhin kommen, wie sie im folgenden Listing schematisch gezeigt ist.

Codebeispiel 12.1: Zeichnen unterschiedlicher Formen: strukturiert

```
shape = 'star'

if shape == 'circle':
    draw_circle()
elif shape == 'star':
    draw_star()
elif shape == 'square':
    draw_square()
```

Sobald eine neue Form hinzukommt, muss an dieser Stelle (und an allen anderen Stellen, die mit Formen umgehen) geändert werden. Im Gegensatz dazu entkoppelt die Objektorientierung diese Änderungen und sorgt durch Polymorphie und Kapselung dafür, dass nur eine neue Klasse implementiert werden muss, die der (ggf. abstrakten) Schnittstelle der Superklasse `Shape` genügt (und ggf. von ihr erbt). Im konkreten Beispiel habe jedes Objekt vom (Super)Typ `Shape` eine Methode `draw()`. Dann muss der Code, der diese Methode aufruft, nicht wissen, um welche konkrete Instanz der Klasse `Shape` es sich handelt, sondern kann einfach deren Methode `draw()` zur Darstellung der Form aufrufen.

Codebeispiel 12.2: Zeichnen unterschiedlicher Formen: objektorientiert

```
shape = Star()
shape.draw()
```

Die Implementierung der Methode zur Darstellung findet nur innerhalb der Klasse statt. Änderungen darüber hinaus sind nicht notwendig. Darüber hinaus wird die Methode in einem lokalen Kontext (der jeweiligen Klasse) implementiert, was die Übersichtlichkeit erhöht.

Das obige objektorientierte Beispiel ist natürlich grob unvollständig. Ein etwas ausführlicheres Beispiel inklusive der Definition der Super- und Subklassen sei nachfolgend gezeigt.

Codebeispiel 12.3: Zeichnen unterschiedlicher Formen: objektorientiert

```
class Shape():
    def draw(self):
        pass

class Circle(Shape):
    def draw(self):
        # actual drawing of circle

class Star(Shape):
    def draw(self):
        # actual drawing of star

class Square(Shape):
    def draw(self):
        # actual drawing of square

# Instantiate object and call draw method
shape = Star()
shape.draw()
```

In diesem Beispiel definiert die Superklasse `Shape` nur eine leere Methode `draw()`, die in den Subklassen entsprechend überladen wird: Dort findet die eigentliche Implementierung der Funktionalität statt. Die konkrete Ausgestaltung ist von vielen Faktoren abhängig und kann letztlich nur im jeweiligen Kontext entschieden werden. ◄

Mit Sicherheit ist auch hier wieder die Disziplin des Programmierers gefragt: Jede Subklasse sollte alle Methoden der Superklasse, die sie geerbt hat, entsprechend sinnvoll implementieren. Entsprechend sollte in einer Superklasse auch nur das absolut notwendige Minimum öffentlicher Methoden definiert werden (vgl. ► Kap. 26). In der Praxis wird

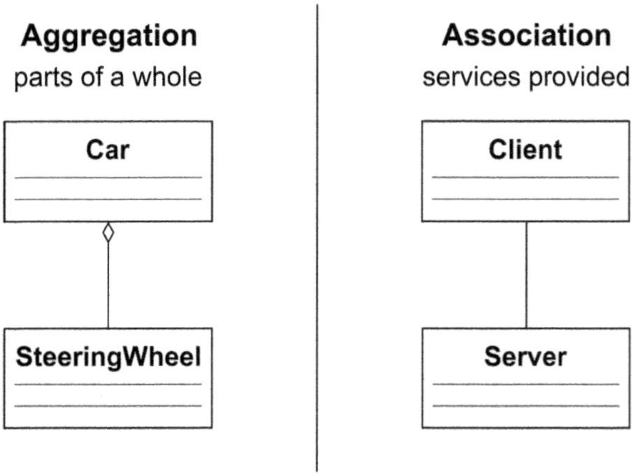

Abb. 12.4 Die zwei Arten der Zusammensetzung (*composition*) von Objekten. Die „klassische" Form der Zusammensetzung ist die Aggregation, die eine klare *hat ein*-Beziehung definiert. Die Assoziation hingegen ist eine Interaktion von Objekten/Klassen auf der Ebene, dass ein Objekt/eine Klasse einen Service für ein anderes Objekt/eine andere Klasse bereitstellt

man das oft nur durch Ausprobieren und Anpassen des Codes (Stichwort: Refactoring, ► Kap. 20) erreichen. Diese Disziplin zahlt sich allerdings aus. Ein ganz wesentlicher Aspekt des korrekten Zuschnitts von Klassen und ihrer Schnittstellen sowie von Vererbungshierarchien ist das Liskov-Substitutionsprinzip, auf das noch in ► Kap. 25 eingegangen wird. Kurz gesagt geht es hier um allgemeine Regeln, wie Subklassen zu ihren Superklassen in Beziehung stehen sollten, welche Annahmen sie treffen (Vorbedingungen einfordern) dürfen und welche Nachbedingungen sie sicherstellen sollten, um die Polymorphie zu ermöglichen.

Zusammensetzung

Auch wenn sie im Gegensatz zu den drei vorgenannten Aspekten Kapselung, Vererbung und Polymorphie nicht als konstituierend für die Objektorientierung angesehen wird, ist die Zusammensetzung von entscheidender Bedeutung im konkreten Alltag der Programmierung. Sie steht dabei in gewisser Weise in Konkurrenz zur Vererbung.

Definition 12.8: Zusammensetzung (*composition*)

Ein Objekt ist aus anderen Objekten zusammengesetzt. Die Objekte können anderweitig vollkommen unabhängig sein.

Genau wie die Vererbung ist auch die Zusammensetzung ein zentrales Konzept für die Wiederverwendung von Code. Der große Unterschied zur Vererbung ist allerdings, dass es sich bei der Zusammensetzung um die Wechselwirkung *unabhängiger* Objekte handelt.

Man unterscheidet normalerweise zwei Formen der Zusammensetzung: Aggregation (*aggregation*) und Assoziation (*association*), vgl. Abb. 12.4. Die „klassische" Form der Zusammensetzung ist die Aggregation, die eine klare *hat ein*-Beziehung definiert. Die Assoziation hingegen ist eine Interaktion von Objekten/Klassen auf die Weise, dass ein Objekt/eine Klasse einen Dienst (*service*) für ein anderes Objekt/eine andere Klasse bereitstellt. Auch für die Assoziation gibt es aus der Praxis heraus entstandene Regeln, wie sie sinnvoll angewendet werden sollte, um die Modularität und Wiederverwendbarkeit zu erhalten. Vergleiche dazu die Ausführungen zur Softwarearchitektur (► Kap. 22 ff.) und

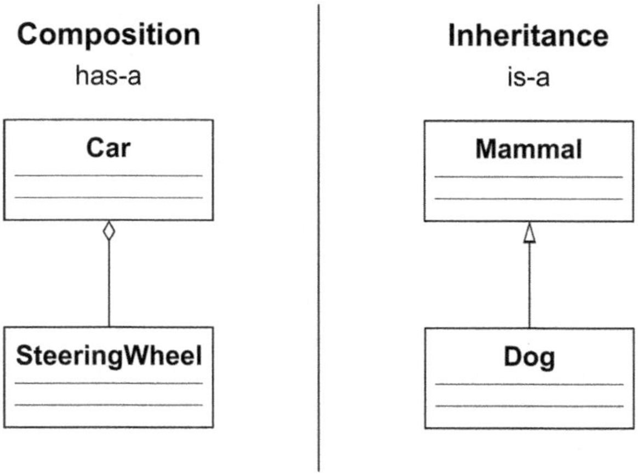

Abb. 12.5 Gegenüberstellung von Zusammensetzung (*composition*) und Vererbung (*inheritance*). Während die Zusammensetzung (in ihrer klassischen Form) eine *hat ein*-Beziehung definiert, führt die Vererbung zu einer *ist ein*-Beziehung. Bei der Zusammensetzung sind die Objekte/Klassen vollständig unabhängig, bei der Vererbung erbt die Subklasse von ihrer Superklasse alle Eigenschaften (und weicht damit die Kapselung auf)

für die Interaktion zweier Objekte und die Richtung der Abhängigkeiten das Dependency-Inversion-Prinzip (▶ Kap. 27). Wichtig ist in diesem Kontext, sich den Unterschied zwischen Zusammensetzung und Vererbung bewusst zu machen: Zusammensetzung (*composition*) ist die Wechselwirkung zwischen *unabhängigen* Objekten, die Kapselung (*encapsulation*) bleibt voll erhalten. Vererbung (*inheritance*) überträgt *alle* Eigenschaften (Attribute, Methoden) von einer Superklasse an eine Subklasse. Die Subklasse ist vom gleichen Typ wie die Superklasse, was wiederum die Grundlage der Polymorphie ist. Änderungen der Superklasse wirken sich allerdings auf die Subklasse aus, die Kapselung wird entsprechend geschwächt.

Der Vergleich der beiden Diagramme in Abb. 12.5 verdeutlicht noch einmal den Unterschied zwischen Zusammensetzung und Vererbung. Auch wenn es nicht in jedem Fall stimmt, lässt sich der Unterschied auf die Art der Beziehung der Objekte/Klassen zueinander sprachlich griffig fassen: Zusammensetzung führt zu einer *hat ein*-Beziehung, während Vererbung eine *ist ein*-Beziehung zur Folge hat. Welches Konzept wann wie sinnvoll eingesetzt wird, greift weit in Objektorientierte Architektur hinein und kann im Rahmen dieses Buches nur gestreift werden (vgl. ▶ Kap. 22 ff.). Interessierte seien abermals auf die entsprechende vielfältige Literatur verwiesen.

12.4 Ausblick: objektorientiertes Design

Es klang bereits mehrfach an: Die bloße Kenntnis der Grundlagen objektorientierter Programmierung ist nicht hinreichend für guten und insbesondere modularen, robusten und wiederverwendbaren Code. Auch dieses Buch kann hier nur Stichwortgeber sein.

These
Das Verständnis der Grundlagen von OOP führt nicht automatisch zu gutem, lesbarem und genauso wenig zu modularem, wiederverwendbarem Code.

Ein wesentlicher Aspekt (nicht nur) des objektorientierten Designs ist, sich zunächst einmal einen Überblick über die Problemstellung zu verschaffen und eine ausreichend detaillierte Anforderungsanalyse zu erstellen. Im Kontext des objektorientierten Designs stehen dabei Eigenschaften und Verhalten von Einheiten im Fokus. Inwieweit sich daraus dann direkt schon Entwürfe für Klassen ableiten lassen, ist sehr vom Einzelfall abhängig – man sollte allerdings sehr vorsichtig damit sein (und es gibt ziemlich kontroverse Ansichten dazu in der Literatur). Den Stellenwert der jeweiligen Problemdomäne und ihres gemeinsamen Verständnisses durch Anwender und Entwickler der Software hat Eric Evans in seinem Buch *Domain-Driven Design* [2] herausgearbeitet (vgl. ► Kap. 22). Letztlich hilft nur, Dinge auszuprobieren. Der erste Entwurf ist nie perfekt – ganz unabhängig davon, ob es so etwas wie einen perfekten Entwurf oder eine perfekte Umsetzung überhaupt geben kann. Deshalb an dieser Stelle noch einmal der eindringliche Appell: Programmierung lässt sich nur durch die Praxis lernen, und der Weg ist oft mühsam und steinig. Aber vielleicht helfen die hier vorgestellten Konzepte dabei, einige der Fehler zu vermeiden oder früher zu erkennen, die der Autor selbst in den letzten zwanzig Jahren machte. Einige wenige Aspekte, die unabhängig von der konkreten Fragestellung wichtig sind und sich entsprechend universell anwenden lassen:

Programmierung gegen Schnittstellen (*interfaces*), nicht gegen Implementierungen Das ist zentral für die Kapselung und Modularität und setzt die frühe Definition von Schnittstellen voraus. Der große Vorteil ist aber die Unabhängigkeit von einer konkreten Implementierung. Letztlich ist das die praktische (und konsequente) Umsetzung der Kapselung. Das Objekt wird als *Black Box* betrachtet, das nur eine (kleine) Zahl öffentlicher Methoden für seine Manipulation zur Verfügung stellt. Darüber hinaus erlaubt die Programmierung gegen Schnittstellen, die konkrete Implementierung der jeweils hinter der Schnittstelle befindlichen Funktionalität zu vertagen (*separation of concerns*, [4, S. 60–66]), was immens dabei hilft, auf die jeweilige konkrete Fragestellung zu fokussieren. Sicherlich ist diese Herangehensweise etwas, das man lernen muss, aber dafür ist sie sehr fruchtbar, weit über den engen Kontext der Softwareentwicklung hinaus.

Möglichst flache Hierarchien bei der Vererbung Vererbung bricht in gewisser Weise die Kapselung und verletzt damit ein Grundprinzip der OOP, das zentral für die Modularität und Wiederverwendbarkeit ist. Deshalb sollte Vererbung sehr bewusst und hinsichtlich der Hierarchietiefe sparsam eingesetzt werden. Aus der Praxis heraus sollten nur in begründeten Ausnahmefällen Vererbungshierarchien mit mehr als drei „Generationen" implementiert werden. Außerdem sollte dringend das Liskov-Substitutionsprinzip (vgl. ► Kap. 25) bei der Vererbung beachtet werden. Oft bietet sich Zusammensetzung bzw. die Implementierung von Schnittstellen (*interfaces*) als Alternative für zu tiefe Vererbungshierarchien an.

Die öffentliche Schnittstelle eines Objektes sollte immer so klein wie möglich sein. Die Kapselung und daraus folgend das Verstecken von Daten und Implementierung ist ein wesentliches Konzept der OOP. Der Programmierer ist in der Verantwortung, das entsprechend umzusetzen. Vergleiche dazu das Interface-Segregation-Prinzip (► Kap. 26). Objektorientierte Sprachen zwingen ihn nicht *per se* dazu.

Viele Aspekte, die für gutes objektorientiertes Design wichtig sind, können in diesem Buch nur gestreift werden, einige werden uns im vierten Teil, „Architektur", ab ► Kap. 22 noch begegnen. Ein weiterer wesentlicher Aspekt von objektorientiertem Design sind „Entwurfsmuster" (*design patterns*) für Software (► Kap. 17). Letztlich setzen

Hindernisse für OOP in den Naturwissenschaften

Ein Argument, das zuweilen artikuliert wird: Um OOP in den Naturwissenschaften verwenden zu können, müsse man ja erst wissen, was man programmieren möchte, um es dann entsprechend einsetzen zu können. Unabhängig davon, dass es immer gut ist, bis zu einem gewissen Grad zu wissen, was man erreichen möchte: Der erfolgreiche Einsatz objektorientierter Programmierung hat mehr mit der Kenntnis der und Vertrautheit mit den zugrunde liegenden Konzepten zu tun als mit einem konkreten und detaillierten Überblick, was man denn alles im Großen und Ganzen erreichen möchte. Der sinnvolle bzw. gangbare Weg ist vermutlich, bestehenden (strukturiert programmierten) Code herzunehmen und zu schauen, wie sich aus dem Code entsprechend Verantwortlichkeiten und Strukturen extrahieren lassen, die dann als Klassen und Objekte formuliert werden können. Abgesehen davon hilft es sicherlich, wenn man sich ohnehin einen Überblick über vorhandene Funktionen/Routinen für die Verarbeitung von Daten verschaffen muss, einen Schritt zurückzutreten und zu versuchen, das momentane Gesamtbild in den Blick zu bekommen. Dann ergeben sich hoffentlich auch entsprechende Abstraktionen, die das Verständnis und in der Folge die Modularität und Lesbarkeit des Codes erhöhen.

diese Entwurfsmuster gerade bei den drei oben genannten allgemein gültigen Aspekten an.

Verständnisfragen

- Warum kann objektorientierte Programmierung sehr hilfreich sein, um die eingangs im Buch aufgestellten Kriterien für Programme zur wissenschaftlichen Datenverarbeitung zu erfüllen?
- Was sind die Kernaspekte objektorientierter Programmierung?
- Was ist der Unterschied zwischen Vererbung und Zusammensetzung? Welche Vor- und Nachteile bieten beide Konzepte?
- Warum können zu tiefe Vererbungshierarchien zu einem Problem werden?
- Nennen Sie drei allgemein anwendbare Grundprinzipien für objektorientiertes Design.

Kommentiertes Literaturverzeichnis

Eines der wenigen Bücher, die sich darum bemühen, das Paradigma der objektorientierten Programmierung allgemein und möglichst unabhängig von der konkreten Implementierung in einer Programmiersprache darzustellen, ist *The Object-Oriented Thought Process* von Matt Weisfeld [5]. Sehr auf Beispiele aus dem wissenschaftlichen Kontext und auf Python als Programmiersprache zugeschnitten ist Kapitel 6 in *Effective Computation in Physics* [6], allgemein und kurz ist Kapitel 23 in *Weniger schlecht programmieren* [7]. Ein Klassiker der *Einführung* in die objektorientierte Programmierung, wenn auch nur noch antiquarisch zu erwerben und eher dick (knapp 1200 Seiten), ist *Object-Oriented Software Construction* von Bertrand Meyer [8]. Auch hier liegt der Fokus nicht auf einer konkreten Sprache, sondern auf den allgemeinen Prinzipien. Weiterführende Bücher, die objektorientiertes Design (OOD) und objektorientierte Architektur (OOA) in größerem Detail vorstellen, sind jene von Jacobson [9], Evans [2], Fowler [10] und Larman [11]. Sie weisen bereits weit hinaus zu Entwurfsmustern (*design patterns*, ► Kap. 17) und in die Softwarearchitektur

(► Kap. 22). Viele hilfreiche Details zu diesem gesamten Themenkomplex finden sich auch überall in McConnell [12]. Für eine konkrete Einführung in die objektorientierte Programmierung mit Python siehe auch den Python-Kurs des Autors unter ► https://python-course.till-biskup.de/ und hier insbesondere das Kapitel zum Thema objektorientierte Programmierung.

Literatur

1. T.S. Kuhn, *Die Struktur wissenschaftlicher Revolutionen* (Suhrkamp, Frankfurt am Main, 1976)
2. E. Evans, *Domain-Driven Design* (Addison Wesley, Boston, 2004)
3. R.C. Martin, *Clean Architecture. A Craftman's Guide to Software Structure and Design* (Prentice Hall, Boston, 2018)
4. E.W. Dijkstra, *Selected Writings on Computing: A Personal Perspective* (Springer-Verlag, New York, 1982)
5. M. Weisfeld, *The Object-Oriented Thought Process*, 4. Aufl. (Addison-Wesley, Upper Saddle River, New Jersey, 2013)
6. A. Scopatz, K.D. Huff, *Effective Computation in Physics* (O'Reilly, Sebastopol, 2015)
7. K. Passig, J. Jander, *Weniger schlecht programmieren* (O'Reilly, Heidelberg, 2013)
8. B. Meyer, *Object-Oriented Software Construction* (Prentice Hall PTR, Upper Saddle River, New Jersey, 1997)
9. I. Jacobson, *Object-Oriented Software Engineering* (ACM Press, Addison-Wesley, New York, NY, USA, 2004)
10. M. Fowler, *Patterns of Enterprise Application Architecture* (Addison Wesley, Boston, 2003)
11. C. Larman, *Applying UML and Patterns* (Prentice Hall, Upper Saddle River, New Jersey, 2005)
12. S. McConnell, *Code Complete*, 2. Aufl. (Microsoft Press, Redmond, Washington, 2004)

Namen

Inhaltsverzeichnis

T. Biskup, *Softwareentwicklung für die Naturwissenschaften*,
https://doi.org/10.1007/978-3-662-71607-6_13

Kernaspekte
- Gut gewählte Namen sind eine essentielle Voraussetzung für lesbaren Code – und alles, was davon abhängt.
- Ein guter Name beantwortet die großen Fragen: Warum existiert etwas? Was tut es? Wie nutzt man es?
- Programmierer sind Autoren („Schriftsteller"): Der Code sollte so offensichtlich wie möglich sein.
- Ein Name, der in einem Kommentar erklärt werden muss, ist (meist) ein schlecht gewählter Name.
- Gute Namen erfordern die Fähigkeit, gut zu beschreiben, und einen gemeinsamen kulturellen Hintergrund.

Waren die ersten Kapitel im Teil „Saubere Code" noch eher mit konzeptionellen Aspekten befasst wie Programmierparadigmen im Allgemeinen (► Kap. 11) und objektorientierter Programmierung (OOP) im Speziellen (► Kap. 12), so geht es in den nächsten vier Kapiteln ganz zentral um Aspekte des Quellcodes auf grundlegender Ebene. Zwar schwingt auch hier immer der Kontext der objektorientierten Programmierung mit, allerdings lassen sich all diese Aspekte bezüglich Namensnennung (dieses Kapitel), Funktionen (► Kap. 14), Dokumentation im Code (► Kap. 16) und Formatierung von Code (► Kap. 15) für alle Programmierparadigmen gleichermaßen verwenden.

Namen und die Fähigkeit, Konzepte gut und sinnvoll zu benennen, sind nicht nur für die Programmierung essentiell. Hinter Namen verbergen sich immer Konzepte, und oft lässt sich an Namen erkennen, wie gut ihr Autor das dahinter stehende Konzept verstanden hat. Benennung ist direkt mit dem dahinterstehenden Konzept der Abstraktion verbunden, und gute Wissenschaftler zeichnet u. a. aus, dass sie konzeptionell und intellektuell ihren Forschungsgegenstand erfassen und durchdringen und entsprechend prägnant benennen können. Natürlich ist das eine Fähigkeit, die gewisser Erfahrung bedarf, aber genauso wie es wenige wirklich gute Programmierer gibt, so gibt es wenige wirklich gute Wissenschaftler. Die Bedeutung der wissenschaftlichen Herangehensweise in der Programmierung und Softwareentwicklung wurde von Edsger Dijkstra immer wieder betont, explizit in seinem Essay *On the Role of Scientific Thought* [1, S. 60–68], aber auch schon in seiner *Turing Award Lecture* [2].

13.1 Warum sind Namen wichtig?

Gute Namen tragen wesentlich zur **Lesbarkeit von Code** bei. Code sollte *lesbar* sein: Er wird viel häufiger gelesen als geschrieben. Idealerweise ist Code selbstdokumentierend, d. h., er kommt ohne erklärende Kommentare aus. Die grundlegende Bedeutung von Namen bzw. von Vokabeln einer Sprache für unser Denken hat Ludwig Wittgenstein in seinem „Tractatus logico-philosophicus" treffend zum Ausdruck gebracht:

> „*Die Grenzen meiner Sprache* bedeuten die Grenzen meiner Welt." (Ludwig Wittgenstein, [3, Nr. 5.6])

Benennung ist ein **Akt des Sich-Zueigen-Machens** einer Sache: Wenn ich einen Namen für etwas habe, kann ich darauf verweisen, ohne es jedesmal beschreiben zu müssen. Die

Systematisierung unserer Umwelt ist seit jeher etwas, das der Mensch betrieben hat und betreibt. Schon die großen Erzählungen der Menschheitsgeschichte berichten prominent davon.[1] Eine humoristische Referenz an dieses Bestreben des Menschen, seine Umwelt durch Begriffe zu erfassen, findet sich auch in Douglas Adams' erstem Band des *Hitch Hiker's Guide*.[2] Gute Namen zu finden setzt voraus, dass man ein gutes Verständnis des zu benennenden Objektes hat. Entsprechend zeigt sich umgekehrt an gut gewählten Namen, dass die benennende Person den Kontext und die Sache wirklich verstanden hat.

> „What's in a name? A variable or function name labels an object and conveys information about its purpose. A name should be informative, concise, memorable, and pronounceable if possible. Much information comes from context and scope; the broader the scope of a variable, the more information should be conveyed by its name." (Kernighan und Pike in [5, S. 3])

Gute Namen überraschen nicht, sondern helfen dabei, die Geschichte zu erzählen und den nötigen Kontext zu liefern. Um direkt auf Wittgenstein einzugehen: Denken ist sicherlich in gewissen Grenzen auch ohne Sprache möglich. Allerdings trifft das nicht auf die Entwicklung abstrakter Konzepte zu, wie sie uns bei der Programmierung begegnen. Hier ist es auf jeden Fall so, dass wir Dinge (Variablen, Funktionen, Klassen, Objekte, ...) benennen müssen. Je besser die Namen, desto lesbarer der resultierende Code.

> „You should name a variable using the same care with which you name a first-born child." (James O. Coplien in [6, S. xxi])

Einerseits ist Benennung der diversen Bestandteile von Programmen eine alltägliche und unvermeidliche Tätigkeit jedes Programmierers, andererseits ist es etwas, bei dem häufig das Bewusstsein für die Tragweite fehlt. Formatierung lässt sich bis zu einem gewissen Grad automatisch vereinheitlichen – gute Namen sind eine echte intellektuelle Herausforderung.

> „One difference between a smart programmer and a professional programmer is that the professional understands that *clarity is king*. Professionals use their powers for good and write code that others can understand." (Tim Ottinger in [6, S. 25])

Der Unterschied zwischen einem schlauen und einem professionellen Programmierer ist der Blickwinkel: Der professionelle Programmierer weiß, dass es letztlich darum geht, Code zu schreiben, den andere Menschen verstehen können – inklusive er selbst. Natürlich sind gute Namen im Wesentlichen eine Frage der Übung. Aber ohne das notwendige Bewusstsein, dass Namen den ganzen Unterschied zwischen verständlichem und unverständlichem Code – anders gesprochen: zwischen wiederverwendbarem, nachvollziehbarem, überprüfbarem und damit (auch und gerade im Kontext der Wissenschaft)

---

1 Vgl. u. a. Genesis 2,19: „Denn als Gott der HERR gemacht hatte von der Erde allerlei Tiere auf dem Felde und allerlei Vögel unter dem Himmel, brachte er sie zu dem Menschen, daß er sähe, wie er sie nennte; denn wie der Mensch allerlei lebendige Tiere nennen würde, so sollten sie heißen." (Luther 1912).

2 Aufgrund des Unwahrscheinlichkeitsantriebs der „Herz aus Gold" existiert plötzlich ein Pottwal in der Luft Meilen über einem Planeten. Seine Gedanken und seine Selbstfindung werden im Buch wiedergegeben: „And since this is not a naturally tenable position for a whale, this poor innocent creature had very little time to come to terms with its identity as a whale before it then had to come to terms with not being a whale any more." Die entscheidenden Sätze im Denken des Wals: „... well, I suppose I'd better start finding names for things if I want to make any headway in what for the sake of what I shall call an argument I shall call the world, so let's call it my stomach." [4, S. 99]

nutzbarem Code und bestenfalls einer Notlösung für einen einzelnen Programmierer – machen können, fehlt der Antrieb, sich mit der Thematik überhaupt auseinanderzusetzen.

▶ Beispiel: Namen können über die Verständlichkeit entscheiden

Nachfolgend sind zwei Beispiele für die gleiche Funktion gezeigt, die sich nur durch die Benennung der Variablen und der Funktion unterscheiden. An diesen Codebeispielen lässt sich zeigen, dass Namen durchaus über die Verständlichkeit von Code entscheiden können.

Codebeispiel 13.1: Eine einfache, aber schwer verständliche Funktion

```
def get_them():
    list1 = []
    for x in self.the_list:
        if x[0] == 4:
            list1.append(x)
    return list1
```

Hier wurden nicht aussagekräftige Namen verwendet, lediglich das Offensichtliche (der Variablentyp) mit den Namen ausgedrückt. Während es in diesem ersten Beispiel schwer ist zu erkennen, um was es sich handelt, sieht es im nachfolgenden Beispiel schon ganz anders aus.

Codebeispiel 13.2: Die gleiche, aber diesmal verständlichere Funktion

```
def get_flagged_cells():
    flagged_cells = []
    for cell in self.game_board:
        if cell[STATUS_VALUE] == FLAGGED:
            flagged_cells.append(cell)
    return flagged_cells
```


Ohne in die Details gehen zu wollen, ist hier mit wenig Aufwand erkennbar, dass es sich um eine Funktion aus einem Minesweeper-Spiel handeln könnte. Natürlich erfordert auch das zusätzliches Wissen aus dem Problemraum, u. a. über die Funktionsweise des Spiels. Die Namen haben diesmal aber einen klaren Bezug zur zu bearbeitenden Fragestellung. ◀

13.2 Allgemeine Regeln für Namen

Es gibt eine ganze Reihe grundlegender Kriterien für gute und schlechte Namen, die sich auf jeglichen zu benennenden Aspekt der Programmierung anwenden lassen. Darüber hinaus lassen sich für einzelne Einheiten wie Variablen, Funktionen, Klassen, Objekte spezifische(re) Regeln aufstellen, die im ▶ Abschn. 13.3 präsentiert werden.

13.2.1 Namen als Antworten auf die großen Fragen

Namen im Kontext der Programmierung sind nicht beliebig, da sie die Worte der Sprache formen, in der wir programmieren (vgl. dazu das Wittgenstein-Zitat vom Anfang). Programmierer sind Autoren bzw. Schriftsteller, und sie sind – gerade auch durch die

Notwendigkeit, jeden einzelnen Baustein mit Ausnahme der wenigen reservierten Schlüsselwörter jeder Programmiersprache selbst zu benennen – immer auch verantwortlich dafür, eine neue Sprache zu erfinden, die bestmöglich zur Lösung der jeweiligen Aufgabe passt. Entsprechend sollte jeder Name aussagekräftig sein.

» „The name of a variable, function, or class, should answer all the big questions. It should tell you why it exists, what it does, and how it is used. If a name requires a comment, then the name does not reveal its intent." (Tim Ottinger in [6, S. 18])

Ein Name sollte Antworten auf drei Fragen liefern, nämlich auf die nach der Daseinsberechtigung des benannten Bausteins, dessen Fähigkeiten und nach seiner Nutzung. Gleichzeitig liefert Ottinger hier noch ein Qualitätskriterium mit: Ein Name sollte für sich sprechen. Diese sehr allgemeinen Kriterien lassen sich noch deutlich weiter unterteilen – nach wie vor aber auf einer allgemeinen Ebene, sodass sie sich auf alle Bausteine eines Programms anwenden lassen.

13.2.2 Kriterien für gute Namen

Es gibt eine Reihe von Kriterien für gute Namen, also Aspekte, die einen guten Namen auszeichnen. Gute Namen sollten insbesondere:

Die Absicht offenbaren Der Code sollte offensichtlich sein. Ein Name, der erklärt werden muss, ist schlecht gewählt. Das (erreichbare) Ziel ist letztlich der hinsichtlich seiner Absichten selbstdokumentierende Code.[3]

Aussagekräftige Unterscheidungen treffen Programmierer müssen auf kleinste Details achten, da schon ein einzelnes Zeichen den ganzen Unterschied machen kann. Dazu kommt, dass auch sehr gut lesbarer Code normalerweise eine sehr hohe Informationsdichte hat.[4] Entsprechend sollten verschiedene Namen auch nur und genau dann verwendet werden, wenn sie eine unterschiedliche Bedeutung tragen. Zufällige bzw. inkonsistente Unterschiede lenken ab und verwirren ggf. nur.[5] Abgesehen davon sind sie ein Zeichen mangelnder Sorgfalt bei der Namensnennung und in der Konsequenz eine Geringschätzung des Lesers durch den ursprünglichen Autor.

Aussprechbar sein Programmierung hat durchaus soziale Aspekte. Es ist sehr wertvoll, sich nicht nur über allgemeinere Prinzipien, sondern auch über ganz konkrete Codezeilen mit Kollegen oder anderen Programmierern austauschen zu können. Das geht aber nur dann wirklich sinnvoll, wenn Namen aussprechbar sind. Es ist dem Austausch nicht unbedingt förderlich, wenn man jedes Mal beim Versuch, einen Namen im Quellcode

3 Sicherlich spielen für selbstdokumentierenden Code nicht nur gute Namen, sondern auch noch die Struktur des Codes und seine Untergliederung eine wesentliche Rolle. Aber auch wenn Code sehr schön modular in kleine Funktionen aufgeteilt ist, hilft das noch wenig, wenn die einzelnen Bausteine nicht auch sprechende Namen tragen.

4 Das ist eine Parallele zu mathematischen Formeln, die zu lesen und nachzuvollziehen ebenfalls sehr viel Konzentration erfordert.

5 Das gilt auch für Programmiersprachen, die nicht zwischen Groß- und Kleinschreibung unterscheiden. Wenn dieselbe Variable in unterschiedlichen Schreibweisen im Code auftritt, sorgt das nur für unnötiges „Rauschen", ermüdet und lenkt Leser davon ab, sich auf die wesentlichen Unterschiede zu konzentrieren.

auszusprechen, sich entweder verrenken oder in Lachen ausbrechen muss. Namen sind Bestandteile des Codes, und die ernsthafte Diskussion bezieht sich normalerweise auf das Zusammenspiel dieser Bestandteile und sollte deshalb nicht durch Probleme bei der Aussprache behindert werden. Dazu kommt noch, dass das menschliche Gehirn sehr gut darin ist, alles, was es liest, in aussprechbare Worte zu übersetzen. Entsprechend tragen gut gewählte Namen nicht nur zum Austausch über den Code, sondern auch zum Verständnis und zur Merkbarkeit bei.

Suchbar sein Ein häufiger Anwendungsfall beim Lesen und Verändern von Code: Man möchte nach einem bestimmten Namen suchen. Das erfordert möglichst eindeutige, nicht zu kurze Namen. Entsprechend ist das ein Argument gegen die Verwendung einzelner Buchstaben oder Zahlen im Code. Einzelne Buchstaben haben nur in einem Spezialfall eine Daseinsberechtigung: als Laufvariablen in *kurzen* Schleifen. Alle Zahlen außer 0 und 1 sollten im Code überhaupt nicht vorkommen.[6] Dazu später noch mehr.

Ein Wort pro Konzept verwenden Ähnlich wie unterschiedliche Namen aussagekräftige Unterscheidungen treffen sollten, also nur dann unterschiedliche Namen verwendet werden sollten, wenn dem auch reale Unterschiede zugrunde liegen, sollte genau ein Wort für genau ein Konzept verwendet werden, und das möglichst konsistent über das gesamte Projekt. Jeder Name bildet auf genau ein Konzept ab, sodass man eindeutig vom Namen auf das dahinterstehende Konzept und vom Konzept eindeutig auf den Namen schließen kann.[7]

Aus dem Lösungsraum stammen Programme haben die Aufgabe, reale Probleme (aus dem Problemraum, *problem domain*) mithilfe von Code zu bearbeiten. Die dafür eingesetzten Programmierkonzepte gehören zum Lösungsraum (*solution domain*). Da normalerweise nur Programmierer den Code lesen, ist es hilfreich, bei der Wahl der Namen auf ihnen vertraute Konzepte (eben aus dem Lösungsraum) zurückzugreifen. Das bedeutet aber gerade *nicht*, dass man den Typ einer Variablen etc. im Namen kodiert (s. u.). Sollte es für ein Konzept keinen eingeführten Begriff aus dem Lösungsraum geben, ist es ratsam, einen Begriff aus dem Problemraum zu verwenden, statt einen Namen frei zu erfinden. Das ermöglicht es einem Programmierer, wenn er mit dem Problem nicht vertraut ist, einen Anwender zu fragen.[8]

Aussagekräftigen Kontext hinzufügen Die wenigsten Namen sprechen für sich selbst. Das ist aber in den allermeisten Fällen kein größeres Problem, da Namen selten ohne Kontext auftauchen. Kontext liefern gut benannte Funktionen, Klassen oder Objekte und am Ende das Programm. Es gibt Sonderfälle, in denen ein Name auch außerhalb des Kontextes des Programms und damit der grundlegenden Fragestellung eindeutig und aussagekräftig

---

6 Die einzige Ausnahme ist hier die unvermeidliche Zuweisung zu einer Konstante.

7 Die mathematisch exakte Formulierung für diese Eineindeutigkeit wäre die Bijektivität.

8 Gerade bei der Benennung von Funktionen oder Klassen spielt auch eine Rolle, inwieweit Nutzerinnen und Nutzer, die mit dem Problemraum (der eigentlichen wissenschaftlichen Fragestellung) vertraut sind, mit ihnen in direkten Kontakt kommen. Wenn sich vertraute Konzepte und Begriffe aus dem Lösungsraum in der Schnittstelle einer Software wiederfinden, trägt das mitunter erheblich zu ihrer intuitiven Bedienbarkeit bei. Ein weiterer Aspekt: Die Entwicklung komplexer Software setzt zumindest hinsichtlich der Konzepte eine gemeinsame Sprache zwischen Anwendern (Problemraum) und Entwicklern (Lösungsraum) voraus. Dieser Aspekt wird vom *Domain Driven Design* [7] betont, vgl. dazu ► Kap. 22.

sein muss. An solchen Stellen führt fast kein Weg daran vorbei, ein entsprechendes Präfix vor den Namen zu setzen, um so den Kontext herzustellen.[9]

13.2.3 Was man vermeiden sollte

Neben den im vorangegangenen Abschnitt vorgestellten Kriterien für gute Namen gibt es auch eine Reihe von Dingen, die man nach Möglichkeit bei der Benennung vermeiden sollte. Dazu gehören:

Desinformation Namen und Inhalt sollten übereinstimmen. Ein Beispiel aus eigener Erfahrung: Wenn eine Variable, die den Faktor zur Umrechnung enthält, `mT2Hz` benannt ist, aber stattdessen mT in GHz umrechnet, dann führt das im besten Fall zur Verwirrung. Viel gefährlicher sind in dieser Hinsicht deutlich subtilere Fehler.

Eine weitere Möglichkeit für Desinformation bei Namen: kleine Variationen aus Flüchtigkeit. Das ist eine klare Verletzung des oben aufgeführten Kriteriums für gute Namen, aussagekräftige Unterscheidungen zu treffen. Der Grund ist offensichtlich: Programmierer können es sich nicht leisten, kleinste Details zu übersehen, weil gerade hierin die entscheidende Information liegen kann. Entsprechend sollte auf konsistente und eindeutige Schreibweise geachtet werden.

Gibt es ähnliche, aber aus gutem Grund nicht identische Codeeinheiten und Namen, dann sollten die Unterschiede *klar* hervorgehoben werden. Einen Namen einmal klein und einmal groß zu schreiben, weil es den jeweils anderen schon gab, ist eine denkbar schlechte Idee, zumal es meist keinerlei logische Herleitung für diese Schreibweisen und ihre Verwendung gibt. Eine Ausnahme wären ggf. Singular- und Pluralformen derselben Variable, wenn man in einer Schleife über die Elemente einer Liste iteriert und das jeweilige Einzelelement mit dem Singular, die Liste mit dem Plural benennt. Hier sollte allerdings im Kontext darauf geachtet werden, dass jeweils eindeutig ist, ob es sich um ein Einzelelement oder die Liste handelt.

Kodierung Ein Beispiel für Kodierung wäre die Integration des Variablentyps durch ein Prä- oder Suffix. Diese als „Ungarische Notation" bekannte Variante der Benennung dient dazu, auf den Typ einer Variablen aufmerksam zu machen, was aber insbesondere bei stark typisierten Sprachen vom Compiler übernommen wird. Darüber hinaus sorgt es schnell für Desinformation, wenn sich der Typ einer Variablen ändert, der Name aber nicht. Darüber hinaus sind Typen normalerweise ein unwichtiges Detail der Implementierung, das auf der (abstrakteren) Ebene der Namen keine Rolle spielen sollte. Ein anderes Beispiel für Kodierung sind die Wortteile „Routine", „Funktion" oder „Skript" in Dateien mit Quellcode. Je nach verwendeter Sprache wird hier ein Unterschied gemacht, und es gilt wieder wie für die Typen von Variablen: Der Typ kann sich schnell einmal ändern, der Name wird vermutlich nicht ebenfalls geändert und sorgt dann für Verwirrung (und Desinformation).

9 Ein Beispiel aus eigener Erfahrung wären Namen für Funktionen, Klassen, Objekte in MATLAB®, die, sollen sie außerhalb des Verzeichnisses verwendbar sein, in dem sie liegen, dem globalen Pfad von MATLAB® hinzugefügt werden müssen. Entsprechend kennt MATLAB® für diese Belange nur einen globalen Namensraum, was es mitunter sehr mühselig macht, ausreichend eindeutige Namen zu finden. (Strenggenommen kennt MATLAB® tatsächlich Namensräume, allerdings ist diese Funktionalität gut versteckt und wird *in der Praxis* relativ selten verwendet.)

Notwendigkeit mentaler Übersetzung Programmierer sind in der Regel intelligente Menschen, die zu großer Abstraktion fähig sind. Sie sollten ihre Denkleistung aber nicht darin investieren müssen, die Namen für Einheiten im Code im Kopf erst einmal in ihnen geläufige Konzepte übersetzen zu müssen. Eine häufige Ursache dieser Notwendigkeit zur mentalen Übersetzung sind Namen, die weder aus dem Problem- noch aus dem Lösungsraum kommen. Ein weiteres Beispiel sind unnötig kurze Namen. Die Zeiten von FORTRAN77 und seiner Beschränkung einer Zeile auf 72 Zeichen sollten endgültig vorbei sein.[10] Darüber hinaus zeichnen sich gute Editoren und IDEs (vgl. ► Kap. 4) durch umfangreiche Funktionalität zur Autovervollständigung aus, was die Verwendung langer Namen ohne das Risiko häufiger Tippfehler ermöglicht.

Unnötige Metaphern Metaphern sind ein Stilmittel in der Literatur und helfen häufig dabei, Konzepte zu verstehen. Bei der Benennung von Bausteinen im Quellcode sollte man aber sehr vorsichtig und sparsam damit umgehen, da sie häufig sehr kontextspezifisch sind und deshalb einem Leser, der damit nicht vertraut ist, nicht nur nicht weiterhelfen, sondern ihn oftmals ratlos zurücklassen. Gleiches gilt für Redensarten und Jargon. Die Gefahr, dass sich Redensarten im Code widerspiegeln, ist für Nichtmuttersprachler sicherlich geringer, und Namen werden in vielen Fällen aus dem englischen Sprachraum kommen.

Mehrdeutigkeiten Mehrdeutige Namen sind eine klare Verletzung des Prinzips, ein Wort pro Konzept zu verwenden. Hier sei noch einmal an die Eineindeutigkeit (Bijektivität) erinnert: Namen und Konzepte sollten in beiden Richtungen eindeutig aufeinander abbilden. Gerade subtile Unterschiede in der Bedeutung erfordern unterschiedliche Namen. Hier kann man häufig in die Falle laufen, aus vermeintlicher Konsistenz Funktionen oder Variablen gleich zu benennen, obwohl sie eben gerade nicht das gleiche, sondern nur ein ähnliches Konzept repräsentieren.

Unnötiger Kontext Bis auf sehr wenige Ausnahmen tauchen Namen immer in einem Kontext auf. Entsprechend sollte dieser (offensichtliche) Kontext *nicht* im Namen wiederholt werden, da er ihn nur unnötig verlängert und „Rauschen“ hinzufügt, das dann schnell überlesen wird, allerdings auch die Aufmerksamkeit von (eventuell subtilen) Unterschieden an anderer Stelle ablenkt. Insbesondere sollten nach Möglichkeit keine „globalen“ Präfixe verwendet werden. Das schränkt im Zweifel nur die Wiederverwendbarkeit von Code ein.

Namensräume, Klassen und Objekte sorgen für den Kontext. Entsprechend wichtig ist es, diesen Kontext gut zu wählen. Namen können einen guten Hinweis darauf liefern, ob ein Kontext eventuell zu groß gewählt ist und eine Funktion oder Klasse vielleicht in mehrere unterteilt werden sollte. Zur Länge von Funktionen und Methoden vgl. ► Kap. 14. Gleichzeitig wird hieran eine Stärke der objektorientierten Programmierung deutlich: Objekte bzw. Klassen schaffen Kontext, und abgesehen davon, dass die Eigenschaften des Objektes nicht bei Funktionsaufrufen übergeben werden müssen, können Eigenschaften und Methoden entsprechend kurz benannt werden, da sie immer im Kontext der Klasse bzw. des Objektes aufgerufen werden.

10 Auch die Beschränkung von Sprachen wie FORTRAN77 und PL/I war nie eine valide Ausrede für unübersichtlichen Code oder schlecht gewählte Namen, wie Kernighan und Plaugher in den 1970er-Jahren in ihrem Buch *The Elements of Programming Style* [8] zeitlos darlegen.

13.2.4 Länge von Namen

Die Faustregel lautet: Namen sollten **so kurz wie möglich und so lang wie nötig** sein. Moderne Programmiersprachen schränken den Programmierer in dieser Hinsicht wenig ein. Moderne Editoren mit ihrer Fähigkeit zur kontextsensitiven Autovervollständigung helfen bei der Verwendung langer Namen und ersparen Tipparbeit und vermeiden unnötige Tippfehler. Diese Fähigkeit zeichnet gute Editoren/IDEs aus und sollte in jedem Fall genutzt werden (vgl. ► Kap. 4). Ein Name ist eine Abstraktion, sowohl in der Programmierung als auch im realen Leben, ein Etikett. Wir verwenden Namen für Konzepte, um nicht immer das Konzept beschreiben zu müssen, sondern es beim Namen nennen zu können. Übermäßig lange Namen sind deshalb häufig ein klares Anzeichen davon, dass der Namensgeber das dahinterstehende Konzept bzw. die Abstraktion noch nicht ausreichend verstanden hat. Der Kontext eines Namens bestimmt, wie viel Information er transportieren muss. Je globaler der Kontext, desto mehr Information sollte ein Name enthalten, um eindeutig zu sein.[11] Namen sollten in ihrem jeweiligen Kontext eindeutig sein. Der Name einer Klasse oder eines Objektes sollte nicht in den Namen seiner Eigenschaften und Methoden wiederholt werden. Ähnliches gilt für den übergeordneten Namen eines ganzen Projektes: Er sollte nicht (z. B. als Präfix) in jedem Klassennamen auftreten.[12]

13.2.5 Groß- und Kleinschreibung von Namen

Die meisten modernen Programmiersprachen haben wenige Einschränkungen, was die Schreibung von Namen angeht. In der Regel wird zwischen Groß- und Kleinschreibung unterschieden – im Gegensatz zu nach wie vor weitverbreiteten Dateisystemen, die das nur vorgeben, aber nicht tun. Entsprechend bietet die Groß- und Kleinschreibung eine Unterscheidungsmöglichkeit, die aber nicht als ausschließliches Kriterium verwendet werden sollte (aussagekräftige Unterscheidungen treffen, s. o.). Es gibt viele verschiedene Konventionen (sowohl weiterverbreitete als auch lokal in einer Gruppe vorherrschende) für die Groß- und Kleinschreibung von Namen. Eine der weitestverbreiteten ist, Konstanten komplett in Großbuchstaben zu schreiben. Das lässt sich auch für Programmiersprachen verwenden, die keine Konstanten im eigentlichen Sinn kennen. Denn mit einer solchen Konvention lässt sich eine entsprechende Bedeutung transportieren (wenn auch nicht sicherstellen). Wie bei allen Konventionen ist die konsistente Umsetzung wichtiger als der jeweilige Inhalt. Darüber hinaus sollten Konventionen *schriftlich* festhalten werden. Das ist ein guter Anwendungsfall für eine Externe Projektdokumentation, wie sie in ► Kap. 8 angesprochen wurde. Man sollte tunlichst vermeiden, ein und denselben Namen in unterschiedlicher Schreibweise für unterschiedliche Aufgaben zu verwenden. Ebenso sollte die Groß- und Kleinschreibung von Namen grundsätzlich einem konsistenten Schema folgen. Nichts ist schlimmer als unterschiedliche Schreibweisen, hinter denen man eine Bedeutung vermutet, nur um dann festzustellen, dass es Schlampigkeit

11 Das bedeutet nicht notwendigerweise, dass der Name deshalb länger sein muss. Oftmals sind Variablen, Funktionen, Klassen und Objekte, die global auftreten, jene mit dem höchsten Grad an Abstraktion und mitunter entsprechend kurzen (treffenden) Namen.

12 Es gibt Situationen, in denen sich das fast nicht vermeiden lässt. Die Programmiersprachen MATLAB® und IDL sind Beispiele mit einem globalen Namensraum und (fast) keiner Möglichkeit, sinnvoll untergeordnete Namensräume selektiv auszuwählen. Hier bleibt fast nichts anderes übrig, als jede Funktion (bzw. Klasse) mit einem entsprechenden Präfix zu versehen.

war. Programmierer sind darauf trainiert, kleinste Unterschiede festzustellen und ihnen Sinn beizumessen. Das ist essentiell, um (mitunter versteckte) Fehler in Programmen zu finden – und diese (ggf. mühsam angeeignete) Fähigkeit sollte nicht durch Unachtsamkeit abgestumpft werden.

13.2.6 Schemata für zusammengesetzte Namen

Es gibt diverse Schemata für zusammengesetzte Namen. Wichtig ist weniger, welches Schema verwendet wird, als die konsistente Verwendung *eines* Schemas. Oftmals gibt es für eine Programmiersprache mehr oder weniger feste Konventionen. Dann ist es hilfreich, sich an diese Konventionen zumindest anzulehnen. In jedem Fall sollten für ein Projekt Konventionen aktiv festgelegt und *schriftlich* festgehalten werden – z. B. in einer externen Projektdokumentation (vgl. ► Kap. 8). Zwei Beispiele für relativ allgemeine Schemata zur Zusammensetzung von Namen seien hier erwähnt. Beide sind in den Details aber weniger eindeutig, als das auf den ersten Blick vielleicht erscheinen mag. Welche Variante wann eingesetzt wird, ist vor allem eine Frage existierender Konventionen im gegebenen Kontext.

CamelCase Die einzelnen Bestandteile (Wörter) eines Namens werden ohne Zwischenraum und ohne Trennzeichen aneinander angeschlossen. Die Großschreibung der Anfangsbuchstaben sorgt für eine optische Trennung (und ist namensgebend). Diese Konvention gibt es in zwei Spielvarianten: sowohl mit großem als auch mit kleinem Anfangsbuchstaben. Mitunter herrscht Unklarheit, welche zusammengesetzten Wörter als Zusammensetzung zu gelten haben. Ein häufig auftretendes Beispiel: Lautet es `filename` oder `fileName`? Hier hilft ggf. lediglich eine Festlegung im Einzelfall (inkl. schriftlichen Festhaltens). Konsistenz ist immer wichtiger als der konkrete Inhalt der Festlegung. Der Umgang mit Abkürzungen, die *per se* im Sprachgebrauch in Großbuchstaben auftauchen (wie MW für Mikrowelle, NMR etc.), sollte ebenfalls festgelegt werden: Werden diese Abkürzungen auch hier komplett groß geschrieben? Schließt das nächste Wort ebenfalls groß an? Es gibt auch hier wieder gute Argumente für die diversen Varianten.

Unterstrich (*snake case*) Eine zweite Variante, die viele der bei CamelCase auftretenden Probleme umgeht, ist die Aneinanderfügung der einzelnen Wortbestandteile durch ein Trennzeichen, meist den Unterstrich. Die Wörter selbst werden in diesem Fall meist konsequent klein geschrieben. Viele Programmiersprachen akzeptieren nur einen Unter- aber keinen Bindestrich, da sie den Bindestrich als Operator (Minuszeichen) interpretieren.

13.3 Spezifische Regeln für Variablen, Funktionen, Klassen, Objekte

Nach der ganzen Reihe allgemeiner Regeln für gute Namen (und Kriterien für schlechte Namen) sollen in diesem Abschnitt noch spezifische Regeln für unterschiedliche Arten von Bausteinen genannt werden, die im Quellcode immer wieder auftauchen, namentlich Klassen und Objekte (in der objektorientierten Programmierung), Funktionen und Variablen.

13.3.1 Klassen und Objekte

Eine nicht unumstrittene „Regel“ sagt, dass die Substantive einer ausformulierten Anforderungsanalyse die Klassen und Objekte, die Verben die Methoden des Designs repräsentieren. Im Regelfall ist der Zusammenhang zwischen einer Anforderungsanalyse und der konkreten Abbildung der Problemstellung in Quellcode deutlich komplexer und indirekter. Trotzdem lassen sich für die Benennung von Klassen und Objekten einerseits und Funktionen (und Methoden) andererseits aus dieser Metapher tragfähige Regeln ableiten. Generell gilt für Klassen und Objekte, dass ihre Namen aus (zusammengesetzten) Substantiven, jedenfalls nie aus Verben bestehen sollten. Darüber hinaus sollten zu allgemeine Begriffe (wie „data“, „object“ etc.) als Zusatz vermieden werden. Des Weiteren tragen Klassen allgemeinere Namen als Objekte. Der Grund ist einfach: Klassen repräsentieren das allgemeine Konzept, Objekte hingegen eine konkrete Instanz einer Klasse in einem konkreten Kontext. Entsprechend empfiehlt es sich, bei der Benennung von Klassen die Objekte und deren Benennung gleich mitzudenken. Klassen und Objekte schaffen Kontext, und zwar für Eigenschaften und Methoden. Entsprechend muss und sollte dieser Kontext im Namen der Eigenschaften und Methoden *nicht* wiederholt werden, da er keinerlei zusätzliche Information trägt und nur vom Kern der Sache ablenkt.

13.3.2 Funktionen und Methoden

Genauso wie Klassen und Objekte mit (zusammengesetzten) Substantiven benannt werden sollten, weil sie die Einheiten (Subjekte und Objekte) sind, die arbeiten und auf denen gearbeitet wird, so sollten Funktionen und Methoden mit (aktiven) Verben benannt werden. Zumindest sollten aktive Verben am Anfang jedes Namens einer Funktion oder Methode stehen und die Namen nicht ausschließlich aus Substantiven oder Adjektiven bestehen. Im Fokus steht bei Funktionen und Methoden schließlich die (aktive) Handlung bzw. Operation. Es gibt eine Reihe spezieller Namen für spezielle Methoden, die sich unabhängig von der verwendeten Programmiersprache insbesondere im Kontext der objektorientierten Programmierung eingebürgert haben. Methoden, die Eigenschaften von Objekten lesen, schreiben oder überprüfen, tragen entsprechend das Präfix `get`, `set` bzw. `is`. Darüber hinaus schaffen Objekte und Klassen einen klar definierten Kontext (den Objekt- bzw. Klassennamen), der im Namen der Methoden *nicht* wiederholt werden sollte. Gegebenenfalls gibt es spezielle Konventionen für private Methoden, um sie auch im Quellcode einer Klasse sichtbar von den öffentlichen Methoden (die in ihrer Gesamtheit die öffentlich zugängliche Schnittstelle einer Klasse bzw. eines Objektes bilden) zu unterscheiden.[13]

13 Ein Beispiel für eine solche Konvention findet sich bei Python: Streng genommen gibt es in Python keine Möglichkeit, private Methoden oder Attribute zu definieren. Die Konvention lautet, dass Namen privater Methoden oder Attribute mit einem Unterstrich beginnen und *nicht* von außerhalb des betreffenden Objektes oder der Klasse darauf zugegriffen wird.

13.3.3 Variablen

Im Gegensatz zu Klassen/Objekten und Funktionen/Methoden sind die Regeln für die Wahl des Namens von Variablen etwas flexibler, zumindest was die Wahl der Wortarten angeht. Dafür lassen sich für Variablen ein paar weitere Regeln aufstellen:

Kurze Namen für lokale, lange Namen für globale(re) Variablen Je globaler der Kontext einer Variablen ist, desto mehr Information muss ihr Name transportieren, um die Eineindeutigkeit zu gewährleisten. Eineindeutigkeit sollte dabei nicht nur für den konkreten Zeitpunkt der Namensgebung gewährleistet werden, sondern bei der Benennung gleich auch im Blick behalten werden, ob spätere eventuell nötige Erweiterungen mit dem Namen in Konflikt geraten könnten. Ein zu allgemeiner Name ist genauso schlecht wie ein zu spezieller. Ein extremes Beispiel für eine Variable mit sehr engem Kontext, deren Name entsprechend kurz ausfallen darf: Ein Laufindex einer *kurzen* Schleife darf auch einmal aus einem Buchstaben bestehen. Eine Schleife, deren Körper sich über mehr als fünf, sicherlich aber über mehr als zehn Zeilen erstreckt, ist nicht mehr kurz. Sobald die Schleife länger wird, sollte die Verwendung einzelner Buchstaben tunlichst vermieden werden. Grundsätzlich gilt: je kürzer, desto übersichtlicher und einfacher erfassbar. Das Kriterium sollte dabei immer die Eindeutigkeit im gegebenen Kontext sein. Gegebenenfalls empfiehlt es sich, den passenden Kontext zu schaffen, z. B. über die Erzeugung von Objekten/Klassen oder die Einbettung in (kurze) Funktionen.

Keine einzelnen Buchstaben Ausnahmen sind lediglich die oben erwähnten Laufvariablen für Indizes in *kurzen* Schleifen, die sich sicherlich über weniger als zehn Zeilen erstrecken und die auf einen Blick erfasst werden können, ohne scrollen zu müssen. Je nach Programmiersprache sollten `i` und `j` nicht verwendet werden (reserviert für die komplexe Zahl). *Niemals* sollte das kleine „l" verwendet werden, da es sich bei vielen Schriftarten nicht oder nur sehr schwer von der Zahl „1" unterscheiden lässt.

13

Benennung magischer Zahlen Grundsätzlich gilt in guter Näherung: Alle Zahlen außer 0 und 1 sind „magische" Zahlen und sollten einen entsprechend aussagekräftigen Variablennamen erhalten. Der Name sollte aussagekräftig und suchbar sein. Gute Beispiele sind Skalierungsfaktoren und dergleichen. Sie ändern sich häufig, und es ist nicht nur schlechter Stil und mit viel Aufwand verbunden, sie zu ändern, wenn sie als Zahlen im Code erscheinen, sondern außerdem noch eine prominente Fehlerquelle. Gegebenenfalls erscheinen diese Variablennamen komplett in Großbuchstaben (zur Hervorhebung, dass es sich hier funktional um Konstanten handelt) und am Beginn einer Funktion oder Datei.

13.4 Ausblick: Namen lassen sich ändern

Wie bei so vielen Dingen in der Programmierung (und im Leben) bedarf es meist einer gewissen Übung, bis die Ergebnisse entsprechend zufriedenstellend sind. Die oben genannten Kriterien für Namen sollen einerseits zeigen, dass Benennung nichts ist, das man als nebensächlich abtun sollte. Andererseits sollen all die Kriterien und Regeln aber auch nicht den Mut nehmen, einfach mal loszulegen. Die gute Nachricht hinsichtlich der Benennung von Variablen, Funktionen, Klassen und Objekten in Programmen: Die Namen sind nicht in Stein gemeißelt und lassen sich ändern. Das ist eine der einfachsten Formen von *Refactoring* (▶ Kap. 20). Voraussetzung dafür ist allerdings eine gute Unterstützung durch den Editor bzw. die IDE (vgl. ▶ Kap. 4) und ein Sicherheitsnetz durch eine entsprechende Testabdeckung mit (automatisierten) Tests (▶ Kap. 18). Des Weiteren sollten auch Namen, von denen man weiß, dass sie noch schlecht gewählt sind (und oft gibt es Situationen, in denen gerade kein treffender Name parat ist), hinreichend eindeutig und suchbar sein, weil das die Umbenennung immens erleichtert.

13.4.1 Gute Namen sind eine Herausforderung

Es mag auf den ersten Blick paradox erscheinen: Benennung gehört zu den mit Abstand häufigsten Tätigkeiten eines Programmierers, und viele (nicht professionelle) Programmierer sind sich dessen vielleicht gar nicht bewusst. Auf der anderen Seite stellen gute Namen eine ernsthafte (intellektuelle) Herausforderung dar, die nur mit Bewusstsein, Wille und Übung bewältigt werden kann.

> » „The hardest thing about choosing good names is that it requires good descriptive skills and a shared cultural background. This is a teaching issue rather than a technical, business, or management issue. As a result many people in this field don't learn to do it very well." (Tim Ottinger in [6, S. 30])

Wie Ottinger ausführt, setzen gute Namen die Fähigkeit zur Beschreibung voraus. Das wiederum erfordert die Gabe der präzisen Beobachtung. An dieser Stelle sollten (Natur-)Wissenschaftler eigentlich im Vorteil sein, weil eine Eigenschaft, die einen guten Wissenschaftler auszeichnet, neben Neugierde und Unvoreingenommenheit, eine präzise Beobachtungsgabe ist. Allerdings zeigt die Erfahrung, dass es offensichtlich genauso wenige gute Wissenschaftler wie Programmierer gibt. Andererseits lässt sich die präzise und prägnante Beschreibung und Benennung von Sachverhalten auch trainieren und diese Fähigkeit dann vielfältig einsetzen – auch weit außerhalb der Programmierung. Dazu kommt, dass die Benennung eine so häufige Aufgabe und Notwendigkeit ist, dass es ausreichend Gelegenheit für das Einüben gibt. Der gemeinsame kulturelle Hintergrund ist weniger im kulturwissenschaftlichen Kontext zu verstehen als hinsichtlich des vorhandenen Wissens über Konzepte der Programmierung und Softwareentwicklung. Dazu braucht es sowohl das Wissen über Konzepte und Entwurfsmuster (für Details vgl. ▶ Kap. 17) als auch klarer (lokaler) Konventionen für die Benennung von Konzepten.

13.4.2 Moderne Editoren helfen bei der Umbenennung

Ein letzter wichtiger Aspekt: Moderne Editoren und IDEs (vgl. ▶ Kap. 4) unterstützen den Programmierer bei der Umbenennung von Variablen, Funktionen, Methoden, Klassen und Objekten. Entsprechend gibt es keine Ausrede dafür, nicht über mehrere Iterationen hinweg so lange an der Namensgebung für einen Codebestandteil zu feilen, bis er alle Kriterien erfüllt oder dem Autoren aktuell die Ideen ausgehen, wie er sich weiter verbessern lässt.

> » „Choosing good names takes time but saves more than it takes. So take care with your names and change them when you find better ones." (Tim Ottinger in [6, S. 18])

Gute Namen sparen Zeit: Je besser der Name, desto (einfacher) lesbar ist der Code. Deshalb sollten Namen gut überlegt werden. Benennung ist eine der häufigsten Tätigkeiten eines Programmierers, aber ohne ein Bewusstsein für die Bedeutung guter Namen wird er sich selten gute Fähigkeiten zur Benennung aneignen. Und wie schon eingangs erwähnt: Namen lassen sich ändern, moderne Editoren unterstützen den Programmierer hierbei nach Kräften. Auch professionelle Programmierer schreiben nicht vom ersten Moment an perfekten, lesbaren Code. Das ist genauso wie beim Schreiben eines Textes. Am Anfang geht es erst einmal darum, die Gedanken zu Papier zu bringen. Wesentlich ist, sich der Unzulänglichkeiten des ersten Entwurfs bewusst zu sein und ihn entsprechend so lange und ausdauernd zu bearbeiten, bis das Ergebnis zumindest befriedigend ist. Mit zunehmender Erfahrung wird dieser Prozess immer schneller ablaufen, und es wird sich auch die Qualität des Codes, den wir initial schreiben, verbessern.

13.4.3 Programmierer sind Schriftsteller

Auch wenn sich das von Donald E. Knuth propagierte *literate programming* bislang nicht wirklich durchsetzen konnte,[14] hat die Metapher, die er aufstellte, viele professionelle Programmierer geprägt und ganz wesentlich zu einem Wechsel der Sichtweise auf die Aufgabe eines Programmierers geführt: Programmierer sind Autoren bzw. Schriftsteller. Vergleiche dazu auch die Diskussion in ► Kap. 10.

> „Our goal, as authors, is to make our code as easy as possible to understand. We want our code to be a quick skim, not an intense study. We want to use the popular paperback model whereby the author is responsible for making himself clear and not the academic model where it is the scholar's job to dig the meaning out of the paper." (Tim Ottinger in [6, S. 27])

Der Fokus von Programmierern sollte, im Gegensatz vielleicht zu den Autoren wissenschaftlicher Abhandlungen,[15] darauf liegen, sich so einfach und klar wie möglich auszudrücken. Code hat im Gegensatz zu geschriebener Sprache in aller Regel eine viel höhere Informationsdichte, weshalb er *per se* schwieriger zu lesen ist als Fließtext. Entsprechend viel Aufwand sollte in die Lesbarkeit investiert werden – und ein ganz wesentlicher Aspekt von Lesbarkeit, neben den in den nachfolgenden Kapiteln thematisierten, sind gute Namen.

Verständnisfragen

- Was sind notwendige Voraussetzungen dafür, gute Namen zu finden?
- Warum sind gute Namen in der Programmierung so wichtig?
- Welche (drei) großen Fragen sollte ein Name beantworten?

14 Es stellt sich vor dem Hintergrund all der Probleme mit Dokumentation im Code (vgl. die ausführliche Diskussion dazu in ► Kap. 16) die Frage, ob Knuths Konzept des *Literate Programming* nicht bis auf Ausnahmen eher ungeeignet ist, das Grundproblem schwer lesbaren Codes anzugehen. Vermutlich ist der Ansatz, über kleine Funktionseinheiten mit treffenden Namen auf so viel Erläuterung wie möglich zu verzichten, der im Allgemeinen wesentlich zielführendere.

15 Auch Autoren wissenschaftlicher Abhandlungen sollten sich so einfach und präzise wie möglich auszudrücken, ohne dabei das Fachvokabular zu vernachlässigen. Eine der vordringlichen Aufgaben der Wissenschaft treibenden ist die Kommunikation ihrer Ergebnisse. Das ist ihre Verantortung sowohl gegenüber der Wissenschaft als auch gegenüber der (sie in der Regel finanzierenden) Gesellschaft.

- Nennen Sie Kriterien für gute Namen und Dinge, die man bei der Benennung unbedingt vermeiden sollte.
- Was ist der Zusammenhang zwischen Namen, Editoren/IDEs und Refactoring? Warum ist deren Zusammenspiel für die Codequalität so wichtig?

Kommentiertes Literaturverzeichnis

Eine Einführung in die Thematik, die viele Kriterien für gute Namen aufstellt, egal ob Klassen, Funktionen oder Variablen, ist Kapitel 2 in [6]. Detaillierter und mit vielen Beispielen, dafür aber auf Variablen fokussiert, ist Kapitel 11 in [9]. Sehr kurz und prägnant sind die Ausführungen in Kapitel 1 in [5]. Literarisch wurde die Bedeutung von Namen immer wieder aufgegriffen. Unsterblich ist das Gedicht *The Naming of Cats* von T. S. Eliot [10]. Die Benennung von Dingen um des Verständnisses willen wird von Douglas Adams im ersten Band seines *The Hitch Hiker's Guide to the Galaxy* persifliert [4, S. 99]. Formale Kriterien für Namen und die Benennung unterschiedlicher Entitäten (Variable, Funktion, Klasse, Modul, ...) sind immer von der gewählten Programmiersprache abhängig. Die Python-Gemeinde hat sich selbst relativ strikte Regeln gegeben, die im *Python Enhancement Proposal* (PEP) mit der Nummer 8 (kurz: PEP8) ausgeführt sind.[16]

Literatur

1. E.W. Dijkstra, *Selected Writings on Computing: A Personal Perspective* (Springer-Verlag, New York, 1982)
2. E.W. Dijkstra, Communications of the ACM **15**, 859 (1972)
3. L. Wittgenstein, *Logisch-philosophische Abhandlung Tractatus logico-philosophicus* (Suhrkamp, Frankfurt am Main, 1963)
4. D. Adams, *The Hitch Hiker's Guide to the Galaxy. A Trilogy in Five Parts* (William Heinemann, London, 1995)
5. B.W. Kernighan, R. Pike, *The Practice of Programming* (Addison Wesley, Boston, 1999)
6. R.C. Martin, *Clean Code. A Handbook of Agile Software Craftmanship* (Prentice Hall, Upper Saddle River, New Jersey, 2008)
7. E. Evans, *Domain-Driven Design* (Addison Wesley, Boston, 2004)
8. B.W. Kernighan, P.J. Plauger, *The Elements of Programming Style*, 2. Aufl. (McGraw-Hill, New York, 1978)
9. S. McConnell, *Code Complete*, 2. Aufl. (Microsoft Press, Redmond, Washington, 2004)
10. T.S. Eliot, *Old Possum's Book of Practical Cats* (Faber & Faber, London, 1987)

16 ► https://www.python.org/dev/peps/pep-0008/ (Zugriff am 02.02.2025) bzw. ► https://pep8.org/ (Zugriff am 02.02.2025).

Funktionen und Methoden

Inhaltsverzeichnis

T. Biskup, *Softwareentwicklung für die Naturwissenschaften*,
https://doi.org/10.1007/978-3-662-71607-6_14

Kernaspekte

- Funktionen sollten so kurz wie möglich sein.
  Übersichtlichkeit erleichtert die intellektuelle Beherrschbarkeit.
- Funktionen sollten genau eine Sache tun, die dafür aber richtig.
  Unix-Philosophie: *Do one thing, and do it well.*
- In einer Funktion sollte nur eine Abstraktionsebene vorherrschen.
  Das fördert die Übersichtlichkeit und Verständlichkeit.
- Je weniger Parameter eine Funktion hat, desto besser.
  Mehr als drei Parameter sollten nie auftreten.
- Doppelungen im Code sollten grundsätzlich vermieden werden:
  Don't Repeat Yourself (DRY).

Programme sind inhärent komplex – zu einem Grad, der unsere Fähigkeiten übersteigt (vgl. ► Kap. 10). Alle Programmierkonzepte zielen deshalb letztlich auf die intellektuelle Beherrschbarkeit der Programmierung ab. Funktionen kommt dabei – nicht zuletzt durch ihre mittlerweile (fast) universelle Verbreitung – eine besondere Bedeutung zu.

» „Functions are the first line of organization in any program." (Robert C. Martin, [1, S. 31])

Die Struktur und Organisation, die Funktionen ermöglichen, tragen ganz erheblich zur Lesbarkeit von Quellcode bei, und Lesbarkeit ist die Grundvoraussetzung für qualitativ hochwertige Programme (vgl. ◘ Abb. 10.3). Die Wirkung der Funktionen beruht dabei darauf, dass sie einen lokalen Kontext schaffen und Abstraktionsebenen erzeugen, die es ermöglichen, sich immer nur auf eine Ebene der Abstraktion und damit eine Art von Problemen zu fokussieren. Entsprechende Zuständigkeitshierarchien sind auch außerhalb der Programmierung weitverbreitet. Der Grund liegt darin, dass Expertenwissen die Fokussierung auf ein Thema erfordert. Arbeitsteilung ermöglicht diese Fokussierung und hat die Menschheit in vieler Hinsicht vorangebracht – schon in der Antike.

» „Every system is built from a domain-specific language designed by the programmers to describe that system. Functions are the verbs of that language, and classes are the nouns. [...] The art of programming is, and has always been, the art of language design." (Robert C. Martin, [1, S. 49])

Funktionen helfen dabei, eine Sprache zu entwickeln, in der die Lösung zu einem gegebenen Problem verständlich formuliert werden kann. Das ist ein Rückgriff auf das Kapitel zu Namen und ihrer Bedeutung (► Kap. 13): Programmierer entwickeln eine domänenspezifische Sprache zur Problemlösung. Die Programmiersprache ist dabei nur das grundlegende Werkzeug. Entsprechend wichtig sind aber gute analytische und beschreibende Fähigkeiten.

Wenn Funktionen so eine große Bedeutung in der Programmierung haben, dann ist es von vitalem Interesse, gute Funktionen zu schreiben. Nachfolgend werden einige Kriterien für gute Funktionen vorgestellt, wobei „gut" hier bedeutet, dass sie ihrer Aufgabe nachkommen, die Lesbarkeit und Verständlichkeit von Code entsprechend zu erhöhen – und sie in vieler Hinsicht überhaupt erst gewährleisten. Die behandelten Aspekte sind die Länge von Funktionen, ihr Fokus, die Zahl ihrer Parameter und die Bedeutung der Modularisierung. Der Aspekt ihrer Benennung – der ebenso wesentlich ist – wurde bereits in ► Kap. 13 behandelt.

14.1 Länge: So kurz wie möglich

Robert Martin stellt zwei Regeln für die Länge von Funktionen auf, die zunächst humorvoll anmuten, aber trotzdem durchaus ernst gemeint sind:

1. Funktionen sollten kurz sein.
2. Funktionen sollten noch kürzer sein.

Es gibt keine empirischen Belege für die Vorteile sehr kurzer gegenüber kurzen Funktionen,[1] und ein Effekt sehr kurzer Funktionen ist, dass die Gesamtzahl der Funktionen massiv in die Höhe schnellt.

14.1.1 Argumente für kurze Funktionen

Warum sollten Funktionen kurz sein? Ist es letztlich nicht egal, ob eine Funktion lang oder kurz ist? Es gibt durchaus ein paar handfeste Argumente für kurze Funktionen, und die Vorteile kurzer gegenüber langen Funktionen lassen sich mitunter durchaus empirisch belegen:

Übersichtlichkeit Eine Faustregel lautet: Die gesamte Funktion sollte auf den Bildschirm passen. Man sollte nicht scrollen müssen, um den Code zu sehen, weder horizontal noch vertikal (wobei es noch bei Weitem einfacher ist, vertikal zu scrollen – zur Formatierung vgl. ► Kap. 15). Moderne Bildschirme mit ihrer hohen Auflösung erlauben natürlich mehr Zeichen als die Terminals in alten Tagen mit Zeilenlängen von 80 Zeichen und maximal 24 Zeilen pro Bildschirmseite. Das ist aber ein schlechtes Argument, Funktionen länger zu machen.

Fokussierung Die menschliche Aufnahmefähigkeit ist beschränkt. Es gibt Hinweise darauf, dass Menschen nicht mehr als etwa sieben Dinge gleichzeitig erfassen können [2].[2] Entsprechend sollte eine Funktion nach Möglichkeit auch nicht aus (deutlich) mehr Statements bestehen.

Fehlerrate Kurze Funktionen enthalten weniger Fehler. Das liegt ganz entscheidend auch daran, dass sich kurze Funktionen viel leichter vollständig erfassen und verstehen lassen – ein wichtiger Aspekt beim Auffinden von Fehlern.

14.1.2 Wie kurz ist kurz genug?

Es ist schwer, mit harten Zahlen für Zeilenlängen zu operieren. Aber vermutlich gilt die Regel aus den Zeiten von Textterminals nach wie vor: Eine Funktion, die deutlich mehr als zwanzig Zeilen hat, ist in den meisten Fällen zu lang.

---

1 Es gibt aber wohl empirische Belege für die Vorteile kurzer gegenüber langen Funktionen (s. u.). Die Länge von Funktionen hängt allerdings immer auch mit der verwendeten Programmiersprache zusammen (Assembler-Routinen werden immer länger sein als ihr Pendant in Python).

2 Inwieweit diese Zahl eine harte Grenze darstellt, wurde und wird viel diskutiert. Auf jeden Fall ist die Fähigkeit des Menschen, Dinge gleichzeitig zu erfassen und zu verarbeiten, tatsächlich relativ eingeschränkt. Darauf sollte auch in der Programmierung Rücksicht genommen werden.

These

Eine Funktion, die sich über mehr als ca. 20 Zeilen erstreckt, ist zu lang und sollte aufgeteilt werden.

In diese Größenangabe ist die Dokumentation, zumindest der obligatorische Dokumentationskopf am Beginn einer öffentlichen Funktion, nicht mit eingerechnet. Inwieweit Zeilenkommentar im Code mitgerechnet werden, ließe sich ggf. diskutieren. Allerdings gilt hier, dass kurze Funktionen, die gut geschrieben sind und sehr viel Wert auf gute Benennung der einzelnen Aufrufe legen, idealerweise komplett ohne weitere Erläuterungen auskommen (vgl. ► Kap. 16). Lange Zeilen sind keine gangbare Lösung, um dieser doch recht harten Längenbeschränkung zu entgehen. Die Notwendigkeit, horizontal zu scrollen, um eine Funktion zu lesen, wirkt sich noch weitaus schlimmer auf die Lesbarkeit aus als vertikales Scrollen. Auch ohne Scrollen gilt: Wir erfassen Text nicht Wort für Wort, sondern in größeren Abschnitten, und bei zu langen Zeilen verliert unser Auge die Zeile schnell. Das gehört zum (oft missachteten) Grundwissen der Typografie [3–5].

Ein Grund, warum bei Code die Längenbeschränkung wesentlich ernster genommen werden sollte als beispielsweise bei Texten, ist die inhärent hohe Informationsdichte. Quellcode hat eine ähnlich hohe Informationsdichte wie mathematische Formeln: Jedes einzelne Zeichen ist entscheidend. Um eine Funktion wirklich zu verstehen, müssen zudem alle diese Informationen gleichzeitig erfasst werden. Hier kommt wieder die Beschränkung der menschlichen Auffassungsgabe zum Tragen.

Manche Autoren, darunter Robert Martin, gehen sogar noch einen Schritt weiter und sagen, dass Funktionen idealerweise nicht mehr als fünf bis zehn Zeilen umfassen sollten. Solche Funktionen zu schreiben, ist sicherlich eine Herausforderung. Sie kommen aber in vieler Hinsicht dem Ideal, dass Code aus sich selbst heraus verständlich und offensichtlich ist, sehr nahe. Andererseits setzen sie sowohl beim Autor als auch beim Leser ein gehöriges Maß an Abstraktionsvermögen und die Fähigkeit voraus, sich auf diese Art von Funktionen einzulassen und die Namen beim Wort zu nehmen.

Vorteil moderner IDEs beim Navigieren durch den Code

Viele kleine Funktionen führen natürlich auch zu einer insgesamt höheren Zahl an Funktionen. Hier spielen moderne IDEs mit ihren fortgeschrittenen Möglichkeiten, durch den Code zu navigieren, ihre Stärken aus. Wenn man vom Aufruf einer Funktion/Methode immer mit einem Befehl zu ihrer Implementierung und wieder zurück gelangen kann, ist das nichtlineare Lesen des Quellcodes kein Problem. Im Vordergrund für die Entscheidung zur Aufteilung einer Funktion bzw. der Auslagerung von Codezeilen in eine separate Funktion sollte die Lesbarkeit und Verstehbarkeit stehen. Wenn eine separate Funktion durch ihren Namen einen Zugewinn an Lesbarkeit bringt, ist sie es wert.

14.1.3 Wird das nicht durch die Zahl der Funktionen unübersichtlich?

Eine konsequente Anwendung der in diesem Kapitel vorgestellten Prinzipien, dass Funktionen immer nur eine Aufgabe übernehmen und jeweils nur eine Abstraktionsebene umfassen, führt schnell zu einer sehr tiefen Hierarchie von Funktionen. Das widerspricht durchaus dem intuitiven Herangehen zumindest nichtprofessioneller Programmierer und wird von manchen als unübersichtlich angesehen.

Zunächst einmal stimmt es, dass der Ansatz zu einer sehr großen Zahl kleiner Funktionen führt. Das deshalb als unübersichtlich zu bezeichnen, ist eher eine Frage der persönlichen Organisation und der Gewöhnung. Eine fundierte Entgegnung gründet auf drei Argumenten:

Organisation ist unumgänglich. Alle nicht trivialen Programme sind inhärent komplex und bedürfen der Organisation. Viele kleine Funktionen sind eine Möglichkeit, und aus der Erfahrung vieler Programmierer über einen sehr langen Zeitraum eine der besten uns zur Verfügung stehenden. Wie kurz die Funktionen wirklich sein sollten, ob eher 20–25 Zeilen oder doch 5–10, ist vielleicht eine Frage der persönlichen Vorliebe. Bei viel mehr als 25 Zeilen leidet die Übersichtlichkeit und Verständlichkeit allerdings dramatisch, und in der Konsequenz steigt die Fehlerrate.

Aufteilung sorgt für Fokussierung. Das menschliche Aufnahmevermögen ist begrenzt. Darüber hinaus ist eine der großen Errungenschaften der menschlichen Kultur ja die Arbeitsteilung und die dadurch erst möglich gewordene Fokussierung auf Teilprobleme, die Lösungen hervorbringen kann, die anderenfalls gar nicht möglich wären.

Modularität sorgt für Wiederverwendbarkeit. Wiederverwendbarkeit ist schon aus ökonomischen Gründen eine Notwendigkeit. Sie lässt sich nur durch Aufteilung und Fokussierung erreichen.

Letztlich ist es müßig, sich um drei oder fünf Zeilen mehr oder weniger in einer Funktion zu streiten. Wichtig ist das grundlegende Herangehen und ein Bewusstsein dafür, dass kurze Funktionen ein erstrebenswertes und erreichbares Ziel mit großer Auswirkung auf die Codequalität sind.

Funktionsaufrufe kosten (keine) Zeit

Ein weiteres Argument, das man gegen die Aufteilung des Quellcodes in viele Einzelfunktionen ins Feld führen könnte, spielt für die meisten Anwendungsfälle keine Rolle: Funktionsaufrufe kosten Zeit. Allerdings war das schon vor Jahrzehnten so gut wie kein merkliches Problem. Heute lässt es sich in den meisten praktischen Fällen nicht messen. Einzig numerische Rechnungen mit Millionen von Aufrufen derselben Funktion pro Sekunde können überhaupt noch zu bemerkbaren Laufzeitunterschieden führen. Einerseits ist das ein Spezialthema und -gebiet, andererseits ist hier oftmals die Wahl des Algorithmus und der auf eine bestimmte Prozessorarchitektur abgestimmten Kompilierung viel wichtiger als die konkrete Implementierung mit oder ohne Funktionen.

14.2 Aufgaben: Immer nur eine Sache

» „After all, the reason we write functions is to decompose a larger concept (in other words, the name of the function) into a set of steps at the next level of abstraction.“ (Robert C. Martin, [1, S. 36])

Es ist ein generelles Vorgehen (nicht nur) bei der Programmierung, ein Problem in Teilprobleme zu zerlegen. Das ist ein iterativer Prozess, der solange wiederholt wird, bis die Lösung für ein Teilproblem offensichtlich ist und direkt implementiert und so in funktionierenden Code übersetzt werden kann. Dadurch entsteht eine Hierarchie von Verantwortlichkeiten: Jede Funktion ist für genau eine Ebene (eine Abstraktionsebene) verantwortlich. Nebenher erleichtert das das Benennen der Funktion ungemein. Das vielleicht beste Beispiel, wohin eine solche Strategie führen und wie produktiv sie sein kann, ist Unix und die davon abgeleiteten Betriebssysteme. Die **Unix-Philosophie** besagt, dass ein Programm genau eine Aufgabe erfüllen sollte, diese dafür richtig [6, S. 53]. Wird das so konsequent umgesetzt wie bei Unix und seinen Derivaten, führt das zu einer Sammlung kleiner, universell einsetzbarer Werkzeuge, die alle nahezu beliebig miteinander kombiniert werden können und so eine ungeahnte Flexibilität an den Tag legen, die die Phantasie ihrer Anwender beflügelt.

Die Unix-Philosophie und die Mächtigkeit der Kommandozeile

Eine der großen Stärken von Unix und davon abgeleiteten Betriebssystemen liegt tatsächlich in der Modularität und Universalität der Schnittstellen. Jedes Programm erfüllt nach Möglichkeit *genau eine* Aufgabe, die dafür aber richtig. Die Schnittstelle zwischen den meisten Programmen ist die Standard-Ein- und -Ausgabe und entsprechend als Format reiner Text. Das ermöglicht es, auf der Kommandozeile beliebig viele Befehle miteinander zu verketten, wobei jeder folgende Befehl auf der Rückgabe (Ausgabe) des vor ihm (links von ihm) stehenden operiert. So lassen sich durch geschickte Verkettungen von Befehlen und unter Ausnutzung der grundlegenden Strukturen wie Bedingungen (Konditionale) und Schleifen, die Shells wie die `bash` mitbringen, z. B. komplexe Suchabfragen über eine ganze Reihe von Dateien ausführen. Diese Anforderung tritt häufiger im Kontext der Auswertung von Logdateien (etwa bei der Fehlersuche) auf. Die Unix-Philosophie wird von Peter H. Salus in seinem Buch *A Quarter Century of UNIX* zitiert und Doug McIllroy zugeschrieben:

» „The Unix Philosophy
- Write programs that do one thing and do it well.
- Write programs to work together.
- Write programs that handle text streams, because that is a universal interface.“

(Doug McIllroy, zitiert nach Peter H. Salus [6, S. 53])

Ein sehr lesenswertes Buch ist *The Art of UNIX Programming* von Eric S. Raymond [7]. Hier finden sich sehr viele Beispiele und eine solide Einführung in die Grundprinzipien von Unix, neben vielen Tipps für wirklich modulare Programme.

14

Die entscheidende Frage lautet, bezogen auf Funktionen: Was ist „nur eine Sache"? Der Schlüssel liegt darin, nur Aufgaben auf einer Ebene der Abstraktion in einer Funktion durchzuführen.

14.2.1 Hinweise, dass eine Funktion mehr als eine Aufgabe erfüllt

Es gibt eine Reihe von Kriterien, um herauszufinden, ob eine Funktion mehr als eine Aufgabe erfüllt:

Sind die Statements innerhalb einer Funktion alle auf demselben Niveau der Abstraktion? Das Abstraktionsniveau sollte genau einen Schritt unterhalb des Namens der Funktion sein. Entsprechend ist es wichtig, Funktionen gut zu benennen, wobei das eine wechselseitige Abhängigkeit ist: Ein Funktionsname sollte genau die Aufgabe widerspiegeln, die die Funktion erfüllt, und die Funktion sollte auch genau auf diesem Abstraktionsniveau arbeiten.

Lassen sich Teilaufgaben delegieren? Wichtig ist hier, dass der Name der neuen Funktion nicht lediglich den Code wiedergibt. Ein einzelnes if-Konstrukt wird man meist nicht in eine einzelne Funktion auslagern wollen, die Bedingung für eine if-Abfrage hingegen durchaus schon – zumal wenn sie komplexer wird.

Lassen sich Funktionen in Abschnitte untergliedern? Das ist ein gutes Zeichen, dass man Funktionen weiter in einzelne Funktionen untergliedern kann und diese dann nur noch nacheinander aufruft. Ein erster Schritt auf diesem Weg könnte die optische Trennung in Abschnitte durch das Einfügen von Leerzeilen und im nächsten Schritt eine prägnante Benennung mit einem Zeilenkommentar (quasi als Überschrift) sein. Moderne Editoren/IDEs ermöglichen es aber auch, Codeblöcke zu markieren und als Funktionen herauszuziehen – inklusive der automatischen Erzeugung der korrekten Schnittstelle.

Macht die Funktion mehr, als ihr Name impliziert? Eine solche Situation ist gefährlich, da sie zu Nebenwirkungen (ungewolltem Programmverhalten, *side effects*) führt, die sich in schwer zu findenden und zu behebenden Fehlern manifestieren. Eine Funktion sollte einerseits immer korrekt benannt sein, sodass der Name widerspiegelt, was die Funktion konkret tut. Andererseits sollte der Name einer Funktion auch nicht über Gebühr lang werden. Das ist dann wieder ein Hinweis darauf, dass entweder noch eine Abstraktion fehlt oder aber die Funktion mehr als eine Aufgabe erfüllt.

Funktionen mit „richtiger" Länge zu schreiben ist wie so vieles in der Programmierung eine Frage der Übung. Die hier genannten Fragen sollten immer wieder an den (eigenen) Code gestellt werden, weil sie gute Hinweise auf mögliches Refactoring (▶ Kap. 20) liefern. Letztlich gibt es zwei (durchaus mischbare) Ansätze: Entweder man beginnt auf der abstrakten Ebene, definiert die einzelnen Schritte und formuliert diese dann als Funktionsaufrufe für Funktionen, die man dann der Reihe nach implementiert und „mit Leben füllt", oder man schreibt erst einmal einen Block an Code, der ungefähr das tut, was er soll, und teilt ihn anschließend in Funktionen auf. Beide Ansätze lassen sich kombinieren, bzw. ihr Einsatz wird immer auch von der jeweils konkreten Situation abhängen.

14.2.2 Ein Abstraktionsniveau pro Funktion

Funktionen sind Abstraktionen. Die Aufgabe einer Funktion sollte sich in einem kurzen Satz beschreiben lassen.[3] Die Abstraktionsebene der einzelnen Statements in einer Funktion sollten dabei *genau* eine Stufe unter dem Funktionsnamen liegen. Das setzt eine gute Benennung der Funktion voraus. Nur so ist sichergestellt, dass Funktionen für sich sprechen und nicht in die Irre führen. Korrekt verwendet sorgt das für sehr lesbaren und letztlich selbstdokumentierenden Code.

► Beispiel: Funktion „Werte meine Daten aus"

Gefragt ist eine Funktion, die Daten auswertet. Die einzelnen Schritte – auf *einer* Abstraktionsebene – könnten wie folgt aussehen:

1. Lies die Daten ein.
2. Vorverarbeite die Daten.
3. Analysiere die Daten nach festen Kriterien.
4. Präsentiere das Ergebnis.
5. Speichere das Ergebnis.

Entsprechend könnte die Beschreibung der Funktion in etwa lauten: „Um meine Daten auszuwerten, muss ich (i) die Daten einlesen, (ii) vorverarbeiten, (iii) analysieren sowie (iv) das Ergebnis präsentieren und (v) abspeichern." Auf genau dieser Abstraktionsebene lässt sich auch eine entsprechende Funktion erstellen. Die eigentlichen Teilaufgaben werden dabei jeweils in eine Unterfunktion ausgelagert. Das könnte in an Python angelehnten Pseudocode etwa wie folgt aussehen:

Codebeispiel 14.1: Pseudocode einer Funktion zur Analyse von Daten

```
def analyse_my_data():
    data = read_data()
    data = preprocess_data(data)
    result = analyse_data(data)
    present_result_of_analysis(result)
    save_result_of_analysis(result)
```

Die Details der jeweiligen aufgerufenen Funktionen sind auf diesem Abstraktionsniveau unwichtig. Abgesehen davon kann hier durch geschickte Wahl des Namens auf jegliche Dokumentation im Code verzichtet werden, da sich der Code tatsächlich lesen lässt. ◄

Die Vermischung von Abstraktionsebenen innerhalb einer Funktion verwirrt unnötig. Die Unterscheidung zwischen dem essentiellen Konzept und (relativ) unwichtigen Details geht verloren. Das führt meist zur Ansammlung weiterer Details, und der Code wird auf Dauer unlesbar. Funktionen sollten aber aus den oben genannten Gründen kurz und übersichtlich sein (und bleiben).

3 Das wäre dann idealerweise auf *einer* Zeile das erste, was in einem Dokumentationskopf steht. Für Details vgl. ► Kap. 16.

► Beispiel: Funktion, die Abstraktionsebenen mischt

Ein (typisches) Beispiel einer Funktion (bzw. Methode), die unterschiedliche Abstraktionsebenen vermischt, könnte wie folgt aussehen. Sie stammt aus einer Klasse zum Importieren von Daten:

Codebeispiel 14.2: Funktion, die Abstraktionsebenen mischt

```
   def _import_data(self):
2      with open(self.source) as file:
           content = file.read()
4      raw_data = np.genfromtxt(
           io.BytesIO(content.replace(',', '.').encode()),
6          skip_header=2,
       )
8      self.dataset.data.data = raw_data[:, 1]
       self._get_header()
10     self._import_metadata()
```

Das Problem ist hier die Vermischung des Einlesens der Rohdaten (in den Zeilen 2–6) mit den deutlich abstrakteren Aspekten des Einlesens des Dateikopfes und der Metadaten. Dazu kommt, dass der Name der Funktion (bzw. Methode) nicht korrekt gewählt ist, da nicht nur die Daten importiert werden, sondern gleichzeitig die Metadaten. Abhilfe schaffen hier die Auslagerung des ersten Blocks in eine eigene Funktion (bzw. Methode) und die korrekte Umbenennung der ursprünglichen Funktion. Das ist eine der häufigsten Strategien des Refactorings (vgl. ► Kap. 20) neben der Umbenennung von Variablen, Funktionen etc. Der Nachvollziehbarkeit halber sei nachfolgend das vollständige Beispiel gezeigt:

Codebeispiel 14.3: Funktion mit nur einer Abstraktionsebene

```
def _import(self):
    self._import_data()
    self._get_header()
    self._import_metadata()

def _import_data(self):
    with open(self.source) as file:
        content = file.read()
    raw_data = np.genfromtxt(
        io.BytesIO(content.replace(',', '.').encode()),
        skip_header=2,
    )
    self.dataset.data.data = raw_data[:, 1]
```

Natürlich sind die beiden anderen aufgerufenen Funktionen ebenfalls intern relativ komplex (und werden hier auch nicht dargestellt), aber sie sind halbwegs sprechend benannt und erfüllen ihren Zweck, im gegebenen Kontext also den, die richtige Abstraktionsebene für die jeweilige Funktion (bzw. Methode) darzustellen. ◄

Auswirkungen auf die Testbarkeit und testgetriebene Entwicklung (TDD)

Die iterative Zerlegung eines Problems in Teilprobleme hat noch eine (auf den ersten Blick vielleicht erstaunliche) Auswirkung auf die Testbarkeit und die Möglichkeit (und Denkbarkeit) testgetriebener Entwicklung (*test-driven development*, TDD, vgl. ▶ Kap. 19). Wenn zumindest das gewünschte Verhalten einer Funktion offensichtlich ist, lassen sich entsprechende Tests auch sofort schreiben. Entsprechend lässt sich die Funktion dann testgetrieben entwickeln – mit allen Vorteilen, die dieses Vorgehen mit sich bringt, u. a. die Testabdeckung und das damit einhergehende Sicherheitsnetz und ein kleinteiliges Vorgehen mit regelmäßigen kleinen Erfolgserlebnissen.

14.2.3 Strategien zum Schreiben guter Funktionen

Wie schreibt man Funktionen, die nur genau ein Abstraktionsniveau enthalten? Die Antwort ist die bereits beschriebene iterative Zerlegung eines Problems in Teilprobleme. Dieser Vorgang wird solange fortgeführt, bis die Umsetzung in Code offensichtlich ist. Programmierung ist die Abbildung realer Probleme in Code. Reale Probleme sind aber viel zu komplex, um sie direkt in Code übersetzen zu können.

Ein möglicher Weg, die jeweilige Abstraktionsstufe einzuhalten und sich über die einzelnen Schritte auf dieser Ebene klar zu werden, ist die verbale Beschreibung einer Funktion in einem Satz: „Um A zu erreichen, muss B, C und D ausgeführt werden.“ „A“ spiegelt sich im Funktionsnamen wider, „B“, „C“ und „D“ sind die aufzurufenden Unterfunktionen. Diese abstrakten Aufgaben können z. B. zunächst als Zeilenkommentare in einer Funktion festgehalten werden und lassen sich dann meist sehr einfach in Funktionsaufrufe übersetzen. Anschließend kann man dann jede dieser Funktionen implementieren und das gleiche Schema für die Herangehensweise anwenden. So entsteht eine Kaskade kleiner Funktionen, die jeweils nur Aufgaben auf demselben Abstraktionsniveau durchführen. Ein anderer Ansatz, der sich gut auf bestehenden Code anwenden lässt, ist der, eine bestehende (zu lange) Funktion systematisch in Blöcke zu untergliedern, die dann ggf. ebenfalls wieder mit einer Überschrift als Kommentar versehen werden. In einem zweiten Schritt werden diese Blöcke dann in Funktionen ausgelagert.

14.2.4 Fehlerbehandlung ist eine Aufgabe

Fehlerbehandlung, meist über `try-catch`-Konstrukte[4], ist genau eine Aufgabe. Entsprechend sollte sie in eine eigene Funktion ausgelagert werden, die nur diesen Block enthält und sonst Funktionen aufruft, die die eigentliche Arbeit erledigen. Ein weiterer Grund für die Auslagerung in eine eigene Funktion: `try-catch`-Konstrukte führen zu einer zusätzlichen Einrückung und verringern entsprechend die Übersichtlichkeit. Ein dritter Grund: Das Grundparadigma der strukturierten Programmierung nach Dijkstra [8] ist ja gerade, dass jede Funktion genau einen Ein- und einen Ausgang hat. `try-catch`-Konstrukte führen aber implizit meist zu mehreren Ausgängen, weshalb man sie so übersichtlich wie möglich gestalten sollte.

4 In Python wäre das `try-except`, aber viele Programmiersprachen liefern ähnliche Konstrukte.

Wird die Fehlerbehandlung in eine eigene Funktion ausgelagert, ist das meist die von außen aufgerufene Funktion, die dann auf `try` und `catch` reduziert wird. Innerhalb des `try`-Blocks steht nur ein Funktionsaufruf. Die aufgerufene Funktion erledigt die „eigentliche Arbeit", die Fehlerbehandung erfolgt am Besten über Ausnahmen (*exceptions*). Die Unterfunktionen, die die eigentliche Arbeit übernehmen, sollten eng bei der Hauptfunktion angeordnet werden, entweder als private Funktionen eines Objektes oder als Unterfunktionen innerhalb einer Funktion. Das ist ein Aspekt der vertikalen Formatierung, auf den in ► Kap. 15 noch detaillierter eingegangen wird. In den meisten Fällen sind diese Unterfunktionen nur lokal aufrufbar, was an dieser Stelle im Sinne des Konzeptes ist.

14.2.5 Keine Nebenwirkungen

Funktionen sollten genau das tun, was ihr Name suggeriert – nicht mehr und nicht weniger. Wenn eine Funktion zusätzliche Aufgaben erfüllt, die nicht aus ihrem Namen hervorgehen, ist der Name falsch gewählt. Das führt oft zu zeitlicher Kopplung: Funktionen können nur in einer bestimmten Reihenfolge aufgerufen werden, um das gewünschte Ergebnis zu erzielen. Diese Art von Fehlern ist oftmals sehr subtil und schwer zu finden.

Definition 14.1: Nebenwirkung (*side effect*)

Unerwartete Auswirkung eines Funktionsaufrufs, die nicht aus dem Funktionsnamen hervorgeht

Die Lösung ist (theoretisch) einfach: Jede Funktion erledigt genau eine Aufgabe, und diese Aufgabe spiegelt sich im Funktionsnamen wider. Das setzt sicherlich eine entsprechende Disziplin bei der Programmierung voraus, ist aber notwendig, um Nebenwirkungen und damit schwer zu findende Fehler und „erratisches" Programmverhalten zu verhindern. Nebenwirkungen können so harmlos sein wie die Ausgabe von Text auf die Standardausgabe (vgl. dazu das Beispiel in ► Kap. 11 zur stukturierten Implementierung der Fibonacci-Reihe). Es können allerdings auch sicherheitsrelevante Aspekte betroffen sein.

► Beispiel: Funktion mit Nebenwirkung

Ein typisches Beispiel für eine Funktion mit Nebenwirkung ist nachfolgend gezeigt. Hier geht es darum, einen Nutzer zu authentifizieren, und die Funktion überprüft ausweislich ihres Namens das Passwort des Nutzers. Allerdings tut sie noch mehr: Sie initialisiert eine Sitzung. Das ist deshalb ein Problem, weil die Funktion dann nur in einem ganz bestimmten Fall verwendet werden kann, nämlich dann, wenn es sicher ist, eine (neue) Sitzung zu initialisieren.

Codebeispiel 14.4: Funktion mit Nebenwirkung

```
def check_password(username="", password=""):
    user = User(name=username)
    stored_password = user.get_password()
    if password == stored_password:
        session.initialise()
```

Natürlich ist die hier wiedergegebene Funktion ein Minimalbeispiel, man würde nie Passwörter im Klartext speichern und entsprechend auch nur die kryptographischen Prüfsummen (*hashes*) der Passwörter vergleichen. All das wurde hier der Übersichtlichkeit halber weggelassen. Eine sinnvollere Implementierung der oben angegebenen Funktion gäbe einen Booleschen Wert zurück und überließe die Initialisierung der Sitzung dem äußeren Kontext ihres Aufrufes. Entsprechend könnte man die Funktion dann noch umbenennen, um sie im Kontext einer `if`-Abfrage einzusetzen und sprechenderen Code zu erhalten. Ein möglicher Name wäre `user_password_matches`. ◀

14.2.6 Befehle und Abfragen trennen

Eine Funktion sollte entweder eine Aufgabe durchführen (einen „Befehl" abarbeiten) und damit den Zustand eines Programms verändern, oder aber den Zustand eines Programms bzw. eines Objektes im weiteren Sinne abfragen – aber nicht beides. Ein Beispiel: „Setter" sollten keine (booleschen) Rückgabewerte haben. Das führt sonst nur zu sehr schwer zu lesenden und letztlich mehrdeutigen Abfragen. Das ist in den nachfolgenden beiden Codebeispielen verdeutlicht.

Codebeispiel 14.5: Mehrdeutigkeit durch Vermischung von Befehl und Abfrage

```
if set(attribute, value):
    ...
```

In dieser Abfrage ist nicht ersichtlich, was eigentlich die zu erfüllende Bedingung ist. Ist `set` hier ein Verb oder ein Adjektiv? Soll das Setzen des Wertes „value" für das Attribut „attribute" erfolgreich sein, oder soll das Attribut diesen Wert bereits haben? Im konkreten Fall, dass `set` ein Verb sein soll, ließe sich der Code entsprechend eindeutig und verständlich umschreiben:

Codebeispiel 14.6: Lösung: zwei Funktionen mit klaren Namen

```
if attribute_exists(attribute):
    set_attribute(attribute, value)
```

14

14.3 Parameter: Je weniger, desto besser

Für die Zahl der Aufrufparameter einer Funktion gelten ähnliche Regeln wie für ihre Länge: je weniger, desto besser. Je mehr Parameter eine Funktion hat, desto schwieriger wird, sie zu verstehen. Die Reihenfolge der Parameter sollte offensichtlich sein – oder egal, wenn Schlüssel-Wert-Zuweisungen (Python: *keyword args*) verwendet werden.[5] Objektorientierte Programmierung (vgl. ▶ Kap. 12) hilft ganz entscheidend dabei,

5 Eine große Stärke von Python ist die austauschbare Verwendung von Schlüssel-Wert-Zuweisungen und positionsabhängigen Parametern, wenn man in der Signatur der Funktion die Parameter als *keyword args* definiert. Das erhöht die Lesbarkeit der Signatur immens, insbesondere im Zusammenspiel mit modernen IDEs und der von ihnen angebotenen Kontextvervollständigung.

Parameterübergabe: Wert *vs.* Referenz

Es gibt grundsätzlich zwei Möglichkeiten, Parameter an Funktionen zu übergeben: Wertparameter (*call by value*) oder Referenzparameter (Zeiger, *call by reference*). Im ersten Fall arbeitet die Funktion auf einer lokalen Kopie der Variable, im zweiten verändert sie direkt die übergebene Variable – mit entsprechend potentieller Auswirkung außerhalb der Funktion, wenn anschließend wieder auf die Variable zugegriffen wird. Während *call by value* gegen Nebenwirkungen (*side effects*) absichert, ist sie kostenintensiv (sowohl was Speicher als auch was Rechenzeit durch den notwendigen Kopiervorgang angeht). Python z. B. arbeitet ausschließlich mit *call by reference*, was sich (nur) bei veränderlichen (*mutable*) Datentypen auswirkt. Das ist einer der Aspekte in Python, die für Programmierer, die von anderen Programmiersprachen umsteigen, zunächst etwas gewöhnungsbedürftig sein können, da sie auf den ersten Blick zu schwer nachvollziehbarem Verhalten führen. Für Sprachen wie C, C++ und Java lässt sich angeben, welche Variante genutzt werden soll. In jedem Fall ist es essentiell, für den gegebenen Kontext zu wissen, ob Parameter als Wertparameter oder Referenzparameter übergeben werden, weil das entscheidenden Einfluss auf das Verhalten der Funktion haben kann und in vielen Fällen ganz konkret haben wird.

die Zahl der Parameter einer Funktion zu reduzieren. Das Objekt als solches sorgt dabei für den jeweiligen Kontext. Alle Eigenschaften des Objektes selbst müssen (und sollten) nicht explizit übergeben werden, da die jeweilige Methode ja sowieso Zugriff darauf hat. Parameter sind sinnvollerweise immer nur Übergabeparameter, die in eine Funktion hineingehen. Die Rückgabe erfolgt über den Rückgabewert der Funktion, nicht über die Parameter. Viele Programmiersprachen unterstützen nur einen Rückgabewert (der aber einen beliebigen Typ haben kann, also z. B. auch eine Liste oder Struktur).

14.3.1 Generelle Regel: Nie mehr als drei Parameter

Wie bei so vielen Aspekten der Programmierung gibt es vonseiten der meisten Programmiersprachen keine Beschränkungen der Zahl möglicher Parameter für eine Funktion, zumindest keine, die für den Anwender wirklich relevant wären. Die Erfahrung zeigt allerdings, dass weniger Parameter besser sind und nie mehr als drei Parameter verwendet werden sollten. Der Grund ist einfach: Während der Programmierer beim Schreiben des Codes noch auf die Hilfen zurückgreifen kann, die ihm der Editor bietet, und bei einer guten Benennung der Parameter in der Signatur der Funktion noch eine Chance hat, auf ihre richtige Reihenfolge beim Aufruf der Funktion zu schließen, ist diese Information für denjenigen, der den Code nur liest, so erst einmal nicht verfügbar.[6] Das Ziel ist aber immer, Code zu schreiben, der auch ohne ständigen Blick in die Dokumentation der verwendeten Funktionen verständlich ist und für sich selbst spricht. Parameterlisten als Schlüssel-Wert-Paare werden später noch thematisiert, ebenso wie Strategien, wie man mit der Notwendigkeit vieler Parameter sinnvoll umgeht (konkret: welche Abstraktion – Liste bzw. Objekt – sich hier einsetzen lässt und bewährt hat). Nachfolgend soll in abstei-

6 Die einzige Ausnahme ist hier, wenn Parameter als Schlüssel-Wert-Paare übergeben werden, ohne dass sie deshalb darauf beschränkt wären, wie das z. B. Python erlaubt.

gender Reihenfolge der Verwendungshäufigkeit auf die verschiedenen Situationen kurz eingegangen werden. Beispiele folgen im nächsten Abschnitt.

Idealfall: kein Parameter (niladisch) Diese Form einer Funktion ist natürlich nur möglich, wenn der Kontext vorgegeben ist. Das ist eine Stärke objektorientierter Programmierung, bei der jede Methode zu einem Objekt bzw. einer Klasse gehört. Anmerkung: Gegebenenfalls taucht in der Methodendeklaration der Verweis auf das Objekt („`this`", „`self`") auf, aber nicht im Aufruf, da dieser Parameter *implizit* übergeben wird. Der große Vorteil: Da kein Parameter übergeben wird, ist auch klar, dass nur direkt auf der Klasse bzw. dem Objekt operiert werden kann. Diese Art von Code spricht – zumindest bei guter Wahl des Namens der Funktion/Methode – für sich.

Häufiger Fall: ein Parameter (monadisch) Der nächsthäufige Fall, und der häufigste Fall bei Funktionen außerhalb der objektorientierten Welt, wenn der Kontext nicht ohnehin klar ist, sind Funktionen mit einem Parameter. Hier gibt es normalerweise einen klaren Zusammenhang zwischen der Funktion und dem Parameter.

Seltenerer Fall: zwei Parameter (dyadisch) Funktionen zweier Parameter tauchen auch noch relativ häufig auf, sollten aber, wo immer möglich, vermieden werden. Der einfache Grund: Der Zusammenhang zwischen Funktion und Parameter ist oft nicht aus dem Funktionsnamen ersichtlich. Das erschwert (unnötig) das Lesen von Code. Mit Sicherheit lassen sich dyadische Funktionen nicht gänzlich verhindern. Sie sollten aber sehr gut benannt werden, und man sollte immer überlegen, ob es nicht doch auch Möglichkeiten gibt, auf eine monadische Funktion umzusteigen.

Sehr seltener Fall: drei Parameter (triadisch) Funktionen mit mehr als zwei Parametern sollten sehr selten, wenn überhaupt, eingesetzt werden. Funktionen mit mehr als drei Parametern sollten sogar überhaupt nicht auftauchen.[7] Der Grund, warum diese Funktionen so gut wie nicht eingesetzt werden sollten: Es gibt so gut wie keine Chance, über den Funktionsnamen eindeutig die Reihenfolge der Parameter festzulegen. Deshalb bedarf sowohl die Nutzung als auch das Verständnis dieser Funktionen so gut wie immer eines Blickes in ihre Dokumentation, was die Lesbarkeit immens erschwert.

14.3.2 Beispiele für Funktionen mit keinem, zwei oder drei Parametern

Funktionen **ohne Parameter** finden sich häufig in der objektorientierten Programmierung, wo durch das Objekt der entsprechende Kontext vorgegeben ist. Sonst tauchen sie überwiegend in der Signalgebung auf.

7 Das gilt so streng ggf. nicht für alle Programmiersprachen: Es entzieht sich momentan meiner Kenntnis, ob und wenn ja wie man in TEX Listen von Parametern erzeugen und einer Funktion übergeben kann. Hier kann es durchaus vorkommen, dass man bei komplexeren Strukturen mehr als drei Parameter benötigt, allerdings mit all den bekannten Problemen, dass diese Befehle so gut wie nicht nutzbar sind. Abhilfe schafft evtl. auch hier die Strategie, die zu übergebenden Werte in andere Befehle zu verpacken.

Codebeispiel 14.7: Beispiele für Funktionen mit keinem Parameter

```
obj.print()
timer.start()
break()
exit()
```

Bei Funktionen **mit zwei Parametern** ist es wichtig, dass aus dem Funktionsnamen möglichst auf die Reihenfolge der Parameter rückgeschlossen werden kann. Im Falle der von Unittests (vgl. ▶ Kap. 19) bekannten Funktion `assertEqual` ist das nicht gegeben, allerdings hat sich hier die angegebene Reihenfolge etabliert.[8]

Codebeispiel 14.8: Beispiele für Funktionen mit zwei Parametern

```
write_data_to_file(data, filename)
assertEqual(expected, actual)
```

Für Funktionen **mit drei Parametern** lässt sich im Funktionsnamen so gut wie nie die Parameterreihenfolge codieren. Es gibt ein verbreitetes Beispiel für eine Funktion mit drei Parametern, bei der wiederum gilt, dass sich die Reihenfolge der Parameter in der angegebenen Form eingebürgert hat. Auch hier ist es wieder Konvention, die sich nicht im eigentlichen Sinne durch logisches Denken einwandfrei ableiten lässt.

Codebeispiel 14.9: Beispiele für Funktionen mit drei Parametern

```
assertEqual(expected, actual, precision)
```

Die Bedeutung, bei der Überprüfung auf Gleichheit die Genauigkeit angeben zu können, liegt in der Weise begründet, wie Rechner Gleitkommazahlen ablegen [9]. Im Allgemeinen gilt, dass zwei Gleitkommazahlen weitestgehend identisch aussehen können, ohne es zu sein. Deshalb wird sinnvollerweise nicht auf Gleichheit, sondern auf ein entsprechendes gemeinsames Intervall hin überprüft.

14.3.3 Häufige Varianten von Funktionen mit einem Parameter

Es gibt eine Reihe von Varianten für die Verwendung von Funktionen mit einem Parameter, die häufig auftreten:

Parameter abfragen Häufig ist das die Abfrage nach einem bestimmten Typ oder nach der Existenz dessen, was durch den Parameter beschrieben wird.
Beispiel: `boolean fileExists("fileName")`

Auf dem Parameter operieren Das Ergebnis wird als Rückgabewert zurückgegeben.
Beispiel: `inputStream openFile("fileName")`

8 Da die Unittest-Frameworks (xUnit) alle mehr oder weniger voneinander „geerbt" haben und sich auf den Ursprung in der Smalltalk-Welt zurückführen lassen, ist diese Parameterreihenfolge vermutlich relativ universell gültig. Trotzdem ist das keine Garantie, keine bösen Überraschungen zu erleben.

Diese beiden Formen sind das, was ein Nutzer oder Leser normalerweise von einer Funktion erwartet. Beide Varianten haben einen Rückgabewert mit der „Antwort“. Die Namen der Funktion sollten den Unterschied zwischen diesen beiden Formen deutlich machen. Funktionen, die keinen Rückgabewert haben, aber den Parameter verändern, sollten grundsätzlich vermieden werden, da sie den Leser nur verwirren. Es gibt noch eine dritte Variante für Funktionen mit nur einem Parameter, die weniger häufig auftaucht und mit Vorsicht verwendet werden sollte:

Ereignis Der Parameter wird als Ereignis interpretiert und sorgt dafür, dass der Zustand des Systems verändert wird. Derlei Funktionen haben in der Regel keinen Rückgabewert.
Beispiel: `sleep(5)`

Auch hier sollte aus dem Namen der Funktion eindeutig hervorgehen, was sie tut, und an dieser Stelle insbesondere, dass es sich um ein Ereignis handelt.[9] Ein mögliches Problem sind die erwähnten Nebenwirkungen.

14.3.4 Strategien zum Umgang mit Funktionen mehrerer Parameter

Einerseits ist offensichtlich, warum man die Zahl der Parameter einer Funktion möglichst klein halten möchte: Es trägt ganz wesentlich zur Lesbarkeit und Verständlichkeit des Codes bei. Andererseits gibt es immer wieder Anwendungsfälle, in denen einer Funktion eben doch mehrere, mitunter eine variable Zahl, von Parametern übergeben werden müssen. Für diesen Anwendungsfall gibt es zwei Lösungsstrategien, die beide Flexibilität mit Lesbarkeit vereinen:

Listen Gleichartige Parameter können in Listen zusammengefasst werden. Der Funktion wird dann nur noch die Liste als ein Parameter übergeben. Inwieweit die Funktion mit einer variablen Zahl an Listenelementen umgehen kann, ist von der jeweiligen Funktion abhängig. Ein geradezu klassisches Beispiel ist die in vielen Sprachen anzutreffende Funktion `fprintf` (ursprünglich für C entwickelt, [10]).

14

Objekte Zusammengehörende Parameter können auch in einem Objekt zusammengefasst werden, das dann seinerseits der Funktion übergeben wird. Diese Strategie hat gleich mehrere Vorteile: Es lassen sich Parameter beliebigen Typs zusammenfassen, ein (sinnvoll zusammengesetztes) Objekt transportiert semantische Information, und darüber hinaus ist das eine Abstraktion, die auch der Compiler (bzw. Interpreter) versteht – und ggf. ihre Einhaltung einfordern kann.

Optionale Schlüssel-Wert-Paare sind ein klares Anzeichen dafür, dass eine Funktion mehr als eine Sache tut – ähnlich wie die Übergabe boolescher Werte. In einem solchen Fall sollte die Funktion in (Unter-)Funktionen aufgeteilt werden.

9 Je nach Kontext ist die Funktion `print` ebenfalls ein solches Ereignis, insbesondere wenn nicht mit einem zusätzlichen (meist ersten) Parameter mitgeteilt wird, wohin die Ausgabe geschrieben werden soll. In diesem Fall führen `print`-Befehle meist zu Nebenwirkungen.

Funktionen mit Schlüssel-Wert-Paaren

Oft fungieren Funktionen, die Schlüssel-Wert-Paare als Parameter akzeptieren, als Schnittstellen für den Endanwender, die intern je nach Parameter unterschiedliche Unterfunktionen aufrufen. Auf diesem Weg schaffen sie elegant eine einheitliche Schnittstelle. Im wissenschaftlichen Kontext sind derlei Funktionen oft anzutreffen (vgl. z. B. die diversen vom Nutzer normalerweise direkt aufgerufenen Funktionen in den Python-Paketen NumPy und SciPy).

14.3.5 Funktionsnamen und Parameternamen sollten zusammenpassen

Zur Lesbarkeit von Code trägt entscheidend bei, wenn ein Funktionsaufruf durch den Namen der Funktion und der Parameter offensichtlich macht, was passiert. Funktions- und Parameternamen sollten einen logischen und lesbaren Zusammenhang bilden. Das sollte bei der Benennung beider entsprechend berücksichtigt werden. Ein weiterer ganz wesentlicher Aspekt, der die Lesbarkeit erhöht: Die Reihenfolge der Parameter sollte offensichtlich sein. Entsprechend sollte bei Funktionen mit mehr als einem Parameter der Funktionsname die Reihenfolge der Parameter offensichtlich machen.

► Beispiel: Funktionsnamen verdeutlichen die Parameterreihenfolge

Gegeben sei eine Funktion, die Daten exportiert und sowohl die Daten als auch einen Dateinamen übergeben bekommt. Der Name `export_data()` lässt keinerlei Rückschluss darauf zu, in welcher Reihenfolge die beiden Parameter übergeben werden müssen. Durch (Um-)Benennung als `export_data_to_file()` ist die Reihenfolge eindeutig. ggf. sogar verkürzt bei `export_to()`. Im Kontext eines Objektes ließe sich die Zahl der Parameter dieser Funktion wieder entsprechend reduzieren, auch wenn der zweitere Name evtl. trotzdem hilfreich ist, wenn in eine Datei exportiert werden soll, es sei denn, man übergibt ein Exporter-Objekt, das sich dann um die Details kümmert. ◄

Signaturen von Funktionen, also die Definition ihrer Schnittstelle bei der Funktionsdeklaration, dienen der Dokumentation. Moderne Editoren und IDEs (vgl. ► Kap. 4) zeigen meist die Signatur einer Funktion an, wenn man den Funktionsnamen im Editor tippt oder sich mit dem Cursor in ihm befindet. Gut gewählte Namen für die Parameter ersparen somit in vielen Fällen den Blick in die Hilfe.

Lesbarkeit und Verständlichkeit haben zwei Kontexte: Während der Programmierung ist die Signatur einer Funktion ein wesentliches Hilfsmittel, da sie vom Editor meist angezeigt wird und idealerweise alle Informationen transportiert, die man als Programmierer an dieser Stelle benötigt. Beim Lesen von Code, der eine Funktion aufruft, fehlt dieses Hilfsmittel allerdings.[10] Da Code aber auch lesbar sein sollte, wenn gerade kein Editor oder keine IDE zur Verfügung steht (z. B. ein ausgedruckter Codeabschnitt), sollten die

10 Zumindest meistens. Python und die konsequente Verwendung von *keyword args* schafft hier Abhilfe. Das muss aber vom Programmierer umgesetzt werden, da Python mit beiden Varianten, also auch positionsabhängigen Parametern, umgehen kann. Abgesehen davon ist die Kürze bei klarer Parameterreihenfolge ein Argument *gegen* Schlüssel-Wert-Paare.

Namen der Funktion und der Parameter nach Möglichkeit alle Fragen beantworten. Funktionen und Parameter so zu benennen und Funktionen so zu entwerfen, dass der Code tatsächlich selbstdokumentierend wird, ist mit Sicherheit eine Herausforderung und eine Frage langer Übung. Aber es ist ein lohnenswertes Unterfangen, das in sehr vielen Fällen zum Ziel führt. Zum Wert selbstdokumentierenden Codes, der auf jegliche erklärenden Kommentare im Code selbst verzichtet, vgl. ► Kap. 16.

14.4 Modularität: Don't Repeat Yourself

Information sollte genau einmal an genau einem Ort abgelegt werden. Eine manuelle Synchronisation ist zum Scheitern verurteilt. Das gilt genauso für Funktionen und Codeblöcke.

> „Duplication may be the root of all evil in software. Many principles and practices have been created for the purpose of controlling or eliminating it. [. . .] It would appear that since the invention of the subroutine, innovations in software development have been an ongoing attempt to eliminate duplication from our source code." (Robert C. Martin, [1, S. 48])

Aber warum ist Doppelung „vom Feind" und ein so großes Problem? Die kurze Antwort: Sie macht Code unnötig unübersichtlich und schwer bis gar nicht wartbar.

14.4.1 Motivation für Modularität

Es gibt eine ganze Reihe guter Gründe für Modularität und für das Prinzip, sich nicht selbst zu wiederholen (*Don't Repeat Yourself*, DRY):

Faulheit Es ist viel besser, ein Problem einmal zu lösen und dafür richtig, als dreimal fast richtig. Sicherlich kostet es gerade am Anfang mehr Zeit, die entsprechende Abstraktion zu finden und eine Fragestellung zu formulieren und entsprechend zu isolieren. Die Ersparnis auf lange Frist ist allerdings bei Weitem größer. Außerdem führt die Abstraktion zu einem tieferen Verständnis des Problems.

Wartbarkeit Modularisierung erleichtert immens die Wiederverwendbarkeit und beschleunigt damit die Weiterentwicklung. Die Isolation erlaubt es darüber hinaus, Fehler an einer und *nur* einer Stelle zu beheben. Gleichzeitig kann man bei konsequenter Anwendung des Prinzips sicher sein, eventuelle Fehler eben auch nur an genau dieser einen Stelle beheben zu müssen.

Effizienz Wenn Code nur einmal (und dafür richtig) geschrieben werden muss, sich dann aber immer wieder einsetzen lässt, beschleunigt das die Entwicklung mitunter ganz immens. Das Beste: Wiederverwendbarkeit skaliert, jedes Mal neu den Code schreiben nicht.

Ausdrucksstärke Funktionen sind die Verben der Sprache, die der Programmierer entwickelt, um eine Fragestellung zu bearbeiten. Je mehr (treffende) Vokabeln verfügbar sind, desto verständlicher lässt sich die Lösung eines Problems formulieren. Darüber hinaus hilft ein großes Vokabular mit ausdrucksstarken einzelnen Wörtern (und seine Beherrschung, also die Kenntnis ob der verfügbaren Wörter) dabei, diese einzelnen Wörter in von ihrem Urheber unvorhergesehenen und kreativen, neuen Varianten zusammenzuset-

Modularität – Potential und Verantwortung

Modularität ermöglicht die Kombination der einzelnen Bausteine in einer vom Programmierer/Urheber nicht vorhersehbaren Art und Weise. Das macht einerseits die ungeheure Wirksamkeit und das Potential der Modularität aus, bringt aber andererseits Verantwortung mit sich:

- Für den Programmierer
  Die Grenzen sollten, soweit bekannt, klar formuliert bzw. dokumentiert werden, ggf. im Kommentarkopf einer vom Nutzer direkt aufgerufenen Funktion. Die beabsichtigte Aufgabe einer Funktion sollte hinreichend klar definiert werden, auch und nicht zuletzt durch die Wahl guter Namen.
- Für den Anwender
  Programme und Funktionen sollten immer erst soweit möglich verstanden und dann benutzt werden.

Gerade in den Naturwissenschaften ist eine gut programmierte Werkzeugsammlung, die sehr einfach bzw. gut nutzbar ist, von herausragender Wirkung (Beispiele sind ORCA [11] und EasySpin [12]). Die Kehrseite ist die eigene Beobachtung, dass derlei Software in der Mehrheit der Fälle unhinterfragt und oft gegen die ursprüngliche Intention bzw. falsch eingesetzt wird. Das soll aber nicht dazu führen, nicht modular zu programmieren. Allerdings bekommen hier Lizenzen (wegen des damit einhergehenden *Haftungsausschlusses*) eine große Bedeutung (vgl. ► Kap. 5).

zen, um ganz andere als die ursprünglichen Fragestellungen zu bearbeiten. Das erlaubt mitunter die elegante und leichte Weiterentwicklung ohne großen Aufwand. Die Kenntnis der verfügbaren Wörter ist auch eine Frage gut organisierter und prägnant formulierter Dokumentation, vgl. ► Kap. 16 für die Dokumentation der Schnittstellen und ► Kap. 8 für die allgemeinen Prinzipien.

Erweiterbarkeit Es klang beim vorangegangen Punkt bereits an, und ein gutes Bild ist hier der Erfolg von LEGO® (also den alten Steinen, die die Kreativität noch beflügelten statt einzuschränken). Gerade im naturwissenschaftlichen Kontext tauchen immer wieder neue Fragestellungen auf, die sich durch kreative Kombination vorhandener Bausteine bearbeiten lassen. Software sollte darauf ausgelegt werden.

Testbarkeit Testbarkeit setzt klare, definierte/definierbare Zustände bzw. Antworten einzelner Codeblöcke voraus (vgl. ► Kap. 18). Außerdem müssen diese Blöcke isoliert voneinander abgefragt werden können, um in ausreichender Granularität (automatisiert) testen zu können.

Das Prinzip der Modularität und der Vermeidung von Codeduplizierungen (DRY) ist eng verknüpft mit der Unix-Philosophie: Eine Funktion sollte immer genau eine Aufgabe erfüllen und die einfachst mögliche Schnittstelle besitzen. Das ermöglicht die Verknüpfung dieser kleinen Bausteine in von ihren Entwicklern meist ungeahnter und nicht vorhersehbarer Art zu etwas vollständig Neuem. Der große Erfolg der Unix-artigen Betriebssysteme und die Möglichkeiten, die eine Shell bietet, sprechen für den Erfolg des Konzeptes.

14.4.2 Grenzen sinnvoller Abstraktion

So essentiell es ist, Doppelungen im Code zu erkennen und zu vermeiden bzw. (durch eine neu eingeführte Abstraktionsebene) zu beheben: Es gibt auch Grenzen sinnvoller Abstraktion. Grundsätzlich gilt: Duplikation sollte dann und genau dann behoben werden, wenn sie auftritt, nicht vorher. Es ist nicht unbedingt sinnvoll, Funktionen abstrakt und allgemeingültig zu schreiben, wenn nicht offensichtlich oder zumindest wahrscheinlich und absehbar ist, dass man diese Abstraktion brauchen wird. Das wird in einem weiteren Akronym aus dem amerikanischen Sprachraum treffend zusammengefasst: *You Ain't Gonna Need It* (YAGNI). Nicht jede Verallgemeinerung ist auch sinnvoll, Pragmatismus ist das Gebot der Stunde. Um zu entscheiden, welche Abstraktion sinnvoll ist, sollte man nie den Kontext aus den Augen verlieren. Unterschiedliche Ziele erfordern einen unterschiedlichen Grad an Abstraktion. Ein Framework ist abstrakter als ein konkretes Programm. Allerdings wird man nur in den seltensten Fällen ein Framework programmieren (wollen). Darüber hinaus ist (erreichbare) Abstraktion auch eine Frage der persönlichen Erfahrung und der erworbenen Fähigkeiten.

Ein Beispiel, wie gut gemeinte Abstraktion gerade am Anfang oft schief gehen kann: Programmierer, die neu in der objektorientierten Programmierung sind, tendieren dazu, übermäßig komplexe Vererbungshierarchien aufzustellen. Das ist das berühmte „Hammer-Nagel-Problem“[11]. Oft ist es viel einfacher, mit einem konkreten kleinen Problem zu beginnen, das zu implementieren, das nächste ähnlich gelagerte Problem zu implementieren und daraus dann die Gemeinsamkeiten zu extrahieren und in einer Abstraktion auszulagern. Zuletzt gilt: Code und Anforderungen sind nicht statisch. Eine Funktion ist nicht beim ersten Mal perfekt, egal wie erfahren der Programmierer ist.[12] Die Strategie der Wahl sind hier schrittweise Anpassungen und ein Iteratives Vorgehen. Wesentliche Aspekte sind dabei das Refactoring (▶ Kap. 20) und als Voraussetzung dafür die Existenz von (idealerweise automatisiert ausführbaren) Tests (▶ Kap. 18). Sich ändernde Anforderungen sind eine Realität, mit der jedes Programm und jedes Stück Quellcode konfrontiert wird. Es hat sich allerdings als sinnvoll herausgestellt, in der Regel auf kleine, modulare Einheiten zu setzen und einen Entwicklungsprozess zu verfolgen, der Anpassungen und Verallgemeinerungen ohne großen Aufwand erlaubt, als zu Beginn möglichst alle künftigen Anforderungen zu überlegen und in das initiale Design einfließen zu lassen. Prognosen sind kompliziert, insbesondere wenn sie die Zukunft betreffen.

? Verständnisfragen

- Welche Gründe gibt es, Funktionen möglichst kurz zu halten?
- Wie lässt sich feststellen, ob eine Funktion mehr als eine Aufgabe erfüllt?
- Was sind Nebenwirkungen (*side effects*) und warum sollte man sie auf jeden Fall vermeiden?
- Was ist das Problem zu vieler Parameter einer Funktion? Wie lässt es sich umgehen?
- Mit welchen Argumenten lässt sich das Schreiben modularen Codes motivieren?

11 Wer einen Hammer in der Hand hält, für den wird erst einmal alles zum Nagel.

12 Abgesehen davon ist perfekter Code sowieso ein i. d. R. nicht erreichbares Ziel. Außerdem ist es schwierig, „perfekt“ so zu definieren, dass es ein sinnvolles Kriterium für Codequalität ist.

Kommentiertes Literaturverzeichnis
Funktionen sind ein wesentlicher Aspekt von sauberem und lesbarem Code. Entsprechend prominent wird die Thematik von Robert C. Martin in seinem Buch *Clean Code* [1] und dort in Kapitel 3 behandelt. Weitere gute Hinweise finden sich in Kapitel 7 in *Code Complete* von Steve McConnell [13]. Die Modularität in all ihren Varianten als Grundlage des Erfolgs von UNIX und verwandten Betriebssystemen wird in *The Art of UNIX Programming* von Eric S. Raymond ausführlich diskutiert [7].

Literatur

1. R.C. Martin, *Clean Code. A Handbook of Agile Software Craftmanship* (Prentice Hall, Upper Saddle River, New Jersey, 2008)
2. G.A. Miller, Psychological Review **63**, 81 (1956)
3. H.P. Willberg, F. Forssman, *Lesetypografie*, 5. Aufl. (Verlag Hermann Schmidt, Mainz, 2010)
4. H.P. Willberg, F. Forssman, *Erste Hilfe in Typografie*, 8. Aufl. (Verlag Hermann Schmidt, Mainz, 2007)
5. F. Forssman, R. de Jong, *Detailtypografie*, 5. Aufl. (Verlag Hermann Schmidt, Mainz, 2014)
6. P.H. Salus, *A Quarter Century of UNIX* (Addison-Wesley, Reading, MA, 1994)
7. E.S. Raymond, *The Art of UNIX Programming* (Addison Wesley, Boston, 2004)
8. E.W. Dijkstra, Communications of the ACM **11**, 147 (1968)
9. D. Goldberg, ACM Computing Surveys **23**, 5 (1991)
10. B.W. Kernighan, D.M. Ritchie, *The C Programming Language*, 2. Aufl. (Prentice Hall, Upper Saddle River, New Jersey, 1999)
11. F. Neese, Wiley Interdisciplinary Reviews-Computational Molecular Science **2**, 73 (2012)
12. S. Stoll, A. Schweiger, Journal of Magnetic Resonance **178**, 42 (2006)
13. S. McConnell, *Code Complete*, 2. Aufl. (Microsoft Press, Redmond, Washington, 2004)

Formatierung: Layout und Stil

Inhaltsverzeichnis

T. Biskup, *Softwareentwicklung für die Naturwissenschaften*,
https://doi.org/10.1007/978-3-662-71607-6_15

Kernaspekte

- Codeformatierung ist zu wichtig, um sie zu ignorieren – oder sie dogmatisch zu behandeln.
- Formatierung offenbart die Sorgfalt und Professionalität, die ein Programmierer in seine Arbeit investiert hat.
- Formatierung erhöht die Les- und Wartbarkeit von Code. Die investierte Disziplin überlebt den eigentlichen Inhalt.
- Zusammenhänge und getrennte Konzepte sollten sich in horizontaler und vertikaler Formatierung widerspiegeln.
- Konsistenz ist wichtiger als der konkrete Inhalt. Regeln sollten vom *ganzen* Team akzeptiert werden.

Sauberer Code hat eine ganze Reihe von Aspekten, und auf der untersten Ebene gehören nicht nur der Zuschnitt und die Länge von Funktionen (vgl. ► Kap. 14) und aussagekräftige, gut gewählte Namen (für Klassen, Objekte, Funktionen, Variablen etc., vgl. ► Kap. 13) dazu, sondern auch die Formatierung des Quelltextes. Manche Person wird sich dagegen verwahren, dass man ihr auch noch vorschreibt, wie sie ihren Code zu formatieren hat. Wichtig ist dabei gar nicht so sehr die konkrete Konvention, als die Tatsache, dass Code konsistent formatiert ist, Konventionen folgt, und diese Konventionen das Ziel maximaler Übersichtlichkeit und Lesbarkeit verfolgen. Gute Editoren bzw. IDEs (vgl. ► Kap. 4) nehmen hier sehr viel Arbeit ab, indem sie weitgehend automatisch formatieren bzw. die Möglichkeit bieten, Formatierung größerer Codebereiche nachträglich anzupassen. Darüber hinaus liefern sie Werkzeuge wie Hilfslinien für maximale Zeilenlängen etc. Außerdem gibt es für viele Programmiersprachen Werkzeuge, die eine automatische Formatierung des Codes nach bestimmten, mitunter konfigurierbaren Regeln vornehmen. Allerdings lassen sich nicht alle Aspekte, die nachfolgend angesprochen werden, automatisieren, weshalb auch die Formatierung von Code letztlich immer auch eine Frage der persönlichen Disziplin ist.

Python und Quelltextformatierung

Eine gewisse Sonderstellung bei der grundlegenden Formatierung des Quellcodes nimmt Python ein, da hier Einrückung syntaktische Information transportiert und so auf Klammern für Blöcke (Bedingungen, Schleifen) verzichtet wird – was nebenher die Lesbarkeit des Codes immens erhöht. Dazu kommt, dass die Python-Gemeinde relativ klare Regeln zur Formatierung von Code aufgestellt hat, die jedem Python-Programmierer nahegelegt werden. Diese Konventionen sind zum größten Teil in PEP 8 (*Python Enhancement Proposal*) kodifiziert.[1] Gute Editoren und IDEs liefern Hinweise auf Verstöße gegen diese Konventionen, darüber hinaus gibt es exzellente statische Code-Analysatoren und Formatierungswerkzeuge für diesen Zweck.

1 ► https://www.python.org/dev/peps/pep-0008/ (Zugriff am 02.02.2025) bzw. ► https://pep8.org/ (Zugriff am 02.02.2025).

15.1 Warum ist Code-Formatierung wichtig?

In seinem Buch*Clean Code* [1] liefert Robert C. Martin eine sehr schöne Begründung, warum Formatierung von Code wirklich wichtig ist:

> „Code formatting is *important*. It is too important to ignore and it is too important to treat religiously. Code formatting is about communication, and communication is the professional developer's first order of business." (Robert C. Martin, [1, S. 76])

Formatierung offenbart die Sorgfalt und Professionalität, die in den Code investiert wurde. Qualität und Formatierung sind selten wirklich trennbar. Das ist ein hartes Wort, aber eines, das aus der eigenen Erfahrung bestätigt wurde. Der Grund für die Wichtigkeit einer sauberen Formatierung des Quellcodes ist einfach: Formatierung erhöht die Lesbarkeit und Wartbarkeit. Lesbarkeit wiederum ist eine Grundvoraussetzung für Wartbarkeit – und Wiederverwendbar-, Zuverlässig- und Überprüfbarkeit (vgl. ▶ Kap. 10). Das aber sind zentrale Kriterien für Software, die im Kontext der wissenschaftlichen Datenauswertung und damit letztlich für den Erkenntnisgewinn eingesetzt wird (vgl. ▶ Kap. 1). Das wirklich Spannende ist aber: Die eingesetzte Disziplin überlebt den eigentlichen Inhalt. Gute Formatierung hat prägenden Vorbildcharakter.

> „... the readability of your code will have a profound effect on all the changes that will ever be made. The coding style and readability set precedents that continue to affect maintainability and extensibility long after the original code has been changed beyond recognition. Your style and discipline survives, even though your codes does not." (Robert C. Martin, [1, S. 76])

Guter Stil hat die Chance, bleibende Werte zu schaffen. Die einzige Voraussetzung: Er muss Lesbarkeit und Wartbarkeit gewährleisten. Dieser Vorbildeffekt gilt aber leider auch umgekehrt: Code, der offensichtlich nachlässig erstellt wurde, wird diejenigen, die damit weiterarbeiten, oft dazu verleiten, ähnlich nachlässig damit umzugehen. Es ist jedenfalls mit erheblichem Aufwand verbunden, gerade nicht so damit umzugehen, sondern den Code (zumindest ein bisschen) besser zurückzulassen, als man ihn vorfand (vgl. die Pfadfinderregel, ▶ Kap. 10), und so der Softwareentropie entgegenzuwirken. Eine in der Praxis bewährte Möglichkeit, das an real existierendem Code zu praktizieren, ist Refactoring (▶ Kap. 20).

Ein – zugegeben besonders attraktives – Beispiel für unleserlichen Code liefert ◘ Abb. 15.1. Wer mag und die Möglichkeiten dazu hat, kopiere diesen Code einmal in eine Datei (verfügbar unter dem in der Bildunterschrift angegebenen Link) und führe ihn aus. Nicht jede Programmiersprache erlaubt derart weitgehende Freiheiten wie Perl, inklusive Zeilenumbrüche in Variablen- und Funktionsnamen. Wer sich die Mühe macht, kann aber auch im kamelförmigen Code tatsächlich nachvollziehen, was passiert. Dieser Code ist weit über die Formatierung hinaus ein Beispiel, wie ernsthafte Programme *nicht* geschrieben werden sollten, inklusive der Benennung von Variablen. Freunde dieser Spielereien finden auf den entsprechenden Internetseiten noch viele weitere Beispiele, gerade für Perl gibt bzw. gab es einen großen Wettbewerb für die kreativste Formatierung funktionierenden Quellcodes. Es gibt auf den gleichen Seiten auch mitunter lange verbale Beschreibungen und detaillierte Erklärungen solchen Codes. Das ist ein weiterer guter Grund, warum solcher unlesbarer bzw. bewusst unlesbar gemachter Code (*obfuscated code*) das Gegenteil dessen ist, was sauberen Code ausmacht und was professionelle Programmierer in ernsthaften Programmen machen, da sie verstanden haben, dass Codeformatierung der Kommunikation dient (s. o.).

```
#!/usr/bin/perl -w                                          # camel code
use strict;

                                          $_='ev
                                      al("seek\040D
           ATA,0,                 0;");foreach(1..3)
       {<DATA>;}my              @camel1hump;my$camel;
  my$Camel  ;while(            <DATA>){$_=sprintf("%-6
9s",$_);my@dromedary          1=split(//);if(defined($
_=<DATA>)){@camel1hum       p=split(//);}while(@dromeda
 ry1){my$camel1hump=0      ;my$CAMEL=3;if(defined($_=shif
        t(@dromedary1    ))&&/\S/){$camel1hump+=1<<$CAMEL;}
       $CAMEL--;if(d   efined($_=shift(@dromedary1))&&/\S/){
      $camel1hump+=1  <<$CAMEL;}$CAMEL--;if(defined($_=shift(
     @camel1hump))&&/\S/){$camel1hump+=1<<$CAMEL;}$CAMEL--;if(
     defined($_=shift(@camel1hump))&&/\S/){$camel1hump+=1<<$CAME
     L;;}$camel.=(split(//,"\040..m`{/J\047\134}L^7FX"))[$camel1h
      ump];}$camel.="\n";}@camel1hump=split(/\n/,$camel);foreach(@
      camel1hump){chomp;$Camel=$_;y/LJF7\173\175`\047/\061\062\063\
      064\065\066\067\070/;y/12345678/JL7F\175\173\047`/;$_=reverse;
       print"$_\040$Camel\n";}foreach(@camel1hump){chomp;$Camel=$_;y
        /LJF7\173\175`\047/12345678/;y/12345678/JL7F\175\173\0 47`/;
         $_=reverse;print"\040$_$Camel\n";}';;s/\s*//g;;eval;   eval
           ("seek\040DATA,0,0;");undef$/;$_=<DATA>;s/\s*//g;(   );;s
             ;^.*_;;;map{eval"print\"$_\"";}/.{4}/g; __DATA__   \124
               \1   50\145\040\165\163\145\040\157\1 46\040\1  41\0
                    40\143\141  \155\145\1 54\040\1   51\155\  141
                    \147\145\0  40\151\156 \040\141    \163\16 3\
                     157\143\   151\141\16  4\151\1     57\156
                     \040\167  \151\164\1   50\040\      120\1
                     45\162\   154\040\15    1\163\      040\14
                     1\040\1   64\162\1      41\144       \145\
                     155\14    1\162\       153\04        0\157
                      \146\     040\11     7\047\         122\1
                      45\15      1\154\1  54\171          \040
                      \046\         012\101\16            3\16
                      3\15           7\143\15             1\14
                      1\16            4\145\163           \054
                     \040            \111\156\14         3\056
                    \040\         125\163\145\14         4\040\
                    167\1        51\164\1  50\0         40\160\
                  145\162                              \155\151
                \163\163                                \151\1
              57\156\056
```

Abb. 15.1 **Beispiel dafür, wie ernsthafter Code *nicht* formatiert werden sollte.** Ästhetisch mag der Code schön sein, und faszinierend allemal, was die Programmiersprache Perl erlaubt – inkl. Zeilenumbrüchen in Variablennamen. Zweifellos beherrscht der Autor dieses Codes auch seine Programmiersprache. Nur lesbar ist der Code eben nicht. (Quelle: ► https://www.perlmonks.org/?node_id=45213, abgerufen am 03.02.2025)

15.2 Vertikale Formatierung

Letztlich gibt es zwei Bereiche von Formatierung: vertikale und horizontale. Auf beide wird nachfolgend eingegangen. Aspekte vertikaler Formatierung, auf die hier jeweils etwas detaillierter eingegangen werden soll, umfassen:

Länge von Dateien Dateien sind i. d. R. länger als Funktionen. Zu lange Dateien werden unübersichtlich.

Die Zeitungs-Metapher Code sollte ähnlich wie ein Zeitungsartikel aufgebaut sein: von einfach nach komplex, abstrakt nach konkret.

Vertikale Offenheit und Dichte Sinnabschnitte sollten durch Abstände voneinander getrennt, innerhalb zusammenhängender Blöcke hingegen auf Abstände verzichtet werden.

Vertikaler Abstand Konzeptionell aufeinander bezogene Codeteile sollten vertikal nahe beieinander stehen.

15.2.1 Länge von Dateien

Für Funktionen (vgl. ► Kap. 14) gilt das Prinzip: je kürzer desto besser. Es gibt Puristen, die jede Funktion, die sich über mehr als zehn oder zwanzig Zeilen erstreckt, als zu lang empfinden. Bei Dateien ist das etwas anders: Die Länge einer Datei ist sicherlich abhängig von ihrem Inhalt – und dem Programmierstil. Grundsätzlich gilt: Kürze ist kein

Fallstudie: Aller Code eines Programms in einer Datei

Ein Programm, das über viele Jahre gewachsen und von unterschiedlichen Autorinnen und Autoren gepflegt wurde, sowohl eine grafische Oberfläche als auch deren zugrunde liegende Funktionalität umfasst, und all das in einer einzelnen Datei, deutlich mehr als 10.000 Zeilen Code: Das kann passieren, wenn die Autorinnen und Autoren nie gelernt haben zu programmieren, und wenn sie die meisten Bausteine einer grundlegenden Infrastruktur nicht kennen. Zu den artikulierten Argumenten, allen Code in einer Datei unterzubringen, gehörte unter anderem: Nur so kann ich doch einfach suchen und ersetzen, und so weiß ich, wo ich nach einer Funktion suchen muss. Außerdem wird das doch unübersichtlich, wenn ich nicht weiß, welche Dateien alle zu meinem Programm gehören. Mögliche Antworten auf die Argumente wären: Ein guter Editor bzw. eine gute IDE (vgl. ► Kap. 4) hilft bei der Navigation im Code und auch beim Refactoring (z. B. Umbenennen von Variablen oder Funktionen, vgl. ► Kap. 20), eine Versionsverwaltung hilft dabei sicherzustellen, dass alle zum Projekt gehörenden Dateien existieren, und treffend benannte Dateien und ggf. eine Verzeichnishierarchie sorgen für die notwendige Übersicht.

Selbstzweck. Die Lesbarkeit sollte nicht leiden. Eine explizite Formulierung über mehrere Zeilen ist oft lesbarer als „clevere" Einzeiler. Die Länge von Funktionen und Dateien ist oft, aber nicht immer, unabhängig voneinander.[2] In der objektorientierten Programmierung findet sich häufig der Fall, dass eine Klasse in einer Datei definiert wird, also sämtliche ihrer Methoden. Kurze Dateien haben Vorteile: Sie sind übersichtlicher und einfacher wiederverwendbar. Darüber hinaus sind zu lange Dateien meist Hinweis auf zu große Einheiten (wie Klassen etc.). Moderne Editoren und IDEs (► Kap. 4) helfen hier allerdings ebenfalls weiter, weil sie erlauben, einfach zwischen dem Aufruf und der Definition einer Funktion bzw. Methode zu springen und sich so durch den Code zu bewegen. Das bedeutet natürlich nicht, dass man die nachfolgend diskutierten weiteren Hinweise zu einer sinnvollen Anordnung einzelner Codeteile ignorieren sollte. Trotzdem gehören die Tastenkürzel eines Editors bzw. einer IDE für diese Funktionalität zu jenen, die man frühzeitig lernen sollte.

15.2.2 Die Zeitungs-Metapher

Eine vielleicht nicht in jedem Fall anwendbare, aber doch grundsätzlich sinnvolle Metapher (nicht nur) für Quellcode ist die des **Zeitungsartikels**. Der Code sollte von einfach nach komplex und von abstrakt nach konkret fortschreiten. Übliche Aspekte eines Zeitungsartikels sind eine Überschrift, die möglichst prägnant das Thema vorstellt, eine kurze Zusammenfassung und insgesamt ein eher kurzer und fokussierter Schreibstil. Eine Übertragung und Abbildung auf Code könnte wie folgt aussehen: Die Überschrift ist der Funktions- oder Klassenname, die Zusammenfassung die oberste Abstraktionsebene. Der Rest ist eine (logische) Abfolge aufeinander aufbauender kleiner Funktionen von einfach nach komplex und von abstrakt nach konkret. Dieser Ansatz zielt darauf ab, dass wich-

2 Programmiersprachen wie MATLAB® und IDL verfolgen das Konzept dass pro Datei nur eine von außen aufrufbare Funktion vorliegen darf, deren Name identisch mit dem Dateinamen sein muss.

Programmierer sind Schriftsteller

An der Zeitungsmetapher zeigt sich einmal mehr, dass Programmierer schriftstellerische Fähigkeiten mitbringen sollten, die dem Gelegenheitsprogrammierer nicht bewusst sind. Das beginnt mit der exzellenten Sprachbeherrschung zumindest der eigenen Muttersprache (wichtig auch für Kommentare, vgl. ► Kap. 16) und der Benennung von Einheiten (vgl. ► Kap. 13) und führt zur Fähigkeit, präzise zu beobachten, strukturiert zu denken und einen großen Zusammenhang in Teilprobleme aufzuteilen (vgl. ► Kap. 14). Diese Struktur sollte sich dann auch in der Formatierung des Quellcodes widerspiegeln. Da gerade Wissenschaftler die Verantwortung haben, ihre Ergebnisse schriftlich und mündlich verständlich zu präsentieren und der Aufbau eines Zeitungsartikels dem einer Fachveröffentlichung ähnelt, ergeben sich hier einmal mehr sinnvoll nutzbare Synergien mit den Anforderungen an die Programmierung.

tige Informationen möglichst weit oben in einer Datei stehen und der Leser bzw. Nutzer so schnell weiß, ob er an der richtigen Stelle im Code ist. Es kann nicht oft genug wiederholt werden: Code wird viel häufiger gelesen als geschrieben, und je schneller man weiß, ob man dabei ist, die richtige Datei zu lesen und zu versuchen zu verstehen, desto besser. Vertrautheit mit dem selbstgeschriebenen Code ist hier kein Argument, da diese Vertrautheit mit zunehmendem zeitlichem Abstand zur Erstellung des Codes (vermutlich exponentiell) abnimmt.

► Beispiel: Quellcode im Stil der Zeitungs-Metapher

Ein leicht abgewandeltes Beispiel aus ► Kap. 14 eignet sich ganz gut, um Quellcode in Form einer Zeitungsmetapher zu verdeutlichen. Insbesondere das Fortschreiten von abstrakt zu konkret und in diesem Sinne von einfach nach komplex lässt sich auf die Auswertung von wissenschaftlichen Daten anwenden.

Codebeispiel 15.1: Quellcode im Stil der Zeitungs-Metapher

```
def analyse_my_data(source):
    data = read_data(filename=source)
    data = preprocess_data(data)
    result = analyse_data(data)
    present_result_of_analysis(result)
    save_result_of_analysis(result)

def read_data(filename):
    data['data'] = import_data(filename)
    data['header'] = get_header()
    data['metadata'] = import_metadata()
    return data

# ...

def import_data(filename):
    with open(filename) as file:
        content = file.read()
    raw_data = np.genfromtxt(
```

15

```
            io.BytesIO(content.replace(',', '.').encode()),
            skip_header=2
        )
        return raw_data[:, 1]

    # ...
```

Weiter unten besprochene Aspekte wie vertikale Offenheit und Dichte sowie vertikaler Abstand lassen sich an diesem Beispiel ebenfalls verdeutlichen. ◄

15.2.3 Vertikale Offenheit und Dichte

Eine sehr einfache Regel mit entscheidender Auswirkung auf die Lesbarkeit von Quellcode lautet: **Vertikale Zwischenräume (Leerzeilen) gliedern Sinnabschnitte**. Grundsätzlich ist Quellcode so aufgebaut, dass er von links nach rechts und oben nach unten gelesen wird,[3] dass jeder Ausdruck auf einer eigenen Zeile steht und ein Gedanke aus einer Gruppe zusammenhängender Zeilen besteht. Entsprechend ergeben sich vertikale Offenheit und Dichte: Vertikale Offenheit (Leerzeilen) entsteht dadurch, dass jeder Gedanke durch eine Leerzeile vom nächsten getrennt ist. Das hat großen Einfluss auf die Übersichtlichkeit und Lesbarkeit – nicht nur von Quellcode. Vertikale Dichte (keine Leerzeilen) kommt hingegen innerhalb eines Gedankens oder Sinnabschnitts zum Tragen: Die Teile (Zeilen) eines Konzeptes gehören zusammen. Unnötige Kommentare zerstören diesen Zusammenhang. Zur Verdeutlichung sind nachfolgend zwei Codebeispiele wiedergegeben. Zugegeben könnte man am Beispiel für den „unleserlichen“ Code auch die Bedeutung einer sauberen horizontalen Formatierung erklären, er mag hier aber trotzdem die Wirkung (fehlender) vertikaler Formatierung verdeutlichen.

Codebeispiel 15.2: Unlesbarer Code: fehlende vertikale Formatierung

```
tic; t=0:0.01:2*pi; x=4*cos(3*t); y=4*cos(4*t+pi/2);
figure;hold on; for k=1:length(x) plot(x(k),y(k),'r.');pause
    (0.001);end toc
```

Codebeispiel 15.3: Lesbarer Code: saubere vertikale Formatierung

```
tic;

t = 0:0.01:2*pi;
x = 4 * cos(3*t);
y = 4 * cos(4*t+pi/2);

figure;
hold on;
for k = 1:length(x)
    plot(x(k),y(k),'r.');
    pause(0.001);
```

3 Inwieweit es mittlerweile Programmiersprachen gibt, die es erlauben, von rechts nach links oder von oben nach unten zu schreiben, entzieht sich meiner Kenntnis. Historisch wurden Programmiersprachen allerdings im westlichen Kulturkreis entwickelt und folgen entsprechenden Konventionen.

```
end

toc
```

In gewisser Weise ist eine vertikale Gliederung der Sinnabschnitte durch Leerzeilen ein erster Schritt, die einzelnen Bereiche in Funktionen (bzw. Methoden) mit jeweils aussagekräftigen Namen auszugliedern. Das führt zu entsprechend kleinen und übersichtlichen Funktionen, die jeweils nur *eine* Aufgabe erfüllen. Für Details vgl. ▶ Kap. 14.

▶ Beispiel: Vertikale Offenheit und Dichte in LaTeX-Quellcode

Wie angesprochen ist die vertikale Formatierung, insbesondere die Gliederung in Sinnabschnitte durch vertikale Offenheit und Dichte, mitnichten auf Programmiersprachen im eigentlichen Sinn beschränkt. Nachfolgend wird das an LaTeX-Quellcode gezeigt.

Codebeispiel 15.4: LaTeX-Quellcode mit übersichtlicher vertikaler Formatierung

```
\section{Wie alles begann}
\label{sec:beginn}

Lorem ipsum dolor sit amet, consectetur adipiscing elit.
Proin semper, purus eu feugiat ullamcorper, lorem nulla
pellentesque ligula, pretium aliquam ex nulla eget diam.
Ut quis quam nunc.

\begin{itemize}
\item Integer eu leo quis est rutrum convallis a in nibh.

\item Nulla quis magna vitae lectus pharetra consequat.
\end{itemize}

Nunc pretium, lectus sit amet mollis tempus, diam magna
cursus orci, vel rhoncus nisi purus sit amet turpis.

\subsection{Als ich noch klein und unwissend war}

Class aptent taciti sociosqu ad litora torquent per conubia
nostra, per inceptos himenaeos. Curabitur pharetra vitae
enim sed lobortis. Morbi tempus scelerisque nulla, vitae
hendrerit massa maximus sit amet.
```


Natürlich lässt sich auch hier über einzelne Konventionen trefflich streiten. Letztlich entscheidend ist die Übersichtlichkeit. Das Einfügen zweier Leerzeilen vor der Unterüberschrift dient der Trennung größerer Sinnabschnitte. Wie es der Betreuer der Diplomarbeit des Autors einmal so treffend ausdrückte: Irgendwann liest man lieber den LaTeX-Quellcode als ein Word-Dokument. Denn ersterer hat intrinsisch eine Struktur. Das Einfordern oder zumindest doch Nahelegen von Struktur in einem Dokument ist (aus Sicht des Autors) gerade eine der großen Stärken von LaTeX. ◀

15.2.4 Vertikaler Abstand

Ein weiterer und letzter hier behandelter Aspekt der vertikalen Formatierung ist der vertikale Abstand: Aufeinander bezogene Codeteile sollten so nah beieinander stehen wie möglich. Was das konkret in der Praxis bedeuten kann, sei nachfolgend für vier unterschiedliche Situationen kurz skizziert:

Variablendeklarationen Variablen sollten so nah wie möglich am Code deklariert werden, der sie verwendet. Da Funktionen grundsätzlich *kurz* sein sollten, reicht es häufig aus, die Variablen an deren Beginn zu definieren, ohne deshalb die Übersichtlichkeit zu verlieren.

Instanzvariablen (von Klassen/Objekten) Instanzvariablen sollten an einem zentralen Ort definiert werden. Meist ist das ganz am Anfang einer Klassendefinition.[4] Es ist jedenfalls grob ungeschickt, Instanzvariablen irgendwo zwischen der Definition von Methoden (oder ggf. in anderen Methoden) zu *verstecken*.

Abhängige Funktionen Folgt man dem Konzept, Funktionen möglichst kurz zu halten und Logik jeweils in einzelne, gut benannte Funktionen auszulagern (vgl. ► Kap. 14), dann ergibt sich eine ganze Reihe voneinander abhängiger Funktionen. Zwei Regeln sind hier entscheidend:

1. Aufgerufene sollten nahe bei den aufrufenden Funktionen stehen.
2. Aufgerufene Funktionen sollten unterhalb der aufrufenden Funktionen angeordnet werden.

Inwieweit in Klassendefinitionen öffentliche und private Methoden voneinander getrennt und zunächst nur die öffentlichen Methoden deklariert werden, ist eine Frage des persönlichen Geschmacks (und vorhandener Konventionen).

Konzeptionelle Affinität Neben den abhängigen Funktionen gibt es auch noch eine andere Form des Zusammenhangs, nämlich einen konzeptionellen Bezug. Ein Beispiel sind Funktionen mit ähnlichen Aufgaben, wie z. B. Getter und Setter (zum Lesen und Schreiben von Instanzvariablen). Sie sollten möglichst ebenfalls nahe beieinander definiert werden.

15.3 Horizontale Formatierung

Neben der vertikalen Formatierung gibt es eine Reihe (teilweise) ähnlicher Aspekte horizontaler Formatierung:

Länge von Zeilen Zu lange Zeilen werden definitiv unübersichtlich. Es ist schwer, hier klare Grenzen vorzugeben. Hinweise kommen aber aus dem Textsatz: Lange Zeilen sind schwer lesbar. Menschen erfassen beim Lesen mehr als jeweils ein Wort, eher ganze Zeilen.

---

4 Es gibt Programmiersprachen wie z. B. Python, bei denen die Deklaration von Instanzvariablen innerhalb von Methoden einer Klasse (sinnvollerweise im Konstruktor) vorgenommen werden. Ob das die Lesbarkeit unbedingt erhöht, sei dahingestellt. Auf jeden Fall sollten die Instanzvariablen dann *immer* im Konstruktor (bzw. der Methode `__init__`, die streng genommen kein Konstruktor ist) definiert werden, damit sie immer an einem definierten Ort stehen. Sinnvollerweise folgt man hier der Konvention, den Konstruktor als erste Methode der Klasse zu definieren.

Horizontale Offenheit und Dichte Ähnlich wie vertikale Leerräume (Leerzeilen) verdeutlichen auch horizontale Leerräume (Leerzeichen, Tabulator) Zusammenhänge.

Horizontale Ausrichtungen Der Nutzen horizontaler Ausrichtungen ist umstritten und meist ein Relikt aus alten Zeiten (Fortran etc.). Darüber hinaus sind sie meist inkompatibel zu automatischer Formatierung – und sollten daher eher sparsam eingesetzt werden. Manche Programmiersprachen (u. a. Python) folgen der Konvention, dass bei einem Zeilenumbruch z. B. innerhalb eines Funktions- oder Methodenaufrufs die nachfolgende Zeile optisch soweit eingerückt werden sollte, dass alle Parameter o. ä. untereinander zu stehen kommen. Unterstützung durch entsprechende Editoren bzw. IDEs (► Kap. 4) erleichtert die konsistente Formatierung ungemein.

Einrückung Eine konsistente und korrekte Einrückung ist entscheidend für die Erfassung von Zusammenhängen und erhöht die Lesbarkeit sehr stark. Das gilt insbesondere für Schleifenkörper und Bedingungen.

Leere Schleifenkörper Nicht jede Programmiersprache erlaubt derlei, aber sie sollten *immer* mit einer eigener Zeile explizit gemacht werden.

15.3.1 Länge von Zeilen

Eine allgemeine Regel lautet: Zu lange Zeilen werden unübersichtlich. Allerdings sind harte Limits (heute) schwer zu rechtfertigen. Moderne Programmiersprachen haben keine Limitierungen, und moderne Monitore sind viel größer als früher. Trotzdem sollten die auf jahrhundertelange Erfahrung gründenden Hinweise aus der Typografie [2–4] beherzigt werden. Deshalb seien hier ein paar allgemeine Aspekte genannt: Horizontales Scrollen sollte *immer* vermieden werden, da es die Übersichtlichkeit empfindlich stört und außerdem das Lesen von Code sehr umständlich macht. Lange Zeilen werden unübersichtlich und schwer lesbar. Das ist seit alten Zeiten aus dem Textsatz (und schon deutlich vor Johannes Gutenberg, letztlich schon von antiken Schriftrollen) bekannt. 120 Zeichen ist ein sinnvolles oberes Limit. Druckbarkeit erfordert hingegen meist deutlich kürzere Zeilen. Hier ist Python einmal mehr ein Beispiel für eine Programmiersprache, deren Gemeinde durch die Kodifizierung klarer Regeln für die Formatierung erheblich zur Lesbarkeit und Einheitlichkeit beigetragen hat. Gemäß PEP 8[5] sollen Zeilen nicht länger als 79 Zeichen lang sein. Hilfsmittel und Strategien, um ein entsprechendes Limit einzuhalten, umfassen u. a., das gewählte Längenlimit im Editor (► Kap. 4) anzeigen lassen, lange Zeilen (automatisch) umzubrechen (abhängig von der Sprache) und lange Ausdrücke auf mehrere Zeilen aufzuteilen.

15.3.2 Horizontale Offenheit und Dichte

Wie schon für vertikale Abstände gilt auch für horizontale Abstände: Sie verdeutlichen Zusammenhänge. Das generelle Prinzip lautet: Zusammengehöriges ohne Zwischenraum schreiben, nicht Zusammenhängendes durch Leerzeichen trennen. Häufige Anwendungs-

5 ► https://www.python.org/dev/peps/pep-0008/ (Zugriff am 02.02.2025).

fälle wären, den Zuweisungsoperator (=) von Leerzeichen zu umgeben[6] und keine Leerzeichen zwischen Funktionsname und Klammern für die Funktionsargumente (Übergabeparameter) zu setzen.

▶ Beispiel: Horizontale Offenheit und Dichte in Python (PEP 8)

Python ist besonders explizit, was die Konventionen zur Quellcodeformatierung anbelangt (vgl. PEP 8). Das nachfolgende Beispiel (Auszug aus einer internen Methode einer Klasse) verdeutlicht unterschiedliche Aspekte horizontaler Offenheit und Dichte.

Codebeispiel 15.5: Horizontale Offenheit und Dichte in Python (PEP 8)

```
def _change_keys_in_dict_recursively(self, dict_=None):
    tmp_dict = collections.OrderedDict()
```

Der Zuweisungsoperator für Schlüssel-Wert-Zuweisungen der Parameter einer Funktion/Methode wird nicht von Leerzeichen umgeben, in anderen Fällen wird er hingegen von Leerzeichen umgeben. Die Parameter einer Funktion werden durch Leerzeichen nach dem Komma optisch getrennt, Klammern immer direkt angeschlossen. ◀

15.3.3 Einrückung

In ihrer Wirkung kaum zu überschätzen ist die (korrekte und konsistente) Einrückung von Quellcode. Letztlich ist eine korrekte und konsistente Einrückung entscheidend für die (intuitive) Erfassung von Zusammenhängen. Einrückung verdeutlicht die Hierarchieebenen: Sie stellen den jeweiligen Kontext dar. Der Kontext ist essentiell für die Lesbarkeit und das Verständnis von Code. Ohne Einrückung ist das Verständnis fast unmöglich. Ein großer Vorteil von Sprachen wie Python ist hier, dass sie statt Klammern die Einrückung *semantisch* einsetzen. Das macht Code nicht nur durch den Verzicht auf Klammern übersichtlicher, sondern erzwingt gleichzeitig für die korrekte Funktionalität auch die konsistente Einrückung.

Einrückung sollte nie aufgebrochen werden. Kurze Schleifen oder Bedingungen passen zwar auf eine Zeile, die Lesbarkeit geht aber weitestgehend verloren. Ein Spezialfall sind leere Schleifenkörper: Sie sind nicht in allen Programmiersprachen erlaubt (aber z. B. in C sehr beliebt) und sollten nach Möglichkeit vermieden werden. Ihre Existenz verdanken sie der Tatsache, dass in manchen Programmiersprachen in der Schleifendefinition Zuweisungen erlaubt sind. Wenn sie unvermeidbar sind, dann sollten sie explizit (durch eine Leerzeile) kenntlich gemacht werden. Das nachfolgende Beispiel entfernt alle Leerzeichen, Zeilenumbrüche und Tabulatoren.

Codebeispiel 15.6: Leerer Schleifenkörper in C

```
while ((c = getchar()) == ' ' || c == '\n' || c == '\t')
    ;
```

6 In Python hält die PEP 8 fest, dass der Zuweisungsoperator nur bei Statements von Leerzeichen umgeben werden soll, nicht hingegen in der Parameterdeklaration von Funktionen und Methoden.

Sprachen wie Python, bei denen korrekte Einrückung für die Funktionalität entscheidend ist, erlauben *per se* keine leeren Schleifenkörper, hier muss (im Fall von Python) das Schlüsselwort `pass` (mit korrekter Einrückung) verwendet werden. Gleiches gilt für leere Funktionen und Bedingungen. Ein weiterer in der Umsetzung wichtiger Aspekt ist die Frage, mit welchen Zeichen (Leerzeichen oder Tabulator) und wie weit eingerückt wird. Hier gibt es wieder unterschiedliche Konventionen je nach Programmiersprache und Umgebung.

15.4 Konsistenz: Konventionen, Idiome, automatische Formatierung

Es klang schon zu Beginn des Kapitels an: Mancher Programmierer wird sich instinktiv dagegen verwehren, dass man ihm auch noch vorschreibt, wie er seinen Code zu formatieren hat. Deshalb sei hier noch einmal betont, dass die konkreten Regeln weniger wichtig sind als ihre konsistente Anwendung und ihr Ziel, für Lesbarkeit des Codes zu sorgen. Darüber hinaus ist eine sklavische und unüberlegte Befolgung von Regeln selten eine gute Idee. Das wird in einem Zitat deutlich, auf das die Python-Gemeinde u. a. in PEP 8 zurückgreift:

» „A foolish consistency is the hobgoblin of little minds.“ (Ralph Waldo Emerson, Essay „*Self-Reliance*“, 1841[7])

Ein Gestaltungsleitfaden (*style guide*) setzt immer implizit voraus, dass er konsistent angewendet wird. Trotzdem gibt es zuweilen gute Gründe, von den kodifizierten Regeln abzuweichen:

» „A style guide is about consistency. Consistency with this style guide is important. Consistency within a project is more important. Consistency within one module or function is the most important.

However, know when to be inconsistent – sometimes style guide recommendations just aren't applicable. When in doubt, use your best judgment. Look at other examples and decide what looks best.“ (PEP 8[8])

Allerdings sollte man immer vorsichtig sein, wann es einen guten Grund gibt. In PEP 8 werden einige Gründe explizit genannt. Generell gilt das, was im Vorwort von *The Elements of Style* von Strunk und White [5] steht:

» „It is an old observation that the best writers sometimes disregard the rules of rhetoric. When they do so, however, the reader will usually find in the sentence some compensating merit, attained at the cost of the violation. Unless he is certain of doing as well, he will probably do best to follow the rules.“ (William Strunk, zitiert in [5, S. xvii f.])

Entsprechend sollen abschließend noch einige Aspekte angesprochen werden, die für eine konsistente Anwendung von Konventionen zur Formatierung wichtig sind und sie gleichzeitig erleichtern. Letztlich gilt: Nur Konventionen, die auch umgesetzt werden, sind gute, weil brauchbare Konventionen.

15

7 Zitiert nach: ► https://en.wikisource.org/wiki/Essays:_First_Series/Self-Reliance (Zugriff am 03.02.2025).
8 ► https://www.python.org/dev/peps/pep-0008/ (Zugriff am 02.02.2025).

15.4.1 Konventionen sind inhaltlich verhandelbar

Es sollte mittlerweile deutlich geworden sein: Es kommt weniger auf die konkrete Ausgestaltung von Formatierungsregeln an als auf ihre konsequente und konsistente Anwendung und Befolgung. Konventionen dienen der Lesbarkeit. Alles, was wesentlich zur Lesbarkeit beiträgt, ist deshalb grundsätzlich erst einmal gut. Einzelne Aspekte sind darüber hinaus oft eine Geschmacksfrage. Um noch einmal Robert Martin zu zitieren: Formatierung ist wichtig. Sie ist zu wichtig, um sie zu ignorieren, und sie ist zu wichtig, um sie dogmatisch zu behandeln. Konventionen sind darüber hinaus sinnvollerweise immer eine Vereinbarung aller Programmierer eines Projektes. Alle initial Beteiligten sollten an Konventionen mitwirken. Das sorgt für die notwendige Akzeptanz. Zentrale und etablierte Konventionen für eine Programmiersprache sollten dabei nur mit (sehr) gutem Grund gebrochen werden. Letztlich sollten alle an einem Projekt Beteiligten die Konventionen mittragen können. Einzelpersonen werden sich selten komplett durchsetzen, das ist aber immer so in gemeinschaftlichen Unternehmungen. Jeder Projektbeteiligte sollte den gleichen Konventionen folgen.

Alle zu beteiligen schafft die notwendige Akzeptanz, die (selbstgegebenen) Konventionen auch zu befolgen. Letztlich ist es besser, bei einem einzelnen Aspekt zurückzustecken, als in der Praxis Inkonsistenzen den Weg zu ebnen. Darüber hinaus gilt: Konventionen sind nicht in Stein gemeißelt. Sollte sich in der Praxis etwas als wenig sinnvoll herausstellen, dann lässt es sich auch ändern – sinnvollerweise sollte dann aber nach Möglichkeit der gesamte Codebestand entsprechend ebenfalls überarbeitet werden, soweit das möglich ist. Idealerweise lässt sich derlei automatisieren, doch dazu später mehr.

15.4.2 Sprachliche Idiome

Ein Spezialfall von Konventionen sind sprachliche Idiome, da sie eine anerkannte Möglichkeit darstellen, bestimmte Aufgaben in einer gegebenen Programmiersprache zu lösen.

Definition 15.1: Idiom

Linguistik: Spracheigentümlichkeit; Softwaretechnik: Umsetzung (Implementierung) abstrakter Muster bzw. Lösung einfacher Aufgaben (auf niedrigster Abstraktionsstufe) in einer konkreten Programmiersprache.

Viele Programmiersprachen haben Idiome für häufige Konstrukte. Das sind Muster auf fundamentalster Ebene einer Sprache. Ein Beispiel wäre die for-Schleife über alle Elemente in C/C++. Zwar gibt es grundsätzlich viele Möglichkeiten, eine solche Schleife zu schreiben, aber nur eine weithin anerkannte, die zudem noch den Vorteil hat, weniger fehleranfällig zu sein. Für eine ausführlichere Diskussion dieses Beispiels vgl. [6, S. 12].

Codebeispiel 15.7: for-Schleife über alle Elemente in C/C++

```
for (i = 0; i < n; i++)
    array[i] = 1.0;
```

Ein anderes Beispiel, diesmal aus Python, ist die Überprüfung der Länge von Sequenzen (Liste, Zeichenkette, ...), wenn es nur darauf ankommt, ob die Sequenz leer ist. Hier sollte man immer ausnutzen, dass leere Sequenzen zum Booleschen Wert `False` evaluieren:

Codebeispiel 15.8: Überprüfen auf leere Sequenz in Python

```
if not seq:
if seq:
```

Die Verwendung von Idiomen einer Sprache ist *nicht* optional. Ihre Verwendung ist ein Zeichen der Sprachbeherrschung. Entsprechend ist die Sprachbeherrschung eine wesentliche Voraussetzung für qualitativ hochwertigen Code. Idiome sind allgemein akzeptierte Konventionen. Gründe für die Existenz von Idiomen sind, dass sie die Wiedererkennbarkeit kleiner Codebereiche erhöhen und für korrektes Verhalten und weniger Fehler sorgen. Zudem sind sie unabhängig vom konkreten Team.

► Beispiel: Idiome in der Sprache

Ein Beispiel für ein Idiom, das in vielen Sprachen existiert, ist der Beginn eines Märchens: „Es war einmal ...", „*Once upon a time* ...", „*C'era una volta* ...", „*Il était une fois* ...". Gleichzeitig ist die deutsche Übersetzung des originalen italienischen (und genauso englischen und französischen) Filmtitels „*C'era una volta il west*" als „Spiel mir das Lied vom Tod" ein gutes Beispiel dafür, wie lange Zeit deutsche Filmtitel wenig treffend „übersetzt" wurden. Der epische Film des italienischen Regisseurs Sergio Leone (mit der Filmmusik von Ennio Morricone) verhandelt, ähnlich wie die klassischen Märchen, große Fragen des menschlichen Daseins, entsprechend wird der deutsche Titel dem Film in keiner Weise gerecht. Trotzdem ist der deutsche Titel auf seine Art idiomatisch in den Sprachgebrauch eingegangen. ◄

15.4.3 Automatische Codeformatierung

Ein letzter ganz entscheidender Aspekt der Codeformatierung ist ihre weitgehende Automatisierbarkeit und ebenso weitgehende Automatisierung. Die große Bedeutung der Automatisierung für die Codeformatierung liegt darin, dass sie, richtig angewendet, für die Konsistenz sorgt, die letztlich der Schlüssel für den Erfolg ist. Entsprechend lautet der Grundsatz: Alles, was sich automatisieren lässt, sollte auch automatisiert werden. Formatierung ist zu wichtig, um sie zu vernachlässigen. Automatische Formatierung nimmt viel Arbeit ab und sorgt für konsistente Ergebnisse. Gute Editoren (► Kap. 4) unterstützen nutzerspezifische Regeln und lassen sich weitestgehend konfigurieren. Nutzerspezifische Regeln sind essentiell, da nicht die Werkzeuge Konventionen festlegen sollten, sondern die Programmierer selbst. Nur so kann überhaupt die für die konsistente Anwendung zwingend notwendige Akzeptanz der Konventionen sinnvoll erreicht werden. Gegebenenfalls übernehmen externe Werkzeuge diesen Part, wenn die Entwicklungsumgebung selbst gewisse Aspekte der Codeformatierung nicht beherrscht oder nicht ausreichend angepasst werden kann. Darüber hinaus gibt es für viele Sprachen statische Codeanalysatoren, die die Einhaltung von Konventionen automatisiert überwachen. Für Python gibt es hier mehrere Werkzeuge, sie seien Programmierern sehr ans Herz gelegt. Darüber hinaus ist es wichtig, bei solchen Werkzeugen explizit Warnungen an einer Stelle im Code ausschalten zu können (und zwar sowohl für Werkzeuge, die im Editor bzw. der IDE integriert sind, als auch für externe Werkzeuge). Diese Funktionalität sollte immer mit sehr viel Bedacht eingesetzt werden, ist aber besser als einzelne unvermeidliche Warnungen, die dann als „Rauschen" die Aufmerksamkeit für den wirklichen Handlungsbedarf eintrüben.

Am Ende bleibt die Erkenntnis: Konsistenz ist wichtiger als der konkrete Inhalt von Konventionen. Das bedeutet, dass Konventionen, die sich nicht automatisch umsetzen lassen, letztlich meist schlechte Konventionen sind. Alles, was sich nicht automatisieren bzw. formalisieren lässt, ist nur schwer konsistent zu halten. Programmierung benötigt einen gehörigen Anteil an Disziplin und Konzentration, aber der wird für weitaus wichtigere Aspekte benötigt als die konsistente Formatierung des Codes, die sich automatisieren lässt. Wichtiger bedeutet hier, dass es sehr viele, letztlich kreaktive, Aspekte der Programmierung gibt, die sich *nicht* automatisieren lassen.

? Verständnisfragen

- Warum ist Codeformatierung so wichtig?
- Was ist entscheidend bei Konventionen für die Codeformatierung? Wie lässt sich die Umsetzung am ehesten erreichen?
- Was unterscheidet Idiome von Konventionen? Warum ist die Verwendung von Idiomen nicht optional?
- Welchen Zusammenhang zwischen Codeformatierung, Konventionen und Editoren/IDEs sehen Sie?
- Warum sollte sich die Einhaltung von Konventionen für Codeformatierung automatisch überprüfen lassen?

Kommentiertes Literaturverzeichnis

Die Ausführungen folgen in weiten Teilen jenen in [1, Kapitel 5]. Weitere hilfreiche Erläuterungen zur Formatierung von Quellcode finden sich in Kapitel 31 in [7] und, wenn auch eher versteckt, in Kapitel 1 in [6]. Dass das Thema Formatierung von Quellcode bereits sehr alt ist und auch Sprachen wie FORTRAN IV kein Grund für dessen Vernachlässigung sind, zeigen Kernighan und Plaugher [8], die (nicht nur) mit dem Titel ihres Buches (*The Elements of Programming Style*) direkten Bezug auf den Klassiker der englischen Sprache, den „Strunk und White" (*The Elements of Style*) [5], nehmen. Bezüglich der horizontalen Formatierung, insbesondere der Länge von Zeilen, gibt es viele gute Hinweise aus der Typografie. Für Details vgl. die einschlägige Literatur, z. B. [2–4]. Eine knappe Einführung in Idiome in Programmiersprachen in Abgrenzung zu Entwurfsmustern (*design patterns*, vgl. ► Kap. 17) findet sich in Kapitel 4 in [9]. Die Python-Community betont die Bedeutung sprachlicher Idiome (*pythonic code*). Beispiele spezifisch für Python liefern *Effective Python* [10], das *Python Cookbook* [11] und *Python Tricks* [12].

Literatur

1. R.C. Martin, *Clean Code. A Handbook of Agile Software Craftmanship* (Prentice Hall, Upper Saddle River, New Jersey, 2008)
2. H.P. Willberg, F. Forssman, *Lesetypografie*, 5. Aufl. (Verlag Hermann Schmidt, Mainz, 2010)
3. F. Forssman, R. de Jong, *Detailtypografie*, 5. Aufl. (Verlag Hermann Schmidt, Mainz, 2014)
4. H.P. Willberg, F. Forssman, *Erste Hilfe in Typografie*, 8. Aufl. (Verlag Hermann Schmidt, Mainz, 2007)
5. W. Strunk, Jr., E.B. White, *The Elements of Style*, 4. Aufl. (Longman, New York, 2000)

6. B.W. Kernighan, R. Pike, *The Practice of Programming* (Addison Wesley, Boston, 1999)
7. S. McConnell, *Code Complete*, 2. Aufl. (Microsoft Press, Redmond, Washington, 2004)
8. B.W. Kernighan, P.J. Plauger, *The Elements of Programming Style*, 2. Aufl. (McGraw-Hill, New York, 1978)
9. F. Buschmann, R. Meunier, H. Rohnert, P. Sommerlad, M. Stal, *Pattern-Oriented Software Architecture. Volume 1: A System of Patterns* (John Wiley & Sons, Chichester, 1996)
10. B. Slatkin, *Effective Python* (Addison-Wesley, Upper Saddle River, NJ, 2015)
11. D. Beazley, B.K. Jones, *Python Cookbook*, 3. Aufl. (O'Reilly, Sebastopol, CA, 2013)
12. D. Bader, *Python Tricks* (dbader.org, o. A., 2019)

Dokumentation im Code

Inhaltsverzeichnis

T. Biskup, *Softwareentwicklung für die Naturwissenschaften*,
https://doi.org/10.1007/978-3-662-71607-6_16

Kernaspekte

- Dokumentation im Code sollte auf das notwendige Minimum beschränkt werden.
- Veraltete oder falsche Dokumentation schadet mitunter mehr als sie nützt.
- Formulierungen sollten so knapp und präzise wie möglich, die Formatierung konsistent und übersichtlich sein.
- Unklarer Code sollte nicht dokumentiert, sondern umgeschrieben werden.
- Dokumentationswerkzeuge erleichtern die Arbeit, setzen aber konsistente Formatierung voraus.

Zur Einführung in das Thema eignen sich zwei Zitate von Ed Post aus seinem Essay *Real Programmers Don't Use Pascal* [1] sehr gut, zumal sie in ironisch-sarkastischer Weise viele Fehlentwicklungen und falsche Einstellungen aufs Korn nehmen:

> „Real Programmers don't comment their code.
> It was hard to write, it should be hard to read." (Ed Post, [1])

Diesem Argument begegnet man nach wie vor, gerade in den Naturwissenschaften, wenn auch mit einer etwas anderen Konnotation: Natürlich war es großer Aufwand, Code zu schreiben, und deshalb sollen dann nicht andere einfach diesen Code nehmen und damit tolle Ergebnisse produzieren können, zu denen man selbst ja nicht kam, weil man ja erst einmal den Code schreiben musste. Falsch sind letztlich beide Ansichten, und für Code gilt: Er wird viel häufiger gelesen als geschrieben und sollte u. a. deshalb möglichst lesbar sein (vgl. ► Kap. 10). Ein weiteres Zitat von Ed Post aus demselben Essay ist mittlerweile viel näher an der Realität, als er sich das hätte 1983 träumen lassen:

> „Real Programmers don't need comments—
> the code is obvious." (Ed Post, [1])

Tatsächlich ist selbstdokumentierender Code, der ohne weitere erklärende Kommentare auskommt, keine ferne Utopie, sondern an vielen Stellen eine erreichbare Realität. Bausteine auf dem Weg dahin sind gute Namen (► Kap. 13), die aus einem tiefen Verständnis der Problemstellung heraus treffende Abstraktionen verwenden, modulare Funktionen (► Kap. 14), die immer genau eine Aufgabe erfüllen und auf ein Maximum von Interoperabilität ausgerichtet sind, sowie eine übersichtliche Strukturierung des Quellcodes (► Kap. 15), die die Lesbarkeit und Fokussierung zusätzlich erleichtert.

16.1 Arten von Dokumentation im Code

Grundsätzlich lassen sich zwei Arten von Dokumentation unterscheiden: Dokumentation im Code selbst (durch Kommentare) und Dokumentation, die vom eigentlichen Code getrennt ist (externe Dokumentation). Letztere wurde bereits ausführlich in ► Kap. 8 behandelt. In diesem Kapitel steht dafür die Dokumentation im Code in Form von Kommentaren im Fokus.

Definition 16.1: Dokumentation im Code

Dokumentation direkt im Quellcode in Form von Kommentaren, die nicht ausgeführt (und vom Compiler/Interpreter ignoriert) wird.

Die Formatierung von Quellcode-Kommentaren ist abhängig von der Programmiersprache. In der Regel wird ein Kommentar mit einem speziellen Zeichen eingeleitet. Dabei ist es meist egal, ob der Kommentar eine ganze Zeile einnimmt oder nur einen Teil. Viele Programmiersprachen erlauben Kommentare auf der gleichen Zeile wie der eigentliche Code. In diesem Fall wird dann alles hinter dem Kommentarzeichen vom Compiler/Interpreter ignoriert. Je nach Sprache gibt es unterschiedliche Zeichen für Beginn und Ende eines Kommentars, und manchmal auch für Zeilen dazwischen, die ebenfalls zu einem Kommentarblock gehören. Beispiele sind hier sowohl die Blockkommentare in C und verwandten Sprachen (inkl. Zeichen für Zeilen innerhalb eines Kommentarblocks) als auch HTML und verwandte (mit unterschiedlichen Zeichen für Anfang und Ende).

Codebeispiel 16.1: Kommentare in HTML

```
<!-- Das ist ein Kommentar. -->

<!-- Zwei Schrägstriche am Ende helfen bei JavaScript. //-->
```

Eine weitere Unterscheidung, die mitunter durch unterschiedliche Zeichen realisiert wird, ist jene in Zeilen- und Blockkommentare. Zeilenkommentare gelten dabei strikt jeweils nur für eine Zeile, Blockkommentare sind für größere, zusammenhängende Kommentare vorgesehen. Entsprechend haben beide Formen unterschiedliche Einsatzgebiete und Funktionen, was auch erklärt, warum sie mitunter durch unterschiedliche Kommentarzeichen realisiert werden.

Codebeispiel 16.2: Beispiele für Block- und Zeilenkommentare in C

```
/*
 * Blockkommentar in C
 */

// Zeilenkommentar in C
```

Codebeispiel 16.3: Beispiele für Block- und Zeilenkommentare in Python

```
"""
Blockkommentar in Python
"""

# Zeilenkommentar in Python
```

Ohne der späteren Diskussion zu weit vorgreifen zu wollen, lassen sich Kommentare funktional ebenfalls einteilen: in Kommentare mit Daseinsberechtigung und solche ohne. Das ist natürlich keine im eigentlichen Sinne strikte Regel, aber eine Erfahrung über viele Jahre und relativ unabhängig von der Person.

16.1.1 Arten von Kommentaren mit Daseinsberechtigung

Grundsätzlich lassen sich drei Arten von Quellcode-Dokumentation unterscheiden, die prinzipiell eine Daseinsberechtigung haben:

Kommentarköpfe Diese Blockkommentare finden sich meist am Anfang von Klassen- und Funktionsdefinitionen und dienen u. a. der Beschreibung der Schnittstelle. Darüber hinaus geben sie Hilfestellung bei der Benutzung der Klasse bzw. Funktion und werden außerdem häufig vom in die jeweilige Sprache oder den Editor/die IDE integrierten Hilfesystem automatisch verwendet (vgl. ► Kap. 4). Entsprechend erfordern sie häufig eine spezielle Formatierung. Auf Details wird später noch eingegangen.

Copyright-Hinweise Vor dem Hintergrund, dass Code *per se* dem Urheberrecht unterliegt, sollte sich in jeder Datei, die Code enthält, auch ein Hinweis auf den Autor/Rechteinhaber bzw. ggf. die Lizenz befinden. Für weitere Aspekte zu diesem Thema vgl. ► Kap. 5. Normalerweise enthält ein Copyright-Hinweis den Autor/Rechteinhaber und das Jahr, ggf. des Weiteren auch den Namen der Lizenz oder einen Hinweis auf weitere Informationen. Alleine schon das Wort „Copyright" und der Autorenname reicht aber aus, um dem Urheberrechtsanspruch genüge zu tun – wenn es dessen überhaupt bedarf.[1] Weiterhin eignet sich dieser Copyright-Hinweis auch gut, um das Datum der letzten Änderung der Datei zu vermerken.[2]

(Meist) einzeilige Kommentare im Code Die dritte und letzte Variante legitimer Kommentare im Code sind (meist) einzeilige Erläuterungen einer Codezeile oder eines Codeblocks. Sie tauchen häufig entweder als Erläuterung schwer zu verstehender einzelner Zeilen oder als „Überschrift" zu einem ganzen Block auf. Im letzteren Fall sind sie deshalb ein klarer Hinweis auf Codeblöcke, die in eine eigene Funktion ausgelagert werden sollten (vgl. ► Kap. 14).

Der Kontext entscheidet, wie sinnvoll ein Kommentar ist. Nur weil diese drei Formen von Kommentaren hier als grundsätzlich sinnvoll und akzeptabel aufgeführt werden, bedeutet das noch lange nicht, dass z. B. jede Funktion einen Kommentarkopf braucht. Grundsätzlich sollten Kommentare aus noch näher auszuführenden Gründen so sparsam wie nur irgend möglich verwendet werden.

16.1.2 Arten von Kommentaren ohne Daseinsberechtigung

Alle weiteren als die im vorangegangenen Abschnitt genannten Arten von Kommentaren im Quellcode sollten grundsätzlich vermieden werden. Dazu gehören u. a.:

---

1 Es ist mir zumindest nicht ganz klar, ob nicht der gesetzlich gewährleistete Urheberrechtsschutz *per se* auch ohne expliziten Hinweis im Code greift. Aber auf jeden Fall schadet ein expliziter Hinweis nicht, schon gar, wenn man davon ausgeht, dass Code potentiell auch außerhalb des deutschen Rechtsraums und -rahmens verwendet wird.

2 Grundsätzlich ließe sich diese Information auch aus der Versionsverwaltung herausholen. Versionsverwaltungssysteme wie CVS und SVN beherrschen darüber hinaus die automatische Ersetzung bestimmter Marker in Dateien. Manchmal ist es aber doch nützlich, diese Information explizit in einer Datei stehen zu haben, auch auf die Gefahr hin, dass sie nicht immer aktuell ist. Außerdem ist es eher schwierig, mit git eine ähnliche automatische Ersetzung der Marker zu realisieren.

Auskommentieren von Codeteilen Während es kurzzeitig während der aktiven Entwicklung zwischen zwei Compilerläufen bzw. Ausführungen eines Codeblocks durchaus eine valide Strategie ist, Codeteile auszukommentieren, sollte Code, der auskommentierte Bereiche enthält, *nie* in die Versionsverwaltung wandern. Die Archivierung von Codeteilen zur eventuellen späteren Verwendung ist mit der Verwendung von Versionsverwaltungssystemen (▶ Kap. 6) obsolet geworden. Stattdessen sollte man lieber kleinteilig entwickeln und möglichst oft (lauffähige) Versionen in die Versionsverwaltung einpflegen. Entsprechend sind auskommentierte Codeteile oft ein Hinweis auf ein mangelndes Verständnis der Funktionalität einer Versionsverwaltung und des Umgangs mit ihr. Auskommentierte Codebereiche, die über längere Zeit im Code bleiben, sind ein Zeichen mangelnder Professionalität und Pflege des Codes und blähen im besten Fall den Code nur unnötig auf, verwirren aber häufig, was weitaus schlimmer ist.

Änderungshistorie Ein Relikt aus Zeiten vor der weiten Verbreitung von Versionsverwaltungssystemen ist die Variante, die komplette Historie der Änderungen an einer Datei mit Datum und einem kurzen Kommentar am Kopf der Datei abzulegen. Das kann zu seitenweisen „Logbüchern" führen, die es schwer machen, den eigentlichen Code zu finden. Darüber hinaus ist diese Variante der manuellen Pflege von Listen mit Änderungen durch die Verwendung von Versionsverwaltungssystemen obsolet geworden, die zudem diese Aufgabe auch noch wesentlich akkurater erfüllen als jeder Mensch (vgl. ▶ Kap. 6). Möchte man trotzdem eine manuell gepflegte Liste der letzten Änderungen beim Quellcode haben, ist eine Datei „`CHANGELOG`" auf der gleichen Ebene wie der Quellcode oder (meist besser) im Wurzelverzeichnis des Projektes der bessere Weg.

Komplette Lizenztexte Ein Hinweis auf die jeweilige Lizenz ist mitunter durchaus sinnvoll und eventuell sogar juristisch geboten. Die kompletten Lizenztexte sind hingegen in der Regel viel zu lang. Das gilt auch für die vergleichsweise kurzen Texte wie jene der BSD-Lizenz. Der Text der Lizenz sollte nach Möglichkeit in einer separaten Datei neben den Programmdateien abgelegt und mit einem eindeutigen Namen, meist „`LICENSE`", gekennzeichnet werden (vgl. ▶ Kap. 5). Im Code selbst genügt dann der Verweis auf die Lizenz und ggf. ein Hinweis, wo sich mehr Information finden lässt. Das sollte aber nicht mehr als eine, höchstens zwei Zeilen in Anspruch nehmen.

16.2 Argumente für und gegen Dokumentation im Code

Kommentare im Quellcode sind generell ein schwieriges Thema. Das vielleicht größte Problem mit ihnen ist, dass sie sich im Gegensatz zum Quellcode nicht automatisch überprüfen lassen und deshalb ihre Korrektheit nicht sichergestellt werden kann. Entsprechend kann man sich letztlich auch nie sicher sein, dass ein Kommentar korrekt ist – was zu der Überlegung führt, generell auf Kommentare zu verzichten, zumindest soweit irgend möglich. Das ist in seiner Absolutheit selten erreichbar, aber zumindest eine sehr ernsthafte Überlegung und fortwährende Versuche wert. Die ganze Zwiespältigkeit des Für und Wider von Kommentaren im Quellcode wird von Robert C. Martin zu Beginn des entsprechenden Kapitels in seinem Buch *Clean Code* treffend zusammengefasst:

> » „Nothing can be quite so helpful as a well-placed comment. Nothing can clutter up a module more than frivolous dogmatic comments. Nothing can be quite so damaging as an old crufty comment that propagates lies and misinformation." (Robert C. Martin, [2, S. 53])

Tests als Dokumentation

Wenn Dokumentation der Spezifikation von Funktionalität dient, lässt sich das relativ gut über Unittests (vgl. ► Kap. 19) bewerkstelligen. Tests haben den großen Vorteil, dass sie ausgeführt werden und sich damit automatisch überprüfen lassen. Geht man nun noch einen Schritt weiter zur testgetriebenen Entwicklung, dann ist die Wahrscheinlichkeit, dass die Testabdeckung hinreichend hoch ist und die Tests selbst auch wieder korrekt testen, entsprechend hoch. Damit Tests aber tatsächlich dieser Aufgabe gerecht werden können, als ausführbare Dokumentation und Spezifikation des Produktivcodes zu fungieren, müssen sie entsprechend gut geschrieben sein. Dazu gehören sprechende (und in der Regel längere) Methodennamen, klare Fehlermeldungen und eine übersichtliche Strukturierung und Formatierung der Testsuiten.

Er liefert hier drei Argumente für und gegen Kommentare, die nachfolgend jeweils etwas detaillierter diskutiert werden sollen:
- Kommentare können extrem hilfreich sein.
- Kommentare können Code unnötig aufblähen.
- Kommentare können lügen – mit zuweilen dramatischen Folgen.

Das Zitat zeigt schön, wie nahe Licht und Schatten bei Kommentaren im Quellcode beieinanderliegen. Dazu kommt, dass ein Kommentar, der heute noch extrem hilfreich ist, morgen schon falsche Aussagen machen kann, die nicht mit dem Code übereinstimmen. Code unterliegt ständigen Veränderungen, und die Lauffähigkeit des Codes lässt sich – im Gegensatz zur Konsistenz und Korrektheit der begleitenden Kommentare – automatisch überprüfen.

16.2.1 Kommentare können extrem hilfreich sein

Kommentare haben mitunter durchaus eine Daseinsberechtigung, und es gibt Situationen, in denen man sich nichts sehnlicher wünscht als einen (hilfreichen) Kommentar. Erfahrung und Fähigkeiten des Programmierers spielen ebenfalls eine Rolle. Darüber hinaus gilt für all diese Kommentare, dass sie so kurz und präzise wie möglich formuliert sein sollten. Beispiele für hilfreiche Kommentare sind u. a.:

Kommentarkopf von Funktionen und Klassen Ein solcher Kommentarkopf enthält eine kurze und prägnante Beschreibung, die eine Antwort auf die zentralen Fragen (warum existiert die Funktion/Klasse, was tut sie, wie lässt sie sich nutzen) liefert. Ein zentraler Aspekt: Die Beschreibung sollte nicht lediglich den Namen der Klasse bzw. Funktion und der Parameter wiederholen, sondern echten Mehrwert haben. Ein großer Vorteil: Diese Form (standardisierter) Kommentarköpfe wird häufig vom integrierten Hilfesystem der Sprache oder des Editors/der IDE verwendet und liefert deshalb mit wenig Aufwand großen Nutzen für Entwickler und Anwender.

Aspekte, die sich nicht in Code ausdrücken lassen Code beschreibt erst einmal das „Was", selten das „Warum". Darüber hinaus kennt ein Leser von Code die Gedanken des Autors nicht (immer). Auch wenn er selbst der Autor ist, erinnert er sich nicht notwendigerweise an die Details. Die entscheidende Frage ist, was sich nicht in Code ausdrücken lässt. Auf jeden Fall sollte ein solcher Kommentar nicht als Ersatz für eine Verbesserung der Lesbarkeit des Codes durch Umschreiben herhalten. Wie lesbar Code geschrieben werden kann, ist mitunter auch eine Frage der Erfahrung und Fähigkeiten seines Autors – die sich durchaus mit der Zeit auch ändern kann. Von Jack Reeves stammt eine Einsicht, die er selbst in einem Essay mit dem Titel *What is Software Design* zuerst formulierte:[3] Der Code selbst ist der finale Entwurf (im Sinne eines finalen Dokuments, das ein Ingenieur erzeugte), der dann direkt vom Compiler bzw. Interpreter umgesetzt wird. Er sollte entsprechend so geschrieben sein, dass er gleichzeitig zur Ausführbarkeit maximal gut mit Menschen (Lesern) kommuniziert.

Begründung für eine bestimmte Implementierung Eine letzte Art oft hilfreicher Kommentare sind Hinweise, warum eine gewisse Implementierung gewählt wurde. Das bewahrt andere mitunter vor vorschneller „Optimierung". Darüber hinaus kann so auch auf Fehler in darunterliegenden, verwendeten Bibliotheken oder gar einer Sprache selbst hingewiesen werden.

16.2.2 Kommentare können Code unnötig aufblähen

Unabhängig davon, wie wenig Kommentare wenig genug sind, gibt es andersherum das offensichtliche und unbestreitbare Phänomen von zu vielen Kommentaren, die den Code unnötig aufblähen und dadurch die Lesbarkeit (mitunter dramatisch) verringern. Ein Zuviel an Kommentaren ist ein typisches Problem unerfahrener Programmierer: Erst wird gar nicht, dann viel zu viel kommentiert. Das ist eine normale Entwicklung, wichtig ist nur, nicht auf dieser Stufe stehenzubleiben – und von Zeit zu Zeit alten Code im Lichte der gewachsenen eigenen Erfahrungen und Fähigkeiten zu überarbeiten.

Code und Kommentare sollten im Verhältnis stehen. Code hat eine wesentlich höhere Informationsdichte als menschliche Sprachen. Das ist ähnlich wie bei mathematischer Notation. Entsprechend viel Konzentration bedarf es aber auch beim Lesen. Dazu kommt: Code ist exakt – ein Kommentar in der Regel nicht. Das kann mitunter zu Problemen führen, weil Kommentare dadurch zweideutig oder, schlimmer noch, falsch werden können. Je mehr Kommentare, desto größer die Wahrscheinlichkeit dafür. Eine Faustregel: Kommentare ergänzen den Code, nicht umgekehrt. Zu viele Kommentare schränken die Lesbarkeit ein.[4]

Kommentare sollten einen echten Mehrwert haben. Nur das, was nicht im Code selbst schon steht, sollte im Kommentar beschrieben werden. Darüber hinaus sollte immer zuerst überlegt werden: Warum steht es nicht im Code? Gibt es eine Chance, es im Code selbst umzusetzen? Erst wenn das – aus welchen Gründen auch immer – nicht möglich er-

3 Erstmalig veröffentlicht wurde dieser Essay im *C++ Journal*, Band 2, Nr. 2, 1992, später dann unter dem Titel *The Source Code Is the Design* als Anhang in [3] und dadurch bekannt geworden.

4 Das gilt nicht für die Kommentarköpfe öffentlicher Funktionen und Methoden. Hier ist eher die Regel, dass der Kommentarkopf länger als der eigentliche Code ist, insbesondere wenn Parameter beschrieben und Beispiele für die Verwendung gegeben werden. Gute Editoren und IDEs ermöglichen deshalb, Blockkommentare „einzuklappen" und sich so auf den Code zu konzentrieren.

scheint, sollte die Zeit investiert werden, einen kurzen, prägnanten und möglichst exakten Kommentar zu verfassen.

Code sollte für sich sprechen. Das Ziel ist selbstdokumentierender Code. Kommentare haben – insbesondere dadurch, dass sie nicht automatisch auf Konsistenz mit dem Code, den sie begleiten, überprüfbar sind – das große Problem, dass sie in letzter Konsequenz nie zuverlässig sind und immer nur so gut wie die Disziplin ihres Autors bzw. aller anderen, die am Code mitgearbeitet haben. Deshalb sollte Code wo immer möglich ohne Kommentare auskommen. Selbstdokumentierender Code ist eine erreichbare Realität, wenn auch nicht immer für jede einzelne Codezeile und schon gar nicht von jedem Programmierer zu jeder Zeit. Er ist vielmehr das Ergebnis von Erfahrung und hartnäckiger Arbeit.

16.2.3 Kommentare können lügen

Das größte Problem an Kommentaren: Sie können schlicht falsch sein. Das passiert in aller Regel nicht absichtlich, sondern liegt daran, dass sich Code kontinuierlich verändert, die Kommentare aber nicht automatisch überprüft werden und auch nicht immer mitgenommen werden, wenn Code reorganisiert wird. Auch wenn es wünschenswert wäre, dass Code und Kommentare immer korrekt korrespondieren: Programmierer sind Menschen. Eine Synchronität von Code und Kommentaren ist deshalb illusorisch. Das ist eine Realität, der ins Auge zu sehen besser ist als sie zu ignorieren. Denn wenn man sich ihrer bewusst ist, kann man entsprechende Strategien entwickeln, um mit der Situation umzugehen. Die Folgen von Kommentaren, die falsche Informationen transportieren, unterschieden sich, je nachdem, ob der Fehler erkannt wird oder nicht:

Folgen, wenn der Fehler erkannt wird Der positive Aspekt zuerst: Die Diskrepanz zwischen Code und Kommentar erkannt zu haben, ermöglicht immerhin schon einmal, ggf. Gegenmaßnahmen zu ergreifen. Zwei unschöne Folgen bleiben trotzdem: Verwirrung (Was wollte der Autor?) und Verunsicherung (Kann man dem Code vertrauen?). Außerdem kann eine bemerkte Diskrepanz zwischen Code und Kommentar ziemlich aufwendige Recherchen nach sich ziehen, um herauszufinden, wo der Fehler steckt: im Code oder im Kommentar.

Folgen, wenn der Fehler unentdeckt bleibt Bleibt die Diskrepanz zwischen Kommentar und Code unentdeckt, sind die Folgen ungleich dramatischer: Entweder der Code wird falsch verwendet, oder es kommt zu einem unerklärlichen Verhalten des Programms und damit meist schwer zu findenden Fehlern. Ganz ähnlich problematisch sind Namen von Funktionen oder Variablen, die in die Irre führen, weil sich dahinter nicht das verbirgt, was der Name vorgibt. Für die Bedeutung von und Kriterien für gute Namen vgl. ► Kap. 13.

Man sollte sich auf Kommentare immer verlassen können. Durch zu viele falsche Kommentare wird dieses Vertrauen (letztlich in den Autor und die Qualität des Codes) nachhaltig erschüttert. Zu viele Diskrepanzen zwischen Code und Kommentaren sind ein Hinweis auf die Unprofessionalität des Autors, und dabei geht es gar nicht darum, ob der Autor eine Programmiererausbildung hat oder nicht. Gerade im wissenschaftlichen Kontext ist Verlässlichkeit der verwendeten Programme und der Professionalität des Wissenschaftlers ein Imperativ. Programme haben immer Fehler, das lässt sich nicht vermeiden. Professionalität zeigt sich im Bewusstsein dieser Tatsache, im Umgang mit den Fehlern und in der Mühe und Zeit, die offensichtlich in den Code investiert wurde.

16.2.4 Kommentare sind immer nur eine Notlösung

Gerade vor dem Hintergrund der im letzten Abschnitt angesprochenen unvermeidlichen Probleme mit Kommentaren wird deutlich, dass unser Bestreben als Programmierer immer sein sollte, die Anzahl der (notwendigen) Kommentare zu minimieren – und nur notwendige Kommentare überhaupt im Code stehen zu haben. Robert Martin geht noch einen Schritt weiter:

> „The proper use of comments is to compensate for our failure to express ourself in code. [. . .] Comments are always failures.“ (Robert C. Martin, [2, S. 54])

Kommentare sind viel zu oft falsch. Das ist eine Tatsache, der man ins Auge sehen sollte. Darüber hinaus lenken sie vom Code ab. Weil sie in der Regel einfacher lesbar sind als Code, neigen wir dazu, die Kommentare zu lesen, den Code daneben nicht oder nicht so genau. Widersprüche zwischen Kommentaren und Code sind im besten Fall verstörend, im schlimmsten Fall irreführend. Code hat eine immens hohe Informationsdichte, und Programmierer sind darauf trainiert, jedes Zeichen zu erfassen. Letztlich gilt: Die Wahrheit liegt im Code. Was kompiliert bzw. ausgeführt wird, ist zumindest für den Computer verständlich und wahr.[5] Kommentare werden nicht automatisch überprüft und lassen sich auch nicht automatisch überprüfen, zumal sie ja gerade semantische Information enthalten, die *nicht* im formalen System der verwendeten Programmiersprache formuliert ist.

16.3 Regeln für Kommentare

Bis hierhin sollte deutlich geworden sein, was das intrinsische Problem von Kommentaren ist: die Unmöglichkeit, sie formal auf Korrektheit und Übereinstimmung mit dem dokumentierten Code zu überprüfen und damit zwangsläufig ein gewisses Maß an Asynchronität mit dem Code und Uneindeutigkeit. Die Konsequenz ist weniger, gar nicht zu kommentieren, als sich dieser Einschränkungen bewusst zu sein, die Zahl der Kommentare auf ein Minimum zu beschränken und sie möglichst kurz und übersichtlich zu halten. Für Kommentare gilt genauso wie für Code: Sie sollten möglichst lesbar sein. Nachfolgend werden unterschiedliche Aspekte beleuchtet, die zu möglichst hilfreichen Kommentaren führen. Das ist zunächst einmal eine kurze Liste allgemeiner Regeln, die sich in dieser oder ähnlicher Form seit Jahrzehnten in der einschlägigen Literatur finden, gefolgt von Anmerkungen zu Formulierung und Sprache von Kommentaren und zu spezifischen Aspekten für Kommentarköpfe von Funktionen, Modulen und derlei.

5 Ob ein ausführbares Programm auch noch korrekt oder frei von Fehlern ist, ist wieder eine ganz andere Frage. Für eine kurze Diskussion dieser Fragen vgl. die entsprechenden Abschnitte in ▶ Kap. 9.

16.3.1 Allgemeine Regeln

Die hier aufgelisteten allgemeinen Regeln für (gute) Kommentare finden sich in Kapitel 1 in [4], gehen aber in weiten Teilen auf frühere Werke, teilweise von denselben Autoren [5], zurück und sind ein Kondensat dieser Empfehlungen:

Nicht das Offensichtliche kommentieren Ein Kommentar sollte nicht lediglich den Code wiederholen, da er dann keine Information trägt, die nicht sowieso (und besser, da automatisch überprüfbar) im Code selbst offensichtlich und lesbar vorhanden ist. Das gilt genauso für Schnittstellen von Funktionen: Wenn die Namen von Funktionen und Parametern gut gewählt sind und die Funktionen eine klar umrissene und von ihrem Namen ausreichend deutlich repräsentierte Aufgabe erfüllen, bedarf es in der Regel keiner weiteren Erläuterung der Funktion (und in der Folge auch keines Kommentarkopfes). Trotzdem sollten von außen aufrufbare Funktionen einen Kommentarkopf haben. Allerdings besitzen solche Funktionen i. d. R. eine Komplexität, die einen ausführlicheren Kommentarkopf rechtfertigt.

Funktionen und globale Daten kommentieren Für sich stehende Funktionen und globale Daten wie global verfügbare Variablen sollten kommentiert werden – zumindest, wenn der Kontext nicht aus dem Namen klar wird. Je nach verwendetem Programmierparadigma tauchen diese Fälle häufiger oder weniger häufig auf. Objektorientierte Programmierung ist sehr gut darin, in vielen Fällen einen ausreichenden Kontext zu schaffen.

Schlechten Code nicht kommentieren – neu schreiben! Eine ganz wichtige Regel: Kommentare sind keine Kompensation für mangelnde Qualität. Benötigt Code erläuternde Kommentare, sollte man sich immer bemühen, den Code selbst umzuschreiben, sodass er lesbarer wird und mehr für sich selbst spricht. Inwieweit das immer möglich ist, hängt von der spezifischen Situation ab – die Erfahrung zeigt allerdings, dass ein Neuschreiben sehr viel häufiger möglich und zielführender ist als ein Kommentar. Hierbei geht es keineswegs darum, das ganze Programm am Stück neu zu schreiben, sondern lokal eine oder wenige Zeilen Code. Dieser iterative Prozess des Refactorings wird in ► Kap. 20 noch ausführlicher beschrieben.

Dem Code nicht widersprechen Eine auf den ersten Blick offensichtliche und einleuchtende Regel: Niemand wird absichtlich Kommentare schreiben, die dem Code widersprechen. Trotzdem passiert es viel zu häufig, dass Kommentare entweder nicht eindeutig (genug) oder über die Zeit durch Veränderung des Codes schlicht falsch werden. Besonders achten sollte man auf subtile Unterschiede zwischen Kommentaren und dem Code, deren Ursprung in der Mehrdeutigkeit bzw. mangelnden Eindeutigkeit menschlicher Sprache liegt. Entsprechend ist es wichtig, sowohl auf die Aktualität als auch auf die Korrektheit der Kommentare zu achten. Das gilt nicht nur für den Zeitpunkt, zu dem ein Kommentar geschrieben wird, sondern jedesmal, wenn man beim Lesen von Code an einem Kommentar vorbeikommt und sich gerade etwas intensiver mit einem Codeblock beschäftigt. Etwaige Uneindeutigkeiten oder Inkorrektheiten sollten immer behoben werden, wenn man sie entdeckt.

Verdeutlichen, nicht verwirren Die Informationsdichte von Code ist in der Regel wesentlich höher als die von menschlicher Sprache. Code ist darüber hinaus zwangsläufig präzise, da er nur so kompiliert bzw. interpretiert werden kann. Kommentare sollten entsprechend ebenfalls präzise sein, soweit das sprachlich möglich ist. Auf jeden Fall sollten sie aber zur Klärung beitragen, was der Code tut, und den Leser nicht verwirrt zurücklassen.

Diese allgemeinen Regeln gelten unabhängig von der Programmiersprache und dem eingesetzten Programmierparadigma und wurden im Wesentlichen bereits in den 1970er-Jahren von Kernighan und Plauger [5] aufgrund der bis dahin angesammelten Erfahrung vieler Programmierer formuliert.[6] Letztlich sind es Regeln, keine Gesetze. Aber wie schon Strunk und White in ihrem Buch schreiben, sollte nur der sich über die Regeln hinwegsetzen, der sie beherrscht und kennt und genau weiß, was und warum er es tut.

> „It is an old observation that the best writers sometimes disregard the rules of rhetoric. When they do so, however, the reader will usually find in the sentence some compensating merit, attained at the cost of the violation. Unless he is certain of doing as well, he will probably do best to follow the rules." (William Strunk, zitiert in [6, S. xvii f.])

Für alle anderen sind diese Regeln eine gute Richtschnur. Sie verdanken ihre Autorität der Erfahrung von Generationen professioneller Softwareentwickler über Jahrzehnte.

16.3.2 Formulierungen: knapp und präzise

Für die Formulierung von Quelltextkommentaren gelten ähnliche Regeln wie für das Verfassen von Fachtexten: Sie sollten in aller Regel so knapp und präzise wie möglich formuliert werden. Im Wesentlichen lassen sich drei Gründe dafür anführen:

Code wird viel häufiger gelesen als geschrieben. Diese Aussage lässt sich verhältnismäßig gut statistisch belegen, und es gibt einige Untersuchungen zum Thema.[7] Im Wesentlichen verbringen Programmierer zwischen achtzig und neunzig Prozent ihrer Zeit mit dem Lesen von Code, und nur den verbleibenden Rest mit dem Schreiben neuer Codezeilen. Das liegt nicht an der mangelnden Fähigkeit der Programmierer, sondern ist ein intrinsisches Phänomen. Entsprechend bedeutet das aber für Dokumentation im Quellcode, dass überhaupt nur solche Kommentare eine Daseinsberechtigung haben, die einen relevanten Beitrag zum Verständnis des Codes liefern. Kommentare sollten ähnlich präzise sein wie der Code, den sie kommentieren.

Akt der Höflichkeit gegenüber dem Leser Jeder, der schon einmal fremden Code oder eigenen Code, dessen Entstehung zeitlich etwas zurückliegt, gelesen hat, weiß aus Erfahrung: Code zu lesen erfordert Konzentration. Da das menschliche Auffassungsvermögen begrenzt ist, sollte diese Konzentration nicht durch unwichtige Informationen oder unnötig lange Kommentare verringert werden. Ein Leser des Codes möchte nicht erst viel Text lesen müssen und ggf. Dinge erfahren, die bestenfalls periphär mit dem Code zu tun haben, sondern auf dem minimalen Raum das Maximum an Information finden, das er braucht, um sicher zu sein, was der vom Kommentar begleitete Code tut.

Wertschätzung: Gute Kommentare kosten Zeit. Eigentlich eine Selbstverständlichkeit: Gute Formulierungen sind das Ergebnis eines aktiven Prozesses und harter Arbeit. Si-

---

6 Kernighan und Plauger beschreiben die Regeln für Programmiersprachen wie FORTRAN IV und PL/I, die wesentlich weniger ausdrucksstark waren als heute verbreitete Sprachen. Entsprechend weniger Ausreden gibt es heute, bei der Lesbarkeit Abstriche zu machen.

7 Vgl. dazu die Diskussion in [7, S. 841 f.] und in [8, Kap. 4, S. 99–136].

cherlich gibt es Menschen, denen es leichter fällt, präzise zu formulieren als anderen. Trotzdem ist das etwas, das sich durch entsprechende Übung erlernen lässt. Gerade in den (Natur-)Wissenschaften ist die Fähigkeit, gut zu beobachten und präzise und knapp zu formulieren, essentiell.[8] Das gilt ähnlich auch für die Benennung von Variablen, Funktionen etc. (vgl. ► Kap. 13). Grundsätzlich ist der erste Versuch selten gut genug. Sicherlich ist es auch eine Frage der Erfahrung, wie schnell man zu einem passenden Namen oder einer passenden Formulierung findet, und begabte und geübte Programmierer werden fast automatisch Namen und Formulierungen optimieren. Wichtig ist, sich der Bedeutung guter Formulierungen und Namen bewusst zu sein. Tröstlich ist: Die Zeit, die in gute Kommentare (oder Namen) investiert wurde, zahlt sich vielfach aus. Sie erhöht die Lesbarkeit von Code ungemein und ist eine wesentliche Voraussetzung für nachhaltigen, wiederverwendbaren Code.

16.3.3 Zur Sprache von Kommentaren

In welcher Sprache sollten Kommentare im Quellcode formuliert sein? Über die sprachliche Qualität der Kommentare wurde im vorangegangenen Abschnitt bereits gesprochen. Entsprechend ist klar, dass es eine Sprache sein sollte, die der Autor ausreichend beherrscht, um diese Qualität zu erreichen. Grundsätzlich gilt, und im (natur-)wissenschaftlichen Kontext noch viel mehr: So gut wie jeder Code wird am Ende von Menschen gelesen werden, die nicht die Muttersprache des Autors sprechen oder verstehen, zumindest solange der Autor nicht Englisch als Muttersprache hat. Ähnlich wie für die Naturwissenschaften ist in der Welt der Softwareentwicklung zumindest in der westlichen Hemisphäre die *Lingua franca* nach wie vor Englisch, was sich schon alleine daran ablesen lässt, dass die Schlüsselwörter fast aller Programmiersprachen in englischer Sprache formuliert sind. Entsprechend sollten Kommentare im Quellcode sinnvollerweise ebenfalls in Englisch abgefasst sein. Folgende Fälle lassen sich aus Sicht des Autors unterscheiden:

Idealfall: geschliffenes Englisch Da ein geschliffenes Englisch eine sehr gute Sprachbeherrschung erfordert, um die gewünschten präzisen und einfachen Formulierungen hervorzubringen, ist es für die meisten Menschen, die nicht mit Englisch als Muttersprache aufgewachsen sind oder eine ausreichend lange Zeit in der englischsprachigen Welt zugebracht haben, nicht oder nur schwer erreichbar.

Normalfall: einfaches Englisch Die zweitbeste und vermutlich am weitesten verbreitete Möglichkeit ist einfaches, korrektes Englisch. Die Leserschaft von Code ist oft international, und dieses Sprachniveau im Englischen ist auch von Nicht-Muttersprachlern erreichbar.

8 Man könnte sogar geneigt sein zu sagen, dass die Platzbeschränkung in wissenschaftlichen Journalen nicht in jedem Fall zur Verständlichkeit der Publikationen beiträgt. Sicherlich ist der Originalartikel von Gregor Mendel über die Vererbungsregeln [9] viel länger und vielleicht auch langatmiger als heutige Artikel, dafür bleibt dem Leser aber auch mehr Zeit, in die Gedankenwelt des Autors einzudringen und so ggf. entsprechend Stellung zu beziehen bzw. sich ein eigenes Bild zu formen. Das bedeutet darüber hinaus gerade *nicht*, dass Mendel nicht präzise formuliert, im Gegenteil. Seine Publikation ist ein mustergültiges Beispiel für präzise Beobachtung und klare Formulierung.

Sprachbeherrschung auch in den Naturwissenschaften

Das mitunter in naturwissenschaftlichen Kreisen gehörte Argument, man habe schließlich eine Naturwissenschaft und keine Sprache studiert, ist Unfug und zeugt nur von mangelnder Professionalität und fehlendem Bewusstsein für die Verantwortung als Wissenschaftler. Die Fähigkeit, sich prägnant und präzise sowie auf angemessenem sprachlichem Niveau schriftlich (und mündlich) ausdrücken zu können, ist essentiell für die Präsentation von Ergebnissen und letztlich die Wissenschaft an sich. Ganz abgesehen davon wird jede Person mit akademischem Abschluss diese Fähigkeit später auch in einem ihr angemessenen Beruf benötigen. Eine interessante Parallele liefert Eric Raymond in seinem Essay *How to Become a Hacker*: „Learn to write your native language well. Though it's a common stereotype that programmers can't write, a surprising number of hackers (including all the best ones I know of) are able writers." [10, S. 207] Allgemein zur Sprachbeherrschung (der deutschen Sprache) vgl. [11, 12], für das Englische [6], spezifisch für das wissenschaftliche Schreiben u. a. [13].

Notfall: geschliffene Muttersprache Sollte sich ein Programmierer nicht ausreichend sicher in der englischen Sprache fühlen, um die sprachlichen Kriterien für Kommentare in dieser Sprache erfüllen zu können, ist ein entsprechend geschliffen formulierter Kommentar in der jeweiligen Muttersprache schlechtem Englisch auf jeden Fall vorzuziehen. Es gibt Übersetzer, die gegebenenfalls die Kommentare übersetzen können. Ihnen und allen anderen wird das Leben aber nur unnötig schwer gemacht, wenn man versucht, sich in einer Fremdsprache auszudrücken, die man nicht ausreichend beherrscht.

Mangelnde sprachliche Qualität von Kommentaren im Code ist in jedem Fall indiskutabel, egal ob die Sprache für ihren Autor eine Fremd- oder die Muttersprache ist. Sie ist ein Zeichen für mangelnde Professionalität – und ein Hinweis auf mangelnde Sorgfalt des Programmierers auch hinsichtlich anderer Aspekte seines Programms.

16.3.4 Formatierung von Kommentarköpfen

In gewisser Weise eine Besonderheit stellt die Formatierung von Kommentarköpfen von Funktionen dar, zumal sie einerseits eine Voraussetzung für die automatische Generierung einer (Entwickler-)Dokumentation sind und andererseits in vielen Fällen vom Hilfesystem einer Programmiersprache verwendet werden. Der erste Satz eines solchen Kommentarkopfes sollte die Funktion beschreiben und dabei *nicht* nur die Signatur (wörtlich) wiederholen. Er beginnt (gedanklich) mit „um zu" (engl. *to*) und hilft sehr beim korrekten Zuschnitt der Funktion: Lässt sich das, was eine Funktion tut, nicht in einem Satz beschreiben, ist das ein klarer Hinweis darauf, dass sie mehr als eine Aufgabe erfüllt und entsprechend aufgeteilt werden sollte. Für Details dazu vgl. die entsprechenden Abschnitte in ► Kap. 14. Wiederholt ein solcher Satz lediglich (mehr oder weniger wörtlich) die Signatur der Funktion, ist das wiederum ein klarer Hinweis darauf, dass diese Funktionsdeklaration schon für sich so lesbar ist, dass sie keiner weiteren Erläuterungen bedarf. Öffentliche Funktionen und Methoden erfüllen in der Regel komplexe Aufgaben, der schon deshalb einen Kommentar mit Beschreibung rechtfertigt bzw. notwendig macht.

Weitere wichtige Aspekte sind Konsistenz der Formatierung und Aufteilung eines Kommentarkopfes. Das ist einerseits die Voraussetzung für die Verwendung von Dokumentationswerkzeugen, die automatisch eine gut formatierte Dokumentation erzeugen. Andererseits hilft es auch dem Nutzer dieser Dokumentation, wenn er weiß, dass eine Beschreibung einer Funktion immer einem festen Schema folgt. Die Existenz einzelner Elemente eines Kommentarkopfes kann sich durchaus von Fall zu Fall unterscheiden, ihre grundsätzliche Reihenfolge sollte allerdings nach Möglichkeit einheitlich sein. Moderne Editoren und IDEs bieten die Möglichkeit, Vorlagen für Kommentarköpfe nach eigenen Vorstellungen zu gestalten und anzupassen sowie sie an der jeweils richtigen Stelle einzufügen. Das reduziert den Aufwand ganz erheblich und sorgt für die notwendige Konsistenz. In jedem Fall sollten sprachspezifische Konventionen beachtet werden, sowohl für die Formatierung als auch für die Inhalte. In der Regel (aber nicht immer) sind Funktionen aus Bibliotheken, die die jeweilige Programmiersprache mitbringt, eine gute Vorlage.

Vermieden werden sollten hingegen nach Möglichkeit Formatierungsstrings. Sie stören (mitunter empfindlich) die Lesbarkeit und Übersichtlichkeit, und Kommentare sollten *immer* als reiner Text lesbar sein – schon allein, weil das Hilfesystem einer Sprache ihren Inhalt oftmals als reinen Text auf einem textbasierten Terminal ausgibt. Ausnahmen sind mathematische Formeln, die man ggf. in LaTeX-Schreibweise formatieren kann, weil sie so noch am ehesten auch als reiner Text lesbar sind, und die sparsamen Formatierungen von Markup-Sprachen wie Markdown und reStructuredText, die aber gerade auf Lesbarkeit optimiert sind.

16.3.5 Schlechten Code neu schreiben

Es gibt keine Ausrede, einen als schlecht erkannten Code nicht umzuschreiben und dadurch in seiner Lesbarkeit zu verbessern – es sei denn, man hat wirklich überhaupt keine Idee, wie man es besser machen könnte.

» „Don't comment bad code – rewrite it." (Brian W. Kernighan, P. J. Plauger, [5, S. 144])

Kommentare sind keine Lösung für schlechten Code. Guter Code braucht keine erläuternden Kommentare, sondern ist lesbar und selbsterklärend. Das klingt wie eine ferne Phantasie, ist aber an vielen Stellen einfacher erreichbar, als man sich das vorstellt. Auf jeden Fall erfordert es Disziplin und Erfahrung: Guter Code ist das Ergebnis harter Arbeit. Er setzt zunächst das Bewusstsein voraus, dass Code lesbar sein und für sich selbst sprechen sollte, dann das Wissen, wie man dorthin kommen kann, u. a. über geeignete Namen (vgl. ▶ Kap. 13) und hinsichtlich ihres Umfangs und Zuschnitts gut gewählte und ebenso gut benannte Funktionen (vgl. ▶ Kap. 14). In letzter Konsequenz ist es aber eine Frage der Disziplin, das angeeignete Wissen konsequent umzusetzen und sich die Zeit zu nehmen, existierenden Code im Licht der eigenen Erfahrung umzuschreiben und zu verbessern. Der positive Aspekt dabei: Unsere Fähigkeiten, guten Code zu schreiben, nehmen mit unserer Erfahrung zu. Kommentare sind immer nur eine temporäre Notlösung. Schlechter Code *ohne* (minimale) Kommentare ist allerdings in den meisten Fällen noch schlimmer.

16.3.6 Kommentare auf ein Minimum reduzieren

Vor dem Hintergrund, dass die Synchronität zwischen Kommentaren und dem zugehörigen Quellcode letztlich eine nicht erreichbare Illusion ist und gute Kommentare ebenso wie guter Code eine ganze Menge Arbeit erfordern, bleibt nur ein logischer Schluss: Kommentare sollten auf ein Minimum reduziert werden. Im Rückgriff auf die drei eingangs aufgeführten Arten von Kommentaren mit Daseinsberechtigung seien hier noch einmal die Kriterien zusammengefasst, wann die entsprechenden Kommentare sinnvoll oder eher nicht sinnvoll sind.

Kommentarköpfe Für alle vom Nutzer aufrufbaren Funktionen sind Kommentarköpfe hilfreich und verpflichtend, da sie normalerweise direkt ins Hilfesystem der jeweiligen Sprache einfließen. Bei privaten Funktionen bzw. Methoden kann hingegen in der Regel auf (ausführliche) Kommentarköpfe verzichtet werden. Je kürzer diese Funktionen bzw. Methoden sind und je näher man dem Ideal selbstdokumentierender Signaturen kommt, desto unwichtiger werden die Kommentarköpfe. Die Signatur wird von fast jedem guten modernen Editor angezeigt, auch ohne die Hilfe aufrufen zu müssen. In keinem Fall sollten Kommentarköpfe lediglich die Namen von Funktion und Parametern wiederholen.

Copyright-Hinweise Wie in ▶ Kap. 5 angesprochen unterliegt Quellcode *per se* dem Urheberrecht. Insofern sind Copyright-Hinweise sinnvollerweise immer im Code vorhanden, in der Regel ganz am Anfang einer Datei und nur einmal pro Datei. Schließlich handelt es sich hier um Information, die erst einmal nichts mit dem eigentlichen Inhalt des Codes und seiner Funktionalität zu tun hat.

Einzeilige Kommentare im Code Eine allgemeine Regel: Einzeilige Kommentare im Code sollten wo immer möglich vermieden werden. Die weitaus bessere, robustere und zukunftsträchtigere Lösung ist es, den Code umzuschreiben und lesbarer zu machen. Jeder (einzeilige) Kommentar im Code sollte zwingend einen Mehrwert haben und sonst aus dem Code gelöscht werden. Darüber hinaus ist es hier besonders wichtig, auf die Korrektheit und Aktualität zu achten. Das Problem der Asynchronität zwischen Code und Kommentaren ist letztlich nicht lösbar und nur über sehr viel Disziplin minimierbar.

Was und wie kommentiert wird, ist bis zu einem gewissen Grad auch der Erfahrung des Programmierers geschuldet. Ein erfahrener Programmierer kann sich besser in Code ausdrücken und ist mit den Eigenheiten einer Sprache besser vertraut. Trotzdem ist und bleibt das Ziel, sich unabhängig von der Programmiersprache so klar wie möglich auszudrücken – und eben gerade darauf zu verzichten, besonders schlau zu sein. Lieber zwei oder drei Zeilen Code schreiben statt einer, wenn man dann auf einen Kommentar verzichten kann. Die Anzahl an Kommentaren im Code wird sich idealerweise über die Entwicklungsdauer verringern – sowohl für ein und denselben Codeblock, weil er immer lesbarer wird, als auch grundsätzlich, weil der Programmierer aufgrund seiner zunehmenden Erfahrung von Anfang an lesbareren Code schreibt. Die Betonung liegt hier auf lesbarer – auch ein sehr erfahrener Programmierer schreibt im ersten Durchgang keinen perfekt lesbaren Code, der keiner weiteren Überarbeitung bedarf. Der Unterschied zwischen einem schlechten und einem guten Programmierer liegt u. a. im Bewusstsein für die Wichtigkeit lesbaren Codes, dem Wissen, wie man die Lesbarkeit von Code systematisch erhöhen kann, und der Disziplin, dieses Wissen zum Gewinn für alle einzusetzen.[9]

---

9 Vgl. dazu das Zitat von Tim Ottinger in [2, S. 25]: „One difference between a smart programmer and a professional programmer is that the professional understands that *clarity is king*. Professionals use their powers for good and write code that others can understand.“

16.4 Werkzeuge zur automatischen Erzeugung von Dokumentation

Bereits im Kapitel zur externen Dokumentation (▶ Kap. 8) wurde auf Werkzeuge hingewiesen, mit denen sich automatisch aus speziell formatierten Kommentaren im Quellcode eine wohlformatierte Dokumentation (in nahezu beliebigen Ausgabeformaten) erzeugen lässt. Auch wenn man solche Werkzeuge aus gutem Grund zur Infrastruktur zählen kann, werden sie hier behandelt, weil sie entsprechend formatierte Kommentare im Quellcode, nämlich die Kommentarköpfe, voraussetzen. Das Einsatzgebiet dieser Werkzeuge ist hauptsächlich die automatische Erzeugung einer Entwicklerdokumentation, die eine Übersicht sowohl über die Schnittstellen aller Funktionen als auch über alle Klassen (im Falle objektorientierter Programmierung) liefert.

Diese Form der automatischen Erzeugung von Dokumentation hat eine Reihe von Vor- und Nachteilen. Einerseits ist sie immer (nur) so aktuell wie die Kommentare im Code. Da die Kommentarköpfe so nah wie irgend möglich am Code angeordnet sind, wird ihre Aktualität aber deutlich höher sein als bei einer komplett separat gepflegten Dokumentation. Andererseits entfaltet diese Form der Dokumentation potentiell eine große Wirkung mit eher geringem Aufwand, zumal sie auch im Hilfesystem der jeweiligen Programmiersprache bzw. des verwendeten Editors reüssiert. Darüber hinaus ermöglicht die Verwendung der entsprechenden Werkzeuge die automatische Erzeugung einer lesbaren (und druckbaren oder anderweitig veröffentlichbaren) Dokumentation. Sie ist allerdings in der Regel eher nicht für eine Nutzerdokumentation geeignet – es sei denn, es handelt sich um eine Programmbibliothek und die eigentlichen Nutzer sind ebenfalls Programmierer. In einem solchen Fall werden Abschnitte mit Beispielen zur Verwendung vom Nutzer aufrufbarer Funktionen einen größeren Stellenwert einnehmen, als wenn es sich lediglich um eine Entwicklerdokumentation für diejenigen handelt, die aktiv am Programm oder der Bibliothek weiterentwickeln wollen. Eine darüber hinausgehende konzeptionelle Dokumentation, die einen Überblick verschafft, lässt sich eher schwer automatisch erzeugen, das ist dann mit Sicherheit der Bereich der externen Dokumentation, wie sie in ▶ Kap. 8 detaillierter beschrieben wurde.

Die wesentlichen Voraussetzungen für die automatische Erzeugung von Dokumentation aus dem Quellcode heraus ist eine konsistente Formatierung der relevanten Kommentare und Kommentarköpfe und die Verwendung spezifischer Formatierungen (die nicht Überhand nehmen sollten, um die Lesbarkeit der Kommentare nicht zu beeinträchtigen).

16.4.1 Sprachspezifische Aspekte

Jede Sprache hat ihre Konventionen. Das betrifft sowohl die Struktur als auch die Formatierung der entsprechenden Kommentare und die verwendeten Werkzeuge. Grundsätzlich sollten immer die Konventionen der jeweiligen Sprache verwendet werden, soweit es welche gibt. Beispiele wären hier JavaDoc im Falle von Java (aber nicht nur, da JavaDoc darüber hinaus große Popularität erlangt hat und als Vorlage für weitere Dokumentationswerkzeuge diente) und Sphinx (in Kombination mit reStructuredText) im Falle von Python. Neben diesen grundlegend sprachspezifischen Aspekten gibt es auch noch Unterschiede in Inhalt und Zielstellung, die einerseits in der Sprache, andererseits aber auch in der Art des Projektes begründet liegen. Ein entwicklerzentrierter Ansatz wird sich tenden-

Vom Wert guter Werkzeuge

Das weitverbreitete Phänomen nicht ausreichender oder nicht aktueller Dokumentation legt den Schluss nahe, dass Programmierer, die gleichzeitig gerne und gut dokumentieren (und auch in diesem Sinne gute Schriftsteller sind), eine eher seltene Spezies sind. Umso größer ist der Wert guter Werkzeuge, die automatisch eine Dokumentation erstellen können. Wenn diese Werkzeuge dann gleichzeitig dafür genutzt werden können, die Schnittstellendokumentation aus den im Code existierenden Kommentarköpfen zu extrahieren und eine Nutzerdokumentation zu generieren, ist das ein immenser Mehrwert. Sphinx [14] ist ein solches Werkzeug, das insbesondere im Kontext von Python (aber nicht darauf beschränkt) seine Stärke ausspielt. Die externe (nicht direkt im Quellcode abgelegte) Dokumentation wird dabei in einem separaten Verzeichnis im Projekt abgelegt. Die Verwendung von reStructuredText als Auszeichnungssprache erlaubt gleichzeitig sehr lesbare Textdateien und eine hinreichende Ausdrucksstärke hinsichtlich der Formatierung. Die gesamte Dokumentation kann dann, gemeinsam mit dem Projekt als solchem, unter Versionsverwaltung gestellt und die Dokumentation in vielfältigen Ausgabeformaten automatisch erzeugt werden. Die Möglichkeit, sich die Dokumentation, sowohl der Kommentarköpfe von Modulen, Klassen, Methoden, Funktionen als auch die externe, mehr an den Nutzer gerichteten Abschnitte mit fast verschwindendem Aufwand im lokalen Webbrowser wohlformatiert anzuschauen, kann für einen erheblichen Motivationsschub beim eigentlichen Dokumentieren sorgen.

ziell auf eine reine Schnittstellendokumentation beschränken. Ein eher nutzerzentrierter Ansatz schließt in der Regel Erklärungen und Beispiele mit ein.

Für die lesbare Darstellung der Kommentare gibt es unterschiedliche Möglichkeiten der Textauszeichnung, die innerhalb der Kommentare verwendet werden können. Meist handelt es sich dabei um spezifische Formatierungsanweisungen. Ihre Verwendung sollte die Lesbarkeit allerdings nach Möglichkeit nicht beeinträchtigen. HTML-Code in Kommentaren ist selten bis nie eine gute Idee, und zu viel davon schränkt die Lesbarkeit der Kommentare bis zur Unmöglichkeit ein. Hier schlägt die Stunde diverser Markup-Sprachen wie Markdown oder reStructuredText, die eine sehr einfache, auch im reinen Textformat intuitiv erfassbare und lesbare Formatierung mit sehr wirkmächtiger Umsetzung im Textsatz verbinden. Generell gilt: Ein Entwickler sollte die Konventionen der jeweiligen Sprache zumindest kennen und nur in begründeten Fällen davon abweichen. Das erhöht die Chance, dass andere Entwickler die weitere Entwicklung übernehmen oder ebenfalls beitragen können, ohne erst mühsam besondere Konventionen zu erlernen.

16.4.2 Hinweise zur Nutzung

Werkzeuge zur automatischen Erzeugung einer wohlformatierten, lesbaren Dokumentation sind sehr mächtig. Richtig eingesetzt können sie ihre ganze Wirkung entfalten, und je mehr Aspekte automatisiert werden, desto einfacher wird es für den Anwender und desto konsistenter und verlässlicher sind die Ergebnisse. Zwei Aspekte sind hier besonderes hervorzuheben:

Integration in den Editor/die IDE Die meisten modernen Editoren bieten die Möglichkeit, Vorlagen für sprachspezifische Kommentarköpfe automatisch an den richtigen Stellen in den Code einzufügen. Das erspart sehr viel Tipparbeit und sorgt für eine (weitgehend) konsistente Formatierung, die dann einerseits die Nutzung der Dokumentation erleichtert – der Leser weiß immer, was er wo zu erwarten hat, wenn er einmal das Schema und den Aufbau der Dokumentation erfasst hat – und andererseits die Ergebnisse der automatischen Generierung wesentlich zuverlässiger gestaltet.

Integration in die Build-Infrastruktur Wie viele andere Aspekte auch, ist die Erzeugung einer entsprechenden Dokumentation quasi vollständig automatisierbar. Und alles, was sich automatisieren lässt, sollte auch automatisiert werden. Entsprechend lassen sich die Aufrufe des Dokumentationswerkzeuges in die sowieso vorhandenen Build-Infrastruktur, die für die Kompilierung etc. des Codes sorgt, integrieren. Darüber hinaus bietet diese Form der Integration noch die Nutzung weiterführender Werkzeuge, wie z. B. Aufrufgraphen (*call graphs*), die die Abhängigkeiten zwischen Klassen, Funktionen etc. grafisch aufarbeiten und so einen schnellen Überblick über manche für die Qualität von Code wesentliche Aspekte erlauben.

? Verständnisfragen

- Was ist das intrinsische Problem jeglicher Dokumentation? Welche Konsequenz sollte man daraus ziehen?
- Welche Arten von Kommentaren haben grundsätzlich eine Daseinsberechtigung?
- Nennen Sie allgemeine Regeln für Kommentare im Quellcode, unabhängig von der verwendeten Programmiersprache und dem Programmierparadigma.
- Welche Anforderungen hinsichtlich Formulierung und Sprache lassen sich an Kommentare im Quellcode sinnvollerweise stellen?
- Welche Vorteile bieten Werkzeuge zur automatischen Erzeugung von Dokumentation aus dem Code heraus? Welche Voraussetzungen haben sie?

Kommentiertes Literaturverzeichnis

Robert Martin widmet in seinem Buch *Clean Code* ein ganzes Kapitel dem Thema [2, Kapitel 4]. Viele der Grundlagen sind allerdings wesentlich älter. Ein in mancher Hinsicht zeitloser Klassiker, der leider nur antiquarisch erhältlich ist, ist *The Elements of Programming Style* von Kernighan und Plaugher [5]. Das dortige sechste Kapitel widmet sich dem hier diskutierten Thema. Sehr kurz und teilweise von den gleichen Autoren ist Kapitel 1 in [4]. Gute Hinweise finden sich schließlich auch in [15], Kapitel 8, S. 248 ff. Ein sehr gutes Buch zum Stil im Englischen ist *The Elements of Style* von Strunk und White [6]. Dieser Klassiker liefert Hinweise zu grundsätzlich gutem Stil bzgl. der Sprache. Die Python-Entwicklergemeinde bezieht sich explizit darauf, wenn es um die Kommentare geht (vgl. PEP 8 und PEP 257). Explizit mit Sphinx als Werkzeug sowohl für die automatisch erzeugte Schnittstellendokumentation als auch darüber hinaus eine allgemeine Nutzerdokumentation sowie die vielfältigen Möglichkeiten der Ausgabe befasst sich Jan Ulrich Hasecke [14]. Sphinx hat im Zusammenspiel mit Read The Docs[10] und dessen Integration mit GitHub einer großen Entwicklergemeinde Möglichkeiten an die Hand gegeben, sinnvolle und für Anwender hilfreiche Dokumentation mit wenig Aufwand zu erstellen.

16

10 ► https://readthedocs.org/ (Zugriff am 06.02.2025).

Literatur

1. E. Post, Datamation **29**, 263 (1983)
2. R.C. Martin, *Clean Code. A Handbook of Agile Software Craftmanship* (Prentice Hall, Upper Saddle River, New Jersey, 2008)
3. R.C. Martin, *Agile Software Development. Principles, Patterns, and Practices* (Prentice Hall, Upper Saddle River, New Jersey, 2003)
4. B.W. Kernighan, R. Pike, *The Practice of Programming* (Addison Wesley, Boston, 1999)
5. B.W. Kernighan, P.J. Plauger, *The Elements of Programming Style*, 2. Aufl. (McGraw-Hill, New York, 1978)
6. W. Strunk, Jr., E.B. White, *The Elements of Style*, 4. Aufl. (Longman, New York, 2000)
7. S. McConnell, *Code Complete*, 2. Aufl. (Microsoft Press, Redmond, Washington, 2004)
8. D.E. Knuth, *Literate Programming* (Center for the Study of Language and Information, Stanford, 1992)
9. G. Mendel, Verhandlungen des Naturforschenden Vereines in Brünn **4**, 3 (1866). http://www.deutschestextarchiv.de/book/show/mendel_pflanzenhybriden_1866 (2020-05-19)
10. E.S. Raymond, *The Cathedral and the Bazar* (O'Reilly, Sebastopol, CA, 2001)
11. W. Schneider, *Deutsch für junge Profis*, 10. Aufl. (Rowohlt Taschenbuch Verlag, Reinbek bei Hamburg, 2018)
12. Dudenredaktion (ed.), *Duden Das Stilwörterbuch*, Bd. 2 (Dudenverlag, Berlin, 2017)
13. H.F. Ebel, C. Bliefert, W.E. Russey, *The Art of Scientific Writing* (Wiley-VCH, Weinheim, 2004)
14. J.U. Hasecke, *Software-Dokumentation mit Sphinx* (hasecke.com, Solingen, 2019)
15. A. Hunt, D. Thomas, *The Pragmatic Programmer* (Addison-Wesley, Boston, 1999)

Entwurfsmuster (*Design Patterns*)

Inhaltsverzeichnis

T. Biskup, *Softwareentwicklung für die Naturwissenschaften*,
https://doi.org/10.1007/978-3-662-71607-6_17

Kernaspekte

- Der Entwurf objektorientierter Software ist schwierig und der wiederverwendbarer Software noch schwieriger.
- Muster sind bewährte (abstrakte) Lösungen für wiederkehrende Fragestellungen.
- Entwurfsmuster beschreiben interagierende Objekte und Klassen als maßgeschneiderte Lösung eines generellen Problems.
- Klar benannte Entwurfsmuster ermöglichen die Entwicklung von Software auf einer höheren Abstraktionsebene.
- Entwurfsmuster sind kein Selbstzweck. Sie können zu sparsam und zu freigiebig eingesetzt werden.

Beschäftigten sich die letzten vier Kapitel mit eher grundlegenden Aspekten von Quellcode auf unterster Ebene der Abstraktion (Namen, Funktionen, Formatierung, Dokumentation im Code), weist die Thematik dieses Kapitels quasi in die andere Richtung und reicht an den nächsten großen Teil des Buches (Architektur, ► Kap. 22 ff.) heran. Die verbleibenden Kapitel des Teils zu sauberem Code wenden sich anderen Aspekten (Tests, Refactoring, Codeoptimierung) zu. Das Thema „Entwurfsmuster" ist und bleibt notwendigerweise recht abstrakt. Für ein wirkliches Verständnis bedarf es nicht nur einer entsprechenden (praktischen) Erfahrung mit objektorientierter Programmierung, sondern letztlich der Entwicklung größerer Projekte und dem Einsatz vieler dieser Muster. Die Motivation, dieses Thema trotzdem zu behandeln, ist seine Bedeutung für qualitativ hochwertige Software, die die eingangs aufgestellten Kriterien erfüllt. Software zur wissenschaftlichen Datenauswertung, die über das Niveau bloßer kleiner Skripte hinausgeht, weist intrinsisch eine Komplexität auf, die die Verwendung etablierter Entwurfsmuster wenn nicht zwingend erfordert, so doch nahelegt. Zudem finden Entwurfsmuster bei dem im Kontext der Softwarearchitektur (► Kap. 22 ff.) besprochenen SOLID-Prinzipien Anwendung.

17.1 Zur Bedeutung von Mustern

Muster sind allgegenwärtig, nicht nur in der Softwareentwicklung. Oder anders formuliert: Muster sind eine wesentliche Strategie der menschlichen Wahrnehmung, um die Flut an Informationen auf ein verarbeitbares Maß zu reduzieren und anschließend zu strukturieren und zu katalogisieren. In dieser Hinsicht sind Muster ein wesentlicher Aspekt der Abstraktion im Sinne Edsger Dijkstras [vgl. 1]. Entsprechend gut sind Menschen auch darin, Muster zu erkennen – selbst dann, wenn es gar kein „wirkliches" Muster gibt.[1]

1 Ein jedem experimentellen Naturwissenschaftler vermutlich vertrautes Phänomen sind sehr verrauschte Daten. Das menschliche Auge neigt dazu, auch in Rauschen noch Strukturen zu erkennen, und vermutlich liegt der Betrachter damit mindestens genauso oft falsch wie richtig. Andererseits ist der menschliche Betrachter viel besser darin, reale Muster auch in sehr verrauschten Daten zu erkennen, als das die meisten Algorithmen können.

17.1.1 Ausgangspunkt: Software dient der Bearbeitung konkreter Fragestellungen

Software, insbesondere im Kontext der Naturwissenschaften, ist selten(st) ein Selbstzweck. Sie dient der Bearbeitung konkreter Fragestellungen. Die Fragestellungen definieren dabei die Qualitätsansprüche, und für Software zur wissenschaftlichen Datenauswertung wurde eingangs eine ganze Reihe von Kriterien aufgestellt (▶ Kap. 1), deren Umsetzung unweigerlich relativ komplexe Programme nach sich zieht. Die Anforderungen an die zu entwickelnde Software ändern sich dabei ständig. Das liegt schlicht an der Komplexität der behandelten nicht trivialen Fragestellungen. Flexibilität ist entsprechend ein zentraler Aspekt größerer Programme – und Software zur Datenauswertung zählt aufgrund der hohen Ansprüche, die sinnvollerweise an sie gestellt werden, eindeutig zu dieser Kategorie. Auf der anderen Seite ähneln sich Fragestellungen häufig in ihrer Struktur. Die konkrete Fragestellung ist oft einmalig, aber genauso oft lassen sich allgemeine Muster erkennen. Es besteht also ein Spannungsverhältnis zwischen der konkreten, ggf. einmaligen Aufgabenstellung und der Ähnlichkeit zu bestehenden Fragestellungen. Sich dieser Spannung bewusst zu sein und entsprechende Strategien bei der Entwicklung von Software zu verfolgen, die der Situation gerecht werden und möglichst viel Kapital daraus schlagen, ist das Gebiet, auf dem Entwurfsmuster (*design patterns*) zum Tragen kommen.

17.1.2 Ziel: wiederverwendbare und flexible Software

Das große Ziel von guter Software ist Wiederverwendbarkeit und Flexibilität. Das ist schon eine Frage der Ökonomie, aber auch der Nutzbarkeit und Nützlichkeit. Allerdings ist es alles andere als einfach, dieses Ziel auch zu erreichen oder ihm doch zumindest nahezukommen.

> » „Designing object-oriented software is hard, and designing *reusable* object-oriented software is even harder. [. . .] Your design should be specific to the problem at hand but also general enough to address future problems and requirements.“ (Gamma *et al.*, [2, S. 1])

Wenn objektorientierte Programmierung so schwierig ist, warum sollte man dann überhaupt objektorientiert programmieren wollen? Die Antwort, im Rückgriff auf die Einführung in die objektorientierte Programmierung (▶ Kap. 12), lautet: Objektorientierte Programmierung ermöglicht eine Abstraktionsebene, die sehr wertvoll für die Handhabung komplexer Systeme ist, zumal Objekte sehr viel näher an der Realität außerhalb der Softwareentwicklung sind als viele andere Programmierkonzepte und sich diese Realität mit etwas Übung entsprechend oft recht elegant objektorientiert abbilden lässt. Die große Herausforderung objektorientierter Programmierung besteht darin, dass sie sehr viel mehr Wissen und Erfahrung erfordert als die strukturierte Programmierung kleiner Projekte.[2] Allerdings liegt hier die Betonung auf klein: Software zur wissenschaftlichen Datenauswertung fällt, nimmt man ihre Rolle im wissenschaftlichen Erkenntnisprozess ernst, schlicht nicht mehr in diese Kategorie.

2 Der Vergleich hinkt allerdings etwas. Sobald man auch an die Programmierung kleiner Skripte entsprechende Ansprüche an Codequalität stellt, braucht es auch hier erheblicher Programmiererfahrung. Dann ist der Unterschied zum Aneignen der objektorientierten Programmierung nicht mehr groß.

17.1.3 Lösung: Kenntnis und Verwendung bewährter Strategien (Muster)

Die Lösung für das Problem, wiederverwendbare und flexible Software für inhärent komplexe und ihrer konkreten Ausgestaltung jeweils einzigartige Fragestellungen zu entwickeln, liegt in der Kenntnis und der Verwendung bewährter Strategien, oder anders bezeichnet: Muster (*patterns*). Die Inspiration für die Entwurfsmuster in der Softwareentwicklung kommt aus der Architektur, namentlich dem Werk von Christopher Alexander und Kollegen [3]. Entscheidend bei Mustern ist, dass sie einen generellen Lösungsansatz für eine ebenso allgemeine Problembeschreibung darstellen. Die konkrete Umsetzung und Ausgestaltung sieht hingegen jedesmal anders aus.

> „Every pattern describes a problem which occurs over and over again in our environment, and then describes the core of the solution to that problem, in such a way that you can use this solution a million times over, without ever doing it the same way twice.“ (Alexander *et al.*, [3, S. x])

Letztlich lassen sich die Grundprinzipien der objektorientierten Programmierung (Kapselung, Vererbung, Polymorphie, vgl. ► Kap. 12) ebenfalls als Muster auffassen, die aber bereits durch objektorientierte Programmiersprachen implementiert werden. Entwurfsmuster nehmen eine Mittelstellung zwischen Idiomen einer Programmiersprache und der Architektur des Gesamtsystems ein. Viele der im Abschnitt Architektur (► Kap. 22 ff.) vorgestellten Prinzipien basieren auf der Anwendung von Entwurfsmustern.

17.2 Die „klassischen" Entwurfsmuster in der Softwareentwicklung

Die Bezeichnung der nachfolgend vorgestellten Entwurfsmuster als „klassisch“ hat viel mit ihrer Entstehung zu tun. Der Katalog von Entwurfsmustern, der 1995 von der „Viererbande“ („Gang of Four“, GoF) vorgelegt wurde [2], kodifizierte die Verwendung von Mustern dieses Abstraktionsniveaus für die Entwicklung objektorientierter Softwareprojekte und hatte und hat nach wie vor einen großen Einfluss. Letztlich ist den Autoren damit gelungen, was sie mit ihrem Buch beabsichtigten: ein gemeinsames und weithin akzeptiertes Vokabular für wiederkehrende Muster von Problemstellungen und zugehörigen Lösungen zu schaffen.

17.2.1 Definition: Entwurfsmuster

17

Da Entwurfsmuster für die Softwareentwicklung im hier verwendeten Sinne des Begriffs erstmalig von der „Viererbande“ systematisch vorgestellt wurden, sollen die Autoren auch entsprechend für die Definition des Begriffs zu Wort kommen:

Definition 17.1: Entwurfsmuster

Beschreibungen miteinander kommunizierender Objekte und Klassen, die maßgeschneidert sind, um ein generelles Entwurfsproblem in einem bestimmten Kontext zu lösen [2, S. 3].[3]

---

3 Im Original: „descriptions of communicating objects and classes that are customized to solve a general design problem in a particular context“.

Entscheidend zum Verständnis des Begriffs ist seine doppelte Natur. Entwurfsmuster sind sowohl die Beschreibung einer (wiederkehrenden) Problemstellung als auch der Strategie für die Lösung des jeweiligen Problems. Die Abstraktionsebene von Entwurfsmustern liegt oberhalb jener von Klassen und Objekten als der grundlegenden Elemente der objektorientierten Programmierung (▶ Kap. 12), aber gleichzeitig unterhalb der Gesamtarchitektur eines Systems (▶ Kap. 22). Das bedeutet gleichzeitig, dass Entwurfsmuster in dieser Form zwingend die Verwendung des Paradigmas der objektorientierten Programmierung voraussetzen.

17.2.2 Abgrenzung zu Idiomen und zu Architektur

Entwurfsmuster nehmen eine Mittelstellung zwischen sprachlichen Idiomen einerseits und der Architektur eines Gesamtprogramms andererseits ein. Sie lassen sich hinsichtlich vierer Kriterien sowohl von Idiomen als auch von der Architektur abgrenzen:

Abstraktionsebene Idiome befinden sich auf einer niedrigeren, Architektur auf einer höheren Abstraktionsebene. Entwurfsmuster umfassen qua Definitionem die Interaktion miteinander kommunizierender Objekte und Klassen, sind also eine Abstraktionsebene oberhalb dieser Grundelemente objektorientierter Programmierung angesiedelt.

Bindung an eine Sprache Während Idiome stets sprachspezifisch sind, sind sowohl Entwurfsmuster als auch Architektur sprachunabhängig. Das bedeutet gleichzeitig, dass sich Entwurfsmuster nahezu universell mit jeder (objektorientierten) Programmiersprache umsetzen lassen.

Auswirkungen Die Architektur betrifft das ganze System oder doch zumindest einzelne Teilsysteme von hohem Komplexitätsgrad. Entwurfsmuster sind (meist) sehr viel lokaler und beschreiben abstrakte Lösungen zu konkreten Problemstellungen.

Bezug zur Realität außerhalb der Software Softwarearchitektur orientiert sich an der realen Problemstellung. Entwurfsmuster befassen sich hingegen mit Problemen der Umsetzung (Programmierung) ohne konkretes Gegenüber in der realen Welt außerhalb der Software.

Während die Abgrenzung zu den Idiomen aufgrund der Bindung Letzterer an eine Sprache recht scharf ist, lässt sich die Trennung von Entwurfsmustern und Softwarearchitektur nicht immer sauber durchführen. Für die von der „Viererbande" vorgestellten und hier diskutierten Entwurfsmuster ist das durchaus möglich. Es sei aber nicht verschwiegen, dass viele Autoren Muster auf einer abstrakteren Ebene formalisiert haben, die klar in den Bereich der Softwarearchitektur hineinragen. Bekannte Beispiele dafür sind [4] (*Patterns of Enterprise Application Architecture* PoEAA) und [5] (*Pattern-Oriented Software Architecture*, POSA).

17.2.3 Essentielle Elemente

Entscheidend zum Erfolg der Entwurfsmuster beigetragen haben dürfte ihre Formalisierung in Form eines Katalogs. In der Nachfolge des konstituierenden Werkes der „Viererbande" [2] ist eine ganze Reihe weiterer Bücher entstanden, die in ähnlicher Weise Muster für andere Aspekte der Softwareentwicklung oder spezifischer für bestimmte Programmiersprachen katalogisieren. Beispiele finden sich im kommentierten Literaturverzeichnis am Ende des Kapitels. Ein Entwurfsmuster besteht aus vier essentiellen Elementen, die jeweils klar voneinander unterscheidbar im Katalog aufgeführt werden. Diesen generellen Aufbau teilen sich im Wesentlichen alle Kataloge von Mustern für die Softwareentwicklung.

Name Der Name ist kurz und prägnant und besteht aus einem oder zwei Worten. Er erweitert das Entwurfsvokabular der Programmierer, ermöglicht dadurch, Software auf einer höheren Abstraktionsebene zu entwerfen, und erleichtert die Kommunikation. Für die Namen von Mustern gelten letztlich alle Kriterien für Namen, die in ► Kap. 13 vorgestellt wurden.

Problemstellung Die Problemstellung beschreibt, wann ein Entwurfsmuster angewendet wird, und zwar sowohl die jeweilige Fragestellung als auch den Kontext.

Lösung Entwurfsmuster bleiben auch in ihrer Lösung immer so abstrakt, dass sie in jeder (objektorientierten) Programmiersprache umgesetzt werden können. Entsprechend beschreibt die Lösung die Bestandteile eines Entwurfs, ihre Beziehungen, Verantwortlichkeiten und ihre Zusammenarbeit. Letztlich ist die Lösung eine abstrakte Beschreibung eines Entwurfsproblems und wie man es durch eine generelle Anordnung von Elementen (Klassen, Objekte) löst.

Konsequenzen Zu jedem Entwurfsmuster gehört ein Abschnitt, der die Konsequenzen seines Einsatzes beschreibt, sowohl die Ergebnisse als auch die Gegenleistungen. Das ist wichtig für die Auswahl eines Entwurfsmusters und für das Verständnis der Kosten und Vorteile. Entwurfsmuster haben jeweils unterschiedlichen Einfluss auf die Flexibilität, Erweiterbarkeit und Portierbarkeit. Am Ende sind Entwurfsmuster in den meisten Fällen ein Mehraufwand, der nur dann in Kauf genommen werden sollte, wenn der Nutzen die Kosten übersteigt. Entwurfsmuster können sowohl zu sparsam als auch zu freigiebig eingesetzt werden.

17.2.4 Zugrunde liegende Prinzipien

Entwurfsmuster und objektorientierte Programmierung im Allgemeinen haben das gleiche Ziel: eine lose Kopplung zwischen einzelnen Elementen und die einfache Wiederverwendbarkeit der Einzelteile einer Software. Auch die von den Entwurfsmustern eingesetzten Strategien gleichen jenen der objektorientierten Programmierung. Dazu gehören die Entwicklung gegen Schnittstellen statt Implementierungen und die Kapselung (*black box*), die für die notwendige Flexibilität sorgt. Schnittstellen sollten die Implementierung verbergen und immer so minimal wie möglich sein. Darüber hinaus bevorzugen die Entwurfsmuster die Zusammensetzung gegenüber der Vererbung (vgl. ► Kap. 12). Der

Grund: Vererbung neigt dazu, die Kapselung aufzuweichen, und Vererbungshierarchien werden schnell unübersichtlich und unflexibel. Das bedeutet aber nicht, dass Entwurfsmuster auf Vererbung verzichten – im Gegenteil: Viele Muster beruhen auf dem Konzept der Vererbung. Allerdings sind die Vererbungshierarchien hier flach, normalerweise gibt es nur eine Super- und eine Subklasse. So gesehen verdeutlichen Entwurfsmuster in vielfältiger Art und Weise die grundlegenden Prinzipien objektorientierter Programmierung, die von Experten auf diesem Gebiet als gut und wichtig erkannt wurden. Die Bedeutung der Entwurfsmuster darüber hinaus ist, dieses vormals nur mündlich tradierte Wissen formalisiert und verschriftlicht und so einem weiten Kreis von Anwendern überhaupt erst zugänglich gemacht zu haben. Darin liegt ihre große und nicht zu unterschätzende Bedeutung.

17.2.5 Konsequenzen

Die Verwendung von Entwurfsmustern hat auch einen Preis. Da ist zunächst einmal der nicht zu unterschätzende zusätzliche Aufwand, zumindest mit einem Grundkatalog an Entwurfsmustern soweit vertraut zu werden, dass man sie als Werkzeuge in die persönliche Sammlung übernehmen kann. Nur wenn man weiß, dass es für bestimmte Problemstellungen bewährte und bekannte Lösungen gibt, kann man in der konkreten Situation eine informierte Entscheidung treffen, ob es sich lohnt, das entsprechende Entwurfsmuster einzusetzen – und so ggf. viel Zeit und Aufwand zu sparen. Hinzu kommt, dass ohne grundlegende Beherrschung und Vertrautheit mit der objektorientierten Programmierung ein Einsatz der Entwurfsmuster nicht möglich ist. Aber auch jenseits dieses in gewisser Weise einmaligen Aufwands hat die Verwendung von Entwurfsmustern Konsequenzen, die man kennen sollte, um sich im jeweiligen konkreten Einzelfall für oder gegen ihre Verwendung entscheiden zu können.

Zunächst einmal führt die Verwendung von Entwurfsmustern zu **mehr Klassen und Objekten**, da Entwurfsmuster auf kleinere, kompaktere Klassen zielen und Verhalten in eigene Klassen bzw. Objekte ausgelagert wird. Das erhöht richtig eingesetzt die Wiederverwendbarkeit, kann aber auf den ersten Blick unübersichtlich wirken. Eine weitere Konsequenz sind **flachere Hierarchien**: Wie oben bereits erwähnt, wird Zusammensetzung gegenüber Vererbung bevorzugt. Dadurch wird die Kapselung der einzelnen Klassen und Objekte besser erhalten und der Code entsprechend besser entkoppelt. Das führt in der Regel zu kleineren, aber zahlenmäßig mehr Klassen. Letztlich wird der resultierende Code zumindest auf den ersten Blick **komplexer** als ohne Verwendung der Entwurfsmuster. Das liegt daran, dass Entwurfsmuster *per se* relativ komplex sind. Unkenntnis dieser Muster ist aber kein Argument gegen ihre Verwendung. Vertrautheit mit ihnen sorgt für Wiedererkennungseffekte und kann das Verständnis von Code sehr vereinfachen, insbesondere wenn die beteiligten Einheiten entsprechend benannt sind. Das ist ein Beispiel dafür, dass Namen i. d. R. aus dem Lösungsraum stammen sollten, nicht aus dem Problemraum, und den Namen der Muster im Namen tragen (vgl. ► Kap. 13). Die Komplexität der Entwurfsmuster spiegelt lediglich die Komplexität der zu lösenden Fragestellungen.

17.2.6 Ein reales Beispiel: das „Observer"-Entwurfsmuster

Die Behandlung von Entwurfsmustern blieb bislang relativ abstrakt. Das „Observer"-Entwurfsmuster wurde hier als reales Beispiel gewählt, da es noch relativ leicht zu erfassen und zu motivieren ist: Gegeben sei ein Objekt, das Daten, in diesem konkreten Fall numerische Daten, enthält, die auf unterschiedliche Art und Weise dargestellt werden sollen. Manche dieser Repräsentationen erlauben die Modifikation der zugrunde liegenden Daten. Kernaspekt der Motivation für dieses Entwurfsmusters ist aber, dass alle möglichen Ansichten der Daten automatisch aktualisiert werden, wenn sich die Daten im zugrunde liegenden Objekt verändern. Eine schematische Zusammenfassung findet sich in ◘ Abb. 17.1. Für eine detailliertere Beschreibung siehe [2, S. 293 f.].

Das Ziel von Entwurfsmustern ist eine möglichst lose Kopplung zwischen den einzelnen Elementen (hier: Klassen und Objekte) und dadurch eine einfache und weitgehend unabhängige Wiederverwendbarkeit der einzelnen Bestandteile. Eine zentrale Strategie, diese Ziele zu erreichen, ist die Programmierung gegen Schnittstellen statt gegen konkrete Implementierungen (vgl. ► Kap. 12). Auf die hier vorgestellte Fragestellung bezogen bedeutet das: Das Datenobjekt sollte keine Kenntnis möglicher Repräsentationen der Daten benötigen, aber umgekehrt generische Schnittstellen bereitstellen, über die die einzelnen Repräsentationen über Änderungen an den Daten informiert werden und die aktualisierten Daten beziehen können. Genau diese Funktionalität bei gleichzeitiger maximaler Entkopplung von Datenobjekt und Repräsentation voneinander liefert das „Observer"-Entwurfsmuster. Eine denkbare Realisierungsmöglichkeit ist als in ◘ Abb. 17.2 wiedergegeben.

Im Kern umfasst das „Observer"-Entwurfsmuster in seiner hier gezeigten Form nur zwei abstrakte Klassen (`Subject` und `Observer`) sowie zwei durch Vererbung abgeleitete konkrete Klassen (`ConcreteSubject` und `ConcreteObserver`). Ein `Subject` kann

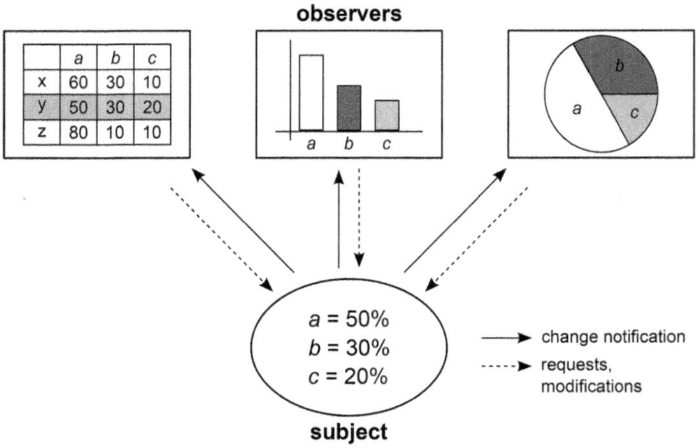

◘ **Abb. 17.1 Beispiel für einen Anwendungsfall des „Observer"-Entwurfsmusters.** Es gibt mehrere unterschiedliche Ansichten bzw. Darstellungsweisen von Daten, die in einem Objekt gespeichert sind. Das Datenobjekt sollte die Ansichten benachrichtigen, wenn sich die Daten ändern, die Ansichten können die Daten vom Datenobjekt abfragen und Änderungen der Daten (z. B. durch Nutzereingaben) an das Datenobjekt zurückmelden. Für ein UML-Diagramm des „Observer"-Entwurfsmusters, das zur Umsetzung dieser Situation verwendet werden kann, vgl. ◘ Abb. 17.2. (Die Idee stammt aus [2, S. 293])

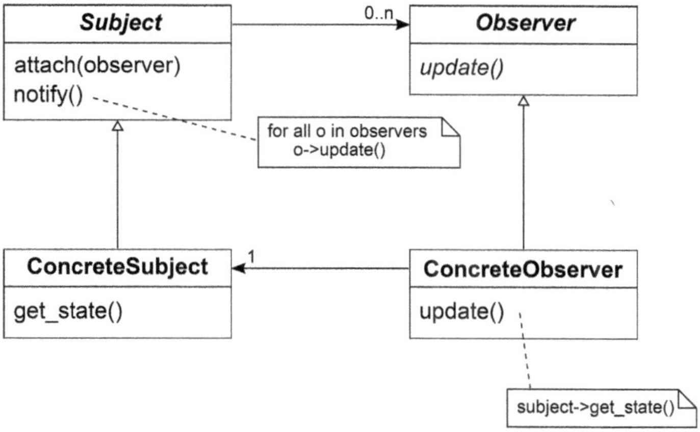

Abb. 17.2 UML-Diagramm einer Realisierungsmöglichkeit des „Observer"-Entwurfsmusters. Es gibt zwei abstrakte Klassen (`Subject` und `Observer`) und zwei davon durch Vererbung abgeleitete konkrete Klassen (`ConcreteSubject` und `ConcreteObserver`). In einem `Subject` können beliebig viele `Observer` registriert werden, die dann bei einer Änderung benachrichtigt werden. Ein `Observer` beobachtet hingegen immer ein konkretes `Subject` und bezieht bei einer Benachrichtigung den aktuellen Zustand dieses Objektes. Das Diagramm ist gegenüber dem Beispiel in [2, S. 294] vereinfacht, es stellt nur eine *mögliche* Realisierung dieses Entwurfsmusters dar. Ein konkretes Beispiel für einen möglichen Anwendungsfall ist in Abb. 17.1 dargestellt

durch beliebig viele (konkrete) `Observer` beobachtet werden (0..n), die jeweils durch die Methode `attach` der Klasse `Subject` in letzterem registriert werden. Ein `Observer` beobachtet (in diesem Beispiel) hingegen immer nur ein Objekt der Klasse `Subject`. Wird ein `Observer` von einem `Subject` über eine Änderung von dessen Zustand in Kenntnis gesetzt, ruft er intern seine Methode `update` auf, die vom `Subject` den aktuellen Status erfragt. Die Benachrichtigung der `Observer` durch die Methode `notify` des `Subject` iteriert im einfachsten denkbaren Fall einfach über die Liste der beim `Subject` registrierten `Observer`. Ob diese Liste eine Liste über Referenzen oder konkrete Objekte ist, hängt von der jeweiligen Implementierung ab. Wichtig ist hier nur, dass das `Subject` keinerlei Kenntnis über die konkreten `Observer` oder die Zahl bei sich registrierter `Observer` benötigt.[4] Entsprechend können beliebig viele weitere Repräsentationen hinzugefügt werden, ohne jemals an der die darzustellenden Daten enthaltenden Klasse etwas ändern zu müssen.

► Beispiel: Implementation des Observer-Entwurfsmusters in Python

Eine mögliche Implementation des Observer-Entwurfsmusters in Python wird nachfolgend anhand konkreter Codebeispiele gezeigt. Diese Implementation folgt relativ strikt dem UML-Diagramm in Abb. 17.2. Zunächst werden die beiden abstrakten Klassen `Subject` und `Observer` implementiert, von diesen Klassen erben dann in einem nächsten Schritt die konkreten Klassen `ConcreteSubject` und `ConcreteObserver`.

4 Die Klasse weiß nichts von der Zahl der Observer, das Objekt weiß zur Laufzeit natürlich schon, wie viele Observer es hat, weil es sie ja benachrichtigt.

Codebeispiel 17.1: Abstrakte Klassen des Observer-Entwurfsmusters

```
class Subject():
    def __init__(self):
        self.observers = []

    def attach(self, observer=None):
        self.observers.append(observer)

    def notify(self):
        for observer in self.observers:
            observer.update()

class Observer():
    def __init__(self):
        self.observed_subject = None

    def update(self):
        self.observed_subject.get_state()
```

Inwieweit man, wie in diesem Beispiel und dem in ◻ Abb. 17.2 gezeigten UML-Diagramm folgend, die Methode `get_state` erst in der Klasse `ConcreteSubject` implementieren möchte oder aber bereits in der abstrakten Basisklasse `Subject`, um sie dann in der abgeleiteten Klasse zu überschreiben, ist nur eine der Fragen, die man unterschiedlich beantworten kann.

Codebeispiel 17.2: Konkrete Klassen des Entwurfsmusters und deren Einsatz

```
class ConcreteSubject(Subject):
    def __init__(self):
        super.__init__()
        self.state = None

    def get_state(self):
        return self.state

class ConcreteObserver(Observer):
    def update(self)
        super.update()
        # Update own internals

data_source = ConcreteSubject()
histogram_view = ConcreteObserver()
data_source.attach(observer=histogram_view)
```


Die Methode `update` der konkreten Klasse `ConcreteObserver` ruft erst einmal die Methode der Superklasse explizit auf und wird dann natürlich, abhängig vom jeweiligen Kontext, die eigenen Interna (und ggf. in der Folge eine Darstellung) aktualisieren. Die letzten drei Zeilen zeigen, wie man Instanzen der beiden konkreten Klassen erzeugen und diese dann miteinander verknüpfen kann. Natürlich wird man hier in der Praxis oft mehr als einen Beobachter für ein Subjekt haben. Die Stärke des Observer-Entwurfsmusters ist ja gerade, dass ein Subjekt beliebig viele Beobachter haben kann, ohne dass sich das beobachtete Subjekt um die Details kümmern muss. ◄

Ein anderes Beispiel für ein Entwurfsmuster, das beim Dependency-Inversion-Prinzip (DIP, vgl. ► Kap. 27) vorgestellt wird, ist die abstrakte Fabrik (*abstract factory*). Ein solches Muster lässt sich im Kontext der Entwicklung von Software zur wissenschaftlichen Datenauswertung u. a. sehr gut für den Import von Daten einsetzen.

17.3 Warum sollte man Entwurfsmuster kennen und einsetzen?

Entwurfsmuster sind ein zusätzlicher Aspekt der Softwareentwicklung, den es zu erlernen gilt. Da Programmierung und Softwareentwicklung insbesondere in den Naturwissenschaften sowieso schon einen (zu) geringen Stellenwert hat und meist lediglich Mittel zum Zweck ist, sollte der ganz erhebliche Aufwand, sich mit Entwurfsmustern vertraut zu machen, gut begründet sein. Trotzdem ist es lohnenswert, auch wenn Softwareentwicklung nicht die Hauptaufgabe ist, zumindest ein grundlegendes Verständnis von Entwurfsmustern und ihrer Bedeutung zu haben. Darüber hinaus ist ihr Einsatz für komplexere Softwareprojekte letztlich nicht optional, sollen die entwickelten Programme die eingangs aufgestellten Kriterien für Wissenschaftlichkeit (vgl. ► Kap. 1), insbesondere die nach Modularität, Wiederverwendbarkeit und Nachvollziehbarkeit, erfüllen.

17.3.1 Ein gemeinsames Vokabular

Sprache beeinflusst unsere Art zu denken.[5] Ob und inwiefern man auch ohne konkrete Sprache denken kann, sei einmal dahingestellt. Auf jeden Fall enthebt Sprache den konkreten Gedanken einer reinen Subjektivität und macht ihn zumindest bis zu einem gewissen Grad unabhängig von der Person. Ein zentraler Aspekt der Wissenschaften ist die weitestmögliche Formalisierung von Erkenntnissen in Form eines fachspezifischen Vokabulars und das beständige Ringen um eine möglichst prägnante Benennung von Aspekten und Phänomenen. Ähnliches gilt auch für die Softwareentwicklung, gerade im Kontext von Entwurfsmustern:

> » „Patterns give a name and form to abstract heuristics, rules, and best practices of object-oriented techniques. No reasonable engineer wants to start from a blank slate …" (Philippe Kruchten, Vorwort in [7])

Eine gemeinsame Sprache ist notwendige Grundlage der Kommunikation. Worte abstrahieren Konzepte in einer kompakten Weise (vgl. ► Kap. 13). Darüber hinaus beeinflusst die Sprache, was und wie wir denken. Auf den konkreten Kontext der Entwurfsmuster in der Softwareentwicklung bezogen bedeutet das, dass die verwendeten Muster klar benannt werden und als solche erkennbar sein sollten. Ein weiterer wesentlicher Aspekt des gemeinsamen Vokabulars: Seine Kenntnis bewahrt davor, das Rad neu zu erfinden. Arbeitsteilung steigert wesentlich die Produktivität – ein Prinzip, das spätestens mit der Industrialisierung eine eindrucksvolle Bestätigung erfahren hat. Dazu kommt, wieder bezogen auf den konkreten Kontext der Softwareentwicklung: Uns fehlt meist das Wissen für eigene Entwicklungen. Das führt unmittelbar zum nächsten gewichtigen Argument für den Einsatz von Entwurfsmustern.

---

5 Vgl. dazu Wittgenstein: „*Die Grenzen meiner Sprache* bedeuten die Grenzen meiner Welt." [6, S. 86, Hervorhebung im Original].

17.3.2 Praktische Erfahrung von Experten

Entwurfsmuster transportieren praktische Erfahrung von Experten, die über viele Jahre gereift ist. Jedes Muster im Katalog hat sich in der Praxis bewährt. Es lohnt sich deshalb, Experten zuzuhören und zuzuschauen.

> „If you don't know patterns, you're less likely to evolve great designs. Patterns capture wisdom. Reusing that wisdom is extremely useful." (Joshua Kerievsky, [8, S. 32])

Der herausragende Beitrag von Büchern wie jenem der „Viererbande" ist der, dass die Katalogisierung den systematischen Zugang zu den Mustern und damit zu über Jahre gereiftem Wissen von Experten auf dem Gebiet der Softwareentwicklung ermöglicht. Muster sind zunächst einmal abstrakte Lösungsvorschläge. Entsprechend sind sowohl die Vertrautheit mit den Mustern als auch eine genaue Analyse der jeweiligen konkreten Situation essentiell für den gewinnbringenden Einsatz.

17.3.3 Vorteile beim Verwenden von Entwurfsmustern

Die Kenntnis und Beherrschung von Entwurfsmustern hilft wesentlich bei der Entwicklung wiederverwendbarer hochwertiger Software – und damit ihrer Wissenschaftlichkeit (vgl. ► Kap. 1). Das durch die Entwurfsmuster vermittelte gemeinsame Vokabular erlaubt eine einfache Verständigung über relativ abstrakte Konzepte. Ein Muster transzendiert seine konkrete Umsetzung. Darüber hinaus sind Entwurfsmuster hilfreich beim Verständnis bestehender Systeme. Objektorientiert programmierte Systeme sind oft komplex, diese Komplexität spiegelt aber lediglich die Realität wider. Die Kenntnis der verwendeten Muster hilft entsprechend beim Verständnis und sorgt auf diese Weise für einfacher verständlichen Code, der mit weniger Kommentaren und Dokumentation auskommt. Schließlich schlagen Entwurfsmuster die Brücke zwischen Analyse und Implementierung: Sie vermitteln zwischen der komplexen realen Fragestellung und der Umsetzung der Lösung in Software.

17.4 Der richtige Umgang mit Entwurfsmustern

Wie bei so vielen Dingen gilt auch beim Einsatz von Entwurfsmustern: Der Umgang mit ihnen will gelernt sein. Das bezieht sich zum einen auf die Frage, wann Entwurfsmuster eingesetzt werden sollten – bereits im (abstrakten) Entwurf der Software oder erst während der (Weiter-)Entwicklung. Ein weiterer Aspekt ist die richtige Balance zwischen der zusätzlichen Abstraktion, die Entwurfsmuster liefern, und einer unnötigen Verkomplizierung von Code, wenn diese Abstraktion und Modularität überhaupt nicht notwendig ist (YAGNI). So, wie es ein zu wenig bei der Verwendung von Entwurfsmustern gibt, gibt es auch ein zu viel. Am Ende steht die Frage: Wie eignet man sich Entwurfsmuster an?

17.4.1 Einsatz: im Entwurf oder in der Entwicklung?

In der Softwareentwicklung lassen sich zwei grundsätzliche Strategien unterscheiden, auch wenn sie nur als Extreme zu verstehen sind und viele Zwischenformen existieren:

Das eine Extrem ist der Ansatz, den kompletten Entwurf sehr detailliert vor dem Beginn der Implementierung zu erstellen, oft als *Big Design Up-Front* (BDUF) bezeichnet. Der Gegenentwurf dazu wäre die iterative Entwicklung von unten nach oben, mehr oder weniger komplett ohne vorgeschaltete Entwurfsphase. Die meisten konkreten Umsetzungen bewegen sich zwischen diesen Extremen. Hier geht es nicht darum, diese beiden generellen Entwicklungsstrategien und ihre jeweiligen Vor- und Nachteile zu diskutieren (vgl. dazu u. a. [8, S. 33–35]), sondern um die Vor- und Nachteile des frühen Einsatzes von Entwurfsmustern.

Grundsätzlich ist es immer hilfreich, Entwurfsmuster zu kennen und ggf. im Entwurfsprozess entsprechend berücksichtigen zu können. Manche der Muster lassen sich im Nachhinein nur mühsam umsetzen. Neben der Kenntnis der Muster bedarf es aber auch einer genauen Anforderungsanalyse, um die Muster richtig einzusetzen. Der (komplette und detaillierte) Entwurf des Gesamtprojektes „am grünen Tisch" vor der Implementierung (BDUF) kann bei Projekten von überschaubarer Größe und ausreichend praktischer Erfahrung durchaus erfolgreich sein. Für große Projekte gerät er aufgrund der unvermeidlichen Komplexität der Aufgabenstellung schnell an seine Grenzen. Der Regelfall für die Anwendung von Mustern ist, bestehenden Code zu Mustern hin weiterzuentwickeln. Code ist nicht statisch, Muster lassen sich in den meisten Fällen auch später noch einführen. Der entsprechende Prozess kann mit *Refactoring to Patterns* bezeichnet werden, das gleichnamige Buch von Joshua Kerievsky [8] liefert viele hilfreiche Hinweise dazu, ebenso [9].

17.4.2 „You ain't gonna need it" (YAGNI)

Die Welt der Softwareentwicklung ist voll von Akronymen, und eines davon lautet YAGNI, oder ausgeschrieben: *You ain't gonna need it.* Zukünftige Anforderungen sind generell nur schwer vorhersehbar. Die Anforderungen an Software ändern sich ständig, und insbesondere die Richtung der Änderung ist (fast) nicht vorhersehbar. Das ist, genauso wie die Komplexität von Software, ein intrinsisches Problem: Die behandelten Fragestellungen sind meist zu komplex, als dass sie sich mit der uns zur Verfügung stehenden Denkkapazität ausreichend auf einmal erfassen lassen. Die passende Entwicklungsstrategie lautet daher, immer nur die aktuellen Anforderungen zu erfüllen. Jeder Codeteil sollte real verwendet werden. Flexibilität, Modularität und Wiederverwendbarkeit sind davon ungeachtet natürlich wichtige Ziele. „Vorauseilender Gehorsam" bläht allerdings den Code auf. Das Ziel ist einfacher und lesbarer Code, nicht Code, der jegliche Eventualität abdeckt, die noch gar nicht vorhersehbar ist (s. o.). Flexibilität erfordert selten komplexen Code, aber das Wissen um flexible und erweiterbare Lösungen.

17.4.3 Entwurfsmuster sind kein Selbstzweck

Vorweg zwei unbequeme „Wahrheiten": (i) Entwurfsmuster sind nicht immer die beste Lösung. (ii) Der Einsatz von Entwurfsmustern braucht Erfahrung. Entwurfsmuster sollten nie um ihrer selbst willen eingesetzt werden. Es geht immer darum, Code so einfach und so lesbar wie möglich zu gestalten, und so flexibel wie nötig zu halten. Entwurfsmuster zielen auf Flexibilität und Erweiterbarkeit. Ihre Beschreibungen enthalten konkrete Anwendungsszenarien, die Umsetzungen können aber sehr unterschiedlich komplex ausfallen und sollten jeweils auf den spezifischen Kontext zugeschnitten sein und nur das wirklich Notwendige berücksichtigen. Gerade die initiale Beschäftigung mit Entwurfsmustern führt zu einem zu freigiebigen Einsatz von Entwurfsmustern. Das ist das berüchtigte „Hammer-Nagel-Problem“: Nur weil man sich mit Entwurfsmustern befasst, sollte man sie nicht überall einsetzen und nur noch in Mustern denken. Fehlende Kenntnis bzw. fehlendes Bewusstsein für die Einsatzmöglichkeiten von Entwurfsmustern führt hingegen meist zu schwer wartbarem und anpassbarem Code. Die Erfahrung von Experten im Feld zeigt, dass ein zu wenig an Entwurfsmustern meist deutlich überwiegt. Für beide Situationen gibt es allerdings eine Lösung, die von Joshua Kerievsky in seinem Buch *Refactoring to Patterns* [8] beschrieben wird und auf die im Kapitel zu Refactoring (▶ Kap. 20) noch eingegangen wird. Man kann Code sowohl zu Entwurfsmustern hin als auch von Entwurfsmustern weg entwickeln, je nach Notwendigkeit. Refactoring liefert hierbei ein strukturiertes Vorgehen, das darauf bedacht ist, Code unter striktem Erhalt seiner Funktionalität zu verändern.

17.4.4 Wie eignet man sich Entwurfsmuster an?

Wie eignet man sich Entwurfsmuster am besten an? Die Antwort ist dreigeteilt: durch Lektüre entsprechender Literatur, Studium qualitativ hochwertigen Codes professioneller Entwickler und eigene praktische Erfahrung. Entwurfsmuster wurden und werden katalogisiert. Nach wie vor der „Klassiker“ und eine gute Einführung in die Thematik ist das Buch der „Viererbande“ [2]. Es gibt aber mittlerweile viele weitere (gute) Bücher mit unterschiedlichen Schwerpunkten und Anwendungsfällen. Interessierte seien auf das kommentierte Literaturverzeichnis am Ende des Kapitels verwiesen. Das Studium guten Codes von professionellen Entwicklern ist eine fast unerschöpfliche Quelle der Inspiration. Es gibt viele quelloffene Projekte mit guter Codequalität. Das Lesen von Code anderer Entwickler erweitert den eigenen Horizont.[6] Wichtig ist dabei, Code immer kritisch zu hinterfragen. Es empfiehlt sich aber, zunächst davon auszugehen, dass sich der oder die Entwickler etwas Sinnvolles bei der Programmierung gedacht haben, und eher das eigene Wissen kritisch zu hinterfragen. Letztlich hilft wie bei der gesamten Programmierung nur die eigene praktische Erfahrung. Sie kann durch nichts ersetzt werden. Programmieren lernt man nur über die Praxis. Entsprechend sollten Entwurfsmuster systematisch ausprobiert werden. Sehr hilfreich ist darüber hinaus auch der Austausch mit anderen Programmierern.

? Verständnisfragen

- Welche zwei wesentlichen Aspekte eines Musters (sowohl nach Alexander als auch nach der „Viererbande“) lassen sich unterscheiden?
- Wie unterscheiden sich Entwurfsmuster von Idiomen einerseits und der Architektur eines Softwareprojektes andererseits?
- Was ist eine grundlegende Voraussetzung für die Nutzung der hier vorgestellten Entwurfsmuster?
- Welche Vorteile sehen Sie in der Verwendung von Entwurfsmustern?

6 Ein Buch, das diesen Ansatz konsequent verfolgt, ist der *Hitchhiker's Guide to Python* [10], der jedem, der mit Python programmieren möchte, sehr empfohlen und auch online frei verfügbar ist.

- Warum ist es für den praktischen Einsatz wichtig, mit einem Katalog von Entwurfsmustern inhaltlich vertraut zu sein?
- Warum sollte man ein Entwurfsmuster, wenn man es in einer konkreten Implementierung einsetzt, möglichst beim Namen nennen?

Kommentiertes Literaturverzeichnis

Der „Klassiker" zum Thema Entwurfsmuster ist das Werk der „Viererbande": *Design Patterns* von Gamma, Helm, Johnson und Vlissides [2]. Ein Buch, das zwei wesentliche Konzepte der Entwicklung objektorientiert programmierter Software zusammenführt, ist *Refactoring to Patterns* von Joshua Kerievsky [8]. Er greift gleichermaßen auf das Werk der „Viererbande" wie auf das grundlegende Werk zum Refactoring von Martin Fowler [11] zurück. Einen etwas anderen Ansatz als die „Viererbande" verfolgt Kent Beck in *Implementation Patterns* [12]. Seine Muster decken einen wesentlich breiteren Bereich von Mustern ab als die hier vorgestellten Entwurfsmuster. Den Zusammenhang der schematischen Darstellung von Klassen und Objekten über UML und Entwurfsmustern thematisiert Craig Larman in *Applying UML and Patterns* [7]. Weitere bekannte und oft zitierte Kataloge von Entwurfsmustern sind *Pattern-Oriented Software Architecture* (POSA) [5] und *Patterns of Enterprise Application Architecture* (PoEAA) [4]. Darüber hinaus gibt es noch eine ganze Reihe weiterer Werke, die sich mit dem einen oder anderen speziellen Aspekt bzw. Anwendungsgebiet von Mustern befasst [13–15]. Einen Katalog von Mustern für die Umstrukturierung (*reengineering*) von Code liefern Demeyer, Ducasse und Nierstrasz [9], unter Verweis auf und in Abgrenzung der Muster der GoF [2] und Refactoring [11]. Den Ausgangspunkt für die Beschäftigung mit Mustern in der Softwareentwicklung lieferte das Werk *A Pattern Language* des Architekten, Mathematikers und Systemtheoretikers Christopher Alexander [3].

Literatur

1. E.W. Dijkstra, Communications of the ACM **15**, 859 (1972)
2. E. Gamma, R. Helm, R. Johnson, J. Vlissides, *Design Patterns. Elements of Reusable Object-Oriented Software* (Addison-Wesley, Boston, 1995)
3. C. Alexander, S. Ishikawa, M. Silverstein, *A Pattern Language* (Oxford University Press, New York, 1977)
4. M. Fowler, *Patterns of Enterprise Application Architecture* (Addison Wesley, Boston, 2003)
5. F. Buschmann, R. Meunier, H. Rohnert, P. Sommerlad, M. Stal, *Pattern-Oriented Software Architecture. Volume 1: A System of Patterns* (John Wiley & Sons, Chichester, 1996)
6. L. Wittgenstein, *Logisch-philosophische Abhandlung Tractatus logico-philosophicus* (Suhrkamp, Frankfurt am Main, 1963)
7. C. Larman, *Applying UML and Patterns* (Prentice Hall, Upper Saddle River, New Jersey, 2005)
8. J. Kerievsky, *Refactoring to Patterns* (Addison-Wesley, Boston, 2005)
9. S. Demeyer, S. Ducasse, O. Nierstrasz, *Object-Oriented Reengineering Patterns* (Morgan Kaufmann Publishers, San Francisco, CA, 2003)
10. K. Reitz, T. Schlusser, *The Hitchhiker's Guide to Python* (O'Reilly, Sebastopol, 2016)
11. M. Fowler, *Refactoring. Improving the Design of Existing Code* (Addison-Wesley Longman, Boston, 1999)
12. K. Beck, *Implementation Patterns* (Addison-Wesley, Upper Saddle River, NJ, 2007)
13. K. Beck, C. Andres, *Extreme Programming Explained. Embrace Change*, 2. Aufl. (Addison-Wesley, Boston, 2004)
14. E. Evans, *Domain-Driven Design* (Addison Wesley, Boston, 2004)
15. G. Meszaros, *xUnit Test Patterns* (Addison-Wesley, Boston, 2007)

Tests

Inhaltsverzeichnis

T. Biskup, *Softwareentwicklung für die Naturwissenschaften*,
https://doi.org/10.1007/978-3-662-71607-6_18

Kernaspekte

- Überprüfung ist ein Kernaspekt sowohl von Wissenschaft als auch von moderner Softwareentwicklung.
- Überprüfung wissenschaftlicher Software ist entscheidend, weil sie den Erkenntnisgewinn selbst betrifft.
- Der größte Teil wissenschaftlicher Software ist unzureichend oder gar nicht getestet.
- Tests können nur die Existenz von Fehlern beweisen, niemals deren Abwesenheit.
- Tests sollten so früh wie möglich, so oft wie möglich und so automatisiert wie möglich durchgeführt werden.

Das Thema Tests ist sowohl für die Softwareentwicklung allgemein als auch die Entwicklung und Verwendung wissenschaftlicher Software so wichtig, dass ihm zwei Kapitel gewidmet sind. In diesem Kapitel wird die Bedeutung von Tests für Software im Allgemeinen und Software für wissenschaftliche Datenauswertung im Speziellen aufgezeigt und die Beschäftigung mit dem Thema Softwareüberprüfung motiviert. Darüber hinaus werden praktisch relevante Aspekte betrachtet und die grundlegende Terminologie geklärt. Im folgenden Kapitel (▶ Kap. 19) stehen Testautomatisierung und testgetriebene Entwicklung im Fokus.

18.1 Motivation: zwingende Voraussetzung für Wissenschaftlichkeit

Die herausragende Bedeutung, die Tests und damit der Überprüfbarkeit von Software im Kontext der (Natur-)Wissenschaften zukommt, speist sich aus der Bedeutung, die Software und rechnergestützte Arbeit mittlerweile haben: Sie rührt an die Grundlagen des wissenschaftlichen Erkenntnisgewinns.

> „Testing is so central to both the scientific method and modern software development that many computational scientists consider it a moral failing for a scientific program not to include tests.
>
> [...]
>
> Testing is considered a core principle of *scientific software* because its impact is at the heart of knowledge generation.“ (Anthony Scopatz und Kathryn D. Huff, [1, S. 404])

Es ist nicht trivial, den Begriff „Wissenschaft“ zu definieren (vgl. ▶ Kap. 1). Konsens sollte aber sein, dass *empirische* Wissenschaften wesentlich auf **Überprüfbarkeit und Nachvollziehbarkeit** ihrer Ergebnisse und Aussagen beruhen, um jene als *wissenschaftlich* anzuerkennen. Im Fokus steht dabei die unabhängige Überprüfung und damit die Pflicht sowohl zur Dokumentation als auch zur hinreichend genauen Beschreibung, sodass eine andere Person – gegeben die notwendige Ausstattung, Wissen und Erfahrung – die Ergebnisse nachvollziehen und ggf. reproduzieren kann.[1]

Software ist heutzutage oft ein integraler Bestandteil von Forschung. Die Auswertungen sind in der Regel nicht trivial. Das liegt daran, dass die trivialen Zusammenhänge im

18

1 Inwieweit Wiederholung in jedem Fall ein valides Kriterium für Wissenschaftlichkeit ist, wird im Einzelfall zu diskutieren sein.

Normalfall bereits hinreichend erforscht sind und die Realität für gewöhnlich dazu tendiert, komplex zu sein. Darin liegt auch der Einsatz von Software zur Unterstützung des wissenschaftlichen Erkenntnisprozesses begründet. Eine Überprüfung der verwendeten Software auf Korrektheit ist ebenso nicht trivial. Das liegt zum einen in der Komplexität der behandelten Forschungsthematik begründet, zum anderen darin, dass Überprüfung von Software grundsätzlich ein nicht triviales Unterfangen ist. Ein Ziel dieses Buches ist es, entsprechende Strategien anzusprechen und aufzuzeigen, die es erlauben, eine weitestmögliche Überprüfbarkeit von Software zu erreichen.

Trotz aller Probleme, die die Überprüfbarkeit und Überprüfung von Software mit sich bringt, gilt gerade im akademischen Kontext: Wissenschaftliche Software muss zuverlässig sein, da die Erkenntnisse und der Fortschritt auf Ergebnissen gründen, die mithilfe von Software gewonnen werden.

> „We would like to think that scientists are rigorous enough to realize the importance of testing [...]
>
> The truth of the matter is that most scientists are poorly equipped to truly test their code. The average blog or image-sharing website is better tested than most scientific software." (Anthony Scopatz und Kathryn D. Huff, [1, S. 405])

Auch wenn Wissenschaftler eigentlich dazu prädestiniert sein sollten, die Bedeutung und Wichtigkeit von Überprüfung und sauberen Tests zu erkennen, sieht die Realität leider in den meisten Fällen anders aus.[2] Die Gründe sind im Wesentlichen mangelndes Bewusstsein und fehlendes Wissen. Programmierung hat in den Naturwissenschaften nach wie vor einen viel zu geringen Stellenwert, und Wissenschaftler sind selten ausgebildete Programmierer. Die Folgen werden von Greg Wilson in einem Zitat prägnant zusammengefasst, das schon in ► Kap. 1 zur Sprache kam:

> „If experimentalists don't calibrate their equipment, check their reagents' purity, and take careful notes, what they're doing isn't considered science. In contrast, computationalists don't even learn how to assess their software's quality in any systematic way, and very few would be able to recreate and rerun the programs they used to produce last year's papers. As a result, most computational science is irreproducible and of unknown quality." (Greg Wilson, [2])

Letztlich sind sorgfältige Tests wissenschaftlicher Software eine Frage der **Professionalität als Wissenschaftler**. Darüber hinaus liegt die Verantwortung dafür einzig und allein in den Händen des jeweiligen Wissenschaftlers.

2 Die eigene Erfahrung legt nahe, dass sich das leider nicht nur auf die von Wissenschaftlern geschriebene Software bezieht, sondern viel allgemeiner auf die Herangehensweise an wissenschaftliche Forschung und Erkenntnisgewinn. Vermutlich ist der allergrößte Teil publizierter Arbeiten nicht nachvollziehbar und auch nicht reproduzierbar. Das liegt nicht einmal unbedingt an böser Absicht der Autoren, sondern an mangelnder Qualitätskontrolle, fehlendem Bewusstsein für die Notwendigkeit und Ideen, wie es sich bewerkstelligen ließe.

Professionalität und Verantwortung des Wissenschaftlers

Professionalität hat viel mit der Einstellung zur Arbeit zu tun. Letztlich bedeutet sie, dass man die eigene Arbeit gewissenhaft und mit dem sinnvollen Einsatz aller zur Verfügung stehenden Ressourcen durchführt. Darüber hinaus setzt Professionalität den notwendigen Überblick über die Thematik und die Fähigkeit zur Einschätzung der Wichtigkeit und zur Priorisierung von Teilaspekten voraus. Insofern ist Professionalität zwangsläufig an Erfahrung geknüpft und kann nicht bei Menschen vorausgesetzt werden, die sich noch in der Ausbildung befinden. Entsprechend ist es die Verantwortung der Betreuenden, diese Professionalität bewusst vorzuleben und auf dieser Basis die Betreuten dazu anzuleiten, sich selbst die notwendigen Fähigkeiten anzueignen.

18.2 Probleme mit der Überprüfung von Software

So wünschenswert und notwendig die Überprüfung von Software durch Tests ist, so schwierig gestaltet sie sich oft in der Praxis. Das hat eine ganze Reihe von Gründen, angefangen von Schwierigkeiten bei der praktischen Umsetzung bis zur Unmöglichkeit, die Fehlerfreiheit jedes hinreichend komplexen Programms formal zu beweisen. Auf einige dieser Aspekte soll nachfolgend etwas detaillierter eingegangen werden.

18.2.1 Grundlegende Probleme von Tests

Tests zur Überprüfung von Software zu schreiben, gehört zugegeben meist nicht zu den bevorzugten Tätigkeiten von Programmierern, und ihr Wert wird (leider) auch viel zu selten gesehen und geschätzt. Das hat eine ganze Reihe eher grundlegender Ursachen, die zu verstehen dabei helfen kann, entsprechende Strategien zu entwickeln, um Software besser auf korrekte Funktion zu überprüfen.

Tests sind destruktiv. Ein erfolgreicher Test ist zunächst einmal ein Test, der zu einem Fehler führt. Das widerspricht dem Entwicklergedanken, Lösungen für Probleme zu schaffen, und zwingt stattdessen dazu, Fehler in bereits geschriebener Software finden. Niemand wird gerne darauf hingewiesen, dass er Fehler gemacht hat, die ihm schlicht entgangen sind.[3]

Tests erfordern die Erwartung, Fehler zu finden. Menschen unterschätzen gerne, wie sehr unterbewusste Vorentscheidungen oder Voreingenommenheit ihr Urteilsvermögen und ihre Entscheidungen beeinflussen. Auf die Überprüfung von Software bezogen bedeutet das: Wer keine Fehler finden will, wird sie oft übersehen. Entwicklern fehlt häufig die notwendige Objektivität, da sie selbst den zu überprüfenden Code geschrieben haben. Deshalb ist es so wichtig, Tests weitgehend zu automatisieren und insbesondere die

3 Gerald Weinberg stellt eine interessante These auf (er nennt es *egoless programming*): Wenn Code und Programmierer hinreichend mental getrennt sind, werden Fehler im Code nicht zu Fehlern der Programmierer als Personen. Entsprechend kann man Fehler beherzt zugeben und eine Kultur des gegenseitigen Unterstützens etablieren [3, Kap. 4, S. 56 ff.].

Entscheidung über das erfolgreiche Bestehen eines Tests an klare, von einem Programm überprüfbare und objektive Kriterien zu knüpfen (vgl. ▶ Kap. 19).[4]

Tests sagen nichts über Fehlerfreiheit. Es ist ernüchternd, aber logisch und sogar im Allgemeinen mathematisch beweisbar: Tests können nur (bislang unbekannte) Fehler finden. Die Abwesenheit von Fehlern ist allgemein nicht beweisbar.[5] Darauf wurde bereits deutlich früher im Kontext von Bugverwaltungssoftware (▶ Kap. 9) eingegangen.

Tests selbst erhöhen nicht die Softwarequalität. Tests sind durchaus ein wesentlicher Schritt auf dem Weg zu qualitativ hochwertiger Software. Sie erhöhen aber nicht alleine schon durch ihre Existenz die Qualität der getesteten Software. Dafür müssen Testergebnisse ernst genommen und die Fehlerursachen entsprechend konsequent behoben werden.

Zu diesen eher allgemeinen Problemen gesellt sich noch eine ganze Reihe praktischer Probleme bei der Überprüfung von Software, insbesondere wenn sie nicht von Anfang an auf Überprüfbarkeit hin ausgelegt wurde und ihr deshalb die notwendige Modularität fehlt.

18.2.2 Praktische Probleme mit Tests

Warum sind Tests einerseits essentiell, insbesondere für Software im wissenschaftlichen Kontext, die zum wissenschaftlichen Erkenntnisgewinn beiträgt, andererseits aber so wenig weitverbreitet? Eine Spurensuche, warum so wenig getestet wird, fördert unter anderem die folgenden Gründe zutage:

Programme sind meist schwer zu testen. Testbarkeit erfordert Modularität und Unabhängigkeit sowie die lose Kopplung der Komponenten – Eigenschaften, die *per se* Kennzeichen guter Software und u. a. essentiell für ihre Wiederverwendbarkeit sind. Während Wiederverwendbarkeit oftmals ein hehres und eher abstraktes Fernziel bleibt, ist Testbarkeit von konkreter praktischer Relevanz und Bedeutung. Entwicklung fokussiert meist nicht auf Testbarkeit. Entsprechend ist Software selten hinreichend modular und unabhängig von anderen Komponenten.

Tests haben einen viel zu geringen Stellenwert. Tests fallen oft dem Zeitmangel zum Opfer. Das gilt mit Sicherheit in der professionellen Softwareentwicklung mit klaren Zeitvorgaben für neue Versionen und in einem Kontext, in dem es um viel Geld und darum geht, schneller als die Konkurrenz zu sein. Genauso gilt es aber für Software, die im akademischen Kontext quasi nebenher entwickelt wird. Software ist immer nur Mittel zum Zweck, und alles, was nicht als unbedingt notwendig angesehen wird, fällt schnell unter den Tisch. Das Bewusstsein für die Bedeutung verlässlicher Software gerade in der

4 Eine Parallele zur Entscheidung über das erfolgreiche Bestehen eines Tests ist die Diskussion am Ende von Gregor Mendels Publikation [4], in der er darauf eingeht, warum Merkmale eindeutig unterscheidbar und objektiv feststellbar sein sollten.

5 Das ist ein generelles philosophisches Problem: Es lässt sich im Allgemeinen – wenn überhaupt – nur die Existenz einer Sache direkt beweisen, aber nicht ihre Abwesenheit. Dieser Gedanke findet sich an zentraler Stelle in Karl Poppers Werk, insbesondere seiner „Logik der Forschung" [5] wieder. Er läutete die Abkehr vom Positivismus wegen der Unmöglichkeit, die Korrektheit einer These zu beweisen, hin zum Falsifikationismus ein.

Wissenschaft fehlt überwiegend. Das ist mindestens tragisch, da Software zunehmend essentiell für den wissenschaftlichen Erkenntnisgewinn ist. Ohne gesicherte Qualität der Software durch rigorose Tests wird zunehmend die Wissenschaftlichkeit und Zuverlässigkeit der Ergebnisse infrage gestellt.

Es fehlt das Wissen für effektive Tests. Tests zu schreiben ist nicht trivial. Das Wissen, wie man effektive Tests schreibt, ist zwar grundsätzlich vorhanden und weit entwickelt, gehört aber nicht unbedingt zum Allgemeingut, schon gar nicht für Wissenschaftlerinnen und Wissenschaftler, die nebenher programmieren.

Testen ist langweilig und fehleranfällig. Niemand möchte per Hand dutzende Male denselben Test ausführen und dann immer mühsam die Übereinstimmung mit der Erwartung überprüfen. Entsprechend ist Automatisierung das Gebot der Stunde. Insbesondere sollten Tests automatisiert *ausgewertet* werden. Entsprechende Strategien werden im ersten Teil des nächsten Kapitels (▶ Kap. 19) vorgestellt.

Zu diesen ganz praktischen Problemen gesellen sich noch eine Reihe grundlegender Unzulänglichkeiten von Tests, was die Qualitätskontrolle von Programmen betrifft.

18.2.3 Vollständige Tests sind meist undurchführbar

Eine so einfache wie erschreckende Tatsache: Vollständige Tests eines fast beliebig einfachen Programms sind meist undurchführbar. Entscheidend ist deshalb die geschickte Wahl aussagekräftiger Testfälle. Der Grund ist sehr einfach:

Lemma 18.1 *Der mögliche Parameterraum jedes nicht trivialen Programms ist zu groß für vollständige Tests.*

Das lässt sich gut an einem Beispiel zeigen: Gegeben sei eine Funktion zum Speichern von Adressen. Für Name und Adresse sei je eine Zeichenkette aus 20 Buchstaben vorgesehen, für die Telefonnummer 10 Ziffern. Einfache Anwendung der Kombinatorik ergibt die Zahl der Möglichkeiten für gültige Eingaben: $26^{20} \times 26^{20} \times 10^{10} \approx 10^{66}$. Zum Vergleich: Es gibt vermutlich ca. 10^{80} Atome im Universum. Dazu kommt noch, das die hier getroffenen Annahmen für die Länge der Eingaben stark vereinfacht sind und nicht geeignet, reale Adressen wirklich abzubilden. Abhilfe schafft also nur eine **intelligente Wahl der Testfälle**. Gefragt sind *charakteristische* Testfälle, die besondere Situationen abdecken. Denn die allermeisten Fälle, die theoretisch möglich sind, unterscheiden sich nicht in ihrer Aussagekraft. Solche charakteristischen Testfälle zu finden, erfordert Vertrautheit mit der Problemstellung und Kenntnis über Spezialfälle.

> „Once you are confident that your tests are correct, and are finding bugs you create, how do you know if you have tested the code base thoroughly enough?
>
> The short answer is 'you don't,' and you never will.“ (Andrew Hunt und David Thomas, [6, S. 245])

Auch wenn wir korrekte Tests für unsere Software haben, die charakteristische Fälle abfangen, können wir nie sicher sein, dass die Zahl der Tests ausreicht. Deshalb ist das Schreiben von Tests eine Daueraufgabe, die das zunehmende Verständnis der Problemstellung widerspiegelt. Darüber hinaus schlägt hier die Statistik zu: Es gibt mehr Nutzer einer Software als Entwickler. Entsprechend werden Entwickler während der Entwicklung nie alle Fehler finden, was einen systematischen Umgang mit Fehlerberichten durch die Nutzer notwendig macht (vgl. ▶ Kap. 9).

18.2.4 Fehlerfreiheit ist eine Illusion

Als wäre die Kombinatorik nicht schon Ernüchterung genug, hat die theoretische Informatik bereits ganz zu Beginn ihrer Existenz in der Nachfolge von Kurt Gödels Unvollständigkeitssätzen formal nachgewiesen, dass nachweisbare Fehlerfreiheit von Programmen bis auf wenige Ausnahmefälle eine Illusion ist.

Lemma 18.2 *Fehlerfreiheit von Programmen ist im Allgemeinen weder erreichbar noch beweisbar.*[6]

Wenn sich die Fehlerfreiheit eines Programms im Allgemeinen aber weder beweisen noch ereichen lässt, ist sie kein sinnvolles Kriterium. Das sollte man andererseits aber keinesfalls als Argument gegen Tests verstehen – im Gegenteil. Die Vertrauenswürdigkeit von Code ist entscheidend, und systematische Tests können dieses Vertrauen schaffen. Entscheidend ist hierbei nicht die Zahl von Tests, sondern ihre Abdeckung unterschiedlicher (charakteristischer) Fälle: die Abdeckung aller Zustände, die ein Programm einnehmen kann, nicht die Abdeckung aller Codezeilen. Letztere ist ein schlechtes Maß, da Tests, die alle Codezeilen eines Programms vollständig abdecken, selten auch alle Zustände abdecken. Die Frage, wie viele Tests ausreichend sind, wird weiter unten detaillierter diskutiert.

18.2.5 Komplexe Rechnungen sind schwer überprüfbar

Gerade im wissenschaftlichen Kontext kommt noch ein zusätzliches Problem hinzu. Während für die große Mehrheit existierender Software das erwünschte Verhalten eindeutig im Vorfeld festgelegt werden kann, gilt das *nicht* für komplexe Rechnungen und insbesondere numerische Simulationen.

These
Numerische Simulationen und Rechnungen lassen sich oft nicht mit bekannten Lösungen überprüfen.

Erkenntnisgewinn ist das eigentliche Ziel der Wissenschaft. Oft gibt es deshalb keine bekannten Lösungen zu einem Problem. Zudem ist Software zunehmend Werkzeug des Erkenntnisgewinns. Ein möglicher Lösungsansatz ist es, das notwendige Vertrauen in die Einzelteile der Software zu schaffen. Die einzelnen Elementaroperationen müssen zuverlässig korrekt sein. Die Voraussetzung für diesen Nachweis ist modularer, lesbarer, testbarer Code. Manche Grenzfälle komplexer Rechnungen lassen sich analytisch lösen, darüber hinaus lassen sich Trends bei der gezielten Variation einzelner Parameter oft

6 Und auch wenn sie beweisbar ist, findet der Beweis gerade *nicht* durch Tests statt, die das Verhalten des Programms in bestimmten Situationen überprüfen, sondern durch formale Beweise. Tests erfordern ein ausführbares Programm, die Verifizierung den Quellcode.

vorhersagen. All das erfordert ein tiefes Verständnis der Zusammenhänge und ggf. solide Mathematikkenntnisse. Zudem können sich Fehler durch die endliche numerische Genauigkeit [7] einschleichen, die Lösungen instabil werden lassen und sich in grob falschen Ergebnissen, trotz korrekt implementierter Mathematik, niederschlagen können [8]. Ein darüber hinausgehender Lösungsansatz ist die unabhängige Implementierung desselben Programms durch mehrere Wissenschaftler. Der Gedanke dahinter ist, dass Implementierungsfehler statistisch unabhängig sein sollten. Ob sich dieser Ansatz in der Praxis umsetzen lässt, hängt von den Gegebenheiten ab. Für kleinere Programme ist das sicherlich eine Möglichkeit, für komplexere Software tendenziell nicht.[7]

18.3 Arten von Tests

Nach dieser *tour de force* durch die Probleme mit der Überprüfung von Software widmet sich dieser Abschnitt den unterschiedlichen Arten von Tests. Das ist nicht nur von akademischem Interesse, zumal auch auf die spezifischen Aspekte der Überprüfung von wissenschaftlicher Software eingegangen wird.

18.3.1 Terminologie: relevante Arten von Tests

Es gibt eine ganze Reihe unterschiedlicher Arten von Tests für Software, und nicht jeder Autor definiert die Begriffe immer deckungsgleich. Aufgrund der spezifischen Situation im wissenschaftlichen Kontext – normalerweise eher kleine Programme verglichen mit professioneller Software, kleine Teams bzw. Einzelkämpfer – sollen hier kurz drei Arten von Tests mit der größten Relevanz vorgestellt werden.

Unittest Test eines Codeblocks in Isolation. Die getesteten Codeblöcke sind in der Regel klein, meist eine einzelne Funktion oder Methode. Zwingende Voraussetzung ist, dass das Verhalten des Codeblocks eindeutig definierbar ist.

Integrationstest Test des Zusammenspiels mehrerer Codeblöcke. Einzelne Codeblöcke wurden vorher über Unittests (s. o.) überprüft. Entsprechend finden Integrationstests nicht mehr (notwendigerweise) in Isolation statt.

Regressionstest Test auf Übereinstimmung mit früherer Funktionalität. Diese Form der Überprüfung ist relevant bei Veränderungen im Code, da sie sicherstellt, dass korrekter Code korrekt bleibt. Die Voraussetzung ist natürlich die Korrektheit der verwendeten Tests. Als Tests können hier sowohl Unittests als auch Integrationstests zum Einsatz kommen. Je höher die Testabdeckung und je kleiner die überprüfte Einheit (Unittests!), desto einfacher ist es, bei einer Regression die Ursache zu finden und zu beheben.

7 Dem Autor ist genau eine Arbeitsgruppe bekannt, in der nach eigener Aussage des Leiters ein solcher Ansatz zumindest in der Vergangenheit verfolgt wurde. Allerdings handelt es sich hier eben gerade um kleine Programme, die für genau einen Fall geschrieben wurden (die Simulation zeitaufgelöster EPR-Spektren in je einem Spezialfall), und der resultierende Code ist, soweit dem Autor bekannt, auch relativ fern davon, die in diesem Buch aufgestellten Kriterien zu erfüllen. Das ist keine Kritik an den Autoren der Software, sondern eine nüchterne Feststellung.

Während Unit- und Integrationstests über die Größe der zu testenden Einheit definiert sind, sind Regressionstests über ihre Funktion definiert. Der Fokus der Überprüfung wissenschaftlicher Software liegt sinnvollerweise auf möglichst kleinen und überschaubaren Codeeinheiten, da oftmals das Ergebnis des komplexen Zusammenspiels nicht im eigentlichen Sinne überprüfbar ist, zumal das Ergebnis nicht mit bekanntem Wissen verglichen werden kann.

18.3.2 Tests wissenschaftlicher Software

Für die Tests wissenschaftlicher Software gibt es eine ganze Reihe von Unterschieden zur kommerziellen Softwareentwicklung, auf die nachfolgend eingegangen wird. Diese Unterschiede sind nicht grundlegend, aber doch groß genug, als dass aus der Behandlung der Thematik in der Fachliteratur nicht immer offensichtlich wird, wie sich die dort besprochenen Strategien auf die spezifische Situation der Softwareentwicklung in den Wissenschaften anwenden lässt.

Entwickler sind für die Tests verantwortlich. Gerade für Software, die im akademischen Kontext entwickelt wird, gilt: Entwickler sind in vielen Fällen selbst Nutzer. Darüber hinaus sind die Entwickler meist Einzelkämpfer. Sie können also nicht auf ein Team zurückgreifen, was gerade bei Tests mitunter sehr hilfreich sein kann. Dafür ist die Implementierung eines konkreten Softwareabschnitts in der Regel bekannt. Auf Tests bezogen bedeutet das: Es gibt letztlich niemanden, der sie einfordern könnte – außer der Entwickler selbst. Das setzt eine entsprechende Disziplin und den Weitblick voraus, zu erkennen, dass und wie wichtig gut überprüfte Software ist.

Wissenschaftliche Software dient dem Erkenntnisgewinn. Im Gegensatz zum überwiegenden Rest existierender Software sind korrekte Lösungen für komplexe Probleme, für deren Lösung die Software im wissenschaftlichen Kontext programmiert wird, nicht bekannt. Einer der wenigen Auswege, die hier überhaupt bleiben, um eine gewisse Sicherheit hinsichtlich der Korrektheit zu haben, ist die möglichst rigide Überprüfung der einzelnen Codebestandteile. Das aber erfordert zwingend modularen, im Hinblick auf Testbarkeit geschriebenen Code. Der weitaus geringste Teil der von Wissenschaftlern geschriebenen Software wird diesem Kriterium gerecht. Entsprechend schlecht ist es aber auch um die Verlässlichkeit und Überprüfbarkeit der Ergebnisse bestellt. Ein weiterer Ausweg ist die analytische Lösung für Grenzfälle und das Abschätzen von Trends bei systematischer Variation einzelner Parameter. Das setzt allerdings ein tiefgreifendes Verständnis der Fragestellung und oft eine solide Beherrschung der zugrunde liegenden Mathematik voraus. Letzteres sollte aber sowieso gegeben sein, da sonst eine Implementierung grundsätzlich fragwürdig ist.

Tests erfordern Kompetenzen auf zwei Gebieten. Diese beiden Gebiete sind Programmierung und Wissenschaft. Implementierungen sind immer fehleranfällig. Das liegt daran, dass Menschen nun einmal nicht oder nur selten fehlerfrei arbeiten und darüber hinaus die Informationsdichte von Quellcode ähnlich hoch ist wie die mathematischer Formeln und ein entsprechendes Maß an Konzentration einfordert. Darüber hinaus garantieren korrekte Implementierungen nicht die wissenschaftliche Korrektheit. Entsprechend wäre es auch nicht ausreichend oder zielführend, die Erstellung wissenschaftlicher Software an professionelle Softwareentwickler auszulagern, da ihnen meist die notwendige Kompetenz auf dem Gebiet der Wissenschaft fehlt, um möglichst korrekte Software für die richtige Fragestellung zu entwickeln bzw. um überhaupt in der Lage dazu zu sein, die Software richtig zu überprüfen.[8]

Einerseits gibt es Software, von deren korrekter Funktion Menschenleben abhängen, was im Falle von Software im wissenschaftlichen Bereich höchst selten der Fall ist (vgl. die Ausführungen in ► Kap. 9). Andererseits wird der wissenschaftliche Erkenntnisgewinn selbst infrage gestellt, wenn die dazu verwendete Software nicht hinreichend getestet und von entsprechender Qualität ist. Natürlich gibt es nie eine Sicherheit dafür, dass Software korrekt ist und damit die mit ihrer Hilfe gewonnenen Erkenntnisse der Realität entsprechen. Das ist aber kein Argument, sich nicht um bestmögliche Überprüfung und Zuverlässigkeit der verwendeten Software zu kümmern.[9] Die Realität sieht leider in den allermeisten Fällen anders aus.

18.4 Strategien für die Überprüfung von Software

Eines sollte bislang deutlich geworden sein: Sorgfältige Überprüfung von Software auf ihre korrekte Funktion ist nicht optional, sondern essentieller Bestandteil ihrer Entwicklung – auch wenn das in der Praxis meist deutlich anders gehandhabt wird. Um diese Diskrepanz zwischen wünschenswerter ausreichender Überprüfung und Realität der weitestgehenden Abwesenheit von Tests etwas zu verringern, werden in diesem Abschnitt praktische Strategien für die Überprüfung von Software vorgestellt. Das nächste Kapitel (► Kap. 19) geht noch einen Schritt weiter und stellt bewährte Möglichkeiten der Testautomatisierung sowie Entwicklungsansätze für von Anfang an getestete Software vor.

18.4.1 Allgemeine Regeln

Auch wenn die Qualität von Tests eine wesentliche Rolle spielt, ist vor dem Hintergrund, dass Software in aller Regel viel zu wenig oder gar nicht überprüft wird, die erste und wichtigste Regel, überhaupt Tests zu schreiben und Software zu überprüfen.

» „The single most important rule of testing is to do it.“ (Brian Kernighan und Rob Pike, [11, S. 162])

Früh testen Software sollte früh getestet werden. Je früher sie getestet wird, desto einfacher ist das Eingrenzen von Fehlern. Gleichzeitig werden so Fehlentwicklungen verhindert.[10]

---

8 Professionelle Softwareentwickler können ggf. Software richtig entwickeln, aber nicht sicherstellen, dass die richtige Software entwickelt wird, vgl. dazu auch die Diskussion der beiden Begriffe Validierung und Verifizierung in ► Kap. 9. Das bedeutet aber nicht, dass professionelle Softwareentwickler nicht in einem Team gemeinsam mit Wissenschaftlern zur Qualität entstehender Software entscheidend beitragen können, wenn beide Seiten wechselseitig im Dialog stehen.

9 Zu einer solchen Überprüfbarkeit gehört auch, dass Software zum Einsatz für den wissenschaftlichen Erkenntnisgewinn quelloffen und der Code lesbar sein sollte, vgl. dazu die Ausführungen am Ende von ► Kap. 5 und u. a. [9, 10].

10 Das gilt nicht nur für Software. Jeder, der schon einmal ein größeres LaTeX-Dokument erstellt und erst nach längerem Schreiben übersetzt hat, wird die Erfahrung kennen, dass sich eine ganze Reihe kleiner Fehler angesammelt hat, die dann recht mühsam zu finden und beheben sind.

18

Oft testen Software sollte darüber hinaus oft getestet werden. Das Minimum ist einmal pro (Arbeits-)Tag. Die Idee dahinter ist, dass man allerspätestens am Ende einer Programmiersitzung die Tests durchlaufen lässt. Wichtig: Fehler erst beheben, bevor weiterentwickelt wird. Inwieweit sich immer durchsetzen lässt, dass nur getesteter und die Tests bestehender Code in eine Versionsverwaltung als neue Version eingepflegt wird, hängt vom Kontext ab. In der professionellen Softwareentwicklung mit Entwicklerteams wird man schwerlich darum herum kommen, zumindest für alle Zweige außer jenen für die direkte Entwicklung.

Automatisiert testen Schließlich sollte Software automatisiert getestet werden. Das ist zum einen die Voraussetzung für häufiges Testen, zum anderen verringert Automatisierung die Fehlerquote beim Testen. Konkrete Strategien für die Automatisierung von Tests werden im nächsten Kapitel (▶ Kap. 19) vorgestellt.

18.4.2 Strategien für konkrete Tests

Die zweitwichtigste Regel für Tests – nach der, dass man überhaupt testen sollte – ist die, dass die Überprüfung von Software ein **systematisches Unterfangen** sein sollte. Das Vorgehen bei der Überprüfung von Software hat viele Gemeinsamkeiten mit der Arbeitsweise der empirischen Wissenschaften. Genauso wie der Wahrheitserweis in den empirischen Wissenschaften unmöglich ist, ist der Nachweis der Fehlerfreiheit von Software im Allgemeinen unmöglich.[11] Nachfolgend werden kurz fünf Aspekte bzw. Strategien für konkrete Tests vorgestellt.

Systematische Tests Jede Zeile im Produktivcode sollte abgetestet werden. Das ist aber kein hinreichendes Kriterium: Jede Bedingung sollte einzeln abgetestet werden. Das Ziel ist, alle möglichen Zweige des Programms abzutesten. Daraus wird auch schnell klar, warum Codeabdeckung durch Tests kein notwendigerweise sinnvolles Maß ist.

Kontrollfluss und Datenfluss testen Es gibt drei Zustände für Daten: definiert, benutzt, freigegeben. Atypische Folgen von Zuständen deuten auf Fehler hin. Eine detaillierte Beschreibung findet sich in Kapitel 22 von *Code Complete* [14]. In dynamisch typisierten Sprachen mit automatischem Speichermanagement sind die genannten drei Zustände für Daten wesentlich impliziter, was als ein Argument *gegen* diese Art von Programmiersprachen und für stark typisierte Sprachen gesehen werden kann. Aber auch bei ersteren erlaubt die statische Codanalyse mitunter das Auffinden problematischer Fälle.

Grenzen analysieren Grenzen von Wertebereichen sind besonders fehleranfällig. Entsprechend sollten Tests von Parametern insbesondere diese Grenzen abdecken, und zwar von beiden Seiten. Besondere Vorsicht ist bei mehreren abhängigen Parametern geboten, da sich hier die Möglichkeiten für Fehler entsprechend multiplizieren.

11 Formallogisch sind die Gründe für die Unmöglichkeit der Verifikation in den empirischen Wissenschaften und den Nachweis der Fehlerfreiheit von Software sehr eng verwandt. Gödels Unvollständigkeitssätze [12] führten direkt zu Poppers „Logik der Forschung" [5], inspirierten aber auch Turing zu seiner Diskussion des Entscheidungsproblems [13].

Hilfsmittel zum Test in Isolation verwenden Das Ziel ist der Test eines einzelnen Codeblocks (ein Unittest). Externe Abhängigkeiten sollten durch eine geeignete Testumgebung aufgelöst werden. Eine bewährte Testumgebung, die genau das bereitstellt, ist die xUnit-Familie von Test-Frameworks, die im nächsten Kapitel (▶ Kap. 19) vorgestellt wird.

Verhalten testen, nicht die Implementierung Formal hat man dann mit Black-Box-Tests zu tun, der Vorteil ist aber, dass die Tests deutlich unabhängiger von der konkreten Ausgestaltung des Produktivcodes sind. Das ist eine Parallele zur generellen Programmierregel, immer gegen Schnittstellen, aber nicht gegen die konkrete Implementierung zu entwickeln.

Aufgrund der hier gebotenen Kürze kann auf die einzelnen Aspekte nicht weiter eingegangen werden. Der Interessierte sei an das kommentierte Literaturverzeichnis verwiesen. Es gibt viele gute Literatur zum Thema, und zugegeben ist die Überprüfung von Software ein großes Thema, das viel zu wenig Beachtung findet und das man ähnlich erlernen muss wie das Programmieren als solches.

18.4.3 Wie viele Tests sind ausreichend?

Die große Frage, die immer wieder im Raum steht: Wie viele Tests sind ausreichend? Wann ist genug getestet worden? Für Programme mit einer ausreichend großen Nutzerbasis gilt: Statistisch gesehen ist es gar nicht möglich, alle Situationen, in die die Nutzer kommen, vorher zu überprüfen, da die Zahl der realen Nutzungen die Kapazitäten der Entwickler und Tester bei Weitem übersteigt. Entsprechend bedeutsam sind Strategien zum (systematischen) Umgang mit Fehlern und Fehlerberichten (vgl. ▶ Kap. 9). Es ist intrinsisch schwer, Kriterien dafür anzugeben, wann genug getestet wurde. Es gibt allerdings eine Möglichkeit, die minimal notwendige Zahl von Testfällen anzugeben – auch wenn sie in den meisten Fällen nicht ausreichen wird. Die McCabe-Metrik [15] liefert diese minimale Zahl von Testfällen.

Definition 18.1: McCabe-Metrik
Anzahl linear unabhängiger Pfade auf dem Kontrollflussgraphen eines Moduls.

Die McCabe-Metrik ist *per se* erst einmal ein Maß für die Komplexität einer Softwareeinheit, das sich durch statische Codeanalyse ermitteln lässt. Das Ziel der Anwendung dieser Metrik im Kontext von Tests ist die vollständige Abdeckung der Zweige eines Programms mit der minimalen Anzahl von Tests. Ihr großer Vorteil ist, dass es einfache und formalisierbare Regeln zur Bestimmung der Zahl notwendiger Tests gibt:

- 1 – gerader Weg durch das Programm
- +1 für jedes `if`, `while`, `repeat`, `for`, `and`, `or`
- +1 für jedes `case`
- +1 wenn kein default-Zweig im `switch`/`case`

18

Allerdings sind der Verwendung der McCabe-Metrik zur Bestimmung der notwendigen Anzahl von Tests enge Grenzen gesetzt: Sie deckt lediglich alle Zweige eines Programms ab, die Überprüfung der Wertebereiche von Parametern erfordert zusätzliche Tests. Außerdem ist es nicht trivial, für existierende Tests einwandfrei festzustellen, dass sie jeweils andere Aspekte testen und nicht versehentlich doch den gleichen Kontrollfluss wie ein anderer Test. Die McCabe-Metrik gehört in den Bereich der statischen Codeanalyse. Für viele Programmiersprachen gibt es Werkzeuge, die diese Analyse automatisch vornehmen – und gleichzeitig noch vor übermäßig komplexen Codeblöcken warnen können.

18.4.4 Tests selbst sind nicht fehlerfrei

Tests sollten ihrerseits wieder in einer Programmiersprache formuliert sein, schon um sie automatisiert ablaufen lassen zu können. Das führt aber zu einem weiteren fundamentalen Problem: Tests selbst sind nicht fehlerfrei, so wie keine Software fehlerfrei ist. Und selbst wenn sie es wären, ließe sich diese Fehlerfreiheit (so gut wie) nie nachweisen. Andererseits führte die Überprüfung der Tests zu einer unendlichen Regression. Eine grundsätzlich mögliche Lösungsstrategie besteht darin, Testcode zunächst einmal ernst zu nehmen. Testcode ist genauso wichtig wie Produktivcode und sollte entsprechend genauso sorgfältig und insbesondere lesbar geschrieben werden. Alle bislang erwähnten Aspekte von „sauberem Code" lassen sich auf Testcode genauso anwenden. Darüber hinaus sollten Testfälle frühzeitig geplant werden, um falsche Annahmen zu vermeiden. Schließlich sollte Testcode nicht weggeworfen werden. All das hilft dabei, Testcode ernst zu nehmen. Denn in Code, den man schreibt, um ihn wegzuwerfen, wird man nicht viel Aufwand investieren.

Eine ganz andere Perspektive, die tatsächlich die Chance hat, Tests selbst in gewisser Weise zu testen, ist die testgetriebene Entwicklung (▶ Kap. 19). Hier wird zunächst ein Test geschrieben, der ein bestimmtes (noch nicht existierendes) Verhalten der Software voraussetzt. Entsprechend schlägt er fehl. Wird das Verhalten korrekt implementiert, sollte er erfolgreich durchlaufen werden. Ein Test, der unerwartet fehlschlägt, ist ein Hinweis auf Probleme mit dem Test, ein Test, der unerwartet erfolgreich durchlaufen wird, genauso. Über den Ansatz, zuerst die Tests zu schreiben, sieht man in der Regel den Test erst fehlschlagen, danach durchlaufen, was zu einem entsprechenden Vertrauen in seine Zuverlässigkeit führt. Diese Strategie lässt sich aber nicht oder nur sehr schwer verfolgen, wenn Tests erst nach dem Produktivcode geschrieben werden.

18.4.5 Umgang mit Testcode

Der vielleicht entscheidendste Aspekt für das Schreiben qualitativ hochwertiger Tests ist die Erkenntnis, dass Testcode (mindestens) genauso wichtig ist wie Produktivcode. Entsprechend sollten an seine Erstellung auch die gleichen Kriterien angelegt werden wie an Produktivcode. Lesbarkeit ist mindestens so wichtig wie bei Produktivcode. Darüber hinaus sind Tests eine ausführbare Spezifikation und Dokumentation, die deshalb, richtig eingesetzt, auch immer synchron zum Produktivcode ist. Entscheidend dafür ist, Testcode nicht wegzuwerfen. Tests sind ein wichtiger Bestandteil der Entwicklung. Sie sollten immer wieder ausgeführt werden können. Entsprechend sollte Testcode zentral gelagert werden, entweder in einem eigenen Verzeichnis oder direkt neben dem Produktivcode. Eine konsistente Benennung erhöht darüber hinaus die Übersichtlichkeit (und hilft bei der Automatisierung). Darüber hinaus sollte Testcode klar von Produktivcode getrennt werden. Testcode dient *nicht* dem Debugging. Produktivcode sollte *von außen* testbar sein. Inwieweit Unittests und dergleichen in einem Produktivsystem ebenfalls noch vorhanden sind, sollte im jeweiligen Einzelfall abgewogen und entschieden werden.

Zusammenfassend lassen sich vier Regeln aufstellen, wie sinnvollerweise mit der Überprüfung von Software umgegangen werden sollte:
1. Testen
2. systematisch testen
3. Testcode nicht wegwerfen und genauso ernst nehmen wie Produktivcode
4. Tests automatisieren

Dieses Vorgehen hat seine Parallele in der Wissenschaft:
1. Überprüfung von Hypothesen
2. systematisches Vorgehen
3. Dokumentation aller Schritte
4. Automatisierung von Teilaspekten

War dieses Kapitel eher theoretisch, wird es im folgenden Kapitel deutlich praktischer, dort steht insbesondere der vierte Punkt, die Testautomatisierung, im Fokus.

? Verständnisfragen

- Welche Bedeutung kommt Tests insbesondere für Software für wissenschaftliche Datenauswertung zu?
- Welche grundsätzlichen Probleme mit Tests von Software halten viele Programmierer davon ab, ihre Software (ausreichend zu testen)?
- Neben den grundsätzlichen Problemen gibt es noch eine ganze Reihe praktischer Aspekte. Welche ließen sich aufführen?
- Warum ist die vollständige Testbarkeit selbst sehr einfacher Programme in der Regel praktisch nicht durchführbar? Wie kann man dieses Problem umgehen?
- Was ist die wichtigste Regel im Umgang mit Tests?
- Wie sollten Sie mit Testcode umgehen? Was lässt sich bezüglich Codequalität sagen? Warum ist Lesbarkeit für Tests von besonderer Bedeutung?
- Welchen Vorteil haben Tests potentiell gegenüber (klassischer) Dokumentation?

Kommentiertes Literaturverzeichnis

Eine sehr auf strukturierte Programmierung und Tests ohne spezifische Test-Frameworks zugeschnittene Behandlung der Thematik mit vielen guten Tipps für den Alltag findet sich in Kapitel 6 in Kernighan & Pike [11]. Eine kompakte Übersicht über das Testen von Software und Strategien, die sich auf viele Projekte anwenden lassen, ist der Artikel von Whittaker [16]. Viele gute Tipps für die Praxis finden sich in den Abschnitten 34 und 43 des *Pragmatic Programmer* von Hunt und Thomas [6]. Damals waren Tests und testgetriebene Entwicklung noch ganz in den Anfängen. Entsprechend haben sie in der Neuauflage ihres Buches [17] die Thematik erweitert. Eine umfassendere (und aktuellere) Darstellung mit dem Fokus auf Tests durch Softwareentwickler ist Kapitel 22 in *Code Complete* [14]. Sehr viel mehr auf Unittests und Test Driven Development (TDD) fokussiert sind Kapitel 4 in *Agile Software Development* [18] und Kapitel 9 in *Clean Code* [19]. Die McCabe-Metrik zur Quantifizierung der Komplexität von Software über die Anzahl unabhänger Pfade wurde von ihrem Namensgeber eingeführt [15] und wird u. a. in *Code Complete* [14, S. 457 ff.] besprochen. Die Bedeutung von Tests gerade für Software, die für den wissenschaftlichen Erkenntnisgewinn eingesetzt wird, wird in Scopatz & Huff [1, Kap. 18] ausführlich betont. Siehe dazu auch u. a. [10].

Literatur

1. A. Scopatz, K.D. Huff, *Effective Computation in Physics* (O'Reilly, Sebastopol, 2015)
2. G. Wilson, Computing in Science & Engineering **8**, 66 (2006)
3. G.M. Weinberg, *The Psychology of Computer Programming. Silver Anniversary Edition* (Dorset House Publishing, New York, NY, 1998)
4. G. Mendel, Verhandlungen des Naturforschenden Vereines in Brünn **4**, 3 (1866). http://www.deutschestextarchiv.de/book/show/mendel_pflanzenhybriden_1866 (Zugriff am 19.05.2020)
5. K. Popper, *Logik der Forschung*, 11. Aufl. (Mohr Siebeck, Tübingen, 2005)
6. A. Hunt, D. Thomas, *The Pragmatic Programmer* (Addison-Wesley, Boston, 1999)
7. D. Goldberg, ACM Computing Surveys **23**, 5 (1991)
8. S. Oliveira, D. Stewart, *Writing Scientific Software. A Guide to Good Style* (Cambridge University Press, Cambridge, 2006)
9. D.C. Ince, L. Hatton, J. Graham-Cumming, Nature **482**, 485 (2012)
10. Z. Merali, Nature **467**, 775 (2010)
11. B.W. Kernighan, R. Pike, *The Practice of Programming* (Addison Wesley, Boston, 1999)
12. K. Gödel, Monatshefte für Mathematik und Physik **38**, 173 (1931)
13. A.M. Turing, Proceedings of the London Mathematical Society **42**, 230 (1936)
14. S. McConnell, *Code Complete*, 2. Aufl. (Microsoft Press, Redmond, Washington, 2004)
15. T.J. McCabe, IEEE Transactions on Software Engineering **2**, 308 (1976)
16. J.A. Whittaker, IEEE Software **17**(1), 70 (2000)
17. D. Thomas, A. Hunt, *The Pragmatic Programmer*, 20. Aufl. (Addison-Wesley, Boston, 2020)
18. R.C. Martin, *Agile Software Development. Principles, Patterns, and Practices* (Prentice Hall, Upper Saddle River, New Jersey, 2003)
19. R.C. Martin, *Clean Code. A Handbook of Agile Software Craftmanship* (Prentice Hall, Upper Saddle River, New Jersey, 2008)

Testautomatisierung und testgetriebene Entwicklung

Inhaltsverzeichnis

T. Biskup, *Softwareentwicklung für die Naturwissenschaften*,
https://doi.org/10.1007/978-3-662-71607-6_19

Kernaspekte
- Automatisierung ist Voraussetzung für häufiges Testen – und damit für Refactoring und Verbesserung der Codequalität.
- Testautomatisierung hat tiefgreifenden Einfluss auf den Entwurf des zu testenden Codes (u. a. Modularität).
- Testgetriebene Entwicklung stellt die Reihenfolge von Test- und Produktivcode auf den Kopf und sorgt für hohe Testabdeckung.
- Hohe Testabdeckung durch automatisierte Tests erhöht das Vertrauen in Software.
- Testgetriebene Entwicklung führt zu Tests, die den Code und seine Spezifikationen dokumentieren.

Ging es im letzten Kapitel (► Kap. 18) um die Probleme mit der und Strategien für die Überprüfung von Software, Aspekte des Umgangs mit Tests und grundlegende Terminologie, fokussiert dieses Kapitel auf die Testautomatisierung und eine Strategie der Softwareentwicklung, die Tests nicht als notwendiges Übel, sondern als integralen Bestandteil begreift. In der professionellen Softwareentwicklung ist die Bedeutung von Tests schon lange bekannt, und mittlerweile gibt es etablierte, hochentwickelte Frameworks zur Testautomatisierung. Interessanterweise waren es aber gerade diese xUnit-Frameworks[1], die dazu beitrugen, automatisierte Tests in der professionellen Softwareentwicklung zu einem Standard zu machen. In den Naturwissenschaften ergibt sich dagegen ein deutlich anderes Bild: Es fehlt weitgehend am Bewusstsein für die Bedeutung (automatisierter) Tests der eingesetzten Software und an der Kenntnis entsprechender Werkzeuge und Strategien sowie der Vertrautheit mit ihnen. Im Ergebnis gibt es nur wenige Software, die von Wissenschaftlern geschrieben und eingesetzt wird, die den eingangs aufgestellten Kriterien entspricht. Das ist insbesondere deshalb ein ernsthaftes Problem, weil fehlende Überprüfung von Software zur wissenschaftlichen Datenauswertung, die für den Erkenntnisgewinn eingesetzt wird – und das ist die Daseinsberechtigung solcher Software –, direkt an den Grundfesten der Wissenschaftlichkeit rüttelt.

Mit automatisierten Tests verhält es sich an vielen Stellen wie mit sauberem Code im Allgemeinen oder Dokumentation: Wer einmal mit dem Thema bekannt ist, wird ob dessen Bedeutung für qualitativ hochwertige Software wissen. Dieses Wissen resultiert aber in den wenigsten Fällen in konkreter Handlung. Auch wenn testgetriebene Entwicklung für viele Leser zunächst eher esoterisch anmuten mag, liegt in diesem Ansatz doch ein unglaubliches Potential, auch und gerade für die Entwicklung von Software für die wissenschaftliche Datenauswertung. Software im Nachhinein zu testen, ist meist weitaus schwieriger, als sie von Anfang an auf Testbarkeit hin auszulegen. Testgetriebene Entwicklung erzwingt aufgrund ihres Ansatzes, erst Tests und dann den eigentlichen Produktivcode zu schreiben, weitgehend diese Testbarkeit. Darüber hinaus zwingt dieser Ansatz zu einer ganz anderen Auseinandersetzung mit dem Produktivcode, da Tests Schnittstellen erfordern und quasi der erste Nutzer des Codes sind [1, S. 214 ff.].

1 Namentlich JUnit, das 1997 von Erich Gamma und Kent Beck auf Basis dessen entwickelt wurde, was für Smalltalk bereits existierte, und das in den folgenden Jahren sehr populär wurde.

Tests im weiteren Sinne in der Wissenschaft

Die regelmäßige Überprüfung der Aufbauten und verwendeten Geräte auf korrekte Funktion wird aus eigener Erfahrung viel zu selten durchgeführt. Das Ergebnis: Viele Daten sind unzuverlässig, die inkorrekte Funktion der beteiligten Geräte bzw. Aufbauten wird viel zu spät entdeckt, und es lässt sich nicht mehr nachvollziehen, seit wann ein Fehler auftrat. Das Fatale: Erwartet man ein (bestimmtes) Ergebnis und bekommt kein Ergebnis, wird man schnell aufmerksam und fängt an, Standardproben zu messen. Erhält man hingegen ein Ergebnis, ist es viel schwieriger, auf eine Fehlfunktion zu schließen. Darüber hinaus werden Kalibrationen viel zu selten vorgenommen. Das gilt genauso für theoretische Arbeiten. Ein reales dem Autor bekanntes Beispiel ist eine Simulation in der theoretischen Physik, die fehlerhaft war, weil eine verwendete Bibliothek ein linkshändiges Koordinatensystem verwendete, was erst nach langer Recherche herauskam. Bauchgefühl ist zwar selten ein gutes Kriterium in der Wissenschaft, aber manchmal (wie in diesem Fall) doch ein guter Indikator und Antrieb, Dinge genau zu überprüfen.

19.1 Grundüberlegungen zur Testautomatisierung

Manuelle Tests von Software sind langweilig und fehleranfällig und ggf. darüber hinaus hinsichtlich ihres Ergebnisses subjektiv bzw. nicht reproduzierbar. Auch wenn es gerade in der Frühzeit der Entwicklung großer Softwareprojekte üblich war, Spezifikationen manuell abzutesten und die Tätigkeiten der Implementierung und Überprüfung (Tests) zu trennen, ist das mittlerweile zumindest für die Ebene von Unittests (und weitgehend auch für Integrationstests) nicht länger notwendig und auch nicht sinnvoll, zumal Tests zu schreiben direkten Einfluss auf die Gestaltung des Produktivcodes hat [1, S. 214 ff.].

Ohne hier in die Diskussion über die Möglichkeiten und Fähigkeiten der Künstlichen Intelligenz (KI) einsteigen zu wollen: Was Computer sehr gut können und weshalb sie ursprünglich entwickelt wurden, ist die stupide, aber exakte Abarbeitung wiederkehrender Anweisungen. Entsprechend sollte man alles, was sich sinnvoll automatisieren lässt, nach Möglichkeit auch automatisieren, also dem Computer überlassen. Zunächst wird kurz auf die Voraussetzungen und Ziele der Testautomatisierung eingegangen, bevor die Grundstruktur automatisierter Tests (insbesondere von Unittests) vorgestellt wird, gefolgt von ein paar Anmerkungen zu Test-Frameworks, die die Handhabung und regelmäßige Ausführung einer großen Zahl von Tests deutlich erleichtern. Der Abschnitt schließt mit einigen Anmerkungen zur Bedeutung der Testautomatisierung im Kontext der Softwareentwicklung.

19.1.1 Voraussetzungen und Ziele

Testautomatisierung setzt zunächst einmal voraus, dass Tests in Form von Software, also ausführbarem Code, vorliegen. Das bedeutet aber auch, dass das Ergebnis eines Tests automatisch interpretiert werden muss, wie Hunt und Thomas betonen:

> » „Most testing should be done automatically. It's important to note that by 'automatically' we mean that the test *results* are interpreted automatically as well." (Andrew Hunt und David Thomas, [2, S. 246])

Diese automatische Interpretation erfolgt durch den Vergleich des Ergebnisses mit der vorher festgelegten und in Form von Codeanweisungen formulierten Spezifikation. Das bedeutet aber auch, dass die zu testende Softwareeinheit die Überprüfbarkeit mit der Spezifikation ermöglichen muss. Das setzt eine weitgehende Modularität voraus, da nur so einzelne kleine Teile in Isolation (im Falle von Unittests) bzw. einzelne konkrete Interaktionen (im Falle von Interaktionstests) überprüft werden können. Die in Software in Form ausführbarer Codeanweisungen niedergelegten Testfälle formalisieren und kanonisieren auf diesem Weg die Spezifikationen, die für eine Software gelten. Das bedeutet letztlich, dass die Gesamtheit der Tests eine ausführbare Spezifikation und gleichzeitig Dokumentation darstellt. Kurz wurde dieser Aspekt bereits bei der Diskussion von Dokumentation im Code (▶ Kap. 16) angesprochen. Daraus wird ersichtlich, warum man Tests und den zugehörigen Code ernst nehmen und an dessen Qualität die gleichen Anforderungen wie an Produktivcode stellen sollte. Darauf wird am Ende des Kapitels noch etwas detaillierter eingegangen werden.

Ein nicht zu unterschätzender Aspekt dieser automatischen Interpretation des Ergebnisses ist die Objektivität, die damit einhergeht. Soll ein Mensch in jedem Fall entscheiden, wird er je nach Tagesform und Stimmung ggf. das Ergebnis eines Testlaufs anders bewerten, umso mehr, wenn er den zu testenden Code selbst geschrieben hat. Die Automatisierung der Evaluierung umgeht diese Problematik und sorgt für Reproduzierbarkeit. Das Ergebnis der Evaluation ist immer ein Boolescher Wert, es gibt also in diesem einen Fall tatsächlich nur schwarz und weiß, keine Graustufen dazwischen. Was zunächst wie eine zu starke Vereinfachung ohne Anwendbarkeit auf die reale Welt klingt, ist der Schlüssel zur Testautomatisierung. Das setzt allerdings ein entsprechendes Abstraktionsvermögen und eine gewisse Gewöhnung an die Strategie dieser Form der Überprüfung voraus.

Das Ziel der Testautomatisierung ist neben der einfachen und bequemen Ausführung einer Vielzahl von Tests insbesondere eine übersichtlich aufbereitete Statistik der Testergebnisse. Im Erfolgsfall genügt die Angabe der Zahl erfolgreich durchlaufener Tests. Nur im Fehlerfall sind weitergehende Informationen notwendig. Da hier meist zumindest auch der Name des Tests (d. h. der zugehörigen Funktion bzw. Methode) ausgegeben wird, sind sprechende Namen essentiell. In Abweichung von Produktivcode werden Tests deshalb tendenziell recht lange Namen haben, was an dieser Stelle aber ein entscheidender Vorteil ist. Sowohl die Ausführung als auch die übersichtlich aufbereitete Statistik der Ergebnisse des Durchlaufs sind Aspekte, die von einem Test-Framework übernommen werden. Auch darauf wird noch weiter unten eingegangen.

19.1.2 Grundstruktur automatisierter Tests

Letztlich könnte man jede Form von Code, der anderen Code testet, als „automatisierten Test" bezeichnen, da er ausführbar ist. Von diesem Standpunkt aus betrachtet wird jeder, der bereits programmiert hat, die eine oder andere Form von Tests geschrieben haben. Allerdings hat sich, beginnend in Smalltalk in den 1990er-Jahren, ein Muster für automatisierte Tests herausgebildet, das mit der Portierung nach Java (JUnit) seinen Durchbruch erlebt und seither die Art der Softwareentwicklung in weiten Teilen revolutioniert hat.[2] Dieses Muster ist die Grundstruktur automatisierter Tests, die hier vorgestellt werden soll und die die Basis nicht nur für Unittests darstellt. Die eigentliche und kaum zu überschätzende Bedeutung dieser Grundstruktur ist die damit verbundene einfach zu erfassende und extrem wirkmächtige Abstraktion, die automatisierte Überprüfung von Software als reale Möglichkeit denn als Wunsch erscheinen lässt. Wie Martin Fowler im Vorwort zu [3] schreibt:

> „If you go to junit.org, you'll see a quote from me: 'Never in the field of software development have so many owed so much to so few lines of code.' JUnit has been critizised as a minor thing, something any reasonable programmer could produce in a weekend. This is true, but utterly misses the point. The reason JUnit is important, and deserves the Churchillian knock-off, is that the presence of this tiny tool has been essential to a fundamental shift for many programmers: Testing has moved to a front and central part of programming. People have advocated it before, but JUnit made it happen more than anything else." (Martin Fowler, Vorwort in [3, S. xix])

In Pseudocode könnte die Grundstruktur eines automatisierten Tests wie im folgenden Beispiel gezeigt aussehen.

Codebeispiel 19.1: Grundstruktur automatisierter Tests (Pseudocode)

```
function test_function_name
    expectation = get_expected()
    observation = function_name(arguments)
    assert expectation == observation
```

Hier wird schon allein durch die Wortwahl die Nähe zur wissenschaftlichen Herangehensweise deutlich. Am Anfang steht eine Erwartung (*expectation*), die mit einer realen Beobachtung (*observation*) verglichen wird. Die Behauptung (*assertion*) ist, dass Erwartung und Beobachtung übereinstimmen. Ist das nicht der Fall, wird eine Fehlermeldung (normalerweise über eine Ausnahme, *exception*) ausgegeben. In Software umgesetzt ist die Erwartung das bekannte, gewünschte und die Beobachtung das tatsächliche Ergebnis des Funktionsaufrufs. Der Vergleich von Erwartung und Beobachtung liefert *immer* einen Booleschen Wert zurück. Es gibt hier also, wie bereits erwähnt, nur schwarz oder weiß, keine Graustufen. Zum obigen Pseudocodebeispiel ließe sich noch mehr sagen. Z. B. ist es in vielen Test-Frameworks guter Standard, dass die einzelnen Tests (seien es nun Funktionen oder Methoden) das Wort „test" im Namen führen, oft als Prä- oder Suffix. Darüber hinaus stellen die xUnit-Frameworks aussagekräftig benannte weitere „assert"-Funktionalität zur Verfügung.[3] Generell ist die Idee dieser Test-Frameworks, den Code so aussagekräftig wie möglich zu machen.

2 Die „Familie" von Unittest-Frameworks, die von JUnit bzw. seinem Smalltalk-Vorläufer inspiriert wurden, wird für gewöhnlich auch als xUnit bezeichnet und ist für viele Programmiersprachen (u. a. C++, Python, Ruby, PHP) verfügbar.

3 Beispiele wären: `assertTrue`, `assertFalse`, `assertEqual`, `assertIs`.

19.1.3 Äquivalenz, Identität, Toleranz

Wie aus Codebeispiel 19.1 erkenntlich, werden in Tests oft Erwartung und Ergebnis miteinander auf Übereinstimmung überprüft. Dabei ist entscheidend, was überprüft wird, um keine Überraschungen zu erleben. Generell gibt es in Programmiersprachen zwei Konzepte von Gleichheit: Identität und Äquivalenz. Während sich Identität tatsächlich auf das identische Objekt (im Speicher) bezieht, ist häufiger die Überprüfung auf Äquivalenz, d. h. den gleichen Wert bzw. Inhalt, gefragt. Spezifikationen zielen meist auf Äquivalenz: Meist werden Werte bzw. Ergebnisse miteinander verglichen. Es kann trotzdem vorkommen, dass man nicht den gleichen Wert, sondern das identische Objekt haben möchte. Da je nach Programmiersprache diese beiden Konzepte (Identität und Äquivalenz) durch unterschiedliche Operatoren ausgedrückt werden, sind sprechende Funktionen/Methoden (`assertEqual` bzw. `assertIs`) ein großer Mehrwert beim Verstehen des jeweiligen Quellcodes. Ein ganz anderes Problem beim Vergleich auf Äquivalenz stellen numerische Werte dar, da sie aufgrund der endlichen Genauigkeit von Rechnern meist Näherungen sind. Allgemein gilt: Alles außer Ganzzahlen (*integer*) lässt sich nicht exakt abbilden. Entsprechend führt eine naive Abfrage auf Äquivalenz meist nicht zum Ziel. Deshalb sollte bei Gleitkommazahlen (*floats*) immer ein Intervall überprüft werden. Die Repräsentation von Gleitkommazahlen ist architekturabhängig, für Details vgl. [4]. Dazu hängt die Genauigkeit meist vom Zahlenwert ab. Deshalb sollte die Genauigkeit, die als Toleranzintervall der Vergleichsfunktion übergeben wird, über eine entsprechende gesonderte Funktion berechnet werden.

19.1.4 Vorbereiten und Aufräumen

Eine zentrale Voraussetzung für automatische Tests ist neben der Testbarkeit einer Funktionalität in Isolation, dass jeder Test wieder die gleichen Voraussetzungen vorfindet, also vollständig unabhängig von allen anderen Tests und in beliebiger Reihenfolge aufgerufen werden kann. Dazu kommt, dass Tests ihre Umgebung immer genauso verlassen sollten, wie sie sie vorgefunden haben. Die Realität sieht oft anders aus. Tests brauchen häufig eine ganz bestimmte Umgebung. Im Kontext der objektorientierten Programmierung kann das bedeuten, dass für jeden Test einer Reihe zusammengehörender Tests eine Instanz einer Klasse erzeugt und entsprechend konfektioniert wird. Dazu kommt, dass Tests ihre Umgebung mitunter verändern. Typische Beispiele wären Tests, die Dateien auf dem Dateisystem hinterlassen oder verändern. Die Lösung lautet, die Vorbereitung und das Aufräumen in Funktionen auszulagern. Das minimiert Code-Doppelungen. Im Kontext eines Test-Frameworks werden diese Funktionen bzw. Methoden meist automatisch aufgerufen. Generell haben sich Konventionen für die Benennung dieser Funktionen eingebürgert: Setup und Teardown. Die genaue Benennung ist je nach verwendeter Programmiersprache und Test-Framework leicht unterschiedlich, aber zumindest beim Lesen immer erkennbar.

Ein komplettes (reales) Beispiel für eine Testklasse, die eine Setup- und Teardown-Methode mitbringt, weil u. a. das Erzeugen einer Datei auf dem Dateisystem getestet wird, ist in Codebeispiel 19.2 wiedergegeben. Es sei hier angemerkt, dass Tests, die Nebenwirkungen dieser Art haben, normalerweise auf ein Minimum reduziert werden sollten, da viele solche Prozesse (wie der Zugriff auf das Dateisystem) eher langsam sind. Eine Möglichkeit, derlei Abhängigkeiten aufzulösen, auf die hier aber nicht weiter eingegangen wird, sind Mock-Objekte. Für Details vgl. u. a. [5].

Codebeispiel 19.2: Beispiel für Setup- und Teardown-Funktionalität

```
class TestReporter(unittest.TestCase):
    def setUp(self):
        self.report = report.Reporter()
        self.template = 'test_template.tex'

    def tearDown(self):
        if os.path.exists(self.template):
            os.remove(self.template)

    def test_instantiate_class(self):
        pass

    def test_render_with_template(self):
        with open(self.template, 'w+') as f:
            f.write('')
        self.report.template = self.template
        self.report.render()
```

Es sei nicht verschwiegen, dass das Auslagern von derlei Funktionalität in Setup- und Teardown-Methoden Vor- und Nachteile bzgl. der Lesbarkeit der einzelnen Tests hat. Gerade wenn eine Testklasse aus relativ vielen Tests besteht, kann es schnell passieren, dass man vergessen hat, was Setup und Teardown machen. Andererseits sollten Tests immer so kurz und aussagekräftig geschrieben sein, dass sie ohne Kommentare auskommen und das, was überprüft wird, offensichtlich ist. Dazu gehört auch ein sprechender Name des jeweiligen Tests. Ein Vorteil einer dedizierten Teardown-Methode ist, dass sie auch dann noch aufgerufen wird, wenn der Test fehlschlug, weil das Test-Framework implizit einen `try`-Block um jeden Test errichtet. Das Aufräumen sollte *immer* stattfinden. Entsprechend ist die Teardown-Methode die saubere Variante, spart manuelle `try`-Blöcke und ist gleichzeitig ein sehr gutes Beispiel dafür, wie die xUnit-Frameworks auf Lesbarkeit, Ausdrucksstärke und einfache Handhabung von Tests fokussieren.

19.1.5 Test-Frameworks: ein gemeinsamer Rahmen

Viele Frameworks für Testautomatisierung folgen dem Ansatz *convention over configuration*, d. h., sie beruhen in Teilen (insbesondere für die automatische Testentdeckung) auf Konventionen, statt nutzerabhängiger Konfiguration. Dazu kommt, dass die meisten Unittest-Frameworks mehr oder weniger von JUnit inspiriert sind, das wiederum massiv auf den Vorarbeiten für Smalltalk aufbaut. Ziel solcher Test-Frameworks ist die einfache Erstellung, Ausführung und Evaluierung von Tests. Sie sollten von jedem jederzeit einfach aufrufbar und einfach zu schreiben sein. Darüber hinaus ist eine statistische Zusammenfassung eines Testdurchlaufs immens wertvoll. All das liefern automatisierte Test-Frameworks. Sie sorgen für Konsistenz, erleichtern das Schreiben und Ausführen von Tests und stellen Setup- und Teardown-Funktionalität bereit – neben vielen weiteren Aspekten, die hauptsächlich dazu dienen, den Quellcode von Tests ausdrucksstärker zu machen. Die bekannteste Lösung für Unittests ist die bereits angesprochene xUnit-Framework-Familie, die für viele Sprachen, darunter C++, Java, Python, Ruby und PHP, verfügbar ist.

Praxistipp

Automatisierte Tests sollten mithilfe eines Test-Frameworks geschrieben werden.

Neben den angesprochenen Aspekten – Konsistenz, ausdrucksstarke Methoden zum Vergleich von Erwartung und Ergebnis sowie Setup- und Teardown-Funktionalität – bieten fortgeschrittene Unittest-Frameworks darüber hinaus u. a. die automatische „Entdeckung“ von Tests sowie die Entkopplung von Abhängigkeiten durch „Vortäuschen“ (*mocking*). Interessierte Leser seien auf die einschlägige Literatur, z. B. den ersten Teil in Freeman und Pryce [5] oder für die Beschreibung des Musters auf Meszaros [3, S. 544], verwiesen.

19.1.6 Automatisierung ist eine Frage der Ökonomie

Computer sind gut darin, Routineaufgaben zu übernehmen und diese konsistent und verlässlich auszuführen. Dafür wurden sie ursprünglich auch entwickelt. Programmieren ist eine intellektuelle Herausforderung, und Programmierer sind zu teuer, um unnötig Fehler zu suchen. Das haben Hunt und Thomas treffend zusammengefasst:

> » „Once a human tester finds a bug, it should be the *last* time a human tester finds that bug. The automated tests should be modified to check for that particular bug from then on [...]
>
> [...] we just don't have the time to go chasing after bugs that the automated tests could have found for us. We have to spend our time writing new code—and new bugs.“ (Andrew Hunt und David Thomas, [2, S. 247])

Ein Fehler, der in Software auftaucht, kann nur dann sinnvoll behoben werden, wenn er reproduzierbar ist. Und um einen Fehler zu reproduzieren, sollte man Code schreiben, der genau die Vorbedingungen erzeugt, die zum Fehler führen. Nichts anderes ist aber ein automatisierter Test.

Praxistipp

Fehler sollten grundsätzlich in Tests verwandelt werden. Das sollte immer der *erste* Schritt sein, nachdem ein Fehler entdeckt (und ggf. reproduziert) wurde.

19.2 Grundregeln testgetriebener Entwicklung

Die Bedeutung (automatisierter) Tests für die Softwareentwicklung und insbesondere für die Qualität von Programmen ist lange bekannt und wurde auch nie ernsthaft infrage gestellt. Trotzdem lieferte erst die Entwicklung des im letzten Abschnitt angesprochenen Unittest-Frameworks, aus dem die Familie der xUnit-Frameworks für viele Programmiersprachen entstand, die Werkzeuge, um diesen Ansprüchen tatsächlich mit sinnvollem Aufwand gerecht zu werden. Ein auf den ersten Blick radikaler Weg, das Problem fehlender Tests anzugehen, ist die Idee, die für die meisten Programmierer und Softwareentwickler übliche Reihenfolge umzudrehen und *zuerst* einen Test zu schreiben, und erst dann den Produktivcode. Das wird als **testgetriebene Entwicklung** (*test-driven development*, TDD) oder auch als *test-first*-Ansatz bezeichnet. Diese Strategie entstammt mit hoher Sicherheit ähnlich wie das xUnit-Framework (und z. B. auch das MVC-Entwurfsmuster) der Smalltalk-Welt, die in vieler Hinsicht Pionierarbeit auf dem Gebiet objektorientierter Softwareentwicklung geleistet hat. In diesem Abschnitt werden die Grundprinzipien der testgetriebenen Entwicklung vorgestellt. Die Vorteile und positiven Auswirkungen dieser Strategie auf die Struktur und Qualität des entstehenden Quellcodes stehen dann im folgenden Abschnitt im Fokus.

19.2.1 Entwicklungszyklus der testgetriebenen Entwicklung

Es gibt viele verschiedene Varianten, die Grundprinzipien der testgetriebenen Entwicklung (*test-driven development*, TDD) in Worte zu fassen. Kent Beck beschreibt im Vorwort zu [6, S. ix] zwei Grundregeln (vgl. ◘ Abb. 19.1):

- Schreibe neuen Code nur, wenn ein automatisierter Test fehlschlug.
- Eliminiere Code-Dopplungen.

Aus diesen beiden Grundregeln ergibt sich dann eine Reihenfolge der Aufgaben bei der Programmierung:

1. Rot – Schreibe einen kleinen Test, der fehlschlägt (und anfänglich vielleicht nicht mal kompiliert).
2. Grün – Setze alles daran, schnell den Test erfolgreich zu durchlaufen – koste es, was es wolle.
3. Refactoring – Eliminiere alle Doppelungen, die dadurch entstanden, den Test so schnell wie möglich erfolgreich zu durchlaufen.

Es sei hier nicht verschwiegen, dass es nicht immer trivial ist, Doppelungen im Code als solche zu erkennen. Das ist wie so vieles eine Frage der Übung. Alle drei Aspekte haben ihre gleichwertige Berechtigung, und mit etwas Übung läuft der Zyklus tatsächlich

◘ **Abb. 19.1 Der Zyklus testgetriebener Entwicklung.** Alles beginnt mit dem Schreiben eines (Unit-)Tests, der genau ein Verhalten abprüft und zunächst fehlschlägt, weil der zu überprüfende Code noch nicht existiert. Im nächsten Schritt wird genau soviel Produktivcode geschrieben, dass der Test erfolgreich durchläuft. Im dritten (und untrennbar mit TDD verbundenen) Schritt wird refaktoriert und all das, was beim ersten Schreiben des Produktivcodes „auf die Schnelle" implementiert wurde, soweit möglich geradegezogen. (Abbildung verändert nach [5, S. 6])

in Minutenfrist ab. Entscheidend ist tatsächlich, die Idee hinter jedem einzelnen der drei Schritte zu verstehen und umzusetzen. Nur dadurch, dass Tests vor dem Produktivcode geschrieben wurden, hat man noch keine testgetriebene Entwicklung im eigentlichen Sinne, und nur dadurch, dass Tests existieren, können sie noch lange nicht den Vorteil entfalten, den eine gut gepflegte, robuste, lesbare und leicht anpassbare Test-Suite hat. Robert C. Martin formuliert entsprechend drei Regeln der testgetriebenen Entwicklung [7, 8], die zentrale Aspekte entsprechend untersetzen:

Kein Produktivcode ohne fehlschlagenden Test Die Entwicklung von Code beginnt immer mit dem Schreiben eines (zunächst fehlschlagenden) Tests. Dieser Ansatz wird oft auch als *test first* bezeichnet. Entscheidend ist hierbei, dass der Test so geschrieben wird, als ob es die Funktionalität schon gäbe. Das setzt natürlich ein entsprechendes Abstraktionsvermögen genauso wie eine gewisse Vertrautheit mit der (konkreten) Problemstellung voraus. Andererseits ist genau das aber auch eine der großen Stärken dieses Ansatzes, da man die Implementierung einer Funktionalität gewisser Weise von ihrem Ende her denkt, bzw. aus der Sicht des Nutzers, der die Funktionalität am Ende über die öffentliche Schnittstelle aufrufen möchte. Das ist auch der Grund, warum TDD – richtig angewandt – die Qualität der resultierenden Programme dramatisch verbessert.

Minimaler Testcode Grundsätzlich sollte nicht mehr Code geschrieben werden als nötig ist, damit der Test fehlschlägt. Nicht Kompilieren zählt bereits als Fehlschlag. Die Idee dabei ist, dass Tests mehr noch als Produktivcode ohne jede weitere Erläuterung lesbar und verständlich sein sollen. Testcode wird in der Regel nicht dokumentiert werden, und er sollte im eigentlichen Sinne selbstdokumentierend, d. h. aus sich selbst heraus verständlich, sein. Eine der Stärken von Test-Frameworks ist gerade, Funktionalität über ausdrucksstarke Funktionen und Methoden zur Verfügung zu stellen, die dabei helfen, selbstdokumentierende Tests zu schreiben. Ein weiterer Aspekt ist der, dass die Namen von Tests (für Methoden bzw. Funktionen) in der Regel länger sein werden als die Namen von Funktionen bzw. Methoden in Produktivcode. Das hilft immens bei der Auswertung fehlgeschlagener Tests, da hier meist der Methoden- bzw. Funktionsname ausgegeben wird. Aus diesem Namen sollte sich bereits erschließen, was genau getestet wird. Darüber hinaus sollte ein Test immer nur genau ein Verhalten abtesten.

Minimaler Produktivcode Vielleicht gerade anfangs eines der am schwersten umzusetzenden Prinzipien: Es sollte explizit nur genau soviel Produktivcode geschrieben werden, wie nötig ist, um den aktuell fehlschlagenden Test erfolgreich zu durchlaufen. Sogar das Vortäuschen der richtigen Antwort – durch Rückgabe des Erwartungswertes – ist (anfangs) erlaubt. Konsequent umgesetzt hat diese Strategie zwei wesentliche Auswirkungen auf den Produktivcode: Er wird schlanker und enthält nur die Funktionalität, die gebraucht wird und auch getestet ist. Sicherlich wird man beim Implementieren des jeweils notwendigen minimalen Codes häufig noch Ideen bekommen, was man noch alles gerne hätte. Dabei hilft, sich diese Aspekte entweder aufzuschreiben oder ggf. gleich in weitere Tests zu verwandeln, die anschließend bearbeitet werden können.

Werden diese drei Regeln konsequent befolgt, wird immer nur das implementiert, was *wirklich* gebraucht wird, um alle Tests erfolgreich zu durchlaufen (vgl. YAGNI). Das Ergebnis ist eine Fokussierung auf das Notwendige sowie schlanker, modularer und getesteter Code.

19.2.2 Strategien, Tests zum Erfolg zu führen

Das explizite Ziel des TDD-Entwicklungszyklus ist es, kurze Zyklen zu bekommen, die jeweils nur wenige Minuten dauern und vom Rhythmus „Test schreiben, Fehlschlag, Erfolg“ geprägt sind. Mit dem erfolgreichen Durchlaufen eines Tests ist der Zyklus allerdings noch nicht geschlossen, da dann immer noch der Refactoring-Schritt folgen sollte. Wie kommt man aber dahin, Tests schnell erfolgreich zu durchlaufen? Drei Strategien zum Erfolg werden in der einschlägigen Literatur zur testgetriebenen Entwicklung genannt, von denen die erste zunächst seltsam anmutet:

Vortäuschen (*fake it*) Die einfachste Form, einen Test erfolgreich zu durchlaufen, ist die, den Erwartungswert zurückzugeben. Das ist natürlich im eigentlichen Sinne Betrug, hat aber trotzdem seine Berechtigung, gerade wenn noch nicht klar ist, wie die Implementierung aussehen könnte. Dazu kommt, dass ein Test immer nur ein Verhalten aufgrund ggf. genau eines Eingabewertes abprüft. Natürlich ist das Vortäuschen immer nur eine temporäre Lösung, die in der Regel von Triangulierung (s. u.), zumindest aber von Refactoring gefolgt wird. Trotzdem kann es gerade für den Entwurf von Schnittstellen immens hilfreich sein.

Offensichtliche Implementierung Bei hinreichend kleinen Problemen und ausreichender eigener Erfahrung lässt sich die Implementierung mitunter direkt umsetzen. Hier ist allerdings Vorsicht und enorme Disziplin gefordert, um nicht mehr zu implementieren als wirklich für das erfolgreiche Durchlaufen des aktuellen Tests notwendig ist – und entsprechend auch abgetestet wird.

Triangulierung Dieser ursprünglich aus der Geodäsie kommende Begriff bezeichnet dort das Aufteilen einer Fläche in Dreiecke, gefolgt von deren Ausmessung. Im Kontext der testgetriebenen Entwicklung von Software bezeichnet er ein Verfahren, durch mehrere Unittests aus unterschiedlichen Richtungen (d. h. mit unterschiedlichen Parametern) die zu testende Einheit zu überprüfen und so schrittweise zur gewünschten Funktionalität zu kommen.

Warum aber ist es so wichtig, Tests schnell zum Erfolg zu führen? Einmal abgesehen vom psychologischen Aspekt, dass sich schnelle (kleine) Erfolge positiv auf die Motivation auswirken, ist der Erfolg des Tests die (zwingende) Voraussetzung für Refactoring und damit den dritten Aspekt des Zyklus der testgetriebenen Entwicklung (vgl. ◘ Abb. 19.1). Eine kurze Definition lautet: Refactoring ist die Verbesserung der Qualität des Quellcodes einer Software ohne Einfluss auf ihr von außen erkennbares Verhalten. Auf die Details von Refactoring wird im nächsten Kapitel (▶ Kap. 20) noch eingegangen werden. Veränderungen am Code lassen sich nur dann mit hinreichender Zuversicht durchführen, keine neuen Fehler einzubauen, wenn es automatisierte, durchlaufende Tests gibt, die das bekannte Verhalten abprüfen.

19.2.3 Warum testgetrieben entwickeln?

Die Bedeutung von ausreichender Testabdeckung für die Zuverlässigkeit von Software ist unstrittig und seit Jahrzehnten etablierter Konsens. Warum aber sollte man testgetrieben (also *test first*) entwickeln? Die Vorteile für und Auswirkungen auf die Qualität der

Software werden im nachfolgenden Abschnitt noch genauer beleuchtet, hier soll es um die eher psychologischen (aber deshalb nicht weniger wichtigen) Aspekte der Programmierung gehen. Zwei Aspekte einer Entwicklung in kleinen Schritten werden dabei kurz beleuchtet: Ermutigung und Sicherheit.

Kleine Schritte machen Mut, das große Problem lösen zu können.
Es ist und bleibt eine Tatsache: Reale Probleme, auch und gerade in der Softwareentwicklung, sind schwierig. Häufig ist die Lösung nicht offensichtlich. Das liegt nicht zuletzt daran, dass die offensichtlichen und einfachen Probleme entweder bereits gelöst oder schlicht uninteressant sind. Die Folge ist, dass oft zusätzlicher, unnötiger Code geschrieben wird – weil man ihn brauchen *könnte* (vgl. YAGNI). Ein großer Vorteil der testgetriebenen Entwicklung ist, dass Tests sehr schnell Feedback geben können. Dieser Aspekt wird von vielen Autoren betont, die sich der testgetriebenen Entwicklung widmen, vgl. u. a. [9, S. 9 ff.], [5, S. 4], [6, S. ix], [3, S. xxix]. Statt die Tests entweder einer anderen Abteilung oder anderen Kollegen zu überlassen (in den Naturwissenschaften mangels Teamgröße eher selten der Fall) oder wenig oder nicht getestete Software an den Anwender herauszugeben, geben Tests dem Entwickler sehr zeitnah eine Rückmeldung. Die Antwort der testgetriebenen Entwicklung lautet, in kleinen Schritten vorzugehen. Es wird immer nur an *einem* Test gearbeitet, und ein Test spezifiziert ein Verhalten einer Funktion. Erst wenn der Test erfolgreich durchläuft, wird der nächste Test geschrieben – und davor der Code verbessert (refaktoriert). Dazu kommt, dass erfolgreich durchlaufende Tests Sicherheit für den Refaktorierungsschritt geben. Tests und eine hohe Testabdeckung sind eine notwendige Voraussetzung für die Verbesserung von Code. Außerdem sind erfolgreich durchlaufende Tests ein Erfolgserlebnis, dessen Auswirkung auf die Motivation nicht unterschätzt werden sollte.

Kleine Schritte geben Sicherheit.
Ein weiterer Fokus der testgetriebenen Entwicklung liegt darauf, in kleinen Schritten vorzugehen. Wie bereits angesprochen überprüft ein Test ein Verhalten einer Funktion – bzw. allgemeiner einer klein(st)en Einheit eines Programms. Ein manchmal bemühtes Bild ist das eines Brunnens. Wenn der Brunnen nicht tief und der Eimer klein ist, ist es ein Leichtes, ihn in einem Arbeitsgang gefüllt nach oben zu ziehen. Wird der Brunnen deutlich tiefer und der Eimer größer, wird unsere Kraft nicht ausreichen, ihn in einem einzelnen Schritt gefüllt nach oben zu ziehen. Hier schlägt die Stunde des Gesperrs (bestehend aus Sperrrad und Sperrklinke). Die Klinke verhindert das Rückwärtsdrehen des Sperrrades, weshalb man im Bild des Brunnens zwischendurch immer wieder innehalten kann, ohne dass der Eimer mit Wasser wieder nach unten rutscht. Auf die Softwareentwicklung übertragen bedeutet das, dass die testgetriebene Entwicklung mit ihrer kleinteiligen Vorgehensweise ermöglicht, ein großes Problem, das *ad hoc* nicht lösbar erscheint, in kleinen Schritten anzugehen und zu lösen. Die Frage der Schrittweite hängt dabei vom konkreten Problem genauso wie von der eigenen Erfahrung und den eigenen Fähigkeiten ab.

> „Once we get one test working, we know it is working, now and forever. We are one step closer to having everything working than we were when the test was broken. Now we get the next one working, and the next, and the next. By analogy, the tougher the programming problem, the less ground that each test should cover.“ (Kent Beck, [6, S. xi])

Wenn sich ein Problem als schwerer als gedacht herausstellt, sollten die Schritte entsprechend klein werden. Hier spielt die testgetriebene Entwicklung sehr gut mit einem verteilten Versionsverwaltungssystem (vgl. ▶ Kap. 6) zusammen. Zumindest auf einem Entwicklungszweig kann gefahrlos nach jedem erfolgreich durchlaufenen Test der aktuelle Zustand als neue Version in die Versionsverwaltung eingetragen (*committed*) werden. Diese kleinteilige Entwicklung zusammen mit einer ebenso kleinteiligen Versionierung erlaubt das schnelle Zurückrollen einer Entwicklung, sollte sich etwas als Irrweg herausgestellt haben.

19.3 Vorteile und Auswirkungen testgetriebener Entwicklung

Die Erkenntnis, dass nur rigorose Tests die Qualität einer Software sicherstellen können, auch wenn Tests alleine noch nicht zu besserer Qualität führen (vgl. ▶ Kap. 18), ist sehr alt und datiert vermutlich auf die Anfänge der Programmierung. Die zu ihrer Entstehungszeit radikale Idee der testgetriebenen Entwicklung, sowohl die Reihenfolge des Schreibens von Tests und Produktivcode umzudrehen als auch die Verantwortlichkeit für die Tests auf unterster Ebene auf die Entwickler zu übertragen, führt tatsächlich, konsequent eingesetzt, nicht nur dazu, dass mehr Tests geschrieben werden und dass die entstehende Software deutlich besser testbar ist. Sie resultiert darüber hinaus insgesamt in einer höheren Qualität der entstehenden Software und erleichtert Veränderungen, die mit dem wachsenden Verständnis für die Problemstellung und die Lösungsstrategien einhergeht.

» „TDD rests on a charmingly naïve geekoid assumption that if you write better code, you'll be more successful. TDD helps you to pay attention to the right issues at the right time so you can make your designs cleaner, you can refine your designs as you learn.“ (Kent Beck, [6, S. 200])

Menschen können sich nicht auf beliebig viele Dinge gleichzeitig fokussieren, und ein Effekt testgetriebener Entwicklung, wie er von Kent Beck und der Agilen Softwareentwicklung [10] propagiert wird, ist gerade die Konzentration auf ein aktuelles Problem. Das führt dazu, dass die Entwickler sich auf ein Problem und seine im gegebenen Kontext bestmögliche Lösung fokussieren können. Letztlich ist das nichts anderes als die von Edsger Dijkstra als *separation of concerns* [11, S. 60–66] bezeichnete Strategie.

19.3.1 Tests sind nicht länger optional

Der vielleicht wichtigste Effekt testgetriebener Entwicklung: Tests können nicht mehr als „Code zweiter Klasse“ und optionale Beschäftigung gesehen werden. Auch wenn man im naturwissenschaftlichen Kontext selten für die Programmierung hart bezahlt wird, gilt letztlich die gleiche Problematik wie in der freien Wirtschaft: Was für die Außenstehenden zählt (im Falle der Wissenschaft: meist der Betreuer, Kollegen, ggf. die Konkurrenz; im Falle der Wirtschaft: der Kunde), ist der Produktivcode, der idealerweise die gewünschte Funktionalität mitbringt, nicht der Testcode – und in den meisten Fällen zumindest im Hier und Jetzt auch nicht die Qualität des Codes. Dabei ist, wie bereits im vorangegangen Kapitel (▶ Kap. 18) deutlich wurde, die Existenz ausreichender Tests eine zwingende Notwendigkeit für verlässlichen Code.

» „Code without tests is bad code. It doesn't matter how well written it is; it doesn't matter how pretty or object-oriented or well-encapsulated it is. With tests, we can change the behavior of our code quickly and verifiably. Without them, we really don't know if our code is getting better or worse." (Michael C. Feathers, [9, S. xvi])

Entsprechend definiert Feathers aus seiner langjährigen Erfahrung *legacy code* schlicht als Code ohne Tests. Seine Begründung, warum Tests so wichtig sind, zielt (verständlicherweise) auf die Notwendigkeit, dass Code veränderbar sein muss, um sich ändernden Bedingungen angepasst werden zu können. Gerade im wissenschaftlichen Kontext kommt noch erschwerend dazu, dass auch Code, der nur einmal geschrieben wird, um genau eine Aufgabe zu erfüllen, gründlich überprüft werden muss, damit sichergestellt werden kann, dass er auch nach menschlichem Ermessen *korrekt* ist, um den Erkenntnisgewinn als Ziel aller Wissenschaft nicht zu gefährden.

19.3.2 Tieferes Verständnis der Bedürfnisse der Nutzer

Einen etwas anderen Fokus als Michael Feathers haben Steve Freeman und Nat Pryce, die den Einfluss testgetriebener Entwicklung auf den Entwicklungsprozess und die Art, über Probleme und ihre möglichen Lösungen nachzudenken, betonen. Das führt letztlich zu einer ganz anderen Struktur der entstehenden Software und erhöht, richtig angewandt, insbesondere deren Zuverlässigkeit und Flexibilität hinsichtlich der Anpassung an veränderte Ansprüche.

» „Test-Driven Development (TDD) is a deceptively simple idea: Write the tests for your code *before* writing the code itself. We say 'deceptively simple' because this transforms the role testing plays in the development process and challenges our industry's assumptions about what testing is for. Testing is no longer just about keeping defects from the users; instead, it's about helping the team to understand the features that the users need and to deliver those features reliably and predictably. When followed to its conclusions, TDD radically changes the way we develop software and, in our experience, dramatically improves the quality of the systems we build, in particular their reliability and their flexibility in response to new requirements." (Steve Freeman and Nat Pryce, [5, S. xx])

Tests zuerst zu schreiben ändert den Blickwinkel, da Tests so etwas wie die ausführbare Spezifikation der zu schreibenden Software sind. Deshalb werden zumindest Tests auf höherer Ebene (z. B. Integrationstests) sehr nahe an den Bedürfnissen der Nutzer orientiert sein. Aber auch Unittests definieren letztlich, wie man eine gegebene Funktion aufrufen bzw. allgemeiner eine Funktionalität nutzen möchte. Es ist dieser Perspektivwechsel, der die Stärke der testgetriebenen Entwicklung und ihren großen Einfluss auf den Entwurf der entstehenden Software ausmacht.

19.3.3 Fokus, testbarer Code, Vertrauen

Eine Reihe von Problemen hinsichtlich der Qualität von Code treten immer wieder auf. Dazu gehören unnötige Codeteile, die „nur für den Fall" implementiert wurden, dass man sie später einmal brauchen könne (und die unnötig den Code aufblasen und unübersichtlich machen), schwer zu testender Code durch starke Kopplung, und mangelndes Vertrauen in den Code durch offensichtliches Fehlverhalten in bestimmten Situationen ohne die Möglichkeit, einfach zu überprüfen, ob er in anderen Situationen zuverlässig funktioniert. Testgetriebene Entwicklung kann dabei helfen, diese drei Problemkomplexe anzugehen und zu beheben, indem sie dabei hilft, zu fokussieren, testbaren Code zu schreiben und durch ausreichende Tests Vertrauen in den Code zu erzeugen [12, S. 50 f.].

Fokus Häufig wird unnötiger Code geschrieben, „weil man ihn brauchen könnte". Das ist eine sehr menschliche Regung, nur meist nicht hilfreich, da die menschliche Fähigkeit, korrekt vorherzusagen, was man *wirklich* später braucht, weitgehend unabhängig von der Erfahrung nicht viel besser als reine Statistik ist. Das ist der Kerngedanke hinter YAGNI (*You ain't gonna need it*). Tests sind hingegen explizite und ausführbare Spezifikationen, die deshalb bis zu einem gewissen Grad sogar die Dokumentation ersetzen können. Der Kerngedanke der testgetriebenen Entwicklung: Jede Funktionalität wird durch einen Test eingefordert. Der Nebeneffekt: Der Programmierer kann auf genau eine Aufgabe fokussieren und die entsprechend sehr viel besser erledigen. Die Qualität wird dadurch definitiv steigen, zumal guten Code zu schreiben maximale Konzentration erfordert.

Lose Kopplung und starke Kohäsion Schwer zu testender Code weist auf ein Entwurfsproblem hin, nicht auf ein Problem mit den Tests. Schwach gekoppelter, kohäsiver Code ist leicht zu testen. Schwache Kopplung bedeutet dabei, dass die einzelnen Einheiten modular sind und nur wenige Abhängigkeiten voneinander haben. Starke Kohäsion zielt auf die Zusammengehörigkeit der Einzelteile einer Codeeinheit. Ein typisches Beispiel für starke Kohäsion ist die Unix-Philosophie: Jede Funktion hat genau eine Aufgabe. Insofern sind schwache Kopplung und starke Kohäsion grundlegende Charakteristika guten Codes, die zu erreichen eines der Hauptziele aller Softwareentwicklung und aller über die Jahrzehnte entwickelten Strategien ist – egal auf welcher Ebene sie greifen und eingesetzt werden.

Vertrauen Nicht funktionierender Code ist wenig vertrauenswürdig. Sauberer, funktionierender, automatisch getesteter Code sorgt für Vertrauen – auch vonseiten anderer Entwickler. Dadurch, dass die testgetriebene Entwicklung, korrekt eingesetzt, für eine große Zahl an Tests und eine hohe Testabdeckung sorgt, erhöht sich entsprechend das Vertrauen in den Code. Dazu kommt, dass aufgrund der Existenz von Tests (meist gepaart mit der Vertrautheit des Entwicklers, wie man Tests schreibt) im Falle auftretender Fehler leicht weitere Tests hinzugefügt werden können, die künftig auf dieses Fehlverhalten überprüfen – und damit das Vertrauen zusätzlich erhöhen.

19.3.4 Freiheit bei der Programmierung und höhere Codequalität

Zwei Aspekte sorgen für große Freiheit des Entwicklers: eine Versionsverwaltung (vgl. ► Kap. 6), die kleinteilige Commits und den einfachen Umgang mit Branching und Merging erlaubt (eine Stärke verteilter Versionsverwaltungssysteme wie git), und automatische Tests mit hoher Codeabdeckung, die das Vertrauen in die Funktionalität der entwickelten Software herstellen. In einem sehr lesenswerten Artikel in IEEE Software [7] beschreibt Robert C. Martin vier Auswirkungen testgetriebener Entwicklung auf die Freiheit bei der Programmierung und die Codequalität.

Flexibilität Eine alte Regel, die auch in Programmiererkreisen weitverbreitet ist: Wenn es nicht kaputt ist, dann fass es auch nicht an (*If it ain't broke, don't fix it!*). Das ist ein wesentlicher Grund, warum Code nicht aufgeräumt wird. Jede Veränderung birgt das Risiko, Fehler einzuführen. Tests sind hingegen ein Sicherheitsnetz für Veränderungen. Mit einer ausreichenden Zahl von Tests sind Verbesserungen am Code gefahrlos möglich. Entsprechend befreiend wirken Tests mit hoher Codeabdeckung – und selbst größere Umstrukturierungen sind (relativ) gefahrlos möglich.

Dokumentation Ein großes Problem von Dokumentation ist, dass sie getrennt vom Code ist bzw. nicht ausgeführt wird und deshalb ihre Synchronität mit dem Code nicht automatisch sichergestellt werden kann (vgl. ▶ Kap. 16). Unittests sind hingegen eine ausführbare Spezifikation des Codes, und darüber hinaus liefern sie Beispiele für den Aufruf von Funktionen bzw. allgemein die Verwendung von Codeteilen. Dadurch, dass Tests ausführbar sind, sind sie immer aktuell. Testgetriebene Entwicklung führt dazu, dass es eine hohe Zahl von Tests gibt, und der Fokus dieser Tests auf der Verwendung der jeweiligen Codeeinheit sorgt für den Dokumentationscharakter. Entsprechend ist bei gut geschriebenen (lesbaren) Tests und einer übersichtlichen Organisation einer Testsuite das Lesen dieser Tests durchaus eine Möglichkeit für den Entwickler, sich mit der Verwendung des Programms vertraut zu machen.

Minimales Debugging Der Fokus testgetriebener Entwicklung liegt auf kurzen Zyklen (vgl. ◘ Abb. 19.1). Dadurch, dass der Entwickler dabei immer auf eine Fragestellung fokussiert, schränken diese kurzen Zyklen den Bereich dramatisch ein, in dem sich mögliche Fehler verstecken können. Zusätzlich sollte immer alles daran gesetzt werden, den gerade aktuellen fehlschlagenden Test zur erfolgreichen Ausführung zu bringen. Wesentlich für diesen positiven Effekt der testgetriebenen Entwicklung auf das Ausmaß und die Dauer des Debuggings ist allerdings, regelmäßig und häufig *alle* Tests durchlaufen zu lassen. Entsprechend ist es entscheidend, dass Tests schnell durchlaufen (s. u.). Gegebenenfalls wird man Tests in Gruppen einteilen und nicht jedesmal alle Tests durchlaufen lassen wollen. Trotzdem sollte aber – idealerweise vor dem Commit einer neuen Version – die gesamte Testsuite ausgeführt werden, um Auswirkungen lokaler Änderungen auf andere Codeteile frühzeitig zu erkennen und ggf. zu beheben.

Besseres Design Wichtige Aspekte guten (objektorientierten) Designs sind, wie bereits angesprochen, schwache Kopplung und starke Kohäsion mit der daraus folgenden Modularität und Flexibilität. Das sind gleichzeitig aber auch Voraussetzungen für die einfache Testbarkeit von Software. Entsprechend fördert die testgetriebene Entwicklung mit ihrem *Test-first*-Ansatz gutes Design, weil sonst Tests nur schwer umsetzbar wären. Andererseits ist die testgetriebene Entwicklung aber keine Garantie für gutes Design. Dessen sollte man sich bewusst sein. Oder, um Robert Martin zu zitieren, der hier direkt auf Fred Brooks [13] Bezug nimmt: „TDD isn't a silver bullet, and won't suddenly transform you into a sterling professional. It does, however, play a significant role." [7] Auf die Grenzen testgetriebener Entwicklung wird im letzten Abschnitt des Kapitels noch eingegangen.

19.3.5 TDD testet implizit die Tests

Der zumindest aus der Perspektive sehr grundlegender Gedanken vielleicht spannendste Effekt testgetriebener Entwicklung ist, dass sie ein eigentlich unlösbares Problem auf relativ elegante Weise einer zumindest teilweisen Lösung zuführt. Automatische Tests sind *per se* Software und als Produkt aus Menschenhand nicht fehlerfrei – egal wie kurz sie sind und wie ausdrucksstark sie Dank entsprechender Test-Frameworks geschrieben werden können. Tests zu schreiben, die wiederum Tests überprüfen, führt allerdings rein logisch zu einer unendlichen Rekursion. Dadurch, dass die testgetriebene Entwicklung die Reihenfolge von Test- und Produktivcode gegenüber dem, was die meisten Softwareentwickler (immer noch) gewohnt sind, auf den Kopf stellt und die Entwickler zwingt, mit jedem Test eine *überprüfbare Erwartungshaltung* zu formulieren, ermöglicht sie gleichzeitig implizit die Überprüfung der Tests.

» „Technically, one of the biggest benefits of TDD nobody tells you about is that by seeing a test fail, and then seeing it pass without changing the test, you're basically testing the test itself. If you expect it to fail and it passes, you might have a bug in your test or you're testing the wrong thing. If the test failed, and now you expect it to pass, and it still fails, your test could have a bug, or it's expecting the wrong thing to happen." (Roy Osherove, [14, S. 16])

Dieser Vorteil geht größtenteils verloren, wenn man Tests erst im Nachhinein schreibt – und dann nicht noch einmal die Software neu entwickelt – was gerade anfänglich eine gute Strategie sein kann, um mit TDD warm zu werden, aber im produktiven Einsatz aus Zeitgründen nicht möglich ist.

19.4 Wichtige Aspekte von Tests

Wie bei allen anderen Aspekten des Programmierens ist das Schreiben guter (im Sinne von: lesbarer, wartbarer, robuster) Tests auch eine Frage der Übung. Dankenswerterweise haben viele derjenigen, die seit langer Zeit Tests schreiben und u. a. testgetrieben entwickeln, ihre eigenen Erfahrungen aufgeschrieben und so zugänglich gemacht. Vergleiche dazu insbesondere die Werke von Feathers [9], Meszaros [3], Freeman und Pryce [5] sowie Osherove [14]. Das Grundproblem mit Tests in der Softwareentwicklung wird von Gerard Meszaros noch einmal treffend zusammengefasst:

» „Writing good test code is hard, and maintaining obtuse test code is even harder. Because test code is optional (i.e., it is not what the customer is paying for), there is a strong temptation to abandon testing when the tests become difficult or expensive to maintain." (Gerard Meszaros, [3, S. 19])

Dieser letzte Abschnitt versucht, hilfreiche Tipps zu geben, was gute Tests ausmacht, warum testgetriebene Entwicklung nicht *per se* ein Allheilmittel ist und welche Kompetenzen man für den erfolgreichen Einsatz testgetriebener Entwicklung benötigt. Er schließt mit einem letzten Appell, Tests zu schreiben, weil nur dadurch gefahrlose auch weitgehende Veränderung von Software möglich ist – eine Voraussetzung für die Verbesserung oder zumindest konstant hohe Qualität des Quellcodes trotz Anpassungen an neue Anforderungen.

19.4.1 Was macht einen guten Test aus?

Neben der reinen Existenz eines Tests ist der vielleicht wichtigste Aspekt die Einstellung des Programmierers zu seiner Bedeutung. Tests sind mindestens so wichtig wie der

Produktivcode und kein „Code zweiter Klasse". Entsprechend sorgfältig sollten sie auch programmiert und behandelt werden.

» „If you don't keep your tests clean, you will lose them. And without them, you lose the very thing that keeps your production code flexible." (Robert C. Martin, [8, S. 124])

Alle Kriterien, die bislang für „sauberen Code" genannt wurden, gelten genauso für Tests. Zwei Aspekte sollen hier besonders hervorgehoben werden.

Lesbarkeit Lesbarkeit ist eine der Grundvoraussetzungen für sauberen Code, da sie großen Einfluss auf andere Aspekte hat (vgl. ◘ Abb. 10.3). Bei Tests ist die Lesbarkeit vielleicht noch wichtiger als in Produktivcode. Das liegt nicht zuletzt daran, dass Tests zwar bedingt selbst getestet werden können, wenn man testgetrieben entwickelt (s. o.), aber generell nicht wieder selbst automatisch getestet werden. Wichtige Kriterien der Lesbarkeit von Tests sind Klarheit, Einfachheit und Ausdrucksstärke. Entsprechend kurz sollten einzelne Funktionen bzw. Methoden sein (mehr als zehn Zeilen ist fast immer zu viel). Die von Test-Frameworks bereitgestellten zusätzlichen Funktionen u. a. für Vergleiche (`assertEqual`, `assertTrue`, `assertIs`, …) erhöhen immens die Ausdrucksstärke und sollten immer verwendet werden.

Übersichtlichkeit Eng mit der Lesbarkeit verknüpft ist die Übersichtlichkeit. Einerseits sollte ein Test kurz sein, was auch die Lesbarkeit immens erhöht. Darüber hinaus sollte jeder Test *genau ein* Konzept überprüfen. Das hilft gleichzeitig bei der Fehlersuche und in der testgetriebenen Entwicklung bei der kleinteiligen Entwicklung und hohen Testabdeckung.

19.4.2 Regeln für saubere Tests

Neben den im vorangegangenen Abschnitt angesprochenen Aspekten zur Codequalität von Tests, die alle unter dem Schlagwort „sauberer Code" zusammengefasst werden können, gibt es noch eine Reihe weiterer Aspekte, die spezifisch(er) für Tests sind. Gerade im US-amerikanischen Kulturraum sind aussprechbare Akronyme sehr beliebt. Entsprechend wurde von Robert C. Martin das F.I.R.S.T.-Acronym für Regeln für gute Tests geprägt [8, S. 132 f.]. Tests sollten:

***Fast* – schnell durchlaufen** Tests sollten häufig aufgerufen werden, in der testgetriebenen Entwicklung mit ihren kurzen Zyklen von wenigen Minuten sogar sehr häufig. Zusammen mit einer großen Zahl von Tests (schnell mehrere hundert bis tausend) bedeutet das aber auch, dass jeder einzelne Test in *wenigen* Millisekunden durchlaufen sollte, um nicht mehr als wenige Sekunden auf das Durchlaufen aller Tests warten zu müssen. Nimmt die Zahl der Tests zu, und wird die Software entsprechend komplexer, können die Tests auch in einzelne Untergruppen unterteilt werden, die dann jeweils in der aktiven Entwicklung am zugehörigen Modul aufgerufen werden. Trotzdem sollte regelmäßig (idealerweise vor jedem Commit) die gesamte Test-Suite aufgerufen werden, um Probleme in anderen Bereichen der Software frühzeitig zu entdecken.[4] Sind Tests langsam, sinkt die Motivation,

19

4 Häufiges Auftreten von Problemen in weit entfernten Bereichen der Software deutet allerdings auf ein grundlegenderes Problem mit der Architektur hin. Auch das können Tests sehr elegant aufzeigen.

sie häufig aufzurufen. Damit verringern sich aber auch die Auswirkungen, die sie auf sauberen Code haben, die Entwickler werden vorsichtiger beim Refactoring und die generelle Qualität des Codes nimmt ab.

***Independent* – unabhängig voneinander sein** Kein Test sollte Vorbedingung für andere Tests sein, die einzelnen Tests sollten in beliebiger Reihenfolge aufrufbar sein. Nur die Unabhängigkeit gewährleistet einfache Diagnose. Entsprechende Vorbereitungs- und Aufräumarbeiten sollten möglichst in Setup- und Teardown-Funktionen ausgelagert werden. Jedes Test-Framework, das diese Art von Funktionen bzw. Methoden unterstützt, sorgt dafür, dass sie entsprechend vor und nach jedem Test aufgerufen werden – unabhängig vom Ergebnis eines Tests.

***Repeatable* – in jeder Umgebung wiederholbar sein** Tests sind Voraussetzung für gefahrlose Änderungen. Entsprechend sollten sie in jeder Umgebung wiederholbar sein, unabhängig von äußeren Parametern wie Infrastruktur, Internetzugang und dergleichen. Nur wenn Tests in jeder Umgebung und auf jeder zum Entwickeln verwendeten Hardware wiederholbar sind, werden sie auch konsequent verwendet. Anderenfalls gibt es immer eine Ausrede, warum sie nicht verwendet wurden – und damit verlieren sie ihren positiven Einfluss.

***Self-Validating* – einen Booleschen Rückgabewert haben** Automatisierte Tests kennen nur Schwarz und Weiß, keine Graustufen. Darüber hinaus sollten sie immer einen Booleschen Rückgabewert haben, weil nur das die einfache und schnelle automatische Überprüfung ermöglicht. Außerdem verlören sie sonst ihre (notwendige) Objektivität.

***Timely* – zeitnah zum zu testenden Code entstehen** Die zeitliche Nähe zwischen dem Schreiben von Test und Produktivcode beschleunigt die Entwicklung, da der Entwickler sowieso gerade gedanklich bei diesem einen Test bzw. dem abgetesteten Produktivcode ist. Idealerweise werden Unittests direkt vor dem Produktivcode geschrieben, der notwendig ist, um sie erfolgreich zu durchlaufen. Testgetriebene Entwicklung hilft sehr dabei, intrinsisch testbaren Code zu schreiben.

Viele der genannten Aspekte sind relativ einfach umsetzbar oder doch zumindest einsichtig. Allerdings steckt der Teufel auch hier häufig im Detail, und gute Tests zu schreiben, die alle fünf genannten Kriterien erfüllen, erfordert Erfahrung, die wiederum nur aus ständiger Übung und Reflexion über den eigenen Code resultiert.

19.4.3 TDD ist kein Allheilmittel

Testgetriebene Entwicklung hat für einige Furore in der professionellen Softwareentwicklung gesorgt, und entsprechend gibt es auch viele kritische Stimmen sowie manchen, der über das Ziel hinausgeschossen ist. Deshalb ist es wichtig, hier noch einmal mit Fred Brooks [13] zu betonen: Es gibt keine „Silberne Gewehrkugel" (*silver bullet*), also keine einzelne Technologie, die für sich genommen die Produktivität der Softwareentwicklung um einen Faktor zehn steigert. Das wird von Robert C. Martin auch explizit so angesprochen [7]. Interessant ist aber trotzdem, dass testgetriebene Entwicklung dabei helfen kann, viele andere Aspekte der Softwareentwicklung, die die Codequalität erhöhen, umzusetzen. In der Summe kann das dann in der Tat zu einer immensen Steigerung der Produktivität und Codequalität führen, die durchaus in den Bereich einer Dimension (und evtl. sogar mehr) kommt. Es kommt allerdings auf den richtigen und korrekten Einsatz an, wie Roy Osherove betont:

> » „Done correctly, TDD can make your code quality soar, decrease the number of bugs, raise your confidence in the code, shorten the time it takes to find bugs, improve your code's design, and keep your manager happier. If TDD is done incorrectly, it can cause your project schedule to slip, waste your time, lower your motivation, and lower your code quality. It's a double-edged sword, and many people find this out the hard way." (Roy Osherove, [14, S. 16])

Richtig eingesetzt führt testgetriebene Entwicklung zu höherer Codequalität, einer geringeren Fehlerzahl und einem erhöhten Vertrauen in den Code durch die Existenz vieler Tests mit einer hohen Testabdeckung. Darüber hinaus verkürzt sie die Zeit, die für das Auffinden eines Fehlers benötigt wird. Fehler zu finden setzt voraus, dass man sie reproduzieren kann. Mit einer umfangreichen Test-Suite, wie sie zwangsläufig als Folge der testgetriebenen Entwicklung entsteht, ist es nur natürlich, das durch das Hinzufügen eines weiteren Tests zu bewerkstelligen. Das beugt gleichzeitig Regressionen vor. Darüber hinaus verbessert sich die Struktur (das Design) des Codes, da die testgetriebene Entwicklung intrinsisch testbaren Code erfordert. Testbarer Code wird aber auch immer entsprechend modular und lose gekoppelt sein, d. h., er erfüllt grundlegende Kriterien guter (objektorientierter) Softwarearchitektur.

Auf der anderen Seite kann man testgetriebene Entwicklung aber auch falsch einsetzen. Das führt meist zu Frustration, gerade wenn die Tests nicht die oben genannten Kriterien erfüllen und es immer aufwendiger wird, sie mit der Weiterentwicklung des Produktivcodes synchron zu halten. Das führt dann zu einer Verringerung der Codequalität und im schlimmsten Fall zu einem Aufgeben der Test-Suite mit allen Folgen. Ohne Tests kein Sicherheitsnetz, ohne Sicherheitsnetz kein Vertrauen, keine Möglichkeit, einfach Veränderungen im Code (Refactoring) vorzunehmen, und entsprechend keine Möglichkeit, der Software-Entropie entgegenzuwirken.

19.4.4 Notwendige Kernkompetenzen für TDD

Testgetriebene Entwicklung ist nicht die Lösung aller Probleme, und es kommt auf ein Verständnis der zugrunde liegenden Konzepte gepaart mit Erfahrung und Wissen an. Der erfolgreiche Einsatz testgetriebener Entwicklung erfordert zusätzliche Kompetenzen, vgl. [14, S. 17].

Wissen, wie man gute Tests schreibt Es reicht nicht aus, Tests zuerst zu schreiben. Tests sollten wartbar, lesbar und vertrauenswürdig sein. Was das konkret bedeutet, dazu gibt es ganze Bücher, u. a. [14] und [3]. Einige Aspekte wurden oben bereits genannt. Letztlich sollten an Tests die gleichen Kriterien für „sauberen Code" angelegt werden wie an den Produktivcode. Es gibt gewisse Abweichungen für Tests, u. a. die oft längeren Namen für einzelne Tests. Darüber hinaus sollten Tests tendenziell noch kürzer sein als Funktionen bzw. Methoden im Produktivcode.

Tests zuerst schreiben (vor dem Produktivcode) Tests zuerst zu schreiben hat entscheidende Vorteile, u. a. die angesprochene Überprüfung der Tests selbst sowie die intrinsische Notwendigkeit, testbaren Produktivcode zu schreiben. Les- und wartbare Tests im Nachhinein bringen entsprechend weniger. Der Perspektivwechsel, der damit einhergeht, Tests zuerst zu schreiben, ist einerseits verantwortlich für die positiven Auswirkungen der testgetriebenen Entwicklung, andererseits aber auch eine große Herausforderung. Tests so zu schreiben, als gäbe es die gewünschte Funktionalität bereits, setzt voraus, dass man sich Gedanken darüber macht, wie man die gegebene Funktionalität aufrufen möchte und was man erwartet. Sicherlich ist das eine Fähigkeit, die man als guter Softwareentwickler generell kultivieren sollte. Trotzdem ist auch sie das Ergebnis harter Arbeit.

Tests gut entwerfen Guter Entwurf sowohl von Tests als auch insbesondere von Software und ihrer Gesamtarchitektur ist eine Aufgabe für sich. Testgetriebene Entwicklung führt nicht *per se* zu gutem oder besserem Design. Richtig eingesetzt fördert sie aber Modularität, lose Kopplung und starke Kohäsion. Testgetriebene Entwicklung kann auch nicht ersetzen, sich vorher Gedanken über die Software als solche zu machen. Allerdings hilft sie mit ihrer Kleinschrittigkeit und ihrem Ansatz, von unten nach oben zu entwickeln, oft dabei, wichtige Entscheidungen erst dann zu treffen, wenn man auch das notwendige Wissen hat, sie informiert zu treffen.

Ein wertvoller Tipp am Ende: Man sollte nie alle Kompetenzen gleichzeitig erwerben wollen. Das führt meist zu Frustration und ist wenig zielführend. Aber man sollte einfach anfangen, sich einen Aspekt heraussuchen, und den an einem (kleinen) Projekt ausprobieren. Natürlich ist es wenig zielführend, wenn man noch nie programmiert hat, gleich testgetrieben ein großes Projekt zu beginnen und den Anspruch zu haben, die perfekten Tests und sauberen Produktivcode zu bekommen. Das bedeutet aber nicht, dass man sich nicht frühzeitig mit Tests und testgetriebener Entwicklung auseinandersetzen sollte.

19.4.5 Tests ermöglichen Veränderungen

Veränderungen sind ein Charakteristikum der meisten Software. Gründe für Änderungen sind Verbesserungen im Code, aber wohl ähnlich häufig sich ändernde Anforderungen oder der Wunsch nach Erweiterung. Insbesondere im naturwissenschaftlichen Kontext wird man immer wieder in die Situation kommen, existierenden Code in neuer Weise kombinieren und entsprechend erweitern zu wollen. Deshalb ist ein zentrales Kriterium für die Qualität von Software ihre einfache Veränderbarkeit. Sehr häufig bergen Änderungen am Code die Gefahr, das Vertrauen in die Funktionalität und Korrektheit der veränderten Software zu verlieren. Deshalb sind automatisierte Tests, eine hohe Testabdeckung und eine kontinuierliche gemeinsame Weiterentwicklung von Tests und Produktivcode so wichtig.

> „It is *unit tests* that keep our code flexible, maintainable, and reusable. The reason is simple. If you have tests, you do not fear making changes to the code! Without tests every change is a possible bug. No matter how flexible your architecture is, no matter how nicely partitioned your design, without tests you will be reluctant to make changes because of the fear that you will introduce undetected bugs.“ (Robert C. Martin, [8, S. 124])

Das ist mit etwas anderen Worten genau die Aussage, die auch Michael C. Feathers [9] trifft und die weiter oben wiedergegeben wurde. Eine ausreichende Zahl von Unittests ist die Voraussetzung dafür, Code weiterzuentwickeln, ohne bei jeder Änderung befürchten zu müssen, dass die Funktionalität nicht mehr gewährleistet ist und man irgendwelche subtilen Fehler einbaut. Darüber hinaus haben automatisierte Tests, die häufig durchlaufen werden, einen entscheidenden Einfluss auf die Qualität des Codes und darüber hinaus

Der persönliche Weg zur testgetriebenen Entwicklung

Der Wert und die Vorteile testgetriebener Entwicklung erschließen sich denkenden Menschen recht schnell. Allerdings erscheint die Aufgabe häufig viel zu groß, da sie viel zu viele Fähigkeiten gleichzeitig erfordert. Außerdem verlangsamt testgetriebene Entwicklung am Anfang den Entwicklungsprozess deutlich, da sie ungewohnt ist und erst eingeübt werden muss. Der Grund, warum der Autor nach Jahren den (bislang erfolgreichen) Versuch unternahm, ein größeres Projekt testgetrieben zu entwickeln, war dessen Natur. Ein Framework zur reproduzierbaren Datenverarbeitung in den Naturwissenschaften, das als Grundlage für eine ganze Reihe realer Auswertungsprogramme bzw. Pakete dienen soll, sollte zuverlässig, flexibel und modular sein. Zumindest dieses Framework sollte die in ▶ Kap. 1 aufgeführten Kriterien erfüllen. Der einzig sinnvoll erscheinende Weg war und ist die testgetriebene Entwicklung. Das ging gleichzeitig mit einem Wechsel der Programmiersprache von MATLAB® zu Python einher. Das Ergebnis ist als ASpecD-Framework (▶ https://www.aspecd.de/) Grundlage einer ganzen Reihe von in Python implementierten Auswertungspaketen für diverse vom Autor verwendete Spektroskopiemethoden.

den Entwurf und die Architektur eines Programms – eben weil sie Veränderungen ermöglichen:

> „So having an automated suite of unit tests that cover the production code is the key to keeping your design and architecture as clean as possible [...] because tests enable *change*." (Robert C. Martin, [8, S. 124])

Dieses Motto, *Change we can believe in*,[5] ist eine sehr gute Überleitung zum Thema des nächsten Kapitels: Refactoring als Antwort auf die Frage, wie Code den ständig wechselnden Anforderungen gerecht werden und so verändert werden kann, dass seine Qualität dabei nicht sinkt, sondern tendenziell sogar steigt.

Verständnisfragen

- Warum sollten Tests automatisiert werden? Was genau sollte automatisiert werden?
- Wie sieht die Grundstruktur eines automatisierten (Unit-)Tests aus?
- Nennen Sie die Grundregeln und das generelle Vorgehen testgetriebener Entwicklung.
- Welche Strategien gibt es, einen Test zum Erfolg zu führen? Wann bietet sich welche Strategie an?
- Wie umgeht testgetriebene Entwicklung (*test-driven development*, TDD) das Problem des unendlichen Regresses der Tests von Tests?
- Was macht einen guten Test aus? Warum ist die Codequalität bei Tests so wichtig?

Kommentiertes Literaturverzeichnis

Testautomatisierung ist ein vergleichsweise altes Thema und als solches unabhängig vom verwendeten Programmierparadigma. Gute allgemeine Hinweise finden sich in Kapitel 6 in [15]. Auch Whittaker [16] diskutiert Testautomatisierung in einem breiteren Kontext. Hunt und Thomas [2, Abschnitt 43] führen die Bedeutung der Automatisierung von Tests

19

5 Das war das Motto beider Wahlkampagnen von Barack Obama, 2008 und 2012.

sehr deutlich vor Augen. Eine sehr lesbare Einführung mit dem Fokus auf Programmierung in der Wissenschaft, Python und ein einfach nutzbares Test-Framework findet sich in Kapitel 18 von [17]. Das vielleicht einflussreichste Buch über testgetriebene Entwicklung ist Kent Becks flammendes Plädoyer inklusive praktischer Beispiele [6]. Aber auch Robert C. Martin betont dessen Bedeutung immer wieder, u. a. in [8, Kapitel 9] und [10, Kapitel 4]. Eine sehr kurz gefasste, lesbare und ausgewogene Beschreibung ist [7]. Ein sehr schönes, ausformuliertes Beispiel einer *Pair-programming*-Sitzung und der testgetriebenen Entwicklung eines Spiels liefert Kapitel 6 in [10]. Die Qualität des Testcodes ist mindestens genauso wichtig wie die von Produktivcode. Allerdings gelten für Testcode zumindest teilweise unterschiedliche Kriterien. Eine gute und eher kurze Einführung in die Kunst, gute Unittests zu schreiben, ist [14]. Sehr viel ausführlicher ist [3]. Einen guten Überblick über die Erstellung komplexer (realer) Systeme mittels testgetriebener Entwicklung neben sehr vielen wertvollen Tipps zum Entwurf objektorientiert programmierter Systeme liefert [5]. Das weitverbreitete Problem, mit einer Codebasis arbeiten zu müssen, die nicht (ausreichend) getestet ist (*legacy code*), wird im Detail von [9] diskutiert, inklusive entsprechender Lösungsansätze. Explizit auf Python fokussiert ist Percivals *Test-Driven Development with Python* [18]. In diesem Buch stellt er sehr detailliert die testgetriebene Entwicklung von Webseiten mit einem der bekannten Python-Webframeworks vor und geht nebenbei auf so essentielle Aspekte wie eine Versionsverwaltung ein. Für eine detaillierte Diskussion von Gleitkommazahlen und ihrer Repräsentation in Hard- und Software, die insbesondere für den Vergleich numerischer Werte in automatisierten Tests von Belang ist, vgl. den Artikel von Goldberg [4]. Eine etwas kürzere Einführung liefert Moler [19, Kapitel 1].

Literatur

1. D. Thomas, A. Hunt, *The Pragmatic Programmer*, 20. Aufl. (Addison-Wesley, Boston, 2020)
2. A. Hunt, D. Thomas, *The Pragmatic Programmer* (Addison-Wesley, Boston, 1999)
3. G. Meszaros, *xUnit Test Patterns* (Addison-Wesley, Boston, 2007)
4. D. Goldberg, ACM Computing Surveys **23**, 5 (1991)
5. S. Freeman, N. Pryce, *Growing Object-Oriented Software, Guided by Tests* (Addison Wesley, Upper Saddle River, New Jersey, 2010)
6. K. Beck, *Test-Driven Development by Example* (Addison-Wesley, Boston, 2003)
7. R.C. Martin, IEEE Software **24**(3), 32 (2007)
8. R.C. Martin, *Clean Code. A Handbook of Agile Software Craftmanship* (Prentice Hall, Upper Saddle River, New Jersey, 2008)
9. M.C. Feathers, *Working Effectively with Legacy Code* (Prentice Hall, Upper Saddle River, New Jersey, 2005)
10. R.C. Martin, *Agile Software Development. Principles, Patterns, and Practices* (Prentice Hall, Upper Saddle River, New Jersey, 2003)
11. E.W. Dijkstra, *Selected Writings on Computing: A Personal Perspective* (Springer-Verlag, New York, 1982)
12. K. Beck, C. Andres, *Extreme Programming Explained. Embrace Change*, 2. Aufl. (Addison-Wesley, Boston, 2004)
13. F.P. Brooks, *The Mythical Man Month*, Jubiläumsausgabe mit 4 neuen Kapiteln (Addison Wesley Longman, Boston, 1995)
14. R. Osherove, *The Art of Unit Testing*, 2. Aufl. (Manning, Shelter Island, 2014)
15. B.W. Kernighan, R. Pike, *The Practice of Programming* (Addison Wesley, Boston, 1999)
16. J.A. Whittaker, IEEE Software **17**(1), 70 (2000)
17. A. Scopatz, K.D. Huff, *Effective Computation in Physics* (O'Reilly, Sebastopol, 2015)
18. H.J. Percival, *Test-Driven Development with Python* (O'Reilly, Sebastopol, CA, 2017)
19. C.B. Moler, *Numerical Computing with MATLAB*, überarbeitete Neuauflage (SIAM, Philadelphia, 2004)

Refactoring

Inhaltsverzeichnis

T. Biskup, *Softwareentwicklung für die Naturwissenschaften*,
https://doi.org/10.1007/978-3-662-71607-6_20

Kernaspekte

- Refactoring ist die Verbesserung der internen Struktur existierenden Codes ohne Änderung seiner Funktionalität.
- Zeitdruck ist kein Argument gegen Refactoring. Unterlassen verursacht später (erheblich) mehr Aufwand.
- Refactoring ist eine Frage der Professionalität. Es sollte langsam, wohlüberlegt und sorgfältig umgesetzt werden.
- Gute Tests und eine ausreichende Testabdeckung sind zwingende Voraussetzung für erfolgreiches Refactoring.
- Gute IDEs unterstützen auch komplexere Refactoring-Schritte und steigern so die Produktivität und Codequalität.

Der Begriff „Refactoring" wurde in vorangegangenen Kapiteln immer wieder erwähnt, aber aus zwei Gründen erst jetzt ausführlich thematisiert. Tests und insbesondere automatisierte Unittests (▶ Kap. 19) sind eine zwingende Voraussetzung für erfolgreiches Refactoring. Das Ziel von Refactoring ist die Verbesserung von Code hinsichtlich seiner Lesbarkeit, also letztlich die Antwort auf die Frage, wie man der Software-Entropie entgegenwirken kann. Deshalb ist es wichtig, zunächst die unterschiedlichen Aspekte von „sauberem Code" zu besprechen. Gemeinsam mit dem Kapitel zur Codeoptimierung (▶ Kap. 21) bildet dieses Kapitel den Abschluss des größten Teils des Buches zum Oberthema „sauberer Code". Beide, Refactoring und Codeoptimierung, zielen darauf ab, die innere Struktur des Codes zu verändern, ohne dabei seine Funktionalität zu beeinflussen. Im Falle von Refactoring ist das Ziel eine verbesserte Lesbarkeit, bei der Codeoptimierung die Erhöhung der Ausführungsgeschwindigkeit bzw. die Verringerung des Ressourcenverbrauchs. Insofern sind Refactoring und Codeoptimierung in gewisser Weise Antagonisten, haben aber ähnliche Voraussetzungen, insbesondere automatisierte Tests zur Sicherstellung der Funktionalität trotz Veränderungen am Code.

20.1 Motivation und Voraussetzungen

Software ist *per se* „weich" und veränderlich – das ist ihre Daseinsberechtigung. Jedes Programm – vielleicht mit Ausnahme sehr kleiner kurzlebiger Skripte für genau einen Zweck – wird daher über die Zeit immer wieder verändert werden. Das Problem an häufigen Änderungen ist aber, dass normalerweise die Qualität des Codes immer weiter abnimmt (Software-Entropie, vgl. ▶ Kap. 10). Ein Grund dafür ist, dass sich so gut wie jede Fragestellung in den Details als komplexer herausstellt, als man das initial vermutet hat. Gerade diese Anpassungen an die Realität verschatten oft genug das ursprünglich klare Konzept und machen den Code zunehmend schwerer verständlich. Weitere Gründe werden noch ausführlicher besprochen.

20.1.1 Ausgangspunkt: Code entwickelt sich

Es gibt unterschiedliche Metaphern für das Programmieren, und jede hat ihre Vor- und Nachteile. Zwei weitverbreitete sind die der Ingenieurskunst und die des Handwerks. Die reine Informatik selbst gehört dafür zur Wissenschaft. In einem einfachen Bild zielt die Wissenschaft auf Erkenntnisgewinn, die Ingenieurskunst auf den Entwurf von Lösungen für konkrete und real auftretende Probleme und das Handwerk auf die Umsetzung der vom Ingenieur auf der Basis wissenschaftlicher Erkenntnisse entwickelten Lösungsvorschläge.[1] Wieder eine andere Sicht auf das Programmieren ist die einer Kunst, wie u. a. im Titel von Donald Knuths monumentalem Werk *The Art of Computer Programming* [1] reflektiert, aber auch von anderen Autoren übernommen, so Raymond [2] und Graham [3]. Entscheidend ist, dass Software, im Gegensatz zu einem Entwurf in den Ingenieurswissenschaften, der dann gewissenhaft (letztlich von Handwerkern) ausgeführt wird, nicht statisch ist, sondern sich notwendigerweise über die Zeit verändert, sehr viel mehr wie ein geschriebener Text. Zum Verhältnis von Quellcode und Entwurf vgl. den Essay *What Is Software Design* von Jack W. Reeves, abgedruckt im Anhang von [4] und dadurch einer breiten Leserschaft bekannt geworden. Zwei Autoren, die die Veränderlichkeit von Quellcode betonen und die mit als Begründer des *Software Craftsmanship*[2] (also der Sicht auf Programmierung als Handwerk) gelten, sind Andrew Hunt und David Thomas.

> » „As a program evolves, it will become necessary to rethink earlier decisions and rework portions of the code. This process is perfectly natural. Code needs to evolve; it's not a static thing. [...]
>
> Rather than construction, software is more like *gardening*—it is more organic than concrete." (Hunt und Thomas, [5, S. 184])

Die Wahl der Metapher für die Programmierung ist mitunter entscheidend. Natürlich haben Metaphern grundsätzlich Grenzen, aber es gab (und gibt) eine Entwicklung innerhalb der professionellen Softwareentwicklung über die letzten Jahrzehnte. Ihren Ausgang nahm sie in den Naturwissenschaften, gut sichtbar an den Essays von Edsger Dijkstra, z. B. *On the Role of Scientific Thought* [6, S. 60–68], aber auch seine Turing Award Lecture [7]. In Folge der Softwarekrise und mit der Prägung des Begriffs „Softwaretechnik" (*software engineering*, [8, 9]) wurde dann die Metapher der Ingenieurswissenschaften stark betont, inklusive Zertifizierungen und Formalisierungen. Das wurde wohl erstmals von Jack Reeves (s. o.) kritisch hinterfragt. Der Fokus auf den Programmierer als Menschen statt (unnötig) fester Strukturen und Vorgaben brach sich dann im *Agile Manifesto* Bahn und führte weiter zum *Manifesto for Software Craftsmanship*. Die Betonung der sozialen Aspekte der Softwareentwicklung hat ihren Ursprung aber schon früher unter dem Stichwort *peopleware* und den Büchern von DeMarco und Lister [10] (erste Auflage 1987) und Constantine [11].

---

1 Auf den ersten Blick legt diese Sichtweise nahe, dass die Entwicklung von Software kein hinreichend eigenständiger Teil der wissenschaftlichen Arbeit ist. Diese Sicht findet sich leider noch viel zu häufig in den Naturwissenschaften und ist ein Grund, warum Programmierung und Softwareentwicklung so einen geringen Stellenwert in den Naturwissenschaften haben. Letztlich ist die Entwicklung qualitativ hochwertiger Software zur wissenschaftlichen Datenauswertung, die zudem noch den eingangs aufgestellten Kriterien gerecht wird, eine immense Herausforderung, und es bedarf i. d. R. eines Wissenschaftlers, um die Relevanz und die initialen Ideen dafür sowie die übergreifende Struktur des Systems zu definieren. Inwieweit es an manchen Stellen besser wäre, mit manchen Details der Umsetzung professionelle Programmierer zu betrauen, sei dahingestellt. Meist stellt sich diese Frage in der Praxis mangels verfügbarer Ressourcen nicht.

2 Der Ansatz des *Software Craftsmanship* kommt aus dem Kontext der agilen Softwareentwicklung und wurde 2009 im *Manifesto for Software Craftsmanship* programmatisch zusammengefasst. Der Ansatz wurde und wird teilweise kontrovers diskutiert, offensichtlich scheinen die Begrifflichkeiten nicht immer einfach definierbar zu sein.

Ohne in die Details der Diskussionen all dieser Metaphern und ihrem jeweiligen Wert einsteigen zu wollen, lassen sich doch ein paar allgemeine Tatsachen festhalten, die generell für die Softwareentwicklung gelten, aber aus eigener Erfahrung mehr noch für die Softwareentwicklung im Kontext der Naturwissenschaften. Eine valide Detailplanung vorab (*big design up front*, BDUF) ist praktisch in den allermeisten Fällen unmöglich. Programmierung und die mit ihr bearbeitete Fragestellung ist in den allermeisten Fällen *per se* zu komplex, um überschaubar zu sein.[3] Letztlich läuft es also darauf hinaus, dass Programmentwicklung ein evolutionärer Prozess ist. Entscheidend sind daran zwei Dinge: Es wird immer und kontinuierlich Änderungen in den Anforderungen und in der Folge auch im Code geben, und es ist in aller Regel ein kleinschrittiger (evolutionärer), kein revolutionärer Prozess. Das bedeutet aber gerade *nicht*, dass Planung nicht möglich oder nicht sinnvoll ist. Man hat immer wieder versucht, die Ideen des *Agile Manifesto* in dieser Hinsicht falsch zu verstehen. Die Unvorhersehbarkeit mancher Entwicklung aufgrund der Komplexität führt idealerweise dazu, dass sich die Sicht auf Vorausplanung als Allheilmittel auf ein gesundes Maß reduziert, man aber nicht Planung und Struktur durch Chaos ersetzt.

20.1.2 Gründe für Veränderungen am Code

Was sind die Gründe, dass wir unseren Code immer wieder verändern, statt ihn einmal (richtig) zu schreiben? Letztlich die Komplexität der Fragestellung und damit unsere Unfähigkeit als Menschen, sie ausreichend zu überblicken. Steve McConnell fasst das in einer Aussage zusammen, in der sich jede Wissenschaftlerin und jeder Wissenschaftler, die schon einmal eine Abschlussarbeit geschrieben oder ein Projekt bearbeitet haben, wiederfinden werden:

> „You never know as much when you begin writing a program as you do afterward." (Steve McConnell, [12, S. 564])

Vier externe Gründe, warum es zwangsläufig zu Veränderungen am Code kommen wird, werden nachfolgend etwas detaillierter beschrieben. Wie bereits in ► Kap. 10 beschrieben, sind diese ständigen Änderungen der Grund für das Phänomen der Software-Entropie. Deshalb ist es notwendig, systematische Strategien zu entwickeln, um dieser Entwicklung entgegenzuwirken.

Änderungen in den Anforderungen an den Code Die von außen an den Code gestellten Anforderungen ändern sich über die Zeit. Das liegt an der Komplexität der Fragestellung: Anforderungen sind nicht komplett vorab planbar. Der große Unterschied zu Ingenieursbauwerken ist der, dass Software (wie der Name sagt) *per se* veränderlich ist und (zumindest theoretisch) den sich ändernden Anforderungen angepasst werden kann. Die Parallele aus den Naturwissenschaften: Wissenschaft lebt von neuen Fragestellungen, die die kreative neue Zusammensetzung bestehender Bausteine erfordern. Entsprechend sind Modularität, Flexibilität und Erweiterbarkeit – essentielle Eigenschaften jeglicher Software – in diesem Kontext fast noch wichtiger (vgl. ► Kap. 1).

3 Vgl. dazu einmal mehr Edsger Dijkstras „intellektuelle Beherrschbarkeit" [7].

Erweiterungen Ein häufiges Ziel von Software ist ihre Wiederverwendbarkeit auch in anderem als dem ursprünglichen Kontext. Das ist schon eine Frage der Ökonomie, und so sollten Modularität, Flexibilität und Erweiterbarkeit bereits ganz am Anfang mitbedacht werden. Dazu kommt, dass die meisten Programme klein anfangen. Das gilt umso mehr im Kontext der Naturwissenschaften, da hier in der Regel keine professionellen Programmierer am Werk sind, die ihre gesamte Zeit in die Programmentwicklung investieren können. Programmierung ist in den Wissenschaften meist Mittel zum Zweck und wird nebenher betrieben. Auch in der professionellen Softwareentwicklung ist die Komplexität der Fragestellung so groß, dass nur über eine wiederholte Aufteilung in kleinere Teilaspekte (Dijkstras *separation of concerns* und *intellectual manageability*) eine reale Bearbeitung möglich wird. Das Spannungsfeld zwischen großem Bild und tatsächlicher Umsetzung einzelner Funktionalität wurde in den vorangegangenen Kapiteln immer wieder thematisiert.

Vertieftes Verständnis der Problemstellung Es gilt wohl für jedes etwas komplexere Unterfangen: Erst durch die Umsetzung gelangen wir zu einem wirklichen und vertieften Verständnis der Problemstellung und der Zusammenhänge. Der Teufel steckt häufig im Detail. Das ist mit ein Grund, warum ein detaillierter Gesamtentwurf vorab (BDUF) selten möglich ist. Die Erfahrung zeigt, dass die meisten Fragestellungen im Detail viel komplexer sind und viel mehr Zeit brauchen, als man das erst einmal annimmt. Dieses Phänomen gilt auch und gerade in den Naturwissenschaften bzw. bei jeder intellektuellen Auseinandersetzung mit komplexeren Fragestellungen, und dort nicht nur bezüglich Software, sondern grundsätzlich. Die Erkenntnis jeder Person, die die Ergebnisse der eigenen Forschung über eine gewisse Zeit in einer schriftlichen Arbeit zusammengefasst hat: Jetzt müsste man noch einmal neu anfangen und könnte einige Entscheidungen sehr viel informierter treffen.

Zunahme der eigenen Kenntnisse und Fähigkeiten Aus der intensiven Beschäftigung mit einer konkreten Fragestellung erwächst in der Regel auch eine Zunahme der eigenen Kenntnisse und Fähigkeiten, und zwar hinsichtlich des Wissens über allgemeiner gültige und anwendbare Konzepte sowie der praktischen Erfahrung in der Umsetzung. Das setzt natürlich den Willen und die Bereitschaft voraus, etwas zu lernen und sich selbst persönlich weiterzuentwickeln. Reines Abarbeiten von Aufgaben nach vorgegebenem und einmal erlerntem Schema hilft nicht weiter, sollte aber gerade in den Wissenschaften auch nicht auftreten – solange man Wissenschaft als Projekt der Erkenntnisgewinnung und eigenständiger intellektueller Betätigung versteht.

Was bleibt, sind viele extrinsische Gründe für die Veränderung von Code, die dann, wenn man ihnen nicht aktiv entgegenwirkt, zu einer schrittweisen Verschlechterung seiner Qualität (Software-Entropie, vgl. ▶ Kap. 10) führen. Entsprechend ist es essentiell, systematische Strategien zu entwickeln, einzuüben und genauso kontinuierlich einzusetzen wie sich der Code durch extrinsische Faktoren verändert. Eine – wenn nicht sogar in den meisten Fällen die einzige als funktionierend bekannte – Strategie für ein solches systematisches Vorgehen ist das „Refactoring".

20.1.3 Refactoring: Definition und Wortherkunft

Wie so viele fortgeschrittene Programmierkonzepte lässt sich Refactoring (und vermutlich auch der Begriff) auf Smalltalk-Entwicklerkreise zurückführen.[4] Wirklich bekannt wurde es durch Martin Fowlers gleichnamiges Buch [13], das den Untertitel trägt: *Improving the Design of Existing Code*. Er selbst schreibt im Vorwort seines Buches:

> » „Refactoring is the process of changing a software system in such a way that it does not alter the external behavior of the code yet improves its internal structure. It is a disciplined way to clean up code that minimizes the chances of introducing bugs. In essence when you refactor you are improving the design of the code after it has been written.“ (Martin Fowler, [13, S. xvi])

Aus diesem Zitat lässt sich eine formale Definition ableiten, die Details und Teilaspekte werden nachfolgend noch ausführlicher beleuchtet.

Definition 20.1: Refactoring

Verbesserung der Qualität des Quellcodes einer Software ohne Einfluss auf ihr von außen erkennbares Verhalten. Diszipliniertes Vorgehen zum Aufräumen von Quellcode, das die Wahrscheinlichkeit, Fehler einzuführen, minimiert.

Refactoring verfolgt ein zweifaches Ziel, die Verbesserung des Verständnisses und die Erhöhung der Flexibilität von Code. Die bessere Verständlichkeit wird durch die Erhöhung der Lesbarkeit von Code erreicht. Somit ist Refactoring ein Weg, all die einzelnen Aspekte „sauberen Codes“, die bislang thematisiert wurden, zu realisieren. Das zweite Ziel, die Erhöhung der Flexibilität, dient dazu, die Veränderbarkeit von Code zu erleichtern. Dass und warum sich Code immer ändern wird und muss, wurde oben hinreichend dargelegt. Entscheidend für Refactoring ist allerdings, dass es zu keiner Veränderung des beobachtbaren Verhaltens eines Programms oder Programmabschnitts führt. Ein anderer für das Verständnis spannender Aspekt ist die Wortherkunft, auf die Steve McConnell zurückgreift:

> » „The word ‘refactoring’ in modern programming grew out of Larry Constantine’s original use of the word ‘factoring’ in structured programming, which referred to decomposing a program into its constituent parts as much as possible [...].“ (Steve McConnell, [12, S. 565])

Er bezieht sich dabei auf das Buch *Structured Design* [14] von Yourdon und Constantine aus dem Jahr 1979. Die beiden definieren den Begriff *factoring* wie folgt:

> » „**factoring:** a process of decomposing a system into a hierarchy of modules.“ (Yourdon und Constantine, [14, S. 452])

Modularisierung ist eine entscheidende Strategie, um Code intellektuell beherrschbar zu machen [7]. Gleichzeitig erhöht sie die Lesbarkeit und Wiederverwendbarkeit von Code. Funktionen sind die erste Stufe der Organisation von Code (vgl. ► Kap. 14), und auch die Formatierung von Code sollte diese Modularisierung widerspiegeln bzw. kann als Startpunkt dafür dienen (vgl. ► Kap. 15). Refactoring ist eine Strategie, die ursprüngliche Modularität, die durch die schrittweisen Veränderungen des Codes nach und nach

4 Erich Gamma, Vorwort in [13].

verschwunden ist, wiederzuerlangen. Oder, um es anders auszudrücken: Lesbarkeit und Modularität sind Ergebnis eines aktiven, bewussten Prozesses.

20.1.4 Motivation für Refactoring

Code verändert sich, Programme sollten lesbar, flexibel und erweiterbar sein, die ständige Veränderung des Codes wirkt dem aber meist entgegen. All das sind gute Gründe, die ursprüngliche Modularität wiederzuerlangen. Darüber hinaus gibt es allerdings noch einen weitergehenden, provokativen Aspekt.

These
Die kontinuierliche Anwendung von Refactoring ist eine Frage der **Professionalität des Programmierers**.

Die Professionalität wurde schon mehrfach thematisiert: Letztlich ist es eine Frage der Einstellung zur eigenen Arbeit. Mache ich etwas für den Profit, oder möchte ich inhaltlich und strukturell ein bestmögliches Ergebnis erzielen?

> „[Refactoring] is about the difference between getting something to work and getting something right. It is about the value we place in the structure of our code." (Robert C. Martin, [4, S. 31])

Funktionierender Code ist eine notwendige, aber keine hinreichende Voraussetzung für ein nutzbares und ggf. erfolgreiches Programm. Code wird grundsätzlich viel häufiger gelesen als geschrieben, darüber hinaus ist Lesbarkeit entscheidend dafür, dass sich Code verändern lässt und damit den sich zwangsläufig wechselnden Anforderungen angepasst werden kann. Der gute Entwurf von Code ist aufgrund der Komplexität der Fragestellung und unserer menschlichen intellektuellen Limitiertheit immer das Ergebnis eines evolutionären Prozesses. Aufgrund der ständigen notwendigen kleinen Änderungen nimmt die Codequalität kontinuierlich ab (Software-Entropie, vgl. ▶ Kap. 10), wenn man diesem Prozess nicht ebenso kontinuierlich entgegensteuert. Genau das ist das Ziel von Refactoring.

Darüber hinaus gilt für Refactoring genau das gleiche wie für Tests: Refactoring zahlt sich aus, denn Codequalität beeinflusst die Entwicklungsgeschwindigkeit. Darüber hinaus sind kleine, kontinuierliche Schritte praktisch realisierbar, das große Aufräumen oder gar der große Neuentwurf (bis auf ganz wenige Ausnahmen) nicht. Es ist wenig verwunderlich, dass viele Advokaten kontinuierlichen Refactorings den Ideen des *Agile Manifesto* und des *Manifesto of Software Craftsmanship* nahestehen, dass sie das Berufsethos und die Identifizierung mit der Aufgabe betonen:

> „What does it take to make a module easy to read and easy to change? [. . .] It takes attention. It takes discipline. It takes a passion for creating beauty." (Robert C. Martin, [4, S. 32])

Nach Robert Martin [4, S. 31] hat Code drei Aufgaben: Funktion, Veränderbarkeit und Kommunikation. Nur Code, der all diese drei Aufgaben erfüllt, und nicht nur die erste, ist wirklich guter und erstrebenswerter Code. Das gilt auch und gerade im Kontext der Programmierung in den Naturwissenschaften, wo Softwareentwicklung nur Mittel zum Zweck ist und nicht von professionellen Programmierern übernommen wird.

Funktion Die Daseinsberechtigung eines jeweiligen Codeabschnitts ist seine korrekte Funktion während der Ausführung des Programms. Es wäre allerdings grob fahrlässig – auch wenn das immer wieder gemacht wird – hier stehenzubleiben. Korrekte Funktionalität ist nur die notwendige Ausgangsbasis für alles Kommende, und schon die korrekte Funktionalität ist nur über (automatisierte) Tests (vgl. ► Kap. 19) sicherzustellen. Das ist für viele Software so nicht gegeben – nicht im Bereich professioneller Softwareentwicklung und noch viel weniger im Bereich der Naturwissenschaften, was aber die Wissenschaftlichkeit grundlegend infrage stellt.

Veränderbarkeit Code muss Veränderung ermöglichen. Das steckt bereits im Namen (*Soft*ware) und ist tatsächlich der Ursprung für die Trennung von Soft- und Hardware (manche ersten Rechner hatten die Programme fest verdrahtet). Fast jeder Codeblock (Modul) verändert sich im Laufe seiner Existenz. Es ist die Verantwortung des Entwicklers, Veränderung so einfach wie möglich zu machen. Ein Modul, das sich nur schwer ändern lässt, ist kaputt und muss repariert werden, selbst wenn es (korrekt) funktioniert.

Kommunikation Quellcode kommuniziert immer mit seinem Leser – es ist nur die Frage, was er kommuniziert. Frei nach Paul Watzlawick: „Man kann nicht nicht kommunizieren" [15]. Für die zweckgemäße Verwendung eines Programms sollte sein Quellcode ohne großen Aufwand verständlich und lesbar sein (vgl. ► Kap. 10). Entsprechend gilt: Ein Modul, das nicht kommuniziert, ist kaputt und muss repariert werden. Wie schon mehrfach erwähnt, offenbart Quellcode wie wenig anderes die Sorgfalt, die sein Autor investiert hat, und damit den Stellenwert, der ihm zugemessen wurde und in letzter Konsequenz den Charakter des Urhebers. Natürlich kann man sich aus Unwissen oder aus Gründen der Ökonomie auf den ersten Punkt (Funktionalität) beschränken. Natürlich werden die Ansprüche mit der zunehmenden Erfahrung steigen, wenn man die Aufgabe ernst nimmt. Nur sollte jeder, der die Ansprüche der Wissenschaftlichkeit akzeptiert, vorsichtig damit sein, ihnen nicht zu folgen, aber das Ergebnis trotzdem als Wissenschaft zu bezeichnen.

20.1.5 Voraussetzungen

Damit Refactoring von Code erfolgreich durchgeführt werden kann, gibt es drei zwingende Voraussetzungen: funktionierender Code, automatische Tests und die Verwendung eines Versionsverwaltungssystems.

Funktionierender Code Dieser Aspekt ergibt sich bereits aus der Definition des Begriffs Refactoring. Wie später noch kurz diskutiert wird, sind Debugging, also das Finden und Beheben von Fehlern im Code, und Refactoring zwei grundlegend unterschiedliche Vorgänge. So wichtig es ist zu betonen, dass Funktionalität kein hinreichendes Kriterium für guten Code ist, so wichtig ist es aber auch festzuhalten, dass sie eine notwendige Voraussetzung für alles Weitere ist.

Automatisierte Tests Wie lässt sich objektiv feststellen, dass ein Codeblock bzw. ein Programm seine Spezifikation erfüllt? Durch automatisierte Tests, die selbst in Form von Quellcode formuliert sind und entsprechend eine ausführbare Spezifikation darstellen (vgl. ► Kap. 19).

» „Code without tests is bad code. It doesn't matter how well written it is; it doesn't matter how pretty or object-oriented or well-encapsulated it is. With tests, we can change the behavior of our code quickly and verifiably. Without them, we really don't know if our code is getting better or worse." (Michael C. Feathers, [16, S. xvi])

Entscheidend ist eine ausreichend hohe Abdeckung des Codes mit Tests. Natürlich kann aus grundsätzlichen Erwägungen die Testabdeckung nie vollständig sein – bzw., wir haben keinerlei Möglichkeit festzustellen, ob sie das ist. Das ist aber kein Argument gegen, sondern gerade eines für viele, gut gewählte und gut geschriebene automatisiert ablaufende Tests. Das bedeutet ggf. aber auch, dass der erste Schritt vor dem Refactoring, wenn die Testabdeckung nicht ausreichend gewährleistet ist, genau das Schreiben vieler Unittests und ggf. sogar noch davor die Modularisierung der Software ist, vgl. [16]. Denn nur so lässt sich bei Veränderungen am Code – trotz aller Vorsicht und Systematik – mit einer gewissen Sicherheit sagen, dass die ursprüngliche (abgetestete) Funktionalität noch erhalten geblieben ist.

Versionsverwaltungssystem Refactoring ist die *Veränderung* existierenden, funktionierenden Codes. Das Ziel ist, den Code qualitativ zu verbessern, insbesondere hinsichtlich seiner Lesbarkeit und Modularität. Das ist trotz aller Strukturiertheit im Vorgehen ein Prozess mit offenem Ausgang, und oftmals werden Ideen für das Refactoring nicht in die richtige Richtung führen, was sich aber erst während des Prozesses herausstellt. Entsprechend wichtig ist es daher, ein Versionsverwaltungssystem (vgl. ▶ Kap. 6) als Sicherheitsnetz zu verwenden. Gemeinsam mit automatisierten Tests wirkt ein solches System, richtig eingesetzt, sehr befreiend für die Entwickler – weil es gefahrlos auch große und/oder weitreichende Veränderungen ermöglicht, da die letzte funktionierende Version jederzeit wiederherstellbar ist.

20.2 Wann sollte man refaktorieren?

Interessanterweise stellt sich, wenn wir an Texte denken, die Frage selten,[5] warum man sie nach dem ersten Herunterschreiben noch (ggf. mehrfach) überarbeiten sollte, und warum es hilfreich sein kann, dass andere Menschen das Ergebnis ebenfalls Korrektur lesen und hilfreiche Anmerkungen machen. Die wenigsten Menschen sind in der Lage, einen komplexen Sachverhalt beim ersten Versuch fehlerfrei, elegant, ausdrucksstark und verständlich zu formulieren. Das gilt ganz genauso für Quellcode.

20.2.1 *Code smells* als Kriterien für Refactoring

Die Motivation für Refactoring wurde bereits eingehend diskutiert: Funktionierender Code ist lediglich eine notwendige, aber keine hinreichende Voraussetzung. Code soll-

5 Ausnahmen bestätigen auch hier die Regel. Es gibt Menschen, die ihren Weg bis kurz vor die Masterarbeit (oder weiter) geschafft, aber nicht gelernt haben, sich in ihrer Muttersprache (bzw. in irgendeiner Sprache) verständlich und dem Niveau ihres Arbeitsumfeldes und ihrer Arbeit entsprechend auszudrücken. Die Erfahrung zeigt, dass solche Menschen mit hoher Sicherheit auch keine guten Programmierer werden, wenn sie nicht an diesem Grundproblem arbeiten. Guter Quellcode erfordert die Fähigkeit, sich durch ausdrucksstarke Benennung von Einheiten und klare Strukturen verständlich zu machen.

te möglichst einfach veränderbar sein und klar seine Absicht kommunizieren. Deshalb gilt: Wann immer Code mühsam zu lesen oder zu verändern ist oder man Ideen hat, wie er verbessert werden könnte, sollte man das tun. Trotzdem ist es hilfreich, eine Reihe von Kriterien an der Hand zu haben, wann man refaktorieren sollte – und wann nicht, bzw. wann man damit auch wieder aufhören sollte. Fowler verweist in seinem Buch zu Refactoring dazu auf einen Besuch bei Kent Beck, der – wohl im Kontext seiner neugeborenen Tochter – den Begriff *code smells* prägte. Das entsprechende Kapitel wird von einem Zitat der Großmutter eingeleitet, die ein einfaches wie wirkungsvolles Kriterium aufstellte, wann es an der Zeit sei, die Windel des Kindes zu wechseln: *If it stinks, change it.* [13, S. 75] Dieses Prinzip kann man auf Code übertragen und sich überlegen, was denn das Analogon zum schlechten Geruch einer Windel sein könnte. Kapitel 3 in [13] liefert hier eine lange Liste, nachfolgend in Anlehnung daran und an andere Autoren ein paar Symptome aufgeführt.

Doppelungen im Code Von Robert Martin [17, S. 48] stammt die Aussage, Doppelungen im Code seien die Wurzel allen Übels, und ein großer Teil der Strategien professioneller Softwareentwicklung zielten genau darauf ab, sie zu eliminieren (vgl. ▶ Abschn. 14.4). Als einfach zu merkendes Akronym wurde daraus DRY: *Don't repeat yourself.* Was ist aber nun genau das Problem an Doppelungen in Code? Sie sind eine häufige Fehlerquelle, insbesondere dann, wenn die einzelnen Doppelungen weit voneinander entfernt im Code auftreten, aber doch alle synchron geändert werden müssen. Das erschwert die Weiterentwicklung und Pflege des Quellcodes massiv.

Nichtorthogonales Design Dieser aus der Mathematik entlehnte Begriff thematisiert die Abhängigkeit zwischen einzelnen Codeblöcken (i. d. R. Funktionen, Methoden, Klassen). Orthogonales Design sorgt dafür, dass die Veränderung einer Komponente keine Auswirkungen auf andere Komponenten hat.[6] Natürlich ist Orthogonalität graduell, nichtorthogonales Design zielt insbesondere auf ungewollte Abhängigkeiten zwischen einzelnen Codeblöcken, die aufgrund der resultierenden geringen Modularität grundlegend die Wiederverwendbarkeit erschweren.

Zu lange Funktionen/Methoden Die Länge von Funktionen und Methoden wurde bereits ausführlich diskutiert (▶ Kap. 14). Entscheidend ist weniger die Länge in absoluten Codezeilen als der Fokus einer Funktion oder Methode. Funktionen bzw. Methoden sollten hohe Kohäsion aufweisen, d. h., die einzelnen Bestandteile sollten in einem engen logischen und funktionalen Zusammenhang stehen. Gerade zu Beginn schreiben wir tendenziell Funktionen und Methoden, die zu lang sind und zu viel tun. Deshalb ist einer der am häufigsten ausgeführten Refactoring-Schritte das Herausziehen einzelner Funktionalität in separate Methoden oder Funktionen. Es handelt sich hierbei um „Refaktorierung" im Wortsinn, also die Wiedererlangung der Modularität, die ursprünglich durch die Faktorierung [14] ermöglicht wurde

Nicht aussagekräftige Namen Namen sollten die großen Fragen beantworten (▶ Kap. 13): Warum existiert es? Was tut es? Wie nutzt man es? Gute, d. h. treffende und aussagekräftige Namen zu finden ist eine wichtige Fähigkeit für Programmiererinnen und

6 Mathematisch ausgedrückt: Das Skalarprodukt zweier senkrecht (orthogonal) zueinander angeordneter Vektoren verschwindet.

Programmierer und gleicht mitunter einer Kunst. Neben der Aufteilung zu langer Funktionen und Methoden (s. o.) ist die Umbenennung von Variablen, Funktionen, Methoden und Klassen eine der häufigsten Tätigkeiten beim Refactoring.

Fallunterscheidungen statt Polymorphie Eine der großen Stärken der objektorientierten Programmierung (▶ Kap. 12) ist die Modularisierung des Codes, die zu einer einfachen Erweiterbarkeit führt. Einerseits trägt die Kapselung dazu bei, andererseits ermöglicht Polymorphie eine einfache Erweiterung bestehender Funktionalität um weitere (Spezial-)Fälle. Ein sicheres Zeichen dafür, dass dieses zentrale Konzept der objektorientierten Programmierung nicht (ausreichend) Verwendung fand, sind Fallunterscheidungen, häufig in Abhängigkeit vom jeweiligen Typ eines zu behandelnden Objektes. Das Problem an diesen Fallunterscheidungen ist, dass sie meist wiederholt im Code vorkommen (s. o.) und deshalb die Veränderung und Erweiterung erschweren. Natürlich lassen sich Fallunterscheidungen nicht gänzlich vermeiden. In diesen Fällen sollten sie aber an genau einer Stelle im Code stehen. Ein Beispiel dafür wäre das Entwurfsmuster (vgl. ▶ Kap. 17) der „Fabrik" (*factory*) zur Erzeugung von Objekten unterschiedlicher Subklassen [18, S. 87 ff.].

Kommentare Man kann geteilter Meinung über den Wert von Kommentaren sein (vgl. ▶ Kap. 16). Robert Martin geht soweit zu sagen, jeder Kommentar sei ein Eingeständnis, dass wir nicht in der Lage sind, uns hinreichend klar in Code auszudrücken [17, S. 54]. Martin Fowler hingegen ist sehr viel konzilianter, weist aber ebenfalls darauf hin, dass ein Kommentar immer dazu führen sollte, dass man ihn durch Refaktorieren überflüssig zu machen versucht [13, S. 88]. Hier geht es explizit *nicht* um Kommentarköpfe (öffentlicher) Funktionen, Methoden, Klassen oder Module, sondern um meist einzeilige erklärende Kommentare im Code. Schon Kernighan und Plaugher schrieben 1978: *Don't comment bad code — rewrite it* [19, S. 144].

Es gibt darüber hinaus noch eine ganze Reihe weiterer Symptome, von denen manche spezifisch für die objektorientierte Programmierung (in deren Kontext das Refactoring aufkam) sind und die von Fowler in seinem Buch genannt werden. Einige davon lassen sich unter dem Oberbegriff „nichtorthogonales Design" (s. o.) zusammenfassen.

20.2.2 Wann sollte man refaktorieren?

Nachdem hinreichend deutlich geworden sein sollte, warum man generell refaktorieren sollte und welche Symptome von Code (*code smells*) ein Zeichen für die akute Notwendigkeit von Refactoring sind, stellt sich die Frage: Wann im zeitlichen Verlauf des Entwicklungsprozesses sollte man refaktorieren? Die kurze Antwort lautet: immer!

> » „... refactoring is not an activity you set aside time to do. Refactoring is something you do all the time in little bursts. You don't decide to refactor, you refactor because you want to do something else, and refactoring helps you to do that other thing." (Martin Fowler, [13, S. 58])

Genauso wie sich die Qualität von Quellcode schrittweise über dessen Entwicklung und die damit verbundenen unvermeidlichen Veränderungen verschlechtert, wenn man nichts dagegen unternimmt (Software-Entropie, vgl. ▶ Kap. 10), so sollte das Gegenmittel, nämlich Refactoring, ebenso kontinuierlich und in kleinen Schritten eingesetzt werden.

Fowler selbst führt drei Situationen an, in denen er Refactoring durchführt [13, S. 58]: Hinzufügen neuer Funktionalität, Beheben eines Fehlers (Bugs) und Code-Reviews. Der entscheidende Punkt: Refactoring ist ein separater Prozess, der durch diese Situationen ausgelöst wird. Refactoring ist gerade *kein* Hinzufügen neuer Funktionalität, sondern es dient der Vorbereitung dieses Schrittes, wenn auffällt, dass das Erweitern der Codebasis mangels Modularität schwerfällt. Genauso ist Fehlerbehebung (Debugging) eine Veränderung der Funktionalität des Codes, und damit ein vom Refactoring getrennter Vorgang. Die Voraussetzung für erfolgreiches Refactoring ist in jedem Fall, wie oben erwähnt, die Existenz automatisierter Tests mit ausreichender Testabdeckung, um sicherstellen zu können, dass sich beim Refactoring die Funktionalität *gerade nicht* verändert.

Ein Spezialfall ist das Code Review: Handelt es sich dabei um einen formaleren Prozess, wird Refactoring schon aus organisatorischen Gründen davon getrennt ablaufen, wenn auch dadurch ausgelöst. Refactoring kann aber genauso ein Weg sein, das durch die Lektüre existierenden Codes erlangte Wissen zu dokumentieren: durch die treffendere Benennung von Codebestandteilen und durch den besseren Zuschnitt von Codeblöcken. Refaktorierung ist darüber hinaus der dritte und essentielle Schritt der testgetriebenen Entwicklung (vgl. ► Kap. 19). Hier steht in einer ersten Phase der Entwicklung die Erzeugung automatisierter Tests und des zugehörigen Produktivcodes im Vordergrund, zumal man durch dieses Wechselspiel gleichzeitig auch die Tests implizit testet. Der sich zwingend anschließende Refactoring-Schritt sorgt dann für die notwendige interne Codequalität. Letztlich ist Refactoring kein Selbstzweck, sondern das notwendige Werkzeug, um Code systematisch zu verändern und in seiner internen Struktur zu verbessern, um so die Erweiterbarkeit, Flexibilität und Lesbarkeit zu erhöhen und soweit möglich zu gewährleisten.

20.2.3 Wann sollte man *nicht* refaktorieren?

Einerseits lautet die klare Antwort auf die Frage, wann man refaktorieren sollte: immer! Andererseits ist Refactoring kein Allheilmittel – und kann missbraucht werden. Vier Aspekte sollen hier kurz diskutiert werden, in denen Refactoring *nicht* das Mittel der Wahl ist.

„Refactoring" als Tarnung für Versuch und Irrtum Die Anführungszeichen deuten bereits auf das Problem hin: Refactoring ist laut Definition eine *systematische* Veränderung *funktionierenden* Codes. Wildes Herumhacken qualifiziert entsprechend nicht als Refactoring. Inwieweit aus Chaos tatsächlich etwas entstehen kann, sei dahingestellt. In den meisten Fällen ist Programmierung ein systematisches Unterfangen, das besser klaren Regeln und Strukturen folgt, um in endlicher Zeit zu einem Ziel zu gelangen. Letztlich hängt das auch damit zusammen, dass nur Code, den man versteht und verstehen kann, auch vertrauenswürdig sein kann. Vertrauen in die korrekte Funktion von Code ist aber ein zentraler Aspekt, insbesondere in der Wissenschaft: Sie überspannt Raum und Zeit und beruht auf dem grundlegenden Vertrauen, dass bekannte (veröffentlichte) Ergebnisse und Interpretationen nach bestem Wissen und Gewissen entstanden und jederzeit unabhängig nachvollziehbar und überprüfbar sind (vgl. das Newton-Zitat, ► Kap. 1).

Refactoring ohne ausreichende Tests Ein beliebtes Spiel: Ich meine, etwas verstanden zu haben, lege los, lese die Bedienungsanleitung nicht, und beschwere mich am Ende darüber, dass es nicht funktioniert. So verhält es sich, wenn man fröhlich refaktoriert, ohne ausreichende Tests zu haben. Refactoring ändert die interne Struktur von Code unter Erhalt seiner Funktionalität. Automatisierte Tests und eine hinreichende Testabdeckung (▶ Kap. 19) sind eine (zwingende) Voraussetzung für überprüfbar erfolgreiches und vor allem zuverlässiges Refactoring – siehe das Zitat von Michael Feathers weiter oben.

Änderung veröffentlichter Schnittstellen Ziel aller Programmierung ist die Verwendung der entstandenen Programme. Daraus resultiert aber auch eine gewisse Verantwortung der Entwickler gegenüber den Anwendern, insbesondere was die veröffentlichten Schnittstellen betrifft. In einer Situation, in der Code veröffentlicht wurde bzw. von anderen genutzt wird (und seien es auch nur andere eigene Programme), sind die Auswirkungen von Refactoring, das öffentliche Schnittstellen betrifft, nicht mehr lokal kontrollierbar. Eine mögliche Lösung dieses Dilemmas ist die temporäre parallele Pflege unterschiedlicher Schnittstellen, wobei man tunlichst darauf achten sollte, Code nicht zu doppeln, sondern intern von einer auf die andere Funktion weiterzuleiten. Inkompatible Änderungen lassen sich sehr gut in einem Versionsnummernschema (▶ Kap. 7) kommunizieren, vorausgesetzt man verwendet konsequent klare und bekannte Konventionen. Darüber hinaus kann es auch passieren, dass man inkompatible Schnittstellen aufgrund externer Abhängigkeiten doch noch länger unterstützen möchte.[7] In solchen Fällen schlägt endgültig die Stunde von Versionsverwaltungssystemen (▶ Kap. 6), die vergleichsweise einfach und komfortabel die Pflege mehrerer paralleler Entwicklungsstränge ermöglichen.

Refactoring statt kompletter Neuentwurf Ein letztes, durchaus heikles Argument gegen Refactoring: In seltenen Fällen kann es angeraten sein, Code komplett neu zu entwickeln. Das ist aber immer vom konkreten Einzelfall abhängig und beruht auf einer Kosten-Nutzen-Abwägung: Refactoring kann (viel) Zeit kosten. Allerdings sollte man den Neuentwurf dem Refactoring nur bei klaren Strategien für besseren Code vorziehen. Vergleiche dazu die ausführlichere Diskussion in ▶ Kap. 10. Insbesondere muss die Ursache des schlechten Codes bekannt sein, genauso wie aussichtsreiche Strategien, es besser zu machen. Da in den allermeisten Fällen die Ursache des schlechten Codes die Entwicklerinnen und Entwickler sind, ist der große Neuentwurf fast nie die Lösung, andererseits aber ein probates Mittel, alles zu verlieren und als Firma bzw. als Programm zu verschwinden. Jegliches Programm, das eine gewisse Komplexität übersteigt, zieht so viel Aufwand für eine Neuimplementierung nach sich, wobei in der Regel parallel bestehende Funktionalität weiterverwendet und weitergepflegt werden muss, dass der Neuentwurf keine gangbare Lösung darstellt. Der Wechsel der Programmiersprache erzwingt natürlich in gewisser Weise einen Neuentwurf, aber auch hier lassen sich meist zunächst streng eingegrenzte Teile (z. B. neue Funktionalität) in einer anderen Sprache entwickeln und über Schnittstellen an den bestehenden Code anbinden.

7 Ein prominentes Beispiel wäre die Programmiersprache Python: Hier wurde die alte Version 2.7 über acht Jahre parallel zum inkompatiblen, neuen 3.x-Zweig gepflegt.

20.3 Strategien und Vorgehen beim Refactoring

Refactoring ist im Wesentlichen ein hochsystematisches Vorgehen, weshalb viele der eigentlichen Vorgänge auch prinzipiell automatisierbar sind. Gute IDEs (vgl. ► Kap. 4) unterscheiden sich von schlechteren IDEs oder einfachen Editoren ganz wesentlich in ihrer Unterstützung auch komplexerer Refactoring-Schritte. Darüber hinaus betrifft Refactoring ganz unterschiedliche Ebenen von Code, angefangen bei Variablennamen in einer Funktion oder Methode bis hin zur Gesamtorganisation eines Systems.

20.3.1 Grundsätzliches Vorgehen

Refactoring ist von seiner grundsätzlichen Herangehensweise guter wissenschaftlicher Praxis sehr ähnlich: Es sollte systematisch vorgenommen und jeweils nach Möglichkeit immer nur ein Parameter verändert werden. Außerdem bedarf es einer permanenten objektiven und möglichst automatisierten Kontrolle, ob die vorher vorhandene Funktionalität als solche auch noch besteht. Oder, mit den Worten von Erich Gamma im Vorwort zu Fowlers Buch zum Thema:

> „To avoid digging your own grave, refactoring must be done systematically." (Erich Gamma, Vorwort in [13])

In die gleiche Richtung tendieren Hunt und Thomas, indem sie die notwendigen mentalen Voraussetzungen für erfolgreiches Refactoring betonen:

> „... refactoring is an activity that needs to be undertaken slowly, deliberately, and carefully." (Hunt und Thomas, [5, S. 186])

Daraus lassen sich direkt drei essentielle Aspekte einer Strategie für das erfolgreiche Refaktorieren von Code ableiten.

Nicht refaktorieren *und* neue Funktionalität hinzufügen Das Hinzufügen neuer Funktionalität ist häufig ein Auslöser für Refactoring, eben weil beim Versuch auffällt, dass die Qualität des zu verändernden Codes nicht ausreicht oder zumindest deutlich verbessert werden könnte, um den Prozess zu vereinfachen, zu beschleunigen und die Erfolgschancen zu erhöhen. Trotzdem sind Refactoring und Hinzufügen neuer Funktionalität zwei grundlegend unterschiedliche Aspekte: Code sollte *zuerst* und *nur* refaktoriert werden. Das entspricht in weiten Teilen dem bewährten Vorgehen in den Wissenschaften, nach Möglichkeit systematisch nur *einen* Parameter pro Zeit zu ändern und dessen Einfluss möglichst objektiv zu messen.[8]

Gute Tests sind eine Voraussetzung für Refactoring. Ziel des Refactorings ist die qualitative Verbesserung der internen Struktur funktionierenden Codes, also der Erhalt der Funktionalität. Das lässt sich aber nur durch (automatisierte) Tests (► Kap. 19) sicherstellen. Oder, um es anders zu formulieren: Refactoring ohne funktionierende und verwendete Tests ist kein Refactoring – und in der Regel ein hochgradig gefährliches Vorgehen mit unklarem Ausgang. Natürlich ist Testabdeckung nie vollständig – bzw. wir haben

8 In der Versionsverwaltung wären Refactoring und Implementierung neuer Funktionalität auch zwei unterschiedliche Versionsstände mit jeweils eindeutigem Kommentar, vgl. ► Kap. 6.

aus fundamentalen Aspekten der Logik heraus keinerlei Chance, die Frage nach der Vollständigkeit zu beantworten –, und entsprechend werden sich immer auch Fehler einschleichen. Das ist aber einmal mehr kein Grund gegen, sondern vielmehr ein exzellenter Grund für automatisierte Tests.

Kleine, wohlüberlegte Schritte Direkt abgeleitet als Handlungsanweisung aus den obigen beiden Zitaten, sollte Refactoring immer kleinteilig geschehen. Das liegt an der fundamentalen Beschränktheit des Menschen und der Komplexität jedes nichttrivialen Programms, das unsere Fähigkeit, es intellektuell zu erfassen, bei Weitem übersteigt. Nach jedem kleinen Schritt sollten alle Tests durchlaufen werden, denn die Funktionalität sollte bei jedem Schritt erhalten bleiben. Das stellt entsprechende Anforderungen an die Einfachheit und Geschwindigkeit der Ausführung der automatisierten Tests, wie sie von den xUnit-Frameworks (▶ Kap. 19) bereitgestellt wird. Nicht ohne Grund entstammen diese Frameworks ebenso wie das Konzept des Refactorings den Smalltalk-Kreisen: Eine große Stärke von Smalltalk war die vergleichsweise einfache und elegante Formulierung komplexer Fragestellungen auf einem hohen Abstraktionsniveau, und viele Aspekte guter objektorientierter Softwarearchitektur wurden so erst ermöglicht, ausprobiert und entwickelt.

20.3.2 Unterschiedliche Ebenen von Code

Refactoring kann unterschiedliche Ebenen von Code beeinflussen – und man kann entsprechend spezifische Strategien und Vorgehensweisen nach diesen Ebenen kategorisieren (vgl. ◻ Tab. 20.1). Während die meisten Beispiele unmittelbar verständlich sind, soll das Beispiel für ein Refactoring auf der Ebene kompletter Systeme kurz erläutert werden. Grundsätzlich gibt es mehrere Strategien, mit Fehlerzuständen im Programmablauf umzugehen: die Rückgabe von Fehlercodes und die Ausnahmebehandlung. Ein typisches Beispiel für erstere Strategie ist die Unix-Kommandozeile. Hier gilt die Konvention, dass ein Rückgabewert von Null die erfolgreiche Abarbeitung signalisiert, während alle Rückgabewerte verschieden von Null auf einen Fehler während der Verarbeitung hinweisen. Das erlaubt einfache Abfragen über Boolesche Werte, zumal wenn sich Zahlen einfach auf Boolesche Werte abbilden lassen (alles ungleich Null evaluiert zu *true*). Fehlerbehandlung durch Ausnahmen beruht darauf, dass Code beim Erreichen fehlerhafter

◻ **Tab. 20.1** **Unterschiedliche Ebenen von Code und Beispiele für Refactorings**. Die Gliederung erfolgt in Anlehnung an McConnell [12, S. 571 ff.]. Für Details vgl. den Text

Ebene	Beispiel
Daten	Variablen und deren Namen
Statements	(komplexe) Boolesche Ausdrücke
Routinen	Aufteilen langer Funktionen
Implementierung von Klassen	Verschieben von Methoden innerhalb der Vererbung
Schnittstellen von Klassen	Verschieben von Methoden zwischen Klassen
Komplette Systeme	Austausch von Fehlercodes und Ausnahmen

Zustände die weitere Verarbeitung abbricht und eine Ausnahme (*exception*) an die nächsthöhere Programmebene weitergibt, die dann sinnvollerweise damit umgehen sollte. Ein klassisch gewordenes Beispiel für eine nicht behandelte solche Ausnahme ist der Absturz der Ariane-5-Rakete bei ihrem Jungfernflug (vgl. ▶ Kap. 9). Es gibt gute Gründe für beide Varianten des Umgangs mit Fehlern, vom einen zum anderen Konzept zu wechseln ist allerdings meist ein Refactoring auf Systemebene.

Die unterschiedlichen betroffenen Ebenen von Code gehen auch einher mit der zunehmenden Bedeutung automatisierter Tests mit hoher Testabdeckung für das Refactoring. Während das Umbenennen einer Variablen im lokalen Kontext einer kleinen Funktion oder Methode noch ohne eine ausführliche Testsuite mit hoher Testabdeckung funktionieren mag, indem man manuell die Funktion aufruft, sind spätestens beim horizontalen und vertikalen Verschieben von Methoden zwischen Klassen automatisierte Tests, die nach jeder kleinsten Änderung durchlaufen werden, unabdingbar für zuverlässigen Code.

20.3.3 Beispiele für einzelne Refactorings

Es gibt ganze Kataloge hilfreicher Refactoring-Strategien [13, 20], insofern können hier nur wenige einfache Beispiele gezeigt werden. Für eine knappe Übersicht vgl. [12, Kapitel 24, S. 571 ff.]. Dazu kommt noch das Problem, dass sich Refactoring meist erst bei realen Programmen auszahlt, die eine Komplexität erreichen, wie sie sich didaktisch i. d. R. nicht verwenden lässt – ein Problem, auf das Fowler in seinem Buch eingeht, auch wenn er trotzdem ein kleines Beispiel komplett durcharbeitet. Die Lektüre des entsprechenden Kapitels in [13] sei jedem sehr empfohlen. Nachfolgend werden drei einfach nachvollziehbare Beispiele genannt und etwas detaillierter die jeweiligen Schritte des Refactorings beschrieben.

Umbenennen von Variablen, Funktionen, Klassen Neben der Aufteilung zu langer Funktionen und Methoden ist die Umbenennung von Codeeinheiten (Variablen, Funktionen, Methoden, Klassen) sicherlich der häufigste Aspekt von Refactoring. Das Ziel ist identisch mit jenem von „sauberem Code“: eine bessere Lesbarkeit und höhere Ausdrucksstärke. Wichtig ist, dass alle Vorkommen entsprechend umbenannt werden. Das ist mithilfe der Suchen&Ersetzen-Funktion des Editors in einigen Fällen, aber nicht immer realisierbar. Je globaler der Kontext der umzubenennenden Codeeinheit, desto größer die Schwierigkeit, insbesondere dann, wenn Code an ganz unterschiedlichen Stellen und in unterschiedlichen Dateien geändert werden muss. Hier helfen gute statistische Codeanalysewerkzeuge und gute IDEs, die sich durch umfangreiche Unterstützung dieser Refactoring-Schritte auszeichnen, indem sie diese Werkzeuge integrieren und aus einer gemeinsamen Oberfläche heraus ohne Medienbrüche nutzbar machen.[9]

Vereinfachung komplexer Codezeilen Ein zusammenhängender Codeblock sollte sich durch ein gemeinsames Abstraktionsniveau auszeichnen, das unterhalb des Funktionsnamens angesiedelt ist (vgl. ▶ Kap. 14). Entsprechend wird man oft Teile einer Funktion oder Methode herauslösen und unter einem treffenden Namen (vgl. ▶ Kap. 13) in einen

9 Wie alle Werkzeuge ist auch die Unterstützung für Refactoring in IDEs nicht immer fehlerfrei. Gerade die Umbenennung in globale(re)m Kontext kann zu Problemen führen, die manuell behoben werden müssen. Hier zahlen sich Unittests und eine Versionsverwaltung aus.

eigenen Codeblock auslagern wollen. Darüber hinaus ist Formatierung entscheidend: Komplexe Statements sollten auf mehrere Zeilen aufgeteilt werden (vgl. ▶ Kap. 15).[10] All das dient der Verbesserung der Lesbarkeit. Ein typisches Beispiel sind komplexe Bedingungen in `if`-Abfragen, die sich oftmals in eine Funktion oder Methode auslagern lassen, die treffend benannt die Lesbarkeit immens erhöht, da sie dem Leser erlaubt, sich auf abstrakterem Niveau mit der eigentlichen Fragestellung zu befassen.

Aufteilen einer Funktion/Methode Eng verwandt mit dem vorgenannten Punkt und neben der Umbenennung von Codeeinheiten die wohl häufigste Form des Refactorings, dient auch die Aufteilung von Funktionen bzw. Methoden der besseren Lesbarkeit, darüber hinaus aber auch der Modularität und der Vermeidung von Doppelungen („DRY Code"). Gemäß der Unix-Philosophie sollte eine Funktion oder Methode immer nur genau eine Aufgabe erfüllen (▶ Kap. 14).

20.3.4 Der Wert einer guten IDE

Eine wesentliche Errungenschaft der Smalltalk-Gemeinde war der sogenannte „Refactoring-Browser", der mittels ausgefeilter statischer Codeanalyse in Verbindung mit einer grafischen Oberfläche Nutzer auch bei komplexeren Refactoring-Schritten unterstützte. Mittlerweile wurde diese Funktionalität in viele moderne IDEs, die eine große Zahl an Programmiersprachen unterstützen, integriert. Auch wenn es nach Fred Brooks [21] keine „silberne Gewehrkugel" gibt, also kein einzelnes Werkzeug, das für sich genommen die Produktivität von Programmierern um eine Größenordnung steigern könnte, bieten moderne, gute IDEs (vgl. ▶ Kap. 4) so viel Unterstützung für viele Aspekte der Softwaretechnik, dass ihr korrekter Einsatz die Produktivität immens steigern kann. Das ist aber kein Widerspruch zu Brooks, da es nicht die IDE selbst ist, sondern die durch sie vereinfachte Nutzung dieser Werkzeuge und Strategien. Daraus lässt sich als Qualitätskriterium einer IDE ableiten, inwieweit sie eine gut durchdachte Unterstützung diverser Refactoring-Schritte liefert. Für drei Refactoring-Strategien wird beispielhaft gezeigt, welche Unterstützung moderne IDEs bieten können.

Umbenennen von Variablen, Funktionen, Klassen Das manuelle Suchen und Ersetzen ist mühsam und fehleranfällig, und es gerät insbesondere dann an seine Grenzen, wenn weit voneinander entfernte Codeteile in unterschiedlichen Dateien betroffen sind. Gute IDEs „kennen" den Kontext eines Projektes und ermöglichen so, insbesondere beim Aufruf von Klassen und Funktionen, weitestgehend automatisch und vollständig die Umbenennung. Darüber hinaus trägt die Integration automatisierter Tests, d. h. deren Aufruf ohne Medienbruch direkt aus der IDE, zu deren häufigem Aufruf bei, was sowohl das Vertrauen in den Code als auch seine Qualität stark positiv beeinflusst.

Aufteilen einer Funktion/Methode Der zu extrahierende Codeblock benötigt oft temporäre Variablen. Moderne IDEs erkennen das und bieten an, diese Variablen direkt als

10 Während Formatierung als Refactoring-Schritt angesehen werden kann, hat eine weitgehend automatische und einheitliche Codeformatierung durch externe Werkzeuge, die z. B. bei jedem Commit in der Versionsverwaltung aufgerufen werden, den Vorteil, dass sie quasi automatisch durchgeführt wird und keine Denkleistung erfordert.

Parameter an die neu zu erstellende Funktion oder Methode zu übergeben. Dialoge erlauben, direkt Einfluss auf die Signatur der neuen Funktion und den Namen ihrer Parameter zu nehmen. Wichtig bleibt, die neue Funktion bzw. Methode *sprechend* zu benennen (vgl. ► Kap. 13).

Verschieben von Methoden zwischen Klassen Spezifisch im Kontext objektorientierter Programmierung wird man im Lauf der Entwicklung immer wieder Methoden zwischen Klassen sowohl horizontal als auch vertikal verschieben wollen. Innerhalb der Vererbungshierarchie (vertikal) ist das weitestgehend automatisierbar, zumal die IDE die Vererbungshierarchie „kennt". Horizontale Verschiebung ist zumindest im Sinne des Herauslösens von Methoden und der Überführung in eine neue Klasse (*extract class*, [13, S. 149]) ebenfalls oft möglich.

20.3.5 Refactoring als kontinuierlicher Prozess

Das Kapitel zum Refactoring steht nicht umsonst (fast) am Ende des großen Abschnitts zu „sauberem Code", und es schlägt den Bogen zurück zum Beginn des Abschnitts und der Diskussion der Problematik, insbesondere der Software-Entropie (► Kap. 10). Die mangelnde Qualität von Code und ihre schleichende Verschlechterung durch unausweichliche Anpassungen und Änderungen ist eine Tatsache, und Refactoring ist eine, wenn nicht gar die einzige, Strategie, um diesem Prozess entgegenzuwirken. Deshalb ist es so wichtig, Refactoring als kontinuierliches Vorgehen zu begreifen.

» „I strongly recommend that you *always* practice such refactoring for *every* module you write and for *every* module you maintain. The time investment is very small compared to the effort you'll be saving yourself and others in the near future." (Robert C. Martin, [4, S. 42])

Richtig angewendet, d. h. systematisch, in kleinen Schritten und kontinuierlich über den gesamten Entwicklungsprozess, hat Refactoring zwei entscheidende Vorteile.

Refactoring ist *machbar* und skaliert. Reale Lösungen haben gegenüber rein theoretischen Überlegungen den charmanten Vorteil der Existenz – und für Refactoring im Konkreten gilt, dass es eine Lösung ist, die sich über Jahrzehnte bewährt hat. Die Stärke des Refactorings ist sein Fokus auf dem Machbaren und seine Beschränkung auf jeweils einen kleinen bis sehr kleinen Bereich. Eine Variable umzubenennen klingt nicht spektakulär, kann aber den Unterschied zwischen lesbarem, sprechendem und unverständlichem Code ausmachen. Wichtig ist hier, sich an die Pfadfinderregel zu erinnern: Refactoring zieht darauf ab, den Code jeweils nur ein wenig besser zu machen, aber nicht perfekt. Für Letzteres fehlt uns meist die Zeit und viel mehr noch die Fähigkeit. Wenn man die Strategien einmal verstanden und eingeübt hat, ist Refactoring oft einfach durchführbar und behebt darüber hinaus noch die Ursachen. Der große Neuentwurf scheitert in den allermeisten Fällen ja gerade daran, dass nicht die Ursache – Kenntnisstand und Herangehensweise der Entwicklerinnen und Entwickler – bekämpft wird.

Refactoring erspart Zeit – sehr bald und allen. Ein zentraler Aspekt von Software ist ihre inhärente Veränderbarkeit. Refactoring erhält bzw. ermöglicht die Erweiter- und Veränderbarkeit des Codes und steigert so die Produktivität. Das hilft allen, nicht nur den ursprünglichen Entwicklern, sondern allen, die jemals mit dem Code in Berührung kommen. Allzu oft sind diejenigen, die Code weiter pflegen und neuen Herausforderungen anpassen müssen, jene, die ihn ursprünglich schrieben. Deshalb ist Refactoring auch eine Investition in das Zukunfts-Ich.

20.4 Zusammenhang mit Entwurfsmustern

Abschließend sei noch auf den Zusammenhang von Refactoring und Entwurfsmustern (▶ Kap. 17) eingegangen, zumal dieser Zusammenhang bereits in den beiden klassischen Büchern zum Thema, *Design Patterns* [18] und *Refactoring* [13], angesprochen wird und er gleichzeitig zum nächsten großen Abschnitt „Architektur" ab ▶ Kap. 22 überleitet.

20.4.1 Entwurfsmuster sind das Ziel, Refactoring der Weg dorthin

Auf eine einfache Formel gebracht sind Muster das Ziel und Refactoring der systematische Weg dorthin, wie Fowler in seinem Buch schreibt:

» „There is a natural relation between patterns and refactorings. Patterns are where you want to be; refactorings are ways to get there from somewhere else." (Martin Fowler, [13, S. 107])

Die Motivation hinter beiden ist dabei identisch: Sie zielen darauf, Code-Doppelungen zu reduzieren oder zu entfernen, komplizierten Code zu vereinfachen und letztlich die Absicht besser im Code selbst auszudrücken, also in einem Begriff: „sauberen Code" zu erhalten.

20.4.2 Refactoring bewahrt vor zu wenig und zu viel Komplexität

Während beide, Gamma *et al.* und Fowler, in ihren Büchern explizit auf die Zusammenhänge zwischen Entwurfsmustern und Refactoring eingehen, war es doch dem Buch *Refactoring to Patterns* [20] von Joshua Kerievsky vorbehalten, diesen Zusammenhang detaillierter auszuloten. Am Anfang steht die Erkenntnis, dass Entwurfsmuster ein zweischneidiges Schwert sind. Zu früh und zu viel eingesetzt, verkomplizieren sie unnötig den Code. Zu wenig eingesetzt, machen sie den Code unübersichtlich und schwerfällig. Wie bereits in ▶ Kap. 17 erwähnt, ist der häufigere Fall das Fehlen und nicht das übermäßige Verwenden von Entwurfsmustern, trotzdem treten beide Situationen immer wieder auf. Entsprechend ist es wichtig, Strategien zu kennen und zu beherrschen, diese Entwicklungen auszubalancieren. Auch das ist ein kontinuierlicher Prozess, der Bewusstsein der Problematik genauso wie die Kenntnis und Beherrschung der notwendigen Lösungswege erfordert.

Refactoring ist genau die Strategie, die für die notwendige Flexibilität sorgt. Eine zentrale Voraussetzung für den gewinnbringenden Einsatz ist allerdings die Kenntnis sowohl der Muster als auch der Refactoring-Strategien. Sind diese Voraussetzungen erfüllt, müssen Muster nicht vorsorglich verwendet werden – ein typischer Fall von YAGNI (*You ain't gonna need it!*). Das kommt unserer menschlichen Beschränktheit sehr entgegen: Prognosen sind schwierig – besonders wenn sie die Zukunft betreffen. Kerievsky stellt in seinem Buch drei Richtungen für Refactoring vor: auf Entwurfsmuster zu, zu Entwurfsmustern und weg von Entwurfsmustern. Die ersteren beiden unterscheiden sich graduell, trotzdem steckt dahinter die entscheidende Erkenntnis, dass man im konkreten Kontext nicht jedes Muster gleich vollständig umsetzen kann, sondern zuweilen nur eine Entwicklung in dessen Richtung genügt. Der große Vorteil am Refactoring: Es ist ein kontinuierlicher Prozess, Kurskorrekturen sind jederzeit und aufgrund der vorhandenen Tests relativ gefahrlos möglich.

? Verständnisfragen

- Was ist Refactoring?
- Wann sollte man Code refaktorieren, wann nicht?
- Was ist ein wesentlicher Aspekt von Refactoring?
- Warum ist Refactoring so wesentlich für gleichbleibend hohe Codequalität?
- Was sind zwingende Voraussetzungen für erfolgreiches Refactoring?
- Nennen Sie mindestens drei Beispiele für konkrete Refactoring-Schritte auf unterschiedlichen Ebenen von Code.
- Warum ist Refactoring in fast allen Fällen dem kompletten Neuentwurf vorzuziehen?
- Welche Gemeinsamkeiten können Sie zwischen Refactoring und guter wissenschaftlicher Praxis erkennen?
- Welche Rolle spielen IDEs für das Refactoring? Welches Qualitätskriterium für IDEs lässt sich daraus ableiten?

Kommentiertes Literaturverzeichnis

Der „Klassiker“ zum Thema ist ist das Buch von Martin Fowler [13]. Es entstand, bevor testgetriebene Entwicklung wirklich populär wurde, verweist aber gleichwohl auf die Notwendigkeit sauberer Unittests und einer hohen Testabdeckung als Voraussetzung für erfolgreiches Refactoring. (Darüber hinaus ist Fowler schon damals mit dem Konzept der testgetriebenen Entwicklung vertraut.) Fowler bringt gleich am Anfang des Buches ein ausführliches, schrittweises Beispiel, sodass man ihm geradezu beim Refactoring zusehen kann. Eine gute Zusammenfassung von Refactoring findet sich in Kapitel 25 von [12]. McConnell fasst hier viele der Strategien aus [13] sehr knapp zusammen. Von Robert Martin gibt es unterschiedlich ausführliche Beschreibungen von Refactoring anhand konkreter Codebeispiele, eher kurz ist Kapitel 5 in [4], ausführlicher Kapitel 14 in [17]. Sehr knapp und ohne Beispiele ist Abschnitt 33 in [5]. Wer eine deutsche Beschreibung vorzieht, wird in Kapitel 15 von [22] fündig. Der Zusammenhang zwischen Entwurfsmustern [18] und Refactoring [13] wird von Kerievsky [20] hergestellt. Er präsentiert in seinem Buch einen Katalog von Refactorings zu, in Richtung von und weg von Entwurfsmustern. Die Frage der „richtigen“ Metapher für das Programmieren wird von vielen Autoren diskutiert. Hunt und Thomas [5] betonen sehr den handwerklichen Aspekt, sie gelten als Begründer des *Software Craftmanship*, vgl. dazu auch Martin [23] und Mancuso [24]. Ein sehr lesenswerter Essay zum Verhältnis von Ingenieurswissenschaften und Softwareentwicklung, insbesondere hinsichtlich des Wesens von Code als Entwurf, ist *What Is Software Design* von Jack W. Reeves, abgedruckt im Anhang von [4]. Wieder einen anderen Aspekt, nämlich den der Kunst, betonen Donald Knuth mit seinem monumentalen Werk *The Art of Computer Programming* [1] und in seiner Nachfolge Raymond [2] und Graham [3], letzterer insbesondere in seinem titelgebenden Essay *Hackers and Painters*.

Literatur

1. D.E. Knuth, *The Art of Computer Programming*, Volumes 1–4 (Addison-Wesley, Boston, 2011)
2. E.S. Raymond, *The Art of UNIX Programming* (Addison Wesley, Boston, 2004)
3. P. Graham, *Hackers & Painters* (O'Reilly, Sebastopol, CA, 2010)
4. R.C. Martin, *Agile Software Development. Principles, Patterns, and Practices* (Prentice Hall, Upper Saddle River, New Jersey, 2003)
5. A. Hunt, D. Thomas, *The Pragmatic Programmer* (Addison-Wesley, Boston, 1999)
6. E.W. Dijkstra, *Selected Writings on Computing: A Personal Perspective* (Springer-Verlag, New York, 1982)
7. E.W. Dijkstra, Communications of the ACM **15**, 859 (1972)
8. P. Naur, B. Randell (eds.). *Software Engineering: Report of a Conference sponsored by the NATO Science Committee, Garmisch, Germany, 7–11 Oct. 1968* (NATO, Scientific Affairs Division, Brussels, 1969)
9. B. Randell, J. Buxton (eds.). *Software Engineering Techniques: Report of a Conference sponsored by the NATO Science Committee, Rome, Italy, 27–31 Oct. 1969* (NATO, Scientific Affairs Division, Brussels, 1970)
10. T. DeMarco, T. Lister, *Peopleware. Productive Projects and Teams*, 3. Aufl. (Addison-Wesley, Upper Saddle River, NJ, 2013)
11. L.L. Constantine, *The Peopleware Papers. Notes on the Human Side of Software* (Yourdon Press, Upper Saddle River, NJ, 2001)
12. S. McConnell, *Code Complete*, 2. Aufl. (Microsoft Press, Redmond, Washington, 2004)
13. M. Fowler, *Refactoring. Improving the Design of Existing Code* (Addison-Wesley Longman, Boston, 1999)
14. E. Yourdon, L.L. Constantine, *Structured Design. Fundamentals of a Discipline of Computer Program and Systems Design* (Prentice Hall, Inc., Englewood Cliffs, NJ, 1979)
15. P. Watzlawick, J.H. Beavin, D.D. Jackson (eds.), *Menschliche Kommunikation*, 13. Aufl. (Hogrefe, Bern, 2017)
16. M.C. Feathers, *Working Effectively with Legacy Code* (Prentice Hall, Upper Saddle River, New Jersey, 2005)
17. R.C. Martin, *Clean Code. A Handbook of Agile Software Craftmanship* (Prentice Hall, Upper Saddle River, New Jersey, 2008)
18. E. Gamma, R. Helm, R. Johnson, J. Vlissides, *Design Patterns. Elements of Reusable Object-Oriented Software* (Addison-Wesley, Boston, 1995)
19. B.W. Kernighan, P.J. Plauger, *The Elements of Programming Style*, 2. Aufl. (McGraw-Hill, New York, 1978)
20. J. Kerievsky, *Refactoring to Patterns* (Addison-Wesley, Boston, 2005)
21. F.P. Brooks, *The Mythical Man Month*, Jubiläumsausgabe mit 4 neuen Kapiteln (Addison Wesley Longman, Boston, 1995)
22. K. Passig, J. Jander, *Weniger schlecht programmieren* (O'Reilly, Heidelberg, 2013)
23. R.C. Martin, *The Clean Coder. A Code of Conduct for Professional Programmers* (Prentice Hall, Upper Saddle River, New Jersey, 2011)
24. S. Mancuso, *The Software Craftsman* (Prentice Hall, Upper Saddle River, New Jersey, 2015)

Codeoptimierung

Inhaltsverzeichnis

T. Biskup, *Softwareentwicklung für die Naturwissenschaften*,
https://doi.org/10.1007/978-3-662-71607-6_21

Kernaspekte
- Laufzeit und Ressourcenverbrauch sind in den seltensten Fällen ein ernsthaftes Problem.
- Code sollte nur und erst dann optimiert werden, wenn es nachweislich unumgänglich ist.
- Voraussetzungen für erfolgreiche Optimierung sind Messbarkeit, Tests und Versionsverwaltung.
- Optimierungsstrategien hängen oft von Architektur, Programmiersprache und Compiler ab.
- Optimierungen haben häufig (ungewollt) Einfluss auf die Funktionalität.

Refactoring (► Kap. 20) und Codeoptimierung haben beide das Ziel, die innere Struktur funktionierenden Codes zu verändern, ohne dessen von außen beobachtbares Verhalten hinsichtlich der Funktionalität zu beeinflussen. Während Refactoring auf die verbesserte Lesbarkeit und interne Qualität fokussiert, steht bei der Codeoptimierung die Erhöhung der Ausführungsgeschwindigkeit bzw. die Verringerung des Ressourcenverbrauchs im Mittelpunkt. Entsprechend sind Refactoring und Codeoptimierung in gewisser Weise Antagonisten, auch wenn sie sehr ähnliche Voraussetzungen haben, insbesondere automatisierte Tests zur Sicherstellung der Funktionalität trotz Veränderung am Code. Letztlich ist Refactoring seinerseits eine wichtige Voraussetzung für Codeoptimierung, und mitunter sorgt Refactoring allein schon für eine Erhöhung der Ausführungsgeschwindigkeit, weil der Compiler oder Interpreter dann seine internen Optimierungen besser umsetzen kann. So gesehen ist es nur folgerichtig, Codeoptimierung ganz am Ende des Abschnitts zu „sauberem Code“ zu behandeln: Es sollte immer nur der allerletzte Schritt sein, nachdem der Code nachweislich richtig funktioniert und möglichst lesbar geschrieben ist. Das setzt eine möglichst hohe Testabdeckung genauso voraus wie die praktische Erfahrung im Refactoring und das vertiefte Verständnis der Kriterien für sauberen und qualitativ hochwertigen Code, wie sie in den vorangegangenen Kapiteln etwas detaillierter besprochen wurden.

Grundsätzlich ist es immer empfehlenswert, in einer Sprache zu programmieren, die einen hohen Abstraktionsgrad erlaubt, weil so ausdrucksstarker und im eigentlichen Sinne selbstdokumentierender Code zu einer realen Möglichkeit wird. Für die wenigen Fälle, die wirklich ressourcenkritisch sind und deshalb in deutlich maschinennäheren Sprachen geschrieben werden, gibt es in der Regel Möglichkeiten, den Anteil am Gesamtprogramm sehr gering zu halten und die betroffenen Codeteile direkt aus der abstrakteren Hochsprache heraus aufzurufen (sogenannte *wrapper*).

21.1 Motivation: Ausführungsgeschwindigkeit und Ressourcenverbrauch

Ressourcen sind generell endlich, trotzdem gibt es schon seit Jahrzehnten nur ganz wenige Situationen, in denen die verfügbaren Ressourcen derart limitiert sind, dass Codeoptimierung überhaupt eine Rolle spielt. Zunächst werden die Fragen diskutiert, warum man überhaupt Code optimieren möchte und was die Zielstellung dabei ist. Außerdem wird kurz der Formalismus für die Komplexität von Algorithmen eingeführt.

21.1.1 Warum Code optimieren?

Codeoptimierung ist – gerade im naturwissenschaftlichen Kontext – oft von einer leicht mystischen Aura umgeben. Es hält sich hartnäckig die Meinung, Optimierung sei gerade hier eine Notwendigkeit. Dabei zeigt die Praxis, dass das in den allermeisten Fällen nicht stimmt und dass die Verbesserung der Lesbarkeit von Code – also all das, was in den vergangenen Kapiteln zum Thema „sauberer Code" angesprochen wurde – einen viel größeren Einfluss auf die Qualität und Verwendbarkeit (und oft genug auch den Ressourcenverbrauch und die Ausführungsgeschwindigkeit) des Codes hat. Weil sich aber das Gerücht so hartnäckig hält, dass Codeoptimierung wesentlich sei, sollen hier zwei Autoren zu Wort kommen, die es aufgrund ihrer eigenen Erfahrung wissen müssen. Immerhin hat Brian W. Kernighan zusammen mit Dennis M. Richie die Programmiersprache C entwickelt [1].

» „... the first principle of optimization is *don't*." (Kernighan und Pike, [2, S. 165])

Warum nun aber trotzdem ein ganzes Kapitel zum Thema Codeoptimierung, wenn die ehrliche Antwort doch lauten muss: „Finger weg"? Zum einen gibt es gerade in den Naturwissenschaften tatsächlich Situationen, in denen Optimierung eine Rolle spielt, zum anderen ist „sauberer Code", wie bereits erwähnt, nicht nur eine *notwendige* Vorbedingung für den Beginn der Optimierung, sondern oftmals bereits auf fast magische Weise mit einer Verringerung des Ressourcenverbrauchs verbunden. Es gibt grundsätzlich zwei Motivationen dafür, warum man Code optimieren möchte: zur Steigerung der Ausführungsgeschwindigkeit und zur Verringerung des Ressourcenverbrauchs, hier meist des benötigten Speicherplatzes. In den allermeisten Fällen sind beide Aspekte jedoch nicht wirklich von Bedeutung. Die Gründe dafür sind unterschiedlich und werden nachfolgend kurz diskutiert.

Hardware wird schneller und billiger. Der in den allermeisten Fällen finanziell größte Posten eines Projektes ist Personal, nicht die Hardware bzw. Geräteausstattung. Über die letzten Jahrzehnte hat die Computerhardware eine beispiellose Entwicklung durchgemacht, die sich sehr gut anhand des Mooreschen Gesetzes (*Moore's Law*) illustrieren lässt (vgl. ◘ Abb. 21.1). Dieses „Gesetz"[1] besagt, dass sich die Zahl der Transistoren integrierter Schaltkreise in regelmäßigen Abständen verdoppelt. Ursprünglich formulierte Gordon Moore als Zeitraum 18 Monate [3]. Wie die Grafik zeigt, waren es ca. 24 Monate über ca. dreieinhalb Jahrzehnte. Für die Optimierung bedeutet das, dass es in den allermeisten Fällen einfacher, billiger und zielführender ist, auf die technische Entwicklung zu vertrauen und abzuwarten, bis die Hardware die notwendigen Anforderungen erfüllt. Abgesehen davon, dass die meisten Programme sowieso keine wirklich hohen Anforderungen an die Hardware stellen.

1 Natürlich handelt es sich hierbei nicht um ein Gesetz im eigentlichen Sinne, sondern um eine aus der Beobachtung abgeleitete Regel, die sich dann aber über Jahrzehnte in gewisser Weise verselbstständigte und zur selbsterfüllenden Prophezeihung wurde. Mittlerweile ist die physikalische Grenze (mögliche Strukturbreiten auf einer Platine) fast erreicht, weshalb die Zahl der Transistoren pro integriertem Schaltkreis kein gutes Maß für die Leistungsfähigkeit mehr ist. Das bedeutet aber nicht, dass die Hardware nicht immer noch leistungsfähiger wird. Eher ist es so, dass das vermutlich beispiellose exponentielle Wachstum langsam in normalere Bahnen einschwenkt.

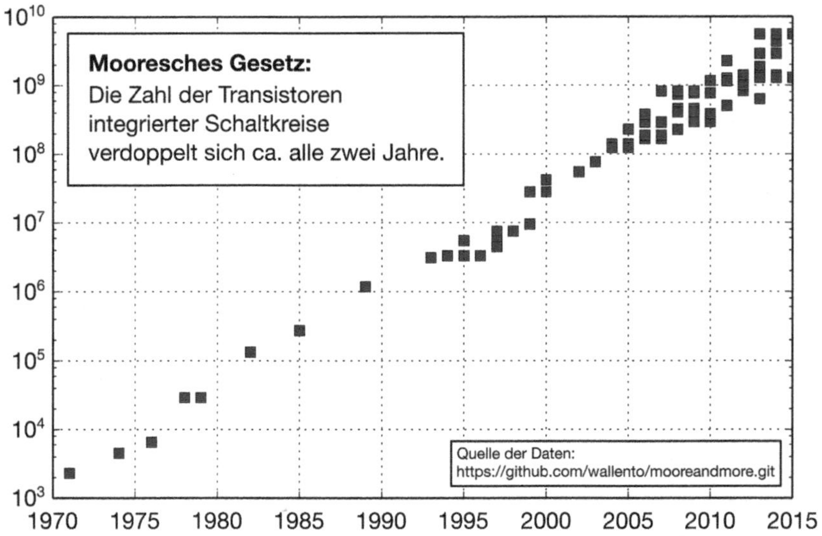

Abb. 21.1 Exponentielle Zunahme der Leistungsfähigkeit von Hardware über die Zeit gemessen an der Zahl der Transistoren integrierter Schaltkreise. Das Mooresche Gesetz (*Moore's Law*) besagt, dass sich die Zahl der Transistoren integrierter Schaltkreise in regelmäßigen Abständen verdoppelt. Ursprünglich (immerhin bereits 1965) formulierte Gordon Moore als Zeitraum 18 Monate. Wie die Grafik zeigt, waren es ca. 24 Monate über ca. dreieinhalb Jahrzehnte. Mittlerweile schwächt sich die Entwicklung aufgrund der physikalischen Grenzen (minimale realisierbare Strukturbreiten) ab

Compiler sind mittlerweile sehr gut. Natürlich sind interpretierte gegenüber kompilierten Sprachen in der Regel hinsichtlich der Ausführungsgeschwindigkeit im Nachteil. Allerdings gilt auch das nur eingeschränkt, da auch interpretierte Sprachen immer mehr auf Kompilierung zur Laufzeit (*just in time*, JIT) setzen und dadurch repetitive Codeabschnitte quasi genauso schnell ausführen wie kompilierte Sprachen. Zudem greifen auch interpretierte Sprachen häufig für rechenintensive Operationen (insbesondere numerische Berechnungen) auf hochoptimierte, in maschinennaher Sprache geschriebene und kompilierte Bibliotheken zurück. Ein typisches Beispiel hierfür sind die Bibliotheken LAPACK [4] und BLAS [5], die Algorithmen für Probleme der linearen Algebra zur Verfügung stellen und die u. a. von den Python-Paketen NumPy und SciPy, genauso aber auch von MATLAB® verwendet werden. Andererseits sind Compiler mittlerweile so gut geworden, dass jeder, der nicht gerade professionell in der Algorithmenentwicklung arbeitet, gut daran tut, sich auf die Lesbarkeit und Klarheit des Codes zu konzentrieren und den Compiler die eigentliche Arbeit machen zu lassen. Normalerweise gilt: Je sauberer der Quellcode geschrieben ist, desto besser kann der Compiler optimieren. Im Zweifelsfall kann es für numerische Fragestellungen tatsächlich bedeutsam sein, vom Prozessorhersteller speziell auf die jeweilige Hardware optimierte Compiler und Bibliotheken zu verwenden (z. B. die *Intel Math Kernel Library*, kurz Intel MKL).

Meist wartet der Computer ohnehin auf den Nutzer. Auch wenn es gerade in den Naturwissenschaften einige Situationen gibt, in denen der Nutzer auf den Computer wartet (für Details s. u.), ist es doch in den allermeisten Fällen umgekehrt, bzw. die Wartezeit fällt nicht ins Gewicht. Und auch dann, wenn Programmlaufzeiten tatsächlich zu Wartezeiten des Nutzers führen, ist Optimierung hier selten die zielführende Strategie, weil sie Laufzeiten meist nicht um mehr als einen einstelligen Faktor verringern kann. Vielmehr empfiehlt es sich an solchen Stellen, eine Infrastruktur bereitzustellen, die automatisiert nacheinander Aufgaben abarbeitet und die Ergebnisse übersichtlich aufbereitet für die spätere Inspektion abspeichert. Der Entwurf interaktiver Nutzerschnittstellen ist ein ganz eigenes Thema, das im Rahmen dieses Buches nicht behandelt wird. Generell gilt, dass der Mensch Reaktionszeiten deutlich unter 100 Millisekunden nicht als Verzögerung wahrnimmt [6, 7]. Komplexe Berechnungen werden aber fast immer deutlich länger brauchen, egal wie hochoptimiert sie sind, weshalb hier ganz andere Strategien, nämlich z. B. die oben erwähnte Automatisierung der Abarbeitung vorher festgelegter Aufgaben, sehr viel größeres Potential haben.

21.1.2 Wenn Optimierung tatsächlich einen Unterschied macht

Es sei nicht verschwiegen, dass es eine Reihe von Beispielen aus den Naturwissenschaften gibt, bei denen Geschwindigkeit bzw. Speicher eine Rolle spielen können. Allerdings lautet auch in diesen Fällen die Lösung meist nicht, den Code manuell hinsichtlich Geschwindigkeit oder Ressourcenverbrauch zu optimieren, sondern die verwendeten Algorithmen intelligent zu wählen. Das wiederum erfordert ein tiefes Verständnis der Problemstellung sowie die breite Kenntnis verfügbarer Algorithmen mitsamt ihrer Vor- und Nachteile. Darüber hinaus werden die wenigsten Wissenschaftler selbst derartige Algorithmen entwickeln oder implementieren, sondern in der Regel auf fertige Lösungen in Form von Bibliotheken zurückgreifen, die von Spezialisten auf dem jeweiligen Gebiet entwickelt und gepflegt werden.

Anpassung komplexer Simulationen an Daten Ein häufiges Szenario in den Naturwissenschaften ist die Anpassung komplexer Modelle mit mehreren freien Parametern an gemessene Daten. Das stellt hohe Anforderungen einerseits an die Implementierung der jeweiligen Modelle und andererseits an die verwendeten Anpassungsalgorithmen, wobei auf Letztere meist in Form von Bibliotheken zurückgegriffen werden kann. Trotzdem greift dieses Szenario weit in das eigenständige Fachgebiet der Optimierung hinein [8, 9]. In jedem Fall handelt es sich bei der Anpassung der Modelle (Simulationen) an die Daten um einen iterativen Vorgang mit einer großen Zahl von Aufrufen der jeweiligen Simulationsfunktion, typischerweise in der Größenordnung von 10^4 und mehr. In solchen Szenarien wird die Laufzeit der Simulationsroutine tatsächlich entscheidend, und sie kann über die Durchführbarkeit einer numerischen Analyse entscheiden. Die eigene Erfahrung zeigt allerdings, dass die Ausführungsgeschwindigkeit der Simulationsroutinen weniger entscheidend ist als die – oftmals nicht oder nicht ausreichend vorhandene – Anpassungsstrategie, die zuverlässige Ergebnisse verspricht. Dazu kommt, dass numerische Optimierungsprobleme in der Regel keine eindeutigen Lösungen haben, weshalb die verwendete Strategie ganz wesentlich über die Zuverlässigkeit und Belastbarkeit der Ergebnisse und damit der Interpretation und der Qualität des wissenschaftlichen Erkenntnisgewinns entscheidet.

Pulvermittelung in Simulationsprogrammen Gerade in der Magnetresonanz-Spektroskopie hat man häufig mit anisotropen Wechselwirkungen zu tun, d. h. Wechselwirkungen, die sich in allen drei Raumrichtungen hinsichtlich ihrer Größe unterscheiden. Da die meisten vermessenen Proben aber als Pulver oder (gefrorene) Lösung vorliegen, d. h. ungeordnet sind bzw. alle möglichen Orientierungen des Moleküls und damit der Wechselwirkungen hinsichtlich der von außen durch die Messung (Magnetfeld) aufgezwungenen Detektionsrichtung realisieren, müssen Simulationsroutinen sehr viele einzelne Orientierungen berechnen und darüber mitteln (Pulvermittelung). Das gleichmäßige Verteilen von Punkten auf einer Kugel ist ein nicht triviales Problem ohne analytische Lösung. Es gibt unterschiedliche Algorithmen, die sich sowohl hinsichtlich ihrer Genauigkeit als auch der benötigten Zahl der Punkte signifikant unterscheiden. Erschwerend kommt hinzu, dass unterschiedliche Simulationen verschieden empfindlich auf die Genauigkeit dieser Pulvermittelungsalgorithmen reagieren. Einmal mehr ist also die Wahl des jeweils passenden Algorithmus mindestens genauso wichtig wie dessen Ausführungsgeschwindigkeit. Der einzig formal akkurate Algorithmus arbeitet mit einer Gewichtung entlang einer Polarkoordinate und führt deshalb zur Berechnung einer Vielzahl von Orientierungen, die fast keinen Beitrag zum Ergebnis liefern, ist also hochgradig ineffizient. Trotzdem wird er zwangsläufig immer wieder als Referenz herangezogen, abgesehen davon, dass er sich auch sehr einfach implementieren lässt.

Quantenmechanische Behandlung vieler Teilchen Neben der reinen Ausführungsgeschwindigkeit kann auch der Speicherbedarf numerischer Berechnungen ein ernsthaftes Problem darstellen. Bei der quantenmechanischen Behandlung vieler Teilchen (wie z. B. bei der Berechnung von Wechselwirkungen zwischen Spins in der Magnetresonanz-Spektroskopie) treten häufig innere Produkte zweier Matrizen (⊗) auf. Das bedeutet, dass die Matrixdimensionen mit jedem weiteren berücksichtigten Teilchen quadratisch ansteigen.

▶ Beispiel: Wenn Matrizen den vorhandenen Speicher „sprengen"

Wie ausgeführt treten bei der quantenmechanischen Behandlung vieler Teilchen häufig innere Produkte zweier Matrizen (⊗) auf. Das innere Produkt zweier 2 × 2-Matrizen ist allgemein wie folgt definiert:

$$\begin{pmatrix} a & b \\ c & d \end{pmatrix} \otimes \begin{pmatrix} \alpha & \beta \\ \gamma & \delta \end{pmatrix} = \begin{pmatrix} a\begin{pmatrix} \alpha & \beta \\ \gamma & \delta \end{pmatrix} & b\begin{pmatrix} \alpha & \beta \\ \gamma & \delta \end{pmatrix} \\ c\begin{pmatrix} \alpha & \beta \\ \gamma & \delta \end{pmatrix} & d\begin{pmatrix} \alpha & \beta \\ \gamma & \delta \end{pmatrix} \end{pmatrix} = \begin{pmatrix} a\alpha & a\beta & b\alpha & b\beta \\ a\gamma & a\delta & b\gamma & b\delta \\ c\alpha & c\beta & d\alpha & d\beta \\ c\gamma & c\delta & d\gamma & d\delta \end{pmatrix}$$

Konkret bedeutet das, dass für N Teilchen, die sich durch 2×2-Matrizen beschreiben lassen, die Matrix-Dimension 2^N ist. Üblicherweise ist jedes Feld in der Matrix eine 64-Bit-Gleitkommazahl, belegt also acht Byte an Speicherplatz. Für $N = 16$ sind das demzufolge 2^{16^2} Felder, also ca. $3{,}4 \times 10^{10}$ Byte bzw. 32 GB an Speicherbedarf. Das bedeutet, dass Berechnungen für $N > 16$ auch mit moderner Hardware (Stand: 2025) eher schwierig sind, zumal man meist mehrere solcher Matrizen gleichzeitig im Speicher vorhalten muss und sie multiplizieren oder diagonalisieren möchte was meist mit zusätzlichem Speicherbedarf einhergeht. In solchen Fällen helfen nur noch Näherungen, eine Reduktion der Genauigkeit (wobei eine Reduktion von 64 auf 32 Bit Genauigkeit auch nur genau ein Teilchen mehr erlaubt) oder die Verwendung fortgeschrittener Algorithmen, die das Problem grundlegend mathematisch umgehen. Erschwerend kommt hinzu, dass diese großen Matrizen häufig noch miteinander multipliziert oder diagonalisiert werden müssen, was neben dem Speicherbedarf noch erheblichen Einfluss auf die benötigte Rechenzeit hat. Wie unten aufgeführt, ist die Multiplikation quadratischer Matrizen von der Komplexität $\mathcal{O}(n^3)$ und entsprechend rechenzeitintensiv. ◀

Wie bereits angesprochen ist die Lösung in fast allen Fällen nicht die (manuelle) Codeoptimierung, sondern eine intelligente Wahl von Algorithmen, was entsprechende Spezialkenntnisse erfordert. Deshalb wird eine solche Optimierung nur dann möglich sein, wenn die Implementierung entsprechender Algorithmen der Hauptfokus der wissenschaftlichen Arbeit ist. Das schränkt den relevanten Personenkreis gleichzeitig sehr stark ein.

21.1.3 Komplexität von Algorithmen

Um die Laufzeit und den Ressourcenverbrauch von Algorithmen untereinander zu vergleichen, bedarf es eines Maßes für deren Komplexität. Dafür lassen sich die Landau-Symbole[2], auch als O-Notation bezeichnet, verwenden. Sie dienen in der Mathematik dazu, das asymptotische Verhalten von Funktionen und Folgen zu beschreiben. Die Informatik verwendet sie für die Analyse von Algorithmen, hier stellen sie ein Maß für die Anzahl der notwendigen Elementarschritte oder Speichereinheiten abhängig von der Größe des gegebenen Problems dar. Die Komplexitätstheorie nutzt sie, um Probleme nach ihrer Schwierigkeit bzw. dem Aufwand, der für ihre Lösung notwendig ist, zu klassifizieren. Hier wird insbesondere zwischen Problemen unterschieden, für die ein Algorithmus existiert, dessen Laufzeit sich durch ein Polynom beschränken lässt, und solchen, für die kein Algorithmus bekannt ist, der weniger schnell als exponentiell wächst. Im gegebenen Kontext von Relevanz ist das Landau-Symbol $\mathcal{O}$, das die asymptotische obere Schranke repräsentiert:

$$\mathcal{O}(g(n)) = \{f(n) \mid \exists c > 0 \; \exists n_0 \in \mathbb{N} \; \forall n \geq n_0 \; : \; f(n) \leq c \cdot g(n)\}$$

Hier sind $g(n)$ die asymptotische obere Schranke der Funktion $f(n)$ und $\mathcal{O}(g(n))$ die Menge aller Funktionen $f(n)$, für die $g(n)$ eine asymptotische obere Schranke ist. In der Informatik wird diese Notation für die Klassifizierung von Algorithmen verwendet, und zwar sowohl hinsichtlich ihrer Ausführungsgeschwindigkeit als auch hinsichtlich ihres Ressourcenverbrauches (meist Arbeitsspeicher). Dabei ist wichtig anzumerken, dass es sich jeweils nur um die obere Grenze (*worst case scenario*) handelt. Die Komplexitätsklasse sagt *per se* nichts über die reale Geschwindigkeit bzw. den realen Ressourcenverbrauch eines Algorithmus für fixes n aus.

Für Beispiele für die Geschwindigkeit einiger häufig verwendeter Algorithmen vgl. ◘ Tab. 21.1. Grundsätzlich stellt kubische Komplexität, $\mathcal{O}(n^3)$, bereits ein ernsthaftes Problem dar. Exponentielle Komplexität, $\mathcal{O}(C^n)$, ist immer ein Problem. Wolpert und Macready [12] konnten zeigen, dass alle Suchverfahren – gemittelt über alle mathematisch formulierbaren Probleme – gleich gut sind (*No-Free-Lunch*-Theorem). Insbesondere zeigt ein Suchverfahren jeweils nur auf einer speziellen Klasse von Problemen einen Leistungsvorsprung, den es durch Nachteile für andere Klassen von Problemen einbüßt. Trotzdem gibt es häufig aufgrund der intrinsischen Struktur einer Problemstellung spezifische effiziente Algorithmen für deren Lösung.

2 Benannt nach dem deutschen Mathematiker Edmund Landau (1877–1938).

Tab. 21.1 Komplexität (Ordnung) von Algorithmen: typische Beispiele. Die Beispiele wurden aus [10, S. 179] und [11, S. 288, Fußnote 1] entnommen und beziehen sich hier nur auf die Geschwindigkeit der jeweiligen Algorithmen. Die gleiche Notation kann auch für den Speicherbedarf von Algorithmen verwendet werden

Ordnung	Typisches Beispiel
$\mathcal{O}(1)$	Zugriff auf Vektorelement
$\mathcal{O}(\log(n))$	Binärsuche
$\mathcal{O}(n)$	Sequentielle Suche
$\mathcal{O}(n \log(n))$	Quicksort, Heapsort
$\mathcal{O}(n^2)$	Selectionsort
$\mathcal{O}(n^3)$	Multiplikation zweier $n \times n$-Matrizen
$\mathcal{O}(C^n)$	Problem des Handlungsreisenden

21.2 Voraussetzungen

Nachdem im ersten Abschnitt die Motivation für (und gegen) Codeoptimierung dargelegt wurde, werden jetzt die Voraussetzungen diskutiert, bevor es mit konkreten Strategien zur Codeoptimierung weitergeht. Die vielleicht wichtigste Voraussetzung für Codeoptimierung wurde dabei prägnant von Kernighan und Pike zusammengefasst:

> „A fast program that gets the wrong answer doesn't save any time." (Kernighan und Pike, [2, S. 165])

Hinter dieser Aussage steckt sehr viel mehr als nur die Erkenntnis, dass es funktionierenden Codes als Voraussetzung für dessen Optimierung bedarf, denn diese korrekte Funktionalität muss auch überprüfbar sichergestellt werden. Letztlich gibt es vier essentielle Voraussetzungen für Codeoptimierungen: funktionierender Code, Tests mit ausreichender Testabdeckung, eine Versionierung des Quellcodes über eine Versionsverwaltung und die Messung der Codegeschwindigkeit. Bis auf den letzten Punkt sind das die gleichen Voraussetzungen wie die für Refactoring (▶ Kap. 20). Dass darüber hinaus mit dem Messen der Geschwindigkeit bzw. des Ressourcenverbrauchs noch ein weiterer Schritt hinzukommt, zeigt: Codeoptimierung ist ein sehr komplexer Prozess, der viele Fähigkeiten und die souveräne Beherrschung sowohl der notwendigen Infrastruktur als auch vieler Programmierkonzepte für sauberen und qualitativ hochwertigen Quellcode erfordert.

Funktionierender Code Korrekt funktionierender Code ist eine notwendige, aber keine hinreichende Bedingung für ein Programm, das die in ▶ Kap. 1 vorgestellten Kriterien erfüllt. Lesbarkeit spielt dabei eine nicht zu unterschätzende Rolle, denn nur wenn Code lesbar ist, lässt er sich auch nachvollziehen und so seine korrekte Funktion sicherstellen. Entsprechend sollte Code nach Möglichkeit immer in einer Hochsprache mit entsprechend hoher Ausdrucksstärke entwickelt werden. Alle Kriterien für lesbaren Code, die in den letzten Kapiteln angesprochen wurden, sind hierfür relevant. Darüber hinaus sollte Code nachweislich funktionieren und das gesamte System abbilden, bevor über Optimierungen auch nur nachgedacht wird. Denn oftmals betreffen Optimierungen nicht den Code auf unterer Ebene, sondern Algorithmen oder den Entwurf des Gesamtsystems.

Nachweislich funktionieren bedeutet gleichzeitig, dass der Code testbar ist und getestet wird. Das führt direkt zum nächsten Aspekt.

Tests mit ausreichender Testabdeckung Ein wesentliches Werkzeug für zuverlässigen, funktionierenden Code ist seine systematische Überprüfung. Wie in ▶ Kap. 19 ausführlicher diskutiert, sollten diese Tests automatisiert ablaufen, weil sie nur so häufig genug ausgeführt werden, um ihre Wirkung auf die Qualität und korrekte Funktion des sich in Entwicklung befindlichen Programms entfalten zu können. Im Kontext der Codeoptimierung kommt automatisierten Tests mit einer ausreichenden Testabdeckung noch eine weitere Bedeutung zu: Versuche zur Codeoptimierung tendieren oft dazu, (subtile) Fehler in den Code einzubauen. Entsprechend können nur Tests mit ausreichender Abdeckung, die zudem regelmäßig nach jedem einzelnen Optimierungsschritt durchgeführt werden, ausreichend sicherstellen, dass Code immer noch wie gewünscht funktioniert. Gerade aufgrund der subtilen, schwer zu findenden Fehler oder Abweichungen, die aus Codeoptimierungsversuchen resultieren, ist eine ausreichende Testabdeckung notwendig. Das stellt aber entsprechende Anforderungen an die Entwickler, weil sie nicht nur mit dem Schreiben automatisierter Tests vertraut sein müssen, sondern gleichzeitig ein Verständnis für relevante Testfälle und die nötige Erfahrung dafür, was im gegebenen Kontext „ausreichend" bedeutet bzw. bedeuten kann, mitbringen müssen. Oder, anders formuliert: Es genügt nicht, Software testbar zu schreiben und automatisierte Tests zur Verfügung zu haben. Das Verhalten muss auch ausreichend getestet werden. Das setzt eine klare Vorstellung voraus, was als „korrektes Verhalten" zu verstehen ist, also ein tiefes Verständnis der Problemstellung. Entsprechend ist Codeoptimierung quasi die Kür, nachdem man hinreichend erfahren und sicher hinsichtlich aller anderen bislang genannten Techniken für qualitativ hochwertigen Code ist – und nichts für „Anfänger".

Versionsverwaltung Code wird sich immer verändern, und Programmierung an sich ist selten ein linearer Prozess. Entsprechend wichtig und gleichzeitig befreiend ist die Verwendung einer Versionsverwaltung (▶ Kap. 6), die es ermöglicht, jederzeit auf vorherige (idealerweise funktionierende) Versionen eines sich in Entwicklung befindlichen Programms oder Programmabschnitts zurückzugreifen. Was für die Programmierung allgemein gilt, gilt umso mehr für Codeoptimierung: Sie ist nie ein linearer Prozess. Die Mehrzahl der Versuche der Codeoptimierung wird nicht erfolgreich sein, egal wie erfahren die Durchführenden sind. Entsprechend sollten funktionierende Versionen des Codes immer aufbewahrt werden, da man häufig auf sie zurückgreifen will und muss.

Messungen der Codegeschwindigkeit Neben den drei bislang genannten Voraussetzungen für Codeoptimierungen, die identisch mit den Voraussetzungen für Refactoring sind, ist die Messung der Codegeschwindigkeit (bzw., wenn auch seltener erwähnt, des Ressourcenverbrauchs) ein weiterer entscheidender Aspekt. Einmal mehr kommt es hier auf ein systematisches Vorgehen an, ganz so, wie das gute Wissenschaftlerinnen und Wissenschaftler aus ihrer eigenen täglichen Praxis gewohnt sind. Entscheidendes Kriterium für die Messungen sind, dass sie akkurat genug sein müssen, um eine Aussage über die Ausführungsgeschwindigkeit zu ermöglichen. Einzelne Aufrufe sind meist so schnell (deutlich unterhalb einer Millisekunde), dass sie nicht separat genau gemessen werden können. Nebeneffekte und Schwankungen, wie sie z. B. von der parallelen Ausführung anderer Programme oder von Betriebssystemprozessen herrühren können und nicht immer im Einflussbereich des Nutzers sind, müssen nach Möglichkeit eliminiert werden.

Entsprechend wird man meist einen Mittelwert über die Ausführungsgeschwindigkeit sehr vieler einzelner Durchläufe eines kleinen Programmabschnitts bilden. Die Schwankungen, die sich aus der zufälligen parallelen Ausführung von Hintergrundprozessen des Betriebssystems oder anderer offener Programme ergeben, können im Bereich bis zu einer Größenordnung (Faktor 10) liegen.

Ein weiterer Grund, warum möglichst akkurate Messungen der Codegeschwindigkeit eine so wichtige Voraussetzung für Codeoptimierung sind: Programmierer liegen in den allermeisten Fällen völlig falsch mit der Idee, welcher Codeteil langsam ist, egal wie vertraut sie mit dem Code sind. Das liegt nicht daran, wie professionell und erfahren sie sind, sondern daran, dass sich die Ausführungsgeschwindigkeit von Codeteilen ganz offensichtlich eher grundsätzlich der menschlichen Intuition entzieht. Die Faustregel besagt, dass meist deutlich weniger als zehn Prozent des Codes für mehr als neunzig Prozent der Laufzeit verantwortlich sind.

» „... intuition is a poor guide to where the bottlenecks are, even for one who knows the code in question intimately.“ (Eric S. Raymond, [11, S. 288])

Schließlich sollten Messungen der Ausführungsgeschwindigkeit immer mit einem gut geführten Logbuch einhergehen. Nur so lässt sich sicherstellen, dass die Optimierung erfolgreich ist und in die richtige Richtung geht. Das stellt allerdings entsprechende Anforderungen an die Organisation der Durchführenden, auch wenn sich viele Aspekte automatisieren lassen. Es gibt vor dem Optimieren also erstmal genug zu tun, wie Kernighan und Pike treffend zusammenfassen:

» „Measurement is a crucial component of performance improvement since reasoning and intuition are fallible guides and must be supplemented with tools like time commands and profilers. Performance improvement has much in common with testing, including such techniques as automation, keeping careful records, and using regression tests to make sure that changes preserve correctness and do not undo previous improvements.“ (Kernighan und Pike, [2, S. 166])

Hier wird noch einmal besonders die Nähe des Vorgehens zur wissenschaftlichen Methodik deutlich: Codeoptimierung ist ein systematischer, langsamer und überlegter Prozess, der sehr viel Erfahrung und Beherrschung zugrunde liegender Infrastruktur und Programmierkonzepte sowie einer strikten persönlichen Organisation bedarf.

21.3 Strategien

Es kann nicht oft genug betont werden: Codeoptimierung ist ein höchst anspruchsvolles Unterfangen, es ist fast nie wirklich relevant, und die Voraussetzungen, die die Umsetzenden hinsichtlich Kenntnis und Erfahrung erfüllen müssen, sind immens. Deshalb sollte Codeoptimierung, wenn überhaupt, nur von Experten vorgenommen werden. Jede und jeder mag selbst entscheiden, ob sie oder er sich dazu zählt.

» „Rule 1. Don’t do it.

Rule 2 (for experts only). Don’t do it yet—that is, not until you have a perfectly clear and unoptimized solution.“ (M. A. Jackson, [13, S. vii])

Auf jeden Fall sollte, bevor man überhaupt über Codeoptimierung nachdenkt, selbst wenn es konkreten Anlass dafür gibt, der Code so sauber wie möglich geschrieben sein, was die

Anwendung aller bis hierhin erwähnten Strategien für lesbaren, sauberen Code inklusive exzessivem Refactoring erfordert.

21.3.1 Problem mit konkreten Optimierungsstrategien

Neben den hohen Anforderungen an die Entwickler, wenn sie Code optimieren wollen, gibt es eine Reihe von Problemen mit der Benennung allgemein gültiger konkreter Optimierungsstrategien jenseits des schon erwähnten maximal sauberen Schreibens, die nachfolgend kurz angerissen werden.

» „The most effective way to optimize your code is to keep it small and simple." (Eric S. Raymond, [11, S. 290])

Konkrete Strategien zur Codeoptimierung hängen von vielen Parametern ab und gelten daher meist nur für Spezialfälle. Eine Auswahl solcher möglicher Abhängigkeiten wird nachfolgend kurz diskutiert. Zusammengenommen führen sie dazu, dass Code immer *erst* möglichst sauber und lesbar geschrieben und diese auf Lesbarkeit getrimmte Version *nie* verworfen werden sollte.

Programmiersprache und Version Programmiersprachen sind genauso wenig statisch wie Quellcode, auch wenn sie sich langsamer verändern. Sie entwickeln sich, und was in einer Version einer Programmiersprache noch eine valide Optimierungsstrategie war, kann in der nächsten Version zum Gegenteil führen, nämlich einer Verlangsamung. Darüber hinaus sind unterschiedliche Programmiersprachen höchst unterschiedlich in der Effizienz der Umsetzung bestimmter Konstrukte. Mitunter kommt es vor, dass sehr grundlegende Funktionalität von einer zur nächsten Version nicht schneller, sondern massiv langsamer wird – insbesondere bei kommerziellen Programmiersprachen, die nicht quelloffen entwickelt werden – weil das den Kreis potentieller Tester während der Entwicklung einschränkt.[3]

Compiler, dessen *flags* und Version Streng gilt das nur für kompilierte Sprachen, ähnlich aber auch für interpretierte Sprachen, wenn es unterschiedliche Interpreter (wie z. B. für Python) gibt. Unterschiedliche Compiler sind höchst unterschiedlich effizient, außerdem ist auch hier wieder entscheidend, welche Schalter (*flags*) man verwendet, und auch Compiler sind nicht statisch, sondern werden ständig weiterentwickelt und auf die sich ebenso weiterentwickelnde Hardware angepasst. Dazu kommt, dass man mit Compilern, die für eine Hardware optimiert wurden, auf genau dieser Hardware bessere Ergebnisse erzielen wird, als mit einem Compiler, der das Programm für unterschiedliche Hardwarearchitekturen und Befehlssätze kompilieren kann und ggf. keine so effizienten Optimierungsstrategien für eine spezifische Hardware liefert. Compiler von Prozessorherstellern (z. B. Intel) können je nach Kontext einen entscheidenden Vorteil hinsichtlich Ausführungsgeschwindigkeit liefern, sind dafür aber meist nicht frei verfügbar und teuer.

---

3 Ein Beispiel aus eigener Erfahrung ist MATLAB®, das zwischenzeitlich in einer Version beim Einlesen von Textdateien wohl einen Fehler enthielt, der die Ausführungsgeschwindigkeit um den Faktor zehn oder mehr verlangsamte. Das wurde zwar in der nächsten Version behoben, war aber trotzdem ärgerlich, zumal man als Anwender abhängig vom Hersteller ist und vergleichsweise viel Geld investiert hat.

Verwendete Bibliotheken und deren Versionen Viele ressourcen- oder geschwindigkeitskritische Funktionalität wird man nicht selbst implementieren, sondern dafür auf hochoptimierte Bibliotheken zurückgreifen. Auch hier gilt, dass die Wahl der verwendeten Bibliothek auf die spezifische Problemstellung angepasst werden sollte und dass unterschiedliche Versionen der gleichen Bibliothek Unterschiede in der Ausführungsgeschwindigkeit mit sich bringen können.

Hardwarearchitektur Wie bereits schon für Compiler erwähnt, kann die Hardwarearchitektur entscheidend für die möglichen Optimierungsschritte sein, da unterschiedliche Architekturen unterschiedliche Befehlssätze aufweisen. Darüber hinaus erfordern moderne Architekturen mit ihrer Möglichkeit der parallelen Abarbeitung mehrerer Prozesse wieder andere Optimierungsstrategien. Code, der für die Ausführung auf Grafikkartenprozessoren mit ihrer Möglichkeit, massiv parallel zu rechnen, optimiert werden soll, wird anders aussehen als Code für die Ausführung auf einem einzelnen Prozessor. Während es oftmals Abstraktionsschichten und gute Compiler gibt, die den Anwendern diese Schritte abnehmen, erfordert eine generelle Parallelisierbarkeit in der Regel tiefere Eingriffe in die Software, die aber im Falle der sequentiellen Ausführung nicht nur keine Vorteile bringen, sondern mitunter zur Verlangsamung führen.

21.3.2 Allgemeines Vorgehen

Trotz aller Schwierigkeiten, konkrete Optimierungsstrategien zu benennen, ohne den jeweiligen Kontext zu kennen, lassen sich Handlungsempfehlungen für das allgemeine Vorgehen angeben. Wichtig ist hier, sowohl die im ersten Abschnitt genannten Voraussetzungen zu erfüllen als auch strikt systematisch und kleinteilig vorzugehen. Das allgemeine Vorgehen lässt sich in sechs Schritte unterteilen:

1. bestehende Version sichern (Versionsverwaltung)
2. Geschwindigkeit messen (Profiler o. ä.)
3. Grund für schlechte Leistung herausfinden
4. entdeckten Flaschenhals beheben (Refactoring)
5. nach jedem Einzelschritt Geschwindigkeit messen
6. wenn erfolglos: zurück zur gesicherten Vorversion

Was zunächst wie eine einfache Abarbeitung der sechs Schritte aussieht, kann sich im Detail als schwierig oder gar unlösbar entpuppen. Die bestehende Version zu sichern und die Geschwindigkeit des betreffenden Codeabschnitts zu messen sollte immer möglich sein, anderenfalls ist an eine Optimierung gar nicht zu denken. Den Grund für die schlechte Leistung herauszufinden kann schon durchaus anspruchsvoll sein, und ob es im konkreten Fall immer oder zumindest kurzfristig eine Möglichkeit gibt, den Flaschenhals zu beheben, ist keinesfalls ausgemacht. In der Literatur findet sich immer wieder der gleichlautende Hinweis, dass meist über die Hälfte der Versuche erfolglos sind – mancher Autor spricht von einer deutlich höheren Rate an Fehlschlägen. Jeder erfolgreichen Optimierung hingegen ist gemein, dass sie das Ergebnis eines iterativen Prozesses ist, der dem oben genannten kleinteiligen Ablauf folgt. Gerade weil Optimierung so anspruchsvoll und statistisch gesehen so wenig erfolgversprechend ist, sollte man grundsätzlich nur dann optimieren, wenn es nachweislich notwendig ist – und wenn man sich der Aufgabe gewachsen fühlt und ihr real auch gewachsen ist. Essentiell ist in jedem Fall eine saubere Buchführung über die erreichten Geschwindigkeiten. Das sollte möglichst automatisiert erfolgen und lässt sich dann ggf. auch sehr gut grafisch oder tabellarisch aufarbeiten.

21.3.3 Konkrete Strategien

Eingedenk all der Limitationen konkreter Strategien in Abwesenheit der Kenntnis des konkreten Kontextes sollten nachfolgend einige vergleichsweise konkrete Strategien zur Codeoptimierung genannt werden. Wie bereits mehrfach betont, hängt der Erfolg der Optimierung von vielen Parametern ab. Entsprechend ist die solide Kenntnis der jeweiligen Programmiersprache und ihrer Eigenheiten und eine genaue Messung der Laufzeiten essentielle Voraussetzung für jeden Versuch der Optimierung. Die nachfolgend genannten Strategien sind der Literatur entnommen, der Autor kann selbst nicht auf ausreichende Erfahrung in der Codeoptimierung zurückgreifen, um im Detail auf jede dieser Strategien einzugehen.

Compileroptimierungen verwenden Moderne Compiler bieten oft Optimierungsmöglichkeiten durch entsprechende Schalter. Darüber hinaus ist die Optimierung durch Compiler oft besser als alles, was man per Hand erreichen kann. Das setzt allerdings voraus, dass man sich detailliert mit den möglichen Optionen des jeweils verwendeten Compilers auseinandersetzt und die Kompilierung gegebenenfalls für die jeweilige Zielarchitektur anpasst.

Teure durch billige Berechnungen ersetzen Welche Berechnungen wie teuer (ressourcenverbrauchend bzw. langsam) sind, hängt von der jeweiligen Programmiersprache ab. Division ist meist teurer als Multiplikation. Entsprechend lassen sich Probleme mathematisch äquivalent formulieren, aber deutlich beschleunigen. Wie immer gilt auch hier: Das kann sich mit der Version der Programmiersprache ändern, und moderne Compiler werden ggf. derartige Optimierungen selbst vornehmen.

Häufige Berechnungen nur einmal durchführen Wird ein fester Wert, z. B. in einer Schleife, wiederholt berechnet, und ist die Berechnung dieses Wertes selbst deutlich langsamer als der Zugriff auf eine gespeicherte Variable, dann sollte die Berechnung einmal außerhalb der Schleife durchgeführt und auf den Wert fortan zurückgegriffen werden. Speicherplatz ist oft ausreichend vorhanden. Das gilt allerdings nicht, wenn es sich bei den zu berechnenden Werten um große Matrizen (s. o.) handelt. Außerdem leidet mitunter die Lesbarkeit des Quellcodes, insbesondere sollte auf sprechende Variablennamen geachtet werden.

Werte vorberechnen Verwandt mit dem vorgenannten Punkt, aber doch davon unterschieden, ist die Vorberechnung von Werten. Sind für die Berechnung fixer, aber oft genutzter Werte langwierige Berechnungen notwendig, dann können diese Werte einmal erzeugt und ggf. aus einer Datei eingelesen werden. Beispiele wären hier Koordinaten für die Pulvermittelung oder Ergebnisse komplexer Rechnungen, auf die man beim systematischen Abrastern von Parameterräumen immer wieder zurückgreifen möchte. Ein Beispiel aus der Kryptografie sind sogenannte Regenbogentabellen (*rainbow tables*), die vorberechnete Werte enthalten, auf die über einen Schlüssel (Hashwert) zugegriffen werden kann.

Das erlaubt z. B. das effiziente Brechen von Verschlüsselung unter bestimmten Voraussetzungen.

Reihenfolge verschachtelter Schleifen optimieren Grundsätzlich gilt: Die Schleifeninitialisierung kostet Rechenzeit. Entsprechend sollten innere Schleifen häufiger durchlaufen werden als äußere. Ob die Initialisierungszeit von Schleifen überhaupt eine Rolle spielt, ist aber wieder eine Frage der verwendeten Programmiersprache und der Häufigkeit des Aufrufs.

Näherungen statt exakter Werte Eine Optimierungsstrategie, die nicht nur für die Geschwindigkeit, sondern mindestens genauso für den Speicherverbrauch von Relevanz ist: Genauigkeit korreliert direkt mit der Speichergröße. Nicht immer ist die maximale Genauigkeit notwendig, und eine Reduktion von 64 auf 32 Bit kann erhebliche Vorteile bieten.

Auslagern in maschinennähere Sprache Gerade in der Numerik, im wissenschaftlichen Kontext also meist der numerischen Simulation von Zusammenhängen, spielt Geschwindigkeit eine große Rolle, weil grundlegende Operationen der linearen Algebra sehr häufig (oft $> 10^6$ Aufrufe) aufgerufen werden. An solchen Stellen ist die Auslagerung kritischer Codeteile in eine maschinennähere Sprache oftmals der einzige bleibende Weg. Das setzt allerdings Kenntnisse in mehr als einer Sprache voraus. Da maschinennähere Sprachen *per se* auf Abstraktionen verzichten, die höhere Sprachen mitbringen, sollte hier ein ganz besonderer Fokus auf größtmögliche Lesbarkeit gelegt werden. Außerdem sollte nicht vergessen werden, dass gerade die grundlegenden Operationen der linearen Algebra über Bibliotheken wie LAPACK und BLAS auch aus vielen höheren Programmiersprachen heraus verfügbar sind – und zwar in hochoptimierter Fassung, sodass die Auslagerung in maschinennähere Sprachen oft unterbleiben kann.

21.3.4 Wahl der geeigneten Algorithmen

Codeoptimierung durch die im vorangegangenen Abschnitt kurz angesprochenen Strategien ist selten zielführend oder notwendig. Stattdessen ist das tiefe Verständnis der Problemstellung und vorhandener Algorithmen zu deren Lösung entscheidend.

These
Die intelligente Wahl von Algorithmen ist meist wesentlich effizienter als jede Strategie zur Codeoptimierung.

Um Aussagen über die uns umgebende komplexe Realität treffen zu können, ist es entscheidend, geeignete Modelle zu entwickeln. Modelle sind aber immer eine Vereinfachung der Realität. Dazu kommt, dass exakte Lösungen auch innerhalb eines Modells oftmals nicht möglich sind. Ein prominentes Beispiel: Das Zweiteilchen-Problem ist noch analytisch lösbar, das Dreiteilchen-Problem bereits nicht mehr, weshalb die Schrödinger-Gleichung für alle komplexeren Teilchen als das Wasserstoffatom keine analytischen Lösungen mehr hat. Das wird treffend von Atkins und Friedman formuliert:

> „It is an unfortunate fact that, having arrived in sight of the promised land, we are forced to make an approximation at the outset. Even the simplest molecule, H_2^+, consists of three par-

ticles, and its Schrödinger equation cannot be solved analytically.“ (Atkins und Friedman, [14, S. 258])

Wie man daraus entnehmen kann, sind Näherungen oft die einzige gangbare Möglichkeit. Die Grenzen der gewählten Näherungen müssen allerdings bekannt sein, da ihr Einsatz jenseits der Grenzen die Ergebnisse verfälscht. Grundsätzlich gilt: Der Anwender ist für den korrekten Einsatz verantwortlich. Näherungen setzen ein tiefes Verständnis der Fragestellung voraus. Das ist der Verantwortungsbereich der Naturwissenschaftler. In der Realität ist es allerdings (leider) meist so, dass Programme als *black box* eingesetzt werden. Entsprechend ergibt sich daraus als Verantwortung des Programmierers, die Grenzen der Näherungen sauber zu dokumentieren. Ob die Anwender diese Dokumentation dann beachten, ist wieder eine ganz andere Frage.

21.4 Zusammenhang mit „sauberem Code"

Bereits zu Beginn des Kapitels wurde die Codeoptimierung in den Kontext des großen Zusammenhangs mit „sauberem Code“ eingebettet. Einerseits ist sauberer Code in all seinen Facetten eine zwingende Voraussetzung für jegliche Optimierung, andererseits sorgt sauberer Code selbst bereits häufig für eine wesentlich höhere Ausführungsgeschwindigkeit als schlecht geschriebener Code. Darüber hinaus sollte gerade im Kontext der Programmierung von Auswertungssoftware in den Wissenschaften immer sorgfältig zwischen Kosten und Nutzen der Codeoptimierung abgewogen werden. Codeoptimierung darf nie auf Kosten der in ► Kap. 1 aufgeführten Kriterien für Wissenschaftlichkeit, insbesondere Nachvollziehbarkeit und Reproduzierbarkeit, gehen.

21.4.1 Sauberer Code ist eine zwingende Voraussetzung für Optimierung.

Codeoptimierung zielt ähnlich wie Refactoring (► Kap. 20) auf die Veränderung der inneren Struktur des Quellcodes ab, ohne seine Funktionalität zu beeinträchtigen. Allerdings sind Refactoring und Codeoptimierung oftmals Antagonisten, was die Lesbarkeit des resultierenden Codes angeht. Weil aber der Lesbarkeit von Code eine so große Bedeutung zukommt (vgl. ► Kap. 10), sollte man immer nur dann optimieren, wenn es unabdingbar ist, und sauber über die erreichten Ergebnisse Buch führen. Anderenfalls wird man nichts gewinnen, aber sehr viel verlieren.

» „... the only result of optimization you can usually be sure of without measuring performance is that you've made your code harder to read.“ (Steve McConnell, [15, S. 604])

Dazu kommt, wie ebenfalls bereits oben angesprochen, dass sauber geschriebener Code inhärent oft schon schneller und effizienter funktioniert als unsauberer Code. Eventuell notwendige Optimierungen sind darüber hinaus in sauberem Code sehr viel einfacher und zuverlässiger implementierbar:

» „If you choose your algorithms wisely and write well originally you may find no need for further speedups. Often minor changes will fix any performance problems in well-designed code, while badly-designed code will require major rewriting.“ (Kernighan und Pike, [2, S. 166])

Es bleibt festzuhalten: „Sauberer Code" ist eine zwingende Voraussetzung für erfolgreiche Optimierung. Die Optimierung setzt darüber hinaus neben der Beherrschung entsprechender Softwarekonzepte ein solides Verständnis des zu optimierenden Codes voraus. Dieses Verständnis hängt wiederum direkt von der Lesbarkeit des Codes ab. Aber nicht nur Menschen fällt es leichter, Code zu optimieren, der lesbar und gut geschrieben ist: Optimierende Compiler tun sich oft wesentlich leichter mit sauber geschriebenem Code als mit „handoptimiertem". Darüber hinaus sind moderne, optimierende Compiler billiger und haben oft mehr Effekt als die mühsame Handoptimierung einzelner Codezeilen. Grundsätzlich gilt: Eine Erhöhung der Ausführungsgeschwindigkeit ist kein Grund für schlechte Lesbarkeit und schlecht gepflegten Code. Auf Ebene einzelner Programmzeilen handoptimierter Code wird (fast) immer schwerer lesbar sein als nicht optimierter Code. Umso wichtiger ist es, alle Möglichkeiten zur Erhöhung der Lesbarkeit (horizontale und vertikale Formatierung, Namen, ...) auszuschöpfen, wie in den vorangegangenen Kapiteln ausführlicher behandelt.

21.4.2 Sorgfältige Kosten-Nutzen-Abwägung von Optimierung

Codeoptimierung setzt eine sehr sorgfältige Kosten-Nutzen-Abwägung voraus. Das gilt nicht nur, aber umso mehr in den Wissenschaften, weil hier Codequalität nicht nur über das Wohl und Wehe einer Firma, sondern letztlich über die Qualität der Wissenschaft und damit der Zuverlässigkeit des Erkenntnisgewinns entscheidet. Optimierung und Lesbarkeit stehen oft im Widerspruch zueinander. Die schnellste Implementierung ist selten die lesbarste, die Lesbarkeit des Quellcodes hat aber immensen Einfluss auf dessen Qualität und Korrektheit. In den meisten Fällen gilt: Lesbarkeit ist wichtiger als Geschwindigkeit, zumal Lesbarkeit direkt mit besserer Erweiterbar- und Wartbarkeit verknüpft ist. Beide Aspekte spielen eine große Rolle für jegliche Software, haben aber in den Wissenschaften noch einmal einen ganz eigenen Stellenwert, auch wenn das den wenigsten Wissenschaftlerinnen und Wissenschaftlern bewusst ist.

Codeoptimierung erfordert einen besonderen Fokus auf Lesbarkeit. Generell wird die Lesbarkeit unter der Optimierung leiden. Es gibt aber auch bei optimiertem Code noch genug Potential, die Lesbarkeit zu erhöhen. Typische Beispiele sind hier die Wahl guter, d. h. aussagekräftiger Namen (vgl. ► Kap. 13) für Variablen und Funktionen und die übersichtliche Codeformatierung (vgl. ► Kap. 15). Darüber hinaus schränkt Codeoptimierung oft die Plattformunabhängigkeit ein. Entsprechend ist es essentiell, immer den nicht optimierten, portablen Code zu behalten. Das gilt umso mehr, als dass Code in den Wissenschaften oft ganz andere Anforderungen an die Lauffähigkeit nach langer Zeit stellt als gewöhnlicher Code. Für die Nachvollziehbarkeit ist es oftmals unabdingbar, den Code tatsächlich auszuführen, und Wissenschaft findet eher auf der Zeitskala von Jahrzehnten denn wenigen Jahren statt. Zusammenfassend gilt: Optimiert werden sollte nur, wenn es unumgänglich ist, und immer nur soviel wie unbedingt nötig.

21.4.3 Ansprüche an die Wissenschaftlichkeit der Datenauswertung

Codeoptimierung und Wissenschaftlichkeit stehen oft in einem gewissen Spannungsverhältnis zueinander. Einerseits gibt es gerade im Kontext der Naturwissenschaften Situationen, die tatsächlich die Optimierung von Code notwendig machen. Andererseits stellt Wissenschaft derart hohe Ansprüche an die Qualität und Lesbarkeit von Code, dass man jegliche Optimierung nur mit äußerster Vorsicht angehen sollte, da am Ende nicht weniger als die Wissenschaftlichkeit und die Zuverlässigkeit gewonnener Erkenntnisse auf dem Spiel stehen.

Wissenschaftlichkeit setzt Nachvollziehbarkeit voraus (vgl. ► Kap. 1). Entsprechend ist die Lesbarkeit von Quellcode essentiell. Allerdings geht die Codeoptimierung meist zulasten der Lesbarkeit. Entsprechend sollte das Schreiben maximal lesbaren und ausdrucksstarken Codes *vorher* trainiert werden, bevor man auch nur über Codeoptiomierung nachdenkt. Dazu kommt, dass auch in den Wissenschaften Codeoptimierung fast nie relevant ist. Sie ist (fast) nur für aufwendige Simulationen notwendig, und (fast) niemand schreibt selbst entsprechende Simulationsprogramme. Sollte das doch der Fall sein, dann ist es umso wichtiger, sich *vorher* die entsprechenden Fähigkeiten zum Schreiben sauberen Codes anzueignen und dann erst zu optimieren. Außerdem erfordert Codeoptimierung ein hochgradig systematisches Vorgehen, soll die Zuverlässigkeit der Software nicht aufs Spiel gesetzt werden.[4] Letztlich ist die Wahl des Algorithmus oft entscheidend. Das setzt aber die tiefe Kenntnis der zugrunde liegenden Mathematik voraus, was wiederum eine ganz andere zusätzliche Qualifikation bedingt, die nicht jeder mitbringt oder bereit ist, sich anzueignen. Immerhin sind viele Algorithmen bereits in Bibliotheken implementiert, auf die zurückgegriffen werden kann. Das entbindet allerdings keinesfalls von der Verantwortung, sich mit diesen Algorithmen, ihren Vor- und Nachteilen sowie ihren Anwendungsgebieten und Grenzen vertraut zu machen.

Als Schlusswort: **Codeoptimierung sollte nicht mit den Ansprüchen an die Wissenschaftlichkeit des Quellcodes kollidieren.** Sauberer Code in all seinen Facetten, wie sie in den vorangegangenen Kapiteln ausführlicher behandelt wurden, ist aber eine wesentliche Voraussetzung für seinen Einsatz in der Wissenschaft. Das ist der Grund, warum das Thema Codeoptimierung erst ganz am Ende des Teils zu „sauberem Code" behandelt wurde: Ohne sauberen Code keine Optimierung, und auch bei der Optimierung sollte immer auf möglichst sauberen Code geachtet werden.

? Verständnisfragen

- Was ist die Grundvoraussetzung für Codeoptimierung? Warum ist sie entscheidend?
- Welche weiteren Voraussetzungen sollten erfüllt sein, *bevor* man anfängt zu optimieren?
- Warum ist es schwierig, allgemein gültige Strategien für die Codeoptimierung anzugeben?
- In welchem Zusammenhang stehen „sauberer Code" und Codeoptimierung? Warum ist es gerade im naturwissenschaftlichen Kontext so wichtig, Übung im Schreiben sauberen Codes unabhängig von der verwendeten Programmiersprache zu haben?
- Warum ist Codeoptimierung in den meisten Fällen irrelevant?

Kommentiertes Literaturverzeichnis

Codeoptimierung ist insofern ein schwieriges Thema, als dass der Erfolg konkreter Strategien sehr von den jeweiligen Umständen abhängt. Deshalb ist es sinnvoll, sich auf das allgemeine Vorgehen zu konzentrieren. Eine recht ausführliche Beschreibung der allgemei-

4 Die eigene Erfahrung zeigt, dass die notwendige Selbstdisziplin und Organisiertheit auch unter Wissenschaftlern eher selten anzutreffen ist.

nen Herangehensweise inklusive deutlicher Warnungen findet sich in Kapitel 25 in *Code Complete* [15]. Das anschließende Kapitel 26 beschreibt dann eine ganze Reihe konkreter Optimierungstechniken inklusive der Vergleiche für jeweils mehrere Programmiersprachen. Die originale Formulierung der zwei Regeln für die Optimierung von M. A. Jackson finden sich in [13], sowohl im Vorwort als auch in Kap. 12 zur Optimierung. Weitere Beispiele für allgemeine Beschreibungen des Problems und Vorgehens bei Codeoptimierung, jeweils mit Beispielen für konkrete Techniken, finden sich in Kapitel 12 in *The Art of UNIX Programming* [11] und in Kapitel 7 in *The Practice of Programming* [2]. Eine gute Einführung in die O-Notation für die Komplexität von Algorithmen liefert Abschnitt 32, S. 177 ff. in *The Pragmatic Programmer* [10]. Es gibt nur relativ wenige Studien, die versuchen, unterschiedliche Programmiersprachen direkt zu vergleichen. Eine davon stammt von Lutz Prechelt [16]. Kapitel 12 in *Effective Computation in Physics* [17] befasst sich mit Parallelisierung als Spezialgebiet der Steigerung der Ausführungsgeschwindigkeit, die für manche Aspekte in den Naturwissenschaften durchaus von Belang sein kann, Abschnitt „Performancetests" in Kapitel 16 in *Weniger schlecht programmieren* [18] gibt eine kurze deutschsprachige Einführung in die Thematik. Explizit auf (modernes) Python zugeschnitten ist [19]. Die originale Formulierung des Mooreschen Gesetzes von Gordon Moore stammt aus dem Jahr 1965 [3]. Erstaunlich ist, dass diese Beobachtung über Jahrzehnte Bestand hatte. Wer sich für die Anpassung von Simulationen an Daten interessiert, in deren Kontext Codeoptimierung häufig eine Rolle spielt, auch wenn die Wahl der konkreten Anpassungsstrategien oft viel wichtiger ist, dem seien die einführenden Werke von Luenberger und Ye [8] sowie Nocedal und Wright [9] empfohlen. Explizit auf die Entwicklung wissenschaftlicher Software gehen Oliveira und Stewart ein [20].

Literatur

1. B.W. Kernighan, D.M. Ritchie, *The C Programming Language*, 2. Aufl. (Prentice Hall, Upper Saddle River, New Jersey, 1999)
2. B.W. Kernighan, R. Pike, *The Practice of Programming* (Addison Wesley, Boston, 1999)
3. G.E. Moore, Electronics (New York) **38**, 114 (1965)
4. E. Anderson, Z. Bai, C. Bischof, S. Blackford, J. Demmel, J. Dongarra, J. Du Croz, A. Greenbaum, S. Hammarling, A. McKenney, D. Sorensen, *LAPACK Users' Guide*, 3. Aufl. (Society for Industrial and Applied Mathematics, Philadelphia, PA, 1999)
5. C.L. Lawson, R.J. Hanson, D.R. Kincaid, F.T. Krogh, ACM Transactions on Mathematical Software **5**(3), 308 (1979). https://doi.org/10.1145/355841.355847
6. R.B. Miller, in *Proceedings of the December 9–11, 1968, Fall Joint Computer Conference, Part I* (Association for Computing Machinery, New York, NY, USA, 1968), AFIPS '68 (Herbst, Teil I), p. 267–277. https://doi.org/10.1145/1476589.1476628
7. B. Shneiderman, ACM Computing Surveys **16**, 265 (1984). https://doi.org/10.1145/2514.2517
8. D.G. Luenberger, Y. Ye, *Linear and Nonlinear Programming*, 4. Aufl. (Springer, Cham, 2016)
9. J. Nocedal, S.J. Wright, *Numerical Optimization*, 2. Aufl. (Springer, New York, 2006)
10. A. Hunt, D. Thomas, *The Pragmatic Programmer* (Addison-Wesley, Boston, 1999)
11. E.S. Raymond, *The Art of UNIX Programming* (Addison Wesley, Boston, 2004)
12. D.H. Wolpert, W.G. Macready, IEEE Transactions on Evolutionary Computation **1**, 67 (1997)
13. M.A. Jackson, *Principles of Program Design* (Academic Press, London, 1975)
14. P. Atkins, R. Friedman, *Molecular Quantum Mechanics*, 5. Aufl. (Oxford University Press, New York, 2011)
15. S. McConnell, *Code Complete*, 2. Aufl. (Microsoft Press, Redmond, Washington, 2004)
16. L. Prechelt, Computer **33**, 23 (2000)
17. A. Scopatz, K.D. Huff, *Effective Computation in Physics* (O'Reilly, Sebastopol, 2015)

18. K. Passig, J. Jander, *Weniger schlecht programmieren* (O'Reilly, Heidelberg, 2013)
19. M. Gorelick, I. Ozsvald, *High Performance Python*, 2. Aufl. (O'Reilly, Sebastopol, CA, 2020)
20. S. Oliveira, D. Stewart, *Writing Scientific Software. A Guide to Good Style* (Cambridge University Press, Cambridge, 2006)

Softwarearchitektur

Komplexere Software, wie die zur Datenauswertung in den Naturwissenschaften eingesetzte, besteht in aller Regel aus einzelnen Teilen, die in nicht trivialer Weise zusammenwirken. Wie für die meisten komplexen Systeme gilt auch hier: Software ist mehr als die Summe der Einzelteile. Die Softwarearchitektur schlägt die Brücke vom sauberen Code einzelner Module zur eigentlichen Anwendung. Intuitive Lösungen widersprechen dabei oft dem großen Ziel flexibler, erweiterbarer und wiederverwendbarer Software. Während viele Aspekte sauberen Codes relativ einfach nebenher erlernt werden können, erfordert gute Softwarearchitektur deutlich mehr Hintergrundwissen. Die Kriterien, die Wissenschaftlichkeit an die Datenauswertung und -analyse stellt, setzen zwingend ein komplexes System voraus. Viele der durch diese Komplexität auftretenden Probleme können aber im Rahmen der professionellen Softwareentwicklung der letzten Jahrzehnte als grundsätzlich gelöst betrachtet werden. Das Buch beschränkt sich auf einige Grundregeln guter Softwarearchitektur und motiviert ihren Einsatz über konkrete Beispiele aus dem Alltag der Datenauswertung und -analyse.

Inhaltsverzeichnis

Softwarearchitektur

Inhaltsverzeichnis

T. Biskup, *Softwareentwicklung für die Naturwissenschaften*,
https://doi.org/10.1007/978-3-662-71607-6_22

Kernaspekte

- Software ist mehr als die Summe der Einzelteile. Ihr wechselweises Zusammenspiel ist entscheidend.
- Softwarearchitektur schlägt die Brücke vom sauberen Code einzelner Module zur eigentlichen Anwendung.
- Intuitive Lösungen widersprechen oft dem großen Ziel flexibler, erweiterbarer und wiederverwendbarer Software.
- Gute Architektur fokussiert auf die Funktionalität, nicht auf konkrete Umsetzungen.
- Ein gutes (abstraktes) Modell des Problemraums bildet den Kern einer guten Softwarearchitektur.

22.1 Motivation und Begriffsklärung

Softwarearchitektur fügt all den bisher beschriebenen Programmierkonzepten eine weitere Ebene hinzu, die zudem noch abstrakter und weiter entfernt vom Erfahrungshorizont des durchschnittlichen (Natur-)Wissenschaftlers ist als die meisten vorangegangenen Themen. Entsprechend wichtig ist es, die Beschäftigung mit einem weiteren Themenblock gut zu motivieren.

22.1.1 Ausgangspunkt: Software ist intrinsisch komplex

Es klang schon bei der Beschreibung der „Softwarekrise" (▶ Kap. 2) an: Mit der Entwicklung flexibler, mächtiger und vor allem verlässlicher Hardware wurde nicht nur die Erstellung komplexer Software möglich, sondern auch eingefordert, weil die Lösung komplexer Fragestellungen und Probleme, die sich anderweitig nicht oder nur mit unvertretbar hohem Aufwand lösen ließen, in greifbare Nähe zu rücken schien [1]. Das eigentliche Problem ist allerdings die Komplexität des Problemraums, die unsere intellektuellen Fähigkeiten übersteigt. Martin Fowler fasst dieses Problem im Vorwort zu Eric Evans Buch *Domain-Driven Design* zusammen:

> » „There are many things that make software development complex. But the heart of this complexity is the essential intricacy of the problem domain itself. If you're trying to add automation to complicated human enterprise, then your software cannot dodge this complexity—all it can do is control it." (Martin Fowler, Vorwort in [2, S. xvii])

Das klingt stark an die Unterscheidung zwischen vermeidbarer (*accidential*) und unvermeidlicher (*essential*) Komplexität durch Fred Brooks [3] an. Für eine detailliertere Beschreibung seiner Unterscheidung dieser beiden Begriffe und ihre Bedeutung für die Softwareentwicklung vgl. ▶ Kap. 28. Eine gute Architektur kann immer nur dabei helfen, diese Komplexität möglichst modular und flexibel abzubilden, sie aber nie verringern. Modularität auf Systemebene zieht entsprechende Anforderungen nach sich, ähnlich wie Modularität auf Codeebene. Die Auseinandersetzung mit diesen Anforderungen auf Systemebene ist das Gebiet der Softwarearchitektur. Im Vorwort zu seinem eigenen Buch *Patterns of Enterprise Application Architecture* formuliert Martin Fowler noch pointierter:

> „In case you haven't realized it, building computer systems is hard. As the complexity of the system gets greater, the task of building the software gets exponentially harder." (Martin Fowler, [4, S. 1])

Softwareentwicklung ist eine nachgerade herkulische Aufgabe, und die Tatsache, dass die meisten Naturwissenschaftler nie systematisch gelernt haben, wie man programmiert, macht es einerseits nicht einfacher. Andererseits erfordern Softwarearchitektur und sauberes wissenschaftliches Arbeiten ähnliche Fähigkeiten und ein Bewusstsein für ein hochgradig strukturiertes und systematisches Vorgehen. Insofern sollten Wissenschaftler eigentlich dafür prädestiniert sein, die grundlegenden Prinzipien guter Softwarearchitektur zu verstehen und erfolgreich umzusetzen.

22.1.2 Ziel: Flexibler, wiederverwendbarer, wartbarer Code

Das Ziel quasi aller Entwicklungen der letzten Jahrzehnte in der professionellen Softwareentwicklung ist es, das Schreiben flexiblen, wiederverwendbaren und wartbaren Codes zu erleichtern bzw. überhaupt erst zu ermöglichen. Dahinter steht letztlich ein ökonomischer Aspekt: Maschinen sind am Ende des Tages billiger als menschliche Arbeitskraft. Das gilt insbesondere hinsichtlich der Reproduzierbarkeit und Fehlerfreiheit. Wenn möglichst viele automatisierbare Aspekte von Maschinen erledigt werden, bleibt mehr Zeit für die menschlichen Arbeitskräfte, sich auf ihre Kernkompetenz – intellektuelle Leistungen, letztlich also Kreativität – zu konzentrieren.

> „The goal of software architecture is to minimize the human resources required to build and maintain the required system." (Robert C. Martin, [5, S. 5])

Die Betonung von Robert C. Martin liegt hier entsprechend seiner eigenen Erfahrung eindeutig auf der Wartbarkeit (*maintainability*) des Systems. Schon in der Einführung seines Buches *Clean Architecture* [5] (und an vielen anderen Stellen) geht er darauf ein, dass es nicht schwer ist, ein System zu programmieren, das (erst einmal) funktioniert. Entscheidend und entsprechend schwierig ist es aber, ein System so zu programmieren, dass es gewartet und weiterentwickelt werden kann. Zu dieser Erkenntnis zu gelangen und die entsprechenden Konsequenzen daraus zu ziehen, ist ein wesentliches Kriterium für die Professionalität eines Programmierers.

> „It doesn't take a huge amount of knowledge and skill to get a program working. [. . .] It works because getting something to work—once—isn't that hard.
>
> Getting it right is another matter entirely. Getting software right is *hard*. It takes knowledge and skills that most young programmers haven't yet acquired. It requires thought and insight that most programmers don't take the time to develop. It requires a level of discipline and dedication that most programmers never dreamed they'd need. Mostly, it takes a passion for the craft and the desire to be a professional." (Robert C. Martin, [5, S. 1])

Alle drei genannten Aspekte – Flexibilität, Wiederverwendbarkeit und Wartbarkeit – tauchten schon im Kontext mit „sauberem Code" (vgl. ▶ Kap. 10 ff.) auf. Der Unterschied zur Softwarearchitektur ist, dass bei Letzterer das Abstraktionsniveau entsprechend höher ist.

22.1.3 Begriffsklärung: Was ist Softwarearchitektur?

Der Begriff „Softwarearchitektur" wird oft unscharf und von unterschiedlichen Autoren in leicht unterschiedlicher Bedeutung verwendet.[1] Eine pragmatische Definition zielt darauf ab, dass Architektur stark auf das „große Ganze" (das System) fokussiert, während die im vorangegangenen Abschnitt behandelten Aspekte die konkrete Abbildung von Funktionalität in Code thematisierten. Für den Zusammenhang zwischen Code und Architektur vergleiche auch den nächsten Abschnitt. Hier wird auf die Definition von Robert C. Martin zurückgegriffen.

Definition 22.1: Softwarearchitektur
Gestalt eines Systems, die ihm von seinen Entwicklern gegeben wird: Unterteilung des Systems in Komponenten, ihre Anordnung und die Art ihrer Interaktion miteinander [5, S. 136].

Entscheidende Aspekte dieser Definition sind, dass die Gestalt des Systems (in seiner Gesamtheit) im Fokus steht, dass die Entwickler für die Architektur verantwortlich sind, und dass die Architektur die Interaktion zwischen einzelnen Komponenten des Systems beschreibt. Softwarearchitektur verfolgt nach Robert C. Martin das Ziel, vier Aspekte zu erleichtern: Entwicklung (*development*), Auslieferung (*deployment*), Einsatz (*operation*) und Wartung (*maintenance*). Eine zentrale Strategie dabei ist, so viele Entscheidungen wie möglich so lange wie möglich offenzulassen. Das sorgt einerseits für die dringend benötigte Flexibilität, ist andererseits auch dem Nichtwissen der Entwickler bzw. der Unmöglichkeit geschuldet, die Zukunft vorherzusagen. Eine Prognose ohne klare Indikation, welche Funktionalität und Implementierung künftig gebraucht wird, ist in der Softwareentwicklung äußerst schwierig (vgl. das Akronym „YAGNI"). Darüber hinaus gibt es eine ganz wesentliche Wechselwirkung zwischen der Architektur eines Systems und der Umgebung, in der es entwickelt wird, die als „Gesetz von Conway" bekannt ist. Dieses „Gesetz" lässt sich sehr viel breiter als nur im Kontext der Softwareentwicklung anwenden, in dem es ursprünglich formuliert wurde:

> » „[O]rganizations which design systems [. . .] are constrained to produce designs which are copies of the communication structures of these organizations." (Melvin E. Conway, [6])

Letztlich kann man diese Beobachtung aber auch umkehren, die vorhandenen Kommunikationsstrukturen analysieren und daraus ableiten, wie die Architektur eines Systems sinnvollerweise aussehen sollte. Gerade im Kontext der Entwicklung von Auswertungssoftware in den Naturwissenschaften mit kleinen Entwicklerteams (meist Einzelpersonen) zeigt das noch einmal, wie wesentlich die frühe Definition von Schnittstellen ist, um größere Systeme auch räumlich und zeitlich getrennt zu entwickeln.

22.1.4 Zusammenhang zwischen Code und Architektur

Der Begriff „Softwarearchitektur" wird oft etwas unscharf verwendet und kann sich je nach Autor und Kontext unterscheiden. Zweifellos ist Architektur weitaus abstrakter als

1 Vgl. dazu die Einleitung in [4, S. 1 f.] sowie das Geleitwort (*Foreword*) und den Beginn des ersten Kapitels in [5].

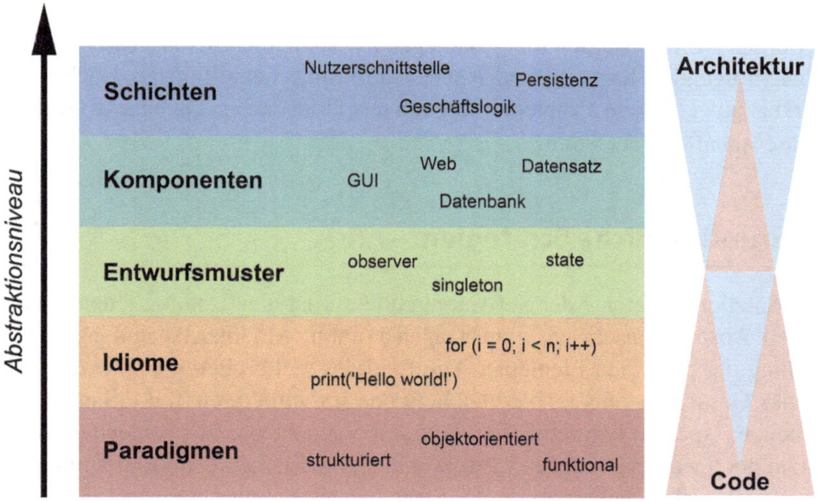

Abb. 22.1 Zusammenhang zwischen Code und Architektur. Jedes Programm besteht letztlich einerseits aus Quellcode und hat andererseits eine Gesamtorganisation, die sich in allen außer den einfachsten Fällen als Architektur ansprechen lässt. Von einer einzelnen Codezeile zum Gesamtentwurf des Systems nimmt der Grad der Abstraktion immer weiter zu. Entwurfsmuster vermitteln in dieser Hinsicht zwischen Code und Architektur und lassen sich je nach Kontext zu beiden zählen. Die nachfolgend vorgestellten SOLID-Prinzipien für gute Architektur können als den „klassischen" Entwurfsmustern zugrunde liegend verstanden werden. Sie haben aber Entsprechungen auf der Ebene der Gesamtarchitektur

eine einzelne Codezeile, entsprechend lässt sich vom Code zu Architektur des Systems eine Zunahme des Abstraktionsniveaus feststellen, wie in Abb. 22.1 dargestellt. Jedes Programm besteht einerseits aus Quellcode und hat andererseits eine Gesamtorganisation, die sich in allen außer den einfachsten Fällen als Architektur ansprechen lässt. Von einer einzelnen Codezeile zum Gesamtentwurf des Systems nimmt der Grad der Abstraktion immer weiter zu. Entwurfsmuster vermitteln in dieser Hinsicht zwischen Code und Architektur und lassen sich je nach Kontext zu beiden zählen. Die nachfolgend vorgestellten SOLID-Prinzipien für gute Architektur können als den „klassischen" Entwurfsmustern (vgl. [7]) zugrunde liegend verstanden werden. Sie haben aber Entsprechungen auf der Ebene der Gesamtarchitektur, wie bei der Behandlung der einzelnen Prinzipien in den nachfolgenden Kapiteln jeweils herausgearbeitet wird. Darüber hinaus tauchen sie im letzten großen Abschnitt des Buches immer wieder auf unterschiedlichen Ebenen eines Gesamtsystems zur wissenschaftlichen Datenverarbeitung und -analyse auf.

22.2 Aspekte von Softwarearchitektur

Softwarearchitektur ist für den Laien ein nahezu unüberschaubarer Themenkomplex, und in den letzten Jahrzehnten haben sich nicht nur unterschiedliche Konzepte für die Architektur von Softwaresystemen herausgebildet, sondern es wurde zum Teil auch erbittert gestritten. Allerdings gibt es einige grundsätzliche Aspekte, die jeder Ansatz einer Softwarearchitektur letztlich zu erfüllen versucht, auch wenn es über die Wege dorthin und die konkrete Umsetzung durchaus Meinungsverschiedenheiten geben mag. Im Rahmen des Buches und vor dem Hintergrund, dass die Leserinnen und Leser in der Regel weder eigene Erfahrung mit größeren Softwareprojekten haben noch professionelle Programmierer werden wollen, werden die grundlegenden Prinzipien herausgearbeitet und dann in den nachfolgenden Kapiteln und insbesondere im letzten Teil des Buches ihre Anwendbarkeit auf konkrete Probleme und Fragestellungen der Datenauswertung in den Naturwissenschaften vorgestellt.

22.2.1 Grundsätzliche Strategien

Die grundsätzliche Strategie der Softwarearchitektur ist identisch mit jener, die auch auf niedrigeren Abstraktionsebenen zum Tragen kommt: Modularität und weitestgehende Entkopplung der einzelnen Elemente. Aufgrund des viel breiteren Kontextes der Architektur eines Gesamtsystems im Vergleich zu den im vorherigen Teil („Sauberer Code") besprochenen Aspekten kommt diesem Fokus aber eine noch entscheidendere Bedeutung zu, da man noch weniger absehen kann, wie einzelne Elemente am Ende im Gesamtsystem zusammenspielen. Je komplexer das System, desto schwieriger werden die Vorhersagen. Das führt zum Ansatz, so viele Entscheidungen wie möglich erst so spät wie möglich zu treffen:

> » „The strategy behind [software architecture] is to leave as many options open as possible, for as long as possible." (Robert C. Martin, [5, S. 136])

Zwei Begriffe, die im Kontext der Modularität immer wieder auftauchen, sind starke Kohäsion (*high cohesion*) und lose Kopplung (*low coupling*) der einzelnen Softwareeinheiten [8, 9]. Das gilt für Funktionen, Methoden und Klassen genauso wie für ganze Module, Pakete und Programmteile eines Gesamtsystems. Kohäsion bezeichnet den inneren Zusammenhalt, hier den Zusammenhang einzelner Aspekte einer Softwareeinheit zueinander. Ein Ziel der Softwareentwicklung ist starke Kohäsion (*strong/high cohesion*): Jede Einheit – z. B. eine Methode, Funktion oder Klasse – hat eine Aufgabe, und alle Teile dieser Einheit dienen dem Zweck, diese eine Aufgabe zu erfüllen. Kopplung bezeichnet in Software den Grad der Verbindung zweier Komponenten, insbesondere eine enge Bindung mehrerer Einheiten einer Software aneinander, sodass sie nicht unabhängig wiederverwendbar (bzw. ggf. auch nicht testbar) sind. Konzepte der Softwareentwicklung und -architektur zielen generell auf eine **lose Kopplung** (*loose/low coupling*) einzelner Komponenten ab, da so die Wiederverwendbarkeit (und Testbarkeit) erleichtert wird. Zwei generelle Strategien, diese weitestgehende Entkopplung der einzelnen Elemente auf allen Ebenen zu erreichen, sind die Trennung der Zuständigkeiten und das „Gesetz von Demeter".

Die **Trennung der Zuständigkeiten** (*separation of concerns*, [10, S. 60–66]) ist ein grundlegendes Prinzip auf vielen Ebenen der Softwareentwicklung, nicht nur auf der Ebene der Softwarearchitektur. Ein bereits im vorangegangenen Teil des Buches angesprochenes Beispiel: Funktionen (und Methoden) sollten genau eine Aufgabe erfüllen (Unix-Philosophie, ▶ Kap. 14). Mit der Trennung der Zuständigkeiten einher geht eine Kapselung und damit das „Verstecken" von Information vor anderen Softwareeinheiten. Das zu forcieren ist eine der Stärken der objektorientierten Programmierung (▶ Kap. 12). Auf Ebene der Architektur eines Gesamtsystems führt das u. a. zu Schichten eines komplexeren Programms (s. u.) und allgemein zu Modularität und Austauschbarkeit von Codeteilen. Die Eigenschaft einer Softwareeinheit, sich unabhängig von anderen, umgebenden

Herkunft des Begriffs „Gesetz von Demeter"

Das „Gesetz von Demeter" wurde in den 1980er-Jahren an der Northeastern University in Boston, MA in der Gruppe von Karl J. Lieberherr formuliert [13]. Seinen Namen hat es vom Projekt, innerhalb dessen es entwickelt wurde.[2] Eine formale Beschreibung des Gesetzes von Demeter könnte lauten: Eine Methode m einer Klasse C sollte ausschließlich auf Methoden von C selbst, Methoden von Objekten, die als Parameter an m übergeben werden, Methoden von Objekten, die in Instanzvariablen von C abgelegt sind, bzw. Methoden von Objekten, die m erzeugt, zugreifen. Ein typisches Beispiel für eine Verletzung der Regel ist der Zugriff auf eine Methode eines Objektes durch ein anderes Objekt „hindurch". Der Vorteil der Befolgung ist eine weitgehende Entkopplung, nachteilig ist ggf. die Entstehung vieler Wrapper-Methoden einer Klasse.

Einheiten verändern zu lassen, wird in der Fachliteratur unter Rückgriff auf das mathematische Konzept auch als „orthogonal" bezeichnet [8, 9, 11, 12].

Das **„Gesetz von Demeter"** (*Law of Demeter*, LoD) ist eine sprachunabhängige Regel für die objektorientierte Programmierung, die Kapselung und Modularisierung fördert. Objekte sollten nur mit Objekten in ihrer unmittelbaren Umgebung kommunizieren. Umgangssprachlich formuliert: „Sprich nur zu deinen nächsten Freunden." Diese Formulierung führt zum Begriff des „schüchternen Codes". Da sich die Regel formalisieren lässt, ist sie als Metrik geeignet. Konsequenter Einsatz verringert die Abhängigkeiten unterschiedlicher Softwareeinheiten (insbesondere Klassen bzw. Objekte) und erhöht so die Wartbarkeit.

Alle genannten grundlegenden Strategien zielen darauf ab, eine wesentliche Anforderung an Softwarearchitektur zu erfüllen: Änderungen eines Aspekts sollten lokal klar begrenzte Auswirkungen auf den Code des Gesamtprojektes haben.

22.2.2 Modularität führt zu separaten Schichten

Eine der vielleicht offensichtlichsten und häufigsten Folgen einer Modularisierung der Architektur eines Gesamtsystems ist die Aufteilung in separate Schichten, die möglichst unabhängig voneinander sein sollten. Das erleichtert gleichzeitig die separate Entwicklung, sei es zeitlich (im Kontext der akademischen Softwareentwicklung mit Einzelkämpfern oft die einzige Chance) oder bezüglich unterschiedlicher Teams. Normalerweise finden sich in der Architektur einer Software (mindestens) drei Schichten: Präsentation, Verarbeitung und Daten, vgl. dazu auch ◘ Abb. 22.2 (links). Je nach Komplexitätsgrad kommen noch weitere Schichten hinzu. Das können Zwischenschichten zwischen den

2 „The Demeter project was named after Demeter because we were working on a hardware description language Zeus and we were looking for a tool to simplify the implementation of Zeus. We were looking for a tool name related to Zeus and we chose a sister of Zeus: Demeter.
Later we promoted the idea that Demeter-style software development is about growing software as opposed to building software. We introduced the concept of a growth plan which is basically as sequence of more and more complex UML class diagrams. Growth plans are useful for building systems incrementally."
(► http://www.ccs.neu.edu/home/lieber/what-is-demeter.html, Zugriff am 16.02.2025).

Testgetriebene Entwicklung und Architektur

Software und ihre Entwicklung und Architektur vom Aspekt der Testbarkeit her zu denken hat großen Einfluss auf das Ergebnis. Der hauptsächliche Vorteil: Dieser Ansatz erfordert, sich früh über die Schnittstellen und die Art des Aufrufs Gedanken zu machen. In Verbindung mit dem schrittweisen Vorgehen ermöglicht das aber auch, manche Entscheidungen auf sehr spät in der Entwicklung zu verschieben. Für ein Funktionieren muss keine vollständige Anwendung vorhanden sein, weil Unittests jede Methode oder Funktionalität überprüfen. Insofern lässt sich (wenn auch nur für den Entwickler selbst) die Frage „Kann man schon was sehen" bereits mit dem ersten erfolgreich durchlaufenden Test positiv beantworten. Das sorgt für nicht zu unterschätzende Motivation, einmal ganz abgesehen von der schnellen Gewöhnung an ein großes Sicherheitsnetz durch hohe Testabdeckung, das Refactoring etc. vergleichsweise einfach und sicher macht.

oben genannten sein, außerdem kommt dann häufig noch eine Persistenzschicht für die Daten (Speicherung) hinzu. Generell sollten die Schichten so unabhängig wie möglich voneinander sein. Das hilft bei der Austauschbarkeit und Wiederverwendbarkeit. Ein einfaches Beispiel: Eine Persistenzschicht sollte soweit unabhängig und modular sein, dass sie sich austauschen lässt, dass es also letztlich dem eigentlichen Programm egal ist, ob die Daten auf einer Festplatte in Dateien, auf einem entfernten Rechner oder z. B. in einer Datenbank gespeichert werden. Generell sollten Änderungen an Software immer nur eine Schicht betreffen.

Es gibt eine Reihe von Vorteilen, die eine Unterteilung des Gesamtprogramms in (möglichst unabhängige) Schichten mit sich bringt. Zunächst ist das einmal mehr die **intellektuelle Beherrschbarkeit** (nach E. Dijkstra, [1]). Eine Aufteilung in Schichten und damit eine Trennung von Zuständigkeiten sorgt für Fokussierung und ermöglicht damit erst die Bearbeitung und erfolgreiche Umsetzung. Ein weiterer wesentlicher Aspekt ist die **Testbarkeit**. Sie setzt die Isolation einzelner Komponenten voraus. Umgekehrt erzwingt eine Testbarkeit entsprechende Modularität. Deshalb wird ein Fokus auf Testbarkeit (bis hin zur testgetriebenen Entwicklung, vgl. ▶ Kap. 19) ggf. zu einer anderen und am Ende besseren Architektur führen. Für eine ausführliche Beschreibung der Entwicklung objektorientiert programmierter Software auf der Basis von Tests vgl. Freeman und Pryce [14].

Darüber hinaus ermöglicht die Aufteilung in unterschiedliche Schichten mit grob unterschiedlichen Aufgaben die **unabhängige Entwicklung** der einzelnen Bereiche. Einzelne Aspekte setzten oft spezifische technische Kenntnisse voraus, und gerade im Kontext sehr beschränkter Ressourcen (der Regelfall für Programmierung in den Naturwissenschaften) ist unabhängige Entwicklung von großem Vorteil. Letztlich sorgt die Aufteilung in Schichten für eine einfache(re) Wiederverwendbarkeit, Erweiterbarkeit bzw. Austauschbarkeit auf oberster Ebene der Architektur eines Gesamtsystems. So wichtig die Aufteilung eines Gesamtsystems auf oberster Ebene in Schichten ist, so wichtig ist aber auch das Verständnis der Bedeutung der einzelnen Schichten, ihrer Abhängigkeiten voneinander und dem Kontrollfluss. Da diesen beiden Begriffen in der Diskussion der Softwarearchitektur eine große Bedeutung zukommt, werden sie zunächst einmal definiert.

Definition 22.2: Kontrollfluss

flow of control, Reihenfolge des Aufrufs von Programmteilen (Funktionen, Objekte, ...), um eine gegebene Aufgabe zu erfüllen.

Definition 22.3: Abhängigkeit (Quellcode)

dependency, im Quellcode durch explizite Nennung hervorgerufene Kopplung von Programmteilen (Funktionen, Objekte, ...), die dazu führt, dass der aufgerufene Programmteil nicht mehr ohne Veränderung des aufrufenden Teils verändert werden kann.

Ein ganz wichtiger Aspekt, der gerade auch von Autoren aus dem weiteren Umfeld der agilen Entwicklung betont wird, lässt sich in der folgenden These zusammenfassen:

These

Kontrollfluss und Abhängigkeiten zeigen nicht zwingend in die gleiche Richtung.

Im herkömmlichen, evtl. naiven Bild eines aus mehreren Schichten aufgebauten Gesamtsystems liegen die Daten zuunterst, gefolgt von der Verarbeitungslogik, auf der dann die Schnittstellen zum Nutzer aufgesetzt werden. Entsprechend hat die Verarbeitungslogik meist eine Abhängigkeit von der Datenschicht und damit von der Art, wie die Daten abgelegt sind. Gerade im geschäftlichen Umfeld liegen Daten oftmals in großen (alten) Datenbanken vor, und Anwendungen werden gerne um eine Datenbank herum entworfen. Das ist aber in den meisten, wenn nicht sogar in allen Fällen ein Fehler. Der Grund ist einfach: Die originäre Aufgabe eines Programms ist die Funktionalität, also die Verarbeitung von Daten (gleich welcher Art), und entsprechend sollten alle Teile des Programms um diese Funktionalität herum aufgebaut werden. Das bedeutet konkret aber auch, dass Daten in der für die Verarbeitung besten Variante strukturiert und programmintern repräsentiert werden sollten – vollkommen unabhängig von der Weise, wie sie eventuell in der Persistenzschicht vorliegen. Diese Entkopplung des Kerns der Funktionalität von anderen Schichten wird im folgenden Abschnitt noch näher ausgeführt.

22.2.3 Fokus: Funktionalität, nicht konkrete Umsetzung

Es klingt vielleicht zunächst einmal verwunderlich, aber ein Zeichen guter Softwarearchitektur ist der Fokus auf der generellen Funktionalität, nicht auf der konkreten Umsetzung. Ein Beispiel: Ob Daten, auf denen ein Programm operiert, in Textdateien, binär, in einer Datenbank oder irgendwo über eine Netzwerkverbindung erreichbar an einem anderen Ort liegen, ist für die Funktionalität ein unwichtiges Detail. Gleichermaßen spielt für die Funktionalität keine Rolle, ob der Nutzer eine mit der Maus bedienbare grafische Oberfläche, ein mobiles Endgerät, ein Textterminal oder eine Datei mit einer Liste von Befehlen verwendet. Auch diese Schnittstelle ist ein für die eigentliche Funktionalität unwichtiges Detail. Eine gute Architektur zeichnet sich entsprechend dadurch aus, möglichst keine Entscheidungen zu solchen für die eigentliche Funktionalität unwichtigen Details zu treffen. Oder, wie Robert C. Martin treffend formuliert:

> » „A good architect maximises the number of decisions not made." (Robert C. Martin, [5, S. 142])

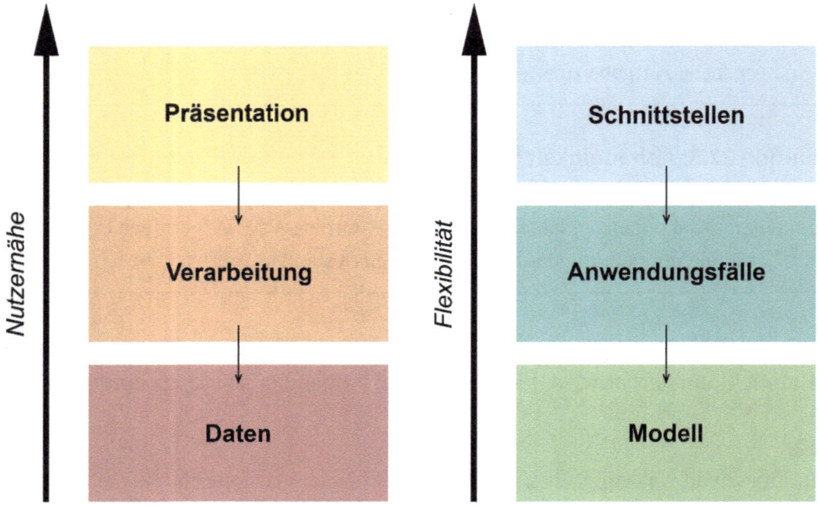

Abb. 22.2 **Zwei Möglichkeiten, eine Architektur in Schichten zu unterteilen.** Links gezeigt ist die „klassische“ Sicht mit den Daten (bzw. letztlich der Persistenzschicht) zuunterst, gefolgt von der Verarbeitungsschicht, auf der die Präsentationsschicht und damit die Nutzerschnittstelle aufbaut. Rechts ist eine andere Schichtung gezeigt, hier ist die senkrechte Achse nicht länger die Nähe zum Nutzer (die nicht unbedingt ein hilfreiches Maß ist), sondern die Flexibilität und damit die Häufigkeit für Veränderungen. Das zugrunde liegende Modell (vgl. auch den vierten Abschnitt zum „Domain-Driven Design“) bildet den Kern einer guten Softwarearchitektur. Alles andere ist von dort aus betrachtet periphär

Entscheidend für ein Programm und eine gute Architektur sind Funktion und Verhalten, nicht die Implementierung. Entsprechend sollte die Verarbeitungsschicht im Zentrum stehen, weder Präsentation (Nutzerschnittstelle) noch Datenschicht sind zentral. Darüber hinaus sollten Präsentation und Datenschicht austauschbar sein. Das ist nur sinnvoll möglich, wenn man Abhängigkeiten und Kontrollfluss voneinander trennt. Eine Präsentation muss letztlich auf Daten zugreifen. Sie sollte deshalb aber nicht (direkt oder indirekt) von der Datenschicht abhängen. Eine entsprechende Trennung erlaubt hochgradige Modularität. Strategien, wie man diese Trennung von Kontrollfluss und Abhängigkeiten erreichen kann, werden später separat vorgestellt, u. a. bei der Besprechung des Dependency-Inversion-Prinzips (DIP) in ▶ Kap. 27.

Dieser Perspektivwechsel weg von einer Schichtstruktur, die alles um die Datenschicht (und damit letztlich um die Persistenzschicht) herum gruppiert hin zu einer Schichtstruktur, die die Anwendungslogik in den Mittelpunkt stellt, führt mitunter zu überraschenden Ergebnissen – und eleganter Architektur. Für eine Gegenüberstellung der beiden Schichtmodelle vgl. Abb. 22.2. Am Ende ist es vielleicht intuitiver, die einzelnen Schichten nicht als Stapel zu betrachten, sondern als Schalen, wie das in Abb. 22.4 bei der Vorstellung des „Domain-Driven Designs“ mit seinem Fokus auf einem Modell der komplexen Realität als Kern einer Anwendung und später dann basierend auf Robert C. Martin in Abb. 27.4 gemacht wird.

22.3 Symptome schlechter und Prinzipien guter Softwarearchitektur

Woran erkennt man eine gute Softwarearchitektur? Ganz allgemein daran, dass die Software flexibel, erweiterbar und wartbar ist. Bezogen auf das übergreifende Thema dieses Buches: Daran, dass die Software die eingangs aufgestellten Kriterien, insbesondere die Voraussetzungen für die Wissenschaftlichkeit von Auswertungssoftware, erfüllt (▶ Kap. 1). Umgekehrt kann man eine Reihe von Symptomen für schlechte Softwarearchitektur benennen und daran mögliche Abhilfe und entsprechend Prinzipien guter Softwarearchitektur diskutieren.

22.3.1 Symptome für schlechte Softwarearchitektur

Es gibt eine Reihe von Symptomen für schlechte Softwarearchitektur, die der praktischen Erfahrung vermutlich aller Programmierer entsprechen. Robert C. Martin [15, S. 88] nennt sieben solche Symptome für schlechte Softwarearchitektur, die nachfolgend aufgelistet werden sollen. Er nennt sie „Gerüche" (*smells*), in Anlehnung an Martin Fowler [16], der als Gründe für Refactoring (vgl. ▶ Kap. 20) auf eine Weisheit seiner Großmutter zurückgreift. Sie formulierte als Kriterium, wann die Windeln des Säuglings zu wechseln seien: „Wenn sie riechen." Der Vorteil dieses Ansatzes ist, dass man diese Symptome in der Regel feststellen kann, wenn nicht objektiv, so doch zumindest subjektiv. Die nachfolgend vorgestellten SOLID-Prinzipien dienen dazu, einem Teil dieser Symptome entgegenzuwirken. Die „klassischen" Entwurfsmuster (▶ Kap. 17) sind auf etwas niedrigerer Ebene als der Gesamtarchitektur eines Programms ebenfalls Strategien, diesen Problemen schlechter Softwarearchitektur zu begegnen.

Starrheit (*rigidity*) Eine häufige Erfahrung bei Code, der über die Zeit gewachsen ist: Man möchte eine kleine Änderung machen, die zunächst harmlos aussieht, und stellt dann fest: Irgendwie hängt mal wieder alles mit allem zusammen. Etwas formaler ausgedrückt: Jede Änderung zieht viele Änderungen in anderen Teilen des Programms nach sich. Der Grund sind fehlende Modularität und Orthogonalität.

Zerbrechlichkeit (*fragility*) Eine weitere häufig gemachte Erfahrung, wenn man Code verändern möchte oder muss: Eine Änderung an einer Stelle führt plötzlich zu Fehlern in ganz anderen Bereichen, die konzeptionell oft getrennt von den Änderungen sind. Meist ist die Testabdeckung dazu noch nicht ausreichend groß, um derlei Fehler schnell und umfassend zu entdecken. Es gibt aber auch Situationen, in denen es ausreichend viele Tests gibt, die dann den ganzen Umfang des Problems der Zerbrechlichkeit aufzeigen. Der Grund für dieses Phänomen ist eine starke Kopplung zwischen Codeeinheiten, die besser unabhängig voneinander sein sollten. Einzelne Module sollten intern eine hohe Kohäsion aufweisen, aber untereinander nur lose gekoppelt sein.

Unbeweglichkeit (*immobility*) Ein System lässt sich schwer in wiederverwendbare Komponenten aufteilen, weil die Modularität fehlt. Das kann ganz unterschiedliche Ursachen haben. Häufig liegt es daran, dass das Gesamtsystem aus einem kleinen, eher überschaubaren Projekt entstanden ist, und immer neue Funktionalität hinzugefügt wurde. Eine solche Unbeweglichkeit und fehlende Modularität geht meist auch noch mit schwerer

Testbarkeit einher, da eine Grundvoraussetzung für Testbarkeit die Modularität ist. Umgekehrt wird Software, die mit Tests im Blick oder gar testgetrieben (vgl. ► Kap. 19) entwickelt wurde, meist auch weniger unter diesem Symptom leiden.

Zähigkeit (*viscosity*) Es ist schwieriger, Dinge richtig zu machen, als sie falsch zu machen. Zähigkeit kann dabei in zwei Varianten vorkommen: einmal bezogen auf die Software selbst und ihre Architektur, das andere Mal bezogen auf die Entwicklungsumgebung inklusive aller verwendeten Infrastruktur. Zähigkeit bezogen auf die Softwarearchitektur bedeutet, dass es einfacher ist, Änderungen vorzunehmen, die dem bisherigen Entwurf und der bisherigen Architektur zuwider laufen und sie am Ende gar zerstören, als Änderungen vorzunehmen, die sich in die vorgegebene große Struktur einpassen. Aber auch die vorhandene Entwicklungsumgebung inklusive aller eingesetzten Infrastruktur wie Testsuiten und Versionsverwaltungssystem können zur Zähigkeit beitragen. Ist die Entwicklungsumgebung langsam und ineffizient, laufen die Tests also z. B. nicht innerhalb weniger Sekunden durch oder benötigen sie aufwändige Vorarbeiten oder ist die Versionsverwaltung nur dann verfügbar, wenn gleichzeitig auch eine Verbindung zum internen Netzwerk oder zum Internet besteht, werden Entwickler oft „Abkürzungen" nehmen. Das kann bedeuten, dass Tests nicht oder nur selten aufgerufen werden oder dass keine kleinteilige Versionierung stattfindet. Mögliche Lösungen für die Zähigkeit der Entwicklungsumgebung wären zunächst einmal, jeglichen Einsatz von Infrastruktur gut zu motivieren und die Entwicklerinnen und Entwickler dazu zu bringen, sich mit den einzelnen Komponenten ausreichend vertraut zu machen. Darüber hinaus ist gerade bei einer hochgradig dezentralen Entwicklung verteilten Versionsverwaltungssystemen (vgl. ► Kap. 6) der Vorzug vor zentralen Lösungen zu geben, die eine Internetverbindung und möglicherweise noch den Zugriff auf ein internes Netzwerk erfordern. Man kann hier auch einen gemischten Ansatz verwenden und die dezentrale Entwicklung versioniert über ein verteiltes Versionsverwaltungssystem wie git durchführen, das dann regelmäßig mit einem zentralen Versionsverwaltungssystem (z. B. SVN) abgleicht. Hinsichtlich der Tests gilt hier all das, was im entsprechenden Kapitel zur Testautomatisierung (► Kap. 19) gesagt wurde: Tests sollten automatisiert und schnell durchlaufen, langwierige Tests ggf. in eigene Testsuiten ausgelagert werden. Auf jeden Fall sollte sichergestellt werden, dass die gesamte Entwicklungsumgebung so performant wie möglich funktioniert und den Entwicklerinnen und Entwicklern Arbeit abnimmt – im besten Fall gar nicht richtig wahrgenommen, sondern als selbstverständlich hingenommen wird –, ihnen aber keine oder möglichst wenig zusätzliche Arbeit aufbürdet.

Unnötige Komplexität (*needless complexity*) Häufig enthält Software bzw. deren Entwurf (komplexe) Codeteile, die keinen unmittelbaren Mehrwert (in der aktuellen Situation) bringen. Der Grund ist so einfach wie nachvollziehbar: Man hat bei der Entwicklung Ideen, was man noch alles brauchen könnte, und beginnt dann, diese Funktionalität schon einmal einzubauen. Das Problem: Es ist schwer verlässlich vorherzusehen, wohin die Entwicklung geht und was man von dieser Funktionalität später wirklich braucht. Entsprechend lautet die grundlegende Programmiererregel, die nicht nur, aber eben auch auf der Ebene der Architektur eines Gesamtsystems Anwendung findet: *You ain't gonna need it!* (YAGNI).

Unnötige Wiederholung (*needless repetition*) Die meisten Probleme, die man mit Software versucht zu bearbeiten, wurden so oder in ähnlicher Form bereits schon einmal gelöst.

Entsprechend nachvollziehbar ist der Reflex, ggf. im eigenen Code nach entsprechenden Beispielen zu suchen, die betreffenden Codeteile zu kopieren und sie an die lokalen Gegebenheiten anzupassen.

> „Cut and paste may be useful text-editing operations, but they can be disastrous code-editing operations. All too often, software systems are built upon dozens or hundreds of repeated code elements.“ (Robert C. Martin, [15, S. 89])

Das Ergebnis dieser Strategie, Codeteile zu kopieren und ggf. leicht anzupassen: Der Entwurf enthält (unzählige) Wiederholungen, die mithilfe einer Abstraktion zusammengefasst werden könnten. Das Problem fehlender Abstraktion ist schon sehr lange bekannt, Edsger Dijkstra beschreibt Abstraktion in seiner *Turing Award Lecture* [1] als die einzige Möglichkeit, ein hochgradig komplexes System soweit herunterzubrechen und intellektuell beherrschbar zu machen, dass wir Lösungen dafür finden können. Hier zeigt sich einmal mehr die Parallele zwischen (guter) Programmierung und (guter) Wissenschaft. Die immer wieder wiederholte Programmiererregel, die diesem Symptom schlechten Codes und schlechter Softwarearchitektur entgegenwirkt, lautet: *Don't repeat yourself!* (DRY).

Intransparenz (*opacity*) Programmierer sind Schriftsteller – so zumindest eine mögliche Sichtweise (vgl. ▶ Kap. 10). Entsprechend gilt für Code, dass er möglichst lesbar sein und seine Absicht ausdrücken sollte. Essentiell sind dafür gute Benennungen von Konzepten (vgl. ▶ Kap. 13), also sowohl von Variablen als auch von Funktionen, Methoden, Klassen und Modulen. Gleiches gilt letztlich auch für die (Gesamt-)Architektur eines Programms: Sie sollte kommunizieren, wozu das Programm da ist. Diese Idee führte Eric Evans zu seinem Konzept des *Domain-Driven Design* (DDD, [2]): Die Architektur eines Programms enthält auf höchster Ebene die Komponenten aus Anwendersicht, sie kommuniziert also auf höchster Ebene die Intention des ganzen Programms. Ist Software auf Ebene ihres Gesamtentwurfs oder auf Ebene der einzelnen Module intransparent (opak), dann ist ist sie schwer zu lesen und zu verstehen, weil sie ihre Absicht nicht klar ausdrückt. Das kann ganz unterschiedliche Ursachen haben, und genauso wie beim Schreiben von Texten ist es nicht immer einfach, Klarheit und Struktur zu erhalten oder damit zu beginnen. Unabhängig davon sollte es immer das Ziel aller Entwicklerinnen und Entwickler sein und ist gleichzeitig ein Zeichen ihrer Professionalität, sich auch auf Modul- und Systemebene so klar wie möglich auszudrücken und gute Abstraktionen zu finden, die dann auf logische und nachvollziehbare Weise miteinander interagieren. Software zu schreiben, die diese Kriterien erfüllt, ist schwer, schon gar auf Ebene eines komplexen Gesamtsystems. Trotzdem ist sie nicht nur ein erstrebenswertes, sondern ein notwendiges Ziel für Software zur wissenschaftlichen Datenauswertung.

These

Das Auftreten der Symptome ist normal. Entscheidend ist, etwas dagegen zu unternehmen.

Es ist eine bekannte Tatsache, dass Software oftmals gut startet und dann durch zahlreiche Änderungen in den Anforderungen die Gesamtarchitektur zunehmend leidet, sodass ein oder mehrere der oben genannten Symptome bemerkbar werden. Für dieses Phänomen wurde der Begriff „Software-Entropie“ geprägt und bereits beschrieben (vgl. ▶ Kap. 10). Änderungen der Anforderungen sind für Software unumgänglich, allerdings lassen sie sich in der Regel nicht vorhersehen. Das Ziel ist aber nicht, deshalb für alle Eventualitäten vorzubauen, da das wiederum zu unnötiger Komplexität und schwerer Wartbarkeit führt, da die meisten Fälle nie eintreten werden, für die man vorgesorgt hat (dafür aber mit Sicherheit solche, an die niemand dachte, vgl. YAGNI). Stattdessen sollten Entwickler Prinzipien guter Softwarearchitektur kennen, die dann jeweils bei Bedarf entsprechend umgesetzt werden können. Fünf solcher Prinzipien werden im nächsten Abschnitt kurz in einer Übersicht vorgestellt und in den nachfolgenden Kapiteln jeweils etwas detaillierter behandelt.

22.3.2 Fünf Grundprinzipien guter Softwarearchitektur

Am Anfang des Kapitels wurden allgemeine Strategien für gute Softwarearchitektur vorgestellt, die alle auf eine größtmögliche Modularität und Unabhängigkeit einzelner Komponenten abzielen. Die hier kurz im Überblick gezeigten (vgl. ◘ Abb. 22.3) und in den nachfolgenden Kapiteln detaillierter vorgestellten fünf Prinzipien sind dagegen recht konkret und lassen sich jeweils direkt in der Praxis anwenden. Die Prinzipien setzen, so wie sie präsentiert werden, *per se* den Einsatz objektorientierter Programmierung voraus. Tatsächlich sind sie aber das Ergebnis jahrzehntelanger Erfahrung mit Softwareentwicklung. Die fünf Prinzipien im Überblick nach Robert C. Martin [15]:

- Single Responsibility
  Ein Modul sollte nur eine Verantwortlichkeit haben.
- Open Closed
  Softwareeinheiten (Klassen, Module, Funktionen etc.) sollten offen für Erweiterung, aber verschlossen gegenüber Abänderung sein.
- Liskov Substitution
  Subtypen müssen durch ihre Basistypen ersetzbar sein.

◘ **Abb. 22.3 Fünf Prinzipien für gute objektorientierte Softwarearchitektur.** Das Ziel ist Software, die flexibel, erweiterbar, wiederverwendbar, zuverlässig und überprüfbar ist. Die fünf nachfolgend jeweils einzeln vorgestellten Prinzipien sind ein möglicher Weg zu diesem Ziel, der sich in der Praxis in vielen Projekten bewährt und im angelsächsischen Sprachraum unter dem Akronym „SOLID" eine gewisse Bekanntheit erlangt hat

- Interface Segregation
  Nutzer sollten nicht dazu gezwungen werden, von Methoden abzuhängen, die sie nicht verwenden.
- Dependency Inversion
  Abstraktionen sollten nicht von Details abhängen. Umgekehrt sollten Details auf Abstraktionen aufbauen.

Streng genommen sind diese fünf Prinzipien relevant für die mittlere Abstraktionsebene von Software, nämlich das Zusammenspiel von Klassen. Insofern ergibt sich ein direkter Zusammenhang mit den Entwurfsmustern (vgl. [7] und ► Kap. 17): Viele der klassischen Entwurfsmuster sorgen gerade dafür, dass die fünf SOLID-Prinzipien eingehalten werden. Viele der Prinzipien haben aber darüber hinaus Entsprechungen auf der Ebene des Zusammenspiels von Komponenten, was in den Folgekapiteln jeweils herausgearbeitet werden wird.

22.3.3 Das Ergebnis jahrzehntelanger Erfahrung

In der hier präsentierten Form inklusive des Akronyms wurden die SOLID-Prinzipien von Robert C. Martin entwickelt und zusammengestellt, in jahrelanger intensiver Auseinandersetzung und Diskussion (vgl. seine Beschreibung in [5, S. 58]). Allerdings gründen sie in vieler Hinsicht auf den expliziten Vorarbeiten anderer (SRP, OCP, LSP). Die Reihenfolge und das daraus resultierende Akronym entstanden auf Anregung von Michael Feathers ca. 2004. Letztlich ist es ähnlich wie bei den Entwurfsmustern (vgl. ► Kap. 17): Nur das, was unabhängig und mehrfach von unterschiedlichen Programmierern als wirklich relevant erkannt wurde, wurde zum Prinzip erhoben. Entsprechend stellen die fünf Prinzipien die kondensierte Erfahrung von Profis über Jahrzehnte der Softwareentwicklung dar. Sie haben sich in der Praxis bewährt, sind nicht nur die Idee eines Autors und allesamt älter als ihr Name. Wie schon bei den Entwurfsmustern gilt: Die Prinzipien sind erst einmal abstrakt. Die Anwendung auf die konkrete Situation erfordert Bewusstsein für ein existierendes und möglichst zu behebendes Problem, eine Kenntnis der vorhandenen und verfügbaren Lösungsstrategien in Form von Prinzipien und letztlich viel Erfahrung, die nur aus der Praxis kommen kann. Darüber hinaus setzt die objektorientierte Umsetzung, genauso wie der Einsatz der Entwurfsmuster, ein solides Verständnis objektorientierter Programmiertechniken voraus.

22.3.4 Prinzipien sind kein Selbstzweck

Prinzipienreiterei ist selten eine gute Idee. Voreilige Verwendung führt meist zu unnötig komplexem Code (YAGNI). Stattdessen kommt es auf einen reflektierten Umgang aus dem Verständnis der Prinzipien heraus und basierend auf eigener ausreichender Erfahrung an.

> „It is a mistake to unconditionally conform to a principle just because it is a principle.“
> (Robert C. Martin, [15, S. 86])

Der Fokus liegt auf funktionierender, existierender Software, die die nach bestem Wissen und Gewissen bestmögliche Lösung für bestehende Anforderungen darstellt. Nur existierende Software kann sich bewähren. Darüber hinaus sollten die Prinzipien erst dann angewendet werden, wenn es notwendig ist. Eine zwingende Voraussetzung für den gewinnbringenden Einsatz ist deshalb die Kenntnis der Prinzipien und Vertrautheit mit ihrer Umsetzung. Gerade den letzten Aspekt kann auch das beste Buch nicht liefern, sondern nur die Erfahrung. Das ist einerseits ein klarer Appell, einfach anzufangen mit den Programmieren. Andererseits sollte das aber nicht mit einem unüberlegten „darauf Loshacken“ verwechselt werden. Egal ob testgetrieben oder nicht, Software sollte möglichst strukturiert entwickelt werden, und die korrekte Funktion einer Software lässt sich nur durch (möglichst automatisierte) Tests nachweisen.[3] Das Ziel ist letztlich (meist) nicht Software, die genau in einer Situation eine Aufgabe erfüllt, sondern die real funktioniert und den Ansprüchen an Software, insbesondere der Veränderbarkeit, gerecht wird – einmal ganz zu schweigen von den Kriterien für Software zur wissenschaftlichen Datenauswertung (vgl. ► Kap. 1). Die hier vorgestellten Prinzipien können, richtig eingesetzt, dabei helfen, diesen hohen Ansprüchen gerecht zu werden.

22.4 Im Zentrum: ein Modell der komplexen Realität

Der Schwerpunkt der Softwareentwicklung liegt auf der Lösung eines konkreten, komplexen Problems. Entsprechend sollte ein gutes Modell des Problemraums den Kern der entwickelten Software bilden. Das ist die Kernaussage des Buches *Domain-Driven Design* (DDD) von Eric Evans [2].

» „The heart of software is its ability to solve domain-related problems for its user. All other features, vital though they may be, support this basic purpose.“ (Eric Evans, [2, S. 4])

Entscheidend ist dabei noch ein weiterer Aspekt, den Evans ebenfalls, bereits in seinem Vorwort, betont: Meist ist die Komplexität der Software nicht technischen Ursprungs. Das bedeutet aber, dass sich die Komplexität eines Progamms auch nicht durch die geschickte Anwendung noch so vieler Prinzipien und Strategien für gute Softwarearchitektur signifikant reduzieren lässt. Das Ziel kann deshalb nur sein, diese intrinsische Komplexität handhabbar zu machen:

» „[T]he most significant complexity of many applications is not technical. It is in the domain itself, the activity or business of the user. When this domain complexity is not handled in the design, it won't matter that the infrastructural technology is well conceived. A successful design must systematically deal with this central aspect of the software.“ (Eric Evans, [2, S. xxi])

Den Kern einer Anwendung bildet die Implementierung eines abstrakten Modells des Problemraums (Problemstellung), also dessen Abbildung auf Code. Das Modell wird aus einem gemeinsamen Vokabular und Verständnis der Problemstellung zwischen Experten und Programmierern geformt und ist *per se* erst einmal in menschlicher Sprache formuliert. Da die beiden Begriffe wesentlich für das *Domain-Driven Design* sind, sollen sie hier explizit definiert werden.

3 Die korrekte Funktionalität lässt sich durch Tests bis zu einem gewissen Grad tatsächlich sicherstellen, die Abwesenheit von Fehlern natürlich nicht. Vgl. dazu die ausführlichere Diskussion ► Kap. 9, 18 und 19.

Definition 22.4: Modell
Sprachliche Formulierung des Problemraums und seiner entscheidenden Zusammenhänge und Abläufe auf hohem Abstraktionsniveau; Summe der „Geschäftsregeln" (*business rules*).

Definition 22.5: Kern der Anwendung
Implementation des Modells in Software, d. h. Abbildung auf Code, zumeist in Form abstrakter Klassen.

Entscheidend für die Beherrschung der intrinsischen Komplexität einer Fragestellung ist es, ein gutes Modell zu entwerfen, das mit der Realität mithalten kann, gleichzeitig aber ermöglicht, das Problem durch Zerlegen in kleinere Teilaspekte anzugehen.

» „The key to controlling complexity is a good domain model, a model that goes beyond a surface vision of a domain by introducing an underlying structure, which gives the software developers the leverage they need. A good domain model can be incredibly valuable, but it's not something that's easy to make. Few people can do it well, and it's very hard to teach." (Martin Fowler, Vorwort in [2, S. xvii])

Letztlich tauchen hier wieder genau die gleichen Probleme auf, die schon bei der Frage der Benennung von Softwareeinheiten (vgl. ▶ Kap. 13) diskutiert werden. Ein gutes Modell erfordert genau wie gute Namen die Gabe zu genauer Beobachtung, treffenden verbalen Beschreibungen und die Fähigkeit, abstrakt komplexe Zusammenhänge zu durchdenken und zu formulieren. Darüber hinaus kann ein gutes Modell nur aus einer profunden Kenntnis der realen Problemstellung und ihrer intellektuellen Durchdringung heraus entstehen. Zwar sind das Fähigkeiten, die Wissenschaftlerinnen und Wissenschaftler *per se* mitbringen sollten, allerdings zeigt die Praxis, dass nur die wenigsten tatsächlich darüber verfügen.

22.4.1 Das Modell ist unabhängig von allen anderen Schichten

Die Implementierung des Modells stellt nicht nur den Kern einer Anwendung dar, wie in ◼ Abb. 22.4 dargestellt. Sie ist darüber hinaus unabhängig von allen anderen Schichten. Das ist ein gutes Beispiel für die bereits angesprochene Umkehr der Abhängigkeiten (*dependency inversion*) und die Trennung des Kontrollflusses von der Abhängigkeit. Details, wie sich das auf Architekturebene bewerkstelligen lässt, werden bei der Besprechung des Dependendy-Inversion-Prinzips (▶ Kap. 27) vorgestellt. Die Betonung auf der Bedeutung der Modell-Schicht in einer geschichteten Architektur und ihrer Unabhängigkeit von allen anderen Schichten hat Evans mit anderen Autoren, allen voran Robert C. Martin [5], gemeinsam. Allerdings liefert er als einer der wenigen sehr detaillierte Hinweise, wie sich ein solches Modell des Problemraums entwickeln lässt und worauf man dabei unbedingt achten sollte. Das macht eine der großen Stärken seines Buches aus.

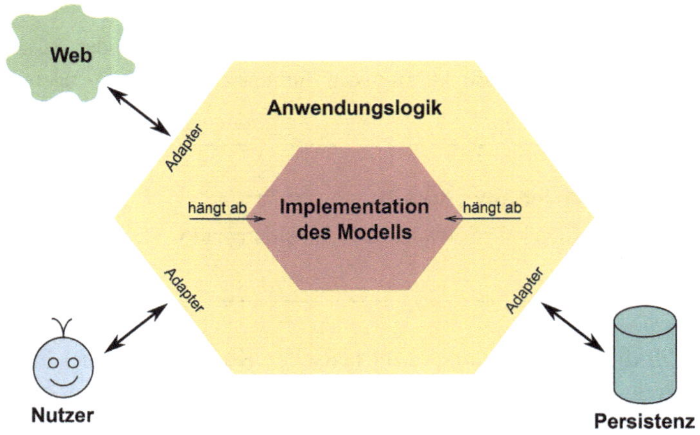

Abb. 22.4 Schema einer Architektur, bei der das Modell (respektive seine Implementierung) im Zentrum steht und unabhängig von allen anderen Schichten ist. Die Form erinnert sehr an die hexagonale Architektur (auch „Ports und Adapter") von Alistair Cockburn, ähnliche Schemata gibt es aber auch von Freeman und Pryce [14, S. 49] und Robert C. Martin [5, S. 203]. Entscheidend ist, dass das Modell im Zentrum unabhängig von allen weiter außen gelegenen Schichten ist und die eigentliche Geschäftslogik (*business logic*) enthält

22.4.2 Eine universelle Sprache

Software wird geschrieben, um ein reales Problem zu lösen. Entsprechend sollte sie auf ihrem höchsten Abstraktionsniveau die Implementation eines Modells genau dieses Problems beinhalten, das in einer Sprache formuliert ist, die universell sowohl von den Softwareentwicklern als auch von den Anwendern verwendet und verstanden wird. Diese Sprache muss sich im Dialog zwischen beiden „Welten" entwickeln, da Software strikte Anforderungen hinsichtlich Eindeutigkeit und Konsistenz hat, was sonst wenig auffällt. Das abstrakte Modell, dessen Implementation im Zentrum der Software steht, nutzt diese universelle Sprache und sollte in jedem Fall mit ihrer Entwicklung Schritt halten. Umgekehrt wird sich genauso die Sprache nach und nach während der Implementierung der Software konkretisieren und verfeinern, weil Aspekte klarer hervortreten, Uneindeutigkeiten und Inkonsistenzen (zwangsläufig) ausgeräumt werden.

22.4.3 Das Modell entwickelt sich gemeinsam mit der Software

Ein entscheidender Aspekt des *Domain-Driven Design*: Das abstrakte Modell, dessen Implementation den Kern der Anwendung bildet, entwickelt sich im direkten Dialog zwischen Programmierern und Experten des Problemraums parallel zur Entwicklung der Software. Am Ende steht dann aber idealerweise nicht nur eine Implementierung eines soliden Modells einer komplexen Realität, sondern auch auf beiden Seiten ein vertieftes Verständnis der Zusammenhänge und Abläufe. Dieser Aspekt kann gerade im Kontext der Datenauswertungen in den Naturwissenschaften nicht überschätzt werden. Die Entwicklung eines Modells ist dann auch ganz klar, jenseits aller Umsetzung in Software, ein eigenständiger, kreativer Beitrag zur Wissenschaft.

ASpecD und Domain-Driven Design

In gewisser Weise ist die Entstehungsgeschichte des ASpecD-Frameworks zur reproduzierbaren und nachvollziehbaren Datenverarbeitung und -auswertung (▶ https://www.aspecd.de/) ein Beispiel für die praktische Anwendung des Domain-Driven Design. Aus der praktischen Erfahrung heraus entstand das Konzept des Datensatzes als Einheit von (numerischen) Daten und zugehörigen Metadaten (inklusive seiner Benennung). Der nächste Schritt war die Verarbeitung mehrerer Datensätze, was das bisherige Konzept, alle Historie im Datensatz abzulegen, sprengt. Das Ergebnis ist die Metapher der „rezeptgetriebenen Datenauswertung", bestehend aus einer Liste von Datensätzen und einer Folge von Aufgaben. Auch wenn hier Anwender und Entwickler großen Überlapp haben, ist die universelle Sprache, die sich herausbildet, doch ein Vokabular, das sowohl Wissenschaftler als auch Programmierer am Ende verstehen. Dazu kommt hier genau das, was oben bereits angesprochen wurde: Am Ende steht nicht nur ein tragfähiges Modell einer komplexen Realität (der wissenschaftlichen Datenauswertung in reproduzierbarer und nachvollziehbarer Weise), sondern auch ein deutlich tieferes Verständnis der Vorgänge und Zusammenhänge der Datenauswertung.

22.5 Zur spezifischen Situation in den Naturwissenschaften

Viele (gute) Bücher zur Softwareentwicklung gehen davon aus, dass sowohl die Anforderungen als auch die großen Linien des Entwurfs (die Architektur des Gesamtsystems) von außen an die Entwickler herangetragen werden und die Entwickler dann innerhalb dieser abgesteckten Grenzen, in der Regel in Teams, einzelne Teilaspekte des Gesamtprojektes entwickeln. Das entspricht in der Regel nicht der Situation in den Naturwissenschaften im akademischen Kontext.

22.5.1 Das Problem mit der Literatur

Softwarearchitektur ist (aus gutem Grund) das Feld professioneller Entwickler. Einführungen in die Programmierung bleiben meist vorher stehen, und auch Bücher, die sich explizit an Naturwissenschaftler wenden, wie das sehr gute Buch von Scopatz und Huff [17], gehen nicht explizit auf Softwarearchitektur ein. Entsprechend geht die Literatur von einer Reihe von Annahmen aus, die so nicht oder meist nicht in den Naturwissenschaften auftreten.

Fokus auf große Systeme Der Regelfall der professionellen Softwareentwicklung sind große Systeme, die nicht von einzelnen Entwicklern oder kleinen Teams zu stemmen sind und eine entsprechende Planung und Organisation erfordern. Einmal ungeachtet der Tatsache, dass auch ein komplettes System zur reproduzierbaren Datenauswertung in den Naturwissenschaften als solches „großes System" qualifiziert, bringen die wenigsten Naturwissenschaftler die notwendige Zeit und Qualifikation zur erfolgreichen Entwicklung von Software diesen Umfangs mit.

Teams professioneller Entwickler Viele Konzepte, die gerade auch im weiteren Kontext der agilen Softwareentwicklung entwickelt und propagiert wurden, beruhen auf der Existenz von Teams. Das macht den Austausch über das Problem möglich. Außerdem wird es in Teams immer unterschiedliche Erfahrungshorizonte geben, sodass einzelne Mitglieder wechselweise von den anderen lernen können. Professionell bedeutet in diesem Kontext, dass die Mitglieder der Teams entsprechende Kenntnis und Beherrschung von Strategien und Werkzeugen zur Softwareentwicklung mitbringen.

(Relativ) klare, externe Anforderungen Ein letzter Aspekt, der sich von der Situation in den Naturwissenschaften unterscheidet. Meist wird in der Literatur zur Softwarearchitektur davon ausgegangen, dass der Kunde die Abläufe verstanden hat. Natürlich kommen Änderungen und Erweiterungen trotzdem vor. Allerdings wird man selten den Fall haben, dass sich das grundlegende Verständnis und der Umfang der Abläufe erst mit der Implementierung entwickelt.

Letztlich lässt sich vieles von dem, was in der Literatur angesprochen wird, zumindest zunächst nur schwer auf die Situation im akademischen Kontext übertragen. Der spezifische Kontext in den Naturwissenschaften soll nachfolgend kurz skizziert werden, um dann am Ende eine mögliche Lösung vorzuschlagen.

22.5.2 Die Situation in den Naturwissenschaften

In der akademischen Welt lassen sich manche Aspekte professioneller Softwareentwicklung aus mehreren Gründen nicht oder nur schwer anwenden, was es mühsam machen kann, die durchaus guten Ratschläge aus der Literatur anzuwenden. Einige Gründe sind:

Wissenschaftler sind meist Einzelkämpfer, was die Softwareentwicklung angeht. Schon die Softwareentwicklung als solche ist in den meisten Fällen nur Mittel zum Zweck und nicht Hauptaufgabe des Wissenschaftlers. Viele Vorteile, die die Interaktion in Teams und eine Arbeitsteilung mit sich bringen, und die für professionelle Softwareentwicklung relevant sind, können deshalb in diesem Kontext keine Wirkung zeigen.

Die Anforderungen entwickeln sich gemeinsam mit dem Verständnis des Forschungsgegenstands. Eine Anforderungsanalyse ist meist schwer im Vorfeld zu machen, da in der Wissenschaft in der Regel das Forschungsgebiet erst erarbeitet wird. Letztlich wird man frühestens am Ende der Doktorarbeit einen hinreichenden Überblick bekommen haben, um so etwas wie eine Anforderungsanalyse für Software, die für das jeweilige enge Forschungsfeld Verwendung findet, aufstellen zu können.

Das Bewusstsein für den Wert nachhaltiger Software fehlt völlig. Nüchtern betrachtet ist es ein ökonomischer Wahnsinn, dass jeder Wissenschaftler aufs Neue Software für einfache oder auch komplexere Datenverarbeitungen und Auswertungen schreibt. Eine Arbeitsgruppe sollte eigentlich ein Interesse daran haben, Software über Generationen von Mitarbeitern hinweg zu entwickeln, die von ausreichender Qualität ist, um weitergegeben und gepflegt zu werden. Erschwerend kommt hinzu, dass es meist weder dafür qualifi-

Plädoyer für eine gute Beschreibung entwickelter Software

Für die in einer Doktorarbeit entwickelte Software gilt im Wesentlichen das Gleiche wie für den restlichen Inhalt: Der Autor ist derjenige, der sich am tiefsten mit der Materie befasst hat, und es ist seine Verantwortung, seine Erkenntnisse so darzustellen, dass ein Leser Antworten auf seine Fragen findet. Entsprechend ist es sinnvoll und angeraten, die entwickelte Software in ausreichendem Detail in der Arbeit selbst zu beschreiben, und zwar inklusive eines Ausblicks, was man wie besser machen könnte bzw. ändern sollte.

zierte Mitarbeiter noch solche mit hinreichend langer Perspektive an einem Ort gibt, um diese langfristige Codepflege zu gewährleisten.[4]

Fehlendes Wissen Entwicklung komplexerer Software ist nicht trivial. Auf der anderen Seite ist (fast) jede Datenauswertung im naturwissenschaftlichen Kontext komplex. Entsprechend stehen Naturwissenschaftler vor dem Dilemma, komplexe Software entwickeln zu müssen, die den hohen Ansprüchen der Wissenschaftlichkeit (vgl. ▶ Kap. 1) genügen soll, ohne sich jemals das notwendige Wissen dazu in systematischer Weise angeeignet zu haben.

22.5.3 Eine mögliche Lösung: Adaption der agilen Softwareentwicklung

Zumindest in mancher Hinsicht ist die agile Softwareentwicklung auch auf die Situation in der akademischen Welt anwendbar. Ihr Kern ist ein möglichst unbürokratischer Entwicklungsprozess ohne viele Regeln und eine iterative Vorgehensweise. Der Fokus liegt darauf, die reine Entwurfsphase zu minimieren und schnell zu ausführbarer Software zu gelangen, die sich dann in der Praxis bewähren kann. Es kann und soll hier nicht darum gehen, agile Softwareentwicklung detaillierter zu diskutieren. Der Interessierte sei dafür auf die Literatur verwiesen, u. a. [18, 19] und [15]. Entscheidend ist hier nur, dass agile Softwareentwicklung gerade keine Ausrede für mangelndes Design und schlechte Architektur ist. Eine solide Kenntnis von und Vertrautheit mit Programmierkonzepten ist zwingende Voraussetzung für ihren erfolgreichen Einsatz.

? Verständnisfragen

- Welche Ziele verfolgt Softwarearchitektur, wie die gesamte Softwareentwicklung?
- Warum ist gute Softwarearchitektur auch (und gerade) im naturwissenschaftlichen Kontext wichtig?
- Welches Grundprinzip ermöglicht in seinen verschiedenen Ausprägungen flexible, wiederverwendbare und wartbare Software?

4 Erschreckend ist, dass Ähnliches auch für die Kernkompetenz der meisten Arbeitskreise gilt: Es fehlt meist an Perspektiven zum Wissenstransfer und Erhalt bezüglich der eingesetzten Methoden und Abläufe sowie ggf. der Bedienung von Geräten und der korrekten Analyse von Daten gänzlich unabhängig von evtl. dafür notwendigen Programmen.

- Nennen Sie Vorteile einer Unterteilung des Gesamtprogramms in (möglichst unabhängige) Schichten.
- Welche gängigen Symptome deuten auf eine nicht ausreichende Qualität der Softwarearchitektur hin?
- Was ist der Kerngedanke des Domain-Driven Design?
- Welche Fähigkeiten benötigen Sie, um ein gutes (tragfähiges) Modell für eine Anwendung zu entwickeln?
- Wie ließe sich der Gedanke des Domain-Driven Design auf die wissenschaftliche Datenauswertung anwenden? Wie könnte ein Modell grob aussehen? Welche Komponenten erwarten Sie und welche Grundvoraussetzungen muss das Modell erfüllen?

Kommentiertes Literaturverzeichnis

Eine gute Einführung in die grundlegende Architektur von Unternehmensanwendungen (*enterprise applications*) und vor allem die diversen Entscheidungen, die anstehen, liefert der erste Teil (Kapitel 1–8) von *Patterns of Enterprise Application Architecture* [4]. Der Rest des Buches ist eine Beschreibung der zugehörigen Muster. Fowler hat einen deutlich nüchterneren Schreibstil als Robert C. Martin (alias „Uncle Bob"), verweist dafür aber deutlich mehr auf die Literatur. Recht neu und eine Zusammenfassung von vorher in diversen anderen Büchern und Blog-Einträgen verstreuten Informationen ist *Clean Architecture* [19]. Ähnlich schon wie sein Buch *Clean Code* [5] gibt Robert C. Martin hier viele allgemeine Hinweise, wie man gute Software schreibt. Einige Inhalte sind aber auch nur mit minimalen Änderungen aus vorangegangenen Büchern von ihm, u. a. [15, 19], übernommen. Der Schwerpunkt der Softwareentwicklung liegt auf der Lösung eines konkreten, komplexen Problems. Entsprechend sollte ein gutes Modell des Problemraums den Kern der entwickelten Software bilden. Das ist die Kernaussage des Buches *Domain-Driven Design* von Eric Evans [2]. Die Betonung auf der Bedeutung der Modell-Schicht in einer geschichteten Architektur und ihrer Unabhängigkeit von allen anderen Schichten hat er mit anderen Autoren, allen voran Robert C. Martin [5], gemeinsam. Allerdings liefert er als einer der wenigen sehr detaillierte Hinweise, wie sich ein solches Modell des Problemraums entwickeln lässt und worauf man dabei unbedingt achten sollte.

Ein Klassiker, der die Entwicklung objektorientierter Software beschreibt, allerdings (leider) nur noch antiquarisch erhältlich ist, ist Bertrand Meyers *Object-Oriented Software Construction* [20]. Das Buch beschreibt dabei alle Ebenen der Softwareentwicklung von den Details des Entwurfs einzelner Klassen bis hin zum abstrakten Zusammenspiel von Komponenten. Die Organisation einer Anwendung in Schichten geht auf Grady Booch [21] zurück. Martin Fowler thematisiert sie ebenfalls ausführlich in [4]. Die Idee hierarchischer Schichten mit der damit verbundenen Abstraktion und separaten Testbarkeit ist allerdings wesentlich älter, wie ein sehr lesenswerter kurzer Artikel von Edsger Dijkstra zeigt [22]. Eine vergleichsweise umfangreiche Einführung in objektorientierte Analyse und Entwurf ist *Applying UML and Patterns* von Craig Larman [23]. Hier werden an zwei konkreten Beispielen sehr viele Details des gesamten Prozesses durchgegangen. Eine gute Zusammenfassung der wesentlichen Kriterien für den Entwurf objektorientierter Software liefern die einführenden Kapitel im Buch der „Viererbande" [7], wenngleich in sehr kondensierter Form. Weitere gute Hinweise zu Softwarearchitektur finden sich auch in Kapitel 3.5 in *Code Complete* [24], Kapitel 5 im *Pragmatic Programmer* [11, 12] und Kapitel 7–12 in *Agile Software Development* [15].

Literatur

1. E.W. Dijkstra, Communications of the ACM **15**, 859 (1972)
2. E. Evans, *Domain-Driven Design* (Addison Wesley, Boston, 2004)
3. F.P. Brooks, *The Mythical Man Month*, Jubiläumsausgabe mit 4 neuen Kapiteln (Addison Wesley Longman, Boston, 1995)
4. M. Fowler, *Patterns of Enterprise Application Architecture* (Addison Wesley, Boston, 2003)
5. R.C. Martin, *Clean Architecture. A Craftman's Guide to Software Structure and Design* (Prentice Hall, Boston, 2018)
6. M.E. Conway, Datamation **14**(4), 28 (1968)
7. E. Gamma, R. Helm, R. Johnson, J. Vlissides, *Design Patterns. Elements of Reusable Object-Oriented Software* (Addison-Wesley, Boston, 1995)
8. T. DeMarco, *Structured Analysis and System Specification* (Prentice-Hall, Englewood Cliffs, NJ, 1979)
9. M. Page-Jones, *Practical Guide to Structured Systems Design*, 2. Aufl. (Prentice-Hall, Englewood Cliffs, NJ, 1988)
10. E.W. Dijkstra, *Selected Writings on Computing: A Personal Perspective* (Springer-Verlag, New York, 1982)
11. A. Hunt, D. Thomas, *The Pragmatic Programmer* (Addison-Wesley, Boston, 1999)
12. D. Thomas, A. Hunt, *The Pragmatic Programmer*, 20. Aufl. (Addison-Wesley, Boston, 2020)
13. K.J. Lieberherr, I.M. Holland, IEEE Software **6**, 38 (1989)
14. S. Freeman, N. Pryce, *Growing Object-Oriented Software, Guided by Tests* (Addison Wesley, Upper Saddle River, New Jersey, 2010)
15. R.C. Martin, *Agile Software Development. Principles, Patterns, and Practices* (Prentice Hall, Upper Saddle River, New Jersey, 2003)
16. M. Fowler, *Refactoring. Improving the Design of Existing Code* (Addison-Wesley Longman, Boston, 1999)
17. A. Scopatz, K.D. Huff, *Effective Computation in Physics* (O'Reilly, Sebastopol, 2015)
18. K. Beck, C. Andres, *Extreme Programming Explained. Embrace Change*, 2. Aufl. (Addison-Wesley, Boston, 2004)
19. R.C. Martin, *Clean Code. A Handbook of Agile Software Craftmanship* (Prentice Hall, Upper Saddle River, New Jersey, 2008)
20. B. Meyer, *Object-Oriented Software Construction* (Prentice Hall PTR, Upper Saddle River, New Jersey, 1997)
21. G. Booch, *Object Solutions. Managing the Object-Oriented Project* (Addison-Wesley, Menlo Park, CA, 1996)
22. E.W. Dijkstra, Communications of the ACM **11**, 341 (1968)
23. C. Larman, *Applying UML and Patterns* (Prentice Hall, Upper Saddle River, New Jersey, 2005)
24. S. McConnell, *Code Complete*, 2. Aufl. (Microsoft Press, Redmond, Washington, 2004)

Das Single-Responsibility-Prinzip

Inhaltsverzeichnis

T. Biskup, *Softwareentwicklung für die Naturwissenschaften*,
https://doi.org/10.1007/978-3-662-71607-6_23

Kernaspekte

- Ein Modul sollte nur Verantwortung gegenüber genau einem Akteur haben.
- Jede Verantwortlichkeit ist eine (potentielle) Quelle für Veränderungen.
- Verantwortlichkeiten richtig zu trennen, ist ein zentraler Aspekt jeglicher Software- und Systemarchitektur.
- Trennung der Verantwortlichkeiten ist nur dann wichtig, wenn unabhängige Änderungen real auftreten.
- Eines der einfachsten Prinzipien für Softwarearchitektur – und eines der am schwersten korrekt umzusetzenden.

23.1 Das Prinzip

Das Single-Responsibility-Prinzip (SRP) lässt sich, wie alle fünf SOLID-Prinzipien, in einem Satz zusammenfassen. Das bedeutet deshalb noch lange nicht, dass es ein einfach umzusetzendes oder zu verstehendes Prinzip ist. Es stammt in seiner Formulierung von Robert C. Martin und wurde von ihm über die Jahre umformuliert (vgl. seine Formulierungen in [1] und [2]). Darüber hinaus ist es eng mit dem „Gesetz von Conway" verwandt. Zentral ist für beide der Begriff der „Verantwortlichkeit", der deshalb kurz näher betrachtet werden soll.

23.1.1 Ein Modul sollte nur eine Verantwortlichkeit haben

Da das Prinzip in seiner ursprünglichen Formulierung oft falsch verstanden und mit der Unix-Philosophie[1] verwechselt wurde, hat Robert C. Martin es zwischenzeitlich geringfügig umformuliert:

» „A module should be responsible to one, and only one, actor." (Robert C. Martin, [2, S. 62])

Vormals lautete die Formulierung: „A class should have only one reason to change", nachzulesen u. a. in [1, 3]. In beiden Varianten zusammengenommen klingen die zentralen und miteinander eng verbundenen Aspekte des Prinzips an: **Verantwortlichkeit** und **Grund für Veränderung**. Historisch kommt das Prinzip aus dem Kontext der Kohäsion, einem Begriff, der gerade in der älteren Literatur, u. a. [4], immer wieder auftaucht. Martin selbst nennt als Quellen die Bücher von DeMarco [5] und Page-Jones [6].

Definition 23.1: Kohäsion
Funktionale Zusammengehörigkeit der Elemente eines Moduls.

Allerdings hat das SRP einen leicht anderen Blickwinkel: Welche Kräfte bringen ein Modul (bzw. eine Klasse, allgemein eine Softwareeinheit) dazu, sich zu verändern? Diese Kräfte haben ihren Ursprung in der Verantwortlichkeit des jeweiligen Moduls gegenüber je einem Akteur.

1 Die Unix-Philosophie: Ein Modul sollte genau *eine* Sache tun.

23.1.2 Hintergrund: Conways Gesetz

In einem kurzen Artikel aus dem Jahr 1968 beschreibt Melvin E. Conway, wie sich die Struktur eines Teams bzw. einer Organisation auf den Entwurf und damit die Struktur des Systems, das diese Organisation entwirft, auswirkt. Sicherlich hat er dabei den großen, industriellen Maßstab im Blick, aber seine Gedanken lassen sich letztlich auf alle Fälle anwenden, in denen die Umsetzung des Entwurfs auf mehrere unabhängige Teams verteilt wird. Die Aussage, die als „Conways Gesetz“ bekannt wurde, findet sich ganz am Ende des Artikels:

> „Organizations which design systems [...] are constrained to produce designs which are copies of the communication structures of these organizations.“ (Melvin E. Conway, [7])

Aber schon gleich zu Anfang betont er, dass es eine ganze Reihe alternativer Entwürfe gebe, für die keine korrespondierenden Kommunikationskanäle im Entwurfsteam existierten, weshalb sie nie das Licht der Welt erblicken könnten. Sein Kerngedanke ist also, dass die vorhandenen Kommunikationsstrukturen einer Organisation (gleich welcher Größe) gleichzeitig die Einheiten und Schnittstellen im Entwurf eines größeren Systems darstellen.

Jede Organisation einer gewissen Größe[2] besteht aus unterschiedlichen Einheiten. Arbeitsteilung ist die Voraussetzung für Effizienz und so gesehen der Schlüssel für die Industrialisierung bzw. jegliche Form von Wohlstand.[3] Jede dieser Einheiten hat wiederum ihre eigenen Verantwortlichkeiten. Eine entscheidende Voraussetzung, um erfolgreich Verantwortung übernehmen zu können, ist die Abgrenzung (und ggf. Verteidigung) des eigenen Verantwortungsbereiches. Rückbezogen auf ein Softwaresystem ist jede Verantwortlichkeit gegenüber einer Einheit einer Organisation aber auch eine Quelle für Änderungswünsche. Veränderungen in den Anforderungen realisieren zu können, ist die Daseinsberechtigung für Software. Entsprechend ist „Grund für Veränderung“ ein gutes, da vorstellbares und greifbares Maß für die Entscheidung, welche Funktionalitäten in einem Softwaremodul zusammengefasst werden sollen.

23.1.3 Was ist eine Verantwortlichkeit?

Im Kontext des SRP ist Verantwortlichkeit ein Grund für Veränderung: Wenn man sich mehr als einen Grund vorstellen kann, dann hat das Modul mehr als eine Verantwortlichkeit. Das Ziel aller Softwarearchitektur ist die Modularität: Änderungen der Anforderungen sollten so einfach wie möglich umsetzbar sein, entsprechend möglichst nur Änderungen an genau einer Stelle in einem sehr lokalen Kontext erfordern. Eine Voraussetzung, um das zu erreichen, ist die Kapselung von Veränderungen. Dazu kommt, dass Veränderungen sich gegenseitig stören können. Für Programmierer wohlvertraute Beispiele sind unabhängige, zeitgleiche Änderungen in der gleichen Datei durch mehrere Entwickler, die anschließend zusammengeführt werden müssen (*merge*). Auch wenn

2 Streng genommen gilt das schon, sobald nicht mehr eine Einzelperson für alles verantwortlich ist, denn dann bedarf es der Kommunikation und des Abgleichs, entsprechend gibt es eine natürliche Grenze und Schnittstelle zwischen zwei „Komponenten“.

3 Schon die alten Griechen und später die Römer konnten sich gewisse Aspekte ihrer Staatsform und ihres Lebenswandels nur deshalb leisten, weil für sie der Aspekt der Daseinsfürsorge auf die Schultern anderer Menschen ausgelagert war.

mittlerweile die Versionsverwaltungssysteme deutlich besser geworden sind und diesen Vorgang weitgehend unterstützen, ist jede Zusammenführung von Änderungen immer mit einem Risiko verbunden, das nach Möglichkeit vermieden werden sollte. Bei kompilierten Sprachen kommt oft noch ein weiterer Grund dazu, warum Veränderungen gekapselt werden sollten: Weniger Module müssen neu kompiliert werden, was die Auswirkungen einer Änderung deutlich einschränkt.

Ein Problem mit Verantwortlichkeiten in Software, das oft zu einer Verletzung des SRP führt: Wir sind gewohnt, Verantwortlichkeiten zu bündeln. Letztlich laufen in der Software alle Verantwortlichkeiten für das Gesamtsystem zusammen. Das führt oft zu Modulen mit (zu) vielen Verantwortlichkeiten. Das ist sicherlich ein wichtiger Grund, warum Robert C. Martin das SRP als eines der einfachsten Prinzipien für Softwarearchitektur bezeichnet – und gleichzeitig als eines der am schwersten korrekt umzusetzenden.

23.2 Die Symptome

In ▶ Kap. 22 wurden sieben *architectural smells* vorgestellt, die Robert C. Martin in [1, S. 85] in Anlehnung an die *code smells* von Martin Fowler [8] als Kriterien für Refactoring aufgestellt hat. Die beiden Symptome bzw. *architectural smells*, die eine Verwendung des SRP nahelegen, sind **Starrheit**[4] (*inflexibility*) und **Zerbrechlichkeit**[5] (*rigidity*). Was sind mögliche Ursachen dieser beiden Symptome? Eine Möglichkeit ist die zu starke Kopplung von Verantwortlichkeiten und damit einer fehlenden Kohäsion der Funktionalitäten eines Moduls. Veränderungen bzgl. einer Verantwortlichkeit können massiven Einfluss auf die anderen Verantwortlichkeiten (Funktionalitäten) eines Moduls haben. Entsprechend zieht jede Änderung eine ganze Reihe anderer Änderungen nach sich (Starrheit). Das reicht im Extremfalls bis hin zur Unmöglichkeit, allen Verantwortlichkeiten gerecht zu werden. Die Konsequenz: Zerbrechlichkeit – die Änderungen führen zu unerwarteten Fehlern in funktional unabhängigen Bereichen, wenn eine Änderung am Code vorgenommen wird.

23.3 Beispiele

Das am häufigsten aufgeführte Beispiel für das SRP stammt aus der Entwicklung von Software-Anwendungen für Unternehmen (*enterprise applications*): die Gehaltsabrechnung (vgl. u. a. [1, 3] und ◘ Abb. 23.1). Gegenüber vorigen Erwähnungen hat Robert C. Martin in seinem Buch zur Softwarearchitektur [2] das Beispiel deutlich anschaulicher dargestellt. Die hier wiedergegebenen Beispiele und Abbildungen folgen dieser Vorlage.

Das Beispiel der Anwendung für eine Gehaltsabrechnung eines Angestellten aus dem Unternehmenskontext lässt sich problemlos auf die Datenauswertung in den Naturwissenschaften übertragen (vgl. ◘ Abb. 23.2). Statt des Angestellten steht hier der Datensatz im Zentrum, die Verantwortlichkeiten sind entsprechend das Einlesen, Verarbeiten und Präsentieren der Daten. Natürlich ist die Zuweisung der Rollen zu den drei Verantwortlichkeiten etwas plakativ, entspricht aber durchaus der eigenen Erfahrung. In diesem

4 Jede Änderung zieht viele Änderungen in anderen Teilen des Programms nach sich.

5 Änderungen führen zu Fehlern in Bereichen, die konzeptionell getrennt von den Änderungen sind.

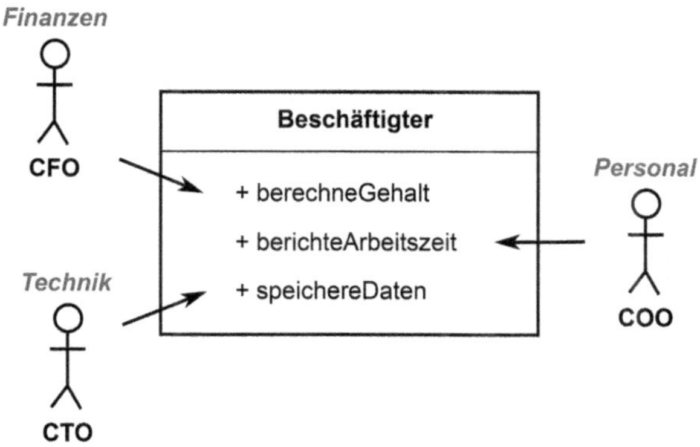

Abb. 23.1 Unterschiedliche Verantwortlichkeiten führen zu unterschiedlichen möglichen Gründen für Veränderungen: die Gehaltsabrechnung. Das Beispiel der Gehaltsabrechnung des Beschäftigten ist der „Klassiker" in der Literatur, vgl. dazu auch [2, S. 63]. Letztlich lässt sich das aber auch relativ analog auf ein (hoffentlich) praxisnäheres Beispiel aus der naturwissenschaftlichen Datenauswertung übertragen (vgl. Abb. 23.2). Entscheidend ist hier, die einzelnen Gründe für Veränderung zu identifizieren und den zugehörigen Code zu separieren

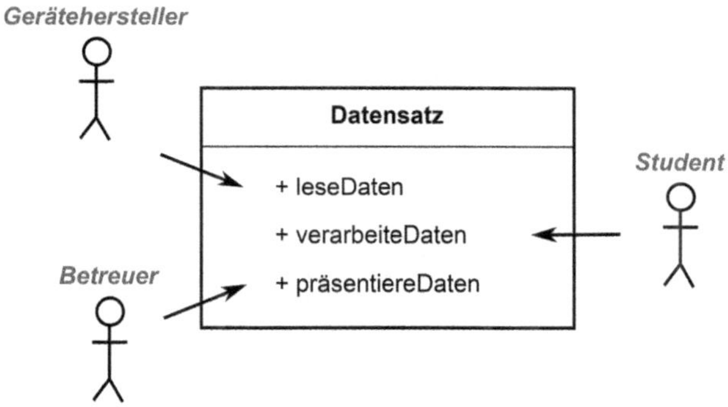

Abb. 23.2 Unterschiedliche Verantwortlichkeiten führen zu unterschiedlichen möglichen Gründen für Veränderungen: der Datensatz. Die Verantwortlichkeiten sind komplett analog zum klassischen Beispiel der Gehaltsabrechnung des Beschäftigten (Abb. 23.1). Entscheidend ist in beiden Fällen, die einzelnen Gründe für Veränderung zu identifizieren und den zugehörigen Code zu separieren

Kontext ist der Student meist auch derjenige, der die Software entwickelt. Das ändert aber nichts daran, dass die Verantwortlichkeiten sauber voneinander getrennt werden sollten.

In beiden Fällen, der Anwendung für die Gehaltsabrechnung eines Angestellten und jener für die Verarbeitung von Daten in den Naturwissenschaften, sind im hier vorgestellten einfachen Szenario drei unterschiedliche Verantwortlichkeiten gegenüber jeweils voneinander getrennten Akteuren identifizierbar, die entsprechend voneinander unabhängige Gründe für mögliche Veränderungen der Software darstellen. Entsprechend des SRP sollten diese drei Verantwortlichkeiten in drei voneinander unabhängige Klassen (oder Module, Komponenten) aufgeteilt werden. Nachfolgend werden drei Lösungsmöglichkeiten vorgestellt und jeweils ihre Vor- und Nachteile diskutiert.

Der erste, vielleicht ein wenig naive Ansatz ist der, **für jede Verantwortlichkeit eine eigene Klasse** zu erstellen, die entsprechend benannt ist (Abb. 23.3). Die Verantwortlichkeiten werden vollständig voneinander getrennt, jede Klasse hat nur noch eine

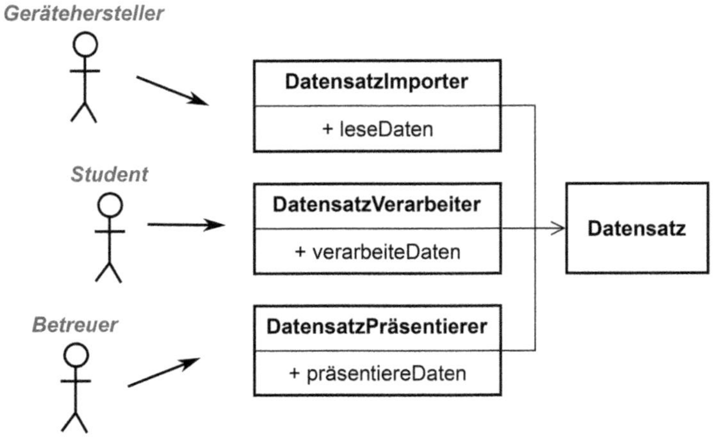

▪ **Abb. 23.3 Drei Lösungsmöglichkeiten (1): vollständige Separation in Klassen.** Die Verantwortlichkeiten werden vollständig voneinander getrennt, jede Klasse hat nur noch eine Verantwortlichkeit einem Akteur gegenüber. Die Klasse „Datensatz" ist entsprechend eine reine Datenstruktur ohne eigene Logik. Dieser Ansatz kann, gerade bei vielen Verantwortlichkeiten, mitunter unübersichtlich werden. Alternativen sind in ▪ Abb. 23.4 und 23.5 gezeigt

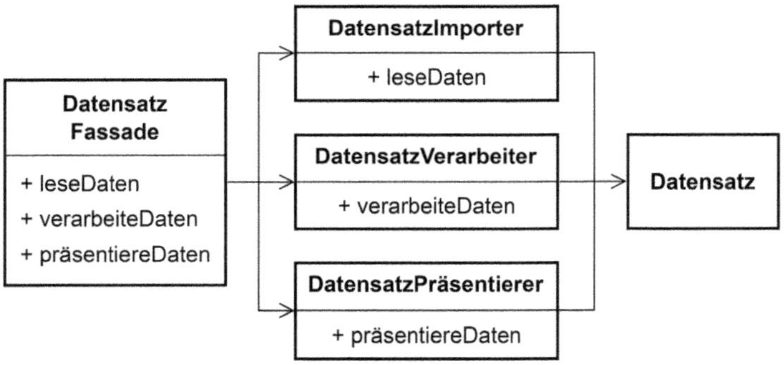

▪ **Abb. 23.4 Drei Lösungsmöglichkeiten (2): Fassade zur einfacheren Nutzung.** Die Nutzung einer Fassade (eines der „klassischen" Entwurfsmuster, vgl. ► Kap. 17) stellt die Lösung für das Problem zu vieler getrennter Klassen dar – unter Aufrechterhaltung der Trennung nach Verantwortlichkeiten. Jede Klasse, die real Aufgaben erfüllt, hat nur eine Verantwortlichkeit gegenüber genau einem Akteur. Die Fassaden-Klasse delegiert die Aufgaben lediglich. Da die Zahl der Verantwortlichkeiten meist über die Zeit konstant ist, entsteht aus der Quellcodeabhängigkeit zu den aufgerufenen Klassen kein Problem. Eine Alternative, quasi die Mischung aus diesem und dem erstgenannten Ansatz (vgl. ▪ Abb. 23.3) wird in ▪ Abb. 23.5 gezeigt

Verantwortlichkeit einem Akteur gegenüber. Die Klasse „Datensatz" ist entsprechend eine reine Datenstruktur ohne eigene Logik. Dieser Ansatz kann, gerade bei vielen Verantwortlichkeiten, mitunter unübersichtlich werden.

Die **Nutzung einer Fassade** (eines der „klassischen" Entwurfsmuster, vgl. ► Kap. 17) stellt die Lösung für das Problem zu vieler getrennter Klassen dar – unter Aufrechterhaltung der Trennung nach Verantwortlichkeiten (▪ Abb. 23.4). Jede Klasse, die real Aufgaben erfüllt, hat nur eine Verantwortlichkeit gegenüber genau einem Akteur. Die Fassaden-Klasse delegiert die Aufgaben lediglich. Da die Zahl der Verantwortlichkeiten meist über die Zeit konstant ist, entsteht aus der Quellcodeabhängigkeit zu den aufge-

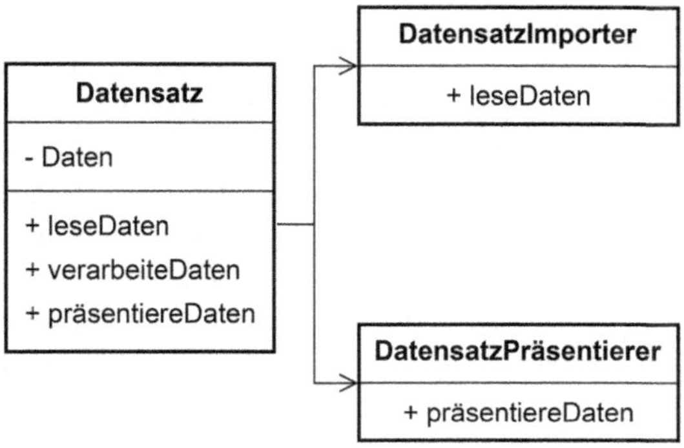

Abb. 23.5 **Drei Lösungsmöglichkeiten (3): Auslagerung von Teilaspekten.** Im Gegensatz zur Fassaden-Klasse in Abb. 23.4, die keine eigene Geschäftslogik enthält, bilden im hier vorgestellten Fall Daten und wichtigste Geschäftslogik eine Einheit. Solange die Geschäftslogik nur gegenüber einem Akteur verantwortlich ist, folgt diese Lösung dem SRP. Die weiteren Verantwortlichkeiten sind ausgelagert, für sie fungiert die Datensatz-Klasse nach wie vor als Fassade

rufenen Klassen kein Problem. Zudem zeigen alle Verantwortlichkeiten nach innen (vgl. ► Kap. 27 und Abb. 27.4).

Eine **dritte Variante**, quasi die Mischung aus den beiden zuvor vorgestellten Ansätzen wird in Abb. 23.5 gezeigt. Im Gegensatz zur Fassaden-Klasse in Abb. 23.4, die keine eigene Geschäftslogik enthält, bilden im hier vorgestellten Fall Daten und wichtigste Geschäftslogik eine Einheit. Solange die Geschäftslogik nur gegenüber einem Akteur verantwortlich ist, folgt diese Lösung dem SRP. Die weiteren Verantwortlichkeiten sind ausgelagert, für sie fungiert die Datensatz-Klasse nach wie vor als Fassade. Welche der drei hier vorgestellen Möglichkeiten, das SRP umzusetzen, jeweils verwendet wird, hängt einerseits von der konkreten Situation, andererseits aber auch von persönlichen Vorlieben und der Erfahrung (und entwickelten Kompetenz) ab.

23.4 Bedeutung und Konsequenzen

Jedes der fünf SOLID-Prinzipien ist auf seine Art essentiell für eine gute Softwarearchitektur. Das Kriterium für eine gute Architektur ist letztlich die Überlebensfähigkeit auf lange Sicht, also insbesondere die Erweiterbar- und Anpassbarkeit. Ursprünglich für den Entwurf von Klassen im Kontext der OOP entwickelt, haben alle fünf SOLID-Prinzipien darüber hinaus auch eine Bedeutung auf höheren (abstrakteren) Ebenen der Softwarearchitektur, bis hin zur Architektur des Gesamtsystems.

23.4.1 Bedeutung im Gesamtkontext der Softwarearchitektur

Da das SRP (im Gegensatz zu manch anderen der SOLID-Prinzipien) konzeptionell einfach verständlich ist, ist es eines der einfachsten Prinzipien – und gleichzeitig eines der am schwierigsten richtig anzuwendenden. Sein korrekter Einsatz erfordert viel Erfahrung und Überblick. Wie schon bei den Entwurfsmustern (► Kap. 17) betont, ist ein „zu viel“ genauso schlecht wie ein zu sparsamer Einsatz. Zu sparsam eingesetzt, führt es zu unerwünschten Kopplungen und Abhängigkeiten. Umgekehrt kann vorauseilender Gehorsam zu unnötig komplexem Code führen. Nicht vergessen werden sollte, dass eine Trennung von Verantwortlichkeiten in der Regel mit einer Erhöhung der Anzahl von Klassen einhergeht. Zuweilen lassen sich Kopplungen zwischen Klassen (bzw. Einheiten) nicht ganz vermeiden. In diesen Fällen ist es wichtig, dass alle Abhängigkeiten nur in eine Richtung (weg von dieser Klasse) zeigen. Diesem Prinzip werden wir später noch wieder begegnen (vgl. ► Kap. 27). Verantwortlichkeiten korrekt voneinander zu trennen, ist letztlich ein zentraler Aspekt jeglicher Softwarearchitektur. Vergleiche dazu die von Dijkstra betonte Trennung der Zuständigkeiten (*separation of concerns*) [9, S. 60–66]. Entsprechend wird uns das dem SRP zugrunde liegende Konzept auch bei den anderen SOLID-Prinzipien immer wieder begegnen.

23.4.2 Verallgemeinerungen

Eine der Stärken von Robert C. Martins Buch *Clean Architecture* [2] besteht darin, dass er die von ihm in dieser Form eingeführten SOLID-Prinzipien weiter abstrahiert und auf die Ebene der Architektur des Gesamtsystems anwendet.[6] Die Verallgemeinerung des SRP auf die Ebene von Komponenten ist das **Common-Closure-Prinzip (CCP)**:

> » „Gather into components those classes that change for the same reason and at the same times. Separate into different components those classes that change at different times and for different reasons.“ (Robert C. Martin, [2, S. 105])

Allerdings ist seine Anwendbarkeit nicht auf die Ebene der Komponenten (als Zusammenspiel zusammengehörender Klassen) beschränkt. Eine Verallgemeinerung der beiden Prinzipien lautet wie folgt:

> » „Gather together those things that change at the same times and for the same reasons. Separate those things that change at different times or for different reasons.“ (Robert C. Martin, [2, S. 107])

Auf der Ebene der Architektur des Gesamtsystems wird das Prinzip zur „Achse der Veränderung“ (*axis of change*), die für (harte) Grenzen zwischen einzelnen Schichten der Architektur (vgl. ► Kap. 22) verantwortlich ist.

23.4.3 Grenzen des Einsatzes

Das SRP kann zu wenig (Regelfall), aber auch über ein vernünftiges Maß hinaus angewandt werden. Eine sehr griffig formulierte allgemeine Regel, die auf den Begriff der **Achse der Veränderung** zurückgreift, lautet:

> » „An axis of change is an axis of change only if the changes actually occur.“ (Robert C. Martin, [1, S. 97])

Entsprechend sollte das SRP nur dann angewandt werden, wenn die Verantwortlichkeiten sich tatsächlich unabhängig voneinander ändern. Das hängt natürlich immer vom gegebenen Kontext ab und erfordert den nötigen Weitblick sowie die Kenntnis von und

---

6 Ob sich diese von ihm ebenfalls benannten Prinzipien in der Fachliteratur etablieren werden, ist noch nicht abzusehen, sie sollen hier aber trotzdem, schon gar inhaltlich, erwähnt werden.

Vertrautheit mit dem gegebenen Kontext (und eine Menge an Erfahrung mit der Entwicklung komplexer Softwaresysteme). Wie für alle Prinzipien gilt auch hier: Ein Prinzip sollte immer nur dann angewandt werden, wenn das zugehörige Symptom (vgl. ▶ Kap. 22 und ▶ Abschn. 23.2, im gegebenen Kontext hauptsächlich: Zerbrechlichkeit und Starrheit) auftritt. Die Konsequenz ist andernfalls oft unnötig komplexer Code.

Verständnisfragen

- Was ist die Kernaussage des Single-Responsibility-Prinzips? Worin unterscheidet es sich z. B. von der Unix-Philosophie?
- Definieren Sie den Begriff „Verantwortlichkeit“ im Kontext des Single-Responsibility-Prinzips.
- Wie lautet die Verallgemeinerung des Single-Responsibility-Prinzips auf der Ebene der Komponenten bzw. darüber hinaus?
- Welches der Entwurfsmuster der „Gang of Four“ spielt eine wesentliche Rolle bei einer möglichen Umsetzung des Single-Responsibility-Prinzips?
- Wie könnte allgemeine Regel für den Einsatz des (bzw. Verzicht auf das) SRP lauten?

Kommentiertes Literaturverzeichnis

Das SRP wurde in dieser Form von Robert C. Martin formuliert, entsprechend findet es sich in seinen Büchern, vgl. dazu Kapitel 8 in [1]. Eine leicht umformulierte und mit (in meinen Augen) deutlich zugänglicheren Beispielen versehene Fassung findet sich in Kapitel 7 in [2]. Historisch kommt das Prinzip aus dem Kontext der Kohäsion, einem Begriff, der gerade in der älteren Literatur, u. a. [4], immer wieder auftaucht. Martin selbst nennt als Quellen die Bücher von DeMarco [5] und Page-Jones [6]. Der Artikel, in dem „Conways Gesetz“ formuliert wurde, stammt aus dem Jahr 1968 [7].

Literatur

1. R.C. Martin, *Agile Software Development. Principles, Patterns, and Practices* (Prentice Hall, Upper Saddle River, New Jersey, 2003)
2. R.C. Martin, *Clean Architecture. A Craftman's Guide to Software Structure and Design* (Prentice Hall, Boston, 2018)
3. R.C. Martin, *Clean Code. A Handbook of Agile Software Craftmanship* (Prentice Hall, Upper Saddle River, New Jersey, 2008)
4. A. Hunt, D. Thomas, *The Pragmatic Programmer* (Addison-Wesley, Boston, 1999)
5. T. DeMarco, *Structured Analysis and System Specification* (Prentice-Hall, Englewood Cliffs, NJ, 1979)
6. M. Page-Jones, *Practical Guide to Structured Systems Design*, 2. Aufl. (Prentice-Hall, Englewood Cliffs, NJ, 1988)
7. M.E. Conway, Datamation **14**(4), 28 (1968)
8. M. Fowler, *Refactoring. Improving the Design of Existing Code* (Addison-Wesley Longman, Boston, 1999)
9. E.W. Dijkstra, *Selected Writings on Computing: A Personal Perspective* (Springer-Verlag, New York, 1982)

Das Open-Closed-Prinzip

Inhaltsverzeichnis

T. Biskup, *Softwareentwicklung für die Naturwissenschaften*,
https://doi.org/10.1007/978-3-662-71607-6_24

Kernaspekte

- Softwareeinheiten sollten offen für Erweiterungen, aber verschlossen gegenüber Veränderungen sein.
- Der Schlüssel des Prinzips sind zwei Kernaspekte der OOP: Vererbung und Polymorphie (zusammen mit Abstraktion).
- Implementiert werden sollte immer nur gegen (abstrakte) Schnittstellen.
- Verschlossenheit gegenüber Veränderung ist nie vollständig.
- Kern des objektorientierten Entwurfs: Führt zu Flexibilität, Wiederverwendbarkeit, Wartbarkeit.

Das Open-Closed-Prinzip (OCP) wurde bereits relativ früh formuliert und benannt (von Bertrand Meyer, [1], Erstauflage 1988) und ist ein, wenn nicht sogar *der* zentrale Aspekt des Entwurfs objektorientierter Systeme. Gleichzeitig liegt darin aber auch ein zentrales Versprechen des Paradigmas der objektorientierten Programmierung: Modularität und in der Folge Flexibilität, Wiederverwendbarkeit und Wartbarkeit der darauf gründenden Systeme. Das OCP beruht auf zwei zentralen Aspekten der objektorientierten Programmierung: Vererbung und Polymorphie (in Verbindung mit Abstraktion). Es findet sich in vielen klassischen Entwurfsmustern (vgl. ▶ Kap. 17) wieder bzw. liegt diesen zugrunde. Darüber hinaus ist es eng mit den anderen vier SOLID-Prinzipien verbunden.

24.1 Das Prinzip

Da das OCP erstmals von Bertrand Meyer in seinem klassischen Buch *Object-Oriented Software Construction* [1] formuliert wurde und auch Robert C. Martin in seinen Büchern auf ihn verweist, sei es hier aus dem Original zitiert:

> „Modules should be both open and closed." (Bertrand Meyer, [1, S. 57])

Was zunächst wie ein Widerspruch klingt, wird verständlicher, wenn man sich die Erläuterungen Meyers dazu durchliest. Entsprechend zusammengefasst von Robert C. Martin lautet es in zugänglicherer Formulierung:

> „A software artifact should be open for extension, but closed for modification." (Robert C. Martin, [2, S. 70])

Normalerweise bedeutet Erweiterung auch Änderung, was den vermeintlichen Widerspruch des Prinzips noch nicht auflöst. Die Idee ist, dass Erweiterung ohne Modifikation der stabilen und veröffentlichten Schnittstellen eines Moduls möglich sein sollte. Das ist mit nicht objektorientierten Techniken nicht (bzw. nur sehr schwer[1]) realisierbar. Die Lösung dieses Widerspruchs liegt in der Verwendung zweier für das Paradigma der Objektorientierung zentralen Konzepte: Vererbung und Polymorphie in Verbindung mit Abstraktion. Eine konkrete Klasse hängt nur von abstrakten Klassen ab. Objekte dieser Klasse nutzen Objekte konkreter Klassen, die von der abstrakten Klasse erben.

1 Letztlich läuft diese Diskussion auf die Frage hinaus, inwieweit man beim Versuch, dieses Prinzip in einem nicht objektorientierten Umfeld umzusetzen, nicht gerade dabei ist, zentrale Aspekte der Objektorientierung selbst nachzuimplementieren. Das entspricht zumindest der Erfahrung des Autors.

■■ Der Schlüssel: Vererbung und Polymorphie in Verbindung mit Abstraktion

Drei Aspekte werden als konstituierend für objektorientierte Programmierung angesehen: Kapselung (*encapsulation*), Vererbung (*inheritance*) und Polymorphie oder Vielgestaltigkeit (*polymorphism*), vgl. ▶ Kap. 12. Während die Kapselung beim Interface-Segregation-Prinzip (▶ Kap. 26) noch eine wichtige Rolle spielen wird, sind die anderen beiden zentral für das OCP. Deshalb soll hier noch einmal kurz wiederholt werden, worum es sich dabei handelt, um dann ihre Bedeutung im Kontext des OCP aufzuzeigen.

Definition 24.1: Vererbung (*inheritance*)

Eine Klasse kann von einer (abstrakten) Klasse abgeleitet werden und erbt deren Attribute und Methoden.

Definition 24.2: Polymorphie (*polymorphism*)

Ähnliche Objekte können auf die gleiche Botschaft (den Aufruf einer gleichnamigen Methode) in unterschiedlicher Weise reagieren („Vielgestaltigkeit").

Die Formulierung der Definitionen unterscheidet sich leicht von jener in ▶ Kap. 12, inhaltlich besteht aber kein Unterschied. Zusammengenommen führen diese beiden Konzepte zu einem weiteren, der abstrakten Klasse.

Definition 24.3: abstrakte Klasse (*abstract class*)

Klasse, die zunächst einmal nur eine Schnittstelle liefert und nur (abstrakte) Methoden ohne Implementierung enthält.

Konkrete, abgeleitete Klassen erben von einer solchen abstrakten Klasse und implementieren die zunächst abstrakten Methoden. Dabei ist die Zahl der abgeleiteten Klassen prinzipiell unbegrenzt (Polymorphie), was die beliebige *Erweiterung* der Elternklasse

Besonderheiten je nach Programmiersprache

Nicht jede Programmiersprache kennt das Konzept abstrakter Klassen. In Python beispielsweise wurden abstrakte Basisklassen erst relativ spät eingeführt und werden selten verwendet. Trotzdem lässt sich auch hier das Konzept als solches umsetzen, auch wenn das dann ggf. entsprechend mehr Disziplin seitens der Programmierer und entsprechende Benennung erfordert. In Programmiersprachen, die keine Mehrfachvererbung erlauben, gibt es das Konzept der Schnittstelle (*interface*), letztlich einer abstrakten Klasse. Eine Klasse kann mehrere solche Schnittstellen implementieren (und damit faktisch deren abstrakte Methoden erben) und muss dann entsprechend die (abstrakten) Methoden der Schnittstelle konkret mit Inhalt füllen. Umgekehrt ist Programmiersprachen, die Mehrfachvererbung erlauben, das Konzept einer solchen Schnittstelle meist unbekannt. Auch hier gilt wieder, dass sich das Konzept trotzdem problemlos umsetzen lässt, wenn auch ggf. mit erhöhten Ansprüchen an die Disziplin der Programmierer hinsichtlich Verwendung und Benennung der betreffenden Klassen.

ohne Änderung ihres Verhaltens ermöglicht. Dieser Einsatz von Vererbung wird von manchen Autoren als ihr einzig richtiger Einsatz bezeichnet.

24.2 Die Symptome

Von den sieben von Robert C. Martin aufgeführten Symptomen für schlechte Architektur [3, S. 85] (vgl. ► Kap. 22), die sich an die *code smells* von Martin Fowler [4] als Kriterien für Refactoring auf Code-Ebene anlehnen, sind gleich drei ein Hinweis darauf, dass die Anwendung des OCP weiterhelfen kann: **Starrheit**[2] (*rigidity*), **Zerbrechlichkeit**[3] (*fragility*) und **Unbeweglichkeit**[4] (*immobility*). Einmal mehr steht die Änderung der Anforderungen an Software im Mittelpunkt. Das OCP besagt, dass Klassen offen gegenüber Erweiterungen, aber verschlossen gegenüber Änderungen sein sollten. Das bedeutet, dass Änderungen der Anforderungen nicht zu Änderungen an bestehendem Code führen sollten, sondern möglichst ausschließlich zum Hinzufügen neuen Codes. Eine zu starke Kopplung zweier Module steht der Modularität entgegen (Unbeweglichkeit), außerdem führen Änderungen an einer Stelle sowohl zu Änderungen an vielen anderen Teilen des Programms (Starrheit) als auch zu unerwarteten Fehlern, weil man vergisst, Änderungen überall durchzuführen (Zerbrechlichkeit).

24.3 Beispiele

Das abstrakteste aller Beispiele ist sicherlich jenes mit Client und Server. Es hat aber den Vorteil, dass es das Grundprinzip sehr gut darstellt. Einmal verstanden, kann dieses Muster dann auf die Praxis angewandt werden. Eine naive Implementierung des Zusammenspiels einer Client- und einer Server-Klasse unter Verstoß gegen das OCP zeigt ◘ Abb. 24.1. Hier ruft die Client-Klasse direkt die Server-Klasse auf, es besteht also auf Ebene des Quellcodes eine direkte Abhängigkeit durch den Aufruf (und entsprechend die Erwähnung des Namens der Server-Klasse im Code der Client-Klasse). Soll die Server-Klasse ausgetauscht werden, zieht das zwingend eine Veränderung auch der Client-Klasse nach sich, obwohl sich an deren Funktionalität überhaupt nichts ändert. Das ist insbesondere bei kompilierten Sprachen mit unabhängig voneinander ausgelieferten Modulen bzw. getrennten Bibliotheken und in größeren Systemen schnell problematisch, da kleine Änderungen eine ganze Kaskade von (ggf. zeitaufwendigen) Neukompilierungen nach sich ziehen, ganz zu schweigen von der Schwierigkeit, alle abhängigen Bibliotheken sauber zu identifizieren und ebenfalls durch neuere Versionen zu ersetzen.

Abstrakt formuliert: Diese Form der Implementierung erzwingt eine Abhängigkeit in gleicher Richtung wie der Kontrollfluss. Während der Kontrollfluss von den generellen Abläufen im System und damit meist von außen vorgegeben ist, lassen sich die Abhängigkeiten zwischen Klassen (und Komponenten) auf der Ebene des Quellcodes durch geschickte Implementierung umkehren. Das Kernkonzept wird nachfolgend dargestellt. Diese Umkehr der Abhängigkeit bezogen auf die Richtung des Kontrollflusses begeg-

2 Jede Änderung zieht viele Änderungen in anderen Teilen des Programms nach sich.
3 Änderungen führen zu Fehlern in Bereichen, die konzeptionell getrennt von den Änderungen sind.
4 Das System lässt sich schwer in wiederverwendbare Komponenten aufteilen.

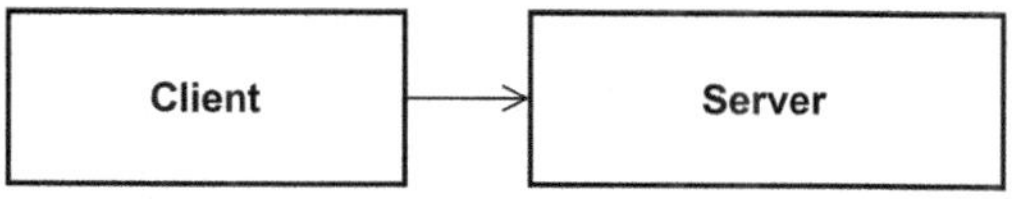

Abb. 24.1 Client und Server: eine naive Implementierung unter Verstoß gegen das Open-Closed-Prinzip. Sicherlich das abstrakteste Beispiel ist das Zusammenspiel dieser beiden Klassen, aber einerseits sehr gut geeignet, um die Essenz des OCP aufzuzeigen und andererseits sehr einfach auf ein Beispiel aus dem Kontext wissenschaftlicher Datenauswertung übertragbar (vgl. Abb. 24.3). Die Lösung des Problems gemäß OCP ist in Abb. 24.2 dargestellt. (Darstellung nach [3, S. 100], verändert)

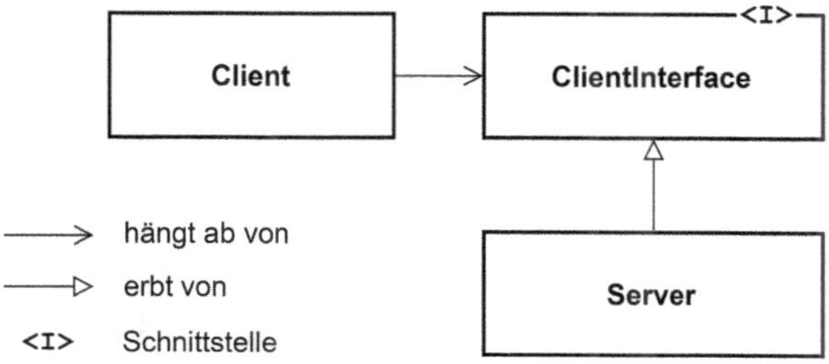

Abb. 24.2 Client und Server: Implementierung im Einklang mit dem Open-Closed-Prinzip. Während die naive Implementierung (Abb. 24.1) gegen das OCP verstößt und zu einer (zu) engen Abhängigkeit von Client und Server führt, die das System unflexibel macht, sorgt die Zwischenschaltung einer (abstrakten) Schnittstelle (*interface*) für die notwendige Entkopplung. Nun kann die Server-Komponente ausgetauscht werden, ohne dass die Client-Komponente davon beeinflusst wäre. Die Client-Klasse und die zugehörige Schnittstelle (`ClientInterface`) befinden sich in der gleichen Komponente, die Server-Klasse gehört hingegen zu einer anderen Komponente, die sich ggf. in einer weiter außen liegenden Schicht befindet. (Darstellung nach [3, S. 101], verändert)

net uns noch beim fünften der SOLID-Prinzipien, dem Dependency-Inversion-Prinzip (► Kap. 27), wieder und wird dort im Detail besprochen.

Eine Implementierung gemäß dem OCP, die sich der beiden vorgenannten Grundprinzipien der OOP, namentlich Vererbung und Polymorphie, in Verbindung mit einer abstrakten Klasse (als Schnittstelle, *interface*) bedient, ist in Abb. 24.2 dargestellt. Während die naive Implementierung (Abb. 24.1) gegen das OCP verstößt und zu einer (zu) engen Abhängigkeit von Client und Server führt, die das System unflexibel macht, sorgt die Zwischenschaltung einer (abstrakten) Schnittstelle (*interface*) für die notwendige Entkopplung. Nun kann die Server-Komponente ausgetauscht werden, ohne dass die Client-Komponente (oder die abstrakte Schnittstellenklasse) davon beeinflusst wäre. Das führt zu einem zentralen Aspekt der Softwareentwicklung: Es sollte immer nur gegen (abstrakte) Schnittstellen, nie gegen konkrete Implementierungen programmiert werden. Gleichzeitig wird daran deutlich, wie wichtig die frühzeitige Definition stabiler Schnittstellen zwischen einzelnen Komponenten des Gesamtsystems ist. Die Client-Klasse und die zugehörige Schnittstelle (`ClientInterface`) befinden sich in der gleichen Komponente, die Server-Klasse gehört hingegen zu einer anderen Komponente, die sich ggf. in einer weiter außen liegenden Schicht des Gesamtsystems befindet.

Auch wenn das Client-Server-Beispiel auf den ersten Blick abstrakt und wenig lebensnah erscheint, kann es direkt auf praktische Fragestellungen angewandt werden. Das wird nachfolgend an einem Aspekt der wissenschaftlichen Datenverarbeitung gezeigt: der Darstellung der Daten eines Datensatzes. Zunächst sei auch hier wieder die naive Im-

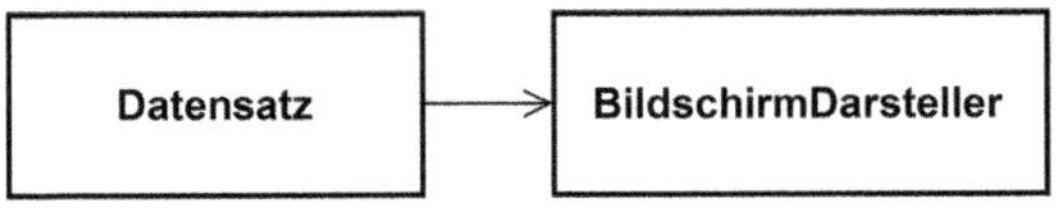

Abb. 24.3 Darstellung von Daten eines Datensatzes: naive Implementierung unter Verstoß gegen das Open-Closed-Prinzip. Strukturell unterscheidet sich das Beispiel nicht von dem für Client und Server (Abb. 24.1). Das zeigt gleichzeitig, dass das abstrakte Beispiel von Client- und Server-Klasse universell anwendbar ist und es nur darauf ankommt, dieses Konzept zu verstehen und auf die jeweils eigene Situation anzuwenden

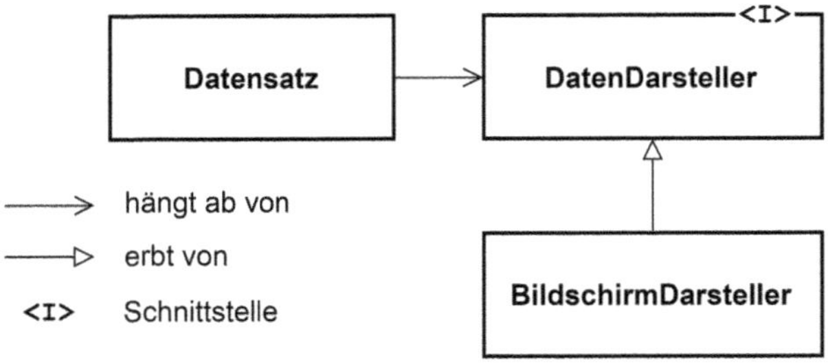

Abb. 24.4 Darstellung von Daten eines Datensatzes: Implementierung im Einklang mit dem Open-Closed-Prinzip. Auch die Implementierung im Einklang mit dem OCP unterscheidet sich strukturell in keinem Aspekt vom abstrakten Beispiel mit Client- und Server-Klasse (Abb. 24.2). Die Art der Darstellung ist nun unabhängig vom Datensatz und kann beliebig ausgetauscht werden. Das zeigt sehr schön die Erweiterbarkeit ohne Notwendigkeit zur Modifikation vorhandener Programmteile. Die Datensatz-Klasse und die zugehörige Schnittstelle (`DatenDarsteller`) befinden sich in der gleichen Komponente, die eigentliche Darsteller-Klasse gehört hingegen zu einer anderen Komponente und befindet sich ggf. in einer weiter außen liegenden Schicht. Für eine komplexere Situation und die Anwendung des OCP auf der Ebene von Komponenten unter Erhalt des generellen Kontextes der wissenschaftlichen Datenverarbeitung vgl. Abb. 24.5

plementierung unter Verletzung des OCP gezeigt (Abb. 24.3). Strukturell unterscheidet sich das Beispiel nicht von dem für Client und Server (Abb. 24.1). Das zeigt gleichzeitig, dass das abstrakte Beispiel von Client- und Server-Klasse universell anwendbar ist und es nur darauf ankommt, dieses Konzept zu verstehen und auf die jeweils eigene Situation anzuwenden.

Die modulare Implementierung unter Berücksichtigung des OCP zeigt Abb. 24.4. Auch hier unterscheidet sich das konkrete Beispiel strukturell in keiner Weise vom abstrakten Beispiel mit Client- und Server-Klasse (Abb. 24.2). Die Art der Darstellung ist nun unabhängig vom Datensatz und kann beliebig ausgetauscht werden. Das zeigt sehr schön die Erweiterbarkeit ohne Notwendigkeit zur Modifikation vorhandener Programmteile. Die Datensatz-Klasse und die zugehörige Schnittstelle (`DatenDarsteller`) befinden sich in der gleichen Komponente, die eigentliche Darsteller-Klasse gehört hingegen zu einer anderen Komponente und befindet sich ggf. in einer weiter außen liegenden Schicht.

So wie Modularität das zugrunde liegende Prinzip und Ziel aller Softwarearchitektur ist, so lässt sich das OCP auf allen Ebenen der Organisation von Softwaresystemen anwenden. Das lässt sich auch für die wissenschaftliche Datenverarbeitung zeigen (Abb. 24.5). Dieses Beispiel greift auf die im letzten Teil des Buches („Datenverarbeitung in den Naturwissenschaften") behandelten Themen voraus und gleichzeitig auf das in ► Kap. 22 zur Softwarearchitektur generell Gesagte zurück, hier insbesondere den von Eric Evans betonten Aspekt eines (abstrakten) Modells der Geschäftslogik als Kern jeder

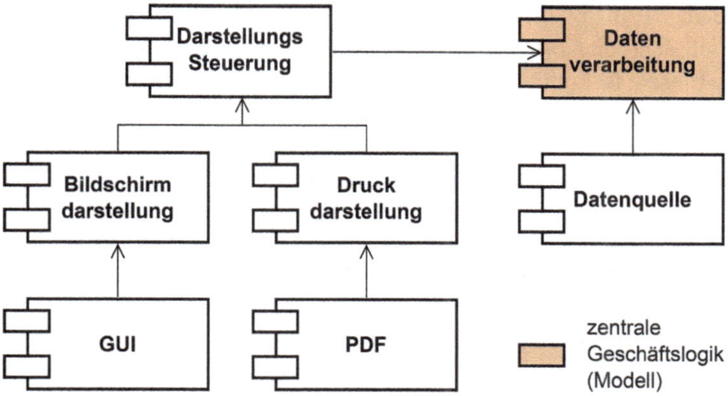

Abb. 24.5 Ein komplexeres Beispiel für das OCP auf der Ebene von Komponenten. So wie Modularität das zugrunde liegende Prinzip aller Softwarearchitektur ist, so lässt sich das OCP auf allen Ebenen der Organisation von Softwaresystemen anwenden. Das lässt sich auch für die wissenschaftliche Datenverarbeitung zeigen. Entscheidend ist, dass alle Abhängigkeiten auf die zentrale Geschäftslogik (hier: Datenverarbeitung) zeigen, sie selbst aber von keiner anderen Komponente abhängt. Darstellung nach [2, S. 73], verändert

guten Softwarearchitektur. Entscheidend ist, dass alle Abhängigkeiten auf diese zentrale Geschäftslogik zeigen, sie selbst aber von keiner anderen Komponente abhängt.

24.4 Bedeutung und Konsequenzen

Es klang schon in der Einführung zum Kapitel an: Das OCP ist ein, wenn nicht sogar *der* zentrale Aspekt des Entwurfs objektorientierter Systeme. Gleichzeitig erfüllt seine konsequente Befolgung ein zentrales Versprechen des Paradigmas der objektorientierten Programmierung: Modularität und in der Folge Flexibilität, Wiederverwendbarkeit und Wartbarkeit der darauf aufbauenden Systeme. Die Bedeutung des OCP wird auch daran erkennbar, dass es mit allen vier anderen SOLID-Prinzipien verknüpft ist. Darüber hinaus gibt es eine Verallgemeinerung des OCP auf höherer Ebene der Softwarearchitektur, das „Stable-Abstractions-Prinzip".

24.4.1 Zentraler Aspekt guter objektorientierter Softwarearchitektur

Das OCP ist zentral für gute objektorientierte Softwarearchitektur und gleichzeitig der Schlüssel zum Erreichen der Versprechen objektorientierter Programmierung: modularer, einfach zu verändernder Software. Seine konsequente Anwendung führt zu flexiblem, wiederverwendbarem und wartbarem Code, kurz zu Software, der eine lange Lebensdauer unter kontinuierlicher Weiterentwicklung und Anpassung an neue Gegebenheiten beschieden ist. Das bedeutet aber keineswegs, dass es einfach wäre, eine solche Software zu schreiben, auch wenn das OCP erst einmal einfach und einleuchtend erscheint. Es genügt eben gerade nicht, nur (vermeintlich) objektorientiert zu programmieren. Der richtige und bewusste Einsatz der zur Verfügung stehenden Werkzeuge, insbesondere der konstituierenden Prinzipien Kapselung, Vererbung und Polymorphie, ist entscheidend. Außerdem gilt auch hier, wie schon beim SRP (und bei vielen anderen Prinzipien): Der übermäßige Einsatz ist kontraproduktiv. Voreiliger Abstraktion zu widerstehen ist genauso wichtig wie der Einsatz der Abstraktion selbst. Entsprechend sollte das OCP nur bei solchen Teilen des Programms angewandt werden, die sich häufig ändern oder von denen man mit guter Begründung ausgehen kann, dass sie das tun.[5]

24.4.2 Zusammenspiel mit anderen Prinzipien

Das OCP steht in Verbindung mit allen vier anderen SOLID-Prinzipien. Das Single-Responsibility-Prinzip (► Kap. 23) gibt uns eine Regel an die Hand, wie wir Software in Komponenten aufteilen sollen: nach unterschiedlichen Verantwortlichkeiten und damit Gründen, sich zu ändern. Das Liskov-Substitutionsprinzip (► Kap. 25) ist Voraussetzung für das OCP, legt es doch die Kriterien für Vererbungsbeziehungen fest, die die Austauschbarkeit abgeleiteter Klassen mit der (abstrakten) Basisklasse überhaupt erst ermöglichen. Das Interface-Segregation-Prinzip (► Kap. 26) hebt auf die Kapselung bzw. das Verstecken von Information (über die konkrete Implementierung) ab und hilft so, transitive Abhängigkeiten über die Grenzen von Klassen, Komponenten oder Schichten hinweg zu vermeiden. Das Dependency-Inversion-Prinzip (► Kap. 27) schließlich ist das zentrale Konzept, um den Kontrollfluss von den Abhängigkeiten (im Quellcode) zu trennen. Es basiert auf dem hier vorgestellten Schema einer abstrakten Schnittstelle und sorgt für eine Umkehr der Quellcode-Abhängigkeit gegenüber der Richtung des Kontrollflusses.

24.4.3 Verallgemeinerung

Aufgrund seiner zentralen Bedeutung für den Entwurf objektorientierter Software und der Gesamtarchitektur von Systemen lässt sich das OCP entsprechend verallgemeinern zum **Stable-Abstractions-Prinzip (SAP)**:

» „A component should be as abstract as it is stable." (Robert C. Martin, [2, S. 126])

Dahinter steht die Erkenntnis (aus dem OCP), dass Abstraktion ein Schlüssel dazu ist, dass eine Softwarekomponente erweiterbar ist, ohne sie selbst verändern zu müssen. Entsprechend stehen der Grad der Abstraktion und die Stabilität in einem klaren Verhältnis (bzw. sollten es tun). Das führt unmittelbar zur Diskussion entsprechender Metriken für Abstraktion. Der geneigte Leser sei hier auf die Ausführungen von Robert C. Martin [2, S. 126 ff.] verwiesen.

5 Hier ist einmal mehr ein Wort der Warnung angebracht: Die Erfahrung professioneller Softwareentwickler, die immer wieder in der zugehörigen Fachliteratur erwähnt wird, lautet, dass wir generell schlecht darin sind vorherzusagen, welche Aspekte eines Programms sich ändern werden.

Verständnisfragen

- Welche konstituierenden Prinzipien des Paradigmas der objektorientierten Programmierung stellen die Grundlage des OCP dar? Welches daraus abgeleitete Konzept ist essentiell für das OCP?
- Bei welchem anderen der SOLID-Prinzipien wird das verbleibende dritte konstituierende Prinzip der OOP noch wichtig?
- Warum ist das OCP essentiell für eine gute Architektur objektorientierter Software? Welche Versprechen der OOP löst das OCP ein?
- Diskutieren Sie die wechselseitigen Beziehungen zwischen dem OCP und den anderen vier SOLID-Prinzipien.
- Wie lautet die Verallgemeinerung des Open-Closed-Prinzips auf der Ebene der Komponenten bzw. darüber hinaus?

Kommentiertes Literaturverzeichnis

Die Formulierung und Namensnennung geht auf Bertrand Meyer zurück [1, Kapitel 3.3, S. 57 ff.]. In den Reigen der SOLID-Prinzipien aufgenommen wurde es von Robert C. Martin, der es in seinen Büchern diskutiert, z. B. in Kapitel 9 in [3]. Die Erweiterung auf höhere Ebenen der Softwarearchitektur jenseits des Zusammenspiels von Klassen inklusive einer Diskussion des Zusammenhangs zwischen Abstraktion und Stabilität und Metriken für Abstraktion werden in [2, S. 126 ff.] ausgeführt. Viele der Muster, die im Buch der *Gang of Four* [5] vorgestellt werden, verwenden auf die eine oder andere Weise das OCP.

Literatur

1. B. Meyer, *Object-Oriented Software Construction* (Prentice Hall PTR, Upper Saddle River, New Jersey, 1997)
2. R.C. Martin, *Clean Architecture. A Craftman's Guide to Software Structure and Design* (Prentice Hall, Boston, 2018)
3. R.C. Martin, *Agile Software Development. Principles, Patterns, and Practices* (Prentice Hall, Upper Saddle River, New Jersey, 2003)
4. M. Fowler, *Refactoring. Improving the Design of Existing Code* (Addison-Wesley Longman, Boston, 1999)
5. E. Gamma, R. Helm, R. Johnson, J. Vlissides, *Design Patterns. Elements of Reusable Object-Oriented Software* (Addison-Wesley, Boston, 1995)

Das Liskov-Substitutionsprinzip

Inhaltsverzeichnis

T. Biskup, *Softwareentwicklung für die Naturwissenschaften*,
https://doi.org/10.1007/978-3-662-71607-6_25

Kernaspekte
- Objekte einer abgeleiteten Klasse sollten sich genauso verhalten wie Objekte der Basisklasse.
- Verletzungen des Liskov-Substitutionsprinzips lassen sich immer nur im konkreten Kontext feststellen.
- Das Liskov-Substitutionsprinzip ist eine wesentliche Voraussetzung für das Open-Closed-Prinzip.
- „Entwurf gemäß Vereinbarung" (*design by contract*) formalisiert die Erwartungen an eine Klasse.
- Allgemein sorgt das Prinzip für klar definierte Schnittstellen und austauschbare Implementierungen auf allen Ebenen.

Das Liskov-Substitutionsprinzip (LSP), benannt nach seiner Urheberin Barbara Liskov, die es 1987 erstmals formulierte [1], stellt klare Regeln für die Vererbung in der objektorientierten Programmierung auf. Es ist im Kontext guter objektorientierter Architektur und den SOLID-Prinzipien eng mit dem Open-Closed-Prinzip (▶ Kap. 24) verbunden. Viele Autoren sehen die Regeln für Vererbung, die das LSP aufstellt, als notwendige Voraussetzung für korrekte Vererbung in der OOP an. Inwieweit eine Vererbungsbeziehung dem LSP folgt, lässt sich letztlich immer nur im konkreten Kontext feststellen. Die Formalisierung der Erwartungen an eine Klasse durch das LSP führte zur Entwicklung von Programmiersprachen, in denen dieser „Entwurf gemäß Vereinbarung" (*design by contract*, [2, Kap. 11]) explizit formuliert und zur Laufzeit überprüft werden kann (z. B. ADA/SPARC, Eiffel). In der großen Mehrheit der Programmiersprachen ist allerdings eine derartige Formalisierung der Vor- und Nachbedingungen nicht möglich. Hier helfen aber oftmals automatisierte Unittests und eine hohe Testabdeckung (vgl. ▶ Kap. 19). Unabhängig davon sorgt die konsequente Anwendung des LSP für klar definierte Schnittstellen und somit austauschbare Implementierungen – und das auf allen Ebenen der Softwarearchitektur bis hin zum Zusammenspiel zwischen Komponenten und Schichten.

25.1 Das Prinzip

Dem LSP sieht man seine Herkunft aus der (theoretischen) Informatik auch in seiner originalen Formulierung deutlich an. Gerade deshalb sei hier die ursprüngliche Formulierung durch Barbara Liskov aus dem Jahr 1987 wiedergegeben, auch wenn sie auf den ersten Blick nicht die zugänglichste ist:

> „What is wanted here is something like the following substitution property [. . .]: If for each object o_1 of type S there is an object o_2 of type T such that for all programs P defined in terms of T, the behavior of P is unchanged when o_1 is substituted for o_2, then S is a subtype of T." (Liskov, [1])

Eine weitaus einfacher verständliche Formulierung stammt ebenfalls von Liskov, zusammen mit Wing (1994):

> „Objects of the subtype ought to behave the same as those of the supertype as far as anyone or any program using supertype objects can tell." (Liskov und Wing, [3])

Noch kürzer und griffiger formuliert es schließlich Robert C. Martin:

» „Subtypes must be substitutable for their base types.“ (Robert C. Martin, [4])

Die Typen, von denen sowohl Liskov als auch Martin hier sprechen, sind im Kontext der OOP Klassen. Ein Subtyp wird durch Vererbung von einer Superklasse abgeleitet. Entsprechend liefert das LSP konkrete Hinweise und Kriterien für die Vererbungsbeziehung in der OOP. Dabei steht das erwartete **Verhalten von Objekten** im Fokus: Ein Subtyp sollte sich genauso wie der Grundtyp (die zugehörige Superklasse, von er er abgeleitet ist) verhalten. Darüber hinaus kann ein Subtyp zusätzliches Verhalten aufweisen. Vererbung wird oft als eine *ist-ein*-Beziehung gesehen. Das kann konzeptionell zu Problemen führen, wie bei den Beispielen weiter unten noch aufgezeigt werden wird.

Dem LSP kommt im Kontext der objektorientierten Softwarearchitektur und der SOLID-Prinzipien eine große Bedeutung zu: Es liefert Hinweise und Regeln für Vererbungshierarchien, die das Open-Closed-Prinzip (OCP, ▶ Kap. 24) überhaupt erst ermöglichen. Dessen herausragende Bedeutung für die Softwarearchitektur, als Schlüssel für flexiblen, wiederverwendbaren und wartbaren Code, wurde im zugehörigen Kapitel bereits herausgestellt. Das OCP besagt, dass eine Klasse offen für Erweiterung, aber verschlossen gegenüber Änderungen sein sollte. Entsprechend implementieren abgeleitete Klassen abstrakte Methoden, die in Basisklassen definiert wurden. Dieses Prinzip erfordert klare Regeln für die Vererbung, die vom LSP definiert werden. Dabei addressiert das LSP zwei Fragen:

- Was muss man beim Einsatz von Vererbung beachten?
- Welche Probleme können bei der Vererbung auftreten, die das Open-Closed-Prinzip verletzen?

Im Fokus steht dabei die Austauschbarkeit eines Subtypen für den Basistypen, von dem er abgeleitet ist, und genauso die beliebige Austauschbarkeit eines Subtypen durch einen anderen, solange der aufrufende Code ein Objekt der Klasse des Basistypen erwartet. Eine Verletzung des LSP führt normalerweise zu **Fallunterscheidungen je nach Subtyp** und damit zum Verlust der Austauschbarkeit und Abstraktion. Insofern sind solche den meisten Programmierern vertraute Fallunterscheidungen je nach (verwandtem) Typ ein sehr klares Symptom für eine Verletzung des LSP.

25.2 Die Symptome

Wie für die anderen SOLID-Prinzipien gibt es auch für das LSP gewisse Symptome, die als Heuristiken für dessen (fehlenden) Einsatz verwendet werden können. Von den sieben von Robert C. Martin aufgeführten Symptomen für schlechte Architektur [4, S. 85] (vgl. ▶ Kap. 22) sind es **Zerbrechlichkeit**[1] (*fragility*) und **Starrheit**[2] (*rigidity*). Das LSP definiert klare Regeln für Vererbungshierarchien, und zwar fokussiert es auf das *Verhalten* der Objekte bzw. Klassen. Bei (relevanten) Verstößen gegen das LSP führt der Einsatz eines Objektes einer Subklasse statt eines Objektes der Superklasse zu unerwartetem Verhalten (Zerbrechlichkeit). Darüber hinaus geht eine Verletzung des LSP häufig mit einer Verletzung des OCP einher. Die vermeintliche „Behebung“ des Problems der Nichtersetzbarkeit (s. o.) führt zu Abfragen des spezifischen Typs eines Objektes im Code. Eine

1 Änderungen führen zu Fehlern in Bereichen, die konzeptionell getrennt von den Änderungen sind.
2 Jede Änderung zieht viele Änderungen in anderen Teilen des Programms nach sich.

solche explizite Überprüfung des (Sub-)Typs erzwingt aber Codeänderungen mit jedem neuen Subtyp (Starrheit). Wichtig ist anzumerken, dass Verletzungen des LSP sich immer nur im konkreten Kontext feststellen lassen. Erwartungen an das Verhalten lassen sich in den wenigsten Sprachen explizit im Code formulieren (*design by contract*), weshalb die Programmierer meist selbst dafür verantwortlich sind, dem LSP konform zu entwickeln.

25.3 Beispiele

Es klang schon an, dass das LSP eng mit dem OCP verbunden ist und die Voraussetzungen für dessen erfolgreiche Anwendung schafft. Im Kern des OCP steht eine flache Vererbungshierarchie in Verbindung mit der Definition einer abstrakten Basisklasse als Schnittstelle (*interface*). Die diese abstrakte Schnittstelle aufrufende Klasse weiß nichts von den von dieser abstrakten Klasse abgeleiteten konkreten Klassen. Darin besteht gerade der Kern des OCP, das bei richtiger Anwendung zu Modularität, Entkopplung und in der Folge zu großer Flexibilität, einfacher Wiederverwendbarkeit und Wartbarkeit des Gesamtsystems führt.

25.3.1 Eine Situation im Einklang mit dem LSP

Ein Beispiel dieser korrekten Verwendung des LSP im Kontext des OCP ist in ◘ Abb. 25.1 dargestellt. Es ist der Versuch, die Anwendung des LSP im Kontext einer Anwendung zur wissenschaftlichen Datenverarbeitung zu zeigen. Gegeben sei eine Klasse `Datensatz`[3], deren Daten dargestellt werden sollen. Die konkreten Implementierungen der abstrakten Schnittstelle `DatensatzDarsteller` sind austauschbar, die Klasse `Datensatz` ist hinsichtlich ihrer Existenz und konkreten Ausgestaltung vollkommen agnostisch. Das Ergebnis ist hochgradige Modularität und einfache Erweiterbarkeit, vorausgesetzt die Schnittstellen (im konkreten Fall die abstrakte Klasse `DatensatzDarsteller`) sind gut gewählt.

Wie in der Abbildung dargestellt und im Kapitel zum OCP (▶ Kap. 24) ausführlicher behandelt, beruht dieses Muster auf der Verwendung zweier Grundprinzipien der OOP, nämlich Vererbung und Polymorphie, in Verbindung mit abstrakten Klassen. Die Klasse `DatensatzDarsteller` ist eine abstrakte Klasse, die als Schnittstelle (*interface*) fungiert. Die Klasse `Datensatz` weiß nur von der Existenz der abstrakten Klasse `DatensatzDarsteller`, jegliche Implementierung erfolgt gegen diese abstrakte Klasse. Für die eigentliche Darstellung sind dann die konkreten, von `DatensatzDarsteller` durch Vererbung abgeleiteten Klassen, hier exemplarisch `BildschirmDarsteller` und `DruckDarsteller`, verantwortlich. Auf einer höheren architektonischen Ebene könnte man sich zwischen der Schnittstelle `DatensatzDarsteller` und den beiden konkreten, davon abgeleiteten Klassen eine Trennung zwischen Komponenten, ggf. sogar zwischen Schichten in der Architektur des Gesamtsystems, vorstellen (vgl. ▶ Kap. 27).

---

3 Der Name ist bewusst gewählt, ein Datensatz entspricht in einem über die Jahre entwickelten Modell des Autors für ein System zur wissenschaftlichen Datenverarbeitung der Einheit der (numerischen) Daten und der zugehörigen Metadaten. Für eine konkretere Beschreibung dieses Konzeptes vgl. ▶ Kap. 31.

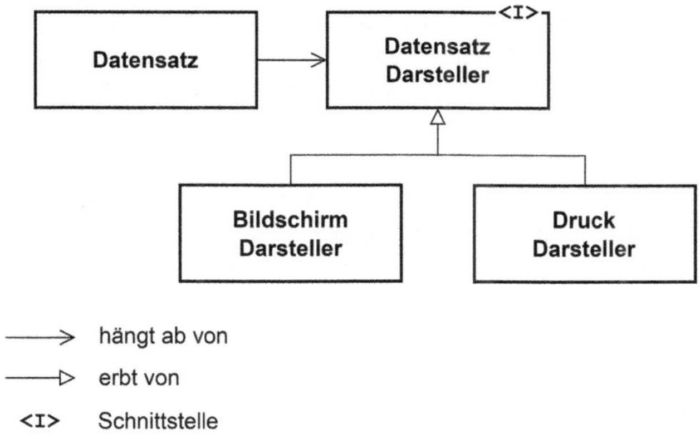

Abb. 25.1 Beispiel für die korrekte Verwendung der Vererbung in der OOP: konkrete Implementierungen einer abstrakten Schnittstelle. Dieses Beispiel, das konform zum LSP ist, steht im Kontext des OCP (vgl. ▶ Kap. 24). Die konkreten Implementierungen der abstrakten Schnittstelle `DatensatzDarsteller` sind austauschbar, die Klasse `Datensatz` ist hinsichtlich ihrer Existenz und konkreten Ausgestaltung vollkommen agnostisch. Das Ergebnis sind hochgradige Modularität und einfache Erweiterbarkeit, vorausgesetzt die Schnittstellen (im konkreten Fall die abstrakte Klasse `DatensatzDarsteller`) sind gut gewählt

25.3.2 Verletzung des LSP ergibt sich immer nur aus dem Kontext

Eine Verletzung des LSP lässt sich immer nur im konkreten Kontext feststellen. Genauso wie für das OCP gilt, dass eine voreilige Einführung abstrakter Schnittstellen, die dann gar nicht gebraucht werden, den Code nur unnötig verkompliziert und aufbläht. Wie bei allen Prinzipien und Regeln sollte die Verwendung des LSP erst dann forciert werden, wenn die zugehörigen Symptome seiner Verletzung (insbesondere die Existenz expliziter Typabfragen im Code) auftreten. Das kanonische Beispiel für die Verletzung des LSP ist die Vererbungsbeziehung zwischen Rechteck und Quadrat wie in Abb. 25.2 wiedergegeben. Mathematisch steht außer Frage, dass ein Quadrat ein Rechteck ist, aber umgekehrt ein Rechteck nicht notwendigerweise ein Quadrat. Allerdings wird schnell deutlich, dass diese mathematische Beziehung und das Denken in Teilmengen und Übermengen für Vererbungsbeziehungen in der OOP nicht immer hilfreich ist. Im konkreten Beispiel ist `Rectangle` die Superklasse, davon gemäß der mathematischen Definition abgeleitet ist die Klasse `Square`. Abhängig vom Kontext ist `Square` allerdings kein echter Subtyp von `Rectangle`, auch wenn mathematisch ein Quadrat ein Rechteck ist. Sind Hö-

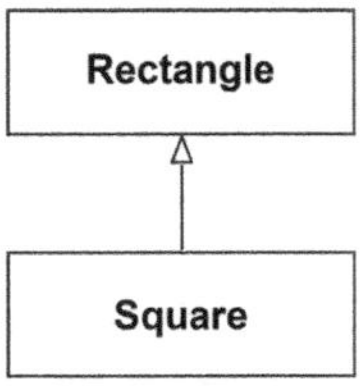

Abb. 25.2 Das kanonische Beispiel für die Verletzung des LSP: Rechteck und Quadrat. Abhängig vom Kontext ist `Square` kein echter Subtyp von `Rectangle`, auch wenn mathematisch ein Quadrat ein Rechteck ist. Sind Höhe und Breite unveränderlich, ist die durch die Vererbung implizierte *ist-ein*-Beziehung unproblematisch, anderenfalls kann es zu bösen Überraschungen kommen

he und Breite unveränderlich, ist die durch die Vererbung implizierte *ist-ein*-Beziehung unproblematisch, anderenfalls kann es zu bösen Überraschungen kommen. Entspricht die in ◘ Abb. 25.2 gezeigte Relation dem LSP? Das hängt vom Kontext und vom erwarteten Verhalten ab.

Situation 1: Höhe und Breite von Rechteck und Quadrat sind unveränderlich. Aus Programmierersicht gesprochen gibt es nur „Getter", aber keine „Setter", Höhe und Breite werden im Konstruktor gesetzt. Entsprechend ist das weitere Verhalten der Klassen nicht betroffen. Beispielsweise kann die Fläche des Objektes problemlos berechnet werden. Die Darstellung ist ebenfalls invariant. In diesem Fall kann `Square` statt `Rectangle` verwendet werden, ohne dass anderer Code geändert werden müsste. Es liegt also keine Verletzung des LSP vor. Ganz anders ist es aber in der Situation, die im nachfolgenden Codebeispiel verdeutlicht wird.

Situation 2: Höhe und Breite von Rechteck und Quadrat sind veränderlich. Das Problem ist nun aber: Höhe und Breite sind im Rechteck unabhängige Größen, während sie im Quadrat *qua definitonem* immer identisch sind. Das Verhalten der beiden Klassen `Rectangle` und `Square` ist also bezüglich dessen, was im nachfolgenden Codebeispiel gezeigt wird, *unterschiedlich.*

Codebeispiel 25.1: Beispiel für eine Verletzung des LSP

```
Rectangle r = ...
r.setW(5);
r.setH(2);
assert(r.area() == 10);
```

Das erwartete Verhalten eines in seiner Größe veränderlichen Rechtecks unterscheidet sich grundlegend von dem eines in gleicher Weise veränderlichen Quadrates: Beim Rechteck sollten beide Seiten *unabhängig* änderbar sein. Beim Quadrat hingegen sind die Seiten immer gekoppelt – eine Änderung der Breite führt zwangsläufig zur Änderung der Höhe. In diesem Fall kann `Square` also *nicht* statt `Rectangle` verwendet werden, ohne dass es zu Überraschungen kommt. Entsprechend liegt hier eine *Verletzung* des LSP vor.

25.3.3 Heuristiken und Konventionen

Konformität mit dem LSP lässt sich immer nur in einem konkreten Kontext feststellen. Entsprechend ist es in den meisten Programmiersprachen auch schwer, eine Verletzung des LSP mittels statischer Codeanalyse festzustellen.[4] Trotzdem gibt es eine ganze Reihe von Heuristiken, die Hinweise auf Verletzungen des LSP geben.

Definition 25.1: Heuristik

Analytisches Vorgehen mit dem Ziel, trotz begrenzten Wissens über ein System mithilfe mutmaßender Schlussfolgerungen Aussagen über das System zu treffen. Die Aussagen

---

4 Ausnahmen dürften hier im engen Sinne nur jene Programmiersprachen sein, die einen „Entwurf gemäß Vereinbarung" (*design by contract*, s. u.) unterstützen. Eine zumindest teilweise Alternative sind Unittests (vgl. ► Kap. 19) mit einer ausreichenden Testabdeckung.

können von der optimalen Lösung abweichen. Ist eine optimale Lösung bekannt, lässt sich durch Vergleich die Güte der Heuristik bestimmen.

Die vielleicht wichtigste Heuristik im Zusammenhang mit dem LSP ist nachfolgend als These formuliert.

These
Eine abgeleitete Klasse, die weniger tut als ihre Basisklasse, kann meist nicht anstelle der Basisklasse eingesetzt werden.

Zu den Beispielen von Codekonstrukten, die ein klarer Hinweis auf eine Verletzung des LSP sind, gehören **explizite Typabfragen** einer übergebenen Variable. Das widerspricht direkt der Idee der Substituierbarkeit abgeleiteter Typen durch den Basistyp. Weitere, subtilere Beispiele, sind **degenerierte Methoden** in abgeleiteten Klassen, also Methoden, die in der Basisklasse definiert, aber in einer abgeleiteten Klasse nicht verwendet werden, und **neue Ausnahmen** (*exceptions*) in abgeleiteten Klassen. Der Grund für degenerierte Methoden in abgeleiteten Klassen ist, dass die betreffende Funktion in der abgeleiteten Klasse nutzlos ist. Das führt nicht zwangsläufig, aber doch häufig zu Problemen. Gleichzeitig ist diese Situation ein Symptom für die Verletzung des Interface-Segregation-Prinzips (vgl. ► Kap. 26). Eine ggf. einfache Abhilfe schaffte hier die Refactoring-Strategie *move method*, um die Methode entlang der Vererbungshierarchie an die richtige Stelle zu bewegen. Eine weitere wesentliche Konvention ist, dass Vorbedingungen für abgeleitete Klassen nicht strikter sein dürfen als für die Basisklasse. Neue Ausnahmen (*exceptions*) in abgeleiteten Klassen sind eine Verletzung genau dieser Konvention und entsprechend des LSP.

25.4 Bedeutung und Konsequenzen

Das LSP wurde von Liskov für Vererbungsbeziehungen in der OOP formuliert und lange Zeit als Prinzip auf Code-Ebene verstanden und eingesetzt. Das hat nach wie vor seine Berechtigung, allerdings hat sich mittlerweile die Erkenntnis durchgesetzt, dass die Idee des Prinzips auch auf abstrakterer Ebene Anwendung finden kann, da es Anforderungen an Schnittstellen jeglicher Art formuliert, auch auf höchster architektonischer Ebene.

25.4.1 Voraussetzung für das Open-Closed-Prinzip

Das LSP legt Kriterien für Vererbungsbeziehungen fest: Abgeleitete Klassen sollten ohne Beeinträchtigung der Funktionalität durch ihre Basisklasse ausgetauscht werden können, müssen also aus Sicht der Basisklasse das gleiche Verhalten an den Tag legen. Das ist eine Voraussetzung für das Open-Closed-Prinzip (OCP, ► Kap. 24), das auf der Vererbung abstrakter Klassen beruht: Die abstrakte Basisklasse definiert das Verhalten, an das sich *alle* abgeleiteten Klassen halten müssen. Eine konsequente Anwendung des OCP in Verbindung mit dem LSP führt zu flexiblem, wiederverwendbarem und wartbarem Code und hat damit das Potential, dieses alte Versprechen der OOP einzulösen.

25.4.2 Formalisierung der Erwartungen an eine Klasse

Die Formalisierung der Erwartungen an eine Klasse führt zum „Entwurf gemäß Vereinbarung" (*design by contract*), der von Bertrand Meyer in seinem Buch *Object-Oriented Software Construction* [2] ausführlich dargelegt wird und ihn zur Entwicklung der Programmiersprache „Eiffel" führte.

> » „A routine redeclaration may only replace the original precondition by one equal or weaker, and the original postcondition by one equal or stronger." (Bertrand Meyer, [2, S. 599])

Es gibt zwei Arten von Erwartungen, die an eine Klasse gestellt werden: Vor- und Nachbedingungen. Die Vorbedingung ist die Voraussetzung für einen Methodenaufruf, die Nachbedingung der garantierte Zustand nach dem Aufruf. Die an abgeleitete Klassen gestellten Anforderungen lauten entsprechend: Abgeleitete Klassen dürfen keine strengeren Vorbedingungen fordern und müssen mindestens die von der Basisklasse vorgegebenen Nachbedingungen erfüllen. Die Formulierung von Erwartungen ist in den wenigsten Sprachen direkt möglich, Ausnahmen sind hier „Eiffel", „D" und in jüngerer Zeit auch „ADA/SPARC", alles allerdings keine weitverbreiteten Programmiersprachen. Unittests (► Kap. 19) sind eine gute Möglichkeit, auch in anderen Programmiersprachen so etwas wie „Entwurf gemäß Vereinbarung" zu formalisieren. Gegebenenfalls sollten die Anforderungen und Erwartungen in der Basisklasse explizit dokumentiert werden.

25.4.3 Das LSP auf Architekturebene

Auch wenn das LSP für Vererbungsbeziehungen auf Klassen- und damit auf direkter Code-Ebene formuliert wurde, lässt es sich ebenso auf abstrakteren architektonischen Ebenen anwenden, da es letztlich Anforderungen an Schnittstellen jeglicher Art formuliert. Der Fokus des LSP sind Schnittstellen und ihre Implementierungen, und Schnittstellen gibt es nicht nur zwischen Klassen, sondern auch zwischen Komponenten, Schichten etc. Schnittstellen können dabei sehr unterschiedlich aussehen, von der explizit als solche definierten Schnittstelle, die von mehreren Klassen implementiert wird (abstrakte Klasse, *interface*) über Klassen, die die gleichen Methodensignaturen teilen bis hin zu Services, die alle der gleichen Schnittstelle antworten. Das LSP ist deshalb auch hier anwendbar, weil die Nutzer von wohldefinierten Schnittstellen abhängen. Die Implementierungen dieser Schnittstellen sollten untereinander austauschbar sein. Eine einfache Verletzung der Austauschbarkeit kann viele zusätzliche Mechanismen notwendig machen. Ein einfaches Beispiel dafür findet sich in [5, Kap. 9].

? Verständnisfragen

- Welche Bedeutung kommt dem LSP im Kontext der SOLID-Prinzipien und der gesamten Softwarearchitektur zu?
- Warum lässt sich das LSP, obwohl ursprünglich für die Vererbungsrelationen von Klassen in der OOP definiert, auch auf abstrakterer architektonischer Ebene anwenden?
- Was ist ein sehr typisches, offensichtliches Beispiel im Code für eine Verletzung des LSP?
- Welche Vor- und Nachbedingungen gelten laut LSP für abgeleitete Klassen im Vergleich zur Basisklasse?

- Welche Möglichkeit können Sie sich vorstellen, das LSP auf Ebene des Codes im Sinne eines „Entwurfs gemäß Vereinbarung“ (*design by contract*) zu formalisieren, wenn Sie Programmiersprachen verwenden, die derlei Strukturen nicht bereits mitbringen?

Kommentiertes Literaturverzeichnis

Die Originalformulierung des Liskov-Substitutionsprinzips findet sich in [1], eine etwas verständlichere Formulierung in [3]. Im Rahmen der SOLID-Prinzipien diskutiert wird es von Robert C. Martin in Kapitel 10 in [4] sowie in Kapitel 9 von [5]. Sehr viele hilfreiche Hinweise für seine Anwendung sowie für das Konzept des „Entwurfs gemäß Vereinbarung“ (*design by contract*) finden sich auch in [2].

Literatur

1. B. Liskov, ACM Sigplan Notices **23**(5), 17 (1987). https://doi.org/10.1145/62139.62141
2. B. Meyer, *Object-Oriented Software Construction* (Prentice Hall PTR, Upper Saddle River, New Jersey, 1997)
3. B.H. Liskov, J.M. Wing, ACM Transactions on Programming Languages and Systems **16**, 1811 (1994)
4. R.C. Martin, *Agile Software Development. Principles, Patterns, and Practices* (Prentice Hall, Upper Saddle River, New Jersey, 2003)
5. R.C. Martin, *Clean Architecture. A Craftman's Guide to Software Structure and Design* (Prentice Hall, Boston, 2018)

Das Interface-Segregation-Prinzip

Inhaltsverzeichnis

T. Biskup, *Softwareentwicklung für die Naturwissenschaften*,
https://doi.org/10.1007/978-3-662-71607-6_26

Kernaspekte

- Keine Klasse sollte Methoden implementieren müssen oder von Methoden abhängen, die sie nicht nutzt.
- Schnittstelle und Nutzer können beide Veränderungen der jeweils anderen Seite erzwingen.
- Klassen können mehrere Schnittstellen für unterschiedliche Nutzer erfordern.
- Benötigt eine Klasse mehrere Schnittstellen, werden sie als separate, abstrakte Klassen definiert.
- Die Entkopplung macht den Code übersichtlicher und sorgt für Flexibilität, Wiederverwendbarkeit und Wartbarkeit.

Das Single-Responsibility-Prinzip (SRP, ► Kap. 23) sagt, dass eine Klasse oder Komponente nur einem Akteur gegenüber verantwortlich sein soll, entsprechend unterschiedliche Verantwortlichkeiten auf unterschiedliche Klassen aufgeteilt werden sollen. Die Grundregel, kohäsiven Code zu schreiben, bei dem zusammengehörende Teile je eine Einheit bilden und nicht zusammengehörende Aspekte getrennt voneinander sind, geht in die gleiche Richtung. Trotzdem gibt es mitunter Situationen, in denen eine Klasse oder Komponente unterschiedliche Schnittstellen für unterschiedliche Akteure bereitstellen muss, z. B. weil alle Akteure auf eine gemeinsame Datenbasis zugreifen, wenn auch auf unterschiedliche Weise. Das ist eine Situation, in der das Interface-Segregation-Prinzip (ISP) zum Tragen kommt.

Ein weiterer wesentlicher Aspekt beim ISP ist der **Wechsel der Perspektive**. Normalerweise betrachtet man im Kontext der Abhängigkeiten von Schnittstellen nur jene des Nutzers von der Schnittstelle: Eine Änderung der Schnittstelle erzwingt eine Änderung seines Nutzers. Umgekehrt können aber auch Nutzer Änderungen an einer Schnittstelle erzwingen. Besitzt eine Klasse oder Komponente aber mehrere Schnittstellen für unterschiedliche Nutzer, dann führt das zu einer Kopplung an sich getrennter Akteure. Genau hier greift das ISP mit seiner Idee, Schnittstellen aufzutrennen und für einen Akteur jeweils nur eine minimale, absolut notwendige Schnittstelle bereitzustellen, die zudem von allen anderen Schnittstellen abgeschottet (gekapselt) ist.

26.1 Das Prinzip

Das ISP ist von allen fünf SOLID-Prinzipien vielleicht das auf den ersten Blick am schwersten zu fassende. Es behandelt ähnliche Aspekte wie das Single-Responsibility-Prinzip (► Kap. 23), allerdings aus einem anderen Blickwinkel, und eine Verletzung des ISP geht oft mit einer Verletzung des Liskov-Substitutionsprinzips (► Kap. 25) einher.

26.1.1 Schnittstellen sollten nur aus notwendigen Methoden bestehen

Wie alle SOLID-Prinzipien wurde das ISP ursprünglich im Kontext von Klassen in der OOP formuliert. Und wie alle fünf Prinzipien wurde es von Robert C. Martin griffig in Worte gefasst:

» „Clients should not be forced to depend on methods that they do not use." (Robert C. Martin, [1, S. 137])

Das bedeutet, dass insbesondere die Schnittstellen abstrakter Klassen minimal sein sollten: Die Methoden der abstrakten Klasse sollten *alle* in *jeder* abgeleiteten Klasse verwendet werden. Eine Missachtung dieser Regel führt häufig zusätzlich zu einer Verletzung des Liskov-Substitutionsprinzips (▶ Kap. 25) und einem Verlust der Modularität und Flexibilität. Der Kontext des ISP ist die **Kohäsion**: Die Elemente eines Moduls gehören funktional zusammen. Das geht eng mit der Trennung der Zuständigkeiten (*separation of concerns*) und damit mit dem Single-Responsibility-Prinzip (▶ Kap. 23) einher. Insbesondere sollten Änderungen keine Auswirkungen auf konzeptionell getrennte Teile des Programms haben. Das aber genau passiert, wenn ein Nutzer („Klient") von einer Klasse abhängt, die gleichzeitig noch andere Schnittstellen bereitstellt. Eine Änderung in diesen anderen Schnittstellen wirkt sich auf alle Nutzer aus. Das führt zu einer (ungewollten) Kopplung unterschiedlicher Akteure und damit zu kaskadierten Änderungen in sonst vollständig unabhängigen Programmteilen.

26.1.2 Wechselweise Abhängigkeit zwischen Nutzer und Schnittstelle

Das ISP nimmt hinsichtlich der Abhängigkeiten, die zwischen einem Nutzer eines Objektes und dessen Schnittstelle bestehen, eine andere Perspektive ein, als man das normalerweise gewohnt ist. Üblicherweise betrachtet man Abhängigkeiten aus Sicht des Nutzers: Eine Änderung der Schnittstelle zwingt all ihre Nutzer ebenfalls dazu, sich zu ändern. Allerdings können umgekehrt auch Nutzer eine Änderung einer Schnittstelle erzwingen. In einer Situation, in der Objekte mehr als eine Schnittstelle benötigen, z. B. weil unterschiedliche Akteure auf denselben Daten arbeiten, führt eine direkte Abhängigkeit der Akteure von diesem Objekt zur Kopplung der anderweitig unabhängigen Akteure. Die Lösung besteht darin, jede Schnittstelle als einzelne abstrakte Klasse mit zusammengehörenden Methoden zu definieren. Die Nutzung dieser Schnittstelle erfolgt über Mehrfachvererbung bzw. da, wo das nicht möglich ist, über Adapter (vgl. [2, S. 139]). Das ISP nimmt dabei einen anderen Blickwinkel ein als das Single-Responsibility-Prinzip: Es fokussiert auf die Auswirkungen auf Unbeteiligte statt auf die Gründe für die Veränderung.

26.1.3 Die Grundidee: Kapselung

Das ISP ist eng mit dem dritten zentralen Konzept objektorientierter Programmierung verbunden, der Kapselung, während das Open-Closed-Prinzip (▶ Kap. 24) auf den anderen beiden konstituierenden Prinzipien der Objektorientierung, Vererbung und Polymorphie, beruht. Die nachfolgend vorgestellte Definition des Begriffs „Kapselung" unterscheidet sich in der Formulierung etwas von jener aus ▶ Kap. 12. Das ist dem Umstand geschuldet, dass das ISP einen anschaulicheren Kontext liefert, warum der Kapselung und minimalen Schnittstellen eine so große Bedeutung für eine gute objektorientierte Architektur zukommt.

Definition 26.1: Kapselung (*encapsulation*)

Die Kommunikation mit einem Objekt erfolgt ausschließlich über eine minimale öffentliche Schnittstelle, die keine Interna der Implementierung „verrät".

Die Kapselung ist die Grundlage für Modularität und Austauschbarkeit, und damit essentiell für Flexibilität, Wiederverwendbarkeit und Wartbarkeit. Wie schon bei der Einführung in das Paradigma der objektorientierten Programmierung (▶ Kap. 12) angesprochen, gibt es ein Spannungsfeld zwischen Vererbung einerseits und Kapselung andererseits. Vererbung bricht notwendigerweise die Kapselung auf bzw. schwächt sie ab. Entsprechend liefern das Liskov-Substitutionsprinzip (▶ Kap. 25) und das ISP Kriterien für korrekten Einsatz der Vererbung, die auf Modularität und Wiederverwendbarkeit fokussieren und auf jahrzehntelanger Erfahrung mit der Entwicklung großer objektorientierter Anwendungen beruhen. Beide, das Liskov-Substitutionsprinzip und das ISP, betonen dabei **flache VererbungshierarchienFlache Vererbungshierarchie**, idealerweise die Vererbung nur über eine „Generation", indem konkrete Implementierungen von einer abstrakten Basisklasse abgeleitet werden. Beispiele im Kontext des ISP werden nachfolgend noch vorgestellt, finden sich aber auch beim Open-Closed-Prinzip (▶ Kap. 24), Liskov-Substitutionsprinzip (▶ Kap. 25) und Dependency-Inversion-Prinzip (▶ Kap. 27). Daraus wird ersichtlich, wie zentral dieser Aspekt für den guten objektorientierten Entwurf ist.

26.2 Die Symptome

Auch für die Verwendung des ISP gibt es eine Reihe von Symptomen für schlechte Architektur, die von Robert C. Martin aufgeführt werden [1, S. 85] (vgl. ▶ Kap. 22). Dazu gehören **unnötige Komplexität**[1] (*needless complexity*) und aufgrund unnötiger Kopplung **Starrheit**[2] (*rigidity*) und **Zerbrechlichkeit**[3] (*fragility*). Der Fokus des ISP liegt klar auf der Weiterverwendung bestehender Programmteile in neuem Kontext. Oftmals ist ein Symptom schlechter Architektur, dass eine abgeleitete Klasse Methoden implementieren muss, die sie gar nicht braucht bzw. brauchen kann (unnötige Komplexität). Das kann darüber hinaus das Liskov-Substitutionsprinzip (▶ Kap. 25) verletzen. Außerdem wird die Weiterverwendung durch fehlende Modularität und unnötige Kopplung eingeschränkt. Bezogen auf die Schnittstellen von Modulen bedeutet das, dass Nutzer von Schnittstellen mitunter eine Änderung der Schnittstelle notwendig machen (Starrheit). Diese Änderungen wirken sich bei gekoppelten Schnittstellen auf viele unbeteiligte Objekte bzw. Klassen aus (Zerbrechlichkeit). Die Lösung gemäß des ISP ist bei all diesen Symptomen die gleiche: die Trennung der Zuständigkeiten. Dadurch bekommen unterschiedliche Nutzer eigene Schnittstellen.

1 Der Entwurf enthält komplexe Codeteile, die keinen unmittelbaren Mehrwert mitbringen.
2 Jede Änderung zieht viele Änderungen in anderen Teilen des Programms nach sich.
3 Änderungen führen zu Fehlern in Bereichen, die konzeptionell getrennt von den Änderungen sind.

26.3 Beispiele

Bereits der Name offenbart, dass das ISP relevant für Situationen ist, in denen eine Klasse bzw. ein Objekt mehrere Schnittstellen für unterschiedliche Akteure bereitstellen muss. Die naive Implementierung einer solchen Situation zeigt ◘ Abb. 26.1. Hier hängen die drei Akteure (`nutzer1` bis `nutzer3`) direkt von der Klasse `Operationen` ab, nutzen jeweils aber nur eine Methode dieser Klasse. Da Nutzer einer Klasse grundsätzlich Änderungen der Schnittstelle in der Klasse, die sie nutzen, hervorrufen können, führt eine solche Situation unweigerlich zu einer Kopplung der Nutzer, die eigentlich durch das Single-Responsibility-Prinzip (▶ Kap. 23) verhindert werden soll.

Eine Lösung in Einklang mit dem ISP zeigt ◘ Abb. 26.2. Hier ist zwischen die Nutzer und die genutzte Klasse eine Zwischenschicht aus abstrakten Klassen geschaltet, die als Schnittstellen fungieren. Diese Schnittstellen werden alle (durch Mehrfachvererbung) von der Klasse `Operationen` implementiert. Jede Änderung, die ein Nutzer in einer der Schnittstellen hervorruft, ist damit vollständig entkoppelt von allen anderen Nutzern und deren Schnittstellen. Gleichzeitig zeigt sich hier schon eine Umkehr der Abhängigkeiten, wie sie bei der Vorstellung des Dependency-Inversion-Prinzips (▶ Kap. 27) noch wichtig wird: Die einzelnen Nutzer hängen von ihren abstrakten Schnittstellen ab, aber nicht mehr von der Klasse `Operationen`. Diese wiederum hängt (durch Vererbung) von den abstrakten Schnittstellen ab, die sie implementiert. Entsprechend können die Nutzer und ihre abstrakten Schnittstellen jeweils in eigene, voneinander unabhängige Komponenten ausgelagert werden. Oft verlaufen Grenzen der Architektur zwischen den abstrakten Schnittstellen und der Klasse, die sie implementiert, und zwar dergestalt, dass sich die Schnittstellen implementierende Klasse in einer weiter außen gelegenen Schicht befindet.

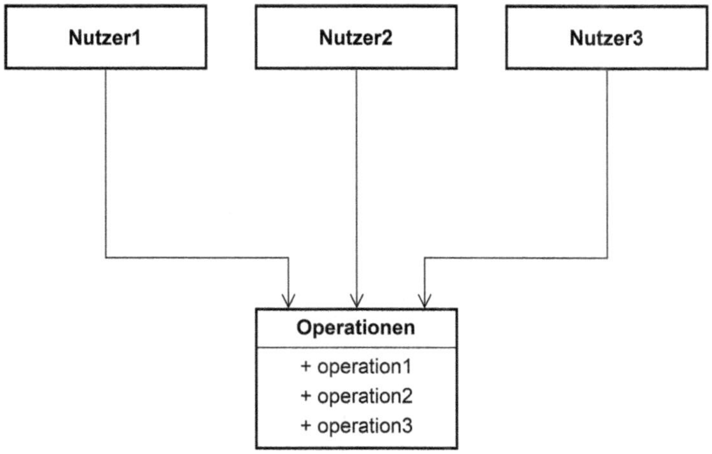

◘ **Abb. 26.1 Kopplung unterschiedlicher Nutzern durch Abhängigkeit von derselben Klasse.** Es gibt Situationen, in denen eine Klasse bzw. ein Objekt mehr als eine Schnittstelle bereitstellen muss. Die in diesem Schema gezeigte naive Lösung führt allerdings zu Abhängigkeiten zwischen denen sonst vollständig getrennten Nutzern. Insbesondere in statisch typisierten und kompilierten Sprachen hat jede Änderung der Klasse `Operationen`, die durch einen der Nutzer hervorgerufen wurde, Auswirkungen auch auf die anderen Nutzer. Eine Lösung ist in ◘ Abb. 26.2 dargestellt

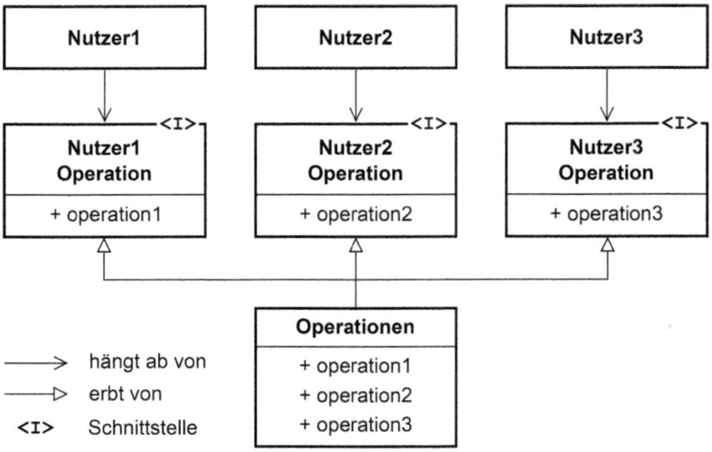

Abb. 26.2 Entkopplung der Nutzer durch abstrakte Schnittstellen. Jede Änderung, die ein Nutzer in einer der Schnittstellen hervorruft, ist vollständig entkoppelt von allen anderen Nutzern und deren Schnittstellen. Vergleiche als Gegensatz dazu Abb. 26.1

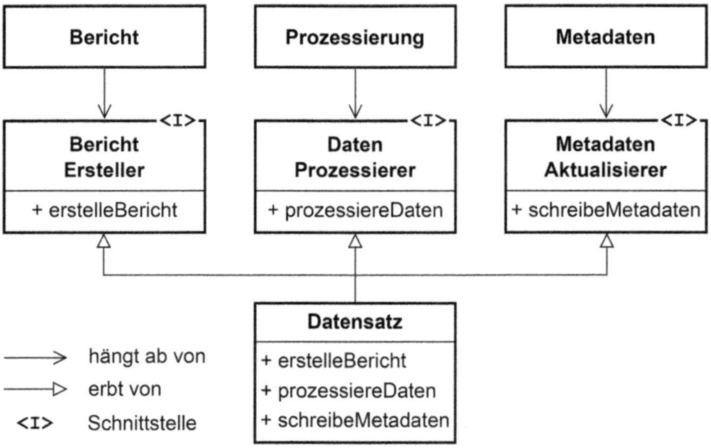

Abb. 26.3 Eine mögliche Anwendung des ISP im Kontext der wissenschaftlichen Datenverarbeitung. Ein Datensatz könnte eine Klasse sein, die unterschiedliche Schnittstellen für unterschiedliche Akteure bereitstellt. Um diese Akteure, im Beispiel Klassen für Berichte, Datenverarbeitung und Metadatenverarbeitung, voneinander zu entkoppeln, werden abstrakte Schnittstellen zwischen sie und den Datensatz geschaltet

Nun ist dieses Beispiel zugegeben sehr abstrakt und allgemein gehalten, verdeutlicht dafür aber ganz gut das zugrunde liegende Prinzip. Der Versuch, die Anwendung des ISP im Rahmen der wissenschaftlichen Softwareentwicklung zu motivieren, ist in Abb. 26.3 wiedergegeben. Das Schema ist strukturell komplett äquivalent zu jenem in Abb. 26.2, und man könnte auch hier wieder zunächst die gekoppelte Situation wie in Abb. 26.1 zeigen. Das unterbleibt allerdings aus Platzgründen, zumal der Mehrwert nicht offensichtlich ist. Inwieweit das Beispiel in einer realen Anwendung so umgesetzt werden sollte, sei einmal dahingestellt. Auf jeden Fall ist ein Datensatz im Kontext der wissenschaftlichen Datenverarbeitung mit hoher Sicherheit ein relativ abstraktes Konzept, das sich im Kern der Anwendung wiederfinden wird.

Die aufgeführten Beispiele für das ISP liefern eine gute Illustration und Begründung für das Grundprinzip, immer nur gegen abstrakte Schnittstellen, niemals gegen konkrete Implementierungen zu entwickeln. Einzelne, voneinander unabhängige Aspekte werden so entkoppelt und lassen sich insbesondere auch unabhängig testen. Das ermöglicht letztlich die testgetriebene Entwicklung großer Anwendungen.

26.4 Bedeutung und Konsequenzen

Das ISP hat wesentlichen Anteil daran, dass eine Anwendung aus flexiblen, wiederverwendbaren und wartbaren Einzelkomponenten besteht. Der Grundgedanke der **Kapselung der Schnittstellen** führt zur Entkopplung der Akteure. Einzelne Module lassen sich so wiederverwenden, und Änderungen der Funktionalität bleiben lokal. Das führt gleichzeitig zu übersichtlicherem Code, da Klassen immer nur das zwingend Notwendige implementieren. Das erhöht die Lesbarkeit und damit die Wartbarkeit. Der Zusammenhang zum Single-Responsibility-Prinzip (▶ Kap. 23) besteht darin, eine Strategie zum Umgang mit Klassen aufzuzeigen, die mehr als eine Aufgabe erfüllen müssen: Jede Einzelaufgabe wird in eine Schnittstelle ausgelagert. Das sorgt für Flexibilität, Wiederverwendbarkeit und Wartbarkeit.

26.4.1 Verallgemeinerung auf der Systemebene

Wie die anderen SOLID-Prinzipien auch wurde das ISP ursprünglich für den Entwurf von Klassen formuliert und entstand in diesem Kontext. Aber so, wie auch die anderen SOLID-Prinzipien auf abstrakterer architektonischer Ebene ihren Widerhall finden, gibt es auch für das ISP eine Entsprechung, das **Common-Reuse-Prinzip (CRP)**:

» „Don't force users of a component to depend on things they don't need." (Robert C. Martin, [3, S. 107])

Die Grundidee ist hier auch wieder die gleiche: Nutzer sollen nicht von Dingen abhängen, die sie nicht verwenden. Entsprechend liefert das CRP Hinweise darauf, was in einer Komponente zusammengefasst werden sollte und was nicht. Klassen und Module, die zusammen verwendet werden, sind Teile einer wiederverwendbaren Abstraktion. Sie sind durch viele Abhängigkeiten untereinander gekennzeichnet. Entsprechend sollten sie in einer Komponente zusammengefasst werden. Umgekehrt sollten Klassen und Module, die sich unabhängig voneinander verwenden lassen (schwach gekoppelt sind), nicht in einer Komponente zusammengefasst werden, da sonst genau die Situation auftritt, die das ISP rät zu verhindern: die Kopplung sonst voneinander unabhängiger Akteure. Beide Prinzipien, das ISP und das CRP, lassen sich entsprechend abstrakt zusammenfassen: „Hänge nicht von Dingen ab, die du nicht brauchst." Oder, im Original von Robert C. Martin:

» „Don't depend on things you don't need." (Robert C. Martin, [3, S. 108])

Hier kommt noch einmal sehr schön der Grundgedanke der Kapselung und daraus folgend der Modularität zum Ausdruck.

Verständnisfragen

- Welcher konstituierende Aspekt objektorientierter Programmierung ist wesentlich für das ISP?
- Welchen Perspektivwechsel nimmt das ISP hinsichtlich Abhängigkeiten vor?
- Welches Kernproblem wird durch den Einsatz des ISP gelöst?
- Welche Entsprechung für das ISP gibt es auf abstrakterer architektonischer Ebene? Wie lassen sich beide Prinzipien griffig zusammenfassen?
- Welche Bedeutung kommt dem ISP hinsichtlich der Testbarkeit einer Anwendung zu?

Kommentiertes Literaturverzeichnis

Wie alle anderen SOLID-Prinzipien wurde das ISP von Robert C. Martin prägnant formuliert. Vergleiche dazu Kapitel 12 in [1] und Kapitel 10 in [3]. Das Pendant auf höherer architektonischer Ebene, das Common-Reuse-Prinzip, wird von Robert C. Martin ebenda in späteren Kapiteln formuliert. Die dem ISP zugrunde liegenden Entwurfsmuster, insbesondere „Interface" und „Adapter", finden sich im Buch der „Gang of Four" [2] wieder.

Literatur

1. R.C. Martin, *Agile Software Development. Principles, Patterns, and Practices* (Prentice Hall, Upper Saddle River, New Jersey, 2003)
2. E. Gamma, R. Helm, R. Johnson, J. Vlissides, *Design Patterns. Elements of Reusable Object-Oriented Software* (Addison-Wesley, Boston, 1995)
3. R.C. Martin, *Clean Architecture. A Craftman's Guide to Software Structure and Design* (Prentice Hall, Boston, 2018)

Das Dependency-Inversion-Prinzip

Inhaltsverzeichnis

T. Biskup, *Softwareentwicklung für die Naturwissenschaften*,
https://doi.org/10.1007/978-3-662-71607-6_27

Kernaspekte

- Die Kernaspekte einer Anwendung sollten nicht von ihrer Peripherie abhängen – sondern beide von Abstraktionen.
- Anwendungsentwicklung zielt auf die zugrunde liegenden Abstraktionen und ihre stabilen, abstrakten Schnittstellen.
- Anwendungen bestehen aus klar getrennten Schichten, die Dienste über definierte Schnittstellen bereitstellen.
- Die Anwendungslogik steht im Zentrum. Datenquellen und Nutzerschnittstellen sind peripher.
- Umkehr der Abhängigkeiten sorgt für Unabhängigkeit und intrinsische Testbarkeit der einzelnen Schichten.

Das Ziel aller Softwarearchitektur ist eine flexible Anwendung, die sich einfach erweitern lässt und aus wiederverwendbaren, entsprechend voneinander unabhängigen Komponenten besteht. Ein entscheidender Aspekt ist dabei die Richtung von Abhängigkeiten. Der naive Ansatz führt meist zu Abhängigkeiten innerhalb der Software, die in die gleiche Richtung wie der Kontrollfluss zeigen. Abhängigkeiten auf Ebene des Quellcodes entstehen dabei in der Regel dadurch, dass eine Komponente namentlich in einer anderen Komponente genannt wird. Soll die aufgerufene Komponente ausgetauscht oder verändert werden, muss in der Regel auch die aufrufende Komponente verändert werden. Das aber widerspricht dem Ziel flexibler, erweiterbarer, letztlich modularer Software. Eine Lösung für das Problem, wie Softwareeinheiten gleichzeitig offen für Erweiterungen, aber abgeschlossen gegenüber Veränderungen sein können, liefert das Open-Closed-Prinzip (OCP, ► Kap. 24). Der Kerngedanke dieses Prinzips, nämlich die Verwendung (abstrakter) Schnittstellen (*interfaces*), findet sich auch in der Umsetzung des Dependency-Inversion-Prinzips (DIP) wieder. Der Kerngedanke des DIP und gleichzeitig der Grund für seinen Namen ist die Umkehr der üblichen Abhängigkeiten, die parallel zum Kontrollfluss verlaufen. Das führt zu einer Entkopplung von Klassen voneinander und sorgt im Kontext des DIP für eine Modularität auch über Schichtgrenzen einer Gesamtanwendung hinweg.

27.1 Das Prinzip

Das DIP besagt, dass die flexibelsten Systeme jene sind, in denen Abhängigkeiten auf Ebene des Quellcodes nur auf abstrakte, aber nicht auf konkrete Klassen und Objekte existieren. Traditionelle prozedurale Programmierung erzeugt eine Abhängigkeitsstruktur, in der die abstrakten Strategien (*policy*) von Details abhängen. Objektorientierte Programmierung kehrt diese Abhängigkeitsstruktur um, sodass sowohl die Details als auch die abstrakten Strategien von Abstraktionen abhängen. Darüber hinaus gehören Diensteschnittstellen oft zu den sie nutzenden Klienten. Diese Umkehrung der Abhängigkeiten ist in der Tat das Markenzeichen eines guten objektorientierten Entwurfs. Die verwendete Programmiersprache ist egal. Wenn die Abhängigkeiten nicht invertiert sind, ist es ein prozeduraler Entwurf. Das DIP ist der grundlegende Mechanismus auf niedriger Ebene hinter vielen der Vorteile, die objektorientierte Programmierung für sich reklamiert, insbesondere Flexibilität, Modularität, Wiederverwendbarkeit und Wartbarkeit. Die Entwicklung wiederverwendbarer Frameworks ist ohne das DIP nicht möglich. Darüber hinaus ist es ebenso eine Voraussetzung für Code, der mit Änderungen der Anforderungen umgehen soll. Da die Abstraktionen und Details alle voneinander isoliert sind, lässt sich der resultierende Code viel einfacher warten.

27.1.1 Abstraktion ist der Schlüssel einer guten Softwarearchitektur

Das DIP wurde von Robert C. Martin formuliert und wird von ihm in zwei leicht unterschiedlichen Formulierungen in [1] vorgestellt:

> „a. High-level modules should not depend on low-level modules. Both should depend on abstractions.
>
> b. Abstractions should not depend on details. Details should depend on abstractions.“
>
> (Robert C. Martin, [1, S. 127])

Dahinter steckt eine alte Erkenntnis, die schon von Edsger Dijkstra eloquent formuliert wurde [2]: Abstraktion ist der Kern jeder Softwareentwicklung. Sie sorgt für die Formalisierung von Zusammenhängen und Abläufen. Die eigentliche Herausforderung beim Programmieren besteht weniger darin, die Techniken zu beherrschen, als die Abläufe und Zusammenhänge der Problemstellung bzw. des Problemraums zu analysieren und sie soweit zu strukturieren und zu abstrahieren, dass sie sich formalisieren und letztlich mithilfe einer formalen Sprache (Programmiersprache) beschreiben lassen.[1] Die Summe der Abstraktionen bzw. das Ergebnis der Analyse ist in seiner sprachlichen Formulierung das Modell im Sinne des Domain-Driven Design (vgl. ► Kap. 22 und [3]). Ihre Umsetzung in einer formalen Sprache bildet den Kern jedes guten Programms, nämlich die „Geschäftsregeln“ (*business rules*), die als formalisiertes Modell der Realität dienen. Der Kern der Anwendung sollte unabhängig von Details der Implementierung sein. Das zu erreichen, dafür genau bedarf es der Strategien des DIP.

Die Frage, die sich immer wieder stellt, gerade aus der Formulierung des DIP: Was ist ein Detail? Grob gesagt alles, was nicht zum Bereich des abstrakten Modells und seiner Implementierung als Kern der Anwendung gehört. Sicherlich sind Nutzerschnittstellen, Persistenzschicht (Dateisystem, Datenbank) und derlei ein Detail. Die Gefahr, den Wald vor lauter Bäumen nicht zu sehen, ist gerade beim Entwurf von Software in größeren Projekten sehr real – und Datenauswertung, die ansatzweise den Kriterien der Wissenschaftlichkeit genügen soll, ist definitiv ein größeres Projekt. Deshalb ist es so wichtig, immer wieder auf das große Bild zu fokussieren und zu versuchen, das abstrakte Modell der Realität weiterzuentwickeln. Dazu ist es aber notwendig, die Details zu ignorieren.

► Beispiel: Unwichtige Details

Wenn man eine Anwendung zur Auswertung von Daten schreiben möchte, ist ein häufiger Ansatz, mit der Funktionalität zum Einlesen der Daten zu beginnen. Dabei ist das Datenformat

1 Die Beherrschung grundlegender Programmiertechniken ist die Voraussetzung für alles Weitere. Die Aneignung dieser Fähigkeiten ist die Verantwortung der Softwareentwickler, sie sind aber lediglich Werkzeuge. Die Analyse der Problemstellung und der Entwurf guter abstrakter Modelle sind die eigentliche intellektuelle Leistung, zu der nur wenige fähig sind.

der Rohdaten für die Anwendung ein nebensächliches Detail. Genauso findet man häufig die Idee, von der Nutzerschnittstelle her zu denken. Die ist aber ebenso ein unwichtiges Detail. Viel relevanter ist die Frage: Was will ich mit meinen Daten machen können, wie lassen sich diese Operationen auf Daten abstrahieren und formalisieren, und wie repräsentiere ich die Daten dafür sinnvoll innerhalb meiner Anwendung, bzw. wie repräsentiere ich Operationen auf Daten? Diese Aspekte formen zunächst das abstrakte Modell der Realität und stellen die eigentliche intellektuelle Herausforderung (und im Erfolgsfalle auch Leistung) dar. Ihre Umsetzung (Implementation) bildet dann den Kern der Anwendung. Über die Details, wie Schnittstellen nach außen, kann man sich später Gedanken machen. Aufgrund der Abstraktion und bei Einsatz des DIP sind sie dann aber austauschbar. Das ist der Grund, warum Robert C. Martin sagt, gute Softwarearchitektur zeichne sich durch die Zahl der Entscheidungen aus, die nicht getroffen wurden (vgl. ► Kap. 22). Diesen Blick zu bekommen, was die eigentlich wichtigen Teile einer Anwendung sind, und dass viele Aspekte zunächst unwichtige Details sind, ist mitunter herausfordernd. Allerdings kann testgetriebene Entwicklung hier immens weiterhelfen, weil sie dabei hilft, die für die eigene Motivation wichtige Frage „Kann man schon was sehen?“ frühzeitig positiv zu beantworten. Ich muss keinen Importer für meine Daten und keine Nutzerschnittstelle implementieren, um zu wissen, dass mein Verarbeitungsschritt funktioniert. Letztlich kann man den Gedanken sogar noch ein ganzes Stück weiter denken: Auch die verwendete Programmiersprache ist in letzter Konsequenz ein Detail. Solange eine Sprache alle an sie gestellten Anforderungen erfüllt, ist sie geeignet. Ein Modell als Kern einer Anwendung kann in vielen unterschiedlichen (Programmier-)Sprachen implementiert werden. Die Entscheidung über die Sprache ist viel häufiger eine persönliche als eine rein objektive. ◄

27.1.2 Abstraktion und Stabilität gehen oft Hand in Hand.

Das DIP ist natürlich keine sklavisch befolgbare Regel. In letzter Konsequenz sind Abhängigkeiten von konkreten Klassen unvermeidlich. Allerdings sollte man hier zwei Fälle unterscheiden: stabile konkrete Klassen und unbeständige (*volatile*) konkrete Klassen. Stabile konkrete Klassen sind nicht das Problem. Ein Beispiel sind die Basistypen einer Sprache, die einen „stabilen Hintergrund“ (*stable background*) liefern. Natürlich wird man immer von diesen konkreten Klassen abhängen. Allerdings sind Änderungen in diesen Klassen sehr selten.

► Beispiel: Änderungen im stabilen Hintergrund (Basisklassen)

Beim Wechsel von Python 2 zu Python 3 hat genau eine solche Veränderung in grundlegenden Datentypen und ihrer Verarbeitung stattgefunden. Eine der prominentesten Änderungen zwischen den beiden Python-Versionen ist ihr Umgang mit Strings. In Python 3 sind es immer Unicode-Strings, in Python 2 war das noch anders. Solche Änderungen sind aber zumindest in etablierten Programmiersprachen höchst selten und wohlüberlegt. Nicht ohne Grund wurde Python 2.7 acht Jahre lang parallel zum 3.x-Zweig gepflegt, wenn auch nicht weiterentwickelt. Die offizielle Unterstützung wurde erst im Jahr 2020 endgültig eingestellt. ◄

Ein anderer Fall sind unbeständige konkrete Klassen. Das sind die konkreten Klassen, die wir meist in unseren eigenen Anwendungen erzeugen. Natürlich muss eine Anwendung am Ende mit konkreten Klassen und instantiierten Objekten operieren, um ihre Aufgaben zu erfüllen. Allerdings werden diese konkreten Klassen und Objekte meist sehr weit außen in einer peripheren Schicht erzeugt, von wo aus sie dann auf die weiter innen liegenden abstrakte(re)n Einheiten zugreifen. Ein Kernkonzept dafür, die abstrakte Fabrik (*abstract factory*), wird weiter unten noch detaillierter besprochen werden. Softwareentwicklung bedeutet ständige Veränderung. Denn Veränderbarkeit ist ja gerade der *raison d'être* von Software. Entsprechend gilt es, Abhängigkeiten von veränderlichen Elementen zu vermeiden. Die Strategie, um das zu erreichen, wurde im Wesentlichen bereits besprochen: Entkopplung durch abstrakte Schnittstellen im Kontext des OCP (▶ Kap. 24).

Schnittstellen sind in der Regel stabiler als ihre Implementierungen. Änderungen der Schnittstellen erzwingen Änderungen aufseiten der Nutzer der Schnittstellen. Änderungen der Implementierung einer Schnittstelle haben dagegen meist keinen Einfluss auf die Schnittstelle selbst. Das ist der Grund für die generelle Regel der Softwareentwicklung, immer nur gegen (abstrakte) Schnittstellen zu entwickeln, aber niemals gegen konkrete Implementierungen. Die durch die objektorientierte Programmierung (▶ Kap. 12) forcierte Kapselung hilft hierbei ungemein. Auch die testgetriebene Entwicklung (▶ Kap. 19) kann hier einmal mehr ihre Stärken ausspielen, erfordert doch das Schreiben eines Tests die Formulierung eines erwarteten Verhaltens. Ein solches erwartetes Verhalten ist aber letztlich nichts anderes als der Aufruf einer Schnittstelle und die Beobachtung der Reaktion. Gute Architektur nutzt stabile, abstrakte Schnittstellen. Diese Schnittstellen zu finden bedarf entsprechender Fähigkeiten zur genauen Beobachtung etc., vgl. die Voraussetzungen für die Entwicklung eines Modells der (komplexen) Realität, dessen Implementierung Kern der Anwendung im Kontext des Domain-Driven Design darstellt (vgl. ▶ Kap. 22).

27.1.3 Konkrete Regeln für die Programmierung

Nach dieser zunächst theoretisch-abstrakten Einführung werden nachfolgend einige konkrete Regeln für die Programmierung genannt, die sich direkt aus dem DIP ergeben. Sie folgen dabei der Darstellung von Robert C. Martin [4, S. 89]. Der Begriff „unbeständig" ist dabei die Übersetzung des originalen Begriffs *volatile*.

Nicht auf unbeständige konkrete Klassen verweisen Stattdessen sollten abstrakte Schnittstellen verwendet werden, wie das bereits im Kontext des OCP (▶ Kap. 24) gezeigt wurde. Im weiteren Kontext des DIP erzwingt diese Regel allerdings meist die Nutzung von abstrakten Fabriken (*abstract factories*). Details werden weiter unten noch besprochen, vgl. insbesondere ◘ Abb. 27.3.

Nicht von unbeständigen konkreten Klassen erben Diese Regel ist eine logische Folge der vorgenannten Regel. Trotzdem rechtfertigt sie eine besondere Nennung. Vererbung erzeugt direkte Abhängigkeiten im Quellcode. Für statisch typisierte Sprachen ist das dabei die stärkste mögliche Abhängigkeit, aber auch in dynamisch typisierten Sprachen ist die Abhängigkeit noch sehr stark und sollte deshalb nur wohl überlegt und bewusst eingesetzt werden.

Konkrete Funktionen/Methoden nicht außer Kraft setzen Konkrete Funktionen bzw. Methoden haben oft Quellcodeabhängigkeiten. Durch das außer Kraft setzen (*override*) werden diese Abhängigkeiten keinesfalls beseitigt, stattdessen erbt man sie. Die Lösung ist stattdessen, zwei konstituierende Prinzipien der objektorientierten Programmierung zu verwenden, namentlich Vererbung und Polymorphie im Zusammenspiel mit Abstraktion, vgl. dazu auch das OCP (▶ Kap. 24): Statt eine konkrete Methode zu erben und abzuändern, sollte eine abstrakte Basisklasse formuliert werden, von der dann viele unterschiedliche Implementierungen abgeleitet werden können.

Namen konkreter, unbeständiger Elemente nicht nennen Das ist schlicht eine Umformulierung des Prinzips als solchem. Ein Element (i. d. R. eine Klasse) im Quellcode zu benennen, entweder durch Vererbung oder durch Aufruf, erzeugt eine direkte Abhängigkeit. Entsprechend sollte immer nur auf (hinreichend) abstrakte Elemente verwiesen werden.

Diese Regeln zu befolgen führt in gewisser Weise zu einem inneren Widerspruch. Um am Ende eine Aufgabe zu erfüllen, muss nicht nur Code ausgeführt werden, sondern es müssen konkrete Implementierungen vorliegen. Die Delegation hat irgendwann ihr Ende. Nun führt aber die Objekterzeugung zu Quellcode-Abhängigkeiten, wie gerade ausgeführt. Entsprechend bedürfen konkrete, unbeständige Objekte spezieller Mechanismen, um Abhängigkeiten zu invertieren. Hier schlägt die Stunde der Fabrik bzw. abstrakten Fabrik, einem Entwurfsmuster der „Gang of Four" [5], das weiter unten noch konkreter vorgestellt wird.

27.2 Die Symptome

Auch für das DIP gibt es Symptome für schlechte Architektur [1, S. 85] (*architectural smells*), die als Heuristiken für seine Verwendung eingesetzt werden können. Das sind **Unbeweglichkeit**[2] (*immobility*) und **Intransparenz**[3] (*opacity*). Die Unbeweglichkeit drückt sich in Form mangelnder Flexibilität und Testbarkeit aus. Das System ist schwer in einzelne Komponenten aufteilbar, und der Austausch peripherer Komponenten (Nutzerschnittstelle, Persistenz) erzwingt Änderungen der Anwendungslogik. Darüber hinaus sind die einzelnen Schichten nicht unabhängig testbar und Unittests entsprechend nicht durchführbar. Die Intransparenz tritt in Form der Abhängigkeit von (unwichtigen) Details und einer generellen Unübersichtlichkeit zutage. Die Anwendungslogik hängt von peripheren Schichten ab. Generell hängen abstrakte(re) von konkrete(re)n Schichten ab. Darüber hinaus sind Abstraktionsebenen bunt gemischt, was die eigentliche Aufgabe der Anwendung schwer erkennbar macht.

27.3 Beispiele

Die von Robert C. Martin in [1] gegebenen Beispiele machen eine Abgrenzung vom OCP vergleichsweise schwer und bleiben im Wesentlichen bei der Verwendung des Strategie-Musters (*strategy*) eines der Entwurfsmuster der „Gang of Four" aus [5]. Außerdem fehlt dort die in seinem späteren Werk zur sauberen Architektur [4] gezeigte und für das DIP oftmals zentrale Verwendung der abstrakten Fabrik (*abstract factory*). Was das DIP ganz wesentlich vom OCP unterscheidet, ist der Blickwinkel auf **Grenzen** zwischen Modulen oder letztlich als oberster Organisationsebene einer Anwendung ihrer Schichten und der

2 Das System lässt sich schwer in wiederverwendbare Komponenten aufteilen.
3 Der Entwurf ist schwer zu lesen und zu verstehen. Er drückt seine Absicht nicht klar aus.

Richtung der Abhängigkeiten dieser Softwareeinheiten voneinander. Entscheidend für eine saubere Architektur ist, wie bereits eingangs bei der Vorstellung des Prinzips dargelegt, eine Abhängigkeit in Richtung Abstraktion und Stabilität. Diese beiden Aspekte gehen oft Hand in Hand, was dann auf der Ebene der Gesamtarchitektur zu entsprechenden weiter unten noch vorgestellten Verallgemeinerungen des DIP führt.

27.3.1 Die im Rahmen des OCP eingeführte abstrakte Schnittstelle

Wie kann man die Abhängigkeiten über Schichtgrenzen hinweg umkehren, sodass abstrakte(re) Module nicht von konkrete(re)n Modulen abhängen, dass also in einem Schichtenmodell die Abhängigkeiten nach innen, in Richtung zunehmender Abstraktion und Stabilität, zeigen? Die Antwort lautet: durch die Verwendung abstrakter Schnittstellen, wie schon im Kontext des OCP (▶ Kap. 24) vorgestellt. Dort lag die Betonung allgemein auf dem Aufbrechen einer direkten Abhängigkeit im Quellcode und der durch die Einführung der abstrakten Schnittstelle möglich werdenden Austauschbarkeit einer Server-Komponente, ohne dass die Client-Komponente beeinflusst wird. Im Kontext des DIP kommt die Schichtgrenze ins Spiel (vgl. ◘ Abb. 27.1). Ohne Einsatz der abstrakten Schnittstelle gäbe es im Beispiel eine direkte Quellcodeabhängigkeit zwischen Datensatz und Bildschirmdarsteller. Da sie aber zu unterschiedlichen Schichten gehören, und zwar der Datensatz eindeutig zur abstrakteren, weiter innen liegenden Schicht als der Bildschirmdarsteller, führte das zu einer Abhängigkeit in Richtung konkreter(er) Komponenten. Nun sollte aber nie die Repräsentation eines Datensatzes von seiner Darstellung auf einem Bildschirm abhängen, zumal sich die Darstellung je nach Hardware ändern kann und wird, das Konzept eines Datensatzes als Repräsentation von Daten aber viel abstrakter und allgemeingültiger ist.

Ein weiterer wesentlicher Aspekt des DIP, der in ◘ Abb. 27.1 deutlich wird und der so in der vergleichbaren Abbildung zum OCP nicht ersichtlich war: Die abstrakte Schnittstelle gehört zum Datensatz bzw. in das gleiche Modul bzw. die gleiche Schicht wie er.

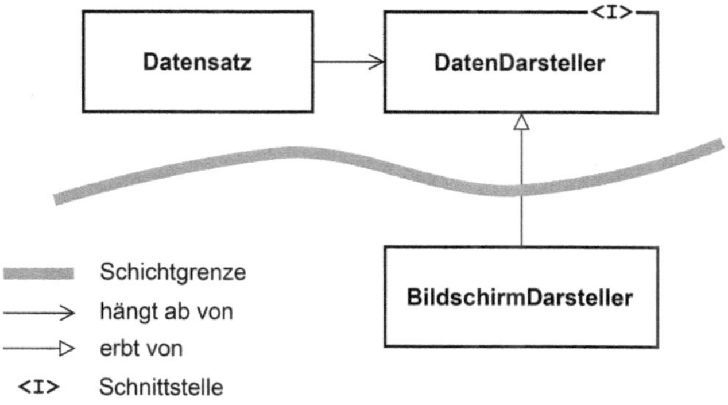

◘ **Abb. 27.1 Umkehr der Abhängigkeiten durch eine abstrakte Schnittstelle.** Das Beispiel gleicht bis auf die eingezeichnete Schichtgrenze dem für das Open-Closed-Prinzip (OCP, ◘ Abb. 24.4). Entscheidend ist hier die andere Perspektive. Während das OCP generell die Entkopplung einzelner Klassen im Blick hat, geht es beim DIP um die Umkehr der Abhängigkeiten. Die eingezeichnete Schichtgrenze stellt die oberste Ebene einer Kompartimentierung einer Anwendung dar

Die konkrete Implementierung der Schnittstelle findet hingegen in einer weiter außen liegenden Schicht statt. Entsprechend hängen die äußeren (konkreteren) von den weiter innen liegenden (abstrakteren) Modulen ab, und es kommt gegenüber der prozeduralen Implementierung zu einer Umkehr der Abhängigkeiten. Hieran wird auch ersichtlich, dass diese Umkehr der Abhängigkeiten nur durch zentrale Konzepte der objektorientierten Programmierung (Vererbung und Polymorphie im Zusammenspiel mit Abstraktion) möglich ist.

27.3.2 Eine komplexere Architektur mit Abhängigkeiten in *eine* Richtung

Auch das nächste Beispiel für die Anwendung des DIP wurde in fast gleicher Form bereits beim OCP gezeigt. Dargestellt ist hier eine komplexere Architektur mit Abhängigkeiten zwischen unterschiedlichen Modulen. Der wesentliche Unterschied zum vorherigen Erscheinen ist, dass auch hier wieder die Schichtgrenzen der Architektur eingezeichnet sind (◘ Abb. 27.2). Jede der eingezeichneten Abhängigkeiten zwischen den Modulen ist eine Abhängigkeit, die Schichtgrenzen überschreitet.

Entscheidend für das DIP ist die Richtung dieser Abhängigkeiten. Sie zeigen alle in Richtung zunehmender Abstraktion und damit auch Stabilität. Das hervorgehobene Modul „Datenverarbeitung" ist der Kern der Anwendung, also das implementierte abstrakte Modell. Alle anderen Module haben Abhängigkeiten, die in seine Richtung zeigen, aber der Kern der Anwendung selbst hängt von keinem anderen Modul ab. An diesem Schema lässt sich die Frage, was denn nun ein Detail sei, von dem man nicht abhängen solle, noch einmal sehr konkret beantworten: Die Datenquellen sind ein solches Detail, genauso wie die Darstellung der Daten, sei es auf dem Bildschirm in einer grafischen Nut-

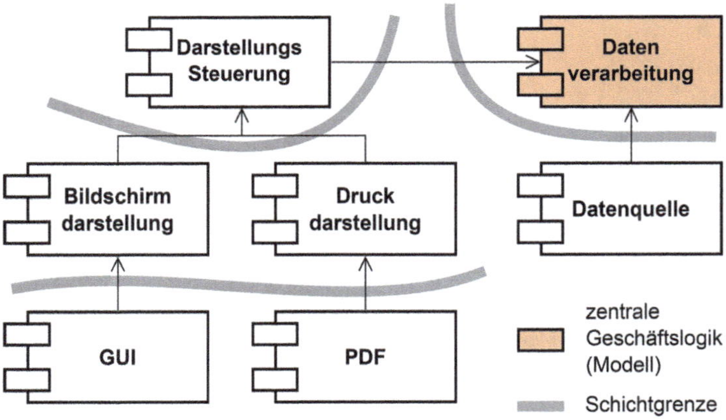

◘ **Abb. 27.2 Eine komplexere Architektur mit Abhängigkeiten in *eine* Richtung.** Auch dieses Schema gleicht jenem, das im Kapitel zum OCP gezeigt wurde (◘ Abb. 24.5). Entscheidend sind aber auch hier wieder einerseits der Verlauf der Schichtgrenzen und andererseits die Richtung der Abhängigkeiten. Hervorgehoben ist das Modul zur Datenverarbeitung, das gleich einer Spinne im Netz keinerlei Abhängigkeiten zu anderen Komponenten hat, umgekehrt aber alle Abhängigkeiten auf sich vereint. Dieses Modul stellt den Kern der Anwendung im Sinne des Domain-Driven Design (vgl. ► Kap. 22) dar zerschnittstelle (GUI) oder als statisches Dokument (hier ein PDF-Dokument, das dann auch druckbar wäre bzw. sich in eine Publikation einbinden ließe).

Hier lässt sich einmal mehr all das anwenden und aufzeigen, was zum Domain-Driven Design bereits in ▶ Kap. 22 gesagt wurde. Es sei noch einmal betont: Die eigentliche intellektuelle Leistung ist die Ausformulierung eines abstrakten Modells der Problemstellung, die dann in ihrer Implementation in einer Programmiersprache den Kern der Anwendung darstellt. Dieses Modell zu entwickeln bedarf einiger Anstrengung und intellektueller Durchdringung der Fragestellung. Jeder, der Software zur Auswertung von Daten schreiben möchte, die wissenschaftlichen Kriterien genügt, tut gut daran, tragfähige Abstraktionen zu entwickeln und sich auf diesen Kernaspekt zu konzentrieren. Die Details, also die Anbindung an die Außenwelt, lassen sich relativ einfach umsetzen bzw. hervorragend als kleine, in sich abgeschlossene Aufgabenstellungen abgeben.

27.3.3 Der Kern der Umkehr von Abhängigkeiten: die abstrakte Fabrik

Die eigentlich entscheidende Frage in der Umsetzung des DIP ist bislang noch offen geblieben. Sicherlich ist es eine zentrale Strategie jeder Softwarearchitektur, möglichst nicht von konkreten Klassen abzuhängen und Entscheidungen so lange als möglich hinauszuzögern bzw. das Erzeugen konkreter Objekte zu delegieren. Irgendwann aber muss, soll eine Anwendung auch real etwas bewirken, ein konkretes Objekt erzeugt werden, das dann bislang abstrakte Schnittstellen mit Leben füllt. Jede Erzeugung eines Objektes ist aber eine Abhängigkeit zwischen erzeugendem Codeabschnitt und Definition der zugehörigen Klasse. Die Lösung zu diesem scheinbaren Dilemma liefert ein weiteres der klassischen Entwurfsmuster (▶ Kap. 17) der „Gang of Four“, die abstrakte Fabrik (*abstract factory*). Eine Fabrik hat ihren Namen daher, dass sie dazu dient, konkrete Objekte zu erzeugen, und zwar je nach Anforderung unterschiedliche Subtypen eines gemeinsamen Supertypen – eine klassische Anwendung von Vererbung und Polymorphie (◼ Abb. 27.3).

Definition 27.1: Abstrakte Fabrik (*abstract factory*)

Schnittstelle zur Erzeugung einer Familie von Objekten. Die konkreten Klassen der zu erzeugenden Objekte werden nicht näher festgelegt und sind dem Nutzer (also dem die abstrakte Fabrik aufrufenden Code) unbekannt, vgl. [5, S. 87 ff.].

Die Erzeugung von Objekten wird also ausgelagert, da die Objekterzeugung zu Quellcode-Abhängigkeiten führt. Der Nutzer einer abstrakten Fabrik kennt nur abstrakte Objekte und damit deren Schnittstellen, genauso wie er die Schnittstelle der abstrakten Fabrik kennt und so weiß, wie er an ein passendes Objekt gelangen kann. Eine Fabrik wird immer Objekte eines gemeinsamen Supertypen zurückgeben. Durch das Liskov-Substitutionsprinzip (▶ Kap. 25) ist gewährleistet, dass der Aufrufer der abstrakten Fabrik ein Objekt bekommt, das seinen Erwartungen hinsichtlich Schnittstelle und Verhalten entspricht.

In einer konkreten Anwendung wird es jeweils mindestens eine konkrete Fabrik geben, die von einer abstrakten Fabrik erbt und entsprechend konkrete Objekte erzeugt. In der Regel gibt eine solche konkrete Fabrik eine Referenz auf das erzeugte Objekt zurück.

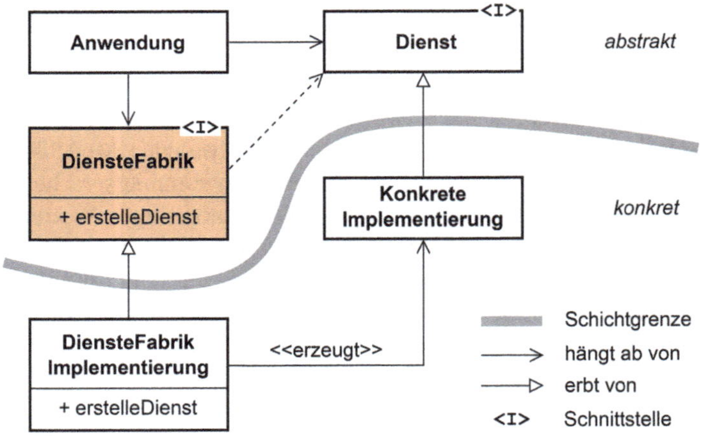

27

Abb. 27.3 Der Kern der Umkehr der Abhängigkeiten: Die abstrakte Fabrik (*abstract factory*). Eine Anwendung hängt von einem Dienst (*service*) ab. Statt durch den direkten Aufruf eines konkreten Dienstes eine Abhängigkeit im Quellcode zu erzeugen, wendet sich die Anwendung an eine (abstrakte) Fabrik, die ein jeweils passendes Dienstobjekt zurückgibt. Eine Gesamtanwendung wird dann an einer Stelle eine Instanz einer konkreten Fabrik, die von der abstrakten Fabrik erbt, erzeugen, und sich fortan immer an diese wenden, wenn sie eine Instanz eines konkreten Dienstes benötigt. (Abbildung verändert nach [4, S. 100])

Eine Instanz einer solchen konkreten Fabrik wird von einem Teil der Anwendung sehr weit außen an der Peripherie erzeugt werden (in Sprachen wie C/C++ z. B. die `main`-Routine, die beim Start der Anwendung aufgerufen wird).

Was gewinnt man durch den Einsatz einer solchen abstrakten Fabrik? Eine sehr weitgehende Entkopplung der einzelnen Schichten inklusive einer guten Testbarkeit der einzelnen Komponenten. Die Entscheidung, welches konkrete Objekt in einer gegebenen Situation erzeugt werden muss, ist an genau einer Stelle gekapselt, nämlich in der Implementierung der konkreten Fabrik, die von der abstrakten Fabrik erbt. Für das Zusammenspiel der Komponenten innerhalb der abstrakte(re)n Schicht sind aber lediglich die abstrakten Schnittstellen der beteiligten Klassen und Objekte von Bedeutung. Solange sich die konkreten Klassen und Objekte an das Liskov-Substitutionsprinzip halten, ist das auch kein Problem.

▶ Beispiel: Import von Daten über ImporterFactory

Jede Anwendung zur wissenschaftlichen Datenverarbeitung wird irgendwann Daten importieren und in ein Format umwandeln müssen, das zur internen Weiterverarbeitung geeignet ist. Das Programm als solches sollte aber nicht von konkreten Importern abhängen. Entsprechend sollte eine (abstrakte) Klasse `ImporterFactory` erstellt werden, die ein Importer-Objekt zurückgibt. Die konkrete Anwendung wird sich dann an ein Objekt einer konkreten `ImporterFactory`-Implementierung wenden, wenn sie einen konkreten Importer benötigt. Wie die konkrete `ImporterFactory` intern entscheidet, welcher Importer der richtige ist, ist alleine ihr überlassen und ein für den Rest der Anwendung unwichtiges Detail. ◀

27.4 Bedeutung und Konsequenzen

Wie aus den vorausgegangen Ausführungen deutlich wurde, hängt das DIP eng mit dem OCP zusammen, hat aber einen anderen Blickwinkel als dieses. Darüber hinaus spielt das Liskov-Substitutionsprinzip eine entscheidende Rolle für die Umsetzung sowohl des OCP als auch des DIP. Mit seiner Umkehr der Abhängigkeiten im Quellcode gegenüber dem prozeduralen Entwurf ist die Umsetzung des DIP in einer Architektur nach Robert C. Martin konstituierend für die Objektorientierung [1, S. 134]. Nun ist objektorientierte Programmierung kein Selbstzweck, sondern eine Strategie, flexible, modulare und wiederverwendbare Softwareeinheiten zu erstellen. Auch wenn es zunächst komplex erscheint, ist das DIP entsprechend essentiell für gute objektorientierte Architektur.

27.4.1 Entscheidend für flexible, modulare, wiederverwendbare Architektur

Es gibt unterschiedliche Namen und Schemata für eine flexible, modulare, wiederverwendbare Softwarearchitektur basierend auf Konzepten der objektorientierten Programmierung. Das ist z. B. die „hexagonale Architektur" von Alistair Cockburn, später umbenannt in „Ports and Adapters", oder ziemlich ähnliche Strukturen bei Freeman und Pryce [6, S. 49]. Ein ähnliches, hier vorgestelltes Schema (vgl. ◘ Abb. 27.4) ist die „saubere Architektur" (*clean architecture*), wie sie von Robert C. Martin vorgeschlagen wurde und in seinem gleichnamigen Buch [4] detaillierter vorgestellt wird. Kernaspekte dieser „sauberen Architektur" sind: Die Abstraktion nimmt nach innen hin zu. Die Abhängigkeiten zeigen darüber hinaus immer nur nach innen. Entscheidend ist, dass nicht die Anwendungsfälle im Zentrum stehen, sondern (noch) abstraktere Entitäten, oder, um mit Eric Evans [3] zu sprechen, die Implementierung des abstrakten Modells. Die Schnitt-

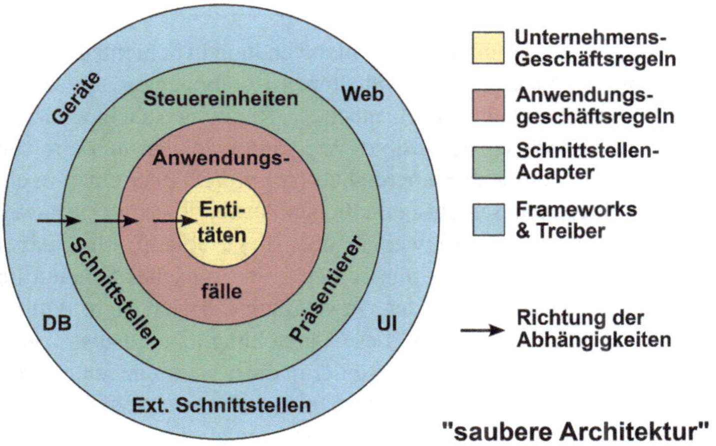

◘ **Abb. 27.4 Saubere Architektur nach Robert C. Martin.** Entscheidend ist, dass die Abhängigkeiten nach innen zeigen. Entsprechend steht zuinnerst der Kern der Anwendung im Sinne des Domain-Driven Design (vgl. ► Kap. 22), von dem alles andere, sogar die Anwendungsfälle, abhängen. Die Nutzerschnittstellen sind genauso wie die Persistenzschicht in der äußersten Schicht zu finden. Es bedeuten: DB, Datenbank(en), UI, Nutzerschnittstelle(n) (*user interface*). (Abbildung verändert nach [4, S. 203])

stellen nach außen sind peripher, d. h., von ihnen hängt nichts Weiteres ab. In dieser Hinsicht ähnelt dieses Schema sehr den „Ports and Adapters" (hexagonale Architektur) von Cockburn. Jede Schicht hat ein konsistentes Abstraktionsniveau. Das ist, so gesehen, die Erweiterung der Kohäsion auf die Ebene der Softwarearchitektur. Durch die Richtung der Abhängigkeiten von außen nach innen und die Entkopplung über die Schichtgrenzen durch die Anwendung des DIP ist jede Schicht unabhängig voneinander testbar.

Neben dem Schema liefert Robert C. Martin noch eine **Reihe praktischer Hinweise** zur Umsetzung dieser Architektur. Der vielleicht entscheidendste und zumindest anfänglich am schwersten umzusetzende Aspekt: Die Anwendung sollte von innen nach außen entwickelt werden. Ohne testgetriebene Entwicklung wird es schwer, das zu tun, weil man in diesem Fall immer auch Schnittstellen nach außen (zur Nutzerschnittstelle und zur Persistenzschicht) mitimplementieren müsste. Die Anzahl der Schichten ist flexibel. Das Schema gibt vier Schichten vor, das ist aber nur eine Möglichkeit. Das originale Schema der hexagonalen Architektur hatte z. B. überhaupt keine Schichten, was aber nicht bedeutet, dass das Abstraktionsniveau aller innerhalb des Hexagons liegenden Klassen identisch ist. Die im Domain-Driven Design formulierte Erkenntnis, die Robert C. Martin teilt, lautet schlicht: Die abstrakten Regeln einer Anwendung, also letztlich die grundlegenden Einheiten und die formalisierten Abläufe, sollten den Kern einer Anwendung bilden. Martin geht hier noch einen Schritt weiter und stellt die abstrakten Einheiten (Entitäten) ins Zentrum. Die Anwendungsfälle, die letztlich auf diesen Entitäten operieren, bilden dann die unmittelbar nächste Schicht darum herum. Die Schnittstellen nach außen lassen sich oftmals über bereits existierende Frameworks abbilden. Entscheidend ist hier nur, dass das Framework ein für die eigentliche Anwendung vernachlässigbares und austauschbares Detail ist. Der Kontrollfluss über die Schichtgrenzen wird über das DIP realisiert. Wie das konkret aussehen kann, wird im folgenden Abschnitt noch anhand eines Schemas dargestellt.

27.4.2 Abhängigkeiten und Kontrollfluss über Schichtgrenzen

Eine gute Softwarearchitektur teilt die Gesamtanwendung in Schichten ein, die sich durch ein je gleiches Abstraktionsniveau der enthaltenen Komponenten auszeichnen. Darüber hinaus zeigen die Abhängigkeiten nach innen, in Richtung zunehmender Abstraktion, und jede Schicht ist für sich separat testbar. Wie kann man aber nun erreichen, dass der Kontrollfluss von außen von einer Steuereinheit (*controller*) über einen in einer abstrakteren, weiter innen liegenden Schicht befindlichen Anwendungsfall (*use case*) zu einem Präsentierer (*presenter*), der wieder weiter außen liegt, abläuft, ohne dabei die Regel zur Richtung der Abhängigkeiten zu missachten? Ein grafisches Schema findet sich in ◘ Abb. 27.5. Entscheidend ist, dass der Anwendungsfall sich nicht dafür interessiert, wie sein Ergebnis dargestellt wird, und diese Darstellung an eine abstrakte Schnittstelle weiterreicht, die von einem konkreten Darsteller in einer weiter außen gelegenen Schicht implementiert wird. Ein Kernaspekt dieser Implementation von Abhängigkeiten und Kontrollfluss über Schichtgrenzen hinweg ist zunächst einmal, dass Anwendungsfälle gegen Schnittstellen implementiert werden, und zwar sowohl für ihre Ein- als auch für ihre Ausgabe. Die Anwendungsfälle und Schnittstellen befinden sich dabei in der gleichen Schicht und Abstraktionsebene. Weiterhin zeigen die Abhängigkeiten immer nur nach innen, in Richtung zunehmender Abstraktion (und damit Stabilität). Die äußere Schicht greift auf Schnittstellen zu, um temporär den Kontrollfluss nach innen abzugeben (Aufruf einer

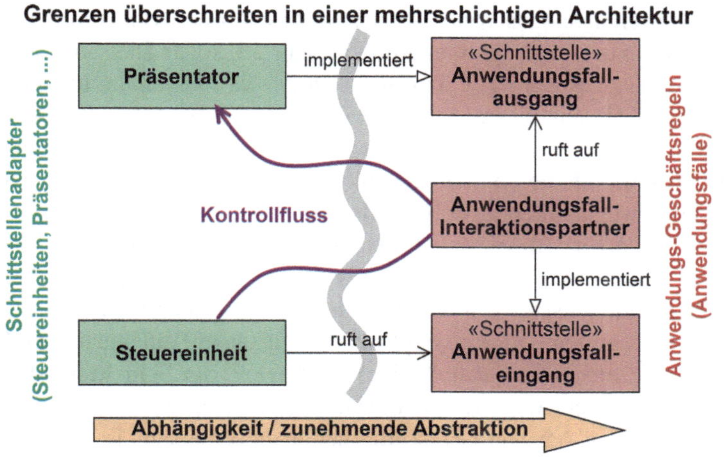

Abb. 27.5 Abhängigkeiten und Kontrollfluss über Schichtgrenzen: Umkehr der Abhängigkeiten. Der namensgebende Kernaspekt des DIP ist die Umkehr der Abhängigkeiten im Quellcode entgegen der naiven ersten Implementierung und zumindest an einer Stelle entgegengesetzt zum Kontrollfluss. Dieses Schema verdeutlicht, wie man diese Umkehr der Abhängigkeiten erreichen kann – letztlich durch geschickten Einsatz des OCP (► Kap. 24). Die Abhängigkeiten zeigen in Richtung zunehmender Abstraktion (und damit Stabilität). (Abbildung verändert nach [4, S. 203])

Eingangsschnittstelle eines Anwendungsfalls) und wieder zu erlangen (Implementierung einer Ausgangsschnittstelle eines Anwendungsfalls).

Auch hier gibt es wieder eine **Reihe praktischer Hinweise**, die die Umsetzung erleichtern. Zunächst einmal sollten Daten innerhalb des Kerns der Anwendung (bzw. in der gesamten Anwendung) auf die im jeweiligen Kontext natürlichste Art abgebildet werden. Die Herausforderung ist hier meist, sich von dem Gedanken freizumachen, wie die Daten normalerweise außerhalb der Anwendung vorliegen. Der Kerngedanke der Abstraktion ist ja gerade, sich von Details einer Implementierung freizumachen und Dinge im größeren Kontext (ggf. neu) denken zu können. Insbesondere bedeutet das, dass Datenformate nicht von außen nach innen durchgereicht werden sollten. Ein Datenformat für die Ablage von Daten ist ganz anderen Ansprüchen ausgesetzt als die Repräsentation der gleichen Daten im Kern einer Anwendung zu deren Laufzeit. Eine Anwendung sollte weder um eine Datenbank noch um irgendein Dateiformat herum aufgebaut werden. Die Konvertierung der Daten vom Speicherformat in das Format, in dem sie innerhalb der Anwendung repräsentiert werden, findet in peripheren Komponenten der Anwendung statt. Ein letzter wesentlicher Aspekt: Schnittstellen werden von der inneren Schicht diktiert. Alles andere bedeutete zumindest implizit einen Verstoß gegen das DIP, das ganz konkret besagt, dass Abstraktionen nicht von Details abhängen sollten, sondern umgekehrt Details von Abstraktionen. Entsprechend sind in den Abb. 27.1 und 27.5 die Schnittstellenklassen auch jeweils der inneren Schicht zugeordnet.

27.4.3 Essentiell für objektorientierte Programmierung

Die Bedeutung des DIP für die objektorientierte Programmierung kann nicht überschätzt werden. Es reicht eben keinesfalls aus, alles als ein Objekt zu sehen und Vererbung, Polymorphie und Kapselung einzusetzen, um sinnvoll objektorientiert zu programmieren. Die Idee der objektorientierten Programmierung ist sehr alt, sogar älter als die strukturierte Programmierung (vgl. ► Kap. 11). Trotzdem dauerte es Jahrzehnte, bis die Werkzeuge und das Wissen existierten, wie man sinnvoll mit diesen Konzepten umgeht und wie man vor allem flexible, wiederverwendbare und wartbare große Software damit erstellt.

Das DIP **entkoppelt die einzelnen Schichten** eines Programms und garantiert damit die Wiederverwendbarkeit abstrakter Module. Das setzt natürlich voraus, dass man *abstrakte* Module entwirft, die in sich das kondensierte Verständnis der Zusammenhänge und Abläufe in einer Anwendung vereinen. Insofern ist das DIP auch „nur" eine wichtige Regel für das Zusammenspiel von Komponenten, es hilft noch nicht dabei, vernünftige Komponenten zu erstellen. Die Entkopplung der einzelnen Schichten eines Programms ermöglicht darüber hinaus die (unabhängige) **Testbarkeit der Schichten**. Das ist essentiell für die Entwicklung gerade größerer Anwendungen. In einem testgetriebenen Szenario werden sich die beiden Aspekte gegenseitig bedingen. Einerseits ist man hier auf Testbarkeit angewiesen und wird tendenziell modulare, voneinander entkoppelte Software schreiben. Andererseits ist das DIP die notwendige Strategie für die Entkopplung. Testgetriebene Entwicklung *per se* ist auch hier nicht hinreichend, sie kann ihre Stärke erst im Zusammenspiel mit der konsequenten Anwendung des DIP entfalten.

Die durch das DIP ermöglichte Entkopplung der einzelnen Schichten eines Programms voneinander erlaubt darüber hinaus die **Fokussierung auf das eigentlich Wesentliche**: Zentral ist die Strategieschicht (die Implementierung des abstrakten Modells einer Anwendung), alles andere ist peripher. Ferner ist die Peripherie oft über Frameworks implementierbar. Diese Konzentration auf das Wesentliche kommt durchaus auch dem Naturwissenschaftler entgegen, denn Zusammenhänge zu erkennen und Prozessabläufe zu durchdringen ist eine zutiefst intellektuelle Aufgabe, die zudem noch in den Fachbereich des Wissenschaftlers fällt. Testgetriebene Entwicklung kann hier immens hilfreich sein, weil sie einerseits die Funktionalität überprüft, auch wenn die Schnittstellen zur Peripherie (allen voran die Ein- und Ausgabe) noch nicht existieren, und weil sie andererseits motiviert, da die Frage „Kann man schon was sehen?" so gut wie immer positiv beantwortet werden kann.

Das DIP ist schließlich zentral für die **Entwicklung von Frameworks**: Es ermöglicht die Wiederverwendbarkeit und Modularität, die wesentliche Charakteristika und die Daseinsberechtigung jedes Frameworks sind. Nun werden einerseits die wenigsten Menschen selbst Frameworks entwickeln wollen. Das hängt andererseits ein wenig vom persönlichen Zeithorizont und von der Fähigkeit zum und der Freude am abstrakten Denken ab. Die persönliche Erfahrung zeigt, dass aus der Notwendigkeit heraus, unterschiedliche spektroskopische Daten zu verarbeiten und zu analysieren, die Idee für ein abstraktes Framework entstand, zumal sich grundlegende Abläufe und Strukturen ähneln (das ASpecD-Framework, ► https://www.aspecd.de/).

All das lässt sich zusammenfassen in der Aussage, dass die korrekte Anwendung des DIP ein **grundlegender Mechanismus für die objektorientierte Programmierung** ist. Die objektorientierte Programmierung war als Paradigma in den 1980er- und 1990er-Jahren angetreten mit dem Versprechen, flexible, wiederverwendbare und wartbare Software zu ermöglichen – und zwar auf der Ebene wirklich großer Anwendungen. Ohne das DIP käme es zu einer heillosen Kopplung der Komponenten und Schichten, was aufgrund der schieren Komplexität vieler Anwendungen ihre Weiterentwicklung und insbesondere ihre Wartung irgendwann unmöglich machte. Gerade die mangelnde Flexibilität und

Wartbarkeit einer Software ist das, was viele Unternehmen ihre Existenz oder doch zumindest sehr viel Geld gekostet hat. Wie sagte Robert C. Martin so treffend:

> „It doesn't take a huge amount of knowledge and skill to get a program working. [...] It works because getting something to work—once—isn't that hard.
>
> Getting it right is another matter entirely. Getting software right is *hard*. It takes knowledge and skills that most young programmers haven't yet acquired. It requires thought and insight that most programmers don't take the time to develop. It requires a level of discipline and dedication that most programmers never dreamed they'd need. Mostly, it takes a passion for the craft and the desire to be a professional." (Robert C. Martin, [4, S. 1])

Dieses Zitat wurde aus gutem Grund schon in ▶ Kap. 22 wiedergegeben, deshalb kann hier eine weitergehende Diskussion unterbleiben.

27.4.4 Das Stable-Dependencies- und Stable-Abstractions-Prinzip

In seinem Buch *Clean Architecture* [4] führt Robert C. Martin eine Reihe weiterer Prinzipien ein, die die SOLID-Prinzipien auf eine höhere Abstraktionsebene hieven. Hier gilt wieder das Gleiche wie für die SOLID-Prinzipien: Er ist wohl der Namensgeber, aber die Prinzipien sind nicht von ihm im eigentlichen Sinne entwickelt worden, sondern das Ergebnis jahrzehntelanger Erfahrung vieler einzelner Programmierer. Für das DIP sind es am Ende zwei dieser Prinzipien, die zusammengenommen das DIP auf Komponentenebene ersetzen. Deshalb seien sie hier zunächst einzeln vorgestellt.

Das erste der beiden Prinzipien, das **Stable-Dependencies-Prinzip (SDP)**, gibt die Antwort auf die Frage, in welche Richtung Abhängigkeiten in Software zeigen sollen:

> „Depend in the direction of stability." (Robert C. Martin, [4, S. 120])

Veränderbarkeit ist der *raison d'être* von Software. Anforderungen werden sich immer ändern, und gute Software zeichnet sich gerade dadurch aus, dass sie nicht nur für genau einen Zweck und eine sehr eng definierte Situation geschrieben wurde, sondern flexibel auf geänderte Anforderungen reagieren kann. Entscheidend dafür ist aber, dass kein Element einer Anwendung von unbeständigen Elementen abhängen sollte. Entsprechend sind in einer schichtweisen Softwarearchitektur einer Anwendung die Elemente, die weiter innen angeordnet sind, auch stabiler (vgl. ◻ Abb. 27.4). Der innerste Kern einer Anwendung ist entsprechend die Implementierung des abstrakten Modells, das aus einer tiefen intellektuellen Durchdringung der Abläufe und Zusammenhänge entstanden und entsprechend über die Zeit stabil sein sollte (vgl. ▶ Kap. 22).

Das zweite Prinzip, das **Stable-Abstractions-Prinzip (SAP)**, behandelt den Zusammenhang zwischen Stabilität und Abstraktion:

> „A component should be as abstract as it is stable." (Robert C. Martin, [4, S. 126])

Der Kernaspekt des OCP (▶ Kap. 24) ist die Einführung einer abstrakten Schnittstelle in Verbindung mit Vererbung und Polymorphie, um für die notwendige Flexibilität (Offenheit für Erweiterung) ohne Bruch der Kompatibilität mit abhängigen Einheiten (Abgeschlossenheit gegenüber Veränderungen) zu sorgen. Abstraktion ermöglicht also die Erweiterung ohne Veränderung. Das gilt nicht nur auf der Ebene von Klassen und Objekten, sondern darüber hinaus auf der Ebene von Modulen und letztlich Schichten.

27.4.5 Abhängigkeiten zeigen in Richtung zunehmender Abstraktion

Beide vorgenannten Prinzipien, das Stable-Dependencies-Prinzip und das Stable-Abstractions-Prinzip, lassen sich in einer Regel zusammenfassen, die Robert C. Martin auch als *dependency rule* bezeichnet:

> „[D]ependencies run in the direction of abstraction." (Robert C. Martin, [4, S. 127])

Der Grund für diese Zusammenfassung ist, dass Stabilität und Abstraktion oft zusammenhängen. Das gilt explizit *nicht* für den „stabilen Hintergrund" einer Programmiersprache (also so etwas wie die Basistypen). Es gilt allerdings sehr wohl für den Großteil wenn nicht alle Klassen, die ein Programmierer im Kontext einer Anwendung selbst schreibt. Diese Regel ist das DIP auf Komponenten-Ebene. Das DIP selbst gilt streng für Klassen, und hier gibt es nur Schwarz oder Weiß, aber keine Graustufen: Eine Klasse ist entweder abstrakt oder konkret. Komponenten können allerdings durchaus teilweise abstrakt und konkret sein. Entsprechend ergibt sich für sie ein gradueller Unterschied, der sich durch gewisse Metriken auch quantifizieren lässt. Für Details vgl. [4, S. 127–132]. Die beiden Grundregeln für den Entwurf von Software auf der Ebene des Gesamtsystems lauten entsprechend:
- Abstraktion nimmt zum Kern einer Anwendung hin zu.
- Gute Abstraktionen ermöglichen Wiederverwendbarkeit.

Der Kern einer Anwendung ist die Implementierung des abstrakten Modells (Domain-Driven Design, vgl. ► Kap. 22). Die Güte einer Abstraktion ergibt sich nicht nur daraus, inwieweit sie Wiederverwendbarkeit innerhalb der Softwareentwicklung ermöglicht, wie in der zweiten Regel benannt, sondern auch daraus, wie weit sie trägt, d. h., wie fruchtbar sie für Anwender und Entwickler eines Systems gleichermaßen ist. Gute Abstraktionen sind das Ergebnis langer, intensiver Prozesse und der intellektuellen Durchdringung der Fragestellung. Sie zu finden erfordert gute beschreibende Fähigkeiten, abstraktes Denken und Vertrautheit mit der Fragestellung. Im Erfolgsfalle überdauern sie aber Hard- und Software und sogar die konkreten Fragestellungen bei Weitem, eröffnen ganz neue Herangehensweisen und beschleunigen mitunter Prozesse ganz erheblich. Darüber hinaus ermöglichen gute Abstraktionen eine weitgehend intuitive Bedienung – natürlich unter der Voraussetzung, dass der Nutzer grundsätzlich mit den Konzepten der Fragestellung vertraut ist. Das ist ein essentieller Aspekt gerade komplexer Systeme, da sie nur dann genutzt werden, wenn sie sich möglichst einfach bedienen lassen bzw. wenn der Vorteil ihrer Nutzung gegenüber dem in der gegebenen Situation einfacheren Ansatz so offensichtlich überwiegt, dass ein Umgehen keine ernstzunehmende Option mehr ist.

Verständnisfragen
- Was ist die Kernaussage des Dependency-Inversion-Prinzips?
- Welche Entwurfsmuster sind essentiell für die Umsetzung des DIP?
- Wie unterscheiden sich Open-Closed-Prinzip und DIP voneinander?
- Welche Bedeutung hat das DIP für die objektorientierte Programmierung und insbesondere das Einlösen ihrer Versprechen flexibler, erweiterbarer und wiederverwendbarer Software?
- Welche beiden Prinzipien auf Komponentenebene bilden zusammengenommen das DIP auf Ebene der Gesamtarchitektur? Wie lauten die jeweiligen Aussagen?

Kommentiertes Literaturverzeichnis

Wie alle anderen SOLID-Prinzipien wurde das DIP von Robert C. Martin prägnant formuliert. Vergleiche dazu Kapitel 11 in [1] und Kapitel 11 in [4]. Das Pendant auf höherer architektonischer Ebene, das Zusammenspiel von Stable-Dependencies- und Stable-Abstractions-Prinzip, wird von Robert C. Martin ebenda in späteren Kapiteln formuliert. Die dem DIP zugrunde liegenden Entwurfsmuster, insbesondere „Abstract Factory", finden sich im Buch der „Gang of Four" [5] wieder. Die Organisation einer Anwendung in Schichten geht auf Grady Booch [7] zurück. Martin Fowler thematisiert sie ebenfalls ausführlich in [8]. Die Idee hierarchischer Schichten mit der damit verbundenen Abstraktion und separaten Testbarkeit ist allerdings wesentlich älter, wie ein sehr lesenswerter kurzer Artikel von Edsger Dijkstra zeigt [9]. Die Implementierung eines abstrakten Modells ins Zentrum einer Anwendung zu stellen, ist der Kern des Domain-Driven Design, das von Eric Evans [3] in seinem gleichnamigen Buch ausführlich vorgestellt wird.

Literatur

1. R.C. Martin, *Agile Software Development. Principles, Patterns, and Practices* (Prentice Hall, Upper Saddle River, New Jersey, 2003)
2. E.W. Dijkstra, Communications of the ACM **15**, 859 (1972)
3. E. Evans, *Domain-Driven Design* (Addison Wesley, Boston, 2004)
4. R.C. Martin, *Clean Architecture. A Craftman's Guide to Software Structure and Design* (Prentice Hall, Boston, 2018)
5. E. Gamma, R. Helm, R. Johnson, J. Vlissides, *Design Patterns. Elements of Reusable Object-Oriented Software* (Addison-Wesley, Boston, 1995)
6. S. Freeman, N. Pryce, *Growing Object-Oriented Software, Guided by Tests* (Addison Wesley, Upper Saddle River, New Jersey, 2010)
7. G. Booch, *Object Solutions. Managing the Object-Oriented Project* (Addison-Wesley, Menlo Park, CA, 1996)
8. M. Fowler, *Patterns of Enterprise Application Architecture* (Addison Wesley, Boston, 2003)
9. E.W. Dijkstra, Communications of the ACM **11**, 341 (1968)

Datenverarbeitung

Programmierung und Softwareentwicklung sind in den Naturwissenschaften fast nie Selbstzweck, sondern notwendige Vorbedingung für die eigentliche Aufgabe: den wissenschaftlichen Erkenntnisgewinn. Datenverarbeitung und -analyse sind in den Naturwissenschaften heute fast ausschließlich rechnergestützt. Sie sind das reale Anwendungsszenario, auf das alle bislang vorgestellten Aspekte von der Infrastruktur über sauberen Code bis zur Softwarearchitektur angewandt werden. Die Themen reichen von Datenformaten über Provenienz bei der Datenerhebung und einer lückenlosen Dokumentation aller Verarbeitungsschritte bis zur finalen Präsentation der Ergebnisse und der automatisierten Erzeugung von Berichten, die alle im Prozess erhobenen und gewonnen Informationen übersichtlich zusammenfassen.

Inhaltsverzeichnis

Datenverarbeitung und -analyse

Inhaltsverzeichnis

T. Biskup, *Softwareentwicklung für die Naturwissenschaften*,
https://doi.org/10.1007/978-3-662-71607-6_28

Kernaspekte

- Daten sind die Grundlage der empirischen Wissenschaften. Sie sollten Jahrzehnte überdauern.
- Datenverarbeitung sollte wissenschaftlichen Ansprüchen genügen, insbesondere nachvollziehbar sein.
- Datenverarbeitung sollte systematisch erfolgen und jeder einzelne Schritt dokumentiert werden.
- Ein System zur Datenverarbeitung muss einfach nutzbar sein und klare Vorteile bieten, um genutzt zu werden.
- Ein System zur Datenverarbeitung ist viel umfassender als einzelne Programme zur Datenanalyse.

Die in diesem letzten Teil des Buches vorgestellten Themen lassen sich sowohl als Architektur auf Systemebene als auch als Anwendung vieler vorher gezeigter Prinzipien und Einlösung des Versprechens sauberer wissenschaftlicher Arbeit sehen, aber auch als **Muster auf Ebene des Gesamtsystems** (statt als „Framework"). Der Vorteil dieser Sichtweise ist, dass manche Aspekte eines Gesamtsystems zur wissenschaftlichen Datenverarbeitung und -analyse nicht zwangsläufig in (einer) Software umgesetzt werden.

28.1 Datenverarbeitung, die wissenschaftlichen Kriterien genügt

Das Ziel des Buches ist es, Kriterien und Wege für eine Datenverarbeitung und -analyse in den empirischen Wissenschaften vorzustellen, die den Ansprüchen der Wissenschaft entsprechen. Auch wenn aus eigener Erfahrung der Großteil der Datenverarbeitung in den Naturwissenschaften diesen Kriterien nicht entspricht, sind sie nicht verhandelbar. Missachtung führt zu unwissenschaftlicher Arbeit, die letztlich wertlos ist. Das ist ein hartes Wort, das deshalb noch einmal unter Rückgriff auf das Wesen und den Kern der Wissenschaft gut begründet werden soll. Der Gedanke ist aber nicht neu, bereits Richard Feynman geht im Kontext seiner *Cargo Cult Science* [1] detailliert darauf ein.

28.1.1 Wiederholung: Was ist Wissenschaft?

Zu definieren, was Wissenschaft ist oder ausmacht, ist ein schwieriges Unterfangen, aber eine formale Definition ist im gegebenen Kontext auch gar nicht wichtig. Hier geht es vielmehr darum, die **charakteristischen Aspekte** anzusprechen, auf die sich vermutlich jeder in der Wissenschaft arbeitende und sie ernst nehmende Mensch einigen können wird. Eine etwas ausführlichere Behandlung der Thematik findet sich in der Motivation in ► Kap. 1. Hier soll einmal mehr – quasi als Wiederholung – das Zitat von Isaak Newton als Ausgangspunkt dienen, das Wissenschaft als gemeinschaftliches Werk vieler Generationen darstellt.

> „If I have seen further it is by standing on ye shoulders of giants." (Sir Isaak Newton, Brief an Robert Hooke, 5. Februar 1676)

Was ist der Kern von Wissenschaft? Ausgehend von Newtons Zitat lassen sich vier Aspekte aufführen, die noch einmal kurz beleuchtet werden.

Forschung ohne Beitrag zur Wissenschaft

In einer Rede vor Absolventen einer US-amerikanischen Universität prägte Richard Feynman den Begriff *Cargo Cult Science* für eine Tätigkeit, die dem äußeren Anschein nach wie Forschung daherkommt, aber keinen Beitrag zur Wissenschaft und zum Erkenntnisgewinn leistet [1]. Aus eigener Erfahrung trifft diese Beschreibung auf einen großen Teil der universitären Forschung zu, zumal weder Nachvollziehbarkeit noch Reproduzierbarkeit ernst genommen werden und auch die Qualitätskontrolle bei der Begutachtung von Veröffentlichungen hier in der Regel versagt. Wichtig ist zu unterscheiden zwischen der Feststellung, ob eine gewisse Arbeits- und Herangehensweise den über die Jahrhunderte herausgearbeiteten Kriterien von Wissenschaft entspricht, und der Wertung einer Person. Übereinstimmung mit Kriterien lässt sich ggf. nüchtern feststellen. Die daraus gezogenen Konsequenzen liegen im Auge und der Verantwortung des Betrachters. Die Kriterien für Wissenschaftlichkeit sind aber gerade *nicht* beliebig verhandelbar. Jemand ist nicht dadurch ein schlechter Mensch, dass er sich nicht an die Kriterien wissenschaftlichen Arbeitens hält. Die Unredlichkeit, die daraus entsteht, diese Kriterien in der eigenen Arbeit zu ignorieren, sie aber trotzdem als wissenschaftlich auszugeben, ist hingegen ein ernsthaftes (nicht zuletzt charakterliches) Problem mit schwerwiegenden Konsequenzen für die Wahrnehmung der Wissenschaften in der Gesellschaft. Etwas ganz anderes ist das Bewusstsein, dass Wissenschaft das Werk von Menschen ist und damit zwangsläufig immer vorläufig und unvollständig sowie fehlerbehaftet. Eine Stärke der wissenschaftlichen Methode mit ihrer Einforderung von Überprüfbarkeit und Nachvollziehbarkeit ist ja aber gerade die Unabhängigkeit von der Einzelperson. Fehler wissenschaftlicher Datenauswertung sind solange kein Problem, wie sie entdeckt werden können und die zugrunde liegenden Analysen nach bestem Wissen und Gewissen durchgeführt wurden.

Erkenntnisgewinn Ausgangspunkte aller Wissenschaft sind die menschliche Neugier und das Bestreben, die Welt um uns herum zu erklären. Dazu kommt das durch die Erfahrung vielfach bestätigte Vertrauen, dass die uns umgebende Welt klaren Gesetzmäßigkeiten folgt, die unserem Verständnis grundsätzlich zugänglich sind und von uns entdeckt werden können. Erkenntnis ist selten das Ergebnis spontaner Eingebung, sondern vielmehr Resultat eines systematischen Vorgehens auf der Basis einer soliden Vertrautheit mit dem vorhandenen Wissen. Erkenntnis ist dabei immer ergebnisoffen und unabhängig von einer möglichen Anwendung oder Wertung.

Unabhängigkeit vom Betrachter bzw. Experimentator Wissenschaft ist ein systematisches Vorgehen. Eine ihrer großen Stärken und gleichzeitig Herausforderungen ist die Unabhängigkeit von der Einzelperson. Das stellt hohe Ansprüche an die Kommunikation von Ergebnissen und Erkenntnissen, die nüchtern und weitestgehend frei von persönlichen Vorlieben und Voreingenommenheiten sein sollte.

Gegründet auf den Erkenntnissen früherer Generationen Der Kerngedanke der Aussage von Newton: Wir operieren immer auf der Basis unserer Erfahrungen und Kenntnisse, und gerade Letztere sind ganz wesentlich davon geprägt, was die vorangegangenen Generationen erarbeitet haben. Wissenschaft ist höchst arbeitsteilig, und das über Raum und

Zeit hinweg. Die daraus erwachsende Verantwortung jedes einzelnen Wissenschaftlers wird nachfolgend noch kurz thematisiert.

Überprüfbar, nachvollziehbar, ggf. reproduzierbar Für alle empirischen Wissenschaften sind diese drei Kriterien konstituierend. Das setzt ein systematisches Vorgehen und eine gute Organisation voraus und ist die Verantwortung *jedes* einzelnen Wissenschaftlers. Reproduzierbarkeit von Auswertungen ausgehend von den erhobenen Daten sollte immer gewährleistet sein, eine Replizierbarkeit (im Sinne der Wiederholung der Datenaufnahme) ist nicht in jedem Fall möglich.[1] Für eine detailliertere Diskussion des Unterschieds zwischen Reproduzierbar- und Replizierbarkeit vgl. ► Abschn. 31.1.1.

Die zitierte Aussage Newtons führt zu einer wichtigen Einsicht: **Wissenschaftler tragen Verantwortung** gegenüber denen, die auf den gewonnenen Erkenntnissen aufbauen. Diese Verantwortung wird aufgrund ihrer Bedeutung nachfolgend noch etwas detaillierter behandelt. Zunächst soll aber noch Kant bemüht werden, der in seinen „Metaphysischen Anfangsgründen der Naturwissenschaft" den Charakter der Wissenschaft als systematisches Vorgehen betont:

» „Eine jede Lehre, wenn sie ein *System*, d.i. ein nach Prinzipien geordnetes Ganze der Erkenntnis sein soll, heißt Wissenschaft" (Immanuel Kant, [2, S. 3], Hervorhebung im Original)

Wissenschaft ist ein nach Prinzipien geordnetes System, was ein **systematisches, diszipliniertes Vorgehen** voraussetzt. Dieser Gedanke spiegelt sich im später und in den nächsten Kapiteln noch ausführlicher vorgestellten Gedanken eines Gesamtsystems zur wissenschaftlichen Datenverarbeitung wider. Systematik und Disziplin haben aber in letzter Konsequenz viel mehr mit der persönlichen Einstellung als mit der Qualität der zur Verfügung stehenden Hilfsmittel zu tun. Das bedeutet, dass auch das beste umfassende Gesamtsystem zur wissenschaftlichen Datenverarbeitung nur so gut sein kann wie seine Anwender.

28.1.2 Die Verantwortung der Wissenschaftler

Die Verantwortung jedes Wissenschaftlers, egal in welcher Disziplin er arbeitet, ist saubere, nachvollziehbare Arbeit nach bestem Wissen und Gewissen. Für die empirischen, auf Beobachtungen gründenden Wissenschaften im Besonderen gilt dabei eine ganz entscheidende Regel: Interpretationen ändern sich, Daten sollten Bestand haben. Die Voraussetzung ist, dass Daten nach bestem Wissen und Gewissen akkurat aufgenommen (und dokumentiert) werden. Nachvollziehbarkeit und saubere Dokumentation sind wesentliche Aspekte von Wissenschaftlichkeit. Die sich unmittelbar ergebende Konsequenz sei hier griffig als These formuliert:

These

Datenauswertung, die nicht vollständig dokumentiert und nachvollziehbar ist, ist letztlich unwissenschaftlich.

1 Beispiele sind singuläre Ereignisse in Raum und Zeit, wie etwa Beobachtungen des Verhaltens von Lebewesen oder astronomischer Ereignisse. Gleiches gilt in der Praxis oftmals aber auch bzgl. der Existenz von Proben etc., auch wenn das dann keine grundsätzlichen, sondern praktisch-faktische Gründe sind.

28.1.3 Wissenschaftliche Datenanalyse

Anforderungen an die wissenschaftliche Datenauswertung und -analyse lassen sich sowohl aus Sicht der Wissenschaft als auch der Softwareentwicklung stellen. ◘ Abb. 28.1 gibt einen Überblick über die eingangs in ► Kap. 1 aufgestellten Kriterien, schlägt sie hier aber jeweils entweder der Wissenschaft oder der Softwareentwicklung zu. Nachfolgend werden die einzelnen Aspekte noch einmal kurz vor dem Hintergrund der Einzelaspekte eines Gesamtsystems zur Datenauswertung und -analyse zusammengefasst. Für eine detailliertere Beschreibung vgl. die Ausführungen in ► Kap. 1.

Anforderungen aus wissenschaftlicher Sicht

Aus wissenschaftlicher Sicht lassen sich vier Anforderungen an ein Gesamtsystem zur Datenverarbeitung und -analyse formulieren.

Selbstdokumentierend Die Nachvollziehbarkeit ist essentielles Kriterium wissenschaftlicher Arbeit. Entsprechend sollten alle Parameter, die bei der Datenverarbeitung eingesetzt wurden, automatisch mitgeschrieben werden. Das ist eine notwendige Voraussetzung für eine vollständige Dokumentation und damit für die weiteren, ebenfalls für Wissenschaftlichkeit konstituierenden Kriterien der Überprüfbarkeit und Reproduzierbarkeit.

Zuverlässig Eine Auswertung der Daten ist Voraussetzung und Grundlage des wissenschaftlichen Erkenntnisgewinns. Entsprechend sollten sie möglichst zuverlässig und nach

◘ **Abb. 28.1 Anforderungen an ein System zur wissenschaftlichen Datenanalyse.** Das Schema entspricht im Wesentlichen der ◘ Abb. 1.2, hat allerdings einen etwas anderen Schwerpunkt. Hier geht es darum, welche Anforderungen vonseiten der Wissenschaft und welche vonseiten der Softwareentwicklung an ein solches System gestellt werden. Entsprechend ist der Begriff „selbstdokumentierend" auch in seinen beiden deutlich unterschiedlichen Bedeutungen einmal der Wissenschaft und einmal der Programmierung zugeschlagen. Sicherlich haben die Kriterien „zuverlässig", „überprüfbar" und „reproduzierbar" ihre direkten Entsprechungen in Programmieraspekten, die ihrer Realisierung zugrunde liegen, wie das bereits in ► Kap. 1 und in den darauf folgenden Kapiteln behandelt wurde. Hier steht im Fokus, dass sie gemeinsam mit einer (Selbst-)Dokumentation aller Parameter konstituierend für wissenschaftliche Datenauswertung sind bestem Wissen und Gewissen korrekt sein. Die Korrektheit von Auswertungsroutinen lässt sich u. a. durch idealerweise automatisierte (Unit-)Tests sicherstellen.

Überprüfbar Wissenschaft lebt vom Vielaugenprinzip. Unabhängig davon, ob in der Praxis veröffentlichte Ergebnisse von anderen Wissenschaftlern kritisch überprüft werden, ist die grundsätzliche unabhängige Überprüfbarkeit ein essentielles Kriterium von Wissenschaftlichkeit.[2] Dieses Kriterium stellt seinerseits hohe Anforderungen an die Dokumentation der Verarbeitungsschritte und die Ablage der Daten und Metadaten sowie die Lesbarkeit von Code (möglichst ausdrucksstark und selbsterklärend). Der letztgenannte Punkt wird bei den Aspekten aus Programmierersicht noch weiter erläutert. Für das größere Thema des Teilens von Daten und Ergebnissen und all die damit verbundenen Probleme, insbesondere was die Bereitstellung des notwendigen Kontextes angeht, vgl. [3, 4].

Reproduzierbar Auswertungen, ausgehend von den Rohdaten, sollten (unabhängig) wiederholbar sein. Das setzt die Verwendung sowohl einer Versionsverwaltung als auch eines Schemas für Versionsnummern voraus. Darüber hinaus stellt es hohe Ansprüche an die Langzeitarchivierung sowohl der Daten und Metadaten als auch der Auswertungsroutinen.[3]

Anforderungen aus Sicht der Softwareentwicklung

Genauso wie aus wissenschaftlicher, so lassen sich auch aus Sicht der Softwareentwicklung vier Anforderungen an ein Gesamtsystem zur wissenschaftlichen Datenverarbeitung und -analyse stellen, die nachfolgend noch einmal kurz dargestellt werden.

Wiederverwendbar Wissenschaft ist ein mühsames Geschäft und erfordert aufgrund ihrer Komplexität einen hohen Einsatz jedes Einzelnen. Entsprechend ist es eine Frage der Ökonomie, nicht das Rad immer wieder neu zu erfinden, sondern wo immer möglich auf bestehende und bewährte Lösungen zurückzugreifen.[4] Das setzt saubere Dokumentation und lesbaren Code voraus, also letztlich all die Aspekte, die im dritten und größten Abschnitt des Buches unter der Überschrift „sauberer Code" behandelt wurden.

Selbstdokumentierend Dieser Begriff wird hier in zwei deutlich unterschiedlichen Bedeutungen verwendet, die aus dem grundverschiedenen Blickwinkel (Wissenschaft, Softwareentwicklung) herrühren. Im Kontext der Softwareentwicklung bedeutet „selbstdokumentierend", dass Code so ausdrucksstark wie möglich sein sollte. Das setzt treffende

---

2 Eine Parallele wäre die freie Software: Aus Sicherheitsaspekten ist freie, quelloffene Software proprietären Produkten, deren Quellcode nicht unabhängig überprüft werden kann, i. d. R. überlegen.

3 Der Reproduzierbarkeit sind gerade bei digitalen Werkzeugen mitunter harte Grenzen gesetzt. Während sich digitale Daten ggf. noch über Jahrzehnte archivieren lassen, und es für analoge Daten meist über viele Jahrhunderte etablierte Verfahren gibt, lässt sich die Lauffähigkeit von Software nur schwer und mit erheblichem Aufwand längerfristig sicherstellen – wenn das überhaupt möglich ist.

4 Diese Herangehensweise ist an vielen anderen Stellen in den Wissenschaften vollkommen üblich. Niemand käme z. B. auf die Idee, grundlegende mathematische Konzepte neu zu entwickeln. Ähnliches gilt für grundlegendere experimentelle Methoden. Ungeachtet dessen werden die vorhandenen „Werkzeuge" immer wieder in neuem Kontext kreativ eingesetzt und ggf. weiterentwickelt. Natürlich zeigt die praktische Erfahrung häufig etwas anderes: Wie oft werden aus Unwissenheit und vernachlässigter Einführung unnötig grundlegende Aspekte im besten Fall neu „entdeckt", im schlimmsten Fall grob missachtet, was erhaltene Ergebnisse unbrauchbar machen kann (und fataler Weise oft unbemerkt bleibt).

und gut gewählte Abstraktionen voraus. Allerdings sind sich Softwareentwicklung und Wissenschaft an dieser Stelle ähnlich: Beide suchen nach Mustern und Abstraktionen in einer komplexen Welt.[5]

Nutzerfreundlich Nur ein System, das sich hinreichend leicht nutzen lässt, wird in der Praxis auch genutzt werden. Ausnahmen sind lediglich Systeme, deren Nutzung mangels Alternativen unumgänglich ist, und auch diese Ausnahmen sind keine Entschuldigung für Nutzerunfreundlichkeit. Aspekte der Nutzerfreundlichkeit sind Robustheit, Nähe zum Nutzer und Flexibilität. Jegliche Routinen, die direkt vom Nutzer aufrufbar sind, sollten möglichst tolerant gegenüber Ungenauigkeiten und Fehlern beim Aufruf sein. Darüber hinaus sollte die Nutzung so intuitiv wie möglich gestaltet werden, was eine Vertrautheit des Softwareentwicklers mit den praktischen Abläufen erfordert. Da sich die Anforderungen an die Software aufgrund des eigentlichen Charakters der Wissenschaften (Erkenntnisgewinn) immer wieder ändern, ist Flexibilität ebenfalls entscheidend für die Nutzbarkeit. Modulare Systeme mit sauberen, gut definierten und stabilen Schnittstellen erlauben es, ihre Einzelkomponenten kreativ in jeweils neuer Weise zu verbinden und einzusetzen.

Erweiterbar Die Anforderungen an ein System zur wissenschaftlichen Datenverarbeitung und -analyse entwickeln sich parallel mit dem zunehmenden Verständnis der Fragestellung und der persönlichen Erfahrung. Dazu kommt, dass viele Fragestellungen für sich genommen neu sind, auch wenn sie in ähnlicher Form bereits auftraten. Entsprechend sollte neue Funktionalität einfach implementierbar sein. Hier greift direkt das Open-Closed-Prinzip (vgl. ▶ Kap. 24): Diese Systeme sollten offen für neue Funktionalität sein, ohne dass dabei bestehende Funktionalität verändert wird. Das erhält die Kompatibilität und ist gleichzeitig eine wesentliche Voraussetzung für die Nutzung eines Systems. Nur wenn zurecht darauf vertraut werden kann, dass sich Auswertungen wiederholen lassen und bestehende Funktionalität erhalten bleibt, wird ein System auch akzeptiert werden.

28.1.4 Anwendung des *Domain-Driven Design*

Im einführenden Kapitel zum vorangegangenen großen Abschnitt „Softwarearchitektur" (▶ Kap. 22) wurde das *Domain-Driven Design* angesprochen.

Definition 28.1: *Domain-Driven Design*
Ein gutes Modell der komplexen Realität und Fragestellung bildet die Grundlage für den Kern einer Anwendung.

Die Ideen, die Eric Evans in seinem gleichnamigen Buch [5] darlegt, lassen sich gut auf ein Gesamtsystem zur wissenschaftlichen Datenverarbeitung und -analyse anwenden.

Modell der wissenschaftlichen Datenverarbeitung Im Zentrum der Entwicklung eines Gesamtsystems zur wissenschaftlichen Datenverarbeitung und -analyse steht ein Modell der

5 Und vermutlich sind gute Programmierer bzw. Softwareentwickler auf Systemebene genauso selten wie gute Wissenschaftler, da sie letztlich die gleichen Qualifikationen mitbringen müssen, insbesondere hinsichtlich Abstraktionsvermögen, Systematik und Überblick.

notwendigen Abläufe. Entscheidend ist dabei, die praktischen Erfahrungen aus dem (eigenen) Forscheralltag in gute Abstraktionen zu übersetzen. Das erfordert sowohl eine enge Vertrautheit mit den Abläufen als auch eine ausgeprägte Fähigkeit, die zugrunde liegenden Prinzipien zu extrahieren und zu abstrahieren.

Anwendung um dieses Modell herum entwickeln Die eigentliche Anwendung, oder im konkreten Fall das Gesamtsystem zur wissenschaftlichen Datenverarbeitung und -analyse, das weitaus mehr als eine einzelne Software-Anwendung ist, wird im beständigen Wechselspiel von Implementierung und Modellentwicklung erstellt. Entscheidend ist hier die enge Verzahnung von Modellentwicklung und seiner Abbildung in Software. Das sprachlich formulierte abstrakte Modell stellt den letzten Stand des gemeinsamen Verständnisses der Abläufe dar. Aus eigener Erfahrung lassen sich nicht alle Eventualitäten am „grünen Tisch" vorhersehen, und viele Ideen und Aspekte ergeben sich erst in der Praxis. Das Wechselspiel zwischen Weiterentwicklung des zugrunde liegenden Modells und seiner Implementierung in Software ermöglicht aber gleichzeitig bei bewusstem Einsatz die schrittweise Entwicklung der Software, was der Situation in den Naturwissenschaften (Programmierung und Softwareentwicklung als Nebentätigkeit mit i. d. R. geringer Wertschätzung) durchaus entgegenkommt.

Saubere Architektur Entscheidend für den Erfolg der Implementierung des abstrakten – und aufgrund der inhärenten Komplexität wissenschaftlicher Datenverarbeitung hochgradig nicht trivialen – Modells ist eine saubere Softwarearchitektur. Sie sorgt für die Entkopplung der einzelnen Teile und ermöglicht damit die Fokussierung auf Einzelaspekte. Das sorgt für die Beherrschbarkeit des anderenfalls hoffnungslos überfordernden Unterfangens. Der Fokus sollte dabei von Anfang an auf guten Schnittstellen liegen. „Gut" bedeutet in diesem Zusammenhang, dass sie zur intuitiven Nutzung des Gesamtsystems beitragen, durchdacht und möglichst stabil sind und die einzelnen Bestandteile des Systems so weit wie möglich entkoppeln. Wie in den nachfolgenden Kapiteln immer wieder aufgezeigt wird, ist eine Realisierungsmöglichkeit einer Schnittstelle zwischen unterschiedlichen Komponenten des Gesamtsystems, die sowohl robust und langlebig ist als auch plattform- und in gewisser Weise medienübergreifend funktioniert, die Verwendung von Reintext-Dateiformaten.

28.2 Gründe für ein System zur Datenverarbeitung

Die Bedeutung elektronischer Datenverarbeitung hat in den letzten Jahrzehnten immens zugenommen, und das bezieht sich gar nicht einmal auf „Big Data" und Forschungsrichtungen, die große Mengen an Daten produzieren, sondern auch auf die „klassische" Spektroskopie, deren Fokus auf dem möglichst tiefen Verständnis eher weniger Messungen beruht. Ein Kernaspekt von Wissenschaft ist die Unabhängigkeit vom Durchführenden. Daten sollten entsprechend (genauso wie ihre Auswertungen) so abgelegt sein, dass sie dauerhaft verfügbar sind. Die Archivierung elektronischer Daten ist ein in weiten Teilen nach wie vor ungelöstes Problem, das aber zunehmend wichtig wird. Dabei lassen sich zwei Aspekte unterscheiden: die Archivierung ausgewerteter und ausgewählter Datensätze und die Archivierung von Rohdaten und Auswertungsschritten. Während es für erstere in vielen unterschiedlichen Disziplinen etablierte Lösungen gibt – in gewisser Weise Fachpublikationen, aber insbesondere Datenbanken wie PDB [6, 7], CCDC/CSD,

GenBank [8] etc. –, ist letzteres Problem nach wie vor weitestgehend ungelöst. Genauso wie die systematische Vorgehensweise ein essentieller Bestandteil der wissenschaftlichen Methode ist, so steht der Gedanke des Systems und des systematischen Vorgehens im Zentrum der folgenden Ausführungen sowohl in diesem als auch in den folgenden Kapiteln.

28.2.1 Der Wert von Daten in den empirischen Wissenschaften

Alle empirischen Wissenschaften gründen wesentlich auf Daten. Entsprechend verantwortungsvoll sollten Wissenschaftler mit Erhebung und Verarbeitung dieser Daten umgehen. Sie haben dabei eine zweifache Verantwortung:

These

Wissenschaftler haben Verantwortung sowohl gegenüber der Wissenschaft als auch gegenüber dem Steuerzahler.

Daten sind die Grundlage empirischer Wissenschaften. Sie bilden den Ausgangspunkt jeglichen Erkenntnisgewinns, und zwar unabhängig von ihrer Herkunft (Messungen, Rechnungen).[6] Entsprechend sollte die Datenaufnahme bzw. -Erhebung immer nach bestem Wissen und Gewissen durchgeführt werden. Dazu gehört insbesondere, alle für den Kontext ihrer Entstehung relevanten Informationen ebenfalls festzuhalten. Denn Daten ohne zugehörige Informationen sind wertlos. Außerdem sollte sorgsam mit den Daten umgegangen werden. Die Auswertung steht in den meisten Fällen im Vordergrund, und sie sollte mindestens genauso sorgfältig durchgeführt und dokumentiert sein wie die Arbeit im Labor an und mit den Geräten. Das Problem ist aber, dass schon die Dokumentation der Datenerhebung häufig erschreckend vernachlässigt wird.

Gewinnung von Daten ist in der Regel teuer. Das gilt erst einmal unabhängig ihrer Herkunft durch Messungen (und damit Experimente) oder Rechnungen. Gerade in den experimentellen Wissenschaften sind alle Aspekte von der Probenherstellung über die Aufbauten und ihren Unterhalt bis hin zu den Messungen selbst oft kostspielig. Gleichermaßen sind Rechnungen oft mit erheblichem Zeitbedarf verbunden, was mitunter zu nicht mehr vernachlässigbaren Kosten für die notwendige Rechnerinfrastruktur führt. Der zeitliche Aspekt (Rechnungen können schnell Tage, Wochen oder im Extremfall Monate dauern, die Summe der akkumulierten Rechenzeit bemisst sich auf jeden Fall schnell in Jahren) ist hier aber vermutlich entscheidender. Schließlich ist auch der Personalaufwand häufig nicht vernachlässigbar. Damit sind gar nicht in erster Linie die Personalkosten gemeint, sondern die Verfügbarkeit hoch qualifizierter und motivierter Mitarbeiter.
Ist die Verantwortung gegenüber der Wissenschaft und damit die Verpflichtung zu sauberer wissenschaftlicher Arbeit letztlich auch eine gesamtgesellschaftliche Verantwortung[7]

6 Auch wenn die Daten Grundlage der Wissenschaft und des Erkenntnisgewinns sind, kommt ihnen deshalb noch kein Wert an sich zu. Die gegenwärtige Tendenz, Daten um ihrer selbst willen zu erheben, zu speichern und zugängig zu machen, bleibt in fast allen Fällen ohne Beitrag zur Wissenschaft, schon gar, weil bis auf sehr wenige Ausnahmen der zu einer sinnvollen Nutzung der Daten notwendige Kontext (Metadaten) nicht in ausreichender Qualität zur Verfügung steht.

7 Das gilt umso mehr in Zeiten, in denen gerade in den westlichen Gesellschaften die Wissenschaften mit ihrem faktenzentrierten Ansatz einen zunehmend schweren Stand haben. Wissenschaftler haben ei-

jedes einzelnen Wissenschaftlers, zeigt sich im monetären Aspekt eine direkte Verantwortung gegenüber dem Steuerzahler. Die gerade in Deutschland grundgesetzlich verankerte und nach wie vor in weiten Teilen existierende Freiheit der Forschung entbindet bei aller notwendigen Ergebnisoffenheit (inklusive der Wahrscheinlichkeit, dass viele Versuche nicht zum Erfolg führen) nicht davon, mit den zur Verfügung gestellten Mitteln verantwortungsvoll umzugehen und sie nicht aus Nachlässigkeit zu verschwenden.[8]

28.2.2 Voraussetzung für Wissenschaftlichkeit

Es ist bereits viel zu den Kriterien gesagt worden, die konstituierend für die Wissenschaftlichkeit sind. Was sind aber die Voraussetzungen, um diesen Kriterien gerecht werden zu können? Letztlich bedarf es eines Gesamtsystems, das vollständige Dokumentation und Nachvollziehbarkeit gewährleistet.

These

Ein System zur Datenauswertung ist viel umfassender als einzelne Programme zur Datenanalyse.

Kriterien für Wissenschaftlichkeit Details zu den zentralen, die Wissenschaftlichkeit konstituierenden Kriterien wurden bereits oben ausgeführt, deshalb seien hier nur noch einmal die vier Kriterien aufgeführt: vollständige Dokumentation, Zuverlässigkeit, Überprüfbarkeit und Nachvollziehbarkeit. Diese Kriterien sind nicht verhandelbar: Wissenschaftlichkeit ist gerade nicht in das Belieben des einzelnen Wissenschaftlers gestellt. Natürlich ist jeder frei zu tun, was und wie er es will. Nur ist es dann ggf. keine Wissenschaft bzw. die Ergebnisse dieser Arbeit taugen nicht für den wissenschaftlichen Erkenntnisgewinn.[9]

Wissenschaftlichkeit lässt sich nur durch systematisches Vorgehen erreichen. Dabei ist die Systematik der Vorgehensweise konstituierendes Element jeglicher Wissenschaft. Das systematische Vorgehen ist letztlich eine Frage der persönlichen Einstellung und Arbeitsweise[10] und lässt sich nicht oder nur bedingt in einer Software-Anwendung abbilden. Es besteht aus vielen einzelnen Aspekten und Komponenten, von denen einige in den

ne gesellschaftliche Verantwortung – auch wenn nur wenige sich dessen bewusst sind bzw. bereit, ihr nachzukommen. Verantwortung fängt im Kleinen an, bei der eigenen Arbeit und im direkten Kontakt mit Menschen.

8 Damit soll explizit weder einer ergebnisorientierten noch einer Auftragsforschung das Wort geredet werden. Aus der eigenen arbeitstäglichen Erfahrung ergibt sich aber unmittelbar sehr viel Optimierungspotential, das zu einem wesentlich effizienteren Einsatz der – meist eh knappen – Forschungsgelder im Sinne von mehr Forschung und mehr Experimenten (oder Rechnungen) führte.

9 Der Autor ist sich der Tatsache bewusst, dass auch er nicht an jeder Stelle diese Kriterien in der Weise erfüllt, wie er das gerne täte und wie es sinnvoll wäre. Andererseits sind die in den nachfolgenden Kapiteln ausgeführten Bausteine eines Gesamtsystems zur wissenschaftlichen Datenverarbeitung und -analyse in weiten Teilen bereits in seinem direkten Umfeld umgesetzt und werden aktiv weiterentwickelt. Die eigene Erfahrung zeigt, dass das vorhandene System schon weitaus mehr ist als das, was man üblicherweise erwarten kann und vorfindet.

10 Damit entscheidet es maßgeblich darüber, ob eine Person ein guter oder weniger guter Wissenschaftler ist. Die formale Ausbildung ist hingegen weniger entscheidend. Ein Techniker kann der bessere Wissenschaftler sein als ein Doktorand oder Professor.

nachfolgenden Kapiteln kurz beleuchtet werden. Letztlich beginnt es mit der Datenaufnahme und endet bei der Reproduzierbarkeit von Abbildungen aus den Rohdaten und damit dem eindeutigen Zugriff auf die Rohdaten ausgehend von den hochgradig abgeleiteten Daten, die dargestellt werden. Idealerweise möchte man also ein Gesamtsystem zur wissenschaftlichen Datenverarbeitung und -analyse, das ab dem Einlesen der Rohdaten jeden einzelnen Schritt der Datenverarbeitung und -analyse automatisch dokumentiert.

28.2.3 Wissenschaftliche Ansprüche an ein System zur Datenverarbeitung

Ein System zur wissenschaftlichen Datenverarbeitung sollte fünf grundlegende Fragen beantworten:

- Wer hat
- was
- mit wem
- wann und
- wie gemacht?

Das ist in der Praxis nur dadurch zu gewährleisten, dass das Gesamtsystem drei entscheidende Kriterien erfüllt: Modularität, Nachvollziehbarkeit und Wartbar- und Erweiterbarkeit.

Modularität auf allen Ebenen Ein Gesamtsystem zur wissenschaftlichen Datenverarbeitung und -analyse ist selten eine in sich geschlossene Softwareplattform. So etwas ist in der Realität meist aus unterschiedlichen Gründen auch gar nicht realisierbar, angefangen bei unvermeidlichen Medienbrüchen bis hin zur Problematik, dass die schiere Größe und Komplexität eines solchen Systems eine schrittweise Entwicklung erzwingt. Entsprechend erfordert es Modularität auf allen Ebenen.

Nachvollziehbarkeit und Selbstdokumentation Das System sollte ermöglichen, jederzeit von einer gegebenen Abbildung (ggf. in einem Kontext wie einer Veröffentlichung) auf die Rohdaten und sämtliche Verarbeitungsschritte zuzugreifen. Das erfordert eine vollständige Nachvollziehbarkeit, die nur durch eine weitestgehend automatisierte Selbstdokumentation der einzelnen Verarbeitungsschritte umsetzbar ist.

Wartbarkeit und Erweiterbarkeit Essentiell ist, dass das System so gestaltet wird, dass es (ggf. später) durch andere Personen weitergenutzt werden kann und der Zugriff entsprechend möglich ist. Wartbarkeit und Erweiterbarkeit sind entsprechend zentrale Kriterien eines solchen Systems. Das setzt in mancherlei Hinsicht Disziplin und Dokumentation voraus.

Die konkrete Ausgestaltung eines solchen Systems ist letztlich nicht so wichtig. Sie kann ggf. auch in die Verantwortung des Einzelnen gelegt werden (vielleicht nicht unbedingt eines Bachelor- oder Master-Studenten, aber evtl. eines Doktoranden) und soll dessen persönliche Freiheiten nicht unnötig einschränken. Wichtig ist aber eine Sicherstellung der Qualitätsstandards und der Erfüllung der genannten Ansprüche an saubere wissenschaftliche Arbeit – auch wenn das in der Praxis meist nicht passiert.

Entwicklung eines Systems zur Datenauswertung

Der Autor ist über die letzten Jahre zunehmend pessimistisch geworden, was die Möglichkeit angeht, die Entwicklung eines Systems zur Datenauswertung, das den Kriterien der Wissenschaftlichkeit genügt, in die Hände von Doktorandinnen und Doktoranden zu legen, einmal ganz zu schweigen von Studierenden. Die Probleme sind vielfältig und beginnen damit, dass meist im Curriculum der Naturwissenschaften nie das Wesen der Wissenschaft thematisiert wird. Darüber hinaus fehlt den meisten die zeitliche Perspektive und schlicht die notwendige Übersicht, um ein solches System entwickeln zu können. Deshalb wird es vermutlich an vielen Stellen darauf hinauslaufen, ein (in den seltensten Fällen) bestehendes System ggf. anzupassen bzw. weiterzuentwickeln. Andererseits ist eine solche Weiterentwicklung in Ausnahmefällen auch im Rahmen von Master- und Doktorarbeiten möglich, wenn vonseiten der Betreuenden und der Betreuten das Bewusstsein für die Wichtigkeit und die notwendigen Grundqualifikationen (Programmierkenntnisse, Fähigkeit zum abstrakten Denken, Systematik) vorhanden sind. Im besten Fall kann dieses Buch dazu beitragen, das Bewusstsein für die notwendigen Qualifikationen zu schärfen und die Stichworte zum vertieften Eigenstudium liefern.

28.3 Aspekte eines Systems zur Datenverarbeitung

Nachdem in den beiden vorangegangenen Abschnitten noch einmal die Anforderungen dargelegt wurden, die seitens der Wissenschaft an die Datenverarbeitung angelegt werden, und anschließend Gründe für die Entwicklung und Verwendung eines Gesamtsystems zur wissenschaftlichen Datenverarbeitung und -analyse vorgestellt wurden, geht es nun um konkrete Aspekte eines solchen Systems.

28.3.1 Von der Datenaufnahme zur Publikation

Ein System zur wissenschaftlichen Datenverarbeitung und -analyse kann nur dann die an es gestellten Ansprüche erfüllen, wenn es umfassend ist und alle Aspekte von der Datenaufnahme bis zur (finalen) Publikation der Ergebnisse umfasst.

Datenverarbeitung beginnt mit der Datenaufnahme. Reine (numerische) Daten ohne Zusatzinformationen (Metadaten) sind wertlos. Eine möglichst vollständige Dokumentation der Bedingungen, unter denen sie aufgenommen bzw. erzeugt wurden, ist deshalb von entscheidender Bedeutung. Das ist klassisch die Funktion eines (handschriftlichen) Laborbuches, das sich im Kontext eines Gesamtsystems zur wissenschaftlichen Datenverarbeitung und -analyse aber sinnvollerweise formalisieren (und ggf. digitalisieren) lässt. Die Frage, was „vollständig" ist, ist (auch) eine Frage der Erfahrung. Hier hilft es ungemein, auf diejenigen zu hören, die schon länger in einem Labor mit bestimmten Geräten arbeiten und sich idealerweise mit der Auswertung der Daten und dem damit verbundenen Arbeitsablauf auskennen. Dabei spielt es keine Rolle, ob diese Personen selbst eine formalisierte oder anderweitig systematische Ablage der Metadaten haben, solange sie auf Rückfrage die entsprechenden Auskünfte geben können oder man selbst durch Anschauung die notwendigen Informationen bekommt.

Rohdaten sollten sauber und dauerhaft archiviert werden. Die Bedeutung von Daten für die empirischen Wissenschaften wurde bereits betont. Entscheidend ist neben der dauerhaften Archivierung, die in der digitalen Welt ein eigenes (und nach wie vor weitgehend ungelöstes) Problem darstellt, vor allem ein (von anderen) nachvollziehbares Ablagesystem. Einzelne Mitarbeitende haben meist im günstigsten Falle eine Aufenthaltsdauer von wenigen Jahren in einem Arbeitskreis. Die Daten und das Interesse an ihnen überdauern allerdings weitaus länger. Deshalb ist es entscheidend, dass das Ablagesystem erst einmal ein System ist und darüber hinaus von anderen übernehmbar und verstehbar. Die Daten selbst sollten nach Möglichkeit in standardisierten, dokumentierten Formaten abgelegt werden. Auch wenn die Mess-Software selbst proprietäre Datenformate verwendet, die nur mit der originalen Software lesbar sind, sollten diese Daten trotzdem als ursprüngliche Rohdaten nebst einem in ein lesbares Format konvertierten Export abgelegt und archiviert werden. Die Zielstellung ist eine Archivierung über Jahrzehnte. Das ist im digitalen Bereich nach wie vor eine große (und weitgehend ungelöste) Herausforderung. Allerdings kann, entsprechende Datenformate vorausgesetzt, die Zugreifbarkeit auf die eigentlichen Daten durch stetes Umkopieren auf Datenträger der jeweils aktuellen Generation und Technologie grundsätzlich gewährleistet werden.

Datenverarbeitung erfordert ein systematisches Vorgehen. Genauso wie die Datenablage systematisch erfolgen muss, um eine Nachvollziehbarkeit und Zugreifbarkeit durch Dritte zu gewährleisten, so muss die eigentliche Verarbeitung der Daten systematisch erfolgen. Notwendige Kriterien sind (vollständige) Dokumentation jedes Verarbeitungsschrittes, Nachvollziehbarkeit, Überprüfbarkeit und Reproduzierbarkeit. Die Reproduzierbarkeit erfordert eine hinreichende Dokumentation der einzelnen Verarbeitungsschritte und darüber hinaus eine Archivierung sowohl der Daten (s. o.) als auch der verwendeten Routinen – und zwar in genau der jeweils verwendeten Version, was nur über die Verwendung eines Versionsverwaltungssystems (▶ Kap. 6) und ein eindeutiges Versionsnummernschema (▶ Kap. 7) sichergestellt werden kann. Für Versionsverwaltungssysteme und die Archivierung der Routinen gilt das Gleiche wie für die eigentlichen Daten: Sie sollten über Jahrzehnte archiviert und zugreifbar gehalten werden. Durch die Verwendung quelloffener Versionsverwaltungssysteme kann das sichergestellt werden, wie der Zeitstrahl (◘ Abb. 6.8) eindrucksvoll zeigt.

Repräsentationen sollten automatisch reproduzierbar sein. Ergebnisse der Datenverarbeitung und -analyse werden oftmals grafisch (oder tabellarisch) dargestellt. Diese Repräsentationen der Daten sollten idealerweise vollständig automatisch aus den zugrunde liegenden Rohdaten erzeugbar sein. Darüber hinaus sollte eine Eindeutigkeit in beide Richtungen (Eineindeutigkeit) gewährleistet werden: Die Vorschrift für die Erzeugung einer Repräsentation aus den Rohdaten sollte immer zur gleichen Darstellung führen, und umgekehrt sollte die Repräsentation mit dieser Vorschrift verknüpft sein und eine eindeutige Nachvollziehbarkeit gewährleisten, welche Rohdaten ihr zugrunde liegen und wie diese verarbeitet wurden. Die Vorschriften zur Erzeugung von Repräsentationen sollten entsprechend genauso gut gesichert werden wie die Rohdaten und möglichst mit eindeutigen Bezeichnern versehen sein, um eine einfache Referenzierung zu gewährleisten. Idealerweise existiert für jede Publikation von Daten dann eine Tabelle mit Referenzen auf diese Erzeugungsvorschriften für die verwendeten Daten.

28.3.2 Bausteine eines Systems zur Datenverarbeitung

Ein Gesamtsystem zur wissenschaftlichen Datenverarbeitung und -Analyse, das tatsächlich alle Aspekte von der Datenaufnahme bis zur Publikation erfasst, erstreckt sich über unterschiedliche Medien und umfasst sehr unterschiedliche Aspekte. Aufgrund seiner Komplexität kann es letztlich nur modular und schrittweise umgesetzt werden. Nachfolgend werden einige Tipps aus der Praxis und der eigenen langjährigen Erfahrung gegeben. Keiner dieser Aspekte ist besonders originell, letztlich sind sie alle offensichtlich, aber trotzdem zeigt die eigene Erfahrung, dass fast nirgendwo (außer vielleicht in der chemischen und pharmazeutischen Industrie mit ihrer strikten Dokumentationspflicht) ein solches System in seiner Gesamtheit auch nur ansatzweise existiert.[11]

Eindeutige Kennzeichnung aller Proben Mithilfe einer eindeutigen Kennzeichnung lässt sich jederzeit nachvollziehen, welche Probe gemessen wurde und welche Informationen zur Probe vorliegen. Die einfachste Variante ist, die Proben schlicht durchzunummerieren. Das ist in der chemischen Synthese guter Standard (meist mit Namenskürzel). Die Zuordnungstabelle von Proben und Nummer sollte gut archiviert und mehrfach redundant abgelegt werden. Je nach Komplexität des Systems sollte darüber hinaus auf Eindeutigkeit geachtet werden.

Vollständiger Satz von Metadaten zu einer Messung Wie bereits angesprochen sind Daten ohne die zugehörigen Informationen (Metadaten) wertlos. Zu diesen Metadaten der Datenaufnahme gehört eine (möglichst) vollständige Beschreibung der Messapparatur, insbesondere bei solchen Aufbauten, die aus unterschiedlichen austauschbaren Komponenten bestehen. Eine formalisierte Dokumentation aller wichtigen Messparameter hilft dabei, dass keine wesentlichen Informationen vergessen werden, und enthebt den Experimentator gleichzeitig der mühsamen Aufgabe, jedesmal neu nachzudenken, welche Parameter nun wichtig waren. Formalisierung und Automatisierung sorgen für dringend notwendige Konsistenz und lassen sich – auch fernab elektronischer Systeme – relativ einfach umsetzen.[12]

Vollständiger Parametersatz jedes Verarbeitungsschrittes Nicht nur bei der Datenaufnahme (sei es durch Experimente oder Rechnungen) ist eine vollständige Dokumentation der Metadaten essentiell, sondern genauso bei den folgenden Verarbeitung der Daten. Der vollständige Parametersatz jedes Verarbeitungsschrittes sollte dokumentiert werden und muss eine (automatische) Reproduzierbarkeit, mindestens aber eine vollständige Nachvollziehbarkeit gewährleisten. Idealerweise stellt ein Gesamtsystem zur wissenschaftlichen Datenverarbeitung und -analyse sicher, dass diese Parameter immer automatisch dokumentiert werden und so eine vollständige Historie zu jedem Datensatz (als Einheit von Daten und Metadaten) existiert.

---

11 Die Dokumentationssysteme in der chemischen und pharmazeutischen Industrie (notwendig für die Zertifizierung nach ISO 17025) sind hochintegriert und so kostenintensiv, dass sie für die meisten Forschungseinrichtungen nicht in Betracht kommen. Außerdem ist die Zeitskala der Dokumentation ggf. eine andere: Jahre für die Industrie, Jahrzehnte für die Wissenschaft.

12 Ob die Metadaten zu einer Messung in einer Datei abgelegt werden oder in ein ausgedrucktes Formular mit vorgegebenen Feldern per Hand eingetragen werden, ist für das Erheben der Informationen erst einmal nebensächlich. Entscheidend sind das Schema und dessen Felder, nicht das Format.

Durchnummerierung von Proben etc.

Eine eindeutige Nummerierung setzt eine zentrale Vergabestelle für die Nummern voraus. Das lässt sich aber relativ einfach – z. B. über eine Webseite oder ein Wiki oder erst einmal über eine einfache Liste – sicherstellen. Die Zuordnung von Nummern zu Proben sollte möglichst gut gesichert und mehrfach redundant abgelegt werden, da in den Metadaten aufgrund der Eineindeutigkeit überwiegend auf die Nummern auf Proben verwiesen werden sollte. Wenn die Zuordnungstabelle keine Tabelle *sensu strictu* ist, sondern für jede Probe eine (Wiki-)Seite mit Informationen angelegt wird (und die Nummer in einem Schlüssel-Wert-Container maschinell extrahierbar abgelegt ist), lässt sich die Zuordnungstabelle als Übersicht automatisch generieren. Dann ist das System entsprechend robust, zumal die Seiten sich einfach mehrfach redundant schützen lassen (Backup).

Systematische Ablage von Daten und Ergebnissen Nicht nur Rohdaten und Routinen zur Datenverarbeitung sollten dauerhaft archiviert werden. Die systematische Ablage und Langzeitarchivierung umfasst Rohdaten, abgeleitete Daten, Metadaten und Repräsentationen.[13] Eine systematische Ablage der Daten und Ergebnisse, die von Dritten nachvollziehbar und nutzbar ist, erfordert eine modulare, erweiterbare Verzeichnisstruktur und darüber hinaus Konventionen für Dateinamen sowie deren konsistente Verwendung. Diese Konventionen sollten entsprechend ebenfalls (kurz und prägnant) dokumentiert werden. Das wäre bezogen auf ein Gesamtsystem zur wissenschaftlichen Datenverarbeitung und -analyse der Aspekt der externen Dokumentation (▶ Kap. 8). Hierfür kommt z. B. ein Wiki infrage. Die zunehmende Ablage der zu Publikationen gehörenden (Roh-)Daten in öffentlich zugänglichen Datenrepositorien inklusive zugehörigem DOI als eindeutigem Bezeichner greift aus der Erfahrung des Autors zu kurz: Systematik und Qualitätssicherung fehlen, meist ist unklar, ob es sich um Roh- oder abgeleitete Daten handelt, die Verarbeitungsschritte sind selten ausreichend dokumentiert und die Daten insbesondere bei mehreren Autoren oft unvollständig.

28.3.3 Vorschau: einzelne Aspekte, die nachfolgend behandelt werden

Die nachfolgend in einzelnen Kapiteln behandelten Aspekte betreffen weniger die einem System zur wissenschaftlichen Datenverarbeitung und -analyse zugrunde liegenden Abstraktionen als handfeste Anforderungen und Dinge, die es zu beachten gilt. All diese Aspekte sind zumindest initial relativ einfach umsetzbar. Es geht nicht darum, hier die eine Lösung zu präsentieren, sondern die Kriterien für eine vernünftige Lösung vorzustellen und Beispiele zu zeigen, die versuchen, diesen Kriterien gerecht zu werden. Letztlich ist in diese vier Kapitel die Summe der eigenen Erfahrungen über die letzten zwei Jahrzehnte in der Wissenschaft und insbesondere in der Spektroskopie eingeflossen,

13 Das gilt für Repräsentationen zumindest solange, wie sie nicht automatisch anhand einer Erzeugungsvorschrift generiert werden können. In diesem Fall kann (und sollte) statt der Repräsentation oder zumindest zusätzlich diese Erzeugungsvorschrift archiviert werden.

die meiste Zeit mit Aufbauten, die hochgradig modular waren und überwiegend manuell bedient wurden.

Datenformate: Beständigkeit und Plattformunabhängigkeit Das Ziel von Datenformaten ist die Archivierung und Lesbarkeit der Daten über Jahrzehnte. Entsprechend werden in diesem Kapitel Beispiele für offene, (selbst-)dokumentierende Formate vorgestellt und diskutiert, warum für die Archivierung und zukunftssichere Zugreifbarkeit Textformate grundsätzlich Binärformaten vorzuziehen sind.

Datenaufnahme: Metadaten Daten ohne zugehörige Informationen (Metadaten) sind wertlos. Das verfügbare Wissen ist während der Messung maximal. Entsprechend gilt es, dieses Wissen zu formalisieren und zu kondensieren und wichtige von unwichtigen Informationen zu trennen. Das Ziel ist ein formalisiertes, möglichst vollständiges (elektronisches) Laborbuch, das gut in ein Gesamtsystem zur wissenschaftlichen Datenverarbeitung und -analyse integriert ist und den Auswertungsroutinen Zugriff auf alle verfügbaren Informationen gibt. Am Ende dieses Kapitels wird ein vom Autor selbstentwickeltes und in mittlerweile langjähriger Praxis bewährtes Format für die Ablage von Metadaten vorgestellt und etwas detaillierter die Gründe für entsprechende Entscheidungen beim Entwurf des Formates diskutiert [9].

Datenverarbeitung und -analyse: selbstdokumentierend Jede Verarbeitungsroutine sollte einen *vollständigen* Parametersatz des von ihr durchgeführten Verarbeitungsschrittes mitschreiben. Entsprechend bedarf es eines Systems zur automatischen Generierung einer Historie, das die oben angesprochenen Ansprüche an ein System zur Datenverarbeitung erfüllt und insbesondere die fünf grundlegenden Fragen (*Wer* hat – *was* – *mit wem* – *wann* und – *wie* gemacht?) beantwortet. Das setzt entsprechend modulare Routinen für die einzelnen Verarbeitungsschritte und eine darüber hinausgehende Infrastruktur für die Ablage der Informationen voraus. Ein solches System der eigentlichen rechnergestützten Datenverarbeitung lässt sich noch am ehesten innerhalb einer einzelnen Anwendung abbilden.

Datenpräsentation: Darstellungs- und Berichterstellung Ein Gesamtsystem, das alle Informationen zu Daten und ihrer Weiterverarbeitung ablegt und automatisiert zugreifbar macht, sollte auch noch einen Schritt weitergehen und die Erstellung von Repräsentationen (Abbildungen, aber auch Tabellen) ebenfalls weitestgehend automatisieren. Idealerweise wird die Vorschrift zur Erzeugung der entsprechenden Repräsentationen (ausgehend von einer Liste der Datensätze über die Verarbeitungsschritte bis hin zu Formatierungsangaben) formalisiert und unabhängig von der konkreten Implementation der Verarbeitungsroutinen abgelegt. Noch einen Schritt weiter gehen Berichte, die eine gut formatierte Dokumentation der Verarbeitung und Auswertung sowie eine Präsentation der Charakteristika eines Datensatzes leisten. Diese Berichte können ebenfalls in einem modularen System durch Verwendung etablierter Konzepte weitestgehend automatisiert erzeugt werden und aus eigener Erfahrung die Produktivität immens steigern. Letztlich helfen sie dabei, den Schatz der gesammelten Informationen aus der Datenverarbeitung und -analyse zu heben und zugänglich zu machen und leisten damit einen wesentlichen Beitrag zur Akzeptanz und damit letztlich der realen Nutzung eines solchen Systems, weil die Vorteile auf der Hand liegen und ähnliche Ergebnisse anderweitig nicht oder nur mit erheblichem manuellem Aufwand zu erhalten sind.

Beispiele aus eigener Feder: ASpecD und LabInform

Der Autor hat selbst über die letzten zwei Jahrzehnte Systeme entwickelt, die den genannten Ansprüchen weitgehend gerecht werden und die gleichzeitig den Ausgangspunkt für dieses Buch und die ihm zugrunde liegende Vorlesung bilden. Das ist einmal ein Framework zur Erstellung von Anwendungen zur rechnergestützten Datenauswertung (ASpecD, ▶ https://www.aspecd.de/) und ein Laborinformations- und Managementsystem (LabInform, ▶ https://www.labinform.de/) für die umfassendere Infrastruktur (elektronisches Laborbuch, Datenablage, Informationen zu Proben, ...) als notwendige Voraussetzung für reproduzierbare Wissenschaft und damit Wissenschaftlichkeit.

28.4 Nutzeransprüche an ein System zur Datenverarbeitung

Die hier formulierten Ansprüche unterscheiden sich ganz wesentlich von den Kriterien der Wissenschaftlichkeit. Während Wissenschaftlichkeit für die Arbeit in den Wissenschaften eigentlich eine Selbstverständlichkeit sein sollte – auch wenn sie das im konkreten Fall selten ist –, sind die Ansprüche an ein System zur wissenschaftlichen Datenverarbeitung aus der Sicht des (potentiellen) Nutzers eines solchen Systems formuliert. Letztlich ist es eine Antwort auf die Frage: Was muss das System können und sicherstellen, damit es eine Chance hat, angenommen und (konsequent) genutzt zu werden? Kurz gefasst sind es zwei Ansprüche: Es muss hinreichend einfach nutzbar sein und seine Verwendung muss offensichtliche Vorteile mit sich bringen.

Hinreichend einfach nutzbar Ein Gesamtsystem zur wissenschaftlichen Datenverarbeitung und Analyse muss eine möglichst niedrige Eintrittsschwelle aufweisen, um potentielle Nutzer nicht gleich zu Anfang abzuschrecken. Dazu gehört eine gute Dokumentation inkl. praxisnaher Beispiele, eine intuitive Bedienung dank guter Abstraktionen und eine flexible Erweiterbarkeit und Anpassbarkeit auf eigene Bedürfnisse. Das stellt ganz erhebliche Anforderungen an die Programmierung und Architektur des Systems, die letztlich nur durch all die Aspekte, die in den Teilen des Buches zur Softwarearchitektur und zu sauberem Code diskutiert wurden, erreicht werden kann. Letztlich gilt: Nur ein System, das sich einfach nutzen lässt, wird in der Praxis auch konsequent genutzt werden.[14] Und nur ein modulares System, das so einfach nutzbar ist, dass es auch konsequent genutzt wird, kann eine lückenlose Dokumentation aller Verarbeitungsschritte und damit eine der Voraussetzungen für Wissenschaftlichkeit gewährleisten.

Offensichtliche Vorteile bei Verwendung des Systems Neben der einfachen Nutzbarkeit sollte ein Gesamtsystem zur wissenschaftlichen Datenverarbeitung und -analyse, das aufgrund der Komplexität der zugrunde liegenden Problematik ebenfalls erheblich komplex ist, offensichtliche Vorteile bieten, die anderweitig nur mit erheblichem Aufwand (oder sogar gar nicht) erreichbar sind. Nur über einen entsprechenden Mehrwert werden die

14 Oftmals gibt es Situationen, dass ein System genutzt werden muss, auch wenn es nicht besonders nutzerfreundlich ist. Das führt aber allzu oft dazu, dass es nicht in der eigentlich beabsichtigten Form genutzt wird bzw. so umständlich ist und dem Nutzer so viel (unnötige) Konzentration auf (unwichtige) Details abverlangt, dass sich zwangsläufig Fehler und Inkonsistenzen einschleichen.

(potentiellen) Nutzer auch ausreichend Motivation haben, es zu nutzen. Letztlich kann man vieles über Vorbild und eine gewisse Einschränkung der Wahlfreiheit befördern. Das erfordert aber einerseits die Erkenntnis in der Chefetage, dass ein entsprechendes System tatsächlich ein echter Mehrwert bzw. auf lange Frist für die Sicherstellung der wissenschaftlichen Qualität essentiell ist. Andererseits muss das System aber auch ausreichend gut funktionieren, insbesondere flexibel und modular genug sein, um auch unerwarteten Anforderungen (einfach) gerecht werden zu können. Entscheidend für ein solches System ist, dass es die der wissenschaftlichen Datenverarbeitung und -analyse zugrunde liegenden Abstraktionen erfasst und in ein einheitliches, aber gleichzeitig hochgradig modulares und flexibles System kleidet, das den vollkommen unterschiedlichen Anforderungen unterschiedlicher Anwender und Methoden gerecht wird. Die genannten Abstraktionen formen das Modell, das gemäß *Domain-Driven Design* (► Kap. 22) im Zentrum der Anwendung steht.

28.4.1 Nutzerfreundlichkeit

Eine Grundregel für nutzerfreundliche, komplexe Datenverarbeitungssysteme lautet: „So einfach wie möglich, so komplex und flexibel wie nötig.“ Das gilt auch für ein Gesamtsystem zur wissenschaftlichen Datenverarbeitung und -analyse, auch wenn gerade in den Wissenschaften die Freiheit des Einzelnen vielleicht mehr betont wird als in anderem Kontext.

Es gibt zwei Arten von Komplexität. In seinem Buch *The Mythical Man Month* [10] unterscheidet Fred Brooks zwei Arten von Komplexität, namentlich unvermeidliche Komplexität (*essential complexity*) und vermeidbare Komplexität (*accidental complexity*). Diese Unterscheidung ist deshalb von so großer Bedeutung, weil die vermeidbare Komplexität der einzige Bereich ist, bei dem Konzepte der Softwareentwicklung helfen können. Entsprechend wichtig ist es, in einem konkreten Kontext sauber zu analysieren und zwischen diesen beiden Arten von Komplexität zu unterscheiden sowie zu versuchen, die vermeidbare Komplexität so weit wie irgend möglich zu eliminieren. Das erfordert meist Fähigkeiten auf unterschiedlichen Ebenen, angefangen bei Abstraktion bis hin zur Erfahrung bei der Umsetzung in Software. Gegebenenfalls lassen sich diese Aspekte auch in Zusammenarbeit mehrerer Personen angehen.

Wissenschaftliche Datenverarbeitung ist inhärent komplex. Ein entsprechendes solides Hintergrundwissen der Abläufe ist eine zwingende Voraussetzung, um Daten überhaupt vernünftig verarbeiten und analysieren zu können. Erschwerend kommt hinzu, dass viele Anforderungen sich nicht vorhersehen lassen. Entsprechend ist die Flexibilität des Gesamtsystems und seine weitestgehende Anwendbarkeit und Anpassbarkeit auf neue Fragestellungen wesentlich für seine Nutzbarkeit.

Das System ist für den Nutzer da – *nicht* umgekehrt. Auch wenn der Nutzer gerade in den Naturwissenschaften und im akademischen Kontext oftmals der Entwickler selbst ist, sollten Nutzerbedürfnisse möglichst genau analysiert werden, um das System entsprechend einfach nutzbar gestalten zu können. Wichtig sind dabei treffende Abstraktionen (*Domain-Driven Design*, vgl. ► Kap. 22), deren Implementation den Kern des Gesamtsystems darstellt.

Essenz/Substanz und Akzidens

Die Unterscheidung von Fred Brooks [10] zwischen *essential complexity* und *accidental complexity* geht ideengeschichtlich letztlich auf die Unterscheidung zwischen Substanz (Essenz) und Akzidens von Aristoteles zurück. Im deutschen Sprachraum findet man den Begriff „Substanz" als Gegensatz zu „Akzidens" statt des Begriffs „Essenz", wobei beide, Substanz und Essenz, Übersetzungen desselben von Aristoteles verwendeten griechischen Wortes (*ousia*) sind [11]. Substanz (bzw. Essenz) wird als etwas verstanden, das das Wesen eines Objektes (oder einer Person) ausmacht. Im Gegensatz dazu ist Akzidens ein zufälliges, letztlich austauschbares Merkmal, das nicht konstituierend für das Objekt (und somit im Wortsinne unwesentlich) ist. Bezogen auf die Komplexität in Software kann man ähnlich wie Brooks feststellen, dass es eine Art von Komplexität (*essential complexity*) gibt, die man vielleicht als unvermeidbare oder irreduzible Komplexität bezeichnen könnte und die im Wesen der Problemstellung oder des Vorhabens begründet liegt, das durch Software gelöst werden soll. Ihr entgegen steht die nicht notwendige, eher zufällige Komplexität (*accidental complexity*), deren Grund oft mangelnde Abstraktion oder Fähigkeit in der Umsetzung ist. Deren Verringerung bzw. Eliminierung ist Aufgabe der Softwaretechnik und Inhalt dieses Buches.

Ein sehr hilfreiches und bewährtes Konzept ist das Prinzip der „geringsten Überraschung" (*least surprise*): Oftmals gibt es für bestimmte Fragestellungen bewährte Lösungen oder Konventionen aus anderen Bereichen, mit denen der Nutzer aber oftmals vertraut ist. Entsprechend sollten nach Möglichkeit diese Lösungen verwendet werden, statt andere Umsetzungen zu wählen.

► Beispiel: Etablierte Konventionen für Tastenkürzel

Eine mittlerweile weit über ihren ursprünglichen Kontext hinaus akzeptierte Konvention für Kopieren und Einfügen sind die Tastenkombinationen „Ctrl + c" und „Ctrl + v" (bzw. unter macOS die parallelen Kombinationen mit „Cmd"). ◄

Letztlich gilt: Nur ein möglichst einfach nutzbares System, das offensichtliche Vorteile bietet, wird auch genutzt werden. Andererseits kann nur ein Gesamtsystem zur wissenschaftlichen Datenverarbeitung und -auswertung, das konsequent eingesetzt wird, seine Vorteile ausspielen und insbesondere das Versprechen einer Datenverarbeitung, die wissenschaftlichen Ansprüchen genügt, einlösen. Deshalb sollte jeder Entwickler eines solchen Systems großen Wert auf seine möglichst einfache Nutzbarkeit legen.

28.4.2 Offensichtliche Vorteile der Nutzung

Jedes Gesamtsystem zur wissenschaftlichen Datenverarbeitung und -analyse schränkt die Freiheiten seiner Nutzer ein und zwingt sie insbesondere zu einem (initialen) Mehraufwand gegenüber den vorherigen Abläufen. Entsprechend sollte ein solches System offensichtliche Vorteile bieten, die für diesen Mehraufwand entschädigen.

Ein System, das alle Kriterien erfüllt, ist komplex. Die Kriterien für ein Gesamtsystem zur wissenschaftlichen Datenverarbeitung und -analyse wurden zu Beginn des Kapitels aufgeführt. Ein solches System ist inhärent und unvermeidbar komplex. Deshalb lässt es sich nicht „schnell mal nebenher" entwickeln – schon gar nicht im Kontext der Naturwissenschaften in der akademischen Welt, wo Programmierung (ganz zu schweigen von Softwareentwicklung) oft weder systematisch gelehrt wird noch ihr der notwendige Stellenwert zugebilligt wird. Die gute Nachricht: Viele Einzelaspekte eines solchen Gesamtsystems sind einfach umsetzbar. Das erfordert aber entsprechende Modularität und früh und sauber definierte (stabile) Schnittstellen – und Disziplin bei der Verwendung. Entscheidend ist einmal mehr das Bewusstsein für einzelne Aspekte und die Entwicklung und Existenz einfacher, bewährter Lösungen. Aus der eigenen Erfahrung heraus werden einzelne solcher Aspekte und Lösungen in den nachfolgenden Kapiteln detaillierter behandelt.

„Köder": Automatisierung und Vereinfachung von Abläufen Jeder Mensch ist letztlich bis zu einem gewissen Grad bequem, und Naturwissenschaftler sind hier keine Ausnahme, eher im Gegenteil aufgrund ihrer ausgeprägten Fähigkeit, Prozesse zu analysieren und repetitive, langweilige und intellektuell wenig anspruchsvolle Aufgaben schnell zu erkennen. Entsprechend appelliert ein Gesamtsystem, das viele Abläufe automatisiert und vereinfacht, an die menschliche Faulheit. Automatisierung wird damit zum Köder und sorgt gleichzeitig für die dringend benötigte Konsistenz. Zwar ist Automatisierung kein Garant für die Korrektheit der Abläufe. Idealerweise gibt es aber in einem ausreichend modularisierten System genau eine Stelle, an der geändert werden muss, um einen inkorrekten Ablauf zu korrigieren. Aufgrund der Automatisierung lässt sich anschließend mit wenig Aufwand für den Nutzer der Fehler für alle durchgeführten Verarbeitungsschritte korrigieren.

Entscheidend sind die (extern) gestellten Anforderungen. Am Ende entscheiden die (extern) gestellten Anforderungen über die Entwicklung und (konsequente) Nutzung eines Gesamtsystems zur wissenschaftlichen Datenverarbeitung und -analyse. Nur wenn Wissenschaftlichkeit real eingefordert wird, ergibt sich ein Vorteil aus der Verwendung des (intrinsisch hochgradig komplexen) Systems. Hier sind einmal mehr die Betreuungspersonen in der Verantwortung, auch wenn das den einzelnen Wissenschaftler (auch als Bachelor- und Master-Student und als Doktorand) nicht von seiner Verantwortung entbindet, saubere Arbeit zu leisten, die den genannten Kriterien der Wissenschaftlichkeit entspricht.

Am Ende bleibt nur zu wiederholen: Nur eine konsequente Nutzung eines Gesamtsystems zur wissenschaftlichen Datenauswertung und -analyse liefert reale Vorteile, insbesondere die Sicherstellung, dass die Datenverarbeitung den Kriterien der Wissenschaftlichkeit entspricht. Entsprechend prominent sollten sie beworben und entsprechend konsequent sollte die Nutzung des Systems eingefordert werden. Mit der einfachen Nutzbarkeit und (idealerweise) verbreiteten Nutzung eines Systems geht aber auch Verantwortung gegenüber den Nutzern einher, was langfristige Verfügbarkeit, Pflegbarkeit und Kompatibilität angeht. Diese Anforderungen lassen sich nur durch Berücksichtigung aller bisher im Buch genannten Aspekte – Infrastruktur, sauberer Code, saubere Systemarchitektur – gewährleisten.

Verständnisfragen

- Was sind wesentliche Kriterien für Wissenschaftlichkeit, auf die sich vermutlich jeder einigen wird?
- Welche Voraussetzungen müssen Wissenschaftlerinnen und Wissenschaftler mitbringen, um wissenschaftlich arbeiten zu können?
- Welche Ansprüche an die wissenschaftliche Datenanalyse lassen sich aus Sicht der Wissenschaften und aus Sicht der Programmierung stellen?
- Welche Aspekte sollte ein Gesamtsystem zur wissenschaftlichen Datenverarbeitung und -analyse idealerweise abdecken?
- Welche Anforderungen lassen sich aus Nutzersicht an ein Gesamtsystem zur wissenschaftlichen Datenverarbeitung und -analyse formulieren?
- Wie lässt sich der unter dem Schlagwort *Domain Driven Design* zusammengefasste Ansatz der Softwareentwicklung komplexer Systeme auf die Entwicklung eines Gesamtsystems zur wissenschaftlichen Datenverarbeitung und -analyse anwenden? Was steht im Zentrum dieses Systems?

Kommentiertes Literaturverzeichnis

Wer sich eingehender mit Wissenschaftstheorie und der Frage nach dem Wesen der Wissenschaft befassen möchte, der sei auf die „klassische" Literatur, insbesondere Poppers *Logik der Forschung* [12] und Kuhns *Struktur wissenschaftlicher Revolutionen* [13] verwiesen. Gute einführende Werke sind *What is This Thing Called Science?* von A. F. Chalmers [14] und *Wissenschaftstheorie. Eine philosophische Einführung* von Hans Poser [15]. Lesenswert ist auch Hackings *Einführung in die Philosophie der Naturwissenschaften* [16]. Der Blick auf die Wissenschaft als ein *System* geht auf Immanuel Kant [2] zurück. Die Unterscheidung von unvermeidlicher (*essential complexity*) und vermeidbarer Komplexität (*accidental complexity*) wurde von Fred Brooks [10] auf Software angewandt. Sie geht ideengeschichtlich letztlich auf die Unterscheidung zwischen Substanz (Essenz) und Akzidens von Aristoteles zurück, vgl. dazu z. B. [11].

Die Wichtigkeit der Reproduzierbarkeit von Auswertungen ist ein Thema, das immer mal wieder durch die wissenschaftliche Öffentlichkeit geistert, oftmals im Zusammenhang mit aufgedecktem Betrug durch Datenfälschung [17–19]. Ein lesenswerter Artikel, der sich mit der Reproduzierbarkeit rechnergestützter Datenauswertung befasst und zehn einfache Regeln aufstellt, ist [20]. Komplette Systeme zur Datenverarbeitung und -analyse wurden mehrfach in der Literatur für unterschiedliche Disziplinen vorgestellt. Mesirov spricht in diesem Kontext von einem „System zur reproduzierbaren Wissenschaft" (*reproducible research system*, RRS) [21]. Wie ein solches System umgesetzt wird, dazu gibt es in unterschiedlichen Disziplinen unterschiedliche Ansätze. Beispiele wären das „Pegasus Framework" [22], Galaxy [23] und GenePatterns [21, 24]. Vermutlich historisch der erste funktionierende und publizierte Ansatz (ReDoc), basierend auf freier Software und dem GNU-make-Werkzeug, stammt aus dem *Stanford Exploration Project* um Jon Claerbout [25]. Ein Buch, das nicht nur unterschiedliche (auf der Programmiersprache R basierende) Ansätze für reproduzierbare rechnergestützte Wissenschaft vorstellt, sondern darüber hinaus generelle Aspekte thematisiert, ist *Implementing Reproducible Research* [26]. Darstellung wissenschaftlicher Daten ist ein wichtiges Thema, das immer wieder diskutiert wird. Ein sehr kurzer Artikel aus der Praxis mit vielen Beispielen ist [27].

Literatur

1. R.P. Feynman, Engineering and Science **37**(7), 10 (1974). https://resolver.caltech.edu/CaltechES:37.7.CargoCult
2. I. Kant, *Metaphysische Anfangsgründe der Naturwissenschaft* (Felix Meiner Verlag, Hamburg, 1997). Mit einer Einleitung herausgegeben von Konstantin Pollok
3. C.L. Borgman, Journal of the American Society for Information Science and Technology **63**, 1059 (2012). https://doi.org/10.1002/asi.22634
4. C.L. Borgman, *Big Data, Little Data, No Data: Scholarship in the Networked World* (MIT Press, Cambridge, MA, 2015)
5. E. Evans, *Domain-Driven Design* (Addison Wesley, Boston, 2004)
6. Anonymous, Nature New Biology **233**, 223 (1971). https://doi.org/10.1038/newbio233223b0
7. F.C. Bernstein, T.F. Koetzle, G.J. Williams, E.F. Meyer, M.D. Brice, J.R. Rodgers, O. Kennard, T. Shimanouchi, M. Tasumi, Journal of Molecular Biology **112**, 535 (1972). https://doi.org/10.1016/S0022-2836(77)80200-3
8. B. DA, C. M, C. K, K.M. I, L. DJ, O. J, S. EW, Nucleic Acids Research **41**, D36 (2012). https://doi.org/10.1093/nar/gks1195
9. B. Paulus, T. Biskup, Digital Discovery **2**, 234 (2023). https://doi.org/10.1039/D2DD00131D
10. F.P. Brooks, *The Mythical Man Month*, Jubiläumsausgabe mit 4 neuen Kapiteln (Addison Wesley Longman, Boston, 1995)
11. P. Prechtl, F.P. Burkard (eds.), *Metzler Lexikon Philosophie*, 3. Aufl. (J.B. Metzler, Stuttgart, Weimar, 2008)
12. K. Popper, *Logik der Forschung*, 11. Aufl. (Mohr Siebeck, Tübingen, 2005)
13. T.S. Kuhn, *Die Struktur wissenschaftlicher Revolutionen* (Suhrkamp, Frankfurt am Main, 1976)
14. A.F. Chalmers, *What is this thing called Science?*, 3. Aufl. (Open University Press, Berkshire, UK, 1999)
15. H. Poser, *Wissenschaftstheorie* (Reclam, Stuttgart, 2001)
16. I. Hacking, *Einführung in die Philosophie der Naturwissenschaften* (Reclam, Stuttgart, 1995)
17. J. Crocker, M.L. Cooper, Science **334**, 1182 (2011)
18. B.R. Jasny, G. Chin, L. Chong, S. Vignieri, Science **334**, 1225 (2011)
19. R.D. Peng, Science **334**, 1226 (2011)
20. G.K. Sandve, A. Nekrutenko, J. Taylor, E. Hovig, PLoS Computational Biology **9**, e1003285 (2013)
21. J.P. Mesirov, Science **327**, 415 (2010)
22. E. Deelman, G. Singh, M.H. Su, J. Blythe, Y. Gil, C. Kesselman, G. Mehta, K. Vahi, G.B. Berriman, J. Good, A. Laity, J.C. Jacob, D.S. Katz, Scientific Programming **13**, 219 (2005)
23. J. Goecks, A. Nekrutenko, J. Taylor, The Galaxy Team, Genome Biology **11**, R86 (2010)
24. M. Reich, T. Liefeld, J. Gould, J. Lerner, P. Tamayo, J.P. Mesirov, Nature Genetics **38**, 500 (2006)
25. M. Schwab, M. Karrenbach, J. Claerbout, Computing in Science & Engineering **2**, 61 (2000)
26. V. Stodden, F. Leisch, R.D. Peng (eds.), *Implementing Reproducible Research* (CRC Press, Boca Raton, 2014)
27. N.P. Rougier, M. Droettboom, P.E. Bourne, PLoS Computational Biology **10**, e1003833 (2014)

Datenformate: beständig und plattformunabhängig

Inhaltsverzeichnis

T. Biskup, *Softwareentwicklung für die Naturwissenschaften*,
https://doi.org/10.1007/978-3-662-71607-6_29

Kernaspekte

- Formate betreffen nicht nur Roh- und verarbeitete Daten, sondern auch Metadaten, Dokumentation und Abbildungen.
- Datenformate sollten über Jahrzehnte lesbar, plattformunabhängig, quelloffen und dokumentiert sein.
- Daten über Jahrzehnte lesbar zu archivieren, ist nicht nur eine Frage der Formate, sondern auch der Organisation.
- Rohdaten sollten immer (im Originalformat) archiviert und vor (ungewollter) Veränderung geschützt werden.
- Das konkrete Datenformat oder die Art der Datenlagerung ist für ein System zur Datenverarbeitung irrelevant.

Der erste Baustein eines Gesamtsystems zur wissenschaftlichen Datenverarbeitung sind Datenformate, und zwar sowohl für Daten als auch für Metadaten. Für Abbildungen kommen zwar ebenfalls Datenformate in Betracht, allerdings gibt es einerseits genug hinreichend standardisierte Datenformate für Abbildungen, und andererseits ist bei Abbildungen in den meisten Fällen interessant, die ihnen zugrunde liegenden Metadaten abzulegen und die Abbildungserstellung weitestgehend automatisierbar (und damit reproduzierbar) zu gestalten (für Details vgl. ► Kap. 32). Neben dem eigentlichen Format der Daten steht dabei die Organisation einer Datenablage im Zentrum der Bemühungen, Daten über Jahrzehnte lesbar zu archivieren. Die Deutsche Forschungsgemeinschaft (DFG) schreibt in ihren „Leitlinien zum Umgang mit Forschungsdaten" dazu: „Den Regeln der Guten Wissenschaftlichen Praxis folgend sollen Forschungsdaten in der eigenen Einrichtung oder in einer fachlich einschlägigen, überregionalen Infrastruktur für mindestens 10 Jahre archiviert werden."[1]

29.1 Kriterien für Datenformate in der Wissenschaft

Wissenschaftlichkeit geht ganz wesentlich mit Nachvollziehbarkeit und Überprüfbarkeit einher, und in gewissen Grenzen auch mit Replizierbarkeit und Reproduzierbarkeit.[2] Dazu ist es notwendig, dass Daten auch nach langer Zeit, idealerweise Jahrzehnten, noch zugreifbar sind. Das stellt immense Ansprüche an die (elektronischen) Datenformate, gerade aus Sicht eines Archivars, die in weiten Teilen nach wie vor ungelöst sind. Trotzdem gibt es einige grundlegende Hinweise, die viele der auftretenden Probleme wenn nicht beheben, so doch wenigstens hinreichend kompensieren können.

1 ► https://www.dfg.de/download/pdf/foerderung/antragstellung/forschungsdaten/richtlinien_forschungsdaten.pdf (Zugriff am 23.02.2025).

2 Für eine Unterscheidung dieser beiden Begriffe vgl. ► Kap. 31. Replikation ist eine unabhängige Wiederholbarkeit des gesamten Experiments, Reproduzierbarkeit zielt auf die Auswertungsschritte, ausgehend von Rohdaten.

29.1.1 Warum sollte man sich überhaupt mit Datenformaten befassen?

Datenformate spielen nicht nur für die Rohdaten und die verarbeiteten Daten eine Rolle, sondern genauso für die Metadaten, Dokumentation der Auswertungen und für Abbildungen. Entsprechend oft wird jeder, der aktiv in den empirischen Wissenschaften unterwegs ist, früher oder später mit Datenformaten und der Wahl des richtigen bzw. der Entwicklung eines eigenen Formates konfrontiert werden.

Gründe, die jeden betreffen

Nachfolgend seien zunächst vier Gründe für die Beschäftigung mit Datenformaten in den Naturwissenschaften aufgeführt, die jeden, der aktiv forscht, betreffen.

Wir sind alle Nutzer von Datenformaten. So gut wie jedes Gerät speichert heute seine Daten in elektronischer Form, und selbst wenn das nicht der Fall ist und wir die Werte per Hand aufschreiben, erzeugen wir Datenformate (in letzterem Fall z. B. die Form der Tabelle). Darüber hinaus findet so gut wie jede Weiterverarbeitung und Darstellung der Daten mittlerweile mit Unterstützung von Rechnern statt. Entsprechend haben Datenformate sehr unterschiedliche Formen und Funktionen. Wie so oft ist auch bei Datenformaten entscheidend, dass man bewusst mit ihnen umgeht und sich die Vor- und Nachteile sowie Limitationen eines Formates vergegenwärtigt. Viele Formate sind erst einmal vorgegeben und lassen sich nicht ändern (i. d. R. die Rohdatenformate eines Messgerätes), andere hingegen werden von uns im Laufe der Auswertung erzeugt – oft ohne dass wir uns dessen bewusst sind. Jegliche (Zwischen-)Ablage von Werten, und sei es auch nur auf einem Schmierzettel oder in einer Textdatei ohne jegliche Formatierung, ist letztlich ein Datenformat.

Wissenschaftler tragen Verantwortung für ihre Daten. Daten sind die „Währung" und Grundlage aller empirischen Wissenschaften. Entsprechend wertvoll sind sie, und entsprechend groß ist die Verantwortung jedes einzelnen Wissenschaftlers, ihre Unversehrtheit und Verfügbarkeit sicherzustellen. Die Nachvollziehbarkeit von Auswertungen – ein Kernaspekt der Wissenschaftlichkeit – erfordert den Zugriff auf die Daten.[3] Dieser Zugriff wiederum erfordert offene und plattformübergreifende Formate. Offen bedeutet in diesem Kontext, dass die Struktur des jeweiligen Datenformates dokumentiert und frei zugänglich ist. Das Kriterium „plattformübergreifend" hat sowohl eine Architektur- als auch eine zeitliche Komponente. Alle drei großen Betriebssystem-Architekturen (Windows, Linux, macOS) sind in den Naturwissenschaften relativ weitverbreitet, zudem ist die Entwicklung der Betriebssysteme sehr schnell auf der Zeitskala der Archivierung von Daten über Jahrzehnte.

Datenformate betreffen nicht nur (Roh-)Daten. Daten ohne ihre Metadaten sind wertlos. Entsprechend müssen auch die Metadaten ebenfalls in einem (ggf. eigenen) Datenformat abgelegt werden. Gleiches gilt für die Dokumentation der Auswertung und die daraus entstehenden Repräsentationen (meist Abbildungen oder Tabellen). Beständigkeit und offener Zugang sind auch hier wichtig.

---

3 Dieser Zugriff bezieht sich letztlich sowohl auf die Rohdaten als auch auf die vollständigen Informationen jeglicher Verarbeitungsschritte der Daten.

Wir alle erzeugen (oft unbewusst) Datenformate. Es klang schon beim ersten Aspekt (wir alle sind Nutzer von Datenformaten) an: Jegliche Ablage von Zwischenergebnissen, sei es in einer (unformatierten) Textdatei oder auf einem Schmierzettel, geht mit einer Formatierung der Daten einher. Gerade wenn Zwischenergebnisse in Dateien abgelegt werden, steht sofort die automatisierte Wiedereinlesbarkeit und Weiterverarbeitung im Fokus. Aber auch ein handgeschriebenes Laborbuch zählt zu den Datenformaten. Hier ist Übersichtlichkeit genauso wichtig, um in endlicher Zeit gesuchte Informationen extrahieren zu können.

Spezialfall: Entwicklung von Rohdatenformaten

Darüber hinaus gibt es gerade bei Laboraufbauten und in der Spektroskopie und verwandten Disziplinen immer wieder die Notwendigkeit, selbst Datenformate für Primär- bzw. Rohdaten zu entwickeln. Nicht alle Gerätschaften sind aus einem Guss (vgl. ◘ Abb. 29.1). Gerade in den physikalisch orientierten Wissenschaften steht die Methodenentwicklung mehr im Vordergrund, bzw. es handelt sich um Forschungsgeräte, die aus einzelnen Komponenten selbst aufgebaut wurden. Entsprechend ist die Steuersoftware ebenfalls oft selbst geschrieben. Das zwingt dann gleichzeitig dazu, sich aktiv über ein Rohdatenformat für die mit dem Gerät erzeugten Daten Gedanken zu machen. Andererseits hat man in einer solchen Situation auch (vollkommen) freie Hand bei der Wahl der Datenformate. Da diese Situation allerdings eher selten ist (auch wenn der Autor bereits während seiner Doktorarbeitszeit derlei Erfahrungen gesammelt hat), wird auf die konkreten Anforderungen, die mit der Entwicklung eigener Rohdatenformate für die direkte Speicherung durch Messaufbauten einhergehen, im weiteren Verlauf des Buches nur implizit eingegangen.

Aus den bisherigen Ausführungen sollte klar geworden sein, dass niemand, der in der Wissenschaft arbeitet, an der Verwendung (und Erzeugung) von Datenformaten vorbeikommt. Entsprechend wichtig ist der bewusste Umgang, hauptsächlich hinsichtlich der Vor- und Nachteile unterschiedlicher Formate und einer klaren Vorstellung, welche

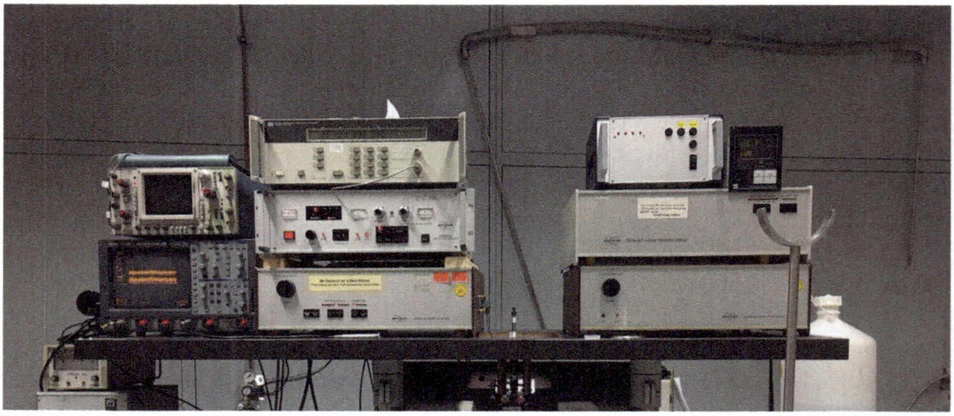

◘ **Abb. 29.1 Ein Grund, sich mit Datenformaten detailliert auseinanderzusetzen: ein handaufgebautes Spektrometer.** Gezeigt ist hier ein Teil eines zeitaufgelösten EPR-Spektrometers, bestehend u. a. aus Transientenrekorder (Oszilloskop, *links*), Frequenzzähler, manueller Brückensteuerung und Mikrowellenbrücke (*mittig*) und weiteren Gerätschaften (*rechts*). Mit diesem Aufbau hat der Autor die Daten für seine Habilitation aufgenommen

Ansprüche im jeweiligen Kontext gestellt werden. Nachfolgend sollen einige allgemeine Kriterien für Datenformate vorgestellt werden.

29.1.2 Kriterien für Datenformate

Datenformate sind allgegenwärtig in der wissenschaftlichen Auswertung. Für einen bewussten Umgang mit ihnen lassen sich eine Reihe von Kriterien aufstellen, die Datenformate erfüllen sollten, um den Ansprüchen an die Wissenschaftlichkeit zu genügen. Die nachfolgend aufgeführten Kriterien sollten entsprechend bei der Nutzung und Entwicklung von Formaten Beachtung finden.

Zukunftssicher Wissenschaft gründet immer auf der Vorarbeit der vorangegangenen Generationen. Das ist aber nur möglich, wenn deren Ergebnisse nach wie vor verfügbar sind. Entsprechend sollte ein Datenformat Jahrzehnte bestehen können. Das betrifft insbesondere seine Lesbarkeit – eine in weiten Teilen nach wie vor ungelöste Herausforderung auch und gerade für Archivare, die normalerweise gewohnt sind, auf Zeitskalen von Jahrzehnten bis Jahrhunderten zu denken.

Plattform- und sprachunabhängig In den Naturwissenschaften erfreuen sich alle drei großen Betriebssystem-Architekturen – Windows, Linux/Unix, macOS – recht großer Beliebtheit. Entsprechend sollte jegliches Datenformat problemlos auf allen drei Architekturen les- und schreibbar sein. Diese Unabhängigkeit von aktuell real existierenden Betriebssystemen hilft gleichzeitig dabei, auch künftig unabhängig zu bleiben. Darüber hinaus sollten Datenformate immer auch unabhängig von der jeweils konkret eingesetzten Programmiersprache sein. Sicherlich werden sie oft im Kontext einer speziellen Programmiersprache entwickelt, und manche der nachfolgend vorgestellten Formate (z. B. JSON) tragen diesen Ursprung noch im Namen. Trotzdem ist die Programmiersprache ein Implementationsdetail, das sich nicht auf die Struktur des Datenformates auswirken sollte.[4]

Quelloffen, vollständig dokumentiert, standardisiert Quelloffenheit ist bei Textformaten i. d. R. immer gegeben, bei Binärformaten allerdings essentiell, denn ohne die Kenntnis der internen Struktur eines Binärdatenformates ist ein Zugriff auf die damit gespeicherten Daten quasi unmöglich. Eine vollständige Dokumentation geht einen Schritt über die Quelloffenheit hinaus, da sie Konzepte und gültige Werte für die einzelnen Felder eines Datenformates sowie erwartetes und erwartbares Verhalten definiert. Eine Standardisierung ist für die Entwicklung eigener Datenformate im strikten Sinn selten oder nie möglich. Allerdings ist es immer eine gute Idee, auf vorhandene standardisierte Datenformate (z. B. XML, YAML, HDF5) zurückzugreifen, um Daten gemäß der von ihnen vorgegebenen Struktur abzulegen. Das erhöht i. d. R. nicht nur die Portabilität und Flexibilität, sondern nimmt auch eine bei näherer Betrachtung extrem zeitaufwendige Entwicklung vergleichbar robuster Formate ab. Eigene Datenformate sollten also, wann immer das möglich und sinnvoll ist, zumindest für einzelne Aspekte auf bestehende weitverbreitete Formate zurückgreifen. Nicht zuletzt ist der Rückgriff auf weitverbreitete und möglichst standardisierte Formate zur Ablage von Daten auch eine der besten Strategien,

4 Das ist letztlich eine Anwendung des Dependency-Inversion-Prinzips (► Kap. 27), vgl. dazu auch den letzten Abschnitt dieses Kapitels.

Ein schlechtes Beispiel: das Bruker-Format für ESP/EMX

Ein in mehrerlei Hinsicht schlechtes Beispiel für ein Datenformat ist das Bruker-Datenformat für EPR-Spektrometer der (alten) ESP- und EMX-Serien. Zwar ist das Datenformat *per se* dokumentiert und offengelegt, es weist aber eine Reihe aus heutiger Sicht erstaunlich anmutender Probleme auf. Zunächst einmal handelt es sich um zwei *unterschiedliche* Datenformate, die sich aber nicht trivial auseinanderhalten lassen, zumal die Parameterdatei keine (in der Spezifikation enthaltenen) Hinweise auf das Format enthält, sich die Art der Speicherung der Binärdaten in der zweiten zugehörigen Datei des Formats aber fundamental unterscheidet. Die einzige Möglichkeit ist hier das Einlesen und Überprüfen auf Sinnhaftigkeit (Intensitätswerte $> 10^{100}$ sind nicht sinnvoll). Die Metadaten (Parameter) werden in einer separaten Datei gespeichert, allerdings je nach Spektrometertyp nur die Parameter, deren Werte von einem internen (nur unzureichend dokumentierten) Standardwert abweichen. Darüber hinaus finden sich interessanterweise in den Parameterdateien auch Parameter, die *nicht* dokumentiert sind.

eine Langzeitarchivierung und -Zugreifbarkeit über Jahrzehnte sicherzustellen. Je größer der Nutzerkreis eines Formates, desto größer auch das Interesse (und ggf. der Druck), die Les- und Schreibbarkeit langfristig sicherzustellen. Diese drei miteinander zusammenhängenden Kriterien werden in der Praxis viel zu selten realisiert, vgl. dazu auch den nächsten Abschnitt zu proprietären Datenformaten und dem Umgang mit ihnen.

Geeignet zur Ablage von Metadaten Daten ohne Metadaten sind wertlos. Entsprechend der Bedeutung von Metadaten ist ihnen ein ganzes Kapitel (► Kap. 30) gewidmet. Deshalb soll hier nur auf die wesentlichen Aspekte aus der Perspektive von Datenformaten kurz eingegangen werden. Metadaten sollten nah an den Daten abgelegt werden. Dabei spielt es erst einmal keine Rolle, ob sie in einer gemeinsamen Datei mit den numerischen Daten abgelegt werden oder separat direkt daneben. Aus der Perspektive eines Datenformates (und der Wissenschaftlichkeit) ist die Einheit von Daten und Metadaten die entscheidende Größe, unabhängig von der Aufteilung auf einzelne Dateien. Als ein Minimum sollten alle Parameter, die automatisch ausgelesen werden können, als Metadaten mit in das Datenformat integriert werden. Eine Speicherung von Parametern nur für den Fall, dass sie von einem wo auch immer intern definierten Standardwert abweichen, ist hochgradig ungeschickt für die weitere Verarbeitung außerhalb der engen Grenzen der ursprünglichen Hard- und Software. Darüber hinaus ist es wesentlich, das Format entsprechend flexibel und erweiterbar zu gestalten, da sich insbesondere die Struktur und Zahl von Metadaten immer wieder verändert.[5]

Versioniert Formate entwickeln sich – wenn auch i. d. R. eher langsam. Dabei gilt, dass sich die Ablage von Metadaten innerhalb des Datenformates schneller und häufiger än-

---

5 Das ist eine Anwendung des Single-Responsibility- (SRP, ► Kap. 23) und des Open-Closed-Prinzips (OCP, ► Kap. 24): Interne Formate für numerische und Metadaten sollten möglichst unabhängig voneinander sein, da beide Arten von Daten unterschiedliche Gründe für Veränderung (und Verantwortlichkeit gegenüber unterschiedlichen Akteuren) haben (SRP). Veränderungen in der Struktur von Metadaten sollten möglichst ohne Bruch der Abwärtskompatibilität stattfinden, also Erweiterungen ohne Veränderungen der bisherigen Strukturen sein (OCP).

dern wird als die Art und Repräsentation der numerischen Daten. Für die automatische Verarbeitung von Datenformaten (insbesondere das Einlesen) ist es von entscheidender Bedeutung, Versionen automatisiert erkennen zu können. Entsprechend sollte diese Information an einer festen, einfach zugänglichen Stelle im jeweiligen Datenformat abgelegt werden. „Fest" bedeutet in diesem Kontext insbesondere, dass sich der Ort und die Art des Zugriffs auf die Information zwischen unterschiedlichen Versionen nicht ändern darf. Eine eindeutige Versionskennzeichnung erleichtert die Sicherstellung der Kompatibilität. Spezifikationen sollten jeweils Versionsnummern tragen. Da die Kompatibilität hier von besonderer Bedeutung ist, sind Versionsnummernschemata, die diese Information abbilden (z. B. SemVer, vgl. ► Kap. 7), besonders geeignet. Vor allem sollte auf die Eineindeutigkeit zwischen Versionsnummer und realem Format geachtet werden.

29.1.3 Zum Umgang mit proprietären Rohdatenformaten

Nicht immer ist man in der Wahl des Datenformates frei, insbesondere dann, wenn kommerzielle Geräte ihre (Roh-)Daten in einem vom Hersteller spezifizierten (und ggf. nicht offengelegten) Format ablegen. Diese Formate erfüllen oftmals mindestens eines der oben aufgeführten Kriterien nicht. Da sie aber (leider) im Alltag des Naturwissenschaftlers weitverbreitet sind, soll nachfolgend auf den Umgang mit solchen Formaten etwas näher eingegangen werden. Ein großes Problem mit Rohdaten vieler Geräte ist, dass sie in proprietären Formaten vorliegen, die vom Hersteller (auch auf explizite Rückfrage unter Verweis auf die wissenschaftliche Notwendigkeit) nicht offengelegt werden. Die entsprechend möglichen Exportformate gehen oftmals mit einem Verlust fast sämtlicher Metadaten einher.

Definition 29.1: proprietäres Datenformat

Auf herstellerspezifischen, nicht veröffentlichten Standards basierend und damit i. d. R. nicht von Dritten lesbar.

Die Probleme, die solche proprietären Datenformate und ihre Verwendung mit sich bringen, liegen auf der Hand, gerade im Vergleich zu den oben aufgestellten Kriterien für Datenformate: Sie sind i. d. R. nicht zukunftssicher[6] und selten plattform- und sprachunabhängig. Wenn es Programme gibt, die sie verarbeiten können, sind diese selten quelloffen und oft nur für eine oder wenige Betriebssystem-Architekturen verfügbar. Ein weiteres Problem damit ist, dass zwar die meiste Steuersoftware solcher Geräte eine Möglichkeit bietet, die Daten zu exportieren, sodass man zumindest an die eigentlichen (numerischen) Daten herankommt. Allerdings geht dieser Export meist mit einem vollständigen oder weitgehenden Verlust der Metadaten einher. Für den Umgang mit solchen proprietären Datenformaten ergeben sich entsprechend drei zentrale Regeln:

Rohdaten in diesem Format trotzdem archivieren Rohdaten sollten immer gespeichert werden. Solange es noch eine Software gibt, die sie lesen kann, lassen sich daraus auch

6 Das gilt umso mehr für Formate von Geräten vergleichsweise kleiner Hersteller. Große Firmen mit sehr vielen Installationen der Geräte, am Besten noch in der Industrie, werden einerseits weniger schnell gänzlich vom Markt verschwinden. Andererseits ist der Druck, die Datenformate auch dann noch lesen zu können, wenn das doch einmal der Fall sein sollte, viel größer.

immer wieder die Daten und Metadaten extrahieren. Darüber hinaus ist nicht sichergestellt, dass das Format nicht irgendwann doch noch offengelegt werden wird.

Metadaten soweit möglich separat (manuell) ablegen Da die Exportformate meist mit einem weitgehenden oder vollständigen Verlust der (wertvollen) Metadaten einhergeht, bleibt i. d. R. nichts anderes übrig, als sich ein eigenes Format für die Ablage von Metadaten zu überlegen und konsequent während der Datenaufnahme (bzw. zumindest in großer zeitlicher Nähe) alle relevanten Metadaten zu notieren. Für Details, wie ein solches Format aussehen könnte, vgl. ► Kap. 30.

Immer Daten exportieren und ebenfalls archivieren Meist findet die Verarbeitung außerhalb der vom Hersteller des Gerätes mitgelieferten Software statt (das gebietet allein schon die Nachvollziehbarkeit und Kontrolle über die Verarbeitungsschritte). Entsprechend ist ein Export der Daten in ein offenes, allgemein lesbares Format integraler Bestandteil des Arbeitsablaufes. In jeglichem Fall sollten aber die Daten in einem solchen offenen, allgemein lesbaren Format abgelegt werden, weil nur so ganz grundsätzlich Zukunftssicherheit sowie Plattform- und Sprachunabhängigkeit sichergestellt werden können. Das wiederum ist essentiell für die Nachvollziehbarkeit jeglicher Auswertung und damit ihrer Wissenschaftlichkeit.

29.2 Beispiele plattform- und sprachunabhängiger Datenformate

Nachdem im vorangegangenen Abschnitt allgemeine Kriterien für Datenformate in den Naturwissenschaften vorgestellt wurden, und weil das Thema so wichtig ist, sollen nachfolgend einige Beispiele für plattform- und sprachunabhängige Datenformate vorgestellt werden. Die Liste erhebt keinerlei Anspruch auf Vollständigkeit, stattdessen werden solche Formate vorgestellt, die aus eigener Erfahrung relevant bzw. hilfreich sind.

29.2.1 Zwei grundsätzliche Möglichkeiten: Reintext- und Binärformate

Allgemein gibt es zwei Möglichkeiten, Daten elektronisch abzulegen: als (reiner) Text oder binär. Beide Formatklassen haben ihre Vor- und Nachteile (vgl. ■ Abb. 29.2), Be-

Reintextformate	Binärformate
✔ universell lesbar (zumindest ASCII 7-bit)	✔ oft sehr performant
✔ auch vom Menschen lesbar	✔ meist geringer Speicherbedarf
✔ ohne zusätzliche Software unmittelbar zugänglich	
✘ ggf. langsam im Zugriff	✘ nie ohne spezielle Software lesbar
✘ mitunter mit erheblichem Speicherbedarf	✘ nicht vom Menschen lesbar

■ **Abb. 29.2 Gegenüberstellung von Reintext- und Binärformaten hinsichtlich ihrer Vor- und Nachteile.** Beide grundsätzlichen Möglichkeiten der Datenspeicherung haben ihre Berechtigung und Anwendungen. Die Lesbarkeit ohne Hilfsmittel ist die große Stärke der Reintextformate, während Binärformate immer dann unerlässlich sind, wenn die Geschwindigkeit des Lesens und Schreibens entscheidend ist

Genauigkeit numerischer Daten in Reintextformaten

Ein gewisser Nachteil von Reintextformaten ist, dass die Ablage numerischer Daten mit einer Genauigkeit, die vergleichbar mit der Repräsentation der Daten im Speicher ist (ANSI/IEEE 754-1985, s. u.) relativ viel „Platz" im Sinne von Dezimalstellen benötigt. Entscheidend ist an dieser Stelle, sich des Problems als solchem bewusst zu sein und die numerischen Daten in einer Form abzulegen, die zumindest den konkreten Ansprüchen an die jeweilige Situation entspricht. Natürlich ist es letztlich müßig, Daten mit 64 Bit Genauigkeit als Reintext abzulegen, wenn die ursprünglichen Rohdaten aufgrund der Digitalisierung (D/A-Wandlung) eine Genauigkeit von maximal 11 Bit hatten. Allerdings kommt es hier auf die Größe der Werte an, da die Genauigkeit vom Absolutwert abhängt. Im Zweifel ist es aber immer besser, eine höhere „Auflösung" bzw. Genauigkeit im Datenformat vorzuhalten, das zum Speichern verwendet wird, als die realen Daten tatsächlich haben. Nur so können Verluste vermieden werden.

rechtigungen und Anwendungsfälle. Die Lesbarkeit ohne Hilfsmittel ist die große Stärke der Reintextformate, während Binärformate immer dann unerlässlich sind, wenn die Geschwindigkeit des maschinellen Lesens und Schreibens entscheidend ist.

Ein Beispiel für die Universalität von Reintextformaten ist die Unix-Kommandozeile: Einerseits wird in der Unix-Welt (fast) alles als eine Datei abgebildet, andererseits kommunizieren die einzelnen Programme auf der Kommandozeile über reinen Text. Das erlaubt es, Befehle beliebig hintereinanderzuschalten und zu verketten (*piping*). Gleichzeitig lassen sich die Ausgaben eines Programms in eine Datei umleiten und (ggf. später) von einem anderen Programm einlesen und weiterverarbeiten. Diese Idee hat ihre Parallele in einem System zur wissenschaftlichen Datenverarbeitung: Einzelne Verarbeitungsschritte bestehen neben den Daten, auf denen operiert wird, immer aus einem Satz von Metadaten, die die Verarbeitungsparameter beinhalten. Diese Metainformationen (Datensatz-ID und Prozessierungsparameter) lassen sich ggf. in einem Metadatenformat ablegen und so persistieren. Hinreichend modular gestaltet ermöglicht ein solches System sowohl die einfache Nachvollziehbarkeit jeglicher Datenverarbeitung ohne die Notwendigkeit, zwangsläufig externe Programme zu verwenden,[7] als auch die flexible und transparente gleiche Prozessierung unterschiedlicher Datensätze mit minimalem Aufwand.[8]

29.2.2 Beispiele für Reintextformate

Weil Reintextformate gewisse Vorteile bieten – u. a. ist die Plattform- und Sprachunabhängigkeit viel einfacher zu gewährleisten – und viel häufiger vom normalen Anwender geschrieben bzw. (bewusst oder unbewusst) selbst entwickelt werden, nimmt ihre Beschreibung hier etwas mehr Raum ein als die der Binärformate. ◘ Tab. 29.1

7 Die Parameter der Verarbeitungsschritte sind, als Textdateien abgelegt, unmittelbar mit jedem Texteditor lesbar, und bei Verfügbarkeit des Quellcodes der Auswertungsroutinen ist eine vollständige Nachvollziehbarkeit gewährleistet.

8 Letztlich muss im einfachsten Fall nur die Metadatendatei, die die Datensatz-ID und die Verarbeitungsschritte nebst Parametern enthält, kopiert und die Datensatz-ID angepasst werden.

Tab. 29.1 Übersicht über die hier kurz behandelten Reintextformate. Die Spalte „Format" listet griffige Bezeichnungen auf, in der Spalte „Struktur" finden sich Hinweise über die Art der Struktur in diesen Formaten. Für alle hier aufgeführten Formate werden nachfolgend konkrete Beispiele gezeigt. Die Liste erhebt keinerlei Anspruch auf Vollständigkeit

Format	Struktur
Unstrukturierter Text	keine
DSV/CSV	zeilenweise
Windows-INI	blockweise
XML/JSON/YAML	hierarchisch

Der Wert von Kommentarfeldern

Ein Kommentarfeld sollte nach eigener Erfahrung in jeglicher Form von Metadatenformat vorgesehen werden, um die Möglichkeit zu geben, im Format selbst zusätzliche Informationen, die sich nicht anderweitig in der Struktur unterbringen lassen, abzulegen. Werden immer wieder die gleichen Informationen im Kommentar ablegt, fehlt der Metadatenstruktur höchstwahrscheinlich ein Feld. Entsprechend kann das dann nachimplementiert werden.

liefert eine Übersicht über die nachfolgend kurz behandelten Reintextformate. Die Liste erhebt keinerlei Anspruch auf Vollständigkeit. Zu jedem aufgeführten Format wird ein konkretes Beispiel gezeigt. Letztlich unterscheiden sich die in Tab. 29.1 aufgelisteten Reintextformate hinsichtlich ihrer (wiederkehrenden) Strukturen. (Mess-)Daten sind meist strukturell hochrepetitiv, Metadaten oft hierarchisch. Unstrukturierter Text ist ggf. in Einzelfeldern einer Metadaten-Struktur erlaubt. Ein klassisches Beispiel wäre ein Kommentarfeld für beliebige Kommentare. Jedes der genannten Formate hat seine Berechtigung und seine Anwendungen. Für eine sehr gute diesbezügliche Diskussion vgl. *The Art of UNIX Programming* [1]. Darüber hinaus erhebt die Liste keinen Anspruch auf Vollständigkeit.

Unstrukturierter Text

Wie der Name schon sagt, hat unstrukturierter Text keinerlei (wiederkehrende) Struktur. Zeilenumbrüche und Trennungen von Absätzen sind willkürlich bzw. nicht durch Spezifikationen vorgegeben. Das erlaubt maximale Freiheit in der Gestaltung des Textes unter Verlust jeglicher durchsetzbarer Konventionen.

Codebeispiel 29.1: Beispiel für unstrukturierten Text

```
Lorem ipsum dolor sit amet, consectetur adipiscing elit.
Vestibulum varius gravida arcu, rutrum finibus
ligula mollis sed.
Fusce blandit suscipit ultricies. Curabitur lacus libero,
accumsan sed velit id, semper ultrices ante.

Vestibulum hendrerit finibus ex sit amet tincidunt. Morbi
nec quam id arcu convallis porta.
```

Diese Form des Reintextformates ist gut geeignet für Text ohne strikt wiederkehrende Struktur (z. B. Kommentare, Berichte mit viel Fließtext). Eine logische Textauszeichnung durch Steuerelemente ist möglich, führt aber nicht in jedem Fall zu besserer Lesbarkeit. Wann immer ein semantisches Verständnis des Textes durch ein Programm erreicht werden soll, sollte dieses Format *nicht* verwendet werden. Auf der anderen Seite hat, wie bereits erwähnt, dieses Format als Kommentarfeld in einer sonst strukturierten Parameterablage für Metadaten durchaus seine existentielle Berechtigung, erlaubt es doch auf einfache und intuitive Weise, Informationen in den Metadaten mit abzulegen, für die es (noch) kein anderes Feld gibt.

Zeichengetrennte Werte (*delimiter-separated values,* DSV)

Für zeilenweise zusammengehörende Daten gibt es zwei Formate, das in der Unix-Welt weitverbreitete DSV (*delimiter-separated values*) und das außerhalb deutlich weiter verbreitete und nachfolgend besprochene, aber gleichzeitig nie standardisierte und deshalb am Ende willkürliche CSV (*comma-separated values*).

Codebeispiel 29.2: Beispiel für zeichengetrennte Werte (DSV)

```
root:x:0:0:root:/root:/bin/zsh
daemon:x:1:1:daemon:/usr/sbin:/bin/sh
bin:x:2:2:bin:/bin:/bin/sh
sys:x:3:3:sys:/dev:/bin/sh
sync:x:4:65534:sync:/bin:/bin/sync
games:x:5:60:games:/usr/games:/bin/sh
man:x:6:12:man:/var/cache/man:/bin/sh
lp:x:7:7:lp:/var/spool/lpd:/bin/sh
mail:x:8:8:mail:/var/mail:/bin/sh
```

Das Listing zeigt eine der klassischen Anwendungen für DSV, die Datei `/etc/users` unter unixoiden Systemen, in der die Informationen zu den Nutzern eines Systems abgelegt sind. Jeder „Datensatz“ besteht aus einer Zeile, die einzelnen Werte sind direkt hintereinander geschrieben und durch ein eindeutiges Trennzeichen (hier den Doppelpunkt) voneinander getrennt. Darüber hinaus gibt es eine klare Vorgabe, wie damit umgegangen werden soll, wenn das Trennzeichen selbst in einem Feld auftaucht. Es wird durch einen vorangestellten Backslash (\) „geschützt“ (*escaped*). Diese Variante, mit Steuerzeichen umzugehen, ist gerade in der Unix-Welt weitverbreitet, weshalb ihr Einsatz ein Beispiel für das Prinzip der „geringsten Überraschung“ (*least surprise*) ist, auf die später noch etwas detaillierter eingegangen wird.

„Kommagetrennte“ Werte (*comma-separated values,* CSV)

Wie beim vorher vorgestellten DSV-Format handelt es sich bei CSV um zeilenweise zusammengehörende Werte eines Datensatzes, die durch ein Trennzeichen, meist ein Komma, voneinander getrennt sind. Allerdings ist das Format deutlich uneinheitlicher als DSV und deutlich weniger stringent spezifiziert, weshalb es höchst unterschiedlich implementiert wird – bis hin dazu, dass große Programme wie die Tabellenkalkulation eines großen Softwareherstellers zwar ein solches Format exportieren, die eigenen Exporte aber nicht notwendigerweise wieder fehlerfrei importieren können.

Codebeispiel 29.3: Beispiel für „kommagetrennte" Werte (CSV)

```
Year,Make,Model,Description,Price
1997,Ford,E350,"ac, abs, moon",3000.00
1999,Chevy,"Venture ""Extended Edition""","",4900.00
1999,Chevy,"Venture ""Extended Edition, Very Large""",,5000.00
1996,Jeep,Grand Cherokee,"MUST SELL!
air, moon roof, loaded",4799.00
```

Oft finden sich die Spaltenüberschriften in der ersten Zeile, darüber hinaus sind diverse Trennzeichen möglich. Jeder Eintrag mit Leer- oder Sonderzeichen wird in der Regel von Anführungszeichen eingeschlossen. Wie mit Anführungszeichen in Feldern umgegangen wird, ist hingegen schon wieder höchst uneinheitlich, wie auch das ganze Format sehr uneinheitlich implementiert ist (vgl. RFC 4180).

> „While there are various specifications and implementations for the CSV format [. . .], there is no formal specification in existence, which allows for a wide variety of interpretations of CSV files. This section documents the format that seems to be followed by most implementations . . . " (Y. Shafranovich, RFC 4180[9])

Wer die Wahl hat, sollte statt des CSV-Formates immer auf das DSV-Format zurückgreifen – und es entsprechend stringent und konsistent implementieren. Allerdings erfreut sich das CSV-Format immer noch großer Beliebtheit, trotz seiner Uneinheitlichkeit. Im eigenen Kontext – solange es eine vollständige Kontrolle über die Erzeugung von CSV-Dateien gibt – lassen sich ggf. ähnliche Konventionen wie bei DSV, insbesondere der Umgang mit dem Vorkommen des Feldtrenners innerhalb eines Feldes, implementieren. Das ist aber keine Garantie, dass dieses Format dann von anderen Programmen gelesen werden kann.

Windows-INI-Format

Eine zeilenweise Struktur wie bei DSV und CSV schränkt die Lesbarkeit von Datenstrukturen mit vielen Feldern deutlich ein. Darüber hinaus ist es oft mühsam, die Feldbezeichner herauszufinden und so die Bedeutung der einzelnen Felder zu erfassen. Abhilfe schaffen hier Datenformate, die die Informationen blockweise ablegen. Von der Vielzahl möglicher Formate soll an dieser Stelle nur eines herausgegriffen werden, das seinen Ursprung in der Windows-Welt hat: das Windows-INI-Format, das zur Ablage von Konfigurationsoptionen dient(e).

Codebeispiel 29.4: Beispiel für das Windows-INI-Format

```
; last modified 1 April 2001 by John Doe
[owner]
name=John Doe
organization=Acme Widgets Inc.

[database]
server=192.0.2.62
port=143
file="payroll.dat"
```

9 Auszug aus Abschnitt 2, „Definition of the CSV Format", Copyright © The Internet Society (2005), ► https://tools.ietf.org/html/rfc4180 (Zugriff am 23.02.2025).

Die blockweise Struktur dieses Formates erlaubt zwei Hierarchieebenen: Blöcke und Schlüssel-Wert-Paare. Darüber hinaus gibt es oft die Möglichkeit, Kommentare einzufügen, die von der Einleseroutine ignoriert werden und nur den Menschen, die manuell Änderungen an den in der Datei gespeicherten Werten vornehmen, helfen sollen. Wie die zeilenweisen strukturierten Formate DSV und CSV kann dieses Format automatisch eingelesen und verarbeitet werden. Der große Vorteil ist hier allerdings, dass über die Blocknamen und die Schlüssel-Wert-Zuweisungen die Werte mit einer *semantischen* Information verknüpft werden. Zur Bedeutung dieser semantischen Ebene vgl. ▶ Kap. 30. Wurde das Format ursprünglich für Konfigurationen entwickelt, lässt sich die Grundidee auch anderweitig einsetzen. Eine Abwandlung dieses Formates für Metadaten wird in ▶ Kap. 30 vorgestellt und etwas detaillierter besprochen.

Erweiterbare Auszeichnungssprache (*eXtensible Markup Language*, XML)

Eine letzte hier vorgestellte Serie von Formaten sind hierarchische Datenformate. Sie werden in der Reihenfolge abnehmender Komplexität und damit zunehmend einfacher Editierbarkeit durch den Menschen vorgestellt: XML, JSON und YAML. All diesen Formaten gemeinsam ist die Möglichkeit, sowohl beliebig tiefe Hierarchieebenen abzubilden als auch unterschiedliche Formate für die einzelnen Felder im Datenformat mit zu codieren. Damit sind sie prädestiniert für die strukturierte Ablage von Metadaten, wie sie vielfältig im Kontext eines Systems zur wissenschaftlichen Datenverarbeitung auftreten. Eine Entscheidung für eines der drei Formate ist nicht zuletzt ganz wesentlich davon abhängig, welche Anforderungen an die Robustheit und Überprüfbarkeit (insbesondere die Validierbarkeit gegen ein spezifiziertes eindeutiges Schema) gestellt werden und ob die Dateien regulär von Menschen gelesen und/oder geschrieben werden sollen. XML ist historisch von den hier vorgestellten Formaten das älteste und mächtigste, gleichzeitig aber auch das komplexeste und am schwierigsten von Menschen zu lesende oder gar schreibende.

Codebeispiel 29.5: Beispiel für XML

```
<?xml version="1.0"?>
<verzeichnis>
     <titel>Wikipedia Ortsverzeichnis</titel>
     <eintrag>
          <stichwort>Genf</stichwort>
          <eintragstext>Genf ist der Sitz von ...</eintragstext>
     </eintrag>
     <eintrag>
          <stichwort>Mainz</stichwort>
          <eintragstext>Mainz ist eine Stadt, die ...</eintragstext>
     </eintrag>
</verzeichnis>
```

Neben einer beliebig verschachtelbaren, hierarchischen Struktur erlaubt XML die syntaktische Validierbarkeit gegen ein definiertes Schema, und zwar ohne die Notwendigkeit, die Semantik zu verstehen. Das prominenteste Beispiel für eine Untermenge von XML ist sicherlich HTML, die Sprache, in der jede Webseite letztlich codiert ist, und die jeder Webbrowser interpretiert, um den Seiteninhalt darzustellen. Darüber hinaus kommt XML überall dort zum Einsatz, wo komplexe Datenstrukturen in Textformat ausgelagert und gespeichert werden sollen und die Validierbarkeit gegen ein Schema – und damit die syntaktische Korrektheit des Formates – eine Rolle spielen. Für die direkte Ablage von Metadaten, die von Menschen geschrieben werden, ist es wegen seiner Komplexität und schweren direkten Lesbarkeit dagegen eher weniger geeignet. Hier spielen die beiden nachfolgend beschriebenen Formate, JSON und YAML, ihre Stärken aus.

JavaScript-Objektnotation (*JavaScript Object Notation*, JSON)

Ursprünglich zur einfachen Persistierung von JavaScript-Objekten entstanden (daher der Name), erfreut sich das JSON-Format als Austauschformat für Objekte und Datenstrukturen großer Beliebtheit, ebenso für die Ablage von Konfigurationen in menschenlesbaren Dateien. Sein Vorteil gegenüber XML ist die deutlich größere Sparsamkeit hinsichtlich der Notation. Wie XML erlaubt es die Erzeugung beliebiger, verschachtelter Strukturen, zu deren Persistenz es sich entsprechend gut eignet.

Codebeispiel 29.6: Beispiel für JSON

```
{
  "id": 1,
  "name": "Foo",
  "price": 123,
  "tags": [
    "Bar",
    "Eek"
  ],
  "stock": {
    "warehouse": 300,
    "retail": 20
  }
}
```

29

Bibliotheken für das Lesen und Schreiben von JSON-Dateien sind für viele Programmiersprachen frei verfügbar, was sowohl dem breiten Einsatz geschuldet ist als umgekehrt diesen auch wieder ermöglicht. Für die direkte Ablage von Metadaten in Textdateien, die von Menschen geschrieben werden, eignet sich JSON deutlich besser als XML, allerdings ist das nachfolgend vorgestellte YAML-Format noch einmal einfacher und sparsamer in seiner Notation und deshalb noch ein wenig besser für diesen Zweck geeignet.

(Doch nicht) nur eine weitere Auszeichnungssprache (*YAML Ain't Markup Language*, YAML)

Ursprünglich als „nur eine weitere Auszeichnungssprache" (*Yet Another Markup Language*) aus der Taufe gehoben, ist YAML von allen drei hier vorgestellten Formaten zur Ablage beliebiger hierarchischer Strukturen das hinsichtlich seiner Notation sparsamste. Entsprechend ist es einfacher menschenles- und schreibbar als JSON (und insbesondere als XML). Formal ist YAML mittlerweile (mit Version 1.2) eine Übermenge zu JSON, d. h., JSON-Code kann direkt in YAML-Dateien integriert werden.

Codebeispiel 29.7: Beispiel für YAML

```
id: 1
name: Foo
price: 123
tags:
```

```
    - Bar
    - Eek
  stock:
   warehouse: 300
   retail: 20
```

Wie JSON (und XML) erfreut sich YAML der Unterstützung durch viele Programmiersprachen, was seine Nutzung einfach macht und für zunehmende Verbreitung sorgt. Für die manuelle Ablage von Metadaten durch den Experimentator parallel zur Datenaufnahme ist dieses Format von allen hier vorgestellten standardisierten Formaten wohl das am Besten geeignete. Eine (selbst entwickelte) Alternative, die sich in ihrer Struktur an das Windows-INI-Format anlehnt, wird in ► Kap. 30 noch vorgestellt.

29.2.3 Hinweise zum Umgang mit Reintextformaten

Auch wenn alle Reintextformate grundsätzlich mit jedem beliebigen Texteditor les- und schreibbar sein sollten, gibt es doch ein paar Aspekte, denen man besondere Beachtung schenken sollte. Darüber hinaus gibt es Strategien, eines der vielleicht größten Mankos von Reintextformaten, nämlich den hohen notwendigen Speicherbedarf, durch Komprimierung zu reduzieren.

Umgang mit Steuer- und Sonderzeichen

Ein nach wie vor entscheidender Aspekt von Reintextformaten ist die Zeichencodierung. Zwar sollte man davon ausgehen, dass mittlerweile im Zuge der Standardisierung der Internationalisierung der Zeichensätze (UTF[10]) das Problem behoben sei, das ist aber leider nach wie vor nicht der Fall, da noch lange nicht alle Programme UTF-8 beherrschen bzw. konsequent einsetzen. Entsprechend ist der kleinste gemeinsame Nenner, den jede aktuell in den Naturwissenschaften verwendete Programmiersprache beherrschen sollte, der ASCII-7-Bit-Zeichensatz (vgl. ▫ Abb. 29.3).

Nun ist es in vieler Hinsicht nicht praktikabel, sich auf die druckbaren Zeichen des ASCII-7-Bit-Zeichensatzes zu beschränken. Aus den oben genannten Gründen ist die Verwendung von UTF-8 aber nach wie vor nicht in jedem Kontext möglich. Um maximale Kompatibilität zu gewährleisten, gibt es Strategien, beliebige Zeichen durch Verwendung von Steuercodes auf den druckbaren Zeichenvorrat des ASCII-7-Bit-Zeichensatzes abzubilden. Die „Backslash-Konvention" nutzt den Backslash (\) als Steuerzeichen. Sie stammt ursprünglich wohl aus der Unix-Welt bzw. fand mit der Programmiersprache C weite Verbreitung. Ihre Verwendung auch außerhalb des ursprünglichen Kontextes entspricht dem Prinzip der geringsten Überraschung (*least surprise*). Es gibt eine ganze Reihe von Steuerzeichen, die sich über diese Konvention darstellen lassen. Für einen Überblick über die wichtigsten Zeichen siehe ▫ Tab. 29.2. Wer Interesse an einer vollständigeren Liste und der Verwendung in der Programmiersprache C hat, sei auf den klassischen Text von Kernighan und Ritchie [2] verwiesen. Der Grund für die Codierung von Steuer- und Sonderzeichen ist einerseits, dass auch der ASCII-7-Bit-Zeichensatz nicht druckbare Zeichen enthält. Andererseits besteht oftmals die Notwendigkeit, weitere Zeichen in abwärtskompatibler Weise darzustellen.

10 UTF steht für „UCS Transformation Format", wobei UCS wiederum „Universal Character Set" abkürzt. Die 8 in UTF-8 steht für acht Bit.

Hex	0	1	2	3	4	5	6	7	8	9	a	b	c	d	e	f
00	NUL ^@ 0	SOH ^A 1	STX ^B 2	ETX ^C 3	EOT ^D 4	ENQ ^E 5	ACK ^F 6	BEL ^G 7	BS ^H 8	TAB ^I 9	LF ^J 10	VT ^K 11	FF ^L 12	CR ^M 13	SO ^N 14	SI ^O 15
10	DLE ^P 16	DC1 ^Q 17	DC2 ^R 18	DC3 ^S 19	DC4 ^T 20	NAK ^U 21	SYN ^V 22	ETB ^W 23	CAN ^X 24	EM ^Y 25	SUB ^Z 26	ESC ^[27	FS ^\ 28	GS ^] 29	RS ^^ 30	US ^? 31
20	 32	! 33	" 34	# 35	$ 36	% 37	& 38	' 39	(40	) 41	* 42	+ 43	, 44	- 45	. 46	/ 47
30	0 48	1 49	2 50	3 51	4 52	5 53	6 54	7 55	8 56	9 57	: 58	; 59	< 60	= 61	> 62	? 63
40	@ 64	A 65	B 66	C 67	D 68	E 69	F 70	G 71	H 72	I 73	J 74	K 75	L 76	M 77	N 78	O 79
50	P 80	Q 81	R 82	S 83	T 84	U 85	V 86	W 87	X 88	Y 89	Z 90	[91	\ 92	] 93	^ 94	_ 95
60	` 96	a 97	b 98	c 99	d 100	e 101	f 102	g 103	h 104	i 105	j 106	k 107	l 108	m 109	n 110	o 111
70	p 112	q 113	r 114	s 115	t 116	u 117	v 118	w 119	x 120	y 121	z 122	{ 123	| 124	} 125	~ 126	DEL 127

Abb. 29.3 Übersicht über die Zeichen des ASCII-7-Bit-Zeichensatzes. Der Vorteil an der Beschränkung auf die *druckbaren* Zeichen dieses Zeichensatzes (ab Zeichen 32) ist, dass er universell einsetzbar ist, weil alle anderen Textzeichensätze, die danach entwickelt wurden, ASCII-7-Bit als kleinsten gemeinsamen Nenner haben

29

Tab. 29.2 Umgang mit Steuer- und Sonderzeichen in Reintextformaten unter Beschränkung auf den druckbaren ASCII-7-Bit-Zeichenvorrat. Die sogenannte „Backslash-Konvention" nutzt als Steuerzeichen den Backslash (\) und stammt ursprünglich wohl aus der Unix-Welt bzw. fand mit der Programmiersprache C weite Verbreitung. Ihre Verwendung auch außerhalb des ursprünglichen Kontextes entspricht der Strategie der geringsten Überraschung (*least surprise*) und ist jedem empfohlen

Zeichen	Bedeutung
`\n`	neue Zeile (new line)
`\t`	Tabulator
`\r`	Wagenrücklauf (carriage return)
`\xnn`	Zeichen mit Hexadezimalwert nn
`\unnnn`	Unicode-Zeichen mit Hexadezimalwert nnnn
`\\`	\

Möglichkeiten der Kompression

Eines der vielleicht größten Mankos von Reintextformaten ist ihr immenser Platzbedarf im Vergleich zu Binärformaten. Solange die (bei Reintextformaten entsprechend ebenfalls deutlich größeren) Zugriffszeiten kein Problem sind, ist das Problem in den meisten Fällen heute gelöst, da Speicherplatz nur im Extremfall noch eine limitierende Größe darstellt. Trotzdem gibt es durchaus Gründe, Reintextformate zu komprimieren, weshalb nachfolgend zwei sinnvolle Strategien vorgestellt werden sollen. Zum einen lassen sich redundante Informationen vermeiden. Ein Beispiel wären die Zahlenwerte für eine äquidistante Achse. Hier reicht es vollkommen aus, Start-, Endwert und Schrittweite zu

Ein Datenformat ähnlich dem *Open Document Format*

Der Autor hat in Anlehnung an ODF ein Format für Datensätze entwickelt, das aus einer XML-Datei für die Struktur des Datensatzes und davon separiert den Daten binär codiert gemäß ANSI/IEEE 754-1985 (64 Bit) besteht. Diese Daten werden zusammen in ein ZIP-Archiv komprimiert. Durch die Standardisierung und freie Verfügbarkeit des ZIP-Algorithmus in nahezu jeder Programmiersprache ist dieses Format quasi universell. Sogar auf der Kommandozeile lässt sich das Archiv entpacken und inspizieren. Dazu liegt im ZIP-Archiv noch eine Textdatei, die den Aufbau des Formates beschreibt, die Dokumentation ist also im Format selbst (nach Entpacken) mitgeliefert.

speichern, da sich die anderen Werte bei Kenntnis dieser Werte und der entsprechenden Vorschrift bei Bedarf wieder erzeugen lassen.

Nun ist es nicht immer möglich, redundante Informationen zu vermeiden (schon gar, wenn es keine auf Textebene redundanten Informationen gibt). Hier bietet sich dann eine andere Strategie an, nämlich die Kompression der gesamten Textdatei mit gängigen Kompressionsalgorithmen (wie ZIP oder GZIP). Der große Vorteil ist dabei, dass die Kompression unabhängig vom Dateiformat und die Platzersparnis mitunter erheblich ist (zumal Reintext aus Sicht eines Kompressionsalgorithmus viele redundante Information enthält und sich entsprechend sehr gut komprimieren lässt). Ein prominentes Beispiel für diese Strategie ist das u. a. von OpenOffice eingesetzte Open Document Format (ODF). Hierbei handelt es sich im Wesentlichen um ein Verzeichnis mit festgelegter Struktur, das ZIP-komprimiert wird. Die eigentlichen Inhalte liegen in einer XML-Datei, binäre Daten wie Bilder in separaten Dateien (für Bilder i. d. R. im PNG-Format) in einem spezifizierten Verzeichnis.

Es gibt allerdings auch eine Reihe von immer wieder verwendeten Strategien zur Kompression, die man aus verschiedenen Gründen vermeiden sollte. Dazu gehört die Kompression von Teilen (Feldern) einer Textdatei bzw. die Binärkodierung von Teilen (Feldern) einer Textdatei. Für eine detaillierte Diskussion vgl. *The Art of UNIX Programming* [1].

29.2.4 Beispiele für Binärformate

Ähnlich wie bei den Reintextformaten gibt es auch bei Binärformaten eine fast unüberschaubare Menge unterschiedlicher Formate. Letztlich sind aus grundsätzlichen Erwägungen heraus alle proprietären Formate (in der oben gegebenen Definition, insbesondere der Nichtoffenlegung ihrer internen Struktur) Binärformate. Meist wird man im Kontext eines Systems zur wissenschaftlichen Datenauswertung auf die Verwendung proprietärer Formate soweit möglich verzichten wollen. Allerdings gibt es gute Gründe für die Verwendung binärer Datenformate, insbesondere bzgl. der numerischen Genauigkeit und der Datenmenge. Deshalb seien nachfolgend zwei prominente Vertreter standardisierter und weitverbreiteter Binärformate kurz vorgestellt.

Der Standard für die Repräsentation von Gleitkommazahlen in allen modernen Rechnerarchitekturen ist **ANSI/IEEE 754-1985**. Dieser Standard bietet die Möglichkeit, *reine*

Zahlenkolonnen in Dateien abzulegen. Für eine ausführliche Diskussion der Repräsentation von Gleitkommazahlen in Hard- und Software vgl. den Artikel von Goldberg [3]. Darüber hinaus benötigt eine Speicherung in diesem Format *zwingend* zusätzliche Informationen (Metadaten) zum konkreten Format und der Dimension der Daten.

Ein weiteres Format, das sich gerade für riesige Datenmengen großer Beliebtheit erfreut, weil es genau für diesen Zweck entwickelt wurde, ist **HDF5**. Das Format wurde vom National Center for Supercomputing Applications (NCSA) entwickelt, das auch die Softwarebibliotheken zur Benutzung des Formates zur Verfügung stellt. Darüber hinaus wird das Format von der NASA vielfältig eingesetzt. Es handelt sich um ein hierarchisches Binärformat, das selbstbeschreibend ist und Unterstützung für Metadaten bietet. Es ist extrem performant und erlaubt die Arbeit mit (Teilen von) Datensätzen, die viel zu groß für den Arbeitsspeicher wären. Interessenten an einer Einführung in das Format im Kontext von Python seien auf *Python and HDF5* [4] verwiesen.

Es gibt auch hier noch (viele) weitere Formate, darunter mit dem Network Common Data Format (NetCDF) ein Dateiformat für den Austausch wissenschaftlicher Daten, das gerade im Kontext wissenschaftlicher Datenauswertung eine gewisse Rolle spielt.[11]

29.3 Zum Umgang mit Daten und Metadaten

Daten über Jahrzehnte lesbar zu archivieren, ist nicht nur eine Frage der Formate, sondern auch der Organisation. Kaum ein Mitarbeiter in der akademischen Welt hat einen Zeit- und Planungshorizont über wenige Jahre hinaus. Entsprechend ist es die Verantwortung derjenigen, die langfristig vor Ort sind, sowohl für die entsprechenden Strukturen und die notwendige Organisation zu einer langfristigen Datenablage und Archivierung zu sorgen als auch deren Umsetzung einzufordern und zu überwachen.[12] Empirische Wissenschaft gründet ganz wesentlich auf den Rohdaten. In der Praxis bleibt meist nichts anderes übrig, als auf die publizierten Ergebnisse und damit meist hochgradig verarbeitete Daten zurückzugreifen. Leider liefern die wenigsten Publikationen ausreichende Informationen, um die Ergebnisse tatsächlich unabhängig erfolgreich nachvollziehen zu können. Darüber hinaus sind die wenigsten Gruppen in der Lage oder sich auch nur der Problemstellung bewusst, dass die Rohdaten genauso wie die Verarbeitungsschritte sauber dokumentiert und langfristig archiviert werden sollten. Das wird zwar immer mehr von den großen Geldgebern (in Deutschland u. a. der DFG) eingefordert. Meist ist aber spätestens nach der Doktorarbeit mit der Publikation und der anschließenden Sicherung beim Rechenzentrum formal der Pflicht Genüge getan, keinesfalls aber die reale Nachvollziehbarkeit und Zugreifbarkeit sichergestellt. Auch wenn mittlerweile in Form der Nationalen Forschungsdateninfrastruktur (NFDI, [5]) ein von der DFG mit großen Summen gefördertes Programm existiert, das diese Missstände beseitigen helfen soll, ist dessen Erfolg aufgrund der Erfahrung mit vergleichbaren Programmen anderer Nationen

11 netCDF ist in Version 4 in HDF5 integriert, womit diese beiden wesentlichen Formate für große Datenmengen im wissenschaftlichen Kontext zusammengeführt wurden.

12 Ein Gesamtsystem zur wissenschaftlichen Datenauswertung, wie es hier im letzten Teil des Buches vorgestellt wird, lässt sich aufgrund seines Umfangs nicht schnell nebenher entwickeln. Die einzelnen Bausteine sind allerdings hinreichend modular, sodass ein Bewusstsein für die Notwendigkeit, Kenntnis einfach nutzbarer Lösungen und – entscheidend – die Disziplin bei der täglichen Arbeit schon sehr weit reichen. Idealerweise ist es dann bis zur Implementation des lückenlos funktionierenden Gesamtsystems nicht mehr weit.

(u. a. UK e-Science Programme [6, 7]) keinesfalls garantiert. Nachfolgend soll auf unterschiedliche Aspekte im Umgang mit Daten und Metadaten eingegangen werden, von den Grundregeln über den Umgang mit den Rohdaten, dem einfachen und eindeutigen Zugriff auf Datensätze bis zu den unterschiedlichen Möglichkeiten, die Daten zu speichern (persistieren). Der Fokus liegt dabei auf offensichtlichen Regeln und Heuristiken sowie auf einfachen Lösungen.

29.3.1 Grundregeln zum Umgang mit Daten

Daten sind die Grundlage und die eigentliche Währung empirischer Wissenschaften, und es liegt in der Verantwortung jedes einzelnen Wissenschaftlers, mit ihnen entsprechend umzugehen. Deshalb seien hier vier einfache, allgemeine Regeln genannt, die immer befolgt werden sollten.

Rohdaten sollten immer archiviert werden. Das gilt unabhängig davon, ob sie in einem standardisierten oder zumindest allgemein lesbaren oder in einem proprietären Format abgespeichert sind. Nicht immer ist ganz eindeutig, was als Rohdaten zu gelten hat, meist gibt es aber eine klare Vorstellung. Darüber hinaus sollte die Unversehrtheit sichergestellt und überprüfbar sein. Ersteres ist über Backups (siehe die vierte Grundregel), Letzteres z. B. über kryptographische Prüfsummen (s. u.) zu bewerkstelligen.

Daten(sätze) sollten eineindeutig identifizierbar sein. Im einfachsten Fall bedeutet das, dass ein konsistentes Schema für Benennung und Ablage einmal entwickelt und konsequent umgesetzt werden sollte. Dabei ist die Entwicklung eines solchen Schemas keineswegs einfach, da es als Mindestanforderung eine weitestgehende Modularität und Erweiterbarkeit ohne Veränderung bestehender Bezeichner ermöglichen sollte – eine Anwendung des Open-Closed-Prinzips (▶ Kap. 24) außerhalb der eigentlichen Programmierung. Wenn jeder Datensatz eindeutig identifizierbar ist, erfolgt der Zugriff weitgehend unabhängig von der Art der Speicherung.[13]

Metadaten sollten mit den Daten verbunden sein. Daten ohne Metadaten sind wertlos. Deshalb ist es essentiell, Metadaten mit den zugehörigen Informationen über die eigentlichen (numerischen) Daten so nah wie möglich bei den Daten abzulegen. Ob man deshalb die Metadaten in der gleichen Datei oder direkt daneben ablegt (oder beide in einem gemeinsamen Archiv komprimiert), ist im Wesentlichen eine Frage des persönlichen Geschmacks und der Möglichkeiten der konkreten Implementation. Für eine detailliertere Diskussion von Metadaten und ihrer Ablage vgl. ▶ Kap. 30.

Funktionierende Backups sind essentiell. Hier kommt wieder die zweifache Verantwortung des Wissenschaftlers sowohl gegenüber der Wissenschaft als auch gegenüber dem Geldgeber (der Steuerzahler und damit die Gesellschaft) zum Tragen. Entsprechend ist eine sinnvolle Strategie zur langfristigen Datensicherung sowohl gegen Verlust als auch gegen (ungewollte und oft zufällige) Veränderung essentiell. Genauso entscheidend wie

13 Entsprechend ist ein Verzeichnispfad als eindeutiger Bezeichner nicht geeignet. Allerdings kann es im einfachsten und weitverbreitetsten Fall der Speicherung der Datensätze im Dateisystem eine Zuordnungstabelle zwischen eindeutigem Bezeichner und Pfad zum Datensatz geben. Details werden weiter unten noch vorgestellt.

eine gute Backup-Strategie und regelmäßige Backups ist dabei, die erzeugten Backups regelmäßig auf korrekte Funktion zu überprüfen. Beispiele, dass das auch in (beliebig) großen Konzernen, deren Geschäftsmodell auf der Arbeit mit digitalen Daten beruht, nicht immer gegeben ist, finden sich regelmäßig in der einschlägigen Presse. Das sollte eine entsprechende Warnung sein. Denn im Gegensatz zu solchen Konzernen, die meist Wege finden, die Daten doch wieder herzustellen, geht eine nicht korrekt funktionierende Datensicherung im wissenschaftlichen Kontext meist mit dem Totalverlust der betroffenen Daten einher.

29.3.2 Umgang mit Rohdaten: ein paar Anmerkungen

Was sind Rohdaten? Alle empirische Wissenschaft gründet auf Daten (inklusive der Ergebnisse von Rechnungen), und der Prozess der Datenauswertung beginnt immer mit einem ersten Satz von Daten, den Rohdaten. Was aber genau sind Rohdaten? Das ist letztlich kontextabhängig, wobei es meist relativ klare Vorstellung gibt. Die Widerstandswerte eines Thermometers werden in der Regel nicht als Rohdaten gelten, Rohdaten eines Bildsensors dagegen wohl schon. In jedem Fall sollten ggf. existierende interne Verarbeitungsschritte grundsätzlich bekannt sein.

Schutz vor ungewollter Veränderung Der Schutz vor ungewollter Veränderung ist insbesondere für Rohdaten von essentieller Bedeutung. Bei der Langzeitarchivierung können sich ganz ohne menschliches Zutun Datenfehler einschleichen, bzw. sie sind oft sogar unvermeidbar. Entsprechend ist es wichtig, die Unversehrtheit eines Datensatzes sicherstellen bzw. zumindest seine (ungewollte) Veränderung eindeutig bestimmen zu können. Kryptographische Prüfsummen eignen sich sehr gut zur Überprüfung auf Veränderungen. Die Unversehrtheit lässt sich nur durch regelmäßig auf korrekte Funktion überprüfte Backups zur Datensicherung gewährleisten (und nie garantieren).

Was sind Rohdaten? Ein paar Details

Zwei Beispiele wurden genannt: Widerstandswerte eines Temperatursensors und Rohdaten eines Bildsensors. Daten von Ersterem würde man vermutlich eher nicht als Rohdaten ansehen, Letztere hingegen schon. Der Grund liegt schlicht darin, dass die Widerstandswerte eines Temperatursensors überhaupt erst nach Umwandlung über eine Kalibrationskurve in Temperaturwerte im Kontext einer Messung sinnvoll sind, die Rohdaten eines Bildsensors hingegen durchaus schon, wenn auch oftmals „verzerrt", ein Bild ergeben – auch wenn das zwangsläufig noch verarbeitet werden muss, bevor sinnvoll daraus Schlüsse gezogen werden können. Die Kalibrationskurve eines Temperatursensors, ggf. Hinweise zu seiner Genauigkeit, das Datum der letzten Kalibration bzw. das Zertifikat der Kalibration, wie es oft vom Hersteller mitgeliefert wird, sind alles wertvolle Metadaten, die definitiv aufbewahrt werden sollten, um bei Bedarf darauf zugreifen zu können. Die Rohdaten im Sinne einer Messung sind allerdings die Temperaturwerte, wie sie vom Temperaturmonitor nach Umsetzung der Widerstandswerte des Temperatursensors angezeigt bzw. allgemein ausgegeben werden.

Die Idee hinter der Verwendung von Prüfsummen (*hashes*) zur Überprüfung von Datensätzen auf Veränderung basiert darauf, dass diese Prüfsummen viel kleiner sind als die eigentlichen Daten, sich entsprechend viel einfacher und schneller vergleichen lassen, und sich außerdem über (frei verfügbare) (kryptographische) Hash-Funktionen schnell eindeutig aus den Daten erzeugen lassen. Eine solche Prüfsumme (kryptographischer Hash) lässt sich dabei wie ein Fingerabdruck der Daten verstehen: Sie ist (hinreichend) eindeutig, einfach zu erzeugen und repräsentiert den (viel größeren) Datensatz.

► Beispiel: Quersumme

Das einfachste Beispiel einer (nicht für kryptographische Zwecke geeigneten) Hash-Funktion wäre die Quersumme, auch die Prüfziffern einer Kontonummer oder Kreditkarte gehören dazu. ◄

Definition 29.2: kryptographische Hash-Funktion

Funktion, die eine Zeichenfolge beliebiger Länge auf eine solche fester Länge abbildet, kollisionsresistent sein sollte und immer eine Einwegfunktion (unumkehrbar) ist.

Drei Eigenschaften sind konstituierend für kryptographische Hash-Funktionen: Sie bilden Zeichenfolgen beliebiger Länge auf eine Zeichenkette (Prüfsumme) fester Länge ab, sie sind kollisionsresistent und unumkehrbar. Kollisionsresistenz ist nie vollständig und bedeutet, dass zu einer aus einer gegebenen Zeichenkette A errechneten Prüfsumme keine von A verschiedene Zeichenkette B existiert, die zur gleichen Prüfsumme führt. Die Unumkehrbarkeit besagt schlicht, dass sich aus der Prüfsumme nicht die ursprüngliche Zeichenkette wiederherstellen lässt, was im Falle von Prüfsummen über Datensätze, die in ihrer Größe (und damit ihrem Informationsgehalt) die Prüfsumme um viele Dimensionen übersteigen, offensichtlich ist (im Falle von Passwörtern dafür eher nicht). Für Details zu kryptographischen Hash-Funktionen sei der geneigte Leser auf die einschlägige Literatur verwiesen. Das Gebiet der Kryptologie ist ein Teilgebiet der Informatik. Hier geht es nur darum, Teilaspekte solcher Hash-Funktionen, namentlich die Erzeugung von Prüfsummen fester Länge und die Kollisionsresistenz innerhalb des gegebenen Anwendungsszenarios, zur eindeutigen Identifizierung von Datensätzen und infolge zur Bestimmung ihrer Unversehrtheit bzw. von Veränderungen zu nutzen.

Tipps aus der Praxis Zur Verwendung kryptographischer Hash-Funktionen für die einfache Vergleichbarkeit von Datensätzen und Überprüfung auf Veränderung seien noch ein paar Tipps aus der Praxis genannt. Es empfiehlt sich, Prüfsummen über Daten und Metadaten ggf. zu trennen. Daten und Metadaten haben unterschiedliche Gründe, sich zu ändern.[14] Bestehen die numerischen Daten von (Roh-)Datensätzen aus mehreren Dateien, kann ggf. eine Prüfsumme über die Prüfsummen von Einzeldateien gebildet werden.

Standard-Hash-Algorithmen (MD5, SHA-1) sind weitverbreitet und verfügbar und lassen sich entsprechend einfach in allen großen Betriebssystemen sogar auf der Kommandozeile einsetzen. Auch wenn zumindest MD5 nicht mehr für kryptographische Zwecke eingesetzt werden sollte, eignet sich der Algorithmus für die hier genannten Zwecke

14 Metadaten werden in der Regel viel häufiger bzw. überhaupt geändert, weil sich hier Fehler eingeschlichen haben. (Numerische) Rohdaten sollten sich *nie* ändern. Das ist letztlich eine Anwendung des Single-Responsibility-Prinzips.

Zusammenführung von Datenbeständen

Ein anderes Einsatzgebiet für kryptographische Hashes ist der einfache Vergleich komplexer Daten. Ein reales Beispiel aus dem Alltag des Wissenschaftlers: Daten sind an zwei unterschiedlichen Orten jeweils in einem Verzeichnisbaum abgelegt, und man möchte diese beiden Datenablagen gerne zusammenführen. Über ein bisschen Programmierung (ggf. auf der Kommandozeile) lässt sich für jeden Datensatz ein kryptographischer Hash erzeugen, anschließend kann über alle Unterverzeichnisse an beiden Stellen iteriert werden. So lassen sich relativ elegant, schnell und automatisiert große Datenbestände homogenisieren.

durchaus, zumal er im Vergleich zu kryptographisch überlegenen Algorithmen mit wesentlich kürzeren Laufzeiten aufwarten kann. Für sicherheitskritische Anwendungen sollte hingegen nie auf MD5 zurückgegriffen werden. Wer sich mit derlei Prozessen befasst, dem sei dringend die Lektüre einschlägiger Literatur empfohlen, da sicherheitskritische Infrastruktur ein sehr komplexes, eigenes Themenfeld ist.

29.3.3 Identifizierung von und Zugriff auf Datensätze

Ein System zur wissenschaftlichen Datenverarbeitung sollte eine einfache und robuste Möglichkeit bereitstellen, Datensätze (eindeutig) zu identifizieren und auf sie zuzugreifen. Ein kompletter Pfad im Dateisystem ist keine wirkliche Option, da er sowohl zu lang als auch zu volatil ist. Gesucht werden also einfache Lösungen unabhängig von der Art der Datenablage. Das Ziel ist der einfache Zugriff auf einen Datensatz über ein eindeutiges Etikett, das die Zuordnung ermöglicht. Das führt, konsequent eingesetzt, zur Nachvollziehbarkeit von Auswertungen, da in jedem Fall klar ist, welcher Datensatz verarbeitet wurde – und idealerweise auch der Zugriff gewährleistet ist. Darüber hinaus sollten sowohl die Rohdaten als auch die verarbeiteten Daten über dieses eindeutige Etikett ansprechbar sein.

Eine mögliche Lösung ist, für jeden Datensatz einen eindeutigen Bezeichner (ID) zu vergeben. Der Zugriff auf die Datensätze erfolgt ausschließlich über eine Zuordnungstabelle, die den Bezeichner mit dem Speicherort verknüpft. Ein solches System ist unabhängig vom eingesetzten Ablagesystem (Verzeichnishierarchie, Datenbank, Netzwerkspeicher, ...) und entsprechend flexibel, modular und erweiterbar. Ganz wichtig in diesem Zusammenhang: Die Zuordnungstabelle sollte gut gesichert werden. Von ihr hängt am Ende sehr viel ab.[15] Ein System, das es ermöglicht, diese Zuordnungstabelle ggf. automatisch zu generieren, ist deshalb sehr viel robuster. Solange die (eigentlich redundante) Information, die zur Erzeugung der Zuordnungstabelle anderweitig abgelegt wird, weitestgehend automatisiert erzeugt wird, ist die Gefahr von Inkonsistenzen auch entsprechend klein.

15 Ein Beispiel aus einem ganz anderen Kontext sind die sogenannten „Rosenholz-Dateien" der HVA des MfS der ehemaligen DDR, die Anfang der 1990er-Jahre zunächst zur CIA gelangten und später an die BRD zurückgegeben wurden. Darin enthalten ist u. a. eine Zuordnung von Tarnnamen von IMs zu Klarnamen. Nur über diese Zuordnung ist also eine Enttarnung der betroffenen Personen möglich.

LabInform und der „Lab Object Identifier" (LOI)

Das DOI-System (*digital object identifier*, DOI) dürfte den meisten Wissenschaftlern vom Zugriff auf Zeitschriftenartikel ein Begriff sein. Es ist in einiger Hinsicht sehr praktisch. Entsprechend könnte man für den eineindeutigen Zugriff auf diverse Dinge des täglichen Laboralltags (Probe, Batch, Substrat, Datensatz, Laborbucheintrag, Gerät, ...) ein vergleichbares System aufziehen, das für den internen Gebrauch funktioniert: den *lab object identifier* (LOI). Die Kernidee dahinter ist, einen zentralen Ort vorzuhalten, der die URLs entsprechend umsetzt, sodass bei Änderungen des Ortes der Beschreibung bzw. des Lagerortes der Daten nur an dieser einen Stelle geändert werden muss. Ein entsprechendes System wird vom Autor gerade im Kontext seines „Labor-Informationssystems" (LabInform) entwickelt. Für Details vgl. die zugehörige Webseite: ► https://www.labinform.de/.

29.3.4 Arten der Datenspeicherung

Ein letzter Aspekt im Umgang mit Daten ist die Art ihrer Speicherung. Grundsätzlich gibt es eine Reihe von Möglichkeiten. Ohne Anspruch auf Vollständigkeit seien hier genannt:

- Arbeitsspeicher
- Dateien im Dateisystem
- Datenbank
- zentrales Repositorium mit Zugriff über Netzwerk

Jede Art hat ihre Berechtigung und ihre je eigenen Ansprüche an das gewählte Format. Eine Ablage der Daten im Arbeitsspeicher ist, da flüchtig, nur für Zwischenschritte sinnvoll. Die Standardsituation in den meisten Fällen in den Naturwissenschaften ist sicherlich die Ablage in Dateien im Dateisystem. Hier ist die Wahl eines geeigneten Formates entscheidend. Eine Datenbank hat große Vorteile beim gezielten Zugriff auf Daten, schafft dafür aber eine zusätzliche Abhängigkeit zu einem Datenbank-Dienst. Die Ablage in einem zentralen Repositorium über Netzwerk ist hauptsächlich bei sehr großen Datenmengen oder bei der Notwendigkeit eines verteilten Zugriffs relevant und sinnvoll, geht aber ihrerseits wieder mit einem nicht unerheblichen Aufwand hinsichtlich vorzuhaltender (technischer) Infrastruktur einher.

So wie jede Art der Datenspeicherung ihre eigenen Ansprüche an das gewählte Format hat, sollten beide, die Art der Speicherung und das Format, ein austauschbares Implementationsdetail sein. Die Repräsentation der Daten innerhalb der Anwendung sollte in keinem Fall von der Art ihrer Speicherung abhängen oder bestimmt werden, sondern in der jeweils für die Anwendung sinnvollsten und für das Verständnis des Codes besten Art vorliegen. Für welches Szenario man sich entscheidet (und letztlich werden immer mehrere der genannten Arten parallel für unterschiedliche Zwecke eingesetzt werden), hängt stark von der jeweiligen Nutzung und der Größe der Daten ab. Der Fokus liegt auf der Verwendbarkeit und dem Zugriff unabhängig vom ursprünglichen Wissenschaftler. Daten und die Notwendigkeit ihrer Weiterverarbeitung bzw. Neuanalyse überdauern die Anwesenheit der meisten Wissenschaftler an einem Ort.

29.4 Bedeutung im Gesamtkontext einer Auswertungssoftware

Für jeden der in diesem und den nachfolgenden Kapiteln vorgestellten Aspekte eines Gesamtsystems zur wissenschaftlichen Datenverarbeitung wird abschließend seine Bedeutung im Gesamtkontext einer Auswertungssoftware thematisiert. Dabei wird auf die Idee der „sauberen Architektur" (*clean architecture*) von Robert C. Martin [8] zurückgegriffen, vgl. ◘ Abb. 27.5. So wichtig gut gewählte Datenformate und entsprechend die Beschäftigung mit ihnen sind: Aus der Sicht des Gesamtsystems handelt es sich um ein peripheres Detail. Auswertungsroutinen hängen nicht von den Datenformaten der Daten ab und sollten es auch nie tun. Das ist eine direkte Anwendung des Dependency-Inversion-Prinzips (DIP): Abstraktionen sollten nicht von Details abhängen. Sowohl das Datenformat als auch die Organisation der Datenablage ist für die Auswertungsroutine egal. Beide sind austauschbar, alles, was benötigt wird, ist eine Importroutine für das jeweilige Datenformat und eine Organisation der Datenablage, die den Zugriff auf die jeweiligen Daten über einen abstrakten Schlüssel (ID) ermöglicht.

Jede Abstraktionsebene der sauberen Architektur (vgl. ◘ Abb. 27.5) hat ihre eigenen Ansprüche. Die Repräsentation der Daten in Auswertungsroutinen kann komplett anders sein als bei der Archivierung. Jede Abstraktionsebene sollte dabei die ihr entsprechende und bestmögliche Repräsentation wählen. Die Abhängigkeiten zeigen immer *nach innen*. Datenformate sollten die durch sie implizierten Strukturen *nicht* nach innen durchreichen. Anders formuliert: Die Auswertungsroutinen wissen nichts von der Datenablage. Entsprechend ist der Austausch einer Verzeichnishierarchie durch eine Datenbank problemlos möglich. Die Folge der konsequenten Umsetzung des DIP und der sauberen Architektur ist ein hoher Grad von Flexibilität, Modularität und Wiederverwendbarkeit. Dazu kommt noch, dass schon vor der Existenz eines in sich geschlossenen und funktionierenden Gesamtsystems zur wissenschaftlichen Datenverarbeitung bei entsprechender Vorausplanung einzelne Aspekte sinnvoll implementiert und genutzt werden können.

Kontextspezifische Ansprüche an das Datenformat

Von „außen" betrachtet sollten (numerische) Daten und Metadaten immer eine Einheit (den Datensatz) bilden, und auch innerhalb eines Systems zur wissenschaftlichen Datenauswertung sind Datensätze, egal wie sie konkret repräsentiert werden (Struktur, Datenobjekt, JSON/YAML-Datei), das „Austauschformat". Allerdings gibt es durchaus Situationen, in denen einzelne, in dieser Form nicht vom Nutzer aufrufbare Funktionen auf Teilen von Datensätzen (meist auf den numerischen Daten) operieren. Das ermöglicht auf einer unteren Ebene die Wiederverwendbarkeit ganz allgemeiner Funktionen wie z. B. die (numerische) Integration oder Differentiation eines Vektors, das Entrauschen und derlei mehr. Wichtig ist nur, dass dieser Zugriff auf Teile des Datensatzes hinreichend gekapselt ist, sodass die vollständige Dokumentation der Verarbeitungsschritte in den Metadaten (in der Historie) sichergestellt wird. Im Kontext einer vollständig objektorientiert entwickelten Anwendung zur Verarbeitung wissenschaftlicher Daten (z. B. aufbauend auf dem vom Autor entwickelten ASpecD-Framework) lässt sich diese Kapselung relativ bequem dadurch erreichen, dass nur innerhalb einer (nicht öffentlichen) Methode auf die Interna eines Datensatzes zugegriffen wird.

Verständnisfragen

- Warum ist das Thema „Datenformate" für Wissenschaftler relevant, auch wenn sie nicht selbst aktiv Auswertungssoftware programmieren?
- Warum sind Textformate in vielen Fällen Binärformaten vorzuziehen?
- Wie lässt sich relativ einfach und elegant überprüfen, ob sich ein Datensatz (bzw. eine beliebige Datei) verändert hat? Warum ist das im Kontext der Datenarchivierung von großer Bedeutung?
- Welche Arten von Daten können im Gesamtkontext wissenschaftlicher Datenverarbeitung anfallen, die man langfristig archivieren wollen würde?
- Welche Bedeutung haben Datenformate im Gesamtkontext eines Systems zur Datenverarbeitung und -analyse?
- Wie können Sie den Zugriff auf Datensätze vereinheitlichen und gleichzeitig unabhängig vom konkreten Ablageort gestalten?
- Welche Anwendung des Single-Responsibility- und des Open-Closed-Prinzips bei der Entwicklung von Datenformaten, die gleichzeitig numerische und Metadaten enthalten, können Sie sich vorstellen?

Kommentiertes Literaturverzeichnis

Viele Autoren, die sich mit Datenformaten beschäftigen, liefern ein Plädoyer für die Nutzung von reinem Text für die Datenablage und Kommunikation. Vergleiche dazu Kapitel 3 in [9], Kapitel 8 in [10] und Kapitel 5 in [1]. Letzterer liefert darüber hinaus viele sehr gute (und praxisrelevante) Hinweise zur Erstellung eigener textbasierter Formate und diskutiert diverse bekannte Textformate wie DSV/CSV, XML, Windows-INI-Dateien etc. Für eine detaillierte Diskussion von Gleitkommazahlen und ihrer Repräsentation in Hard- und Software vgl. den Artikel von Goldberg [3]. Eine etwas kürzere Einführung liefert Moler [11, Kapitel 1]. Eine sehr kurze Einführung in HDF5 aus der Sicht der Experimentalphysik einerseits und Python andererseits liefert Kapitel 9 in [12]. Spezifisch für HDF5 und seine Verwendung in einem Python-Kontext ist [4]. Eine prägnante Darstellung der Aspekte, die man beim Umgang mit Daten in den Naturwissenschaften beachten sollte, egal ob in der Biologie und Bioinformatik oder ob in der Teilchen- oder Astrophysik, liefert [13]. Für die Bedeutung im Gesamtkontext einer Auswertungssoftware und insbesondere für Details zum Dependency-Inversion-Prinzip und der „sauberen Architektur" vgl. [8].

Literatur

1. E.S. Raymond, *The Art of UNIX Programming* (Addison Wesley, Boston, 2004)
2. B.W. Kernighan, D.M. Ritchie, *The C Programming Language*, 2. Aufl. (Prentice Hall, Upper Saddle River, New Jersey, 1999)
3. D. Goldberg, ACM Computing Surveys **23**, 5 (1991)
4. A. Collette, *Python and HDF5* (O'Reilly, Sebastopol, 2014)
5. RfII – Rat für Informationsinfrastrukturen. Leistung aus Vielfalt. Empfehlungen zu Strukturen, Prozessen und Finanzierung des Forschungsdatenmanagements in Deutschland (2016). http://nbn-resolving.de/urn:nbn:de:101:1-201606229098
6. T. Hey, A. Trefethen, Philosophical Transactions of the Royal Society A — Mathematical, Physical and Engineering Sciences **361**, 1809 (2003). https://doi.org/10.1098/rsta.2003.1224
7. T. Hey, A. Trefethen, Future Generation Computer Systems **18**, 1017 (2002). https://doi.org/10.1016/s0167-739x(02)00082-1

8. R.C. Martin, *Clean Architecture. A Craftman's Guide to Software Structure and Design* (Prentice Hall, Boston, 2018)
9. A. Hunt, D. Thomas, *The Pragmatic Programmer* (Addison-Wesley, Boston, 1999)
10. B.W. Kernighan, R. Pike, *The Practice of Programming* (Addison Wesley, Boston, 1999)
11. C.B. Moler, *Numerical Computing with MATLAB*, überarbeitete Neuauflage (SIAM, Philadelphia, 2004)
12. A. Scopatz, K.D. Huff, *Effective Computation in Physics* (O'Reilly, Sebastopol, 2015)
13. E.M. Hart, P. Barmby, D. LeBauer, F. Michonneau, S. Mount, P. Mulrooney, T. Poisot, K.H. Woo, N.B. Zimmerman, J.W. Hollister, PLoS Computational Biology **12**, e1005097 (2016)

Datenaufnahme: Metadaten

Inhaltsverzeichnis

T. Biskup, *Softwareentwicklung für die Naturwissenschaften*,
https://doi.org/10.1007/978-3-662-71607-6_30

Kernaspekte

- Daten ohne Metadaten sind wertlos. Beide zusammen bilden eine untrennbare Einheit.
- Die Information ist bei Datenaufnahme maximal. Eine sinnvolle Reduktion ist die eigentliche Herausforderung.
- Metadaten sollen den Auswertungsroutinen ein semantisches Verständnis ermöglichen.
- Metadaten sollten strukturiert und für Mensch und Maschine lesbar abgelegt werden.
- Ein Format für Metadaten sollte plattformunabhängig und möglichst einfach nutzbar sein.

Daten werden immer in einem spezifischen Kontext erhoben. Was genau zur Spezifität des Kontextes gehört, ist eine Frage, die sich meist nur im Einzelfall bzw. für eine Art von Messungen oder Datenerhebungen klären lässt. Entscheidend ist, dass die Charakteristika des jeweiligen Szenarios (die „Metadaten") gemeinsam mit den eigentlichen (Mess-)Daten festgehalten und abgelegt werden. Gemeinsam bedeutet hierbei, dass sie zusammen abgelegt, aber auch zeitlich gleichzeitig erhoben werden. Auch wenn im Folgenden oft von experimentellen Daten und entsprechender Datenerhebung ausgegangen wird, gilt das genauso für Rechnungen und deren Ergebnisse. Auch hier fallen Metadaten an, die ein Programm oftmals nicht automatisch mitschreibt, die also der aktiven Mitarbeit des Wissenschaftlers bedürfen, um festgehalten zu werden. Zunächst einmal ist gar nicht so wichtig, in welchem Format und Medium diese Informationen abgelegt werden, sondern dass genau genug beobachtet wird und der Experimentator bzw. generell der Wissenschaftler sich der Wichtigkeit der Beobachtung und der Dokumentation entsprechender Parameter und Informationen bewusst ist.

Ein weiterer Aspekt, bei dem Metadaten eine wichtige Rolle spielen, ist die Verarbeitung der Rohdaten. Für jeden Verarbeitungsschritt sollte der vollständige Satz an Informationen, der zur Reproduktion dieses Schrittes notwendig ist, abgelegt werden. Das führt dann direkt zum nächsten Thema, der Reproduzierbarkeit der Verarbeitungsschritte, das in ► Kap. 31 ausführlicher behandelt werden wird.

Beobachtungsgabe und Extraktion relevanter Information

Ein entscheidender Charakterzug für einen guten Wissenschaftler ist neben der Neugier sicherlich die Gabe, sehr genau und nüchtern beobachten zu können, die Beobachtungen systematisch zu notieren und vor allem ein Gefühl (und eine Systematik) dafür zu entwickeln, welche Informationen tatsächlich relevant sein könnten und deshalb notiert werden sollten. Die formale Ausbildung ist hingegen deutlich weniger wichtig. Es klang bereits in einem anderen Kapitel an: Ein sehr gutes Beispiel dafür ist ein ehemaliger Chemotechniker, über den ein ehemaliger Doktorand (und mittlerweile FH-Professor) sagte, er sei einer der besten Wissenschaftler, die ihm je begegnet seien – eben aufgrund seiner systematischen Herangehensweise und exzellenten Dokumentation jedes Schrittes. Das später in diesem Kapitel vorgestellte Format (und die Idee) zur Ablage von Metadaten stammen von dieser Person.

30.1 Bedeutung: Daten ohne zusätzliche Informationen sind wertlos

Es wurde immer wieder betont und kann nicht oft genug betont werden: Daten ohne Metadaten sind wertlos. Beide gehören untrennbar zusammen, und es liegt in der Verantwortung des Wissenschaftlers, alle relevanten Metadaten zu den (numerischen) Daten abzulegen und zu dokumentieren. Die grundlegende Idee dahinter ist, dass nur eine entsprechende Dokumentation des spezifischen Kontextes der Datenerhebung seine Reproduzierbarkeit und damit die Wissenschaftlichkeit gewährleistet. Selbst wenn die eigentlichen Daten und manche Metadaten automatisch gespeichert und nicht in einem unzugänglichen proprietären Format (vgl. ▶ Kap. 29) abgelegt werden, gibt es aus eigener Erfahrung *immer* den Bedarf, weitere Metadaten abzulegen, und sei es „nur" der Durchführende oder der Zweck der Durchführung. Die für die Reproduzierbarkeit ebenso wichtige Dokumentation der weiteren Verarbeitungsschritte wird dann im nachfolgenden Kapitel (▶ Kap. 31) behandelt werden.

▶ Beispiel: Wert und Einheit gehören zusammen

Die einfachste „Inkarnation" dieses Prinzips ist die Tatsache, dass zumindest in den empirischen Wissenschaften zu jedem Wert eine Einheit gehört – etwas, das man schon den Studierenden im Grundpraktikum versucht beizubringen. ◀

30.1.1 Metadaten sollten fünf Fragen beantworten

Datenerhebung findet immer in einem Kontext statt. Was zur Spezifität des jeweiligen Kontextes gehört, muss immer im Einzelfall geklärt werden. Zentral für die Nachvollziehbarkeit und Reproduzierbarkeit – und damit die Wissenschaftlichkeit – der Datenauswertung ist eine gründliche und möglichst vollständige Dokumentation aller Parameter. Metadaten sollten entsprechend fünf Fragen beantworten:

- Wer hat
- was
- mit wem
- wann
- wie und
- warum gemacht?

Das gilt sowohl für die eigentliche Datenaufnahme während der Messung (bzw. durch Rechnungen) als auch später für jeden einzelnen Verarbeitungsschritt der Daten. Da Wissenschaft immer ein Gemeinschaftsunternehmen ist und der einzelne Wissenschaftler selten einen Zeithorizont an einer Stelle über wenige Jahre hinaus hat, ist die Ablage in einer Form, die von anderen nachvollziehbar ist, essentielles Kriterium.

30.1.2 Daten und Metadaten bilden eine Einheit

Die notwendige enge Zusammengehörigkeit von Daten und Metadaten ist offensichtlich. Trotzdem ist sie in der Praxis der rechnergestützten Datenauswertung aus eigener Erfahrung selten gegeben. Dort liegen die Daten meist als reine numerische Daten vor, im besten Fall lassen sich durch geschickte und (intern) konsistente Namensgebungen Zusammenhänge erkennen. Um dieses Problem anzugehen und strukturell zu lösen, wurde vom Autor schon ganz zu Beginn seiner Beschäftigung mit der Datenauswertung ein einfaches Konzept entwickelt, Daten und Metadaten innerhalb des Systems zur Datenauswertung in einer gemeinsamen Struktur abzulegen: der Datensatz.

Definition 30.1: Datensatz

Ein Datensatz ist die Einheit aus Daten und Informationen über die Daten (Metadaten).

Daten und Metadaten sollten entsprechend immer auch außerhalb der eigentlichen Verarbeitungsroutinen gemeinsam abgelegt werden. Ob das nun zwangsläufig bedeutet, dass sie in einer Datei oder zumindest einem dateiähnlichen Container (vergleichbar dem *OpenDocument Format*) liegen oder nebeneinander als mehrere Dateien, ist eher nebensächlich. Vergleiche dazu auch die Diskussion zu Datenformaten in ▶ Kap. 29. Entscheidend ist, dass Importroutinen immer auch die Metadaten gemeinsam mit den Rohdaten einlesen können sollten und das dann auch tun. Nur so kann ein semantisches Verständnis der Daten durch die Auswertungsroutinen erreicht werden (s. u.).

▶ Beispiel: Blister-Verpackung von Tabletten

Ein Beispiel aus dem realen Leben, dass Daten und Metadaten zusammengehören und es einfache, wirksame Strategien gibt, dafür zu sorgen, sind die Sichtverpackungen (Blister-Verpackungen) von Tabletten: Auf jeder Tablette ist der Name des Medikaments aufgedruckt, und es sind das Verfallsdatum und die Chargenbezeichnung (Ch.-B.) eingeprägt. Im Falle von Medikamenten sind Daten (das eigentliche Medikament) ohne Metadaten (Name, Verfallsdatum etc.) nicht nur wertlos, sondern können sogar gefährlich sein. ◀

▶ Beispiel: Beschriftung von Gefäßen im Labor

Ein ähnliches Beispiel aus dem Laboralltag: Auf ein Gefäß, in dem eine Chemikalie gelagert wird, gehört grundsätzlich ein Mindestmaß an Informationen, auf jeden Fall aber eine Bezeichnung des Inhaltes, ggf. Warnhinweise und eine Zuordnung, zu wem es gehört (für Rückfragen). Auch hier gilt: Ein Mangel an Information kann im schlimmsten Fall ernsthaft gefährlich sein, zumal man dann auch nicht weiß, wie der Inhalt entsorgt werden kann. ◀

So einfach und intuitiv das Konzept des Datensatzes ist, so erschreckend selten wird es nach eigener Erfahrung in der Praxis eingesetzt. Natürlich zwingt letztlich die Idee einer vollständigen Dokumentation und Nachvollziehbarkeit im Kontext eines Gesamtsystems zur wissenschaftlichen Datenverarbeitung dazu, das Konzept des Datensatzes konsequent einzusetzen und alle vom Anwender aufrufbaren bzw. aufgerufenen Verarbeitungsroutinen so zu implementieren, dass sie auf Datensätzen operieren (und jeweils eine Historie schreiben, vgl. ▶ Kap. 31). Das Datenformat und die interne Repräsentation in Verarbeitungsroutinen ist dabei ein für den Gesamtkontext nebensächliches Detail. Wichtig ist eine größtmögliche Interoperabilität, Einfachheit in der Nutzung und letztlich das Bewusstsein, dass das Datensatz-Konzept an den Kern der Wissenschaftlichkeit jeglicher Datenverarbeitung rührt.

30.1.3 Die Auswahl der „richtigen" Metadaten ist die eigentliche Herausforderung

Wie oben definiert ist ein Datensatz die Summe aus Daten und Informationen über die Daten (Metadaten).

These

Während der Messung ist die Menge verfügbarer Informationen (Metadaten) zu den erhobenen Daten maximal.

Es liegt in der Verantwortung des Experimentators, aus diesen verfügbaren Informationen entsprechend diejenigen herauszukristallisieren, die relevant sind. Das geht einmal mehr mit der Fähigkeit zur Erfassung von Zusammenhängen und der Abstraktion einher. Diese **Fähigkeit zur Abstraktion** ist nach Edsger Dijkstra der Schlüssel zur Beherrschung komplexer Probleme und gleichzeitig die Motivation hinter der Entwicklung aller Programmierkonzepte seit dem Beginn der praktischen Informatik.

» „the only mental tool by means of which a very finite piece of reasoning can cover a myriad of cases is called 'abstraction'

...the purpose of abstracting is *not* to be vague, but to create a new semantic level in which one can be absolutely precise." (Edsger Dijkstra [1])

Welche der zur Zeit der Datenaufnahme verfügbaren Informationen für die Datenauswertung relevant sind, ist häufig eine Frage der Erfahrung. Man kann aber einerseits gewisse Heuristiken[1] anwenden und andererseits auf der Erfahrung anderer aufbauen. Ist einmal ein Satz an Informationen als relevant erkannt worden, sollte seine Aufnahme parallel zur Erhebung der Messdaten formalisiert und nach Möglichkeit weitestgehend automatisiert werden. Die Zahl der Parameter wird im praktischen Fall immer mindestens zweistellig sein und damit die Aufnahmefähigkeit des normalen Menschen übersteigen. Darüber hinaus ist es keine Einschränkung der persönlichen Freiheit, sondern im Gegensatz eine Frage der Effizienz und Konsistenz, sich eine wie auch immer geartete Art von Formular für die Erfassung der Metadaten zu erstellen und jeweils auszufüllen. Das stellt sicher, dass alle relevanten Informationen, soweit verfügbar, dokumentiert wurden und ermöglicht die Fokussierung auf wichtige und intellektuell herausfordernde Aspekte. Soweit sich die Metadatenerfassung nicht vollständig automatisieren lässt, sollte sie formalisiert werden und Teil der arbeitstäglichen Routine werden. Kriterien für eine formalisierte Ablage von Metadaten werden weiter unten noch in einem separaten Abschnitt vorgestellt und diskutiert.

1 Eine Heuristik wäre, bei einem Aufbau aus separaten Komponenten für jede einzelne austauschbare Komponente die konkrete Typenbezeichnung etc. abzulegen.

30.2 Zielstellung: semantisches Verständnis durch die Auswertungsroutinen

Metadaten sollten so abgelegt werden, dass sie von Menschen gelesen und geschrieben, gleichzeitig aber auch von Maschinen (Computern) eingelesen werden können. Das Ziel ist, den Verarbeitungsroutinen ein *semantisches* (inhaltliches) Verständnis der Daten und Metadaten zu ermöglichen.

Definition 30.2: Semantik

Theorie oder Wissenschaft von der Bedeutung der Zeichen; Zeichen können hierbei beliebige Symbole sein, insbesondere aber auch Sätze, Satzteile, Wörter oder Wortteile.

Natürlich können Computer nicht im eigentlichen Sinne denken. Entsprechend ist „Verständnis" in diesem Kontext immer relativ zu sehen. Wie nachfolgend gezeigt wird, gibt es allerdings einfache Möglichkeiten, durch strukturierte Ablage von Metadaten innerhalb der Auswertungsroutinen (die von Menschen programmiert werden, die die Fähigkeit für ein entsprechendes reales semantisches Verständnis besitzen) funktional sehr nah an ein semantisches Verständnis heranzureichen. Gleichzeitig führt das im Idealfall zu einem sehr ausdrucksstarken und in dieser Hinsicht selbstdokumentierenden Code.

30.2.1 Voraussetzungen für ein semantisches Verständnis durch Software

Wie bereits erwähnt können Computer nicht im eigentlichen Sinne des Wortes denken, weshalb „Verständnis" in diesem Kontext immer relativ zu sehen ist.[2] Der Schlüssel ist die Formalisierung der Informationen: Der Mensch ist viel flexibler bei der Mustererkennung als ein (einfaches) Computerprogramm. Diese Formalisierung von Informationen reicht wesentlich weiter als die Erfassung von Metadaten während der Datenaufnahme. Sie ist vielmehr integraler Bestandteil eines vollständigen Systems zur wissenschaftlichen Datenauswertung (vgl. u. a. ▶ Kap. 31). Die strukturierte Ablage innerhalb der Software sollte in Form von Schlüssel-Wert-Paaren erfolgen. Ein **assoziatives Datenfeld** (◘ Abb. 30.1) ist dafür zunächst einmal am besten geeignet. Genauso lassen sich für diesen Zweck (Daten-)Objekte verwenden, die sich funktional in diesem Kontext nicht anders als ein assoziatives Datenfeld verhalten. Oft wird man dann an dieser Stelle eine Hierarchie von Objekten verwenden – ein klassischer Fall von Zusammensetzung (*composition*).

Definition 30.3: assoziatives Datenfeld

map, *dictionary* oder *associative array*, Datenstruktur, die – anders als ein gewöhnliches Feld (*array*) bzw. eine Liste (*list*) – nichtnumerische (oder nicht fortlaufende) Schlüssel (zumeist Zeichenketten) verwendet, um die enthaltenen Elemente zu adressieren. Diese

2 Inwieweit komplexe neuronale Netze „denken" oder inwieweit sich das menschliche Denken letztlich zumindest theoretisch vollständig auf formal beschreibbare Algorithmen zurückführen lässt, ist eine Frage, die hier nicht diskutiert werden soll. Sie weist weit in unterschiedliche Disziplinen der Informatik, Neurowissenschaften und Philosophie hinein. Der Autor ist geneigt, sie zu verneinen.

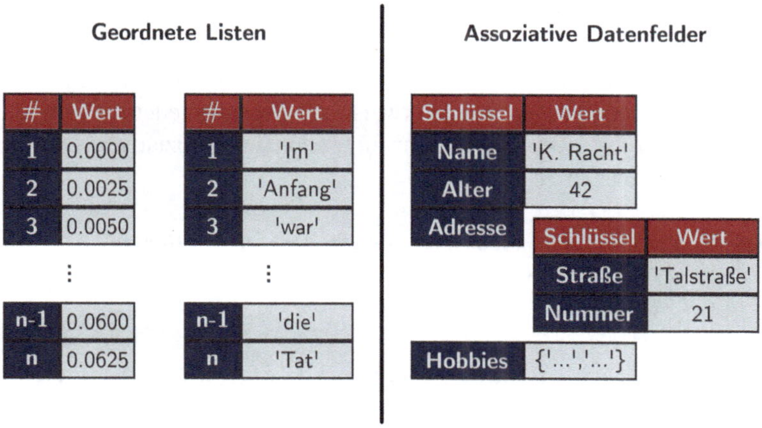

Abb. 30.1 **Vergleich geordneter Listen und assoziativer Datenfelder.** Eine geordnete Liste (*array*) gleicht einem mathematischen Vektor. Die einzelnen Elemente sind (zumindest gedanklich) fortlaufend durchnummeriert und lassen sich mit diesem numerischen Index ansprechen. Im Gegensatz dazu besteht ein assoziatives Datenfeld (*map*, *dictionary*, *associative array*) aus Schlüssel-Wert-Paaren ohne feste Ordnung, wobei die Schlüssel in der Regel aus Zeichenketten bestehen. Das erlaubt es, durch im gegebenen Kontext „sprechende" Namen ein semantisches Verständnis von Informationen durch Software zumindest zu emulieren. (*fun fact*: Die beiden geordneten Listen sind gleich lang, bei der rechten handelt es sich um ein entsprechend gekürztes Zitat aus Faust I, Studierzimmerszene.)

> Schlüssel sind (meist) in keiner festgelegten Reihenfolge abgespeichert. Idealerweise werden die Schlüssel so gewählt, dass eine für die Programmierer nachvollziehbare Verbindung zwischen Schlüssel (*key*) und Datenwert (*value*) besteht.

Der im Kontext eines semantischen Verständnisses zentrale Aspekt eines assoziativen Datenfeldes: Die Namen für die Schlüssel sollten so gewählt werden, dass eine für die Programmierer nachvollziehbare Verbindung zwischen Schlüssel und Datenwert besteht (vgl. ► Kap. 13). Das sorgt entsprechend für ausdrucksstarken und *lesbaren* Code. Voraussetzung ist natürlich eine entsprechende intellektuelle Durchdringung der Fragestellung – die Existenz eines mentalen und zumindest teilweise ausformulierten Modells der Realität, das dann als Kern der Anwendung im Sinne des *Domain-Driven Design* (vgl. ► Kap. 22) implementiert wird – und die Fähigkeit zu Abstraktion und guter Benennung.

30.2.2 Beispiele für sich eröffnende Anwendungsmöglichkeiten

Im einführenden Kapitel zur Datenverarbeitung in den Naturwissenschaften (► Kap. 28) wurde ein essentielles Kriterium für die Akzeptanz und den Einsatz eines Gesamtsystems zur wissenschaftlichen Datenverarbeitung genannt: Ein solches System muss offensichtliche Vorteile bieten, damit die Motivation ausreichend groß ist, den (initialen) Mehraufwand seiner Erlernung und Benutzung in Kauf zu nehmen. Aus der Verwendung assoziativer Datenfelder und dem damit gegebenen semantischen Verständnis bzw. Kontext auf Ebene der einzelnen Auswertungs- und Verarbeitungsroutinen eröffnet sich sofort eine Vielzahl von Anwendungsmöglichkeiten, von denen vier nachfolgend kurz vorgestellt werden sollen.

Achsenbeschriftung Werden die Informationen zur Achsenbeschriftung (Größe und Einheit) entsprechend abgelegt, lassen sich Achsenbeschriftungen weitestgehend automatisch erzeugen. Da die wissenschaftlich korrekte Formatierung von Achsenbeschriftungen erfordert, die Größe (da normalerweise ein Formelzeichen) kursiv, die Einheit hingegen aufrecht zu setzen,[3] ist es sinnvoll, schon im assoziativen Datenfeld diese Informationen voneinander zu trennen.

Codebeispiel 30.1: Beispiel für automatisch erzeugte Achsenbeschriftungen

```
xlabelText = sprintf('{\it %s} / %s',
        dataset.axes.x.measure,dataset.axes.x.unit);
```

Dieses Codebeispiel ist aus historischen Gründen in MATLAB® verfasst, lässt sich aber in vielen anderen Sprachen in sehr ähnlicher Weise umsetzen und sollte allgemeinverständlich und lesbar sein. Nachfolgend dafür ein Beispiel in Python, das sich Aspekte der objektorientierten Programmierung (vgl. ► Kap. 12) zunutze macht.

Codebeispiel 30.2: Beispiel für automatisch erzeugte Achsenbeschriftungen

```
def _set_axes_labels(self):
    xlabel = self._create_axis_label_string(self.dataset.data.axes[0])
    ylabel = self._create_axis_label_string(self.dataset.data.axes[1])
    self.axes.set_xlabel(xlabel)
    self.axes.set_ylabel(ylabel)

@staticmethod
def _create_axis_label_string(axis):
    label = '$' + axis.quantity + '$' + ' / ' + axis.unit
    return label
```

Hier wird implizit entsprechend vorausgesetzt, dass ein Datensatz eine Zusammensetzung (*composition*) von Objekten ist. Insbesondere sind numerische Daten und Achsen in einem Objekt miteinander verbunden, die Achsen dieses Objektes sind ebenfalls Objekte, die u. a. die Attribute `quantity` und `unit` besitzen und auf die hier zugegriffen wird.

Abbildungsunterschrift Eine Abbildungsunterschrift enthält sinnvollerweise alle zum Verständnis der Abbildung notwendigen Informationen. Im Falle experimenteller Daten sind das die experimentellen Parameter. Sind alle wichtigen Kenndaten über einen Datensatz bekannt, kann automatisch eine Abbildungsunterschrift generiert werden. Das Szenario weist auf das Kapitel zur automatischen Berichterstellung (► Kap. 32) voraus, zumal man den eigentlichen Text der Abbildungsunterschrift meist nicht innerhalb der Anwendung generieren, sondern die Werte über ein Vorlagensystem automatisch ausfüllen lassen möchte.

Einheitenkonvertierung Wird zu jedem Zahlenwert die zugehörige Einheit in einer eindeutigen Weise abgelegt, lässt sich automatisiert durch eine Routine die Einheit in eine (kompatible) Einheit umrechnen, wenn die entsprechende Umrechnungsvorschrift bekannt ist. Das Beispiel ließe sich noch verallgemeinern, wenn zu einer Einheit zusätzlich

3 Für die in der Chemie und Physik autoritativen Konventionen zum mathematischen Formelsatz und zur Verwendung von Einheiten und Symbolen vgl. das *IUPAC Green Book*, [2].

ihre Dimension abgelegt wird und man davon ausgehen kann, dass Einheiten immer in SI-Einheiten (ggf. mit Präfixen) angegeben werden.

▶ Beispiel: Die Klasse „PhysicalQuantity" in ASpecD

Das ASpecD-Framework implementiert eine Klasse `PhysicalQuantity`, die zumindest die grundlegende Funktionalität für eine automatische Einheitenkonvertierung bereitstellt, indem sie Attribute sowohl für die Einheit als auch für die Dimension besitzt. Gleichzeitig sorgt die Auslagerung in eine Klasse dafür, dass konsistent Zahlenwerte immer mit einer Einheit verknüpft sind. ◀

Einfache Überprüfung auf Konsistenz Man stelle sich die einfache Situation vor, dass zwei Datensätze aufeinander addiert werden sollen. Ist die Achseninformation als solche für die Software kenntlich abgelegt, kann automatisch überprüft werden, ob die Achsen kompatibel sind. Kompatibilität kann sich dabei sowohl auf die Größe und Einheit beziehen als auch auf die Wertebereiche. Interpolation, Einheitenkonversion und Zurechtschneiden von Achsen sind so mit relativ wenig Aufwand automatisierbar.

Codebeispiel 30.3: Beispiel für Überprüfung von Achsen auf Konsistenz

```
if dataset1.axes[0].values == dataset2.axes[0].values:
    # Do something with datasets, e.g., add them up
```

Natürlich lassen sich noch viele weitaus komplexere Überprüfungsmöglichkeiten vorstellen. Die grundsätzliche Idee und der Vorteil des *semantischen* Verständnisses der Metadaten innerhalb von Auswertungsroutinen sollte aber klar geworden sein und unmittelbar einleuchten.

30.3 Kriterien für eine formalisierte Ablage von Metadaten

Eine formalisierte Ablage von Metadaten muss eine Reihe von Kriterien erfüllen, um einfach nutzbar zu sein und entsprechend auch genutzt zu werden:
- einfach von Nutzern zu schreiben
- eindeutig parsbar
- robust gegenüber Fehlern des Nutzers
- einfach erweiterbar

Auf jedes dieser vier Kriterien wird nachfolgend noch etwas detaillierter eingegangen. Das Medium für die Ablage der Metadaten ist dabei sekundär. Letztlich können Metadaten auch in einem handschriftlich geführten (analogen) Laborbuch formalisiert ablegt werden, wenn gerade keine Möglichkeit der elektronischen Ablage vorhanden ist. Wichtig ist, dass unabhängig vom genutzten Medium (elektronisch, Papier) die grundlegende Struktur gleich bleibt und vor allem (durch die Formalisierung) alle relevanten Informationen abgefragt und abgelegt werden.

30.3.1 Lesbar für Mensch und Computer

Die Lesbarkeit durch den Computer ist einerseits essentiell, andererseits aber auch die Les- und vor allem bequeme Schreibbarkeit durch den menschlichen Nutzer. Das erfordert einen vernünftigen und gut ausgeglichenen Kompromiss. Die Metadatenablage dient als elektronisches Laborbuch und sollte plattformunabhängig parallel zur Datenaufnahme erfolgen bzw. ohne großen Medienbruch möglich sein. Ein Format wie XML ist vermutlich durch seinen immensen Überhang an Formatierung ungeeignet, da es einerseits eher mühselig zu lesen ist, andererseits insbesondere bei der Erstellung durch den menschlichen Nutzer unnötige Hürden aufbaut. Gute standardisierte Alternativen wären JSON oder, in den Augen des Autors noch besser, YAML. Für Details zu den Formaten vgl. ► Kap. 29.

Die eindeutige Parsbarkeit durch den Computer ist nicht verhandelbar. Sie macht es notwendig, das Format einerseits so einfach zu gestalten, dass es für den Nutzer unmittelbar offensichtlich ist, wie es funktioniert, andererseits aber auch klar zu spezifizieren, wie die entsprechenden Felder gefüllt werden dürfen bzw. sollen, und welche (harten) Beschränkungen es gibt. Gegebenenfalls ist es sinnvoll, sich Routinen zu programmieren, die die entsprechenden Dateien einlesen und versuchen zu parsen und im Falle von Problemen den Nutzer frühzeitig und mit expliziten und hilfreichen Fehlermeldungen darauf aufmerksam machen. Je früher Probleme erkannt werden, desto geringer ist die Chance, dass sich Fehler auf Dauer einschleichen. Grundsätzlich sollte das Format aber so robust wie möglich gegenüber „Fehlern" des menschlichen Nutzers sein. Insbesondere sollten zusätzliche Leerzeichen oder anderer Zwischenraum keinerlei Einfluss haben. Schließlich gilt hier wie an vielen anderen Stellen auch: Nur was sich einfach nutzen lässt, wird am Ende auch genutzt werden. Metadaten sind dabei viel zu wichtig, um nicht notiert zu werden.

Metadaten verändern sich mitunter, Daten nicht

Dadurch, dass Metadaten in den allermeisten Fällen zumindest in Teilen von Menschen geschrieben werden, werden sie immer wieder Fehler aufweisen, die man später korrigieren möchte. Entsprechend verändern sich zu einem Datensatz gehörende Metadaten mitunter, die eigentlichen numerischen Daten sollten das hingegen nicht tun. Das ist einer der wesentlichen Gründe, warum man getrennte Prüfsummen für (numerische) Daten und Metadaten erzeugen sollte, um bei einer Veränderung des Gesamtdatensatzes die Änderungen schneller eingrenzen zu können. Für Details zu Prüfsummen und deren Bedeutung für die Überprüfung der Unversehrtheit der Daten vgl. die Diskussion in ► Kap. 29.

30.3.2 Einfache Erweiterbarkeit sorgt für die notwendige Flexibilität

Das Format für Metadaten sollte nach Möglichkeit offen für Erweiterungen, aber abgeschlossen gegenüber Änderungen sein. Das erleichtert immens die Abwärtskompatibilität. Aus der Praxis heraus zeigt sich, dass immer wieder die Notwendigkeit besteht, Felder oder auch ganze Blöcke mit Metadaten zu einem bestehenden Format hinzuzufügen, da sich neue oder vorher nicht bedachte Anwendungen und Anforderungen ergeben. Das ist eine direkte Anwendung des Open-Closed-Prinzips (► Kap. 24): Softwareeinheiten sollten offen für Erweiterungen, aber verschlossen gegenüber (inkompatiblen) Änderungen sein. Entsprechend wichtig ist auch die Ablage einer Versionsinformation innerhalb eines Metadatenformates, und zwar für alle Versionen immer in derselben Weise, um automatisch auslesbar zu sein. Als Versionsnummernschema kommt hier aufgrund der Bedeutung für die Abwärtskompatibilität SemVer infrage, für Details vgl. ► Kap. 7. Ein Metadatenformat sollte immer die Möglichkeit eines Freitext-Kommentars bieten, den der Anwender nutzen kann, um zusätzliche Informationen zu erfassen. Stellt sich im Laufe der Nutzung heraus, dass immer wieder gleiche oder sehr ähnliche Informationen im Kommentarfeld abgelegt werden, ist es an der Zeit, über eine Formalisierung dieser Informationen und eine Integration in das bestehende Format nachzudenken.

30.4 Ein reales Beispiel: die Infodatei

Als reales Beispiel für die formalisierte Ablage von Metadaten wird hier die Infodatei vorgestellt, die sich über Jahre im Arbeitsalltag des Autors bewährt hat. Zwischenzeitlich wurde das Format und seine Beschreibung in [3] publiziert. Ein Beispiel für eine solche Infodatei liefert das nachfolgende Listing. Es handelt sich hierbei um ein Minimalbeispiel, quasi als gemeinsamer Nenner für alle möglichen Arten solcher Dateien.

Codebeispiel 30.4: Beispiel für eine Infodatei

```
common Info file - v. 0.1.0 (2014-04-04)

GENERAL
Filename:                data01
Date start:              2014-04-04
Time start:              11:05:00
Date end:                2014-04-04
Time end:                15:50:00
Operator:                Max Mustermann
Label:                   My first measurement
Purpose:                 Kill time

SAMPLE
Name:                    xxxCry WT, Peak 2
ID:                      42
Description:             Peak 2 aus der xxxCry WT Expression
Solvent:                 50 mM Phosphat, 20\% Glycerin
Preparation:             Frisch exprimierte Probe aus
 Uebernachtanzucht wurde entsalzt, aufkonzentriert
 und mit 5mM K3FeCN6 versetzt.
```

```
TEMPERATURE
Temperature:                  270 K

COMMENT
Und hier gibt's ein bisschen Freitextkommentar - aber bitte
OHNE Umlaute und andere Sonderzeichen!
```

30.4.1 Kriterien bei der Entwicklung

Die allgemeinen Kriterien für die formalisierte Ablage von Metadaten und ein entsprechendes Dateiformat wurden bereits im vorangegangenen Abschnitt behandelt. Hier soll nur noch kurz auf die Kriterien im Kontext der Entwicklung des Infodateiformates und dessen spezifischen Limitationen eingegangen werden.

Maschinenlesbar und vom Menschen lesbar Der Fokus der Entwicklung der Infodatei ist ganz klar die Les- und vor allem die *Schreibbarkeit* durch den Menschen unter gleichzeitiger Erhaltung der (einfachen) Parsbarkeit durch Programme. Einfach bedeutet in diesem Kontext, dass auch ein weniger erfahrener Programmierer innerhalb relativ kurzer Zeit eine Einleseroutine (*parser*) für dieses Format schreiben kann.

30

Reintext (ASCII-Zeichensatz) Eher aus der Not geboren ist die Beschränkung auf die druckbaren Zeichen des ASCII-Zeichensatzes (vgl. ◘ Abb. 29.3) sowohl für die Feldbezeichner („Schlüssel") als auch die Feldwerte. Der Grund ist die (seinerzeit) fehlende Unterstützung von Unicode in MATLAB® und die von Anfang an notwendige Plattformunabhängigkeit.

Englischsprachige Feldbezeichner Wissenschaft ist dankenswerterweise international, und die eigene Erfahrung zeigt, dass gerade so etwas wie Metadatenaufnahme am besten in englischer Sprache gestaltet wird. Zumindest die Feldbezeichner sollten international verständlich sein, die Feldwerte können ggf. in der jeweilig vor Ort gesprochenen Sprache gehalten sein. Aufgrund der Feldbezeichner ist ein semantisches Verständnis der Art von Information unmittelbar gegeben. Die eigene Erfahrung zeigt weiterhin, wie wichtig es ist, auf korrekte Schreibung zu achten.

Eindeutige Identifizierbarkeit des Dateiformates Von Anfang an war klar, dass sich das Dateiformat entwickeln würde, wenngleich sicherlich zu Beginn mehr als später. Idealerweise nähert sich die Entwicklungsgeschwindigkeit eines solchen grundlegenden Datenformates asymptotisch der Null-Linie an. Entsprechend wurde auf eine eindeutige und robuste Identifizierbarkeit des Dateiformates Wert gelegt und das durch eine Kennung in der ersten Zeile, die sowohl das Format als auch dessen Versionsnummer enthält, sichergestellt.

30.4.2 Grundsätzlicher Aufbau

Allgemein handelt es sich beim Infodateiformat um ein blockweises Dateiformat in Anlehnung an die Windows-INI-Datei (vgl. den entsprechenden Abschnitt in ▶ Kap. 29). Die einzelnen Blöcke bestehen jeweils aus Zeilen mit Schlüssel-Wert-Paaren, die erste Zeile der Datei dient der Identifizierung von Format und Version.

Feldnamen Die Feldnamen innerhalb eines Blockes werden mit Doppelpunkt vom Feldinhalt getrennt und dürfen deshalb selbst keine Doppelpunkte im Namen tragen. Leerzeichen sind hingegen erlaubt (und werden von der Einleseroutine ggf. entsprechend in der internen Repräsentation entfernt bzw. passend ersetzt). Darüber hinaus müssen Feldnamen mit einem Buchstaben beginnen. Das liegt daran, dass sie intern mehr oder weniger direkt als Schlüssel für ein assoziatives Datenfeld verwendet werden.

Leerraum Jegliche Form von Leerraum (Leerzeichen, Tabulator etc., engl. *white space*) wird ignoriert, wenn er nach Feldnamen und vor und nach Feldinhalten auftritt. Das bedeutet insbesondere, dass Feldinhalte für die bessere Übersichtlichkeit (durch Leerzeichen) vertikal ausgerichtet werden *können* (aber nicht müssen).

Zeilenumbrüche in Feldern Es ist grundsätzlich möglich, dass sich Feldwerte über mehrere Zeilen erstrecken. Einzige Einschränkung ist, dass die Folgezeilen mit Leerraum beginnen müssen (der dann ggf. von der Einleseroutine zusammen mit dem Zeilenumbruch entfernt wird).

Kommentare auf einer Zeile Das Infodatei-Format unterstützt Kommentare, die durch Kommentarzeichen (hier das Prozentzeichen) eingeleitet werden. Alles, was auf einer Zeile hinter dem Kommentarzeichen folgt, wird ignoriert. Soll das Kommentarzeichen selbst verwendet werden, wird es durch einen Backslash (\) geschützt (Prinzip der geringsten Überraschung, *principle of least surprise*, vgl. ▶ Kap. 29).

Kommentarblock am Ende der Datei Der letzte Block ist für Kommentare vorbehalten. Im Kommentar ist jegliche Formatierung erlaubt. Um keine Probleme damit zu bekommen, das Ende des Kommentarblocks erkennen zu müssen, ist er immer der *letzte* Block einer solchen Datei. Alles ab der Blocküberschrift bis zum Dateiende wird als Kommentar interpretiert und nicht geparst. Wiederkehrende Informationen in diesen Kommentarblöcken sollten entsprechend formalisiert und als neue Felder in die Infodatei aufgenommen werden.

Zusammengenommen ergibt sich aus diesem Aufbau ein offenes, flexibles und modular erweiterbares Format, das bislang den Test der Zeit leidlich gut bestanden hat und sich der aktiven, arbeitstäglichen Nutzung erfreut.

30.4.3 Anmerkungen zu einigen Feldern

Neben der im vorangegangenen Abschnitt ausgeführten allgemeinen Formatbeschreibung ergeben sich aus der intensiven Nutzung des Formates über die letzten Jahre Hinweise zu einigen der Felder, die unabhängig vom konkreten Format sind.

Datum und Uhrzeit sollten beide angegeben werden. Messungen werden oftmals über den Tageswechsel durchgeführt bzw. können sich im Extremfall über mehr als 24 h erstrecken. Das lässt sich nur durch einen vollständigen Zeitstempel mit Datum und Uhrzeit für Messbeginn und -ende abbilden.

Der Name des Durchführenden sollte in der Datei stehen. Das dient einerseits der Nachvollziehbarkeit und andererseits der Möglichkeit, bei Rückfragen herauszufinden, wer ggf. noch mehr wissen könnte, als direkt aus der Metadatendatei hervorgeht. Außerdem erlaubt diese Dokumentation in gewissen Grenzen, die Autorschaft an bestimmten Messungen nachzuweisen. Sind mehrere Personen beteiligt, werden die Namen durch Kommata getrennt.

Das Feld „purpose" ist sehr hilfreich. Die Praxis zeigt, dass man sich häufig nicht mehr daran erinnert, warum man bestimmte Messungen gemacht hat – gerade, wenn man Parameter variierte etc. Das Feld sinnvoll mit Inhalt zu füllen, kann immens beim Verständnis bzw. beim Wiederfinden des richtigen Datensatzes helfen. Entsprechend ist es von nicht zu unterschätzender Bedeutung.

Proben sollten mit einem eindeutigen Bezeichner (ID) versehen sein. Jegliche Messung erfolgt an (genau) einer Probe. Gleiches gilt z. B. bei quantenchemischen Rechnungen für die initiale Geometrie eines Moleküls. Im einfachsten Fall handelt es sich beim eindeutigen Bezeichner um eine (fortlaufende) Nummer.

Werte sollten von einer Einheit gefolgt werden. Ein Wert ohne Einheit ist wertlos. Zumindest versucht man, den Studierenden das bereits im Grundpraktikum beizubringen. Entsprechendes gilt auch für Werte in den Metadaten. Größe und Einheit werden durch Leerzeichen getrennt aufgeschrieben, eine Aufteilung in zwei Felder widerspricht dem Gedanken der einfachen und intuitiven Schreibbarkeit. Sinnvollerweise beschränkt man sich auf SI-Einheiten, es sei denn, es gibt sehr gute Gründe, das nicht zu tun.

30.4.4 Retrospektive: die Infodatei im Lichte standardisierter Datenformate

Die Entwicklung des Infodateiformates datiert historisch vor die intensive Beschäftigung des Autors mit existierenden standardisierten Formaten wie JSON oder YAML. Trotzdem zeigt die Erfahrung, dass das Infodateiformat den Test der Zeit leidlich gut bestanden hat. Es erfreut sich arbeitstäglicher Nutzung, ist auch für denjenigen intuitiv verständlich, der über keinerlei Einleseroutinen für das Format oder Hintergrundwissen darüber verfügt, und es ist weitestgehend plattform- und sprachunabhängig. Für andere Formen von Metadaten nutzt der Autor heute bereits das YAML-Format. Das Infodatei-Format ist auf die intuitive Schreibbarkeit durch den Menschen unter Erhalt der Maschinenlesbarkeit optimiert und eignet sich dadurch sehr gut für die Metadatenablage parallel zur Datenaufnahme. Für alle anderen Formen von Metadaten wie z. B. Verarbeitungsschritte oder Vorschriften zur Erzeugung von Repräsentationen von Datensätzen sind standardisierte Formate wie JSON oder wegen seiner sparsameren Auszeichnung eher noch YAML vorzuziehen. Für eine detailliertere Diskussion, warum die Infodatei auch im Lichte von YAML und JSON ihre Berechtigung hat, siehe [3].

Verständnisfragen

- Welche beiden Kriterien sind essentiell für die elektronische Ablage von Metadaten?
- Warum kommt ein Format wie XML für die Ablage von Metadaten eher nicht in Betracht?
- Welche Möglichkeiten der (automatisierten) Datenverarbeitung eröffnet ein semantisches Verständnis der Messungen durch die Auswertungsroutinen? Nennen Sie ein paar Beispiele.
- Welche Art von Datentyp ist essentiell dafür, den Auswertungsroutinen ein semantisches Verständnis zu ermöglichen? Was zeichnet diesen Datentyp funktional z. B. gegenüber gewöhnlichen Listen aus?
- Welche Auswirkungen hat ein semantisches Verständnis auf den Code von Auswertungsroutinen?

Kommentiertes Literaturverzeichnis

Metadaten werden in den allermeisten Fällen zumindest zwischendurch als Textdateien abgelegt werden, es sei denn, man hat mit einer Software zur Datenerhebung zu tun, die alle notwendigen Metadaten automatisch mit erfasst (was in den seltensten Fällen vorkommt). Insofern gelten für Datenformate für Metadaten all die Kriterien, die im vorangegangenen Kapitel zu Datenformaten (▶ Kap. 29) aufgeführt wurden. In Kapitel 5 von *The Art of UNIX Programming* [4] finden sich viele sehr gute (und praxisrelevante) Hinweise zur Erstellung eigener textbasierter Formate. Darüber hinaus diskutiert dieser Autor diverse bekannte Textformate wie DSV/CSV, XML, Windows-INI-Dateien etc. Einige der in [5] vorgestellten Aspekte für den Umgang mit digitalen Daten betreffen explizit Metadaten. Abgesehen davon findet sich relativ viel Literatur im breiteren Kontext der Reproduzierbarkeit, auf die im folgenden Kapitel (▶ Kap. 31) eingegangen wird. Das vorgestellte Datenformat zum Speichern von Metadaten *während* der Datenaufnahme, die Infodatei, ist mittlerweile publiziert [3]. In der Publikation wird das Format auch detailliert im Licht moderner Formate wie YAML diskutiert. Zwei grundlegende Werke zu Metadaten sind [6, 7], kürzer gefasste, online digital verfügbare Werke der National Information Standards Organisation (NISO) sind [8, 9]. Unbedingt lesenswert und in Tiefe und Breite der Frage nach der Dokumentation in den Wissenschaften nachgehend ist [10].

Literatur

1. E.W. Dijkstra, Communications of the ACM **15**, 859 (1972)
2. I. Mills, T. Cvitaš, K. Homan, N. Kalay, K. Kuchitsu (eds.), *Quantities, Units and Symbols in Physical Chemistry*, 2. Aufl. (Blackwell Science, Oxford, 1993)
3. B. Paulus, T. Biskup, Digital Discovery **2**, 234 (2023). https://doi.org/10.1039/D2DD00131D
4. E.S. Raymond, *The Art of UNIX Programming* (Addison Wesley, Boston, 2004)
5. E.M. Hart, P. Barmby, D. LeBauer, F. Michonneau, S. Mount, P. Mulrooney, T. Poisot, K.H. Woo, N.B. Zimmerman, J.W. Hollister, PLoS Computational Biology **12**, e1005097 (2016)
6. D. Haynes, *Metadata for Information Management and Retrieval*, 2. Aufl. (Facet Publishing, London, 2018)
7. M.L. Zeng, *Metadata*, 3. Aufl. (Facet Publishing, London, 2022)
8. A. Brand, F. Daly, B. Meyers, *Metadata Demystified* (The Sheridan Press & NISO Press, Hanover, PA, 2003)
9. J. Riley, *Understanding Metadata* (National Information Standards Organization (NISO), Baltimore, MD, 2017)
10. K. Shankar, Journal of the American Society for Information Science and Technology **58**, 1457 (2007). https://doi.org/10.1002/ASI.V58:10

Datenverarbeitung und -analyse: selbstdokumentierend

Inhaltsverzeichnis

T. Biskup, *Softwareentwicklung für die Naturwissenschaften*,
https://doi.org/10.1007/978-3-662-71607-6_31

Kernaspekte

- Nachvollziehbarkeit ist essentiell für Wissenschaftlichkeit. Trotzdem ist sie in den seltensten Fällen real gegeben.
- Jeder Verarbeitungsschritt sollte vollständig mit Parametern und Version der Routine dokumentiert werden.
- Nur durch Automatisierung kann eine lückenlose Dokumentation aller Verarbeitungsschritte gewährleistet werden.
- Nachvollziehbarkeit setzt die Archivierung sowohl der Rohdaten als auch der Verarbeitungsroutinen voraus.
- Eine lückenlose und automatisierte Selbstdokumentation lässt sich nur in einem modularen Gesamtsystem realisieren.

Nachvollziehbarkeit und Reproduzierbarkeit sind essentielle Aspekte aller empirischen Wissenschaft. Entsprechend bedeutsam sind die in diesem Kapitel vorgestellten Bausteine für eine selbstdokumentierende Datenverarbeitung und -analyse. Das bedeutet nicht, dass die kurz skizzierten Lösungsansätze die einzigen oder besten Lösungen wären. Das Thema ist aber – trotz seiner sträflichen Vernachlässigung im wissenschaftlichen Alltag – viel zu wichtig, als dass eine zumindest in Teilen funktionierende Lösung leichtfertig ignoriert werden sollte. Erstaunlicherweise sind sehr viele Aspekte, die uns diesem großen Ziel einer vollständigen Nachvollziehbarkeit (und entsprechend auch weitestgehenden Reproduzierbarkeit) näherbringen, relativ einfach implementierbar. Kernaspekte eines solchen umfassenden Systems und mögliche Umsetzungen werden kurz vorgestellt.

Eine selbstdokumentierende Datenverarbeitung und -analyse hängt eng mit den in den vorausgehenden Kapiteln behandelten Aspekten der Datenformate (▶ Kap. 29), hier insbesondere für Rohdaten und Metadaten (▶ Kap. 30) zusammen. Gleichzeitig ist sie wiederum die Grundlage für eine automatisierte Erstellung sowohl von Abbildungen als auch von Berichten (▶ Kap. 32). Neben diesen direkten Bezugspunkten zu den Kapiteln in diesem letzten Teil des Buches stellt ein System zur wissenschaftlichen Datenverarbeitung und -analyse aber auch den Kulminationspunkt aller im Buch angesprochenen Aspekte dar, von der Infrastruktur über die Codequalität bis zur Softwarearchitektur. Gemeinsam stellen all diese Aspekte ein System zur Datenverarbeitung und -analyse dar, von Mesirov auch als „System zur reproduzierbaren Wissenschaft" (*Reproducible Research System*, RRS, [1]) bezeichnet. Wie ein solches System umgesetzt wird, dazu gibt es in unterschiedlichen Disziplinen unterschiedliche Ansätze. Beispiele aus der Literatur wären das „Pegasus Framework" [2], Galaxy [3], GenePatterns [1, 4] oder auch ReDoc [5]. Dem Autor ist kein solches System für die Anwendung in den physikalisch orientierten Wissenschaften bekannt, das frei verfügbar wäre.

In diesem Kapitel geht es explizit um die vollständige Dokumentation sämtlicher Verarbeitungsschritte eines Datensatzes von den Rohdaten bis zur fertigen Analyse. Insofern sind die behandelten Aspekte wohl am ehesten in einem modularen System innerhalb einer Anwendung zur Datenverarbeitung und -analyse beheimatet. Kernaspekt ist dabei, dass die Anwendung alle Parameter und Abläufe automatisch dokumentiert, und zwar in einer Form, die nach Möglichkeit die vollständige Reproduzierbarkeit des Ergebnisses, ausgehend von den Rohdaten, erlaubt. Die dazu entwickelten und nachfolgend vorgestellten Konzepte sind das mentale Modell der Datenauswertung, dessen Implementation gemäß dem Ansatz des *Domain-Driven Design* den Kern der Anwendung bildet (vgl. ▶ Kap. 22). Allerdings gibt es darüber hinausgehende Aspekte, die sich gerade *nicht* innerhalb einer (monolithischen) Anwendung realisieren lassen.

31.1 Zielstellung: Nachvollziehbarkeit und Reproduzierbarkeit

So gut wie alle im Rahmen empirischer Wissenschaften erhobenen Daten müssen vorverarbeitet werden, bevor sie dargestellt und ggf. veröffentlicht werden. Die Triebfeder hinter der Veröffentlichung dieser Daten sollte dabei weniger das eigene Ego sein, sondern der tief im Wesen der Wissenschaften verankerte Gedanke, dass Wissenschaft immer das Werk von Vielen ist und nur Ergebnisse, die anderen zur Verfügung gestellt werden, auch im Licht des Wissens und der Ergebnisse anderer ihre eigentliche Bedeutung bekommen. Art und Umfang der Vorverarbeitung der Daten und ihrer Analyse richten sich dabei nach der Art der Daten und der durchgeführten Auswertung.

31.1.1 Zentrale wissenschaftliche Qualitätsstandards

Am Ende einer Analyse steht in den allermeisten Fällen eine grafische Repräsentation, ggf. auch eine tabellarische Übersicht von Werten. Der Anspruch der Wissenschaftlichkeit lautet, dass der Weg von den Rohdaten zu dieser Abbildung oder Tabelle vollständig transparent, nachvollziehbar und reproduzierbar sein sollte. Das setzt eine lückenlose Dokumentation sämtlicher Verarbeitungs- und Auswertungsschritte eines Datensatzes von den Rohdaten bis zur entsprechenden Repräsentation voraus. Umgekehrt möchte man von einer fertigen Abbildung oder Tabelle auf die Rohdaten und die komplette Historie der Datenverarbeitung und -analyse inklusive der verwendeten Routinen und deren Versionen zugreifen können. Das setzt eine umgekehrte eindeutige Verknüpfung von Repräsentationen mit den Daten und ihren Verarbeitungsschritten voraus. Ideen, wie man dieser Herausforderung begegnen könnte, werden in ▶ Kap. 32 angesprochen.

31.1.2 Das Problem der wissenschaftlichen Praxis

Das Wesen der Wissenschaften bzw. der Kern wissenschaftlichen Arbeitens – die Nachvollziehbarkeit und damit einhergehend die Reproduzierbarkeit – wurden oft genug thematisiert. Die eigene Erfahrung aus der mittlerweile langjährigen Praxis ist hingegen ernüchternd und kulminiert in der nachfolgend aufgestellten These, die gleichzeitig Ausgangspunkt und Motivation hinter dem gesamten Buch ist.

These
Die vollständige Nachvollziehbarkeit und Reproduzierbarkeit der Datenauswertung, obwohl essentiell für die Wissenschaftlichkeit, ist in den meisten Fällen nicht gegeben.

Das ist ein hartes Wort, zumal es in letzter Konsequenz bedeutet, dass die meisten Wissenschaftler unwissenschaftlich arbeiten. Trotzdem steht der Autor zu dieser These, zumal sie sich (leider) auch mit seiner eigenen Erfahrung und der vieler Kollegen, mit denen er sich darüber ausgetauscht hat, übereinstimmt. Was sind mögliche Gründe für diesen

Reproduzierbarkeit und Replizierbarkeit

Es gibt einen, zunächst subtil erscheinenden, Unterschied zwischen der Wiederholbarkeit einer Auswertung und der unabhängigen Wiederholung eines ganzen Experiments. Aus dem Englischen kommend kann dieser Unterschied mit den beiden Begrifflichkeiten **Reproduzierbarkeit** (*reproducibility*) für die Wiederholbarkeit einer Auswertung ohne unabhängige Wiederholung des zugrunde liegenden Experiments und **Replizierbarkeit** (*replicability*) für die unabhängige Wiederholung eines Experiments gefasst werden. Während es weithin anerkannt ist, dass die Replizierbarkeit von Ergebnissen, also die unabhängige Wiederholbarkeit ganzer Experimente durch andere Wissenschaftler, zum Wesen der empirischen Wissenschaften gehört, scheint die Reproduzierbarkeit der Auswertungsschritte deutlich weniger im Bewusstsein verankert zu sein. Sie ist eng mit einer exakten Nachvollziehbarkeit verknüpft und unterscheidet sich damit von einer nur theoretischen und abstrakten Nachvollziehbarkeit durch eine verbale Beschreibung der (Vor-)Verarbeitungs- und Datenanalyseschritte und die Verfügbarkeit aller zur Verarbeitung und Analyse verwendeten Programme, möglichst im Quelltext. Die Durchführbarkeit dieser beiden Aspekte ist allerdings umgekehrt zum Bewusstsein ihrer Wichtigkeit für die Wissenschaftlichkeit: Replizierbarkeit hängt stark von den Gegebenheiten ab und ist nicht in jedem Fall möglich. Ein Beispiel für die Unmöglichkeit einer echten Replizierbarkeit sind Beobachtungen singulärer Ereignisse in Raum und Zeit. Hier kann man nur auf das Eintreffen vergleichbarer Ereignisse zu einem späteren Zeitpunkt hoffen. Reproduzierbarkeit (und damit Nachvollziehbarkeit) hingegen sollte, abgesehen von der Verfügbarkeit der verwendeten Werkzeuge (Stichwort: inkompatible Weiterentwicklung von Hard- und Software), in jedem Fall gegeben sein und liegt in der Verantwortung jedes einzelnen Wissenschaftlers. Ein Gesamtsystem zur wissenschaftlichen Datenverarbeitung (das Thema des gesamten Buches und explizit dieses Kapitels) soll gerade diese Reproduzierbarkeit sicherstellen.

eklatanten Widerspruch zwischen Anspruch und Realität, die (letztlich unbemerkt oder doch unbeachtet) an den Grundfesten der ganzen „Unternehmung Wissenschaft" rütteln? Ohne Anspruch auf Vollständigkeit seien genannt:

- mangelndes Bewusstsein für die Wichtigkeit
- fehlende Automatisierung von Prozessabläufen, die gleichzeitig für Dokumentation sorgt
- Mangel an Zeit und Fähigkeiten zur Entwicklung eines Systems zur Sicherstellung der Ansprüche

Jeder dieser Gründe hat seine Berechtigung, und dieses Buch kann nicht viel mehr tun, als auf die Probleme aufmerksam zu machen und aus der eigenen Erfahrung in aller Bescheidenheit ein paar Aspekte und Lösungsansätze vorzustellen, die sich in der eigenen täglichen Praxis bewährt haben und die vielleicht dazu beitragen können, ein wenig Abhilfe zu schaffen. Letztlich läuft es darauf hinaus, dass niemand sagen kann, er habe von nichts gewusst bzw. habe keine Denkanstöße bekommen, wie sich das Problem angehen ließe. Die Verantwortung für die Umsetzung oder Nichtumsetzung liegt gänzlich bei jedem einzelnen Wissenschaftler.

31.1.3 Mögliche Lösung: ein System zur Datenverarbeitung

Die Erkenntnis, dass wissenschaftlichen Kriterien genügende Datenverarbeitung eine auf den ersten Blick fast unüberschaubare bzw. vor allem als nicht zu bewältigend erscheinende Reihe von Ansprüchen nach sich zieht, kann (auch aus eigener Erfahrung) zu Frustration führen. Das kann und soll aber nicht das Ziel des Buches sein.[1] Deshalb sollen nachfolgend Bausteine eines Systems zur Datenverarbeitung vorgestellt werden. Hier sollen vorerst noch einmal die drei essentiellen Kriterien eines solchen Systems in aller Kürze vorgestellt werden.

Modular Anforderungen entwickeln sich. Dem wissenschaftlichen Erkenntnisprozess inhärent sind ein schrittweises Voranschreiten und die weitgehende Unvorhersehbarkeit der nächsten (größeren) Schritte und Ergebnisse. Dazu nimmt das Verständnis der i. d. R. komplexen Zusammenhänge mit der Beschäftigung damit immer weiter zu. Jeder Datensatz und jede Fragestellung ist anders. Auf der anderen Seite sind viele Verarbeitungsschritte gleich oder ähnlich. Modularität sorgt hier also für Wiederverwendbarkeit und in der Folge für Zeitersparnis. Ein letzter Grund für die Modularität: Das Gesamtsystem lässt sich nur schrittweise entwickeln. Das liegt sowohl an seiner Größe als auch an der mangelnden Erfahrung und Qualifikation, was die Softwareentwicklung angeht. Wissenschaftler sind selten professionelle Programmierer, auch wenn sie i. d. R. nicht darum herum kommen zu programmieren.

Einfach Nur ein einfach nutzbares System wird real genutzt. Das liegt in Teilen an der menschlichen Bequemlichkeit, gerade im Kontext der Wissenschaften aber oft auch daran, dass repetitive und damit intellektuell wenig herausfordernde Arbeit wenig geschätzt wird. Entsprechend einfach und schnell sollten die Routineaufgaben durchführbar sein. Ein weiterer Aspekt für ein einfach zu bedienendes System: Gute Abstraktionen führen zu intuitiver Bedienbarkeit. Diese Abstraktionen formen den Kern einer entsprechenden Anwendung (vgl. die Idee des *Domain-Driven Design*, ▶ Kap. 22). Das Finden guter Abstraktionen ist eine große intellektuelle Herausforderung, die eine tiefe Durchdringung der Problemstellung und der abzubildenden Abläufe voraussetzt.[2] Auch dieses Verständnis entwickelt sich mit der praktischen Anwendung.

Umfassend Nur ein System, das alle Schritte von der Datenaufnahme bis zur Publikation der Ergebnisse umfasst, kann die vollständige Nachvollziehbarkeit und in der Folge die Reproduzierbarkeit der Datenauswertung und -analyse sicherstellen. Das umfasst zwangsläufig unterschiedliche Plattformen und Medien und stellt entsprechende Ansprüche an die Interoperabilität und die Verwendung offener und einfacher Standards. Der Vorteil des Systems entsteht nur durch seine konsequente Anwendung. Das Problem entsteht meist dann, wenn Medienbrüche vorkommen oder Programme anderer Autoren verwendet werden. Deshalb ist es essentiell, das eigene System so modular wie möglich zu gestalten und die „Schnittstellen" und die Art der Metadatenablage so einfach und universell wie möglich zu halten. Für die Metadaten empfiehlt sich hier die Verwendung

1 Ein wenig Erschrecken und Frustration ob der Größe der Aufgabe und der eigenen Probleme, den Ansprüchen gerecht zu werden, ist allerdings mitunter ganz heilsam.

2 Zusätzlich bedarf es noch der Fähigkeit zu abstraktem Denken und der Sprachbeherrschung zum Finden treffender, sprechender Bezeichnungen.

von Reintextformaten (vgl. ► Kap. 29) und ggf. das Schreiben von Konvertierungsroutinen, die Metadaten von Programmen anderer in das intern verwendete konkrete Format umwandeln können.

Entscheidend für die Entwicklung und den realen Einsatz eines solchen Systems ist einmal mehr das Bewusstsein für seine Wichtigkeit im Kontext der Wissenschaftlichkeit und die persönliche Einstellung. Je nach Umfeld können das Bewusstsein geschärft und die Verwendung eines entsprechenden Systems weitgehend eingefordert werden. Letztlich ist es aber die Verantwortung jedes Einzelnen, wie er damit umgeht. Ein kurzer Ausblick, der durchaus motivierend sein kann: In letzter Konsequenz führt die hier formulierte Zielstellung zu einem System, das die automatisierte Generierung der Darstellungen von Daten aus den Rohdaten mithilfe der abgelegten Informationen zur Datenverarbeitung und -analyse erlaubt. Darauf wird in ► Kap. 32 noch ausführlicher eingegangen werden.

31.2 Voraussetzungen: vollständiger Parametersatz und Archivierung von Daten und Routinen

Ein Gesamtsystem zur wissenschaftlichen Datenverarbeitung und -analyse muss zwei Voraussetzungen erfüllen:

Vollständiger Parametersatz jedes Verarbeitungsschrittes Jede Verarbeitungsroutine muss nach einem einheitlichen Schema den vollständigen von ihr benötigten (und für einen konkreten Aufruf verwendeten) Parametersatz inklusive impliziter Parameter und der jeweiligen Version der Routine dokumentieren.

Archivierung von Daten und Routinen Für die Nachvollziehbarkeit und Reproduzierbarkeit ist es essentiell, sowohl die Rohdaten als auch die Verarbeitungsroutinen zu archivieren. Bei den Verarbeitungsroutinen ist es darüber hinaus wichtig, sie in einem Versionsverwaltungssystem abzulegen und einem eindeutigen Versionsnummernschema zu folgen, um so den entsprechenden Zustand einer Routine, mit der ein Datensatz verarbeitet wurde, eindeutig wiederherstellen zu können. Nur so ist es möglich, konkret nachzuvollziehen, was genau gemacht wurde.

Um die lückenlose Dokumentation gewährleisten zu können, muss das System konsequent für jeden einzelnen Schritt angewandt werden. Das kann nur durch eine möglichst weitgehende Automatisierung aller Abläufe sichergestellt werden. Entsprechende Voraussetzungen sind die einfache Nutzbarkeit und Erweiterbarkeit sowie die Plattformunabhängigkeit.

31.2.1 Was ist ein vollständiger Parametersatz?

Jede Verarbeitungsroutine muss den vollständigen von ihr benötigten Parametersatz dokumentieren. Was gehört (aus eigener Erfahrung) zu einem vollständigen Parametersatz?

Alle expliziten Parameter Verarbeitungsschritte erfordern häufig die Angabe von Parametern. Ein einfaches Beispiel wären die Koeffizienten eines Polynoms oder einer Exponentialfunktion, die oftmals zur Hintergrundkorrektur verwendet werden. In einem strukturiert programmierten Umfeld[3] wären das alle Parameter, die der Verarbeitungsroutine übergeben wurden. In einem objektorientiert programmierten Umfeld lassen sich die Parameter für den Verarbeitungsschritt in einer Instanzvariable (ggf. als assoziatives Datenfeld) oder auch in einem separaten Datenobjekt ablegen.

Alle impliziten Parameter Mitunter werden Parameter als Standard gesetzt und müssen nicht angegeben werden. Das ist gerade vor dem Hintergrund der einfachen Nutzbarkeit ein nicht zu unterschätzender Aspekt. Allerdings können sich diese voreingestellten Werte ändern. Da es mühsam ist, erst den entsprechenden Code durchforsten zu müssen, um diese Parameter zu finden, sollten sie explizit mitdokumentiert werden. Entsprechend sollten Routinen zur Datenverarbeitung immer so implementiert werden, dass sie die explizite Übergabe der sonst impliziten Parameter ermöglichen.

Datum und Uhrzeit Zu wissen, wann genau ein bestimmter Verarbeitungsschritt durchgeführt wurde, erlaubt Rückschlüsse auf die mitunter kritische Reihenfolge einzelner Schritte. Entsprechend sollte für jeden Verarbeitungsschritt ein Zeitstempel seiner Ausführung abgelegt werden. Die formalisierte Ablage von Daten ist von der ISO spezifiziert, es empfiehlt sich entsprechend, ein solches Standardformat zu verwenden. Inwieweit die Zeitstempel in koordinierter Weltzeit (UTC[4]) abgelegt werden sollten, ist eine Frage des persönlichen Geschmacks. Eine Alternative wäre die Ablage der Zeitzone gemäß ISO-Standard. Relevant wird die Information zur Zeitzone bzw. die Verankerung in UTC hauptsächlich beim verteilten Arbeiten auf gemeinsamen Daten über mehrere Zeitzonen hinweg.

Durchführende Person Für die Nachvollziehbarkeit kann es durchaus von Interesse sein, wer einen bestimmten Verarbeitungsschritt auf einem Datensatz durchgeführt hat. Das gilt insbesondere dann, wenn mehr als eine Person auf den gleichen Daten arbeitet. Entsprechend sollte der Nutzername oder (idealerweise) der Klarname des Bearbeiters mit in den Metadaten zum Verarbeitungsschritt abgelegt werden. Dabei gilt es, den Datenschutz zu beachten: Nutzer des Systems sollten *vorher* darauf hingewiesen werden, dass ihr Name (wie auch schon in den Infodateien zur Metadatenablage) in den Metadaten abgelegt wird und dort voraussichtlich über Jahrzehnte auch bleibt. Gleichzeitig hat diese Dokumentation, wer auf Daten gearbeitet hat, auch noch einen ganz anderen Aspekt: Sie liefert Hinweise auf eine potentielle Mitautorschaft bei Veröffentlichungen.

Version der Routine/des Programms Die konstituierende Eigenschaft von Software ist ihre Veränderlichkeit. Entsprechend ist es für die Nachvollziehbarkeit der wissenschaftlichen Datenverarbeitung essentiell, auf die konkrete Version der für einen Verarbeitungsschritt verwendeten Routine bzw. des Programms rückschließen zu können. Das setzt eindeutige Bezeichner und ein klares und konsequent umgesetztes Versionsnummernschema (vgl. ▶ Kap. 7) voraus. Gleichzeitig sollte der Quellcode der Programme in einem Versionsverwaltungssystem (vgl. ▶ Kap. 6) abgelegt werden, weil nur so die exakte Version wiederhergestellt und begutachtet bzw. zur vollständigen Reproduzierbarkeit

3 Für eine kurze Übersicht über die unterschiedlichen Programmierparadigma vgl. ▶ Kap. 11. Auch wenn die objektorientierte Programmierung viele Vorteile bietet, ist die strukturierte Programmierung wohl doch meist der Normalfall für Programme zur wissenschaftlichen Datenauswertung und -analyse.

4 Die Abkürzung ist ein Kompromiss aus *Coordinated Universal Time* und *Temps Universel Coordonné*, wird inoffiziell aber auch zu *Universal Time Coordinated* ausformuliert.

Datumsformate

Empfehlungen über numerische Datumsformate und Zeitangaben werden in der DIN ISO 8601[5] festgehalten, die zuletzt 2019 in neuer Fassung erschien.[6] Während die ISO-Norm sehr viele Anwendungsfälle abdeckt, ist für den hier gegebenen Kontext vermutlich hauptsächlich ein Format relevant, wie es auch vom W3C in einer Notiz[7] vorgeschlagen wird:

```
YYYY-MM-DDThh:mm:ssTZD (z.B. 1997-07-16T19:20:30+01:00)
```

Durch die Möglichkeit, die Zeitzone mit anzugeben (über den *time zone designator*, TZD), ist eine Angabe aller Daten in UTC letztlich überflüssig, vorausgesetzt die eingesetzte Software kann die Zeitzonenangabe interpretieren. Durch die „Umkehr" der Schreibweise des Datums gegenüber der in Deutschland üblichen Reihenfolge (Tag, Monat, Jahr) wird gleichzeitig eine sinnvolle Sortierbarkeit nach Datum gewährleistet. Entsprechend ist diese im angelsächsischen Sprachraum eher übliche Reihenfolge (Jahr, Monat, Tag) jedem für Verzeichnis- und Dateinamen, die das Datum enthalten, dringend angeraten.

verwendet werden kann. Hier wird auch noch einmal deutlich, warum Entwicklerversionen nicht für den produktiven Einsatz taugen: Sie ändern sich gerne mal, ohne dass sich die Versionsnummer/-kennung ändert. Entsprechend ist die eindeutige Nachvollziehbarkeit nicht mehr gegeben. Sollte doch einmal eine Entwicklerversion verwendet werden, dann muss sie zwingend in ihrer Versionsnummer einen Hinweis darauf geben – und die damit erfolgten Auswertungen müssen als letztlich nicht eindeutig nachvollziehbar und reproduzierbar akzeptiert (und ggf. verworfen bzw. mit einer veröffentlichten Version wiederholt) werden.

Plattform Zumindest im naturwissenschaftlichen Kontext sind alle drei großen Betriebssysteme (Windows, Linux/Unix, macOS) relativ weitverbreitet. Entsprechend werden Auswertungen immer auch auf allen drei Plattformen durchgeführt werden. Da durchaus Unterschiede existieren können, selbst wenn ein und derselbe Quellcode als Ausgangspunkt verwendet wird, ist es essentiell, mindestens das Betriebssystem inkl. Version und die Version der zugrunde liegenden Programmiersprache zu dokumentieren. Darüber hinaus sollte bei der Verwendung externer Bibliotheken, ob von anderen Autoren oder selbst entwickelt, deren Name und Version ebenfalls abgelegt werden. Idealerweise wird auch die Prozessorarchitektur mitdokumentiert. Zwar ist mit der Standardisierung der binären Speicherung von Gleitkommazahlen (ANSI/IEEE 754-1985, vgl. ► Kap. 29) für eine gewisse Einheitlichkeit gesorgt, aber die Erfahrung mit Fehlern in bestimmten Prozessorarchitekturen (z. B. der „Pentium-Bug") zeigt, dass das Verhalten auf unterschied-

5 Die offizielle Norm ist wie üblich nicht frei verfügbar, die zugehörige Internetseite lautet ► https://www.iso.org/iso-8601-date-and-time-format.html (Zugriff am 26.02.2025). Entsprechend gute Hinweise und ausführlichere Beschreibungen liefern die deutsch- und englischsprachigen Wikipedia-Artikel, ► https://de.wikipedia.org/wiki/ISO_8601 und ► https://en.wikipedia.org/wiki/ISO_8601 (jeweils Zugriff am 26.02.2025).

6 Zu den Gründen für die Überarbeitung und eine kurze Vorschau auf neue Inhalte siehe den kurzen Blog-Beitrag der ISO unter ► https://www.iso.org/news/2017/02/Ref2164.html (Zugriff am 26.02.2025).

7 ► https://www.w3.org/TR/NOTE-datetime (Zugriff am 26.02.2025).

Der Pentium-FDIV-Bug

Der FDIV-Bug genannte Fehler ist ein Hardwarefehler des Pentium-Prozessors von Intel, der im November 1994 eineinhalb Jahre nach der Markteinführung bekannt wurde. Eine fehlerhafte Divisionseinheit führt bei Gleitkomma-Divisionen mit bestimmten, relativ wenigen Wertepaaren zu ungenauen Ergebnissen. Das Bekanntwerden des Fehlers rief seinerzeit ein sehr großes mediales Echo hervor und brachte die Möglichkeit von Fehlern in Hardware ins Bewusstsein vieler Anwender. Letztlich ist komplexe Hardware wie ein Prozessor, ebenso wie komplexe Software, das Produkt von Menschen und deshalb in aller Regel nicht fehlerfrei. Für Details vgl. z. B. die zugehörige Wikipedia-Seite.[8]

lichen Hardware-Plattformen durchaus unterschiedlich sein kann. Inwieweit sich aus der Verwendung der Mathematik-Bibliotheken von Intel (*Math Kernel Library*, MKL) für algebraische Probleme (BLAS, LAPACK etc.) statt anderer Implementierungen der gleichen Bibliotheken Unterschiede ergeben, entzieht sich der Kenntnis des Autors. Da es sich um zumindest in Teilen unabhängige Implementierungen handelt, sind entsprechend unabhängige Fehler aber nicht ausgeschlossen bzw. sogar höchst wahrscheinlich.

All diese Parameter, die zusammengenommen einen vollständigen Parametersatz bilden, können als Metadaten für einen Verarbeitungsschritt aufgefasst und entsprechend abgelegt werden. Für die konkrete(re) Umsetzung werden später noch Beispiele vorgestellt.

31.2.2 Archivierung von Daten und Routinen

Neben einem vollständigen Parametersatz zu jedem Verarbeitungsschritt, dessen Details im vorangegangen Abschnitt dargelegt wurden, ist die Archivierung sowohl der Daten als auch der Verarbeitungsroutinen und -Programme essentiell für eine (vollständige) Nachvollziehbarkeit und ggf. Reproduzierbarkeit der wissenschaftlichen Datenverarbeitung und -analyse. Das stellt Anforderungen an eine entsprechende Infrastruktur und knüpft damit nahtlos an die einzelnen Aspekte, die im entsprechenden Teil des Buches genannt wurden (► Kap. 3), bzw. für die Ablage von Daten an das in ► Kap. 29 Erwähnte an.

Daten Daten sollten über Jahrzehnte sicher verwahrt werden. Das ist ein nach wie vor weitgehend ungelöstes Problem, alleine schon in Hinblick auf die Datenformate (vgl. die Ausführungen in ► Kap. 29) und die Speichermedien, wobei letzteres Problem relativ einfach lösbar ist, da Daten immer wieder auf neue Datenträger umkopiert werden können. Voraussetzung der Speicherung von Daten über einen langen Zeitraum, jenseits von Hardware-Aspekten, ist die Existenz eines Systems zur Ablage von (Roh-) Daten. Die Betonung liegt hierbei auf „System“: Die Ablage sollte systematisch und durchdacht erfolgen und einen eindeutigen Zugriff ermöglichen. Dazu bedarf es eines eindeutigen Bezeichners (ID) für jeden Datensatz. Der Zugriff auf die Daten erfolgt dabei ausschließlich über ihre IDs. Aspekte zur Sicherstellung der Unversehrtheit der Daten und ihrer Metadaten, bzw. zumindest der Detektion der Versehrtheit, wurden in ► Kap. 29

8 ► https://de.wikipedia.org/wiki/Pentium-FDIV-Bug (Zugriff am 26.02.2025).

angesprochen. Ein einfach umsetzbares und wirksames Konzept ist die Ablage einer Prüfsumme (kryptographischer Hash) neben den eigentlichen Daten.

Routinen Nur wenn die konkrete Version der jeweiligen für einen Verarbeitungsschritt verwendeten Software (möglichst) im Quelltext verfügbar ist, ist eine vollständige Nachvollziehbarkeit und Reproduzierbarkeit gegeben. Das erfordert entsprechend den Einsatz eines Versionsverwaltungssystems (vgl. ► Kap. 6) in Kombination mit der konsequenten Verwendung eines Versionsnummernschemas und der eineindeutigen Vergabe von Versionsnummern (► Kap. 7). Da die Information, welche Version einer Routine für einen bestimmten Verarbeitungsschritt verwendet wird, in den zugehörigen Metadaten abgelegt wird (s. o.), erlaubt das Zusammenspiel von Metadaten und Infrastruktur den eindeutigen Zugriff auf die jeweils verwendete Version. Die Eineindeutigkeit der Versionsnummern – eine Versionsnummer zeigt auf genau eine Version der Routine, eine Version einer Routine hat genau eine Versionsnummer – ist essentiell. Entsprechend gilt, was oben zum Einsatz und zur Kennzeichnung von Entwicklerversionen von Auswertungsroutinen gesagt wurde. Werden zusätzliche Bibliotheken verwendet, seien es selbst erstellte oder aus anderer Quelle bezogene, sollten diese ggf. mitgesichert werden. Eine reine Sicherung dieser Versionen sollte dabei immer von der Lizenz gedeckt sein, die ja auch gleichzeitig die Verwendung der Software durch den Anwender erlauben muss (vgl. ► Kap. 5).

Die Entwicklung von Hardware und Betriebssystemen erschwert die Reproduzierbarkeit nach Jahren. Ist die identische Reproduzierbarkeit essentiell und auf moderner Hardware mit modernen Betriebssystemen nicht ohne Weiteres möglich, hilft ggf. nur die Verwendung virtueller Maschinen und Emulatoren.

31.3 Umsetzung in einem Gesamtsystem zur Datenverarbeitung

Ein Gesamtsystem zur Datenverarbeitung ist notwendigerweise komplex. Das birgt gleich mehrere Probleme: Ein komplexes System ist oft nicht mehr einfach erlern- und bedienbar. Darüber hinaus lässt sich ein komplexes System nicht „schnell mal nebenher" implementieren. Das stellt entsprechende Ansprüche an die Entwicklung eines solchen Systems, auf die kurz eingegangen wird. Allerdings, und das ist die gute Nachricht, lassen sich viele Aspekte relativ leicht umsetzen und zeigen gleichzeitig große Wirkung.

Datenverarbeitung ist nur ein Teil des Gesamtsystems. Weitere Aspekte sind die Datenaufnahme, Datenablage und Auswertung der Analysen, die in den anderen Kapiteln dieses Teils des Buches behandelt wurden und werden. Ungeachtet dessen stellt die Datenverarbeitung den Kern jeglicher wissenschaftlicher Datenverarbeitung dar und ist von entsprechend zentraler Bedeutung.

Gesamtsysteme sind komplex. Ein Ausgangspunkt des Buches war, dass rechnergestützte Datenverarbeitung, die wissenschaftlichen Qualitätskriterien entspricht, komplex ist, und zwar so komplex, dass die Entwicklung entsprechender Programme die Fähigkeiten der meisten Wissenschaftler, die sich nicht mit bewährten Konzepten professioneller Softwareentwicklung befasst haben, bei Weitem übersteigt. Spätestens jetzt sollte das Ausmaß der Komplexität etwas deutlicher geworden sein. Derartige Systeme lassen sich nicht „schnell mal nebenher" entwickeln, schon gar nicht, wenn es gilt, sich erst einmal die grundlegenden Fähigkeiten im Umgang mit Programmiersprachen anzueignen.

Darüber hinaus umfassen solche Systeme zur wissenschaftlichen Datenauswertung unterschiedliche Plattformen und Medien. Entsprechend ist eine wesentliche Voraussetzung für ihre Umsetzung von Anfang an die Modularität, Flexibilität und Nutzbarkeit. **Modularität** erlaubt es, einzelne Aspekte zu entwickeln, die sich dann später zu einem Gesamtsystem zusammensetzen lassen, aber ggf. (und idealerweise) schon alleine einen Mehrwert bringen. **Flexibilität** ist durch den konsequenten Einsatz entsprechender im Rahmen der Behandlung der Softwarearchitektur (vgl. ▶ Kap. 22) angesprochenen Aspekte (u. a. die SOLID-Prinzipien und daraus abgeleitet die „saubere Architektur") erreichbar und durch die sich ständig ändernden und neu entwickelnden Anforderungen zwingend notwendig. **Nutzbarkeit** ist deshalb ein so entscheidender Aspekt, weil nur die konsequente Nutzung eines solchen Systems die lückenlose Nachvollziehbarkeit und damit die Wissenschaftlichkeit der Datenverarbeitung gewährleistet. Nur ein System, das sich hinreichend einfach nutzen lässt, wird auch genutzt werden. Entscheidend hierfür sind gute Abstraktionen, die von einem tiefen Verständnis und einer intellektuellen Durchdringung der Problemstellung und Abläufe herrühren. Das ist der zentrale Aspekt des *Domain-Driven Design* (vgl. ▶ Kap. 22), und das macht es gleichzeitig so schwierig, ein solches System umzusetzen. Es erfordert die Fähigkeit zu genauer Beobachtung und zum abstrakten Durchdenken von Abläufen sowie zur treffenden Benennung von Konzepten.

Datenverarbeitung ist in einer Anwendung umsetzbar. Auch wenn ein Gesamtsystem zur wissenschaftlichen Datenverarbeitung und -analyse plattform- und medienübergreifend ist, lässt sich die Datenverarbeitung als solche in einer Anwendung umsetzen. Das bedeutet nicht, dass man das zwangsläufig machen soll oder muss. Allerdings bietet eine konzeptionelle Einheit der Datenverarbeitung einige Vorteile. Die Programmiersprache, das Programmierparadigma und die Plattform, die dafür verwendet werden, sind dabei egal. Wichtig ist, eine Reihe von Grundkonzepten und -regeln zu beachten, die nachfolgend vorgestellt werden, und das System konsequent anzuwenden.

Nachfolgend werden zunächst wichtige Grundregeln vorgestellt und anschließend die Grundzüge eines Gesamtsystems skizziert, das den Datensatz ins Zentrum rückt. Den Abschluss bilden Hinweise zum Umgang mit mehreren Datensätzen.

31.3.1 Grundregeln

So komplex ein System zur Datenverarbeitung und -analyse auch sein mag, das wissenschaftlichen Ansprüchen genügt: Die Zahl der hilfreichen Grundregeln, auf dem Weg zum Gesamtsystem schrittweise voranzukommen, ohne sich früh etwas zu verbauen, ist überschaubar klein.

So weit wie möglich automatisieren Automatisierung kommt nicht nur der menschlichen Faulheit entgegen, sie sorgt auch für Konsistenz. Gegebenenfalls ist etwas konsistent falsch, dann aber relativ einfach zu ändern, weil es idealerweise nur *eine* Stelle gibt, an der geändert werden muss. Darüber hinaus hilft Automatisierung bei der lückenlosen Dokumentation aller Verarbeitungsschritte. Natürlich gehört es theoretisch zur guten wissenschaftlichen Praxis, jeden einzelnen Schritt aktiv mitzudokumentieren. In der praktischen Erfahrung ist das allerdings oft mühselig, vor allem dann, wenn die für die Durchführung einzelner Verarbeitungsschritte benötigte Zeit kurz gegenüber jener für

Bruker TopSpin und Speicherung von Metadaten

Im Programm TopSpin der Firma Bruker, das für die Aufnahme und Verarbeitung von NMR-Spektren verwendet wird, bestand zumindest in der Vergangenheit das Problem, dass beim Speichern eines Datensatzes in den Metadaten von zu prozessierten Datensätzen jeweils die letzten in der Maske des Programms eingetragenen Parameter abgelegt werden, und zwar unabhängig davon, ob mit diesen Parametern dann auch noch einmal eine Prozessierung durchgeführt wurde. Ähnliches gilt für die Software Xepr zur Aufnahme von EPR-Spektren. Entsprechend leicht entstehen hier Inkonsistenzen zwischen real vorliegenden Daten und Metadaten – mit für die Nachvollziehbarkeit und ggf. Interpretation dramatischen Konsequenzen.

die Dokumentation notwendigen ist. Eine solche automatische Dokumentation aller Verarbeitungsschritte erfolgt meist notwendigerweise in formaler Form, was wiederum die (automatisierbare) Reproduzierbarkeit erheblich erleichtert. Eine formalisierte Ablage der zu einem Verarbeitungsschritt gehörenden Metadaten in einer Form, die sich wieder einlesen und automatisiert verarbeiten lässt, ist ein einmaliger Aufwand, der sich instantan auszahlt und zu einem deutlichen Mehrwert und Zuwachs an Komfort führt. Eine formalisierte Ablage der Metadaten eines Verarbeitungsschrittes ermöglicht darüber hinaus die bequeme Variation einzelner Parameter. Das Ergebnis dieser oftmals systematischen Parametervariation lässt sich dann ähnlich einer Kurvenschar auftragen oder in Tabellen übersichtlich darstellen. Auf die Erzeugung von Repräsentationen in Form von Abbildungen und Tabellen wird detaillierter noch in ▶ Kap. 32 eingegangen.

Skripte zur Verarbeitung versionieren und archivieren Auch und gerade, wenn eine Bibliothek allgemein(er) verwendbarer Routinen zur Datenauswertung vorhanden ist, wird die Verarbeitung und Auswertung von Daten häufig in Form von Skripten stattfinden, die im Wesentlichen aus einer Abfolge von Befehlsaufrufen bestehen.[9] Werden solche Skripte eingesetzt, sollten sie versioniert sein. Das setzt die Existenz und den Einsatz eines (verteilten) Versionsverwaltungssystems (vgl. ▶ Kap. 6) voraus. Dabei sollte immer sichergestellt werden, dass das gespeicherte Ergebnis der Datenverarbeitung konsistent mit dem archivierten Skript ist, das Skript bei einem erneuten Aufruf also genau das gespeicherte Ergebnis zurückliefert.

Interaktive Systeme müssen jeden Schritt protokollieren. Hinsichtlich der Nutzbarkeit schneiden interaktive Systeme, seien es kommandozeilenbasierte (*command-line interface*, CLI) oder grafische (*graphical user interface*, GUI), deutlich besser ab als Skripte, bei denen der Nutzer bzw. Autor genau wissen muss, wie die einzelnen aufzurufenden Befehle heißen und wie sie aufgerufen werden müssen. Ein essentieller Aspekt bei der Programmierung jeglicher interaktiver Nutzerschnittstellen (*user interface*, UI) ist die Trennung der Verarbeitungsroutinen von der Nutzerschnittstelle. Während Letztere teilweise eine eigene, recht komplexe Logik umfasst (insbesondere bei grafischen Schnittstellen mit ihrer inhärenten Nichtdeterministik wegen der Unvorhersehbarkeit der

9 Eine Verallgemeinerung von Skripten im Sinne formalisierter Metadaten für Verarbeitungsschritte wird weiter unten noch kurz skizziert.

Stärken der Objektorientierung: Vererbung und Polymorphie

Die Umsetzung des ASpecD-Frameworks ist ein Beispiel dafür, dass Objektorientierung und hier insbesondere die Konzepte der Vererbung und Polymorphie wesentlich für ein einfaches System sind, das automatisiert alle Schritte dokumentiert. In (abstrakten) Basisklassen wird diese Funktionalität *einmal* implementiert, die vom jeweiligen Programmierer für den spezifischen Anwendungszweck erstellten Klassen erben von den Basisklassen des Frameworks und müssen sich nicht weiter um diese Funktionalität kümmern.

nächsten Schritte des Nutzers), werden die eigentlichen Operationen auf den Daten immer von vollständig separaten Routinen durchgeführt. Ein großer Vorteil dieses Ansatzes, wenn er von Anfang an konsequent verfolgt wird, ist die (bequeme) Skriptbarkeit grafischer Nutzerschnittstellen mit allem damit einhergehenden Zugewinn an Bequemlichkeit und Nutzerfreundlichkeit. Da bei interaktiven Schnittstellen im Gegensatz zum Skript die Reihenfolge der aufgerufenen Operationen nicht *per se* festgelegt und damit auch gleich dokumentiert ist, müssen diese Systeme durch eine Funktionalität erweitert werden, die die einzelnen Aufrufe der eigentlichen, auf den Daten operierenden Routinen samt den verwendeten Parametern mitschreibt und dokumentiert. Wer für die Dokumentation der Verarbeitungsschritte verantwortlich ist, die verarbeitenden Routinen selbst, eine davon separate, generalisierte Routine, die gleichsam als Stellvertreter (*proxy*) fungiert, oder aber die Nutzerschnittstelle, ist erst einmal ein Detail der Implementierung. In einem auf Modularität ausgelegten System wird letztere Variante ausscheiden.

31.3.2 Ein datensatzzentriertes System

Das Konzept des Datensatzes wurde schon in ► Kap. 30 im Kontext der Metadaten eingeführt. Daten und zugehörige Metadaten bilden eine untrennbare Einheit, denn (numerische) Daten ohne ihre zugehörigen Metadaten und damit ihren Kontext sind wertlos. Dieses Konzept wurde vom Autor schon früh in der Entwicklung von Auswertungsroutinen für die eigene Forschung entwickelt und zunächst in Form eines assoziativen Datenfeldes im Kontext strukturierter Programmierung implementiert. Es lässt sich relativ einfach im objektorientierten Kontext ebenfalls implementieren, mit all den Vorteilen, die die objektorientierte Programmierung darüber hinaus noch bietet (Kapselung, Vererbung, Polymorphie, vgl. ► Kap. 12). Um dieses Konzept des Datensatzes herum lässt sich relativ einfach ein System zur Datenauswertung und -analyse entwickeln, das den Ansprüchen der Wissenschaftlichkeit genügt. Sein Kerngedanke ist in ◘ Abb. 31.1 schematisch dargestellt.

Komponenten und Ideen Der Datensatz, bestehend aus (numerischen) Daten und Metadaten, wird um eine dritte Komponente, die Historie der Verarbeitungsschritte, erweitert. Darüber hinaus operieren alle Verarbeitungsroutinen ausschließlich auf Datensätzen, d. h., sie bekommen einen Datensatz als Eingabeparameter übergeben und geben einen Datensatz zurück. Jeder Verarbeitungsschritt wird in der Historie des Datensatzes protokolliert. Das Protokoll umfasst dabei einen vollständigen Parametersatz, wie er oben ausführlicher beschrieben wurde.

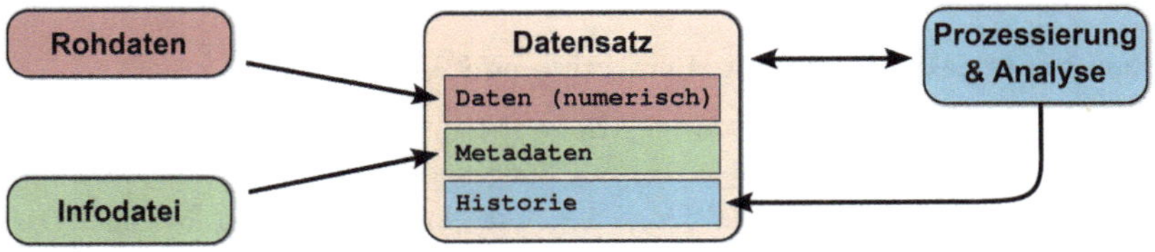

◘ Abb. 31.1 Schema eines datensatzzentrierten Ansatzes für ein System zur Datenverarbeitung und -analyse. Der Datensatz ist nicht nur die Einheit aus (numerischen) Daten und Metadaten, sondern er hat zusätzlich noch eine Historie, die Informationen über jeden einzelnen Verarbeitungsschritt enthält. Jede Verarbeitungsroutine operiert immer auf einem Datensatz und fügt (automatisch) einen entsprechenden Eintrag zu dieser Historie hinzu. Ein solcher Eintrag enthält den im vorangegangenen Abschnitt behandelten vollständigen Parametersatz, der die Reproduzierbarkeit gewährleistet

Abstrakte Klasse für Verarbeitung

Das Konzept, dass jede Verarbeitungsroutine dafür sorgt, dass im Datensatz ein vollständiger Parametersatz in der Historie abgelegt wird, ist ein Paradebeispiel für den Vorteil des objektorientierten Ansatzes und hier insbesondere der Vererbung von einer (abstrakten) Basisklasse. Die Grundidee ist eine abstrakte Klasse mit Grundfunktionalität zur Speicherung der Historie, von der alle konkreten Klassen, die Verarbeitungsschritte implementieren, erben und damit die Funktionalität zur Speicherung der Historie mitbringen. Die Historie jedes einzelnen Verarbeitungsschrittes wird dann als Liste im Datensatz gespeichert. Im Schema der „Clean Architecture“ bzw. mit Hinblick auf ein Framework zur Datenanalyse (z. B. „ASpecD“) wären in diesem Fall der Datensatz, die Historie und die abstrakte Klasse für Verarbeitungsschritte mit Sicherheit im innersten Zirkel anzutreffen. Die konkreten Implementierungen der Verarbeitungsschritte befinden sich allerdings eine Schicht weiter außen. Hier kommt das Dependency-Inversion-Prinzip (vgl. ▶ Kap. 27) zum Tragen: Dem Datensatz ist der konkrete Verarbeitungsschritt egal, er weiß davon nichts. Aber er weiß vom abstrakten Konzept der Verarbeitung und hat entsprechende Schnittstellen, die von den weiter außen liegenden Klassen implementiert werden können.

Ideen zur konkreten Umsetzung Alle Verarbeitungsschritte sollten einem einheitlichen Schema für die Parameter folgen. Hier bietet sich z. B. ein assoziatives Datenfeld an, das mit einem festen Namen in der Historie auftaucht und von einer generischen Routine ansprechbar ist. Das ermöglicht es, anhand einer Historie in einem Datensatz die einzelnen Verarbeitungsschritte vollständig automatisiert zu wiederholen, da alle Informationen zur aufzurufenden Routine und den zugehörigen Parametern zugreifbar sind (Stichwort: „semantisches Verständnis“, vgl. ▶ Kap. 30). Darüber hinaus sollte ein Verarbeitungsschritt den Eintrag für die Historie schreiben bzw. die notwendigen Parameter dafür bereitstellen können.

Die Historie ist eine geordnete Liste der Verarbeitungsschritte, jeweils mit dem vollständigen Parametersatz, wie weiter oben diskutiert. Darüber hinaus ist es hilfreich, die Information über die Reversibilität jedes Schrittes (z. B. als Boolesche Variable) mit abzulegen. Werden in einem Datensatz zusätzlich zu den jeweils aktuellen (numerischen) Daten die Originaldaten in einem separaten Feld ebenfalls gespeichert, erlaubt das gemeinsam mit der Historie eine einfache und elegante Implementierung einer Funktionalität zum Widerrufen des letzten Verarbeitungsschrittes (*undo*), wie im nachfolgenden Listing gezeigt wird.

Codebeispiel 31.1: Beispiel für die Undo-Funktionalität (MATLAB®)

```
lastProcessingStep = dataset.getLastProcessingStep();

if lastProcessingStep.canBeUndone
        dataset.resetData();

        for historyRecord = 1:dataset.getNoOfProcessingSteps()-1
            dataset.process(dataset.getHistoryRecord(historyRecord));
        end
end
```

Aus historischen Gründen ist das Beispiel in MATLAB® programmiert, eine entsprechende Umsetzung in Python im Kontext des ASpecD-Frameworks ist nachfolgend gezeigt. Aufgrund der Objektorientierung ist das Beispiel auf den ersten Blick nicht unbedingt einfacher verständlich.

Codebeispiel 31.2: Beispiel für die Undo-Funktionalität (Python)

```
def undo(self):
    if not self.history[self._history_pointer].undoable:
        raise UndoStepUndoableError
    self._history_pointer -= 1
    self.data = self._origdata
    for historyentry in self.history[:self._history_pointer]:
        historyentry.replay(self)
```

Der Gedanke ist dabei, nicht die Differenz zwischen den Verarbeitungsschritten abzulegen, sondern die originalen Daten (Rohdaten) und die Historie der Verarbeitungsschritte inklusive ihrer Parameter. Erfolgt die Verarbeitung der Daten über eine generische Routine, die die Einträge in der Historie „versteht" und entsprechend umsetzen kann, bedeutet ein Widerrufen des jeweils letzten Verarbeitungsschrittes nichts anderes, als die (numerischen) Daten auf ihren ursprünglichen Zustand zurückzusetzen und von da ab jeden in der Historie protokollierten Schritt erneut auszuführen, aber eben nur bis zum vorletzten dort vermerkten Schritt. Wird anschließend an das Widerrufen des letzten Verarbeitungsschrittes die Historie nicht weggeworfen, sondern lediglich ein Zeiger auf den jeweils aktuellen Verarbeitungsschritt gespeichert, lässt sich eine Wiederholung des letzten, zuvor widerrufenen Schrittes (*redo*) ebenso einfach implementieren. Lediglich im Falle der anderen Weiterverarbeitung nach dem Widerrufen des letzten Verarbeitungsschrittes wird dann der Teil der Historie, der sozusagen „in der Zukunft" liegt, verworfen. Eine Alternative wäre eine verzweigte Historie. Das kann allerdings schnell komplex werden, und anstatt an dieser Stelle ein Versionsverwaltungssystem nachzuimplementieren, wäre es sinnvoller, sich zu überlegen, ob und wie sich bestehende Lösungen (wie git, auf jeden Fall aber ein verteiltes Versionsverwaltungssystem ohne Notwendigkeit einer zentralen Infrastruktur) hierfür einsetzen lassen.

Undo-Funktionalität für zeitkritische Verarbeitungsschritte

Die hier vorgestellte Undo-Funktionalität beruht in ihrer relativ naiven Implementierung darauf, dass die einzelnen Verarbeitungsschritte quasi keine Zeit brauchen und entsprechend eine Neuverarbeitung keine für den Nutzer wesentlichen Verzögerungen herbeiführt. Es gibt allerdings durchaus Verarbeitungsschritte, die zeitintensiv sind, sodass ihre wiederholte Durchführung in einem interaktiven System zu inakzeptablen Wartezeiten führt. Eine grundsätzliche Möglichkeit, damit umzugehen, ist die Speicherung von „Schnappschüssen" (*snapshots*) der Daten für jeden Verarbeitungsschritt. Das erlaubt den Rückgriff auf beliebige Punkte in der Historie ohne Zeitverzögerung, geht aber mit einem massiven Mehrbedarf an Speicherplatz einher. Für eindimensionale Datensätze ist das selten ein Problem, für mehrdimensionale Datensätze wird es schnell relevant. Ein Mittelweg könnte sein, optional einen Schnappschuss der Daten zu speichern, wenn es sich um einen langwierigen Verarbeitungsschritt handelt, und sonst auf die hier vorgestellte Implementierung zurückzugreifen. Eventuell ließe sich sogar die Laufzeit eines Verarbeitungsschrittes messen und anhand dieser Information jeweils entscheiden, ob ein Schnappschuss der Daten abgelegt wird. Wo der Schnappschuss abgelegt wird (im *history record* oder anderswo) ist ein Detail der Implementierung. Idealerweise ist er hinreichend modular, sodass das System einfach überprüfen kann, ob es einen Schnappschuss gibt, und andernfalls soweit in der Historie zurückgeht, bis es einen findet oder auf die Originaldaten zugreift.

31.3.3 Verarbeitung mehrerer Datensätze

Wissenschaft findet immer in einem Kontext statt, und sei es auch nur der lokale Kontext. Entsprechend gilt auch für die Datenauswertung, dass oftmals mehrere Datensätze verglichen oder anderweitig gemeinsam verarbeitet werden sollen. Das bisherige, datensatzzentrierte Szenario ging erst einmal der Einfachheit halber davon aus, dass jeweils nur ein Datensatz separat von allen anderen verarbeitet wird. Zur Verarbeitung mehrerer Datensätze gibt es mehrere denkbare Szenarien, von denen drei im Folgenden kurz vorgestellt werden sollen. Von einem modularen und nutzerfreundlichen System zur wissenschaftlichen Datenverarbeitung und -analyse sollten alle drei Szenarien unterstützt werden.

Datensatzzentriertes Szenario Zentrales Konzept ist und bleibt der Datensatz. Mehrere Datensätze werden miteinander verbunden, z. B. aufakkumuliert. Das Ergebnis ist entsprechend wieder ein Datensatz. Die Historie speichert die jeweiligen Verarbeitungsschritte, auf die Datensätze wird über deren eindeutigen Bezeichner (ID) verwiesen. In Zusammenhang mit einem System zur Datenablage und -archivierung ist ein eindeutiger Zugriff auf die Datensätze möglich. Eine anderweitige Verbindung sonst unabhängiger Datensätze, z. B. zum Zwecke der gemeinsamen Darstellung oder Auswertung, ist in einem solchen System allerdings nicht ohne Weiteres möglich.

Darstellungszentriertes Szenario In vielen, wenn nicht sogar allen Fällen kann die Datenverarbeitung als Mittel zum Zweck der Darstellung der Daten bzw. ihrer Charakteristika verstanden werden. In einem darstellungszentrierten Szenario ist das Ergebnis immer eine Repräsentation von Daten. Charakteristika einer Reihe von Datensätzen werden gegenüber- bzw. in einen Zusammenhang gestellt. Die Darstellung kann dabei grafischer oder tabellarischer Natur sein. Es gibt eine Vorschrift für die Gewinnung der dargestellten Daten aus den Datensätzen. Idealerweise wird die Darstellung automatisch durch die Verarbeitung dieser Vorschrift erzeugt. Ob diese Vorschrift in Form eines Skriptes oder einer formalisierten Metadaten-Datei abgelegt wird, ist erst einmal ein Detail der Implementierung. In ► Kap. 32 wird detaillierter darauf eingegangen, welche Komponenten eine solche Vorschrift aus abstrakter Sicht beinhaltet und wie sie sich formalisiert ablegen lässt.

Prozessschrittzentriertes Szenario Ein letztes hier vorgestelltes Szenario stellt den einzelnen Verarbeitungsschritt ins Zentrum der Überlegungen. Der Verarbeitungsschritt soll dabei einfach auf andere Datensätze anwendbar sein, z. B. durch Austausch des eindeutigen Datensatz-Bezeichners (ID) an prominenter Stelle. Ebenso sollen einzelne Parameter des Verarbeitungsschrittes variiert (und ggf. das Ergebnis zusammenhängend dargestellt) werden können. Ähnlich wie beim darstellungszentrierten Szenario gibt es hier wieder eine Vorschrift für den Verarbeitungsschritt. Für die Ablage dieser Vorschrift gilt Gleiches wie oben für das darstellungszentrierte Szenario ausgeführt. Eine formalisierte Ablage als einzelne Metadaten-Datei erlaubt größtmögliche Flexibilität, Portabilität und Unabhängigkeit und eröffnet gleichzeitig Möglichkeiten zur Versionierung und dergleichen durch Nutzung gut etablierter Standardwerkzeuge.

Verarbeitungsschritte sind getrennt von Datensätzen

Ursprünglich (vor 01/2017) verfolgte der Autor das Konzept, dass der Datensatz das zentrale Element ist und alles Weitere sich um den Datensatz herum zu gruppieren habe. Das ist in der Realität allerdings nicht zielführend, sobald mehrere Datensätze im Spiel sind und verglichen oder sie bzw. ihre Charakteristika gemeinsam vergleichend dargestellt werden sollen. Das wiederum ist aber das mit Abstand häufigste Szenario in der täglichen Arbeit. Daraus ergibt sich entsprechend ein prozessschrittzentriertes Szenario. Der Verarbeitungsschritt sollte als eigenständiges Objekt existieren und persistierbar sein. Der Verweis auf die beteiligten Datensätze erfolgt wie angesprochen über eindeutige Bezeichner (IDs). Im Kontext des ASpecD-Frameworks entstand das Konzept der „rezeptgetriebenen Datenauswertung“. Das „Rezept“ besteht aus einer Liste von Datensätzen und einer zugehörigen Verarbeitungsvorschrift, die allerdings nur abstrakt formuliert, welche Schritte mit welchen Parametern auf welchem Datensatz ausgeführt werden sollen. Darüber hinaus erlaubt das System, die Ergebnisse von Analysen ebenfalls wieder in Datensätzen zu speichern und diese dann entsprechend darzustellen. Entsprechend ergibt sich für den „innersten Zirkel“ im Bild der „Clean Architecture“ ein Zuwachs um Klassen, die Prozessschritte und ggf. Darstellungen repräsentieren und in erster Näherung unabhängig von Datensätzen sind. Gerade die Repräsentation von Darstellungen als eigenständige Klassen bzw. Objekte wird noch im Kontext der automatischen Erzeugung sowohl von Darstellungen als auch von Berichten (vgl. ► Kap. 32) von Bedeutung sein.

31.3.4 Der Wert abstrakter Schnittstellen

Die vorangegangenen Überlegungen zu den unterschiedlichen Szenarien für die Verarbeitung mehrerer Datensätze führt ganz zwanglos zu einem Plädoyer für den Wert abstrakter Schnittstellen: Metadaten zu jedem der genannten Szenarien lassen sich als Textdateien speichern, die universell verwendbar, plattformübergreifend, menschenlesbar und idealerweise auch ohne Zugriff auf die oder Kenntnis der verarbeitenden Routinen verständlich sind (vgl. ► Kap. 29). Drei Aspekte sind dabei wesentlich.

Anwendungsfälle lassen sich formal beschreiben. Sie lassen sich dabei grundsätzlich in drei Teile, bzw. Listen, untergliedern: eine Liste von Datensatz-IDs, auf denen operiert werden soll, eine Liste von (Vor-)Verarbeitungsschritten und eine Liste von Nachbearbeitungsschritten.

Die Formalisierung der Anwendungsfälle ist universell anwendbar. Sie lässt sich sowohl auf die Verarbeitung eines einzelnen Datensatzes als auch auf die Erstellung von Repräsentationen (Abbildungen, Tabellen) oder das Erzeugen von Ergebnissen/Ergebnislisten aus Analysen anwenden.

Formale Beschreibungen lassen sich einfach persistieren. Zur Speicherung empfiehlt sich ein – idealerweise standardisiertes – Reintextformat (z. B. YAML). Ob die Metadaten-Dateien dabei beim Datensatz selbst oder in einer von ihm getrennten Verzeichnisstruktur abgelegt werden, ist ein Detail der Implementierung. Letztlich ließe sich so die Historie eines Datensatzes als Liste von Metadaten-Dateien darstellen. Das eröffnet ungeahnte Möglichkeiten, u. a. die Verwendung (verteilter) Versionsverwaltungssysteme sowohl für die Verwaltung der Verarbeitungsschritte (inklusive des Widerrufens und erneuten Ausführens einzelner Schritte und der „Verzweigung" der Historie) als auch für die Wahrung der Integrität des Datensatzes.

Die einzige Voraussetzung für die Nutzung eines solchen Systems ist die Existenz generischer Routinen zum Verarbeiten dieser Metadaten. In letzter Konsequenz ließen sich so sogar grundlegende Wechsel der Implementierung, z. B. durch Wechsel der zugrunde liegenden Programmiersprache, durchführen, ohne den Nutzen dieser abstrakten Beschreibungen der Anwendungsfälle zu verlieren. Die Kompatibilität wäre voll gewährleistet, vorausgesetzt die Routinen erfüllen die gleichen Aufgaben. Insofern sollte zwischen der jeweils abstrakten Formulierung von Anwendungsfällen (prospektive Provenienz) einerseits und der konkreten Anwendung auf einen Datensatz und damit einhergehend die Ablage eines Parametersatzes in dessen Historie (retrospektive Provenienz) andererseits unterschieden werden. Während Erstere plattform- und implementationsunabhängig sind und sein sollten, enthalten Letztere notwendigerweise die Details, welche konkrete Implementierung und Plattform für den jeweiligen Schritt verwendet wurde. Im Kontext des ASpecD-Frameworks wäre die prospektive Provenienz das deklarative (beschreibende) Rezept zur Datenverarbeitung, die retrospektive Provenienz die automatisch erzeugte Rezept-Historie inkl. aller Parameter, die ihrerseits zusätzlich auch wieder ein voll funktionsfähiges Rezept ist.

31

31.4 Offensichtliche Vorteile bei Verwendung des Systems

Nach dieser *tour de force* durch Aspekte eines Systems zur Datenverarbeitung und -analyse, das wissenschaftlichen Ansprüchen genügt, wird abschließend, gleichsam als Motivation, warum sich der Aufwand lohnt, in ein solches System zu investieren, noch auf einige offensichtliche Vorteile eingegangen, die sich aus der Verwendung des Systems ergeben.

31.4.1 Vorteile des bislang beschriebenen Systems

Das System, wie es in diesem Kapitel vorgestellt wurde, bringt eine Reihe von Vorteilen mit sich, insbesondere erfüllt es die in ► Kap. 1 aufgestellten Kriterien für ein System zur Datenverarbeitung und -analyse aus Sicht der Wissenschaft.

Sicherstellung wissenschaftlicher Qualitätsstandards Die zu Beginn dieses Kapitels aufgestellte These lautet, dass eine vollständige Nachvollziehbarkeit und Reproduzierbarkeit der Datenauswertung, obwohl essentiell für die Wissenschaftlichkeit des ganzen Unterfangens, in den meisten Fällen in der Praxis nicht gegeben ist. Das hier skizzierte System ermöglicht bei konsequenter Umsetzung und Anwendung eine vollständige Transparenz und Nachvollziehbarkeit und darüber hinaus in der Regel eine Reproduzierbarkeit der Verarbeitungsschritte. Das bedeutet nicht, dass das hier vorgestellte System das einzige ist, das diese Ansprüche erfüllen kann, noch dass es in irgendeiner Form ein Optimum ist. Es spiegelt lediglich die in jahrelangem, oft hartem Kampf gewonnene Erkenntnis des Autors beim ständigen Ringen um die Erfüllung der Kriterien der Wissenschaftlichkeit wider.

Automatische lückenlose Dokumentation Aus der weitgehenden Automatisierung der Dokumentation aller Verarbeitungsschritte ergibt sich eine immense Arbeitsersparnis. Gleichzeitig ist die gesammelte Information durch die formalisierte Ablage jederzeit verfügbar. Das ermöglicht, aufgrund des „semantischen Verständnisses" im Kontext der Ablage in assoziativen Datenfeldern oder ähnlichen strukturierten Datentypen, die automatische Erstellung von Berichten (*reports*, vgl. ► Kap. 32). Der dadurch quasi frei Haus gelieferte Zugewinn an Komfort und Nutzbarkeit ist aus eigener Erfahrung nicht zu unterschätzen und kann die Möglichkeiten der Datenanalyse, gerade hinsichtlich des Vergleichs unterschiedlicher Datensätze und Verarbeitungsschritte, revolutionieren oder doch zumindest ganz wesentlich erleichtern.

Arbeitserleichterung und -ersparnis Ein letzter Aspekt ist die Erleichterung der täglichen Arbeit: Gleiche Verarbeitung unterschiedlicher Datensätze für den direkten Vergleich ist ebenso einfach und elegant möglich wie die einfache Variation einzelner Parameter und die Analyse des Einflusses auf das Ergebnis. Gerade in physikalisch orientierten Wissenschaften wie der Physikalischen Chemie ist die Datenauswertung oft der zentrale Aspekt, der ein Maximum an intellektueller Leistung erfordert. Entsprechend führt jede Maßnahme, die zur Automatisierung beiträgt und damit geistige Kapazitäten freisetzt, unmittelbar zu mehr Zeit für die eigentliche intellektuelle Herausforderung, nämlich die Auseinandersetzung mit den Daten und der Entwicklung von Modellen und Erklärungen zu ihrem Verständnis.

31.4.2 Grundlage für weitergehende Funktionalität

Neben den erwähnten Vorteilen des vorgestellten Systems zur wissenschaftlichen Datenverarbeitung und -analyse, insbesondere der Erfüllung der Kriterien guter wissenschaftlicher Praxis hinsichtlich Nachvollziehbarkeit und Reproduzierbarkeit, stellt ein solches System die Grundlage für weitergehende Funktionalität dar, von der einige Aspekte im nachfolgenden Kapitel (► Kap. 32) noch angesprochen werden.

Automatisierte Erzeugung von Abbildungen Sichten auf Daten lassen sich abstrakt formulieren und z. B. in Form von Metadaten-Dateien ablegen. Die abgelegten Metadaten erfassen dabei sowohl die für die Darstellung der Daten notwendigen Aspekte (z. B. ein Schnitt durch einen zweidimensionalen Datensatz) als auch die Darstellungsoptionen wie Beschriftungen und Wertebereiche der Achsen. Die Automatisierung der Abbildungserzeugung erspart Arbeit und sorgt für Konsistenz. Zudem kann einfach auf Veränderungen der externen Anforderungen (Formatierungsvorgaben etc.) reagiert werden.

Berichte In Verbindung mit einem Vorlagensystem ist es einfach möglich, einen Überblick über alle zu einem Datensatz verfügbaren Informationen, oder auch nur Teilen davon, in Form eines übersichtlich formatierten Berichtes zu erzeugen. Die verfügbaren Informationen umfassen dabei sowohl die Metadaten zur Datenaufnahme als auch die der einzelnen Verarbeitungsschritte.

Verknüpfung von Repräsentationen und Daten Das große Ziel ist nicht nur die vollständige Nachvollziehbarkeit der Verarbeitung eines Datensatzes ausgehend von den Rohdaten bis zur Darstellung, sondern umgekehrt auch der Zugriff auf die Daten ausgehend von der jeweiligen Repräsentation. Ein Analogon aus dem Bereich der Büroanwendungen wäre eine in einem Word-Dokument eingebettete Excel-Tabelle, die es ermöglicht, aus Word heraus Excel zu starten und die Tabelle dort zu verarbeiten. Werden nicht nur die Datensätze mit einem eindeutigen Bezeichner (IDs) versehen, sondern auch die konkreten Vorschriften zur Erzeugung von Darstellungen (Abbildungen und Tabellen) aus einem oder mehreren Datensätzen, und diese Vorschriften ebenfalls in einem Gesamtsystem abgelegt, dann können die Darstellungen in beliebigen Medien mit diesem eindeutigen Bezeichner verknüpft werden. Das stellt sicherlich hohe Ansprüche an die Dauerhaftigkeit und Eindeutigkeit der betreffenden Bezeichner als auch an die Zugriffsmöglichkeiten. In einem den DOIs (*digital object identifier*) vergleichbaren System ließe sich das aber lösen.

Ein großer Vorteil des hier beschriebenen Systems liegt einmal mehr in seiner Modularität und Flexibilität: Viele Details sind später implementierbar, die Grundlage für die spätere Nutzbarkeit ist durch die eingangs aufgestellten Grundregeln für die Implementierung und Anwendung eines solchen Systems weitestgehend gegeben.

? Verständnisfragen

- Was ist der Unterschied zwischen Reproduzierbarkeit und Replizierbarkeit? Was lässt sich einfacher sicherstellen bzw. liegt in der Verantwortung *jedes* Wissenschaftlers?
- Warum sind ein Versionsnummernschema und ein Versionsverwaltungssystem wesentliche Voraussetzung für die Reproduzierbarkeit von Auswertungen?
- Wie lässt sich die unvermeidbare Komplexität eines Systems zur wissenschaftlichen Datenauswertung in der Praxis angehen? Welche Aspekte eines solchen Systems sind für seinen Erfolg essentiell?

- Warum spielt das Paradigma der objektorientierten Programmierung gerade bei einem Gesamtsystem zur Datenverarbeitung und -analyse seine Stärken aus?
- Welche Möglichkeiten zur Verarbeitung und Analyse mehrerer Datensätze lassen sich unterscheiden? Diskutieren Sie Vor- und Nachteile der einzelnen Lösungen. Was setzen alle diese Lösungen zwingend voraus?

Kommentiertes Literaturverzeichnis

Die Wichtigkeit der Reproduzierbarkeit von Auswertungen ist ein Thema, das immer mal wieder durch die wissenschaftliche Öffentlichkeit geistert, oftmals im Zusammenhang mit aufgedecktem Betrug durch Datenfälschung [6–8]. Ein lesenswerter Artikel, der sich mit der Reproduzierbarkeit rechnergestützter Datenauswertung befasst und zehn einfache Regeln aufstellt, ist [9]. Die behandelten Themen reichen über die in diesem Kapitel dargestellten hinaus. Manches dort behandelte wird erst im folgenden Kapitel (▶ Kap. 32) behandelt werden. Komplette Systeme zur Datenverarbeitung und -analyse wurden mehrfach in der Literatur für unterschiedliche Disziplinen vorgestellt. Mesirov spricht in diesem Kontext von einem „System zur reproduzierbaren Wissenschaft" (*Reproducible Research System*, RRS) [1]. Wie ein solches System umgesetzt wird, dazu gibt es in unterschiedlichen Disziplinen unterschiedliche Ansätze. Beispiele wären das „Pegasus Framework" [2], Galaxy [3] und GenePatterns [1, 4]. Vermutlich historisch der erste funktionierende und publizierte Ansatz (ReDoc), basierend auf freier Software und dem GNU-make-Werkzeug, stammt aus dem „Stanford Exploration Project" um Jon Claerbout [5]. Eine gute Überblicksdarstellung sowohl grundlegender Aspekte als auch konkreter Systeme liefert [10].

Literatur

1. J.P. Mesirov, Science **327**, 415 (2010)
2. E. Deelman, G. Singh, M.H. Su, J. Blythe, Y. Gil, C. Kesselman, G. Mehta, K. Vahi, G.B. Berriman, J. Good, A. Laity, J.C. Jacob, D.S. Katz, Scientific Programming **13**, 219 (2005)
3. J. Goecks, A. Nekrutenko, J. Taylor, The Galaxy Team, Genome Biology **11**, R86 (2010)
4. M. Reich, T. Liefeld, J. Gould, J. Lerner, P. Tamayo, J.P. Mesirov, Nature Genetics **38**, 500 (2006)
5. M. Schwab, M. Karrenbach, J. Claerbout, Computing in Science & Engineering **2**, 61 (2000)
6. J. Crocker, M.L. Cooper, Science **334**, 1182 (2011)
7. B.R. Jasny, G. Chin, L. Chong, S. Vignieri, Science **334**, 1225 (2011)
8. R.D. Peng, Science **334**, 1226 (2011)
9. G.K. Sandve, A. Nekrutenko, J. Taylor, E. Hovig, PLoS Computational Biology **9**, e1003285 (2013)
10. V. Stodden, F. Leisch, R.D. Peng (eds.), *Implementing Reproducible Research* (CRC Press, Boca Raton, 2014)

Datenpräsentation: Darstellungs- und Berichterstellung

Inhaltsverzeichnis

T. Biskup, *Softwareentwicklung für die Naturwissenschaften*,
https://doi.org/10.1007/978-3-662-71607-6_32

Kernaspekte

- Ein Bild sagt mehr als tausend Worte: Der Wert guter Repräsentationen sollte nicht unterschätzt werden.
- Charakteristika eines Datensatzes herauszuarbeiten ist die eigentliche intellektuelle Leistung der Auswertung.
- Erkenntnisgewinn lässt sich nicht automatisieren, viele Einzelschritte auf dem Weg dahin schon.
- Berichte präsentieren übersichtlich Informationen zu einem Datensatz und lassen sich automatisch erzeugen.
- Zentraler Aspekt der Berichterstellung ist die Trennung von verarbeitenden Routinen und Darstellung.

Das Kapitel zur Datenpräsentation bildet den Abschluss der Vorstellung eines Gesamtsystems zur Datenverarbeitung und -analyse, das alle Schritte von der Datenaufnahme (inklusive der Erhebung situationsspezifischer Metadaten) über die Archivierung und Datenverarbeitung und -analyse bis hin zur fertigen Auswertung und Präsentation der Ergebnisse umfasst. Alle in den vorangegangenen Kapiteln beschriebenen Aspekte sind auf die eine oder andere Weise eine notwendige Grundlage für den hier beschriebenen Schritt. Idealerweise möchte man von einer Datenpräsentation (sei es in Form einer Tabelle oder einer Abbildung) direkt und ohne größere Umstände sowohl auf die zugrunde liegenden Rohdaten als auch auf eine vollständige Liste aller dazwischenliegenden Verarbeitungsschritte zugreifen können. Dieses hehre Ziel lässt sich grundsätzlich erstaunlich einfach realisieren, wenn die in den vorangegangenen Kapiteln behandelten Aspekte entsprechend umgesetzt werden. Ob und inwieweit man ein solches Gesamtsystem zur wissenschaftlichen Datenverarbeitung und -analyse anstrebt oder nicht, wird auch immer davon abhängen, wie die (externen) Ansprüche formuliert und ggf. durchgesetzt werden. Letztlich sollte es aber im Interesse jedes redlichen Wissenschaftlers liegen, für ein Maximum an Transparenz und Reproduzierbarkeit zu sorgen – und diese Ziele gegebenenfalls auch gegenüber dem Betreuer und/oder Vorgesetzten zu vertreten, auch wenn ihre Umsetzung (zumindest anfangs) zusätzliche Zeit kostet.

32.1 Zur Bedeutung der Repräsentation von Daten

Die Präsentation der Ergebnisse von Daten ist ein zentraler Aspekt der wissenschaftlichen Tätigkeit. Das betrifft sowohl die Präsentation neuer Erkenntnisse in Form von Veröffentlichungen als auch die Aufarbeitung und Darstellung von Daten in einer Form, die überhaupt erst die eingehende Analyse und Auswertung und damit den wissenschaftlichen Erkenntnisgewinn möglich macht. Gute Präsentation von Daten in einer verständlichen Form und vor allem so, dass die diskutierten Charakteristika offensichtlich sind, ist also gemeinsam mit ihrer Analyse und Auswertung eine der eigentlichen intellektuellen Herausforderungen eines Wissenschaftlers.

32.1.1 Ein Bild sagt mehr als tausend Worte

„Ein Bild sagt mehr als tausend Worte." So abgedroschen der Satz klingen mag, wohnt ihm doch eine tiefere Wahrheit inne. Menschen sind sehr gut darin, visuell Zusammenhänge wahrzunehmen – viel besser als bei rein textlichen Beschreibungen. Deshalb sollte die Bedeutung und Wirkung grafischer Repräsentation von Daten auf keinen Fall unterschätzt werden. Für eine kleine Kulturgeschichte der grafischen Darstellung von Daten sowie eine formalere Theorie, was für gute Darstellungen beachtet werden sollte, sei auf das Buch von Tufte [1] verwiesen.

Die **Verantwortung des Wissenschaftlers** ist es, mit der Repräsentation der Daten weder versehentlich noch gewollt Dinge zu implizieren, die nicht der Realität entsprechen oder zumindest nicht von den Daten gedeckt werden. Wenn das passiert – wenn Repräsentationen Aussagen implizieren, die von den Daten her nicht gerechtfertigt sind –, ist es meist keine Absicht. Umso wichtiger ist es aber mitunter, Unbeteiligte (aber mit ausreichendem Hintergrundwissen, um die Darstellung zu verstehen, ausgestattete Personen) von Zeit zu Zeit zu involvieren, da man schnell „betriebsblind" wird. Andererseits sind Repräsentationen von Daten, insbesondere Abbildungen, aber auch das „Aushängeschild" der (eigenen) Forschung. Entsprechend viel Sorgfalt sollte auf sie verwendet werden. Eine gute Abbildung darf gut und gerne einen halben Tag oder ganzen Tag kosten, bis man die richtige „Sicht" auf die Daten gefunden hat. Sie sollte einerseits die entscheidenden Charakteristika der Daten prägnant und klar hervorheben, andererseits aber auch nichts implizieren, was man nicht ebenfalls aussagen möchte oder was gar von den Daten her nicht gerechtfertigt wäre. Gegebenenfalls können Charakteristika auch zusätzlich hervorgehoben oder unwichtige Details weggelassen[1] werden.

Auch wenn die „richtige" Repräsentation zu finden immer wieder eine ernsthafte intellektuelle Herausforderung darstellt und zumindest am Anfang sehr viel Handarbeit bedeutet, sollte sie nach Möglichkeit spätestens dann, wenn man zu einem zufriedenstellenden Ergebnis gekommen ist, soweit in Form von Metadaten abgelegt werden, dass ihre Erzeugung fortan automatisch aus den zugrunde liegenden Daten erfolgen kann. Dazu später mehr.

32.1.2 Repräsentationen sind nicht nur Bilder

Repräsentationen von Daten sind nicht auf grafische Darstellungen (Bilder) beschränkt. Sie können genauso in Form von Tabellen erfolgen. Entscheidend ist, dass charakteristische Parameter oder „Sichten" dargestellt werden. Oftmals ist es sogar wesentlich übersichtlicher und instruktiver, die auf einzelne Werte reduzierten Charakteristika eines Datensatzes in einer Tabelle wiederzugeben. Darüber hinaus muss sich eine Repräsentation nicht auf einen einzelnen Datensatz beschränken. Oft werden Zusammenhänge erst im Vergleich mehrerer Datensätze und der (grafischen oder tabellarischen) Darstellung bzw. Gegenüberstellung ihrer Charakteristika deutlich. Ein paar einfache Beispiele (aus der

1 Das Weglassen unwichtiger Details bezieht sich in diesem Kontext weniger auf grafische denn auf tabellarische Darstellungen, auch wenn im Einzelfall, ohne sich den (berechtigten) Vorwurf der Manipulation einzuhandeln, in grafischen Darstellungen unwichtige Details weggelassen werden können.

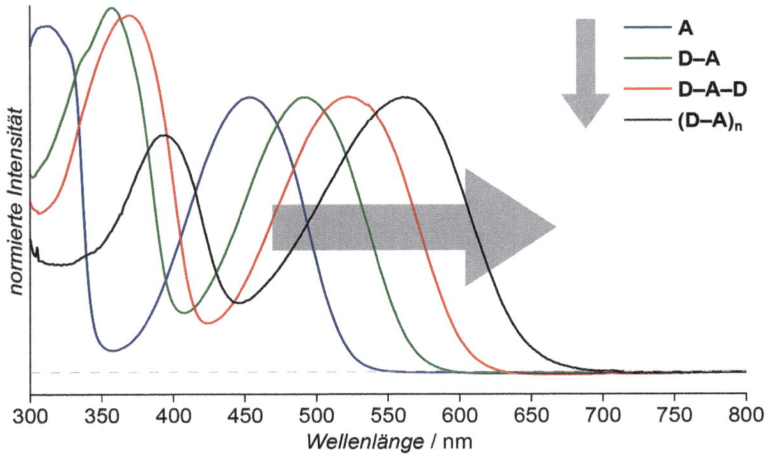

Abb. 32.1 Beispiel für eine Abbildung, die mehrere Datensätze einander gegenüberstellt. Die Aussage dieser Abbildung lautet: Es kommt zu einer zunehmenden Rotverschiebung einer Absorptionsbande, wenn man die Absorptionsspektren unterschiedlicher Substanzen (mit unterschiedlich großem aromatischem System) untereinander vergleicht. Die Abbildung wurde in ähnlicher Form in [2] veröffentlicht

Chemie) für Aussagen aufgrund der gemeinsamen, vergleichenden Darstellung mehrerer Datensätze sind:

- Verschiebung von Absorptionsbanden mit zunehmender Delokalisierung des aromatischen Systems
- Linienbreiten in der EPR-Spektroskopie in Abhängigkeit von der Temperatur
- Kinetiken: Absorbanz bei einer Wellenlänge
- Kinetiken: Vergleich der Zeitkonstanten (Tabelle)

Zwei Beispiele, einmal für eine grafische Auftragung (Abb. 32.1) und einmal für eine tabellarische Gegenüberstellung (Tab. 32.1) seien hier wiedergegeben. In beiden Fällen geht es in diesem Kontext nicht darum, was genau jeweils dargestellt wird, sondern darum, dass und wie die Charakteristika betont werden. Während bei der grafischen Darstellung (Abb. 32.1) tatsächlich die (vollständigen) Daten mehrerer Datensätze in einer Abbildung zusammengefasst werden, wurde für die tabellarische Gegenüberstellung (Tab. 32.1) bewusst eine Untermenge von Simulationsparametern ausgewählt. In der Abbildung wird der entscheidende Aspekt, hier die Rotverschiebung mit zunehmender Größe des aromatischen Systems, durch graue Pfeile hervorgehoben. Die tabellarische Darstellung verzichtet dafür auf einen Großteil der Simulationsparameter und beschränkt sich auf jene Parameter, die für die zentrale Aussage (Verringerung der Werte für $|D|$ und Γ für zunehmende Anregungswellenlänge λ) wichtig sind. Der Vollständigkeit halber sei hier angemerkt, dass es sich bei beiden Repräsentationen um reale Daten des Autors handelt, die in sehr ähnlicher Form Eingang in wissenschaftliche Publikationen fanden, für Abb. 32.1 [2] und für Tab. 32.1 [3].

Tab. 32.1 Beispiel für eine Tabelle, die charakteristische Parameter mehrerer Datensätze übersichtlich miteinander vergleicht. Die Aussage lautet: Mit zunehmender Anregungswellenlänge (λ) nehmen die Werte für die dipolare Wechselwirkung ($|D|$, korrelierbar mit der Delokalisation des Exzitons) und die Linienbreite (Γ) ab. Ein entscheidendes Detail ist hier, dass es noch deutlich mehr Simulationsparameter gibt, aus Gründen der Übersichtlichkeit aber nur jene mit charakteristischen Änderungen dargestellt werden. Die Tabelle wurde in ähnlicher Form in [3] veröffentlicht

λ/nm	$\|D\|$/MHz	Γ/mT
492	1361.6 ± 3.0	3.42
630	1344.7 ± 1.5	2.08
650	1317.2 ± 1.4	1.83
680	1288.5 ± 1.3	1.54

32.1.3 Auswertung ist (meist) nicht automatisierbar

Viele einzelne Prozesse der Datenverarbeitung und -analyse sind automatisierbar, die eigentliche Auswertung und damit der wissenschaftliche Erkenntnisgewinn in der Regel nicht. Entsprechend sollte möglichst viel Zeit für diese Auseinandersetzung mit den Daten übrig bleiben und alles, was sich auf dem Weg dahin automatisieren lässt, auch automatisiert werden.

These

Eine aussagekräftige Darstellung eines Datensatzes ist Ergebnis der intensiven Beschäftigung mit den Daten und oft die eigentliche intellektuelle Leistung.

Vorverarbeitung von Daten lässt sich automatisieren. Um für eine Analyse und weitergehende Auswertung zur Verfügung zu stehen, müssen Daten oft vorverarbeitet werden. Diese Vorverarbeitung lässt sich normalerweise automatisieren und sollte auch entsprechend automatisiert werden. Das ermöglicht es dem Wissenschaftler, seine begrenzten Kapazitäten auf die wirklich wichtigen, nämlich intellektuell herausfordernden, Aspekte zu konzentrieren. Eine vollständige und automatisiert erzeugte Historie aller Verarbeitungsschritte, wie in ► Kap. 31 vorgestellt, sorgt für die notwendige Nachvollziehbarkeit und Transparenz.

Erzeugung von Darstellungen ist automatisierbar. Auch die Sichten auf Daten lassen sich formalisiert ablegen, wie später noch detaillierter dargelegt wird. Die eigentliche intellektuelle Leistung ist dabei herauszufinden, welche Sicht relevant ist. Durch die formalisierte Ablage der Metadaten zur jeweiligen Darstellung ist letztere am Ende idealerweise vollständig automatisiert erzeugbar. Die Ablage aller Informationen für die charakteristische Repräsentation in Form von Metadaten ist entsprechend persistierbar. Vergleiche dazu die Ausführungen in den vorangegangenen Kapiteln zu Dateiformaten (► Kap. 29) für die Möglichkeiten geeigneter Dateiformate,[2] Metadaten (► Kap. 30) und insbesondere den Abschnitt zum „darstellungszentrierten Szenario" in ► Kap. 31.

2 YAML scheint ein sehr guter Kompromiss zu sein, was Lesbarkeit durch den Menschen und breite Unterstützung durch Programmiersprachen angeht.

32.1.4 Der Imperativ: „Kenne deine Daten"

Die weiter oben formulierte These stellte bereits die Bedeutung der intensiven Auseinandersetzung mit den eigenen Daten für deren Darstellung heraus. Zusammenhänge werden oft erst im Kontext offensichtlich, entsprechend essentiell ist es, sich alle Voraussetzungen zu schaffen, um diesen Kontext erfassen zu können.

Verantwortung des Wissenschaftlers Ein solider und umfassender Überblick über die eigenen Daten ist essentiell, um sie im Kontext auswerten und Interpretationen immer auch an der Gesamtheit der verfügbaren Daten überprüfen zu können. Zu diesem umfassenden Überblick gehören auch repräsentative Darstellungen der einzelnen Datensätze, die sinnvollerweise automatisiert erzeugt werden.

Ausgangspunkt: „Briefmarkensammlung" Eine einheitliche Darstellung von Daten hilft dabei, sich eine Übersicht zu verschaffen. Bei einer solchen „Briefmarkensammlung" stehenzubleiben, hilft meist niemandem, sie ist aber oft genug Mittel zum Zweck und wesentlicher Schritt auf dem Weg zum Verständnis. Eine Übersicht über die vorhandenen Daten in Form gleichartig formatierter Darstellungen hilft, auf die Unterschiede in den Daten zu fokussieren und so Muster und Trends zu erkennen und zu Aussagen zu gelangen. Diese Darstellungen sind die Grundlage für Vergleiche zwischen Datensätzen, und die saubere Vergleichbarkeit untereinander führt mitunter zu entsprechenden Ansprüchen an die Skalierung von Achsen, die sich von jenen für die Einzeldarstellung eines Datensatzes durchaus unterscheiden können.[3]

Ziel: Verständnis von Zusammenhängen Wissenschaft zielt immer auf Erkenntnisgewinn. Das setzt in den empirischen Wissenschaften die intime Kenntnis der Daten voraus. Hypothesen sollten einfach anhand der vorhandenen Ergebnisse überprüfbar sein, indem die passenden Fragen an die Daten gestellt und anhand charakteristischer Darstellungen derselben überprüft werden. Das Ideal ist, die Daten soweit verinnerlicht und vor dem inneren Auge abrufbar zu haben, dass man im Nachdenken viele Hypothesen gleich „vorsortieren" kann. Zumindest der eigenen Erfahrung nach lassen sich Ideen selten auf die normale Arbeitszeit eines Tages einschränken und kommen mitunter recht plötzlich und oft dann, wenn man gerade keinen Zugriff auf die gesammelten Daten hat. An dieser Stelle zahlt sich die intime Kenntnis der (eigenen) Daten aus. Die einfache Überprüfung von Hypothesen setzt neben der vergleichbaren charakteristischen Darstellung der unterschiedlichen Datensätze und einer nach bestem Wissen und Gewissen akkuraten Datenaufnahme auch den einfachen Zugriff auf alle Metadaten sowohl der Datenaufnahme als auch ihrer Vorverarbeitung voraus. Idealerweise möchte man also nicht nur eine „Briefmarkensammlung" einzelner Abbildungen, sondern vollständige Berichte, die sowohl charakteristische Abbildungen als auch alle wichtigen Informationen zu einem Datensatz zusammenfassen. Die Erstellung solcher Berichte wird später in diesem Kapitel thematisiert.

3 Nichts ist nerviger, als zwei Datensätze vergleichen zu wollen, die über einen unterschiedlichen Wertebereich für die x-Achse aufgenommen und entsprechend mit unterschiedlichen Achsenskalierungen dargestellt wurden.

Vertrautheit mit den Daten

Diese Erkenntnis verdankt der Autor dem Betreuer seiner Diplomarbeit, Götz Pilarczyk. Sinngemäß lautete seine Aussage, dass man nur dann aus einer größeren Menge von Messdaten tatsächlich sinnvolle Schlüsse ziehen könne, wenn man sie soweit verinnerlicht habe, dass man vor dem inneren Auge Muster suchen und Ideen gleich grob überprüfen könne. Darüber hinaus die Repräsentationen der Daten in einer einheitlichen Form vorliegen zu haben, hilft ganz immens. Das hat der Autor selbst beim Auswerten der Daten und Zusammenschreiben seiner Doktorarbeit erlebt. Der „Spektrenkatalog" mit einer Zusammenfassung der gemessenen Daten (inklusive Metadaten der Datenaufnahme) war damals häufiger Begleiter auf dem Arbeitsweg im Nahverkehr: Er wurde wieder und wieder durchgeblättert, um sich die einzelnen Datensätze und ihre Charakteristika einzuprägen.

32.1.5 Ein Wort zur Formatierung

Es gibt feste Regeln für die Formatierung von Darstellungen (Abbildungen und Tabellen) und für den mathematischen Formelsatz. Darüber hinaus gibt es noch eine ganze Reihe einfacher (teilweise typographischer) Regeln, die die Qualität von Abbildungen und Tabellen deutlich erhöhen.

Beschriftung von Abbildungen und Tabellen Abbildungen haben *Unter*schriften, Tabellen *Über*schriften. Darüber hinaus werden Abbildungen und Tabellen fortlaufend nummeriert, ggf. mit einer vorangestellten Kapitelnummer und dann in jedem Kapitel wieder neu beginnend. Auf jede Abbildung bzw. Tabelle wird aus dem Text verwiesen. Das erste, was ein Editor in einem Journal sonst macht, ist rückzufragen, warum aus dem Text nicht verwiesen wird, und ggf. die Abbildung oder Tabelle zu streichen. Idealerweise sollten Abbildungen und Tabellen zusammen mit ihrer Unter- oder Überschrift für sich verständlich sein, ohne erst größere Mengen umgebenden Text lesen zu müssen. Entsprechend hilfreich ist es, die wesentlichen Informationen zu vermerken. Darüber hinaus ist es gerade bei längeren Unter- oder Überschriften hilfreich für den Leser, wenn der erste Satz zusammenfasst, was die Idee der betreffenden Abbildung oder Tabelle ist. Ob dieser erste Satz dann fett gedruckt wird oder nicht, ist eine Frage des persönlichen Geschmacks (und des Stils des jeweiligen Verlags bzw. Journals).

Größen und Einheiten Es gibt von der IUPAC vorgegebene Regeln, wie Größen und Einheiten geschrieben werden sollten (Größe kursiv, Einheiten aufrecht, durch einen Schrägstrich getrennt) [4]. Einheiten sollten *niemals* in eckige Klammern gesetzt werden, denn eckige Klammern haben (genauso wie geschweifte) eine klar definierte Bedeutung: Eckige Klammern um eine Formelgröße signalisieren, dass die Einheit, geschweifte Klammern, dass der Zahlenwert gefragt ist, vgl. dazu [4, S. 3]. Als Einheiten sollten immer SI-Einheiten verwendet werden – es sei denn, es gibt *sehr* gute Gründe, davon abzuweichen. Das sollte dann im Einzelfall immer begründet werden. Gibt es mehr als eine gebräuchliche Einheit, kann man ggf. in einer Abbildung die Achse auf beiden Seiten beschriften – jeweils mit einer Einheit. Ein Beispiel wären hier Wellenlänge und Wellenzahlen, wenn es um den Vergleich von Experiment und DFT-Rechnungen optischer

Spektren geht. Alternativ können in der *supporting information* eines Artikels die gleichen Abbildungen mit anderen Einheiten gezeigt werden (z. B. [5]).

Abbildungen Achsenbeschriftungen sollten in lesbarer Größe und konsistent sein. Journale werden immer eine minimale Schriftgröße vorgeben. Bei Präsentationen ist es von entscheidender Bedeutung, dass die Achsenbeschriftungen ausreichend groß sind, sodass der Betrachter nicht nur aus der ersten Reihe eine Chance hat, sie zu erkennen. Denn Abbildungen, deren Achsenbeschriftungen man nicht erkennen kann, sind ziemlich wertlos. Außerdem sollte man sich nach Möglichkeit nie auf Farbe verlassen. Graustufen sollten ebenso funktionieren. Das liegt daran, dass Farbausdrucke nach wie vor teurer und weniger weit verbreitet sind. Ein guter Test ist, eine farbige Abbildung auf einem Schwarzweiß-Drucker auszudrucken und zu überprüfen, ob sich die farblich unterschiedlichen Teile noch unterscheiden lassen. Eine gute Einführung in die Theorie hinter (wissenschaftlichen) Abbildungen liefert Tufte [1]. Trotz seines Hintergrundes in Statistik zeigt er sehr viele Beispiele aus ganz verschiedenen Disziplinen und gibt gute Hinweise für die generelle Gestaltung von Abbildungen. Ein besonderes Augenmerk liegt dabei darauf, nicht (versehentlich) etwas mit der Darstellung von Daten zu implizieren, das von den Daten selbst nicht gedeckt wird. Jünger, aber mit ähnlicher Stoßrichtung ist das Buch von Wilke [6].

Tabellen Eine sehr gute Einführung in den Tabellensatz gibt die Dokumentation zum LaTeX-Paket `booktabs`[4]. Zwei einfache Regeln: Grundsätzlich sollten nur *horizontale* Linien verwendet werden, und auch die nur sparsam. Vertikale Linien sollten hingegen nie auftauchen. Zusätzliche horizontale Linien außer denen ober- und unterhalb der Tabelle sind dünner und dienen der Gruppierung von Inhalten.

Die Typografie hat in den Jahrhunderten seit Johannes Gutenberg aus der Erfahrung heraus eine ganze Reihe an Regeln entwickelt, die sich in der Praxis bewährt haben. Für eine Einführung in das Feld der Typografie sei auf den „Willberg" [7] verwiesen. Sehr detailliert ist auch [8], inklusive eines ausführlichen Kapitels zu mathematischem Formelsatz. Hier gilt, was Strunk und White [9] hinsichtlich der Verwendung von Sprache schreiben: Sich über diese Regeln hinwegzusetzen ist ein Zeichen ihrer Kenntnis und Beherrschung und sollte immer im vollen Bewusstsein erfolgen. In den allermeisten Fällen ist es aber sinnvoll und geboten, den Regeln zu folgen.

32.2 Repräsentationen sollten aus den Primärdaten automatisch generierbar sein

Während die beste Art der Darstellung zu finden intellektuell durchaus eine herausfordernde Aufgabe ist, sollte die eigentliche Erzeugung von Repräsentationen aus den Primärdaten soweit möglich automatisiert werden. Das hat nicht nur mit Bequemlichkeit zu tun und lässt sich mithilfe der in den letzten Kapiteln vorgestellten Aspekte, insbesondere Metadaten und deren Speicherung, erreichen.

4 ▶ https://ctan.org/pkg/booktabs (Zugriff am 07.03.2025).

32.2.1 Bedeutung automatischer Generierung

Automatisierung ist die große Stärke (nicht nur) von Software und hat ganz wesentlichen Anteil daran, uns von Aufgaben zu befreien, die mühsam und repetitiv und deshalb fehleranfällig sind, und unsere intellektuellen Kapazitäten entsprechend gewinnbringend einzusetzen. Jenseits der Bequemlichkeit lassen sich vier Aspekte für die Automatisierung ins Feld führen.

Zeitersparnis Die Erzeugung der eigentlichen Darstellung ist meist reine Routine. Dabei nicht nachdenken zu müssen, erspart Zeit, die anderweitig besser genutzt werden kann.

Konsistenz Eine Formalisierung und Automatisierung sorgt zwangsläufig für immer gleiche Formatierung, was zu einer besseren Vergleichbarkeit der Darstellungen untereinander führt. Das ist ein nicht zu vernachlässigender Aspekt, da das menschliche Auge sehr gut darin ist zu vergleichen, sich aber auch – z. B. durch unterschiedliche Achsenskalierungen – schnell in die Irre führen lässt. Automatisierung sorgt für Konsistenz, aber deshalb noch nicht unbedingt für Korrektheit. Der Vorteil: im Falle einer initial inkorrekten Durchführung muss in der Regel an genau einer Stelle geändert werden, damit danach (hoffentlich) korrekt verarbeitet wird. Gerade wenn der bemerkte Fehler sich auf eine größere Zahl von Darstellungen bezieht oder eine größere Menge von Datensätzen in einer anderen oder neuen Art dargestellt werden soll, spielt die Automatisierung ihre Stärken aus. Gleiches gilt z. B. für die Änderung eines Farbschemas für eine Reihe von Abbildungen.

Fokussierung auf das eigentlich Wesentliche Die eigentliche intellektuelle Herausforderung der Wissenschaft ist selten die Datenaufnahme, dafür umso mehr die Analyse und das Verständnis der gewonnenen Daten. Entsprechend sollten alle anderen Aspekte weitestgehend automatisiert werden. Charakteristika eines Datensatzes lassen sich abstrakt ablegen. Gleiches gilt für die Art der Darstellung, die diese Charakteristika am besten wiedergibt.

Voraussetzung für Berichterstellung Berichte dienen der Zusammenfassung der Charakteristika und Informationen zu einem Datensatz. Das involviert häufig (grafische) Darstellungen, die entsprechend während (oder vor) der Berichterstellung automatisch erzeugt werden sollen.

32.2.2 Metadaten für Repräsentationen

Abstraktion und damit oft einhergehend Formalisierung sind zentrale Aspekte der Softwareentwicklung, die sich auch auf die Erzeugung von Darstellungen von Daten anwenden lassen: Repräsentationen lassen sich abstrakt beschreiben.

Idee Die Erstellung von Repräsentationen lässt sich formalisieren, indem die dafür notwendigen Informationen als Metadaten abgelegt werden. Der Fokus liegt dabei auf dem „Was“ statt auf dem „Wie“. Das ermöglicht die Ablage charakteristischer „Sichten“ auf Daten und minimiert die Notwendigkeit zur Nachbearbeitung.

Vorteile Aus der formalen Beschreibung von Abbildungen ergeben sich unmittelbare Vorteile, so die Möglichkeit, bequem identische Darstellungen unterschiedlicher Datensätze zu erzeugen. Das sorgt für Konsistenz und bessere Vergleichbarkeit. Entscheidender Aspekt ist die Entkopplung von Datenquelle und Darstellung, wie sie uns in ähnlicher Form noch bei den Vorlagen zur Berichterstellung wieder begegnen wird.

Voraussetzungen Die formalisierte Ablage der Metadaten zu Repräsentationen setzt Routinen zur automatischen Erzeugung von Darstellungen voraus, die diese Metadaten einlesen. Darüber hinaus sollte die Darstellungserzeugung weitgehend konfigurierbar sein und eine große Kontrolle über die einzelnen Darstellungsoptionen erlauben. Da sich in der Praxis immer wieder neue Anforderungen an Konfigurierbarkeit ergeben werden, ist eine möglichst modulare und offene Definition (Open-Closed-Prinzip, ► Kap. 24) essentiell.

32.2.3 Metadaten auf unterschiedlichen Ebenen

Für die formalisierte Ablage der Informationen zur automatischen Erzeugung von Repräsentationen sind Metadaten auf unterschiedlichen Ebenen notwendig. Ein allgemeines Schema, das vorerst sowohl die konkrete Implementierung als auch die Ablage der Informationen außer Acht lässt, sich dafür aber auf eine beliebige Anzahl von Datensätzen für eine Darstellung anwenden lässt, besteht aus drei Komponenten:

Liste von Datensätzen Im Zusammenhang mit einem System, das den Zugriff auf einen Datensatz über einen eindeutigen Bezeichner erlaubt, müssten hier nur noch die Bezeichner in einer Liste abgelegt werden. Das könnte auch einfach eine Textdatei sein, in der zeilenweise die Bezeichner stehen.

Verarbeitungsvorschrift Insbesondere wenn Vorverarbeitungsschritte notwendig sind oder Charakteristika aus den Daten extrahiert werden sollen, müssen entsprechende Verarbeitungen vorgenommen werden. Die in der Verarbeitungsvorschrift abgelegten Informationen werden auf alle Datensätze der Reihe nach angewendet. Das Ergebnis dieser Vorschrift wird dann dargestellt.

Darstellungsvorschrift Es gibt nicht so viele unterschiedliche Darstellungsvarianten, und sie lassen sich über Metadaten entsprechend abstrakt beschreiben. Das ist die Aufgabe der Darstellungsvorschrift. Hier können z. B. die Informationen über den generellen Typ (bei Abbildungen z. B. 1D, 2D, ...), allgemeine Formatierungen und Beschriftungen sowie Details zur Formatierung abgelegt werden. Darstellungen beschränken sich explizit nicht auf grafische Abbildungen, Tabellen haben hier genauso ihre Bedeutung. Hier kämen dann evtl. noch Vorlagen (*templates*) für die Tabelle zum Tragen.

Mithilfe der Erstellung und Ablage von Metadaten für die Erzeugung einer Darstellung lässt sich der Weg von den Rohdaten zur Darstellung (vollständig) automatisieren und nachvollziehen. Idealerweise gilt die Verknüpfung aber in beide Richtungen: Repräsentationen sollten aus den Primärdaten automatisch generierbar sein, und von den Repräsentationen sollte man einfach und ohne große Umschweife auf die Primärdaten und sämtliche dazwischenliegenden Verarbeitungsschritte zugreifen können. Das setzt voraus, dass auf die Metadaten zur Darstellungserzeugung über einen eindeutigen

Bezeichner zugegriffen werden kann, der dann in irgendeiner Form mit der jeweiligen Darstellung verknüpft wird, z. B. über einen Verweis aus der Abbildungsunter- oder Tabellenüberschrift. Gleichzeitig stellt das entsprechende Anforderungen an das (nunmehr generalisierte) Konzept eindeutiger Bezeichner, das sich auf Datensätze und alle Arten von Metadaten für Verarbeitungs- und Darstellungsschritte anwenden lässt. Die Zuordnungstabelle zwischen Bezeichner und damit verknüpfter Information sollte so robust wie möglich sein und in jedem Fall gut und mehrfach redundant gesichert werden. Das Schema der Bezeichner muss darüber hinaus modular und einfach erweiterbar aufgebaut sein und Kollisionen (zwischen Bezeichnern für unterschiedliche mit ihnen verknüpfte Informationen) vermeiden. Ob ein solcher Bezeichner als Prüfsumme (kryptographischer Hash) und damit ohne erkennbare semantische Information oder aber gemäß einem Schema, das Rückschlüsse über die mit dem jeweiligen Bezeichner verknüpften Informationen zulässt, realisiert wird, ist zunächst einmal ein Implementationsdetail, ebenso wie der Mechanismus zur „Auflösung“ der Bezeichner, also dem Zugriff auf die Informationen.

32.3 Berichte: Übersicht über die Informationen zu einem Datensatz

Die Aspekte eines Gesamtsystems zur wissenschaftlichen Datenverarbeitung und -analyse, wie sie bislang in den vorangegangenen Kapiteln und im ersten Teil dieses Kapitels vorgestellt wurden, lassen das Bild eines Systems entstehen, das, konsequent eingesetzt, sehr viel der verfügbaren Informationen formalisiert und in Form von Metadaten ablegt. Aufgrund seiner modularen Natur und der weitgehenden Automatisierung kann das System schnell einen großen „Schatz“ an Informationen ansammeln, die *per se* einen Wert haben, schon gar, wenn sich darunter formalisiert abgelegte, aber in mühsamer Handarbeit errungene charakteristische Sichten auf Daten oder Anmerkungen befinden. Werkzeuge, die diesen Schatz an Informationen weitgehend automatisch heben können, sind deshalb ein nicht zu vernachlässigender Aspekt der Nutzbarkeit und Motivation für die Nutzung des Gesamtsystems.

32.3.1 Idee: Informationen zugänglich machen

Ein Gesamtsystem zur Datenverarbeitung, wie es bislang vorgestellt wurde, erzeugt große Mengen an Informationen, angefangen von den Metadaten zur Datenaufnahme (im Rahmen einer Infodatei oder vergleichbarer Ansätze, ▶ Kap. 30) über die Metadaten zu jedem Verarbeitungsschritt, die automatisiert abgelegt werden (▶ Kap. 31), bis hin zu Informationen über Charakteristika der Daten und deren Darstellung. Wenn all diese Informationen vorhanden sind, sollten sie auch gewinnbringend genutzt werden. Das Ziel von Berichten ist also, die vorhandenen Informationen in ansprechender und hilfreicher Form zugänglich zu machen. Eine **übersichtlich und lesbar aufbereitete Zusammenfassung der Charakteristika und Informationen**, die zu einem Datensatz verfügbar sind – bzw. ggf. auch eine bewusste Reduktion der vorhandenen Informationen und Fokussierung auf einen Teilaspekt – sind hilfreich für den Vergleich von Datensätzen untereinander und entsprechend wesentlich für die Analyse der Daten im Kontext und den wissenschaftlichen Erkenntnisgewinn.

Berichte sind dabei oft hochspezifisch. Die übersichtliche Darstellung ist eine intellektuelle Leistung, vergleichbar der für die Erzeugung von Darstellungen der Daten, die die Charakteristika in geeigneter Weise herausstellen, ohne falsche Dinge zu implizieren. Ein wesentlicher Aspekt von Berichten: Sie sollten **strukturell unabhängig von einem konkreten Datensatz** sein, sowohl was ihre Formulierung und Ausgestaltung als auch was ihre Erzeugung betrifft. Dieser Anspruch lässt sich über die Verwendung von **Vorlagensystemen**, auf die im letzten Abschnitt des Kapitels eingegangen wird, erfüllen.

32.3.2 Der Vorteil gleichartiger Berichte

Wie bereits bei der Darstellungserzeugung erwähnt, ist es die Verantwortung jedes Wissenschaftlers, sich einen soliden und umfassenden Überblick über die eigenen Daten zu verschaffen. Das ist eine notwendige Voraussetzung, um in den gesammelten Daten Muster zu erkennen und mögliche Erklärungen zu finden.

Der Vergleich von Daten hilft bei ihrem Verständnis: Muster sind oft nur durch den Vergleich von Datensätzen erkennbar. Entsprechend sollten Berichte möglichst gleichförmig und informativ gestaltet sein, um dem Betrachter zu ermöglichen, sich auf den Vergleich zu fokussieren und nicht mühsam die notwendigen Informationen zusammensuchen zu müssen. Übersichtlichkeit erleichtert die Vergleichbarkeit, und Unterschiede treten entsprechend deutlich zutage. Um die Berichte möglichst gleichförmig und konsistent zu halten, sollten sie automatisch erzeugt werden. Dazu eignet sich die Verwendung von Vorlagensystemen, wie im letzten Abschnitt des Kapitels beschrieben, die darüber hinaus den entscheidenden Vorteil der strikten Trennung von Daten und Darstellung bieten, der zudem mit einer großen Flexibilität einhergeht.

32

► Beispiel: Ergebnisse von Kurvenanpassungen

Ergebnisse der Kurvenanpassungen von Simulationen liefern häufig einen komplexen Satz an Parametern, die am besten gemeinsam mit der grafischen Repräsentation der Kurvenanpassung, die der Einschätzung der Qualität dient, in einem Bericht in einer Tabelle dargestellt werden. Der Vergleich diverser Simulationen und Kurvenanpassungen mit unterschiedlichen Parametern bzw. Parametergrenzen ist oft gewünscht (und notwendig). Automatisch generierte Berichte, die alle notwendigen Informationen zusammenfassen und vor allem immer gleich aufgebaut sind, sind hier sehr nützlich und vereinfachen den Vergleich ganz immens. Aus eigener Erfahrung kann ein robustes Werkzeug für die Simulationen bzw. Kurvenanpassungen gemeinsam mit der Möglichkeit, automatisch Berichte zu erzeugen, den Unterschied zwischen ausgewerteten Daten und einer „Briefmarkensammlung" gemessener Spektren machen. Das von Deborah Meyer entwickelte Programm TSim [3, 10] gibt auch dem wenig erfahrenen Nutzer (z. B. einem Bachelorstudenten) eine komfortable Schnittstelle zur Simulation von Triplett-Spektren (und der Kurvenanpassung der Simulationen an experimentelle Datensätze) an die Hand. Dank der Berichterstellungsmöglichkeiten und der sehr übersichtlichen Darstellung der Ergebnisse in Form eines mit LaTeX gesetzten Dokuments lassen sich die Simulationen schnell und einfach vergleichen. ◄

32.4 Vorlagen: Trennung von Inhalten und Darstellung

Ein wesentlicher Aspekt für die automatische Erzeugung von Berichten, die Informationen über einen Datensatz übersichtlich zusammenfassen, und ihren sinnvollen und komfortablen Einsatz ist die Trennung von Inhalten und deren Erzeugung von ihrer Darstellung. Das ist eine weitere Anwendung des Grundprinzips der „Trennung der Zuständigkeiten" (*separation of concerns*, [11, S. 60–66]) bzw. des Single-Responsibility-Prinzips (▶ Kap. 23). Der Grund: Eine Vorlage hat Verantwortlichkeiten gegenüber anderen Akteuren als die Metadaten, die dargestellt werden sollen.

Ein System zur Berichterzeugung über Vorlagen besteht aus vier Grundbestandteilen (◘ Abb. 32.2): einer **Datenquelle**, einer **Vorlage** (*template*), der **Verarbeitungslogik** (Berichtersteller) und dem **Bericht** als Ergebnis. Die Datenquelle kann im gegebenen Kontext entweder ein Datensatz (und die in ihm enthaltenen Metadaten) sein, aber auch jede andere Metadatenquelle des Gesamtsystems zur wissenschaftlichen Datenverarbeitung und -analyse. Die Verarbeitungslogik ist an sich zweigeteilt und besteht einerseits aus der Vorlagenverarbeitung und andererseits aus weiteren Routinen zur automatischen Erzeugung der notwendigen Daten und deren Repräsentationen.

32.4.1 Grundaspekte und Vorteile von Vorlagen

Die Trennung der Verantwortlichkeiten – Inhalteerzeugung und Ausfüllen der Vorlage einerseits, Formatierung und Darstellung andererseits – sorgt für größtmögliche Flexibilität auf allen Ebenen des Systems, sowohl was die Art der Datenquellen für die Inhalte und ggf. deren Erzeugung als auch die Formatierung und das Dateiformat der Vorlagen und des resultierenden Berichtes angeht.

Vorlagen als „Lückentext" Eine Vorlage kann im einfachsten Bild als „Lückentext" aufgefasst werden. Die darin vorhandenen „Lücken" werden speziell markiert und von der die Vorlage verarbeitenden Routine mit Inhalten aus einer Datenquelle gefüllt. Das (Datei-)Format spielt dabei (fast) keine Rolle, solange es Platzhalter erlaubt und sich über eine Verarbeitungsroutine einlesen und verarbeiten lässt. Die eigentliche intellektuelle Leistung ist die Ausarbeitung guter Vorlagen zur übersichtlichen Darstellung wichtiger

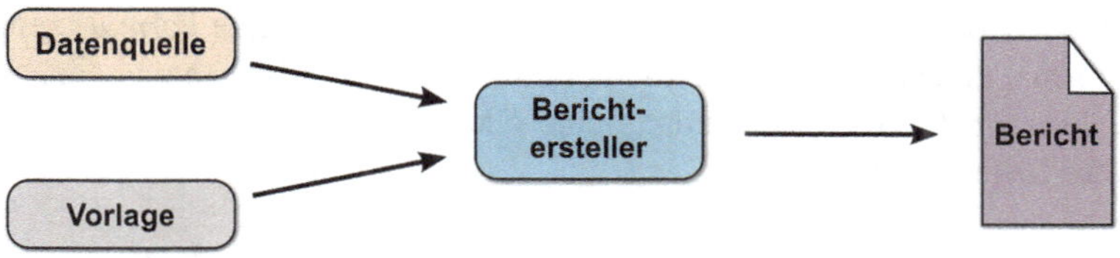

◘ **Abb. 32.2 Schema der automatischen Erzeugung von Berichten.** Ausgangspunkt sind die in einem Datensatz gespeicherten Informationen. Die den Bericht erzeugende Routine (Berichtersteller, *report generator*) greift auf diese Informationen zu und füllt mit ihnen die Vorlage (*template*) aus. Das Ergebnis ist der Bericht (*report*) als Dokument im gleichen Format wie die Vorlage. Die Routine zur Erzeugung des Berichtes hat wesentlich mehr Fähigkeiten, als lediglich einen „Lückentext" auszufüllen. Ein Beispiel wäre die Erzeugung von Abbildungen aus den Daten des Datensatzes. Das eigentliche Ausfüllen der Vorlage mit den Informationen erfolgt über eine separate Routine (Vorlagenverarbeitungs-Routine, *template engine*), die sich entsprechend modular für jegliche Form von Vorlagenverarbeitung einsetzen lässt

Informationen. In dieser Hinsicht unterscheidet sich die Erzeugung von Vorlagen nicht von der guter Darstellungen von Daten, die weiter oben besprochen wurde.

Verarbeitungslogik für Vorlagen Die Routine zur Vorlagenverarbeitung (*template engine*) liest eine Vorlage ein, füllt die „Lücken" und speichert ggf. das Ergebnis als neue Datei (oder gibt es anderweitig zurück). Sie beherrscht dabei in der Regel komplexere Ersetzungen (Details dazu später) und benötigt keinerlei Wissen über das Format der Vorlage, was für eine nahezu vollständige Entkopplung zwischen Vorlagenverarbeitung und (Datei-) Format der Vorlage (und des resultierenden Dokuments) führt.

Vorteile der Verwendung von Vorlagen Durch die Verwendung von Vorlagen sind die Datenquelle, die Verarbeitungslogik und die eigentliche Darstellung komplett voneinander getrennt. Das ermöglicht es im Extremfall (wenn auch im akademischen Kontext selten gegeben), die einzelnen Aspekte komplett voneinander getrennt und durch unterschiedliche Akteure zu entwickeln, die jeweils Experten für ihren Bereich sind. Das zahlt sich insbesondere hinsichtlich der grafisch ansprechenden Gestaltung von Berichten aus, da Typografie, obwohl im Wesentlichen ein (erlernbares) Handwerk, nicht zur Standardkompetenz jedes Naturwissenschaftlers gehört. Vorlagen ermöglichen darüber hinaus, Berichte, die ein und dieselbe Information enthalten, in einer Vielzahl unterschiedlicher Formate bzw. Sprachen automatisiert zu erzeugen.

32.4.2 Voraussetzungen für ein Vorlagensystem

32

Die Voraussetzungen für ein Vorlagensystem sind denkbar einfach: geeignete Dateiformate (i. d. R. Textformate) und eine strikte Trennung der Zuständigkeiten (*separation of concerns*). Der entscheidende Aspekt ist dabei, die Verantwortlichkeiten der einzelnen Teile tatsächlich sauber zu trennen, um die Flexibilität und Unabhängigkeit des Ansatzes zu erhalten.

Parsbare und einfach veränderbare Vorlagen Das Format, das für die Vorlagen verwendet wird, muss Platzhalter und Steuercodes ermöglichen und ohne jegliche Kenntnis des Formates einlesbar und verarbeitbar sein. Entsprechend sind (beliebige) Textdateien geeignet, Binärformate dagegen i. d. R. nicht. Beispiele geeigneter Dateiformate ohne Anspruch auf Vollständigkeit sind LaTeX, ODF, HTML/XML und diverse Markup-Formate (Markdown, DokuWiki u. a.). Auch wenn ODF (*OpenDocument Format*) zunächst wie ein Binärformat erscheint, ist es letztlich ein mit dem ZIP-Algorithmus gepackter Container, in dem für die textlichen Inhalte eine XML-Datei steckt, die sich entsprechend einfach verarbeiten lässt.[5]

Vorlagenverarbeitung unabhängig vom Vorlagenformat Die Verarbeitung der Vorlagen sollte vollständig unabhängig vom (Datei-)Format der Vorlagen und ausschließlich über Steuercodes stattfinden. Eine Erzeugung formatspezifischer Ausgaben widerspräche der Trennung der Zuständigkeiten und führte zu einem Verlust (oder doch zumindest zu einer deutlichen Verkomplizierung bei) der Austauschbarkeit des Dateiformates der Vorlagen.

5 Inwieweit dieses Vorgehen auch auf die neueren Formate der Microsoft-Office-Pakete anwendbar ist, entzieht sich der Kenntnis des Autors.

Trennung von Vorlagenverarbeitung und Inhalteerzeugung Gerade im Kontext der Berichterstellung im Rahmen eines Gesamtsystems zur wissenschaftlichen Datenverarbeitung und -analyse besteht häufig der Bedarf, nicht nur die Vorlagen mit Inhalten aus den vorliegenden Metadaten zu füllen, sondern noch zusätzliche Inhalte wie Darstellungen zu generieren. Im Sinne einer Trennung der Zuständigkeiten sollte sowohl die Erzeugung der Darstellungen als auch die Vorlagenverarbeitung von separaten Routinen erledigt werden, die dann beide von der Berichterstellungsroutine aufgerufen werden. Entsprechend greift die Funktionalität zur Berichterstellung auf die Vorlagenverarbeitung zurück, generiert aber ggf. zusätzlich über den Aufruf weiterer, separater Routinen (Daten für) Darstellungen. Entsprechend gibt es ggf. für eine Art von Bericht eine spezifische Routine, die auf generische Routinen zur Darstellungserzeugung und zur Erzeugung des finalen Berichtes aus einer Vorlage zurückgreift.

32.4.3 Mindestansprüche an eine Vorlagenverarbeitungsroutine

Eine Vorlagenverarbeitungsroutine sollte von einfachen Ersetzungen bis hin zu Formatierungshinweisen für Ersetzungen eine ganze Reihe an Möglichkeiten bieten, um unter Aufrechterhaltung der strikten Trennung von (Datei-)Format der Vorlage und Vorlagenverarbeitung ein gewisses Mindestmaß an Flexibilität zu ermöglichen. Die Fähigkeiten der „Programmierung" innerhalb der Vorlage sollten relativ beschränkt bleiben. Meist werden hier die beiden Konzepte der strukturierten Programmierung, nämlich Iteration (Schleifen) und Selektion (Bedingungen) umgesetzt.

Einfache Ersetzungen Die einfache Ersetzung von Platzhaltern mit dem entsprechend korrespondierenden Inhalt aus der jeweiligen Datenquelle ist die Grundlage jedes Vorlagensystems und durch das Bild des „Lückentextes" mit speziell präparierten Lücken gut vorstellbar. Diese Funktionalität lässt sich im Wesentlichen durch ein einfaches Suchen und Ersetzen auch ohne komplexere Programmierung erreichen (bzw. in der unixoiden Welt auf der Kommandozeile durch Programme wie `sed` umsetzen). Hierarchische Datenstrukturen, wie sie entweder durch ein assoziatives Datenfeld oder (zusammengesetzte) Datenobjekte realisiert werden können, spielen hier ihre Stärke aus. Wie schon im Quellcode von Verarbeitungsroutinen führen sie in den Vorlagen zu einem „semantischen Verständnis" (vgl. ▶ Kap. 30), das sowohl die Erstellung als auch das Verständnis der Vorlagen ganz wesentlich erleichtert.

Einbinden zusätzlicher Vorlagen Eine Vorlage sollte sich aus Teilvorlagen zusammensetzen lassen, die unabhängig voneinander kombiniert werden können. Das sorgt für ein hohes Maß an Modularität und Flexibilität. Notwendig ist dafür ein Befehl vergleichbar dem `input`-Befehl von LaTeX.

Schleifen Insbesondere wenn Tabellen ausgefüllt werden sollen, sind (einfache) Schleifen sehr hilfreich (und wichtig). Elegant und gleichzeitig intuitiv ist ein `foreach`-Konstrukt, das über alle Elemente einer repetitiven Datenstruktur iteriert.

(Einfache) Bedingungen Oftmals sollen Teile von Vorlagen in Abhängigkeit von gewissen „Schaltern", die als (Boolesche) Werte aus der Datenquelle bezogen werden können, nicht weiter beachtet oder andere zusätzlich eingebunden werden. Das erfordert die

Verfügbarkeit von Vorlagenverarbeitungs-Routinen

Für viele Programmiersprachen gibt es gute, robuste Bibliotheken für die Verarbeitung von Vorlagen, die die hier genannten Kriterien erfüllen, so z. B. für Python und PHP (und viele andere). In diesen Fällen empfiehlt es sich immer, zunächst einen Blick auf verfügbare Systeme zu werfen, bevor man sein eigenes schreibt. Sonst sind die Grundideen für Vorlagenverarbeitungsroutinen aber auch hinreichend oft und gut beschrieben worden und gehören zum bekannten Repertoire an Aufgabenstellungen für die praktische Programmierung. Aus eigener Erfahrung lässt sich ein Vorlagenverarbeitungssystem inklusive der Unterstützung komplexerer Logik wie Schleifen, Bedingungen und Formatierungsoptionen mit etwas Programmiererfahrung an einem Wochenende nebenher komplett durchentwickeln.

Existenz einfacher Bedingungen (i. d. R. genügt hier eine `if-else`-Struktur), erhöht aber weiter die Flexibilität von Berichten.

Formatierungsangaben für numerische Werte Gerade im naturwissenschaftlichen Kontext hat man oft mit numerischen Werten zu tun, deren Formatierung sich nicht (notwendigerweise) aus der Datenquelle selbst erschließt, aber im Kontext der Vorlage bekannt ist. Das betrifft insbesondere die Anzahl und Darstellung von Dezimalstellen. Im Sinne des „Prinzips der geringsten Überraschung" (*least surprise*) bietet sich hier an, auf die aus der Programmiersprache C bekannten Formatierungszeichen zurückzugreifen. Für eine Übersicht vgl. [12].

Freie Wahl der Begrenzer für die Steuercodes Eine Vorlage sollte sich nicht an der Art, wie die Steuercodes definiert werden, stören. Das ist abhängig vom Format der Vorlage, da unterschiedliche Formate unterschiedliche (Sonder-)Zeichen erlauben oder nicht erlauben. Insbesondere sollten in Steuercodes keine Zeichen auftauchen, die entweder zu Fehlern in der Darstellung im jeweiligen Dateiformat der Vorlage führen oder als Kommentarzeichen gewertet werden. Das gilt insbesondere für Formate wie LaTeX oder HTML/XML, die sich der logischen Textauszeichnung durch eigene Steuerzeichen bedienen.

32.4.4 Vorteil der Trennung von Vorlage und Daten

Die Vorteile der Trennung von Vorlage, Datenquelle und Erzeugung zusätzlicher Inhalte, also der Trennung der Verantwortlichkeiten, lassen sich gut an einigen der SOLID-Prinzipien und der „sauberen Architektur" (*clean architecture*) erläutern.

Single Responsibility Eine Komponente sollte nur Verantwortlichkeiten gegenüber genau einem Akteur haben. Entsprechend weiß die Vorlagenverarbeitungsroutine nichts von Datenmodell oder Bericht, kann aber (auch komplexere) Ersetzungen vornehmen. Entsprechend modular lässt sich die Verarbeitungslogik einsetzen.

Liskov-Substitution Basistypen sollten für abgeleitete Typen eingesetzt werden können, ohne dass es zu Überraschungen kommt oder zu Problemen führt. Halten sich die Erweiterungen der Datenstrukturen an dieses Prinzip, sind sie entsprechend „abwärtskompatibel".

▶ Beispiel: Historie eines Datensatzes

Auch wenn die Historie ein abgeleiteter Datentyp sein mag, funktioniert eine generische Berichterstellungsroutine trotzdem damit, da sie sich darauf verlassen kann, dass eine Historie immer eine Historie ist. ◀

Dependency Inversion Abstrakte Einheiten sollten nicht von konkreten Implementierungen abhängen, sondern umgekehrt konkrete Implementierungen von abstrakten Konzepten. Entsprechend weiß das Datenmodell nichts vom Bericht bzw. der Vorlage, der Bericht aber vom Datenmodell. Im Bild der „sauberen Architektur" gesprochen (vgl. ◘ Abb. 27.4): Berichte sind peripher, das Datenmodell zentral. Das Dateiformat des Berichtes spielt keine Rolle für die grundlegende Funktionalität und seine Erstellung.

32.4.5 Berichterstellung: ein komplexes Zusammenspiel

Wie schon im vereinfachten Schema (◘ Abb. 32.2) gezeigt, sitzt die Berichterstellungsroutine dabei wie die Spinne im Netz und greift auf die unterschiedlichen Komponenten zu. Als primäre Datenquelle dienen ihr dabei Datensätze (oder andere Metadaten). Zur Berichterstellung greift sie auf die Verarbeitungslogik für Vorlagen zurück und sorgt darüber hinaus – durch den Aufruf weiterer externer Routinen – ggf. für die Erzeugung von Darstellungen und weiterer Inhalte. In der Regel wird sie abschließend auch für die Speicherung des fertigen Berichtes Sorge tragen. Die diesem System inhärente Modularität sorgt für Flexibilität: Informationen zur Erzeugung von Darstellungen werden als Metadaten abgelegt, Vorlagen sind auch für Teile von Berichten einsetzbar. Berichte sorgen für den notwendigen Überblick über und die Vergleichbarkeit von Daten und Auswertungen und legen damit eine wesentliche Grundlage für die Datenanalyse. Die eigentliche intellektuelle Herausforderung ist es, eine aussagekräftige und übersichtliche Struktur für die Berichte zu finden, die alle wesentlichen Informationen und Charakteristika, die für eine gegebene Fragestellung relevant und im System vorhanden sind, einfach zugänglich machen.

? Verständnisfragen

- Was sind die Mindestansprüche an eine Routine zur Verarbeitung von Vorlagen?
- Warum ist es essentiell, Vorlagen und Inhalteerzeugung bzw. Berichterstellung zu trennen?
- Welche Aspekte der SOLID-Prinzipien und der „sauberen Architektur" lassen sich sofort auf ein Vorlagensystem zur Berichterstellung anwenden?
- Welche drei Komponenten lassen sich allgemein für die formalisierte Ablage der Metadaten zur Erzeugung von Repräsentationen über mehrere Datensätze unterscheiden?
- Warum sind Anmerkungen (Annotationen) so wertvoll, und warum sollte man sie möglichst formalisiert ablegen?

Kommentiertes Literaturverzeichnis

Komplette Systeme zur Datenverarbeitung und -analyse wurden mehrfach in der Literatur für unterschiedliche Disziplinen vorgestellt. Mesirov spricht in diesem Kontext von einem

„System zur reproduzierbaren Wissenschaft“ (*Reproducible Research System*, RRS) [13]. Wie ein solches System umgesetzt wird, dazu gibt es in unterschiedlichen Disziplinen unterschiedliche Ansätze. Beispiele wären das *Pegasus Framework* [14], Galaxy [15] und GenePatterns [13, 16]. Vermutlich historisch der erste funktionierende und publizierte Ansatz (ReDoc), basierend auf freier Software und dem GNU-make-Werkzeug, stammt aus dem *Stanford Exploration Project* um Jon Claerbout [17]. Eine gute Überblicksdarstellung sowohl grundlegender Aspekte als auch konkreter Systeme liefert [18]. Darstellung wissenschaftlicher Daten ist ein wichtiges Thema, das immer wieder diskutiert wird. Ein sehr kurzer Artikel aus der Praxis mit vielen Beispielen ist [19]. Ein „Klassiker“, was sowohl Beispiele als auch das theoretische Fundament hinter der (korrekten) grafischen Darstellung von Daten angeht, ist das Buch von Tufte [1]. Für ein neueres Buch mit ähnlicher Stoßrichtung siehe Wilke [6]. Darstellungen wissenschaftlicher Daten umfassen nicht nur Abbildungen und Tabellen, sondern auch Berichte in Textform. Sowohl für den mathematischen Formelsatz als auch für den generellen naturwissenschaftlichen Textsatz gibt es Regeln und Konventionen, die u. a. von der IUPAC festgelegt wurden. Das *IUPAC Green Book* [4] ist zumindest für die Physikalische Chemie dabei die Referenz, auch wenn sich viele Verlage und Journale nicht daran halten wollen. Eine allgemeine Einführung in die Typografie ist der „Willberg“ [7]. Sehr in die Details geht Forssmann [8], inklusive eines ausführlichen Kapitels zum mathematischen Formelsatz. Wer sich dem Thema gerne in kleineren Schritten nähert, dem sei [20] empfohlen.

Literatur

1. E.R. Tufte, *The Visual Display of Quantiative Information*, 2. Aufl. (Graphics Press, Cheshire, Connecticut, 2001)
2. C. Matt, D.L. Meyer, F. Lombeck, M. Sommer, T. Biskup, Macromolecules **51**, 4341 (2018)
3. D.L. Meyer, F. Lombeck, S. Huettner, M. Sommer, T. Biskup, Journal of Physical Chemistry Letters **8**, 1677 (2017)
4. I. Mills, T. Cvitaš, K. Homan, N. Kalay, K. Kuchitsu (eds.), *Quantities, Units and Symbols in Physical Chemistry*, 2. Aufl. (Blackwell Science, Oxford, 1993)
5. N. Banerji, E. Gagnon, P.Y. Morgantini, S. Valouch, A.R. Mohebbi, J.H. Seo, M. Leclerc, A.J. Heeger, Journal of Physical Chemistry C **116**, 11456 (2012)
6. C.O. Wilke, *Fundamentals of Data Vizualization* (O'Reilly, Sebastopol, CA, 2019)
7. H.P. Willberg, F. Forssman, *Lesetypografie*, 5. Aufl. (Verlag Hermann Schmidt, Mainz, 2010)
8. F. Forssman, R. de Jong, *Detailtypografie*, 5. Aufl. (Verlag Hermann Schmidt, Mainz, 2014)
9. W. Strunk, Jr., E.B. White, *The Elements of Style*, 4. Aufl. (Longman, New York, 2000)
10. D. Meyer, T. Biskup. Tsim toolbox (2022). https://doi.org/10.5281/zenodo.7402059
11. E.W. Dijkstra, *Selected Writings on Computing: A Personal Perspective* (Springer-Verlag, New York, 1982)
12. B.W. Kernighan, D.M. Ritchie, *The C Programming Language*, 2. Aufl. (Prentice Hall, Upper Saddle River, New Jersey, 1999)
13. J.P. Mesirov, Science **327**, 415 (2010)
14. E. Deelman, G. Singh, M.H. Su, J. Blythe, Y. Gil, C. Kesselman, G. Mehta, K. Vahi, G.B. Berriman, J. Good, A. Laity, J.C. Jacob, D.S. Katz, Scientific Programming **13**, 219 (2005)
15. J. Goecks, A. Nekrutenko, J. Taylor, The Galaxy Team, Genome Biology **11**, R86 (2010)
16. M. Reich, T. Liefeld, J. Gould, J. Lerner, P. Tamayo, J.P. Mesirov, Nature Genetics **38**, 500 (2006)
17. M. Schwab, M. Karrenbach, J. Claerbout, Computing in Science & Engineering **2**, 61 (2000)
18. V. Stodden, F. Leisch, R.D. Peng (eds.), *Implementing Reproducible Research* (CRC Press, Boca Raton, 2014)
19. N.P. Rougier, M. Droettboom, P.E. Bourne, PLoS Computational Biology **10**, e1003833 (2014)
20. H.P. Willberg, F. Forssman, *Erste Hilfe in Typografie*, 8. Aufl. (Verlag Hermann Schmidt, Mainz, 2007)

Zusammenfassung und Ausblick

Inhaltsverzeichnis

T. Biskup, *Softwareentwicklung für die Naturwissenschaften*,
https://doi.org/10.1007/978-3-662-71607-6_33

Kernaspekte

- Programmierung ist eine Kernkompetenz für Naturwissenschaftler. Trotzdem hat sie einen viel zu geringen Stellenwert.
- Wissenschaft beruht auf Nachvollziehbarkeit und Reproduzierbarkeit. Das ist in der Praxis oft nicht gewährleistet.
- Die primäre Aufgabe von Code ist Kommunikation. Voraussetzung ist Ausdrucksstärke und Lesbarkeit.
- Kernaspekt aller Softwarearchitektur ist Modularität. Das führt zu Flexibilität und Wiederverwendbarkeit.
- Wissenschaftliche Datenauswertung erfordert ein durchdachtes Gesamtkonzept. Einzelaspekte sind (relativ) einfach umsetzbar.

Dieses Buch möchte seine Leserinnen und Leser dazu befähigen, Software zu schreiben, die wissenschaftlichen Kriterien entspricht. Das erfordert neben einem klaren Konzept, was die anzulegenden wissenschaftlichen Kriterien sind (Nachvollziehbarkeit, Überprüfbarkeit, Reproduzierbarkeit), entsprechende Kenntnisse in Programmierung und Techniken, die über die letzten Jahrzehnte in der professionellen Softwareentwicklung entwickelt wurden. Das Buch kann hier nur einen ersten Eindruck vermitteln, was es an wichtigen Aspekten und lohnenswerten Konzepten gibt. Die Beherrschung ist einer vertieften Beschäftigung im Selbststudium anhand konkreter Projekte vorbehalten.

33.1 Fünf Thesen

Die Themen des Buches werden noch einmal anhand von fünf Thesen rekapituliert. Zu jeder These gibt es ein paar Erläuterungen, deren Fokus darauf liegt, möglichst knapp und prägnant zu sein. Schließlich wurde die eigentliche Thematik bereits detaillierter behandelt. Die fünf Thesen beziehen sich nicht explizit auf die fünf Teile des Buches, auch wenn sie implizit in ihrer Gesamtheit alle behandelten Aspekte abdecken.

These

Programmierung ist eine Kernkompetenz für moderne Naturwissenschaftler.
Trotzdem hat sie einen viel zu geringen Stellenwert.

Datenauswertung ist (fast) immer rechnergestützt. Das gilt auf jeden Fall für die physikalischer orientierten Wissenschaften wie die Physikalische Chemie, aber genauso verstärkt auch für die Lebenswissenschaften (Bioinformatik, Molekularbiologie). Das Problem bezogen auf die Curricula an den Universitäten: Programmierkenntnisse werden vorausgesetzt, sind aber selten in ausreichendem Maß vorhanden.

Die Komplexität der Software entspricht der Fragestellung. Die meisten wissenschaftlichen Fragestellungen sind hochgradig nichttrivial. Entsprechend komplex sind die notwendigen Auswertungen und demzufolge auch die dafür verwendete Software. Die Beherrschung dieser (essentiellen, unvermeidbaren) Komplexität erfordert Kenntnis entsprechender Konzepte, wie sie in den letzten Jahrzehnten in der professionellen Softwareentwicklung entstanden. Dem einzelnen Wissenschaftler bleibt in der Regel nichts anderes übrig, als sich selbst mithilfe der (in großem Umfang) vorhandenen Literatur im Selbststudium mit diesen Konzepten vertraut zu machen.

Softwareentwicklung wird nicht ausreichend gewürdigt. Nicht genug damit, dass Programmierkenntnisse an vielen Stellen einfach vorausgesetzt werden. Der Stellenwert, der der Entwicklung guter (im Sinne von nachvollziehbarer, überprüfbarer, wiederverwendbarer) Software beigemessen wird, ist in den meisten Fällen sehr gering. Entsprechend gering ist die Motivation, Zeit zu investieren. Das liegt zum einen am eher kurzen zeitlichen Horizont des einzelnen Mitarbeiters und zum anderen an der fehlenden Einsicht, dass Software zur Datenauswertung, die wissenschaftlichen Kriterien gerecht wird, nicht nur einen erheblichen Aufwand erfordert, sondern auch an vielen Stellen eine eigenständige intellektuelle Leistung darstellt, die entsprechend honoriert und in Abschlussarbeiten ausführlicher dokumentiert werden sollte. Hier ist insbesondere auch ein Umdenken auf der Ebene der Betreuer notwendig. Das entlässt den einzelnen Studenten oder Jungwissenschaftler aber nicht aus der Verantwortung, selbst möglichst sauber und gewissenhaft wissenschaftlich zu arbeiten.

These

Wissenschaft beruht auf Nachvollziehbarkeit und Reproduzierbarkeit.
Das ist in der Praxis oft nicht gewährleistet.

Der Umgang mit wissenschaftlicher Datenverarbeitung und -analyse und damit auch mit den dafür verwendeten, meist selbstgeschriebenen Programmen rührt an die Grundlagen der Wissenschaften. Ohne eine (lückenlose) Nachvollziehbarkeit und damit Überprüfbarkeit und nach Möglichkeit eine Reproduzierbarkeit der Datenverarbeitung sind wissenschaftliche Erkenntnisse ohne Wert.

Voraussetzungen: Dokumentation und Archivierung Dokumentiert werden sollte jeder einzelne Schritt von der Datenaufnahme bis zur fertigen Analyse und zwar möglichst lückenlos. Nur so ist die Nachvollziehbarkeit und damit eine Reproduzierbarkeit gewährleistet. Darüber hinaus sollten sowohl die (Roh-)Daten als auch die zu ihrer Verarbeitung verwendeten Routinen dauerhaft lesbar archiviert werden. Die Zeitskala für die Archivierung beträgt tendenziell Jahrzehnte – eine vor dem Hintergrund der Entwicklungsgeschwindigkeit von Hard- und Software gefühlt endlose Spanne. Entsprechend restriktiv sind die Ansprüche an Datenformate und Speicherung. Wichtig sind in diesem Kontext zwei Aspekte: die Unversehrtheit der gespeicherten Daten und die Versionierung der Routinen. Erstere kann über entsprechende Sicherheitsmechanismen bei der Speicherung der Daten auf physischen Datenträgern sichergestellt und über Konzepte wie kryptographische Hashes überprüft werden. Letztere involviert in der Regel die Verwendung existierender Versionsverwaltungssysteme. Auch hier ist darauf zu achten, dass die entsprechenden Systeme quelloffen und über ausreichend lange Zeit (Jahrzehnte) verfügbar sein sollten. Hier gilt Gleiches wie für Speichermedien: Eine regelmäßige Portierung (mit entsprechend rigiden Regressionstests) auf aktuelle Formate und Medien bewahrt den Zugriff über die erforderliche Zeit.

Die Realität sieht in vielen Fällen anders aus. So frustrierend es im Einzelfall auch sein mag, aber in der Realität des wissenschaftlichen Alltags ist eine Nachvollziehbarkeit (und damit Überprüfbarkeit) der Auswertungen meist nicht gegeben. Darüber hinaus sind publizierte Ergebnisse, also die Ergebnisse entsprechender Datenauswertung und -analyse, selten reproduzierbar. Das liegt zum einen an einem mangelnden Bewusstsein für die Bedeutung dieser Aspekte, zum anderen an fehlender Konsequenz und der Abwesenheit eines entsprechenden Gesamtsystems, das die lückenlose Dokumentation sicherstellen könnte.

These

Die primäre Aufgabe von Code ist Kommunikation.
Voraussetzung ist Ausdrucksstärke und Lesbarkeit.

Software zur Datenauswertung wird in den Wissenschaften meist als Mittel zum Zweck gesehen und eher stiefmütterlich behandelt. Entsprechend leidet die Qualität darunter. Aus der professionellen Softwareentwicklung kommt die Erkenntnis, dass die primäre Aufgabe von Code und damit eines Softwareentwicklers die Kommunikation ist. Diese Erkenntnis geht mit Sicherheit auf die 1960er-Jahre zurück und wurde von prominenten Vertretern der Informatik und Softwareentwicklung wie Edsger Dijkstra und Donald Knuth unablässig wiederholt und eingefordert.

Code wird viel häufiger gelesen als geschrieben. Ein im angelsächsischen Sprachraum verbreitetes Bonmot bringt es gut auf den Punkt: *Code for people, not computers.* Im Fokus steht nicht der Computer, denn jeder Code, der kompiliert, wird vom Computer verstanden, sondern der Mensch. Um Code zu verändern, muss er (sinnvollerweise) immer erst gelesen und verstanden werden. Entsprechend ist Lesbarkeit ein essentielles Kriterium für Code und seine Qualität. (Wirklich) guter Code ist offensichtlich. Er kommt ohne erläuternde Kommentare aus und kommuniziert klar und verständlich die Absichten seines Autors. Das setzt selbstverständlich eine Vertrautheit des Lesers sowohl mit der verwendeten Programmiersprache und einschlägigen (auch komplexeren) Konzepten der Programmierung einerseits und mit der durch das jeweilige Programm bearbeiteten Aufgabenstellung andererseits voraus.

Ausdrucksstärke erfordert Abstraktionsvermögen. Für Code gilt genauso wie für einen Text in menschlicher Sprache: Nur wenn wir eine Thematik durchdacht und die dahinterstehenden Konzepte erkannt und verstanden haben, können wir sie treffend benennen. Abstraktion ist das entscheidende Konzept für gute Programmierung, da sie ermöglicht, in der schier endlosen Komplexität der realen Anwendungen Gemeinsamkeiten (Muster) zu erkennen und entsprechend allgemein zu formulieren. Gute Namen sind das Ergebnis eines Prozesses. Die Qualität eines Namens geht mit seiner Ausdrucksstärke einher. Gute Namen erlauben einer Person, die mit der Thematik ausreichend vertraut ist, sofort auf dahinterstehende Konzepte (nahezu beliebiger Komplexität) zu schließen. Solche Namen zu finden, erfordert nicht nur Vertrautheit mit der Thematik und Übung. Sie sind auch das Ergebnis eines iterativen Prozesses. Variablen, Funktionen etc. in Programmen umzubenennen, ist deshalb ein alltäglicher Vorgang und nicht Ausdruck mangelnder Programmierfähigkeiten (eher im Gegenteil, da das zeigt, dass der Programmierer sich der Bedeutung guter Namen bewusst ist).

These

Kernaspekt aller Softwarearchitektur ist Modularität.
Das führt zu Flexibilität und Wiederverwendbarkeit.

Modularität ist letztlich nicht nur auf Softwarearchitektur beschränkt, auch schon auf darunterliegender Ebene spielt sie eine entscheidende Rolle. Die Gründe sind vielgestaltig. So ermöglicht Modularität die notwendige Flexibilität und damit den Umgang mit unvorhergesehenen und oft unvorhersehbaren Situationen. Ein anderer entscheidender Aspekt ist die Wiederverwendbarkeit einzelner Komponenten. Das ist auch und gerade im wissenschaftlichen Kontext eine Frage der Ökonomie. Leider sieht die Realität so aus, dass viel zu oft Code mit identischer Funktionalität immer wieder neu geschrieben wird, weil entweder das Wissen ob existierenden Codes fehlt oder dessen Qualität nicht ausreicht, um ernsthaft wiederverwendbar zu sein.[1]

Ansprüche an Software ändern sich ständig. Was für Software im Allgemeinen gilt, bekommt im Kontext der naturwissenschaftlichen Datenauswertung noch einmal eine zusätzliche Dimension. Das Verständnis der Problemstellung wächst mit zunehmender Beschäftigung. Dazu ist jede Fragestellung neu und leicht unterschiedlich zu allen vorherigen. Sicherlich folgen viele Schritte der Datenverarbeitung einer Routine und lassen sich weitgehend automatisieren. Die eigentliche Analyse der Daten und darauf aufbauend eine Interpretation und ein echter wissenschaftlicher Erkenntnisgewinn sind aber meist doch sehr spezifisch für die jeweilige Fragestellung und die zugrunde liegenden Daten.

Gute Software ist wie ein Legokasten. Der Siegeszug von LEGO® liegt in seiner Einfachheit und Konsequenz: kleine, durchdachte, zueinander kompatible Bausteine, die nahezu endlose Möglichkeiten eröffnen, kreativ Neues zu schaffen.[2] Genauso sollte gute Software sein: Sie sollte aus einer Reihe tendenziell kleiner Komponenten bestehen, die durchdacht entworfen wurden, zueinander kompatibel sind, sich auf wenige einheitliche Schnittstellen stützen und die Phantasie und Kreativität ihrer Anwender fördern, anstatt sie einzuschränken. Was auf der Ebene einzelner Routinen für kleine Aufgaben oft schon gut gelingt, ist eine zusätzliche Herausforderung auf der Ebene ganzer Systeme und damit dem Metier der Softwarearchitektur. Die SOLID-Prinzipien sind aus der Praxis kommende Heuristiken, die sich in großen Projekten bewährt haben und die mitunter weit über die reine Softwareentwicklung hinaus anwendbar sind.

These

Wissenschaftliche Datenauswertung erfordert ein Gesamtkonzept.
Einzelaspekte sind (relativ) einfach umsetzbar.

Wissenschaftliche Datenauswertung kann aufgrund der an sie gestellten Qualitätsansprüche nicht in das Belieben des jeweiligen Studenten gestellt werden. Stattdessen muss ein Gesamtkonzept formuliert werden, das die Ansprüche an die einzelnen Aspekte explizit macht. Wie ein solches Gesamtkonzept umgesetzt wird, ist im Einzelfall dem jeweiligen Anwender anheim gestellt. Wichtig ist aber, sich der Ansprüche an wissenschaftliche Datenverarbeitung und -analyse bewusst zu sein und ein solides Verständnis dafür zu haben

---

1 Ein dritter, ebenfalls häufig anzutreffender Grund ist das *Not invented here*-Syndrom: Lieber wird etwas selbst neu (und ggf. schlechter) entwickelt, als sich auf bestehende Lösungen einzulassen und die an die lokalen Gegebenheiten anzupassen.

2 Entsprechend widerspricht die zunehmende Themenlastigkeit mit sehr vielen Spezialbausteinen ganz eklatant diesem Prinzip. Das „ursprüngliche" LEGO® ist in mancher Hinsicht ein gutes Beispiel für ein maximal modulares System und dessen Vorteile: intuitive, universelle Schnittstellen und einfache, nahezu beliebig kombinierbare Bausteine sorgen für große Flexibilität und inspirieren zu Kreativität. Das ist ein Grund, warum auch erwachsene Menschen sich mitunter so gerne damit beschäftigen.

bzw. zu entwickeln, was das für die einzelnen Arbeitsschritte und den Umgang mit Daten und Auswertungen bedeutet.

Nachvollziehbarkeit erfordert lückenlose Dokumentation. Die Dokumentation sollte sich dabei von der Datenaufnahme, bzw. bei der Präparation zu vermessender Proben auch auf deren Entstehung und Vorbereitung, bis zur Veröffentlichung der aus den Ergebnissen abgeleiteten Analysen und Schlussfolgerungen lückenlos auf alle Teilaspekte erstrecken. Das Ziel ist die vollständige Nachvollziehbarkeit und Überprüfbarkeit und zumindest ab der Existenz der Rohdaten die Reproduzierbarkeit der Analysen. Viele einzelne Schritte lassen sich dabei weitgehend automatisieren. Das sollte aus zweierlei Gründen auch erfolgen. Zum einen sorgt es für Konsistenz und gewährleistet die Reproduzierbarkeit, da keine manuelle Interaktion erforderlich ist. Zum anderen befreit es den Wissenschaftler von Routinearbeiten und ermöglicht ihm die Fokussierung auf die eigentlichen intellektuellen Herausforderungen, nämlich die Analyse und den wissenschaftlichen Erkenntnisgewinn.

Plattform- und medienunabhängig und modular In den Naturwissenschaften begegnen uns immer wieder alle drei „großen" Betriebssysteme (Windows, Linux, macOS). Entsprechend wichtig ist es, die einzelnen Bausteine eines Gesamtsystems zur Datenverarbeitung und -analyse unabhängig von der zugrunde liegenden Plattform zu entwickeln. Darüber hinaus kommen auch unterschiedliche Medien zum Einsatz. Nicht jeder Messaufbau verfügt notwendigerweise über einen Rechner mit Internetanschluss, und so bleibt mitunter nichts anderes übrig, als doch auf das handgeschriebene Laborbuch (oder ggf. einen alten Laptop mit WLAN) zurückzugreifen. Das ist kein Problem, solange die Formalisierung der Datenaufnahme unabhängig vom Medium ist. Der Fokus eines Systems sollte auf der Nutzerfreundlichkeit und einfachen Bedienbarkeit liegen. Nur ein System, das sich hinreichend einfach nutzen lässt, wird auch real genutzt werden. Darüber hinaus sollten die Vorteile der Nutzung offensichtlich sein, um den (zumindest initial) höheren Aufwand entsprechend zu motivieren. Die Modularität der einzelnen Komponenten erleichtert die Implementierung und ermöglicht zudem die Fokussierung auf die Entwicklung einzelner Bestandteile. Das ist insbesondere deshalb von Bedeutung, weil ein entsprechendes Gesamtsystem eine Komplexität und einen Umfang erreicht, der eine kurzfristige Umsetzung unmöglich macht. Umso wichtiger ist es, sich der Wichtigkeit grundlegender Prinzipien bewusst zu sein und entsprechend rechtzeitig vorzubauen.

33.2 Ausblick: Wie könnte es weitergehen?

Die Lektüre dieses Buches war sicherlich nur ein Anfang, um die Leserinnen und Leser auf grundlegende Fragestellungen und Aspekte aufmerksam zu machen. Die angesprochenen Themen können ihre Wirkung nur dann entfalten, wenn man selbst aktiv Software zur wissenschaftlichen Datenverarbeitung entwickelt und immer wieder versucht, die einzelnen Aspekte aktiv und bewusst umzusetzen. Ein paar Ideen, wie es nach der Lektüre des Buches weitergehen könnte, je nach eigener Vorkenntnis:

Programmieren lernen Mancher der Leser des Buches hat noch keine (ausreichende) Programmiererfahrung, aber ausreichend Interesse an theoretischen Überlegungen und

Konzepten. Eine Voraussetzung für die Umsetzung ist deshalb, eine Programmiersprache zu erlernen und mit der praktischen Arbeit zu beginnen. Die Programmiersprache ist dabei (fast) egal. Sicherlich gut geeignet, hinreichend zukunftssicher und quelloffen ist Python. Diese Sprache scheint sich gerade als De-facto-Standard für die wissenschaftliche Datenanalyse zu etablieren. Entscheidend ist das Bewusstsein für die in des Buches besprochenen Konzepte und deren schrittweise Umsetzung.

Anforderungsanalyse erstellen In der professionellen Softwareentwicklung steht meist die Anforderungsanalyse am Anfang jedes größeren Projektes. Nun qualifiziert ein Gesamtsystem zur wissenschaftlichen Datenverarbeitung und -analyse sicherlich als größeres Projekt, wie eingangs im Buch definiert. Aus den im letzten Teil des Buches vorgestellten Aspekten und Konzepten lässt sich allgemein eine Anforderungsanalyse für ein solches Gesamtsystem zur wissenschaftlichen Datenverarbeitung ableiten. Hilfreich ist dabei allerdings auch wieder die Anbindung an die tägliche Praxis in der eigenen Forschungsarbeit. Das allgemeine, abstrakte Konzept lässt sich aber unabhängig von den konkreten Fragestellungen und eingesetzten Methoden entwickeln, und viele Aspekte gehören eigentlich zum Grundsatz guten und verantwortungsvollen wissenschaftlichen Arbeitens.

Softwareentwicklung ernst nehmen Programmierung im Kleinen oder Größeren ist aus dem Alltag in den Naturwissenschaften nicht mehr wegzudenken, und das betrifft in den allermeisten Fällen auch schon die Bachelorarbeit in den spektroskopisch orientierten Disziplinen wie der Physikalischen Chemie. Deshalb ist es wichtig, sich schon auf dieser Ebene Gedanken über die Kriterien der Wissenschaftlichkeit und ihre Umsetzung im eigenen direkten Kontext zu machen. Dazu gehört, Programme zur Auswertung, und seien es auch nur kleine Skripte, nicht wegzuwerfen, sondern sauber zu archivieren und nach Möglichkeit zu versionieren. Generell sollten Programme so zukunftssicher wie möglich gestaltet werden. Das erfordert ein Bewusstsein für den Wert und für die Bedeutung im Kontext der Kriterien für die wissenschaftliche Arbeit. Programme nicht nur funktionierend, sondern auch noch nachvollziehbar und idealerweise wiederverwendbar zu gestalten, ist meist ein erheblicher Mehraufwand, aber zumindest die Nachvollziehbarkeit und Überprüfbarkeit sind Imperative sauberen wissenschaftlichen Arbeitens – die in der Praxis viel zu selten ernst genommen werden. Solange die Wertschätzung für saubere und möglichst zukunftssichere Programmierung bei den Betreuern einer wissenschaftlichen Arbeit nicht vorhanden ist, wird es immer wieder Konflikte geben. Das entlässt den einzelnen Studenten oder Jungwissenschaftler aber nicht aus seiner Verantwortung zu gewissenhafter und sauberer wissenschaftlicher Arbeit. Und dazu gehört eben auch die Nachvollziehbarkeit, Überprüfbarkeit und Reproduzierbarkeit der Datenverarbeitung und -analyse.

Neben diesen eher allgemeinen Ideen für das weitere Vorangehen seinen noch zwei Tipps aus der Praxis erwähnt.

Schrittweise vorgehen: nicht alles auf einmal probieren Gerade wenn man ein größeres Konzept (anfänglich) verstanden hat, ist der Wunsch da, alles auf einmal anzugehen und Dinge jetzt endlich „richtig“ zu machen. Das führt in vielen Fällen schnell zu Ernüchterung und Enttäuschung und ist selten zielführend. Entsprechend empfiehlt es sich, jeweils einen Aspekt herauszunehmen und zu versuchen, an einem gut geeigneten kleinen Projekt nur ihn zu erlernen und sich zu erarbeiten. Viele Aspekte sind eine Frage der Erfahrung und Übung.

Anfangen zu programmieren. Verbessern geht immer. Der vielleicht wichtigste Ratschlag: einfach mal loslegen. Zu lange mit Stift und Papier theoretische Überlegungen anzustellen und erst den perfekten Entwurf entwickeln zu wollen, ist meist wenig zielführend. Der Reiz ist ja gerade, dass man mit den richtigen Strategien das Meiste auch im Nachhinein noch verbessern kann. Es ist ein wenig wie beim Schreiben eines Textes: Nur was auf dem Papier steht, lässt sich auch korrigieren und verbessern. Ein leeres Blatt ist gleichzeitig einschüchternd und nutzlos. Das entbindet aber nicht von der Aufgabe und Verantwortung, möglichst sauberen Code (vgl. ▶ Kap. 10 ff.) zu schreiben. Die erste Aufgabe des Programmierers sollte immer sein, durch seinen Code mit seinen Mitmenschen zu kommunizieren und seine Absichten so klar und präzise wie nur möglich auszudrücken. Das entlässt den Leser des Codes nicht aus der Verantwortung, sich entsprechend Kenntnisse sowohl der Programmierung und Softwareentwicklung als auch ggf. des Problemraums zu erwerben.

Verständnisfragen

- Was ist die primäre Aufgabe von Code? Was ist entscheidend, um dieser Aufgabe gerecht zu werden?
- Was ist der Kernaspekt aller Softwarearchitektur? Welche weitreichenden Konsequenzen ergeben sich aus der Umsetzung dieses Aspekts? Warum ist er auch und gerade im Kontext naturwissenschaftlicher Datenverarbeitung so wichtig?
- Warum erfordert eine Datenverarbeitung und -analyse, die wissenschaftlichen Ansprüchen genügen soll, die Etablierung eines Gesamtsystems?
- Welche Aspekte der besprochenen Infrastruktur sind zwingend notwendig für die wissenschaftliche Datenverarbeitung und -analyse? Warum? Welchen wesentlichen Aspekt der Wissenschaftlichkeit können Sie jeweils damit adressieren?
- Was hält Sie noch davon ab, programmieren zu lernen und sich die in diesem Buch angesprochenen Konzepte zu erarbeiten und einzusetzen?

Kommentiertes Literaturverzeichnis

Die zu allen Aspekten der Programmierung verfügbare Literatur ist unübersichtlich groß. Deshalb soll hier der Versuch unternommen werden, im Rückblick auf die Themen des Buches einige wenige Empfehlungen für weiterführende Literatur auszusprechen. Wer sich direkt mit rechnergestützter Datenverarbeitung und -analyse in den Naturwissenschaften und der dazu notwendigen Programmierung befassen möchte, findet im Buch von Scopatz und Huff [1] einen sehr schönen Überblick, der viele Aspekte des Buches aufgreift und insbesondere die Gesamtheit der Prozesse von der Datenaufnahme bis zur fertigen Veröffentlichung der Ergebnisse in den Blick nimmt. Ähnlich breit aufgestellt, aber mit Fokus auf Biologie und Bioinformatik, ist [2]. Wer sich ganz grundlegend mit Programmierung auseinandersetzen möchte und auch vor einer sehr maschinennahen Sprache nicht zurückschreckt, dem sei der „Klassiker" von Kernighan und Ritchie, *The C Programming Language*, empfohlen [3]. Es ist eine sehr solide und nicht zu lange Einführung in die Programmiersprache C.

Vermutlich momentan die beste Wahl einer Programmiersprache, sowohl um Programmieren zu lernen als auch für die Anwendung im Kontext der wissenschaftlichen Datenauswertung, ist Python. Eine sehr grundlegende Einführung in die Programmierung am Beispiel von Python liefert *Think Python* von Downey [4]. Es ist ursprünglich als Buch parallel zu einem Kurs für Programmieranfänger entstanden und führt langsam und schrittweise essentielle Konzepte fast jeder Programmiersprache ein. Sehr viel mehr auf den Kontext der Wissenschaft fokussiert *Learning Scientific Programming with Python* von Hill [5]. Jedem, der sich ernsthaft mit Python auseinandersetzen will, sei das sehr kurzweilige Buch *The Hitchhiker's Guide to Python* von Reitz und Schlusser [6] empfohlen, das es auch komplett frei online als Webseite gibt. Da das bereits genannte Buch von Scopatz und Huff [1] Python verwendet, ist es in dieser Hinsicht ebenfalls sehr hilfreich.

Eine gute Einführung in die Konzepte der Objektorientierung gibt Weisfeld [7]. Der Reiz an seinem Buch ist neben der Kürze (im Gegensatz etwa zu [8]) die weitgehende Unabhängigkeit von einer bestimmten Programmiersprache und der Fokus auf den grundlegenden Konzepten der objektorientierten Programmierung. Das große Thema des „sauberen Codes" wird schließlich nicht nur von Robert Martin [9] in vielen Facetten abgehandelt. Kernighan und Pike [10] liefern ebenfalls sehr viele gute Hinweise und sind dazu noch sehr knapp. Für alle weiteren Aspekte des Buches sei auf die kommentierten Literaturverzeichnisse zum jeweiligen Thema verwiesen.

Literatur

1. A. Scopatz, K.D. Huff, *Effective Computation in Physics* (O'Reilly, Sebastopol, 2015)
2. S. Allesina, M. Wilmes, *Computing Skills for Biologists* (Princeton University Press, Princeton and Oxford, 2019)
3. B.W. Kernighan, D.M. Ritchie, *The C Programming Language*, 2. Aufl. (Prentice Hall, Upper Saddle River, New Jersey, 1999)
4. A.B. Downey, *Think Python* (O'Reilly, Sebastopol, 2015)
5. C. Hill, *Learning Scientific Programming with Python* (Cambridge University Press, Cambridge, UK, 2015)
6. K. Reitz, T. Schlusser, *The Hitchhiker's Guide to Python* (O'Reilly, Sebastopol, 2016)
7. M. Weisfeld, *The Object-Oriented Thought Process*, 4. Aufl. (Addison-Wesley, Upper Saddle River, New Jersey, 2013)
8. B. Meyer, *Object-Oriented Software Construction* (Prentice Hall PTR, Upper Saddle River, New Jersey, 1997)
9. R.C. Martin, *Clean Code. A Handbook of Agile Software Craftmanship* (Prentice Hall, Upper Saddle River, New Jersey, 2008)
10. B.W. Kernighan, R. Pike, *The Practice of Programming* (Addison Wesley, Boston, 1999)

Serviceteil

T. Biskup, *Softwareentwicklung für die Naturwissenschaften*,
https://doi.org/10.1007/978-3-662-71607-6

Glossar[1]

Abhängigkeit *dependency*, im Quellcode durch explizite Nennung hervorgerufene ↑Kopplung von Programmteilen (↑Funktionen, ↑Objekte, ...), die dazu führt, dass der aufgerufene Programmteil nicht mehr ohne Veränderung des aufrufenden Teils verändert werden kann.

Abstrakte Fabrik *abstract factory*, ↑abstrakte Schnittstelle zur Erzeugung einer Familie von ↑Objekten. Die konkreten ↑Klassen der zu erzeugenden Objekte werden nicht näher festgelegt und sind dem Nutzer unbekannt.

Abstrakte Klasse ↑Klasse, die zunächst einmal nur eine ↑Schnittstelle liefert und nur (abstrakte) ↑Methoden ohne Implementierung enthält.

Abstrakte Schnittstelle *abstract interface*, ↑abstrakte Klasse, die in Sprachen, die keine ↑Mehrfachvererbung unterstützen, explizit als ↑Schnittstelle (*interface*) definiert wird, sodass eine Klasse von mehreren abstrakten Schnittstellen „erben" kann.

Abstraktion nach Edsger Dijkstra [1] das einzige mentale Werkzeug, das es erlaubt, eine große Vielzahl von Fällen abzudecken. Zweck der Abstraktion ist es nicht, vage zu sein, sondern im Gegenteil ein neues Bedeutungsniveau zu schaffen, das präzise Beschreibungen erlaubt.

Abstraktionsebene Summe aller ↑Abstraktionen eines bestimmten Abstraktionsgrades. ↑Funktionen (bzw. ↑Methoden) sollten immer nur Anweisungen enthalten, die zur gleichen Abstraktionsebene gehören.

Abwärtskompatibilität Kompatibilität einer Version einer Software mit einer früheren Version ihrer selbst. Von großer Bedeutung für die Nutzer einer solchen Software. Die Trennung zwischen öffentlichen und internen Schnittstellen ↑API ist hier von entscheidender Bedeutung. Nur erstere werden für die Abwärtskompatibilität berücksichtigt. Ein Versionsnummernschema, das besonders auf die Integrierung dieser Information Wert legt, ist ↑SemVer.

Achse der Veränderung *axis of change*, Verallgemeinerung des ↑Single-Responsibility-Prinzips und des ↑Common-Closure-Prinzips auf der Ebene der Architektur des Gesamtsystems, sorgt für (harte) Grenzen zwischen den einzelnen ↑Schichten der Architektur.

Aggregation *aggregation*, „klassische" Form der ↑Zusammensetzung in der ↑objektorientierten Programmierung, definiert eine klare *hat ein*-Beziehung

1 Hinweis: Die nachfolgend genannten Begriffe und Definitionen erheben keinen Anspruch auf formale Korrektheit, sondern dienen lediglich dem besseren Verständnis der in diesem Buch behandelten Themen und sind im jeweiligen Kontext zu sehen. Mehrfache, voneinander abweichende Definitionen in unterschiedlichen Kontexten sind daher möglich. Englische Begriffe werden zwar nach Möglichkeit übersetzt, erscheinen aber ggf. unter ihrem englischen Namen in der Liste. Verweise untereinander sind durch ↑ gekennzeichnet.

ANSI *American National Standards Institute*, private, gemeinnützige, amerikanische Organisation zur Koordinierung der Entwicklung freiwilliger Normen in den USA.

Anwenderdokumentation Art der Dokumentation, die sich in erster Linie an die Nutzer eines Programms wendet und deshalb deutlich weniger softwaretechnisch als eine ↑Entwicklerdokumentation formuliert ist, dafür aber meist von einer Kenntnis der für die Software relevanten Problemstellung ausgeht. Im Fokus steht im Gegensatz zur ↑Entwicklerdokumentation gerade *nicht* die Implementierung der Funktionalität, sondern ihre Nutzung. Typische Aspekte einer Anwenderdokumentation sind ein kurzer Überblick über die Merkmale eines Programms, einfache (einführende) Beispiele, konkrete Anwendungsszenarien und ggf. ein strukturiertes und umfangreiches Nutzerhandbuch. Eine gute Anwenderdokumentation ist mit erheblichem Aufwand verbunden, sorgt aber für eine deutlich bessere Nutzbarkeit (und damit Verbreitung) eines Programms.

API *application programming interface*, Programmierschnittstelle oder genauer ↑Schnittstelle zur Anwendungsprogrammierung.

Äquivalenz hier: gleicher Wert bzw. Inhalt zweier Variablen bzw. Objekte (im weiteren Sinn). Beim Vergleich auf Gleichzeit zweier Objekte im weiteren Sinn ist relevant, ob die ↑Identität (dasselbe Objekt) oder die Äquivalenz (der gleiche Wert bzw. Inhalt) überprüft werden sollen.

Arbeitskopie lokale Kopie eines Zustandes eines ↑Repositorys, auf der gearbeitet (entwickelt) bzw. die produktiv eingesetzt wird.

ASCII *American Standard Code for Information Interchange*, 7-Bit-Zeichenkodierung, die als Grundlage für spätere, auf mehr Bits basierende Kodierungen für Zeichensätze dient. Die Zeichenkodierung definiert 128 Zeichen, bestehend aus 33 nicht druckbaren sowie 95 druckbaren Zeichen. Die druckbaren Zeichen umfassen das lateinische Alphabet in Groß- und Kleinschreibung, die zehn arabischen Ziffern sowie einige Interpunktionszeichen (Satzzeichen, Wortzeichen) und andere Sonderzeichen. Der Zeichenvorrat entspricht weitgehend dem einer Tastatur oder Schreibmaschine für die englische Sprache. Vgl. ↑Unicode, ↑UTF-8.

ASpecD *Analysis of Spectroscopic Data*, Python-Framework zur nachvollziehbaren Datenauswertung [2] mit Fokus auf einfacher Bedienbarkeit (↑Rezeptgetriebene Datenauswertung) und lückenloser Protokollierung (↑Provenienz) aller Verarbeitungsschritte.

Assoziation *association*, Interaktion von ↑Objekten/↑Klassen auf die Weise, dass ein Objekt/eine Klasse einen Service für ein anderes Objekt/eine andere Klasse bereitstellt.

Assoziatives Datenfeld *map*, *dictionary* oder *associative array*, Datenstruktur, die – anders als ein gewöhnliches Feld (*array*) bzw. eine Liste (*list*) – nichtnumerische (oder nicht fortlaufende) Schlüssel (zumeist Zeichenketten) verwendet, um die enthaltenen Elemente zu adressieren. Die Elemente sind (meist) in keiner festgelegten Reihenfolge abgespeichert. Idealerweise werden die Schlüssel so gewählt, dass eine für die Programmierer nachvollziehbare Verbindung zwischen Schlüssel und Datenwert besteht (↑semantisches Verständnis).

Attribut im Kontext der ↑objektorientierten Programmierung eine Variable, die innerhalb einer ↑Klasse definiert wird. ↑Methoden operieren auf den Attributen einer ↑Klasse bzw. dem daraus erzeugten ↑Objekt.

Aufrufgraph *call graph*, grafische Darstellung des Kontrollflusses in einer Software, also der Aufrufe von Subroutinen (d. h. ↑Funktionen oder ↑Methoden) untereinander. Dadurch wird die Beziehung der unterschiedlichen Subroutinen untereinander offensichtlich, und zyklische Abhängigkeiten durch wechselseitigen Aufruf (ggf. über mehrere Zwischenschritte) lassen sich erkennen.

Ausnahme *exception*, Verfahren, Informationen über bestimmte Programmzustände – meistens Fehlerzustände – an andere Programmebenen zur Weiterbehandlung weiterzureichen; wird meist auch im Deutschen als „Exception" bezeichnet. Eine Exception wird so lange an höhere Programmebenen weitergereicht, bis sie explizit behandelt wird. Das ermöglicht, ihre Behandlung an eine Ebene zu delegieren, die eine informierte Entscheidung zum Umgang treffen kann, und macht Code robuster und oft schlanker. Wird eine Exception nicht vom Programm abgefangen und behandelt, muss die Laufzeitumgebung diese Aufgabe übernehmen. Sie wird ggf. den weiteren Programmablauf radikal abbrechen.

Auszeichnungssprache *markup language* (ML), maschinenlesbare Sprache für die Gliederung und Formatierung von Texten und anderen Daten. Der bekannteste Vertreter ist die *Hypertext Markup Language* (↑HTML), die Kernsprache des World Wide Webs.

Automatisierung *automation*, Strategie, um sich die manuelle Durchführung repetitiver und meist langweiliger Prozesse zu ersparen, indem sie an Maschinen ausgelagert wird. Automatisierung sorgt für Konsistenz (aber nicht Fehlerfreiheit) und ermöglicht es den menschlichen Akteuren, ihre dadurch freiwerdende Kapazität auf die eigentlichen intellektuellen Aufgaben, die weder automatisiert noch von Algorithmen übernommen werden können, zu verwenden.
Voraussetzungen für die Automatisierung sind u. a. hinreichend uniforme und wiederkehrende Prozess(schritt)e und die intellektuelle Durchdringung der zu automatisierenden Abläufe.
Im weiteren Sinn umfasst Automatisierung auch die so weitreichende Formalisierung von (manuellen) Abläufen, dass keine Denkleistung für deren Durchführung mehr erforderlich ist.

Backup ↑Datensicherung.

Basisklasse ↑Superklasse, oft eine ↑abstrakte Klasse, von der die ↑Klassen, die die eigentlichen Aufgaben übernehmen, durch ↑Vererbung abgeleitet werden. Eine Basisklasse implementiert nur das Nötigste, oft nur die ↑Schnittstelle. Das ↑Liskov-Substitutionsprinzip liefert grundlegende Regeln für diese Vererbungsbeziehung.

BDUF *big design up front*, Ansatz in der Softwareentwicklung, den kompletten Entwurf einer Software sehr detailliert vor dem Beginn der Implementierung zu erstellen. Eine Alternative ist die iterative Entwicklung von unten nach oben (*bottom-up approach*), wie von der agilen Softwareentwicklung propagiert.

Berechenbarkeit Formulierbarkeit einer Berechnungsanweisung (Algorithmus) für eine mathematische Funktion.

Black-Box-Test ↑Test einer zu testenden Einheit ausschließlich über seine öffentlichen Schnittstellen, ohne irgendwelche Annahmen über die Implementierung bzw. interne Abläufe zu treffen. ↑Unittests sind i. d. R. gute Beispiele solcher Black-Box-Tests. Gegenteil: ↑White-Box-Test.

Boolescher Wert „Wahrheitswert", einer der zwei Werte der Booleschen Algebra, repräsentiert durch „0" (*False*) und „1" (*True*). Bedingungen einer ↑Selektion müssen immer zu einem Booleschen Wert evaluierbar sein.

Branch siehe ↑Zweig.

Broken-Window-Theorie in der Kriminologie und Soziologie diskutierte (und höchst umstrittene) Theorie: Eine kaputte Fensterscheibe an einem Haus, die zu lange nicht repariert wird, führt sehr schnell dazu, dass weitere Schäden hinzukommen, dass Leute beginnen, Müll an den falschen Stellen abzulagern, die Hauswand mit Graffiti zu beschmieren etc. Anwendbar auf Qualität von Code: Offensichtliche Nachlässigkeit lädt nicht dazu ein, bei Änderungen selbst sauberer zu programmieren.

BSD *Berkeley Software Distribution*, eine Version des Betriebssystems Unix; heute hauptsächlich bekannt für die ↑BSD-Lizenz. BSD wurde an der University of California Berkeley entwickelt, daher der Name.

BSD-Lizenz gehört zu den sowohl von der *Free Software Foundation* (↑FSF) als auch von der *Open Source Initiative* (↑OSI) anerkannten Lizenzen für freie Software. Die Lizenz erlaubt das Kopieren, Verändern und Weiterverbreiten der durch sie lizenzierten Software. Einzige Bedingung ist die Weitergabe unter BSD-Lizenz und das Mitliefern des Lizenztextes. Im Gegensatz z. B. zur ↑GNU GPL muss der Quellcode *nicht* offengelegt werden, weshalb sich die Lizenz auch für kommerzielle Projekte eignet.

Bug (engl. für „Wanze, Käfer") Programmfehler oder Softwarefehler, allgemein ein Fehlverhalten von Computerprogrammen.

Bugverwaltung *bug tracker*; Software, die spezifisch auf die Handhabung von Fehlern (↑Bug) in Programmen zugeschnitten ist. Strukturiert und vereinfacht den Umgang mit Fehlermeldungen (*bug report*), dokumentiert aufgetretene Fehler und entkoppelt Nutzer und Entwickler zeitlich und räumlich. Darüber kann sie der Diskussion der weiteren Entwicklung dienen, das ist aber eher der Bereich eines ↑Issue Trackers oder dedizierter Projektmanagement-Software.

Build-Umgebung Satz an Werkzeugen, die dafür notwendig sind, ein Programm auszuführen bzw. in von der Hardware (Prozessor) direkt ausführbaren Binärcode (Maschinencode) zu überführen. Welche Werkzeuge dazu gehören und inwieweit es einzelne, voneinander getrennt ansprechbare Werkzeuge sind, hängt stark von der gewählten Programmiersprache und dem verwendeten Betriebssystem ab. Vgl. ↑Compiler, ↑Interpreter und ↑Linker.

Busch, Wilhelm eigentlich Heinrich Christian Wilhelm Busch (1832–1908), einer der einflussreichsten humoristischen Dichter und Zeichner Deutschlands, bekannt für seine Bildergeschichten wie „Max und Moritz“, die ihn zu einem Pionier des Comics machten.

call stack Aufrufstapel, Stapelspeicher, der zur Laufzeit eines Programms Informationen zu den gerade aufgerufenen Unterprogrammen enthält. Wird oftmals im Falle eines schwerwiegenden Fehlers im Programmablauf ausgegeben und erlaubt nachzuvollziehen, in welcher Reihenfolge Unterprogramme (Funktionen, Routinen) aufgerufen wurden, als der Fehler auftrat.

CalVer *calendar versioning*, Serie von Schemata für Versionsnummern, die in der einen oder anderen Form ein Datum beinhalten. Für Details vgl. ► https://calver.org/. Ein alternatives, auf ↑Abwärtskompatibilität zielendes und bei ↑freier Software vergleichsweise weitverbreitetes Schema ist ↑SemVer.

CamelCase Schreibweise, bei der zusammengesetzte Worte direkt miteinander verbunden werden und jeder Wortteil mit einem Großbuchstaben beginnt. I. d. R. werden Abkürzungen, die in Großbuchstaben erscheinen, komplett groß geschrieben und das nächste Wort mit einem Großbuchstaben begonnen, z. B. `HTTPResponse`.

Changelog Liste von Änderungen, sortiert nach dem Datum ihres Auftretens. Lässt sich häufig vollständig aus den Commit-Kommentaren einer ↑Versionsverwaltung erzeugen. Mitunter wird die Liste auch händisch gepflegt und enthält dann übersichtlich die wichtigsten Änderungen zwischen Versionen inkl. Hinweisen zur ↑Abwärtskompatibilität.

Checkout Holen einer Version (↑Revision) aus dem ↑Repository.

Clean Code „sauberer Code“, letztlich lesbarer Code, der insbesondere im Kontext der naturwissenschaftlichen Datenauswertung die essentiellen Kriterien von Wiederverwendbarkeit, Zuverlässigkeit und Überprüfbarkeit erfüllt.

CODATA *Committee on Data of the International Council for Science*, in den 1960er-Jahren vom Internationalen Wissenschaftsrat (ICSU) gegründete Organisation, deren Ziel die Verbesserung von Qualität, Zuverlässigkeit und Zugänglichkeit interessanter Daten aus allen Feldern der Wissenschaft und Technologie ist. Vielleicht am bekanntesten sind die CODATA-Empfehlungen für physikalische Konstanten, die einen optimal geschätzten Satz von Werten physikalischer Konstanten und der zugehörigen Standardunsicherheiten darstellen und regelmäßig (aktuell alle vier Jahre) veröffentlicht werden.

Code Review Gemeinsame Begutachtung eines Quellcode-Abschnitts eines Projektes durch mehrere Projektbeteiligte. Ein Code Review ist formaler als das ↑Pair Programming, außerdem wird beim Code Review in der Regel *nicht* programmiert, sondern nur über den Quellcode diskutiert. Ziele eines Code Reviews sind u. a.: Wissensvermittlung innerhalb des Teams, Sicherstellen eines gemeinsamen Kenntnisstands, Entwicklung von Ideen für die Weiterentwicklung. Eine Verbesserung des diskutierten Codes geht meist damit einher, allerdings sollte Kritik immer konstruktiv sein.

Codeanalysator Werkzeug zur ↑Codeanalyse, i. d. R. zur ↑statischen Codeanalyse.

Codeanalyse i. d. R. zumindest teilweise automatisch durchgeführte Analyse des Quellcodes einer Software vor oder während ihrer Ausführung. Die Analyse ohne Ausführung des Quellcodes heißt ↑statische Codeanalyse, jene während der Ausführung ↑dynamische Codeanalyse. Eng verwandt mit dem systematischen Testen von Software (vgl. ↑Unittest).

Codeoptimierung Veränderung der ↑Laufzeit und des ↑Ressourcenverbrauchs von Code ohne Einfluss auf sein von außen erkennbares Verhalten. Strukturiertes und systematisches Vorgehen, das die Wahrscheinlichkeit, Fehler einzuführen, minimiert. Im Gegensatz zum ↑Refactoring steht nicht die verbesserte Lesbarkeit und Kommunikation des Quellcodes im Fokus, sondern die ↑Laufzeit und der ↑Ressourcenverbrauch. In dieser Hinsicht optimierter Quellcode wird i. d. R. weniger gut lesbar sein. Deshalb sollte Codeoptimierung nur wenn und soweit wie unbedingt notwendig durchgeführt werden. Setzt zwingend ausreichende (automatisierte) ↑Tests, idealerweise ↑Unittests, und die verlässliche Messung der ↑Laufzeit und des ↑Ressourcenverbrauchs, meist mithilfe eines ↑Profilers, voraus.

Coding Conventions Innerhalb der Entwicklergruppe eines Projektes zumindest zu einem gegebenen Zeitpunkt festgelegte Konventionen zu bestimmten Aspekten der Formatierung von Quellcode. Oft als Gestaltungsleitfaden (*style guide*) kodifiziert. Dient der Vereinheitlichung und trägt dadurch wesentlich zur Lesbarkeit bei. Wichtiger als der Inhalt ist die konsequente Befolgung der Konventionen und der möglichst breite Konsens über die Inhalte innerhalb der Entwicklergruppe.

Commit Übertragen einer Version (↑Revision) in das ↑Repository.

Common-Closure-Prinzip Verallgemeinerung des ↑Single-Responsibility-Prinzips auf der Ebene der ↑Softwarearchitektur: Einheiten, die sich aus den gleichen Gründen verändern, sollten zusammengefasst, solche, die sich aus unterschiedlichen Gründen ändern, voneinander getrennt werden. Wird bei der Architektur des Gesamtsystems zur ↑Achse der Veränderung.

Common-Reuse-Prinzip Verallgemeinerung des ↑Interface-Segregation-Prinzips auf Ebene der ↑Softwarearchitektur: Nutzer einer Komponente sollten nicht von Dingen abhängen, die sie nicht benötigen. Liefert Hinweise darauf, was in einer Komponente zusammengefasst werden sollte und was nicht. Lässt sich gemeinsam mit dem ↑Interface-Segregation-Prinzip allgemein zusammenfassen zur Regel: „Hänge nicht von Dingen ab, die du nicht brauchst."

Compiler Im Deutschen meist als „Übersetzer" bezeichnetes Programm, das den Quellcode eines Programms in direkt auf der Hardware ausführbaren Maschinencode übersetzt. Kompilierte Sprachen sind im Gegensatz zu interpretierten Sprachen (↑Interpreter) meist deutlich schneller, aber in binärer Form (Maschinencode) an eine spezifische Hardwareplattform gebunden. Moderne Compiler beinhalten häufig einen ↑Linker.

Conways Gesetz Organisationen, die Systeme entwerfen, werden immer Entwürfe erstellen, die sich an den Kommunikationsstrukturen dieser Organisationen orientieren [3].

Copyleft Klausel in urheberrechtlichen Nutzungslizenzen (↑Lizenz), die den Lizenznehmer dazu verpflichten, jegliche Bearbeitung des Werkes unter die Lizenz des ursprünglichen Werkes zu stellen. Das soll verhindern, dass veränderte Fassungen des Werkes mit Nutzungseinschränkungen weitergegeben werden, die das Original nicht hat.

Creative Commons Name einer 2011 in den USA gegründeten gemeinnützigen Organisation, die eine Reihe nach ihr benannter Standard-Lizenzverträge (↑Lizenz) veröffentlicht hat, die einem Autor erlauben, der Öffentlichkeit auf einfache Weise Nutzungsrechte an seinen Werken einzuräumen. Die CC-Lizenzen erfreuen sich relativ weiter Verbreitung und großer Beliebtheit. Sie wurden und werden in unterschiedliche Rechtssysteme portiert und erlauben dadurch relativ einfach eine breite internationale Anwendung. Es gibt relativ viele verschiedene CC-Lizenzen, von CC0 (↑Public Domain) bis hin zu sehr restriktiven Lizenzen.

CSV *comma-separated values*, ↑Datenformat für zeilenweise Speicherung zusammengehöriger Daten, ähnlich der Zeilen in einer Tabelle. Die einzelnen Felder in einer Zeile werden oft durch Komma (daher der Name), ggf. aber auch durch Semikolon getrennt. Im Gegensatz zu ↑DSV wurde CSV nie standardisiert, weshalb es Tabellenkalkulationen großer Hersteller gibt, die zwar CSV exportieren, aber den eigenen Export nicht mehr importieren können. Insbesondere der Umgang mit Feldtrennern innerhalb eines Feldes ist nicht festgelegt.

CVS *Concurrent Versions System*, freies, quelloffenes, aber nicht mehr weiterentwickeltes zentrales (↑Server-Client-Konzept) ↑Versionsverwaltungssystem, das sich ursprünglich großer Beliebtheit für die Entwicklung von Software erfreute. Der direkte Nachfolger ist ↑Subversion.

Datenbank *database* (DB), auch Datenbanksystem genannt; System zur elektronischen Datenverwaltung. Die wesentliche Aufgabe einer Datenbank besteht darin, große Datenmengen effizient, widerspruchsfrei und dauerhaft zu speichern und benötigte Teilmengen in unterschiedlichen, bedarfsgerechten Darstellungsformen für Benutzer und Anwendungsprogramme bereitzustellen. Eine Datenbank besteht aus zwei Teilen: der Verwaltungssoftware (Datenbankmanagementsystem, DBMS) und der Menge der zu verwaltenden Daten, der Datenbank (DB) im engeren Sinn. Die Verwaltungssoftware organisiert intern die strukturierte Speicherung der Daten und kontrolliert alle lesenden und schreibenden Zugriffe auf die Datenbank. Zur Abfrage und Verwaltung der Daten bietet ein Datenbanksystem eine Datenbanksprache (eine eigenständige Programmiersprache, häufig ↑SQL) an.

Datenformat digitales Speicherformat für Daten jeglicher Form. Grundsätzlich werden binäre und Textformate unterschieden. Während Erstere meist mit deutlich geringerem Speicherbedarf auskommen, sind sie im Gegensatz zu Letzteren nicht ohne Hilfsmittel lesbar. Textformate hingegen sind, ein beliebiger Texteditor vorausgesetzt, prinzipiell menschenlesbar. Wichtige Vertreter binärer Datenformate in den Naturwissenschaften sind ↑HDF5 und ↑IEEE 754 (eigentlich ein Standard für die Darstellung von Gleitkommazahlen). Wichtige Vertreter von Textformaten sind ↑CSV, ↑DSV, ↑JSON, ↑Windows-INI, ↑XML und ↑YAML.

Datensatz Einheit aus (numerischen) Daten und Informationen über die Daten (↑Metadaten).

Datensicherung *backup*, Kopieren von Daten in der Absicht, diese im Fall eines Datenverlustes zurückkopieren zu können, entsprechend eine elementare Maßnahme zur Datensicherheit. Setzt eine sinnvolle Strategie zur langfristigen Absicherung sowohl gegen Verlust als auch gegen (ungewollte und oft zufällige) Veränderung voraus. Genauso entscheidend wie eine gute Strategie und regelmäßige Datensicherung ist dabei, die erzeugten Sicherungskopien regelmäßig auf korrekte Funktion ZU überprüfen.

Debugger Werkzeug zur Diagnose und zum Auffinden von Fehlern (↑Bug) in Programmen. Debugger bringen eine Reihe hilfreicher Funktionalitäten zur Analyse eines in einem Programmablauf aufgetretenen Fehlers mit und sind oft in einer ↑IDE integriert.

Degenerierte Methode ↑Methode, die zwar in der ↑Basisklasse (↑Superklasse) definiert, aber in der durch ↑Vererbung abgeleiteten Klasse (↑Subklasse) nicht verwendet wird.

Dependency Inversion Umkehr der ↑Abhängigkeiten gegenüber der intuitiven Implementierung. Abhängigkeiten sollten häufig entgegen dem ↑Kontrollfluss verlaufen.

Dependency-Inversion-Prinzip (DIP) Anwendung der ↑Dependency Inversion: Abstraktionen sollten nicht von Details abhängen. Umgekehrt sollten Details auf Abstraktionen aufbauen.

deprecated überholt, Bezeichnung für Funktionalität, die zwar aktuell noch vorhanden ist, aber in absehbarer Zeit aus einem Programm entfernt werden wird. Die Übergangsfrist sollte dem Nutzungsszenario angemessen gewählt und Nutzer entsprechend informiert werden.

Diff Vergleich zweier Versionen (↑Revisionen); mitunter bieten Editoren gleichzeitig den Vergleich und die Möglichkeit der Zusammenführung (↑merge). Es gibt ein gleichnamiges Kommandozeilenprogramm in der Unix-Welt, das genau diese Aufgabe erfüllt.

Distribution 1. (allg.) gesamtwirtschaftliche Verteilung von Distributionsobjekten, u. a. Waren, Dienstleistungen, Rechte, Entgelte und Informationen. 2. (Software) Zusammenstellung von Softwarekomponenten, die als Komplettpaket weitergegeben wird.

Dokumentation im Kontext eines ↑Systems zur Datenverarbeitung mehrere Aspekte, angefangen von der ↑Anwenderdokumentation und ↑Entwicklerdokumentation verwendeter Software bis zum Protokoll aller Verarbeitungsschritte von Daten eines Datensatzes (↑Historie). Vgl. ↑selbstdokumentierend (1.).

DokuWiki freie, quelloffene ↑Wiki-Software, die in PHP geschrieben ist, eine hierarchische Organisation der Inhalte erlaubt und als Textdateien mit zugehörigen Medien direkt in einer Verzeichnisstruktur abbildet. Der Verzicht auf eine Datenbank und die Verwendung des Dateisystems macht DokuWiki sehr flexibel und robust.

Domain-Driven Design DDD, ein gutes ↑Modell der komplexen Realität und Fragestellung bildet die Grundlage für den ↑Kern einer Anwendung.

DRY *Don't repeat yourself*, (nicht nur) in der angelsächsischen Programmierwelt verbreitetes Akronym und wichtige Regel für die Programmierung. Zentrales Programmierprinzip und Konzept für sauberen Code (↑Clean Code): Doppelungen im Code sind meist ein guter Hinweis darauf, dass eine ↑Abstraktion fehlt bzw. nicht erkannt wurde. Darüber hinaus sind Doppelungen im Code ein zentraler Grund für schlechte Qualität und Wartbarkeit.

DSV *delimiter-separated values*, ↑Datenformat für zeilenweise Speicherung zusammengehöriger Daten, ähnlich der Zeilen in einer Tabelle. Im Gegensatz zu ↑CSV ist das Format eindeutig definiert. Das Trennzeichen (*delimiter*) ist beliebig wählbar. Sollte es innerhalb eines Feldes auftauchen, wird es durch Backslash („\“) geschützt.

Dyadisch hier: zwei Argumente (↑Parameter) verlangend. Es gibt sowohl dyadische (binäre) Operatoren als auch dyadische Funktionen. Beispiele für dyadische (binäre) Operatoren sind die arithmetischen Operatoren („+“, „–“, ...). Dyadische Funktionen sind in der Programmierung weitverbreitet. Deren Namen sollten so gewählt werden, dass die Reihenfolge der Parameter offensichtlich ist. Vgl. ↑niladisch, ↑monadisch und ↑triadisch.

Dynamische Codeanalyse ↑Codeanalyse während der Ausführung des Quellcodes. Ein Programm oder Teile davon werden kontrolliert ausgeführt, um so mögliches Fehlverhalten aufzuspüren. Kommt in unterschiedlichen Varianten vor, u. a. als ↑Test gegen eine Spezifikation (vgl. ↑Unittest). Gegenstück: ↑Statische Codeanalyse.

Editor Programm zum Erstellen von Quellcode, der dann entweder kompiliert oder interpretiert und ausgeführt werden kann. Grundsätzlich ist für (fast) alle Programmiersprachen ein reiner Texteditor ausreichend. Oftmals steigern integrierte Entwicklungsumgebungen (↑IDE) die Produktivität allerdings ganz erheblich.

Eineindeutigkeit Bijektivität, Eindeutigkeit in beiden Richtungen. Mathematisch die Abbildung eines Elements einer Menge auf genau ein Element einer zweiten Menge und umgekehrt, weshalb Definitions- und Zielmenge die gleiche Mächtigkeit aufweisen. Im Kontext von Versionsnummern die Eindeutigkeit der Zuordnung einer Versionsnummer zu *genau einem* Zustand der Software und umgekehrt der Zuordnung eines Zustandes der Software zu *genau einer* Versionsnummer. Im Kontext von Namen bedeutet das: Jeder Name bildet auf *genau ein* Konzept ab, sodass man eindeutig vom Namen auf das dahinterstehende Konzept und vom Konzept eindeutig auf den Namen schließen kann.

Entität allgemeine Bezeichnung für ein sprachliches bzw. gedankliches Objekt oder für ein außersprachliches Bezugsobjekt [4, S. 138].

Entwicklerdokumentation Art der Dokumentation, die sich in erster Linie an Entwickler, d. h. Programmierer, wendet und auf die Weiterentwicklung der Software fokussiert. Wesentlicher Bestandteil einer solchen Dokumentation ist i. d. R. die ↑API-Dokumentation, die sich meist automatisch aus den Kommentarköpfen im Quellcode generieren lässt. Die Aspekte einer externen Projektdokumentation (Anforderungsanalyse, ↑High-Level-Design, ↑Roadmap, ↑Changelog, ↑Coding Conventions) und Ideen für die weitere Planung sind oft Teil einer solchen Entwicklerdokumentation sowie die Beschreibung derjenigen Alternativen, die betrachtet aber nicht gewählt wurden. Bei einer Bibliothek ist die Entwicklerdokumentation relevant für die Nutzung derselben zur Entwicklung darauf basierender eigener Programme. Vgl. ↑Anwenderdokumentation.

Entwicklerversion eine ↑Arbeitskopie der Software, an der aktiv entwickelt wird und die im Gegensatz zu ↑Produktivversionen *nicht* für den produktiven Einsatz gedacht ist. Entwicklerversionen sollten entsprechend (z. B. im Versionsnummernschema) klar gekennzeichnet werden. Ein Problem solcher Entwicklerversionen und gleichzeitig der Grund, warum sie *nie* produktiv für (bleibende) Datenauswertung verwendet werden sollten, ist der, dass die ↑Eineindeutigkeit zwischen ↑Versionsnummer und Zustand der Software nicht gewährleistet werden kann, da die Versionsnummer frühestens beim nächsten ↑commit inkrementiert, die Software aber zwischendurch ggf. aktiv verändert und weiterentwickelt wird.

Entwurf gemäß Vereinbarung ↑*design by contract*, Vor- und Nachbedingungen für Codeblöcke werden explizit im Quellcode festgehalten und lassen sich so vom Compiler und zur Laufzeit überprüfen. Wird nur von wenigen Programmiersprachen konsequent unterstützt (z. B. ADA/SPARC, Eiffel), die meist in sicherheitskritischen Anwendungen (z. B. Flugsicherung/Luftraumüberwachung, Raumfahrt) eingesetzt werden. Eine Möglichkeit der Formalisierung in anderen Programmiersprachen sind ↑Unittests.

Entwurfsmuster *design patterns*, erprobte und bewährte Lösungen für wiederkehrende Probleme in der Softwareentwicklung. Beschreibungen miteinander kommunizierender ↑Objekte und ↑Klassen, die maßgeschneidert sind, um ein generelles Entwurfsproblem in einem bestimmten Kontext zu lösen [5, S. 3]. Entwurfsmuster liefern eine (↑abstrakte) Beschreibung des dahinterstehenden Konzeptes und haben meist einen etablierten Namen, der die Kommunikation erleichtert. Es gibt ganze Kataloge solcher Muster, und viele der ursprünglich beschriebenen Entwurfsmuster sind heute in vielen Programmiersprachen fest etabliert.

Externe Dokumentation Dokumentation außerhalb des Quellcodes, meist von Konzepten etc. Das Problem externer Dokumentation ist noch viel mehr als bei Dokumentation im Quellcode (↑Schnittstellendokumentation), dass sie nur mit großem Aufwand synchron mit dem Quellcode gehalten werden kann.

Externe Dokumentation nicht direkt im Quellcode der Software, sondern entweder in separaten Dateien neben dem Quellcode oder komplett von ihm getrennt vorliegende Dokumentation.

Feature Request Anfrage nach einer neuen Funktion einer Software, die oft über einen ↑Issue Tracker an die Entwickler gestellt wird. Die Verwendung eines ↑Issue Trackers oder einer ↑Bug-Verwaltung für diesen Zweck erlaubt die Strukturierung der Kommunikation zwischen Anfragendem und Entwicklern, die Archivierung einer solchen Anfrage und die Zuweisung zu einem konkreten Entwickler zur Bearbeitung.

feature branch ↑Branch zur Entwicklung neuer (größerer) Funktionalität. Besonders hilfreich bei der Entwicklung größerer Projekte mit einer aktiven Nutzerbasis, da so die aufwendigere Entwicklung ungestört stattfinden kann. Ist die Entwicklung abgeschlossen, wird der feature branch mit dem Hauptentwicklungszweig zusammengeführt (↑merge).

Fehlerbehebung Behebung von Fehlern (↑Bugs) in Software, häufig unter Verwendung eines ↑Debuggers. Sollte immer ein systematisches Vorgehen sein.

Flag „Markierung", hier: Bezeichnung für eine Option (einen Schalter), die einem ↑Compiler übergeben wird und ggf. zu optimiertem Binärcode führen kann. Oft sind die Standardeinstellungen von Compilern auf größtmögliche Kompatibilität ausgerichtet, nicht auf maximale Effizienz, geringste ↑Laufzeit (1.) und geringsten ↑Ressourcenverbrauch.

Forschungssoftware engl. *research software*, Software, die spezifisch für Forschungszwecke entwickelt wurde/wird. Mittlerweile wird Forschungssoftware von manchen Autorinnen und Autoren bzw. Institutionen zu den Forschungsdaten im weiteren Sinne gezählt. Auf jeden Fall sollte Forschungssoftware als wesentlicher Teil der Forschung und oft essentielles Werkzeug für den wissenschaftlichen Erkenntnisgewinn ernst genommen und wo immer möglich publiziert werden. Vgl. ↑Softwarepublikation.

Framework Rahmenstruktur, Ordnungsrahmen; in der Softwaretechnik ein Programmiergerüst, das den Rahmen zur Verfügung stellt, innerhalb dessen der Programmierer eine Anwendung erstellt. Die Struktur der individuellen Anwendung wird u. a. durch die im Framework verwendeten ↑Entwurfsmuster beeinflusst. Das ↑Dependency-Inversion-Prinzip ist eine wesentliche Voraussetzung für den Entwurf flexibler, wiederverwendbarer Frameworks.

Freie Software Software, die Endnutzern die Freiheiten der Nutzung, des Überprüfens/Studierens, des Teilens und des Modifizierens der Software gewährt. Das erfordert zwingend die Offenlegung des Quellcodes der Software. Der Begriff „frei" bezieht sich hier auf die Freiheiten des Nutzers, nicht auf die Kosten der Software. Die Begriffe *open source* und „freie Software" sind nicht gänzlich deckungsgleich.

FSF *Free Software Foundation*, von Richard Stallman 1985 mit dem Zweck gegründete Organisation, freie Software zu fördern und das für diese Arbeit notwendige Kapital zusammenzutragen. Herausgeberin u. a. der ↑GNU GPL.

Funktion im Kontext der ↑strukturierten Programmierung eine Liste von Anweisungen, die eine bestimmte Aufgabe erfüllt und der Programmiersprache unter einem festen Namen bekannt ist. Vgl. ↑Methode.

Funktionale Programmierung ein ↑Programmierparadigma, das auf dem ↑Lambda-Kalkül basiert, sich stark an der mathematischen Definition von Funktionen orientiert und im strengen Sinn auf die explizite Zuweisung von Werten zu Variablen verzichtet. Wichtige Elemente sind ↑Listen und die ↑Rekursion. Durch den Verzicht auf explizite Zuweisungen sind funktionale Programme frei von ↑Seiteneffekten und eignen sich damit hervorragend für Parallelisierung. Wichtige Vertreter funktionaler Programmiersprachen sind Lisp, Haskell und Erlang. Die Konzepte finden sich mittlerweile aber auch in vielen anderen Programmiersprachen, darunter Python, C++ und Java.

Gang of Four GoF, Bezeichnung für die Autoren des Werkes *Design Patterns. Elements of Reusable Object-Oriented Software* [5], namentlich Erich Gamma, Richard Helm, Ralph Johnson und John Vlissides. Das Erscheinen dieses Buches gilt als eigentliche Geburtsstunde der ↑Entwurfsmuster in der Softwareentwicklung.

Generische Routine Funktionalität (als ↑Funktion oder ↑Klasse implementiert), die eine ↑abstrakte Schnittstelle implementiert und so modular die Verarbeitung unterschiedlicher Inhalte ermöglicht. Lässt sich mit etwas Mühe auch ↑strukturiert implementieren. Die ↑objektorientierte Programmierung spielt hier aber über ↑Vererbung und ↑Polymorphie ihre Stärken aus.

Gesetz von Demeter *Law of Demeter* (LoD), sprachunabhängige Regel für die objektorientierte Programmierung, die ↑Kapselung und ↑Modularisierung fördert. Objekte sollten nur mit Objekten in ihrer unmittelbaren Umgebung kommunizieren. Umgangssprachlich formuliert: „Sprich nur zu deinen nächsten Freunden." Führt zum Begriff des „schüchternen Codes". Lässt sich formalisieren und ist daher als Metrik geeignet [6].

Git freies, quelloffenes, verteiltes ↑Versionsverwaltungssystem, ursprünglich binnen Tagen für die Entwicklung des Linux-Kernels von dessen Hauptentwickler Linus Torvalds entwickelt, erfreut es sich mittlerweile großer Beliebtheit nicht nur für die Entwicklung freier Software.

GNU rekursives Akronym: *GNU is Not Unix.*

GNU GPL ↑*GNU General Public License*, die am weitesten verbreitete Softwarelizenz (↑Lizenz) für ↑freie Software. Enthält eine ↑Copyleft-Klausel.

Gödelscher Unvollständigkeitssatz einer der wichtigsten Sätze der modernen Logik. Befasst sich mit der Ableitbarkeit von Aussagen in formalen Systemen und zeigt die Grenzen der formalen Systeme ab einer bestimmten Leistungsfähigkeit auf. Nachweis, dass es in hinreichend starken Systemen, wie der Arithmetik, Aussagen geben muss, die man weder formal beweisen noch widerlegen kann. Wurde 1931 von Kurt Gödel veröffentlicht und bedeutete das Ende des Hilbertprogramms, das die Widerspruchsfreiheit der Mathematik ausgehend von Axiomen zu beweisen suchte.

Graue Literatur Schriften, die nicht im eigentlichen Sinne veröffentlicht wurden und nicht über den Buchhandel bzw. Fachverlage zugänglich sind. Dadurch meist auch schwer oder nicht zitierfähig.

Größeres Projekt hier: Alles, was mehr als zwei Wochen Arbeit kostet und deutlich mehr als zweihundert Zeilen (reinen) Quellcode bzw. mehr als eine Handvoll Unterfunktionen umfasst. Wichtig ist der Fokus: Sobald ein Programm über längere Zeit und/oder von anderen verwendet werden soll (was eher die Regel statt die Ausnahme ist), ist es ein größeres Projekt.

GUI *graphical user interface*, grafische ↑Nutzerschnittstelle.

Halteproblem Fragestellung aus der theoretischen Informatik. Beschreibt die Frage, ob die Ausführung einer Rechenvorschrift (Algorithmus) zu einem Ende gelangt. Alan Turing konnte beweisen, dass es keinen Algorithmus gibt, der diese Frage für alle möglichen Algorithmen und beliebige Eingaben beantwortet. Das Halteproblem ist somit algorithmisch nicht entscheidbar. Dieses Ergebnis ist von grundlegender Bedeutung für die Berechenbarkeitstheorie (↑Berechenbarkeit). Die generelle Unentscheidbarkeit des Halteproblems ist eng verwandt mit dem ↑Gödelschen Unvollständigkeitssatz.

Hammer-Nagel-Problem Metapher für das Phänomen, dass gerade anfangs eine neu erlernte Strategie exzessiv und deshalb zu viel eingesetzt wird. Lässt sich nur durch Erfahrung lösen.

Hash ↑Prüfsumme.

HDF5 *Hierarchical Data Format*, ↑Datenformat, das insbesondere in wissenschaftlichen Anwendungen für die Speicherung großer Datenmengen verwendet wird. Optimierte Strukturen und Algorithmen erlauben das effiziente Speichern und Auslesen von ein- und mehrdimensionalen Tabellen, ohne dass jeweils der komplette Inhalt der Datei in den Speicher geladen werden muss. Tabellen und andere Daten können in ein und derselben Datei in einer beliebigen Verzeichnisstruktur abgelegt werden. Das ermöglicht u. a. die gleichzeitige Speicherung von Messwerten und zugehörigen ↑Metadaten. Das Format wurde vom *National Center for Supercomputing Applications* (NCSA) entwickelt und wird u. a. von der NASA für Missionen verwendet.

Heuristik die Kunst, mit begrenztem Wissen und wenig Zeit dennoch zu wahrscheinlichen Aussagen oder praktikablen Lösungen zu kommen; analytisches Vorgehen, bei dem mit begrenztem Wissen über ein System mithilfe von mutmaßenden Schlussfolgerungen Aussagen über das System getroffen werden. Die Aussagen können von der optimalen Lösung abweichen. Ist eine optimale Lösung bekannt, lässt sich durch Vergleich die Güte der Heuristik bestimmen.

Hierarchieebene lokaler Kontext eines Ausdrucks im Quellcode. Ein Schleifenkörper z. B. befindet sich gegenüber dem ihn umgebenden Quellcode auf einer niedrigeren Hierarchieebene. Eine Hierarchieebene wird oft durch entsprechende Einrückung optisch gekennzeichnet.

High-Level-Design Architektur einer Software bzw. eines Programms; Aufteilung in große Komponenten und deren Zusammenspiel.

Historie im Kontext eines ↑Systems zur Datenverarbeitung ein (vollständiges) Protokoll aller Verarbeitungsschritte auf den Daten eines Datensatzes. Das Protokoll sollte neben *allen* Parametern eines Verarbeitungsschrittes auch die Versionsnummer der jeweils verwendeten Routine enthalten, die in Verbindung mit einer ↑Versionsverwaltung erlaubt, genau die jeweils verwendete Fassung (↑Revision) wiederherzustellen bzw. zu untersuchen. Notwendige Voraussetzung für ↑reproduzierbare Wissenschaft.

Horizontale Dichte zusammenhängende Teile eines Ausdrucks werden nicht durch Leerzeichen unterbrochen. Ein Beispiel ist die öffnende Klammer nach einem Funktionsnamen. Vgl. als Gegensatz die ↑horizontale Offenheit.

Horizontale Offenheit Sinneinheiten eines Ausdrucks werden voneinander durch Leerzeichen getrennt. Ein Beispiel ist der Zuweisungsoperator (=). Vgl. als Gegensatz die ↑horizontale Dichte.

Hotfix kurzfristige Behebung eines (den Entwicklern) bekannt gewordenen kritischen Fehlers in einer ↑Produktivversion der Software. Wird in einer Produktivversion ein Fehler bekannt, der zügig behoben werden soll, ohne auf die nächste Produktivversion zu warten, bietet sich die Behebung in einem zugehörigen kurzlebigen ↑Branch an, der direkt von der letzten Produktivversion abzweigt, den Fehler behebt, und anschließend wieder mit dem Hauptzweig zusammengeführt wird (↑merge). Wichtig ist dabei, die Fehlerbehebung auch in den Entwicklungszweig einfließen zu lassen – und ggf. entsprechende ↑Tests zu entwickeln, die ihn automatisch detektieren können.

HTML *Hypertext Markup Language*, textbasierte ↑Auszeichnungssprache zur Strukturierung elektronischer Dokumente wie Texte mit Hyperlinks, Bildern und anderen Inhalten. HTML-Dokumente sind die Grundlage des World Wide Web und werden von Webbrowsern dargestellt. Neben den vom Browser angezeigten Inhalten können HTML-Dateien zusätzliche Angaben in Form von Metainformationen enthalten, z. B. über die im Text verwendeten Sprachen, den Autor oder den zusammengefassten Inhalt des Textes.

IDE integrierte Entwicklungsumgebung, engl. *integrated development environment*; Software zur Programmierung (Quellcode-Erstellung), die neben einem ↑Editor als Hauptkomponente noch diverse weitere Werkzeuge integriert. Häufig integriert sind der Zugriff auf die ↑Versionsverwaltung, die ↑Build-Umgebung und ein ↑Debugger sowie Werkzeuge zur ↑statischen Codeanalyse. Darüber hinaus unterstützt die ↑Editor-Komponente einer IDE nicht nur (komplexe) Syntax-Hervorhebung, sondern auch Aspekte wie ↑Refactoring. Nachteile einer IDE sind die steile Lernkurve aufgrund der erheblichen Komplexität dieser Programme. Eine gute IDE und ihre souveräne Beherrschung durch einen Programmierer haben andererseits erheblichen Einfluss auf Qualität und Geschwindigkeit des Programmierens.

Identität hier: das identische Objekt (im weiteren Sinn). Beim Vergleich auf Gleichzeit zweier Objekte im weiteren Sinn ist relevant, ob die Identität (dasselbe Objekt) oder die ↑Äquivalenz (der gleiche Wert bzw. Inhalt) überprüft werden sollen.

Idiom unterschiedliche Bedeutungen; Linguistik: Spracheigentümlichkeit; Softwaretechnik: Umsetzung (Implementierung) abstrakter ↑Muster bzw. Lösung einfacher Aufgaben (auf niedrigster ↑Abstraktionsebene) in einer konkreten Programmiersprache

IEEE *Institute of Electrical and Electronics Engineers*, weltweiter Berufsverband von Ingenieuren hauptsächlich aus den Bereichen Elektrotechnik und Informationstechnik. Der Verband veranstaltet Fachtagungen, gibt diverse Fachzeitschriften heraus und bildet Gremien für die Standardisierung von Techniken, Hardware und Software.

IEEE 754 Norm des ↑IEEE, die die Standarddarstellungen für binäre Gleitkommazahlen in Computern definiert und genaue Verfahren für die Durchführung mathematischer Operationen, insbesondere für Rundungen, festlegt. In der Fassung ↑ANSI/↑IEEE 754-1985 ist nur der Standard für 64 Bit eindeutig.

Importroutine Softwareeinheit (oft eine ↑Funktion oder ↑Klasse), die ein ↑Datenformat einlesen und in eine für das jeweilige Programm intern sinnvolle Repräsentation umwandeln kann. Die Repräsentation von Daten innerhalb einer Anwendung sollte immer unabhängig vom jeweiligen externen Datenformat sein (eine Anwendung des ↑Dependency-Inversion-Prinzips).

Infodatei *Infofile*, Format zur Erhebung von Metadaten während der Datenaufnahme mit Fokus auf Schreibbarkeit durch den Menschen [7], das vom ↑Windows-INI-Dateiformat inspiriert wurde und Blöcke von Schlüssel-Wert-Paaren ermöglicht.

Infrastruktur personelle, sachliche und finanzielle Ausstattung, um ein angestrebtes Ziel zu erreichen. Im Kontext der Softwareentwicklung die Gesamtheit der Hilfsmittel, die (manche) Abläufe formalisieren und für Struktur und Überprüfbarkeit sorgen. Erleichtert die Arbeit des Programmierers, indem sie viele Aspekte festlegt, die so zur Routine werden (und keine Denkleistung absorbieren).

Inkrementieren hochzählen.

Instanzvariable Variable eines ↑Objektes, die entsprechend in einer ↑Klasse definiert wird und aus allen ↑Methoden der Klasse heraus erreichbar ist.

Integrationstest ↑Test des Zusammenspiels mehrerer Codeblöcke. Einzelne Codeblöcke wurden vorher über ↑Unittests überprüft. Entsprechend finden Integrationstests nicht mehr (notwendigerweise) in Isolation statt. Vgl. ↑Unittest, ↑Systemtest.

Intellektuelle Beherrschbarkeit *intellectual manageability*, nach Edsger Dijkstra [1] das Hauptziel der Softwaretechnik (*software engineering*) – und letztlich des Projektmanagements. Unterschiedliche Lösungsansätze für ein Problem sind unterschiedlich gut intellektuell beherrschbar. Entsprechend ist die intellektuelle Beherrschbarkeit das zentrale Kriterium für die Entscheidung, welche Lösung für ein Problem bevorzugt wird.

Interface Segregation Aufteilung der ↑Schnittstelle einer ↑Klasse oder eines ↑Moduls mit dem Ziel möglichst geringer ↑Kopplung und hoher ↑Kohäsion.

Interface-Segregation-Prinzip Anwendung der ↑Interface Segregation: Nutzer sollten nicht dazu gezwungen werden, von Methoden abzuhängen, die sie nicht verwenden.

Interpreter Im Gegensatz zum ↑Compiler ein Programm, das den Quellcode eines Programms nicht in direkt ausführbaren Maschinencode übersetzt, sondern den Quellcode einliest, analysiert und ausführt. Die Übersetzung des Quellcodes erfolgt entsprechend zur Laufzeit des Programms, was die Ausführungsgeschwindigkeit gegenüber kompilierten Programmen (↑Compiler) in der Regel deutlich reduziert. ↑Skriptsprachen werden in der Regel interpretiert und nur selten kompiliert.

ISP ↑Interface-Segregation-Prinzip, vgl. ↑SOLID.

Issue Tracker Software zum Empfang, zur Bestätigung, Klassifizierung und Bearbeitung von Kundenanfragen. Erklärtes Ziel ist, dem Verlust von Nachrichten vorzubeugen und jederzeit einen Gesamtüberblick über die zu bearbeitenden Vorgänge zu ermöglichen. Ein Issue Tracker erlaubt die Zuweisung einer Anfrage (*ticket*) an einen Verantwortlichen zur weiteren Bearbeitung bis zur Lösung. Die Grenzen zur ↑Bug-Verwaltung sind mitunter fließend, andererseits bilden Issue Tracker mitunter einen integralen Bestandteil einer Projektmanagement-Software.

Iteration eine von zwei Kontrollstrukturen der ↑strukturierten Programmierung, neben der ↑Selektion. Meist als Schleife implementiert, die über alle Elemente einer Liste läuft und für jedes Element bestimmte Anweisungen ausführt.

JSON *JavaScript Object Notation*, hierarchisches ↑Datenformat, das ursprünglich zur einfachen Persistierung (↑Persistenz) von JavaScript-Objekten entwickelt wurde. Heute erfreut es sich als Austauschformat für Objekte und Datenstrukturen großer Beliebtheit, wird aber gerade für die Ablage von Konfigurationen in menschenlesbaren (und schreibbaren) Dateien aufgrund dessen noch einfacherer und übersichtlicherer Syntax zunehmend von ↑YAML abgelöst.

Kapselung *encapsulation*, ein ↑Objekt enthält Daten (↑Attribute) *und* zugehöriges Verhalten (↑Methoden) und kann beides nach Belieben vor anderen Objekten verstecken. Im Kontext des ↑Interface-Segregation-Prinzips: Die Kommunikation mit einem Objekt erfolgt ausschließlich über eine minimale öffentliche Schnittstelle, die keine Interna der Implementierung „verrät".

Kern der Anwendung Implementation des zugrunde liegenden ↑Modells in Software, d. h. Abbildung auf Code, zumeist in Form abstrakter ↑Klassen. Vgl. ↑Domain-Driven Design.

KISS *keep it simple, stupid*, ursprünglich bei Lockheed Martin (Skunk Works) in den 1940er- oder 1950er-Jahren von Clarence L. (Kelly) Johnson geprägtes Prinzip. Das Ziel damals war: Ein Ingenieur sollte nur mit einem Schweizer Taschenmesser innerhalb von zwei Stunden ein Flugzeug reparieren können. Sehr nah an „Ockhams Rasiermesser" (Sparsamkeitsprinzip) in den Wissenschaften: Die einfachste mögliche Erklärung, die mit den wenigsten Hilfsannahmen auskommt, ist die zu bevorzugende.

Klasse *class*, im Kontext der ↑objektorientierten Programmierung die Blaupause für die Erzeugung eines ↑Objektes; Definition der Daten (↑Attribute) und des zugehörigen Verhaltens (↑Methoden).

Kohäsion *cohesion*, innerer Zusammenhalt; hier: Zusammenhang einzelner Aspekte einer Softwareeinheit zueinander. Ein Ziel der Softwareentwicklung ist starke Kohäsion (*strong cohesion*). Jede Einheit (z. B. ↑Methode, ↑Funktion, ↑Klasse) hat eine Aufgabe, und alle Teile dieser Einheit dienen dem Zweck, diese eine Aufgabe zu erfüllen.

Kollisionsresistenz zu einer aus einer gegebenen Zeichenkette A errechneten ↑Prüfsumme existiert keine von A verschiedene Zeichenkette B, die zur gleichen Prüfsumme führt. Die Kollisionsresistenz einer ↑kryptographischen Hashfunktion ist in der Praxis nie vollständig, aber ggf. hinreichend unwahrscheinlich.

Kompilierte Sprache Programmiersprache, die im Gegensatz zu (den meisten) ↑Skriptsprachen zunächst durch einen ↑Compiler in Binärcode übersetzt werden muss, bevor das Programm ausgeführt werden kann.

Komplexität Eigenschaft der Realität, dass selbst sehr wenige einfache Regeln in ihrer Kombination ein nicht triviales Verhalten erzeugen können, die den Menschen für gewöhnlich überfordern. ↑Größere Projekte in der Softwareentwicklung sind immer komplex, ein ↑System zur Datenverarbeitung allemal. Eine zentrale Strategie zum Umgang mit Komplexität ist ↑Abstraktion und in der Folge ↑Modularisierung. Nach Fred Brooks [8] lassen sich zwei Arten von Komplexität unterscheiden: ↑vermeidbare Komplexität und ↑unvermeidliche Komplexität.

Kontext *scope*, Kontrolle des Zugriffs auf Variablen und Routinen. In der ↑objektorientierten Programmierung i. d. R. entweder „public", „protected" oder „private".

Kontrollfluss *flow of control*, Reihenfolge des Aufrufs von Programmteilen (↑Funktionen, ↑Objekte, ...), um eine gegebene Aufgabe zu erfüllen.

Konventionen innerhalb einer Gruppe oder einem (lokalen) Kontext getroffene (temporäre) Festlegungen. Ziel von Konventionen ist die Vereinheitlichung und damit einhergehend die Befreiung von der Notwendigkeit, jedesmal aufs Neue nachdenken zu müssen, wie z. B. gewisse Prozesse durchgeführt oder Objekte benannt werden sollen. Konventionen sind im Gegensatz zu ↑Standards weniger verbindlich und deutlich flexibler sowie *ad hoc* innerhalb einer Gruppe einführbar.

Kopplung *coupling*, in Software der Grad der Verbindung zweier Komponenten; enge Bindung mehrerer Einheiten einer Software aneinander, sodass sie nicht unabhängig wiederverwendbar (bzw. ggf. auch nicht testbar) sind. Programmierkonzepte zielen generell auf eine lose Kopplung (*loose coupling*) einzelner Komponenten ab, da so die Wiederverwendbarkeit erleichtert wird.

Korrektheit Eigenschaft eines Computerprogramms, einer Spezifikation zu genügen (vgl. ↑Verifizierung).

Kristallkugel Nur in der Theorie funktionierendes Hilfsmittel für den Blick in die Zukunft, das u. a. hilfreich wäre, um Software bereits in ihrer Entstehung auf künftige Anforderungen hin auszulegen. Aufgrund anderer damit einhergehender Probleme ist die reale Funktionalität einer Kristallkugel nicht wünschenswert.

Kryptographie ursprünglich die Wissenschaft der Verschlüsselung von Informationen. Heute befasst sie sich auch allgemein mit dem Thema Informationssicherheit, also der Konzeption, Definition und Konstruktion von Informationssystemen, die widerstandsfähig gegen Manipulation und unbefugtes Lesen sind.

Kryptographische Hash-Funktion Funktion, die eine Zeichenfolge beliebiger Länge auf eine solche fester Länge abbildet, ↑kollisionsresistent sein sollte und immer eine Einwegfunktion (↑unumkehrbar) ist.

Kryptographischer Hash ↑Prüfsumme, die kryptographischen (↑Kryptographie) Gesichtspunkten entspricht bzw. sich Methoden der Kryptographie bedient und über eine ↑kryptographische Hashfunktion berechnet wird.

LabInform quelloffenes, modulares Laborinformationssystem [9, 10]. Integrale Bestandteile sind ein elektronisches Laborbuch (ELN, [11]) auf der Basis von ↑DokuWiki, ein Repositorium für warme Forschungsdaten (datasafe, [12]) als zentraler Speicher für alle Ihre wertvollen (und größtenteils unveröffentlichten) Daten und eindeutige Bezeichner (Lab Object Identifier, LOI, ähnlich wie die bekannten DOIs) für Datensätze, Proben und dergleichen.

Lambda-Kalkül von Alonzo Church und Stephen Cole Kleene in den 1930er-Jahren eingeführte formale Sprache zur Untersuchung von Funktionen. Beschreibt die Definition von Funktionen und gebundenen Parametern und ist heute ein wichtiges Konstrukt für die Theoretische Informatik, Logik höherer Stufe und Linguistik. Die ↑funktionale Programmierung beruht auf dem Lambda-Kalkül.

Landau-Symbol Quantifizierung des asymptotischen Verhaltens von Funktionen und Folgen. Werden in der Informatik bei der Analyse von Algorithmen verwendet und geben ein Maß für die Anzahl der Elementarschritte oder der Speichereinheiten in Abhängigkeit von der Größe der Eingangsvariablen an. Vgl. ↑Laufzeit, ↑Ressourcenverbrauch.

LaTeX auf dem Textsatzsystem ↑TeX aufbauendes Makropaket, das seit 1980 von Leslie Lamport entwickelt wurde (LaTeX = Lamport TeX) und dem Anwender erlaubt, TeX komfortabel zu verwenden. Folgt dem Konzept der logischen Textauszeichnung: Elemente werden hinsichtlich ihrer Funktion markiert (z. B.: Überschrift, Zitat), die zugehörige Formatierung wird zentral in einer Stildatei (Dokumentklasse, Zusatzpaket) festgelegt. Die Verwendung reiner Textdateien als Eingabe und die Trennung von logischer Textauszeichnung und Formatierung resultiert in einer großen Flexibilität, Plattformunabhängigkeit und Stabilität. Nahezu beliebig große Dokumente lassen sich (ggf. weitgehend automatisiert) erzeugen.

Laufzeit *run time*, 1. Zeit, die ein Programmteil oder Programm für seine Ausführung benötigt. In dieser Bedeutung ist die Laufzeit relevant für die ↑Codeoptimierung mit dem Ziel einer möglichst kurzen Laufzeit. Sie wird oft über die ↑Landau-Symbole quantifiziert und so generell vergleichbar. 2. Zeit, während der ein Programm (aktiv) ausgeführt wird.

Linker Programm, das einzelne Teile einer Software zu einem ausführbaren Programm verbindet. Folgt meist auf die Kompilierung (↑Compiler). Oftmals wird aus Gründen der Modularität und Ökonomie auf Funktionalität in Programmbibliotheken zurückgegriffen. Die Verweise auf die Funktionalität in diesen Bibliotheken können entweder statisch (statisches Linken) oder dynamisch zur jeweiligen Laufzeit (dynamisches Linken) eingebunden werden.

Liskov-Substitution Einsatz von Subtypen anstelle ihrer Basistypen ohne Beeinträchtigung der Funktionalität.

Liskov-Substitutionsprinzip Anwendung der ↑Liskov-Substitution: Subtypen müssen durch ihre Basistypen ersetzbar sein. Grundlegendes Prinzip für die ↑Vererbung in der ↑objektorientierten Programmierung, das auf Barbara Liskov zurückgeht.

Liste *list*, *array*, geordnete Sequenz von Elementen, u. a. wesentliches Element in der ↑funktionalen Programmierung.

Listing Programmausdruck, gedruckte Wiedergabe von Quellcode eines Programms.

Lizenz Nutzungsrecht; Software ist *per se* vom Urheberrecht geschützt, unabhängig von ihrer Funktionalität. Lizenzen übertragen Nutzungsrechte vom Urheber der Software an ihren Nutzer.

Lösungsraum *solution domain*, Kontext der Programmierer eines Programms, Gegensatz zum ↑Problemraum. Namen aus dem Lösungsraum bestehen i. d. R. aus Begriffen aus der Welt der Programmierung.

LSP ↑Liskov-Substitutionsprinzip, vgl. ↑SOLID.

Magische Zahl i. d. R. jede Zahl außer „0“ und „1“, die im Quellcode vorkommt. Sollte *immer* einer Variablen bzw. Konstanten mit sprechendem Namen zugewiesen werden und dann nur noch indirekt über diese Variable/Konstante verwendet werden.

Makro Folge von Anweisungen, die unter einer bestimmten Bezeichnung zusammengefasst sind und sich mit nur einem einfachen Aufruf ausführen lassen. Häufig in Skriptsprachen formuliert und entsprechend einfach zu erstellen. Dienen der Automatisierung wiederkehrender Abläufe in Programmen, z. B. in ↑IDEs.

Markdown vereinfachte ↑Auszeichnungssprache, deren Ziel die einfache Lesbarkeit der Ausgangsform ohne weitere Konvertierung ist. Als Auszeichnungselemente wurden daher vor allem Auszeichnungsarten verwendet, die in reinem Text und E-Mails üblich sind.

Markup-Format Format einer ↑Auszeichnungssprache.

Maschinennahe Sprache eine Programmiersprache, die nah an der Realisierung des ausführbaren Binärcodes in Maschinenbefehlen für den Prozessor (Assembler-Code) ist. C ist ein Beispiel für eine vergleichsweise maschinennahe Sprache, und daraus bezieht sie auch ihre hohe Geschwindigkeit. Viele moderne Programmiersprachen fügen zusätzliche ↑Abstraktionsebenen zwischen Programm und Hardware ein, die das Programmieren ganz wesentlich erleichtern, aber eben auch im Allgemeinen zu einer langsameren Ausführung des Programms führen.

McCabe-Metrik Anzahl linear unabhängiger Pfade auf dem Kontrollflussgraphen eines Moduls und damit ein Maß für die Komplexität. Gleichzeitig Maß für die minimale Zahl von ↑Tests eines Moduls, da i. d. R. für jeden unabhängigen Pfad (mindestens) ein Test benötigt wird. Die reale Zahl von Tests wird meist größer sein, da für einen Pfad ggf. mehrere *charakteristische* Parameter aus dem möglichen ↑Parameterraum überprüft werden sollten.

Mehrfachvererbung *multiple inheritance*, eine ↑Klasse erbt (↑Vererbung) von mehr als einer ↑Superklasse. Wird von den wenigsten Programmiersprachen unterstützt, oftmals behilft man sich hier aber des Konzeptes einer ↑Schnittstelle (*interface*) (3.) und kann dann mehr als eine solche implementieren (bzw. davon erben). Konzeptionell lassen sich diese beiden Ansätze quasi identisch einsetzen.

mercurial freies, quelloffenes, verteiltes ↑Versionsverwaltungssystem, ähnlich wie ↑Git.

Merge Zusammenführen unterschiedlicher Versionen. Oft helfen die Werkzeuge von ↑Versionsverwaltungssystemen dabei, die Unterschiede lassen sich mittels ↑Diff anzeigen.

Metadaten Informationen zu den numerischen Daten, notwendige Voraussetzung für eine sinnvolle Verarbeitung der Daten im Kontext eines ↑Systems zur Datenverarbeitung und für ↑reproduzierbare Wissenschaft.

Methode im Kontext der ↑objektorientierten Programmierung eine ↑Funktion, die innerhalb einer ↑Klasse definiert wird und auf den ↑Attributen einer ↑Klasse bzw. dem daraus erzeugten ↑Objekt operiert.

Metrologie Wissenschaft der Messung und ihrer Anwendung. Metrologie umfasst alle theoretischen und praktischen Aspekte der Messung, unabhängig von Messunsicherheit und Anwendungsgebiet [13] (eigene Übersetzung).

Modell sprachliche Formulierung des ↑Problemraums und seiner entscheidenden Zusammenhänge und Abläufe auf hohem Abstraktionsniveau; Summe der „Geschäftsregeln".

Modul Software-Einheit oberhalb von ↑Klassen, ↑Objekten und ↑Funktionen, aber unterhalb der Gesamtarchitektur (↑Softwarearchitektur) eines Systems. Module sind idealerweise so unabhängig voneinander wie möglich (↑Modularisierung). Entscheidend dafür sind lose ↑Kopplung und starke ↑Kohäsion.

Modularisierung Aufteilung der Gesamtaufgabe in kleinere Abschnitte. Die Aufteilung wird so lange fortgesetzt, bis die Lösung für den aktuellen Abschnitt unmittelbar in Form von Quellcode offensichtlich ist. Setzt die Definition von ↑Schnittstellen voraus.

Monadisch hier: nur ein Argument (↑Parameter) verlangend. Es gibt sowohl monadische (unäre) Operatoren als auch monadische ↑Funktionen. Ein Beispiel für einen monadischen (unären) Operator wäre der Inkrement-Operator („++"). Vgl. ↑niladisch, ↑dyadisch und ↑triadisch.

Monografie in sich geschlossene und zusammenhängende Abhandlung eines Themas bzw. Gegenstands. Weist meist eine gewisse Tiefe der inhaltlichen Auseinandersetzung mit der Thematik und ihre Einordnung in einen größeren Kontext auf.

Monolithisch aus einem Stück bestehend; zusammenhängend und fugenlos.

Muster *pattern*, nach Christopher Alexander abstrakte Beschreibung eines wiederkehrenden Problems sowie einer generellen Lösung für dieses Problem, deren konkrete Ausgestaltung meist hochgradig individuell ist. In der Softwareentwicklung tauchen Muster auf unterschiedlichen Ebenen auf, angefangen bei ↑Idiomen über ↑Entwurfsmuster bis zu Mustern auf der Ebene der ↑Softwarearchitektur.

Nachbedingung im ↑*design by contract* der garantierte Zustand einer ↑Klasse (bzw. während der Laufzeit eines zugehörigen ↑Objektes) nach dem Aufruf einer ihrer ↑Methoden. Abgeleitete Klassen (↑Subklassen) müssen mindestens die von der ↑Superklasse (↑Basisklasse) vorgegebenen Nachbedingungen erfüllen. Vgl. ↑Vorbedingung.

Namensraum *namespace*, Kontext, innerhalb dessen der Name eines Objektes (im allgemeinen Sinn, also Variable, Funktion, Methode, Objekt, Klasse, ...) eindeutig ist. Wird häufig durch Funktionen/Methoden oder in der objektorientierten Programmierung durch Objekte/Klassen hergestellt. Der gleiche Name kann in unterschiedlichen Namensräumen zur Bezeichnung unterschiedlicher Objekte (im allgemeinen Sinn) verwendet werden. Namensräume dienen damit der Organisation und Strukturierung.

Nebenwirkung *side effect*, Wirkung; in der theoretischen Informatik die Veränderung des Programmzustands einer abstrakten Maschine. In der Praxis der Programmierung meist die Auswirkung einer Zuweisung eines Wertes zu einer Variablen, die außerhalb des konkret betrachteten Kontextes liegt. Da in der ↑funktionalen Programmierung auf Zuweisungen gänzlich verzichtet wird, sind funktionale Programmiersprachen frei von Nebenwirkungen, was sie für die parallele Verarbeitung prädestiniert.

Nichtorthogonales Design Das Gegenteil ↑orthogonalen Designs. Tritt häufig in der Realität auf und erschwert das Verständnis und insbesondere die Erweiterung und Veränderung von Code.

Niladisch hier: kein Argument (↑Parameter) verlangend. Niladische ↑Funktionen sind selten, niladische ↑Methoden in der ↑objektorientierten Programmierung durch den vom Objekt gegebenen Kontext hingegen relativ einfach zu bewerkstelligen. Vgl. ↑monadisch, ↑dyadisch und ↑triadisch.

Numerische Genauigkeit Zahlen lassen sich im Allgemeinen in einem Rechner nicht mit beliebiger Genauigkeit repräsentieren. Diese eingeschränkte numerische Genauigkeit kann teilweise zu erheblichen Problemen (und fehlerhaften Ergebnissen) führen.

Nutzerdokumentation Eine aktuelle, auf die Bedürfnisse des Anwenders zugeschnittene (ggf. kurzgefasste) Dokumentation, nach Möglichkeit mit realen Anwendungsbeispielen. Hilft gerade bei umfangreicheren Auswertungsprogrammen und bei Nutzern, die keinen direkten Zugang zum Entwickler haben, die Software aber trotzdem verwenden wollen.

Nutzerschnittstelle *user interface* (UI), ↑Schnittstelle zwischen Nutzer und Programm, meist auf hoher ↑Abstraktionsebene. Nutzerschnittstellen verstecken für gewöhnlich die Implementierung und internen Abläufe einer Anwendung vor dem Nutzer. Typische Beispiele sind heute weitverbreitete grafische Oberflächen (*graphical user interface* GUI). Es gibt aber auch textbasierte (interaktive) Nutzerschnittstellen (*commandline interface*, CLI).

OASIS *Organization for the Advancement of Structured Information Standards*, internationale, nicht-gewinnorientierte Organisation, die sich der Weiterentwicklung von E-Business- und Webservice-Standards widmet. Zu den bekannten Standards der OASIS gehören OpenDocument (↑ODF) und DocBook.

Objekt *object*, im Kontext der ↑objektorientierten Programmierung der grundlegende Baustein eines Programms, bestehend aus den Daten (↑Attribute) und dem zugehörigen Verhalten (↑Methoden). Ein Objekt ist in diesem Kontext immer die Instanz einer ↑Klasse.

Objektorientiert dem ↑Paradigma der ↑objektorientierten Programmierung folgend.

Objektorientierte Programmierung (OOP) ein ↑Programmierparadigma, bei dem Daten (Variablen zugewiesene Werte, als ↑Attribute bezeichnet) und Funktionen (↑Methoden), die auf diesen Daten (Attributen) operieren, eine Einheit bilden. Die in den ↑Attributen gespeicherten Daten lassen sich i. d. R. nur vermittelt durch (öffentlich zugängliche) ↑Methoden der ↑Klasse bzw. des daraus erzeugten ↑Objektes ansprechen. Es gibt eine klare Trennung zwischen öffentlicher ↑Schnittstelle und internen Verarbeitungsroutinen. Wichtige Vertreter objektorientierter Programmiersprachen sind Smalltalk, C++ und Java, aber auch Python.

Open Closed Offenheit einer Softwareeinheit für Erweiterungen bei gleichzeitiger Abgeschlossenheit gegenüber Abänderung.

Open-Closed-Prinzip Anwendung von ↑Open Closed: Softwareeinheiten (↑Klassen, ↑Module, ↑Funktionen etc.) sollten offen für Erweiterung, aber verschlossen gegenüber Abänderung sein.

OpenDocument Format (ODF), *OASIS Open Document Format for Office Applications*, international genormter quelloffener Standard für Dateiformate von Bürodokumenten wie Texten, Tabellendokumenten, Präsentationen, Zeichnungen, Bildern und Diagrammen. Eine OpenDocument-Datei ist entweder eine einzelne XML-Datei oder eine Sammlung verschiedener XML-Dateien und anderer Objekte (z. B. eingebundener Bilder), die zu einer Datei im ZIP-Format zusammengefasst werden.

Orthogonales Design größtmögliche Unabhängigkeit einzelner Komponenten einer Software voneinander. Der Begriff kommt ursprünglich aus der Mathematik und lässt sich elegant an zwei orthogonalen Vektoren verdeutlichen: Bewegung parallel zu einem Vektor verändert nicht die Projektion entlang des anderen Vektors. Orthogonales Design in Software führt zu kompaktem Design selbst komplexer Zusammenhänge. Wichtige Aspekte sind starke ↑Kohäsion und geringe ↑Kopplung. Rein orthogonales Design ist frei von ↑Nebenwirkungen: Jede Operation verändert nur genau eine Sache ohne Einfluss auf andere Aspekte. Darüber hinaus gibt es jeweils nur genau einen Weg, eine Eigenschaft eines Systems zu verändern.

OSI *Open Source Initiative*, von Bruce Perens und Eric S. Raymond 1998 gegründete Organisation, deren Ziel die Förderung von Open-Source-Software ist. Die „Open Source Definition" der OSI entspricht in weiten Teilen der Definition ↑freier Software durch die ↑FSF. Die OSI zertifiziert Softwarelizenzen anhand ihrer eigenen Open-Source-Definition.

Pair Programming „Paarprogrammierung", enge und aktive Zusammenarbeit zweier Programmierer bei der Programmierung von Software. Eine Person sitzt an der Tastatur und programmiert, während die andere aktiv über den entstehenden Code und das Problem nachdenkt und ggf. korrigierend eingreift. Auffallende Probleme werden sofort angesprochen und diskutiert. Die Rollen sollten häufig wechseln (mindestens innerhalb einer Stunde), idealerweise ebenso die Zusammensetzung der Paare.

Paradigma nach Thomas S. Kuhn [14] ein Satz allgemein anerkannter wissenschaftlicher Leistungen, der für eine gewisse Zeit einer Gemeinschaft von Fachleuten maßgebende Probleme und Lösungen liefert.

Parameter hier: Argument einer ↑Funktion oder ↑Methode.

Parameterraum Summe aller möglichen gültigen Parameter, die einer Funktion bzw. Methode übergeben werden können. Parallele aus der Mathematik: Definitionsbereich bzw. Definitionsmenge. Der vollständige Parameterraum selbst sehr einfacher Funktionen lässt sich aufgrund seiner Größe i. d. R. nie überprüfen. Deshalb sollten für ↑Tests charakteristische Parameterkombinationen aus dem Parameterraum verwendet werden.

Parametersatz Gesamtzahl der Parameter, die eine Routine zur Datenverarbeitung zur Durchführung ihrer Aufgabe benötigt. Dazu gehören sowohl die expliziten (vom Nutzer angegebenen) als auch die impliziten (vordefinierten und deshalb optionalen) Parameter. Im Kontext eines ↑Systems zur Datenverarbeitung gehört zu einem vollständigen Parametersatz noch die ↑Versionsnummer der Routine, Datum und Uhrzeit, der Name des Durchführenden und die verwendete ↑Plattform.

Parsbar von einem ↑Parser verarbeitbar, d. h. insbesondere, dass die zu parsende Eingabe in ein für die elektronische/digitale Weiterverarbeitung geeignetes Format umgewandelt werden kann.

Parser (engl. *to parse*, analysieren) Programm, das für die Zerlegung und Umwandlung einer Eingabe in ein für die Weiterverarbeitung geeigneteres Format zuständig ist.

Patch (engl. für „flicken"), aktualisierte Version einer Software, die meist ausschließlich der Fehlerbehebung dient.

Periphere Schnittstelle ↑Schnittstelle zur ↑Peripherie eines Programms, sinnvollerweise in Form ↑abstrakter Schnittstellen realisiert. Bezogen auf Hardware Schnittstelle zu optionalen Geräten, die nicht integraler Bestandteil des Rechners sind.

Peripherie im Kontext der ↑Softwarearchitektur Randbereiche einer Anwendung wie Nutzerschnittstellen oder die ↑Persistenzschicht, die die Verbindung zur Außenwelt jenseits der Anwendung darstellen. Der ↑Kern der Anwendung sollte nie von der Peripherie abhängen.

Persistenz Fähigkeit, Daten (oder ↑Objekte) oder logische Verbindungen über lange Zeit (insbesondere über einen Programmabbruch hinaus) bereitzuhalten; benötigt ein nichtflüchtiges Speichermedium.

Persistenzschicht ↑Schicht in der ↑Softwarearchitektur eines Gesamtsystems, deren Aufgabe die ↑Persistenz ist.

Pfadfinderregel „Hinterlasse einen Ort immer in einem besseren Zustand als du ihn vorgefunden hast." Lässt sich auf die Softwareentwicklung anwenden und bezieht sich hier auf die kontinuierliche strukturelle Verbesserung von Code im Sinne seiner Lesbarkeit (↑Refactoring), um der ↑Software-Entropie vorzubeugen.

Physikalische Chemie Wesentliche Charakteristika sind die Ordnung des experimentell gewonnenen Erfahrungsmaterials mithilfe der theoretischen, numerischen und experimentellen Methoden der Physik und der Theoretischen Chemie, das Auffinden qualitativer Zusammenhänge und das Aufstellen quantitativer Beziehungen. Kurz gefasst: In der Physikalischen Chemie geht es um das Verständnis der Grundlagen und Hintergründe. Entsprechend stehen Daten und ihre Auswertung ($\Rightarrow$ Verständnis) (oft) im Zentrum. Datenauswertung erfolgt heute meist rechnergestützt, entsprechende Kenntnisse im Programmieren und dem Umgang mit komplexer(er) Software sind deshalb zunehmend wichtig.

Plattform Zusammenspiel aus Betriebssystem und Hardware-Architektur. Betriebssysteme können bis zu einem gewissen Grad unterschiedliche Hardware-Architekturen abstrahieren, sodass der gleiche Binärcode auf unterschiedlicher Hardware lauffähig ist, ohne neu kompiliert werden zu müssen. Für maximale Effizienz (insbesondere bzgl. der ↑Laufzeit, 1.) ist die Kompilierung für eine spezifische Plattform, insbesondere Hardware, unabdingbar.

Plattformunabhängigkeit Unabhängigkeit von einer spezifischen ↑Plattform. Neben Software sollten insbesondere ↑Datenformate plattformunabhängig sein, da nur so ein dauerhafter und unabhängiger Zugriff gewährleistet werden kann. Plattformunabhängigkeit hat sowohl eine Hardware- und Betriebssystemarchitektur- als auch eine zeitliche Komponente. Alle drei großen Desktop-Betriebssysteme (Windows, Linux, macOS) sind in den Naturwissenschaften relativ weitverbreitet. Darüber hinaus findet die Entwicklung von Betriebssystemen auf der Zeitskala einer Archivierung schnell statt.

Polymorphie *polymorphism*, „Vielgestaltigkeit", ähnliche ↑Objekte können auf die gleiche Botschaft (den Aufruf einer gleichnamigen ↑Methode) in unterschiedlicher Weise reagieren.

Portierbarkeit Möglichkeit, eine Software bzw. einen Entwurf auf eine andere Architektur (Hardware) oder Programmiersprache (Software) zu übertragen. Eine zentrale Eigenschaft von Programmiersprachen ist die ↑Abstraktion der zugrunde liegenden Hardware, sodass derselbe Quellcode auf unterschiedlicher Hardware lauffähig ist. Abstraktere Konzepte wie ↑Entwurfsmuster setzen oft grundlegende Aspekte wie ↑objektorientierte Programmierung voraus, versuchen aber sonst, möglichst unabhängig von der jeweiligen Programmiersprache zu sein. ↑Idiome sind im Gegensatz dazu sprachspezifisch und nicht zwischen Programmiersprachen übertragbar.

Prinzip der geringsten Überraschung *principle of least surprise*, Regel für die Programmentwicklung, soweit möglich auf in einem gegebenen Kontext etablierte Regeln und Standards zurückzugreifen. Baustein für möglichst intuitive Bedienbarkeit.

Problemraum *problem domain*, Kontext der Fragestellung, die mit einem Programm (d. h. Software) angegangen werden soll, Gegensatz zum ↑Lösungsraum. Namen aus dem Problemraum verweisen i. d. R. auf Konzepte und ↑Abstraktionen, mit denen die Anwender eines Programms vertraut sind (aber nicht notwendigerweise die Programmierer/Entwickler).

Produktivversion Im Gegensatz zur ↑Entwicklerversion eine für den Produktiveinsatz geeignete ↑Revision eines Programms. Sie zeichnet sich u. a. durch eine eineindeutige Versionsnummer aus (d. h. die Versionsnummer entspricht genau einem Zustand des Programms und umgekehrt ein Zustand des Programms genau einer Versionsnummer).

Profiler Programmierwerkzeug zur Analyse der ↑Laufzeit (1.) und ggf. des ↑Ressourcenverbrauchs von Software. Wichtige Voraussetzung für die ↑Codeoptimierung, da nur ein Profiler erlaubt, die für eine Optimierung relevanten Codebereiche zu bestimmen und den Effekt der Optimierung zu quantifizieren.

Programmierparadigma ein ↑Paradigma der Art zu programmieren. Wichtige Beispiele sind ↑strukturierte Programmierung, ↑objektorientierte Programmierung und ↑funktionale Programmierung.

Proprietär auf herstellerspezifischen, (meist) nicht veröffentlichten Standards basierend.

Prospektiv vorausschauend, vgl. ↑prospektive Provenienz, ↑retrospektiv.

Prospektive Provenienz *prospective provenance*, in der Datenauswertung die beschreibende (deklarative) Formulierung, meist in abstrahierter Form, was mit Daten passieren soll, d. h. eine (möglichst formalisierte) Beschreibung der einzelnen Datenverarbeitungsschritte. Vgl. ↑Rezeptgetriebene Datenauswertung.

Provenienz *provenance*, Herkunft einer Person oder Sache, im Kontext des Umgangs mit wissenschaftlichen Daten eine (möglichst lückenlose) Nachvollziehbarkeit des Kontextes der Datenerhebung und -verarbeitung durch entsprechende ↑Metadaten. Datenerhebung und -verarbeitung haben jeweils unterschiedliche Anforderungen, weshalb es dafür i. d. R. unterschiedliche Lösungen gibt.

Prozessorarchitektur Architektur des (Haupt-)Prozessors eines Rechners. Oft kritisches Detail für die konkrete Verarbeitung von Anweisungen. Sollte deshalb Teil eines vollständigen ↑Parametersatzes sein.

Prüfsumme *checksum, hash*, in der Informationstechnik ein Wert, der aus den Ausgangsdaten berechnet wurde und in der Lage ist, mindestens einen Bitfehler in den Daten zu erkennen. Ein einfaches Beispiel für eine Prüfsumme ist die Quersumme. Prüfsummen werden in Fehlerkorrekturmechanismen verwendet und lassen sich dazu verwenden, zufällige Veränderungen an Daten zu erkennen. Einfache Prüfsummen bieten aber keinerlei Schutz gegenüber absichtlichen Veränderungen. Dazu bedarf es ↑kryptographischer Hashes.

Public Domain Werke, an denen kein exklusives Urheberrecht besteht, die also frei verwendet und verändert werden dürfen. Begriff aus dem angelsächsischem Rechtssystem, der ähnlich, aber nicht identisch mit dem Begriff Gemeinfreiheit aus der kontinentaleuropäischen Rechtsprechung ist.

Pull Holen der Historie aus einem anderen (ggf. entfernten) ↑Repository; relevant bei dezentralen (verteilten) Systemen zur ↑Versionsverwaltung.

Pull Request Bei der Verwendung eines dezentralen Systems zur ↑Versionsverwaltung die Anfrage an die (Haupt-)Entwickler, eine bestimmte Änderung aus einem anderen ↑Repository in ihren Entwicklungszweig zu übernehmen.

Push Übertragen der Historie in ein anderes (ggf. entferntes) ↑Repository; relevant bei dezentralen (verteilten) Systemen zur ↑Versionsverwaltung.

Quellcode-Distribution ↑Distribution (2.) einer Software inklusive ihres Quellcodes oder ggf. auch nur im Quellcode. In letzterem Fall ist meist vor der Nutzung noch eine Kompilierung (↑Compiler) o. ä. nowendig.

Quelloffen Software, deren Quellcode offengelegt ist, sodass jeder ihn einsehen kann. Quelloffenheit ist eine notwendige, aber keine hinreichende Voraussetzung für ↑freie Software.

Redundant mehrfach vorhanden.

Refactoring Verbesserung der Qualität des Quellcodes einer Software ohne Einfluss auf ihr von außen erkennbares Verhalten. Diszipliniertes Vorgehen zum Aufräumen von Quellcode, das die Wahrscheinlichkeit, Fehler einzuführen, minimiert. Setzt zwingend ausreichende (automatisierte) ↑Tests, idealerweise ↑Unittests, voraus.

Refactoring to Patterns Ansatz, durch ↑Refactoring eine gegebene Software auf die Verwendung von ↑Entwurfsmustern hin umzustrukturieren, ohne dabei ihr von außen erkennbares Verhalten zu verändern. Regelfall für die Anwendung von ↑Entwurfsmustern. Gleichzeitig der Titel eines Buches von Joshua Kerievsky (Addison-Wesley, Boston 2005).

Regression erneutes Auftreten eines einmal behobenen Fehlers in einer neuen Version. Lässt sich grundsätzlich dadurch umgehen, dass einmal detektierte Fehler in ↑Tests, meist ↑Unittests, verwandelt werden und jede zukünftige Version einer Software entsprechend (automatisch) auf das Auftreten dieses Fehlers überprüft wird (↑Testsuiten).

Regressionstest ↑Test auf Übereinstimmung mit früherer Funktionalität. Diese Form der Überprüfung ist relevant bei Veränderungen im Code, da sie sicherstellt, dass korrekter Code korrekt bleibt. Die Voraussetzung ist natürlich die Korrektheit der verwendeten Tests. Als Tests können hier sowohl ↑Unittests als auch ↑Integrationstests zum Einsatz kommen. Je höher die Testabdeckung und je kleiner die überprüfte Einheit (↑Unittests!), desto einfacher ist es, bei einer ↑Regression die Ursache zu finden und zu beheben.

Rekursion Aufruf einer Funktion in ihrer eigenen Definition. Allgemein lässt sich eine Rekursion immer auch als ↑Iteration und umgekehrt ausdrücken. Da die ↑funktionale Programmierung das Konzept der ↑Iteration nicht kennt, ist hier nur die Rekursion möglich. Die Definition über eine Rekursion ist meist eleganter, die über eine ↑Iteration oft effizienter, was den Speicherbedarf angeht.

Release Veröffentlichung; hier meist bezogen auf eine veröffentlichte Version einer Software.

Replizierbarkeit *replicability*, unabhängige Wiederholung der (Roh-)Datenerhebung, meist in Form von Experimenten und Beobachtungen, entsprechend nicht in jedem Fall durchführbar. Vgl. ↑Reproduzierbarkeit.

Repository Versionsdatenbank, (zentraler) Speicherort der versionierten Dateien im Kontext einer ↑Versionsverwaltung.

Repräsentation Darstellung von Charakteristika von Daten entweder grafisch oder tabellarisch. Repräsentationen sollten sich, wann immer möglich, automatisch aus den zugrunde liegenden Daten erzeugen lassen. In diesem Fall ist es nur notwendig, die Vorschrift zur Erzeugung abzulegen, nicht die Repräsentation selbst. Das ermöglicht außerdem einfache Änderungen der Darstellung.

Reproduzierbare Wissenschaft *reproducible science*, seit der Etablierung rechnergestützter Datenauswertung eigentlich nie mehr erreichter, aber für die Wissenschaft konstituierender Aspekt, dass sich Ergebnisse und Auswertungen unabhängig reproduzieren lassen, weil alle dazu notwendigen Aspekte vollständig und ausreichend beschrieben wurden. Motivation für dieses Buch, dessen Ziel es ist, die Leserinnen und Leser mit Konzepten vertraut zu machen, die letztlich eine ernstzunehmende reproduzierbare Wissenschaft ermöglichen.

Reproduzierbarkeit *reproducibility*, vollständige Wiederholbarkeit einer beschriebenen Datenverarbeitung und -analyse. Ausgangspunkt sind existierende Daten, entsprechend sollte sie in jedem Fall möglich sein. Vgl. ↑Replizierbarkeit.

Ressourcenverbrauch Bedarf einer Software an Speicher. Unterschiedliche Algorithmen haben einen unterschiedlichen Ressourcenverbrauch und weisen vor allem Unterschiede hinsichtlich der Abhängigkeit von der Komplexität der Eingabe auf. Diese Abhängigkeit lässt sich allgemein theoretisch mithilfe der ↑Landau-Symbole quantifizieren und vergleichen.

Retrospektiv rückschauend, vgl. ↑retrospektive Provenienz, ↑prospektiv.

Retrospektive Provenienz *retrospective provenance*, in der Datenauswertung die (möglichst lückenlose) Dokumentation aller Verarbeitungsschritte von Daten inkl. der zugehörigen Parameter.

Revision einzelner der ↑Versionsverwaltung bekannter Zustand eines ↑Repositorys.

Rezeptgetriebene Datenauswertung mit dem ↑ASpecD-Framework eingeführte Nutzerschnittstelle, die in Form von ↑YAML-Dateien („Rezepten“) beschreibt, welche Daten wie verarbeitet werden sollen (↑prospektive Provenienz).

Roadmap im Projektmanagement Synonym for Strategie bzw. Projektplan. Softwareentwicklung: (ggf. detaillierte) Planung, zu welchem Zeitpunkt welche Teile eines Systems erstellt sein sollen oder welche Meilensteine nacheinander abgearbeitet werden müssen.

Robustheit hier: Toleranz einer Software gegenüber fehlerhaften Nutzereingaben. Insbesondere sollte die Software in einem solchen Fall nicht einfach abstürzen und damit die bisherige Arbeit des Nutzers vernichten. Siehe auch ↑Validierung.

Routine 1. eingeschliffener, ggf. strukturierter Arbeitsablauf; 2. (Software) Funktion: der Programmiersprache unter einem festen Namen bekannte Liste von Anweisungen, die eine bestimmte Aufgabe erfüllt.

SAP ↑Stable-Abstractions-Prinzip.

Schichten *layer*, größtmögliche (↑Abstraktion) Organisationsebenen eines Gesamtsystems im Kontext der ↑Softwarearchitektur.

Schlüssel-Wert-Paar Kombination einer benannten Variable und ihres zugewiesenen Wertes. Wird häufig in Datenstrukturen abgelegt, die dann über den Schlüssel einen Zugriff auf den damit assoziierten Wert erlauben. Ermöglicht bis zu einem gewissen Grad ein semantisches Verständnis (↑Semantik) im Quellcode.

Schnittstelle *interface*, Begriff mit mehreren leicht unterschiedlichen Bedeutungen; (1.) ↑Signatur einer ↑Funktion oder ↑Methode. (2.) Im weiteren Sinne die Gesamtheit der öffentlichen ↑Attribute und ↑Methoden einer ↑Klasse bzw. eines ↑Objektes. Der Nutzer kennt nur die Schnittstelle, die Implementierung ist irrelevant und kann sich problemlos jederzeit ändern, solange die Funktionalität erhalten bleibt. Das dient der Trennung von Verantwortlichkeiten und ermöglicht ↑Modularisierung und ist in der Folge ein wesentlicher Aspekt der ↑Softwarearchitektur. (3.) In einer weiteren Bedeutung wird der Begriff (auch im Deutschen dann häufig mit seinem englischen Pendant) für (abstrakte) Klassen verwendet, die lediglich eine Schnittstelle (im Sinne von 2.) definieren. Das ist hauptsächlich dann von Bedeutung, wenn die Programmiersprache keine ↑Mehrfachvererbung unterstützt, aber das Implementieren von *Interfaces*.

Schnittstellenadapter in der ↑Softwarearchitektur eine ↑Abstraktionsebene, die zwischen der aus Sicht einer Anwendung externen Welt (↑Nutzerschnittstellen, ↑Persistenzschicht, ↑Datenbank etc.) und den in der Anwendung implementierten Anwendungsfällen vermittelt. Sorgt für eine ↑Modularisierung und Umkehr der Abhängigkeiten durch Einsatz des ↑Dependency-Inversion-Prinzips.

Schnittstellendokumentation Beschreibung der Verwendung einer ↑Schnittstelle direkt im Quellcode der Software, insbesondere der Ein- und Rückgabeparameter. Diese Dokumentation kann häufig über spezielle Werkzeuge automatisch in einem gut lesbaren Format ausgegeben werden.

Selbstdokumentierend mehrere Bedeutungen, (1) Eigenschaft von Auswertungssoftware, alle Verarbeitungsschritte (automatisch) zu dokumentieren. Wesentliche Voraussetzung für die Nachvollziehbarkeit wissenschaftlicher Datenverarbeitung und -auswertung und damit für deren Wissenschaftlichkeit und in der Folge ↑reproduzierbarer Wissenschaft. (2) Quellcode, der u. a. durch geschickte Wahl der Namen von Variablen, Funktionen, Methoden, Objekten, Klassen, … weitgehend ohne Kommentare lesbar und nachvollziehbar ist. Letztlich der „heilige Gral“ der Programmierung und Ziel sauberen Quellcodes (↑Clean Code).

Selbstdokumentierender Code Code, der ↑selbstdokumentierend ist. Im gegebenen Kontext in der zweiten Bedeutung von ↑selbstdokumentierend verstanden.

Selektion eine von zwei Kontrollstrukturen der ↑strukturierten Programmierung, neben der ↑Iteration. In den meisten Sprachen über Bedingungen (`if...else...end`) realisiert, die sich ggf. beliebig verschachteln lassen.

Semantik 1. Bedeutung bzw. Inhalt eines Wortes, Satzes oder Textes; 2. Teilgebiet der Linguistik, dessen Untersuchungsobjekt die Bedeutung sprachlicher Zeichen und Zeichenfolgen ist.

Semantische Information Bedeutungsebene einer Information (vgl. ↑Semantik).

Semantisches Verständnis Verständnis der ↑semantischen Information, also der Bedeutung bzw. des Inhaltes. Im Kontext von Auswertungsroutinen kann durch aussagekräftige Namensgebung der Schlüssel (Felder) eines ↑assoziativen Datenfeldes, in dem die ↑Metadaten abgelegt sind, eine entsprechende Ausdrucksstärke des Quellcodes erreicht werden. Außerdem „weiß“ die Auswertungsroutine dann immer, was sich in einem gewissen Feld verbirgt (z. B. Größe und Einheit für die Achsenbeschriftung).

SemVer *Semantic Versioning*, Versionsnummernschema, das insbesondere auf die ↑Abwärtskompatibilität und die Kodierung dieser Information in der Versionsnummer abhebt. Für Details siehe die offizielle Webseite: ► https://semver.org/.

Serialisierung in der Informatik eine Abbildung von strukturierten Daten auf eine sequenzielle Darstellungsform. Serialisierung wird hauptsächlich für die Persistierung von Objekten in Dateien und für die Übertragung von Objekten über das Netzwerk bei verteilten Softwaresystemen verwendet.

Server-Client-Konzept arbeitsteiliger Aufbau, der ursprünglich in der Frühzeit der Computer entwickelt wurde, als Rechenkraft noch teuer und auf wenige, zentrale Rechner beschränkt war. Mittlerweile verallgemeinert und nicht notwendiger Weise auf unterschiedliche Hardware bezogen: Server- und Client-Prozess (d. h. Programm) können auf derselben Hardware laufen. Im Kontext von ↑Versionsverwaltungssystemen geht damit oft eine Aufteilung auf unterschiedliche Hardware und insbesondere die Abhängigkeit des Klienten (*client*) von einer zentralen Infrastruktur (*server*) einher. Abhilfe schaffen hier dezentrale ↑Versionsverwaltungssysteme wie ↑Git oder ↑mercurial.

Signatur hier: Name und Parameter einer ↑Funktion bzw. ↑Methode, also alles, was ein Nutzer braucht, um diese Funktion oder Methode verwenden zu können.

Single Responsibility ↑Verantwortlichkeit gegenüber genau einer Sache und damit nur ein Grund für Änderungen.

Single-Responsibility-Prinzip Anwendung der ↑Single Responsibility: Eine ↑Klasse sollte nur einen Grund haben, sich zu ändern.

Skriptsprache Meist vergleichsweise einfach zu erlernende Programmiersprache, die i. d. R. interpretiert (↑Interpreter) und nur selten (optional) kompiliert (↑Compiler) wird. Die Unterschiede zwischen Skriptsprache und interpretierter Programmiersprache sind fließend. Beispiele sind: Python, Perl, PHP, bash.

Software-Entropie Die Qualität von Code nimmt über seine Lebenszeit hinweg ab. Grund sind unvermeidliche Anpassungen am Code und damit verbunden die Zunahme von Komplexität.

Softwarearchitektur Aufteilung eines größeren Projektes in einzelne kleinere Projekte bzw. Aufgaben (↑Modularisierung), Definition klarer ↑Schnittstellen und Anforderungen sowie der Interaktion der einzelnen Teile miteinander. Nach Robert C. Martin die Gestalt eines Systems, die ihm von seinen Entwicklern gegeben wird: Unterteilung des Systems in Komponenten, ihre Anordnung, und die Art ihrer Interaktion miteinander. [15, S. 136]

Softwarekrise Erstmals Mitte der 1960er-Jahre auftretendes Phänomen, dass die Kosten für die Software die Kosten für die Hardware überstiegen, weil die vorhandenen Softwareentwicklungsstrategien der steigenden Komplexität der Programme, die durch die deutlich verbesserte Hardware möglich wurden, nicht gewachsen waren.

Softwarepublikation Veröffentlichung von ↑Forschungssoftware mit dem Ziel, sie zitierfähig zu machen und so die Sichtbarkeit der Autorinnen und Autoren zu erhöhen. Es gibt unterschiedliche Möglichkeiten, Forschungssoftware zu veröffentlichen, ohne Anspruch auf Vollständigkeit: Hochladen in ein Repositorium; Veröffentlichen als herkömmliche Publikation in einer wissenschaftlichen Zeitschrift; Veröffentlichen als dedizierte Softwarepublikation in darauf spezialisierten Zeitschriften.

Softwaretechnik *software engineering*, nach ISO: 1. die systematische Anwendung von Kenntnissen, Methoden und Erfahrungen aus Wissenschaft und Technologie auf den Entwurf, die Umsetzung, Überprüfung und Dokumentation von Software [...] 2. die Anwendung eines systematischen, disziplinierten und quantifizierbaren Ansatzes auf die Entwicklung, den Einsatz und die Wartung von Software, d. h. die Anwendung ingenieurswissenschaftlicher Konzepte auf Software (ISO/IEC/IEEE 24765:2010; eigene Übersetzung).

SOLID von Robert C. Martin eingeführtes Akronym aus den fünf Anfangsbuchstaben wichtiger Prinzipien für ↑Softwarearchitektur: ↑Single-Responsibility-Prinzip, ↑Open-Closed-Prinzip, ↑Liskov-Substitutionsprinzip, ↑Interface-Segregation-Prinzip, ↑Dependency-Inversion-Prinzip. Die von der „Gang of Four" vorgestellten ↑Entwurfsmuster beruhen großenteils (implizit) auf einer Umsetzung dieser fünf Prinzipien.

Sparsamkeitsprinzip Aspekt der ↑Kapselung: Es gibt nur so viele öffentliche ↑Methoden wie notwendig. Minimierung der ↑Schnittstellen eines ↑Objektes bzw. einer ↑Klasse. Das dient dazu, die Implementierung vor dem Nutzer des ↑Objektes bzw. der ↑Klasse zu verstecken und erhöht die Wiederverwendbarkeit.

Sprachunabhängig hier: unabhängig von einer bestimmten Programmiersprache. ↑Datenformate sollten ↑quelloffen und in der Folge zumindest ↑Importroutinen sprachunabhängig implementierbar sein.

SQL *structured query language*, Datenbanksprache zur Definition von Datenstrukturen in relationalen ↑Datenbanken sowie zum Bearbeiten (Einfügen, Verändern, Löschen) und Abfragen von darauf basierenden Datenbeständen. Ziel der Verwendung von SQL ist die ↑Abstraktion von der verwendeten ↑Datenbank, auch wenn unterschiedliche Datenbanken oft leicht unterschiedliche Dialekte von SQL verwenden, was die Interoperabilität empfindlich einschränkt.

Stabiler Hintergrund *stable background*, konkrete Implementierungen in den Standardbibliotheken einer Programmiersprache, die gleichzeitig konkret sind und viele Abhängigkeiten aufweisen (weil alle Programme auf ihnen aufbauen), die sich aber höchst selten ändern. Ein Beispiel wäre eine Klasse `String` zur Repräsentation von Zeichenketten. Von solchen Komponenten abzuhängen ist gleichzeitig notwendig und ungefährlich. Deshalb stellen diese Abhängigkeiten auch keinen Verstoß gegen das ↑Stable-Abstractions-Prinzip dar.

Stable-Abstractions-Prinzip (SAP) Verallgemeinerung des ↑Open-Closed-Prinzips auf Ebene der Gesamtarchitektur: Eine Komponente sollte so abstrakt (vgl. ↑abstrakte Klasse) sein, wie sie stabil ist. Abstraktion ist ein Schlüssel dazu, dass eine Softwarekomponente erweiterbar ist, ohne sie selbst verändern zu müssen.

Stable-Dependencies-Prinzip (SDP) Veränderbarkeit ist die Daseinsberechtigung für Software. ↑Abhängigkeiten sollten aber immer in Richtung der Stabilität zeigen: Niemand sollte von instabilen bzw. unbeständigen Elementen abhängen. Gemeinsam mit dem ↑Stable-Abstractions-Prinzip bildet das SDP die Verallgemeinerung des ↑Dependency-Inversion-Prinzips auf der Ebene der Komponenten: Abhängigkeiten sollten immer in Richtung zunehmender ↑Abstraktion zeigen.

Standard von einem oft internationalen und anerkannten Gremium definierte Festlegung. Standards sind im Gegensatz zu ↑Konventionen sehr viel starrer und nicht *ad hoc* von einer Gruppe einführbar.

Statische Codeanalyse ↑Codeanalyse ohne Ausführung des Quellcodes. Kann neben Syntaxfehlern und Einhaltung von Konventionen mitunter auch komplexere Tests durchführen. Häufig in einer ↑IDE integriert, sodass bereits beim Schreiben des Quellcodes auf mögliche Probleme hingewiesen wird. Gegenstück: ↑dynamische Codeanalyse.

Steuercode hier: in Vorlagen (*templates*) eingesetzte Zeichenfolgen, die eine „Programmierung" innerhalb der Vorlage erlauben. Meist werden die beiden Kernkonzepte der ↑strukturierten Programmierung, also ↑Iteration (Schleife) und ↑Selektion (bedingte Ausführung) implementiert.

Strukturiert dem ↑Paradigma der ↑strukturierten Programmierung folgend.

Strukturierte Programmierung ein ↑Programmierparadigma, das die Zahl möglicher Kontrollstrukturen auf nur zwei (↑Iteration, ↑Selektion) beschränkt, insbesondere den `goto`-Befehl eliminiert (E. Dijkstra, [16]). Idealerweise hat ein Codeblock nur jeweils genau einen Ein- und Ausgang. Nach D. Knuth [17, S. x] der systematische Einsatz von ↑Abstraktion, der es ermöglicht, große Programme aus kleine(re)n Komponenten zusammenzusetzen. Wichtige frühe Vertreter strukturierter Programmiersprachen sind C und Pascal. Die meisten heutigen Programmiersprachen (mit Ausnahme der funktionalen Programmiersprachen) unterstützen die strukturierte Programmierung.

Subklasse ↑Klasse, die von einer anderen Klasse (der ↑Superklasse) ↑Attribute und ↑Methoden erbt. Die ↑Vererbung geht dabei i. d. R. über die nach außen hin sichtbare ↑Schnittstelle der Superklasse hinaus. Die Subklasse erbt von der ↑Superklasse häufig nur den „kleinsten gemeinsamen Nenner" und implementiert die spezifische Funktionalität.

Superklasse ↑Klasse, von der andere Klassen (↑Subklassen) ↑Attribute und ↑Methoden erben. Die ↑Vererbung geht dabei i. d. R. über die nach außen hin sichtbare ↑Schnittstelle der Superklasse hinaus. Superklassen implementieren bzw. definieren normalerweise nur das Notwendigste, sozusagen den „kleinsten gemeinsamen Nenner". Alle spezifische Funktionalität wird in der ↑Subklasse implementiert.

SVN *Subversion*, *Apache Subversion*, freies, quelloffenes, zentrales (↑Server-Client-Konzept) ↑Versionsverwaltungssystem und Nachfolger von ↑CVS.

Syntaktisch validierbar ↑Datenformat, das aufgrund seiner inneren Struktur hinsichtlich seiner korrekten Syntax validierbar ist. Meist wird für die Validierung ein Schema herangezogen, das die formale Beschreibung der Syntax in einer maschinenlesbaren Form enthält. Beispiele für syntaktisch validierbare Datenformate sind ↑XML und ↑HTML. Die syntaktische Validierbarkeit macht auch die Stärke dieser Datenformate aus, auch wenn für direkt menschenles- und schreibbare Dateien Formate mit deutlich geringerem Anteil an Steuerzeichen, z. B. ↑JSON und ↑YAML, bevorzugt werden.

Syntax im Kontext formaler Sprachen (zu denen Programmiersprachen gehören) ein System von Regeln, wie aus einem grundlegenden Zeichenvorrat (Alphabet) syntaktisch korrekte („wohlgeformte") Ausdrücke gebildet werden können.

Systemtest ↑Test des Gesamtsystems und seines Zusammenspiels. Die einzelnen Komponenten werden auf unterster Ebene über ↑Unittests überprüft, das Zusammenspiel dieser Einheiten über ↑Integrationstests. Inwieweit sich Systemtests immer automatisieren lassen, hängt sehr vom jeweiligen System ab. Vgl. ↑Integrationstest, ↑Unittest.

System zur Datenverarbeitung hier: Gesamtsystem für wissenschaftliche Datenverarbeitung von der Datenaufnahme bis zur fertigen Publikation, das alle Aspekte umfasst und das ↑reproduzierbare Wissenschaft möglich macht und gewährleistet. Definitiv ein ↑größeres Projekt, das nicht nur eine ↑monolithische Anwendung umfasst, sondern viele Aspekte darüber hinaus. Setzt entsprechende ↑Infrastruktur und in der Umsetzung der einzelnen Komponenten sauberen Code (↑Clean Code) und eine solide ↑Softwarearchitektur voraus.

tag „Etikett", frei wählbarer Bezeichner für eine ↑Revision. Ein Beispiel wäre eine nach außen kommunizierte Versionsnummer eines Projektes.

Test hier: strukturiertes Vorgehen, eine Software zu überprüfen. Setzt die Definition klarer Anfangs- und Endbedingungen (Eingabe und Ergebnis) voraus und sollte idealerweise vollständig automatisiert ablaufen können. Vgl. ↑dynamische Codenanalyse und ↑Unittest.

Test-Framework ↑Framework, das Funktionalität für das Schreiben von ↑Tests bereitstellt. Weitverbreitet sind die ↑xUnit-Frameworks.

Testgetriebene Entwicklung *test-driven development*, Strategie der Softwareentwicklung, zunächst einen Test (i. d. R. ↑Unittest) zu schreiben und dann erst den Produktivcode. Vom Produktivcode wird nach Möglichkeit auch immer nur genau soviel geschrieben, um den initial fehlschlagenden Test erfolgreich zu durchlaufen. Das beugt der Implementierung letztlich nicht benötigter Funktionalität vor (↑YAGNI). Außerdem wird zunächst i. d. R. die einfachste denkbare Fassung des Produktivcodes implementiert, ohne sich um die Kriterien sauberen Codes (↑Clean Code) Gedanken zu machen. Deshalb ist der dritte wesentliche Schritt der testgetriebenen Entwicklung das ↑Refactoring.

Testsuiten Sammlungen von Testroutinen, die in einem funktionalen Zusammenhang stehen, z. B. einen bestimmten Teil eines Programms abtesten. Lassen sich meist automatisch ausführen. Bestehen oft aus ↑Unittests.

TeX von Donald E. Knuth ab 1977 entwickeltes und 1986 fertiggestelltes Textsatzsystem mit dem Schwerpunkt auf typographischer Qualität des Ergebnisses und korrektem mathematischem Formelsatz. Wird heute meist über das auf ihm basierende Makropaket ↑LaTeX verwendet.

Transzendieren die Grenzen eines Bereichs überschreiten.

Treiber *driver*, Programm zur Kommunikation zwischen Soft- und Hardware, manchmal auch zwischen unterschiedlichen Programmen. Ein Treiber ist eine ↑Abstraktionsebene zwischen aufrufendem Programm und anzusteuernder Einheit. Selbst wenn eine anzusteuernde Hardware standardisierte Hardwareschnittstellen verwendet, ist der Satz an Befehlen, mit dem sie angesteuert werden kann, gerätespezifisch und wird entsprechend in einer Bibliothek codiert und als ↑Schnittstelle anderen Programmen zur Verfügung gestellt. Auf Softwareebene kommen Treiber z. B. zur Ansteuerung von ↑Datenbanken zum Einsatz.

Trennung der Zuständigkeiten *separation of concerns*, grundlegendes Prinzip für ↑Modularisierung, u. a. durch ↑Kapselung und Aufteilung eines Gesamtsystems in ↑Schichten.

Triadisch hier: drei Argumente (↑Parameter) verlangend. Es gibt sowohl triadische (ternäre) Operatoren als auch triadische ↑Funktionen. Ein Beispiel für einen triadischen (ternären) Operator wäre die Kurzschreibweise einer ↑Selektion wie in der Programmiersprache `C` verbreitet (`condition ? value_if_true : value_if_false`). Triadische Funktionen sollten nach Möglichkeit vermieden werden, da es fast nicht möglich ist, die Reihenfolge der Parameter im Funktionsnamen zu codieren, und sie damit schwer nutzbar sind. Vgl. ↑niladisch, ↑monadisch und ↑dyadisch.

Triangulierung auch Triangulation, in der Geodäsie das Aufteilen einer Fläche in Dreiecke und deren Ausmessung; hier: Verfahren der ↑testgetriebenen Entwicklung, durch mehrere ↑Unittests aus unterschiedlichen Richtungen (d. h. mit unterschiedlichen Parametern) die zu testende Einheit zu überprüfen und so schrittweise zur gewünschten Funktionalität zu kommen.

Typisierung *typing*, Zuweisung eines Typs zu einem Objekt (im abstrakten Sinne) einer Programmiersprache, z. B. Ganzzahl (*integer*) oder Zeichenkette (*string*) im Fall einer Variable. ↑Abstraktion, die die Ausdrucksstärke von Programmiersprachen und Programmen deutlich erhöht, und die Überprüfung der Korrektheit erleichtert sowie Optimierungen ermöglicht. Typisierung kann explizit und implizit erfolgen. Darüber hinaus wird zwischen starker und schwacher Typisierung sowie zwischen statischer und dynamischer Typisierung unterschieden. Jede Art der Typisierung hat ihre Vor- und Nachteile, und unterschiedliche Programmiersprachen verwenden unterschiedliche Arten der Typisierung.

UML *Unified Modeling Language*, „vereinheitlichte Modellierungssprache“, grafische Modellierungssprache zur Spezifikation, Konstruktion und Dokumentation von Softwareteilen und anderen Systemen. UML definiert Bezeichner für die meisten bei einer Modellierung wichtigen Begriffe und legt mögliche Beziehungen zwischen diesen Begriffen fest. Darüber hinaus definiert sie grafische Notationen für diese Begriffe und für Modelle statischer Strukturen und dynamischer Abläufe, die man mit diesen Begriffen formulieren kann. Weite Verbreitung findet eine sehr kleine Untermenge der in UML vorhandenen Begriffe und grafischen Notationen für die grafische Darstellung der Beziehungen von ↑Objekten untereinander in der ↑objektorientierten Programmierung.

Unicode internationaler Standard, der langfristig für jedes Sinn tragende Schriftzeichen oder Textelement aller bekannten Schriftkulturen und Zeichensysteme einen digitalen

Code festlegt. Dadurch soll die Verwendung unterschiedlicher, inkompatibler Kodierungen in verschiedenen Ländern oder Kulturkreisen beseitigt werden. Unicode wird ständig um Zeichen weiterer Schriftsysteme ergänzt. ISO 10646 ist die von ISO verwendete, praktisch bedeutungsgleiche Bezeichnung des Unicode-Zeichensatzes, der dort als ↑*Universal Coded Character Set* (UCS) bezeichnet wird. Vgl. ↑UTF-8.

Unittest ↑Test eines Codeblocks in Isolation. Ein Unittest überprüft von außen, ohne den Quellcode des zu testenden Systems zu kennen oder zu benötigen. Die getesteten Codeblöcke sind i. d. R. klein. Zwingende Voraussetzung ist, dass das (erwünschte) Verhalten des zu testenden Codeblocks eindeutig definierbar (und seinerseits in Form von Quellcode formalisierbar) ist. Unittests sind gewissermaßen die unterste Ebene (automatisierter) ↑Tests. Vgl. ↑Integrationstest, ↑Systemtest.

Universal Coded Character Set (UCS) Zeichenkodierung, die in der internationalen Norm ISO/IEC 10646 definiert ist und sich vollständig mit den korrespondierenden ↑Unicode-Kodierungen UTF-16 und UTF-32 deckt.

Unix-Philosophie *Do one thing, and do it well*, Jeder Programmabschnitt erfüllt genau eine Aufgabe. Durch die einheitliche ↑Schnittstelle vieler Prozesse können Routinen nahezu beliebig hintereinandergeschachtelt und so zu einer komplexen Prozesskette verbunden werden (*piping*).

Unternehmensanwendung *enterprise application*, weitverbreitete Art von Softwareanwendungen. Ein häufiges Beispiel einer Unternehmensanwendung ist Software für die Buchhaltung (*accouting*). Daraus rekrutieren sich auch viele Beispiele, die in der Literatur zur ↑Softwarearchitektur besprochen werden.

Unumkehrbar im Kontext ↑kryptographischer Hashes die Tatsache, dass sich aus der Prüfsumme (*hash*) nicht die ursprüngliche Zeichenkette wiederherstellen lässt.

Unvermeidliche Komplexität *essential complexity*, nach Fred Brooks [8] jener Teil der ↑Komplexität eines Systems, der in der Komplexität der Fragestellung (↑Problemraum) begründet ist und der sich nicht verkleinern lässt. Eine gute ↑Softwarearchitektur zielt auf die Beherrschung dieser unvermeidlichen Komplexität u. a. durch Einsatz von ↑Abstraktion und ↑Modularisierung. Vgl. ↑Domain-Driven Design, ↑vermeidbare Komplexität.

Urheberrecht siehe ↑Lizenz.

UTC koordinierte Weltzeit. Die Abkürzung ist ein Kompromiss aus *Coordinated Universal Time* und *Temps Universel Coordonné*, wird inoffiziell aber auch zu *Universal Time Coordinated* ausformuliert.

UTF-8 *8-Bit* ↑*UCS Transformation Format*, die am weitesten verbreitete Kodierung für ↑Unicode-Zeichen (↑Unicode und ↑UCS sind praktisch identisch). UTF-8 ist in seinen ersten 128 Zeichen (Indizes 0–127) deckungsgleich mit ↑ASCII. Insbesondere englischsprachige Texte lassen sich deshalb im Regelfall ohne Modifikation sogar mit nicht-UTF-8-fähigen Texteditoren ohne Beeinträchtigung bearbeiten. Das ist einer der Gründe für den Status als *De-facto*-Standard-Zeichenkodierung des Internets und damit verbundener

Dokumenttypen. Die Kodierung wurde im September 1992 von Ken Thompson und Rob Pike bei Arbeiten am Plan-9-Betriebssystem festgelegt.

Validierung unterschiedliche Bedeutungen; (1) Prüfung der Eignung beziehungsweise des Wertes einer Software bezogen auf ihren Einsatzzweck auf Grundlage eines vorher aufgestellten Anforderungsprofils. (2) Überprüfung der Nutzereingaben eines Programms auf Sinnhaftigkeit und gültigen Wertebereich. Wesentlicher Aspekt der ↑Robustheit von Software.

Verantwortlichkeit *responsibility*, im Kontext des ↑Single-Responsibility-Prinzips ein Grund für Veränderung: Wenn man sich mehr als einen Grund vorstellen kann, dann hat das Modul mehr als eine Verantwortlichkeit (gegenüber unterschiedlichen Akteuren).

Vererbung *inheritance*, Weitergabe aller Eigenschaften (↑Attribute, ↑Methoden) von einer ↑Superklasse an eine ↑Subklasse. Die Subklasse ist vom gleichen Typ (↑Typisierung) wie die Superklasse, was wiederum die Grundlage der ↑Polymorphie ist. Änderungen der Superklasse wirken sich allerdings auf die Subklasse aus, die ↑Kapselung wird entsprechend geschwächt. Vgl. ↑Zusammensetzung. Das ↑Liskov-Substitutionsprinzip liefert wichtige Regeln für die Vererbung.

Verifizierung hier: Feststellung, ob ein Computerprogramm seiner Spezifikation entspricht, und Aufspüren vorhandener Fehler.

Vermeidbare Komplexität *accidential complexity*, nach Fred Brooks [8] jener Teil der ↑Komplexität eines Systems, der *nicht* in der Komplexität der Fragestellung (↑Problemraum) begründet ist und der sich durch geschickten Einsatz von (etablierten) Strategien beheben lässt. Ein wesentlicher Baustein zur Verringerung dieser vermeidbaren Komplexität ist die Verwendung guter ↑Abstraktionen. Letztlich sind die ↑Programmierparadigmen genauso wie die in den letzten Jahrzehnten entwickelten Konzepte zur ↑Softwarearchitektur Strategien, diese Form der Komplexität weitestmöglich zu reduzieren. Eine grundlegende ↑Infrastruktur und sauberer Code (↑Clean Code) sind auf Ebene der Softwareentwicklung weitere Strategien. Vgl. ↑unvermeidbare Komplexität.

Versionsnummer hier: eindeutige Bezeichnung einer Version einer Software, deren Kenntnis es erlaubt, auf genau diese Version der Software Bezug zu nehmen.

Versionsverwaltung *version control system*, VCS; Software zur Verwaltung unterschiedlicher Versionen von Dateien und Programmen, die den Zugriff auf beliebige ältere als Versionen (↑Revision) gespeicherte Zustände ermöglicht. Gleichzeitig ein wichtiges Werkzeug für die Softwareentwicklung und wesentlicher Aspekt einer Projektinfrastruktur.

Vertikale Dichte zusammenhängende Zeilen im Quellcode werden ohne vertikalen Leerraum angeordnet, um den inhaltlichen Zusammenhang zu betonen. Vgl. als Gegensatz die ↑Vertikale Offenheit.

Vertikale Offenheit Sinnabschnitte im Quellcode werden durch vertikalen Leerraum voneinander getrennt. Vgl. als Gegensatz die ↑vertikale Dichte.

Vorbedingung im ↑*design by contract* die Voraussetzung für den Aufruf einer ↑Methode einer ↑Klasse (bzw. während der Laufzeit eines zugehörigen ↑Objektes). Abgeleitete Klassen (↑Subklassen) dürfen keine strengeren Vorbedingungen als die zugehörige ↑Superklasse (↑Basisklasse) fordern. Vgl. ↑Nachbedingung.

Vorlagen *templates*, hier: Von der jeweiligen Software zur Datenverarbeitung weitgehend unabhängige Dokumente, die der strukturierten Präsentation von Daten bzw. Ergebnissen dienen. In gewisser Weise ein Lückentext, der automatisch ausgefüllt werden kann. Zentraler Aspekt ist die Trennung der Formatierung von der Software, die die Platzhalter ersetzt.

Weißbuch Sammlung von Vorschlägen zum Vorgehen in einem bestimmten Bereich. Ursprünglich im Kontext der Diplomatie und Politik entwickelt als Dokumentensammlung zur Orientierung über politische Fragen. Hat als *white paper* in der Informationstechnik Einzug gehalten und dient dort der Stellungnahme zu oft klar abgegrenzten Themengebieten; oft sprachlich fachlich gehalten.

White-Box-Test ↑Test einer zu testenden Einheit unter Kenntnis ihrer Implementierung bzw. internen Abläufe. White-Box-Tests haben häufig das Problem, dass sie sehr eng mit dem zu testenden Code verknüpft sind und zu viele Annahmen über dessen interne Abläufe treffen. Das führt oft dazu, dass solche Tests bei Veränderung des überprüften Codes ebenfalls mit verändert werden müssen. Vgl. als Alternative ↑Black-Box-Tests.

Wiki Website, deren Inhalte Besucher nicht nur lesen, sondern auch direkt im Webbrowser bearbeiten und ändern können. Das Ziel ist häufig, Erfahrung und Wissen gemeinschaftlich zu sammeln und in für die Zielgruppe verständlicher Form zu dokumentieren. Das prominenteste Beispiel ist die Wikipedia. Eines der ersten Wikis wurde von Ward Cunningham 1995 für die Diskussion von ↑Entwurfsmustern in der ↑objektorientierten Programmierung entwickelt [18]. Vgl. ↑DokuWiki.

Windows-INI blockweise strukturiertes ↑Datenformat, das ursprünglich für die Ablage von Konfigurationsoptionen für das Windows-Betriebssystem und darauf laufende Programme entwickelt wurde. Die blockweise Struktur erlaubt zwei Hierarchieebenen: Blöcke und Schlüssel-Wert-Paare. Für weitere Hierarchieebenen und die Ablage beliebig verschachtelter Datenstrukturen müssen hierarchische Datenformate wie ↑XML, ↑JSON oder ↑YAML herangezogen werden.

Wissenschaft Auf den Erkenntnisgewinn ausgerichtetes, systematisches menschliches Unterfangen, das in der Regel eine Reihe von Kriterien erfüllt bzw. erfüllen sollte: Unabhängigkeit vom Beobachtenden bzw. Durchführenden, gegründet auf den Erkenntnissen früherer Generationen, sowie überprüfbar, nachvollziehbar und ggf. reproduzierbar.

XML *eXtensible Markup Language*, „erweiterbare Auszeichnungssprache“, ↑Auszeichnungssprache zur Darstellung hierarchisch strukturierter Daten im Format einer Textdatei, die sowohl von Menschen als auch von Maschinen lesbar ist. Der große Vorteil von XML ist seine ↑syntaktische Validierbarkeit, der Nachteil das Verhältnis von beschreibender Syntax zu eigentlichem Inhalt, das sowohl die Dateigröße erheblich erhöhen kann als auch die Lesbarkeit durch Menschen einschränkt. Alternativen, die von Menschen einfacher les- und insbesondere schreibbar sind, sind ↑JSON und ↑YAML.

xUnit-Framework ↑Test-Framework, das in Smalltalk entwickelt wurde, über Java (JUnit) weite Verbreitung fand und heute für viele Programmiersprachen existiert. Stellt sehr viele Funktionen und ↑Muster, die sich insbesondere für das Schreiben von ↑Unittests bewährt haben, zur Verfügung.

YAGNI *You ain't gonna need it*, (nicht nur) in der angelsächsischen Programmierwelt verbreitetes Akronym und wichtige Regel für die Programmierung. Zielt darauf ab, jeweils nur das zu implementieren, was im Augenblick wichtig ist oder von dem zweifellos klar ist, dass es in Kürze gebraucht wird. Versuch, durch einen pragmatischen Ansatz ein „zu viel" an Abstraktion zu vermeiden. Das zugrunde liegende Problem, das damit angegangen werden soll: Prognosen (hier: bzgl. der zukünftigen Anforderungen an eine bestimmte Software) sind schwierig, insbesondere wenn sie die Zukunft betreffen (vgl. ↑Kristallkugel).

YAML *YAML Ain't Markup Language* (rekursives Akronym, ursprünglich *Yet Another Markup Language*), vereinfachte ↑Auszeichnungssprache (*markup language*) zur Datenserialisierung (↑Serialisierung). Die grundsätzliche Annahme von YAML ist, dass sich jede beliebige Datenstruktur nur mit assoziativen Listen, Listen (Arrays) und Einzelwerten (Skalaren) darstellen lässt. Durch dieses einfache Konzept ist YAML wesentlich leichter von Menschen zu lesen und zu schreiben als beispielsweise ↑XML, außerdem vereinfacht es die Weiterverarbeitung der Daten, da die meisten Sprachen solche Konstrukte bereits integriert haben. Durch weitgehenden Verzicht auf Klammern ist YAML für Menschen les- und insbesondere schreibbarer als ↑JSON und eignet sich daher gut für die Ablage von Metadaten und Konfigurationen. Seit Version YAML 1.2 ist ↑JSON eine vollständige Untermenge von YAML.

Zeitungs-Metapher Der Code sollte von einfach nach komplex und von abstrakt nach konkret fortschreiten. Übliche Aspekte eines Zeitungsartikels sind eine Überschrift, die möglichst prägnant das Thema vorstellt, eine kurze Zusammenfassung und insgesamt ein eher kurzer und fokussierter Schreibstil.

Zusammensetzung *composition*, Wechselwirkung zwischen *unabhängigen* ↑Objekten, die ↑Kapselung bleibt im Gegensatz zur ↑Vererbung voll erhalten. Ein Objekt ist aus anderen Objekten zusammengesetzt. Die Objekte können anderweitig vollkommen unabhängig sein. Vgl. ↑Aggregation und ↑Assoziation.

Zuständigkeitshierarchie allg. die Aufteilung von Zuständigkeiten auf unterschiedliche Ebenen. Eine wesentliche Aufgabe von ↑Funktionen (bzw. ↑Methoden) in einem Programm ist genau diese Aufteilung und die Erzeugung eines lokalen Kontextes sowie von passenden ↑Abstraktionsebenen, die es ermöglichen, sich immer nur auf eine Ebene der Abstraktion und damit eine Art von Problemen zu fokussieren.

Zweig Abspaltung von einer anderen Version (↑Revision). Branches können parallel weiterentwickelt und später wieder miteinander verbunden (↑merge) werden.

Literatur zum Glossar

1. E.W. Dijkstra, Communications of the ACM **15**, 859 (1972)
2. J. Popp, T. Biskup, Chemistry-Methods **2**, e202100097 (2022). https://doi.org/10.1002/cmtd.202100097
3. M.E. Conway, Datamation **14**(4), 28 (1968)
4. P. Prechtl, F.P. Burkard (eds.), *Metzler Lexikon Philosophie*, 3. Aufl. (J.B. Metzler, Stuttgart, Weimar, 2008)
5. E. Gamma, R. Helm, R. Johnson, J. Vlissides, *Design Patterns. Elements of Reusable Object-Oriented Software* (Addison-Wesley, Boston, 1995)
6. K.J. Lieberherr, I.M. Holland, IEEE Software **6**, 38 (1989)
7. B. Paulus, T. Biskup, Digital Discovery **2**, 234 (2023). https://doi.org/10.1039/D2DD00131D
8. F.P. Brooks, *The Mythical Man Month*, Jubiläumsausgabe mit 4 neuen Kapiteln (Addison Wesley Longman, Boston, 1995)
9. T. Biskup, ChemRxiv (2022). https://doi.org/10.26434/chemrxiv-2022-vz360
10. T. Biskup. LabInform documentation (2023). https://docs.labinform.de/
11. M. Schröder, T. Biskup, ChemRxiv (2023). https://doi.org/10.26434/chemrxiv-2023-2tvct
12. M. Schröder, T. Biskup. LabInform datasafe (2023). https://doi.org/10.5281/zenodo.13763299. https://datasafe.docs.labinform.de/
13. BIPM, IEC, IFCC, ILAC, ISO, IUPAC, IUPAP, OIML. International vocabulary of metrology — Basic and general concepts and associated terms (VIM). Joint Committee for Guides in Metrology, JCGM 200:2012. (3. Aufl.). https://www.bipm.org/documents/20126/2071204/JCGM_200_2012.pdf/f0e1ad45-d337-bbeb-53a6-15fe649d0ff1
14. T.S. Kuhn, *Die Struktur wissenschaftlicher Revolutionen* (Suhrkamp, Frankfurt am Main, 1976)
15. R.C. Martin, *Clean Architecture. A Craftman's Guide to Software Structure and Design* (Prentice Hall, Boston, 2018)
16. E.W. Dijkstra, Communications of the ACM **11**, 147 (1968)
17. D.E. Knuth, *Literate Programming* (Center for the Study of Language and Information, Stanford, 1992)
18. B. Leuf, W. Cunningham, *The Wiki Way. Quick Collaboration on the Web* (Addison-Wesley, Upper Saddle River, NJ, 2001)

Stichwortverzeichnis[2]

A

B

2 *Kursive* Seitenzahlen weisen auf eine ausführlichere Behandlung des jeweiligen Stichpunktes hin, **fette** Seitenzahlen auf eine Definition des Begriffs, unterstrichene auf den Glossar.

E

F

P

Q

R

S

T

U

V

W

X

Y

Z

GPSR Compliance

The European Union's (EU) General Product Safety Regulation (GPSR) is a set of rules that requires consumer products to be safe and our obligations to ensure this.

If you have any concerns about our products, you can contact us on ProductSafety@springernature.com

In case Publisher is established outside the EU, the EU authorized representative is:

Springer Nature Customer Service Center GmbH
Europaplatz 3
69115 Heidelberg, Germany

Batch number: 10210055

Printed by Printforce, the Netherlands